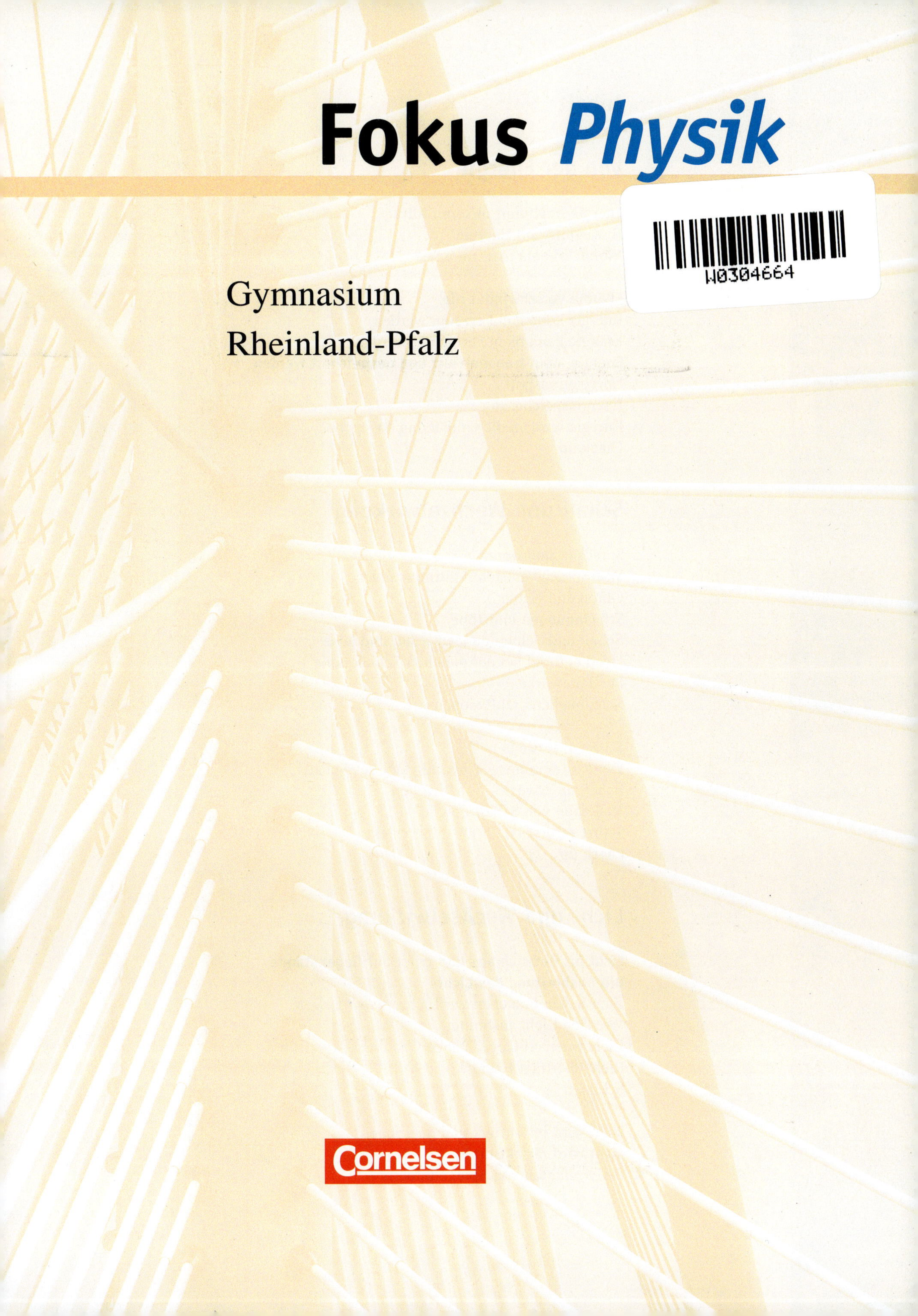

Fokus *Physik*

Gymnasium
Rheinland-Pfalz

Cornelsen

Inhalt

9 ## Von der Energie

10 **Energie bestimmt unseren Alltag**
13 Bewegung und Energie
13 Woran erkennt man Energie?

14 **Energie verschwindet nie**
16 Energie kann nicht erzeugt werden
16 Energie kann nicht vernichtet werden
17 **Energie kann transportiert und gespeichert werden**
18 Energietransport
19 Energiespeicherung
20 Energie wird an die Umgebung abgegeben
24 **Check up**

25 ## Schall und Wechselwirkung

26 **Sprechen und Hören**
28 Wie Sprache entsteht – Stimmbänder
29 Ohren und Gehör
30 **Schwingungen und Töne**
31 Schall und Schwingungen – laut und leise
32 Hoch und tief bei der gleichen Schallquelle
33 Die Lautstärke
35 Schallwellen und Resonanz

36 **Schall unterwegs**
38 Die Ausbreitungsgeschwindigkeit des Schalls
40 Schall unterwegs – Schallwellen
41 Reflexion von Schall – Echo
43 **Selbst erforscht** Lärm – ein Projekt
46 **Check up**

47 ## Licht und Wechselwirkung

48 **Licht breitet sich aus und trifft auf Gegenstände**
49 **Die Ausbreitung des Lichts**
51 Zum Sehen brauchen wir Licht
51 Wie sich Licht ausbreitet
52 Licht trifft auf Gegenstände
53 Licht überträgt Energie
56 Schatten

60 **Licht wird reflektiert und gebrochen**
61 **Licht wird reflektiert**
62 Eigenschaften von Spiegelbildern

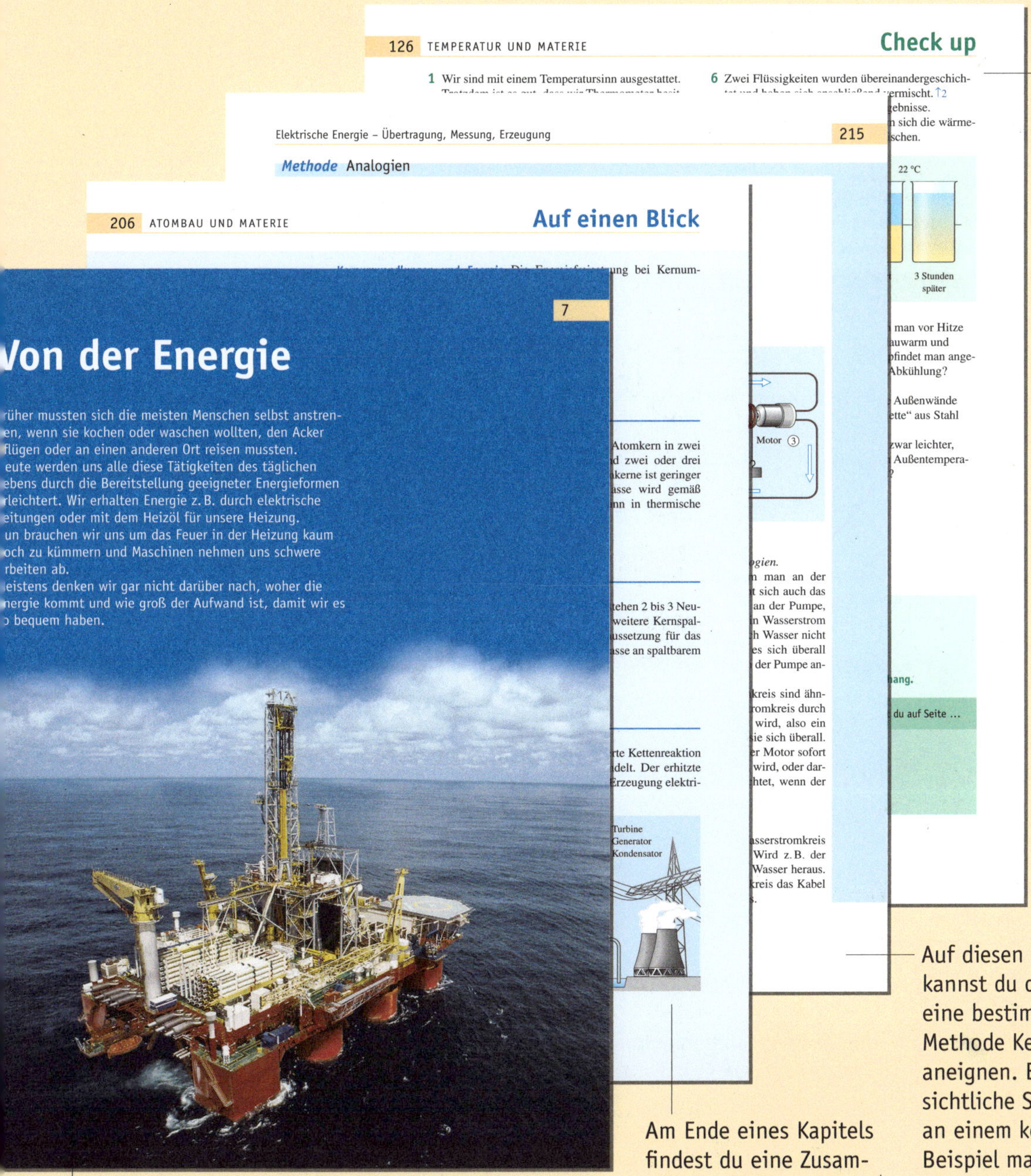

Fachliche Kenntnisse, Fähigkeiten und Kompetenzen kannst du hier selbstständig überprüfen.

Auf diesen Seiten kannst du dir durch eine bestimmte Methode Kenntnisse aneignen. Eine übersichtliche Schrittfolge an einem konkreten Beispiel macht dich mit der vorgestellten Methode vertraut.

Am Ende eines Kapitels findest du eine Zusammenfassung und besondere Aufgaben. Hier musst du selbstständig Lösungen finden.

Jedes Kapitel beginnt mit einer Einstiegsseite, die dich durch ein attraktives Foto und einen kurzen problemorientierten Text auf den nachfolgenden Inhalt aufmerksam machen soll.

Autoren: Prof. Dr. Udo Backhaus, Gerd Boysen, Stefan Burzin, Dr. Harri Heise, Bernd Heepmann, Uwe Kopte, Dr. Jochim Lichtenberger, Harald Schepers, Prof. Dr. Hans Joachim Schlichting, Prof. Dr. Lutz-Helmut Schön

Redaktion: Bettina Conrad-Rosenkranz, Henry Dölitzsch

Berater: Dr. Holger Hauptmann, Petra Hüther, Gerd Kobald, Cordula Mauch, Heinz-Georg Schneider, Hans-Michael Strauch

Illustration: Gabriele Heinisch (Cornelsen), Hans Wunderlich

Grafik: Rainer Götze

Umschlaggestaltung: Kerstin Baarmann, Berlin

Layout und technische Umsetzung: Wladimir Perlin, Berlin

www.cornelsen.de

1. Auflage, 1. Druck 2014

Alle Drucke dieser Auflage sind inhaltlich unverändert und können im Unterricht nebeneinander verwendet werden.

Druck: Stürtz GmbH, Würzburg

ISBN 978-3-06-010465-9

Wie Spiegelbilder entstehen 62
Das Reflexionsgesetz 63
Selbst erforscht Spiegel – basteln, staunen, forschen 64
Licht wird gebrochen und total reflektiert 66
Lichtbrechung an Grenzflächen 68
Methode Grafische Auswertung von Messreihen 70
Die Brechung 71
Die Totalreflexion 72
Mit Linsen Bilder erzeugen 76
Brenngläser sind Sammellinsen 77
Warum Sammellinsen das Licht bündeln 77
Punkt für Punkt – die Bilder der Sammellinse 77
Selbst erforscht Digitalkameras 79
Physik erlebt Luftspiegelungen 82

Licht ist voller Farben 84
Licht wird zerlegt 85
Weißes Licht wird zerlegt 86
Unsichtbare Strahlung 87
Farbige Lichter und farbige Dinge 89
Millionen Farben beim Computer 90
Farbige Filter 90
Die Farbigkeit von Stoffen 91
Check up 94

Temperatur und Materie 95

Die Temperatur 96
Die Temperatur 97
Absolute Temperatur 98

Teilchenmodell 102
Moleküle und Atome sind in ständiger Bewegung 104
Diffusion – selbsttätige Durchmischung von Gasen und Flüssigkeiten 104
Das Teilchenmodell hilft beim Verständnis 105
Temperatur als Bewegung von Teilchen 106

Was sich mit der Temperatur alles ändert 108
Temperaturänderung – Volumenänderung 112
Methode Weniges messen – vieles berechnen 114
Das Teilchenmodell hilft beim Verständnis – Längen- und Volumenänderung 115
Die Anomalie des Wassers 117
Methode Die Grenzen des Kugelteilchenmodells 118

Wasser – flüssig, gasförmig, fest 120
Fest, flüssig und gasförmig – die Aggregatzustände 122
Verdampfungs- und Kondensationswärme 123
Schmelzen und Erstarren 124
Das Teilchenmodell hilft beim Verständnis – Aggregatzustandsänderungen 125
Check up 128

129 ## Bewegungsänderungen und Wechselwirkung

130 **Die Geschwindigkeit**
132 Bewegungen mit konstanter Geschwindigkeit
133 **Methode** Anfertigen und Interpretieren von Diagrammen

140 **Der Impuls**
142 Der Impuls

144 **Wechselwirkungen und Kräfte**
145 **Überall Kräfte – doch unterschiedliche Wirkungen**
146 Mechanische Wechselwirkungen
148 Woran man Kräfte erkennt
149 Kraft und Impuls
150 Körper im Kräftegleichgewicht
152 Die Kraft – eine gerichtete physikalische Größe
153 Das Wechselwirkungsgesetz

156 **Masse und Trägheit**
158 Trägheit und Bewegungsänderung
159 Trägheit und Masse
161 Die Gewichtskraft
163 Die Feldvorstellung
165 **Kräfte messen**
166 So werden Kräfte gemessen
171 **Reibungskräfte und Verkehrssicherheit**
172 Verschiedene Reibungsarten
176 **Check up**

177 ## Radioaktivität und Materie

178 **Aufbau des Atoms**
179 Das Atom ist weitgehend leer!
179 **Methode** Hypothese und Messung
180 Der Atomkern
181 Nuklide und Isotope

182 **Zerfall von Atomkernen – Radioaktivität**
183 **Radioaktive Strahlung**
183 Die Nuklidkarte
184 Radioaktivität
185 **Eigenschaften radioaktiver Strahlung**
186 Die Strahlung radioaktiver Körper ionisiert
187 Radioaktivität – überall
188 Eigenschaften radioaktiver Strahlung
191 **Methode** Arbeiten mit der Nuklidkarte
192 Zerfallsreihen

Kernspaltung 194
Massendefekt und Energie 195
Kernspaltung 196
Kernkraftwerk 198
Selbst erforscht Chancen und Risiken der Kernenergie 200
Strahlenbelastung und Strahlenschutz 201
Ionisation im menschlichen Körper 202
Strahlenschäden 203
Die fünf „A“ des Strahlenschutzes 204
Physik erlebt Anwendungen der Kernstrahlung in der Medizin 206
Check up 210

Elektrizität und Energieversorgung 211

Elektrische Energie – Übertragung, Messung, Erzeugung 212
Elektrische Anlagen übertragen Energie 213
Elektrische Anlagen übertragen Energie 214
Energieübertragung durch Stromkreise 215
Übertragung von Energie – der Stromkreis 216
Methode Analogien 217
Messung elektrischer Energie 218
Energie – Zeit – Leistung 219
Elektrische Energiequellen – Antriebe für den elektrischen Strom 226
Antrieb und Potenzialdifferenz 227
Spannungsmessung 229
Methode Bedienungsanleitung für den Spannungsmesser 230
Elektrische Spannung in einer Reihenschaltung 231
Physik erlebt Vom Zitteraal zum Defibrillator 234

Wie elektrische Energie erzeugt wird 238
Spulen werden zu Energiequellen 239
Induktion 240
Magnetfelder 241
Induktion und Magnetfeld 242
Die Erzeugung von Wechselstrom – Generatoren 244
Die Funktionsweise von Generatoren 245
Wechselstrom und Wechselspannung 246
Generatoren in Kraftwerken 247
Elektrische Energie aus Kraftwerken – ein Vergleich 248
Selbst erforscht Generatoren 250
Check up 254

Kosmos und Forschung 255

Das geometrische Universum 256
Sternbilder 257
Die Drehung des Himmels und die Drehung der Erde 258
Der Umlauf des Mondes und der Sonne 259
Beobachtbare Planetenphänomene 261

261 Geozentrisches und heliozentrisches Weltbild
263 Der Lauf der Planeten um die Sonne

268 **Das physikalische Universum**
269 NEWTON und das Gravitationsgesetz
269 Energieabstrahlung und Lebensdauer der Sonne
270 Farben und Helligkeiten der Sterne
272 Das Hertzsprung-Russel-Diagramm
274 Der Lebenslauf der Sterne

278 **Die zeitliche Entwicklung des Universums**
279 Galaxiendynamik
283 Galaxienflucht und Expansion des Universums
284 Die Bildung der ersten Atome und die 3-K-Hintergrundstrahlung
286 **Physik erlebt** Urknall und die Evolution des Universums

293 **Wärmetransporte und System**

294 **Energie in Zahlen**
295 **Energie in Nahrungsmittel und Treibstoffen**
296 Wasser erwärmen – die Einheit der Energie
297 Strömende Energie – Energiestromstärke
298 **Methode** Zusammenfassen von Proportionalitäten

300 **Das Energiesparhaus**
301 **Thermische Energie und Wärmedämmung**
302 Antrieb eines thermischen Energiestroms
304 Wärmedämmung
306 **Physik erlebt** Das Energiesparhaus
310 **Wärmekraftmaschinen und Wärmepumpen**
311 Wärmekraftmaschinen – vom Modell zur technischen Realisierung
312 Minikraftwerke für zu Hause
314 Wärmepumpe

316 **Energie von der Sonne**
317 **Die Erde im Licht der Sonne**
318 Wie viel Sonnenenergie gelangt auf die Erde?
319 Energiestromverteilung in Deutschland
320 **Strahlende Erde**
321 Alle Gegenstände absorbieren und strahlen
323 Der Treibhauseffekt
325 **Solarthermie**
326 Thermische Energie aus Sonnenkollektoren
327 Solarthermische Kraftwerke
330 **Check up**

Elektrizität und System 331

Elektrischer Strom und Energiestrom 332
Strom und Stromstärke 333
Wie Stromstärken gemessen und berechnet werden 334
Messbare Wirkungen des elektrischen Stroms 334
Die elektrische Stromstärke 335
Das Messen der elektrischen Stromstärke 336
Elektrische Stromstärke im unverzweigten Stromkreis 336
Methode Wie wird mit dem Strommesser gearbeitet? 337
Der Zusammenhang zwischen Stromstärke, Elektrizität und Zeit 340
Methode Strukturen in der Physik – Ströme und Stromstärken 341
Schutzmaßnahmen im Stromnetz 342
Schutzmaßnahmen im Stromnetz 343
Elektrische Spannung, elektrische Stromstärke, Leistung 347
Leistung – elektrische Stromstärke – elektrische Spannung 348
Die Parallelschaltung 349
Elektrische Stromstärke im verzweigten Stromkreis 350
Spannungen im Stromkreis 351

Energieströme im Alltag – elektrischer Widerstand 354
Gute Leiter – schlechte Leiter 356
Der elektrische Widerstand als physikalische Größe 356
Der elektrische Widerstand im Modell 357
Methode Arbeit mit Modellen 358
Widerstand und elektrische Stromstärke 360
Methode Eine physikalische Größe hängt von mehreren Variablen ab 362
Methode Herleiten von Neuem aus Bekanntem 366
Check up 370

Maschinen und Energie 371

Mechanische Energieübertragung 372
Energiebedarf beim Heben 373
Wie viel Energie brauchst du zum Heben? 374
Wenn es auf das Tempo der Energieumwandlung ankommt – die Leistung 377
Die Leistung und ihre Einheit 377
Energie – die Menge bleibt immer gleich 380
Der Wirkungsgrad 382
Der Wirkungsgrad 383
Mit Kraft (kannst du) Energie übertragen 384
Kraft und Energie sind zweierlei 385
Energieübertragung bei der Rampe 385
Verbrennungsmotoren als Energiewandler 387
Verbrennungsmotoren 388
Check up 392

393 Sensoren im Alltag

394 Informationen aufnehmen, senden und empfangen
395 Sensoren nehmen Signale auf
397 Nichtelektrische Größen elektrisch messen
400 Informationen aufnehmen und ausgeben
401 Informationen aufnehmen – Mikrofone
403 Informationen aufnehmen – Tastaturen
404 Informationen abgeben – Lautsprecher
405 Digitale Welt
405 Bit und Bytes
407 Analoge und digitale Signale
409 Informationen aufnehmen – Digitalkamera
410 Informationen transportieren
411 Signale übertragen – durch Funk
413 Elektromagnetische Wellen
414 Elektrische Wechselfelder
416 Magnetische Wechselfelder
418 Methode Analogien – Entstehung von Wellen
419 Hier funkt's
420 Ausbreitung elektromagnetischer Wellen
426 Check up

427 Praxis und Forschung

428 Mensch und Technik
429 Methode Experimente
430 Kaiserpinguine – Überleben in der Antarktis
432 Elektrische Temperaturmessung
434 Von der Linse zur Brille
436 Wärmekraftmaschinen
438 Schwimmen

440 Anhang
440 Lösungen zu den Check-up-Aufgaben
446 Auszug aus der Nuklidkarte
448 Periodensystem der Elemente
450 Auswahl physikalischer Größen und ihrer Einheiten
450 Vielfache und Teile von Einheiten
451 Register
456 Bildquellenverzeichnis

Von der Energie

Früher mussten sich die meisten Menschen selbst anstrengen, wenn sie kochen oder waschen wollten, den Acker pflügen oder an einen anderen Ort reisen mussten.
Heute werden uns alle diese Tätigkeiten des täglichen Lebens durch die Bereitstellung geeigneter Energieformen erleichtert. Wir erhalten Energie z. B. durch elektrische Leitungen oder mit dem Heizöl für unsere Heizung.
Nun brauchen wir uns um das Feuer in der Heizung kaum noch zu kümmern und Maschinen nehmen uns schwere Arbeiten ab.
Meistens denken wir gar nicht darüber nach, woher die Energie kommt und wie groß der Aufwand ist, damit wir es so bequem haben.

Energie bestimmt unseren Alltag

Als man noch mit der Postkutsche reiste, brauchte man mehrere Tage, um von Bonn nach Karlsruhe zu kommen. Zwischendurch mussten die erschöpften Pferde immer wieder gewechselt werden, damit sie sich erholen und Nahrung zu sich nehmen konnten.
Mit der Bahn braucht man heute dazu ungefähr 2,5 Stunden. Die Elektrolok benötigt dazu elektrische Energie. Sie steht über einen „Stromabnehmer“ mit einer elektrischen Oberleitung in Verbindung.

1

2

Es gibt verschiedene Möglichkeiten, morgens zur Schule zu kommen. Wenn du in der Nähe wohnst, wirst du zu Fuß gehen oder ein Fahrrad benutzen. Dazu musst du dich anstrengen, besonders dann, wenn du zu spät gestartet bist. ↑4
Bei größerer Entfernung wirst du mit dem Bus oder der Straßenbahn fahren. Der Bus erhält seine Energie aus Diesel oder Erdgas. Die Straßenbahn ist auf elektrische Energie angewiesen. ↑2, 5
Woher auch immer die Energie kommt, in allen Fällen wird damit derselbe Zweck erfüllt, sich von einem Ort zum anderen fortzubewegen.

3

4

5

Experimente

In den folgenden Experimenten sollt ihr untersuchen, wie Energie zur Fortbewegung bzw. zum Hervorrufen einer Bewegung genutzt werden kann. Dazu bildet ihr in der Klasse mehrere Gruppen. Jede Gruppe bereitet ein Experiment vor und führt es dann den anderen vor. Dabei soll möglichst jeder verstehen, woher die Energie kommt und wie die Bewegung entsteht. Zur Auswahl stehen:

1 Die Brausetablettenrakete

Ihr braucht: 1 Filmdose, Wasser, 1 Brausetablette, Papier, Schere.
Das ist zu tun: Fertige aus Papier eine Raketenspitze und klebe sie auf die Filmdose. Dann füllst du die Filmdose zu einem Viertel mit Wasser, gibst ein Bruchstück der Brausetablette hinein, verschließt die Dose und setzt sie schnell mit dem Deckel nach unten auf einen ebenen Startplatz.
Vorsicht, es kann etwas kleckern. Der Startplatz sollte also geräumt und „wasserfest“ sein. ↑6
Findet heraus: Woher bekommt die Rakete ihre Energie, um nach oben zu fliegen? Warum fliegt die Rakete nach oben?

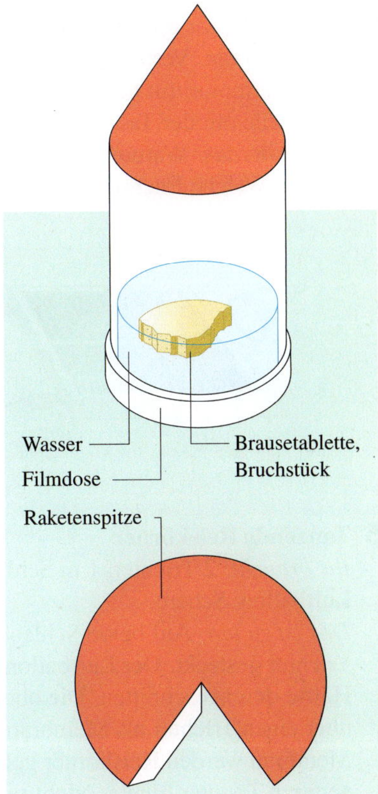

6

2 Der Gummibandmotor

Ihr braucht: 1 Garnrolle, Bleistift, Nagel, ringförmiges Gummiband, Scheibe einer Kerze.
Das ist zu tun: Bild ↑7 zeigt den Aufbau. Durch die Schlaufe des Gummis wird der Nagel und am anderen Ende der Bleistift gesteckt. Sie müssen straff sitzen.
Halte den Nagel fest und verdrille mit dem Bleistift das Gummiband, bis es fest an der Kerzenscheibe anliegt.
Setze den Gummibandmotor auf den Tisch.
Findet heraus: Warum bewegt sich der Gummibandmotor? Woher bekommt er seine Energie?

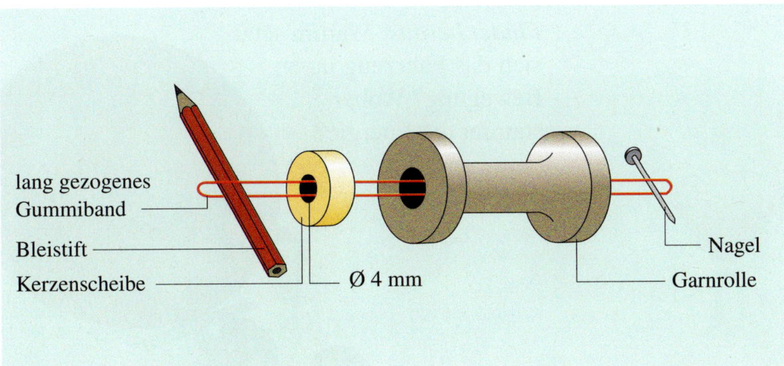

7

8

3 Elektrische Eisenbahn

Ihr braucht: 1 Eisenbahnanlage, 1 Generator (Dynamomaschine), 2 Kabel.
Das ist zu tun: Setze die Lokomotive auf die Schienen und drehe die Kurbel – vorwärts, rückwärts, schnell, langsam. ↑8

Findet heraus: Woher kommt die Energie, die die Lokomotive antreibt?

Experimente

4 Die Solarzelle
Ihr braucht: 1 Solarzelle, 1 helle Taschenlampe, 2 Kabel, Motor mit Propeller.
Das ist zu tun: Verbinde die Solarzelle und den Propellermotor mit den beiden Kabeln. Leuchte die Solarzelle mit der Taschenlampe an. ↑1
Findet heraus: Warum dreht sich der Propellermotor? Welche Energie nutzt er?

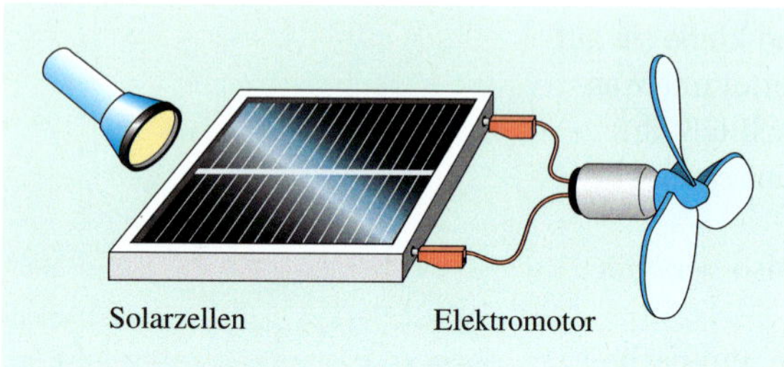

1

5 Tanzende Reiskörner
Ihr braucht: 2 Trichter, 1 m Schlauch, Reiskörner, Luftballon, Schere.
Das ist zu tun: Auf beide Schlauchenden wird ein Trichter gesteckt. Der Luftballon wird etwa in der Hälfte durchgeschnitten. Die obere Hälfte wird über einen Trichter als Membran gespannt. Auf die Membran werden Reiskörner gelegt. Sprich in den anderen Trichter hinein. Nicht pusten! Halte den Trichter auch vor einen Lautsprecher. Beobachte die Reiskörner. ↑2
Findet heraus: Warum bewegen sich die Reiskörner? Woher stammt die Energie für die Bewegung der Reiskörner?

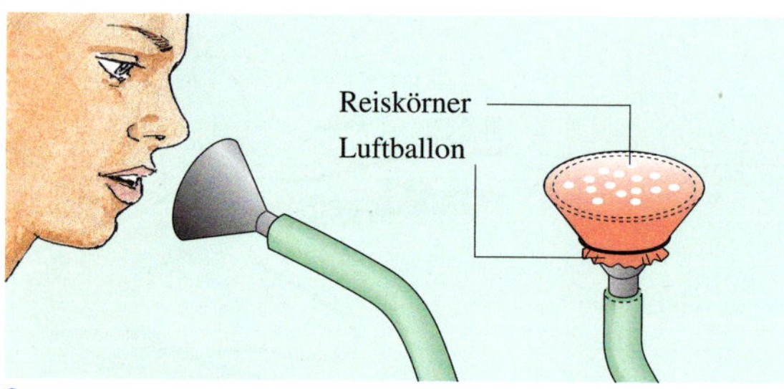

2

6 Propellerantrieb
Ihr braucht: 1 Motor mit Propeller, 1 Flachbatterie, 2 Kabel, fahrbaren Untersatz.
Das ist zu tun: Verbinde den Propellermotor und die Batterie mit den beiden Kabeln. ↑3
Findet heraus: Woher und wie bekommt das Fahrzeug seine Energie?

3

7 Dampfantrieb
Ihr braucht: 1 Brett, 4 Schrauben, 2 Teelichter (Vorsicht!), Kondensmilchdose mit einem Loch, 1 Einwegspritze, Wanne mit Wasser.
Das ist zu tun: Drehe die 4 Schrauben in das Brett, sodass die Dose fest darauf liegen kann. Fülle mit der Einwegspritze etwas Wasser in die Dose. Stelle die angezündeten Teelichter unter die Dose. ↑4
Findet heraus: Warum setzt sich das Fahrzeug in Bewegung? Woher stammt die Energie?

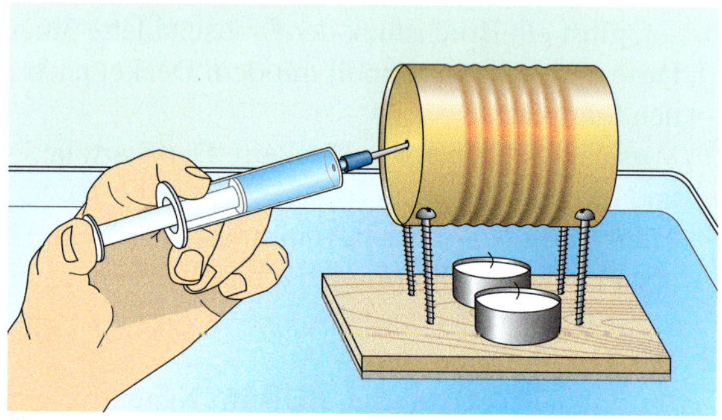
4

8 Das Raketenfahrzeug
Ihr braucht: 1 Luftballon, 1 Filzstiftkappe, 1 Nagel, Faden, fahrbaren Untersatz.
Das ist zu tun: Bild ↑5 zeigt den Aufbau. Die Tülle des Ballons schiebst du fest über eine Filzstiftkappe, in die du vorher mit einem glühenden Nagel ein kleines Loch gebrannt hast. (Vorsicht!) Wenn du den Luftstrom freigibst, fährt das Fahrzeug los.
Findet heraus: Warum setzt sich das Fahrzeug in Bewegung? Woher stammt die Energie?

5

GRUNDLAGEN: Bewegung und Energie

Wenn du dich selbst oder einen Gegenstand bewegen willst, benötigst du Energie. Sie kann von einem anderen bewegten Gegenstand kommen. So kann ein Segelboot durch Wind angetrieben werden. Es gibt auch Gegenstände, die sich selbst nicht bewegen und die trotzdem Bewegung hervorrufen können: Ein Spielzeugauto erhält seine Energie aus einer Batterie oder einer gespannten Feder, die Energie zum Antreiben einer Weihnachtspyramide steckt in der Kerze, und ein Auto wird mit der Energie aus dem Benzin angetrieben. ↑6

■ Gegenstände, mit denen etwas bewegt werden kann, enthalten Energie.

Energie tritt in verschiedenen Erscheinungsformen auf. Man unterscheidet deshalb viele verschiedene Energieformen: z. B. Gegenstände, die sich bewegen, haben **Bewegungsenergie**. Schnee auf einem Berg oder Wasser in einem hoch gelegenen Staubecken haben **Höhenenergie**. In gespannten Federn und Gummibändern steckt **Spannenergie**, und heißes Wasser enthält **thermische Energie**. Lebensmittel, Kerzen und Brennstoffe wie Öl und Gas enthalten **chemische Energie**.

6 Die Bewegung des Autos wird durch die Energie im Benzin hervorgerufen.

7 Die Bewegung der Rotorblätter wird durch die Bewegungsenergie des Winds hervorgerufen.

GRUNDLAGEN: Woran erkennt man Energie?

Wenn ein Auto bremst, werden die Bremsscheiben heiß. Rollt das Auto mit Schwung, aber ohne Antrieb einen Berg hinauf, wird es immer langsamer, bis es schließlich stehen bleibt und zurückrollt. Und wenn ein Auto auf ein anderes Auto auffährt, setzt sich dieses in Bewegung. Mit dem bewegten Auto kann also etwas erwärmt, in die Höhe befördert, in Bewegung gesetzt werden usw. Allgemein gilt:

Gegenstände, mit denen etwas bewegt, erwärmt, geschmolzen, verdampft, hochgehoben, zum Leuchten oder zum Tönen gebracht werden kann, enthalten Energie. Man nennt sie Energieträger.

Du kannst die Energie eines Gegenstands daran erkennen, dass er sich bewegt, sich an einem hoch gelegenen Ort befindet oder dass er heiß ist. Aber auch eine Kerze enthält Energie, solange sie noch nicht abgebrannt ist, ein Tank, solange er noch Benzin oder Öl enthält. Einer Batterie kann man nicht ansehen, ob sie elektrische Energie enthält oder ob sie leer ist.

8 Die Bewegung des Fahrzeugs wird durch die Sonnenenergie hervorgerufen.

Aufgaben

1 Zum Bogenschießen wird Energie benötigt. ↑9
a Woran kann man erkennen, ob der Bogen Energie besitzt?
b Woher erhält der Bogen seine Energie?
2 Treppensteigen strengt an. Wofür braucht man hier Energie? Woher kommt sie?
3 Suche Beispiele, an denen man erkennt, dass sich bewegende, elastisch verformte, heiße oder leuchtende Gegenstände Energie besitzen.

9

Energie verschwindet nie

Wenn du Rad fährst, hast du die dafür nötige Energie von der Sonne.
Wie kann das sein? Du kannst doch auch fahren, wenn die Sonne nicht scheint.

1

2

Zum Fahrradfahren benötigst du Energie. Du merkst es daran, dass du dich anstrengen musst. Beim Essen nimmst du Energie zu dir, die in den Nahrungsmitteln steckt, z. B. in Nudeln. Woher stammt die Energie in den Nudeln?

Nudeln werden aus einem Teig geformt, schließlich gekocht und mit schmackhaften Zutaten gegessen. Der Teig wird hauptsächlich aus Mehl bereitet. Das Mehl wird aus Getreide hergestellt, das auf den Feldern wächst. Dazu ist Sonnenenergie nötig, die mit der Sonnenstrahlung auf die Erde gelangt. Die Pflanzen wandeln mit ihren grünen Blättern Sonnenenergie in chemische Energie um und speichern sie in Blättern, Halmen und Körnern. Man kann sagen: Das Getreide „tankt“ Sonnenenergie.

Den Weg der Energie kannst du in der Bilderserie noch einmal nachvollziehen. Ähnlich wie die Nudeln beziehen auch die Erntemaschinen und elektrischen Geräte ihre Energie letztlich von der Sonne. Die Erntemaschinen benötigen Erdöl. In den Kraftwerken, die die elektrische Energie herstellen, wird Kohle, Erdgas oder Erdöl verbrannt. Darin steckt die Sonnenenergie, die Pflanzen in Millionen von Jahren gespeichert haben.

3

4

5

Probier 's mal!

1 Energie aus der Dose
Mit diesem Experiment kannst du deine Freunde in Erstaunen versetzen. Eine Dose wird auf den Tisch gelegt und beginnt von allein zu rollen. Du kannst die Dose selbst herstellen. ↑6

a Welche Energieformen sind an der Bewegung der Dose beteiligt?
b Woher bekommt die Dose ihre Energie?

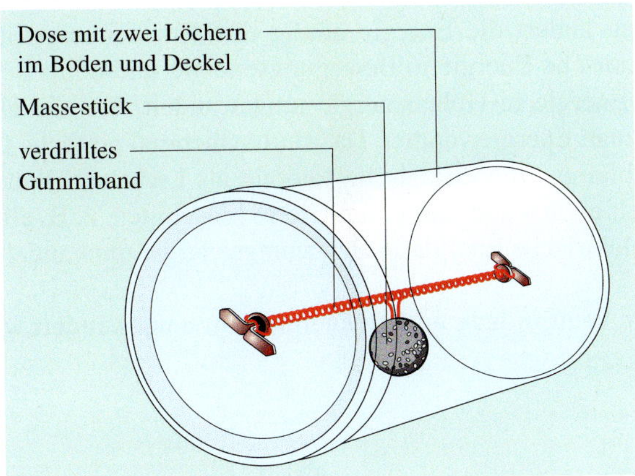

6

2 Energie der Kerzenflamme
Nähere eine Hand vorsichtig von oben einer Kerzenflamme. Wie nah kommst du an die Flamme heran, ohne dass es wehtut? Nähere anschließend deine Hand der Flamme von der Seite.

a Welchen Unterschied beobachtest du? Wie kommt er zustande?
b Welche Energieformen kannst du unterscheiden?
c Welche Energieumwandlungen stellst du fest?

3 Licht und Töne
Löse das Blitzlicht eines Fotoapparats dicht vor einem Gong oder vor einer an einer Schnur aufgehängten Bratpfanne aus. ↑8

a Beschreibe deine Beobachtungen.
b Was passiert hier physikalisch? Erkläre deine Beobachtungen und wende dabei deine Kenntnisse über Energie an.

8

4 Ein einfacher Verstärker
Schlage eine Stimmgabel an und halte sie frei in den Raum. Schlage die Stimmgabel erneut an und halte sie auf einen Gitarrenkörper. Beschreibe deine Beobachtungen. Welche Energieumwandlungen finden statt? Wie lange hörst du den Ton?

5 Wurmenergie
Der „Papierwurm" hängt an einem Faden. Er bewegt sich, wenn man den Faden hochzieht und dann langsam wieder absenkt. ↑7

a Woher kommt die Antriebsenergie?
b Beschreibe die Energieumwandlungen.

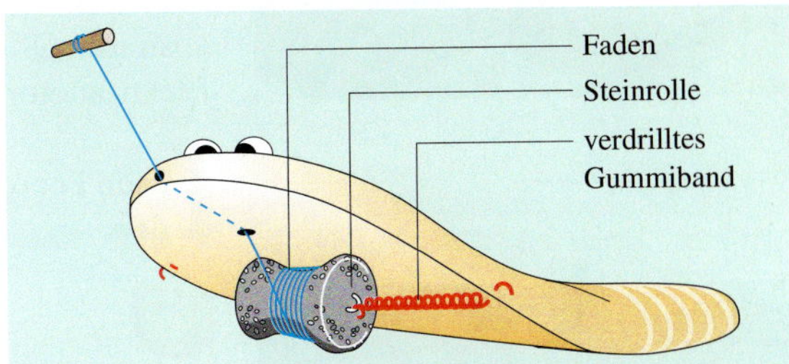

7

6 Energie aus dem Luftballon
Puste einen Luftballon auf und lass ihn dann fliegen. Beobachte und beschreibe den Vorgang. Was hat er mit Energie zu tun?

7 Durch Reibung entsteht Wärme
Reibe mit der Hand über ein Stück Styropor. Was spürst du? Um welche Energieumwandlung handelt es sich?

8 Flummi und Sprungscheibe im Wettbewerb
Die Sprungscheibe wird umgestülpt. Dann lässt du Flummi und Sprungscheibe aus einer Höhe von etwa 50 cm auf eine feste Unterlage fallen. ↑9

a Welchen Ausgang erwartest du?
b Begründe den Ausgang des Wettbewerbs mithilfe des Energiebegriffs.
c Welche Energieumwandlungen finden hier statt?

9

GRUNDLAGEN: Energie kann nicht erzeugt werden

1

Wenn ein Bus anfährt, gewinnt er Bewegungsenergie. Sie entsteht nicht aus dem Nichts, sondern war schon vorher vorhanden: als chemische Energie im Tank des Busses. Und wenn du auf einen Berg kletterst, musst du gut gegessen haben: Die gewonnene Höhenenergie stammt aus der chemischen Energie, die du mit den Lebensmitteln zu dir genommen hast.

Energie kann nicht erzeugt werden. Sie wird stattdessen von Gegenstand zu Gegenstand übertragen.

Bei der Übertragung ändert die Energie häufig ihre Erscheinungsform: Beim Bus wird chemische Energie in Bewegungsenergie und beim Bergsteigen chemische Energie in Höhenenergie umgewandelt. Für die Umwandlung benötigt man Energiewandler. Das sind manchmal einfache Geräte, z. B. eine Glühlampe, die elektrische Energie als Licht und Wärme abstrahlt. Oft handelt es sich aber um komplizierte Maschinen, z. B. einen Elektromotor, der elektrische Energie in Bewegungsenergie umwandelt.

Jede Energieform kann in jede andere Energieform umgewandelt werden.

2

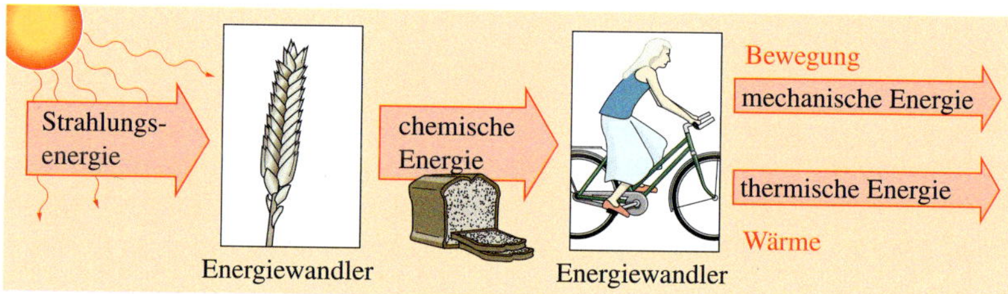

3 Beispiel für Energieumwandlungen

GRUNDLAGEN: Energie kann nicht vernichtet werden

4

Wenn Energie von einem Gegenstand zum anderen übergeht, kann man sich vorstellen, dass sie wie eine Flüssigkeit fließt. Kinder, die im Sand einen Bach anlegen, müssen oft eimerweise Wasser heranschleppen. Denn ein Teil des Wassers versickert im Sand, bevor es am Ziel ankommt. Keiner würde auf die Idee kommen, das Wasser habe sich ins Nichts aufgelöst. Bei der Energie ist es ähnlich. Wenn sich der heiße Tee abkühlt, verliert er thermische Energie. Diese hat sich nicht einfach ins Nichts aufgelöst, sondern ist an die Luft des Zimmers übergegangen. Das Zimmer hat sich dadurch etwas erwärmt.
Dass die Energie nicht einfach verschwindet, kann man auch an einem Auto erkennen, das plötzlich anhalten muss. Die Bewegungsenergie muss dann in kurzer Zeit durch Reibung in den Bremsen in thermische Energie umgewandelt werden: Die Bremsen werden heiß. ↑4
Energie kann nicht vernichtet werden kann.

Energie kann weder erzeugt noch vernichtet werden. Sie bleibt bei allen Umwandlungen erhalten. (Satz von der Erhaltung der Energie)

Energie kann transportiert und gespeichert werden

Mit Windrädern wird die Bewegungsenergie des Windes genutzt. Der Wind bläst gegen die Rotoren und treibt sie an. Ein angeschlossener Generator wandelt die Bewegungsenergie in elektrische Energie um, damit sie durch Stromkabel bis zu den Stellen transportiert werden kann, an denen sie gebraucht wird. Wenn du bei euch zu Hause das Licht anschaltest, nutzt du Energie, die durch das Elektrizitätsnetz herantransportiert wurde.
Elektrische Energie muss sofort verwendet werden. Sie kann nicht direkt gespeichert werden. Aber man kann sie in Energieformen umwandeln, die gespeichert werden können. Es kommt z. B. vor, dass ein Kraftwerk während der Nacht mehr Energie abgibt, als benötigt wird. Dann wird mit großen Elektromotoren Wasser in einen höher gelegenen Stausee befördert. Dabei wird die überschüssige Energie in Höhenenergie von Wasser umgewandelt. Wenn tagsüber wieder mehr Energie gebraucht wird, lässt man den umgekehrten Vorgang ablaufen: Die Höhenenergie wird wieder in elektrische Energie umgewandelt.

5

6 Pumpspeicherwerk

Experimente

1 Energietransport in der Luft
Schlage ein Weinglas an und merke dir den Ton. Stelle mit dem Tongenerator einen Ton gleicher Höhe ein. Richte den Lautsprecher auf das Glas. ↑7
Schalte den Tongenerator ab und beobachte das Glas. Wieso klingt das Glas, obwohl es nicht angeschlagen wurde? Wie wurde die Energie vom Lautsprecher zum Glas transportiert?

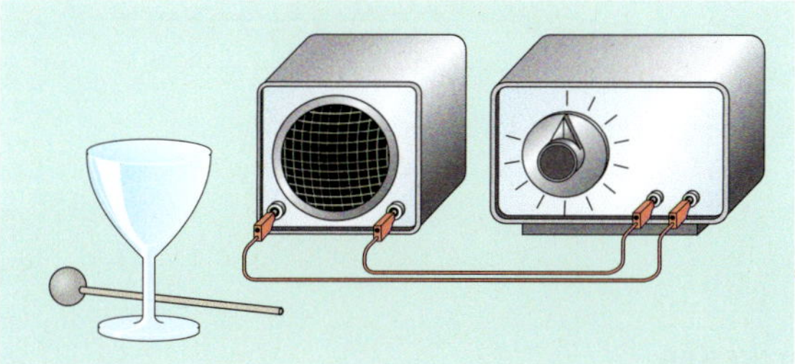
7

2 Energietransport – auch mechanisch
Überprüfe, ob eine Energietransportkette, wie sie in Bild ↑8 dargestellt ist, funktioniert.

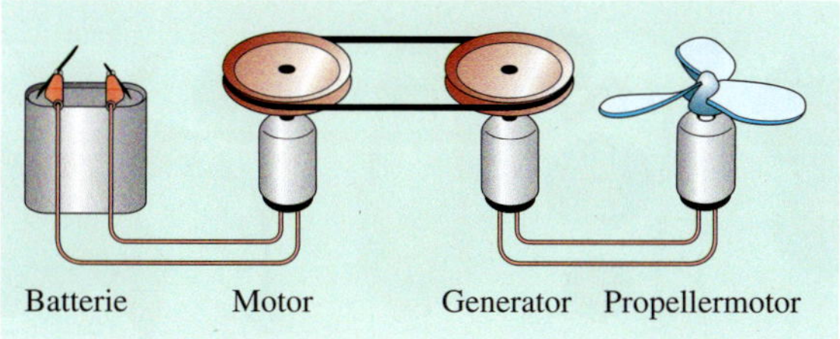

8

3 Energietransport durch Wasser
Ein mit Wasser gefülltes Rohr wird unten erhitzt und oben abgekühlt.
Oben befinden sich ein paar Kaliumpermanganatkristalle, die die Bewegung des Wassers sichtbar machen sollen. ↑9
a Beschreibe deine Beobachtungen.
b Wo wird dem System Energie zugeführt und wo wird sie entnommen?
c Wie wird die Energie transportiert?

4 Energietransport durch Luft
Durch strömende Luft wird ein Windrad gedreht. Dadurch wird ein Wägestück angehoben. ↑10
a Wie gelangt die Energie von der strömenden Luft zum hochgehobenen Wägestück?
b Welche Energieumwandlungen treten dabei auf?
c Wo findest du hier Kreisläufe?

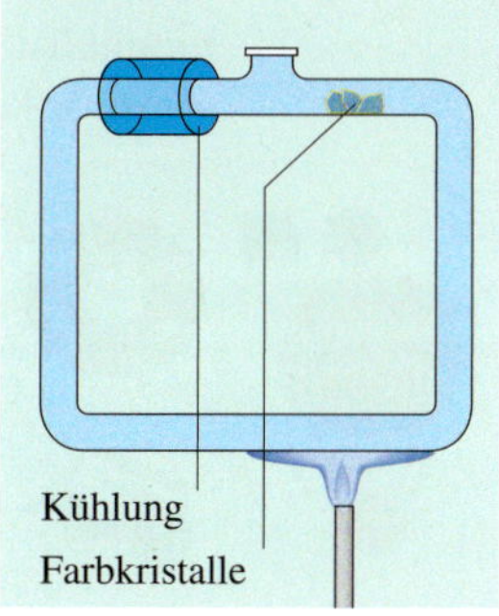

9

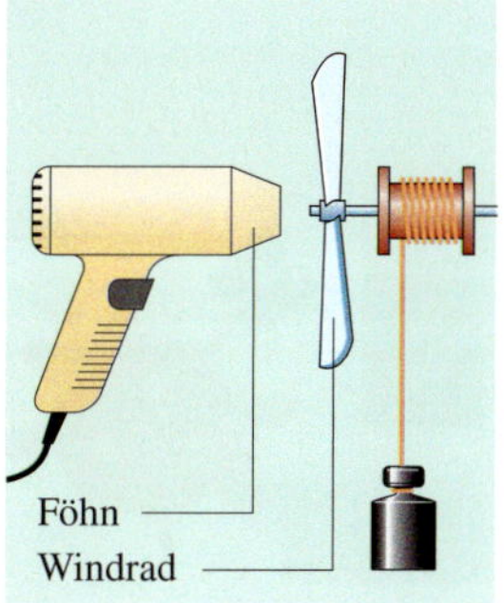

10

GRUNDLAGEN: Energietransport

1 Erdöl wird durch Pipelines transportiert.

2 Leitungen zum Transport von elektrischer Energie

Energie wird meistens an ganz anderen Stellen benötigt als dort, wo sie gewonnen wird. Daher muss sie oft über weite Entfernungen transportiert werden. Wenn du deinen Computer anschaltest, kannst du fast sicher sein, dass die dazu nötige elektrische Energie von weit entfernten Kraftwerken kommt.

Aber es gibt auch andere Möglichkeiten des Energietransports. Die thermische Energie der Wohnungsheizung wird nur in seltenen Fällen aus elektrischer Energie gewonnen. Meistens stammt sie aus der in Öl oder Gas enthaltenen chemischen Energie. Die Umwandlung findet im Heizkessel statt. Das Gas wird durch ein Leitungssystem von den Stadtwerken geliefert. Öl und feste Brennstoffe werden durch Tank- und Lastwagen herangeschafft. Thermische Energie und Lichtenergie werden häufig durch Strahlung transportiert. Die Sonnenenergie legt den langen Weg zur Erde durch Strahlung zurück.

Auch mechanische Energie kann transportiert werden. So befördert der Wind mechanische Energie über weite Strecken. Und beim Fahrradfahren leitet die Kette mechanische Energie von den Tretkurbeln zum Hinterrad.

Um Energie zu transportieren, benötigt man immer einen Träger. So sind z. B. Kohle, Gas, Licht und Wind Energieträger.

3 Kollektoren sammeln die Sonnenenergie.

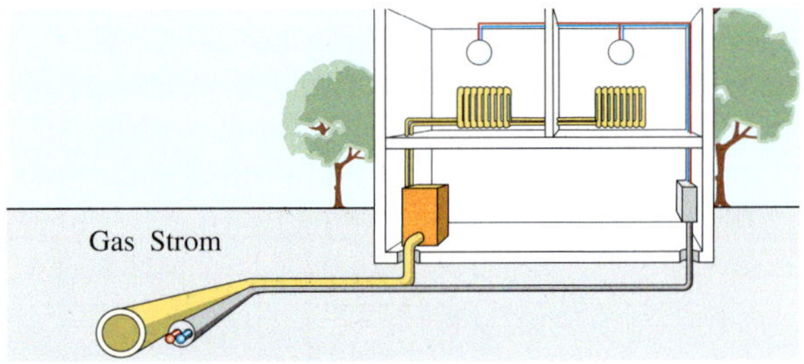

4 Energietransport im Haus

Probier 's mal!

1 Energietransportketten

Wenn Energie mehrmals von einem Körper auf einen anderen übertragen wird, spricht man von einer Energietransportkette. Baue mit möglichst vielen Energiewandlern eine funktionstüchtige Energietransportkette auf. Bild ↑5 zeigt, welche Geräte du benutzen kannst.

5

GRUNDLAGEN: **Energiespeicherung**

Kohle, Öl, Gas, aber auch Holz und Nahrung kennen wir bereits als Energieträger. In ihnen ist chemische Energie gespeichert.
Warmes Wasser ist ein thermischer Energiespeicher. Die Wärmflasche kann über mehrere Stunden thermische Energie abgeben. Das Wasser der Ozeane speichert einen Teil der eingestrahlten Sonnenenergie, die durch Meeresströme in kühlere Regionen gelangt. Für Westeuropa wirkt der aus warmen Meeresregionen kommende Golfstrom wie eine riesige Warmwasserheizung. Ihm verdanken wir, dass es im Winter nicht so kalt wird wie in Osteuropa.

6 Energiespeicher Nahrungsmittel

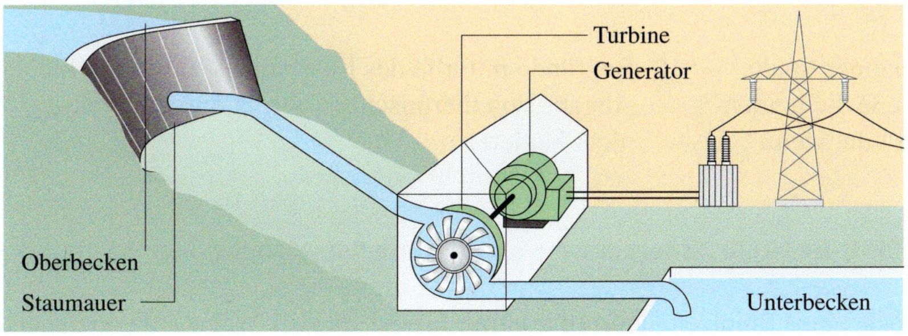

7 Das Wasser hinter der Staumauer ist ein Energiespeicher. Durch die höhere Lage speichert das Wasser Höhenenergie. Durch Rohre lässt man es auf tiefer liegende Turbinen strömen und treibt so Generatoren an. Die Generatoren wandeln die Bewegungsenergie in elektrische Energie um.

In Energiespeichern kann Energie über einen längeren Zeitraum aufbewahrt werden.

Aufgaben

1 Sonnenenergie kann auch im Haushalt genutzt werden. ↑8

a Informiere dich in Büchern oder im Internet, welche Möglichkeiten es dazu gibt.

b Welche Energiearten werden dabei für den Haushalt zur Verfügung gestellt?

c Warum wird die Sonnenstrahlung in Deutschland nicht intensiver genutzt?

8

2 Bild ↑9 zeigt eine ausgeklügelte Weckvorrichtung. Um acht Uhr soll die Sonne einen Faden durchbrennen, der die Feder gespannt hält …

9

a Erzähle die Weckgeschichte zu Ende.

b Beschreibe, wie die Weckmaschine funktionieren soll. Welche Energieumwandlungen finden statt? Wie wird die Energie von Ort zu Ort transportiert?

c Wird die Weckmaschine tatsächlich funktionieren? Begründe.

Experimente

1 Springende Bälle
Besorge dir Bälle, die unterschiedlich gut springen: Flummi, Tennisball, Fußball, Medizinball und einen Ball, den du dir aus Knetmasse formst.

a Lass die verschiedenen Bälle nacheinander aus derselben Höhe auf den Boden fallen. Miss, wie hoch sie nach dem ersten Aufprall springen.

b Erkläre mithilfe des Energiebegriffs, wie diese Unterschiede zustande kommen.

2 Gewickelter Kupferdraht
Wickle einen langen Kupferdraht zu einer Spule mit vielen Windungen auf und schließe die beiden Enden an eine Batterie an. Was fühlst du, wenn du den Kupferdraht anfasst? Begründe. ↑1

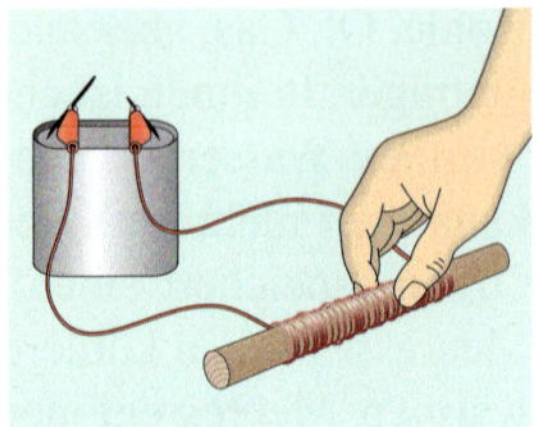
1

3 Geworfene Knetmasse
Wirf einen aus Knetmasse geformten Ball mehrfach kräftig auf einen harten Boden.

a Miss vor und nach den Würfen die Temperatur des Balls mit einem empfindlichen Temperaturfühler.

b Begründe mithilfe des Ergebnisses, dass man die Abgabe von thermischer Energie normalerweise nicht bemerkt.

GRUNDLAGEN: Energie wird an die Umgebung abgegeben

2

Mit einer Spielzeugdampfmaschine kannst du den Weg nachvollziehen, den die Energie vom Kraftwerk bis zu deiner Zimmerlampe durchläuft. ↑2 Nachdem das Wasser im Kessel mit Esbit zum Sieden gebracht wurde, beginnt das Schwungrad sich zu drehen. Das Schwungrad betreibt einen Dynamo. Nur wenn viel Esbit auf einmal verbrennt, gelingt es, die angeschlossene Lampe ein wenig zum Leuchten zu bringen. Das brennende Esbit gibt viel Energie ab und leuchtet viel heller als die Lampe. Es kommt also viel weniger Energie bei der Lampe an, als vom Esbit abgegeben wurde. Bei der laufenden Dampfmaschine kannst du mit den Händen fühlen, dass an verschiedenen Stellen thermische Energie abgegeben wird. Zum Beispiel erwärmt ein Teil der Energie des brennenden Esbits die Luft, die am Kessel vorbeiströmt. Auch mit dem entweichenden Dampf geht Energie verloren. Und der Dynamo wird beim Betrieb warm und gibt Energie an die Luft ab. All diese Energie ist für den Betrieb der Lampe verloren. ↑3

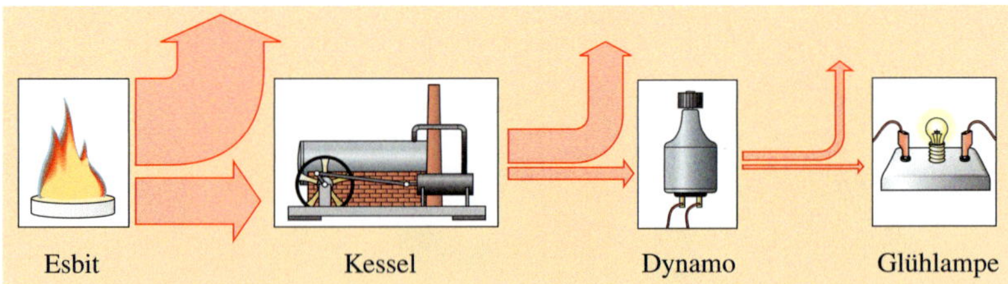

3 Nur ein winziger Teil der Energie findet den Weg vom Esbit zur Glühlampe.

Man könnte versuchen, die Energieverluste zu vermindern, indem man den Kessel und die Leitungen mit Styropor isoliert. Ganz vermeiden lassen sie sich jedoch nicht. Was du hier bei der Dampfmaschine herausgefunden hast, gilt ganz allgemein:

Bei jeder Energieumwandlung und jedem Energietransport wird Energie als thermische Energie an die Umgebung abgegeben. Diese Energie steht für weitere Energieumwandlungen nicht mehr zur Verfügung.

Aus der Technik Wärmedämmung bei Wohnhäusern

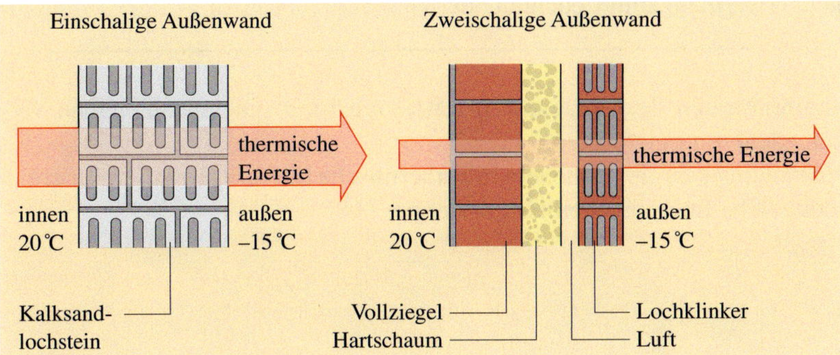

4 Maßnahmen zur Wärmedämmung

5 Wärmebildaufnahme eines Hauses

Beim Heizen muss der Wohnung zunächst so viel Energie zugeführt werden, dass die gewünschte Raumtemperatur erreicht wird. Leider kann man die Heizung danach nicht einfach ausschalten, denn das Zimmer kühlt sich wieder ab. Durch Wände, Decken und Fenster entweicht thermische Energie, die immer wieder von der Heizung nachgeliefert werden muss. Bild ↑5 zeigt, wo die Energie aus einem Haus entweicht. Bereiche unterschiedlicher Temperatur sind durch Farben sichtbar gemacht. An den roten und gelben Stellen ist die Hauswand am wärmsten. Dort ist die Energieabgabe an die Umgebung am größten. Man kann nicht ganz verhindern, dass Energie nach außen entweicht. Aber man kann diese Energieabgabe verringern. Deshalb werden Materialien für Fenster und Wände benutzt, die möglichst wenig thermische Energie durchlassen. ↑4

Aufgaben

6

1 Damit ein Fahrrad schnell zum Stehen kommt, muss man bremsen.
a Beschreibe den Bremsvorgang energetisch.
b Widerlege die Aussage: „Beim Bremsen wird Energie vernichtet.“
c Kann man die beim Bremsen umgewandelte Energie sinnvoll nutzen? Begründe.
d Auch wenn man nicht bremst, wird ein Fahrrad langsamer, wenn man nicht tritt. Wie kommt es dazu? Vergleiche diesen Vorgang mit dem Bremsen. Nenne Gemeinsamkeiten und Unterschiede.

2 Knickt man einen Stab in der weichen Substanz eines Handwärmers, erwärmt sich der Handwärmer rasch. ↑7
a Erkundige dich bei einem Chemielehrer, wie ein solcher Handwärmer funktioniert.
b Zeige, dass die thermische Energie nicht aus der warmen Umgebung in den kälteren Handwärmer geströmt sein kann.
c Was musst du tun, um den Handwärmer ein weiteres Mal zu benutzen? Beurteile den Aufwand.

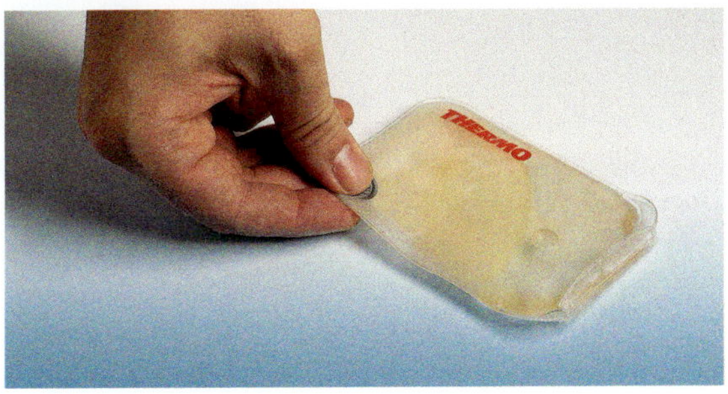

7 Handwärmer

Auf einen Blick

Energie Gegenstände, die Energie besitzen, können etwas anheben, bewegen, erwärmen, zum Leuchten oder zum Tönen bringen.

Energieformen Je nach ihrer Erscheinungsform unterscheidet man verschiedene Energieformen:
Bewegungsenergie, Höhenenergie, thermische Energie, Strahlungsenergie, elektrische Energie, chemische Energie. ↑1

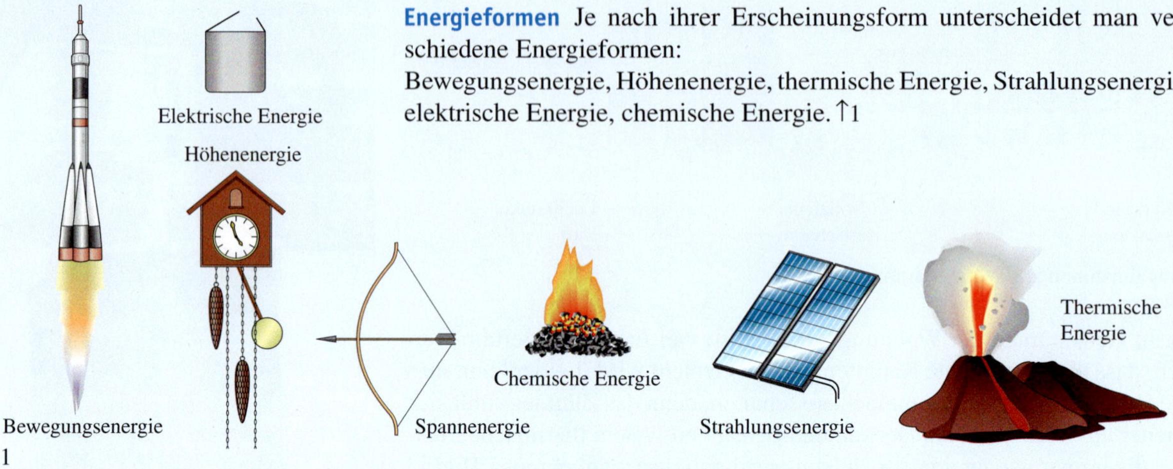

1

Energieumwandlung Energie kann nicht aus dem Nichts erzeugt werden. Sie fließt von einem Gegenstand zu einem anderen. Dabei kann sich ihre Erscheinungsform ändern.

2

Energietransport Um Energie zu transportieren, benötigt man immer einen Träger. Kohle, Öl, Gas und Licht sind Beispiele für Energieträger.

Energiespeicherung Energie kann gespeichert werden. Chemische Energieträger speichern chemische Energie. Gegenstände in höherer Lage speichern Höhenenergie. Sich bewegende Körper speichern Bewegungsenergie. Gegenstände von hoher Temperatur speichern thermische Energie.

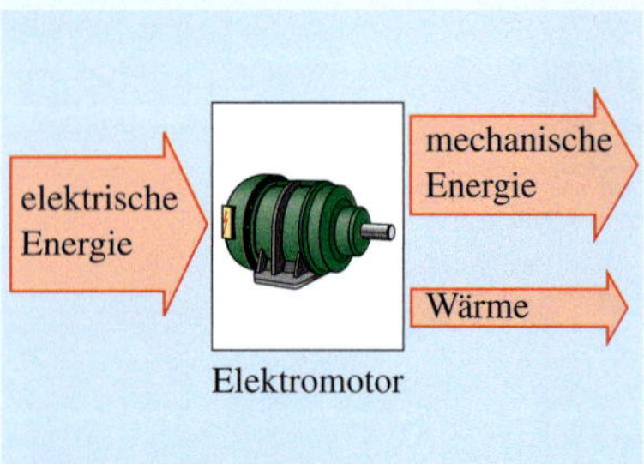

3

Energie wird an die Umgebung abgegeben Bei jeder Energieumwandlung und jedem Energietransport wird Energie als thermische Energie an die Umgebung abgegeben. Diese Energie steht für weitere Energieumwandlungen nicht mehr zur Verfügung.

1 Woran kann man feststellen, ob ein Gegenstand Energie besitzt?

2 Nenne Situationen im Haushalt, bei denen Energie benötigt wird.

3 In welchen unterschiedlichen Formen kann Energie auftreten? Wie nennt man den Übergang von einer Energieform in eine andere?

4 Beschreibe den Weg, den die Energie von deinen Muskeln in die leuchtende Lampe deines Fahrrads nimmt. Wo bleibt die Energie?

5 Beschreibe, wie die Schallenergie und die Lichtenergie vom Fernsehgerät zu deinen Ohren bzw. Augen gelangt. ↑4

6 Erläutere am Beispiel eines Wasserfalls die physikalischen Begriffe Höhenenergie, Bewegungsenergie und Energieumwandlung. ↑5

7 Stelle den Energietransport von der Kohle über ein Wärmekraftwerk zur Stereoanlage in deinem Zimmer in einem Energieflussdiagramm dar.

8 Energie kann gespeichert werden. Ordne den verschiedenen Energieformen typische Energiespeicher zu.

9 Inwiefern kommt fast die gesamte Energie, die wir auf der Erde nutzen, von der Sonne? Warum nennt man die Kohle- und Ölreserven manchmal auch „Spardose der Sonne"?

10 Beschreibe, wie ein Wasserkraftwerk und ein Windkraftwerk funktionieren.

11 Erläutere den Satz: „Energie wird auf ähnliche Weise verbraucht, wie Wasser verbraucht wird, wenn man damit Geschirr spült, duscht oder Wäsche wäscht."

12 Camilla saust auf ihren Inlineskates durch die Halfpipe. Sie fährt die Rampe auf der linken Seite hinunter und auf der rechten Seite bis zur waagerechten Plattform wieder hinauf. ↑6

a Ohne eigenes Zutun würde Camilla die rechte Plattform nicht erreichen. Beschreibe für diesen Fall den Bewegungsablauf aus Sicht der Energie und ihrer Umwandlungen.

b Wie schafft es Camilla wohl, die Plattform doch zu erreichen?

c Beim Snowboarden gibt es Halfpipes, die ein zusätzliches Gefälle haben. Wie schaffen es die Snowboarder, mehrere Meter über die Halfpipe hinauszuspringen, wenn sie am unteren Ende angekommen sind? Begründe deine Antwort aus Sicht der Energie. ↑7

13 2008 beschlossen die EU-Mitgliedstaaten zum Schutz des Klimas ein schrittweises Verbot von Glühlampen, die für die Beleuchtung genutzt werden. Beurteile diesen Beschluss und argumentiere mit deinen Kenntnissen über Energie.

4

5

6

7

Check up

1 Wie würdest du einem Mitschüler erklären, was Physiker unter Energie verstehen?

2 In Bild ↑1 findest du zahlreiche Gegenstände. Welche Energieformen kannst du den Gegenständen zuordnen? Begründe deine Antworten (mindestens 6 Angaben).

1

3 Nenne Vorrichtungen, mit denen man elektrische Energie in Bewegungsenergie, thermische und chemische Energie umwandeln kann. Nenne weitere, mit denen man Strahlungsenergie in elektrische, thermische und Bewegungsenergie umwandeln kann.

4 Elektrische Energie wird vielseitig verwendet.
a Welche Vorteile und welche Nachteile hat elektrische Energie gegenüber anderen Energieformen?
b Mit welchen Geräten gewinnt man elektrische Energie? Nenne Beispiele.

5 Ein zwischen zwei Isolatoren gespannter Draht wird in der Mitte mit einem Wägestück belastet. Schaltet man den Strom ein, so fängt der Draht an zu glühen und er dehnt sich aus, sodass das Wägestück ein wenig absinkt. Schaltet man den Strom ab, so zieht sich der Draht wieder zusammen und das Wägestück wird wieder angehoben. ↑2

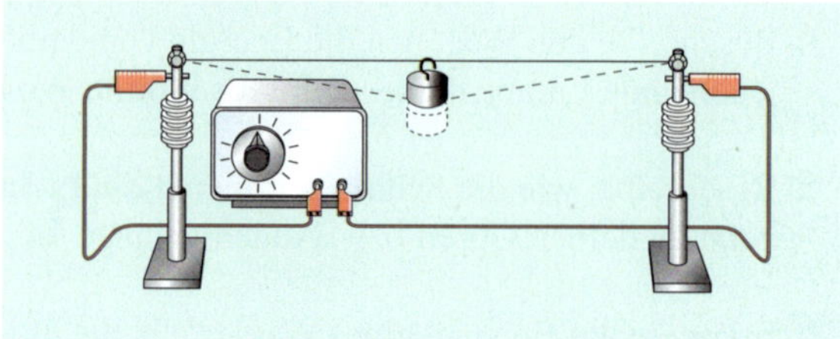
2

a Beschreibe die Vorgänge energetisch.
b Woher kommt die Energie, durch die das Wägestück gehoben wird?

6 Begründe, warum Kraftwerke eigentlich „Energieumwandlungsstationen" heißen müssten.

7 Was hältst du von der Behauptung: Letztlich heizt man nicht die Wohnung, sondern die Außenwelt?

8 Biodiesel, Heizöl, Kohle, Windenergie, Wellenenergie, Höhenenergie und Bewegungsenergie von Wasser stammen letztlich von der Sonne. Begründe diese Aussage für die genannten Energieformen. Gibt es überhaupt Energieformen, die nicht von der Sonne stammen?

Schätze deine Kenntnisse und Fähigkeiten ein.

Ordne dazu deiner Lösung im Heft ein Smiley zu:
☺ Ich konnte die Aufgabe richtig lösen.
😐 Ich konnte die Aufgabe nicht komplett lösen.
☹ Ich konnte die Aufgabe nicht lösen.

→ **Die Lösungen findest du im Anhang.**

Aufgabe	Fähigkeit	Hilfe findest du auf Seite …
1	Physikalische Größe Energie erklären.	13
2, 4, 5, 8	Energieformen erkennen.	13, 16
3, 4, 5, 6, 8	Energieumwandlungen beschreiben und erklären.	16
3, 6	Energiewandler benennen.	16, 18
5, 8	Energietransport erkennen und beschreiben.	18
7	Abgabe von Energie an die Umgebung erkennen und erklären.	20

Schall und Wechselwirkung

Der Flügelschlag eines summenden Insekts, das Vibrieren der Membran eines Lautsprechers, das Klirren einer Fensterscheibe, das Zittern einer Stimmgabel oder die gezupfte Gitarrensaite – in allen Fällen bewegt sich etwas hin und her, es schwingt.

Schwingen die Körper schnell hin und her, hört man die Schwingung als Schallschwingung. Schallschwingungen sind mechanische Schwingungen und stellen eine besondere Form der Bewegungen dar.

Die Schallschwingungen können sich in Form von Schallwellen ausbreiten. Sie benötigen z. B. die Luft als Träger.

Hören und Sprechen hängen eng mit den Eigenschaften der Schallwellen zusammen.

Sprechen und Hören

Mit einem kräftigen Schrei kommt jedes Neugeborene auf die Welt. Der erste kräftige Atemzug und dann der Schrei: Hier bin ich! Die Augen sind geöffnet. Was sieht wohl so ein neuer Mensch? Das Herz pocht, die Lunge arbeitet, Arme und Beine sind in Bewegung. Es ist alles fertig an diesem kleinen Menschen. Und was hört dieses Neugeborene mit seinen kleinen Ohren?

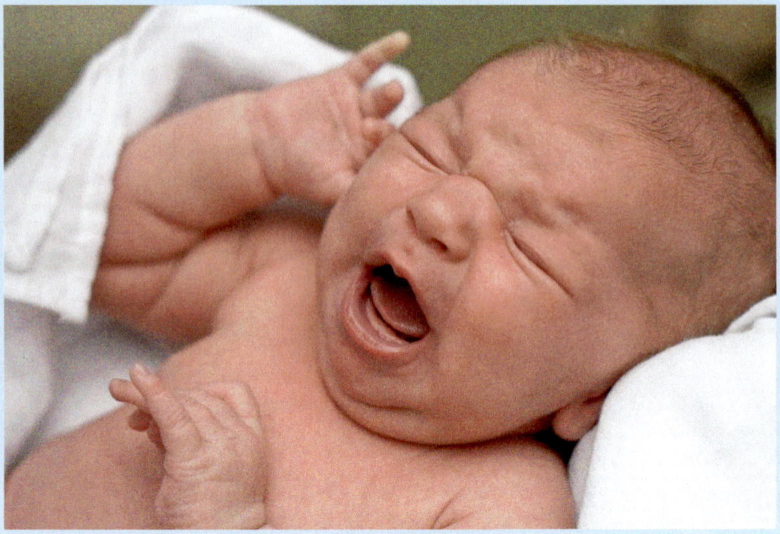

1

Schon gewusst?

Babys können stundenlang schreien, ohne zu ermüden, weil sie richtig atmen. Sie atmen mithilfe des Zwerchfells. Wird dieser Muskel gespannt, vergrößert sich der untere Brustkorb und es entsteht der größtmögliche Raum zum Einatmen. Ein Sänger muss diese Technik erst wieder lernen. Wir nutzen meist die Bauch- oder Brustatmung.

Nicht nur mit Musikinstrumenten, sondern auch mit unserer Stimme können wir Klänge und Töne hervorbringen. Fast jeder Mensch singt gern, selbst dann, wenn er es nicht gut kann. Viele Menschen behaupten sogar, die menschliche Stimme ist das schönste Instrument.
Das Sprechen ist eine kunstvolle Fertigkeit, die nur wir Menschen beherrschen. Denn wir bringen dabei nicht nur Töne hervor, sondern können beispielsweise über ein aufregendes Erlebnis berichten.
Auch Tiere können Töne und Klänge erzeugen. Sie signalisieren damit z. B. einem Weibchen: Hier ist ein Männchen. ↑2
Wir Menschen können über unsere Gefühle und Gedanken, über Vergangenes oder die Pläne für die Zukunft sprechen. Wie erzeugen wir Menschen Töne und Klänge und wie wird daraus ein Wort? ↑3

2

3

Experimente

1 Unser Abc

a Singe ein helles „A“, ein „E“, ein hohes „I“, ein „O“ und ein dunkles „U“. Prüfe, wie sich die Vibrationen an Kopf, Hals und Brust verändern. ↑4

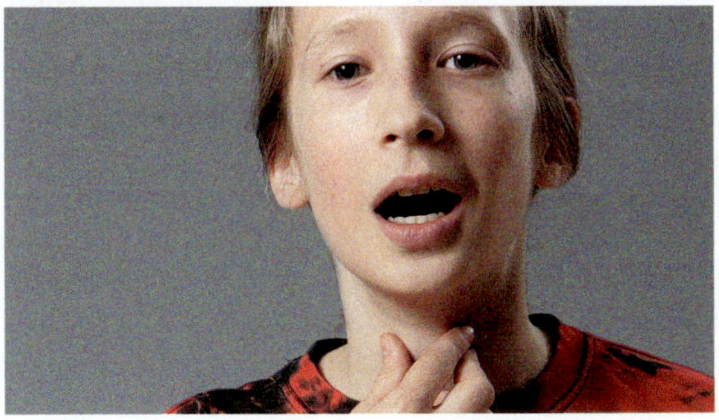

4

b Untersuche auch alle Konsonanten, indem du sie laut, ohne den zugehörigen Vokal, sprichst.

c Fertige eine Liste an: Was vibriert bei welchem Buchstaben?

2 Luft und Sprechen

Halte eine brennende Kerze dicht vor deinen Mund (Vorsicht!) und sprich laut und langsam verschiedene Buchstaben. ↑5

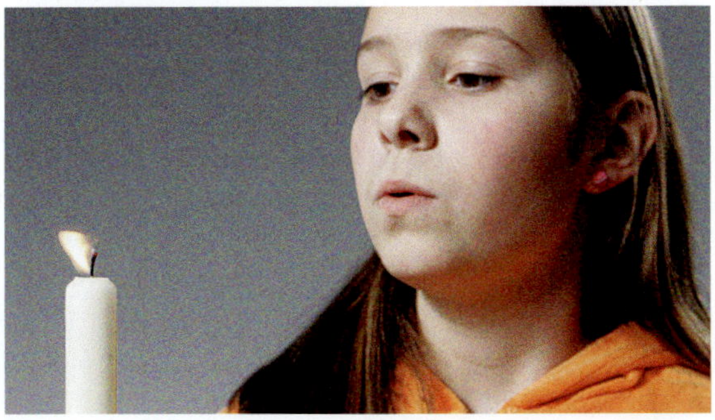

5

Wie verhält sich die Kerze bei den Vokalen A, E, I, O, U, wie bei den Konsonanten P, T, K? Welche Unterschiede stellst du zwischen Vokalen und Konsonanten fest? Notiere deine Beobachtungen.

3 Vokale im Mund

Sprich langsam, laut und deutlich die Vokale A, E, I, O und U, möglichst in derselben Tonhöhe. Beobachte dabei dein Gesicht im Spiegel.
Wie verändert sich die Stellung deines Unterkiefers, der Lippen, der Zunge und der Innenraum des Mundes? Notiere deine Beobachtungen.

4 Megafon

Aus einem großen Bogen Pappe kannst du eine „Flüstertüte“ – ein Megafon – bauen.
Wenn du durch die kleine Öffnung sprichst, wird der Schall deiner Stimme in eine Richtung gelenkt und ist dort auch in größerer Entfernung gut zu verstehen.

5 Vokale sehen

Mithilfe eines Mikrofons, das an ein Oszilloskop oder einen Computer angeschlossen wird, kann man Geräusche sichtbar machen. Sprich zuerst ein langes A, dann ein I und beobachte die Kurven auf dem Bildschirm. Vergleicht die Kurven, wenn zwei Schülerinnen oder Schüler nacheinander denselben Vokal sprechen. ↑6

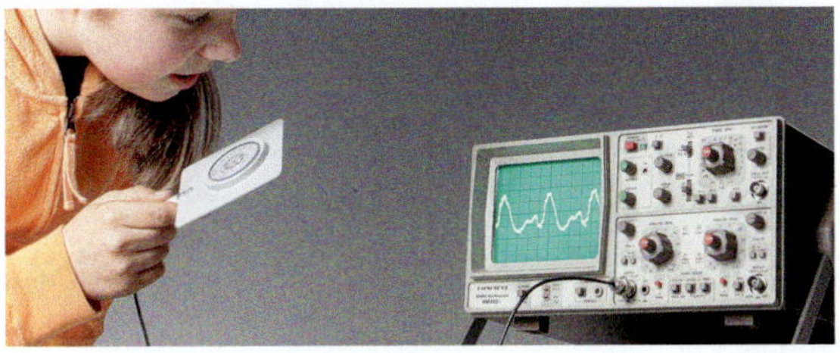

6

6 Stimmbänder aus Luftballongummi

Schneide einen Luftballon gerade durch und spanne die beiden Hälften so über das Ende einer Papprröhre (Haushaltsrolle), dass in der Mitte ein schmaler Spalt bleibt.
Ein Gummiband um die Röhre hält die Gummihaut. Blase von außen gegen den Spalt. Verändere die Spannung der Gummistimmbänder. ↑7

7

Was siehst und was hörst du?
Verändere die Länge der Röhre und untersuche die Veränderung des Klangs. Halte das offene Rohrende in einen kleinen, fast geschlossenen Pappkarton. Wie verändert sich der Ton?

GRUNDLAGEN: Wie Sprache entsteht – Stimmbänder

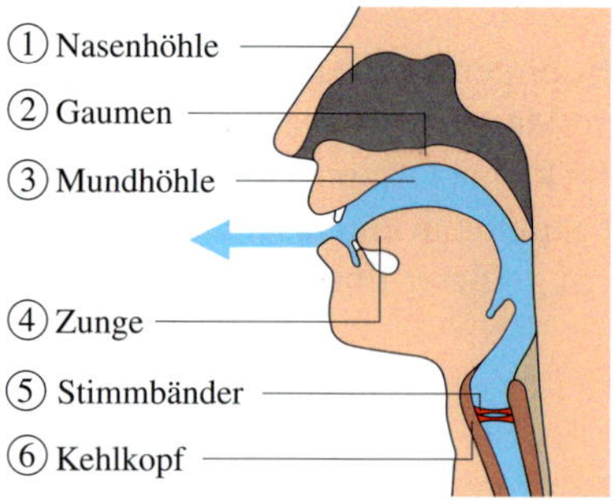

1

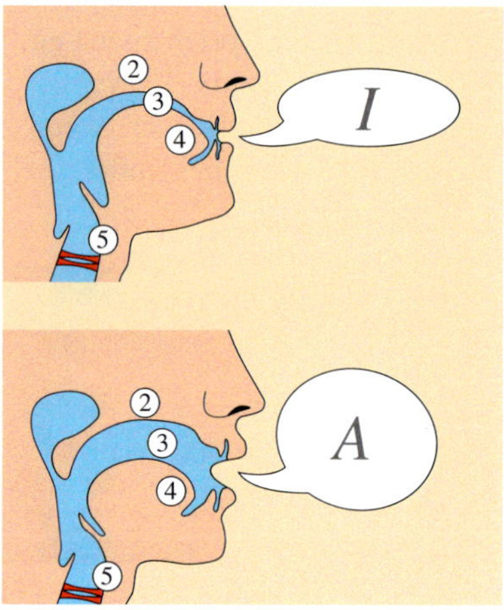

2

Beim Summen, Singen und beim Sprechen vieler Buchstaben vibrieren Teile des Kopfs und des Halses, manchmal auch die Brust. Am stärksten vibriert der Hals im Bereich des Kehlkopfs. ↑1

In Höhe des Kehlkopfs verengt sich die Luftröhre. Dort befinden sich die Stimmbänder, die aus elastischen Fasern bestehen. Beim Sprechen oder Singen spannen sich die Stimmbänder und bilden eine schmale Stimmritze. Wird die Luft durch sie hindurchgepresst, beginnen die Stimmbänder schnell zu vibrieren. Bei tiefen Tönen sind sie lockerer gespannt und vibrieren weniger schnell als bei hohen Tönen.

Bei Kindern sind die Stimmbänder kürzer und beim Sprechen straffer gespannt. Deshalb klingt die Stimme von Kindern höher als die von Erwachsenen. Die meisten Männer haben etwas dickere und längere Stimmbänder. Die Männerstimmen sind tiefer als die Frauenstimmen.

Die Stimmbänder allein machen aber noch keine Sprache. Sie „brummen“ nur. Wie bilden wir Menschen Vokale und Konsonanten?

Bei jedem Vokal verändern wir die Mundstellung und damit den Rachenraum. Nur durch diese Veränderung können wir aus dem Brummton der Stimmbänder die verschiedenen Vokale bilden. ↑2

Die Untersuchungen mit dem Oszilloskop zeigen für jeden Vokal andere Kurven. Sprechen zwei Menschen denselben Vokal, sind die Kurven sehr ähnlich. Darum hören, erkennen und verstehen wir den Vokal. Durch die Lippen, die Zunge oder die Zähne kann der Rachenraum verschlossen werden. Öffnen wir diesen Verschluss plötzlich und die Luft entweicht, entstehen die Konsonanten P, T, K, G, D. Beim W, V, F und S lassen wir die Luft durch Lippen oder Zähne bei fast geschlossenem Mund strömen.

Probier 's mal!

1 Große Ohren

Bastle dir verschieden große Ohren aus Pappe. Besorge dir zwei große Pappbecher (z. B. Popcorn) und schneide in den Boden ein Loch, durch das dein Ohr passt. Stelle auch aus Milchtüten und Pappkartons solche Ohren her. ↑3

a Was hörst du mit diesen Ohren in einer lauten Umgebung?

b Entferne dich von einer leisen Schallquelle (z. B. tickender Wecker, leises Handyklingeln) so weit, bis du kaum noch etwas hörst. Setze nun eines der großen Ohren auf. Kannst du nun wieder das Geräusch hören? Warum wohl?

3

2 Ich höre was, was du nicht hörst!

Halte dir beide Ohren fest zu.

a Was hörst du nun, wenn du selbst sprichst?

b Chorsänger halten sich beim Singen manchmal ein Ohr zu. Warum wohl? Probiere es aus.

3 Die fremde Stimme

Mache mit einem Sprachrekorder eine Aufnahme von deiner Stimme.
Was fällt dir beim Abhören auf?

4 Töne kann man fühlen

Sprich laut den Vokal „I“ gegen ein DIN-A4-Blatt Papier dicht vor deinem Mund. Kannst du die Vibration des Papiers mit den Fingerspitzen fühlen?

a Was passiert, wenn du lauter sprichst?

b Was passiert, wenn du das Blatt langsam vom Mund entfernst?

c Nimm ein kleineres Blatt und wiederhole die Experimente.

GRUNDLAGEN: Ohren und Gehör

Zum Hören braucht man die Ohren. Mit großen Ohrmuscheln hörst du anderes als mit kleinen. Form und Größe der Ohrmuscheln beeinflussen also den Höreindruck. Da keine zwei Menschen genau die gleichen Ohrmuscheln haben, hörst du die Welt ein klein wenig anders als dein Nachbar. Und Tiere nehmen die Geräusche sicherlich wieder ganz anders wahr als wir Menschen. ↑4

Bei zunehmendem Abstand von einer Schallquelle wird das Geräusch leiser: Es kommt weniger Schall in unser Ohr. Mit vergrößerten Ohrmuscheln „fangen" wir wieder mehr Schall auf und hören lauter.
Trotz zugehaltener Ohren können wir die eigene Stimme hören, allerdings klingt sie sehr dumpf und fremd. Offensichtlich gelangt der Schall nicht nur „außen herum" durch die Ohrmuscheln ins Gehör. Es gibt auch einen Weg „innen entlang" direkt ins Gehör: Die Vibration in Kehlkopf und Rachenraum wird direkt zum Innenohr geleitet.
Tonbandaufnahmen zeigen, dass wir uns selbst beim Sprechen anders hören als in der Aufnahme. Beim Sprechen und Singen hörst du dich „außen herum" und zugleich auch „innen entlang".

Ein dünnes Papier gerät in Vibration, wenn du dicht davor dagegen sprichst. Mit zunehmendem Abstand wird die Vibration zwar schwächer. Aber eine dünne, gespannte Haut kann auch in einiger Entfernung in Vibration geraten. Mit zwei Tamburins kann man zeigen, dass die Vibration des einen auf das andere übertragen wird. ↑5

Von einer dünnen Haut, Trommelfell genannt, wird der Gehörgang verschlossen. Bei jedem Geräusch gerät das Trommelfell in Vibration. Die Gehörknöchelchen (Amboss, Hammer und Steigbügel) übertragen diese Vibrationen auf das ovale Fenster in die flüssigkeitsgefüllte Schnecke. In der Schnecke befindet sich wieder eine dünne Haut. Sie gerät in Schwingungen und stößt an feinste Nervenfasern. Dabei entstehen Reize, die als Erregung ins Gehirn geleitet werden. ↑6
Soweit haben die Wissenschaftler den Weg des Schalls verstanden, aber wie daraus im Gehirn schöne Musik und verständliche Sprache wird, ist immer noch nicht ganz erforscht.

4 „Hören wie ein Luchs"

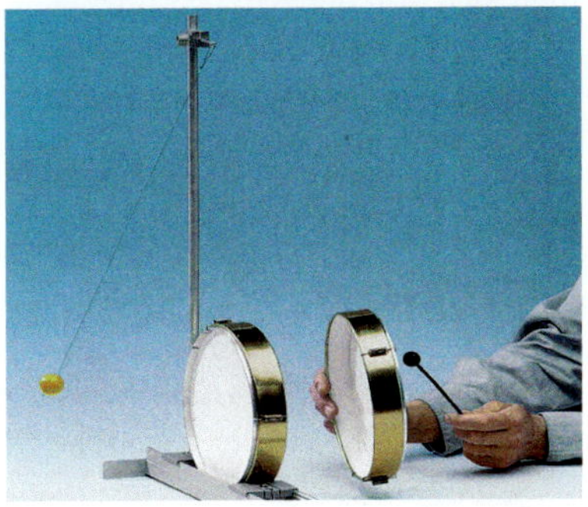

5

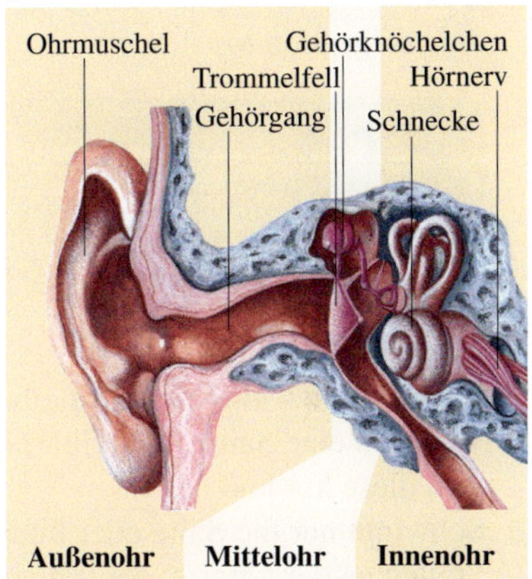

6

Aufgaben

1 Schlage eine Stimmgabel kräftig an und drücke ihren Fuß auf die Tischplatte: Der Ton wird hörbar. Schlage die Stimmgabel erneut an, halte sie gegen deinen Kehlkopf und forme den Mund so, als ob du ein A, O oder U sprichst. Hörst du die Unterschiede?

2 Baut aus Papier zwei große Trichter. Der eine wird als Hörrohr, der andere als Megafon genutzt. Untersucht zu zweit, in welcher Entfernung ihr euch im Flüsterton noch unterhalten könnt.

3 Betrachte Bild ↑2 auf der vorhergehenden Seite genau. Beschreibe die Unterschiede des Rachenraums und der Stellung der Zunge, wenn ein A bzw. ein I gesprochen wird.

4 Stelle dich vor einen Spiegel und beobachte sehr genau, wie sich Mund, Lippen und Unterkiefer bei den verschiedenen Konsonanten und Vokalen bewegen.
Schreibe deine Beobachtungen für mindestens vier Buchstaben auf.

Schwingungen und Töne

Riesig groß sind die Glocken im Kirchturm und ein schwerer Klöppel bringt sie zum Tönen.
Wer direkt danebensteht, könnte den Krach gar nicht ertragen, sein Gehör würde vermutlich Schaden nehmen. Aber schon unten vor der Kirche tönen die Glocken zwar sehr laut, aber doch mit einem angenehmen Klang. Und je weiter man sich von der Kirche entfernt, desto leiser klingen die Glocken. Meist sind sie im ganzen Ort zu hören, selbst in den Wohnungen.

1

Experimente

1 Schallquellen – genauer untersucht
Untersuche, wie verschiedene Schallquellen den Schall erzeugen. Stelle fest, welche Teile der Quelle sich bewegen. Fertige eine Tabelle nach dem folgenden Muster an:

Schallquelle	vibrierende Stelle	festgestellt durch
Geige	Saite Geigenkörper	sichtbar Finger an die Saite gehalten

2 Die Gitarre – eine Schallquelle
Wenn du eine Saite einer Gitarre anzupfst, bewegt sich diese hin und her.
a Schwingt nur die Saite oder findest du noch andere Stellen an der Gitarre, die schwingen?
b Wie überträgt die Saite ihre Schwingung auf den Gitarrenkörper?

3 Schwingungen der Stimmgabel sichtbar gemacht
Befestige an der Spitze einer großen, tief klingenden Stimmgabel eine Nadel. Ziehe die Spitze der kräftig angeschlagenen Stimmgabel schnell über eine berußte Glasplatte. ↑2

4 Laut und leise
Erzeuge unterschiedlich laute Töne mit der gleichen Schallquelle, z. B. mit:
– einem gespannten Gummiband
– einem Monochord ↑4
– einem Lineal, das an der Tischkante festgehalten wird ↑3
a Was musst du bei der Schallerzeugung beachten?
b Was ändert sich mit der Lautstärke an der Bewegung der Schallquelle? Beschreibe.

5 Hoch und tief – mit der gleichen Schallquelle
Erzeuge hohe und tiefe Töne mit:
– einem Lineal ↑3
– einem Gummiband
– einem Monochord ↑4
– einer teilweise mit Wasser gefüllten Flasche
Was musst du dazu jeweils an den Schallquellen verändern?

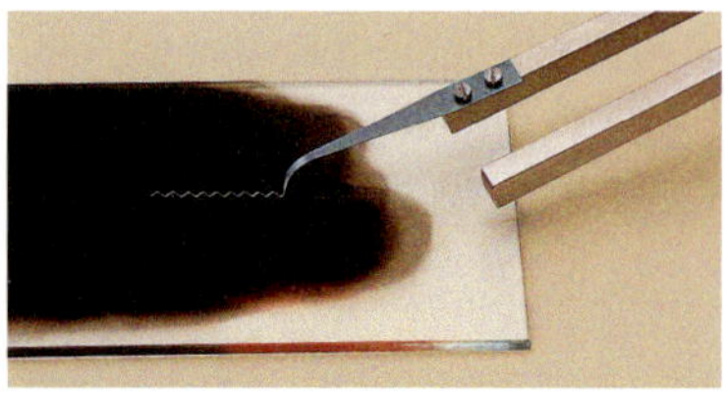

2

3

4

GRUNDLAGEN: Schall und Schwingungen – laut und leise

Bei einem Gong kann man spüren, dass sich die Fläche des Gongs sehr schnell vor- und zurückbewegt: Mit den Fingerspitzen fühlt man, dass er schwingt. ↑5
Der Schlag mit dem Klöppel auf die Mitte des Gongs hat das Blech für einen kurzen Moment eingebeult. Sofort geht die Beule zurück und das Blech bewegt sich einige Zeit vor und zurück, bis es wieder zur Ruhe kommt. Wir können diese Bewegung nicht sehen, aber wir hören den Gongklang, erst laut und dann immer leiser werdend.
Auch die Untersuchung anderer Schallquellen zeigt:

Bei allen Schallquellen kann man schwingende Teile finden. Je heftiger die Schwingung, desto lauter ist der Schall.

5 Besonders deutlich ist die Bewegung bei einem großen Gong zu spüren.

Eine sehr einfache Schallquelle ist die angezupfte Saite. Sie bewegt sich so schnell, dass sie dem Beobachter ganz verschwommen erscheint. Dort wo die Saite befestigt ist bzw. auf einem Steg aufliegt, bewegt sie sich nicht. Zur Mitte hin erscheint die angezupfte Saite breit verschwommen. ↑6, 7

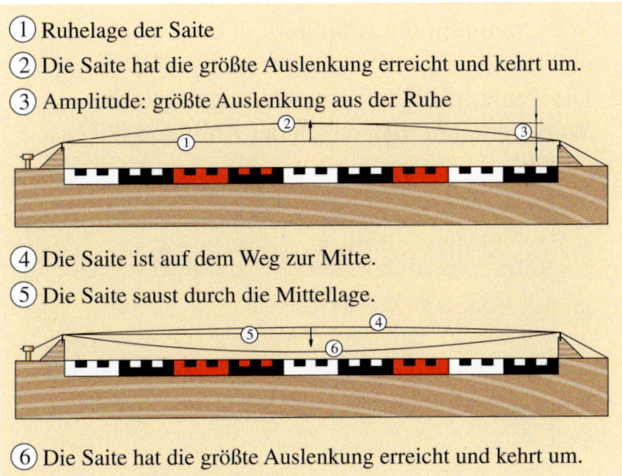

6 Schwingung der Saitenmitte

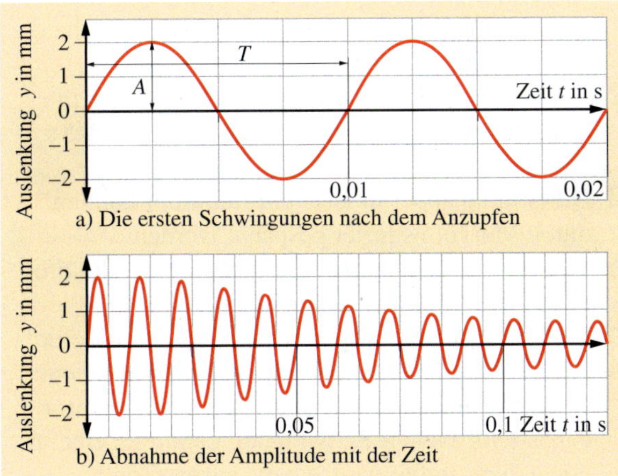

7 Auslenkung-Zeit-Diagramm (Schwingungsbild)

Die Zeit, die während einer vollständigen Hin-und-Herbewegung vergeht, wird *Periodendauer T* genannt. Sie wird in Sekunden (s) gemessen.
Die Anzahl der Schwingungen pro Sekunde wird *Frequenz f* genannt. Sie wird in Hertz (Hz) gemessen. Es gilt $f = \frac{1}{T}$.
Den Abstand, den ein schwingender Gegenstand zu einem bestimmten Zeitpunkt von der Ruhelage besitzt, nennt man *Auslenkung y*. Sie wird in Millimetern (mm) oder Zentimetern (cm) gemessen.
Die größte Auslenkung nennt man *Amplitude A*.
Unmittelbar nach dem Anzupfen der Saite ist die Amplitude ihrer Schwingung am größten. Die Amplitude wird mit der Zeit immer kleiner. Gleichzeitig wird der anfangs laute Ton immer leiser.

Je größer die Amplitude der Schwingung ist, desto lauter ist der Ton.

1 Durch Verkürzen der Saite wird der durch sie erzeugte Ton erhöht. Die Saiten einer Gitarre erzeugen unterschiedlich hohe Töne, obwohl alle gleich lang sind. Das liegt an der unterschiedlichen Dicke der Saiten – je dicker, umso tiefer ist der Ton.

GRUNDLAGEN: Hoch und tief bei der gleichen Schallquelle

Wenn du die Saite auf dem Monochord verkürzt, dann schwingt sie schneller und du hörst einen höheren Ton. Mit der Veränderung der Stegposition wurde die Anzahl der Schwingungen pro Sekunde und somit die Tonhöhe verändert.
Je größer die Anzahl der Schwingungen pro Sekunde ist, umso höher ist der Ton.
Lässt du ein Lineal ein wenig an der Tischkante überstehen und zupfst es an, dann schwingt es schneller. Es entstehen höhere Töne.
In einer angepusteten Wasserflasche schwingt die Luft schneller, wenn die Flasche höher gefüllt und der Luftraum kleiner ist.

■ **Je größer die Frequenz der Schwingung ist, desto höher ist der Ton.**

Aufgaben

1 Die Schwingungen einer Schallquelle sind gekennzeichnet durch Frequenz und Amplitude. Welche dieser Größen bestimmt die Lautstärke, welche die Tonhöhe?

2 Welche Frequenz hat ein Orgelton, wenn für die Orgelpfeife eine Periodendauer von $T = 0{,}0045$ s angegeben ist?

3 Die Stimmbänder in unserem Kehlkopf können durch Muskeln straffer gespannt werden.
a Welchen Einfluss hat diese Spannung auf die Frequenz der Stimmbandschwingung?
b Wodurch wird die Stimme höher, wodurch tiefer?

4 Die Schwingungsbilder ↑2a–d wurden mit einem Mikrofon aufgenommen und auf einem Monitor dargestellt. Welche Schwingung gehört zu einem hohen bzw. tiefen (lauten bzw. leisen) Ton?

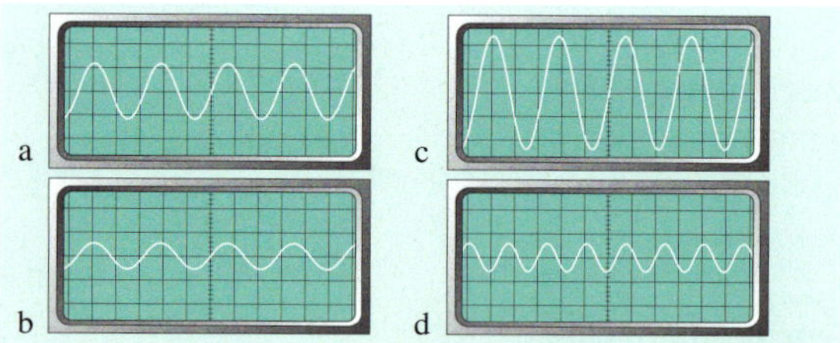

2

5 Eine Schallquelle schwingt mit 400 Hz, eine andere mit 800 Hz. Skizziere die beiden Schwingungsbilder und erläutere die Unterschiede.

6 Die Schwingung der Saitenmitte einer eingespannten Saite wird auf ↑S. 31 beschrieben. ↑31-6
a Wie groß ist die Amplitude A gleich nach dem Anzupfen? ↑31-7a
b Berechne aus der Periodendauer T die Frequenz dieser Schwingung.
c Warum nimmt die Amplitude A über längere Zeit ab? ↑31-7b
d Die Tonhöhe bleibt beim Abklingen gleich. Woran erkennt man das in der Abbildung? ↑31-7

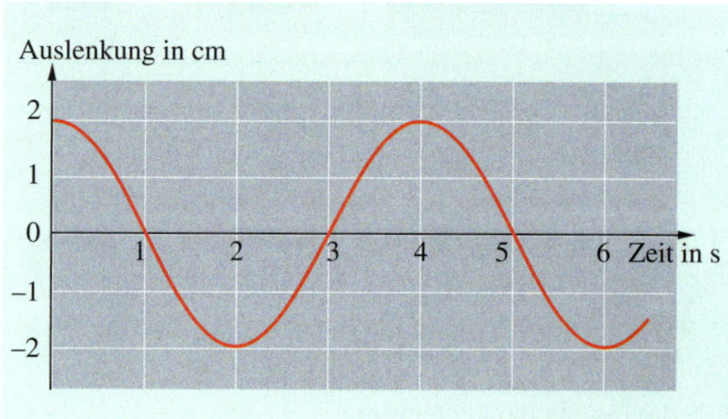

3

7 Bild ↑3 zeigt das Auslenkung-Zeit-Diagramm einer Schwingung. Wie groß sind Amplitude, Periodendauer und Frequenz?

8 Ergänze die Tabelle.

Schwinger	T in s	f in Hz
Kinderschaukel	5	?
Herz eines Babys	?	1,9
Wechselspannung	?	50
Fahrzeugmotor im Leerlauf	?	16
Flügel einer Hummel	0,005	?
Flügel einer Stechmücke	?	600
Flügel des Maikäfers	0,025	?

Experimente

1 Unterschiedliche Entfernung – gleiche Lautstärke
Auf dem Schulhof könnt ihr mit mehreren gleichen Trillerpfeifen die Lautstärke untersuchen: Der Hörer steht in 10 m Abstand von einer Trillerpfeife und in 20 m Abstand von mehreren Trillerpfeifen. Vergleicht die Lautstärke der einen Trillerpfeife mit 2, 3, 4 … zugleich angeblasenen Pfeifen. Alle Pfeifen müssen etwa gleich stark, besser gleich schwach geblasen werden. Wann hört sich das gleich laut an? ↑4

2 Gleiche Entfernung – doppelte Lautstärke
Jetzt stehen beide Trillerpfeifengruppen im gleichen Abstand vom Hörer auf dem Schulhof. Der Hörer versucht nun herauszufinden, wie viele Trillerpfeifen etwa doppelt so laut klingen wie eine. Für den Vergleich werden die einzelne Trillerpfeife und die Gruppe von 2, 3, 4 … Trillerpfeifen abwechselnd angeblasen. Alle Pfeifen müssen wieder gleich stark geblasen werden.

4

GRUNDLAGEN: Die Lautstärke

Entfernt sich der Hörer von einer Schallquelle, nimmt die Lautstärke ab. Es lässt sich aber kaum sagen, um wie viel die Quelle leiser wird. Leichter ist es zu hören, ob zwei unterschiedlich weit entfernte Schallquellen gleich laut klingen. Mit fünf genau gleichen Schallquellen kann man überprüfen: Vier gleiche Schallquellen werden etwa so laut gehört wie eine einzelne im halben Abstand. ↑5

Würde unser Gehör wie ein Taschenrechner addieren, so müssten zwei gleiche Schallquellen im selben Abstand doppelt so laut klingen wie eine. Zwar kann die Lautstärke vom Hörer nur geschätzt werden, aber weder zwei noch vier Pfeifen ertönen doppelt so laut. Erst etwa zehn gleiche Schallquellen im selben Abstand vom Hörer klingen etwa doppelt so laut wie eine. Die Anzeige am Schallpegelmesser (↑S. 34) steigt dann um etwa 10 dB(A) an. ↑6

Eine weitere Verdopplung, also eine Vervierfachung der wahrgenommenen Lautstärke, würde 100 gleiche Schallquellen erfordern.

Für kleine Schallquellen, die den Schall in den ganzen Raum um diese herum aussenden können, gilt:

> **Das menschliche Gehör empfindet den Schall von zehn gleichen Schallquellen etwa doppelt so laut wie den Schall einer Schallquelle im selben Abstand.**
> **Bei Verdopplung der Lautstärke steigt der Schallpegel um 10 dB(A).**

Gefahren für die Gesundheit Unser Ohr kann durch Schall schwer geschädigt werden. Zwar empfinden wir die laute Musik von 100 dB(A) aus dem MP3-Player „nur“ achtmal so laut wie den Lärm von einem Mofa [70 dB(A)]. Auf unser Gehör trifft jedoch genauso viel Schall wie von 1000 Mofas. Die Ohren werden dabei geschädigt, wir können nicht mehr alle Töne hören. Darum solltest du dich nie auf Dauer bei zu starken Schallquellen aufhalten.

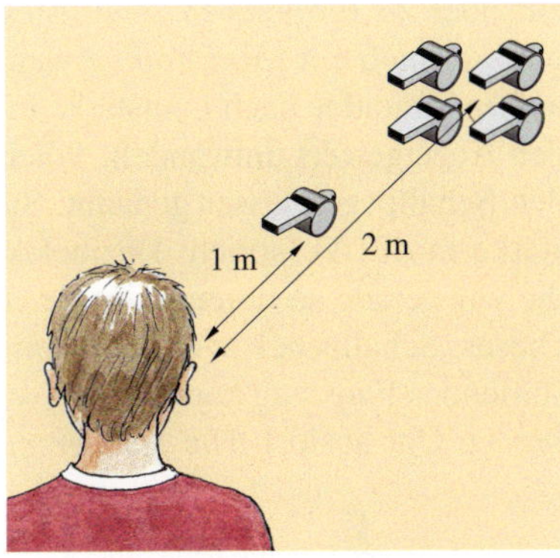

5

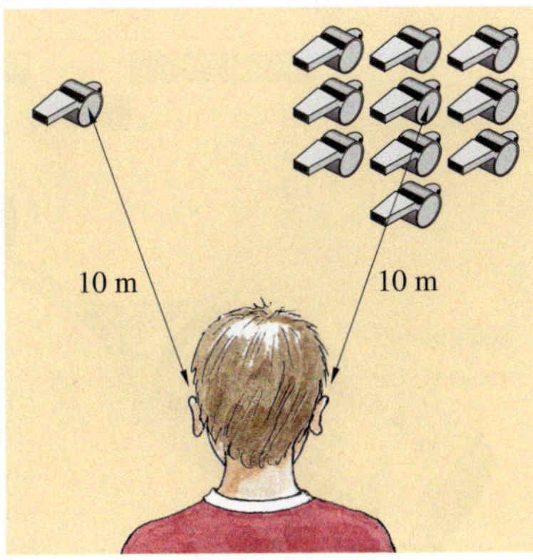

6

1 So kannst du abschätzen, wie laut es für den Torschützen ist, wenn zehntausend Zuschauer sein Tor bejubeln: 10 Menschen jubeln doppelt so laut wie ein Mensch. 10×10 Menschen, also 100 Menschen, sind wieder doppelt so laut, also insgesamt viermal so laut wie einer.
10×100 Menschen = 1000 Menschen sind 8-mal und 10×1000 Menschen, also 10000 Menschen, sind 16-mal so laut wie ein einzelner. Für den Spieler in der Mitte des Stadions ist der Jubelschrei von 10000 Zuschauern etwa 16-mal so laut wie von einem einzelnen Zuschauer.

Aus der Technik Vom Messen der Lautstärke

Unser Gehör ist nicht gut geeignet, die Lautstärke an verschiedenen Orten oder zu verschiedenen Zeiten miteinander zu vergleichen. Zum Messen der Lautstärke wird deshalb ein Mikrofon verwendet, das den Schall aufnimmt und je nach Lautstärke in einen entsprechenden Anzeigewert umwandelt. Solche Messgeräte werden Schallpegelmesser genannt. Sie messen die Lautstärke in dB(A) (sprich: Dezibel A). Bei Geräuschen, die wir gerade so hören, steht der Zeiger auf 0 dB(A). Dieser Schallpegel wird *Hörschwelle* genannt. Ein startendes Flugzeug kann so laut sein, dass es Schmerzen im Ohr auslöst. Die *Schmerzgrenze* liegt bei etwa 120 dB(A). Wird ein Mensch von einem Schallpegel von mehr als 180 dB(A) getroffen, dann wird nicht nur das Gehör zerstört, auch die kleinen Lungenbläschen platzen und dies ist tödlich. Einen sehr kurzen Knall empfinden wir gar nicht so laut, selbst wenn der Schallpegel sehr hoch ist. Er ist dennoch schädlich. Ein Beispiel: Der Knall einer Spielzeugpistole nahe am Ohr oder ein Chinaknaller in 2 m Abstand haben beide einen Schallpegel von etwa 160 dB(A). Obwohl diese Geräusche weniger als eine Tausendstelsekunde dauern, kann ein solcher Knall einen dauerhaften Hörschaden auslösen.

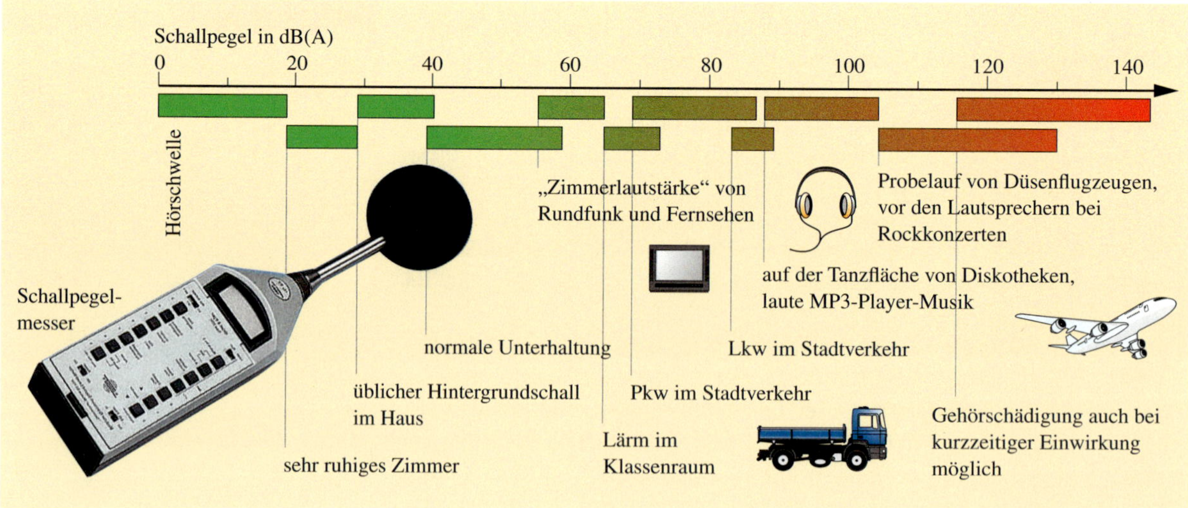

2

1 Stelle eine Liste von Schallquellen zusammen, die das Gehör schädigen können.

2 Nenne Möglichkeiten, wie die Lautstärke einer Schallquelle vermindert werden kann.

Experiment

1 Resonanz

Stelle zwei gleiche Stimmgabeln auf Resonanzkästen dicht einander gegenüber. Schlage die eine an und berühre sie kurz darauf. Warum hörst du noch immer einen Ton?
Berühre nun kurz die zweite. Wieder ist der Ton noch zu hören, allerdings leise. Kannst du noch mal die erste Stimmgabel berühren und immer noch den Ton hören? ↑3

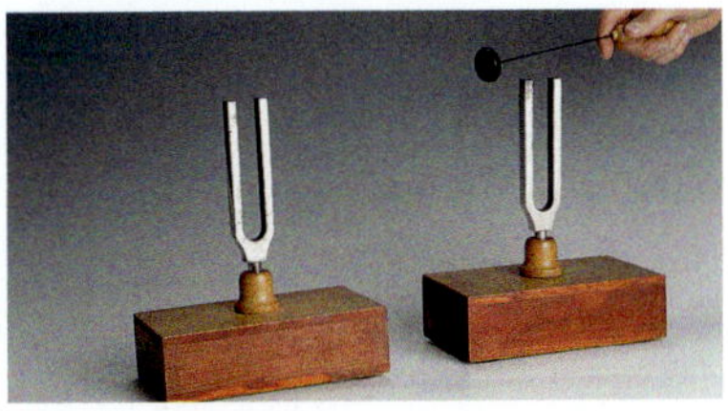
3

GRUNDLAGEN: Schallwellen und Resonanz

Die vibrierende Fläche einer Schallquelle stößt die Luft in ihrer Nähe ganz schnell und oft nacheinander an. Ein klingendes Instrument schickt eine dichte Folge von Störungen auf die Reise: Beim Kammerton *a* wird die Luft 440-mal in jeder Sekunde angestoßen.
Am Ohr kommen dann in jeder Sekunde 440 Störungen an. Das empfinden wir dann als Ton. ↑4

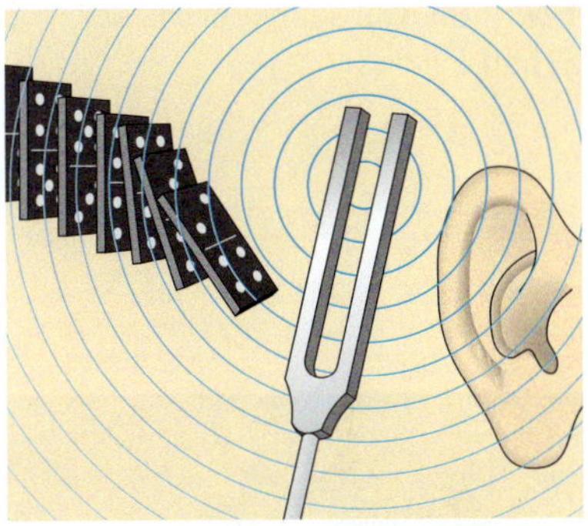
4

Eine regelmäßige Folge von Stößen wird Schallwelle genannt.

Wenn nun umgekehrt Schallwellen auf einen Gegenstand treffen, der mitschwingen kann, dann wird dieser von den Schallwellen in Schwingungen versetzt. Dies geschieht besonders heftig, wenn die Frequenz der ankommenden Schallwellen genau zur Körperschwingung (Eigenfrequenz) passt. Das Mitschwingen wird als Resonanz bezeichnet. Die Energiezufuhr im Rhythmus der Eigenfrequenz ist im Resonanzfall besonders wirkungsvoll.

Resonanz ist das besonders heftige Mitschwingen eines Körpers bei Übereinstimmung von Erregerfrequenz und Eigenfrequenz.

5

Schwingt der Erreger in der Eigenfrequenz, erhöht sich die Amplitude der Schwingung auf ihren größten Wert. Das kann bis zur Zerstörung des Körpers führen. Der Lautsprecher in Bild ↑5 erzeugt z. B. genau den Ton, mit dem auch das angeschlagene Weinglas ertönt. Die Schwingung kann so heftig werden, dass das Glas zerspringt – eine Resonanzkatastrophe.

Musiker bezeichnen den Korpus eines Saiteninstruments häufig auch als „Resonanzkasten“. Dabei verkennen sie, dass hier Resonanz eigentlich unerwünscht ist. Der Holzkasten eines Saiteninstruments wird von der Schwingung der Saite stets mit ihrer augenblicklichen Frequenz zum Mitschwingen angeregt. Durch den Korpus vergrößert sich die „schwingende Fläche“ bezüglich der umgebenden Luft und der Ton wird lauter abgestrahlt. Nur gelegentlich gerät der Korpus in Resonanz – im physikalischen Sinn. Dann schwingen der Holzboden oder die Decke in ihrer Eigenfrequenz mit und man vernimmt einen sehr rauen Mischton, den die Musiker dann als „Wolf“ bezeichnen. Instrumentenbauer versuchen den unerwünschten Wolf durch eine geeignete Positionierung des Stimmstocks zwischen Boden und Decke innerhalb des Korpus zu vermeiden bzw. zu mindern.

Schall unterwegs

Wer hat nicht schon einmal gezählt: „21, 22, 23 …“, um die Entfernung des Gewitters vom Beobachter zu schätzen.
Vom Entstehungsort des Blitzes, der den Donner hervorruft, bis zum Standort des Hörers benötigt der Schall einige Zeit. Das Licht des Blitzes erreicht uns dagegen sehr viel eher, denn es ist etwa 1 Million Mal schneller als der Schall.

1

2

Der Blitz ist ebenso wie der kleine Funke an einem elektrischen Gerät ein elektrischer Strom durch die Luft. Längs der Blitz- bzw. Funkenstrecke erwärmt dieser Strom die Luft; im Innern eines solchen „Blitzschlauchs“ steigt die Temperatur auf über 20 000 °C. Weil diese Erwärmung im wahrsten Sinne des Wortes „blitzschnell“ geschieht, kann sich die Luft nicht schnell genug ausdehnen, sodass der Druck im Blitzschlauch sehr hoch wird. Und wie bei einem platzenden Pressluftschlauch entsteht ein lauter Knall. Es dauert eine Weile, bis dieser Knall an einer entfernten Stelle zu hören ist. ↑2

Die beiden Astronauten werden von der Sonne hell beleuchtet, ebenso wie die Erde im Hintergrund. Durch den leeren Weltraum erreicht das Sonnenlicht Erde und Raumsonde.
Die beiden Astronauten können einander sehen, aber sich nichts zurufen. Im Weltraum kann sich der Schall nicht ausbreiten. Nur über Mikrofon und Funk können sich die beiden verständigen.
Wenn draußen ein Polizeiauto mit heulender Sirene vorbeifährt, hört man die Sirene auch im Haus, auch wenn das Auto nicht zu sehen ist. Schall kann man hören, auch wenn man die Schallquelle nicht sieht. Du kannst z. B. hören, was im Nebenzimmer gesprochen wird.
Wie kommt der Schall an unser Ohr?

Schon gewusst?

Aus dem weitentfernten Knall des Blitzes wird ein rollender Donner, weil uns der Schall nicht nur auf dem direkten Weg erreicht, sondern auch von Wolken, warmen und kalten Luftschichten verzögert und umgelenkt wird.

3

Experimente

Die Geschwindigkeit, mit der sich der Schall in Luft ausbreitet, kann auf unterschiedliche Weise gemessen werden.

1 Wie weit entfernt muss ein Knall entstehen, damit er genau 1 Sekunde bis zum Hörer braucht?
Verwendet eine Starterklappe aus dem Sportunterricht, um einen kurzen Knall zu erzeugen. Die Schallquelle soll sich immer mehr vom Hörer entfernen. Der Hörer startet beim sichtbaren Signal eine Stoppuhr und stoppt sie, wenn er den Knall hört. Die Strecke zwischen Schallgeber und Hörer wird gemessen. Macht mehrere Messungen und legt eine Messwertetabelle an.
Versucht auch die Entfernung zu messen, für die der Schall 2 Sekunden braucht.

Hinweis zur Auswertung:
Sind der Schallgeber und der Hörer z. B. 300 Meter voneinander entfernt, so legt der Schall in einer Sekunde 300 Meter zurück. Seine Geschwindigkeit beträgt dann 300 Meter pro Sekunde.

4

2 Wie viel Zeit vergeht, wenn der Schall die Strecke von 1 Meter zurückgelegt hat?
Mit Geräten aus der Lehrmittelsammlung wird eine Messung durchgeführt: Die elektronische Stoppuhr wird so mit zwei Mikrofonen verbunden, dass die Uhr gestartet wird, wenn der Knall das erste Mikrofon erreicht. Ist das Signal am zweiten Mikrofon, stoppt die Uhr. Die Mikrofone stehen im Abstand von 1 Meter.
An welcher Stelle muss der Knall erzeugt werden?
Führt mehrere Messungen durch und legt eine Messwertetabelle an.

Hinweis zur Auswertung:
Hier messt ihr, welche Zeit der Schall für die Strecke von einem Meter benötigt (z. B. 0,003 Sekunden). Wie könnt ihr ausrechnen, welchen Weg der Schall in einer Sekunde zurücklegt?

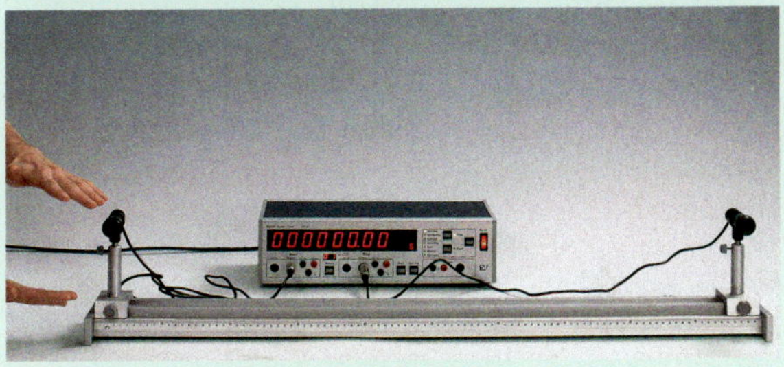

5

3 Findet den richtigen Rhythmus für Knall und Echo.
Sucht z. B. auf dem Schulhof eine große, glatte Wand, die ein deutliches Echo zurückwirft.
Eine Schülerin oder ein Schüler klatscht in die Hände und alle lauschen auf das Echo. Genau dann, wenn das Echo zu hören ist, wird wieder geklatscht usw. Wenn man den richtigen Rhythmus gefunden hat, wird die Zeit für 10-mal Klatschen gestoppt. Der Abstand zur Wand wird gemessen. Wiederholt das Experiment mit anderen Schülern.

Hinweis zur Auswertung:
Der Schall läuft hier von den Händen zur Wand und zurück zum Ohr. Dafür benötigt er die Zeit, die von einem zum nächsten Klatschen vergeht. Die Zeit für 10-mal Klatschen muss also durch 10 geteilt werden.

6

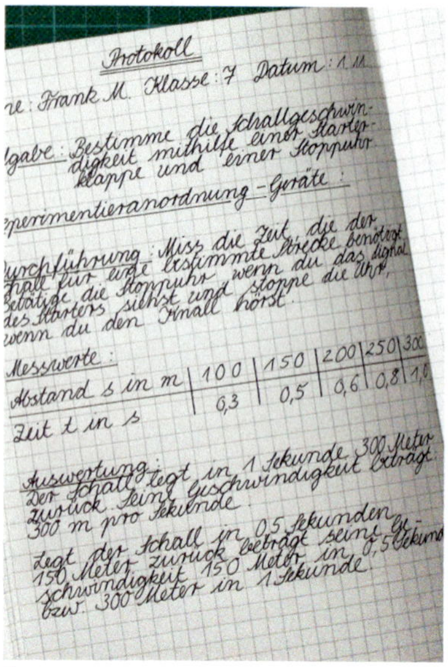

1

GRUNDLAGEN: Die Ausbreitungsgeschwindigkeit des Schalls

Wenn die Messung der Gruppe 1 gelungen ist, sollten Schallgeber und Hörer etwa 340 Meter voneinander entfernt sein. Der Schall legt also in einer Sekunde 340 Meter zurück. Seine Geschwindigkeit beträgt also 340 Meter pro Sekunde. Weil die Geschwindigkeit im Englischen *velocity* heißt, bekommt sie das Formelzeichen v: $v = 340\,\text{m/s}$.

Auch die Gruppe 2 kann die Schallgeschwindigkeit berechnen: Wenn der Schall 1 m in 0,003 Sekunden zurücklegt, legt er in 3 s die 1000-fache Strecke zurück.
In 1 Sekunde schafft er also etwas mehr als 333 Meter. Gruppe 2 hat die Schallgeschwindigkeit mit $v = 333{,}3\,\text{m/s}$ bestimmt.

Wenn Gruppe 3 z. B. herausgefunden hat, dass der Schall für die Strecke 2 mal 39 m gleich 78 m etwa 1/4 Sekunde benötigt, dann legt der Schall in 1 Sekunde die vierfache Strecke – also 312 m zurück. Mit diesen Messwerten erhält man eine Schallgeschwindigkeit $v = 312\,\text{m/s}$.

Diese Messungen der Schallgeschwindigkeit liefern nicht genau dieselben Werte. Das ist nicht verwunderlich, denn die Messung von so kurzen Zeiten ist nicht sehr genau. Dagegen lassen sich die Strecken mit einem Bandmaß bis auf wenige Zentimeter genau bestimmen.
In der Tabelle findest du genaue Werte für die Schallgeschwindigkeit.

In 1 Sekunde könnte der Schall in …	
Luft bei 0 °C	331 m
Luft bei 10 °C	337 m
Luft bei 20 °C	343 m
Helium	980 m
Wasserstoff	1280 m
Wasser bei 4 °C	1400 m
Wasser bei 20 °C	1484 m
Meerwasser	1500 m
Kork	500 m
Buchenholz	3400 m
Ziegel	3600 m
Beton	3800 m
Tannenholz	4500 m
Glas	4000 … 5000 m
Stahl	5100 m
Titan	6100 m
… zurücklegen	

Probier 's mal!

1 Schnurtelefon
Mit zwei Joghurtbechern und einem langen Faden oder Draht könnt ihr ein Schnurtelefon bauen. ↑2
Wenn der Faden gespannt ist, könnt ihr euch unterhalten. Wie kommt der Schall von einem zum anderen Becher?

2 Schlauchtelefon
Mit einem langen Schlauch kannst du von einem zum anderen Zimmer ein Telefon legen. Befestige an den Enden je einen offenen Trichter aus Pappe als Sprech- bzw. Höröffnung.

2

Experimente

1 Dominosteine
Stelle eine Reihe von Dominosteinen nicht zu dicht nebeneinander auf. Stoße den ersten Stein an und beobachte.
Was bewegt sich längs der Reihe? ↑3

3

2 Wasserringe
Lass in eine möglichst große, flache, wassergefüllte Schale einzelne Tropfen fallen. Beobachte die Störung der ruhigen Wasseroberfläche und beschreibe sie genau. ↑4
Wie lange dauert es, bis die Störung am Rand der Schale ankommt?

4

3 Platzender Luftballon
Befestige einen aufgeblasenen Luftballon an einem Stativ und stelle einige brennende Kerzen (Vorsicht!) darum herum. Stich vorsichtig und ohne die Luft zu bewegen mit einer Nadel in den Ballon und beobachte dabei die Kerzen. ↑5
In welcher Entfernung vom Ballon ist ein Flackern der Kerzen noch zu sehen?

5

4 Schall im Vakuum
Unter der Glocke steht ein klingelnder Wecker auf einem Schwamm.
Wie ändert sich die Lautstärke, wenn die Luft aus der Glocke gesaugt wird? ↑6

6

5 Speichenbrummer
Stelle dein Fahrrad kopfüber auf Lenkrad und Sattel und bringe das Hinterrad langsam in Fahrt. Halte dabei einen festen Pappstreifen schräg an die Speichen. ↑7
Wie ändert sich der Ton, wenn du das Rad immer schneller drehst?

7

6 Uhr im Glas
Lege ein laut tickende Uhr (Küchen-Kurzzeitmesser) in eine hohe Glasvase.
Kannst du sie hören, wenn du seitlich 2 m entfernt bist?
Lass jemanden einen kleinen Spiegel so über die Vase halten, dass du die Uhr sehen kannst.
Kannst du sie jetzt auch hören? ↑8

8

Aus der Physik Wellen

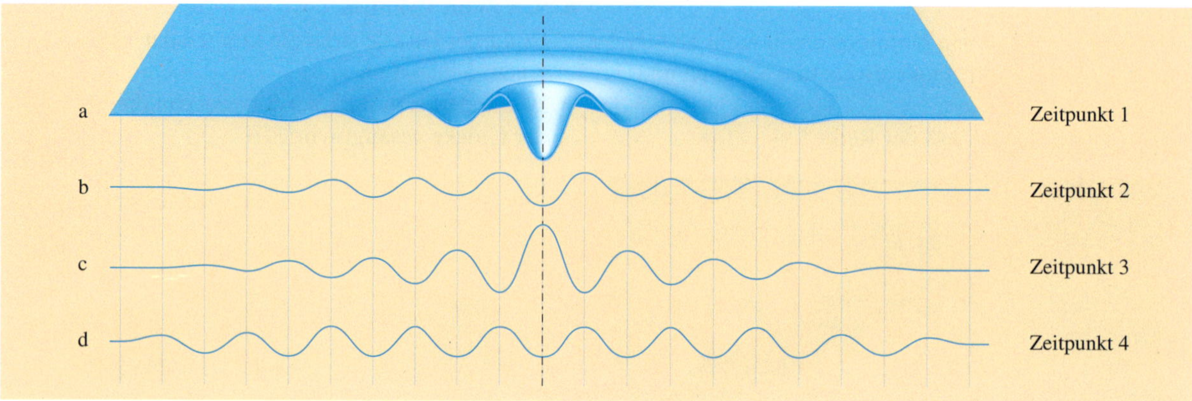

1

2

Fällt ein Tropfen in eine ungestörte Wasserfläche, breiten sich ringförmige Wellen aus. Für einen winzigen Moment bildet sich eine tiefe Delle in der Oberfläche und die Umgebung verformt sich ringförmig mit. ↑1a Die Delle bildet sich zurück ↑1b und die Wasserfläche schwingt in die Höhe und bildet eine winzige Beule ↑1c. Zugleich wandert die ringförmige Erhebung und Vertiefung vom Zentrum weg. Auch die Beule verschwindet und wird zur Delle und eine neuer Ring entsteht. ↑1d So schwingt die Wasseroberfläche im Zentrum einige Male auf und ab. Mit abnehmender Amplitude, wobei sich Ringe bilden, die nach außen wandern. Fallen regelmäßig Tropfen in das Wasser, wandern dauernd Ringwellen nach außen. ↑2
Die Wasseroberfläche ist elastisch und kann schwingen. Im zähen Sirup bilden sich keine wandernden Wellen. Aber Luft ist elastisch – mit einer Fahrradluftpumpe kannst du es spüren.

GRUNDLAGEN: Schall unterwegs – Schallwellen

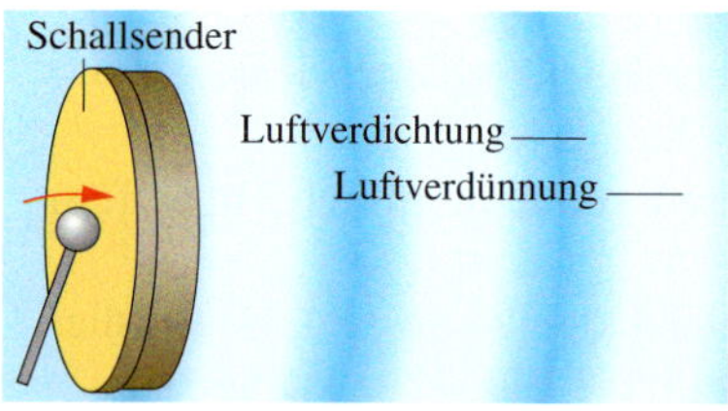

3 Schallausbreitung in Luft

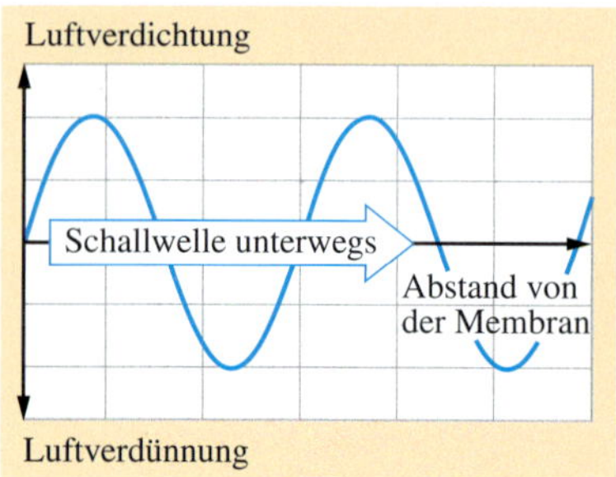

4

Der fallende Tropfen, der platzende Ballon und der erste fallende Dominostein ↑S. 39 haben etwas gemeinsam: Die anfangs ruhige Umgebung wird gestört und diese Störung breitet sich aus.
Ähnliches geschieht in der Luft, wenn du das Fell des Tamburins anschlägst: Die Membran wird rasch eingedrückt und die Luft hinter dem Fell kann nicht ausweichen und wird zusammengedrückt. Es entsteht eine Luftverdichtung. Diese läuft mit Schallgeschwindigkeit von der Membran weg. Gleich nach dem Anschlag schwingt die Membran zurück. Die Luft kann nicht so schnell folgen. Es entsteht eine Luftverdünnung. Auch diese läuft mit Schallgeschwindigkeit von der Membran weg. ↑3
Einige Male schwingt die Membran vor und zurück und erzeugt Luftverdichtungen und -verdünnungen. In dichter Folge laufen diese Verdichtungen und Verdünnungen mit Schallgeschwindigkeit davon. Sie bilden eine Schallwelle. Im Ohr erzeugt diese Schallwelle eine winzige Schwingung des Trommelfells: Wir hören ein Geräusch.
Von der Schallquelle aus laufen Luftverdichtungen in den Raum. Man sagt: Schallwellen breiten sich durch die Luft aus. Im luftleeren Raum kann sich kein Schall ausbreiten.

GRUNDLAGEN: Reflexion von Schall – Echo

Der Schall breitet sich von der Schallquelle in alle Richtungen aus. Wenn der Schall ein Hindernis trifft, so wird er – ähnlich wie ein Ball, der gegen eine Wand trifft – aus seiner Richtung abgelenkt, er wird zurückgeworfen. Überall gibt es Wände und andere Hindernisse, die den Schall umlenken. So gerät ein Geräusch mit Schallgeschwindigkeit auch an Orte, an denen die Ursache des Geräuschs gar nicht zu sehen ist. Und der Empfänger hört die Schallquelle an einem Ort, an dem sie in Wirklichkeit nicht ist.
Besonders deutlich ist die Umlenkung des Schalls zu bemerken, wenn er auf eine große, glatte Wand trifft: Als Echo kommt dein Klatschen zurück, mit einer kleinen Verspätung, weil der Schall den Weg zur Wand und zu deinem Ohr zurücklegen muss.
Am besten gelingt die Reflexion, wenn die Fläche wie ein Spiegel ausgerichtet ist, in dem die Schallquelle zu sehen ist.
Trifft der Schall dagegen auf ein weiches Hindernis oder eine löchrige, poröse Fläche, kann er seine Schallenergie verlieren: Der Schall wird verschluckt. Solche Hindernisse schlucken den Schall und reflektieren ihn nicht. ↑5

5 In diesem Raum reflektieren die Wände keinen Schall. Die eigene Stimme klingt ganz fremd!

Glatte, feste Flächen können den Schall zurückwerfen, weiche und poröse Flächen reflektieren den Schall nicht.

Aus der Natur Ultraschall und Infraschall

Jenseits der höchsten Töne, die wir Menschen hören können, gibt es weitere Töne. Einige Töne dieses Bereichs werden von manchen Tieren gehört (siehe Bild ↑3 auf der nachfolgenden Seite). So kann die Fledermaus Töne aussenden und hören, die weit oberhalb unserer Wahrnehmung liegen. Alle Töne, die höher als die höchsten von uns Menschen hörbaren Töne sind, werden als *Ultraschall* bezeichnet.
Auch unterhalb der tiefsten Töne gibt es noch Töne. Wenn diese eine sehr hohe Schallstärke haben, kann man sie manchmal spüren, etwa als Vibration in der Brust oder im Bauch. Der Tonbereich unterhalb der tiefsten Töne, die wir hören können, wird *Infraschall* genannt. Der Infraschall reicht hinunter bis zu sichtbaren Schwingungen von Maschinen und Bauteilen.

6 Elefanten verständigen sich auch mit Infraschall.

Aufgaben

1 Beschreibe, wie an einer Drahtsaite eine Schallwelle entsteht.
2 „Im Weltraum ist es still. Morgens kann man nicht durch den Wecker geweckt werden." Erkläre diesen Satz aus einem Science-Fiction-Roman.
3 Paula hört das Echo, das eine hohe Felswand ermöglicht. Wie weit ist die Felswand entfernt, wenn das Echo eine Sekunde nach dem Klatschen bei Paula ankommt?
4 Wie kann man mithilfe des Echos die Schallgeschwindigkeit messen?

7

Aus der Musik Die Ordnung der Töne

1

Wenn wir zwei Töne zugleich erklingen lassen, mischen sich diese und wir hören einen Klang. Dieser Klang kann sehr unangenehm – dissonant – sein. Viele Töne passen aber gut zusammen und erzeugen einen harmonischen Klang. Zwei verschiedene Töne können sogar völlig miteinander verschmelzen und wie ein Ton klingen. Beim Monochord verschmelzen die beiden Töne, wenn der Steg genau in der Mitte steht, eine Saite also halbiert wird. Kurz davor und dahinter entstehen dissonante Klänge. Wird die halbe Saite noch einmal halbiert, erklingt also ein Viertel der Saite, verschmelzen die beiden Töne wieder. Die halbierte Saite klingt deutlich höher als die ganze Saite, dennoch sind beide Töne fast nicht zu unterscheiden, wenn sie zusammen erklingen. Der Abstand zwischen einem Ton (Grundton) und dem Ton mit halber oder doppelter Frequenz wird jeweils als *Oktave* bezeichnet.

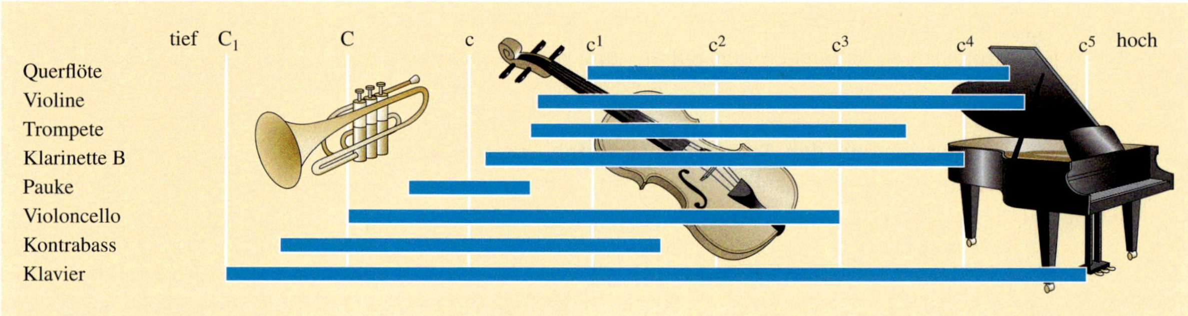

2 Der Beginn der Folge der Oktaven ist willkürlich, denn zu jedem Ton kann seine Oktave gefunden werden. In der Grafik wird der tiefste Ton des Klaviers als C_1, seine Oktave C, die nächste als c, dann c^1 usw. bezeichnet. Der Tonumfang der anderen Instrumente wird hier ebenfalls in Oktaven angegeben.

Erklingen zwei Töne gemeinsam, die den Abstand einer Oktave haben, sind sie für das menschliche Ohr kaum unterscheidbar. Die Oktave bildet eine Grundlage für die Ordnung der Tonhöhen.

Auch der Tonumfang des Gehörs kann in Oktaven angegeben werden. So umfasst das menschliche Gehör vom tiefsten bis zum höchsten hörbaren Ton etwa 10 Oktaven. Bei jungen Menschen ist dieser Tonumfang etwas größer als bei älteren. Beim Menschen und bei den meisten Tieren ist der Tonumfang der Stimme geringer als der des Gehörs. ↑3

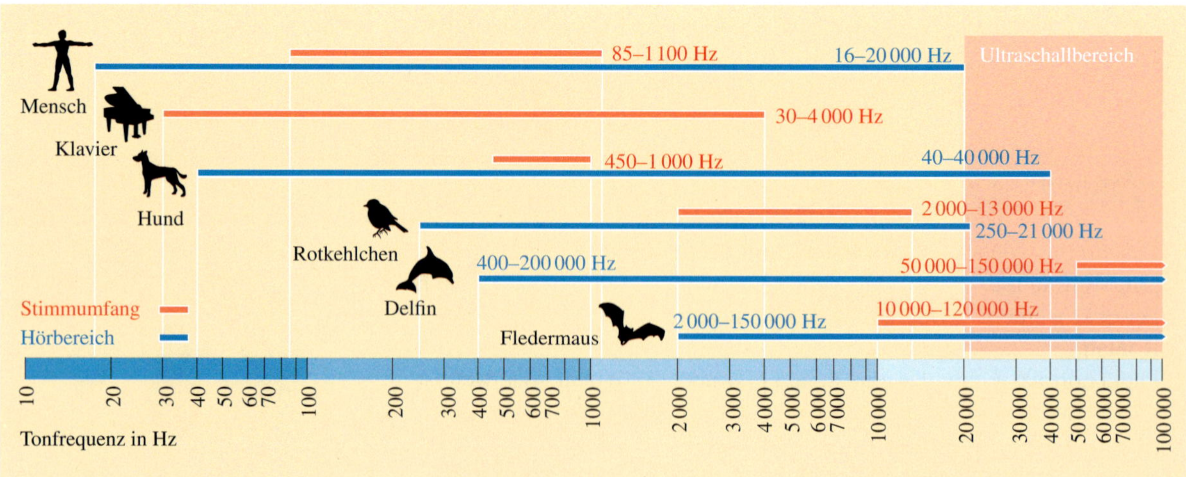

3

Lärm – ein Projekt

Der Lärm gehört zu den größten Belastungen der Menschen, besonders in den Städten, aber auch auf dem Land in der Nähe von Autobahnen, Eisenbahnlinien und Flughäfen. Manche Lärmbelästigung ist ständig vorhanden, weil beispielsweise eine Lüftung auf dem Nachbargebäude ununterbrochen läuft. Manchmal gibt es nur hin und wieder großen Lärm, z. B. an einer Eisenbahnstrecke. Oft erzeugen wir den „Lärm“ sogar freiwillig: Auf dem Sportplatz geht es laut zu, in der Disco dröhnen die Lautsprecher und mit den Ohrhörern am MP3-Player holen wir den Lärm direkt in den Kopf. Zu jeder dieser Lärmquellen könnte ein Projekt durchgeführt werden: Wie laut ist es auf der Straßenkreuzung neben der Schule? Welche Gebiete sind vom Fluglärm des Flughafens betroffen? Welche Schallquellen gibt es in der benachbarten Fabrik? Wie kann man die Lautstärke in der Turnhalle vermindern? Wie müsste der Übungsraum eurer Schulband gestaltet werden? Wie laut ist eigentlich ein Ohrhörer? …

4

Projekt: Erstellung einer Lärmkarte der Schule und ihrer Umgebung

Arbeitsplan
Gruppe 1: Wo wird gemessen? – Anfertigen eines Grundrisses der Schule, Ausschnitt aus dem Stadtplan …

Gruppe 2: Wir beschaffen einen Schallpegelmesser. Was kostet ein Schallpegelmesser? Wodurch unterscheiden sich die einzelnen Gerätetypen? Woher bekommen wir Geld für das Messgerät?

Gruppe 3: Messungen – wie wird mit dem Schallpegelmesser gemessen? Wie stellt man die Messwerte am besten dar? Zu welchen Zeiten muss gemessen werden?

Gruppe 4: Wie wird der Lärm durch die Mitschüler und Lehrer beurteilt? – Interviews und Fragebögen

Gruppe 5: Welche Schlussfolgerungen kann man aus den Messungen ziehen?

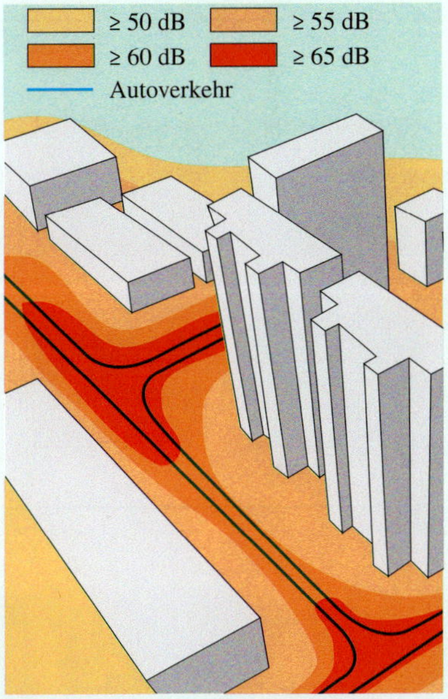

5

Tipp:
Für Lärmanalysen ist ein Schallpegelmesser erforderlich. Ein solches Gerät ist vielleicht in der Lehrmittelsammlung der Physik eurer Schule vorhanden. Schallpegelmessgeräte gibt es ab etwa 30 Euro in Elektronikfachmärkten, richtige Profigeräte kosten jedoch ein Vielfaches. Im Internet könnt ihr – mit etwas Glück – professionelle Geräte für weit weniger Geld kaufen. Am besten beschafft ihr gleich zwei Schallpegelmesser, dann können mehrere Arbeitsgruppen an verschiedenen Orten zugleich messen. So kann z. B. direkt an der Straße und gleichzeitig im Haus gemessen werden, wenn ein Lastwagen vorüberfährt.

Auf einen Blick

1

Schall und Schallquelle Alle hörbaren Geräusche nennt der Physiker Schall. Gegenstände, die Schall abgeben, heißen Schallquellen. An jeder Schallquelle kann man Teile entdecken, die vibrieren bzw. schwingen oder sich sehr plötzlich bewegen. ↑1

Schwingungen und Schallwelle Die vibrierenden oder schwingenden Teile versetzen die Umgebung, z. B. die Luft, in Schwingung. Diese Schwingung breitet sich als Schallwelle in alle Richtungen aus. Auch in Flüssigkeiten und in festen Stoffen können sich Schallwellen ausbreiten.

Schallgeschwindigkeit Die Geschwindigkeit der Ausbreitung einer Schallwelle, die Schallgeschwindigkeit, hängt von der Festigkeit des Stoffs ab, in dem sich die Welle ausbreitet. Ein plötzliche Bewegung, ein Knall verursacht eine Störung in seiner Umgebung, die sich ebenfalls mit Schallgeschwindigkeit ausbreitet.

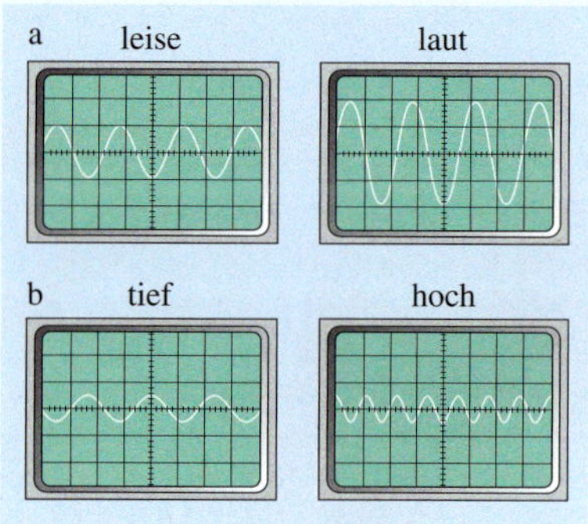

2

Amplitude und Lautstärke Je weiter das schwingende Teil hin- und herschwingt, je größer also die Amplitude ist, desto lauter klingt das Geräusch oder der Ton. ↑2a

Frequenz und Tonhöhe Die Anzahl der Schwingungen, die das vibrierende Teil der Schallquelle pro Sekunde macht, wird Frequenz genannt und in Hz gemessen. Je größer die Frequenz, desto höher der Ton. ↑2b

Infra- und Ultraschall Es gibt Schwingungen, die wir nicht hören, manchmal aber spüren, weil ihre Frequenz zu gering ist: den Infraschall. Und es gibt Schwingungen, deren Frequenz so hoch ist, dass wir sie nicht mehr hören können: den Ultraschall.

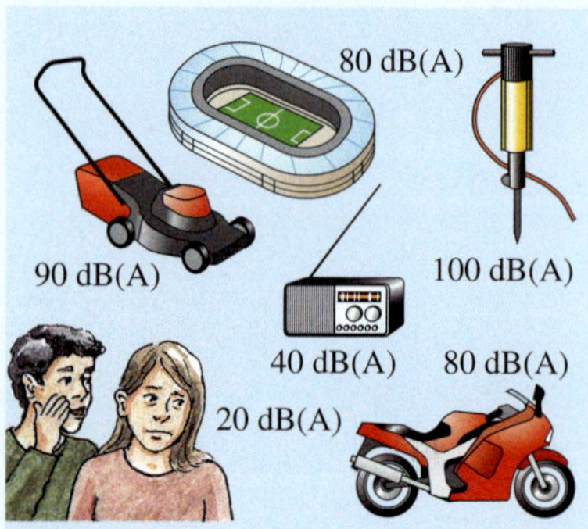

3

Schallpegel Die gehörte Lautstärke wird als Schallpegel bezeichnet und in dB(A) gemessen. ↑3

Bei einer Zunahme des Schallpegels um 10 dB(A) verdoppelt sich die wahrgenommene Lautstärke. Wenn man sich im Freien von einer Schallquelle entfernt, dann nimmt bei Verdopplung des Abstands die Lautstärke um etwa 6 dB(A) ab.

Alles klar?

1 Wann wird ein Körper zur Schallquelle?

2 Nach der Erzeugung des Schalls unterscheidet man Schlag-, Blas-, Streich- und Zupfinstrumente. Nenne jeweils einige Beispiele.

3 Erkläre die Begriffe Amplitude und Frequenz.

4 Es gibt Hundepfeifen, die wir nicht hören. Erkläre.

5 Der Flügelschlag eines Schmetterlings hat eine Frequenz von 10 Hz, der einer Hummel von 240 Hz und der von Mücken über 600 Hz. Welche Töne hören wir davon? ↑4–6

6 Bei grellem Licht kannst du einwirken auf:
- die Lichtquelle
- die Lichtübertragung (Vorhang zu ziehen)
- den Lichtempfänger (Augen schließen)

Suche Beispiele für vergleichbaren Schutz vor Lärm.

7 Wo gibt es Schilder wie dieses? Was bedeuten sie?

8 In welcher Entfernung ist ein Blitz über den Himmel gezuckt, wenn dessen Donner 3 Sekunden später zu hören ist?

9 Ein 100-m-Läufer benötigt für 100 m etwa 10 Sekunden. Wie lange braucht der Schall für diese Strecke?

10 Die Becher eines Schnurtelefons sind mit einem Stahldraht verbunden. Auf welchem Weg ist der Schall schneller, durch den Draht von Becher zu Becher oder durch die Luft?

11 Lege deinen Kopf mit einem Ohr fest auf die Tischplatte und lass eine zweite Person leise Klopfzeichen geben. Schiebe nun eine Platte aus Styropor zwischen Tischplatte und Ohr. Vergleiche.

12 In Bild ↑7 wird ein Schallprüfkopf auf den Rumpf eines Schiffs gehalten. Recherchiere, was man mit dieser Methode untersucht.

13 Warum ist es in einem Autotunnel so laut?

14 In den Bergen kannst du mit einem Pfiff die Entfernung einer Felswand bestimmen.

a Beschreibe, wie du vorgehst. Wie berechnest du die Entfernung?

b Welche Fehler können bei der Entfernungsbestimmung auftreten?

c Nenne Anwendungen dieser Entfernungsmessmethode in Natur und Technik.

4

5

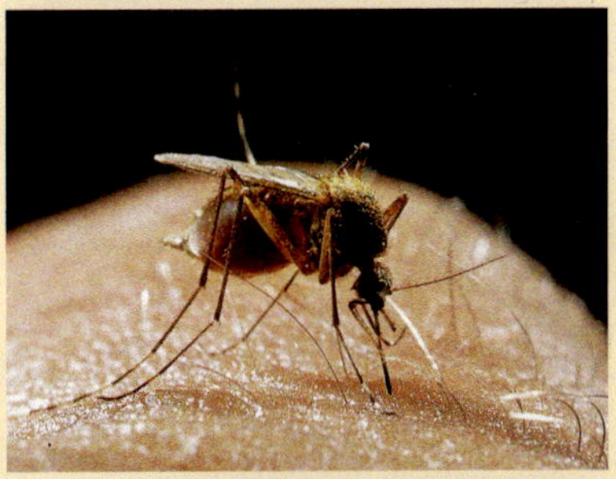

6

7

Check up

1 Welche Organe und Teile des menschlichen Körpers sind für die Erzeugung von gesprochenen Buchstaben – Vokalen und Konsonanten – erforderlich?

2 Welche Aufgabe für das Hören hat das Trommelfell im Ohr?

3 Was kann man bei allen Schallquellen als Ursache der Schallerzeugung entdecken?

4 Eine Orgel besteht aus verschieden langen Pfeifen. Manche sind nur wenige Zentimeter lang, die größten sind mehrere Meter lang. Welche Pfeifen machen die tiefen Töne?

5 Die Frequenz eines hohen Tons ist größer als die Frequenz eines tiefen Tons.

a Welches der Oszilloskopbilder zeigt die höhere Frequenz? ↑1

b Welches Bild zeigt den lauteren Ton?

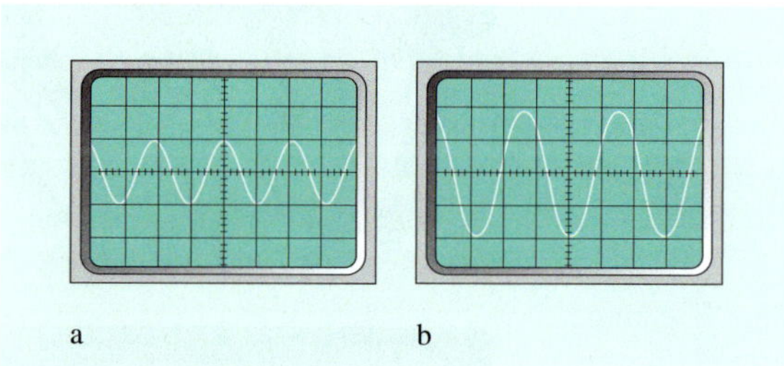

1

6 Warum kann man ein schnell fliegendes Flugzeug nicht dort sehen, wo man es hört?

7 Der Kammerton a hat eine Frequenz von 440 Hz. Um wie viele Oktaven ist ein Ton von 3520 Hz höher als der Kammerton a?

8 Warum ist auf dem Mond kein Lärm zu hören? ↑2

2

9 Schall breitet sich nicht nur in Luft aus, sondern wird auch durch Flüssigkeiten und sogar durch feste Stoffe weitergeleitet.

a Ist die Schallgeschwindigkeit in Wasser größer als in Luft?

b Warum breitet sich der Schall in Metall noch schneller aus als in Wasser?

10 Die Lautstärke wird in dB(A) gemessen. Was bedeutet 0 dB(A)? Wenn bei normaler Unterhaltung 60 dB(A) gemessen werden, welche Lautstärke ist etwa doppelt so laut?

11 Wie kann man mithilfe des Echos die Schallgeschwindigkeit messen?

Schätze deine Kenntnisse und Fähigkeiten ein.

Ordne dazu deiner Lösung im Heft ein Smiley zu:
☺ Ich konnte die Aufgabe richtig lösen.
😐 Ich konnte die Aufgabe nicht komplett lösen.
☹ Ich konnte die Aufgabe nicht lösen.

→ **Die Lösungen findest du im Anhang.**

Aufgabe	Fähigkeit	Hilfe findest du auf Seite ...
1, 2, 3	Schallentstehung, Sprechen und Hören erklären.	28, 29, 31
4, 5	Die physikalischen Größen Amplitude und Frequenz kennen.	31, 32
6	Lichtgeschwindigkeit und Schallgeschwindigkeit vergleichen.	38
7	Frequenz und Tonumfang kennen.	42
8, 9, 11	Die Schallausbreitung beschreiben.	38, 40, 41
10	Die Hörschwelle kennen und Lautstärke bestimmen.	33, 34

Licht und Wechselwirkung

Stell dir vor, es gäbe kein Licht im Weltall: keine Sonne, keine Sterne, keine Lampen. Überall wäre es stockdunkel. Wir könnten nichts sehen. Aber mehr als das – es würde uns gar nicht geben: Ohne Licht kein Leben. Denn das Licht bringt uns die Energie, die zum Leben notwendig ist.
Zum Licht gibt es viele Fragen: Wann sehen wir Lichtbündel und wann bemerken wir Licht nur durch die Helligkeit eines Raums? Wie kommt es zu den Spiegelungen auf einem Teich? Warum sind die Schatten am Morgen so lang? Und warum stehen die Solarmodule immer schräg?
Wie das Licht alle Dinge beleuchtet und erwärmt und wie diese Dinge das Licht verändern, das lernst du in dieser Einheit.

Licht breitet sich aus und trifft auf Gegenstände

Lucky Luke – der Mann, der seinen Colt schneller zieht, als sein Schatten dies kann!

1

Dass dein Schatten sich schneller bewegt als du – das gibt es in Wirklichkeit nicht. Warum? Wenn du weißt, wie Schatten entstehen und wie Licht sich ausbreitet, findest du die Antwort.

Für eine Lasershow braucht man nicht nur starke Laser, sondern auch eine Nebelmaschine. Erst der Nebel macht die Laserstrahlen sichtbar.

Licht brauchen wir nicht nur zum Sehen. Licht überträgt Energie. Sonnenenergie kann sogar Flugzeuge antreiben.
In diesem Kapitel erforschst du, wie Licht sich ausbreitet und was es bewirken kann.

2 Laser und Nebel – Lichtausbreitung sichtbar gemacht

3 Solarzellen nutzen die Energie des Lichts.

Die Ausbreitung des Lichts

4

Die „Strahlen" der Sonne sehen wir meistens nicht. Umso beeindruckender ist es, wenn sie doch einmal in Erscheinung treten. Dann sieht man einen riesigen Fächer aus Licht.
Unter welchen Bedingungen sehen wir solche Lichtstreifen?

Experimente

1 Lichtausbreitung sichtbar gemacht
Untersuche, unter welchen Bedingungen man Lichtstreifen am Himmel sieht. ↑5 Du hast eine Glühlampe, ein Sieb, Alufolie, einen Nagel und einen Lappen mit Kreidestaub zur Verfügung.

2 Wie viel Licht werfen Gegenstände zurück?
Weißer Karton wird auf eine Experimentierlampe gesteckt. So wird er nicht direkt beleuchtet. Untersuche, wie sich sein Aussehen verändert, wenn Gegenstände vor die Leuchte gehalten werden. ↑6

a Verwende unterschiedlich helle Gegenstände. Welche Veränderungen beobachtest du auf dem weißen Karton?
b Was geschieht, wenn du statt der undurchsichtigen Körper eine Glasplatte und dann eine Milchglasscheibe vor die Lampe hältst?

3 Licht durch den Gartenschlauch
Schaue durch ein Stück Gartenschlauch auf eine Kerzenflamme. Unter welchen Bedingungen kannst du die Kerze sehen?

4 Strahlung überträgt Energie (1)
Die Strahlung einer Glühlampe ähnelt der Sonnenstrahlung. Ein Hohlspiegel bündelt die Strahlung und sendet sie in Richtung eines zweiten.
Bis zu welchem Abstand der Spiegel lässt sich das Streichholz entzünden? *Tipp:* Du kannst die 6-V-Lampe kurzzeitig mit 8 V betreiben.

5 Wovon hängt die Erwärmung einer Oberfläche ab?
Bestrahle einen weißen und einen schwarzen Karton aus 10 cm Abstand mit einer 30-W-Glühlampe.

a Miss die Temperatur der beiden Blätter (z. B. mit einem Infrarot- oder Digitalthermometer mit Oberflächenfühler) nach 1, 2, 3 Minuten.
b Ermittle mit einer Solarzelle, welcher Anteil der Strahlung zurückgeworfen wird. Lege dazu die Solarzelle erst auf den Karton und halte sie dann in die zurückgestreute Strahlung. ↑8
c Vergleiche und deute die beiden Messergebnisse.

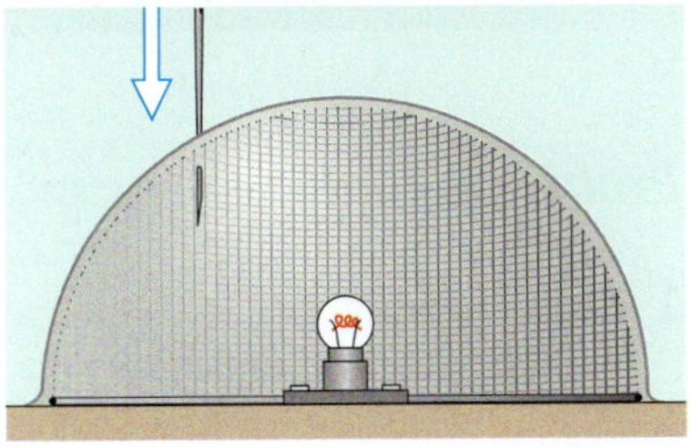
5

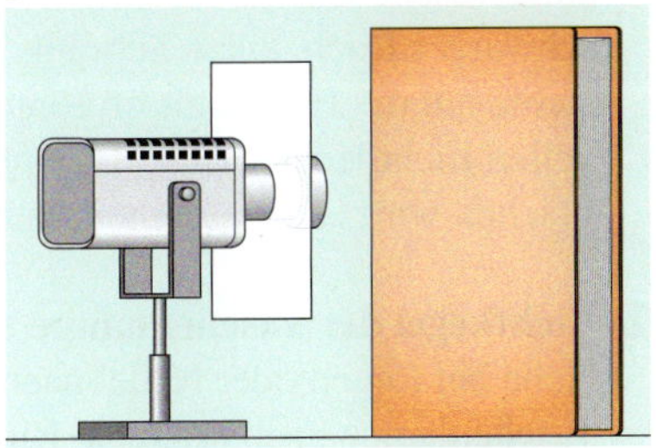
6

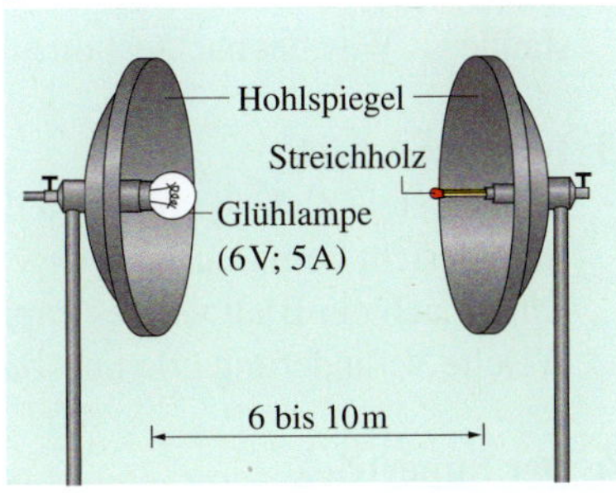

7

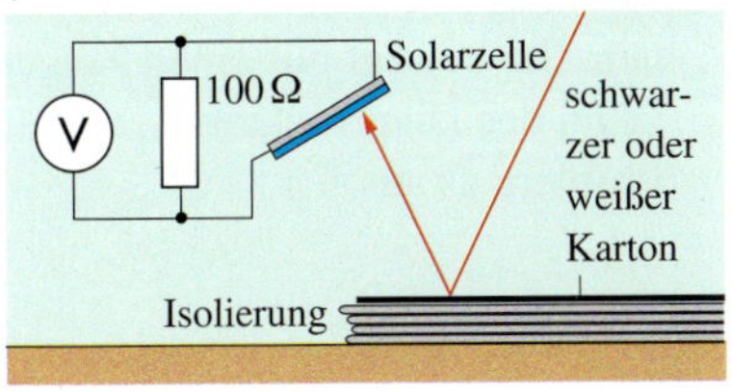

8

Experimente

1

6 Strahlung überträgt Energie (2)
Zeige, dass Licht ein Energieträger ist.
a Verwende die Geräte in Bild ↑2.
b Benutze ein Brennglas, ein Stück Papier und Sonnenlicht.
c Beobachte eine Lichtmühle. ↑1

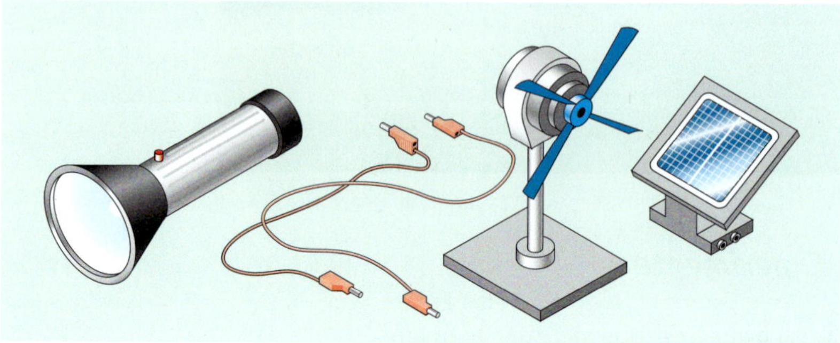

2

Probier 's mal!

1 Lichtstreuung
Verdunkle dein Zimmer so weit wie möglich (Nacht, Vorhänge zu, alle Lichter aus). Leuchte mit einer Taschenlampe auf eine weiße Wand, ein schwarzes Buch, einen Schrank …
Achte auf die Helligkeit im Raum außerhalb des hellen Lichtflecks. Bei welchen beleuchteten Flächen wird es im Zimmer am hellsten?

2 Lichtkegel der Taschenlampe
Gehe bei Regen oder Nebel nachts mit einer Taschenlampe nach draußen. Richte deine Taschenlampe in den Himmel, auf nahe und ferne Gegenstände … Was beobachtest du?

3 Indirektes Licht
Jemand stellt sich so vor ein helles Fenster, dass sein Gesicht vom Fenster weggewandt ist. Dann hält er sich ein Blatt weißes Papier vors Gesicht. Welche Veränderung erkennst du am Gesicht?

4 Der Supertrick
Maria lässt ganz ohne Leinwand ein Bild erscheinen. Sie bewegt nur einen Zeigestock im Lichtkegel des Diaprojektors.
Probiere es aus. ↑3

5 Leuchtet die Lampe?
Eine Experimentierleuchte steht so, dass wir sie von der Seite sehen. Der schmale Lichtkegel ist in eine Dose gerichtet. Der Raum ist verdunkelt.
a Kannst du von der Seite sehen, ob die Lampe leuchtet?
b Auf welche Weise kann man sicher erkennen, dass die Lampe leuchtet?

6 Licht wird zurückgeworfen
Suche dir an der Wand oder an der Zimmerdecke „Ziele“ aus. Sie sollen mit dem Sonnenlicht (oder dem Licht einer hellen Lampe), das von einem Taschenspiegel zurückgeworfen wird, getroffen werden. Überlege jeweils vorher, wie du den Spiegel halten musst.

3

GRUNDLAGEN: Zum Sehen brauchen wir Licht

Unsere Augen sind Lichtempfänger Wenn wir die Augen schließen oder wenn es stockdunkel ist, können wir nichts sehen. Zum Sehen brauchen wir Licht. Nur wenn durch die Pupillen Licht in unsere Augen gelangt, sehen wir etwas. Eine Kerze sehen wir, wenn ihr Licht ins Auge scheint.

Lichtquellen sind Lichtsender – Augen sind Lichtempfänger. Wir sehen Lichtquellen, wenn ihr Licht in unsere Augen fällt.

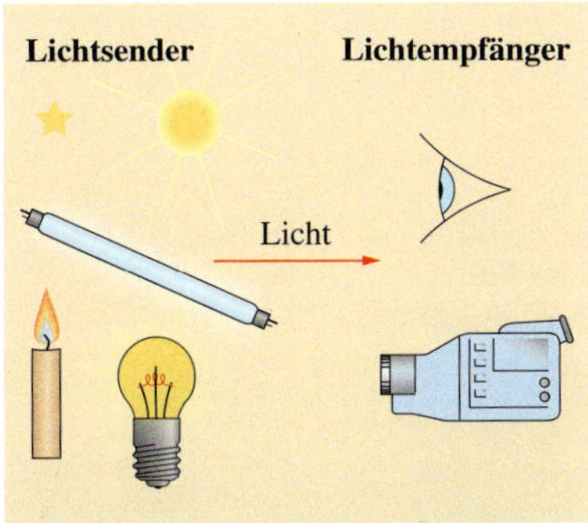

4

Streulicht ist wichtig fürs Sehen Wir sehen nicht nur Lichtquellen. Menschen, Bücher oder der Mond leuchten nicht selbst. Trotzdem können wir sie sehen. Sie müssen dazu von einer Lichtquelle beleuchtet werden. Die beleuchteten Gegenstände werfen das Licht ganz oder teilweise zurück. Sie streuen das Licht. ↑5

Von der Seite kann man das Licht einer Lichtquelle nicht sehen. Man sieht es nur, wenn das Licht durch Nebel oder Rauch gestreut wird und in unsere Augen gelangt.

Wenn Streulicht von einem Gegenstand in unsere Augen fällt, können wir den Gegenstand sehen.

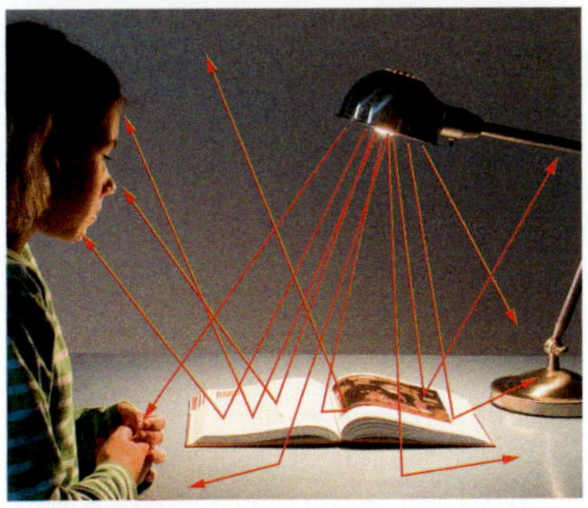
5 Streulicht fällt ins Auge – wir sehen das Buch.

GRUNDLAGEN: Wie sich Licht ausbreitet

Die Ränder von Lichtstreifen sind immer gerade, egal wie die Wolken aussehen. Wie mit einem riesigen Lineal gezogen, zeichnen sie sich am Himmel ab. Verlängern wir die geraden Linien, so finden wir in ihrem Schnittpunkt den Ort der Sonne, auch wenn diese gar nicht zu sehen ist. Licht breitet sich nämlich immer auf geraden Wegen aus. ↑6, 8

Licht breitet sich nach allen Seiten hin geradlinig aus.

6

Oft kann sich Licht nicht in alle Richtungen ausbreiten. Bei der Experimentierleuchte kann es nur nach vorn austreten. Es entsteht ein Lichtbündel. ↑7

Mit Lochblenden kann man immer feinere Lichtbündel herstellen. Macht man in Gedanken ein Lichtbündel immer feiner, so kommt man zu einer Linie. Diese Linie heißt *Lichtstrahl*.

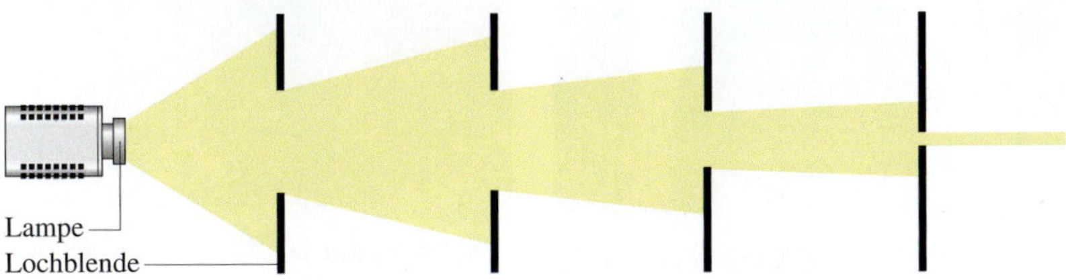

7

8

Lichtgeschwindigkeit Schaltest du eine Taschenlampe in einem dunklen Raum an, siehst du sofort einen hellen Lichtfleck an der Wand. Eigentlich müsste es doch einen Augenblick später hell werden? Das Licht kommt von der Taschenlampe und muss erst zur Wand gelangen. Diese Über-

legung ist richtig. Aber der Augenblick ist so kurz, dass man davon nichts bemerkt.
Das Licht braucht eine Milliardstel Sekunde, um das Zimmer zu durchqueren. In einer Sekunde fliegt es 300 000 km weit. Wenn du auf dem Mond den Lichtfleck deiner Taschenlampe sehen könntest, würde er erst etwas mehr als 2 Sekunden nach dem Einschalten aufleuchten. So lange braucht das Licht für den Hin- und Rückweg. Das Sonnenlicht ist 8 Minuten auf der Reise zu uns und das Licht des hellsten Sterns (Sirius) 8 Jahre.

■ **Die Lichtgeschwindigkeit beträgt etwa 300 000 km/s.**

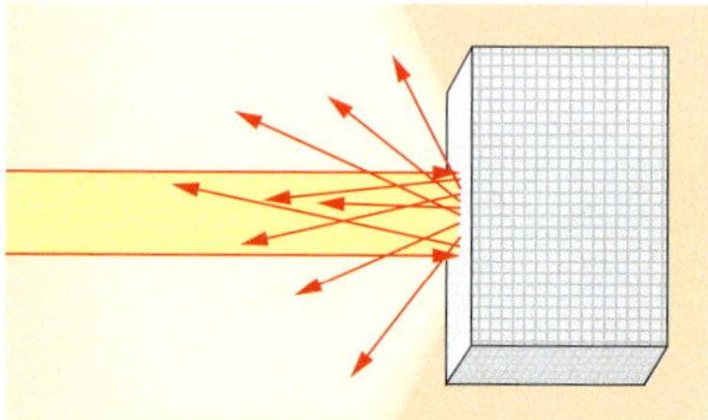
1

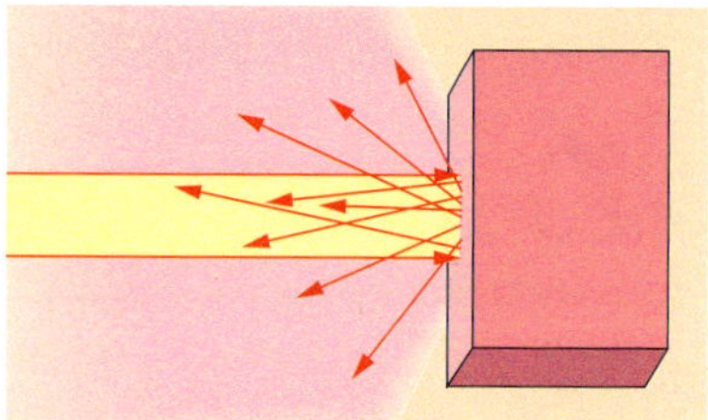
2

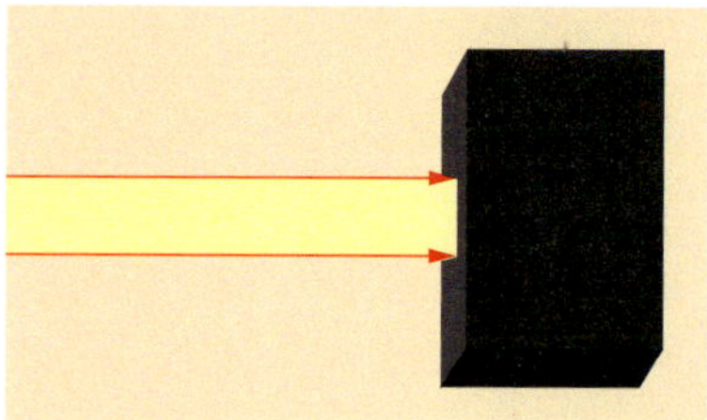
3

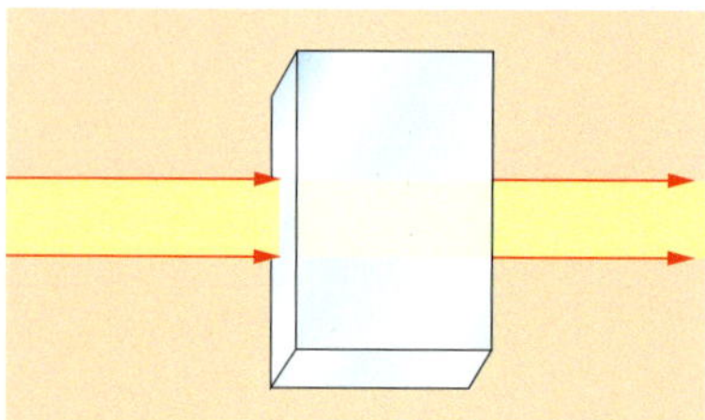
4

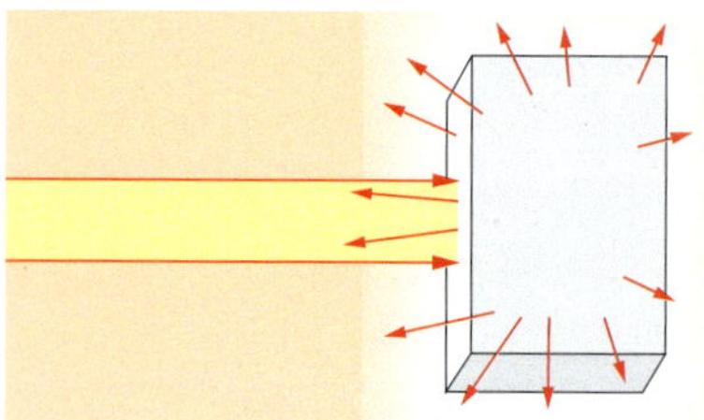
5

GRUNDLAGEN: Licht trifft auf Gegenstände

Wird eine Stelle an einer weißen Wand mit einer Taschenlampe beleuchtet, dann wird nicht nur die Stelle an der Wand heller, auch die gegenüberliegende Wand wird heller. ↑1, 6
Die beleuchtete Stelle an der Wand hat die Wirkung einer Lichtquelle. Sie verteilt das von der Taschenlampe empfangene Licht in alle möglichen Richtungen. Dieser Vorgang heißt Streuung des Lichts. Sie macht es möglich, dass wir beleuchtete Gegenstände sehen. Weiße Gegenstände streuen den größten Teil des auftreffenden Lichts unverändert zurück. Werden sie von rotem Licht beleuchtet, so streuen sie rotes Licht. ↑7
Farbige Gegenstände streuen farbiges Licht zurück. ↑2
Das Licht wird also verändert.
Dunkle Gegenstände wie der Krug absorbieren (verschlucken) den größten Teil des Lichts. Nur ein geringer Teil wird zurückgestreut. ↑3, 7
Klare, farblose Gegenstände wie Glasplatten oder Wasser lassen das Licht fast ungehindert durch. ↑4
Durchscheinende Gegenstände (Pergamentpapier, Milchglasscheiben) streuen das Licht in alle Richtungen, auch nach vorn. ↑5

6

7

GRUNDLAGEN: Licht überträgt Energie

Die ersten sonnigen Frühlingstage sind Jahr für Jahr wunderbar. Du liegst in der Sonne und fühlst die Wärme auf deiner Haut. Du spürst, wie die Energie in deine Haut eindringt. In einem schwarzen T-Shirt wird es schon richtig heiß. Dunkle Gegenstände absorbieren einen großen Teil des Sonnenlichts und erwärmen sich.
Im Hochsommer tragen die Menschen oft weiße Kleidung. Sie streut einen großen Teil des Sonnenlichts. So bleibt der Körper kühler als in dunkler Kleidung.

Licht ist ein Energieträger. Bei der Absorption wird die Energie des Lichts in Wärme umgewandelt.

Aus der Technik Laser

Einen Laserpointer darfst du niemals auf eine Person richten. Wenn er ins Auge trifft, könnte er die Netzhaut schädigen. Seine Energie konzentriert er in einem dünnen Strahl. Ärzte operieren mit einem Laserskalpell. Es schneidet besser als das schärfste Stahlmesser. In den Autofirmen werden dicke Bleche mit Laserlicht zerschnitten.
Früher gab es Laserwaffen nur in Science-Fiction-Filmen. Heute entwickelt das Militär Laserkanonen zur Abwehr feindlicher Flugobjekte.

Aus der Geschichte Licht überträgt Informationen

Um sich vor Feinden zu warnen, entwickelten die Indianer Nordamerikas folgendes Nachrichtensystem: Sie erzeugten ein rauchendes Feuer und unterbrachen die Rauchsäule mit einer Decke. Diese Rauchsignale konnten 20 km weit gesehen werden – und sie breiteten sich mit Lichtgeschwindigkeit aus.
Vor etwa 200 Jahren wurde in Frankreich die Balkentelegrafie entwickelt. Je nach Stellung der Balken konnten über 200 Zeichen über eine Entfernung von 10 km übertragen werden. ↑8
Im Zeitalter von Fernsehen und Internet klingen diese Arten der Informationsübertragung sehr altmodisch. Aber auch du nutzt Licht zur Informationsübertragung, nicht nur beim Lesen, auch beim Telefonieren oder beim Surfen im Internet. 30 Milliarden Lichtblitze kann ein hauchdünnes Glasfaserkabel pro Sekunde übertragen – störungsfrei und abhörsicher. Mit einer einzigen Glasfaser lassen sich Zehntausende von Telefongesprächen gleichzeitig führen und im selben Leitungsnetz kann man auch Computerdateien und Fernsehprogramme übertragen. Längst sind in allen Ozeanen der Erde Glasfaser-Seekabel verlegt und alle größeren Städte sind mit Glasfasernetzen verbunden.

8 Balkentelegraf

9 Informationsübertragung

1 Um 1840 wurde von Berlin nach Koblenz eine 600 km lange Balkentelegrafielinie mit 60 Stationen zur Übertragung militärischer Informationen gebaut. Suche eine Begründung für die Anzahl der Stationen.
2 Schicke eine kurze Nachricht mit einer Taschenlampe quer über den Schulhof zu einem Partner. *Tipp:* Verwendet das Morsealphabet.
3 Hier geht es um Informationsübertragung mit Licht. ↑9 Erläutere.

Aus der Technik Lichtstreuung rettet Leben

Im Schlaf riechst du nichts – auch keinen Rauch! Jedes Jahr sterben in Deutschland rund 500 Menschen bei Zimmerbränden. Meist ist gar nicht das Feuer die Todesursache, sondern eine Rauchvergiftung. Rauchmelder sollen davor schützen. Deshalb sind sie in vielen Bundesländern Pflicht. ↑1

Ein Rauchmelder funktioniert so: Ein kleines Lämpchen blitzt alle 30 Sekunden in der schwarzen Rauchkammer auf. Schräg gegenüber sitzt ein lichtempfindlicher Schalter. Eine kleine Wand in der Rauchkammer verhindert, dass das Licht auf geradem Weg zu ihm gelangt. Wenn Rauch in der Kammer ist, wird das Licht gestreut. Ein Teil des Lichts fällt dann auf den Schalter. Dieser schließt den Stromkreis für einen Summer – und schon geht der Feueralarm los!

1 Geöffneter Rauchmelder

Aufgaben

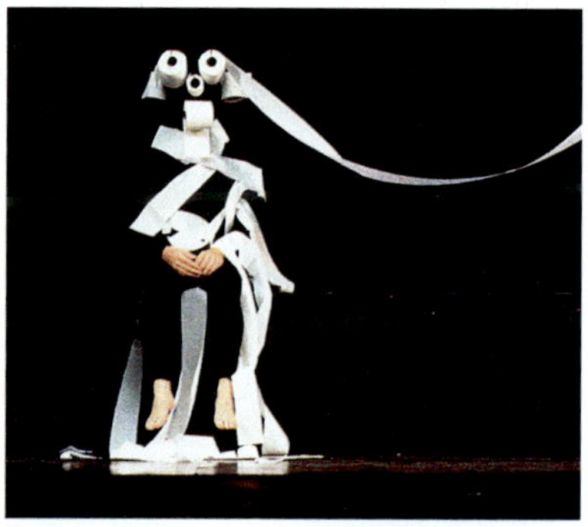

2

3

1 „Schwarzes Theater“ ist eine besondere Form des Theaterspiels. ↑2 Füße und Hände scheinen sich dabei allein zu bewegen. Erkläre.

2 Sind Koboldmakis wohl Tag- oder Nachtjäger? ↑3

3 Bis vor 100 Jahren wusste jeder Mensch, ob nachts gerade Vollmond oder Neumond ist und ob der Halbmond in der ersten oder zweiten Nachhälfte scheint. Warum wussten die Leute damals so gut über den Mond Bescheid?

4 „Der Tag wurde länger, als die Menschen begannen künstliche Lichtquellen zu benutzen.“ Erläutere diesen Satz.

5 Licht breitet sich von der Lichtquelle geradlinig nach allen Seiten aus.

a Max meint: „Das stimmt nicht. Meine Taschenlampe strahlt nur nach vorn.“ Was sagst du dazu?

b Was ist das Besondere am Licht eines Laserpointers?

c Wie kannst du (ohne Lineal) feststellen, ob die Kanten eines Balkens wirklich gerade sind?

6 Oft wird das Licht eines Lasers „Laserstrahl“ genannt. Warum wohl? Und warum ist das eigentlich nicht ganz richtig?

7 Wenn die Sonne untergegangen ist, kann man manchmal noch Flugzeuge sehen, die sehr hell beleuchtet erscheinen. Wie ist das möglich?

8 Wie verteilt sich das Licht von einer Taschenlampe im Raum? Beschreibe, wie du es feststellen kannst.

9 Kai behauptet: „Nebel verschlechtert die Sicht.“ Ulla entgegnet ihm: „... und manches macht er erst sichtbar.“ Erkläre, was sie damit meint.

10 Mit Licht kann man Energie und Informationen übertragen. Nenne Beispiele.

11 Sonnenkollektoren sind Lichtempfänger. Nenne weitere Lichtempfänger und gib ihre Aufgabe an.

Experimente

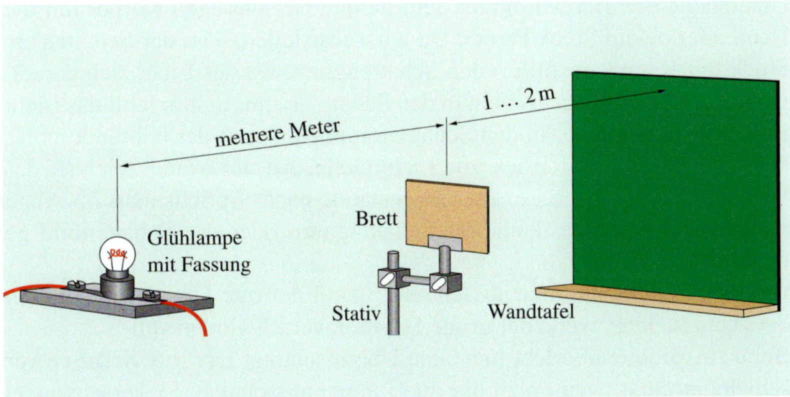

4

1 Wo liegt das Schattenbild?
Ein Brett wird 2 m vor der Wandtafel an einem Stativ befestigt. Davor wird in einigem Abstand eine Glühlampe gestellt. ↑4
Die Lage des Schattenbilds soll vorhergesagt und auf die Tafel gezeichnet werden.
Wie kannst du vorgehen? (*Tipp:* Lange Schnüre können helfen.)
Was setzt du dabei über die Lichtausbreitung voraus?

2 8 Kerzen – 8 Schatten
Ein Brett wie in Bild ↑4 befindet sich ca. 1 m vor einer weißen Wand. Als Lichtquellen verwendest du 8 Kerzen, die im Abstand von jeweils 6 cm nebeneinanderstehen. (Abstand Kerzen–Brett ca. 1 m).
Zünde zunächst nur eine Kerze an, dann zwei, dann drei … (Vorsicht!)
Welche Veränderungen zeigt der Schatten an der Wand beim Anzünden weiterer Kerzen?
Verschiebe das Brett nach vorn oder hinten. Wie verändert sich der Schatten?

Für die Experimente 3 und 4 brauchst du 2 Lichtquellen (Kerzen oder Taschenlampen ohne Reflektor), 2 Gegenstände (Klebestifte oder andere längliche Gegenstände) und mehrere Blätter weißes Papier.

3 Schattenbild und Schattenraum
Stelle Lichtquelle und Gegenstand auf weißes Papier.
a Verkleinere und vergrößere den Abstand. Beschreibe jeweils deine Beobachtung.
b Halte ein zweites Blatt Papier (den „Schirm") senkrecht in den Schattenraum und bewege es vor und zurück. Was kannst du beobachten?
c Welcher Zusammenhang besteht zwischen dem Schattenbild auf dem „Boden" und dem Schattenbild auf dem Schirm?
d Wie verändert sich das Schattenbild auf dem Schirm, wenn du diesen schräg hältst? ↑5
Formuliere zunächst eine Vermutung. Überprüfe diese Vermutung im Experiment.

4 Schatten von zwei Lichtquellen
Stelle die beiden Lichtquellen nebeneinander vor den Gegenstand (Vorsicht: Brandgefahr!). ↑6
a Beschreibe und zeichne die Schatten. Achte auch auf die unterschiedliche Helligkeit der Schatten.
b Beobachte die Schattenbilder auch auf einem senkrecht in den Schattenraum gehaltenen Schirm in verschiedenen Abständen.
Beschreibe deine Beobachtungen.
c Verschiebe die Kerzen so, dass der dunkle Schatten länger wird.
Gibt es verschiedene Möglichkeiten?

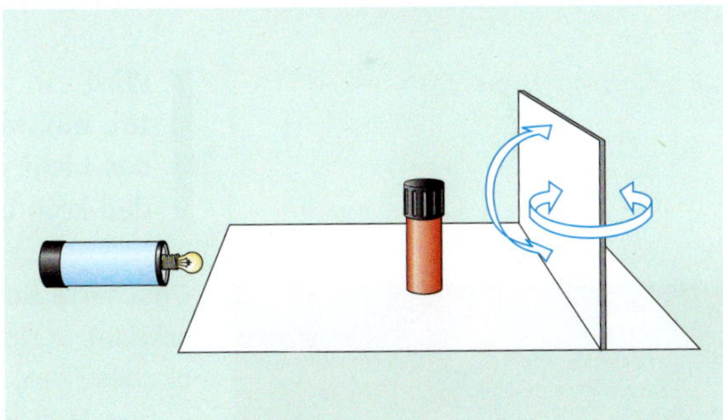

5

6

GRUNDLAGEN: Schatten

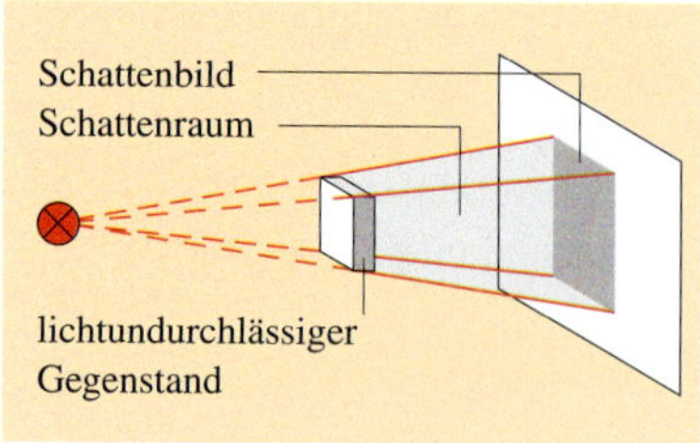

1

Untersuche den Bereich hinter dem lichtundurchlässigen Körper mit der Hand oder einem Stück Papier. Du wirst feststellen, dass der Schatten ein Stück des Raums ausfüllt – den Schattenraum. Da das Licht sich geradlinig ausbreitet, gelangt es nicht in den Schattenraum. In ihm fehlt das Licht. Hält man seinen Kopf in den Schattenraum, versperrt der lichtundurchlässige Gegenstand den Blick zur Lichtquelle. An der Wand zeichnet das Schattenbild die Umrisse des Gegenstands nach. Spricht man im Allgemeinen von Schatten, kann der Schattenraum oder das Schattenbild gemeint sein. ↑1

Welche Lampe muss man ausschalten, damit der rote Schatten verschwindet? Und welche, wenn der grüne Schatten verschwinden soll? ↑2

Beim Ausprobieren erlebt man eine Überraschung: Der rote Schatten verschwindet nicht, wenn man die rote Lampe ausschaltet. Er verschwindet beim Ausschalten der grünen Lampe. Im roten Bereich des Schattens fehlt das Licht der grünen Lampe, im grünen Bereich fehlt das Licht der roten Lampe. Diese Teile des Schattens heißen Halbschatten. Im Kernschatten fehlt das Licht beider Lampen. ↑3

2

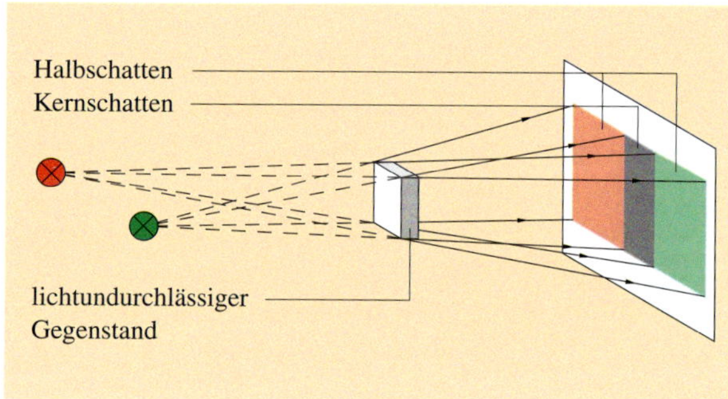

3

Wird ein lichtundurchlässiger Körper von zwei Lichtquellen beleuchtet, entsteht hinter dem Körper ein Schatten. Der Bereich, in den nur das Licht einer Lichtquelle fällt, heißt Halbschatten. Der Bereich, in den kein Licht gelangt, heißt Kernschatten.

4

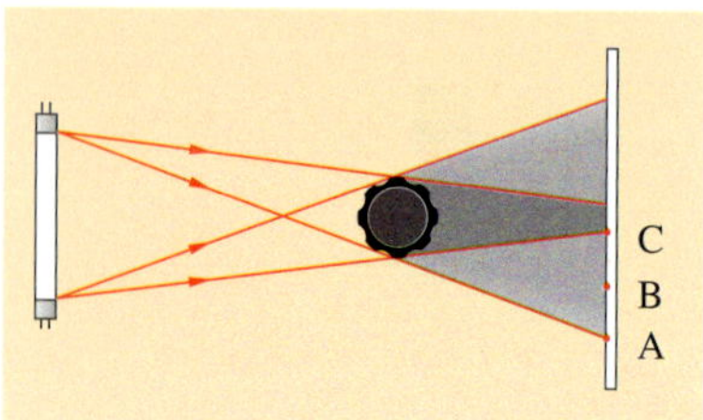

5

Unscharfe Schatten Manche Schatten haben einen scharfen Umriss, man erkennt viele Einzelheiten. Andere sind verschwommen wie ein verwackeltes Foto. Die Schärfe des Schattens hängt von der Lichtquelle ab. Eine kleine Halogenlampe erzeugt einen sehr scharfen Schatten, eine matte Glühlampe erzeugt einen unscharfen Schatten. ↑4

Blickt man vom Schirm in Richtung der ausgedehnten Lichtquelle, sieht man von Punkt A aus die ganze Lampe. Diese Stelle ist hell, weil das Licht der ganzen Lampe sie erreicht. Von Punkt B aus wird ein kleiner Teil der Lampe verdeckt. Dort kommt weniger Licht hin. Von Punkt C aus wird die ganze Lampe verdeckt. Dort ist es ebenso dunkel wie im Kernschatten. Zwischen den Punkten A und C liegt der Bereich des unscharfen Randes, des so genannten Übergangsschattens. Wenn die Lichtquelle kleiner ist, ist dieser Bereich schmaler, der Schatten erscheint scharf begrenzt. ↑5

Unscharfe Schatten entstehen durch ausgedehnte Lichtquellen.

Aufgaben

1 Eine Streichholzschachtel wird von einem kleinen Lämpchen beleuchtet. Auf einer Wand entsteht das Schattenbild. ↑6–8

a „Je näher die Lampe zum Gegenstand hingeschoben wird, desto …“ Setze den Satz fort. Welches Bild zeigt diesen Zusammenhang?

b Schreibe jeweils in einem ähnlichen Satz auf, welche Zusammenhänge die anderen beiden Bilder zeigen.

2 Am Mittag sieht dein Schatten anders aus als am Abend.

a Zeige den Unterschied mit einer Taschenlampe und einer Füllerkappe.

b Erkläre den Zusammenhang zwischen Sonnenstand und Schattenlänge mit zwei Zeichnungen.

3 Jan hält eine Kerze in der Hand. An der Wand entsteht Tinas Schatten. Wie verändert sich der Schatten, wenn Jan die Kerze nach unten bewegt?

a Findet die Antwort durch ein Experiment.

b Findet die Antwort durch eine Zeichnung.

4 Du willst mit deinen Händen Schattenfiguren auf die Wand „zaubern“. Was musst du tun, damit die Schatten möglichst groß (klein) werden?

a Finde es mit einem Experiment heraus.

b Erkläre dein Ergebnis durch eine Zeichnung.

5 Der Schatten der Pappe hat in der Mitte einen hellen Fleck. ↑9
Das liegt an dem Loch in der Pappe.
Lukas meint: „Der Schatten der Pappe ist ‚rundum‘ größer als die Pappe selbst. Also muss der helle Fleck kleiner als das Loch sein.“
Janine entgegnet ihm: „Der helle Fleck ist größer als das Loch. Im Schattenbild ist nämlich alles vergrößert.“
Wer hat recht? Erkläre deine Antwort mit einer Zeichnung in deinem Heft. ↑12 Überprüfe es im Experiment.

6 Schatten haben auch Comiczeichner beschäftigt. ↑10, 11

a Gib an, was bei diesen Bildern nicht stimmt.

b Schreibe die lustige Geschichte in wenigen Sätzen auf. ↑10

c Wie kann man den Schatten auf der Wand wirklich verschwinden lassen? ↑11

7 Wenn du bei Vollmond unter einer Straßenlaterne entlanggehst, hast du zwei Schatten. Der eine zeigt immer in die gleiche Richtung, der andere dreht sich. Erkläre.

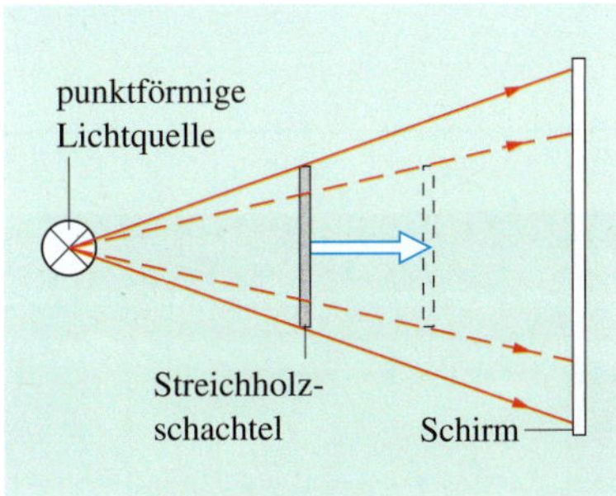

6

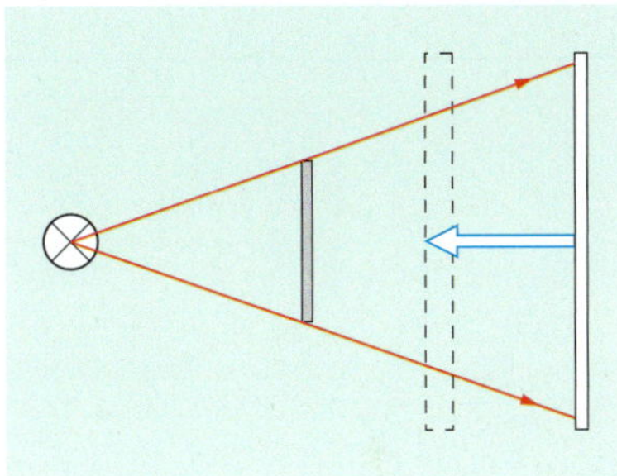
7

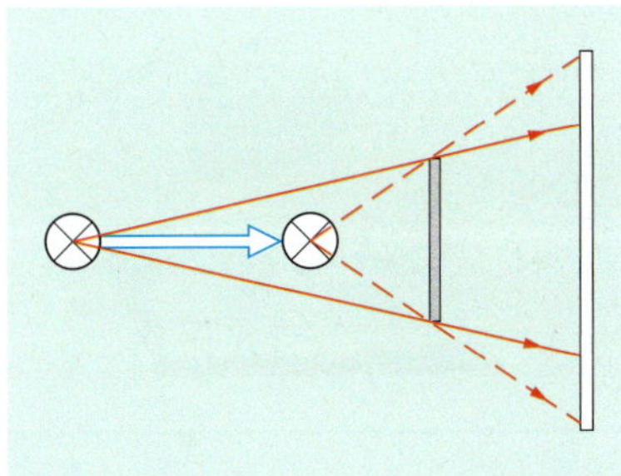
8

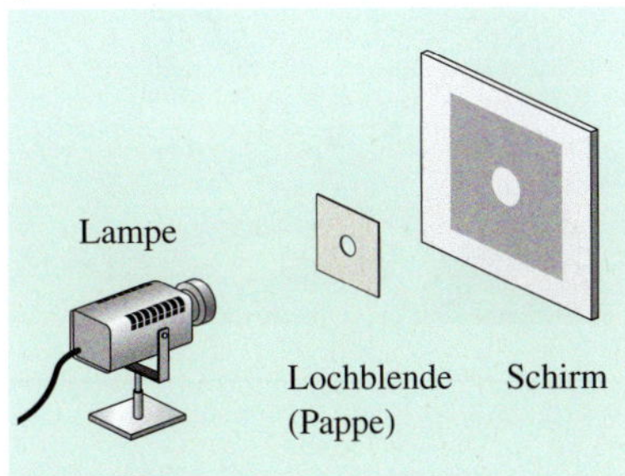

9

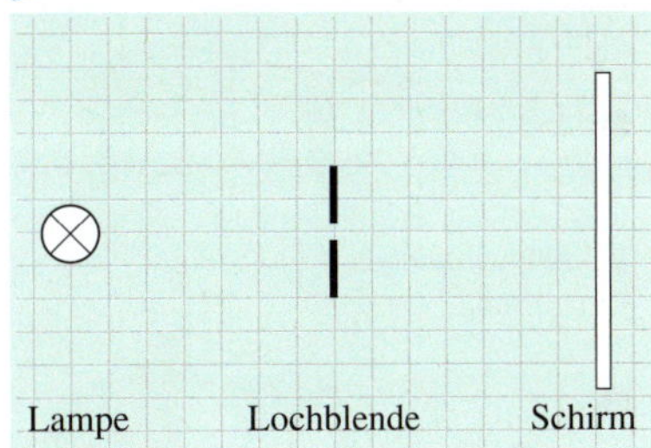

12

10

11

Auf einen Blick

Lichtquellen Licht geht von Lichtquellen aus. Als Lichtquellen oder selbstleuchtende Körper bezeichnen wir alle Gegenstände, die ihr Licht selbst erzeugen.

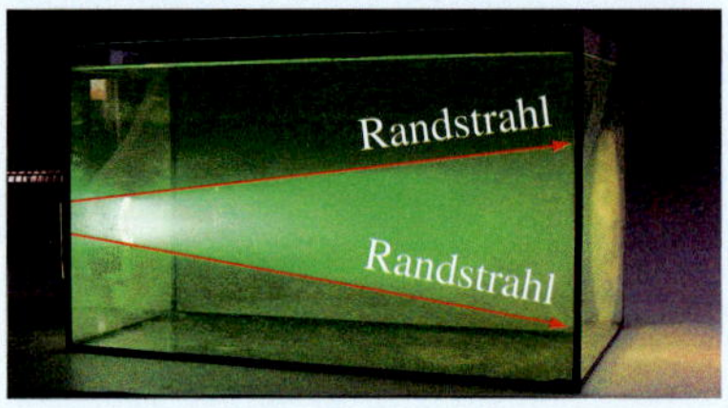

1

Lichtausbreitung Licht breitet sich geradlinig aus, solange es nicht auf andere Gegenstände fällt.
Wenn Licht durch ein Loch scheint, entsteht ein Lichtbündel.
Lichtstrahlen gibt es nur in unserer gedanklichen Vorstellung. Wir nutzen sie, um die Lichtausbreitung in Zeichnungen darzustellen. ↑1

Licht ist ein Energieträger – Absorption Trifft Licht auf einen Gegenstand, so wird ein Teil des Lichts *absorbiert.* Die Energie des absorbierten Lichts erwärmt den Gegenstand. Der Rest des Lichts wird *gestreut,* d. h. in alle Richtungen verteilt.
Schwarze, raue Oberflächen absorbieren, weiße Oberflächen streuen den größten Teil des Lichts.

2

Lichtstreuung Licht wird an lichtundurchlässigen Körpern in alle möglichen Richtungen gestreut. Die Umgebung wird zu einem großen Teil von Streulicht beleuchtet. Von beleuchteten Gegenständen geht Licht aus. ↑2

3

Sehvorgang Kommt das Licht direkt von einer Lichtquelle, sehen wir die Lichtquelle selbst. Beleuchtete Körper sehen wir dann, wenn das von ihnen gestreute Licht ins Auge gelangt. ↑3

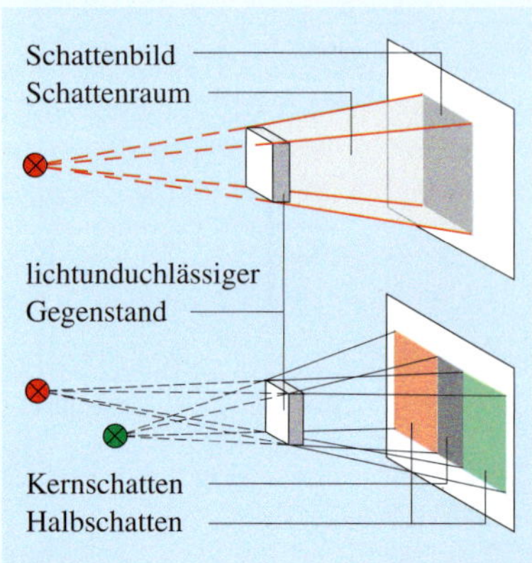

4

Schattenraum und Schattenbild Schatten entstehen dadurch, dass Körper das Licht an seiner Ausbreitung hindern. Wir unterscheiden Schattenraum und Schattenbild. Das Schattenbild entsteht, wenn man einen Schirm hinter den Körper in den Schattenraum hält. Die Schattenbilder können unterschiedlich groß sein – je nach den Abständen zwischen Lichtquelle, Körper und Schirm. ↑4

1 Kann man „Sonnenstrahlen" sehen? Begründe deine Antwort.

2 Im Bild siehst du Astronauten im Sonnenlicht. Auch die Lufthülle der Erde ist beleuchtet. Der Weltraum dagegen ist tiefschwarz. Erkläre. ↑5

3 Warum wird es nicht „stockfinster", wenn sich eine Wolke vor die Sonne schiebt? ↑6

4 Es gibt natürliche und vom Menschen gemachte (künstliche) Lichtquellen und Lichtempfänger. Sammle in einer Tabelle für beide Arten Beispiele.

5 Paul meint: „Bei Vollmond wird die Erde richtig hell beleuchtet. Der Mond ist dabei die Lichtquelle." Was sagst du dazu?

6 Welche Eigenschaft soll die Kleidung haben, wenn man bei Dunkelheit auf die Straße geht?

7 Ein kleiner Versuch: Im verdunkelten Raum werden Personen mit hellen und dunklen Kleidungsstücken angeleuchtet. Vergleicht dabei, wie viel Streulicht auf die Wände des Raums fällt.

8 Erkläre anhand einer Skizze, was man unter dem Schattenraum und dem Schattenbild versteht.

9 Tinas kleiner Bruder meint: „Schatten hängen von der Kleidung ab. Helle Kleidung macht helle Schatten – und dunkle Kleidung dunkle." Nimm Stellung dazu.

10 „Schatten gibt's nur, wo Licht ist. In finsterer Nacht gibt es keine Schatten." – „Im Gegenteil, nachts gibt es nur Schatten!" Erläutere beide Meinungen.

11 „Wo Licht ist, ist auch Schatten." Bewerte diese Aussage.

12 Begründe, warum Lucky Luke nicht schneller ziehen kann als sein Schatten.

13 Wie könnte Bild ↑7 entstanden sein?

14 Überlege, wo die Lampe auf dem Schreibtisch bei einem Linkshänder bzw. bei einem Rechtshänder stehen sollte: ↑8 Begründe jeweils deine Antwort.

15 Drei Dinge sind erforderlich, damit Schattenbilder entstehen können. Nenne sie.

16 Beschreibe Lichtquellen, mit denen die Ränder eines Schattenbilds scharf (unscharf) werden.

5

6

7

8

Licht wird reflektiert und gebrochen

Durch Spiegelungen entstehen Bilder, die wie Zauberei erscheinen: Eine Kerze brennt im Wasser, und im Spiegellabyrinth siehst du dich unzählig oft. ↑1, 2

1

Auch der Blick ins Wasser zeigt Erstaunliches: Plötzlich sind die Beine geschrumpft! ↑3

Und wenn du deinen Kopf vor einem Aquarium bewegst, scheinen die Pflanzen darin sich auch zu bewegen.

Schaue deine Freunde durch ein mit Wasser gefülltes Glas an. Du wirst die komischsten Dinge erleben: Monstergesichter, dicke, dünne oder auf dem Kopf stehende Menschen. ↑4

Wie kommen all diese merkwürdigen Erscheinungen zustande?

2

3

4

Licht wird reflektiert

Nadine und Philipp haben sich eine spektakuläre Aktion ausgedacht: Philipps Kopf auf Nadines Körper – Zauberei oder Physik?
Die Zuschauer sehen das Spiegelbild von Philipps hell angestrahltem Kopf. Nadines Körper ist durch die Glasplatte zu sehen. Die Vorführung muss sehr sorgfältig geplant und durchgeführt werden, denn es gibt nur eine Position, in der Philipps Kopf auf Nadines Hals erscheint. Bewegt Philipp sich nach rechts, so wandert auch sein gespiegelter Kopf nach rechts. Hält er seinen Kopf etwas tiefer, senkt sich auch der gespiegelte Kopf. Philipp und Nadine müssen sich genau gegenüberstehen, ihre Hälse müssen die gleiche Höhe und den richtigen Abstand von der Glasplatte haben. Nur dann gelingt der Trick.

5

6

Probier 's mal!

1 Entfernung der Spiegelbilder
Ein Spiegel steht senkrecht auf dem Tisch. Ein Teller schaut hinter dem Spiegel hervor. ↑7
Stelle einen gleichen Teller so vor den Spiegel, dass sein Spiegelbild in den Teller hinter dem Spiegel übergeht. Miss den Abstand der beiden Teller vom Spiegel. Was stellst du fest?

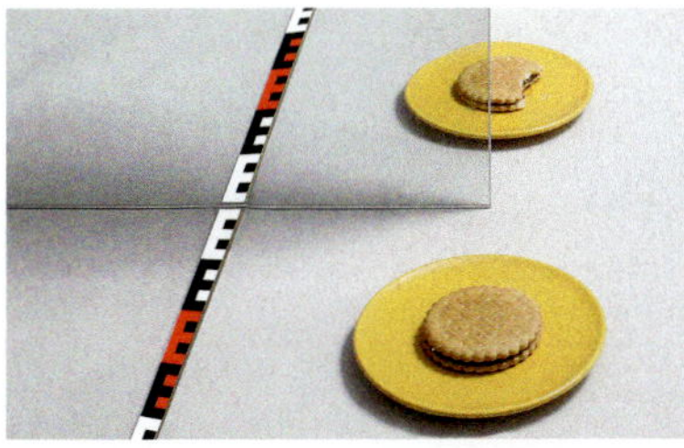
7

2 Das Reflexionsgesetz
Dein Partner leuchtet mit der Taschenlampe durch die Pappröhre auf den Spiegel. Verschiebe und drehe deine Pappröhre so, dass das Lichtbündel in dein Auge fällt. ↑8
Verändere die Stellung der Taschenlampenröhre und suche wieder das umgelenkte Lichtbündel. Formuliert Regeln bezüglich der Richtungen.

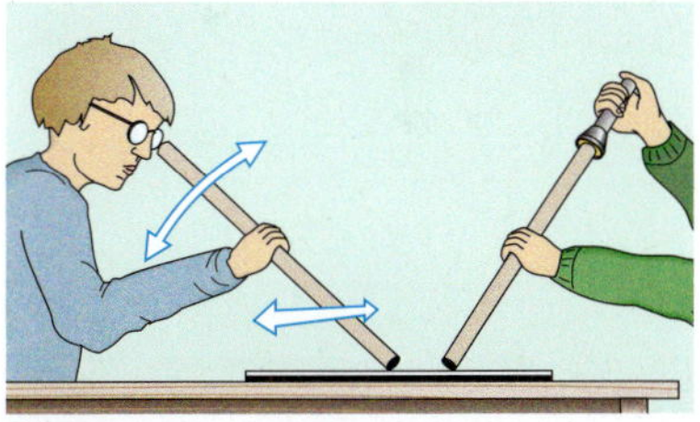
8

3 Die Größe des Spiegelbilds
Stelle dich vor einen Spiegel. Male den Umriss deines Kopfs auf den Spiegel. Vergleiche die Größe des gezeichneten Kopfs mit der deines eigenen Kopfs. ↑9

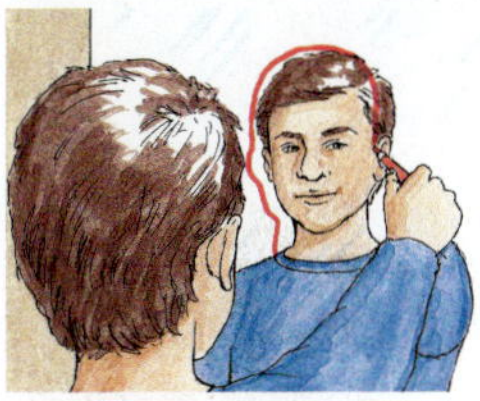
9

4 Die Richtung des Spiegelbilds
Stelle einen Taschenspiegel senkrecht auf ein Blatt Papier. Zeichne Pfeile auf das Papier. In welchen Fällen haben Pfeil und Spiegelbild die gleiche Richtung? In welchen Fällen haben sie entgegengesetzte Richtungen?

5 Spiegelflirt
Wo muss Klaus stehen, damit er Marie in die Augen blicken kann? Probiert es selbst aus. Kann Marie dann auch in Klaus' Augen blicken? Was passiert, wenn sie sich nach links bewegt? ↑10

10

GRUNDLAGEN: Eigenschaften von Spiegelbildern

Im Spiegel sehen wir Gegenstände an Orten, wo sie gar nicht sein können. Sie liegen hinter der Spiegelfläche – und dort befindet sich meist eine Wand. Von dort kann kein Licht in unsere Augen gelangen. Spiegelbilder sind scheinbare Bilder.

Das Spiegelbild hat den gleichen Abstand von der Spiegelebene und ist ebenso groß wie der Gegenstand. Die Verbindungslinie zwischen Gegenstand und Spiegelbild steht senkrecht auf der Spiegelebene. ↑1

Für einen senkrecht aufgestellten Spiegel gilt: Die rechte Seite des Gegenstands liegt auch im Spiegelbild rechts, die obere Seite auch im Spiegelbild oben. Aber die für den Betrachter vordere Seite des Gegenstands liegt im Spiegelbild hinten. ↑2

■ **Der Spiegel vertauscht vorn und hinten, aber nicht links und rechts.**

1

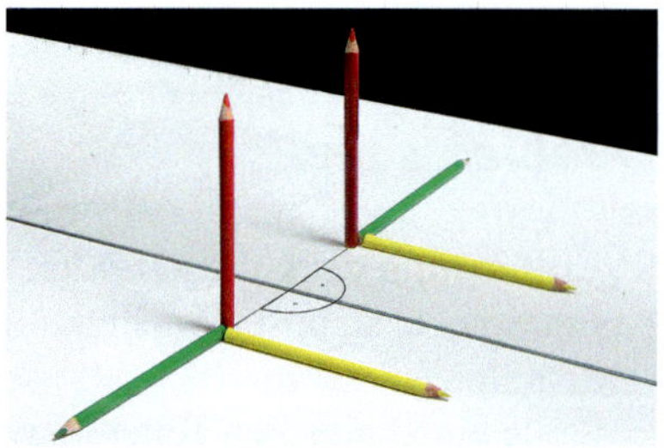

2

GRUNDLAGEN: Wie Spiegelbilder entstehen

Die Kerze verteilt ihr Licht in alle Richtungen. Ein Teil davon fällt auf den Spiegel und wird von dort aus ins Auge reflektiert. Das Licht, das ins Auge fällt, hat genau die gleiche Richtung wie Licht, das von einer gleich großen Kerze hinter dem Spiegel käme. Das Netzhautbild gleicht dem einer hinter dem Spiegel stehenden Kerze. Das Auge kann die gespiegelte Kerze nicht von einer echten Kerze hinter dem Spiegel unterscheiden.
Achte in der Zeichnung darauf, wie das Licht am Spiegel reflektiert wird.

Schon gewusst?

Bild ↑3 ist leicht zu zeichnen, wenn du zuerst das Spiegelbild der Kerze an die richtige Stelle zeichnest. Erst dann solltest du den Verlauf der Lichtbündel zeichnen.

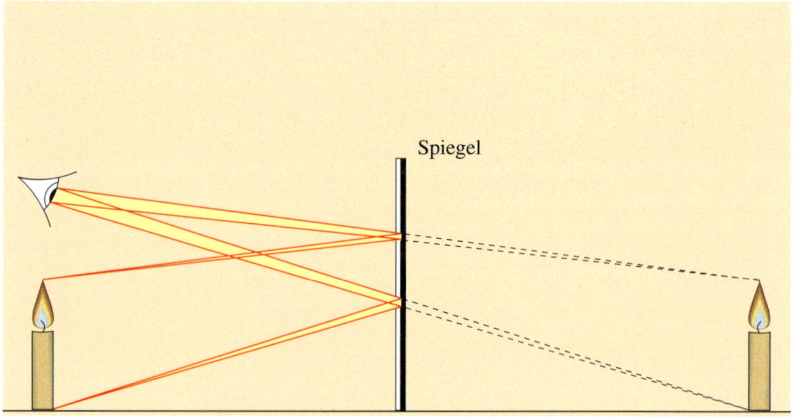

3

GRUNDLAGEN: Das Reflexionsgesetz

Wie verläuft das Licht, wenn die beiden sich im Spiegel sehen? Den Lichtweg kann man verfolgen, indem ein Dritter seine Hand zwischen Augen und Spiegel hält. Die beteiligten Personen können dann sagen, ob der Lichtweg versperrt ist. ↑4
Den Lichtweg kann man auch konstruieren.

4

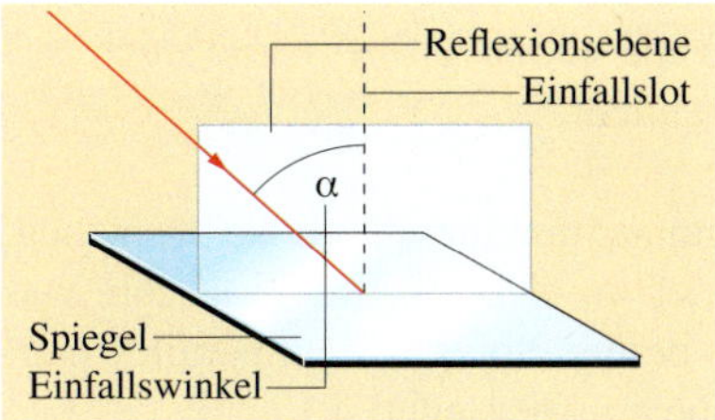

5

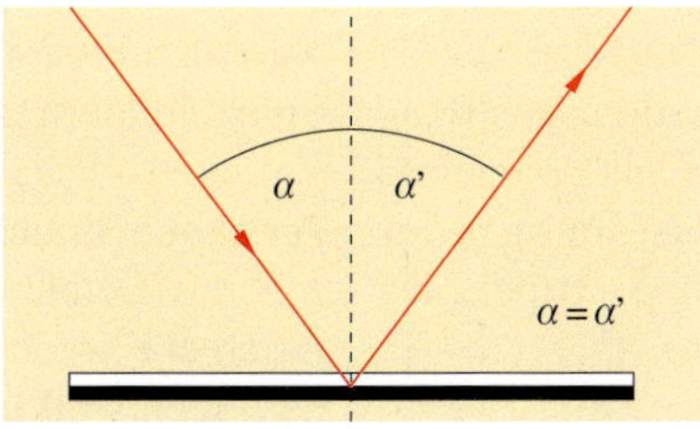

6

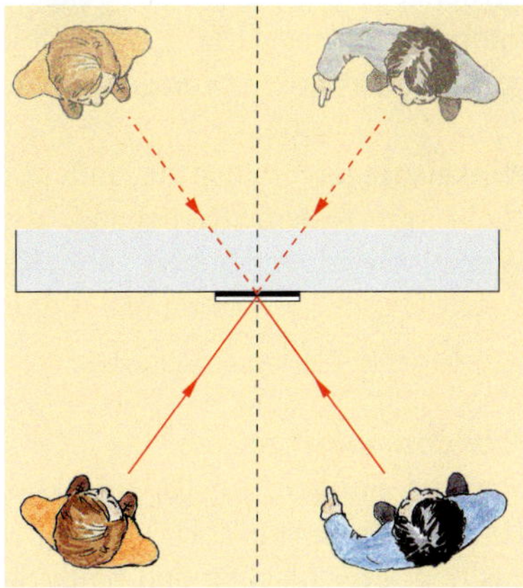
7

Für reflektierende Flächen gilt das *Reflexionsgesetz*:

Der Reflexionswinkel α' ist immer so groß wie der Einfallswinkel α. Einfallender Lichtstrahl, Einfallslot und reflektierter Strahl liegen in einer Ebene.

Das Lot steht immer senkrecht auf der Spiegelebene.
Konstruiert man das Spiegelbild mithilfe des Reflexionsgesetzes, erhält man das gleiche Bild wie in Bild ↑3.

Aus dem Alltag Welches Bild habe ich von mir?

Wenn du ein Foto oder eine Videoaufnahme von dir genau betrachtest, werden dir Zweifel kommen: Seit Jahren hast du den Scheitel auf der gleichen Seite – aber auf dem Foto ist er plötzlich auf die andere Seite gerutscht! Alle anderen sehen dich immer so wie auf dem Foto. Wenn sie dich anschauen, blicken sie dir entgegen. Was für dich rechts ist, ist für sie links. Aber was für dich rechts ist, siehst du im Spiegel auch rechts, weil der Spiegel links und rechts nicht vertauscht. ↑8
Sieht nun das Foto oder eher das Spiegelbild wie die Wirklichkeit aus?

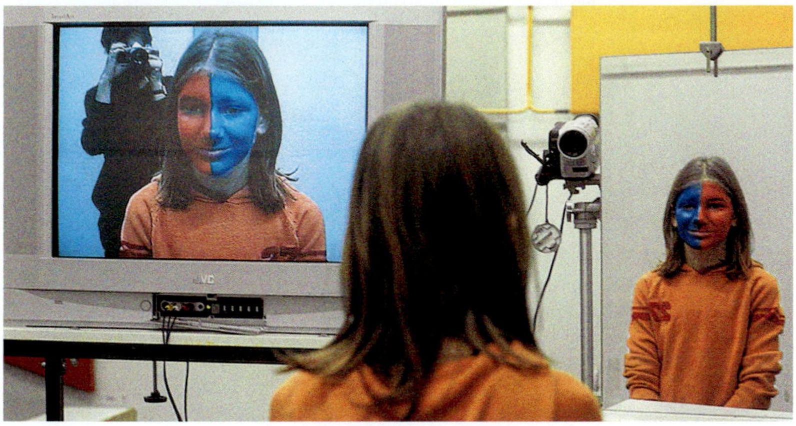
8

Spiegel – basteln, staunen, forschen

In Spiegeln könnt ihr die wundersamsten Dinge sehen – vor allem, wenn ihr mehrere Spiegel benutzt. In diesem Projekt könnt ihr die Spiegelwelt erkunden. Eure Aufgabe besteht darin, ein verblüffendes, lustiges oder nützliches Spiegelgerät zu bauen und euren Mitschülern zu präsentieren.
Als ebene Spiegel eignen sich Spiegelkacheln aus Baumärkten. Spiegelnde Zylinder könnt ihr aus Spiegelfolie herstellen. Weitere Anregungen findet ihr auch im Internet (Suchbegriffe z. B.: Kaleidoskop, Tripelspiegel, Anamorphosen, Spiegelzaubereien ...).

Winkelspiegel erhältst du, indem du zwei Spiegelkacheln mit festem Klebeband zusammenklebst. Ein Winkelspiegel verzaubert eine Kerze in eine ganze Geburtstagstorte. Wovon hängt die Anzahl der gesehenen Kerzen ab? ↑2

Kaleidoskope erzeugen eine fantastische Welt aus Farben und Formen. Im Kaleidoskop werden die Dinge 1000-fach gespiegelt. Das Wort „Kaleidoskop" kommt aus dem griechischen und heißt Schönbildseher. Baut mithilfe von Bild ↑3 ein Kaleidoskop. ↑5

Tripelspiegel klebt ihr ganz einfach aus drei Spiegelkacheln mit kräftigem Klebeband zusammen. Blickt in die Ecke und zwinkert euch mit einem Auge zu, dann erlebt ihr etwas Seltsames:
Aus einem Stift wird ein Würfel – um zu verstehen, warum, müsst ihr ganz schön grübeln und euch mit Spiegelbildern auskennen.

Periskope braucht man, um um die Ecke zu sehen, z. B. als Detektiv oder im U-Boot. Probiert auch, was geschieht, wenn die beiden Spiegel nicht parallel, sondern rechtwinklig zueinander stehen. ↑1

Anamorphosen offenbaren dem Betrachter ihren wahren Inhalt nicht sofort. Seit der Entdeckung der Perspektive haben diese Verzerrungen die Menschen fasziniert.
Verzerrte, kaum erkennbare Bilder, die nur mithilfe eines Zylinderspiegels ihre ursprüngliche Form wiederbekommen, könnt ihr aus Zeichnungen oder Fotos mit einem speziellen Computerprogramm erzeugen. Auch mit einem speziellen Raster könnt ihr diese Bilder selbst zeichnen. ↑4

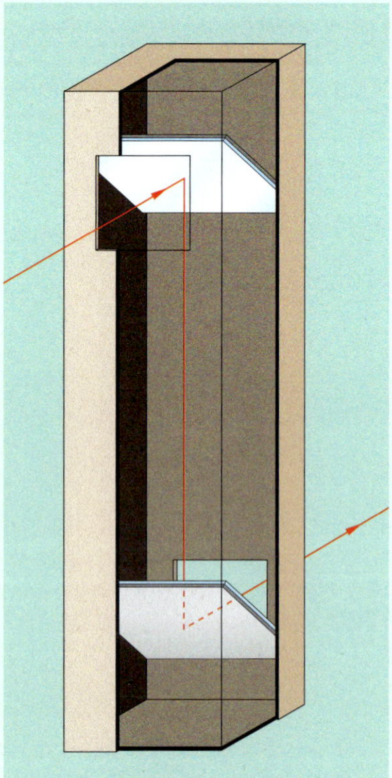
1

2

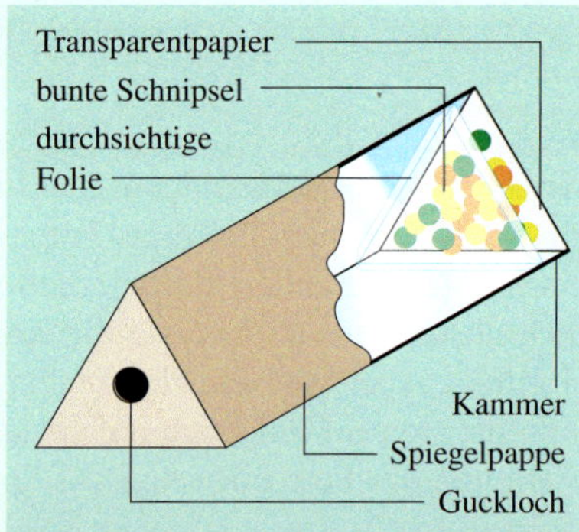

3

4

5

Aufgaben

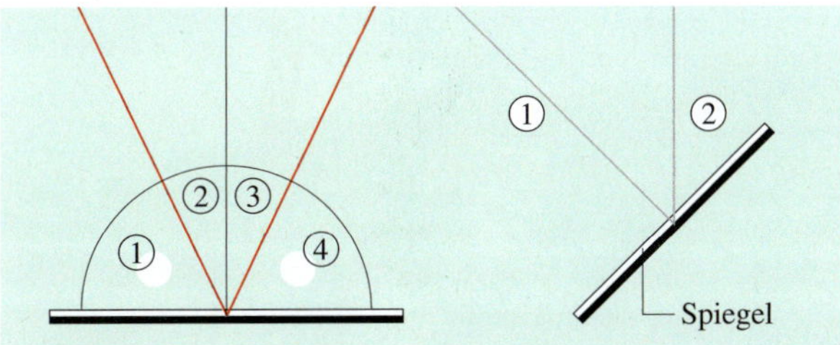

6

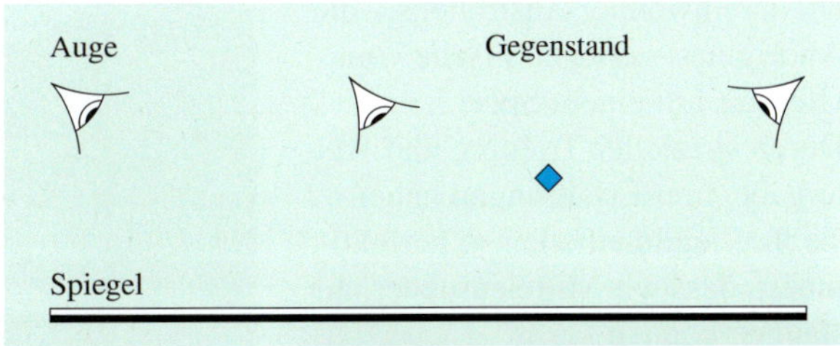

7

1 Betrachte die Abbildungen. Welcher Winkel ist der Einfallswinkel? Welche Gerade ist das Einfallslot? ↑6

2 Ein Gegenstand wird von 3 verschiedenen Positionen aus in einem Spiegel betrachtet. Konstruiere mithilfe des Spiegelbilds jeweils den Lichtweg vom Gegenstand zum Beobachter. ↑7

3 Betrachte die Abbildung. ↑8

a Wieso sieht der beleuchtete Spiegel schwarz aus?

b Durch den Spiegel wird das Licht reflektiert. Wo müsste man stehen, um geblendet zu werden?

c Alle Gegenstände werfen Licht zurück – nicht nur der Spiegel. Nenne den Unterschied.

4 Erkläre, warum wir Spiegelbilder hinter der Spiegelebene sehen. Nutze die Skizze. ↑9

5 Du willst in deinem Zimmer einen Spiegel aufhängen, in dem du dich von Kopf bis Fuß siehst.

a Wie hoch muss der Spiegel mindestens sein?

b In welche Höhe musst du die Oberkante des Spiegels hängen? *Tipp:* Übernimm die Zeichnung in dein Heft. Zeichne zuerst die Strahlen von A' und B' zum Auge. Ergänze dann die Lichtwege für die Punkte A und B zum Auge. ↑10

6 Lege unter eine Lampe einen Spiegel auf den Boden. Halte deine Hand dicht über den Spiegel. Was siehst du? Erkläre.

7 Der Maler René Magritte macht auf spielerische Weise die Sachverhalte bei der Wahrnehmung bewusst, die uns selbstverständlich geworden sind. Was ist falsch an diesem Gemälde? ↑11

8 Was fällt dir am Rettungswagen auf? Welchen Zweck verfolgt man damit? ↑12

9 Das Schachbrett im Spiegelbild erscheint nur halb so breit wie das auf den Spiegel geklebte Original. Gib dafür eine Erklärung. ↑13

8

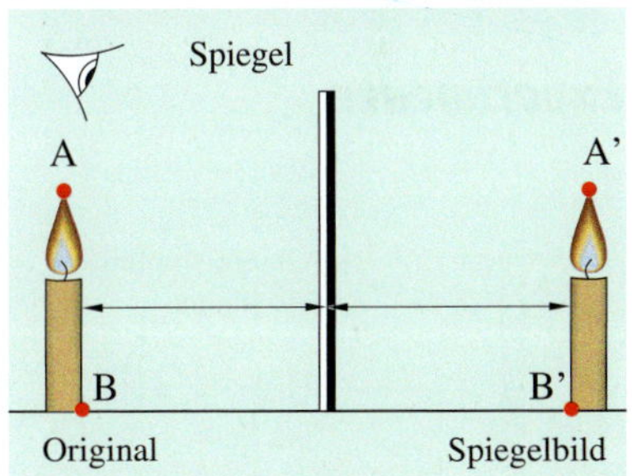

9

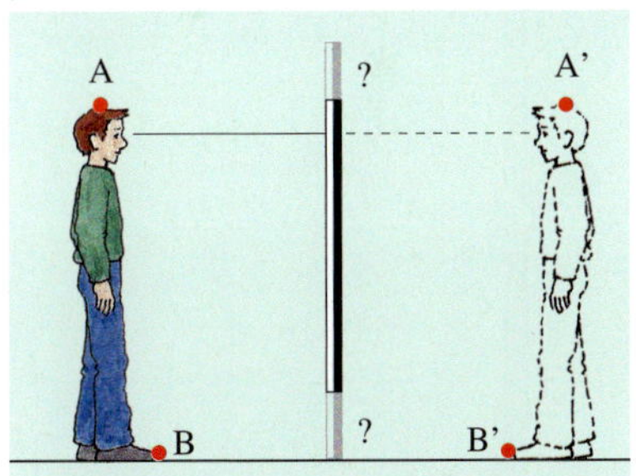

10

11

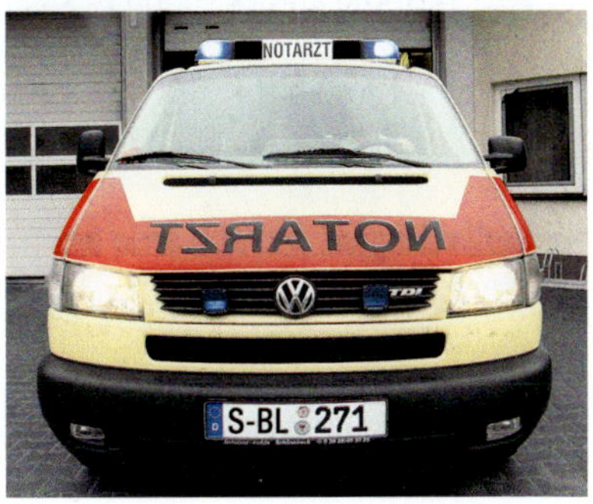

12

13

Licht wird gebrochen und total reflektiert

Die Ureinwohner Australiens – die Aborigines – erlegen Fische vom Ufer aus mit einem Speer.
Durch spezielles Training und Weitergabe ihrer Erfahrungen haben sie ihre Jagdmethoden so perfektioniert, dass wir Mitteleuropäer nur staunen können.

1

Experimente

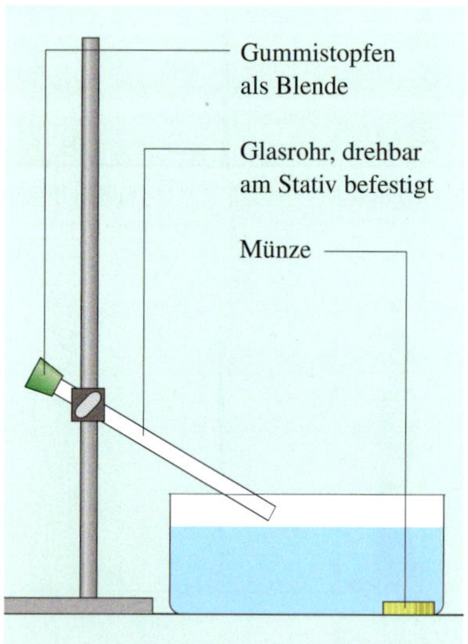

2

1 Die Münze treffen
Den Aufbau zeigt Bild ↑2. Du sollst das Glasrohr so ausrichten, dass es genau auf die Münze (den „Fisch") zielt. ↑3 Dabei darfst du nur von der Seite aus blicken, auf der das Stativ steht. Hast du das Glasrohr gut ausgerichtet, dann wird zur Überprüfung ein dünner Stab (der „Speer") durch das Rohr geschoben. Trifft der Stab die Münze, dann hast du den „Fisch" erlegt und darfst ihn behalten.

2 Die unsichtbare Münze
Lege eine Münze in eine Tasse. Blicke so über den Rand, dass du sie nicht siehst. Behalte die Position bei, während du Wasser hineingießt. Was beobachtest du? ↑4

3 Lineal im Wasser
Fülle eine kleine Schale mit Wasser. Stelle ein Lineal senkrecht hinein. Schaue darauf – zuerst schräg, dann fast parallel zur Wasseroberfläche. Was fällt dir an der Skala des Lineals auf? ↑5

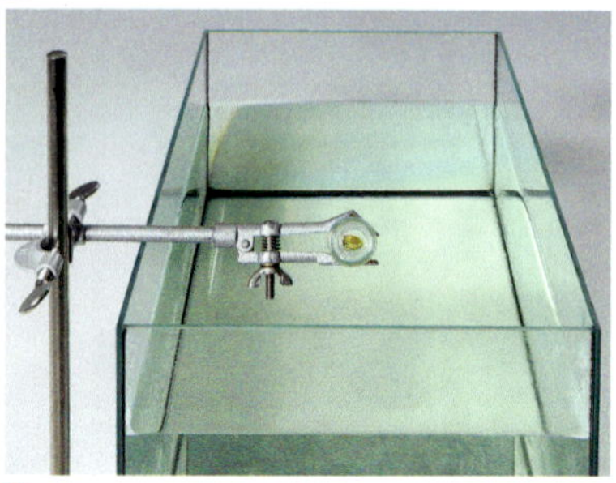

3

4

5

Experimente

4 Schatten im Wasser
JOHANNES KEPLER (1571–1630) hat festgestellt, dass die Schatten im Wasser kürzer sind als an der Luft. ↑6
Überprüfe KEPLERS Aussage, indem du die Länge der Schatten innerhalb und außerhalb des Wassers misst. Was musst du tun, damit der Unterschied möglichst groß wird? Überprüfe deine Vermutung im Experiment.

5 Verlauf von Licht an Grenzflächen
Wenn Licht durch die Oberfläche von Wasser oder Glas hindurchgeht, ändert sich seine Richtung. Man spricht von Brechung. ↑7
a Was fällt dir auf, wenn das Licht immer schräger auf die Glasoberfläche trifft?
b Was geschieht bei senkrechtem Lichteinfall?

6 Gesetze der Richtungsänderung
Untersuche mit der Experimentieranordnung auf den Bildern ↑8 und ↑9 die Gesetzmäßigkeiten der Richtungsänderung.
Der Winkel im ersten Stoff (aus dem das Licht kommt) heißt Einfallswinkel α, der Winkel im zweiten Stoff (in den das Licht eindringt) heißt Brechungswinkel β.
a Das Licht fällt aus der Luft auf die ebene Fläche des gläsernen Halbzylinders. Miss die Brechungswinkel β zu verschiedenen Einfallswinkeln α. Stelle die Messwerte in einer Tabelle zusammen und werte deine Messreihe grafisch aus. ↑8
(Methode ↑S. 70)
b Verändere den Lichtweg nun so, dass das Licht den umgekehrten Weg nimmt. Stelle für die Einfallswinkel α die Werte ein, die du im Aufgabenteil a für den Winkel β gemessen hast. Welche Werte ergeben sich für den Brechungswinkel β? Vergleiche mit den Werten aus Aufgabe a. ↑9

7 Brechung an anderen Glaskörpern
Ersetze den Halbzylinder durch andere Glaskörper (eine Glasplatte, ein Glasdreieck, einen linsenförmigen Glaskörper …). Beobachte die Lichtwege. Erkläre deine Beobachtungen mit den Ergebnissen aus ↑Experiment 6.

6 KEPLERS Versuch

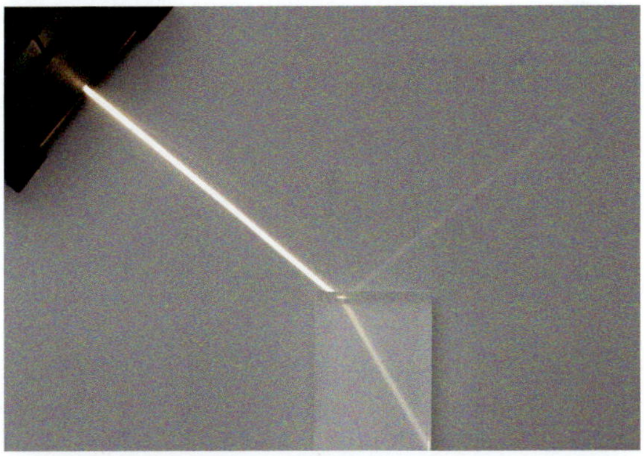
7 Richtungsänderung

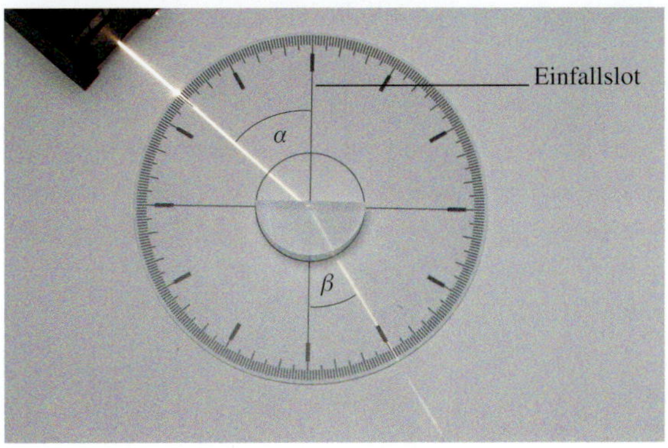

8 Übergang Luft–Glas

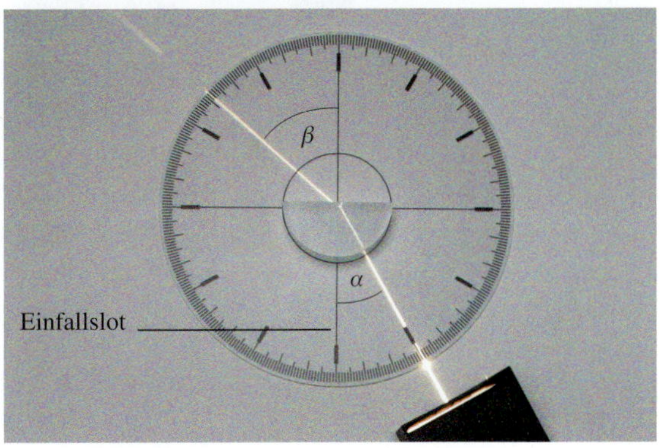

9 Übergang Glas–Luft

GRUNDLAGEN: Lichtbrechung an Grenzflächen

Eine Münze, die unter Wasser liegt, scheint vom Ufer aus betrachtet angehoben. Um die scheinbare Anhebung der Münze zu verstehen, verfolgen wir den Lichtweg von der Münze nach oben. Dazu leuchten wir mit einer Lampe von unten her, dicht an der Münze vorbei, in das Wasserbecken. An der Wasseroberfläche hat der Lichtweg einen „Knick". Diesen Effekt bezeichnet man als Brechung des Lichts. ↑1

Wenn Licht eine Grenzfläche zwischen zwei lichtdurchlässigen Körpern durchdringt, verändert es seine Ausbreitungsrichtung. Es wird teilweise gebrochen und ein Teil wird, wie immer an glatten Flächen, reflektiert.

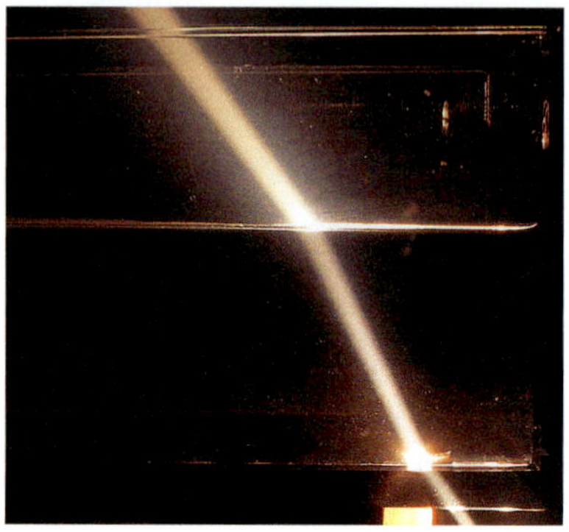

1 Lichtbrechung beim Übergang des Lichts von Wasser in Luft

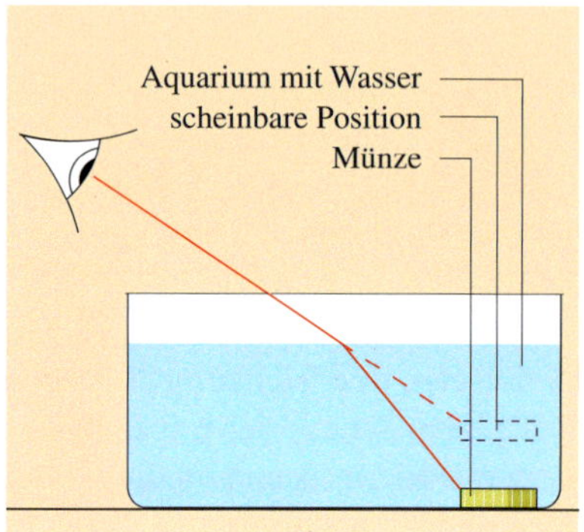

2 Durch die Brechung entsteht ein Bild der Münze.

Die Brechung verursacht die scheinbare Anhebung von Gegenständen, die sich im Wasser befinden. Unser Gehirn geht nämlich davon aus, dass das Licht sich geradlinig ausbreitet.
Wir sehen die Dinge immer in der Richtung, aus der das Licht in unsere Augen gelangt. ↑2
Weil das Auge die Brechung des einfallenden Lichts nicht wahrnehmen kann, scheint die Münze an einer anderen Stelle zu liegen. Beispiele zeigen die Bilder ↑4 und ↑5.
Die Ergebnisse der Experimente zeigen auch, dass es keinen Unterschied gibt, wenn man den Lichtweg von Luft in Wasser oder von Wasser in Luft verfolgt.

Der Lichtweg ist bei der Brechung umkehrbar.

4 Scheinbar geknicktes Schilfrohr

5 Scheinbar geknickter Löffel

Schon gewusst?

Auch Taucher sehen Dinge außerhalb des Wassers scheinbar angehoben.

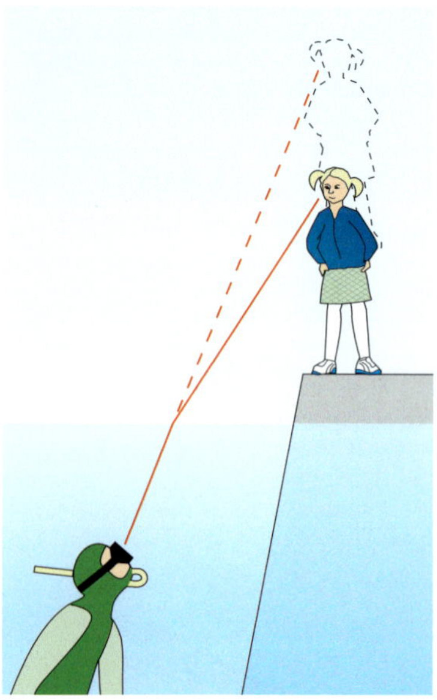

3

Experimente

1 Münzen in unterschiedlichen Flüssigkeiten

Setze ↑Experiment 2, S. 66 fort. Fülle eine zweite, gleiche Tasse mit Spiritus genauso voll wie die erste mit dem Wasser. Lege in beide Tassen ein Geldstück an die gleiche Stelle. Sieh in beiden Tassen gleichzeitig auf das Geldstück und gehe dabei allmählich mit dem Kopf tiefer. Die Geldstücke verschwinden hinter dem Rand.
Vorsicht: Spiritus ist leicht entzündlich!

a Bei welcher Flüssigkeit geschieht das zuerst?

b Durch welche Flüssigkeit erscheint das Geldstück stärker gehoben?

2 Glasplatten

Peile über die Kante einer dickeren Glasscheibe eine senkrechte Linie an – z. B. einen Türrahmen. Drehe nun die Glasscheibe um ihre senkrechte Achse. Was stellst du fest?

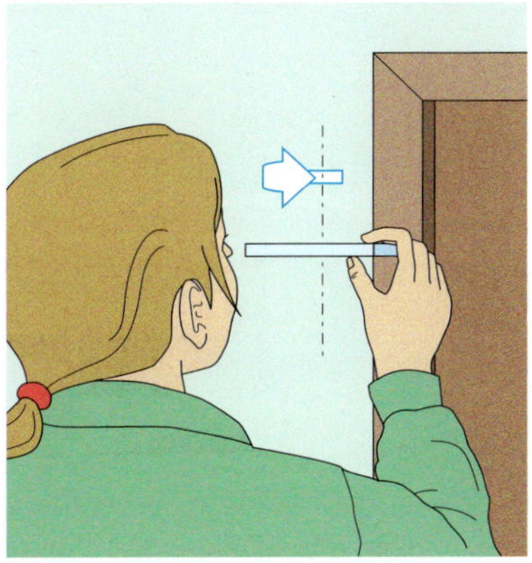
6

Aus der Natur Die Abendsonne ist nicht rund

Beim Sonnenuntergang erscheint uns die Sonne platt gedrückt. Wie kommt das? Die Sonne kann ihre Form nicht verändern. Tatsächlich sieht man ein virtuelles Bild der Sonne, das durch Brechung des Sonnenlichts in der Lufthülle der Erde entsteht. Das Weltall, aus dem das Sonnenlicht zu uns kommt, ist luftleer. Die Erde ist von einer Lufthülle umgeben, die zur Erdoberfläche hin immer dichter wird. Wenn das Licht in die Lufthülle eindringt, wird es gebrochen – nicht nur einmal, sondern nach und nach immer mehr. Deshalb läuft das Sonnenlicht auf einem gekrümmten Weg durch die Lufthülle. Unsere Augen bekommen diese Krümmung nicht mit. Sie sehen die Sonne in der Richtung, aus der das Sonnenlicht ankommt.
Die Sonne wird also scheinbar etwas angehoben. Das Licht des unteren Sonnenrands wird stärker gebrochen als das des oberen. Der untere Rand wird somit stärker angehoben als der obere. So kommt es zur Abplattung der Sonne. ↑7, 8

7

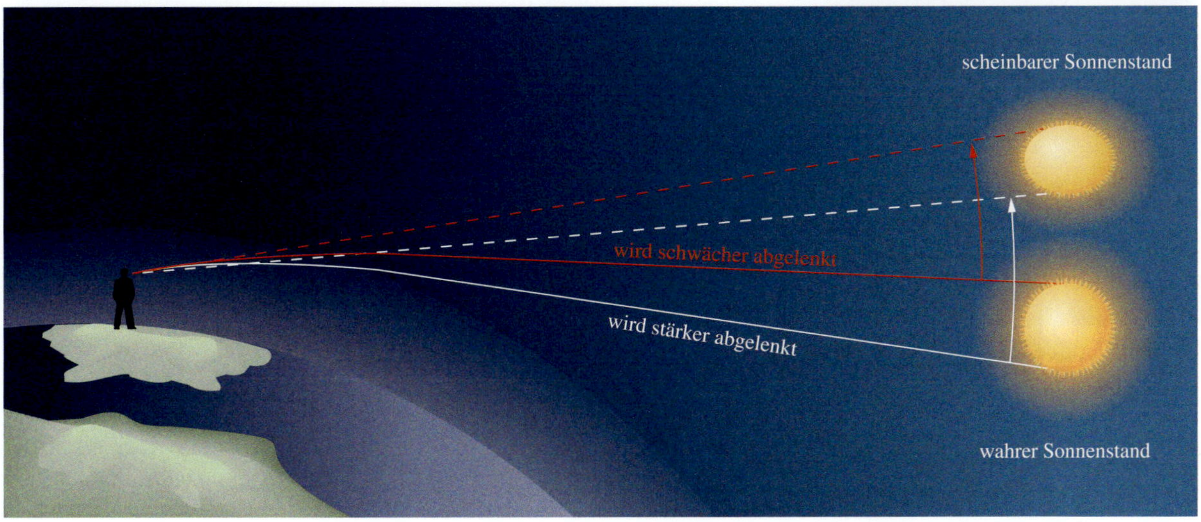

8

Methode Grafische Auswertung von Messreihen

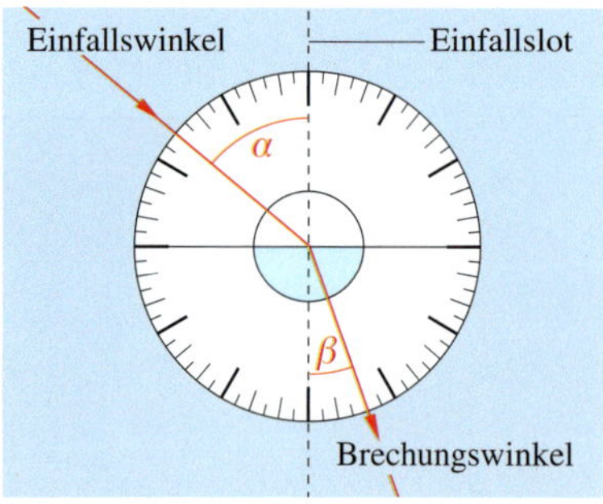

1

Wie hängen Einfallswinkel α und Brechungswinkel β beim Übergang des Lichts von Luft in Glas zusammen? Eine Messung liefert folgende Messwerte:

α	0°	10°	20°	30°	40°	50°	60°	70°	80°
β	0°	7°	13°	19°	25°	31°	35°	39°	41°

Übersichtlicher als die Tabelle ist die grafische Darstellung der Messwerte in einem Diagramm.

1 *Zeichne ein rechtwinkliges Koordinatensystem und lege die Achseneinheiten fest.*
Achte darauf, dass das Diagramm nicht zu klein, aber auch nicht zu groß wird. An die Pfeilspitzen am Ende der Achsen schreibst du die physikalische Größe mit ihrer Einheit.

2 *Trage jedes Messwertepaar als kleines Kreuz (mit Bleistift) in das Diagramm ein.* ↑2

3 *Suche nach einer Regelmäßigkeit oder einem Zusammenhang bei den eingetragenen Messwerten.*
In unserem Beispiel liegen alle Wertepaare auf einer am oberen Ende leicht gekrümmten Linie. Sie heißt Graph der Zuordnung:
Einfallswinkel $\alpha \rightarrow$ Brechungswinkel β. ↑3

4 *Zeichne den Graphen der Zuordnung.*
Der Graph sollte keine Ecken haben. Wir haben die Messwerte für den Einfallswinkel willkürlich gewählt und es gibt keinen Grund, warum gerade an den Messwerten Ecken liegen sollten.
Zeichne zuerst eine hauchdünne oder gestrichelte Linie. Wenn sie schön glatt wird, kannst du sie verstärken.

5 *Überprüfe dein Ergebnis.*
Manchmal tanzt ein Messwert „aus der Reihe". Überprüfe, ob du den Wert richtig eingetragen hast. Kannst du hier keinen Fehler finden, liegt wahrscheinlich ein Messfehler vor. Messfehler sind in der Physik etwas Normales. Das Kreuz darf also etwas neben dem Graphen liegen.

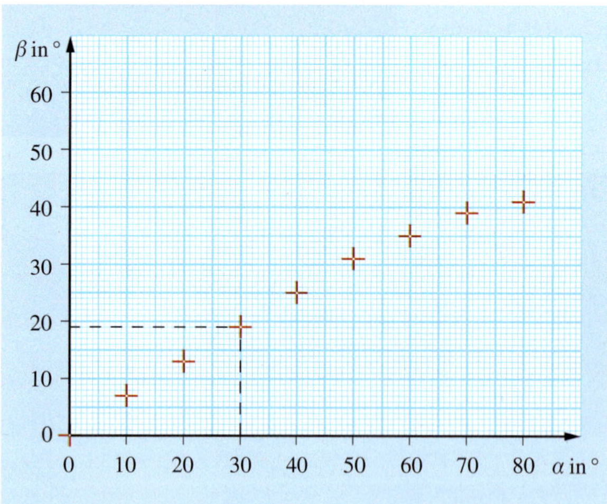

2 Darstellung der Messwertepaare im Diagramm

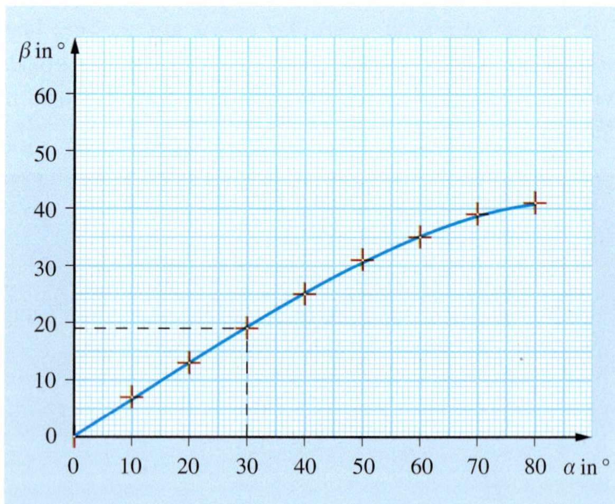

3 Graph der Zuordnung

Eine grafische Auswertung von Messreihen liefert viel mehr Informationen als die Wertetabelle: Viele Einfallswinkel (z. B. 43°) kamen in der Messreihe gar nicht vor. Aber mit dem Diagramm können die zugehörigen Brechungswinkel bestimmt werden.

GRUNDLAGEN: Die Brechung

Wie stark ist die scheinbare Anhebung von Dingen, die unter Wasser liegen? Um diese Frage zu beantworten, muss man die Lichtbrechung genauer untersuchen.

Wenn Licht aus der Luft ins Wasser fällt, wird es zum Einfallslot hin gebrochen. Fällt es – umgekehrt – aus dem Wasser in die Luft, dann wird es vom Einfallslot weg gebrochen. Bei senkrechtem Einfall zur Grenzfläche erfolgt keine Brechung. ↑4

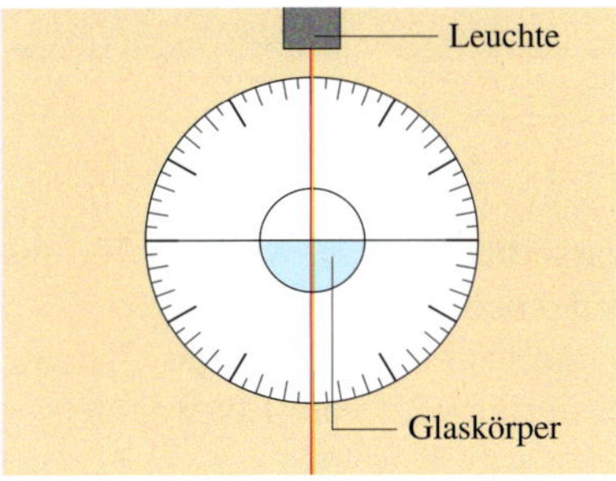

4 Senkrechter Einfall des Lichts

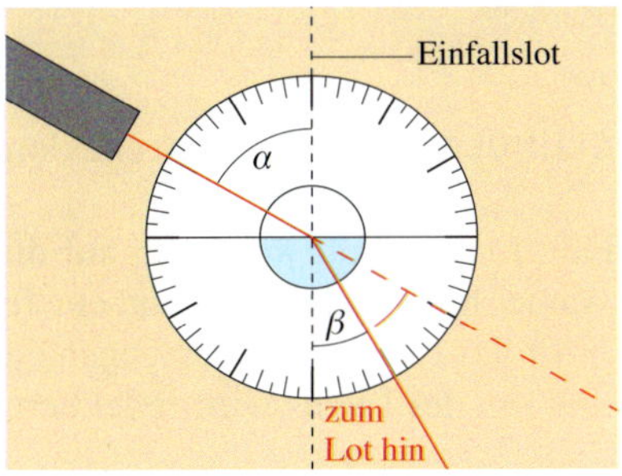

5 Übergang von Luft in Glas/Wasser

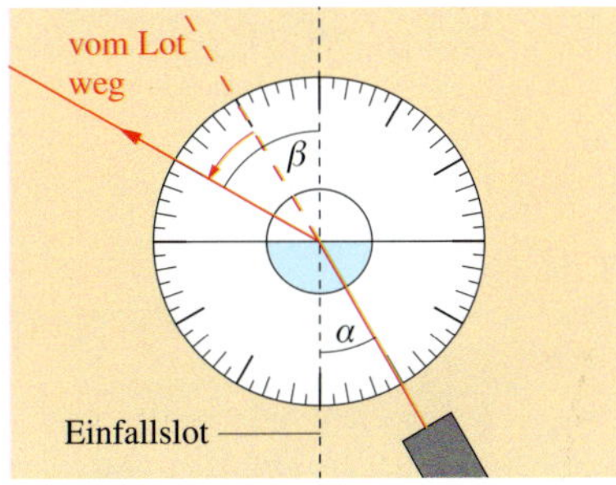

6 Übergang von Glas/Wasser in Luft

Die Stärke der Brechung hängt von den beiden Stoffen ab. Aus dem Diagramm kannst du den Zusammenhang zwischen Winkel im Stoff und Winkel in Luft ablesen. ↑7

Der unterschiedliche Verlauf der Graphen im Diagramm zeigt, dass Glas das Licht nicht genauso bricht wie Wasser. Bei gleichem Einfallswinkel α ist nämlich der Brechungswinkel β beim Übergang von Luft in Glas kleiner als beim Übergang von Luft in Wasser (damit ist der Knick größer).

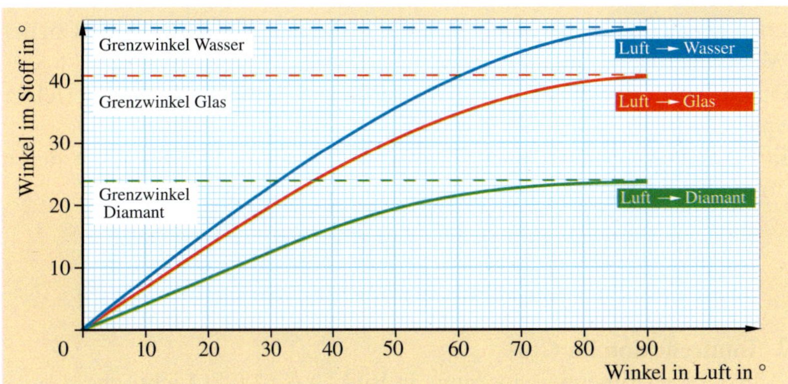

7 Brechung von Licht beim Übergang zwischen zwei Stoffen

Wir betrachten nun den Fall, dass Licht so von einem Stoff in einen anderen Stoff fällt, dass es zum Lot hin gebrochen wird (z. B. aus Luft in Wasser). Wenn man den Einfallswinkel vergrößert, fällt das Licht schließlich streifend auf die Grenzfläche, der Einfallswinkel beträgt dann fast 90°. Der Brechungswinkel nähert sich einem Höchstwert, den er nicht überschreiten kann. Dieser Höchstwert für den Brechungswinkel hängt von den aneinandergrenzenden Stoffen ab. Wir bezeichnen ihn als *Grenzwinkel*. ↑8

Im Diagramm liest man den Grenzwinkel für Glas zu etwa 41° ab.

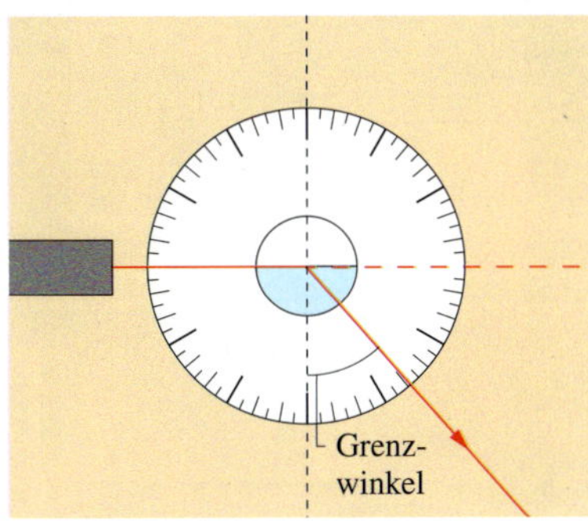

8 Streifender Lichteinfall

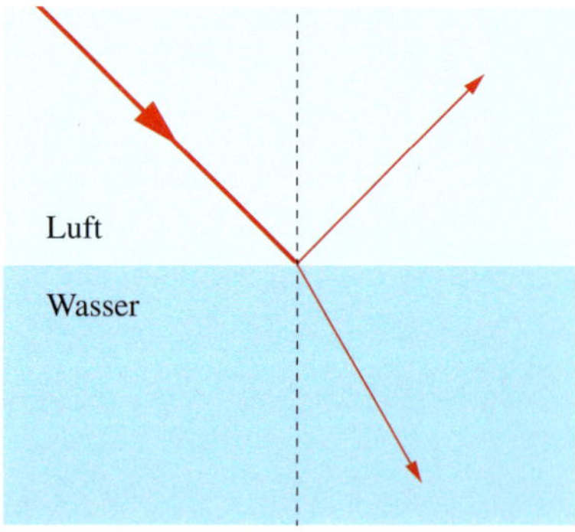

1

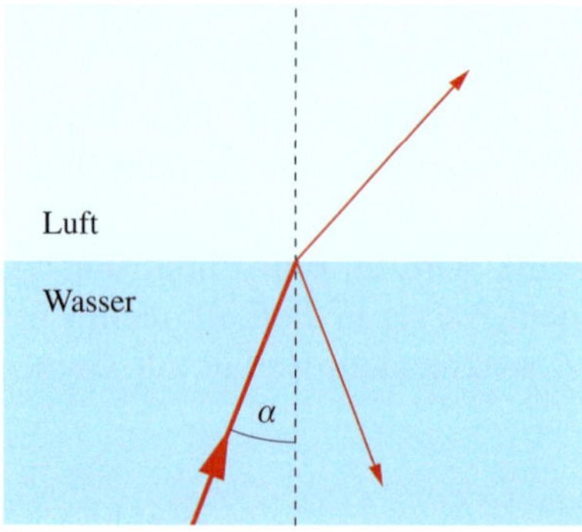

2

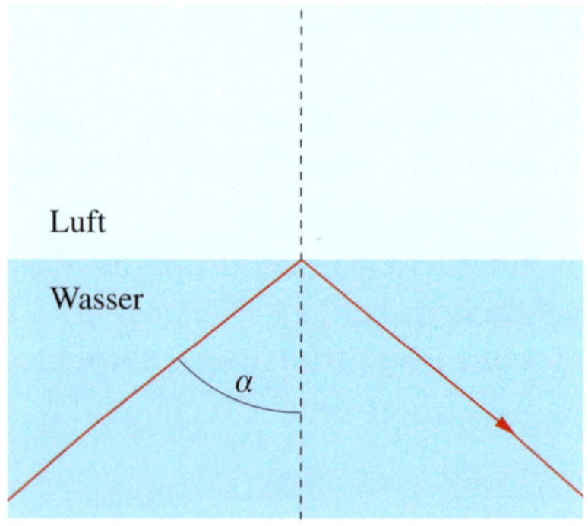

3

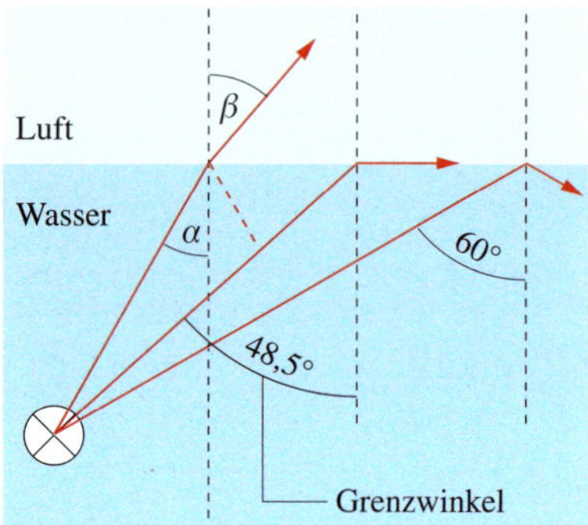

4

GRUNDLAGEN: Die Totalreflexion

Fällt Licht schräg von oben auf die Wasserfläche, dann wird ein Teil ins Wasser hineingebrochen und ein Teil reflektiert. ↑1
Trifft das Licht von unten gegen die Wasserfläche, geschieht das Gleiche: Ein Teil des Lichts wird reflektiert, der übrige wird vom Lot weg gebrochen. ↑2
Wenn das Licht aber flach gegen die Grenzfläche trifft, wird der Einfallswinkel größer als der Grenzwinkel, dann kann kein Licht mehr nach außen gelangen. Das gesamte Licht wird reflektiert. Dieser Fall heißt *Totalreflexion*. ↑3

Totalreflexion tritt ein, wenn Licht bei der Brechung vom Lot weggebrochen wird (z. B. beim Übergang von Wasser in Luft) und der Einfallswinkel größer als der Grenzwinkel ist. ↑4

Übergang von …	Grenzwinkel
Wasser in Luft	48,5°
Plexiglas in Luft	42,0°
Flintglas in Luft	38,3°
Diamant in Luft	24,6°

Den Grenzwinkel kann man auch aus dem Diagramm ablesen. Fällt das Licht genau im Grenzwinkel ein, dann streift der gebrochene Strahl an der Wasseroberfläche entlang.
Durch Totalreflexion kann eine Wasser- oder Glasfläche wie ein perfekter Spiegel wirken.
In Ferngläsern benutzt man Glaskörper (Prismen), um das Licht durch Totalreflexion umzuleiten.

Experimente

5

1 Totalreflexion im Glas
In der Experimentieranordnung in Bild ↑9, S. 67 fällt Licht schräg auf eine ebene Grenzfläche zwischen Glas und Luft.
Ab welchem Winkel kann das Licht das Glas nicht mehr durchdringen? Was geschieht stattdessen mit dem Licht?

2 Totalreflexion im Wasser
Lasst mit der dargestellten Anordnung Licht von Wasser in Luft übergehen. ↑5
Richtet das Lichtbündel immer flacher auf die Wasseroberfläche. Dadurch wird der Einfallswinkel vergrößert. Was geschieht?
Beschreibt eure Beobachtung.

Probier 's mal!

1 Gespiegelte Finger
Fülle ein Glas mit Wasser und halte deine Finger dicht über die Wasseroberfläche.

a Blicke schräg von unten her auf die Wasseroberfläche. Siehst du deine Finger?

b Tauche nun die Finger in das Wasser. Welche Teile der Finger siehst du, welche nicht? ↑6

2 Silber im Reagenzglas?
Halte ein leeres Reagenzglas in ein Glas mit Wasser. Betrachte das Reagenzglas schräg durch das Wasser hindurch. Beschreibe.

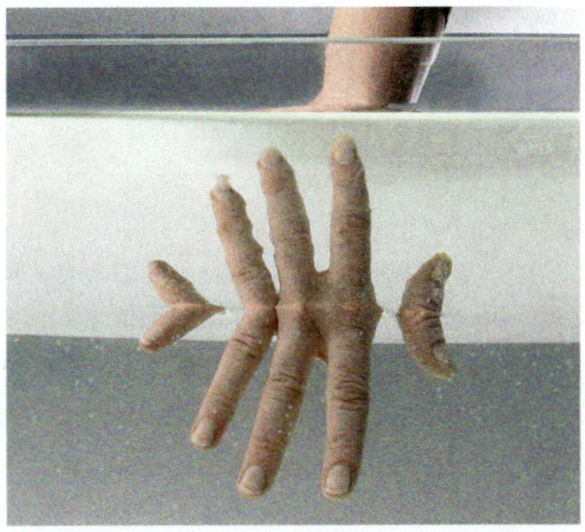
6

Aus der Technik Nachrichtenübertragung mit Glasfasertechnik

In der Technik macht man sich die Totalreflexion zunutze. Wird Glas zu ganz feinen Fasern gezogen, dann ist es so flexibel wie z. B. Seide oder Wolle. Licht, das in eine Glasfaser fällt, wird in ihr ständig total reflektiert und dadurch weitergeleitet. Das Licht bleibt im Innern der Faser und folgt jeder Biegung, solange die Faser nicht geknickt wird.
Solche Glasfasern nennt man Lichtleiter. Tausende solcher sehr dünner Glasfasern bündelt man zu Glasfaserkabeln. ↑7, 8, 10
Glasfaserkabel werden bei der Nachrichtenübertragung für Telefon, Fernsehen und Internet verwendet und lösen die alten Telefonnetze mit Kupferkabeln ab.
Um Sprache oder Zeichen durch Lichtleitkabel zu senden, werden sie in elektrische Signale und dann in Lichtblitze umgewandelt. Beim Empfänger werden die Informationen wieder zurückverwandelt.
In modernen Glasfasernetzen können bis zu 80 Milliarden Signale pro Sekunde übertragen werden. Dies ist mit Kupferkabeln nicht möglich.
Bei größeren Entfernungen müssen die Lichtblitze unterwegs mithilfe weiterer Lichtquellen – optischen Verstärkern – erneuert und verstärkt werden.
Mit einer einzigen Glasfaser lassen sich z. B. Zehntausende von Telefongesprächen störungsfrei gleichzeitig übertragen. Im selben Leitungsnetz kann man auch Computerdateien und ganze Fernseh- und Rundfunkprogramme übertragen.

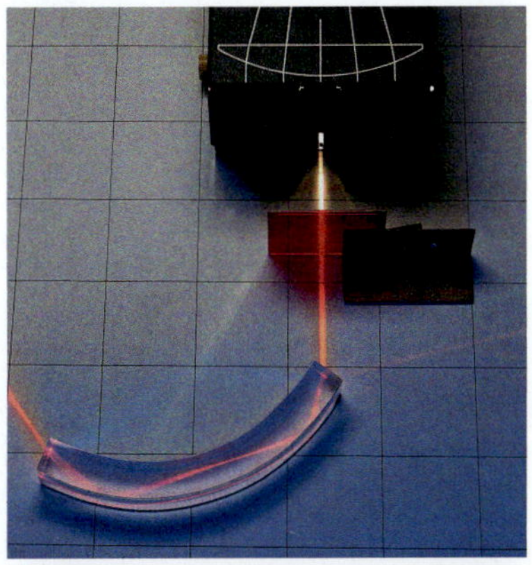
7

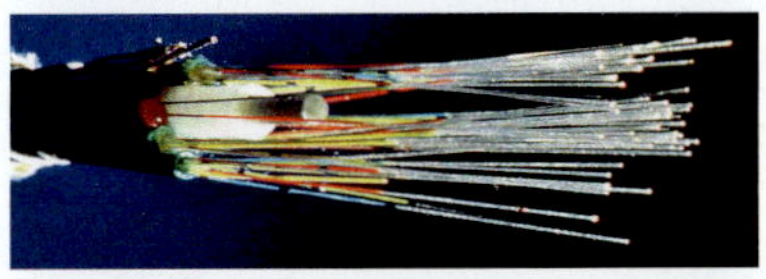
8

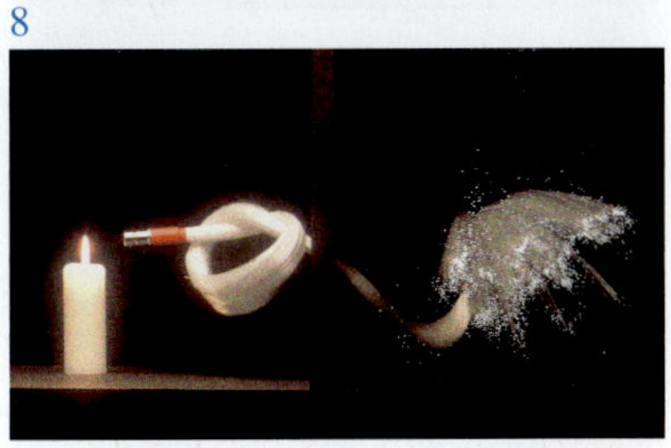
9

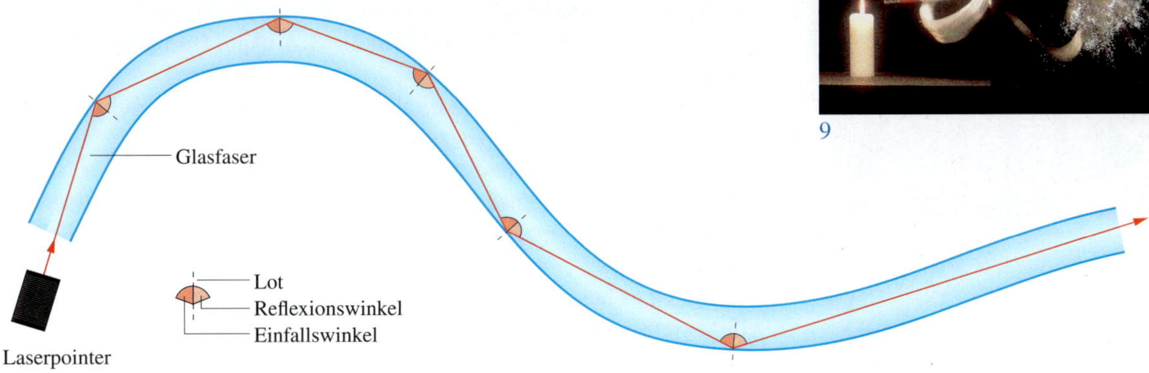

10

Aufgaben

Musteraufgabe Konstruiere den Weg des Lichts durch das Prisma. Verwende dazu das Brechungsdiagramm auf Seite ↑71.

Lösung

Schritt 1: Lichtweg zeichnen

Verlängere den Lichtweg bis zur Grenzfläche. Zeichne das Lot auf der Grenzfläche dort ein, wo das Licht auftrifft. Das Lot steht senkrecht auf der Grenzfläche. Miss den Einfallswinkel α zwischen auftreffendem Lichtweg und Lot. ↑1, 2, 3

Schritt 2: Bestimmen des Brechungswinkels

Suche im Diagramm den Einfallswinkel auf der richtigen Achse. Die Achse muss zu dem Stoff gehören, aus dem das Licht kommt.

Lies im Diagramm den zugehörigen Brechungswinkel β ab. ↑4, 5

Schritt 3: Lichtweg vervollständigen

Setze den Lichtweg fort: Lichtweg und Lot müssen im zweiten Stoff den Brechungswinkel einschließen und der Lichtweg muss das Lot kreuzen. Verlängere den Lichtweg, bis er wieder auf eine Grenzfläche stößt, und wiederhole das Verfahren. Achte besonders darauf, den Winkel auf der richtigen Achse zu suchen. ↑6, 7, 8

Ein Problem tritt auf, wenn der Einfallswinkel im Glas größer ist als der Grenzwinkel ist. Dann wird das Licht nicht gebrochen, sondern reflektiert. ↑S. 72

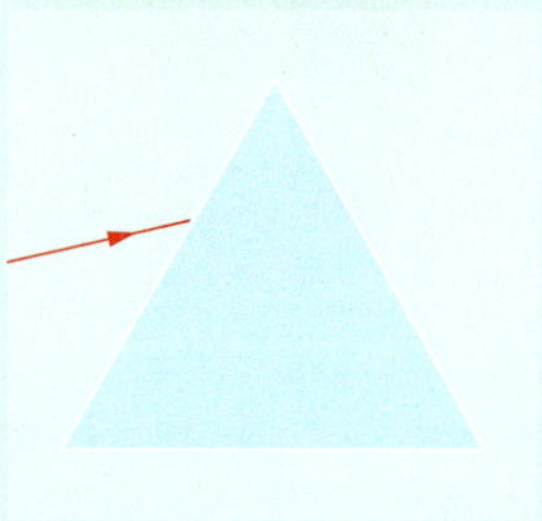
1

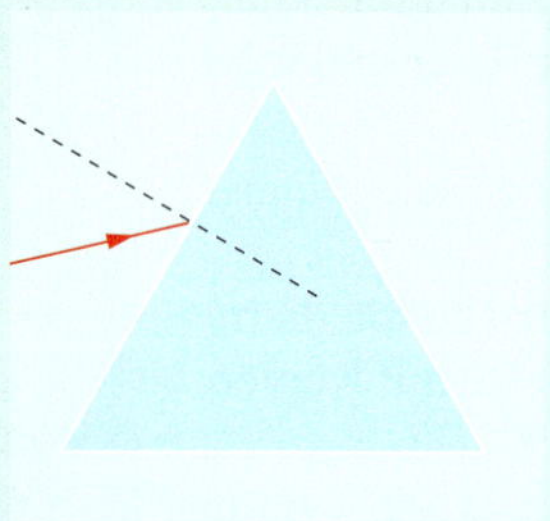
2

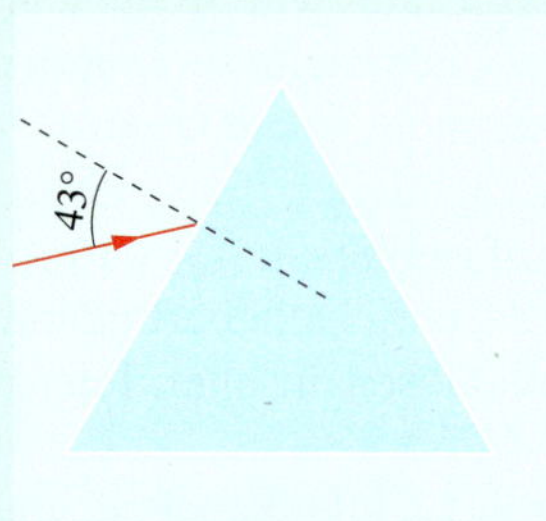

3

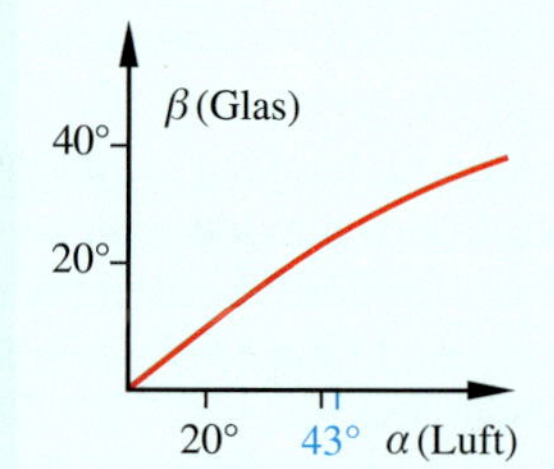

4

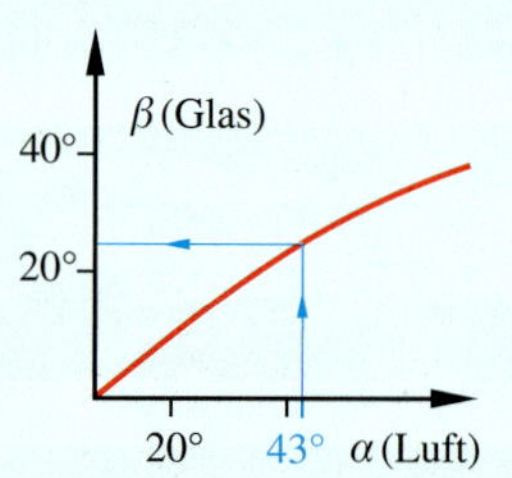

5

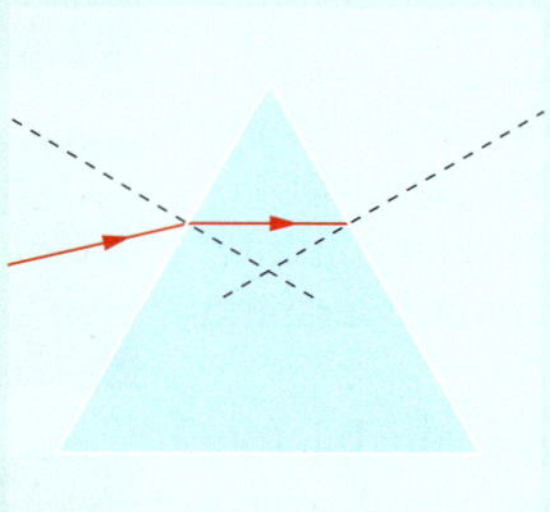
6

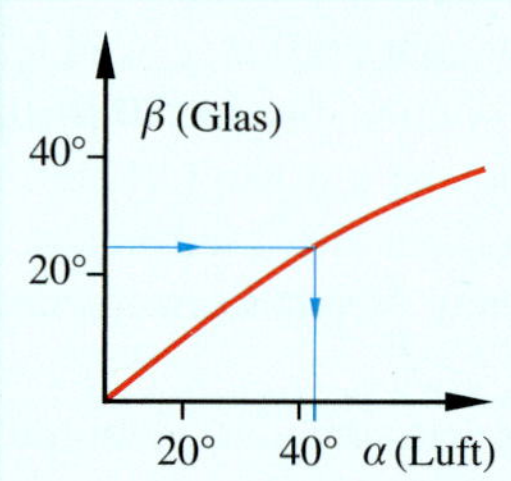

7

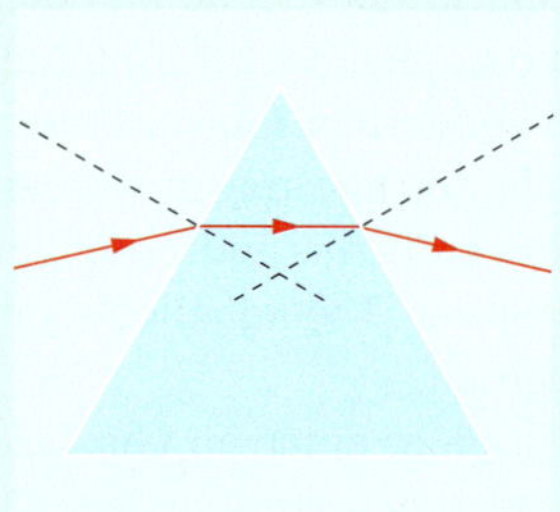
8

9

1 Durch eine Glasplatte wird schräg einfallendes Licht parallel versetzt. Erkläre anhand einer Skizze, warum die Schrift im Bild angehoben erscheint. ↑9

2 Spiritus bricht das Licht stärker als Wasser. Überlege dir ein Experiment, mit dem du das zeigen kannst. Beschreibe oder zeichne es. Vorsicht: Spiritus ist leicht entzündlich!

3 Steht man am Rand eines Schwimmbeckens mit konstanter Wassertiefe, so erscheint die gegenüberliegende Seite flacher. Erkläre diese Beobachtung.

4 Warum ist es beim Baden gefährlich, in ein Wasserbecken zu springen, von dem man den Grund sieht, die Tiefe aber nicht kennt?

5 Im Bild trifft Licht auf eine 1 cm dicke Glasplatte. Übertrage die Abbildung in dein Heft und zeichne den weiteren Lichtweg. Berücksichtige dabei die Brechung an beiden Grenzflächen. ↑10

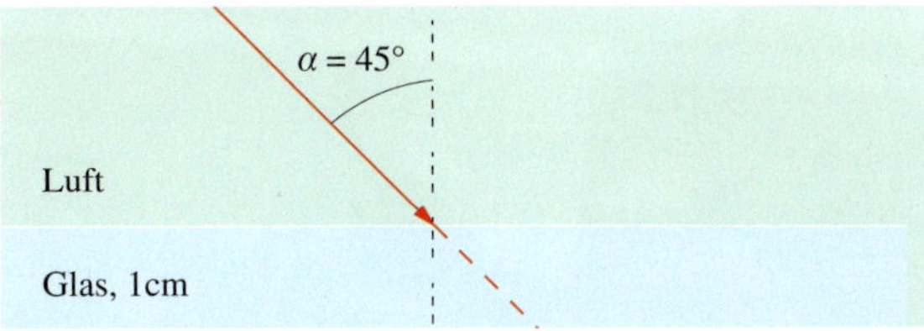

10

6 Bild ↑11 zeigt ein Prisma aus Glas. Wie verläuft der eingezeichnete Strahl im Prisma und wie nach dem Prisma? Übertrage die Abbildung vergrößert in dein Heft und konstruiere den Lichtweg.

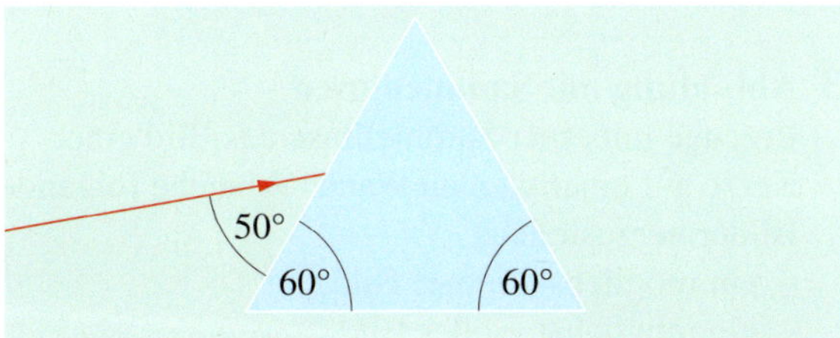

11

7 Wohin muss der Jäger mit seinem Speer zielen? Begründe deine Antwort. ↑12

12

8 Ein Taucher wird beobachtet. Der Beobachter sieht die Lampe des Tauchers. Skizziere in deinem Heft den Weg des Lichts. An welcher Stelle sieht der Beobachter die Lampe? Zeichne. ↑13

13

9 Licht trifft unter einem Einfallswinkel von 35° auf Wasser, Glas bzw. Diamant. Ermittle aus dem Diagramm ↑S. 71 die Brechungswinkel.

10 Schützenfische jagen Insekten, die über dem Wasser auf Blättern sitzen: Sie spucken Wasser auf die Beutetiere. Dank dauernden „Trainings" treffen sie sogar aus 60 cm Entfernung. Welches Problem muss ein Schützenfisch im Training meistern?

11 Der Rücken vieler Fische ist so gefärbt wie der Meeresboden. Seine Unterseite sieht aus wie ein Spiegel. Welchen Vorteil hat das für die Fische?

12 Warum sieht man den Kopf der Biene durch das gekrümmte Glasfaserbündel hindurch? ↑14

14

13 Erkläre, warum das Spiegelbild immer dunkler ist als der Gegenstand selbst. ↑15

14 Trifft Licht aus Luft kommend auf den Rand einer Kreisscheibe aus Glas, wird es nicht gebrochen. ↑16

a Wie groß ist der Einfallswinkel?

b Begründe, warum das Licht in diesem Fall nicht gebrochen wird.

15

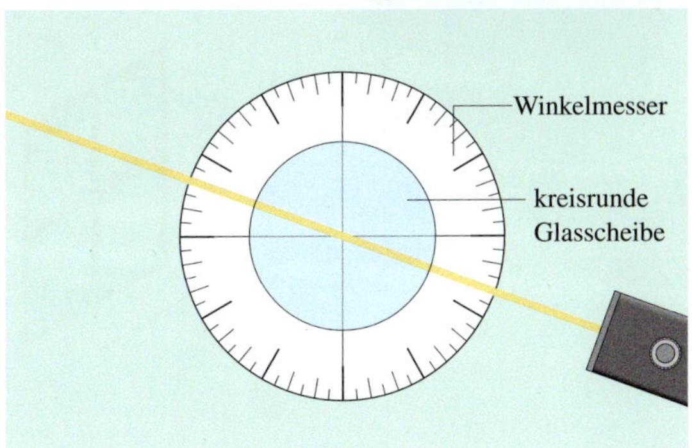

16

Mit Linsen Bilder erzeugen

Alle Kameras und das menschliche Auge sind mit einer Sammellinse ausgestattet. Trifft Licht auf die Linse, wird es gebrochen, es verändert seine Ausbreitungsrichtung. Durch diese Brechung kann man Bilder erzeugen.

1

Experimente

1 Das Brennglas
Mit einem Brennglas (einer Lupe) kannst du ein Stück Papier anzünden.

a Wie musst du das Brennglas ins Sonnenlicht halten, damit das Papier möglichst schnell zu glimmen beginnt? (Vorsicht: Brandgefahr!)

b Miss bei verschiedenen Brenngläsern den Abstand, in dem das Kokeln am besten funktioniert.

2 Bilder mit Glaskugel, Wein- oder Brenngläsern
Erzeuge Bilder mit einer Linse. Als Linse kannst du eine Lupe oder ein Brillenglas mit +5 Dioptrien benutzen. Statt einer Lupe kannst du auch eine große Glaskugel oder ein mit Wasser gefülltes, kugelförmiges Weinglas nehmen.

a Stelle dich mit der Linse in einigen Metern Entfernung vor ein helles Fenster. Halte direkt hinter die Linse ein Blatt weißes Papier als Schirm. ↑3

b Entferne den Schirm langsam immer weiter von der Linse, bis du ein scharfes Bild des Fensters und der Landschaft erhältst. Beschreibe die Eigenschaften dieses Bilds.

3 Abbildung mit Sammellinsen
Erzeuge mit einer Sammellinse das Bild einer Kerze auf einer weißen Wand. Versuche folgende Bilder herzustellen:
– ein möglichst kleines Bild
– ein möglichst großes Bild
– ein Bild, das genauso groß ist wie die Kerze

4 Linsenkamera
Mit dieser selbst gebauten Linsenkamera kannst du deine Freunde auf dem Kopf stehend sehen und untersuchen, wie man mit Linsen Bilder erzeugt.

2

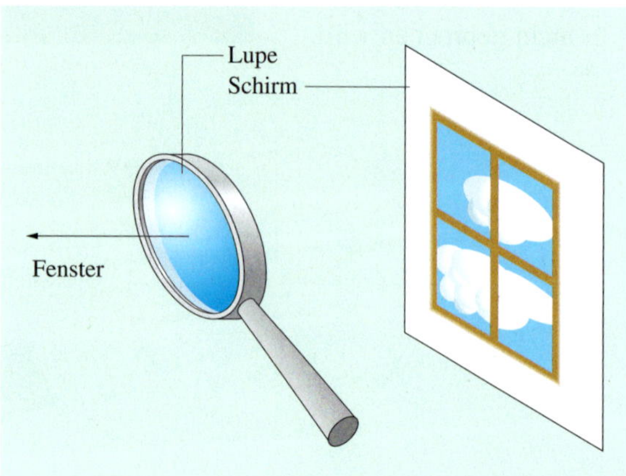

3

4

GRUNDLAGEN: Brenngläser sind Sammellinsen

Mit einem Brennglas und Sonnenlicht kannst du Papier „ankokeln". Dazu musst du das Papier so hinter die Linse halten, dass der Lichtfleck auf dem Papier am kleinsten ist. Je stärker gekrümmt die Linse ist, umso näher liegt dieser Fleck an der Linse. ↑5, 6

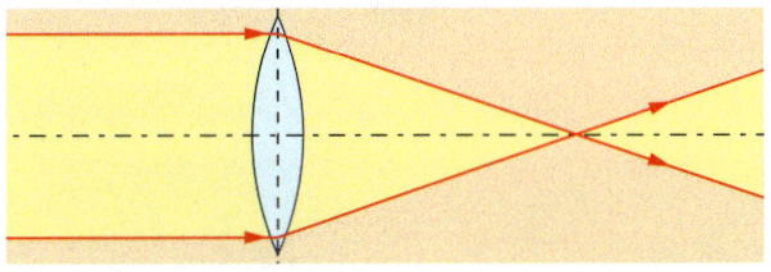
5

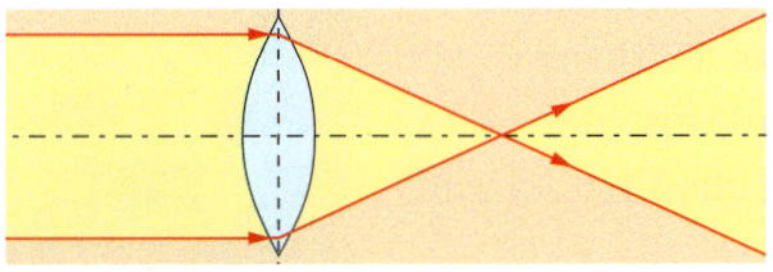
6

GRUNDLAGEN: Warum Sammellinsen das Licht bündeln

Stellt man sich die Sammellinse aus lauter kleinen Glaskörpern zusammengesetzt vor, kann man mit dem Brechungsgesetz den Verlauf für jedes Lichtbündel konstruieren. Jeder Strahl des einfallenden Lichtbündels wird zweimal gebrochen. Die Einfallslote haben aber an jeder Stelle der Linse eine andere Richtung. ↑7 Dadurch wird ein Strahl insgesamt umso stärker aus seiner ursprünglichen Richtung abgelenkt, je weiter entfernt er vom Linsenmittelpunkt verläuft. Der Strahl, der durch die Linsenmitte fällt, ändert insgesamt seine Richtung nicht. Dieser Mittelpunktstrahl wird nur parallel versetzt. Diese geringfügige Versetzung ist bei einfachen, dünnen Linsen kaum zu bemerken.

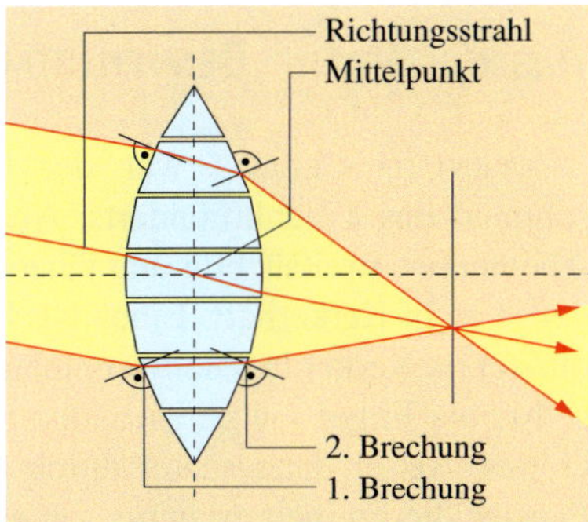

7

GRUNDLAGEN: Punkt für Punkt – die Bilder der Sammellinse

Mit einer Sammellinse kann man in einem bestimmten Abstand Bilder auf einem Schirm erzeugen. Hält man die Sammellinse in das Licht einer kleinen Glühlampe, so wirft sie einen Schatten. In der Mitte des Schattens ist ein heller Kreis, der bei einer bestimmten Entfernung des Schirms hell und winzig klein wird. ↑8

Eine Sammellinse bildet Lichtpunkte in einem bestimmten Abstand als Bildpunkte ab.

8

Gegenstände können wir uns aus unzähligen Punkten zusammengesetzt vorstellen. Von jedem dieser Gegenstandspunkte geht Licht aus. Auch wenn zwei Lichtpunkte dicht nebeneinanderliegen, überlappen sich ihre Bildpunkte nicht. Auf dem Schirm kann man die Lichtpunkte als nebeneinanderliegende Punkte erkennen. ↑9 Das Licht der Lampe wird nur dann in einem Punkt gebündelt, wenn der Schirm den geeigneten Abstand hat. Der Mittelpunktstrahl verläuft geradlinig von der Lampe durch die Linsenmitte zum Bildpunkt. Er zeigt, wo der Bildpunkt erscheint.
Die Linse vertauscht oben und unten. Es entsteht ein umgekehrtes und seitenverkehrtes Bild.

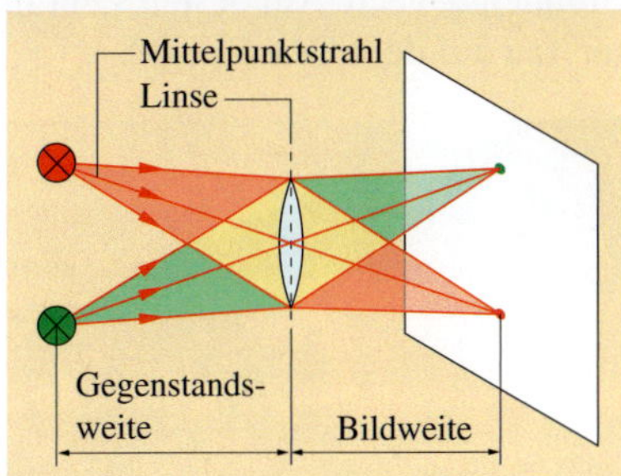

9

Mit der Sammellinse entstehen scharfe Bilder, da zu jedem Gegenstandspunkt ein Bildpunkt erzeugt wird.

Aus der Natur Linsen in der Natur

In jedem dieser kleinen Tautropfen kannst du ein winziges umgedrehtes Bild der Blume erkennen. ↑1

Ist das Bild der Blume wirklich im Innern der Tautropfen?

Mit einer Glaskugel und einem Stück Transparentpapier kannst du untersuchen, wo das Bild entsteht. Du wirst sehen: Mit und ohne Transparentpapier ist es an der gleichen Stelle. Es schwebt zwischen Kugel und Auge, recht dicht vor der Kugel.

Linsenbilder sehen wir auch, wenn kein Schirm da ist, der sie auffängt.

1

Aus der Natur BENVENUTO CELLINI und der Heiligenschein

BENVENUTO CELLINI war der berühmteste Goldschmied des 17. Jahrhunderts. Aber er war auch ein Abenteurer, streitsüchtig und jähzornig. Immer wieder geriet er in Kerkerhaft. Eines Nachts, als er halb verdurstet im Kerker lag, hatte er einen Traum: Er sah sich selbst als Engel zwischen anderen Engeln zu Füßen Gottes. Als er dann später durch die Fürsprache des Papstes die Freiheit erlangte, sah er etwas, was ihn an diesen Traum erinnerte.

Er schrieb: „Dann muss ich noch eine Sache nicht zurücklassen, die größer ist, als dass sie einem anderen Menschen begegnet wäre, ein Zeichen, dass Gott mich losgesprochen und mir seine Geheimnisse selbst offenbaret hat. Denn seit der Zeit, dass ich jene himmlischen Gegenstände gesehen, ist mir ein Schein ums Haupt geblieben, den jedermann sehen konnte, ob ich ihn gleich nur wenigen gezeigt habe.

Diesen Schein sieht man des Morgens über meinem Schatten, wenn die Sonne aufgeht, und etwa zwei Stunden danach. Am besten sieht man ihn, wenn leichter Tau auf dem Grase liegt."

Diesen himmlischen Heiligenschein kann man auch um den Schatten des eigenen Kopfes sehen, am besten frühmorgens im Herbst auf Wiesen, Raps- oder Kleefeldern. ↑2

Die Ursache dieses Scheins findet sich in den Tautropfen. Jeder Tropfen bricht das Sonnenlicht wie eine kleine Sammellinse, deren Brennpunkt dicht hinter dem Tropfen liegt. So bildet sich auf dem Blatt hinter jedem Tropfen ein winziger heller Fleck. ↑3, 4

Die Anordnung aus hellem Fleck und Sammellinse wirkt – wegen der Umkehrbarkeit des Lichtwegs – wie ein kleiner Scheinwerfer, der das Licht in die Gegenrichtung wirft. Blickt man zum Schatten seines Kopfs, so verläuft die Blickrichtung parallel zum Sonnenlicht. Nur die Tautropfen dicht neben dem Schatten des eigenen Kopfs werfen das Licht der Sonne zurück in die Augen und erzeugen so den hellen Schein.

Den Schein um CELLINIS Kopf konnte also niemand anders sehen als er selbst.

2

3

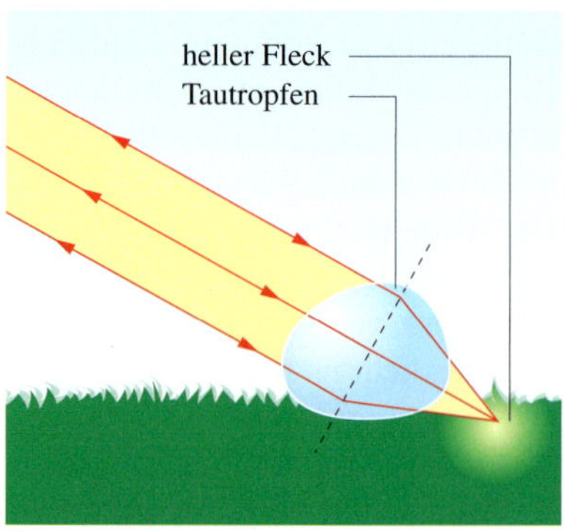

4

Digitalkameras

So einfach wie heute war das Fotografieren noch nie. Zu Zeiten deiner Urgroßeltern ging man zum Fotografen, um sich fotografieren zu lassen – in Festtagskleidung natürlich. Die Kamera des Fotografen – größer als ein Schuhkarton – musste auf einem Stativ montiert sein und zum Fotografieren hängte sich der Fotograf ein schwarzes Tuch über den Kopf, um das Bild auf der Mattscheibe zu erkennen. Dann musste der Film in einem Labor entwickelt werden, Abzüge wurden gemacht – und billig war das Ganze nicht!

5

Heute nimmst du dein Handy oder deine Digicam, machst klick-klick, und schon hast du ein Foto von deinen Freundinnen, kannst es am PC ansehen, ausdrucken, mit einem Programm bearbeiten oder per Internet verschicken.
Aber immer noch hat deine Kamera eine Linse. Mit ihr wird ein umgekehrtes Bild auf dem winzigen Chip im Innern erzeugt. Dieser enthält einige Millionen Lichtsensoren, die Farbton und Helligkeit registrieren und in elektrische Signale umwandeln. Diese werden in einem Minicomputer verarbeitet und auf dem kleinen Monitor deiner Kamera zu einem Bild zusammengesetzt und elektronisch gedreht. Und das Schönste ist, du kannst fotografieren, so viel du willst, ohne dass es viel kostet!

6

7

8

Aufträge

1 Erklärt euch gegenseitig die verschiedenen Funktionen und Einstellungen eurer Digitalkameras. Lest in den Gebrauchsanweisungen und lernt alle Möglichkeiten des Fotografierens mit euren Kameras kennen. Macht Fotoserien mit unterschiedlichen Einstellungen und fertigt ein Poster an.

2 Die Fernbedienung eines Fernsehgeräts arbeitet mit infrarotem, für unsere Augen unsichtbarem Licht. Bitte jemand, mit der Fernbedienung auf dich zu zielen. Sieh dir das Bild auf dem Monitor an, während die Fernbedienung betätigt wird.

3 Fotografiere einen Gegenstand – z. B. ein aufrecht stehendes Buch – aus verschiedenen Entfernungen (Zoomeinstellung „Weitwinkel"). Miss jeweils die Entfernung Kameralinse–Gegenstand und die Buchgröße des Bilds auf deinem PC-Monitor. Wie verändert sich die Bildgröße, wenn der Abstand verdoppelt, verdreifacht, vervierfacht … wird? Lege eine Tabelle an und formuliere eine Regel.

4 Fotografiere eine Freundin bei unterschiedlichen Helligkeiten, während sie sich bewegt. Warum werden die Bilder bewegter Gegenstände dann verschwommen?

5 Informiert euch über Vor- und Nachteile von Spiegelreflexkameras gegenüber Kompaktkameras. Welche Art ist für eure eigenen Bedürfnisse besser geeignet?

Auf einen Blick

1

Spiegelbilder und ihre Eigenschaften Spiegelbilder liegen hinter der Spiegelebene, also an einem Ort, von dem kein Licht in unser Auge gelangen kann. Das Spiegelbild hat den gleichen Abstand von der Spiegelebene und ist ebenso groß wie der Gegenstand.

Die Verbindungslinie zwischen Gegenstand und Spiegelbild steht senkrecht auf der Spiegelebene.

Beim Spiegelbild wird die Richtung senkrecht zur Spiegelebene umgekehrt. Daher sind vorn und hinten vertauscht, rechts und links, oben und unten aber nicht. ↑1

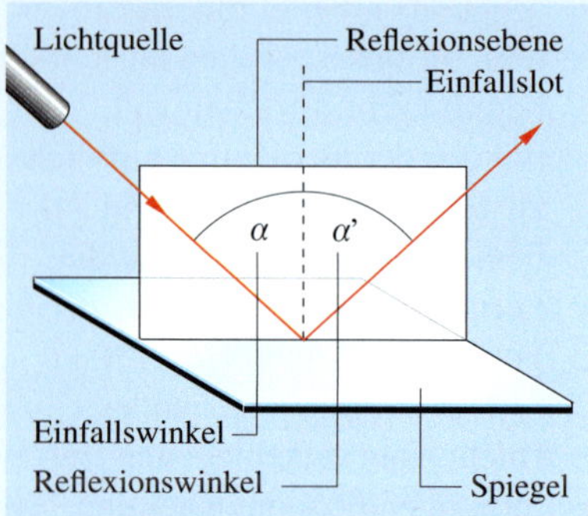

2

Das Reflexionsgesetz Einfallswinkel und Reflexionswinkel sind gleich groß. Einfallender Strahl, Einfallslot und reflektierter Strahl liegen in einer Ebene. ↑2

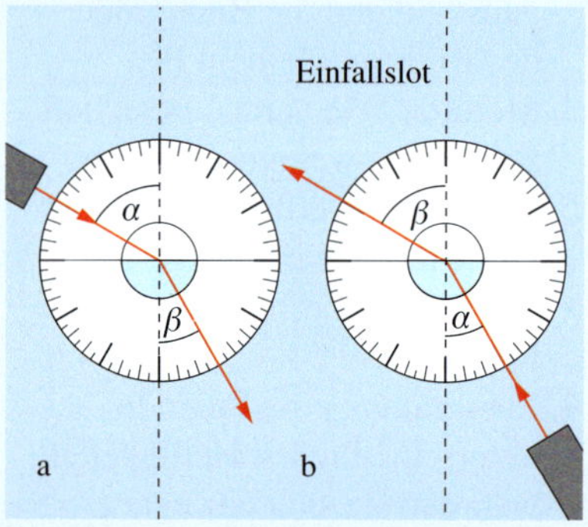

3

Lichtbrechung an Grenzflächen Fällt Licht schräg auf die Grenzfläche zwischen zwei lichtdurchlässigen Stoffen, wird es gebrochen.

Je größer der Einfallswinkel ist, desto stärker wird das Licht aus seiner ursprünglichen Richtung abgelenkt. Fällt das Licht senkrecht auf die Grenzfläche, wird es nicht gebrochen.

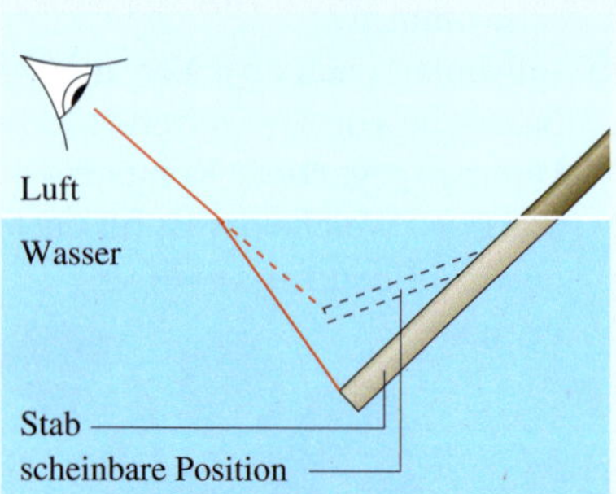

4

Folgen der Brechung Fällt Licht nach der Brechung in unser Auge, merken wir von der Ablenkung nichts. Unser Gehirn geht aufgrund der Erfahrung davon aus, dass sich das Licht geradlinig ausgebreitet hat. Die Gegenstände erscheinen uns geknickt, verkürzt oder angehoben. ↑4

Reflexion des Lichts an durchsichtigen Grenzflächen An Grenzflächen wird nur ein Teil des auftreffenden Lichts gebrochen. Der andere Teil wird reflektiert. Der reflektierte Anteil nimmt zu, je größer der Einfallswinkel ist.
Beim Übergang von Glas oder Wasser in Luft wird ab einem bestimmten Grenzwinkel das gesamte Licht reflektiert (Totalreflexion). ↑5

5

Bildentstehung bei Sammellinsen Linsen bündeln das Licht so, dass von jedem Gegenstandspunkt ein Bildpunkt entsteht. Das Bild wird scharf. ↑6

Eigenschaften von Sammellinsen Je stärker die Oberfläche einer Sammellinse gekrümmt ist, desto stärker bündelt sie das Licht.

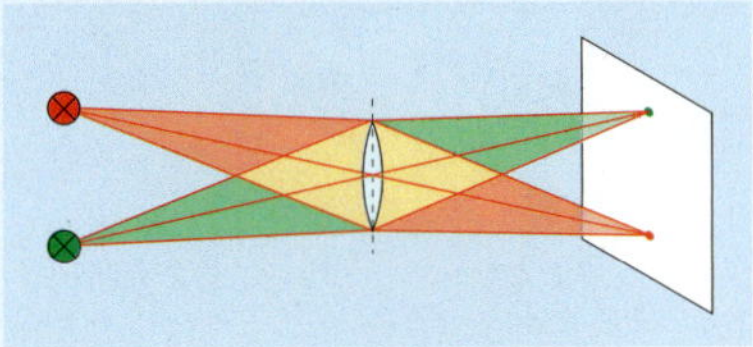
6

Alles klar?

1 Tina sieht Martins Spiegelbild. Zeichne eine vereinfachte Skizze ins Heft. ↑7 Markiere Martins Standort.
Zeichne den Lichtweg von Martins Nase bis Tinas Auge.

2 Erkläre, warum wir Spiegelbilder hinter der Spiegelebene sehen.

3 Erkläre mithilfe einer Skizze die Begriffe Brechung und Grenzwinkel.

4 Vergleiche Reflexion und Totalreflexion. Nenne Gemeinsamkeiten und Unterschiede.

5 Licht, das von Luft in Wasser übergeht, wird zum Einfallslot hin gebrochen. Eine schräg ins Wasser gehaltene Stricknadel scheint geknickt zu sein. Sie wird unter Wasser scheinbar vom Einfallslot weg gebrochen. Wie kommt das? Löse die Aufgabe auch zeichnerisch.

6 Betrachte Bild ↑8. Finde heraus, aus welcher Richtung das Licht kommt. Begründe deine Antwort.

7 Bild ↑9 zeigt verschiedene Glasprismen. Übertrage die Abbildungen in dein Heft und ergänze die Lichtwege.

8 Du erhältst zwei gleich aussehende lichtdurchlässige Körper. Plane ein Experiment, mit dem du überprüfen kannst, ob die Körper aus dem gleichen Stoff bestehen.

9 Wie kannst du herausfinden, ob eine Linse eine Sammellinse ist? Wie kannst du auf einfache Weise ihre Brennweite abschätzen?

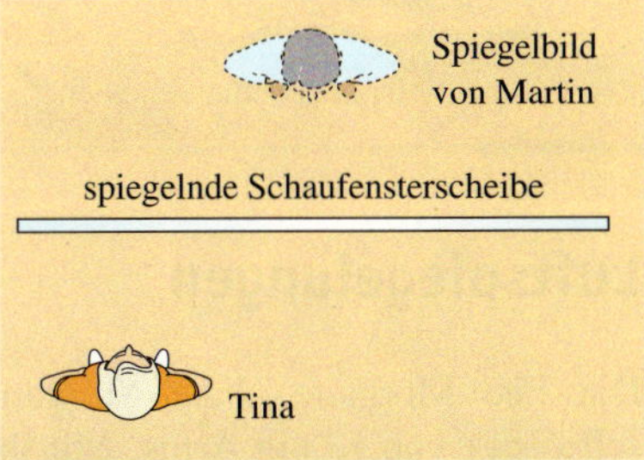

7

8

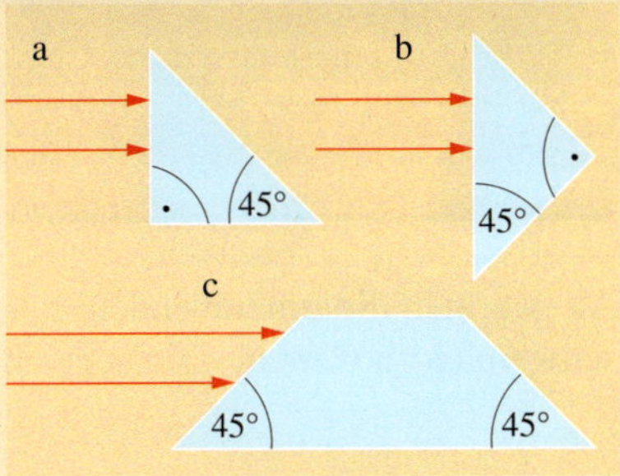

9

Luftspiegelungen

Die Fee Morgane – Fata Morgana – war die Halbschwester von König Artus. Mit ihren Zauberkünsten verwirrte sie die Menschen, ließ Dinge am Himmel schweben, die zur Erde gehörten, gaukelte Seen in der Wüste vor …

Luftspiegelungen treten dann auf, wenn eine kältere Luftschicht über einer wärmeren liegt. Trifft Licht von oben her aus der kälteren auf die wärmere Luftschicht und ist der Einfallswinkel größer als der Grenzwinkel, dann wird das gesamte Licht reflektiert.

An warmen Sommerabenden scheinen ferne Inseln schwerelos zu werden – sie schweben über dem Meer.

An heißen Sommertagen sind auf Teerstraßen „Pfützen“ zu sehen, in denen sich Autos spiegeln. Kommt man aber näher, so verschwinden diese Pfützen wie von Zauberhand.

In einem indianischen Mythos wird erzählt, dass die Sonne jeden Abend von einem riesigen goldenen Wal verschlungen und am anderen Morgen wieder ausgespuckt wird.
Vielleicht ist dieser Mythos aus Beobachtungen wie diesen entstanden: Sobald sich die Sonne am Abend eines warmen, klaren Sommertags dem Meereshorizont nähert, scheint eine zweite Sonne aus dem Meer aufzutauchen und mit der „echten" Sonne zu verschmelzen.

Bei kalter Polarluft hat sich dieses Containerschiff in ein Luftschloss verwandelt.

Die Grenze zwischen kalter und warmer Luft wirkt wie ein riesiger perfekter Spiegel. Bis zu Punkt 1 sieht der Betrachter die Meeresoberfläche, weiter entfernt den gespiegelten Himmel. Dieser Spiegel reicht bis zum Horizont. Man kann nicht hindurchsehen – alles, was flach darüber ist, spiegelt sich in ihm. Was höher oben ist, spiegelt sich nicht, weil der Grenzwinkel unterschritten wird.

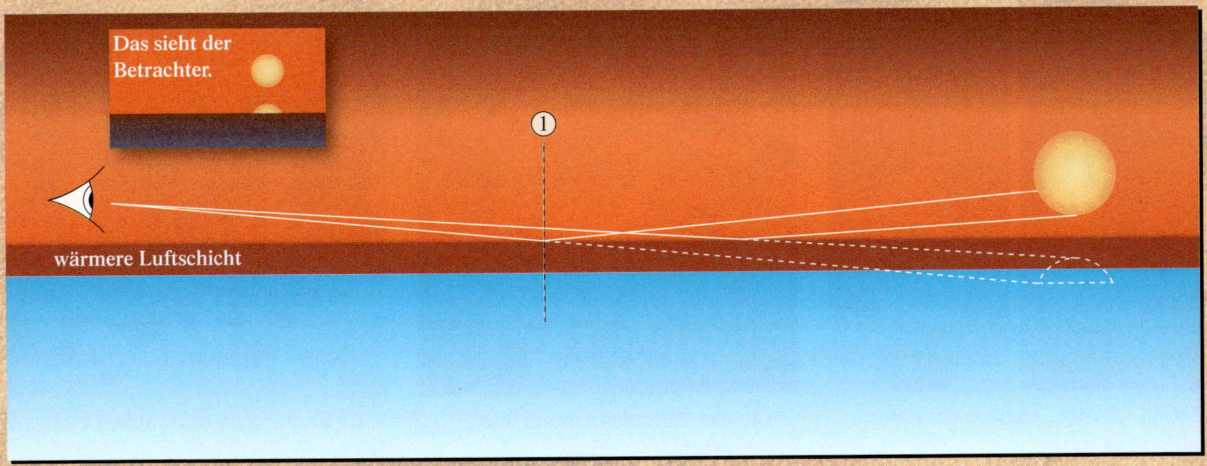

Licht ist voller Farben

Regenbogenfarben in einem Spinnennetz?
Das kannst du selbst auch sehen – wenn morgens der Tau auf den Wiesen liegt und die Sonne gerade aufgegangen ist. Stell dich so, dass der Schatten deines Kopfs zwei Handbreit neben dem Spinnennetz liegt und bewege dich etwas hin und her. Plötzlich wirst du das Spinnennetz in bunten Farben schillern sehen.

1

Wo kommen all die Farben her? Die Wassertropfen sind farblos. Sie reflektieren das Sonnenlicht.
Stecken die Farben schon im Sonnenlicht?
Enthält das Licht der Straßenlampe weniger Farben? In ihrem Licht sehen auch bunte Kleidungsstücke gelb aus. ↑2
Wie kann der Fernsehbildschirm Millionen von Farben erzeugen?
Und warum ist der Mohn rot und das Gras grün, obwohl doch beide vom gleichen Sonnenlicht beleuchtet werden?

2 Im Licht der Lampe sehen Farben anders aus.

3 Blumen verzaubern durch ihre Farbenpracht.

4 Im Sonnenlicht erstrahlen diese Häuser in ihren Farben.

Licht wird zerlegt

Einen solchen „Regenbogen“ kannst du selbst erzeugen – einfach aus Wasser und Licht.

5

Experimente

1 Das Spektrum

Stellt den Overheadprojektor so ein, dass ein scharfes Bild der Schlitzblende entsteht. Bringt das Prisma in den Strahlengang. ↑6

a Was beobachtet ihr? Beschreibt.

b Das farbige Lichtband, das ihr auf dem Schirm seht, nennt man *Spektrum*. Notiert die Spektralfarben in ihrer Reihenfolge.

c Haltet ein Blatt weißes Papier hinter das Prisma und bewegt es auf den Schirm zu. Beschreibt eure Beobachtung. Könnt ihr die Behauptung „Das Prisma färbt das Licht ein“ widerlegen?

d Tauscht den Spalt gegen eine Lochblende aus. Erklärt die Form, die das Spektrum mit Spalt- und mit Lochblende hat.

e Haltet 50 cm vor den Schirm ein zweites Prisma in den Lichtweg. Dreht das Prisma so, dass eine Farbe aus dem Spektrum herausgelenkt wird. Findet eine weitere Auffächerung der Farben statt?

2 Zusammensetzen von Licht

Erzeugt auf dem Schirm ① ein Spektrum, das nicht größer als die Linse 2 ist. ↑7

Verschiebt dann den Schirm ② und setzt an seinen bisherigen Platz die Linse 2. Wie verändert sich das Aussehen des Spektrums?

Versucht das Ergebnis zu erklären.

3 Infrarot und Ultraviolett

Überprüft, ob das Spektrum bei Rot oder Violett aufhört.

a Fangt das Spektrum auf ungebleichtem Papier auf. Mit einem fluoreszierenden Marker wird ein Strich durch das Spektrum – über das violette Ende hinaus – gezogen. Was beobachtet ihr?

b Führt eine kleine Solarzelle durch das Spektrum – auch über das rote Ende hinaus. Was schließt ihr aus der Anzeige des Messgeräts?

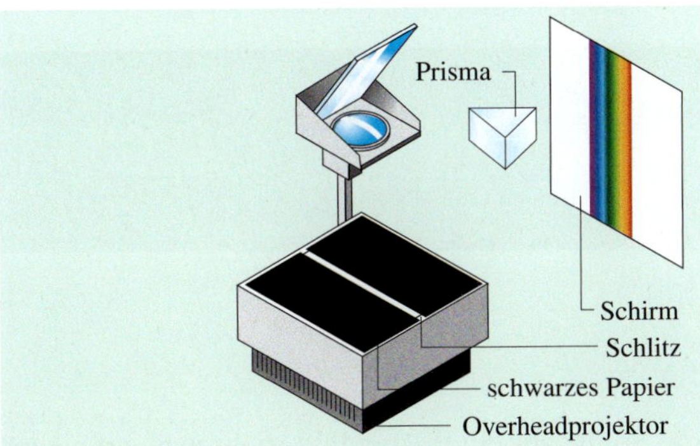

6

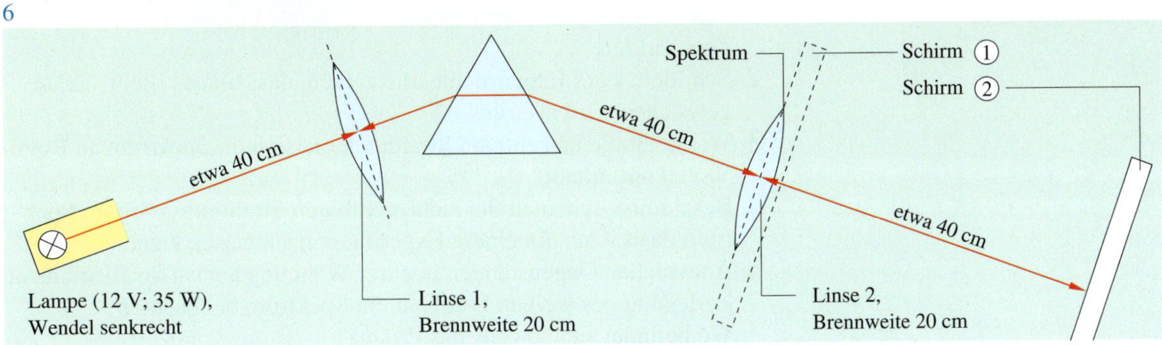

7

Schon gewusst?

Licht, in dem weißes Papier rot aussieht, nennen wir rotes Licht. Licht, in dem weißes Papier weiß aussieht, nennen wir weißes Licht.

1

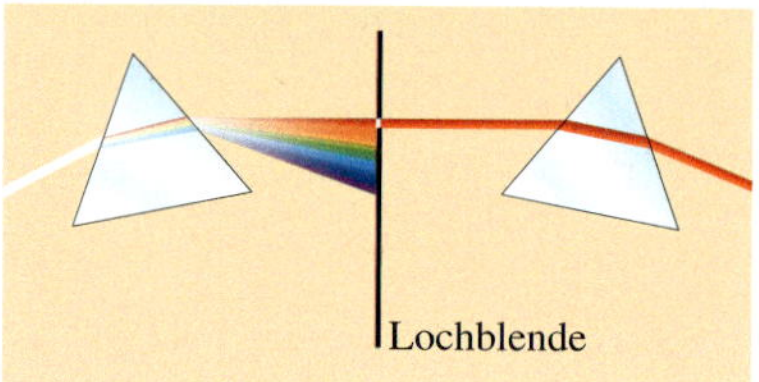

2

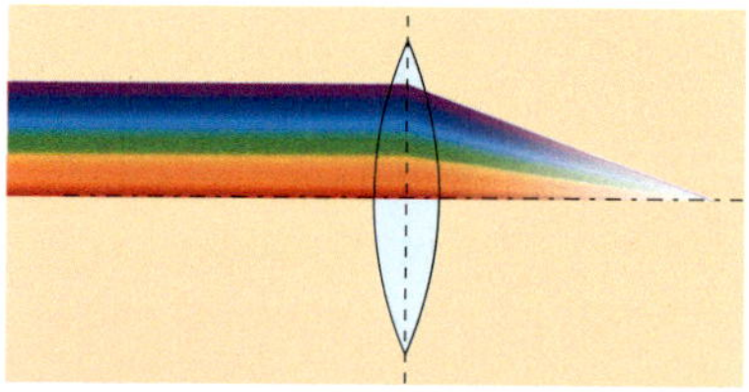
3

GRUNDLAGEN: **Weißes Licht wird zerlegt**

Wenn weißes Licht auf ein Prisma fällt, wird es zweimal gebrochen. Dadurch wird das Lichtbündel aus seiner ursprünglichen Richtung abgelenkt. Außerdem wird es „gespreizt". Mit zunehmender Entfernung wird das Bündel immer breiter. In einiger Entfernung entsteht ein buntes Lichtband auf dem Schirm, das *Spektrum*. Es reicht von Rot, Orange und Gelb über Grün und Blau bis zum Violett. ↑1, 4
Die farbigen Lichter des Spektrums heißen Spektralfarben.

ISAAC NEWTON untersuchte die Entstehung der Spektralfarben. Aus seinen Experimenten schloss er:
- So wie es unterschiedliche Töne gibt, so gibt es unterschiedliche „Lichtsorten": rotes Licht, grünes, blaues …
- Hinter einem Prisma entsteht das Spektrum, weil die farbigen Lichtsorten verschieden stark gebrochen werden. Violettes Licht wird am meisten abgelenkt, rotes Licht am wenigsten.
- Die Lichtsorten des Spektrums lassen sich durch ein zweites Prisma nicht weiter zerlegen. ↑2
- Mit einer Sammellinse kann man die farbigen Lichtsorten des Spektrums wieder zusammenführen. ↑3
- Weißes Licht ist zusammengesetztes Licht. Nur wenn sich alle farbigen Lichtsorten des Spektrums mischen, kann weißes Licht entstehen.

Das Spektrum ist am roten und am violetten Rand nicht zu Ende. Auf der violetten Seite folgt die *Ultraviolettstrahlung*, auf der roten die *Infrarotstrahlung*. Ultraviolett und Infrarot können wir mit unseren Augen nicht sehen. Zum Nachweis dieser Strahlung benötigt man spezielle Methoden.

4

Aufgaben

1 Wenn Licht von der Sonne auf ein Prisma fällt, sieht man auf einem Schirm dicht hinter dem Prisma eine weiße Fläche mit farbigen Rändern. Erkläre.

2 Schildere zwei Experimente, die zeigen, dass blaues Licht stärker gebrochen wird als rotes.

3 Wie heißt die unsichtbare Strahlung, die sich im Spektrum an Rot bzw. Violett anschließt?

4 Beschreibe, wie man die nicht sichtbaren Strahlungsarten im Spektrum des Lichts mit einem Experiment nachweisen kann.

5 An welchen Gegenständen in eurer Wohnung kannst du ebenfalls die Zerlegung des weißen Lichts in ein Spektrum beobachten?
Wo befindet sich jeweils das Prisma?

GRUNDLAGEN: Unsichtbare Strahlung

Wir können weder Infrarot- noch Ultraviolettstrahlung sehen.
Jeder Körper sendet Infrarotstrahlung aus. Die Infrarotstrahlung können wir mit unserem Temperatursinn wahrnehmen. Sie wird von der obersten Hautschicht absorbiert. Infrarotstrahlung besitzt eine wohltuende, heilende Wirkung. Sie fördert durch die Erwärmung der Haut deren Durchblutung. ↑5, 7

5

Eine Wirkung von Ultraviolettstrahlung ist uns bekannt: Sie bräunt unsere Haut. In Sonnenstudios nutzt man diese Eigenschaft aus. ↑6
Auf ungeschützter Haut kann sie einen Sonnenbrand hervorrufen. Die Lufthülle der Erde absorbiert den größten Teil der Ultraviolettstrahlung der Sonne. Im Gebirge und bei klarem Wetter ist besonders viel Ultraviolettstrahlung vorhanden. Das wirkt sich besonders dann aus, wenn Schnee- oder Wasserflächen die Strahlung reflektieren.
Zum Schutz der Augen sollte man in solchen Fällen eine spezielle Sonnenbrille tragen. Sonst besteht die Gefahr, an Bindehautentzündung oder Schneeblindheit zu erkranken.

6

Ultraviolettstrahlung kann auch bestimmte Stoffe zum Leuchten anregen. Diese wandeln die unsichtbare Ultraviolettstrahlung in sichtbares Licht um. Man bezeichnet diesen Vorgang als *Fluoreszenz*.
Geldscheine werden mit fluoreszierenden Fasern versehen, um sie fälschungssicher zu machen. Mit besonderen Lampen kann man die Echtheit der Scheine überprüfen. ↑8

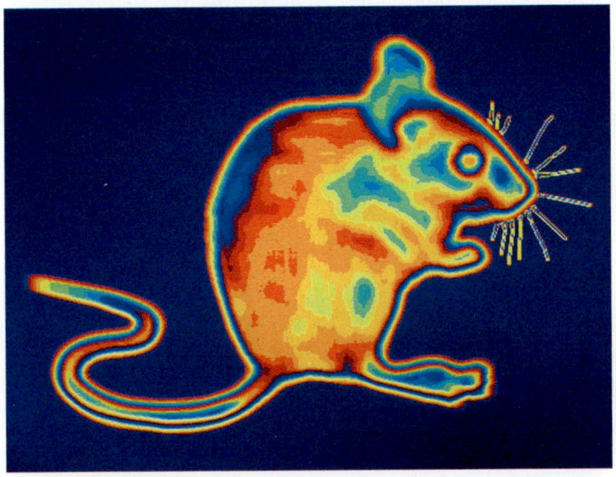

7 Infrarotaufnahme einer Maus

8 UV-Licht lässt Bestandteile im Geldschein fluoreszieren.

Probier 's mal!

1 Farbige Seifenblasen
Mit speziellem Spielzeug oder einer Seifenlösung kannst du ganz einfach Seifenblasen erzeugen. Stelle Seifenblasen her und betrachte sie im Sonnenlicht.

2 Farbige Gasperlen
Stelle ein Glas mit Mineralwasser ins Sonnenlicht und betrachte die kleinen Gasperlen, die sich auf der Innenseite des Glases absetzen. Bewege deine Augen etwas hin und her.

Aus der Natur Warum wir einen Regenbogen sehen

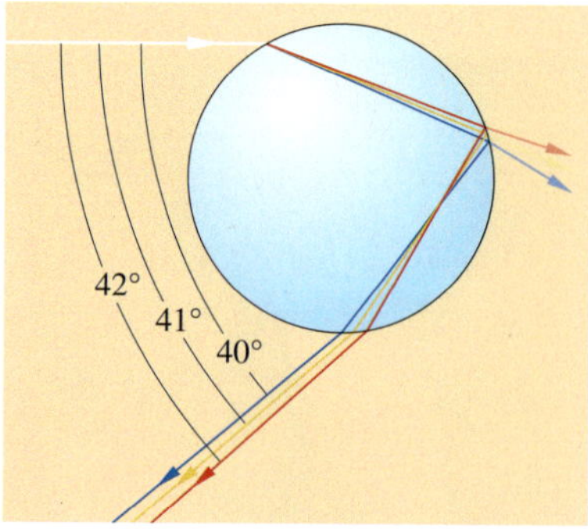

1 Reflexion und Brechung im Tropfen

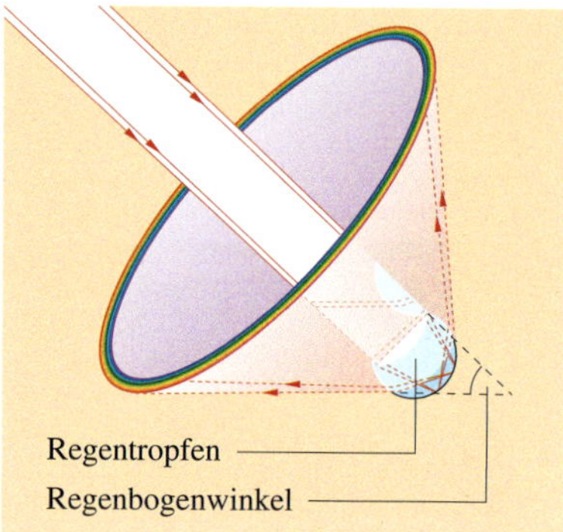

2 Lichtkegel

Regenbogen sehen wir, wenn Sonnenlicht von einer entfernten Regenwand zurückgeworfen wird.
In jedem Tropfen wird das Licht gebrochen, zum Teil an der Rückseite reflektiert und noch mal gebrochen. ↑1 Bei den Brechungen wird das Licht in seine Farben „aufgefächert".
Nur das in Bild ↑1 weiß eingezeichnete Lichtbündel führt zur Farberscheinung des Regenbogens. Licht, das weiter außen oder weiter innen auf den Tropfen trifft, wird zu stark oder zu wenig abgelenkt. Weil dabei unterschiedliche Richtungen vorkommen, mischen sich die Farben wieder zu weißem Licht.
Die austretenden Lichtkegel bilden mit dem einfallenden Licht den „Regenbogenwinkel" zwischen 42,5° (für rotes Licht) und 41° (für violettes Licht).
Das Licht trifft den Tropfen nicht nur oben, sondern überall – auch unten, rechts und links. In alle Richtungen, die mit dem einfallenden Licht den Regenbogenwinkel einschließen, wird besonders viel Licht reflektiert. Zusammen bildet das austretende Licht einen Kegel, dessen Rand farbig begrenzt ist: außen rot, innen orange, gelb, grün, blau und violett. ↑2
Beim Fallen trägt jeder Tropfen diesen farbigen Lichtkegel mit sich. Einen winzigen Moment lang streift das Licht des Kegelmantels unser Auge, erst das rote, dann das orange, gelbe, grüne, blaue und violette. Die einzelnen aufblitzenden Tropfen können wir nicht erkennen. Aber alle farbigen Lichtblitze zusammen zeichnen auf unserer Netzhaut den Regenbogen.
Aus jedem Regentropfen tritt ein Lichtkegel mit farbigem Rand aus. Als Regenbogen sehen wir das Licht aus vielen Regentropfen. ↑3

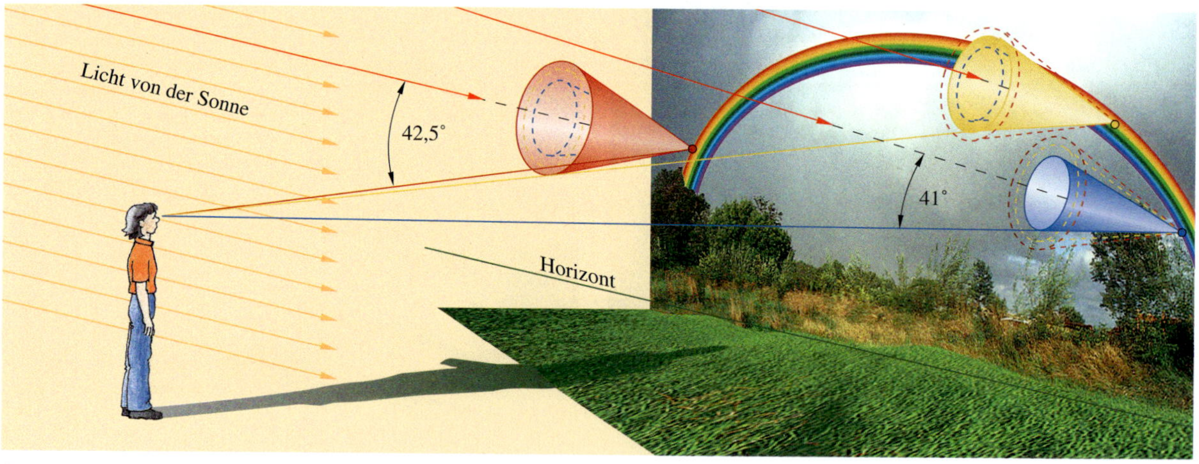

3 Sehen eines Regenbogens

1 Wie steht die Sonne, wenn man einen nahezu halbkreisförmigen Regenbogen sieht? Warum kann man nicht unter einem Regenbogen hindurchgehen?

2 Siehst du morgens einen Regenbogen, musst du damit rechnen, gleich nass zu werden. Abends ist die Gefahr kleiner. Begründe.

3 Das rote Licht liegt im reflektierten Lichtkegel außen. ↑3
Warum sieht man im Regenbogen das rote Licht ganz oben?

Farbige Lichter und farbige Dinge

Vor 50 Jahren trug eine Mannschaft helle Trikots, die andere dunkle. Farben konnte das Fernsehgerät nicht zeigen. ↑4
Heute gehört Farbfernsehen zum Alltag. Ein Fernsehgerät kann Millionen Farben darstellen. ↑5

4

5

Experimente

1 Farbeindrücke I
Drei farbige Spotlampen (40 W, mattiert) werden in Form eines Dreiecks angeordnet und auf einen weißen Schirm gerichtet. ↑6

a Halte eine Lochblende mit ausgestrecktem Arm so, dass das Licht der Lampen durch das Loch auf einen Schirm fällt. Erkläre die Anordnung der farbigen Blendenflecke.

b Nähere die Lochblende so weit dem Schirm, dass sich die farbigen Blendenflecke teilweise überlappen. Welche Farbe ergibt sich aus der Mischung jeweils zweier Farben?
Welche Farbe hat die Stelle, auf die das Licht aller Lampen fällt?

c Halte statt der Lochblende deine Finger vor den Schirm. Wie viele verschiedene Farben kannst du in den Schatten erkennen?

d Erkläre, durch welches Lampenlicht die einzelnen Farben zustande kommen.

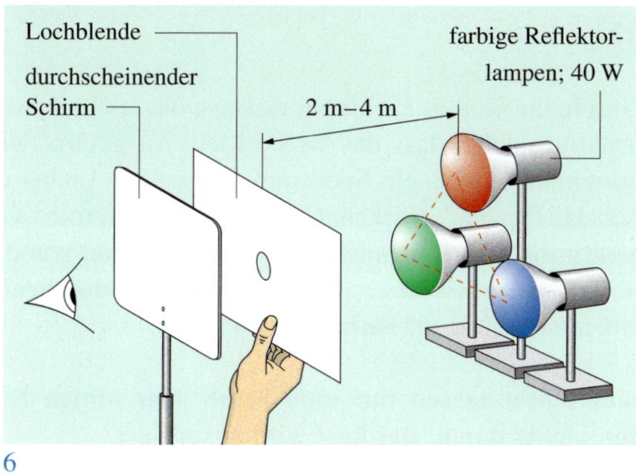

6

2 Farbeindrücke II
Untersuche mit einem Prisma, welche Wirkung Farbfilter auf weißes Licht haben. Erzeuge dazu ein Spektrum des weißen Lichts.

a Halte verschiedene Filter in den Lichtweg. Welche Veränderungen erkennst du im Spektrum?

b Untersuche, ob es eine Rolle spielt, wenn du den Farbfilter vor oder hinter das Prisma hältst. Welche Schlussfolgerung kannst du daraus ziehen?

3 Einfarbiges Licht
Erzeugt gelbes Licht im verdunkelten Physikraum. Dazu taucht jede Schülergruppe ein angefeuchtetes Magnesiastäbchen in Kochsalz. Alle Stäbchen werden gleichzeitig in die farblosen Flammen von Gasbrennern gehalten. Wie sehen die farbigen Gegenstände in deiner Umgebung jetzt aus?

4 Mischfarben
Lege je zwei Farbfilter so auf den Overheadprojektor, dass sie sich zum Teil überlappen. Welche Farbe nimmt der Überlappungsbereich an?

5 Wie kommen die Farben der Dinge zustande?

a Lege Farbfilter auf weißes Papier. Erkläre deine Beobachtung.

b Erzeuge ein Spektrum auf einem weißen Schirm. Halte dann nacheinander farbige Kartons so auf den Schirm, dass alle Farben des Spektrums zur Hälfte auf dem Karton liegen. Welche Farben leuchten auf dem Karton? Welche Farben werden absorbiert?

GRUNDLAGEN: Millionen Farben beim Computer

1

Mischungsregeln für farbige Lichter:

Rot + Grün	→ Gelb
Rot + Blau	→ Magenta
Blau + Grün	→ Cyan
Rot + Grün + Blau	→ Weiß

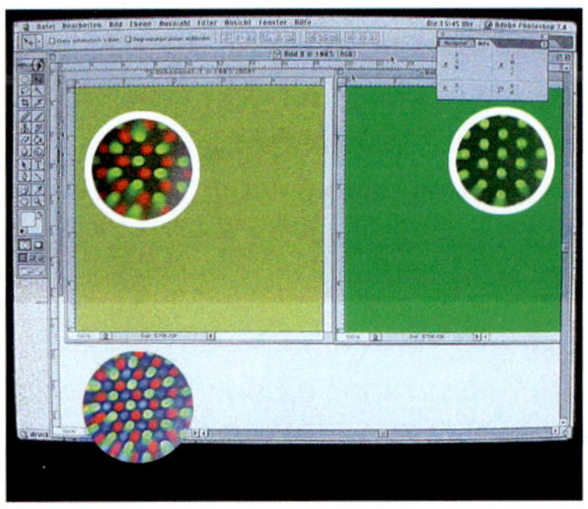

2

Computer- und Fernsehbildschirme können Millionen verschiedener Farben darstellen. Aber der Blick durch eine Lupe zeigt: Alle Farben, die der Bildschirm zeigen kann, sind aus nur drei verschiedenfarbigen Leuchtpunkten zusammengesetzt: Rot, Grün und Blau. ↑2, 3

An den roten Stellen des Bildschirms leuchten nur die roten Punkte, an den grünen nur die grünen Punkte ... Aber wenn die roten und die grünen Punkte gleich hell leuchten und die blauen gar nicht, leuchtet der Bildschirm gelb. Weil unsere Augen ohne Lupe die winzigen Punkte nicht einzeln erkennen können, mischt sich ihr Farbeindruck zu der Farbe Gelb.

Auf weißen Flächen leuchten alle Farbpunkte hell, auf grauen Flächen leuchten auch alle Punkte gleich hell, aber schwächer.

Beim Bildschirm entstehen die verschiedenen Farben dadurch, dass die Farbpunkte in ihrer Helligkeit verändert werden. Auch die dunklen Stellen zwischen den Farbpunkten tragen zum Farbeindruck bei.

Mischungen farbiger Lichter gibt es nicht nur beim Fernseher: Auch wenn eine weiße Wand von rotem und grünem Licht beleuchtet wird, leuchtet sie gelb. ↑1

Man benutzt die Farben Rot, Grün und Blau als Grundfarben des Lichts. Aus diesen drei farbigen Lichtern lassen sich viele andere Farben durch Überlagerung erzeugen.

3

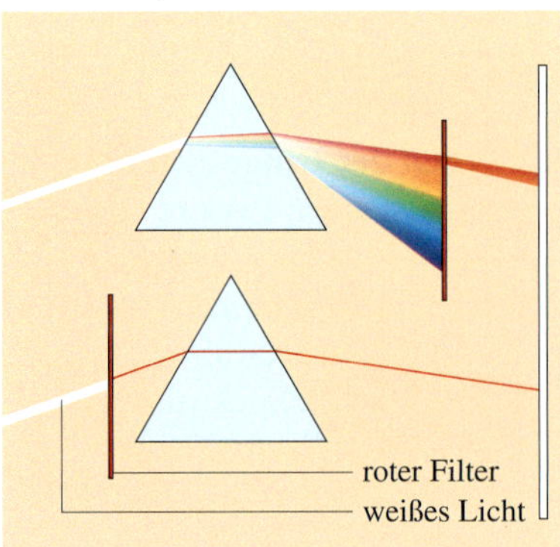

4

GRUNDLAGEN: Farbige Filter

Hält man ein rotes Glas in ein weißes Lichtbündel, so ist das Licht dahinter rot. Es liegt die Vermutung nahe, dass das weiße Licht rot gefärbt wird. Erzeugt man aber mit einem Prisma ein Spektrum des weißen Lichts und hält ein rotes Glas vor das Prisma, so erkennt man: Hinter dem roten Glas fehlt ein Teil des Spektrums. Die fehlenden Lichtsorten werden von dem farbigen Glas absorbiert (lat. *absorbere:* verschlucken). Der durchgelassene Anteil des Lichts mischt sich zur Farbe Rot. ↑4

Farbige Folien und Gläser lassen nur eine Farbe oder einige Farbanteile des weißen Lichts durch. Der Rest wird absorbiert.

GRUNDLAGEN: Die Farbigkeit von Stoffen

Beleuchtete Körper sehen wir, weil sie Licht in unser Auge streuen. Das erklärt aber noch nicht ihre Farbigkeit: Ein Stück Farbkreide erscheint im (weißen) Sonnenlicht z. B. rot. Wenn es das einfallende Licht nur streuen würde, müsste es weiß aussehen. Offenbar „verändert" die Kreide das Licht, sodass sie farbig erscheint. Wie geschieht das?
Die Farbkreide streut von dem weißen Licht nur den roten Anteil, der „Rest" wird absorbiert. ↑5
Das rote Streulicht lässt die Kreide rot erscheinen. Derselbe Farbeindruck ergibt sich auch, wenn die Farbkreide rot beleuchtet wird. ↑6
Dagegen erscheint die Farbkreide schwarz, wenn sie gelb beleuchtet wird: Das auftreffende gelbe Licht hat keinen roten Anteil und wird vollständig absorbiert. ↑7

Körper, die mit weißem Licht beleuchtet werden, absorbieren in der Regel einen Teil des Spektrums. Dieser Teil „fehlt" im Licht, das vom Körper gestreut wird. Deshalb ist das gestreute Licht nicht mehr weiß, sondern farbig. In dieser Farbe sehen wir den Körper.

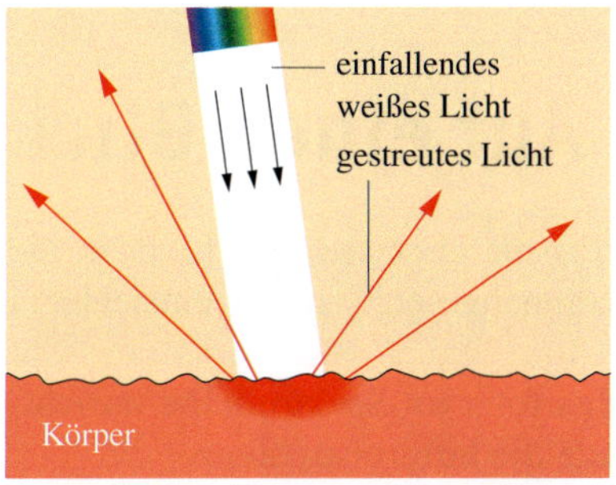

5 Ein Körper, der alle Spektralfarben außer Rot absorbiert, erscheint in weißem Licht rot …

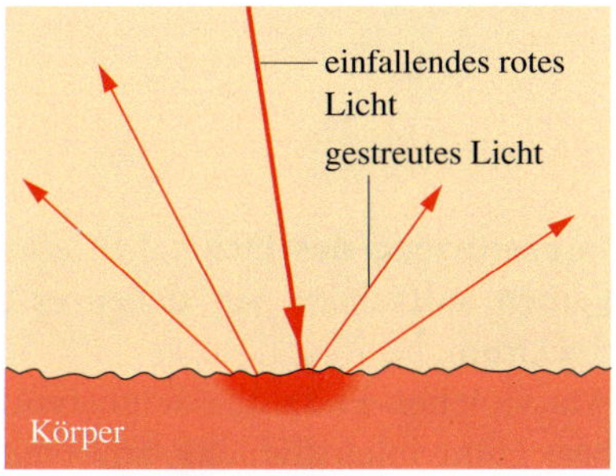

6 … in rotem Licht rot …

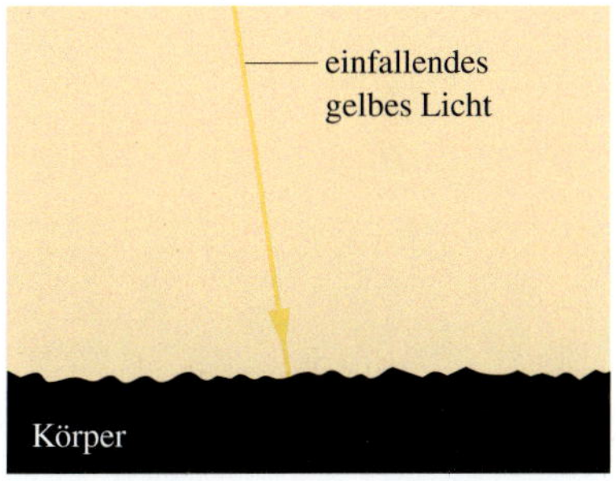

7 … und in gelbem Licht schwarz.

Probier 's mal!

1 Farben auf dem Computerbildschirm
Erzeuge auf dem Bildschirm eines Computers Flächen in unterschiedlichen Farben. Untersuche mit einer Lupe oder einem umgedrehten Fernglas, welche Farben die Leuchtpunkte haben, aus denen die farbigen Flächen zusammengesetzt sind.

2 Farbmischung mit Farbfiltern
Stelle aus Folie oder ähnlichem transparentem Material Farbfilter her. Schneide dazu Stücke von der Größe einer Streichholzschachtel aus und male sie mit Folienstift in verschiedenen Farben an. Als Material eignen sich auch Stücke von transparenten farbigen Heftumschlägen oder von farbigen transparenten Folien.

a Halte die Farbfilter vor ein von der Sonne beschienenes Stück Papier. Statt Sonnenlicht kannst du auch das Licht einer hellen Lampe verwenden. Was beobachtest du?

b Experimentiere auch mit mehreren hintereinandergehaltenen Filtern verschiedener Farbe. Spielt die Reihenfolge der Filter eine Rolle? ↑8

8

Aus der Natur Farben, die nur im Gehirn entstehen

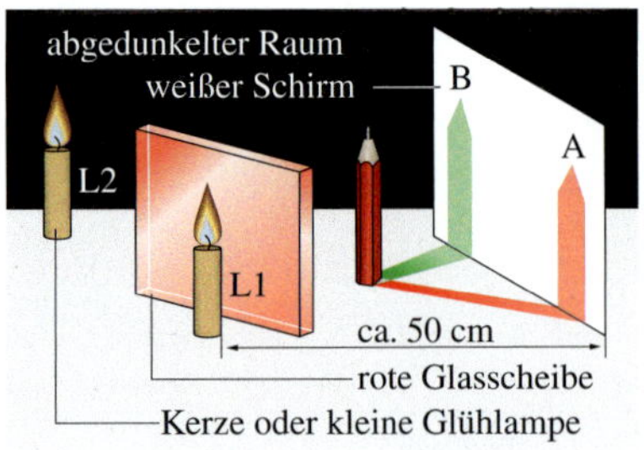

1

Gelegentlich „erfindet“ unser Gehirn Farbtöne – du kannst es in einem Experiment erleben. Die Lichtquellen erzeugen Halbschatten. Der Halbschatten A ist rot. Dorthin fällt rotes Licht von L1. Der Halbschatten B erscheint uns grün, obwohl auf ihn nur weißes Licht von L2 fällt. ↑1

Wie kommt dieses Grün zustande? Wir wissen, dass der Schirm weiß ist. Unser Gehirn versucht diesen Farbeindruck aufrechtzuerhalten – ganz gleich, welche Farbe das gestreute Licht hat. Der Schirm wird mit rotem und weißem Licht beleuchtet – er müsste uns rötlich erscheinen. Das Gehirn gleicht den rötlichen „Farbstich“ aus, indem es die Komplementärfarbe Grün dazumischt. Im Bereich des Halbschattens B – wo nur weißes Licht auf den Schirm trifft – bleibt das hinzugedachte Grün übrig.

Die Fähigkeit des Gehirns, von sich aus Farbeindrücke zu erzeugen, ist wichtig. Wir sehen dadurch die Körper auch dann in der gleichen Farbe, wenn sich die Farbe der Beleuchtung ändert. In Digitalkameras mit Weißabgleich übernimmt ein Computer die Aufgabe, eine geeignete Farbe hinzuzufügen. Nur dann erscheinen weiße Flächen auf dem Bild auch weiß, wenn sie z. B. mit gelbem Glühlampenlicht beleuchtet werden.

Auf einen Blick

Farbzerlegung des Lichts Mit einem Prisma lässt sich das Licht in die Farben auffächern, aus denen es zusammengesetzt ist. Es entsteht ein Spektrum. ↑2

Am violetten Ende des sichtbaren Lichts folgt im Spektrum die unsichtbare Ultraviolettstrahlung, am roten Ende die Infrarotstrahlung.

Die Überlagerung aller Spektrallichter ergibt wieder weißes Licht. ↑3

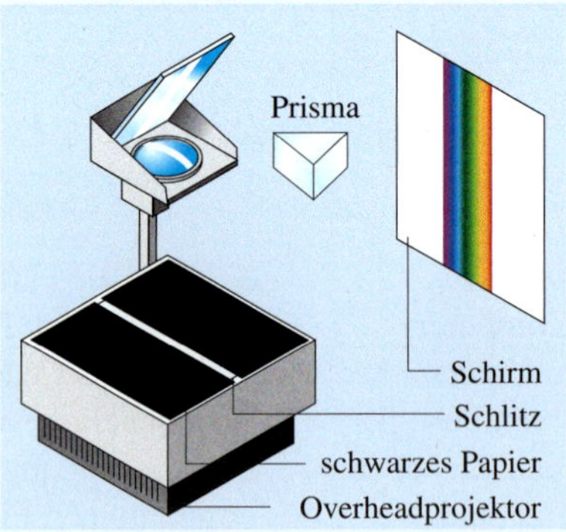

2

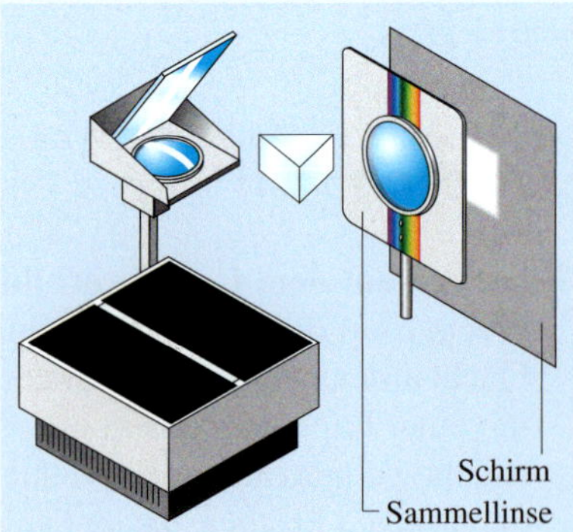

3

4

Mischung farbiger Lichter Scheint das Licht einer roten und einer grünen Spotlampe auf eine weiße Wand, so erscheint uns der Überlappungsbereich gelb. Die Mischung gleich heller Lichter aus Rot, Grün und Blau ergibt weißes Licht. Mit dem Licht der Grundfarben Rot, Grün und Blau kann man fast unzählige Farben erzeugen. Das wird beim Computermonitor und beim Fernsehbildschirm genutzt.

Körperfarben Die Farbigkeit von Körpern kommt dadurch zustande, dass ein Teil der Farben des auftreffenden Lichts absorbiert wird. Das nicht absorbierte farbige Licht mischt sich zum Farbton, in dem uns der Körper erscheint. ↑5
Farbfilter absorbieren einen Teil des Lichts. ↑6

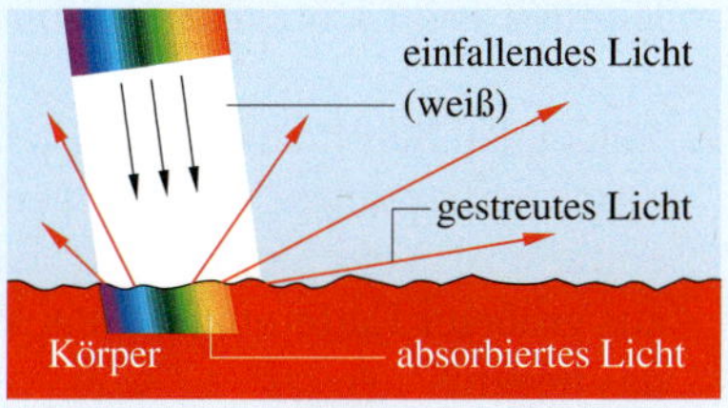

5

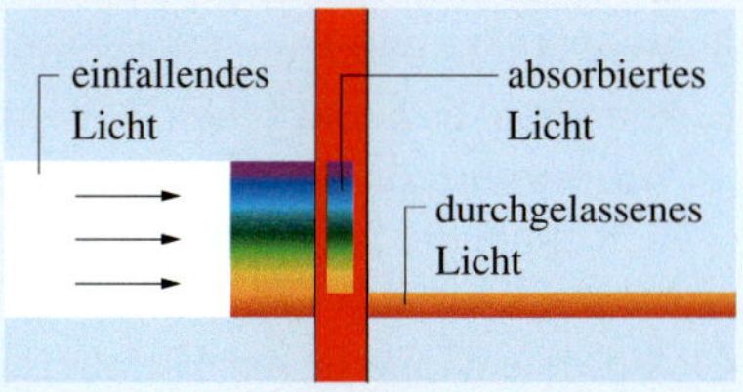

6

Alles klar?

1 Die Grundfarben des Lichts Rot, Grün und Blau können paarweise gemischt werden. Welche Farben entstehen dabei?

2 Welche Farbtöne, die im Spektrum des Lichts nicht vorkommen, kann man aus den Lichtern des Spektrums durch Mischen erzeugen?

3 Welche farbigen Lichter können den Farbeindruck Cyanblau erzeugen?

4 Ein einfaches Experiment zum Farbensehen: Schließe beide Augen. Decke ein Auge zusätzlich mit der Hand ab und richte dein Gesicht 30 Sekunden lang einer hellen Lichtquelle zu.
Betrachte anschließend deine Umgebung abwechselnd mit dem einen und dem anderen Auge.
Beschreibe deine Beobachtungen und erkläre sie.
Tipp für die Erklärung: Das Augenlid wirkt wie ein Rotfilter. Werden die lichtempfindlichen Sehzellen in der Netzhaut eine Weile gereizt, ermüden sie: Die Farbpigmente können dann nicht schnell genug nachgeliefert werden – sie zeigen dann einen schwächeren Reiz an.

5 Ein bunter Blumenstrauß wird mit gelbem Licht beleuchtet. Warum sehen die roten Blumen in Bild ↑7 nicht rot aus?

7 Blumenstrauß in gelbem Licht

Check up

1 Judith: „Auch in der tiefsten Nacht ist der ganze Himmel voll Licht.“ Hat Judith recht? Begründe.

2 Von einem Schiff aus ist das Licht eines Leuchtturms nur zu sehen, wenn er weniger als 40 km entfernt ist. Vom Flugzeug aus kann man ihn noch aus größerer Entfernung sehen. Woran könnte das liegen?

3 Wenn Licht durch ein Glasgefäß mit Wasser fällt, kann man es kaum sehen. Mit etwas Milch im Wasser wird das Licht sichtbar. Erkläre. Ändert sich dabei die Ausbreitungsrichtung des Lichts?

4 Auf dem Mond ist der Himmel schwarz und die Schatten sind viel dunkler als bei uns. Woran liegt das? ↑1

1

5 Du stehst zwischen Glühlampe und Wand.
a In welche Richtung musst du dich bewegen, damit dein Schatten größer wird?
b In welche Richtung muss die Glühlampe gezogen werden, damit dein Schatten kleiner wird?

6 Unter welchen Bedingungen wird Licht gebrochen, unter welchen total reflektiert?

7 Zeige anhand einer Skizze, warum wir Gegenstände hinter dem Spiegel sehen, obwohl sie vor dem Spiegel stehen.

8 Betrachtet man Dinge, die sich unter Wasser befinden, von oben, werden diese scheinbar angehoben. Erkläre mit einer Skizze.

9 Man soll im Sommer mittags bei Sonnenschein die Pflanzen im Garten nicht gießen. Der Grund ist nicht die Wasserverschwendung, sondern es gibt auch einen „optischen“ Grund. Was geschieht, wenn Wasser auf die Blätter gelangt? ↑2

2

10 Zeichne den Verlauf eines parallelen Lichtbündels hinter einer dünnen und einer dicken Sammellinse.

11 Welche Spektralfarbe wird von einem Prisma am stärksten gebrochen, welche am schwächsten?

12 Wie gelingt es, auf dem Fernsehbildschirm Millionen verschiedener Farben zu erzeugen?

Schätze deine Kenntnisse und Fähigkeiten ein.

Ordne dazu deiner Lösung im Heft ein Smiley zu:
☺ Ich konnte die Aufgabe richtig lösen.
😐 Ich konnte die Aufgabe nicht komplett lösen.
☹ Ich konnte die Aufgabe nicht lösen.

→ **Die Lösungen findest du im Anhang.**

Aufgabe	Fähigkeit	Hilfe findest du auf Seite …
1–5	Lichtausbreitung und Schattenentstehung beschreiben.	51, 52, 56
6, 7, 8	Die Bedingungen angeben, unter denen Reflexion, Brechung und Totalreflexion auftreten.	62, 63, 68, 71, 72
9, 10	Eigenschaften von Sammellinsen kennen.	77
11	Die Farbzerlegung des Lichts kennen.	86
12	Die Farbentstehung erklären können.	90

Temperatur und Materie

Temperatur und Wärme begleiten uns jeden Tag. Viele Vorgänge in Natur und Technik hängen von der Temperatur ab und in jedem Gegenstand vollziehen sich Änderungen, wenn ihm Wärme zugeführt wird. Das haben sich die Menschen vielfältig zunutze gemacht: Nicht nur fahren die Autos mit erhitzten Gasen, sondern auch bei der Herstellung fast aller Dinge, die uns umgeben, spielen Temperaturerhöhung und Abkühlung eine große Rolle.

Die Temperatur

Welchen Pullover ziehe ich heute an? Brauche ich eine Jacke? Werden die Straßen glatt sein? Kann ich morgen baden gehen? Solche Fragen kennt jeder. Deswegen achten viele Menschen täglich auf den Wetterbericht im Fernsehen oder Radio.

1

Ob wir etwas als warm oder kalt empfinden, hängt nicht nur von der Temperatur ab. Kleidung, Luftfeuchtigkeit, körperliche Bewegung und andere Einflüsse sind ebenfalls von Bedeutung. ↑2 Das ist auch gut so. Denn wenn sich das menschliche Wärmeempfinden nur auf die Temperatur verlassen würde, könnte es gefährlich werden: In einer Sauna ist eine Temperatur von 100 °C für eine gewisse Zeit gut erträglich, 100 °C heißes Wasser in einer Badewanne wäre aber absolut tödlich.
Das bedeutet aber auch, dass der Mensch Temperaturen nicht immer gut einschätzen kann. Besichtigst du z. B. an einem heißen Sommertag in leichter Kleidung eine Tropfsteinhöhle, empfindest du die Temperatur in der Höhle noch viel kälter, als sie in Wirklichkeit ist. ↑3

2

3

Experimente

1 Temperaturverlauf
Ermittle den Temperaturverlauf beim Erwärmen von Wasser mit einer Heizplatte.
Fülle ein Glas mit Wasser und miss die Anfangstemperatur. Heize die Platte mindestens 1 Minute vor. Stelle das Glas auf eine Heizplatte und miss in gleichen Abständen die Temperatur des Wassers.

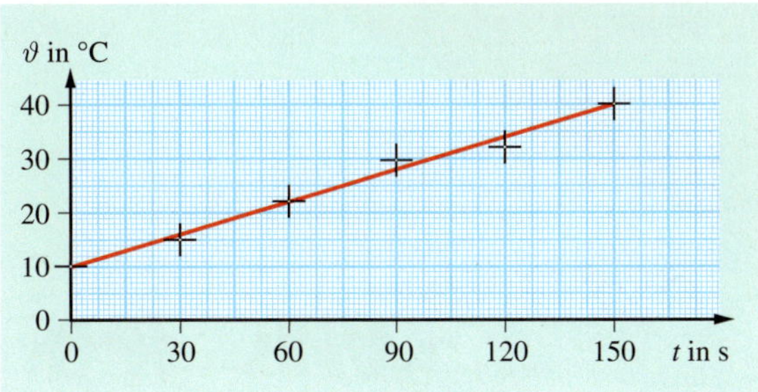

4

Trage deine Messwerte in eine Tabelle und danach in ein Temperatur-Zeit-Diagramm ein. ↑4

2 Temperaturen im Vergleich
Nehmt mehrere Thermometer und vergleicht ihre Anzeige unter gleichen Bedingungen (z. B.: Sie stehen im selben Wasserbad.).

a Zeigen alle denselben Wert an? Notiert mögliche Abweichungen.

b Geht mit den Thermometern nach draußen. Legt eines kurzzeitig in die Sonne, eines in den Schatten, eines in den Wind, eines windgeschützt, eines im Schatten auf die Erde usw. Welche Messwerte erhaltet ihr jeweils? Überlegt euch eine Vorschrift zur Messung der Lufttemperatur.

c Informiert euch bei einer Wetterstation, wie dort die Temperaturen gemessen werden.

GRUNDLAGEN: Die Temperatur

Berühren wir einen Gegenstand, so empfinden wir ihn als kalt, lau, warm oder heiß. Genauer kann man diese Eigenschaft von Körpern mit der physikalischen Größe der Temperatur beschreiben:

Die Temperatur kennzeichnet mit einem Zahlenwert, wie warm oder wie kalt ein Körper ist. Sie wird in Grad Celsius (abgekürzt: °C) angegeben.

In Messwertetabellen und grafischen Darstellungen verwendet man als Formelzeichen der Temperatur den griechischen Buchstaben ϑ (sprich: Theta). Berühren sich zwei Körper mit unterschiedlichen Temperaturen, so nehmen sie schließlich dieselbe Temperatur an. Diese liegt zwischen den beiden Ausgangstemperaturen.

Die Celsiusskala Von Thermometern verlangt man, dass sie unter gleichen Bedingungen dieselbe Temperatur anzeigen. Man braucht für Thermometer eine festgelegte Skala. In den meisten europäischen Ländern wird eine Temperaturskala benutzt, die nach dem schwedischen Naturforscher Anders Celsius (1701–1744) benannt ist.
Für seine Skala wählte er zwei Temperaturen aus, indem er sich die Eigenschaften von Wasser zunutze machte: Eis schmilzt überall bei derselben Temperatur wie in Norwegen; ebenso fängt das Wasser auf der ganzen Welt bei derselben Temperatur an zu sieden.
Nach Celsius bezeichnet man die Schmelztemperatur von Eis mit 0 °C und die Siedetemperatur von Wasser mit 100 °C. Die Strecke zwischen diesen Festpunkten teilt man in 100 gleich große Teile. ↑6
In den USA verwendet man Thermometer, deren Skala in Grad Fahrenheit geeicht ist.

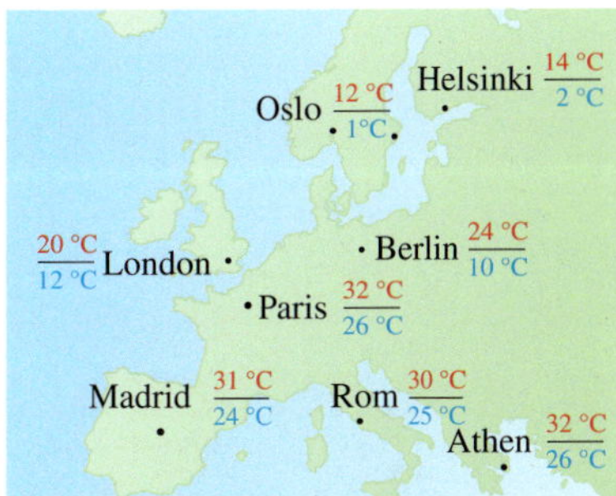

5 Wetterkarte

6 Die Festpunkte der Celsiusskala

GRUNDLAGEN: Absolute Temperatur

Gibt es eine Ober- und Untergrenze der Temperaturskala? Nach oben hin kann es sehr heiß werden. Die Oberflächentemperatur der Sonne beträgt fast 6000 °C und im Innern der Sonne herrschen Temperaturen von etwa 15 Millionen °C. Nach oben hin scheint es also keine Grenze zu geben. ↑1

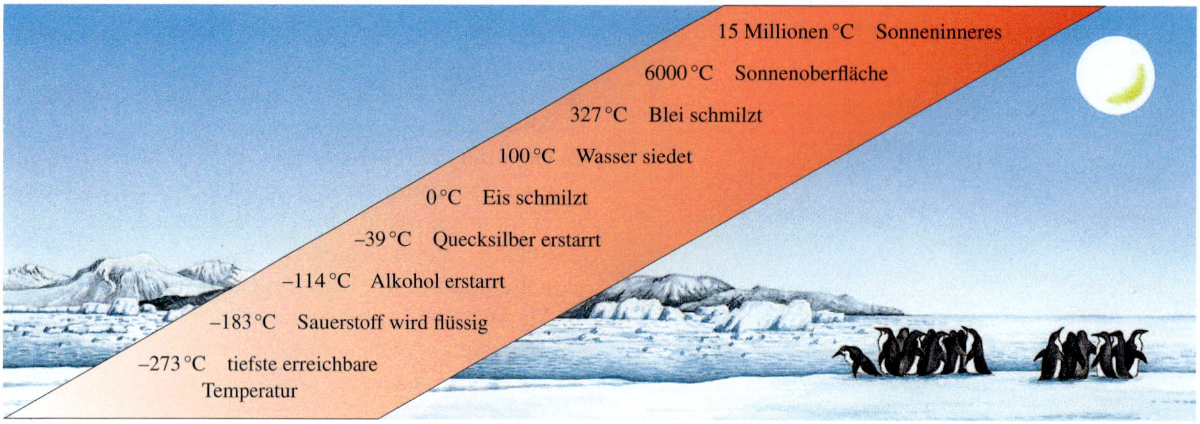

1

Bei tiefen Temperaturen sieht es anders aus. Bereits bei einer Temperatur von –273,15 °C ist Schluss. Man kommt dieser Temperatur zwar mit großem Aufwand ziemlich nahe. Aber erreicht werden kann sie grundsätzlich nicht (Teilchenmodell ↑S. 102). Daher wird diese absolut tiefste Temperatur auch **absoluter Nullpunkt** genannt.

Bei der Temperatur von –273,15 °C liegt der absolute Nullpunkt. Er kann nicht unterschritten werden.

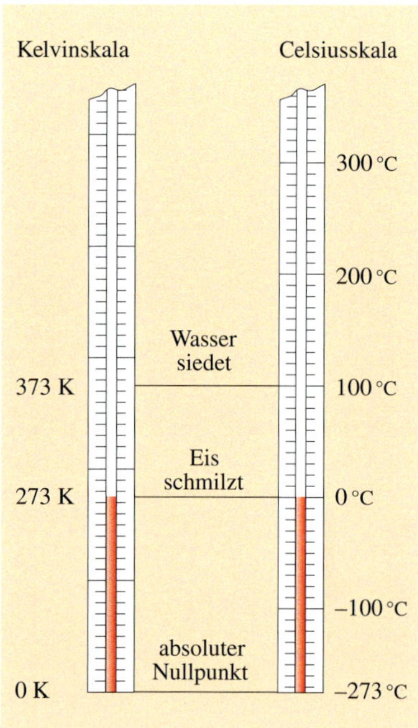

2

Dieser absolute Nullpunkt wird in der Physik als Ausgangspunkt einer anderen Temperaturskala – der absoluten Temperaturskala – benutzt. Nach dem Physiker WILLIAM LORD KELVIN (1824–1907) werden die Temperaturen in Kelvin (Abkürzung K) gemessen. Das Formelzeichen für die absolute Temperatur ist T.
Die Kelvinskala beginnt bei 0 K und hat keine negativen Werte. Der Abstand zwischen zwei Temperaturen ist derselbe wie in der Celsiusskala. Die Celsius- und die Kelvinskala sind also nur um ca. 273 K gegeneinander verschoben: 0 °C ≈ 273 K; 100 °C ≈ 373 K. Für Temperaturänderungen erhält man daher gleiche Zahlenwerte – unabhängig davon, ob man die Temperaturen in °C oder in K angibt.

Beispiel: Wird Wasser von 20 °C auf 80 °C erwärmt, beträgt die Temperaturänderung $\Delta T = 60\,\text{K}$:

$\vartheta_1 = 20\,°\text{C}$ (293 K) und $\vartheta_2 = 80\,°\text{C}$ (353 K)

$\vartheta_2 - \vartheta_1 = 80\,°\text{C} - 20\,°\text{C} = 60\,°\text{C}$

$\Delta T = 60\,\text{K}$

Temperaturdifferenzen beschreibt man immer mit dem Formelzeichen ΔT und mit der Einheit Kelvin (K).

Probier 's mal!

1 Lufttemperatur
Miss an einem Sonnabend und dem folgenden Sonntag jeweils von 7.00 Uhr bis 22.00 Uhr zu jeder vollen Stunde im Freien die Lufttemperatur. Zeichne für jeden Tag ein Temperatur-Zeit-Diagramm. Wähle als Einteilung auf den Achsen 1 cm ≙ 1 Stunde und 1 cm ≙ 10 °C!
Was kannst du aus den Diagrammen ablesen?

2 Badewassertemperatur
Welche Temperatur muss das Wasser in der Badewanne für dich gerade haben? Mische das Wasser im Waschbecken und miss seine Temperatur.
Ab welcher Temperatur ist dir das Wasser zu heiß oder zu kalt?

3 Temperaturempfinden
Miss die Temperaturen in allen Räumen der Wohnung und im Keller. Ab welcher Temperatur wäre es dir für den normalen Aufenthalt zu kühl, ab welcher zu warm?

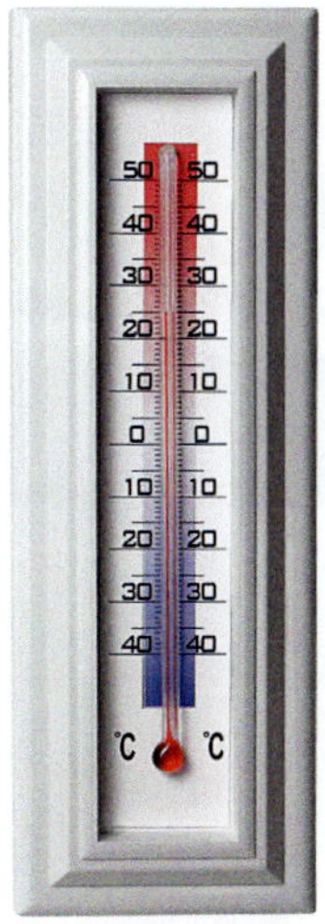

3

Aufgaben

1 Aus Diagrammen kannst du auch Temperaturen ablesen, die gar nicht gemessen wurden.
a Lies in Bild ↑4 ab, wie hoch die Temperatur nach 105 Sekunden war.

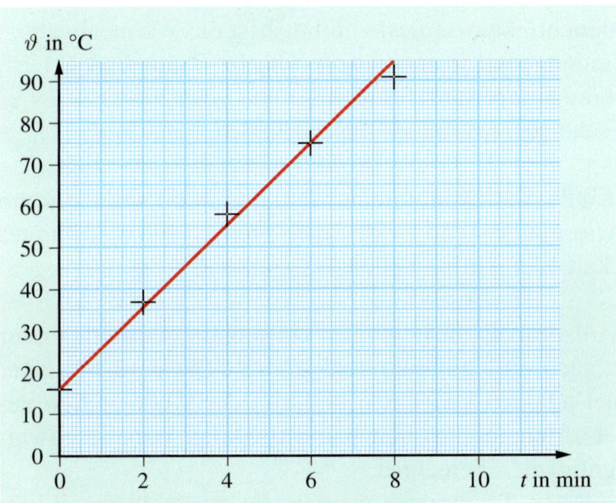

4

b Bestimme aus dem Diagramm die Temperatur nach 200 Sekunden.

2 Gib die im Bild ↑1 Seite ↑98 angegebenen Temperaturen in K an.

3 Rechne um:
a in K: –20 °C; 15 °C; 120 °C
b in °C: 100 K; 300 K; 420 K

4 Bei den Thermometern von Bild ↑5 steht die Thermometerflüssigkeit gleich hoch. Zeigen sie deshalb die gleiche Temperatur an?
Begründe deine Antwort.

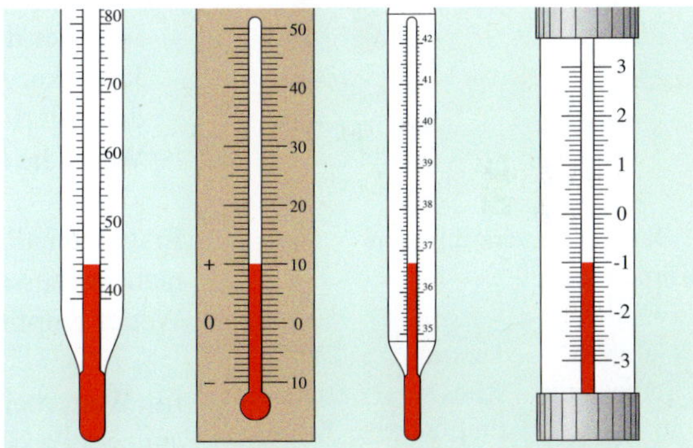

5

5 Nenne Thermometerarten, die du zu Hause hast. Welche höchste und welche niedrigste Temperatur kann man damit messen? Wie viel Grad Celsius bedeutet jeweils der Abstand zwischen zwei benachbarten Strichen auf der Skala?

6 Welche Temperaturangaben befinden sich auf den Zeichen, die in Kleidungsstücken eingenäht sind? Was besagen diese Angaben?

7 Suche in Rezepten oder Kochbüchern nach Temperaturangaben. Warum sind diese Temperaturen einzuhalten?

Aus der Natur Gefühlte Temperatur

1

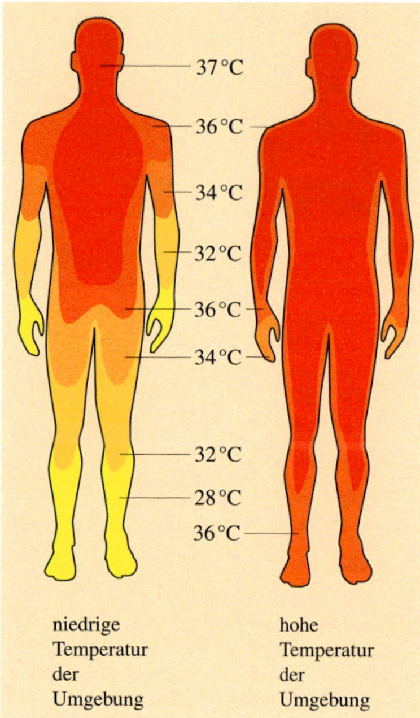

2 Temperaturverteilung im Körperinnern

Gefühlte Temperatur in °C	Thermisches Empfinden	Belastung des Körpers
< –30	sehr kalt	extrem
–20 bis –30	kalt	stark
–5 bis –10	kühl	mäßig
+5 bis –5	leicht kühl	gering
+5 bis +17	behaglich	keine
+17 bis +20	leicht warm	gering
+20 bis +26	warm	mäßig
+26 bis +34	heiß	stark
> +34	sehr heiß	extrem

3 Hohe und tiefe gefühlte Temperaturen können zu einer Belastung des Körpers führen.

Ihr macht eine Bergwanderung, 12 °C zeigte das Thermometer an der Berghütte, die Sonne scheint, es weht ein leichter Wind. Den dicken Pullover hast du bald ausgezogen und du fühlst dich richtig wohl – nicht zu warm und nicht zu kalt. Da schiebt sich eine große Wolke vor die Sonne. Sofort wird dir kühler und bald ziehst du den Pullover wieder an.
Es hat sich eigentlich nicht viel geändert: Das Thermometer wird immer noch 12 °C anzeigen. Nur die Wärmestrahlung der Sonne fehlt und schon beginnst du zu frieren.
Die Sonne kommt wieder durch und ihr findet eine geschützte Mulde für eine Pause. Schon nach kurzer Zeit ist dir selbst im Hemd noch zu warm. Wieder hat sich am Wetter nicht viel geändert und noch immer würde das Thermometer 12 °C anzeigen. Nur der leichte Wind, der euch zuvor noch abgekühlt hat, fehlt in eurer Nische. ↑1
12 Grad empfindet man nicht immer als 12 Grad! Je nachdem, welche Witterungsbedingungen noch dazukommen, kann uns diese Temperatur höher oder niedriger erscheinen.

Der Mensch ist eben kein Thermometer. Man kann ihn eher mit einem Ofen vergleichen. Allerdings mit einem ganz besonderen Ofen, der im Innern immer dieselbe Temperatur haben muss, nämlich 37 °C. Schon eine Abweichung von 5 °C führt beim Menschen zu schweren Schäden oder sogar zum Tod. Deshalb muss die in den Muskeln und Gefäßen erzeugte Wärme dauernd abtransportiert, abgeleitet werden.
Die Temperaturregelung erfolgt über die Haut und durch die Kleidung.
Je niedriger die Lufttemperatur ist, desto schneller kühlt man aus. ↑2
Wind erhöht die Temperaturabsenkung des Körpers.

- Je höher die Luftfeuchtigkeit ist, desto geringer ist die Wärmeabgabe.
- Je dicker die Kleidung und je mehr Körperfläche damit bedeckt ist, desto geringer ist die Temperaturabsenkung.
- Wenn die Sonne scheint, erwärmt sie uns zusätzlich von außen.

Erst wenn all diese Einflüsse richtig miteinander kombiniert werden, kann man vorhersagen, wie ein passend gekleideter Mensch ein bestimmtes Wetter empfindet – kalt oder warm, vielleicht sogar heiß.

Im Wetterbericht wird deshalb manchmal nicht nur die Lufttemperatur angegeben, sondern auch die „gefühlte Temperatur“. Sie wird mit einer komplizierten Formel aus den genannten und von der Wetterstation gemessenen Werten – Lufttemperatur, Sonneneinstrahlung, Windgeschwindigkeit und Luftfeuchtigkeit – berechnet.
Bei Angabe der gefühlten Temperatur werden die tatsächlichen Witterungsbedingungen mit derjenigen Temperatur verglichen, die in einer Standardumgebung herrschen müsste, um dasselbe Temperaturgefühl zu bewirken. Die Standardumgebung ist Schatten bei einem leichten Windzug von 0,1 m/s. Außerdem wird vorausgesetzt, dass der Mensch sich etwas bewegt (Gehen mit 5 km/h) und sich angemessen kleidet. ↑3
Wenn es im Wetterbericht heißt „gefühlte Temperatur 15 °C“, dann wird dir das Wetter angenehm sein, sofern du passend gekleidet bist. Im Winter solltest du eine warme Jacke tragen – im Sommer ein T-Shirt.

Auf einen Blick

Die Temperatur Wir Menschen sind mit einem Temperatursinn ausgestattet. Mit ihm können wir Temperaturunterschiede gut wahrnehmen. Der Temperatursinn dient dazu, den Körper vor einer Auskühlung oder Überhitzung zu schützen. Wir fühlen, ob wir gerade abkühlen oder erhitzt werden. ↑4

Um Temperaturen zuverlässig und genau messen zu können, werden Thermometer verwendet.

Die Temperatur gibt an, wie heiß oder wie kalt ein Körper ist.
Formelzeichen: ϑ (sprich: Theta)
Einheit: Grad Celsius (°C)
Messgerät: Thermometer

4

Die Celsiusskala Festpunkte der Celsiusskala sind:
- die Schmelztemperatur von Eis (0 °C)
- die Siedetemperatur von Wasser (100 °C)

Den Abstand zwischen diesen zwei Festpunkten teilt man auf der Skala in 100 gleiche Teile. ↑5

5

Kelvinskala Die Kelvinskala der Temperatur beginnt am absoluten Nullpunkt; Formelzeichen: T; Einheit: Kelvin (K).

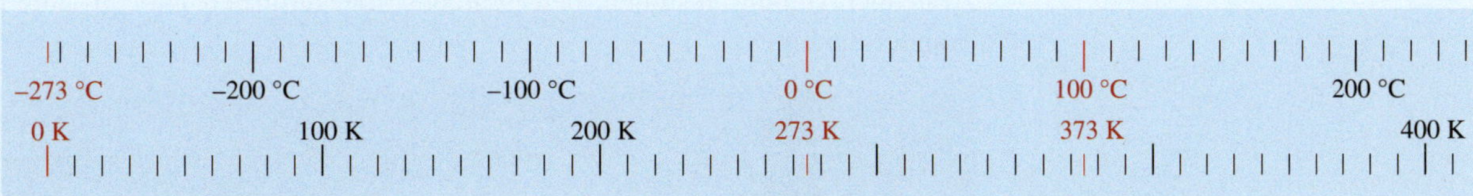

6

Alles klar?

1 Gib die Schmelztemperatur von Eis und die Siedetemperatur von Wasser sowohl in °C als auch in K an.

2 Bestimme die Temperaturdifferenzen:

ϑ_{End} in °C	54	–25	0	–7	26
ϑ_{Anf} in °C	–3	34	19	–39	–99

Teilchenmodell

Im Jahr 1827 beobachtete der englische Botaniker Robert Brown etwas Sonderbares. Unter dem Mikroskop sah er, dass sich Teile von Pollenkörnern, die er in Wasser getaucht hatte, in ständiger Zitterbewegung befanden. Diese Bewegung stellte er auch bei Ruß und fein zerriebenen Mineralien fest, die in Wasser angerührt waren. Die Schwebeteilchen zuckten umso heftiger, je kleiner sie waren. Was ist die Ursache für diese Bewegung?

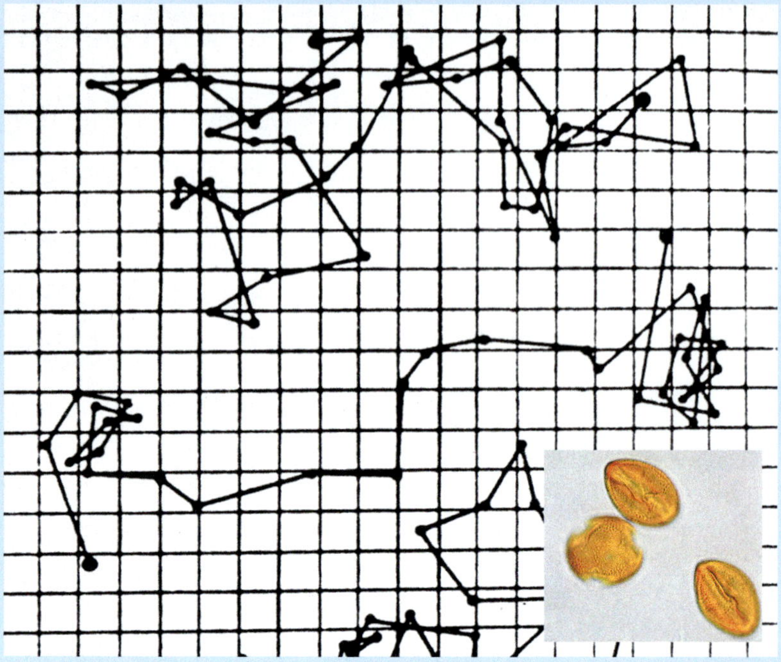

1

Browns Beobachtung konnte erst Jahrzehnte später erklärt werden: Da ein äußerer Anlass für die Bewegung nicht gegeben war, sah man das umgebende Wasser selbst als Ursache an. Man stellte sich vor, dass das Wasser und auch alle anderen Stoffe nicht etwas zusammenhängend Ausgedehntes sind, sondern aus kleinsten Teilchen (Molekülen, Atomen) bestehen, die sich ständig völlig unregelmäßig bewegen. Kleine Schwebeteilchen im Wasser werden durch Stöße mit zahlreichen Wassermolekülen auf einen Zickzackkurs gezwungen. Größere Schwebeteilchen werden zwar auch ständig gestoßen, bewegen sich aber aufgrund ihrer größeren Trägheit kaum.

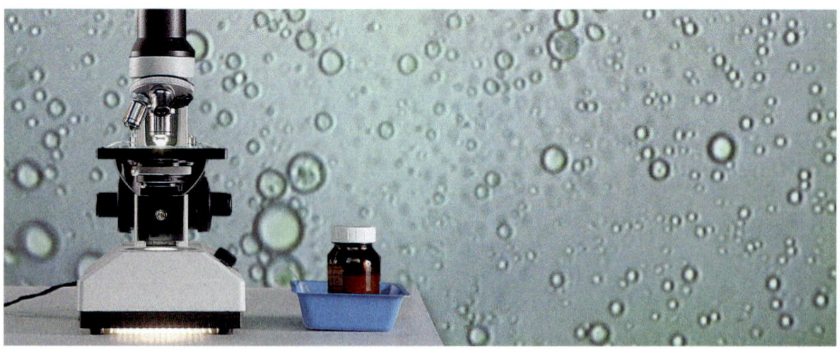

2 Durch eine Mikroskopkamera werden Fetttröpfchen an die Wand projiziert. Das Foto kann das Gewimmel nicht wiedergeben. Auch noch nach Tagen und Wochen sind die Tröpfchen auf ihrer zittrigen Bahn unterwegs.

Experimente

1 Wasser und Sirup
Fülle etwas Himbeersirup (o. Ä.) in ein Marmeladenglas. Gieße dann vorsichtig Wasser über den Sirup, sodass eine möglichst scharfe Trennlinie zwischen Sirup und Wasser entsteht. ↑3

a Warum bleiben der Sirup unten im Glas und das Wasser darüber?

b Stelle das Glas einige Tage an einen ruhigen Platz. Beobachte während einer Woche, wie sich die Trennfläche zwischen Wasser und Sirup verändert. Beschreibe und erkläre.

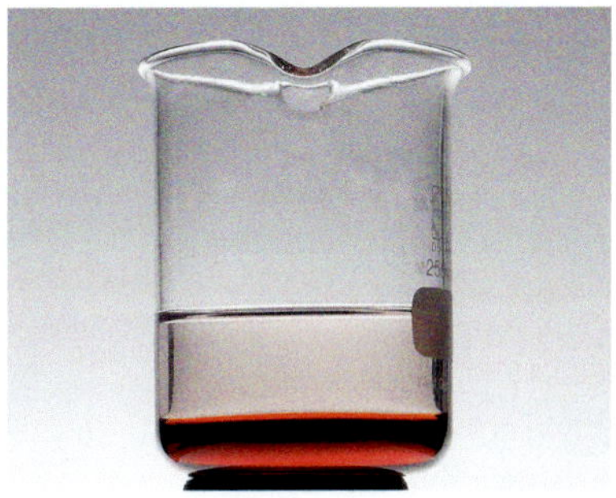

3

2 Parfüm
Versprühe in einem geschlossenen Raum etwas Parfüm an einem Ende des Raums. Wie lange dauert es, bis ein anderer das Parfüm am anderen Ende des Raums riecht?

3 Milch und brownsche Bewegung
Die Beobachtung von BROWN kannst du an verdünnter Milch unter dem Mikroskop beobachten. Erkennst du die runden Fetttröpfchen? Da sie nicht lebendig sind, müssten sie eigentlich ruhig an ihrem Platz bleiben. Beschreibe deine Beobachtung und versuche sie zu erklären. *Tipp:* Woraus ist Wasser aufgebaut?

4 Rauch und brownsche Bewegung
Auch in Gasen lässt sich die brownsche Bewegung unter dem Mikroskop beobachten. In eine Rauchkammer wird Rauch geblasen und von der Seite beleuchtet. Die Rauchteilchen streuen das Licht. Betrachte den Rauch unter dem Mikroskop (100- bis 300-fache Vergrößerung) und beschreibe das Verhalten der Rauchteilchen. ↑4

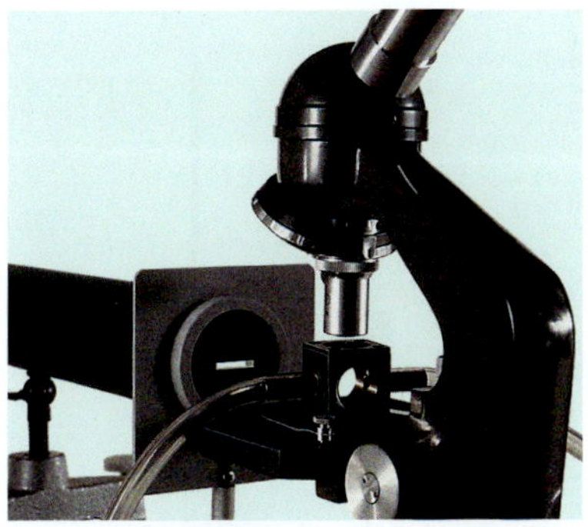

4 Rauchkammer

5 Modell der brownschen Bewegung
Bild ↑5 zeigt einen Modellversuch für die Bewegung der Rauchteilchen. Die Styroporkugel entspricht einem Rauchteilchen. Die Glasperlen stellen Luftteilchen dar, von denen die Rauchteilchen umgeben sind. Was ist davon in ↑Experiment 4 zu sehen, was nicht?

6 Temperaturerhöhung durch Schütteln?
Fülle in einen Mixbecher 50 g Wasser und miss die Temperatur auf 0,1 °C genau. Schüttle ihn mehrmals hintereinander kräftig 1 min lang. Miss nach jedem Schütteln die Temperatur. *Tipp:* Benutze Papiertaschentücher, um eine Erwärmung des Wassers durch die Hand zu vermeiden.

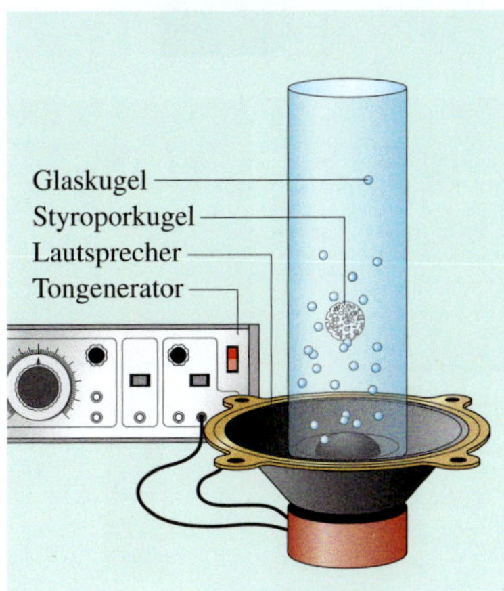

5

7 Diffusion
Fülle zwei gleiche Standzylinder randvoll mit Wasser. In einen Zylinder gibst du vorsichtig ein paar Tropfen Tinte. Den anderen Zylinder schließt du mit einer Postkarte ab. Stelle beide Zylinder mit den Öffnungen übereinander. ↑3 auf Seite ↑104

a Beobachte zunächst die Tinte im ersten Zylinder. Was stellst du fest?

b Ziehe nun vorsichtig die Postkarte heraus. Beobachte die Flüssigkeit im Zylinder über mehrere Tage. Beschreibe.

GRUNDLAGEN: Moleküle und Atome sind in ständiger Bewegung

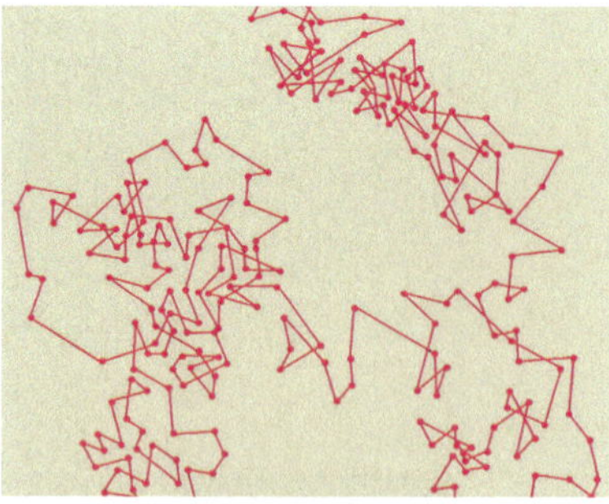

1 Brown'sche Bewegung

2 Ameisenhaufen

Im Bild ↑1 ist die brownsche Bewegung eines kleinen Körpers vergrößert aufgezeichnet. Die einzelnen Punkte geben die Lage des Körpers nach jeweils gleichen Zeitintervallen an. Zwei aufeinanderfolgende Punkte sind durch eine gerade Linie miteinander verbunden. Tatsächlich ist die Bewegung noch viel komplizierter.

Wenn die Zeitintervalle zwischen zwei Ortsmessungen viel kleiner wären, wäre jede zuvor gerade Verbindung zweier Punkte auch wieder eine Zickzackkurve.

Die sichtbare brownsche Bewegung eines Körpers gibt indirekt Kenntnis von der Bewegung der kleinsten Teilchen, die man nicht sehen kann.

Die Situation erinnert an einen Ameisenhaufen: Aus großem Abstand kann man die Bewegungen der einzelnen „durcheinanderwimmelnden“ Ameisen nicht erkennen. Man sieht aber, dass sich Kiefernnadeln und Blätter auf dem Haufen ungleichmäßig bewegen. Sie werden von den nicht erkennbaren „Teilchen“ hin und her geschoben. ↑2

Bei Schwebeteilchen in Gasen lässt sich die brownsche Bewegung ebenfalls nachweisen und wie bei Flüssigkeiten erklären. Auch Thermometer „spüren“ die Stöße der Gasmoleküle und zeigen ihre mittlere Wirkung als Temperatur an.

GRUNDLAGEN: Diffusion – selbsttätige Durchmischung von Gasen und Flüssigkeiten

3

4

Die Teilchen eines Stoffs sind ständig in Bewegung, ohne dass es eines äußeren Antriebs bedarf. Dies kann man sehr gut beobachten, wenn man zwei mit Wasser gefüllte Gefäße in Verbindung bringt, von denen das untere mit einigen Tropfen Tinte versehen wurde. Das obere Glas wird mit einer Postkarte abgedichtet und auf das untere gestellt. ↑3

Während des Vorgangs beobachtet man bereits, dass die Tinte sich ausbreitet und das Wasser einheitlich färbt. Zieht man jetzt vorsichtig die Postkarte zwischen den Gläsern heraus, so breitet sich die Tinte auch ins obere Glas aus, obwohl sie schwerer ist als Wasser.

Einen ähnlichen Durchmischungsvorgang kann man auch bei farbigen Gasen beobachten, die man auf ähnliche Weise zusammenbringt. ↑4

Diese selbsttätige Durchmischung von Stoffen nennt man Diffusion (lat. *diffundere:* ausbreiten). Die regellose Bewegung von Teilchen (Molekülen, Atomen) führt dazu, dass sich Gase oder Flüssigkeiten im Laufe der Zeit vermischen.

Gase tendieren dazu, den zur Verfügung stehenden Raum gleichmäßig auszufüllen, sodass schließlich überall dieselbe Dichte vorliegt und der gleiche Druck herrscht. In Flüssigkeiten beobachtet man, dass Konzentrationsunterschiede abgebaut werden.

Befinden sich kleine (Farb-)Partikel in einer Flüssigkeit, so findet ebenfalls eine Diffusion statt.

Auch die Teilchen in festen Körpern sind in ständiger regelloser Bewegung.

Probier 's mal!

1 Vom Kandiszucker zum Staubzucker
Untersuche Kandis- und Haushaltszucker mit der Lupe. Zerdrücke dann den Zucker mit einem Teelöffel zu Pulver. Betrachte den zerdrückten Zucker mit der Lupe oder noch besser unter einem Mikroskop. Was stellst du fest?

5

2 Kleinste Teilchen
Du musst ein DIN-A4-Blatt Papier etwa 80-mal immer wieder halbieren, um bei einem Atom anzugelangen. Probiere es einmal aus. Wie weit kommst du? Schaffst du es mit geeigneten Hilfsmitteln (Lupe, Mikroskop ...) noch weiter?

3 Wo bleibt das Volumen?
Schüttest du 100 ml Alkohol (Vorsicht! Leicht entzündlich!) und 100 ml Wasser zusammen, so erhältst du nicht 200 ml Flüssigkeit. Probiere es selbst. Erkläre es mit einem einfachen Teilchenmodell aus Erbsen und Hirse.

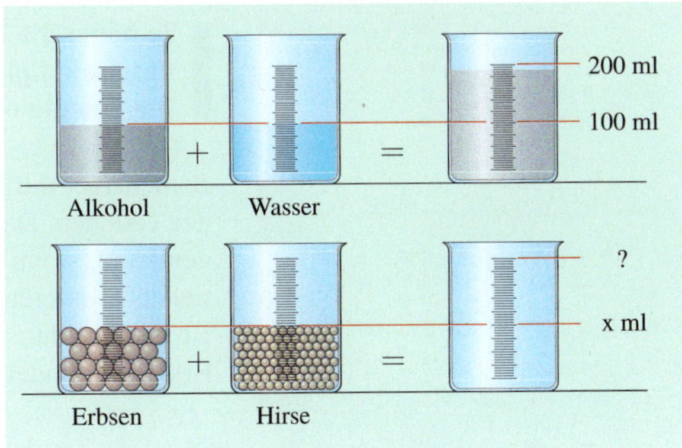

6

GRUNDLAGEN: Das Teilchenmodell hilft beim Verständnis

Bisher haben wir nur beobachtet, was sich mit der Temperatur alles ändert. Stoffe ändern ihr Volumen, ihren Aggregatzustand, manchmal sogar ihre Farbe. Aber kann man auch verstehen, wie es zu diesen Änderungen kommt? Was passiert mit dem Wasser, wenn es abkühlt, gefriert oder kocht? Um diesen Fragen nachzugehen, müssen wir erst verstehen, woraus die Welt, also Wasser, Steine, Luft oder die Euromünze, im Kleinen besteht. ↑7

Stell dir vor, du schneidest ein Stück Kuchen in der Mitte durch, das Stück halbierst du wieder und immer so weiter. Natürlich wird es bald sehr schwer, den kleinen Krümel weiter zu halbieren, deshalb nennt man dieses Experiment auch ein *Gedankenexperiment*. Es reicht, wenn wir in Gedanken weitermachen. Die große Frage, die sich vor sehr langer Zeit schon die griechischen Philosophen stellten, ist: Geht das nun immer so weiter, oder kommt man irgendwann zu einem kleinsten Teilchen, so wie man beim Zerteilen eines Bausteinturms irgendwann auf einzelne Bausteine stößt?

Schon der griechische Philosoph DEMOKRIT (um 400 v. Chr.) war der Meinung, dass alle Stoffe aus kleinsten Teilchen bestehen.

Mit diesem Teilchenmodell konnte man viele Fragen so gut beantworten, dass die meisten Physiker fest daran glaubten, obwohl man diese kleinsten Teilchen aufgrund ihrer Winzigkeit lange nicht eindeutig nachweisen konnte. Erst seit einigen Jahrzehnten gelingt es, sie mit Spezialmikroskopen sichtbar zu machen. ↑8

Auch auf der Oberfläche einer Euromünze sind die einzelnen Teilchen in einem festen Gitter angeordnet.

7

8

Schon gewusst?

In einem einzigen Salzkorn sind etwa 1000-mal so viele kleinste Salzteilchen wie die Anzahl aller Haare, die alle 6,7 Milliarden Menschen auf dem Kopf haben. Und falls du nachrechnen willst: Ein gesunder junger Mensch hat etwa 100 000 Haare auf dem Kopf.

GRUNDLAGEN: Temperatur als Bewegung von Teilchen

Um die Temperatur eines Topfs mit Wasser zu erhöhen, wird ihm Energie zugeführt. Diese Energie muss in irgendeiner Weise das Verhalten der kleinsten Teilchen des Wassers bestimmen. Man stellt sich vor, dass die Teilchen sich umso schneller bewegen, je mehr Energie sie aufnehmen. Die Teilchen stoßen bestimmt oft zusammen, ändern ihre Richtung und werden mal langsamer, mal schneller. Aber im Mittel sind die Wasserteilchen im heißen Wasser schneller als im kalten Wasser.

Je höher die Temperatur eines Stoffs ist, desto größer ist die mittlere Geschwindigkeit der einzelnen Teilchen.
Die Energie der Teilchen steckt in ihrer Bewegung.

Je niedriger die Temperatur, desto kleiner ist die mittlere Geschwindigkeit der Teilchen. Daraus folgt, dass die Temperatur nicht weiter gesenkt werden kann, wenn sich die Teilchen nicht mehr bewegen. Es muss also eine tiefste Temperatur geben, die nicht weiter unterschritten werden kann. Das ist der absolute Nullpunkt, der im Teilchenmodell eine ganz natürliche Erklärung findet.

Aus der Geschichte Das Teilchenmodell des DEMOKRIT

1 DEMOKRIT

Die Welt besteht aus unteilbaren kleinsten Bausteinen – spitz und rund, verbunden mit Haken und Ösen. So ähnlich stellten sich jedenfalls griechische Naturphilosophen rund 400 Jahre v. Chr. den Aufbau der Materie vor. Ihre Bezeichnung für diese Bausteine war *atomos:* das Unteilbare. ↑2

Was die griechischen Naturphilosophen nur ahnen konnten, ist heute zur Gewissheit geworden: Die Materie ist aus Atomen und Molekülen aufgebaut. Zwar kann man die Teilchen selbst mit den besten Lichtmikroskopen nicht sehen, man kann sie aber sichtbar machen. So lassen sich Oberflächen mit einem Rastertunnelmikroskop Atom für Atom mit einer äußerst feinen Spitze „abtasten“. Ein Computer errechnet aus den Messdaten mithilfe komplizierter mathematischer Formeln ein Bild von der Oberflächenstruktur. ↑3

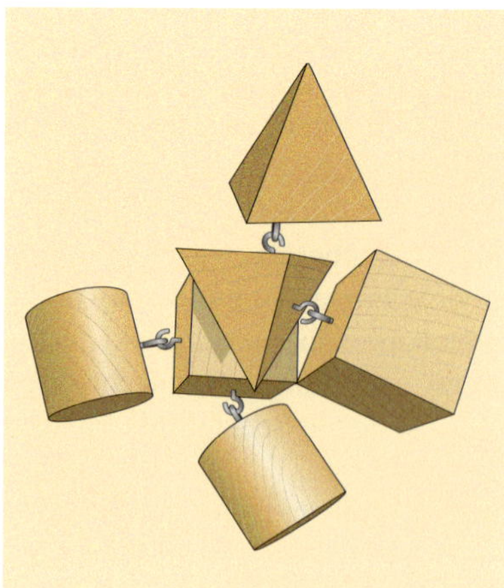

2

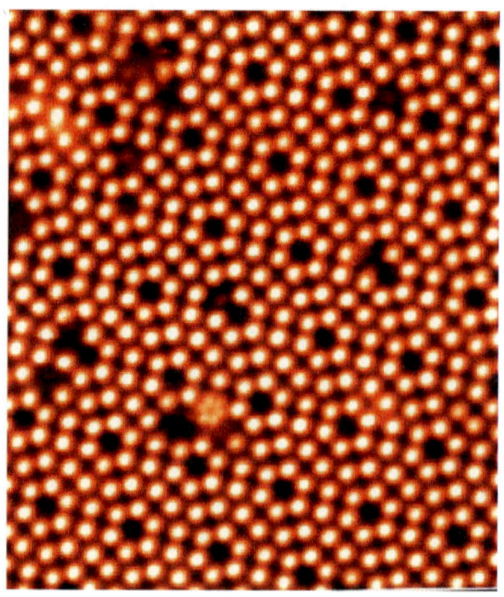

3

Teilchenmodell Jede Materie besteht aus unvorstellbar kleinen Atomen und Molekülen (Verbindungen aus mehreren Atomen). Der Durchmesser eines Atoms liegt in der Größenordnung von einem Zehntel eines Millionstel Millimeters!
Die Atome sind so verschwindend klein, dass wir nicht sehen können, wie sich die Materie aus ihnen aufbaut. Deshalb verwenden wir eine Vorstellungshilfe: das Teilchenmodell. Wir stellen uns vor, dass die Materie aus winzigen Kügelchen aufgebaut ist, zwischen denen große Kräfte wirken können, wenn sie sich nahe genug kommen. – Die Teilchen befinden sich in ständiger Bewegung: Je höher die Temperatur eines Stoffs ist, desto schneller bewegen sie sich.

4

5

Alles klar?

1 Riecht man verschüttetes Parfüm eher in einem kalten oder eher in einem warmen Raum? Begründe deine Antwort mit dem Teilchenmodell.

2 Biegst du einen dicken Eisendraht an einer Stelle ein paar Mal hin und her, so wird er warm. Erkläre mit dem Teilchenmodell.

3 Die Teilchenbewegung eines Gases lässt sich durch ein Spiel darstellen.
a Eure Schulklasse stellt das Gas dar. Jeder spielt ein Gasteilchen und bewegt sich auf geraden Wegen in zufällige Richtungen bis zum nächsten Zusammenstoß mit Partnern oder Wänden. Dann ändert die Person ihre Richtung. Wie könnt ihr eine Temperaturerhöhung veranschaulichen?
b Wie könnt ihr mit einem großen Gymnastikball die brownsche Bewegung darstellen?

4 Die Temperatur von Eisenschrot wird erhöht. Was bedeutet das für die Eisenatome?

5 Duftstoffe breiten sich in der Luft viel schneller von alleine aus als Farbstoffe in Wasser (bei jeweils gleicher Temperatur). Versuche den Unterschied mithilfe des Teilchenmodells zu erklären.

6 Miss mit einem Haushaltsmessbecher 200 ml Erbsen und 50 ml Senfkörner ab. Mische sie anschließend und bestimme mit dem Messbecher das Volumen. Begründe.

7 Beschreibe die Anordnung der Teilchen in Festkörpern, Flüssigkeiten und Gasen. Fertige dazu Skizzen an.

8 Haben Festkörper, Flüssigkeiten und Gase eine bestimmte Form? Erkläre das jeweilige Formverhalten mit den Vorstellungen vom Aufbau der Körper aus Teilchen.

Was sich mit der Temperatur alles ändert

In Südfrankreich überspannt der Viaduc de Millau auf einer Länge von 2460 m das Tal der Tarn. Die Pfeiler – der höchste misst 245 m – gabeln sich auf den letzten 90 m in eine schlanke Y-Form. Und das nicht nur, weil es schöner aussieht!

1

2

Die Gabelung hat vor allem technische Gründe: Durch Temperaturschwankungen ändert sich die Länge der Brückenkonstruktion ständig. Stahl und Beton dehnen sich aus oder ziehen sich zusammen. Durch ihre besondere Form können die Pfeiler die Änderungen in der Länge der Brücke besser ausgleichen. An ihren beiden Endpunkten ist die Brücke mit Kämmen verzahnt. Diese erlauben im Süden einen Spielraum von 90 cm und im Norden 120 cm.

Auch Wasser ändert seine Eigenschaften, wenn sich die Temperatur ändert. Es gefriert im Winter zu Eis und Schnee.

Wir untersuchen das Verhalten von Körpern, die aus unterschiedlichen Stoffen bestehen, bei Temperaturerhöhung und Temperaturerniedrigung.

3

Experimente

1 Kugel und Ring
Eine kalte Stahlkugel passt gerade durch einen Ring hindurch. Erhöht die Temperatur der Stahlkugel in der Flamme eines Brenners. Probiert, ob sie jetzt noch durch den Ring passt.

2 Längenänderung bei einem Rohr
Rohre aus verschiedenen Materialien werden in ein Experimentiergerät wie im Bild ↑5 eingespannt. Rechts liegt das Rohr auf einer drehbaren Walze. Die Walze ist mit einem Zeiger verbunden. Durch das Rohr wird heißes Wasser oder Wasserdampf geleitet. Dadurch wird die Temperatur des Rohrs erhöht. Was beobachtet ihr am Zeiger? Anschließend wird kaltes Wasser durch das Rohr geleitet. Beobachtet wieder den Zeiger. Versucht eure Beobachtung zu erklären. Begründet, warum die Anordnung aus Bild ↑5 geeignet ist, sehr kleine Längenänderungen sichtbar zu machen.

3 Luft – erwärmt und abgekühlt
Verschließe einen Kolben mit einem Stopfen, in dem sich ein dünnes Rohr befindet. Umfasse den Kolben mit beiden Händen und tauche das Ende des Glasrohrs wenige Zentimeter in ein Gefäß mit Wasser ein. Beobachte, was geschieht. ↑6
Tauche das Ende des Glasrohrs erneut in das Wasserbad ein und übergieße den Kolben mit kaltem Wasser. Was beobachtest du jetzt?

4

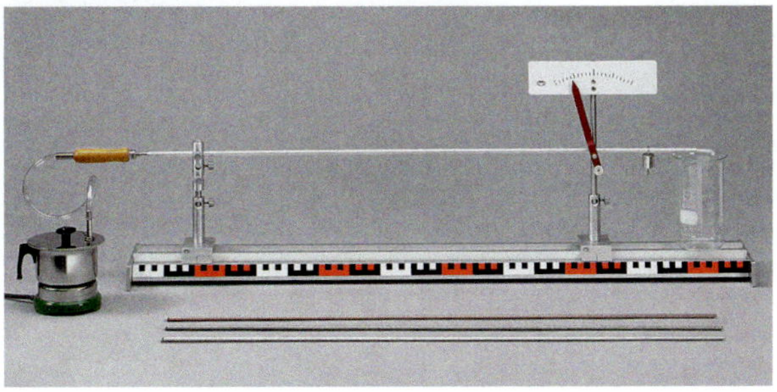
5

6

Probier 's mal!

1 Anleitung zur „Zauberei“
Verschließe eine leere, möglichst kalte Glasflasche mit einer angefeuchteten Münze. Nimm die Flasche erst jetzt in die Hände.

2 Erwärmtes Wasser
Fülle eine kleine Plastikflasche randvoll mit kaltem Wasser und verschließe sie. Stelle sie in ein heißes Wasserbad und warte einige Zeit, damit das Wasser in der Flasche heiß wird. Nimm eine Nadel und stich ein Loch hinein.

3 Luftballon in der Sonne
Was kann passieren, wenn du einen prall gefüllten Luftballon in die Sonne legst? Funktioniert dieses Experiment mit einem dunklen Ballon besser?

7

Experimente

LERNSTATION 1

Ein Luftballon bläst sich selbst auf

Materialien: 2 Glasflaschen, 2 Luftballons, heißes (Vorsicht!) und kaltes Wasser, Trichter

Durchführung: Spült eine Flasche mit heißem, die andere mit kaltem Wasser aus. Dann zieht möglichst schnell über jeden Flaschenhals einen leicht aufgeblasenen Luftballon.

LERNSTATION 2

Eine Stricknadel als Thermometer

Materialien: 2 Flaschen, Korken, Stricknadel, Nähnadel und Trinkhalm, 2 Teelichter (Vorsicht!)

Durchführung: Baut mit der Stricknadel eine Brücke, die auf einer Nähnadel aufliegt.
Den Trinkhalm befestigt ihr als Zeiger an der Nähnadel. Erhitzt die Stricknadel mit einem oder mehreren Teelichtern möglichst gleichmäßig.

LERNSTATION 3

Gummibänder sind anders

Materialien: 2 Gummibänder, Föhn oder Wärmelampe

Durchführung: Knotet zwei zerschnittene Gummibänder aneinander und spannt sie zwischen zwei feste Enden. Erwärmt nun eines der Gummibänder und beobachtet den Knoten in der Mitte.

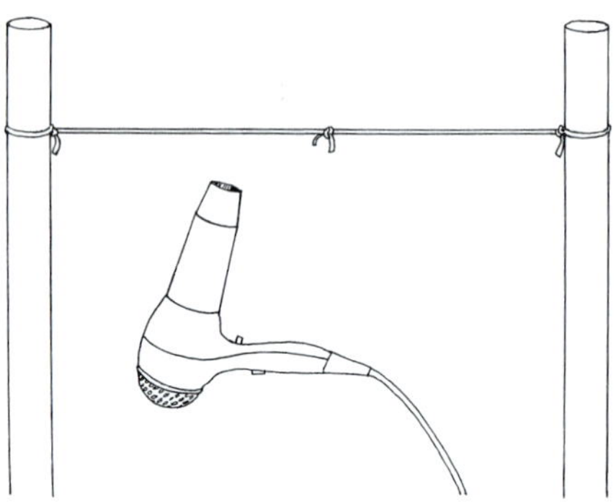

LERNSTATION 4

Die verbeulte Flasche

Materialien: Plastikflasche mit Deckel, heißes (Vorsicht!) und kaltes Wasser, Trichter

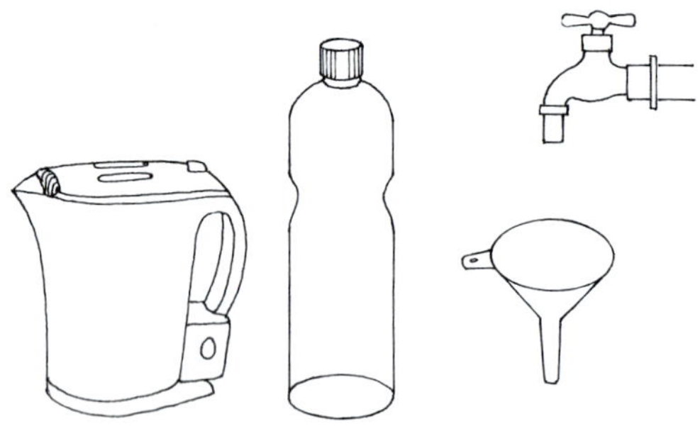

Durchführung: Gießt etwas heißes Wasser in die Flasche, schraubt den Deckel zu und schüttelt die Flasche. Öffnet kurz den Deckel und verschraubt ihn dann wieder. Nun lasst ihr die Flasche abkühlen, dabei könnt ihr mit kaltem Wasser aus dem Wasserhahn nachhelfen.

LERNSTATION 5

Der Nagel und die Dose

Materialien: leere Metalldose, großer Nagel, Hammer, Zange und Teelicht (Vorsicht!)

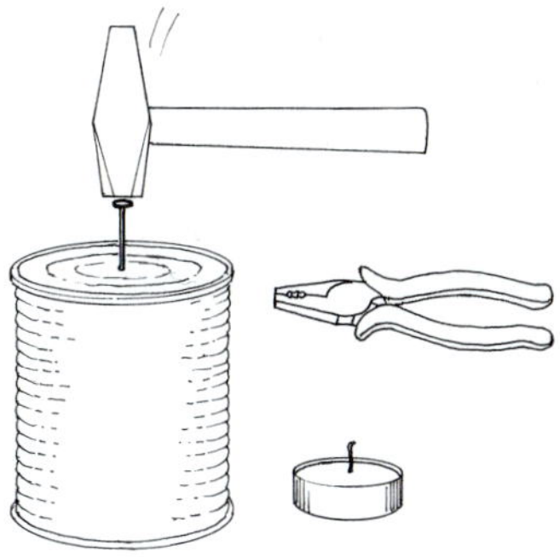

Durchführung: Hämmert den Nagel in den Boden der Dose und bewegt ihn ein paar Mal hin und her. Erhitzt nun den Nagel über einem Teelicht und versucht, ihn wieder in das Loch einzuführen.

LERNSTATION 6

Ein einfaches Thermometer

Materialien: Flasche mit durchbohrtem Korken, zur Hälfte mit gefärbter Flüssigkeit (z. B. Wasser mit Lebensmittelfarbe) gefüllt, dünner Trinkhalm, Knete

Durchführung: Verschließt die Flasche mit dem Korken und schiebt den Trinkhalm bis in die Flüssigkeit. Dichtet das Loch mit Knete ab. Erwärmt die Flasche durch eure Hände oder ein warmes Wasserbad.

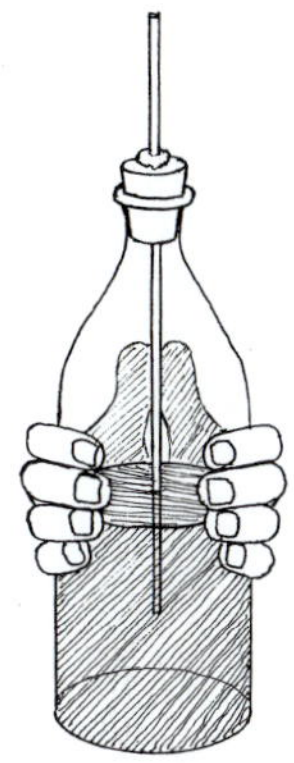

Auswertung: Was dehnt sich hier aus? Worin besteht der Unterschied zum Flüssigkeitsthermometer? Wiederholt das Experiment mit einer vollen Flasche.

LERNSTATION 7

Drei Flüssigkeiten im Vergleich

Materialien: 3 Reagenzgläser mit Stopfen und Röhrchen verschlossen, Wasser, Spiritus (Vorsicht: Leicht entzündlich!) und Speiseöl; 1 Becherglas mit kaltem Wasser, 1 Becherglas mit heißem (Vorsicht!) Wasser.

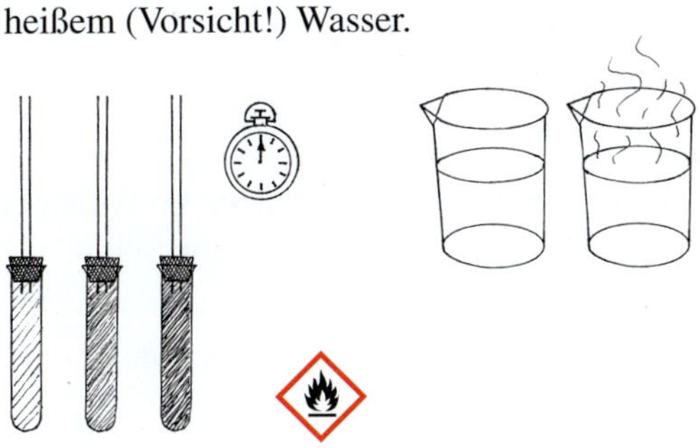

Durchführung: Vergleicht die Ausdehnung der drei Flüssigkeiten bei Temperaturerhöhung. Wartet mindestens drei Minuten, bevor ihr den Flüssigkeitsstand abmesst.

LERNSTATION 8

Alufolie wird zum Thermometer

Materialien: Aluminiumfolie, Papier, Klebstoff, Kerze (Vorsicht!)

Durchführung: Klebt die Aluminiumfolie faltenfrei auf Papier und lasst es trocknen. Schneidet einen Streifen vom Aluminiumpapier ab und haltet ihn vorsichtig mit der Aluminiumfolie nach unten im Abstand von etwa 5 cm über die Flamme.

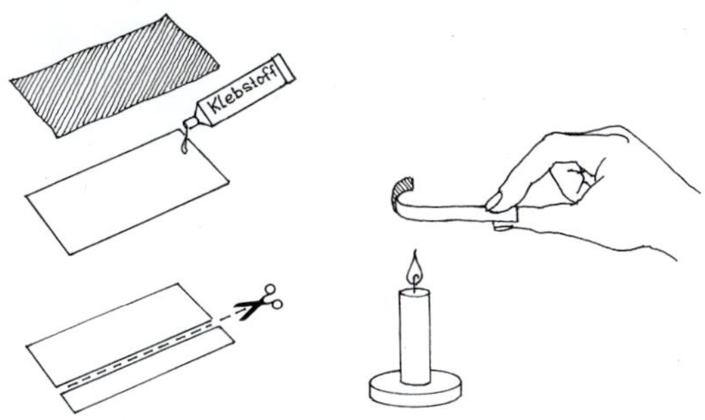

GRUNDLAGEN: Temperaturänderung – Volumenänderung

Fast alle Körper dehnen sich beim Erwärmen aus: Ihr Volumen nimmt zu. Das gilt sowohl für feste und flüssige als auch für gasförmige Körper. Beim Abkühlen nimmt das Volumen der Körper wieder auf den Wert ab, den es vor der Erwärmung hatte.

Feste Körper Ein Eisenrohr dehnt sich beim Erwärmen aus. Das Experiment zeigt, dass die Längenausdehnung proportional zur Temperaturänderung ist: $\Delta l \sim \Delta T$.
Ein 1 m langes Eisenrohr verlängert sich bei einer Temperaturerhöhung von 40 K um 0,48 mm; bei $\Delta T = 80$ K um 0,96 mm. ↑S. 114

Ein 0,5 m langes Eisenrohr verlängert sich bei derselben Temperaturerhöhung um 0,24 mm, also um die Hälfte. Die Ausdehnung ist also auch proportional zur Länge: $\Delta l \sim l_0$.

Die Längenänderung Δl ist der Temperaturänderung ΔT und der Ausgangslänge l_0 proportional: $\Delta l \sim l_0 \cdot \Delta T$.

Ähnliche Messungen zeigen, dass diese Proportionalität für viele andere Materialien gilt. Allerdings ist die Ausdehnung für jedes Material verschieden, was durch eine spezielle Stoffkonstante, den *linearen Ausdehnungskoeffizienten* α, angegeben wird. Seine Einheit ist $\frac{\text{mm}}{\text{m} \cdot \text{K}}$ oder $\frac{1}{\text{K}}$. (↑Tabelle)

Beispiel: $\alpha_{\text{Kupfer}} = 0{,}016 \frac{\text{mm}}{\text{m} \cdot \text{K}}$

Bei der Erwärmung um 1 K dehnt sich ein 1 m langer Kupferstab um 0,016 mm aus.

$\alpha_{\text{Kupfer}} = 0{,}000\,016 \frac{1}{\text{K}}$

Bei Erwärmung um 1 K dehnt sich ein 1 m langer Kupferstab um 0,000 016 m, also 0,016 mm, aus.

Als Formel geschrieben: $\Delta l = \alpha \cdot l_0 \cdot \Delta T$.

Musteraufgabe

Angenommen der aus Stahl bestehende Eiffelturm hätte im Winter bei –15 °C eine Höhe von 300,00 m. Wie hoch wäre er dann im Sommer bei +35 °C?

Gegeben: $l_0 = 300{,}00$ m, $\alpha = 0{,}012 \frac{\text{mm}}{\text{m} \cdot \text{K}} = 0{,}000\,012 \frac{1}{\text{K}}$, $\Delta T = 50$ K

Gesucht: $l = l_0 + \Delta l$

$\Delta l = \alpha \cdot l_0 \cdot \Delta T = 0{,}000\,012 \frac{1}{\text{K}} \cdot 300{,}00\,\text{m} \cdot 50\,\text{K}$

$\Delta l = 0{,}18$ m

$l = 300{,}18$ m

Fester Körper (1-m-Stab)	Längenzunahme beim Erwärmen um 1 K
Porzellan	0,003 mm
Granit	0,005 mm
Glas	0,009 mm
Beton	0,012 mm
Eisen	0,012 mm
Gold	0,014 mm
Kupfer	0,016 mm
Messing	0,018 mm
Silber	0,019 mm
Aluminium	0,024 mm
Zink	0,027 mm
Eis	0,037 mm
Asphalt	0,200 mm
Flüssigkeit (1 ℓ)	**Volumenzunahme beim Erwärmen um 1 K**
Wasser	0,2 ml
Quecksilber	0,2 ml
Heizöl	0,9 ml
Alkohol	1,1 ml
Benzol	1,2 ml

1 Ausdehnung beim Erwärmen

Flüssigkeiten Flüssigkeitsthermometer nutzen die Volumenänderung einer Flüssigkeit bei Erwärmung oder Abkühlung zur Temperaturmessung. Flüssigkeiten dehnen sich durch Erwärmung ebenfalls aus. ↑2

Die Volumenzunahme ΔV ist der Temperaturänderung ΔT und dem Ausgangsvolumen V_0 proportional.

Die Ausdehnung ist für unterschiedliche Flüssigkeiten unterschiedlich. Für jede Flüssigkeit gilt ein *spezieller Volumenausdehnungskoeffizient* γ.

Als Formel geschrieben: $\Delta V = \gamma \cdot V_0 \cdot \Delta T$.

Da der Flüssigkeitsspiegel im Experiment (↑Lernstation 7) bei Erwärmung gestiegen ist, hat sich das Volumen der Flüssigkeit stärker vergrößert als das Innenvolumen der Flasche. Fast immer gilt:

Bei Erwärmung ist die Volumenänderung von Flüssigkeiten größer als die von festen Körpern. Der Volumenausdehnungskoeffizient für Flüssigkeiten ist größer als der für feste Körper.

Wasser dehnt sich nicht immer aus: Wenn man es von 0 °C aus erwärmt, zieht es sich erst einmal zusammen. ↑3 Diese Abweichung von der Regel bezeichnet man als **Anomalie des Wassers.** Bei 4 °C erreicht eine bestimmte Wassermenge ihr kleinstes Volumen. Diese Anomalie spielt in der Natur eine wichtige Rolle. ↑S. 117

Gase Auch Luft dehnt sich durch Erwärmung aus. Ein geplatzter Fahrradschlauch, der in der prallen Sonne lag, ist dafür ein drastisches Beispiel. Luft und andere Gase dehnen sich bei Erwärmung wesentlich stärker aus als Flüssigkeiten und feste Stoffe, wenn sie nicht in geschlossenen Gefäßen daran gehindert werden. Anders als bei festen Stoffen und Flüssigkeiten hängt die Ausdehnung nicht vom Stoff ab.

In der Regel dehnen sich Körper beim Erwärmen aus. Bei gleichem Ausgangsvolumen nimmt das Volumen bei Gasen stärker als bei Flüssigkeiten und das Volumen von Flüssigkeiten stärker als bei festen Stoffe zu.

Füllt man ein Rohr bis 1 m Höhe und erwärmt alles um 10 K, dann steigt die Füllhöhe bei

Wasser um	2 mm
Quecksilber um	2 mm
Öl um	7 mm
Petroleum um	10 mm
Alkohol um	11 mm
Aceton um	14 mm

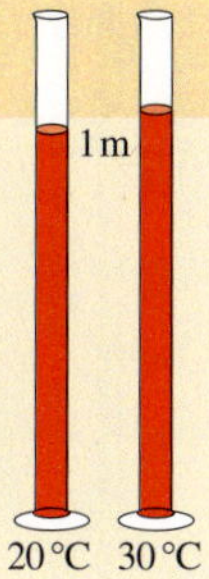

2

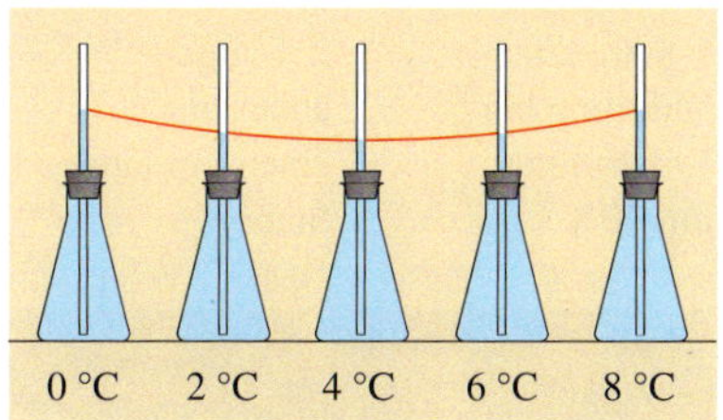

3 Anomalie des Wassers

4 Der Brenner erhitzt das Gas im Ballon.

5 Das Gas dehnt sich aus und spannt die Hülle des Ballons.

Methode Weniges messen – vieles berechnen

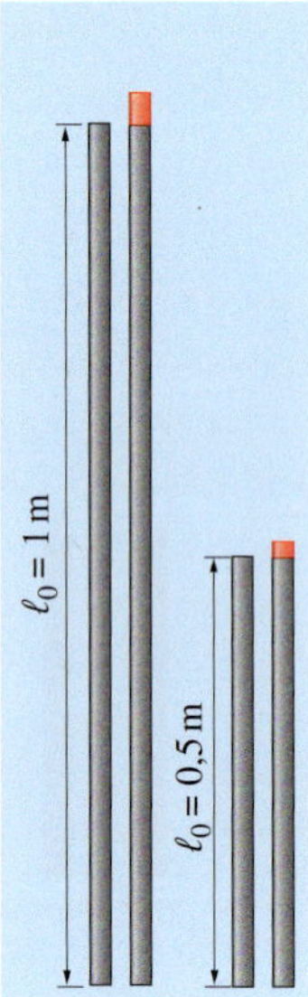

1 Längenänderung bei Erwärmung um 40 K

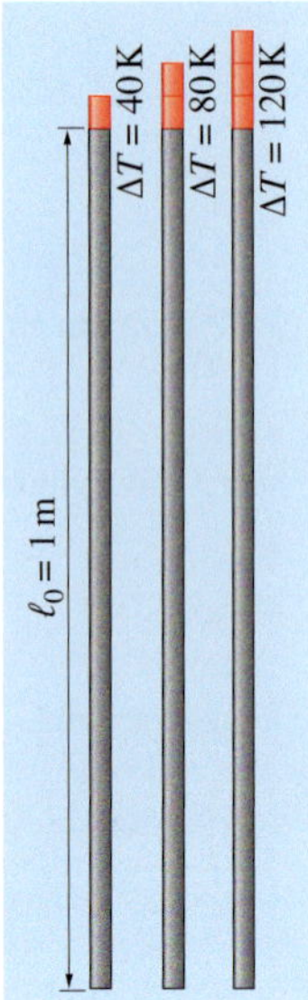

2 Längenänderung eines 1 m langen Stabs

Ausdehnungskoeffizient fester Stoffe (Längenänderung)

Stoff	α in $\frac{\text{mm}}{\text{m} \cdot \text{K}}$
Normalglas	0,009
Schienenstahl	0,0115
Beton	0,012
Eisen	0,012
Nickel	0,013
Gold	0,014
Kupfer	0,017
Messing	0,018
Silber	0,020
Aluminium	0,024
Zink	0,026
Zinn	0,027
Blei	0,029

Fast alle Körper dehnen sich beim Erwärmen aus – egal, ob sie fest, flüssig oder gasförmig sind. Ihr Volumen nimmt beim Erwärmen zu. Beim Abkühlen ziehen sie sich zusammen.
Ausnahmen sind Wasser zwischen 0 °C und 4 °C, Gummi sowie manche Kunststoffe und Metalllegierungen.

Bei Stäben und Rohren ist vor allem die Längenänderung von Interesse.

– Ein Eisenstab von 1 m Länge dehnt sich bei einer Temperaturerhöhung um 40 K um 0,48 mm aus. Ein Eisenstab, der nur halb so lang ist, dehnt sich bei gleicher Erwärmung nur halb so weit aus. *Die Ausdehnung ist proportional zur Länge.* ↑1
– Wenn man den 1 m langen Eisenstab um 80 K erwärmt, dehnt er sich auch um 0,96 mm aus. *Die Ausdehnung ist proportional zur Temperaturerhöhung.* ↑2
– *Die Ausdehnung hängt auch vom Material ab.* Ein Aluminiumstab dehnt sich stärker aus als ein Eisenstab gleicher Länge (bei gleicher Temperaturänderung).

Um die Abhängigkeit vom Material zu erfassen, vergleicht man die Ausdehnung von Stäben gleicher Länge bei der gleichen Temperaturänderung. Der *Ausdehnungskoeffizient* α gibt an, um welche Länge sich ein 1 m langer Stab ausdehnt, wenn er um 1 K erwärmt wird. In der Tabelle findest du die Ausdehnungskoeffizienten verschiedener Materialien.
Wenn man den Ausdehnungskoeffizienten eines Stoffs kennt, muss man für die Ermittlung der Ausdehnung keine Messung mehr vornehmen. Man kann die Ausdehnung berechnen.
Beispiel: Welche Längenänderungen müssen die Rollen einer 30 m langen Eisenbrücke zulassen, wenn die Temperaturen von –20 °C in Winternächten bis zu 40 °C an Sommertagen schwanken können?
Ein 1 m langer Eisenstab dehnt sich bei $\Delta T = 1$ K um 0,012 mm aus.
Ein 30 m langer Eisenstab dehnt sich bei $\Delta T = 1$ K um $30 \cdot 0{,}012$ mm $= 0{,}36$ mm aus.
Ein 30 m langer Eisenstab dehnt sich bei $\Delta T = 60$ K um $60 \cdot 0{,}36$ mm $= 21{,}6$ mm aus.
Die Methode, auf der Grundlage von wenigen Messungen viele andere Ergebnisse zu berechnen, ist typisch für die Physik. Sie spart Arbeit und löst viele Probleme. Um die Frage zur Ausdehnung der Brücke experimentell zu lösen, müsste man einen 30 m langen Eisenstab gleichmäßig um 60 K erwärmen. Das wäre schwierig und aufwendig. Viel einfacher ist es, den Ausdehnungskoeffizienten von Eisen einer Tabelle zu entnehmen und die Frage durch eine Rechnung zu beantworten.

Aufgabe

1 Eine Wand ist mit 3 m · 3 m großen Aluminiumplatten verkleidet. Die Dehnungsfugen zwischen den Platten werden mit einem elastischen Material (Silicon) gefüllt. Wie groß sollten die Dehnungsfugen zwischen den Platten mindestens sein, wenn die Wand Temperaturunterschieden von 80 K ausgesetzt ist?

GRUNDLAGEN: Das Teilchenmodell hilft beim Verständnis – Längen- und Volumenänderung

Im Teilchenmodell nimmt mit wachsender Temperatur die mittlere Geschwindigkeit der Teilchen zu. Das bedeutet für einen festen Körper, in dem die Teilchen sehr stark in einem Gitter gebunden sind, dass die Schwingungen um die Gleichgewichtslage größer werden. Die Teilchen brauchen also mehr Platz. Der Abstand zwischen ihnen nimmt ebenfalls zu. Auch wenn diese Vergrößerung nur geringfügig ist, summieren sich diese winzigen Veränderungen bei einem langen Eisenstab doch zu einer messbaren Größe. Der Stab dehnt sich in der Länge aus. Natürlich dehnt er sich nicht nur in der Länge aus, sondern auch in der Breite und in der Höhe. Wir haben es in Wirklichkeit mit einer Volumenvergrößerung zu tun. Sind aber die Breite und die Höhe klein im Vergleich zur Länge, genügt es, sich auf die Längenänderung zu beschränken.
Wird die Temperatur gesenkt, nimmt die Teilchengeschwindigkeit wieder ab. Die Länge und das Volumen werden wieder kleiner.

Ändert man die Temperatur von Flüssigkeiten, macht sich die die Volumenänderung noch stärker bemerkbar. Die Teilchen sind in einer Flüssigkeit nur noch locker gebunden. Nur Wasser macht unterhalb von 4 °C eine Ausnahme (Anomalie). Diese kann man nur mithilfe eines verfeinerten Teilchenmodells erklären. Die Teilchen eines Gases sind völlig ungebunden. Temperaturänderungen machen sich deshalb wesentlich stärker im Verhalten der Teilchen bemerkbar. Das Volumen eines Gases schwankt daher sehr stark mit der Temperatur.

Aus der Technik Nützliche Volumenausdehnung

Bimetall Ein Bimetallstreifen kann ebenfalls als Thermometer genutzt werden. Er besteht aus zwei unterschiedlichen Metallen, z. B. aus Eisen und Kupfer. Haben beide Streifen bei 20 °C exakt dieselbe Länge, dann wird bei 80 °C der Streifen aus Kupfer ein wenig länger sein als der Streifen aus Eisen. Sind beide Streifen fest miteinander verbunden, dann wird sich dieses Bimetall bei Temperaturänderung verbiegen. ↑3–5

Sprinkleranlage In Kaufhäusern werden automatische Löscheinrichtungen eingebaut. Unter der Decke sind Wasserleitungen mit vielen Düsen verlegt, die sich beim Ausbruch eines Feuers automatisch öffnen. Die Sprinkler werden durch kleine Glasröhrchen verschlossen, in denen sich eine Flüssigkeit befindet. Wenn in der Nähe ein Feuer ausbricht, wird die Flüssigkeit im Glasröhrchen erwärmt. Sie dehnt sich aus und sprengt das Röhrchen. ↑6

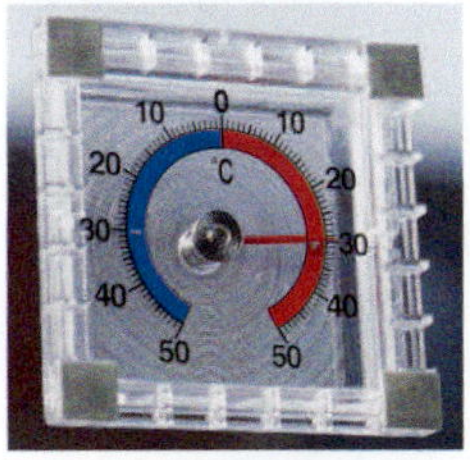

3

4

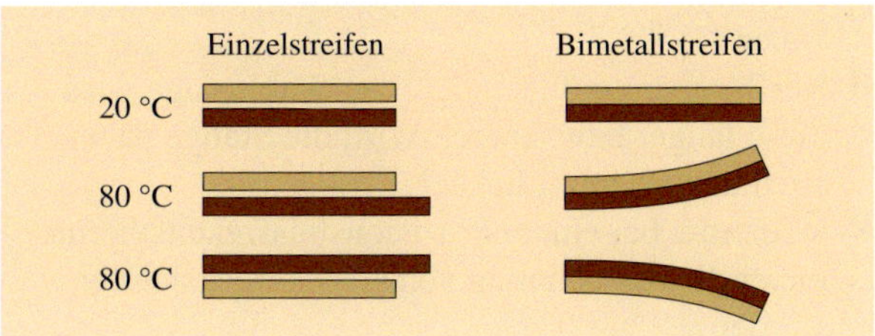

5

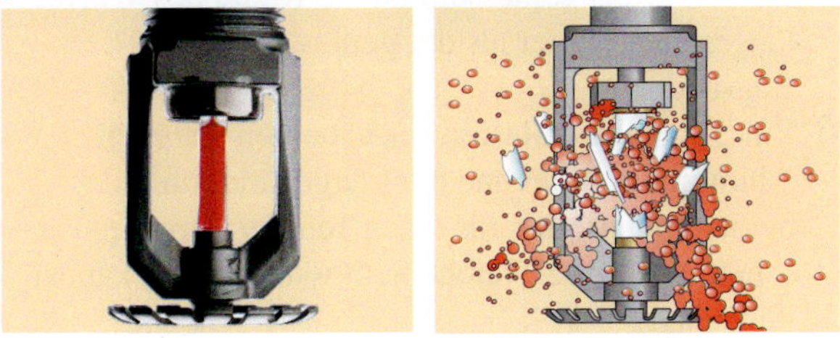

6

Aus der Technik Längenausdehnung

Du hast sicher schon mal bemerkt, dass man beim Überqueren einer Brücke mit dem Auto ein deutliches Geräusch hört, so als würde man über eine Rille fahren. Man fährt tatsächlich über eine Fuge, denn Brücken sind nicht fest mit der übrigen Straße verbunden. Diese Fuge sorgt dafür, dass sich die Brücke aufgrund der Temperaturschwankungen im Laufe des Jahres ausdehnen kann. Im Sommer wird sie ein ganzes Stück länger und im Winter wieder kürzer. Um der Brücke diese Beweglichkeit zu ermöglichen, liegt sie auf den Pfeilern auf einem Rollen- oder Gleitlager. ↑1, 2

Ein anderes Beispiel, bei dem auf die Wärmeausdehnung in besonderer Weise Rücksicht genommen werden muss, sind die Oberleitungen für die Stromzufuhr von Elektrolokomotiven.
Die Leitungsdrähte sind nicht mit den Masten fest verbunden, sondern werden in bestimmten Abständen über Umlenkrolle von großen Betongewichten gespannt. Wenn eine solche Leitung durch Temperaturänderungen verlängert oder verkürzt wird, werden die Gewichte ein Stück gesenkt oder verkürzt, ohne dass die Spannung der Drähte beeinträchtigt wird. ↑3

1

2

3

Aufgaben

1 Im Mauerwerk sieht man häufig durchgehende Fugen, die nicht mit Mörtel, sondern mit dauerelastischem Kitt gefüllt sind. Was könnte der Zweck solcher Fugen sein? ↑4

4

2 Finde Beispiele aus dem Alltag, bei denen die Längen- oder Volumenausdehnung eine Rolle spielt.

3 Mit einem Aluminiumlineal, das in der Sonne gelegen hat, wird die Kantenlänge eines Würfels gemessen. Ist die Kante des Würfels länger oder kürzer als der gemessene Wert? Begründe.

4 Ein 2 m breites Glasfenster hat einen Rahmen aus Aluminium. Berechne die Längenänderung der beiden Materialien für einen Temperaturunterschied von 30 K: Welche Schlussfolgerung kannst du ziehen?

5 Die Fahrdrähte von Eisenbahnen bestehen aus Kupfer. Angenommen, ein einzelner Fahrdraht hat eine Länge von 500 m.

a Um welchen Betrag dehnt sich der Fahrdraht bei Erwärmung um 40 K aus?

b Wie wird das Problem der Ausdehnung technisch gelöst?

6 Zwei Stäbe aus Aluminium und Kupfer sind bei 20 °C gleich lang (1000 mm). Um wie viel Millimeter weichen ihre Längen bei 100 °C voneinander ab?

7 Welche Materialien würdest du kombinieren, um einen besonders empfindlichen Bimetallschalter zu bauen?

8 Bei Temperaturänderung einer Stahlstange wird diese länger bzw. kürzer. Wird die Stange dabei auch dünner bzw. dicker?

9 Wie muss bei einem Präzisionsflüssigkeitsthermometer die Ausdehnung von Glas berücksichtigt werden?

GRUNDLAGEN: Die Anomalie des Wassers

Seen frieren im Winter immer von oben zu. Das liegt aber nicht daran, dass die Luft kälter als der Boden ist. Eis schwimmt immer oben.
Nun verringern aber „normale" Stoffe ihr Volumen bei Temperaturerniedrigung. Festes Wachs verhält sich „normal" und geht in flüssigem unter. ↑5
Festes Wasser, also Eis, verhält sich nicht normal (anomal) und schwimmt in flüssigem Wasser. Diese Abweichung von der Regel bezeichnet man als Anomalie des Wassers. ↑7

Kühlt man heißes Wasser ab, so verhält es sich erst normal, es verringert sein Volumen. Bei 4 °C hat es jedoch das kleinste Volumen. Bei tieferen Temperaturen dehnt es sich wieder etwas aus. Erstarrt es dann zu Eis, wird das Volumen sogar um fast 1/10 größer. ↑6

5 Wachs geht in flüssigem Wachs unter.

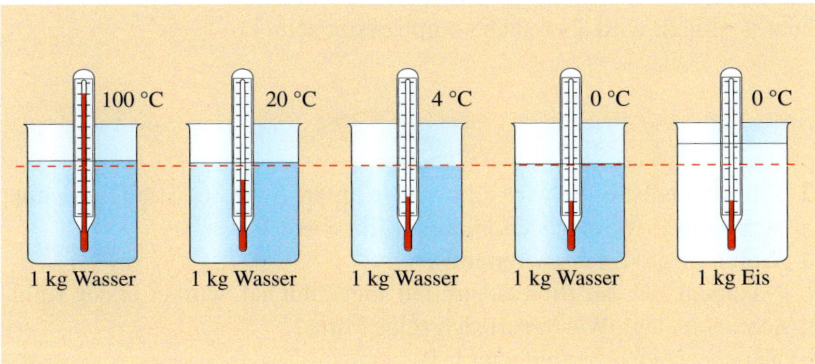

6

7 Eis schwimmt auf Wasser.

Würde sich Wasser wie andere Stoffe verhalten, würde kälteres Wasser immer nach unten sinken. Eine Eisschicht würde sich zuerst auf dem Grund bilden oder dorthin sinken. Die Fische lägen im Winter oben auf dem Eis. Durch die Anomalie des Wassers haben Gewässer am Boden weitgehend eine Temperatur von 4 °C, denn kälteres oder auch wärmeres Wasser steigt immer nach oben. Außerdem schützt die Eisdecke und auch das kältere Wasser vor Wärmeverlusten, sodass Gewässer nicht so schnell vollständig durchfrieren. Fische und andere Lebewesen können so auch kalte Winter überstehen. ↑8, 9

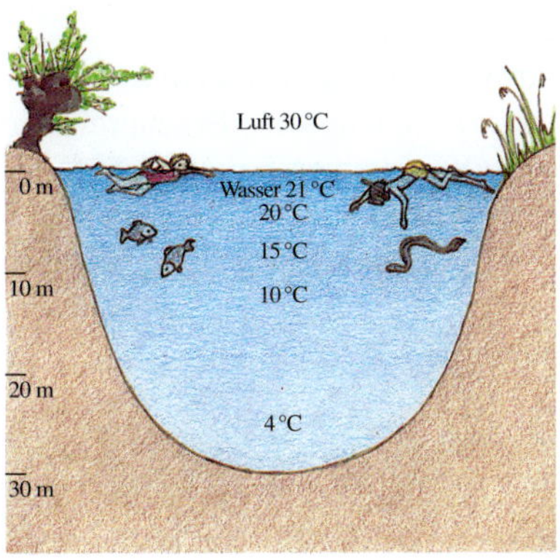

8 See im Sommer

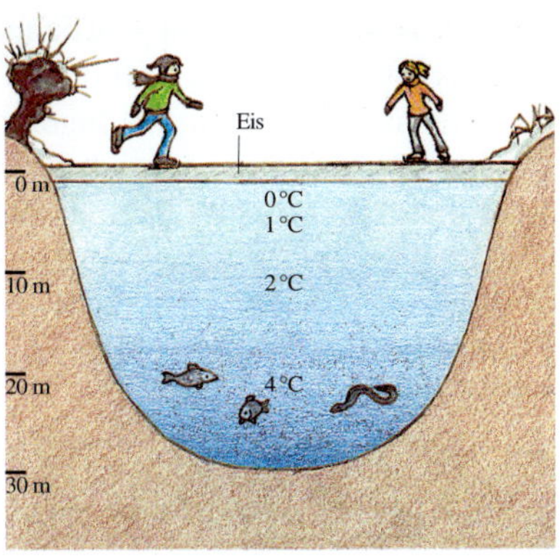

9 See im Winter

Probier 's mal!

1 Was nimmt mehr Volumen ein: 50 g Eis oder 50 g Wasser?
Überlegt euch ein Experiment, um diese Frage zu klären. Führt es durch und stellt eure Ergebnisse der Klasse vor. Versucht es auch mit anderen Flüssigkeiten (Öl, Butter, Wachs, Schokolade … – Vorsicht!).

Methode Grenzen des Kugelteilchenmodells

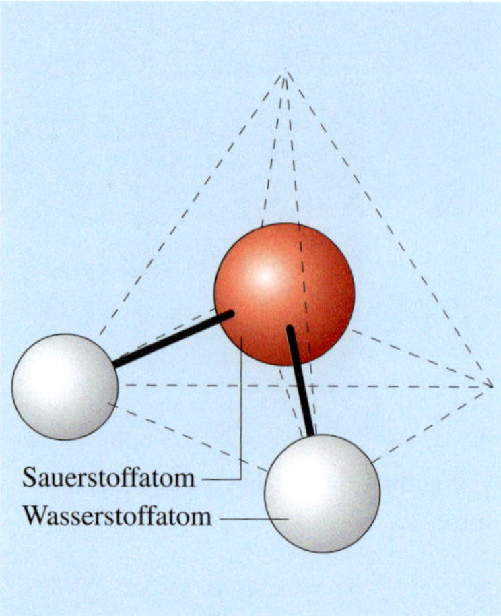

1

Dass alle Körper aus kleinsten beweglichen Teilchen bestehen, die man sich als winzige Kügelchen denken kann, ist eine Modellvorstellung. Modelle sind dazu da, um Beobachtungen zu erklären. Im Teilchenmodell möchte man möglichst viele unterschiedliche beobachtbare Eigenschaften der Körper auf wenige Eigenschaften kleinster Teilchen zurückführen.
Das klappt zwar meistens, aber nicht immer. Eine Ausnahme haben wir bei der Anomalie des Wassers kennengelernt. Die einfache Vorstellung, dass der mittlere Abstand zwischen den Teilchen durch Temperaturerhöhung größer wird, gilt bei Wasser unterhalb von 4 °C nicht mehr.
Weil das Modell in fast allen anderen Fällen gute Dienste leistet, gibt man es wegen dieser Ausnahme nicht gleich auf. Ein Modell ist also weder richtig noch falsch, sondern nur zweckmäßig oder unzweckmäßig.
Interessiert man sich besonders für die Anomalie des Wassers, muss man das einfache Teilchenmodell durch ein zweckmäßigeres Modell ersetzen. Dieses Modell wird aber auch komplizierter sein. ↑1

Aufgaben

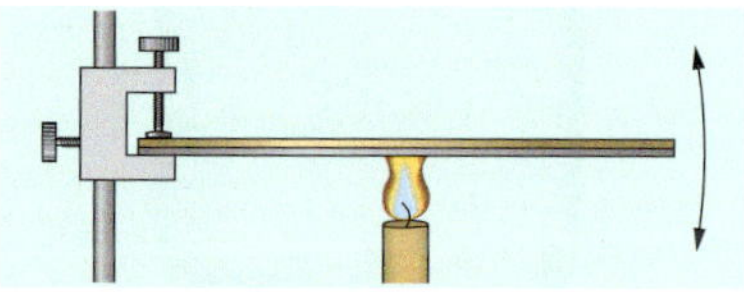
2

1 Ein Bimetallstreifen wird erhitzt. Die untere Seite des Streifens dehnt sich beim Erwärmen stärker aus als die obere. ↑2
a Wohin biegt sich der Streifen?
b Nachdem sich der Bimetallstreifen abgekühlt hat, wird er in den Kühlschrank gelegt. Wie ändert sich seine Form?
c Nenne zwei Anwendungen für Bimetallstreifen.

2 Die Rollen einer 30 m langen Eisenbahnbrücke erlaubt eine Längenänderung der Brücke von 3 cm. Welche Temperaturschwankungen können dadurch ausgeglichen werden?

3 Benzin wird in Tankstellen in unterirdischen Tanks bei 10 °C gelagert. Um welchen Betrag dehnt sich die Tankfüllung eines Pkw (50 ℓ) bei einer Lufttemperatur von 30 °C aus?

4 In Stahlbeton werden Eisen und Beton als Baustoffe miteinander verbunden. Könnte man aus Gewichtsgründen nicht statt des Stahls auch Aluminium verwenden?

5 Ein 1-Liter-Gefäß aus Glas ist randvoll mit Alkohol gefüllt. Wie viel Flüssigkeit läuft bei einer Temperaturerhöhung von 30 K aus? Berücksichtige dabei auch die Ausdehnung des Gefäßes.

6 Die Ausdehnung der Luft beim Erwärmen war bereits im Altertum bekannt. Der griechische Ingenieur HERON nutzte diese Erkenntnis für eine Konstruktion zum selbstständigen Öffnen einer Tempeltür. ↑3
Anfangs zündete der Priester das Feuer, wodurch sich die Luft im Gefäß erwärmte. Beschreibe, welche weiteren Vorgänge das auslöste.

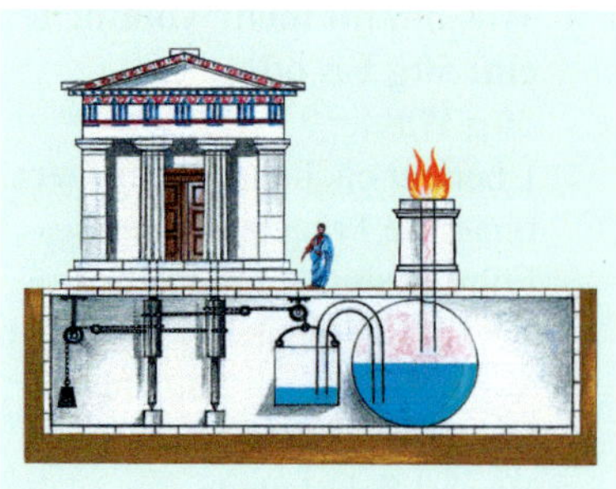
3

7 Unterhalb von 4 °C dehnt sich Wasser bei Abkühlung aus. Begründe, dass der Volumenausdehnungskoeffizient von Wasser hier einen negativen Wert hat.

8 Weshalb steht an Messzylindern und auf Stahlbandmaßen häufig die Angabe +20 °C?

9 Eine Eisenmutter sitzt fest auf einem Gewinde aus Kupfer. Sollte man heizen oder kühlen, damit sie sich leichter drehen lässt?

Volumenänderung Metalle und andere feste Körper sowie Flüssigkeiten und Gase dehnen sich bei Erhöhung der Temperatur aus und ziehen sich bei Erniedrigung der Temperatur zusammen. ↑4

Die Volumenänderung ist umso größer, je mehr sich die Temperatur ändert. Bei festen Körpern und Flüssigkeiten ist die Volumenänderung auch von den Stoffen abhängig, aus denen die Körper bestehen.

Die Längenänderung Δl fester Körper ist proportional zur Ausgangslänge l_0 und zur Temperaturdifferenz ΔT. Die Proportionalitätskonstante α hängt vom jeweiligen Stoff ab.
Es gilt: $\Delta l = \alpha \cdot l_0 \cdot \Delta T$

Die Volumenänderung ΔV flüssiger Körper ist proportional zum Ausgangsvolumen V_0 und von der Temperaturdifferenz ΔT. Die Proportionalitätskonstante γ hängt von der Art der Flüssigkeit ab.

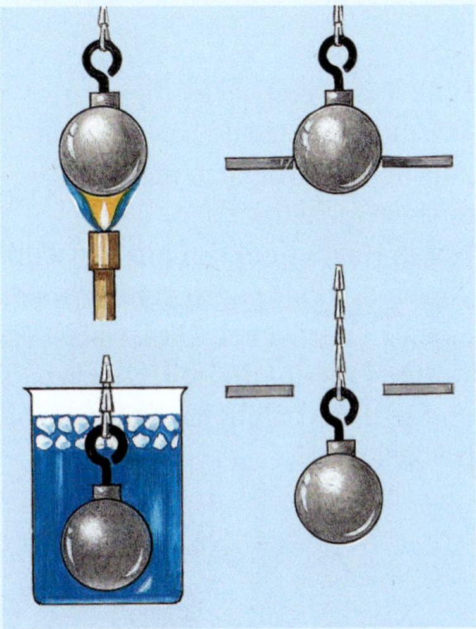
4

Anomalie des Wassers Wasser verhält sich oberhalb einer Temperatur von 4 °C wie andere Flüssigkeiten auch. Unterhalb von 4 °C dehnt es sich mit abnehmender Temperatur aus.

Alles klar?

1 Wo hast du schon einmal solche Ausdehnungsschleifen gesehen? Wozu sind sie notwendig? ↑5

2 Wie verhalten sich Flüssigkeiten, die erwärmt und dann abgekühlt werden?

3 Wenn die Flüssigkeit in einem Gefäß erwärmt wird, nimmt sie ein größeres Volumen ein. Vergrößert sich dabei ihr Gewicht? Denke dir dazu einen Versuch aus.

4 Bei einem Quecksilberthermometer beträgt der Abstand zwischen 0 °C und 100 °C z. B. 10 cm. Man will ein Alkoholthermometer herstellen, bei dem dieser Abstand genauso groß ist. Quecksilber dehnt sich aber bei Erwärmung weniger stark aus als Alkohol. Was muss man tun?

5 Wieso eignet sich Wasser nicht als Thermometerflüssigkeit?

6 Die Bilder ↑6 und ↑7 zeigen die Abdeckung einer Dehnungsfuge. Eine dieser Aufnahmen wurde im Sommer gemacht und eine im Winter. Welches ist die „Sommer-Aufnahme“? Begründe.

5

6

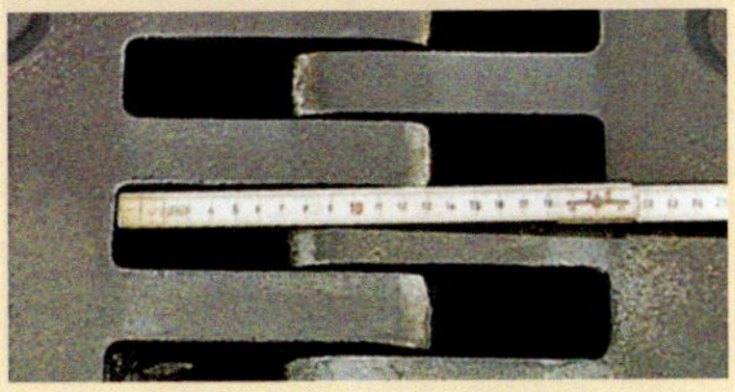
7

Wasser – flüssig, gasförmig, fest

Früher sah man sie häufiger – die Wäscheleine. Heute benutzt man zum Wäschetrocknen meistens einen Wäschetrockner.
Nasse Haare trocknen nur langsam von selbst. Deswegen benutzt man einen Haartrockner. Dieser bläst warme Luft auf das feuchte Haar und es dauert nicht lange, bis es trocken ist. ↑2

1

2

3

Die Verdunstung ist nicht der einzige Vorgang, bei dem Wasser dampfförmig wird. Beim Sieden kann man den stürmischen Übergang von Wasser in Wasserdampf direkt beobachten. Doch halt! Wasserdampf ist wie Luft unsichtbar. Was man als Nebel über dem siedenden Wasser aufsteigen sieht, ist kein Wasserdampf, genauer: ist kein Wasserdampf mehr. Der Dampf ist bereits wieder in kleine Wassertröpfchen übergegangen. Meistens kondensiert der Wasserdampf jedoch an kühlen Stellen, z. B. an Fensterscheiben. ↑3

Im Frühjahr kann es zu Frosteinbrüchen kommen, die für Obstplantagen zu einer Gefahr werden. Die jungen Blüten und Blätter sind sehr frostempfindlich. Als Schutz dagegen werden die Plantagen oft mit Wasser besprengt. Das versprühte Wasser gefriert auf den Blüten und Blättern und überzieht sie mit einer dünnen Eisschicht. Warum schützt das gefrierende Wasser die Blüten vor dem Erfrieren? ↑4

4

Experimente

1 Kaltes Wasser
Fülle ein Trinkglas mit kaltem Wasser, das vorher ca. 30 min im Kühlschrank gestanden hat, und stelle es auf den Tisch. Beschreibe deine Beobachtungen. Etwas Ähnliches kannst du beobachten, wenn du einen Weinkühler mit Wasser füllst und auf den Tisch stellst. Worin besteht der Unterschied?

5

2 Hygrometer
Verfolge die Anzeige eines Hygrometers in einem abgeschlossenen Raum, während ein Topf mit Wasser siedet.

3 Sieden
Ein Topf mit 0,5 Liter Wasser wird auf einer Heizplatte erhitzt.
a Lies alle 2 min die Temperatur des Wassers ab und trage die Werte in eine Tabelle ein. Nachdem das Wasser zu sieden begonnen hat, sind noch zwei Messungen durchzuführen.
b Erkläre den Verlauf der Temperatur-Zeit-Kurve.
c Wo bleibt die Energie, die auch nach dem Sieden dem Wasser zugeführt wird?

4 Destilliertes Wasser
Lege auf einen Topf mit siedendem Wasser einen Glasdeckel. Beschreibe und erkläre deine Beobachtung. Wie kann man daraus eine Vorrichtung zur Herstellung von destilliertem Wasser bauen?

5 Gefühlte Wärme
a Halte einen Esslöffel 2 min lang etwa 15 cm über eine eingeschaltete Kochplatte. Fühle anschließend die Temperatur mit der Wange.
b Halte anschließend den Esslöffel in den aufsteigenden Dampf eines Topfs mit siedendem Wasser. Überprüfe erneut die Temperatur. Wie kommt es zu dem Unterschied?

6 Verdampfungswärme
Bestimme experimentell, wie viel Energie zum Verdampfen von 1 g Wasser erforderlich ist.
a Fülle ein Reagenzglas etwa 2 cm hoch mit Wasser und gib ein paar Siedesteinchen dazu. Miss dann die Anfangstemperatur.
b Wie lange dauert es, bis das Wasser bei kleiner Brennerflamme seine Siedetemperatur erreicht? Ermittle anschließend die Zeit, die vergeht, bis das Wasser vollständig verdampft ist.
c Man kann davon ausgehen, dass der Gasbrenner in jeder Sekunde gleich viel Energie an das Wasser abgibt. Wievielmal mehr Energie ist zum Verdampfen als zum Erhitzen auf Siedetemperatur erforderlich?
d Um 1 g Wasser um 1 K zu erhitzen, braucht man 4,2 J. Wie viel Energie musste pro Gramm Wasser zugeführt werden, bis das Wasser siedet?
e Berechne mit der Antwort von Teil c die Energie, die zum Verdampfen von 1 g Wasser nötig ist.

7 Schmelztemperatur
Fülle ein Becherglas zu Hälfte mit zerstoßenen Eiswürfeln. Gib Leitungswasser hinzu, bis es voll ist. Stelle das Glas über eine kleine Brennerflamme. Beobachte die Temperatur, bis alles Eis geschmolzen ist. Rühre dabei gleichmäßig und kräftig um.

8 Schmelzwärme
In einen ungefähr 500 g schweren Eisblock ist ein 300-Watt-Tauchsieder eingefroren.
a Wie viel Schmelzwasser entsteht, wenn der Tauchsieder 100 s lang eingeschaltet wird? Überlege, worauf es bei der Durchführung des Experiments ankommt.
b Berechne, wie viel Energie zum Schmelzen von 1 kg Eis nötig ist.

9 Kältemischung
Kühle Wasser in einer „Kältemischung" ab. ↑6
Lies alle 30 s die Temperatur ab, bis das Wasser gefroren ist. Stelle die Messwerte in einem Diagramm dar.

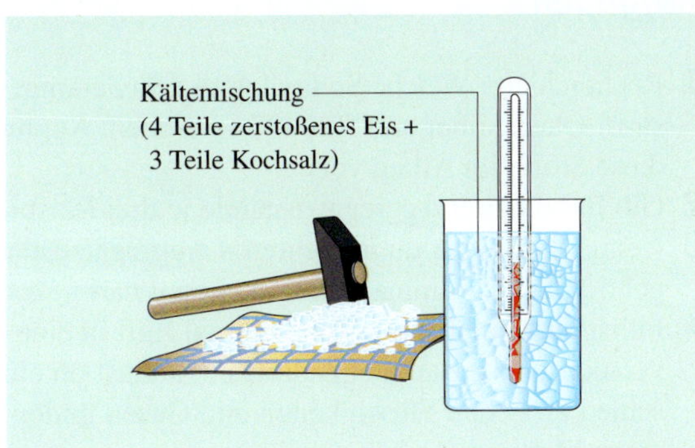

6

GRUNDLAGEN: Fest, flüssig und gasförmig – die Aggregatzustände

1

2

3

Bei den meisten Stoffen ändert sich mit der Temperatur nicht nur das Volumen. Erhöht man z. B. die Temperatur von Wasser auf über 100 °C, so beginnt es zu kochen und wird gasförmig. Erniedrigt man die Temperatur auf unter 0 °C, gefriert es zu Eis und wird fest.
Aber nicht nur Wasser, sondern fast alle Stoffe ändern ihre Zustandsform bei bestimmten Temperaturen. So kann man z. B. auch Eisen schmelzen oder sogar Luft verflüssigen. Dafür braucht man allerdings zum Teil sehr hohe oder sehr tiefe Temperaturen. ↑2, 3

Viele Stoffe kommen in allen drei Zustandsformen vor: fest, flüssig und gasförmig. Diese Zustandsformen werden als Aggregatzustände bezeichnet.

Die Aggregatzustände fest, flüssig und gasförmig kommen dir wahrscheinlich vertraut vor, doch kennst du wirklich den Unterschied?
Feste Körper sind im Gegensatz zu Flüssigkeiten und Gasen in ihrer Form weitgehend unveränderlich. Doch wann ist ein Stoff flüssig, wann gasförmig? Diese Unterscheidung fällt schwerer. Gießt du eine Flüssigkeit in eine Flasche, so sammelt sie sich auf dem Boden und hat dort eine waagerechte Oberfläche. Bei Gasen ist das anders: Sie nehmen den ganzen Raum ein, der ihnen zur Verfügung steht.

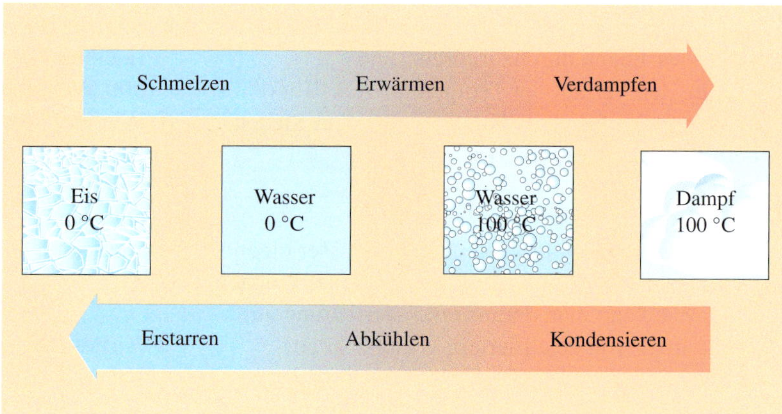

4

Aufgaben

1 Recherchiere: Welche Schmelz- und Siedetemperaturen haben Sauerstoff, Quecksilber und Eisen? In welchem Aggregatzustand kommen diese Stoffe im Alltag vor?
2 Gib für alle drei Aggregatzustände je drei Beispiele an. ↑5
3 Nenne Stoffe, die du in mehreren Aggregatzuständen kennst. Warum gehört das Ei – einmal roh und einmal hart gekocht – nicht dazu?
4 Füllst du einmal Wasser und einmal Luft in eine Einmalspritze und versuchst sie zusammenzudrücken, kannst du einen weiteren Unterschied zwischen Flüssigkeiten und Gasen finden. Formuliere daraus einen Merksatz.

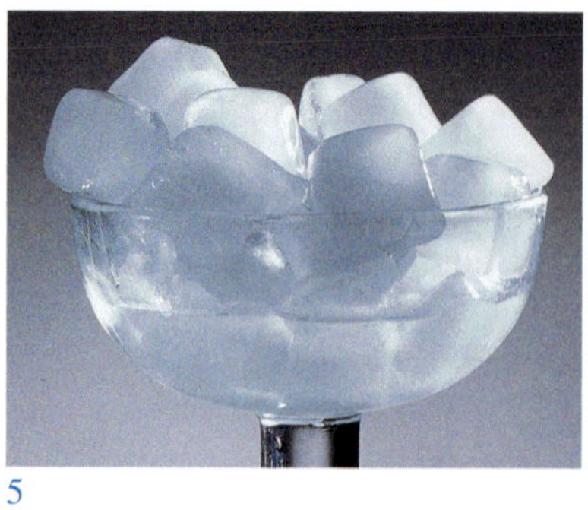
5

GRUNDLAGEN: Verdampfungs- und Kondensationswärme

Bringt man Wasser zum Sieden, steigt die Temperatur zunächst bis zur Siedetemperatur von ca. 100 °C an. Dann steigt die Temperatur nicht mehr, obwohl das Wasser nach wie vor denselben Energiestrom aufnimmt. ↑6

6

Zum Verdampfen von Wasser ist Energie nötig. 1 kg Wasserdampf von 100 °C enthält 2256 kJ mehr an Energie als 1 kg Wasser von 100 °C.

Da sich die Wasserteilchen im flüssigen Zustand anziehen, ist Energie erforderlich, um sie voneinander zu trennen. Außerdem nimmt dieselbe Wassermasse als Dampf ein sehr viel größeres Volumen ein als im flüssigen Zustand. Für die Volumenänderung des Wassers ist Energie notwendig.

1 kg flüssiges Wasser nimmt ein Volumen von 1 ℓ bzw. 0,001 m^3 ein. Verdampft man diese Wassermenge, so nimmt der Wasserdampf ein Volumen von 1,7 m^3 ein. Für die Trennung der Wassermoleküle von 1 ℓ flüssigem Wasser und der Vergrößerung des Volumens um das 1700-Fache ist eine Energie von 2256 kJ erforderlich.

Die spezifische Verdampfungswärme von Wasser beträgt 2256 kJ/kg.

Daher enthält 1 kg Dampf von 100 °C wesentlich mehr thermische Energie als 1 kg Wasser von 100 °C. Die Verdampfungswärme ist etwa 7-mal so groß wie die Energie, die zum Sieden derselben Wassermasse von Zimmertemperatur gebraucht wird. Bei der Kondensation von heißem Wasserdampf in kaltem Wasser erhält das Wasser also auf doppelte Weise Energie: einmal dadurch, dass der Dampf eine hohe Temperatur besitzt, und zum anderen dadurch, dass bei der Kondensation die Verdampfungswärme als Kondensationswärme frei und ebenfalls an das kalte Wasser abgegeben wird.

Aufgrund der Energieerhaltung sind Kondensations- und Verdampfungswärme gleich groß. ↑7

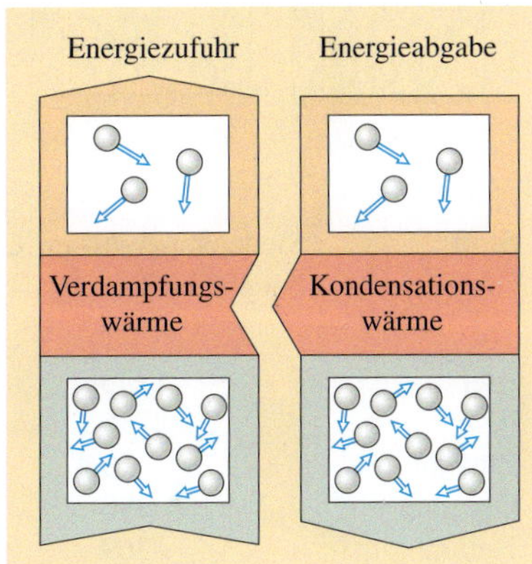

7

Aufgaben

1 Warum ist eine Verbrühung durch Wasserdampf von 100 °C gefährlicher als durch Wasser von 100 °C?

2 Aufsteigende Luft (ohne Wasserdampf) kühlt sich je 100 m um 1 °C ab. Wasserdampf enthaltende Luft, die in großer Höhe zur Wolkenbildung führt, kühlt sich hingegen nur um 0,6 °C je 100 m ab. Warum ist die Temperaturabnahme bei Wolkenbildung geringer?

3 Das Wasser einer Pfütze (Oberfläche 0,5 m^2, Wassertiefe durchschnittlich 1 cm) wird von der Sonne bestrahlt und nimmt einen Energiestrom von 400 W auf. Wie lange dauert es, bis alles Wasser verdunstet ist?

4 In Gasheizungen verbrennt Erdgas. Je 1 kg Erdgas entstehen 2 kg Wasserdampf.
Wie viel Energie ließe sich zusätzlich gewinnen, wenn man den Dampf noch innerhalb der Heizungsanlage zu 100 °C heißem Wasser kondensieren ließe?

5 Erreicht Wasser den Siedepunkt, bleibt die Temperatur konstant, obwohl die Wärmequelle weiterhin Energie an das Wasser abgibt. Was passiert mit dieser Energie?

6 Wasserdampf kondensiert in der kalten Umgebung. In der Luft entsteht dadurch ein Nebel aus feinsten Wassertröpfchen. Inwiefern können Wolken als eine Art Nebel aufgefasst werden?

GRUNDLAGEN: Schmelzen und Erstarren

1

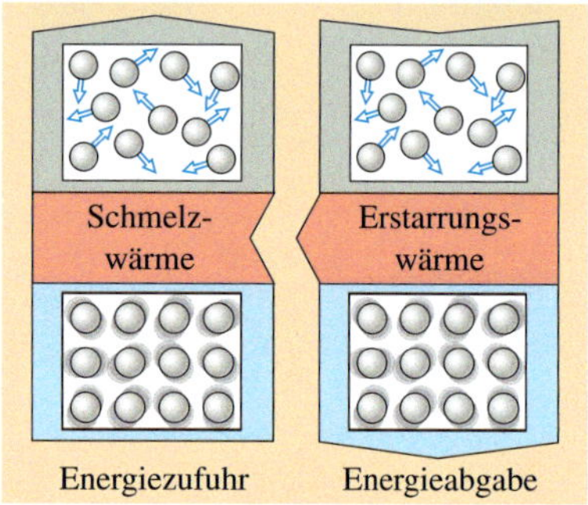

2

Wenn man einem festen Körper Energie zuführt, steigt seine Temperatur so lange, bis er beim Erreichen der Schmelztemperatur zu schmelzen beginnt. Obwohl er weiterhin Energie erhält, bleibt die Temperatur dann gleich, bis der ganze Körper flüssig geworden ist. Die Energie wird benötigt, um die festen Bindungen zwischen den Teilchen des Körpers zu lösen.

Ein fester Stoff schmilzt bei einer für den Stoff typischen Schmelztemperatur. Bei Eis beträgt sie 0 °C. Zum Schmelzen ist Energie nötig: die Schmelzwärme. Die spezifische Schmelzwärme gibt an, wie viel Energie zum Schmelzen von 1 kg eines Stoffs nötig ist.

Wenn ein Körper erstarrt, gibt er Energie (Erstarrungswärme) an die Umgebung ab. Diese Energie ist genauso groß wie die Energie, die der feste Körper beim Schmelzen aufnimmt.

Erstarrungswärme und Schmelzwärme ein und desselben Körpers sind gleich groß.

Die spezifische Schmelzwärme von Wasser ist größer als bei den meisten anderen Stoffen. Dies ist für die natürliche Umwelt und das Leben auf der Erde von großer Bedeutung.

Stoff	Siedetemperatur in °C bei 1013 hPa	Energie in kJ, um 1 kg zu verdampfen	Schmelztemperatur in °C bei 1013 hPa * bei 2,6 MPa	Energie in kJ, um 1 kg zu schmelzen
Blei	1740	8600	327	26
Eisen	2735	6340	1535	277
Ethanol	78,4	842	−114,2	108
Glycerin	290	853	18	188
Helium	−269	25	−270*	
Kupfer	2600	4790	1083	205
Luft	−193	190	−213	
Methanol	64,7	1100	−97,7	69
Quecksilber	357	285	−39	11
Sauerstoff	−183	213	−219	
Wasser	100	2260	0	334
Wasserstoff	−252,8	454	−259,3	59
Wolfram	5700	4350	3350	192
Zinn	2350	2450	232	59,6

Aufgaben

1 Getränke werden oft durch Eiswürfel (0 °C) gekühlt. Warum kühlt man die Flüssigkeit nicht gleich mit flüssigem Wasser von 0 °C?

2 Die Eisdecke eines zugefrorenen Sees bleibt bei Temperaturen um den Gefrierpunkt noch lange erhalten. Bei anhaltendem Regen taut sie jedoch schnell auf. Weshalb?

GRUNDLAGEN: Das Teilchenmodell hilft beim Verständnis – Aggregatzustandsänderungen

Im **festen Aggregatzustand** sind alle Teilchen auf festen Plätzen und haben eine bestimmte Ordnung. Sie ziehen sich untereinander – wie durch eine kleine Feder verbunden – stark an. Dadurch halten sie sich gegenseitig auf ihren Plätzen. Oft bilden sich dabei regelmäßige Muster, z. B. bei der Schneeflocke oder in Kristallen. Die Teilchen schwingen ganz leicht hin und her. Führt man Energie zu, so wird die Bewegung immer heftiger, bis sich die einzelnen Teilchen nicht mehr an ihren Plätzen halten können. Das Eis schmilzt. Beim Schmelzen muss immer weiter Energie zugeführt werden, um die Bindung zwischen den Teilchen zu zerstören. Diese Energie erhöht dabei allerdings nicht die Teilchengeschwindigkeit: Die Temperatur bleibt während des Schmelzens gleich.
Im **flüssigen Aggregatzustand** ist der Zusammenhalt zwischen den Teilchen geringer. Sie bleiben zwar noch eng beieinander, können aber aneinander entlanggleiten und gegeneinander verschoben werden.
Wird das Wasser weiter erhitzt, so wird die Bewegung der kleinsten Teilchen so heftig, das die Anziehung nicht ausreicht, um sie festzuhalten. Erst können die schnellsten Teilchen die Flüssigkeit verlassen: Ein Teil der Flüssigkeit verdampft und geht in den **gasförmigen Aggregatzustand** über. Ist die Siedetemperatur erreicht, lösen sich die Teilchen voneinander. Es wirkt nun so gut wie keine Anziehung mehr. Erhitzt man das Gas weiter, so wird nur die Geschwindigkeit der Gasteilchen weiter erhöht.

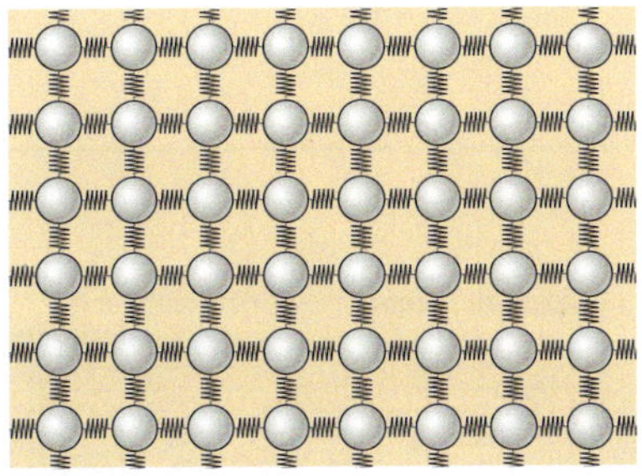
3 Eis

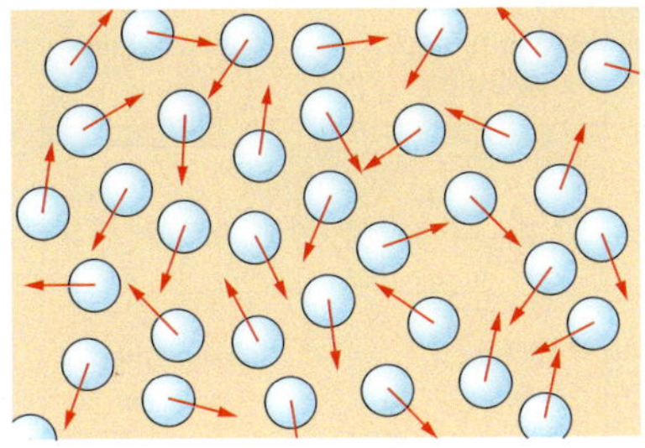
4 Wasser

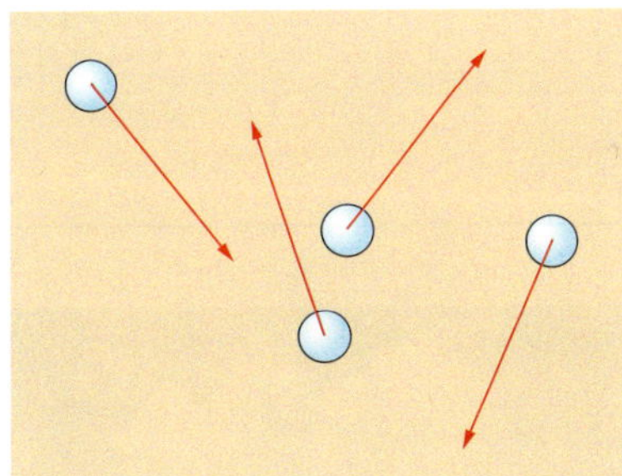
5 Wasserdampf

Verdunsten Ein kleiner Wassertropfen auf deinem Handrücken verschwindet in kurzer Zeit ganz von alleine. Man nennt diesen Vorgang Verdunstung. Aber warum wird es dabei auch kälter?
Die Teilchen, aus denen z. B. ein Wassertropfen besteht, sind in ständiger unregelmäßiger Bewegung. Aber nicht alle haben die gleiche Bewegungsenergie. Die einen bewegen sich langsamer, andere schneller. Die Teilchen an der Oberfläche des Tropfens werden von den Nachbarteilchen angezogen, um sie in der Flüssigkeit zu halten. Um den Tropfen zu verlassen, ist daher viel Energie erforderlich. Die Bewegungsenergie der meisten Teilchen reicht dazu nicht aus. Nur besonders schnelle haben genügend Energie, um sich aus dem Zusammenhalt der Flüssigkeit zu befreien. Die Folge ist, dass die mittlere Bewegungsenergie der Teilchen im Tropfen abnimmt und die Temperatur sinkt. Das Verdunsten hört aber nicht auf, solange noch Wasser vorhanden ist. Durch Zusammenstöße erhalten immer wieder Teilchen Energie, um die Flüssigkeit verlassen zu können. Und da immer die schnellsten Teilchen die Flüssigkeit verlassen, sinkt die mittlere Geschwindigkeit der übrigen und damit die Temperatur der Flüssigkeit. ↑6, 7

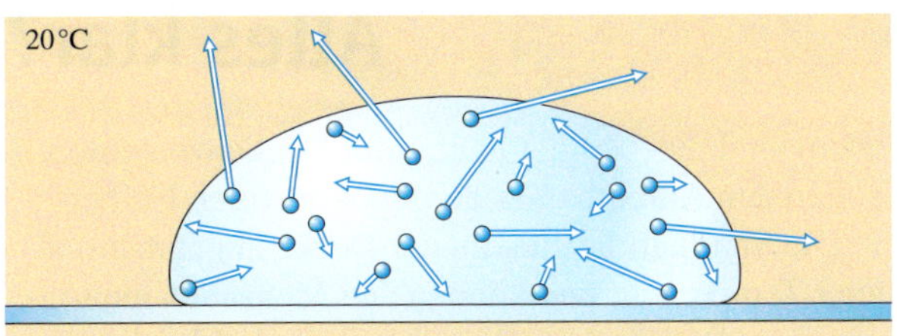

6 Wassertropfen bei Zimmertemperatur

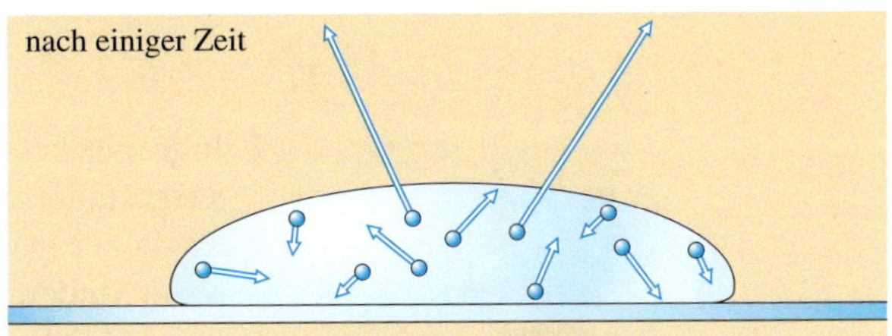

7 Wassertropfen ist schon halb verdunstet.

Auf einen Blick

Verdunsten In offenen Gefäßen gehen Flüssigkeiten in den gasförmigen Zustand über. Dafür ist Energie nötig, die der Umgebung entnommen wird. Dabei kann es zu einer messbaren Temperaturabnahme der verdunstenden Flüssigkeit kommen.

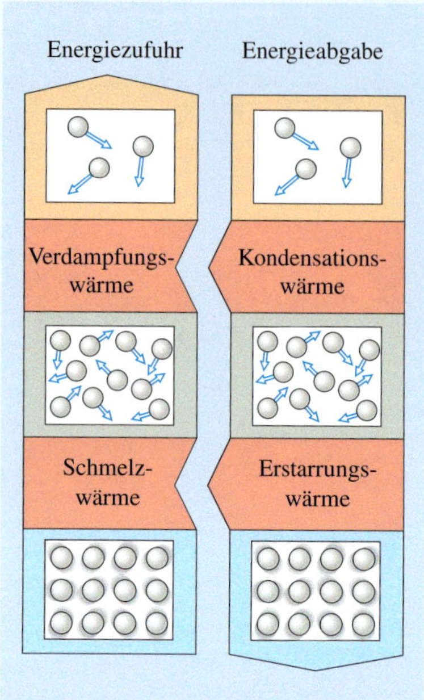

1

Sieden und Verdampfen Jede Flüssigkeit hat einen Siedepunkt. Das ist die Temperatur, bei der die Flüssigkeit vom flüssigen in den gasförmigen Aggregatzustand übergeht. Die Flüssigkeit verdampft dann nicht nur an der Oberfläche, sondern auch im Innern der Flüssigkeit. Es steigen Gasblasen auf.

Kondensieren Wenn ein Gas abgekühlt wird, geht es bei derselben Temperatur, bei der die Flüssigkeit verdampft, der Siedetemperatur, in den flüssigen Zustand über.

Verdampfungs- und Kondensationswärme Wenn eine Flüssigkeit erwärmt wird, steigt die Temperatur. Wenn der Siedepunkt erreicht ist, bleibt die Temperatur trotz unverminderter Energiezufuhr konstant. Die Energie (Verdampfungswärme) dient nunmehr ausschließlich der Verdampfung der Flüssigkeit. Die zur Verdampfung von 1 kg einer bestimmten Flüssigkeit nötige Energie nennt man spezifische Verdampfungswärme.
Anschaulich gesprochen dient sie der Vergrößerung des Volumens und der Trennung der in der Flüssigkeit zusammenhaftenden Teilchen.
Wenn Dampf kondensiert, wird die vorher als Verdampfungswärme aufgenommene Energie als Kondensationswärme wieder abgegeben.

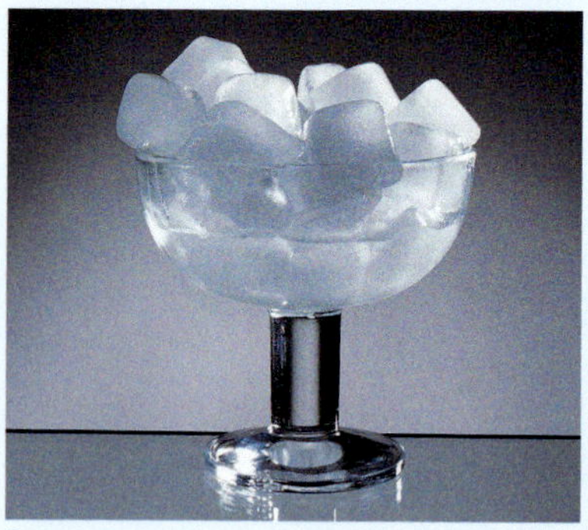
2

Schmelzen und Gefrieren Ein fester Stoff schmilzt bei einer für den Stoff typischen Schmelztemperatur. Bei Eis beträgt sie 0 °C. Zum Schmelzen ist Energie, die Schmelzwärme, nötig. Sie dient der Lockerung der in einem festen Stoff besonders stark gebundenen Teilchen.
Die spezifische Schmelzwärme gibt an, wie viel Energie zum Schmelzen von 1 kg eines Stoffs nötig ist.
Bei derselben Temperatur, bei der sie schmilzt, gefriert eine Flüssigkeit (Gefrierpunkt). Die beim Schmelzen aufgenommene Energie wird beim Gefrieren an die Umgebung abgegeben.
Die Schmelzwärme von Wasser ist besonders groß. Dies ist von erheblicher Bedeutung für das Leben auf der Erde.

Alles klar?

3

1 In tropischen Ländern sind die Zimmer häufig mit Deckenventilatoren ausgestattet. Sie sollen den Aufenthalt in der feuchtwarmen Luft erträglicher machen. Die Ventilatoren sind an der Decke angebracht, also an Stellen höherer Temperatur, und können den Menschen unmöglich kühle Luft zuwedeln. Welche Ursachen liegen der kühlenden Wirkung der Ventilatoren zugrunde? ↑3

2 Warum wird nasse Wäsche an der Wäscheleine trocken?

3 Was versteht man unter der spezifischen Schmelzwärme und der spezifischen Verdampfungswärme eines Stoffs?

4 Nasse Kleidung sollte man nicht am Körper trocknen. Erkläre.

5 Erkläre den Verdunstungsvorgang im Teilchenmodell.

6 Unter welchen Bedingungen kondensiert Wasserdampf?
Gib Beispiele für die Kondensation von Wasser an.

7 Welche Funktion hat das Schwitzen? ↑4

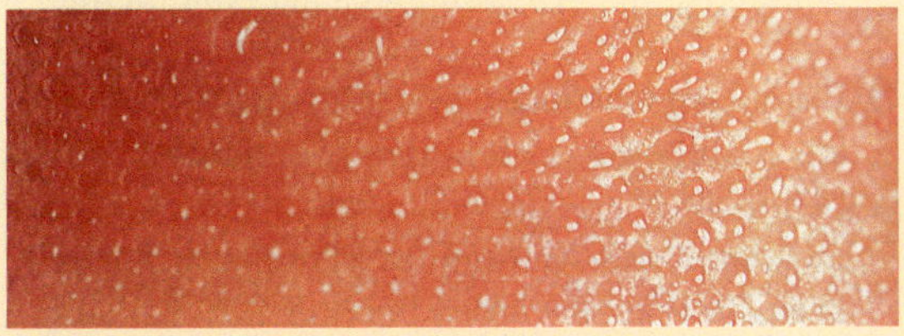
4

8 Warum wird der Handrücken kühl, wenn man Parfüm darauftropft?

9 Was ist Nebel? Wie entsteht Nebel? Was bedeutet es, wenn Nebel nur in bestimmten Niederungen in Form von Nebelbänken auftritt? Warum verschwindet der Nebel meistens, wenn die Sonne höher steigt?

10 Im Freien aufgehängte Wäsche trocknet an einem kalten Wintertag oft schneller als an einem schwülen Sommertag. Erkläre.

11 Warum muss die Verdampfungswärme stets gleich der Kondensationswärme sein? Welcher Erfahrungssatz steckt dahinter?

12 Welche Alltagserscheinungen sind darauf zurückzuführen, dass beim Verdunsten Energie benötigt und beim Kondensieren Energie frei wird?

13 Wenn man Eis in Cola gibt, ändert sich die Temperatur des Gemischs über eine lange Zeit nicht, auch wenn die Umgebungstemperatur erheblich höher liegt. Welche Temperatur nimmt die Cola an? Begründe. ↑5

5

14 Wenn in der Sauna ein Aufguss gemacht wird, sieht es so aus, als würde man nach dem Aufguss einen Schweißausbruch erleben. Das Wasser rinnt nur so vom Körper. Handelt es sich wirklich um Schweiß? Erkläre.

15 Früher wurden Äpfel bei plötzlichen Kälteeinbrüchen dadurch vor dem Erfrieren geschützt, dass man im selben Raum große Gefäße mit Wasser aufstellte. Welche Funktion hat das Wasser dabei erfüllt?

16 In Restaurants wird manchmal das Teewasser dadurch erwärmt, dass man heißen Dampf durch das kalte Wasser im Glas leitet. Das Wasser siedet nach sehr kurzer Zeit. Wie kommt es zu dieser schnellen Aufheizung und dem damit verbundenen hohen Energiestrom? ↑6

6

17 Um eine Wunde zu kühlen, legt man manchmal ein feuchtes Tuch darauf. Ist diese Maßnahme nicht von kurzer Dauer, weil sich das im Tuch gespeicherte Wasser sehr schnell auf Körpertemperatur erwärmt und damit den Kühleffekt zum Erliegen bringt?

18 Im trockenen Sandboden erfrieren Pflanzen im Winter bei gleicher Temperatur schneller als im feuchteren Humusboden. Wie ist das zu erklären?

Check up

1 Wir sind mit einem Temperatursinn ausgestattet. Trotzdem ist es gut, dass wir Thermometer besitzen. Gib Gründe dafür an.

2 Auf einem Gasherd wurden Kartoffeln in einem Topf mit Wasser gekocht. ↑1

a Beschreibe den Temperaturverlauf des Wassers. Wozu diente die zugeführte Wärme in den ersten 5 Minuten, wozu danach?

b Nach 5 Minuten kann man die Gasflamme kleiner stellen. Warum ist das empfehlenswert?

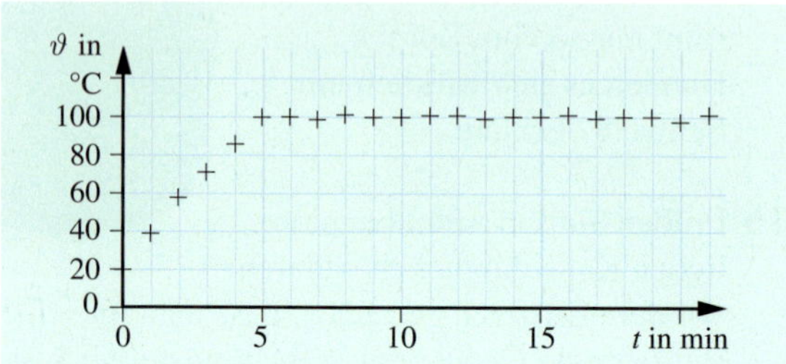

1

3 Fahrdrähte der Bahn werden durch schwere Betonscheiben gespannt. Wie kommt es, dass die Scheiben mal höher, mal tiefer hängen? ↑3 S. 116

4 Ein sportlicher Schmied will durch rasche Hammerschläge ein Stück Eisen zum Glühen bringen. Wie ist das möglich? Erkläre auch mit dem Teilchenmodell.

5 Ein Luftballon wird mit Atemluft aufgeblasen. Dann wird der Ballon in den Kühlschrank gelegt. Überlege: Was wird man nach einer halben Stunde sehen können?

6 Zwei Flüssigkeiten wurden übereinandergeschichtet und haben sich anschließend vermischt. ↑2

a Beschreibe und vergleiche die Ergebnisse.

b Erkläre mit dem Teilchenmodell, warum sich die wärmeren Flüssigkeiten rascher durchmischen.

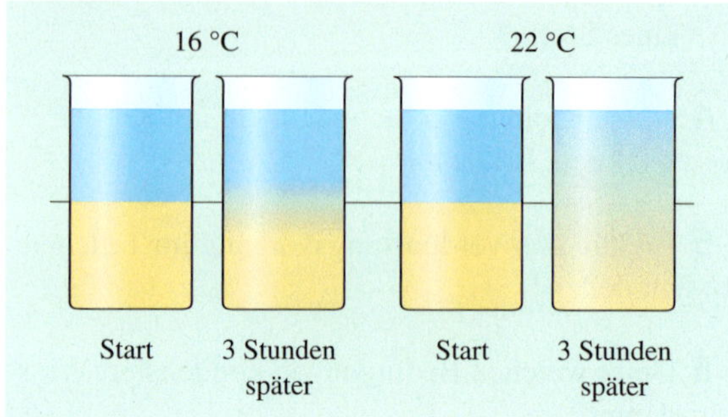

2

7 In manchen Sommernächten kann man vor Hitze nicht schlafen. Duscht man kurz lauwarm und legt sich noch feucht ins Bett, empfindet man angenehme Kühle. Wie kommt es zur Abkühlung?

8 Bei vielen Gebäuden bestehen die Außenwände aus Stahlbeton, in dem sich „Skelette“ aus Stahl befinden.
„Skelette“ aus Aluminium wären zwar leichter, aber die Wände würden bei hohen Außentemperaturen zerbrechen. Woran liegt das?

Schätze deine Kenntnisse und Fähigkeiten ein.

Ordne dazu deiner Lösung im Heft ein Smiley zu:
☺ Ich konnte die Aufgabe richtig lösen.
😐 Ich konnte die Aufgabe nicht komplett lösen.
☹ Ich konnte die Aufgabe nicht lösen.

→ Die Lösungen findest du im Anhang.

Aufgabe	Fähigkeit	Hilfe findest du auf Seite ...
1	Grenzen unserer Sinnesorgane erkennen.	97, 100
2, 7	Änderungen des Aggregatzustandes erkennen, Diagramme lesen und verstehen.	123, 125
4, 6	Teilchenmodell der Materie anwenden.	104, 106
3, 5, 8	Volumenänderung bei Temperaturänderungen erkennen und erklären.	112 f.

Bewegungsänderungen und Wechselwirkung

Man kann die Bewegung fallender Körper, geworfener Bälle, anfahrender Züge oder bremsender Autos mathematisch beschreiben und vorhersagen.
Geschwindigkeiten, Beschleunigungen, Massen und Kräfte hängen miteinander zusammen.
Isaac Newton hat diese Größen genauer untersucht und drei grundlegende Gesetze der Mechanik formuliert.
Diese Vorgänge können auch sehr gut mit den physikalischen Größen Geschwindigkeit, Kraft und Impuls beschrieben werden.

Die Geschwindigkeit

Im ICE haben die Passagiere die Möglichkeit, auf einem Display die Geschwindigkeit des Zuges abzulesen. Laut Fahrplan benötigt ein ICE von Berlin nach Hannover für die 250 km lange Strecke 1 Stunde und 40 Minuten. Kann der ICE bei der angezeigten Geschwindigkeit die Fahrzeit einhalten?

1

Jan und Marc sind begeisterte Kurzstreckenläufer. Sie wollen wissen, wer von ihnen jeweils der schnellere Sprinter ist. Dazu laufen sie auf der 100-m-Strecke um die Wette und messen die Zeit, die sie benötigt haben. Hier sind ihre Ergebnisse:

2

	Gemessene Zeit
Jan	14,6 s
Marc	15,2 s

Lisa und Jennifer laufen lieber Langstrecken. Auch sie treten zum Wettlauf an. Sie vereinbaren eine Laufzeit von genau 3 min. Nach dieser Zeit hat Lisa einen Vorsprung von 50 m.

Moritz und Steffi wollen ohne direkten Wettlauf entscheiden, wer der Schnellere ist. Sie vergleichen einfach ihre letzten Ergebnisse. Steffi hatte für die 800-m-Strecke 2 min 20 s benötigt, Moritz brauchte für die 1000-m-Strecke 2 min 55 s.

Bei Jan und Marc, Lisa und Jennifer ist es sehr einfach zu entscheiden, wer der Schnellere ist. Bei Moritz und Steffi ist das nicht so leicht.

Beschreibe genau, unter welchen Bedingungen man leicht entscheiden kann, wer der Schnellere ist und wann das schwierig ist. Wie kann man herausfinden, ob Moritz oder Steffi schneller gelaufen ist?

Schon gewusst?

Die Weltbestzeit über 100 Yards (100 yards = 91,4 m) stellte der Jamaikaner Asafa Powell 2010 auf. Er legte die Strecke in 9,07 s zurück.
2009 lief Usain Bolt (JAM) mit 9,58 s Weltrekord über 100 m.
Florence Griffith-Joyner (USA) hält seit 1988 mit 10,49 s den Weltrekord über 100 m bei den Frauen.
Der Stundenweltrekord bei den Frauen wurde 1998 von Tegla Loroupe (Kenia) aufgestellt. Sie lief 18,340 km. Den Rekord bei den Männern hält Arturo Barrios (USA) mit 21,101 km.

Experimente

1 Schnelle Bälle
Welcher Fußball ist am schnellsten?

a Messt eine 10 m lange Strecke ab. Stoppt die Zeit, die der Ball vom Abschuss bis zum Eintreffen an der Torlinie benötigt.
Hinweis: Die Zeit wird von fünf Schülern gleichzeitig gemessen. Aus den fünf Messwerten bildet ihr den Mittelwert, indem ihr alle gemessenen Werte addiert und dann durch die Anzahl der Messungen (hier also 5) teilt.

b Welche Vorteile hat dieses Verfahren?

2 Schnelle Räder
In einer ruhigen Seitenstraße wird eine Strecke von 100 m festgelegt. Mit dem Fahrrad soll diese Strecke mit möglichst konstanter Geschwindigkeit durchfahren werden.

a Überlege, wie man im Experiment eine konstante Geschwindigkeit erreicht – fliegender Start, …

b Lege eine Messwertetabelle nach folgendem Muster an. Trage die gemessenen Zeiten ein.

Geschwindigkeit in km/h	Gemessene Zeit	Theoretischer Zeitbedarf in s
5		
10		
15		
20		
25		

c Ermittle die Zeiten, die der Radfahrer benötigen würde, wenn er die Geschwindigkeit ganz genau eingehalten hätte.

d Überprüfe, wer die vorgeschriebene Geschwindigkeit am besten eingehalten hat.

3

3 Schnelles Spielzeug
Untersuche die Bewegung verschiedener Fahrzeuge (Schwungradauto, Spielzeugauto mit Batterieantrieb, ferngesteuertes Auto …) genauer. Lege dazu eine „Teststrecke" von 5 m bis 10 m fest.

a Markiere im Sekundentakt den Ort des Autos oder die zurückgelegte Strecke. ↑3

b Vergleiche den Abstand der Markierungen für verschiedene Fahrzeuge. Welche Unterschiede stellst du fest?

c Trage die in der 1., 2., 3. … Sekunde zurückgelegten Wege in eine Tabelle ein (Muster). Vergleiche die Spalten für verschiedene Fahrzeuge. Beschreibe die Unterschiede.

Zeit	Zurückgelegter Weg		
	Wagen 1	Wagen 2	Wagen 3
in der 1. Sek.	?	?	?
in der 2. Sek.	?	?	?
in der 3. Sek.	?	?	?
…	…	…	…

4 Gleichförmige Bewegungen
Die Bewegungen von zwei Wagen mit unterschiedlichen, aber konstanten Geschwindigkeiten werden wie im ↑Experiment 3 aufgezeichnet.

a Miss die vom Start bis zum Ende der 1., 2., 3. … Sekunde zurückgelegten Wege. Trage die Messwerte in eine Tabelle ein (Muster).

Zeit in s	Zurückgelegter Weg in m	
	Bewegung 1	Bewegung 2
0	0	0
1	?	?
…	…	…

b Stelle die Messwerte in einem Zeit-Weg-Diagramm grafisch dar (waagerechte Achse: Zeit; senkrechte Achse: Weg). Verwende für die verschiedenen Bewegungen unterschiedliche Farben.

c Vergleiche die Darstellungen der unterschiedlichen Bewegungen. Welche Gemeinsamkeiten und Unterschiede kannst du finden?

5 Gleichförmige Bewegung beim Fahrrad
Überlege dir ein Verfahren, mit dem du die Anzeige deines Fahrradtachos überprüfen kannst.

1 Gleichförmige Bewegung auf einer Rolltreppe

Einige Geschwindigkeiten in der Natur (in m/s)	
Schnecke	0,011
Grauwal	2,0
Stubenfliege	2,3
Delfin	12,8
Hauskatze	13,3
Fledermaus	13,9
Rennpferd	17,0
Hirsch	18,6
Albatros	19,4
Antilope	19,4
Strauß	20,0
Falke	22,0
Gepard	25,0
Schwalbe	89,0

Schon gewusst?

Ein *Zeitabschnitt* kann beginnen, wenn die Stoppuhr z. B. 45 s anzeigt, und enden, wenn sie 57 s anzeigt. Der Zeitabschnitt hat dann eine Dauer von 12 s. Diesen Wert erhält man, wenn die Differenz von 57 s und 45 s gebildet wird. Die Differenz wird durch den griechischen Buchstaben Δ (sprich: Delta) beschrieben. *Zeitabschnitte* werden mit Δt bezeichnet, Streckenabschnitte mit Δs.

GRUNDLAGEN: Bewegungen mit konstanter Geschwindigkeit

In den Bildern ↑2a–c sind unterschiedliche Bewegungsvorgänge dargestellt. Beim genauen Betrachten stellt man fest, dass die Abstände zwischen den einzelnen Wagenpositionen nicht immer gleich groß sind. Auf Bild ↑2b werden die Abstände geringer. In gleichen Zeitabschnitten wird der zurückgelegte Weg kürzer. Der Wagen wird langsamer. In Bild ↑2c wird der Wagen schneller. Nur auf Bild ↑2a bleiben die Abstände immer gleich. Der Wagen fährt mit konstanter Geschwindigkeit.

Bei einer gleichförmigen Bewegung werden in gleichen Zeitabschnitten Δt gleiche Strecken Δs zurückgelegt.

Bewegen sich zwei Fahrzeuge gleichförmig, dann ist dasjenige schneller,
- das in einer bestimmten Zeit den längeren Weg zurücklegt oder
- das für eine vereinbarte Weglänge die kürzere Zeit benötigt.

$\Delta s/\Delta t$ bezeichnet den Quotienten aus dem zurückgelegten Weg Δs und der benötigten Zeit Δt. Dieser Quotient wird umso größer, je größer der Weg Δs und je kleiner die Zeit Δt ist. Er wird als Geschwindigkeit v bezeichnet.

Für gleichförmige Bewegungen gilt für die Geschwindigkeit v:

$$v = \frac{\Delta s}{\Delta t}.$$

Beachte: Beginnt die Zeit bei 0 s und der Weg bei 0 m, kann man auch schreiben: $v = s/t$.
Für ungleichförmige Bewegungen gibt der Quotient $\Delta s/\Delta t$ die Durchschnittsgeschwindigkeit $\overline{v}$ für den Weg Δs an: $\overline{v} = \Delta s/\Delta t$.
Als Einheit der Geschwindigkeit verwendet man m/s oder km/h. Man kann sie ineinander umrechnen:

$$1\,\frac{\text{km}}{\text{h}} = 1 \cdot \frac{1000\,\text{m}}{3600\,\text{s}} = \frac{1\,\text{m}}{3{,}6\,\text{s}}.$$

Daraus ergibt sich umgekehrt: $1\,\frac{\text{m}}{\text{s}} = 3{,}6\,\frac{\text{km}}{\text{h}}$.

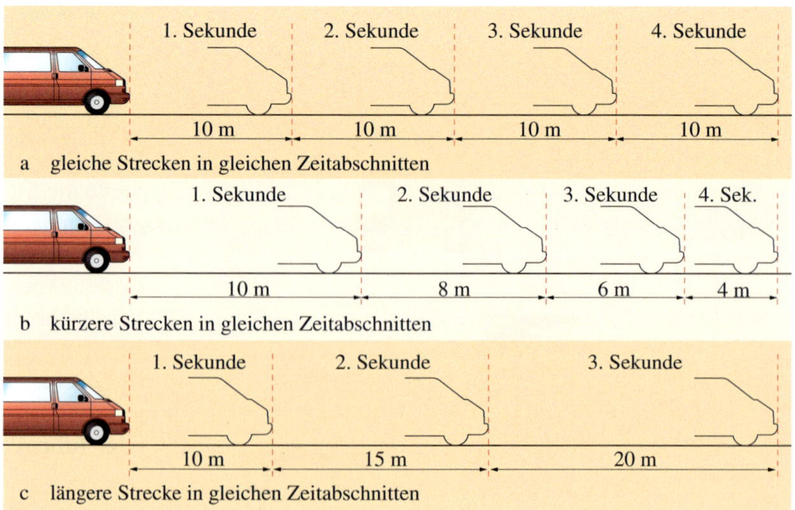

2 Gleichförmige und ungleichförmige Bewegungen

Methode Anfertigen und Interpretieren von Diagrammen

Bewegungen können in einem Weg-Zeit-Diagramm dargestellt, beschrieben und verglichen werden.

1 *Stelle die Messwerte in einem rechtwinkligen Koordinatensystem dar.*
Befindet sich ein Körper zur Zeit t_1 bei der Ortskoordinate s_1, wird der Punkt $P_1(t_1, s_1)$ in das Diagramm eingezeichnet.

2 *Suche nach einem Zusammenhang bei den eingetragenen Messwerten.*
Bei gleichförmigen Bewegungen ergibt sich im Diagramm eine Gerade. ↑3
Wird zum Zeitpunkt $t = 0$ bei der Nullmarke des Lineals gestartet, ergibt sich eine Nullpunktgerade. Weg s und Zeit t sind direkt proportional zueinander ($s \sim t$).
Kann die Bewegung nicht durch eine Gerade beschrieben werden, war die Geschwindigkeit nicht konstant. Ungleichförmige Bewegungen werden im s-t-Diagramm durch Kurven dargestellt. Je steiler die Kurve an einer Stelle verläuft, desto größer ist die Geschwindigkeit des Körpers an dieser Stelle. ↑4

3 *Vergleiche mit anderen Bewegungen. Trage dazu die Messwerte für alle Bewegungen in ein Diagramm ein.* ↑5
In beiden Fällen ergeben sich Geraden. Beide Körper bewegen sich gleichförmig. Die Geraden haben aber einen unterschiedlichen Anstieg. Bei der steileren Geraden wurde in jeder Sekunde ein längerer Weg zurückgelegt als bei der flacher verlaufenden.
Je steiler die Gerade verläuft, desto größer ist die Geschwindigkeit des Körpers.

4 *Beschreibe die Richtung der Bewegung.*
Bleiben die s-Werte zunächst einige Zeit konstant, hat sich der Körper nicht bewegt. Werden sie mit zunehmender Zeit kleiner, fährt der Körper in die entgegengesetzte Richtung. ↑6

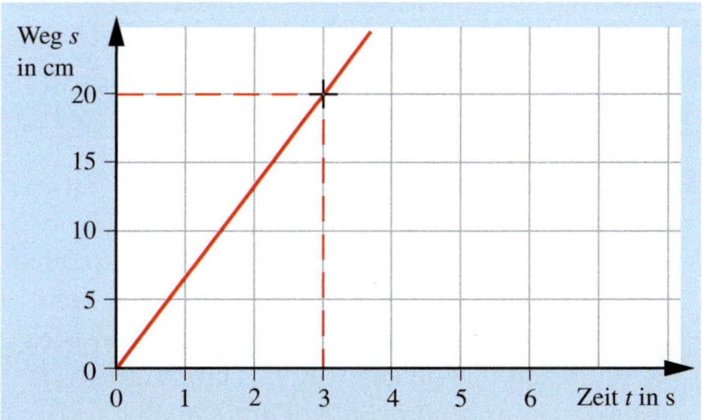

3 Der rot gekennzeichnet Punkt besagt: Nach 3 s war der Körper an der 20-cm-Markierung des Lineals.

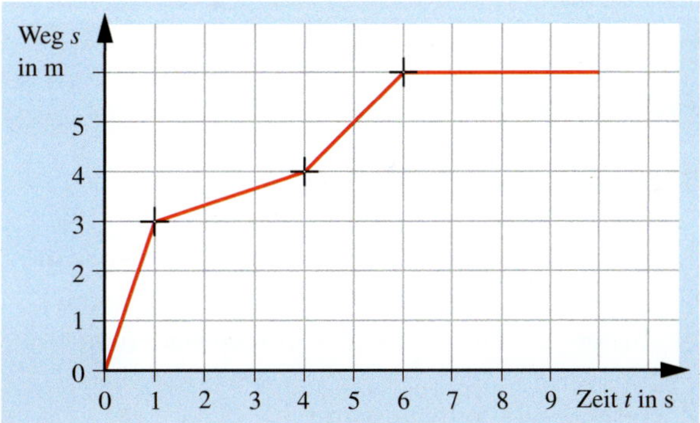

4

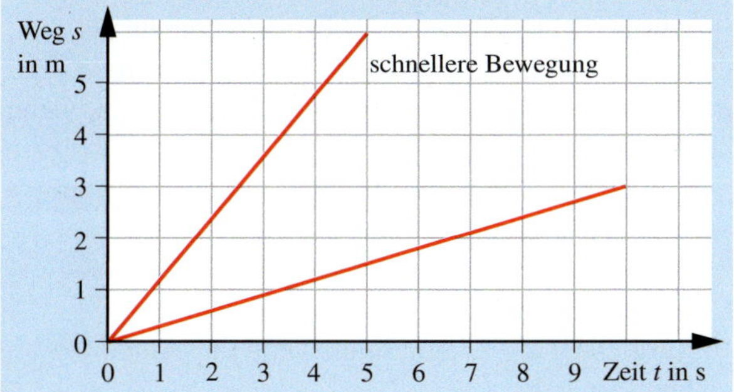

5

6

Aus der Geschichte Geschwindigkeitsmessung auf See

Geschwindigkeit war für unsere Vorfahren kein Thema. Zur Fortbewegung dienten Füße, Pferde und Kutschen. Wie weit man damit kam, war bekannt. Man gab Entfernungen in „Wegstunden" oder in „Tagesreisen" an.

Auf See war die Situation anders. Dort hing die Geschwindigkeit vom Wind und von der Strömung des Wassers ab. Man musste die Geschwindigkeit messen, um aus dem Messwert die zurückgelegte Entfernung berechnen zu können. Damit konnte der Ort bestimmt werden, an dem sich das Schiff gerade befand. Dazu dienten seit Ende des 16. Jahrhunderts Handlogs, mit denen Segelschiffe ausgerüstet waren. Ein Handlog bestand aus einem mit Blei beschwerten Brett, an dem die Logleine befestigt war. Dieses Brett wurde vom Schiffsheck aus ins Wasser geworfen. Während sich das Schiff vorwärtsbewegte, wurde das Brett vom Wasser zurückgehalten. ↑1

Die Folge war, dass sich die Logleine abrollte – und das umso schneller, je schneller die Bewegung des Schiffs war. An der Logleine befanden sich in bestimmten Abständen Knoten. Sie wurden gezählt, solange die Loguhr (eine Sanduhr für genau 15 s) lief. Die Anzahl der Knoten war ein Maß für die Geschwindigkeit.

In der Seefahrt werden Geschwindigkeiten heute noch in Knoten (kn) angegeben:
1 Knoten bedeutet „1 Seemeile pro Stunde"
$1\,\text{kn} = 1\,\text{sm/h} = 1{,}852\,\text{km/h}$.

1

1 Durch die Messung mit dem Log konnte man berechnen, welche Strecke das Schiff täglich zurücklegte. So konnte auch der Ort ermittelt werden, an dem es sich gerade befand. Wenn das Schiff aber in eine Meeresströmung geriet, konnte es passieren, dass es an einem ganz anderen Ort war, als der Kapitän vermutete. Erläutere.

Probier 's mal!

1 Beschreiben von Bewegungen
Beobachte, wie sich verschiedene Fahrzeuge bewegen. Beschreibe die Bewegung mithilfe der Begriffe „zurückgelegter Weg", „Geschwindigkeit", „benötigte Zeit", „Geschwindigkeitsänderung".

2 Geschwindigkeitsmessung
Bestimme möglichst genau, wie schnell sich eine Spielzeuglokomotive oder ein Spielzeugrennauto bewegt. Bestimme die Geschwindigkeit für verschiedene Reglereinstellungen.

2

3 Messungen mit Ultraschall
Für dieses Experiment benötigst du ein Gerät, in dem sich ein Sender und Empfänger für Ultraschall sowie ein Zeitmessgerät befinden. Trifft der vom Sender ausgesandte Schall auf einen Körper, wird er reflektiert und gelangt zurück zum Empfänger. Aus der dafür benötigten Zeit ermittelt der angeschlossene Rechner den Abstand des Körpers vom Gerät. Bewegt sich der Körper, speichert das Gerät, zu welchem Zeitpunkt welcher Abstand gemessen wurde. Diese Zeiten und Abstände können als Tabelle oder als Diagramm dargestellt werden. ↑2

a Beschreibe die Diagramme, die sich ergeben, wenn du versuchst:
- dich möglichst gleichmäßig schnell vom Gerät zu entfernen
- möglichst gleichmäßig schnell auf das Gerät zuzugehen

b Vergleiche die Diagramme, wenn du schnell bzw. langsam gehst.

Aus der Natur Geschwindigkeiten im Weltall

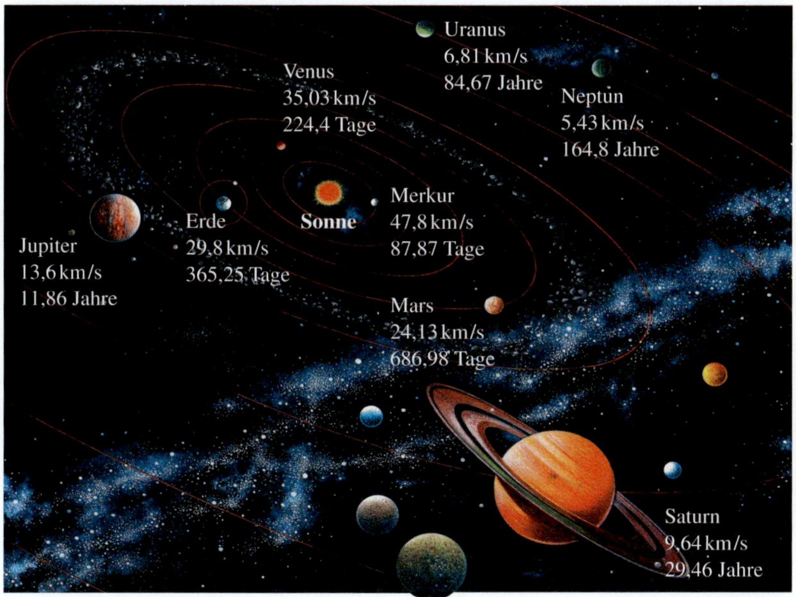

3

Alle Planeten bewegen sich auf kreisähnlichen Bahnen um die Sonne. Für einen vollständigen Umlauf benötigt die Erde ein Jahr, das sind 365 1/4 Tage. Sie bewegt sich dabei mit einer mittleren Bahngeschwindigkeit von 29,79 km/s. (Da im Kalenderwesen nur mit ganzen Tagen gerechnet wird, ist jedes 4. Jahr ein Schaltjahr mit 366 Tagen.)
Unser Mond bewegt sich mit einer Geschwindigkeit von etwa 1 km/s um die Erde.

1 Welchen Weg legen Merkur und Jupiter an einem Tag zurück? Vergleiche diese Werte.

Aufgaben

Musteraufgabe

Die Beziehung $v = s/t$ für eine gleichförmige Bewegung, die bei $s = 0\,\text{m}$ und $t = 0\,\text{s}$ beginnt, kann bei unterschiedlichen Aufgabenstellungen angewendet werden. Grundsätzlich gilt: Sind zwei der drei Größen bekannt, kann die dritte berechnet werden. Dazu muss die Gleichung umgeformt werden.

$$v = \frac{s}{t} \Leftrightarrow s = v \cdot t \Leftrightarrow t = \frac{s}{v}$$

a Ein Auto legt in 5,0 s eine Strecke von 90 m zurück. Wie groß ist die Geschwindigkeit?

$$v = \frac{s}{t} = \frac{90\,\text{m}}{5\,\text{s}} = 18\,\frac{\text{m}}{\text{s}} = 64{,}8\,\frac{\text{km}}{\text{h}}$$

Die Geschwindigkeit beträgt etwa 65 km/h.

b Ein ICE fährt mit einer Geschwindigkeit von 200 km/h = 55,6 m/s. Wie lange braucht er für eine 100 m lange Stecke?

$$t = \frac{s}{v} = \frac{100\,\text{m}}{55{,}6\,\text{m/s}} = \frac{100\,\text{m} \cdot \text{s}}{55{,}6\,\text{m}} = 1{,}8\,\text{s}$$

Der ICE benötigt also 1,8 Sekunden.

c Ein Dauerläufer läuft mit einer Geschwindigkeit von 4,0 m/s. Welche Stecke legt er in 2 Stunden und 10 Minuten zurück?

$$s = v \cdot t = 4\,\frac{\text{m}}{\text{s}} \cdot 130\,\text{min} = 4\,\frac{\text{m}}{\text{s}} \cdot 7800\,\text{s} = 31\,200\,\text{m}$$

Der Läufer legt eine Strecke von 31,2 km zurück.

1 Bei schönem Wetter fährt Anne den 9 km langen Weg bis zur Schule mit dem Fahrrad. Auf einer Fahrt hat sie die Länge einzelner Abschnitte gemessen und die Zeit gestoppt, die sie benötigte.

a Vergleiche alle Streckenabschnitte miteinander. Auf welchem Abschnitt war Anne am schnellsten, auf welchem war sie am langsamsten?

b Ordne alle Abschnitte nach der Geschwindigkeit.

c Untersuche deinen eigenen Schulweg. Lege dazu Strecken fest und miss die Zeit, die du benötigst.

Streckenabschnitt	Länge	Zeit
1	800 m	110 s
2	800 m	120 s
3	1,6 km	210 s
4	600 m	100 s
5	750 m	100 s
6	350 m	50 s
7	2000 m	280 s
8	2,1 km	290 s

Aufgaben

2 Die Erde bewegt sich mit einer Geschwindigkeit von etwa 30 000 m/s auf ihrer Bahn um die Sonne.
a Welchen Weg legt sie in einer Stunde zurück?
b Welche Weg legt die Erde in einer Minute zurück?
c Warum spürt man nichts von dieser hohen Geschwindigkeit?

3 Welchen Weg legt ein Auto bei einer Geschwindigkeit von 50 km/h in 1 s – der sogenannten Schrecksekunde – zurück?

4 Beschreibe die im Diagramm dargestellte Bewegung. ↑1

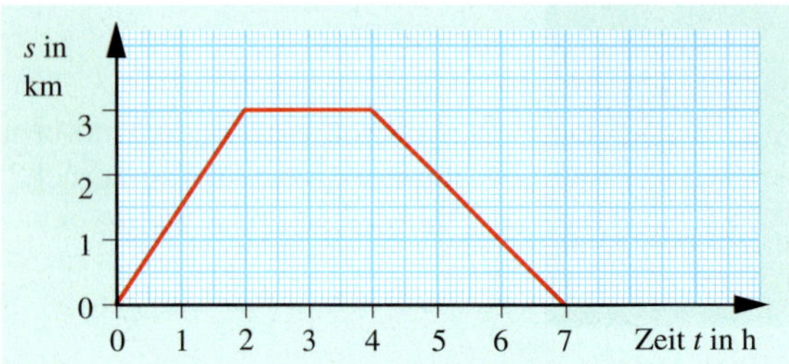

1

5 Bei welchen Beispielen handelt es sich um Durchschnittsgeschwindigkeiten:
a Reisegeschwindigkeit eines Flugzeugs: 900 km/h
b Geschwindigkeitsbegrenzung: 100 km/h
c „Für den Weg von 10 km benötigt Herr B. 20 min. Seine Geschwindigkeit beträgt also 30 km/h."
d Der Tacho zeigt 35 km/h an.

6 Zur Geschwindigkeitsmessung im Straßenverkehr werden Messfühler eingesetzt. Zwei Kabel werden im Abstand von 1,5 m quer über die Fahrbahn verlegt. Überfahren die Vorderräder eines Autos Kabel 1, wird eine Uhr gestartet. Überfahren sie Kabel 2, wird die Uhr gestoppt.
a Welche Zeit Δt wird gestoppt, wenn ein Auto mit einer Geschwindigkeit von 50,0 km/h fährt?
b Was kannst du über die Geschwindigkeit eines Autos aussagen, wenn die gestoppte Zeit größer bzw. kleiner als Δt ist?

7 Licht breitet sich mit einer Geschwindigkeit von ca. 300 000 km/s aus.
a Der Mond ist etwa 400 000 km von der Erde entfernt. Wie lange braucht Licht für diese Strecke?
b Wie lange würde ein Auto mit einer Geschwindigkeit von 100 km/h für eine gleich lange Strecke benötigen (ohne Pausen)?
c Die Sonne ist 150 000 000 km von der Erde entfernt. Wie lange dauert es, bis Licht von der Sonne die Erde erreicht?

8 Auf dem Mond wurde ein Spiegel aufgestellt, der von der Erde aus mit einem Laser angeblitzt werden kann. Für den Hin- und Rückweg des Lichts ergeben sich Laufzeiten zwischen 2,657 s und 2,322 s. Zwischen welchen Werten schwankt demnach der Abstand Mond–Erde?

9 Herr K. fährt von Stuttgart nach Heidelberg (120 km) auf einer Schnellstraße mit einer Geschwindigkeit von 90 km/h. Herr A. fährt die ersten 80 km mit der gleichen Geschwindigkeit, den Rest mit einer überhöhten Geschwindigkeit von 120 km/h.
a Wie lange benötigt Herr K.?
b Wie viel eher ist Herr A. am Ziel?

10 Julias Schulweg: Sie geht 5 min zu Fuß zur Bushaltestelle, wartet dort 7 min auf den Bus, der sie in 10 min zur Schule fährt. ↑2

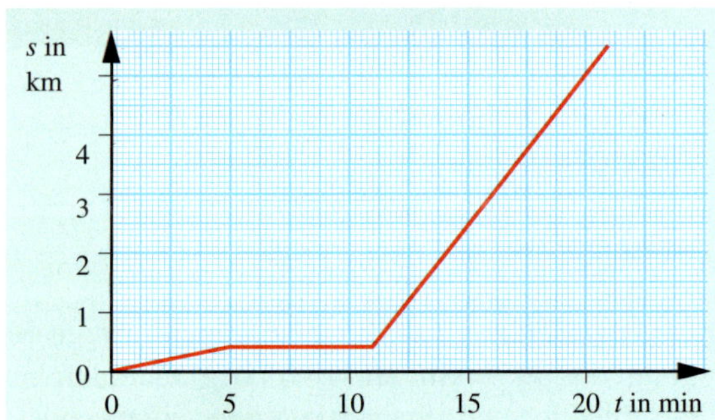

2

a Woran erkennst du im Diagramm die Wartezeit an der Bushaltestelle? Begründe.
b Bestimme die Geschwindigkeiten für Fußweg und Busfahrt.
c Zeichne ein Diagramm für deinen Schulweg.

11 Sportliche Höchstleistungen
a Berechne die Geschwindigkeiten (in m/s und km/h): 100-m-Lauf: 9,9 s; 500-m-Eisschnelllauf: 37 s; 1000-m-Radfahren (hinter einem Auto): 17,6 s; Skiabfahrtslauf (1950 m): 68,35 s.
b Suche im Internet weitere Geschwindigkeitsrekorde.

12 Stelle folgende Bewegung in einem Zeit-Weg-Diagramm dar: Zunächst bewegt sich der Körper 3 s lang mit einer Geschwindigkeit von 5 m/s. Dann steigt die Geschwindigkeit plötzlich auf 10 m/s an. Diese Geschwindigkeit wird 3 s lang eingehalten. Der Körper bremst abrupt und steht 2 s lang still. Dann bewegt er sich 6 s lang mit der Geschwindigkeit 10 m/s rückwärts.

15, 45, −15

13 Julia hat einen langen Schulweg:
- Sie fährt in 6,0 min mit dem Fahrrad von zu Hause zur 1,5 km entfernten Haltestelle.
- Dort wartet sie 6,0 min auf den Bus.
- Der Bus fährt sie dann in 12,0 min zur Schule, die weitere 10,0 km entfernt ist.

a Stelle Julias Fahrt zur Schule in einem *t*-*s*-Diagramm dar.
Hinweis: Nimm zur Vereinfachung an, dass Julias Geschwindigkeit beim Fahrradfahren und beim Busfahren jeweils konstant ist.

b Woran erkennst du im Diagramm sofort die Pause an der Bushaltestelle? Begründe deine Antwort.

c Mit dem Bus fährt Julia schneller als mit dem Fahrrad. Wie kannst du das anhand des Diagramms (ohne Rechnung) erkennen?

d Berechne die Geschwindigkeiten während der drei Abschnitte sowie Julias Durchschnittsgeschwindigkeit (jeweils in km/h).

14 Berechne jeweils die Durchschnittsgeschwindigkeiten in m/s und km/h.

Disziplin	Zeit	Sportler/-in
100-m-Lauf (w)	10,49 s	Florence Griffith-Joyner
5000-m-Lauf	12 min 39,67 s	Haile Gebrselassie
200-m-Freistil	1 min 56,64 s	Franziska van Almsick

3

15 In Ortschaften werden „Raser" oft durch eine fest installierte Kamera „geblitzt". ↑3
Die Geschwindigkeitsmessung funktioniert so: In der Fahrbahn vor der Kamera befinden sich vier Kontaktstreifen. ↑4 Überfährt ein Auto den ersten Kontakt, wird eine Stoppuhr gestartet. Sie misst die Zeit bis zum Überfahren des zweiten Kontakts. Genauso werden auch die Zeiten zwischen den weiteren Kontakten gemessen. Die Entfernung zwischen den ersten beiden Kontakten beträgt 0,50 m, zwischen dem zweiten und dritten sind es 1,0 m und zwischen den letzten beiden wieder 0,50 m. Für jede Messstrecke berechnet ein kleiner Computer die Geschwindigkeit und bildet dann den Mittelwert. Wenn er höher als 59 km/h ist, wird die Kamera im „Starenkasten" ausgelöst.
Herr Schmiedbauer fährt an einer solchen Messstelle vorbei: Die Stoppuhren messen 0,028 s; 0,057 s und 0,029 s. Wird er „geblitzt"?

4

16 Im *t*-*s*-Diagramm ist die Bewegung zweier Fahrzeuge dargestellt. ↑5
Welches Fahrzeug fährt schneller? Begründe deine Antwort.

17 Bei einem Experiment wurden folgende Werte gemessen:

s in cm	0	30	60	90	120	150	180
t in s	0	2	4,1	6,1	8	9,9	12

a Zeichne das *s*-*t*-Diagramm.

b Ermittle aus dem Diagramm die Zeit, die für 105 cm benötigt wird.

c Ermittle den Weg, der in 11 s zurückgelegt wurde.

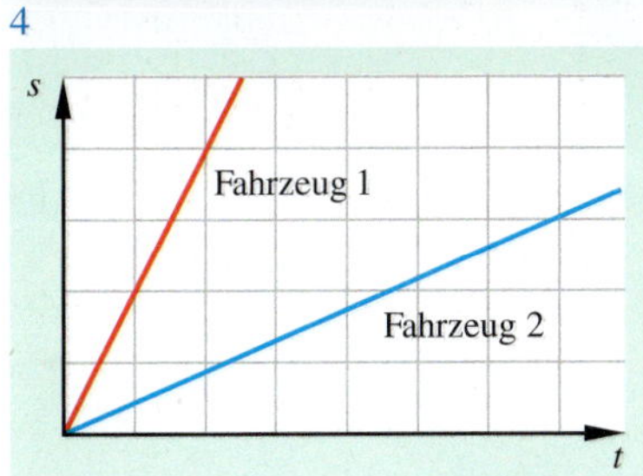

5

Auf einen Blick

Der Gegenstand bewegt sich umso schneller,
- je größer die pro Sekunde zurückgelegte Strecke Δs ist oder
- je kleiner der Zeitabschnitt Δt ist, der für eine bestimmte Strecke benötigt wird.

Der Quotient $\Delta s/\Delta t$ wird umso größer,
- je größer der Zähler Δs ist und
- je kleiner der Nenner Δt ist.

Geschwindigkeit Wenn sich Gegenstände bewegen, so bewegen sie sich nicht immer gleich schnell.
Die Geschwindigkeit v beschreibt, wie schnell sich ein Körper bewegt.

Die Einheit der Geschwindigkeit ist $1\,\frac{\text{m}}{\text{s}}$.

Die Geschwindigkeit von 1 m/s hat ein Gegenstand, der in jeder Sekunde genau einen Meter zurücklegt.

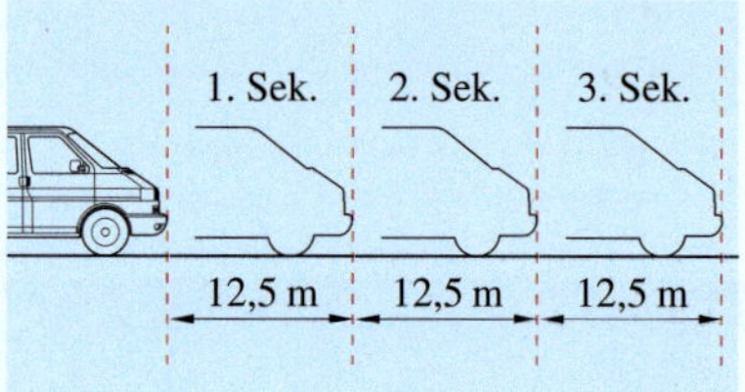

1

Gleichförmige Bewegungen Bewegen sich Gegenstände immer gleich schnell, liegt ein Sonderfall vor. Die Bewegung wird dann gleichförmig genannt. Gleichförmige Bewegungen zeichnen sich dadurch aus, dass in gleich langen Zeitabschnitten gleich lange Strecken zurückgelegt werden. Die Geschwindigkeit bleibt immer gleich. ↑1

Der Quotient $v = \frac{\Delta s}{\Delta t}$ gibt an, wie schnell sich ein Körper bewegt.

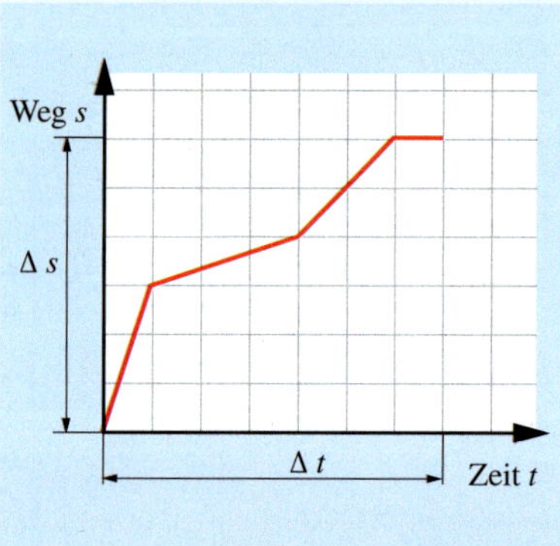

2

Durchschnittsgeschwindigkeit Bildet man für eine ungleichförmige Bewegung den Quotienten aus dem zurückgelegten Weg und der dafür benötigten Zeit, erhält man die Durchschnittsgeschwindigkeit $\overline{v}$. ↑2

$$\overline{v} = \frac{\Delta s}{\Delta t}$$

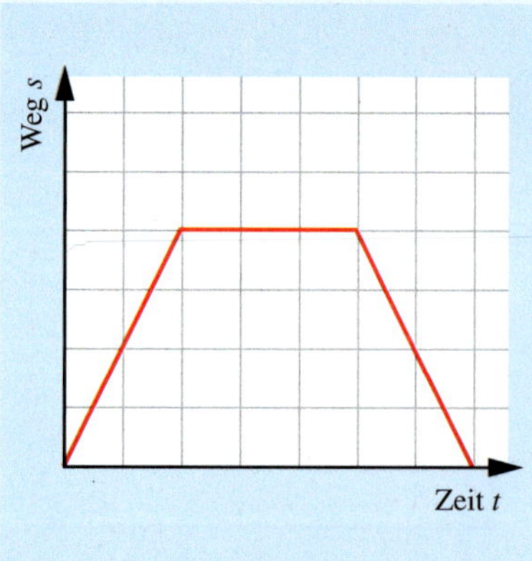

3

Diagramme Bewegungen können in Zeit-Weg-Diagrammen dargestellt werden. Bei einer gleichförmigen Bewegung zeigt das Diagramm eine Gerade. Je steiler die Gerade verläuft, desto größer ist die Geschwindigkeit. Wenn die Gerade waagerecht verläuft, heißt das, dass der Gegenstand stillsteht. Wenn die Gerade fällt, bewegt sich der Gegenstand in die entgegengesetzte Richtung. ↑3

Alles klar?

1 Der ICE 875 fährt von Mannheim nach Basel. Bild ↑4 zeigt einen Ausschnitt aus dem Fahrplan.

a Gib ohne Rechnung an, ob der Zug von Mannheim nach Karlsruhe oder von Freiburg nach Basel schneller war. Begründe.

b Berechne die Durchschnittsgeschwindigkeiten auf den einzelnen Teilstrecken. Vergleiche die Durchschnittsgeschwindigkeiten.

c Was kann über die maximale Geschwindigkeit auf den einzelnen Streckenabschnitten gesagt werden?

2 Die Orte A-Stadt und B-Stadt liegen 10 km auseinander. Ein Mopedfahrer fährt von A nach B und sofort wieder zurück mit konstanter Geschwindigkeit von 20 km/h. Ein zweiter Mopedfahrer fährt auf dem Hinweg mit 10 km/h, dafür auf dem Rückweg mit 30 km/h. Wer erreicht als Erster wieder den Ausgangspunkt?

a Beantworte die Frage zunächst ohne Rechnung.

b Berechne dann den Zeitbedarf jeweils für den Hinweg und den Rückweg. Überprüfe dann deine Antwort auf die Frage a.

3 Wie kann man im Zeit-Weg-Diagramm erkennen, ob eine Bewegung gleichförmig war oder nicht? ↑5

4 Zeichne das Zeit-Weg-Diagramm eines Fahrzeugs, das sich wie folgt bewegt:
- 10 s lang: Bewegung mit $v = 2$ m/s
- dann 2 s lang Stillstand
- dann 5 s lang Bewegung mit $v = 4$ m/s
- dann in 5 s zum Ausgangsort zurück

5 Mit dem Fahrtenschreiber werden z. B. Busfahrten aufgezeichnet. Im Bild ↑6 siehst du den Ausschnitt aus dem *t*-*v*-Diagramm. Beschreibe anhand dieses Diagramms die zurückliegende Busfahrt: Wie groß war die Höchstgeschwindigkeit? Wann war der Bus auf der Autobahn? Wann gab es Pausen? …

6 Nenne Bewegungen, die nahezu gleichförmig verlaufen, und solche, die sehr ungleichförmig verlaufen.

7 Im Navigationsgerät wird aus der Laufzeit des Signals, das mit Lichtgeschwindigkeit unterwegs ist, die Distanz des Empfängers zum Satelliten berechnet. Wie lange ist das Signal unterwegs, wenn sich der Satellit in 22 000 km Höhe über dem Gerät befindet? Die Lichtgeschwindigkeit beträgt 300 000 km/s.

8 In den folgenden Sätzen geht es um den Zusammenhang zwischen Zeit, Weg und Geschwindigkeit. Übertrage sie in dein Heft und ergänze die fehlenden Worte.

a Je länger die Zeit ist, die man für einen bestimmten Weg braucht, desto … ist die Geschwindigkeit.

b Je länger der Weg ist, den man in einer bestimmten Zeit zurücklegt, desto … ist die Geschwindigkeit.

Ankunft	Ort	Abfahrt
	Mannheim	**13:37**
	↓61 km	
13:59	Karlsruhe	14:01
	↓69 km	
14:28	Offenburg	14:30
	↓63 km	
15:01	Freiburg	15:03
	↓61 km	
15:38	**Basel**	

4

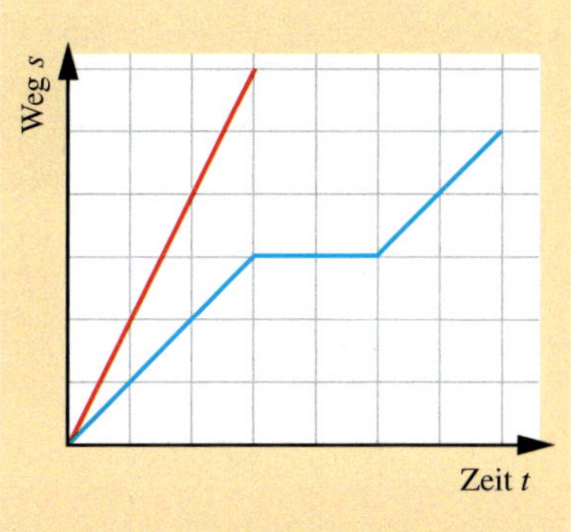

5

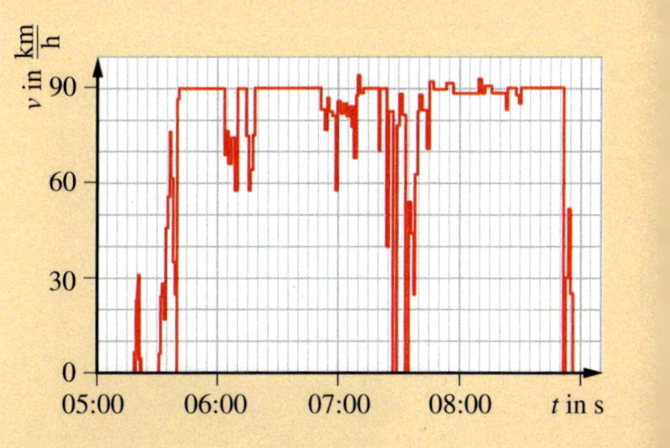

6

Der Impuls

Den Schwung des Angreifers zur Verteidigung nutzen … Judo ist eine Sportart, die der Selbstverteidigung dient. Die Judokämpfer nutzen den Schwung des Angreifers, um ihn ohne großen eigenen Energieaufwand kampfunfähig zu machen. Die Bewegung des Angreifers wird nicht gestoppt, sondern nur umgelenkt, und zwar so, dass er plötzlich auf der Matte liegt.

1

Bei der Abrissbirne nutzt man ihre zerstörerische Wirkung. Sie wird ausgelenkt und dann losgelassen. Selbst dicke Wände können sie dann nicht mehr aufhalten und werden zerschlagen. ↑2, 3

2

3

Wovon hängt die Wucht des Aufpralls ab? Sicher braucht man eine Abrissbirne mit großer Masse. Je größer die Masse der Stahlkugel, desto größer ist ihre Wucht. Außerdem muss man die Abrissbirne genügend weit auslenken, damit sie mit hoher Geschwindigkeit auf die Mauer trifft. Die Wucht hängt also auch noch von der Geschwindigkeit der Kugel ab.
Schwung und Wucht sind umgangssprachliche Begriffe.
In der Physik hat man eine Größe festgelegt, die genau das beschreibt, was man im Alltag unter Wucht oder Schwung versteht. Man nennt sie Impuls.

Experimente

1 Bälle

a Dein Mitschüler wirft dir unterschiedliche Bälle mit gleicher Geschwindigkeit zu (Tennisball, Softball, Medizinball). Beschreibe deine Erfahrung beim Fangen mithilfe der Begriffe Wucht oder Schwung. ↑4

b Wie könnte man die Wucht des Softballs vergrößern?

4

2 Skateboards

Zwei Schüler mit etwa gleicher Masse stehen auf Skateboards. Der erste fährt am ruhenden zweiten vorbei und nimmt ihn mit. ↑5
Was geschieht mit seinem Schwung?

5

3 Luftkissenfahrbahn (1)

Auf einer Luftkissenfahrbahn befindet sich in der Mitte ein Wagen. Ein zweiter Wagen mit gleicher Masse wird in Bewegung gesetzt, sodass er gegen den ersten prallt. An beiden Wagen befinden sich Federn, die den Aufprall abfedern. ↑6

a Was beobachtest du?

b Wo bleibt der Schwung des zweiten Wagens nach dem Zusammenprall?

c Die Federn werden nun entfernt und durch Plastilin ersetzt. Die Wagen bleiben jetzt nach dem Aufprall zusammen.
Was beobachtest du jetzt? Was geschieht bei diesem Experiment mit dem Schwung des Wagens?

d Wiederhole das Experiment, indem du den ersten Wagen auf zwei oder mehrere miteinander verbundene Wagen auffahren lässt.
Beschreibe und erkläre deine Beobachtungen.

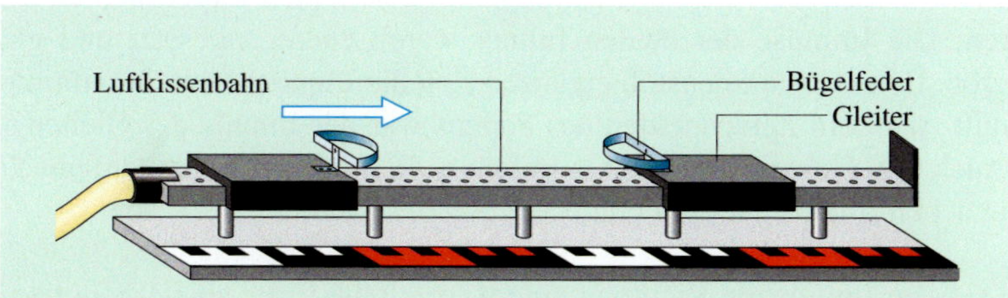

6

4 Inliner

Zwei Schüler mit etwa gleicher Masse stehen auf Inlinern und fahren mit gleicher Geschwindigkeit aufeinander zu.

a Beide Stoßen mit den Handflächen und ausgetreckten Armen aufeinander. Was geschieht mit ihrem Schwung?

b Beim Zusammenstoß koppeln die beiden aneinander. Was hat sich geändert? Wie könnte man das Ergebnis erklären?

5 Luftkissenfahrbahn (2)

Zwei Gleiter der Luftkissenfahrbahn sind durch eine Feder verbunden, die mit einem Faden zusammengedrückt ist. Durchtrenne den Faden. ↑7

a Was beobachtest du?

b Wie könnte man diese Beobachtung erklären?

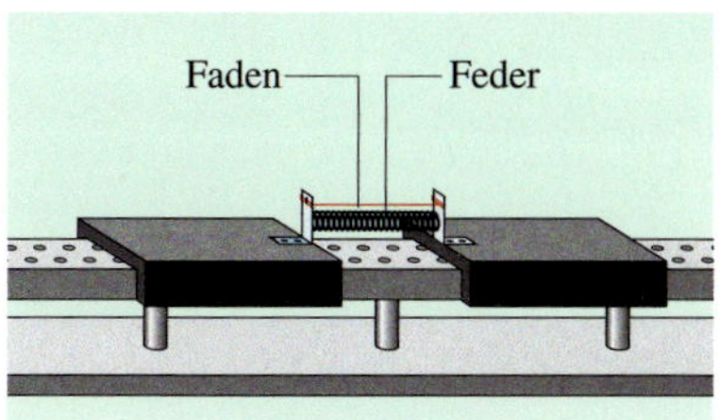

7

GRUNDLAGEN: Der Impuls

Der Impuls Der Impuls p eines Körpers ist umso größer, je größer seine Masse m und je größer seine Geschwindigkeit v ist.
Daher wurde festgelegt: $p = m \cdot v$.
Der Impuls eines Körpers beträgt 1 kg · m/s, wenn ein Körper eine Masse von 1 kg hat und sich mit einer Geschwindigkeit von 1 m/s bewegt.
Impuls kann von einem Körper auf einen oder mehrere andere Körper übertragen werden. ↑1, 2

1 Impuls wird auf einen Körper übertragen.

2 Impuls wird auf mehrere Körper übertragen.

Der Impuls ist gerichtet Vor dem Zusammenstoß haben beide Inliner aus ↑Experiment 4b, S. 141 Impuls. Danach ruhen beide, d.h., sie besitzen keinen Impuls mehr. Was ist mit dem Impuls geschehen? ↑3
Vor dem Zerschneiden des Fadens im ↑Experiment 5, S. 141 war der Impuls der beiden Gleiter null. Danach haben beide Impuls. Woher ist der Impuls gekommen? ↑4
Bewegen sich zwei Körper mit gleicher Masse und mit gleichem Betrag der Geschwindigkeit in entgegengesetzte Richtung, so ist ihr Impuls zwar vom Betrag her gleich, aber von entgegengesetzter Richtung. Legt man eine Bewegungsrichtung als positiv fest, so hat die entgegengesetzte Richtung ein negatives Vorzeichen.
Damit lassen sich die Beobachtungen in den beiden Experimenten erklären: Die Impulse der beiden Inliner waren entgegengesetzt und gleich groß. Beim Zusammenstoß ergänzen sich die Impulse zum Gesamtimpuls null. Vor dem Zerschneiden des Fadens war der Impuls der Gleiter null. Auch danach bleibt der Gesamtimpuls null. Denn beide Gleiter haben den gleichen Impuls aber mit entgegengesetzter Richtung.

3

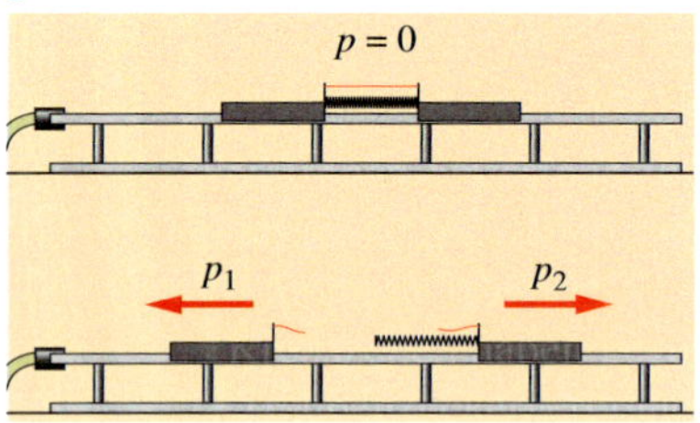

4

Da beim Impuls die Richtung eine wesentliche Rolle spielt, benutzt man zur Darstellung Pfeile. Die Richtung des Impulses ist durch die Bewegungsrichtung des Körpers gegeben. Sie ist identisch mit der Richtung der Geschwindigkeit. Die Länge des Pfeils ist ein Maß für die Größe des Impulses. ↑5

Der Gesamtimpuls aller Körper vor und nach einem Stoß ist identisch. Dies ist eine charakteristische Eigenschaft des Impulses, man sagt, er ist eine Erhaltungsgröße: Impuls kann weder erzeugt noch vernichtet werden.

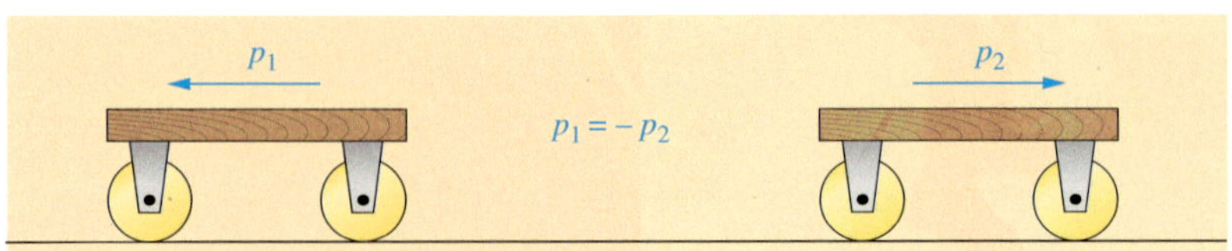

5

Aufgaben

1 Welcher Körper hat mehr Wucht? Ordne die folgenden Körper danach, wie viel Wucht du bei ihnen vermutest. Fange bei dem Körper an, bei dem du am wenigsten Wucht erwartest.
a Fahrradfahrer mit Fahrrad bei einer Geschwindigkeit von $v = 20\,\text{km/h}$
b straff geschlagener Tennisball
c straff geschossener Fussball
d straff geschmetterter Tischtennisball
e ein in einer Spielstraße langsam fahrendes Auto
f Rennauto bei Höchstgeschwindigkeit
g mit halber Kraft fahrender Supertanker

2 Ein Körper mit der Masse 2 kg bewegt sich mit der Geschwindigkeit $v = 10\,\text{m/s}$. Ein zweiter Körper soll einen 6-mal so großen Impuls haben wie der erste Körper. Nenne fünf verschiedene Möglichkeiten, wie das erreicht werden kann.

3 Ein System besteht aus zwei voneinander unabhängigen Körpern. Das System hat insgesamt einen Impuls von $10\,\text{kg} \cdot \text{m/s}$. Der Impuls des ersten Körpers ist in der Tabelle angegeben.
Welchen Impuls hat der zweite Körper?

Impuls des ersten Körpers in $\frac{\text{kg} \cdot \text{m}}{\text{s}}$	Impuls des zweiten Körpers in $\frac{\text{kg} \cdot \text{m}}{\text{s}}$
3	?
0	?
15	?
−10	?

4 Zusammenstöße mit Zügen an unbeschrankten Bahnübergängen haben oft verheerende Folgen für Autos und Insassen – auch wenn die Züge eher langsam fahren. Erkläre.

5 Beim Elfmeterschießen muss der Torwart in erster Linie sehr schnell reagieren. Außerdem muss er sich auf den großen Impuls des ankommenden Balls einstellen. Wie tut er das?

6 Wie schnell müsste sich ein Tennisball ($m = 50\,\text{g}$) bewegen, damit er den gleichen Impuls hat wie ein Medizinball ($m = 4\,\text{kg}$), der sich mit einer Geschwindigkeit von $2\,\text{m/s}$ bewegt?

7 Ein sich bewegender Wagen kommt allmählich wieder zur Ruhe, ohne dass er auf einen anderen Körper aufgeprallt wäre. Wo bleibt der Impuls des Wagens?

8 Beim Aufspringen auf ein Skateboard setzt sich dieses etwa mit der Geschwindigkeit des Skaters in Bewegung. Beim Abspringen schnellt es jedoch oft rasch davon und der Skater kommt zur Ruhe. Begründe diese Beobachtung. ↑6, 7

6

7

9 Zwischen zwei gleichen Wagen mit jeweils einer Masse von 100 g steckt eine zusammengedrückte Feder. Die beiden Wagen werden durch ein Band zusammengehalten. Wenn man das Band durchtrennt, setzen sich beide Wagen in Bewegung. ↑8

8

Solange die Wagen zusammen gehalten werden, beträgt der Impuls beider Wagen zusammen $0\,\text{kg} \cdot \text{m/s}$.
a Wie groß ist der Impuls beider Wagen zusammen, wenn sich die Wagen bewegen?
b Vergleiche den Impuls beider Wagen zusammen vor und nach dem Durchtrennen des Haltebands.
c Vergleiche auch die Bewegungsenergie der beiden Wagen zusammen vor und nach dem Durchtrennen des Haltebands.
d Begründe mit den Ergebnissen aus b und c, dass Bewegungsenergie und Impuls unterschiedliche Größen sind.

Wechselwirkungen und Kräfte

Kaum oben angekommen, geht es vornüber fast senkrecht wieder hinab. Die Wagen werden rasend schnell und am tiefsten Punkt geht es in eine enge Kurve. Man muss sich festhalten, um nicht aus dem Wagen zu fliegen. Der Schwung reicht für den nächsten Hügel und schon wieder geht es hinab.

1

2

3

Riesige Achterbahnen gehören zu den Attraktionen auf den Jahrmärkten. Heute bieten viele andere Fahrgeschäfte ähnliche Nervenkitzel. Bei manchen Menschen überwiegt die Angst vor der rasenden Fahrt und den Kräften in den engen Kurven. Bereits die Vorstellung an eine Fahrt mit der Achterbahn erzeugt bei ihnen eine Gänsehaut und Verspannungen. Bei anderen jedoch siegt der Reiz der Gefahr in gesicherter Umgebung.

In der Achterbahn geht es zunächst bergauf: Ein Zahnradantrieb oder Elektromotoren an der Fahrbahn ziehen den Wagen nach oben. An der höchsten Stelle dann geht es steil bergab. Fast im freien Fall werden die Wagen immer schneller. In den engen Kurven der Achterbahn kann man die Kräfte spüren, die einen von der geraden Fahrt in die Kurve zwingen. Man muss sich am Wagen festhalten, der seinerseits mit seinen Doppelrollen ↑3 von der Bahn festgehalten wird. Die gekrümmte Bahn, mit vielen Streben starr aufgebaut und auf dem Boden verankert, erzwingt die Richtungsänderung der rasanten Fahrt. ↑2

Achterbahnen und die anderen modernen Fahrgeschäfte auf der Kirmes werden vor Inbetriebnahme geprüft. Jedes Rad, alle Streben und jede Verbindung werden gründlich untersucht. Denn in jeder Fahrsituation muss die Schiene die Kräfte aushalten, die das Fahrzeug vor allem in den Kurven und Krümmungen auf sie ausübt. Gleichzeitig müssen die Räder den Kräften standhalten, die die Schienen auf sie ausüben. Fahrbahn und Wagen müssen solche Kräfte aushalten, ohne zu verbiegen, zu reißen oder zu brechen.

Überall Kräfte – doch unterschiedliche Wirkungen

4

Wenn du wie der Karate-Sportler mit der Hand auf einen Stapel Ziegel schlägst, kann es passieren, dass die Ziegel kaputtgehen. Ohne Übung wird es aber eher so sein, dass du dir die Hand verletzt.
Was könnte die Ursache dafür sein?

Experimente

1 Kurvenfahrt
Lege einen kräftigen Magneten (am besten einen Supermagneten) auf einen ebenen, glatten Tisch und rolle eine Stahlkugel daran vorbei. ↑5

a Beobachte Magnet und Kugel bei unterschiedlich dicht am Magneten vorbeiführenden Bahnen der Kugel.

b Befestige den Magneten mit Klebeband und beobachte erneut die Bahnen. Beschreibe die unterschiedlichen Ergebnisse.

2 Flache Achterbahn
Forme aus zwei ca. 1 m langen Drähten (z. B. Kupferdraht der Elektroinstallation) eine ebene parallele Schlangenlinie und lege diese als „Achterbahnschiene" auf einen glatten ebenen Tisch. ↑5 Stoße eine Stahlkugel so an, dass sie durch die Schienen läuft. Beobachte genau. Was musst du tun, damit die Kugel der Schlangenlinie folgt?

3 Fadenreißen
Befestige an einem stabilen Haken einen dünnen, nicht sehr festen Faden und daran eine kleine Plastiktüte. Fülle die Tüte nach und nach mit trockenem Sand. ↑6

a Bei welcher Menge reißt der Faden? Bestimme die Masse des Sands mit einer Haushaltswaage.

b Wie viel Sand kannst du einfüllen, wenn zwei Fäden die Tüte halten?

c Was passiert, wenn die beiden Fäden an zwei Haken befestigt sind und schräg nach oben verlaufen?

4 Wägestück und Feder
Eine Schraubenfeder hängt an einem Haken. An ihrem unteren Ende wird mit einem Faden ein Wägestück angebunden.

a Schneidet den Faden durch. Beschreibt, was mit dem Wägestück und was mit der Feder geschieht.

b Welche Kräfte werden ausgeführt, wenn das Wägestück an der Feder hängt? Wie sind diese Kräfte gerichtet?

5 Zugkräfte
Ein Wagen wird mit konstanter Geschwindigkeit auf einem schräg gestellten Brett hochgezogen.

a Miss Gewichtskraft und Zugkraft.

b Lege eine Metallscheibe auf den Wagen. Miss wieder Gewichtskraft und Zugkraft.

c Ändere die Steilheit des schrägen Bretts und miss die Zugkraft.

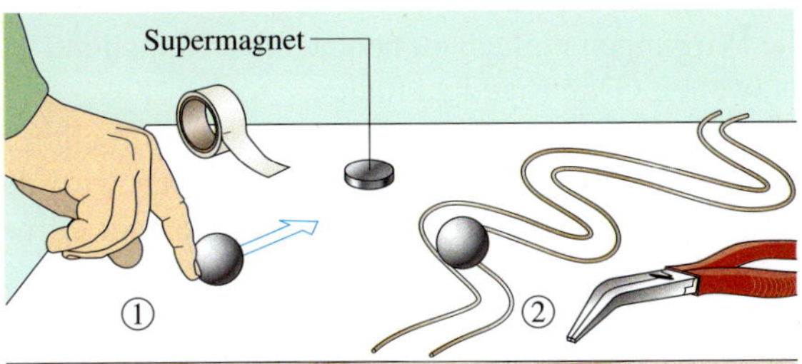

5

6

GRUNDLAGEN: Mechanische Wechselwirkungen

Fällt eine schwere Vase auf einen gefliesten Fußboden, wird meist nicht nur die Vase zerstört, auch die Bodenfliesen werden beschädigt. Die Vase und die Fliesen wirken wechselseitig aufeinander ein.

Wenn man mit einem Bohrer ein Loch in ein Stück Holz bohrt, ist die Wirkung am Holzstück deutlich zu erkennen. Am Bohrer scheint es keine Wirkung zu geben. Wenn man aber viele Löcher bohrt, wird der Bohrer irgendwann stumpf und muss durch einen neuen ersetzt werden. Auch hier hat also nicht nur der Bohrer auf das Holz gewirkt, sondern auch das Holz auf den Bohrer.

Der englische Physiker ISAAC NEWTON (1642–1727) erkannte, dass in der Mechanik Gegenstände immer wechselseitig aufeinander einwirken. Niemals tritt eine Wirkung allein auf. Wenn an einem Gegenstand eine mechanische Wirkung festgestellt wird, dann gibt es einen zweiten Gegenstand, der diese Wirkung hervorruft und an dem ebenfalls eine mechanische Wirkung beobachtet werden kann. ↑1–6

Alle mechanischen Wirkungen an Gegenständen werden durch Wechselwirkungen mit anderen Gegenständen hervorgerufen.

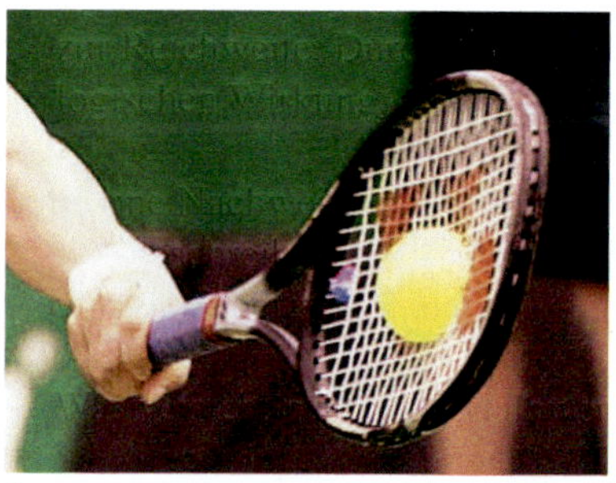

1

2

3

4

5

6

Nicht immer sind die Wirkungen einfach zu beobachten. Manchmal ist es auch schwierig, den zweiten Gegenstand zu finden.
Wenn man z. B. einen aufgeblasenen, nicht verschlossenen Luftballon loslässt, saust er im Zickzackkurs durch das Zimmer. Wodurch wird diese Wirkung hervorgerufen? Der Luftballon drückt die Luft aus der Öffnung heraus, im Gegenzug wirkt die ausströmende Luft auf den Luftballon und lässt ihn durch das Zimmer sausen. Die Wechselwirkungspartner sind in diesem Fall der Luftballon und die ausströmende Luft.

Probier 's mal!

1 Auto und Fahrbahn
Für dieses Experiment benötigt ihr ein Spielzeugauto mit Federmotor, ein Fahrbahnstück und zwei Rundstangen.
Setzt das Fahrzeug mit aufgezogenem Motor auf die Fahrbahn und lasst es losfahren. Beobachtet genau und beschreibt, was geschieht. Erläutert an diesem Beispiel den Begriff „Wechselwirkung". ↑7

7

2 Fliegender Luftballon
a Ein Luftballon wird aufgeblasen und losgelassen. Beobachtet das Verhalten des Ballons. Warum setzt er sich in Bewegung? Warum ändert er mehrfach seine Bewegungsrichtung?
b Der Luftballon wird jetzt mit Wasser gefüllt und so in ein Wasserbecken gelegt, dass er schwimmt. Die Öffnung des Ballons wird mit den Fingern zugedrückt. Beobachtet das Verhalten des Ballons, wenn ihr die Öffnung des Ballons freigebt.
Findet eine Erklärung für das Verhalten des Ballons.

3 Die fliegende Mine
Schraube von einem Kugelschreiber das Oberteil ab. Drücke die Mine mit der Spitze eines Fingernagels in das Unterteil des Kugelschreibers und lass die Mine los. (Augen schützen!)
Beschreibe, wie sich die Bewegung der Mine zwischen Start und Aufprall ändert. Wodurch werden die Bewegungsänderungen verursacht?

4 Spielzeugauto und Massenstück
Bringe ein Spielzeugauto, ohne es anzuschubsen, auf einem Tisch in Fahrt. Bindfaden und Massenstücke sind erlaubt. Beobachte die Bewegung des Autos genau. Beschreibe, wie sich die Bewegung ändert.

5 Buch und Boden
Lass ein Buch über die Oberfläche des Tischs rutschen. Beschreibe die Bewegung des Buchs. Was geschieht mit seinem Impuls? Beschreibe den Weg des Impulses. Schaffst du es, das Experiment so zu verändern, dass das Buch einmal weiter und einmal weniger weit rutscht als zu Beginn? Was schließt du daraus für den Impuls?

6 Klotz und Skateboard
Wirf einen Klotz so auf ein Skateboard, dass er über die Oberfläche schlittert, aber noch auf dem Skateboard zum Liegen kommt. Beobachte genau, was mit Klotz und Skateboard geschieht. Beschreibe den Weg des Impulses.

7 Wagen anziehen und schieben
Versuche einen Wagen auf unterschiedlichste Weise in Bewegung zu versetzen. Du kannst z. B. eine Stange, ein Seil, eine Feder, Magnete ... verwenden. Was geschieht jeweils mit dem Impuls des Wagens? Beschreibe, auf welchem Weg der Impuls in den Wagen kommt. Findest du Gemeinsamkeiten und Unterschiede bei den Experimenten?

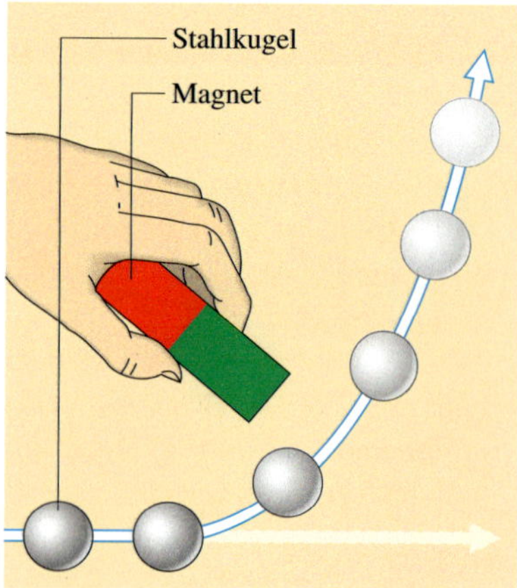

1

GRUNDLAGEN: Woran man Kräfte erkennt

Möchte man mit einem Magneten einen Schlüssel aus einer schwer zugänglichen Stelle holen, ist nur die Wirkung auf den Schlüssel interessant. Man sagt dann: Der Magnet übt eine Kraft auf den Schlüssel aus Eisen aus. Hält man den Schlüssel fest in der Hand, so ist die Kraft des Schlüssels auf den Magneten von geringer Bedeutung.
Die Formulierung „Auf einen Körper wird eine Kraft ausgeübt“ bedeutet immer, dass dieser Körper mit einem anderen Körper wechselwirkt. Dabei wird aber die Wirkung auf den anderen Körper nicht betrachtet.
Schießt ein Spieler einen Fußball ab, so wird er beschleunigt. Ein anderer Spieler bremst den Ball dann mit dem Fuß ab und gibt ihm eine neue Richtung. In beiden Fällen wird durch die Kraft des Spielers auf den Ball dessen Bewegung geändert.

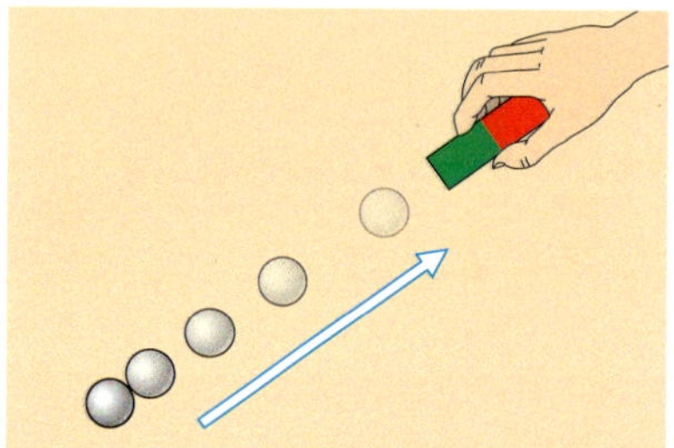
2

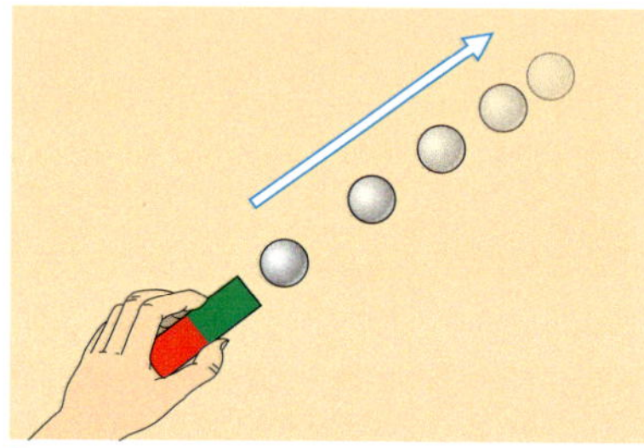
3

4

Mit einer Eisenkugel und einem Magneten kann man gut die Wirkungen von Kräften beschreiben. Durch die Kraft des Magneten auf die Eisenkugel wird:
- die Eisenkugel in Bewegung versetzt ↑2
- die Geschwindigkeit der Eisenkugel vergrößert
- die Eisenkugel abgebremst ↑3
- die Bewegungsrichtung der Kugel geändert ↑1

Kräfte können Körper auch verformen, z. B. wenn ein Baum im Wind verbogen wird oder du Teig für einen Kuchen knetest. Verformungen sind manchmal so klein, dass man sie gar nicht wahrnimmt. Sie können aber auch so stark sein, dass der Körper dabei zerstört wird. ↑4

Wird auf einen Körper eine Kraft ausgeübt, ändert er den Betrag oder die Richtung seiner Geschwindigkeit oder er wird verformt. Oft treten Geschwindigkeits- und Formänderungen gleichzeitig auf.

5

Wirkungen und Impuls Zieht man an einem Wagen, so wird er beschleunigt. ↑5 Sein Impuls nimmt zu. Es muss also Impuls in den Wagen fließen. Rutscht ein Buch über den Boden, so verringert sich sein Impuls. Aus dem Buch fließt ständig Impuls ab, bis es zur Ruhe gekommen ist. Auch beim oben genannten Fußballspiel ist die Kraftwirkung immer mit einer Impulsänderung verbunden: Beim Abschuss fließt Impuls in den Ball, beim Abstoppen wieder heraus. Bei der Richtungsänderung ändert sich die Richtung des Impulses.
Während Teig oder Feder verformt werden, ändert sich der Impuls von Teilen des Körpers.

GRUNDLAGEN: Kraft und Impuls

Beim Anschieben des Autos muss der Mann eine Kraft auf das Auto ausüben. Das Auto wird allmählich schneller, sein Impuls nimmt zu. ↑6 Dieser Impuls wird durch die Muskeln des Mannes aus der Erde in den Wagen gepumpt. Versucht der Mann den Wagen auf Glatteis anzuschieben, so kann er nicht mehr mit der Erde wechselwirken, er wird wenig Erfolg haben. Das Eis verhindert den Impulsfluss aus der Erde.
Im Normalfall ist der Motor die treibende Kraft. Er übernimmt das Pumpen, indem er einen gleichmäßigen Impulsstrom aus der Erde in den Wagen fließen lässt. In jedem Fall fließt also ein Impulsstrom in den Wagen hinein.

Beim Fangen übt der Junge eine Kraft auf den Ball aus und bremst ihn ab. Geschwindigkeit und Impuls des Balls werden kleiner. Beim Abbremsen fließt also Impuls aus dem Ball in den Jungen. ↑7

Hört man auf ebener Strecke auf, in die Pedale zu treten, so kommt das Fahrrad nach kurzer Zeit zum Stehen. Durch die Reibung der Reifen auf der Straße und die des Körpers in der Luft ist der ganze Impuls abgeflossen. Das Auftreten von Impulsströmen zeigt uns, dass hier Kräfte am Wirken sind. Es handelt sich um die Reibungskräfte von Straße und Luft auf den Fahrradfahrer und sein Rad.

Die Aussage „Auf einen Körper wirkt eine Kraft" ist gleichbedeutend mit der Aussage: „Es fließt Impuls in den Körper oder aus ihm heraus."

Zu zweit schiebt es sich leichter. Wird auf den Wagen eine größere Kraft ausgeübt, so ändern sich seine Geschwindigkeit und sein Impuls schneller. Der Impulsstrom in den Wagen ist größer als zuvor. ↑8
Ist die Kraft doppelt so groß, so fließt auch doppelt so viel Impuls pro Sekunde in das Auto. Ist also die Änderung des Impulses doppelt so groß, dann ist auch die Änderung der Geschwindigkeit doppelt so groß.

8

Schon gewusst?

Ein Auto ohne Antrieb bleibt nach einiger Zeit stehen. Auch wenn es gegen eine Mauer prallt, kommt es zum Stillstand. In beiden Fälle ist der Impuls in die Erde abgeflossen.

6

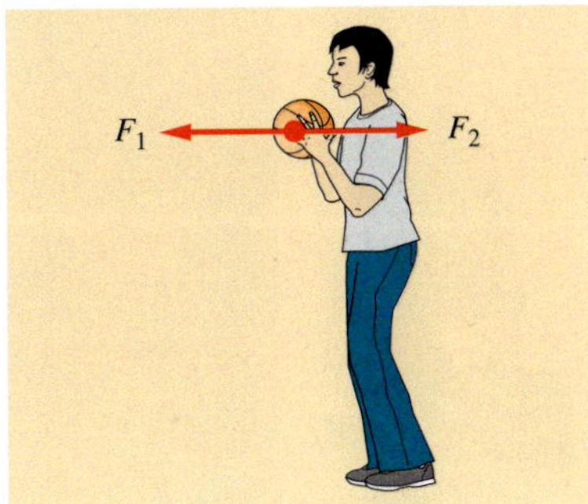

7

GRUNDLAGEN: Körper im Kräftegleichgewicht

Zwei Zugmaschinen ziehen in entgegengesetzte Richtungen an einem Quader. Der Quader setzt sich nicht in Bewegung, obwohl zwei Kräfte auf ihn ausgeübt werden. Die bewegungsändernden Wirkungen der Kräfte heben sich gegenseitig auf. ↑1

1

2

3

Genauso ist es, wenn man eine Tasche hält. Auf die Tasche wird eine nach unten gerichtete Gewichtskraft ausgeübt. Zusätzlich übt die Schülerin eine Kraft nach oben aus. Die bewegungsändernden Wirkungen beider Kräfte heben sich auf. Die Tasche bewegt sich nicht. ↑2

Greifen an einem Körper gleichzeitig mehrere Kräfte so an, dass sich ihre Wirkungen gegenseitig aufheben, sagt man: Der Körper ist im Kräftegleichgewicht.

Beschreibt man die Situationen mithilfe des Impulses, so ergibt sich:
Die eine Zugmaschine versucht den Quader zu beschleunigen, die andere bremst diese Bewegung ab. Es fließt also ein Impuls in den Quader, der auf der anderen Seite des Quaders wieder abfließt. Der Quader setzt sich nicht in Bewegung, da genauso viel Impuls hineinfließt, wie wieder aus dem Quader abfließt.
Die Erde versucht die Tasche nach unten zu beschleunigen, während die Schülerin deren Fall abbremst. In die Tasche fließt aus der Erde Impuls hinein, an der oberen Seite fließt der Impuls heraus. Sind die beiden Impulsströme gleich groß, erzeugen sie keine Wirkung.

Bei einem Körper im Kräftegleichgewicht fließt genauso viel Impuls in den Körper hinein, wie wieder aus ihm abfließt.

Das Mädchen spürt den abfließenden Impuls in den Armen. Der rechte Teil der Abbildung zeigt, wie wir den Impulsfluss sichtbar machen können. Hängt eine Kugel an einer Feder, so ist die Feder gedehnt.
Schließlich kommt die Kugel zum Stillstand. Es tritt Kräftegleichgewicht ein: Die Erde zieht nach unten, die Feder zieht sie nach oben. Die gedehnte Feder zeigt den Impulsfluss an. ↑3

Kräftegleichgewicht und Bewegung Am Beginn der Achterbahnfahrt werden die Wagen den Berg emporgezogen. Die Gewichtskraft zieht den Wagen abwärts, der Kettenantrieb zieht sie aufwärts. Beide Kräfte sind gleich groß, aber entgegengesetzt gerichtet, sie heben sich also auf: Mit gleichbleibender Geschwindigkeit geht es bergauf. ↑4
Bei diesem Kräftegleichgewicht müssen die Impulsströme in den Wagen und aus ihm heraus gleich groß sein. Der Kettenantrieb lässt also genau so viel Impuls in den Wagen fließen, wie durch das Schwerefeld der Erde wieder in die Erde abfließt. Impuls und Geschwindigkeit des Wagens bleiben gleich.

Fährt ein ICE mit gleichbleibender Geschwindigkeit dahin, müssen ständig die Elektromotoren die Räder antreiben: An den Rädern übt die Schiene eine Kraft in Fahrtrichtung auf den ganzen Zug aus. Er wird aber nicht mehr schneller. Die Reibung der Luft an dem Zug führt zu einer Gegenkraft. Die Luft übt also eine Kraft gegen die Fahrtrichtung auf den Zug aus. Wenn diese beiden entgegengesetzten Kräfte den gleichen Betrag haben, fährt der Zug mit konstanter Geschwindigkeit. ↑5

Werden auf einen bewegten Körper zugleich mehrere Kräfte ausgeübt, deren Wirkungen sich gegenseitig aufheben, dann ändern sich seine Geschwindigkeit und sein Impuls nicht.

Kein Gleichgewicht der Kräfte Geht es bei der Achterbahn bergab, dann werden die Wagen schneller und schneller. Wenn nur eine Kraft in Bewegungsrichtung auf den Körper ausgeübt wird, also kein Kräftegleichgewicht besteht, dann nimmt die Geschwindigkeit und damit der Impuls des Körpers zu. ↑6
Geht es nach der Steilfahrt bei der Achterbahn wieder den nächsten Berg hinauf, werden die Wagen langsamer. Auch hier wird die Gewichtskraft ausgeübt. Nun allerdings bremst sie die Fahrt ab. Der Impuls der Wagen fließt allmählich ab.
Beim Start eines Pkw versetzen Motor und Getriebe die Räder in Drehung. Wenn nicht gerade Glatteis herrscht, wird das Auto anfahren und schneller werden. Hier wechselwirken die Räder mit der Straße. Die Räder üben eine Kraft nach hinten auf die Straße aus und gleichzeitig übt die Straße über die Räder eine Kraft nach vorn auf das Auto aus.
Ist ein Körper bereits in Bewegung und wird nur eine Kraft auf ihn ausgeübt, die der Bewegungsrichtung entgegengerichtet ist, dann nimmt die Geschwindigkeit des Körpers ab, er wird gebremst.

Auf der Achterbahn werden die Wagen von den Schienen in die Kurve gezwungen. Die Schienen üben eine Kraft auf die Wagen aus, z.B. nach rechts. Deshalb ändern die Wagen ihre Bewegungsrichtung nach rechts. Der von den Schienen zugeflossene Impuls hat eine Änderung der Geschwindigkeit bewirkt: Auch wenn das Tempo gleich bleibt, ändert sich hier die Geschwindigkeit, da ihre Richtung verändert wird.

Werden auf einen Körper Kräfte ausgeübt, deren Wirkungen sich nicht aufheben, fließt insgesamt Impuls zu oder ab. Dann ändert sich mit dem Impuls auch seine Geschwindigkeit.

4

5

6

GRUNDLAGEN: Die Kraft – eine gerichtete physikalische Größe

1

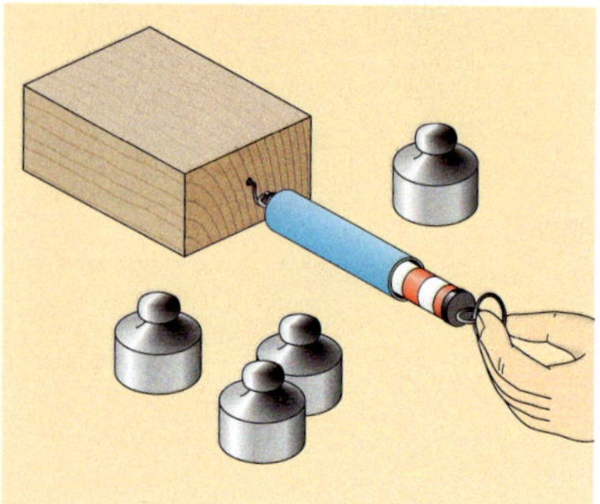

2

Führt ein Fußballspieler einen Strafstoß aus, hängt der Erfolg davon ab, wie schnell der Ball geschossen und wie platziert er geschossen wird. Der Spieler muss versuchen, eine möglichst große Kraft auf den Ball auszuüben. Gleichzeitig muss die Schussrichtung stimmen, sonst geht der Ball am Tor vorbei.

> **Bei einer Kraft kommt es darauf an, wie groß sie ist und in welche *Richtung* sie ausgeübt wird. Will man nur etwas darüber sagen, wie groß die Kraft ist, spricht man vom *Betrag der Kraft*.**

Der Betrag der Kraft wird in der Einheit Newton (N) angegeben. Sie wurde nach dem englischen Physiker SIR ISAAC NEWTON benannt.
Die Gewichtskraft einer 100-g-Tafel Schokolade beträgt etwa 1 N. ↑1
Für Kräfte verwendet man das Formelzeichen $\vec{F}$. Der Pfeil über dem F wird weggelassen, wenn nur der Betrag der Kraft gemeint ist.

Mit dem Federkraftmesser kann der Betrag von Kräften gemessen werden. Wenn der Kraftmesser „lose" gehalten wird, ↑2 stimmt seine Längsrichtung mit der Richtung der Kraft überein.

Kraft als Vektor Soll in einer Zeichnung die Kraft auf einen Körper als Vektor dargestellt werden, so müssen der Angriffspunkt, die Richtung und die Länge festgelegt werden:

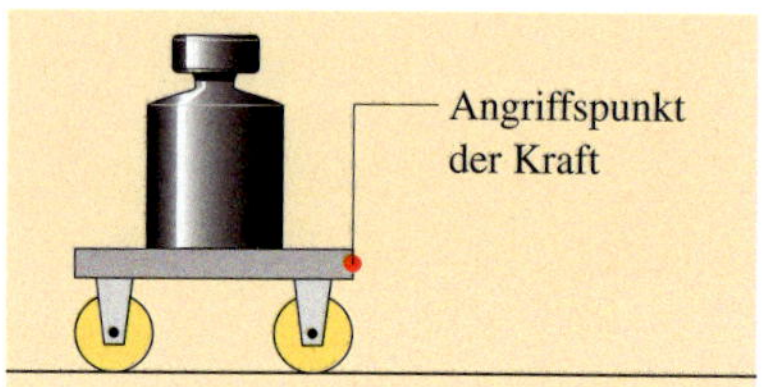

3 Der Angriffspunkt der Kraft am Körper ist der Anfangspunkt des Vektors.

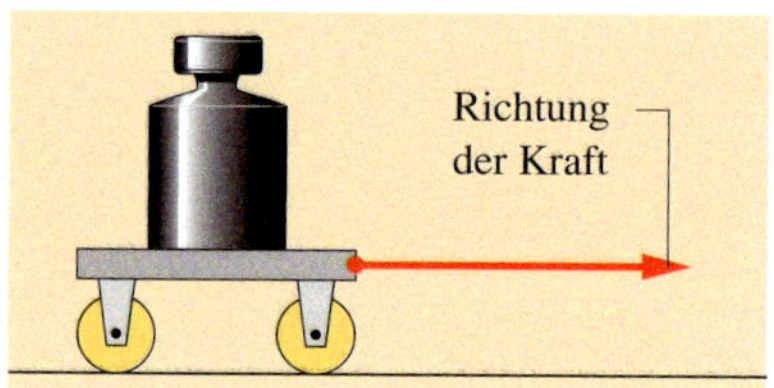

4 Der Vektor zeigt in Richtung der Kraft.

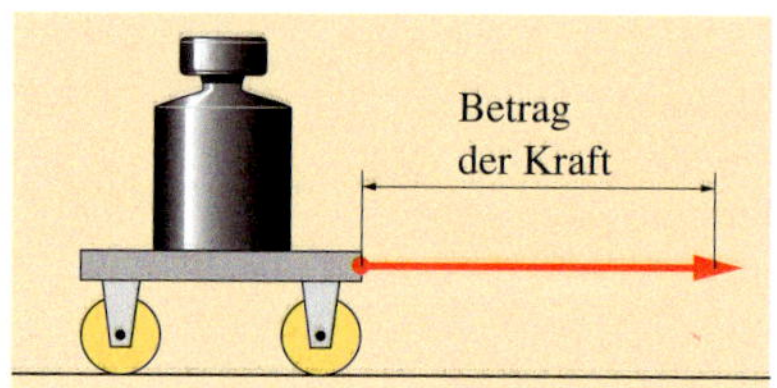

5 Die Länge des Vektors gibt den Betrag der Kraft an. Es ist ein geeigneter Maßstab zu wählen, z. B. 10 N ≙ 1 cm.

Geschwindigkeit und Impuls sind ebenfalls Vektoren. Denn auch bei ihnen spielt die Richtung eine wichtige Rolle.

Probier 's mal!

1 Aufeinander zu
Suche dir einen etwa gleich schweren Mitschüler. Setzt euch jeweils auf ein Skateboard und nehmt ein Seil in die Hand.
Was geschieht, wenn ihr beide euch am Seil entlanghangelt? Was ändert sich, wenn sich nur einer von euch am Seil entlangzieht?
Schafft ihr es, dass nur einer eine Kraft ausübt und sich nur ein Schüler bewegt?

2 Mit Bällen bewegen
Zwei gleich schwere Schüler setzen sich auf rollbaren Untersätzen gegenüber. Wie können sie sich mithilfe eines Balls in Bewegung setzen?

3 Handbillard
Nimm zwei Bälle und lege sie auf eine ebene Fläche. Spiele mit den Bällen Handbillard. Beschreibe den Impulsfluss bei deinem Spiel.

GRUNDLAGEN: Das Wechselwirkungsgesetz

Im Experiment in Bild ↑6 versuchen die beiden Schülerinnen durch Ziehen am Seil möglichst schnell zusammenzukommen. Wird das Experiment mit zwei gleich schweren Schülerinnen ausgeführt, treffen sie sich in der Mitte. Wandelt man das Experiment so ab, dass eine der beiden Schülerinnen das Seil nur festhält und die andere sich am Seil entlanghangelt, treffen sie sich wieder an der gleichen Stelle.

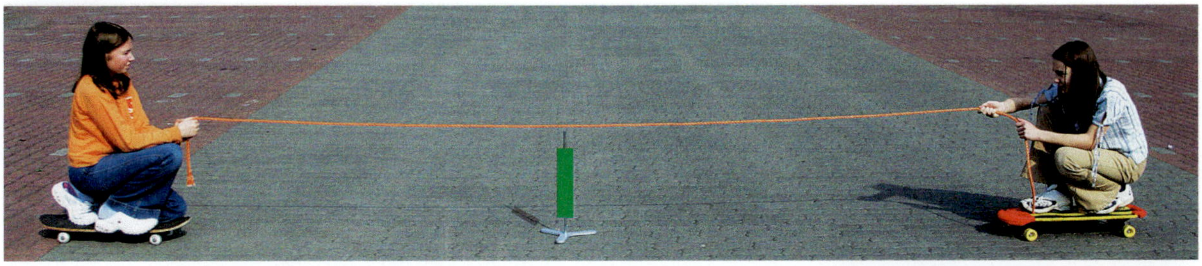

6

Beide Schülerinnen üben eine Kraft aus, auch die Schülerin, die das Seil festhält. Die Kräfte müssen entgegengesetzt gerichtet sein, da sich die Schülerinnen in entgegengesetzte Richtung bewegen.
Um herauszufinden, wie groß die ausgeübten Kräfte sind, baut man auf jeder Seite, am Ende des Seils, einen Kraftmesser ein. Sobald eine Schülerin zu ziehen beginnt, zeigen beide Messgeräte die gleiche Kraft an. Auch wenn man das Experiment mit unterschiedlich schweren Personen wiederholt, zeigen beide Kraftmesser immer die gleich Kraft an.
ISAAC NEWTON fasste diese Erfahrung in folgendem Satz zusammen:

Wenn Körper miteinander in Wechselwirkung treten und gegenseitig Kräfte aufeinander ausüben, sind diese stets gleich groß und entgegengesetzt gerichtet.

Zu Beginn beider Experimente war der Impuls der Schülerinnen null. Da sie sich in entgegengesetzte Richtung bewegen, haben auch ihre Impulse entgegengesetzte Richtungen. Das heißt, der Impuls der einen Schülerin nimmt dabei gerade um denselben Wert zu, um den der der anderen Schülerin abnimmt. Der Impuls fließt also von der einen Schülerin zur anderen.

7 ISAAC NEWTON

8 Beim Start eines Sprinters treten Sprinter und Startblock in Wechselwirkung. Der Sprinter übt eine nach hinten gerichtete Kraft auf den Startblock aus. Der Startblock übt eine gleich große nach vorn gerichtete Kraft auf den Sprinter aus. Der Impuls fließt dabei aus dem Startblock in den Sprinter.

9 Beim Rudern treten die Ruder und das Wasser in Wechselwirkung. Die Ruder üben eine nach hinten gerichtete Kraft auf das Wasser aus. Das Wasser übt eine gleich große nach vorne gerichtete Kraft auf die Ruder aus. Der Impuls fließt aus dem Wasser durch die Ruder in das Boot.

Aufgaben

1 Zwischen zwei Körpern befindet sich eine zusammengedrückte Feder. Auf den einen Körper wird eine Kraft von 15 N ausgeübt. Fertige eine Zeichnung an, in der du die ausgeübten Kräfte im Maßstab 3 N ≙ 1 cm darstellst. ↑1

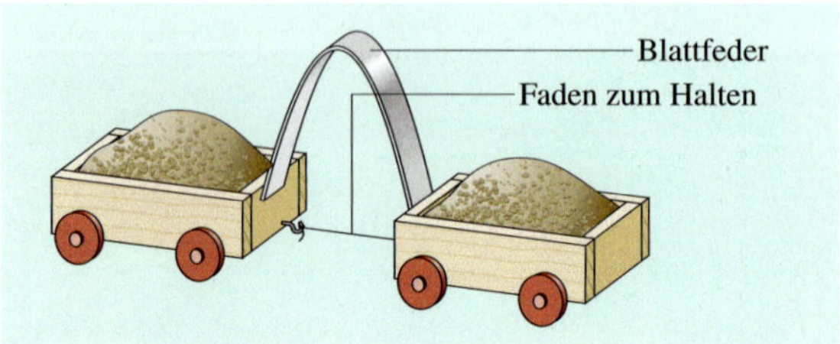

1

2 Bei welchen Kräften kann es sich um ein Paar von Wechselwirkungskräften handeln? ↑2 Begründe.

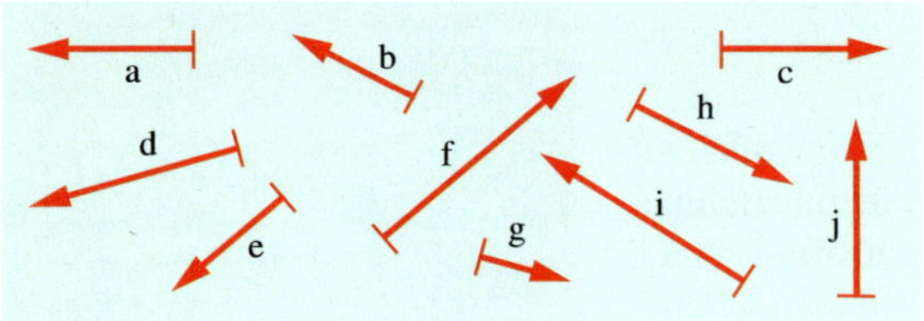

2

3 Gib zu jeder Kraft in den Aufgaben a–d den Wechselwirkungspartner an.

a Gewichtskraft auf einen Stein

b Reibungskraft auf einen durch die Luft geworfenen Ball

c Antriebskraft auf ein anfahrendes Auto

d Antriebskraft auf ein durch eine Schiffsschraube angetriebenes Schiff

4 Hier sind fünf Situationen beschrieben, in denen Kräfte ausgeübt werden:

① Ein Torwart faustet einen Ball über das Tor.
② Ein Kugelstoßer stößt die Kugel.
③ Ein Auto fährt auf eine rote Ampel zu.
④ Ein Autofahrer gibt Gas.
⑤ Ein Magnet lenkt eine rollende Stahlkugel ab.

a Auf welche Körper wird jeweils eine Kraft ausgeübt?

b An welchen Wirkungen erkennst du, dass auf den Körper eine Kraft ausgeübt wird?

5 Auf einen Körper ausgeübte Kräfte erkennt man an der Änderung seiner Geschwindigkeit. Gib an, ob in den folgenden Beispielen die Geschwindigkeit geändert wird, und begründe:

① Eine Radfahrerin rollt mit gleichbleibender Geschwindigkeit eine Rampe hinab.
② Sie fährt eine Kurve, bleibt aber gleich schnell.
③ Sie bremst das Fahrrad ab und kommt zum Stillstand.

6 Wie groß sind die Kräfte in folgendem Bild? ↑3

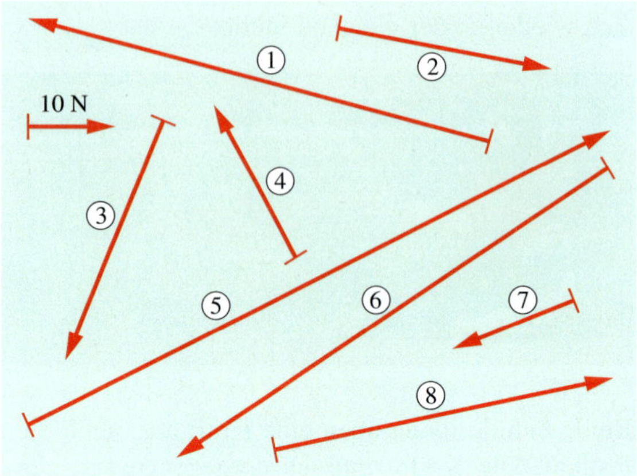

3

7 Familie Berger ist mit dem Boot zurück am Steg angekommen. Der Vater steht am Bug des still schaukelnden Boots und springt nach vorne zum Steg ab. Und was geschieht mit dem Boot? ↑4

4

8 Wechselwirkungen

a Warum sind zwei Kräfte, die ein Kräftegleichgewicht bewirken, nie Wechselwirkungskräfte?

b Damit sich ein Körper in Bewegung setzt, muss eine Kraft in Bewegungsrichtung auf ihn wirken. Diese Kraft kann nur von einem Wechselwirkungspartner hervorgerufen werden.
Welches ist der Wechselwirkungspartner, wenn sich ein Auto, ein Schiff oder ein Flugzeug in Bewegung setzt?
Eine Rakete beschleunigt auch im luftleeren Raum. Welches sind die Wechselwirkungspartner?

c Ein Stein wird hochgeworfen und fällt wieder zu Boden. Beschreibe die Veränderungen in der Bewegung des Steins. Welches sind die jeweiligen Wechselwirkungspartner?

Wechselwirkungen Auf einen Körper wird eine Kraft ausgeübt, wenn es eine mechanische Wechselwirkung zwischen diesem Körper und einem anderen gibt. Dabei fließt Impuls von einem zum anderen Körper.

Kraftwirkungen Erkennbare Wirkungen sind: ↑5
- Änderung der Geschwindigkeit
- Richtungsänderung der Bewegung
- Formänderung

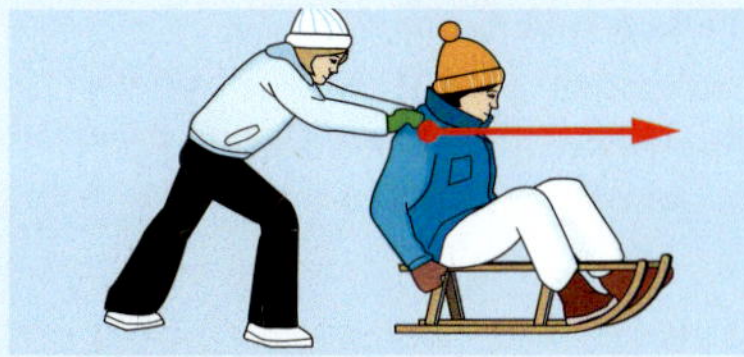

5

Wechselwirkungsgesetz Mechanische Wechselwirkungen werden durch Wechselwirkungskräfte zweier Körper aufeinander hervorgerufen: Die Wechselwirkungskräfte sind immer gleich groß und entgegengesetzt gerichtet. ↑6
Fließt Impuls aus einem Körper heraus, so gibt es immer einen wechselwirkenden Körper, in den der Impuls hineinfließt.

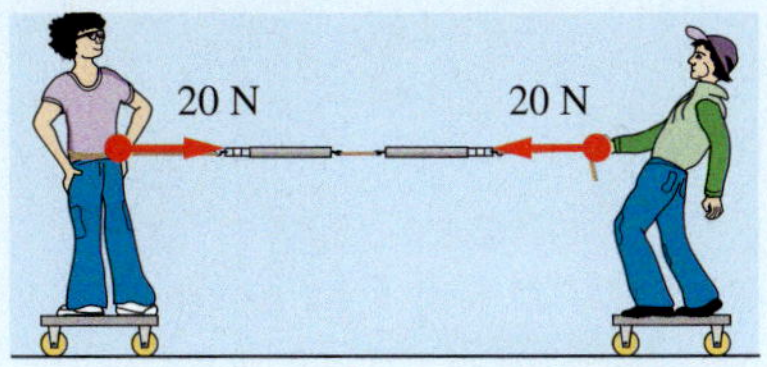

6

Kräftegleichgewicht Wenn auf einen Körper gleichzeitig mehrere Kräfte ausgeübt werden und sich trotzdem weder die Richtung noch der Betrag der Geschwindigkeit ändern, so liegt das daran, dass der Gegenstand im Kräftegleichgewicht ist. ↑7
Die in den Körper hineinfließenden Impulsströme sind dann genauso groß wie die herausfließenden.

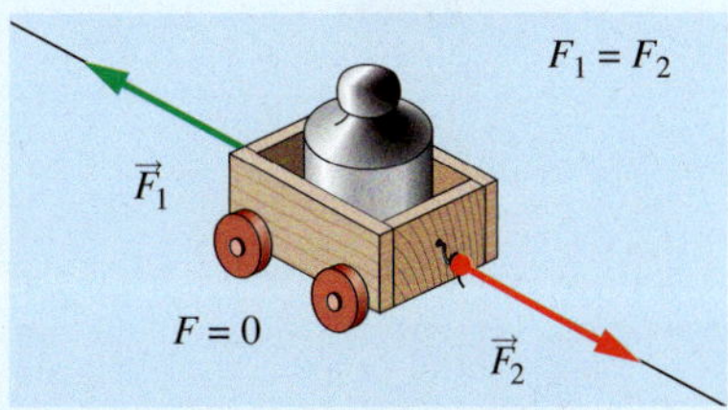

7

Darstellung von Kräften Kräfte werden durch Vektoren dargestellt. Die Pfeilspitze gibt die Kraftrichtung und die Pfeillänge den Betrag der Kraft an. Der Anfangspunkt des Vektors gibt die Stelle des Körpers an, an der die Kraft angreift. ↑8

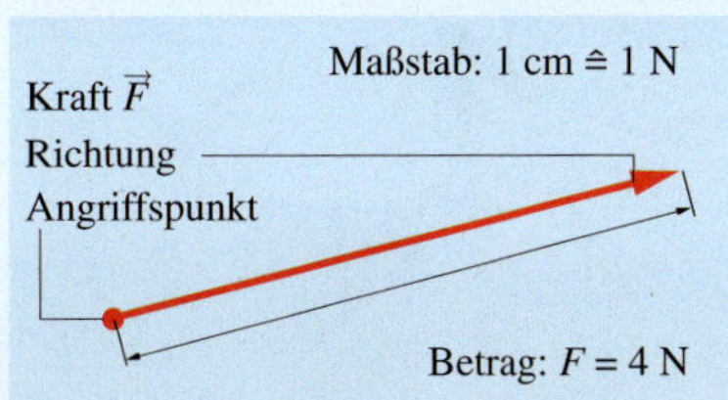

8

Alles klar?

1 Erläutere den Begriff Wechselwirkung am Beispiel des Raketentriebwerks.

2 Vergleiche Wechselwirkungskräfte und Gleichgewichtskräfte.

3 Welche der folgenden Gegenstände sind im Kräftegleichgewicht, welche nicht? Begründe deine Entscheidungen.

a ein schweres Buch, das im Regal steht
b ein Motorrad, das mit konstanter Geschwindigkeit durch eine Kurve fährt
c ein Fahrrad, dessen Fahrer losfährt, nachdem die Ampel auf Grün geschaltet hat
d ein Auto, dessen Fahrer mit seinem Auto zum Überholen ansetzt
e ein Hubschrauber, der mit konstanter Geschwindigkeit eine Zeit lang geradeaus fliegt

Masse und Trägheit

Was haben die herunterfallenden Kisten und der durch die Luft fliegende Dummy gemeinsam? Wirken hier Kräfte?
Ändern sie ihre Bewegungsrichtung oder ihre Geschwindigkeit?

1

2

3

Sind die Kisten auf einem Auto nicht ordnungsgemäß befestigt und ändert sich die Bewegungsrichtung des Fahrzeugs plötzlich, so machen die Kisten diese Richtungsänderung nicht mit. Sie setzen ihre Bewegung zunächst einmal geradlinig fort. ↑1
Ähnlich verhält sich ein Motorradfahrer, dessen Motorrad gegen ein Auto prallt. Das Motorrad ändert seine Geschwindigkeit sehr plötzlich. Der Motorradfahrer bewegt sich aber fast geradlinig weiter. ↑2
Jeder weiß: Wenn man beim Elfmeter einen Fußball auf eine große Geschwindigkeit bringen will, muss man kräftig dagegentreten. ↑3
Um eine bestimmte Geschwindigkeitsänderung zu erzielen, benötigt man manchmal eine große und manchmal eine kleine Kraft.
Wie lässt sich das Verhalten all dieser Gegenstände exakt beschreiben und erklären?
Mit einem Medizinball würde der Elfmeter nicht gut gelingen. Ein Modellauto in Bewegung zu versetzen fällt auch einem kleinen Kind nicht schwer. Für einen großen Pkw reicht seine Kraft jedoch nicht aus. ↑4, 5

4

5

Experimente

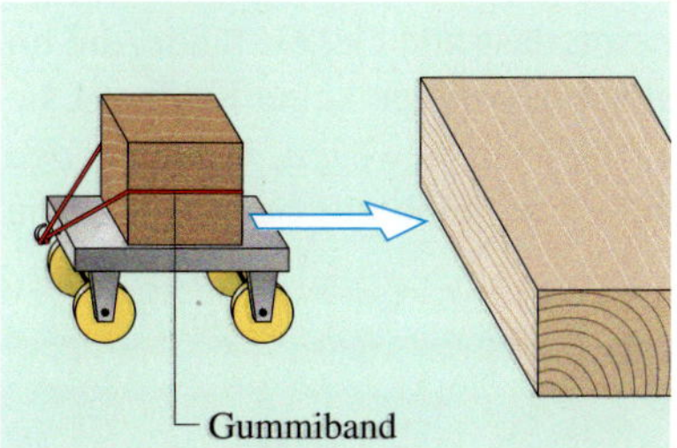

6

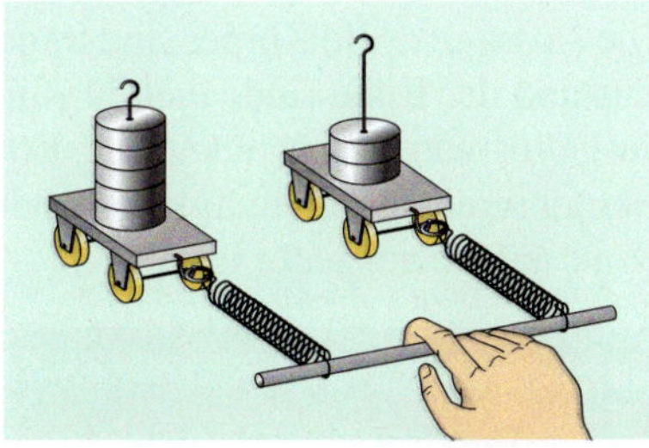
7

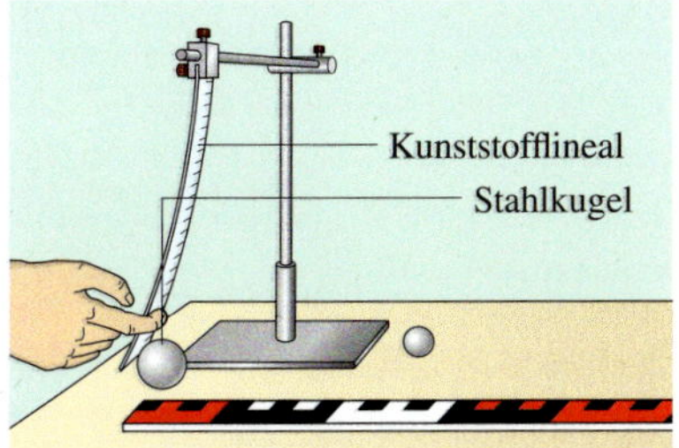

8

1 Wagen und Holzklotz
Ein Wagen und ein Holzklotz sollen ihre Bewegung ändern. Führe folgende Experimente durch:
a Gib dem Wagen einen Stoß, sodass er ruckartig anfährt.
b Lass den Wagen auf ein Hindernis prallen.
c Wiederhole das Experiment mit einem Gummiband als „Sicherheitsgurt“. ↑6
d Ziehe den Wagen mit dem Klotz mit konstanter Geschwindigkeit geradeaus. Lass ihn dann eine enge Kurve durchfahren.
Beschreibe jeweils die Bewegungen von Holzklotz und Wagen. Versuche die Bewegungsänderungen zu erklären.

2 Anziehen zweier Wagen mit verschiedenen Massen
Befestige zwei unterschiedlich schwere Wagen an zwei gleichen Federn, die durch eine Stange verbunden sind. Ziehst du gleichmäßig, ändert sich auch die Geschwindigkeit der beiden Wagen in gleicher Weise. Vergleiche die Verlängerung der beiden Federn. ↑7

3 Beschleunigte Stahlkugeln
Zwei verschieden große Stahlkugeln werden mit gleicher Kraft ruckartig angestoßen. ↑8
Welche der beiden Kugeln erreicht die größere Geschwindigkeit?

Probier 's mal!

1 Der träge Becher
Lege ein Blatt Papier unter einen leeren Becher, der am Tischrand steht.
a Versuche, das Papier wegzuziehen, ohne dass der Becher umkippt oder vom Tisch fällt.
b Wiederhole das Experiment nun mit einem gefüllten Becher.

2 Träge Münzen
Lege eine Postkarte über zwei Stuhllehnen und darauf eine einzelne Münze und zwei zusammengeklebte Münzen. ↑9
Ziehe die Postkarte ruckartig zur Seite. Treffen die zusammengeklebten Münzen eher auf dem Boden auf als die Einzelmünze?

9

3 Der Münzenturm
Baue auf einem glatten Tisch einen Turm aus 20 20-Cent-Münzen. Schiebe so schnell du kannst ein Geodreieck über den Tisch gegen den Münzenturm. Wenn du schnell genug bist, schaffst du es, die untere Münze wegzustoßen, ohne dass der Turm umfällt.

4 Das träge Ei
Was wird passieren, wenn du das Brettchen schnell zur Seite wegziehst? ↑10
Vielleicht übst du zuerst lieber mit einem Apfel statt mit einem Ei.

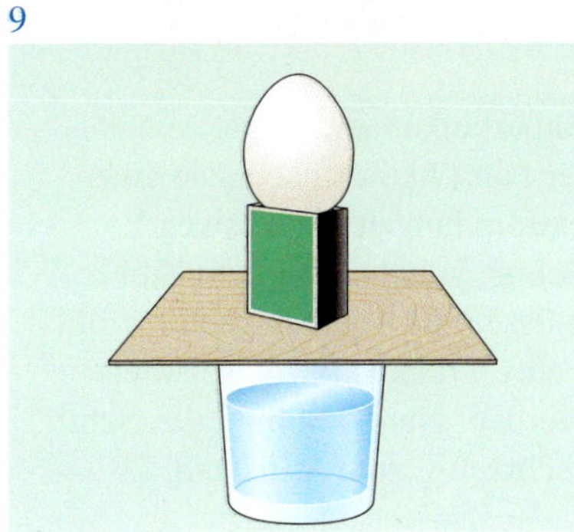
10

GRUNDLAGEN: Trägheit und Bewegungsänderung

Die Aussage „Alle Körper sind träge" meint, dass alle Gegenstände, die im Zustand der Ruhe sind, auch in Ruhe bleiben, solange keine Kraft auf sie ausgeübt wird. Aber auch alle Körper, die sich bewegen, behalten den Betrag ihrer Geschwindigkeit und die Bewegungsrichtung bei, wenn keine Kraft auf sie ausgeübt wird. ↑1

1

2

Die Trägheit beschreibt die Eigenschaft jedes Körpers, seine Bewegung nur dann zu ändern, wenn eine Kraft auf ihn ausgeübt wird.

Bremst ein Bus, so gibt er seinen Impuls in den Boden ab. Können die Passagiere ihren Impuls nicht durch den Bus in den Boden abgeben, so behalten sie ihren Impuls bei und bewegen sich folglich weiter. Sie landen unsanft auf dem Vordermann. Man sagt häufig: „Sie sind zu träge, um der Bewegung des Busses zu folgen." Sie brauchen eine Verbindung zum Bus, um ihren Impuls abgeben zu können. So kann man z. B. durch das Anlegen eines Sicherheitsgurts erreichen, dass der eigene Impuls beim Abbremsen des Buses abfließt. ↑2

Die Trägheit beschreibt die Eigenschaft jedes Körpers, seine Bewegung nur dann zu ändern, wenn Impuls zu- oder abfließt.

Schon gewusst?

Supertanker sind träge. Aus voller Fahrt heraus haben sie einen extrem langen „Bremsweg". Schon 5–10 km vor dem Ziel müssen die Maschinen auf „volle Fahrt – rückwärts" geschaltet werden. Nur so kommt das Schiff rechtzeitig zum Stillstand. ↑3

3

GRUNDLAGEN: Trägheit und Masse

Nicht alle Körper sind in gleichem Maße träge: Um die Geschwindigkeit eines Lastkraftwagens und eines Personenwagens in der derselben Zeit gleich stark zu vergrößern oder zu verkleinern, ist beim Lkw eine viel größere Kraft nötig als beim Pkw. Lässt man dagegen gleich große Kräfte auf Lastkraftwagen und Personenkraftwagen wirken, so ändert sich z. B. die Geschwindigkeit des Lkw viel weniger als die des Pkw.
Der Lkw ist also viel träger als der Pkw. ↑4

4

Wie träge ein Körper ist, wird durch die physikalische Größe Masse beschrieben. Ein Körper, der sehr träge ist, hat eine große Masse. Ein Körper mit geringerer Trägheit hat eine kleinere Masse.

Die Masse eines Körpers gibt an, wie träge er ist. Wenn ein Körper eine doppelt so große Masse wie ein anderer hat, ist eine doppelt so große Kraft erforderlich, um in der gleichen Zeit die gleiche Änderung der Geschwindigkeit zu bewirken. Es muss also auch ein doppelt so starker Impulsstrom in ihn hinein- oder aus ihm herausfließen.

Die Einheit der Masse ist das Kilogramm (kg). Massen werden auch in Milligramm (mg), Gramm (g) und Tonnen (t) angegeben.

1000 mg = 1 g; 1000 g = 1 kg; 1000 kg = 1 t

Wenn ein Körper die Masse 8 kg hat, so bedeutet das, dass er 8-mal so träge ist wie ein Körper von 1 kg Masse. Das heißt: Um die Bewegung beider Körper in gleicher Weise zu ändern, braucht man für den 8-kg-Körper eine 8-mal so große Kraft wie für den 1-kg-Körper.

Die Einheit der Masse wurde früher so gewählt, dass sie der Masse von einem Liter Wasser entsprach. Heute hat man sich international auf die Masse des dargestellten Zylinders geeinigt, der fast die gleiche Masse hat wie ein Liter Wasser. ↑5
Man nennt diesen Körper *Kilogrammprototyp.* Er besteht aus den Metallen Platin und Iridium und wird im Internationalen Institut für Maße und Gewichte in Sèvres bei Paris aufbewahrt.
Die Bundesrepublik Deutschland besitzt – wie andere Staaten auch – eine Kopie des Kilogrammprototyps. Sie wird in der Physikalisch-technischen Bundesanstalt in Braunschweig aufbewahrt.

5

Aus der Technik Sicherheitsgurte sind Lebensretter

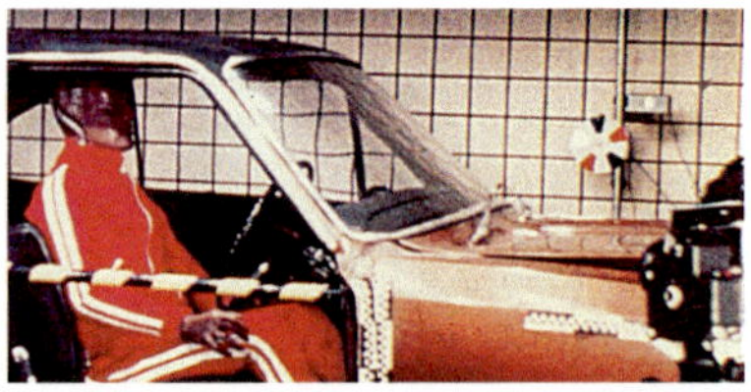
1

2

3

4

5

6

„Einen Sicherheitsgurt anlegen – wozu? Man kann sich doch bei niedrigen Geschwindigkeiten im Stadtverkehr am Lenkrad festhalten.“

Wie gefährlich diese Meinung ist, zeigen die Bildreihen: In beiden Fällen prallt das Auto mit einer Geschwindigkeit von 50 km/h auf ein Hindernis. ↑1–6

In den Bildern ↑1–3 ist die Versuchspuppe nicht angeschnallt. Aufgrund ihrer Trägheit bewegt sie sich mit $v = 50\,\text{km/h}$ einfach weiter und prallt gegen die Windschutzscheibe. Dort wird sie schlagartig abgebremst. Das Fahrzeug selbst kommt nicht sofort zum Stehen. Seine Knautschzone bewirkt, dass es auf einer Strecke von 0,5 m abgebremst wird. Für die Versuchspuppe ist das von Vorteil – aber nur wenn sie vorher angeschnallt wurde. Sie ist dann über den Sicherheitsgurt mit dem Auto verbunden. Dadurch wird sie so lange verzögert, wie die Knautschzone verformt wird. Zusätzlich dehnt sich dabei der Gurt.

Könnte sich nicht ein Autofahrer vielleicht doch noch rechtzeitig vor dem Aufprall abstützen? Nicht einmal bei einer Geschwindigkeit von nur 15 km/h könnte er das! Dann müsste er eine Kraft von 5000 N aufbringen, was selbst stärkste Gewichtheber nicht schaffen würden. Bei 50 km/h müsste er sich sogar mit einer Kraft von 25 000 N abstützen – eine Kraft, mit der man 2–3 Autos hochheben könnte. Ohne Sicherheitsgurt fliegt der Autofahrer also unweigerlich gegen die Windschutzscheibe.

Beim Heckaufprall reicht der Schutz durch den Sicherheitsgurt nicht aus. Man wird dabei nach vorn geschleudert, der Kopf bleibt infolge der Trägheit zurück. Ohne Schutzeinrichtung würde die Halsmuskulatur überdehnt und es käme zu Verletzungen der Nackenwirbel. ↑7

Die Verletzungsgefahr wird durch eine richtig angebrachte Nackenstütze verringert. Sie sorgt dafür, dass Kopf und Körper gemeinsam beschleunigt werden.

Für Zweiradfahrer ist der Schutzhelm unentbehrlich. Als „Knautschzone“ wirkt die innere Schutzpolsterung des Helms; bei einem Aufprall beträgt so die Verzögerungsstrecke für den Kopf wenigstens einige Zentimeter. Zusätzlichen Schutz bietet der Helm beim Aufprall auf Spitzen und Kanten. ↑9

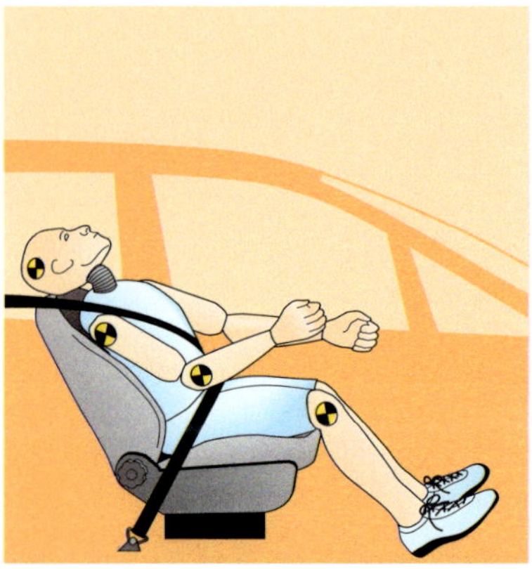
7

8 Airbags bilden eine zusätzliche „Knautschzone“.

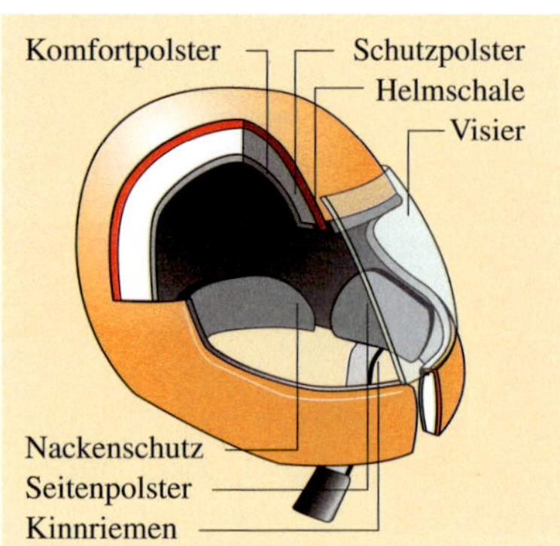

9

GRUNDLAGEN: Die Gewichtskraft

Wenn man einen Ball an einen Kraftmesser hängt, wird der Kraftmesser verformt. Wenn man den Ball loslässt, fällt er zur Erde. Die Ursache für das Verhalten des Balls: Auf den Ball wirkt eine *Gewichtskraft*. Auf den Ball wird nicht nur eine Kraft ausgeübt, der Ball übt auch selbst eine Kraft auf einen Wechselwirkungspartner aus. Das wird deutlich, wenn man sich das Geschehen aus der Weltraumperspektive anschaut. Überall auf der Erde werden die Körper zur Erde hingezogen, auch in Australien. Der Wechselwirkungspartner kann nur die Erde selbst sein. Das bedeutet aber, dass unser Ball die Erde mit einer genauso großen Kraft anzieht, wie er von der Erde angezogen wird. ↑10, 1 S. 162

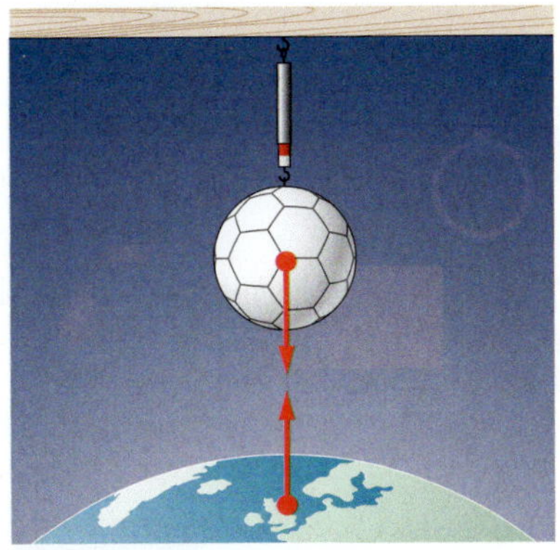

10

11 Auf der Erde kann der Astronaut seine Ausrüstung kaum anheben.

12 Auf dem Mond lässt sich die gleiche Ausrüstung mühelos tragen.

Auf dem Mond kann die Gewichtskraft auf einen Gegenstand nur durch die Wechselwirkung zwischen Mond und Gegenstand hervorgerufen werden. Daher kann es nicht überraschen, dass die Gewichtskraft auf dem Mond eine andere ist als die Gewichtskraft auf der Erde. ↑11, 12

Die Gewichtskraft auf einen Körper hängt nicht nur vom Wechselwirkungspartner des Körpers ab, sondern auch davon, wie weit dieser Wechselwirkungspartner entfernt ist. Entfernt man sich mit einem Raumschiff von der Erde, stellt man fest, dass die Kraft auf das Raumschiff umso kleiner wird, je weiter es von der Erde entfernt ist.
Genaue Messungen zeigen auch, dass die Gewichtskraft auf der Erdoberfläche nicht immer exakt gleich ist. Alle Körper werden an den Polen der Erde etwas stärker angezogen als am Äquator.

■ **Die Gewichtskraft ist ortsabhängig.**

Wenn man auf dem Mond Fussball spielen würde, brauchte man die gleiche Kraft wie auf der Erde, um den Ball auf eine bestimmte Geschwindigkeit zu bringen. Um die Bewegung eines Körpers in einer bestimmten Weise zu ändern, ist überall die gleiche Kraft erforderlich, ein Körper hat also überall die gleiche Trägheit.

■ **Die Masse ist ortsunabhängig.**

Schon gewusst?

Masse und Gewichtskraft sind völlig unterschiedliche physikalische Größen. Das wird im Bericht des amerikanischen Astronauten NEIL ARMSTRONG, dem ersten Menschen auf dem Mond, deutlich: „Auch mit den veränderten Schwereverhältnissen mussten wir erst einmal vertraut werden. Auf dem Mond fände es ein Astronaut gar nicht so schwierig, Sprünge bis zu 6 m Höhe zu machen. Aber er darf nicht vergessen, dass die Masse des Körpers die gleiche bleibt. Der Aufprall auf einen Mondfelsen würde genauso wehtun wie der Aufprall auf einen Felsbrocken hier auf der Erde.“

Ortsfaktoren an der Oberfläche von Himmelskörpern

Himmelskörper	g in $\frac{N}{kg}$
Erde	
– Äquator	9,78
– Mitteleuropa	9,81
– Nord-, Südpol	9,83
Mond	1,62
Merkur	3,70
Venus	8,87
Mars	3,93
Jupiter	23,31
Saturn	9,28
Uranus	9,00
Neptun	11,60

1

Lässt man ein 10-Cent-Stück und zwei zusammengeklebte 10-Cent-Stücke gleichzeitig fallen, stellt man fest, dass beide gleichzeitig am Boden ankommen. Das ist zunächst vielleicht ein wenig überraschend, denn schließlich ist die Kraft auf die zwei Geldstücke doppelt so groß wie auf ein einzelnes Geldstück. ↑2

Auch drei Geldstücke fallen genauso schnell wie ein einzelnes.

Erklären kann man diese Beobachtung so: Drei Geldstücke haben auch die dreifache Masse und sind damit dreimal so träge. Es ist also auch eine dreimal so große Kraft erforderlich wie bei einem einzigen Geldstück, um die Bewegung beider Körper in gleicher Weise zu verändern.

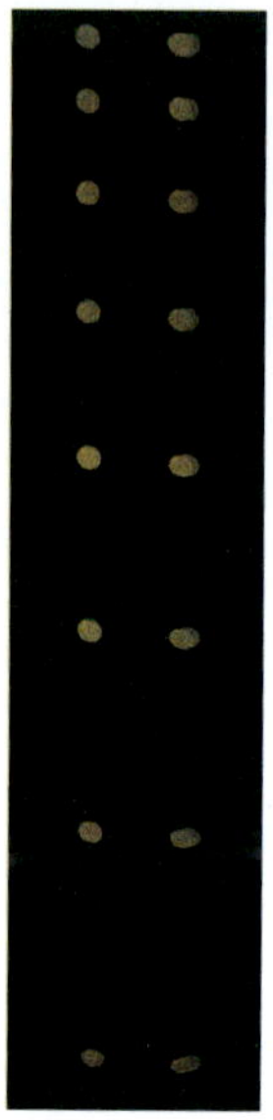

2

Die Masse von Körpern ist proportional zu ihrer Gewichtskraft. Ein Körper mit doppelter Gewichtskraft ist auch doppelt so träge wie der Vergleichskörper.

Es gilt also: $F_G \sim m$ und damit auch $\frac{F_G}{m} = \text{konstant}$.

Die Konstante wird mit dem Buchstaben g bezeichnet.

Da F_G ortsabhängig ist, m aber nicht, muss g an verschiedenen Orten unterschiedlich groß sein. ↑Tabelle S. 161

g wird daher als *Ortsfaktor* bezeichnet.

■ **Für die Gewichtskraft eines Körpers gilt: $F_G = m \cdot g$.**

Lässt man auf dem Mond und auf der Erde einen Stein aus der gleichen Höhe fallen, dauert es auf dem Mond länger als auf der Erde, bis er am Boden ankommt. Die Gewichtskraft auf den Stein ist auf dem Mond kleiner als auf der Erde. Dagegen ist die Masse des Steins auf dem Mond und der Erde gleich. Die kleinere Gewichtskraft bewirkt eine geringere Änderung der Bewegung des Körpers.

Experimente

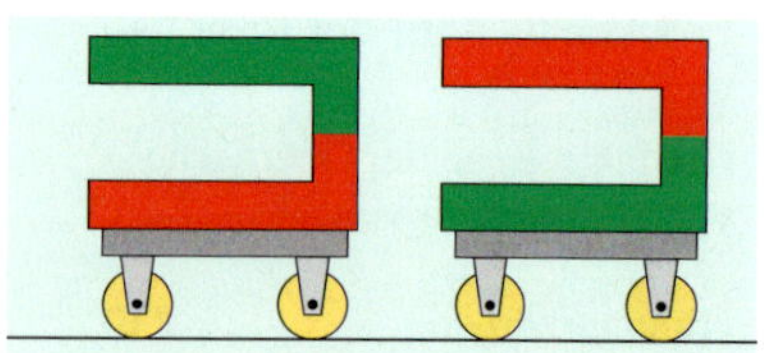

3

1 Wagen mit Magneten

Auf zwei beweglichen Wagen wird jeweils ein Hufeisenmagnet befestigt. ↑3

a Setze einen Wagen durch den anderen so in Bewegung, dass sich die Wagen nicht berühren. Welche Möglichkeiten gibt es?

b Beschreibe den Impulsfluss in den Experimenten.

2 Fallbewegungen

a Lass einen kleinen und einen großen Stein aus ca. 2 m Höhe gleichzeitig fallen. Was kannst du über ihre Gewichtskraft, ihre Fallgeschwindigkeit und ihren Impuls aussagen?

b Lass einen Stein und einen Fallschirm aus ca. 2 m Höhe fallen. Beobachte und erkläre die Fallbewegung des Fallschirms mit den Größen Geschwindigkeit, Kraft und Impuls.

c Sowohl im ↑Experiment 1 als auch in den ↑Experimenten 2a, b ist keine Leitung erkennbar, durch die eine Kraft übertragen bzw. der Impuls in die bewegten Gegenstände fließen kann.
Wodurch werden dann Kraft bzw. Impuls übertragen?

GRUNDLAGEN: Die Feldvorstellung

Warum dreht sich der Mond um die Erde und warum bewegen sich die Planeten um die Sonne? Die Antwort erscheint uns naheliegend: Weil der Mond von der Erde und die Planeten von der Sonne angezogen werden. Noch im 18. Jahrhundert war diese Antwort keineswegs selbstverständlich. Man konnte sich nämlich nicht vorstellen, dass Körper, die sich nicht berühren, Kräfte aufeinander ausüben können. Das gleiche Problem wie bei Erde und Mond gibt es auch bei zwei Magneten: Auch diese üben ohne direkte Verbindung Kräfte aufeinander aus. Wie soll das funktionieren? ↑4

4

Der Wechselwirkungspartner eines fallenden Apfels ist die Erde. Der Apfel wird beschleunigt, da Impuls aus der Erde in den Apfel fließt. Zwischen den beiden gibt es jedoch keine Verbindung, wie kann der Impuls dann fließen? Ist bei der Kraftübertragung oder dem Impulsfluss der Raum zwischen den Körpern auf irgendeine Weise beteiligt, oder spielt er keine Rolle? Die Vorstellung, dass der Raum nicht beteiligt ist, nennt man Fernwirkungstheorie.
Michael Faraday löste diese Vorstellung durch eine neue Theorie ab, die dem Raum zwischen den Körpern eine wichtige Rolle zuweist. In seiner Vorstellung sind z. B. die Erde oder die Sonne von Feldern umgeben. Der fallende Apfel und der Mond spüren also nicht direkt die Erde, sondern das Feld der Erde an dem Punkt, an dem sie sich befinden. Die Anziehungskraft der Erde wird durch das Feld an Mond und Apfel vermittelt. Folglich fließt der Impuls durch das Feld aus der Erde in den Apfel oder den Mond. Nach dem Wechselwirkungsgesetz ziehen aber auch Apfel und Mond die Erde an. Also sind auch sie von einem Feld umgeben, in dem sich die Erde befindet und eine Kraft erfährt.
Bei Magneten funktioniert es genauso. Nur sind Erde und Mond von einem Gravitationsfeld umgeben und die Magnete von einem Magnetfeld.

In jedem Punkt eines Gravitationsfelds wird eine Kraft auf eine Masse ausgeübt. In jedem Punkt eines Magnetfelds wird eine Kraft auf einen Magneten ausgeübt. Der dabei fließende Impulsstrom wird von den Feldern weitergeleitet.

Die Feldvorstellung hat sich bei der Erklärung vieler physikalischer Phänomene bewährt.

Aus der Natur Die seltsame Bewegung des Kometen Halley

Der Komet *Halley* wurde im Mittelalter als „Agent des Teufels" gefürchtet. Heute wissen wir, dass er ein 15 km großer, schmutziger Schneeball ist. Der Komet fliegt auf einer lang gestreckten Bahn durch das Sonnensystem. Alle 76 Jahre kommt er dicht an Sonne und Erde vorbei. ↑1, 2

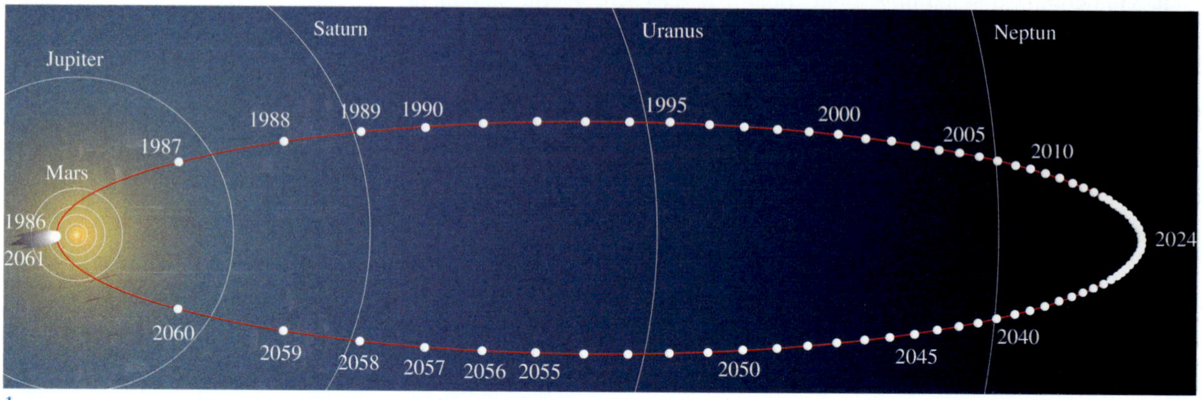

1

2

Auch der Komet Halley bewegt sich im Gravitationsfeld der Sonne. Auf ihn wirkt in jedem Punkt seiner Bahn die Gravitationskraft der Sonne. Sie ist immer zur Sonne hin gerichtet. ↑3

Nähert sich Halley der Sonne, so wirkt die Kraft in Flugrichtung. Der Komet wird beschleunigt. ①

In der Nähe der Sonne wirkt die Kraft quer zur Flugrichtung. Der Komet fliegt eine enge Kurve. ②

Entfernt sich Halley von der Sonne, so wirkt die Kraft entgegengesetzt zur Flugrichtung. Der Komet wird gebremst. ③

Halley ist nicht schnell genug, um an den Rand des Sonnensystems zu gelangen. Die Gravitationskraft holt ihn daher wieder zurück. ①

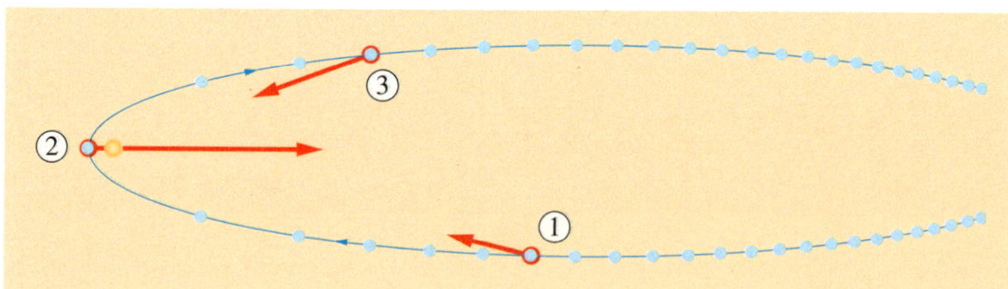

3

Aufgaben

1 Bei welchen Fahrmanövern von Bussen ist es wichtig, dass sich stehende Fahrgäste gut festhalten? Begründe physikalisch.

2 Ein mit Wasser gefüllter Teller wird ruckartig angeschoben bzw. mit konstanter Geschwindigkeit bewegt und dann abrupt angehalten.
Überlege, nach welcher Seite das Wasser jeweils überschwappt.

3 Berechne die Gewichtskräfte, die auf einen Sperling (30 g), eine E-Lok (90 t) und einen Menschen (70 kg) in Mitteleuropa, am Äquator und am Nordpol wirken.

4 Am Äquator zeigt ein Federkraftmesser, an dem ein Beutel mit Sand hängt, 100 N an. Muss man am Nordpol Sand herausnehmen oder hinzufügen, damit der Federkraftmesser ebenfalls 100 N anzeigt?

Kräfte messen

4

Vor dem Bau der Drahtseilbahn muss berechnet werden, welche Abmaße die Seile haben müssen, damit sie die Gondel sicher tragen. Wie kann man Kräfte messen?

Experimente

1 Kräftevergleich
Vergleicht mit einem Expander (oder mit einem Fahrradschlauch) eure Kräfte. (Achtung: Den Expander gut befestigen, damit er nicht abrutscht! Nehmt beim Fahrradschlauch das Ventil zwischen die Finger.) ↑5

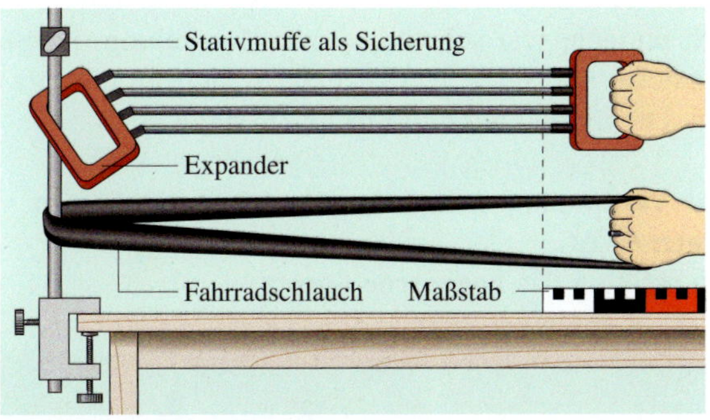

5

a Woran erkennst du, wer mit einer großen und wer mit einer kleinen Kraft zieht?
b Wann kann man sagen: „Zwei Schüler üben die gleiche Kraft aus“?
c Welche Eigenschaft von Expander und Schlauch wird bei diesem Vergleich genutzt?
d Wie könnte man feststellen, dass ein Schüler doppelt so stark zieht wie ein anderer?

2 Das Messgerät – selbst gebaut
Baue mithilfe einer Schraubenfeder aus Stahl ein Messgerät für die Kraftmessung. Dazu benötigst du noch mehrere gleiche Wägestücke. ↑6

a Überprüfe mithilfe der Anordnung, ob die Gewichtskräfte auf die Wägestücke gleich groß sind. Beschreibe, wie du vorgegangen bist.
b Um Messungen durchzuführen, muss man für die Feder eine Skala herstellen, auf der die Messwerte abgelesen werden können.
Stelle eine Skala für die Feder her.
c Um genauer messen zu können, muss man den Bereich zwischen zwei Skalenstrichen weiter unterteilen. Wie gehst du vor?
d Miss die Gewichtskraft auf dein Schreibetui.
e Informiere dich über die international gebräuchliche Einheit für die Kraft. (↑Siehe auch folgende Seite im Lehrbuch.)

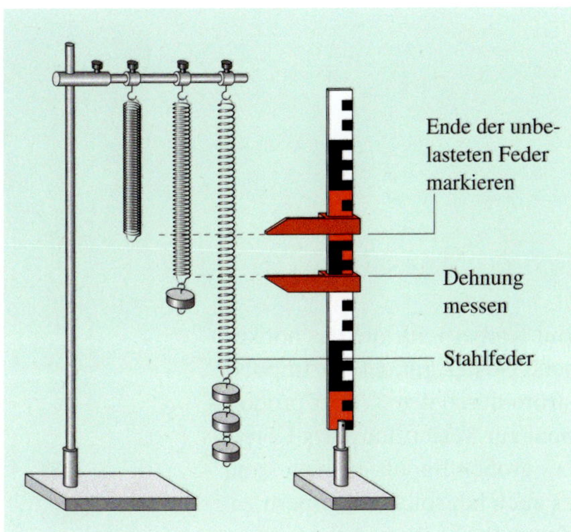

6

GRUNDLAGEN: So werden Kräfte gemessen

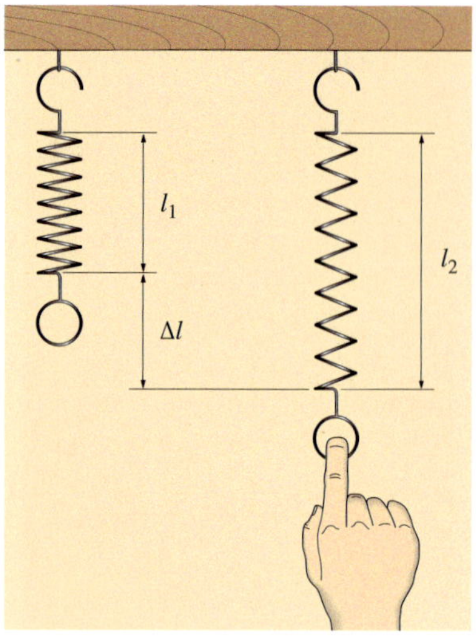

1 Längenänderung einer Feder

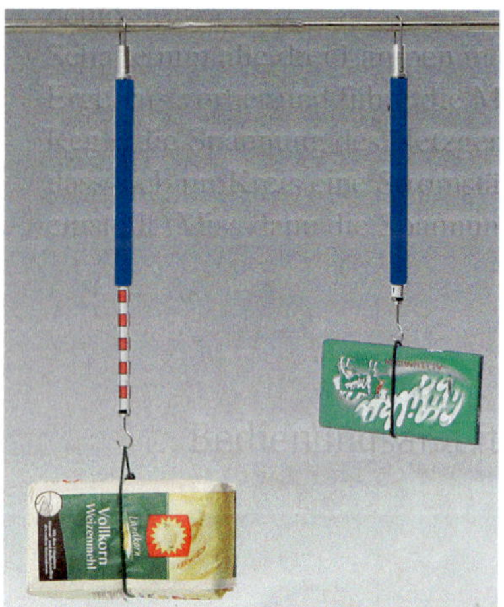

2

Je stärker man an einer Schraubenfeder zieht, desto länger wird sie. Diese Eigenschaft nutzt man, um Kräfte zu messen. Man hat festgelegt:
Zwei Kräfte sind gleich groß, wenn sie eine Schraubenfeder um die gleiche Strecke verlängern.
Mit dieser einfachen Regel kann man sich viele Wägestücke herstellen, auf welche die gleiche Gewichtskraft ausgeübt wird. Um eine Skala herzustellen, hängt man nun ein Wägestück nach dem anderen an die Feder und markiert die jeweilige Länge der Feder. Als zweite Regel hat man vereinbart, dass die Gewichtskraft auf 2, 3, … Wägestücke auch 2-, 3-mal usw. so groß ist wie die Gewichtskraft auf ein einzelnes.

Schaut man sich das Ergebnis an, stellt man fest, dass die Markierungen völlig gleichmäßig in immer gleichem Abstand aufeinanderfolgen. Das bedeutet, dass die Längenänderung Δl proportional ist zur ausgeübten Kraft ($\Delta l \sim F$), oder anders formuliert: Um die Feder doppelt so weit auszulenken, ist eine doppelt so große Kraft nötig ($F \sim \Delta l$).

Man kann die Skala gleichmäßig unterteilen, z. B. den Abstand zwischen zwei Markierungen jeweils in 10 gleiche Teile. Wenn man dann einen Stein an die Feder hängt und sich die Feder um 2,4 Skalenteile verlängert, heißt das, dass die Gewichtskraft auf den Stein 2,4-mal so groß ist wie die Gewichtskraft auf eines der verwendeten Wägestücke.

Auf diese Weise kann man sich überall auf der Welt einen Kraftmesser bauen. Damit alle diese Kraftmesser gleiche Messergebnisse liefern, muss man sich aber noch einigen, wie schwer die zur Herstellung der Skala verwendeten Wägestücke sein sollen, d. h., man muss sich auf die verwendete Einheit einigen. Die Einheit der Kraft ist das Newton (1 N).

Wenn Kraft und Verformung proportional sind, spricht man vom hookeschen Gesetz: $F \sim \Delta l$.
Schraubenfedern erfüllen das hookesche Gesetz.

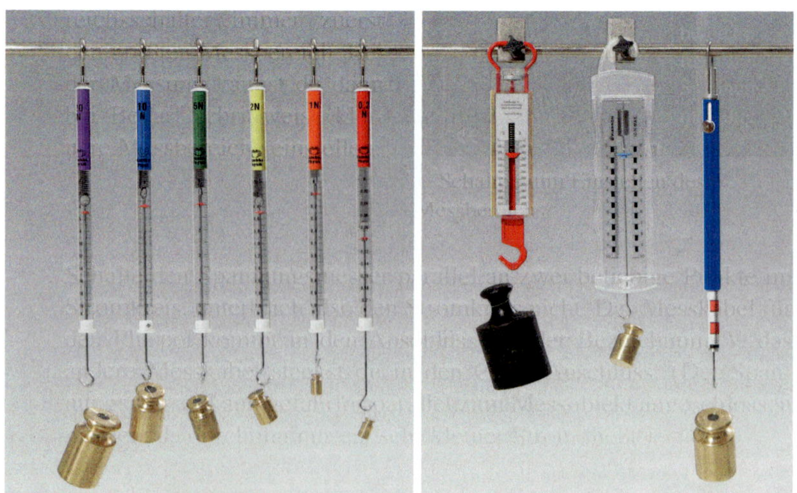

3 Federkraftmesser mit unterschiedlichen Messbereichen

Schon gewusst?

Bei Körpern, für die das hookesche Gesetz gilt, ist der Impulsstrom durch den Körper proportional zur Verformung des Körpers. bei großen Impulsströmen kann es auch bei solchen Körpern zu Zerstörung kommen.

Dieses Gesetz wurde nach dem englischen Wissenschaftler ROBERT HOOKE (1635–1703) benannt. Die Proportionalität gilt nur, solange die Feder nicht bleibend verformt wird. Proportionalität von F und Δl heißt auch, dass der Quotient von F und Δl konstant ist:

$$\frac{F}{\Delta l} = konstant = D.$$

D wird als Federkonstante (Federhärte) bezeichnet. Die Federkonstante wird in der Einheit N/m oder N/cm gemessen. Beträgt die Federkonstante 5 N/cm, bedeutet das, dass eine Vergrößerung der Kraft um 5 N eine Verlängerung der Feder um 1 cm bewirkt.

Zur Federung von schweren Güterwagen benötigt man andere Federn als zum Abfedern der Stöße beim Fahrradfahren oder zum Einbau in Kugelschreibern. Je größer die wirkenden Kräfte und je geringer die Auslenkung sein soll, desto härter muss die Feder sein. Die Bilder zeigen unterschiedlich harte Federn. ↑4, 5, 6

Das hookesche Gesetz gilt bei den meisten elastischen Körpern nur für kleine Verformungen. Untersucht man die Verformung eines Gummibands, stellt man fest, dass hier das hookesche Gesetz nicht gilt. ↑8

4

5

6

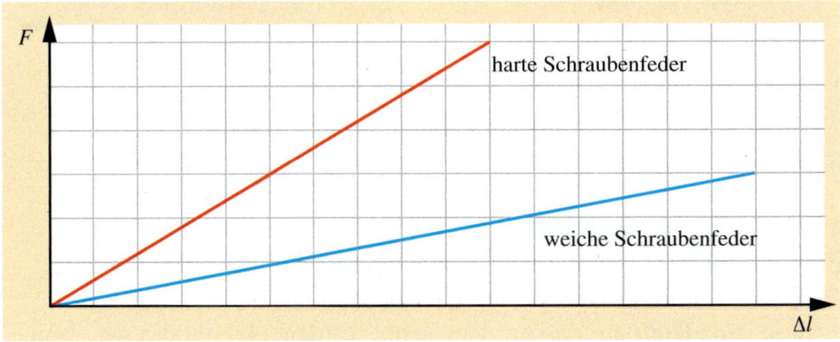

7 Längenänderung von unterschiedlichen Schraubenfedern, für die das hookesche Gesetz gilt. Bei der gleichen Kraft ändert sich die Länge von harten Federn weniger als die von weichen.

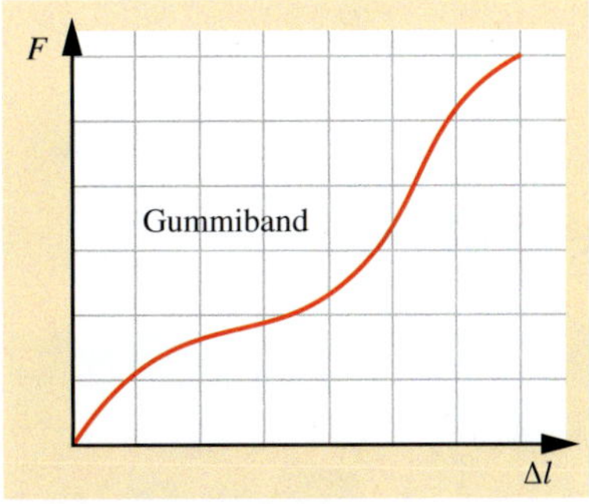

8 Längenänderung von einem Gummiband. Hier gilt nicht das hookesche Gesetz.

9 Aufbau eines Federkraftmessers

Aus der Technik Materialprüfung

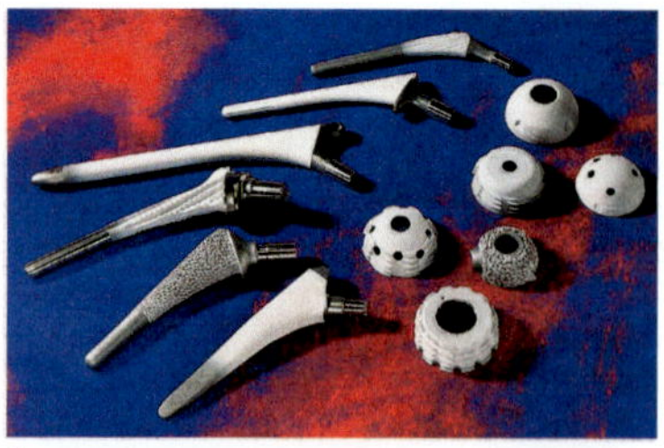
1

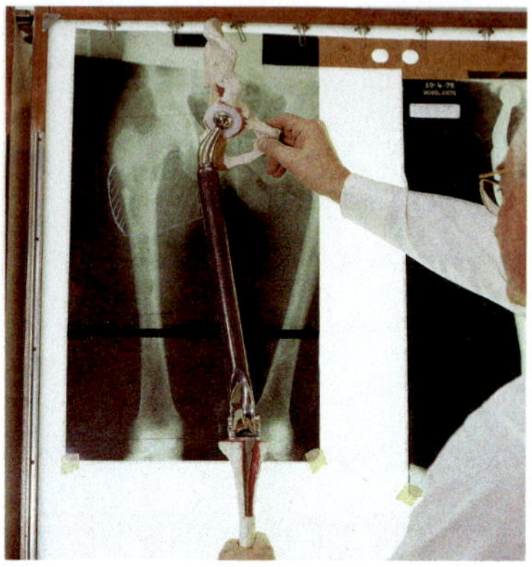
2

Gesundheit und Lebensqualität hängen entscheidend von der Beweglichkeit eines Menschen ab. Bei vielen älteren, aber auch bei jungen Menschen wird die Fähigkeit zur Bewegung durch Abnutzung der Gelenke eingeschränkt. Durch schwere Unfälle können Knochen geschädigt oder zerstört werden. Künstliche Gelenke geben diesen Menschen ihre Beweglichkeit zurück. Dabei werden künstliche Gelenke, die aus keramischen Werkstoffen und Metall bestehen, direkt in den gesunden Knochen eingepflanzt. ↑1

Für Mediziner und Forscher stellt sich die Aufgabe, Materialien zu entwickeln und zu prüfen, die sehr stabil sind und vom menschlichen Gewebe nicht abgestoßen werden. Sie müssen so im Knochen verankert werden, dass sie fest sitzen, und es muss aber auch ein späterer Wechsel wieder möglich sein. ↑2

Am Institut für Werkstoffwissenschaft der Martin-Luther-Universität Halle-Wittenberg entwickelte man spezielle Prüfverfahren: Mithilfe einer Testnadel ermittelt man die maximale Kraft, mit der Knochen und Implantat belastet werden können. ↑3

Im Belastungsdiagramm kann man erkennen, bei welcher Kraft sich Implantat und Knochen zu trennen beginnen. Außerdem können die Wissenschaftler ermitteln, wie viel Energie Knochen und Implantat aufnehmen können, ohne zerstört zu werden. ↑4

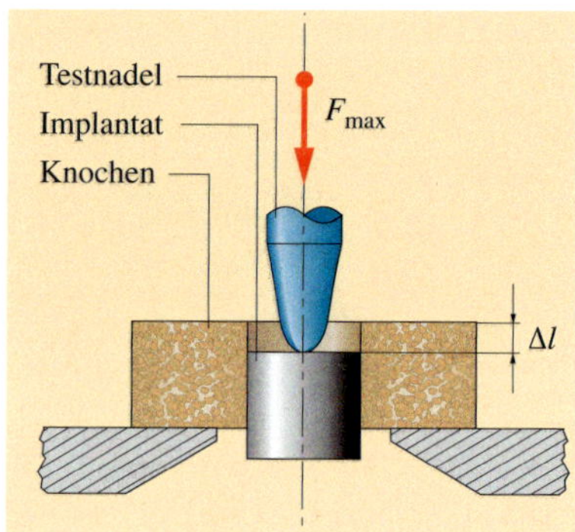

3

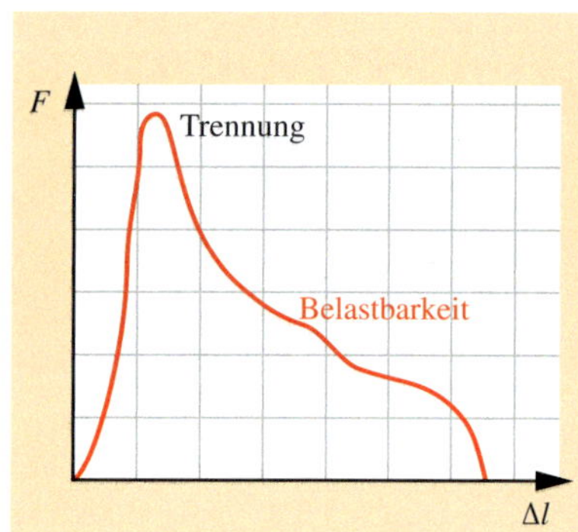

4

Aufgaben

5

1 Warum ist das unmöglich? ↑5

2 Wenn ein Auto mit konstanter Geschwindigkeit geradeaus auf einer ebenen Autobahn fahren soll, muss es angetrieben werden. Wieso muss eine Kraft auf das Auto ausgeübt werden, obwohl das Auto seine Geschwindigkeit nicht verändert?

3 Springt ein Fallschirmspringer aus dem Flugzeug, nimmt seine Geschwindigkeit zunächst rasch zu. Nach etwa 10 s erreicht er, noch mit geschlossenem Fallschirm, eine bestimmte Höchstgeschwindigkeit (ca. 200 km/h). Seine Geschwindigkeit ändert sich dann nicht mehr. Kurz nachdem sich der Fallschirm entfaltet hat, fällt er mit einer gleichbleibenden Geschwindigkeit von 20 km/h. Erkläre, wie es zu diesem Bewegungsablauf kommt.

Aufgaben

4 Im Bild sind Kräfte maßstäblich dargestellt. ↑6
a Ermittle, welche Beträge diese Kräfte haben.
b Zeichne im gleichen Maßstab Kräfte mit folgenden Beträgen in dein Heft:
0,8 N; 1,5 N; 5 N; 10 N; 10,8 N.

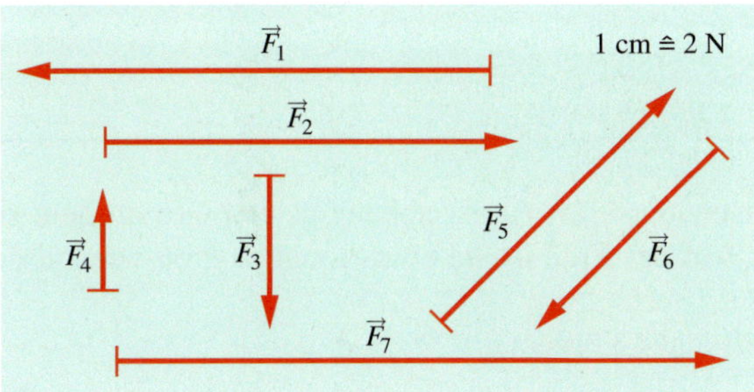

6

5 Drei gleich lange Kraftmesser haben ganz unterschiedliche Messbereiche: 0 N bis 1 N, 0 N bis 10 N und 0 N bis 100 N.
a Welcher Kraftmesser hat die härteste Feder?
b Wenn mit einer Kraft von 1 N an den Kraftmessern gezogen wird, verlängern sie sich um 1 mm, 1 cm, 10 cm. Welche Verlängerung gehört zu welchem Kraftmesser? Begründe deine Antwort.

6 Die Feder eines Personenkraftwagens hat eine Federkonstante von 24 N/mm. ↑7

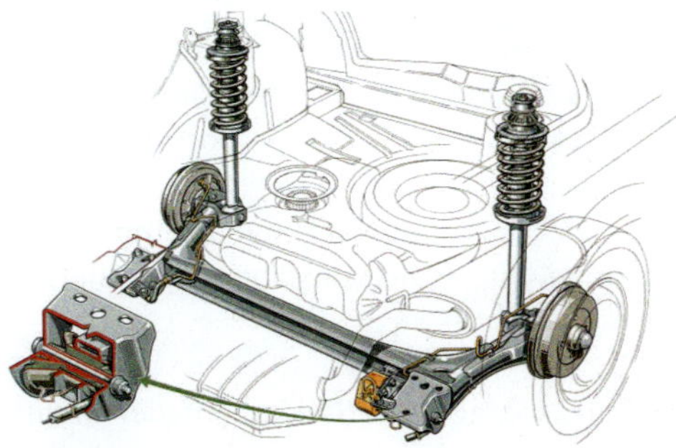

7

a Die Feder soll um 1,2 cm auseinandergezogen werden. Wie groß muss die Kraft sein?
b Der Pkw wird beladen. Die Gewichtskraft auf die Ladung beträgt 3600 N und verteilt sich gleichmäßig auf vier Federn. Um welche Strecke wird jede Feder zusammengedrückt?

7 Die Feder eines Kugelschreibers hat eine Federkonstante von 2 N/cm.
a Was kannst du über die Verlängerung bei einer Kraft von 50 N sagen?
b Worauf muss man bei Anwendung des hookeschen Gesetzes achten?

8 Im Diagramm ist für drei Stahlfedern der Zusammenhang von Kraft und Verlängerung der Federn dargestellt. ↑8

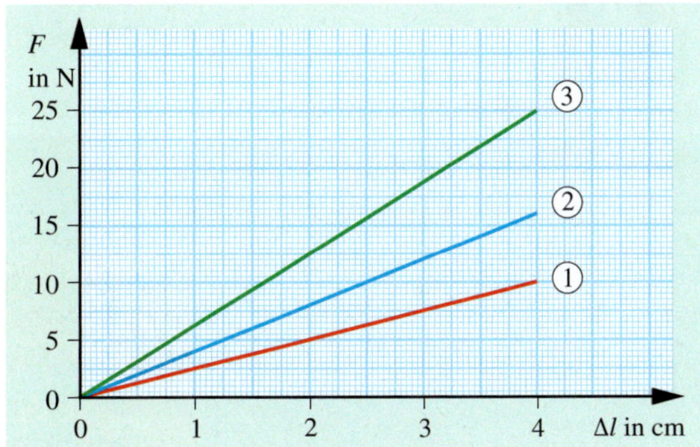

8

a Bestimme die Federkonstanten.
b Welche der Geraden gehört zur härtesten bzw. weichsten Feder?
c Wie kann man aus dem Diagramm erkennen, ob eine Feder härter oder weicher als eine andere ist? Wie unterscheiden sich ihre Federkonstanten?

9 Bei einem Gummiband und einer Stahlfeder wurde die Verlängerung in Abhängigkeit vom Betrag der Kraft gemessen. Dabei ergaben sich die folgenden beiden Messreihen:

F in N	Δl_1 in cm	Δl_2 in cm
0,0	0,0	0,0
0,2	0,8	1,7
0,4	1,6	2,4
0,6	2,5	2,7
0,7	?	?
0,8	3,3	3,0
1,0	4,2	4,7
1,1	?	?
1,2	5,0	8,1
1,4	5,8	11,5

a Stelle die beiden Messreihen in einem Δl-F-Diagramm dar.
b Welche Messreihe gehört zur Stahlfeder, welche zum Gummiband?
Begründe deine Antwort.
c Ermittle mithilfe des Diagramms die fehlenden Werte.
d Bestimme die Federkonstante der Stahlfeder.

Auf einen Blick

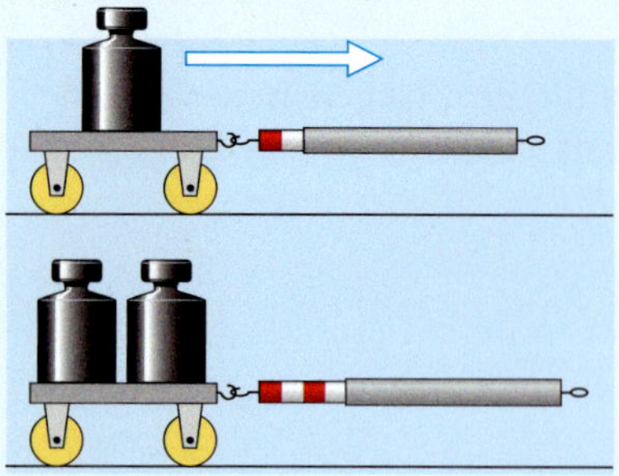

1

Masse Die Masse m eines Körpers gibt an, wie träge er ist. Wenn ein Körper eine doppelt so große Masse wie ein anderer hat, ist eine doppelt so große Kraft erforderlich, um seine Geschwindigkeit ebenso schnell zu ändern. ↑1

Die Einheit der Masse ist das Kilogramm (kg).

Die Masse eines Körpers ist überall gleich groß.

Gewichtskraft Die Gewichtskraft F_G ist abhängig vom Ort, an dem sich der Körper befindet. Auf der Erde ist sie etwa 6-mal so groß wie auf dem Mond.

Für die Gewichtskraft eines Körpers gilt: $F_G = m \cdot g$.

g – Ortsfaktor

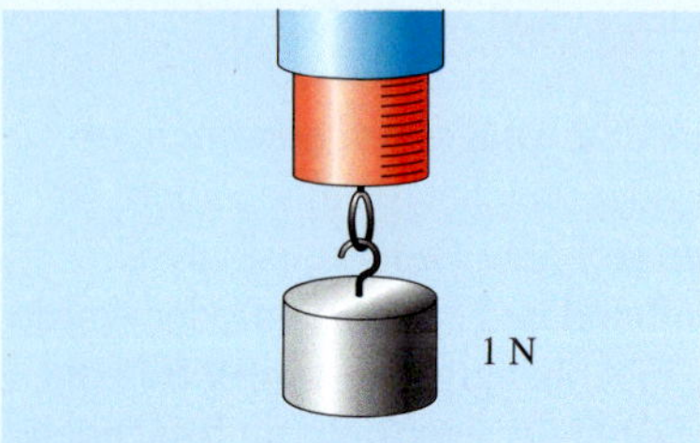

2

Kraftmessung Wenn man Schraubenfedern mit einer Skala versieht, kann man damit Kräfte messen. Damit nicht alle Kraftmesser unterschiedliche Werte anzeigen, benötigt man eine für alle verbindliche Einheit. Diese Einheit ist 1 N (1 Newton). ↑2

Die Gewichtskraft auf einen Liter Wasser ist so groß wie die Gewichtskraft auf ein Wägestück mit der Aufschrift 1 kg. In beiden Fällen beträgt die Gewichtskraft ungefähr 10 N.

1 N ist die Gewichtskraft auf 0,1 Liter Wasser.

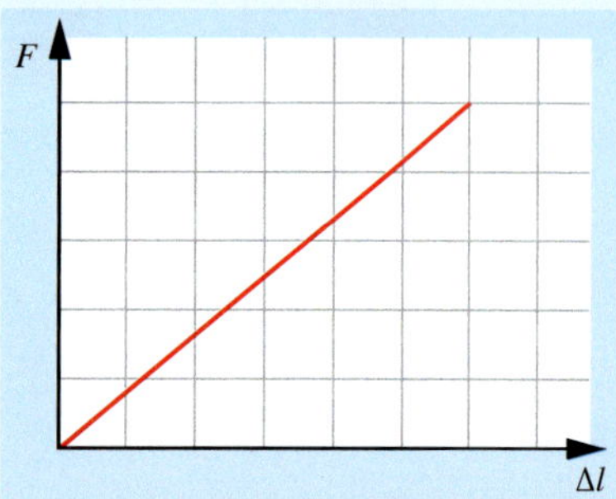

3

Hookesches Gesetz Die Länge von Schraubenfedern ändert sich, wenn eine Kraft auf sie ausgeübt wird. Um eine bestimmte Längenänderung Δl zu erreichen, benötigt man eine Kraft F, die proportional ist zu Δl ($F \sim \Delta l$). ↑3

Proportionalität bedeutet, dass der Quotient von F und Δl immer den gleichen Wert ergibt. Dieser Quotient wird Federkonstante D genannt. Es gilt:

$D = \frac{F}{\Delta l}$ oder $F = D \cdot \Delta l$.

Das hookesche Gesetz gilt nur, solange die Schraubenfeder nicht überdehnt wird.

Alles klar?

1 Die Ausrüstung eines Astronauten hat eine Masse von 84 kg.
Welche Gewichtskraft würde ein Kraftmesser auf der Erde bzw. auf dem Mond anzeigen, wenn man die Ausrüstung anhängen würde? Was würde eine Waage anzeigen?

2 Solange man sich an einem festen Ort befindet, kann man die Masse eines Körpers mithilfe einer Gewichtskraftmessung bestimmen.
Ist diese Aussage richtig? Begründe.

3 Die Federkonstante einer Feder soll bestimmt werden. Beschreibe, wie du vorgehst.

Reibungskräfte und Verkehrssicherheit

4

„Verstopfte Bundesstraßen, kilometerlange Staus auf den Autobahnen – der Wintereinbruch führte gestern in vielen Teilen des Landes zu einem Verkehrschaos." Solche und ähnliche Meldungen kennt jeder. Ohne ausreichende Reibungskraft zwischen den Rädern und der Straße ist eine Fortbewegung unmöglich.

Experimente

1 Haftreibungskraft
Wie gut haftet ein Reifen auf der Fahrbahn?

a Miss die „Haftung". Ziehe den Reifen erst vorsichtig und dann immer stärker (aber nie ruckartig). Welchen Höchstwert erreicht die Zugkraft, unmittelbar bevor der Reifen wegrutscht? ↑5

5

b Untersuche die Haftung auf möglichst verschiedenen Unterlagen (Rasen, Asphalt, Sand …).

c Die auf den Reifen ausgeübte Kraft, die ihn am Wegrutschen hindert, wird Haftreibungskraft F_{Haft} genannt. Vergleiche Betrag und Richtung dieser Kraft mit Betrag und Richtung der Zugkraft.

d Welchen maximalen Betrag F_{Haft} hatte die Haftkraft in den Aufgabenteilen a und b?

2 Auflagefläche

a Hängen die Reibungskräfte von der Größe der Auflagefläche ab? Lege einen Holzquader nacheinander auf seine verschieden großen Seitenflächen und ziehe ihn jeweils mit einem Kraftmesser über die Tischplatte. Miss dabei die maximale Haftkraft und die Gleitreibungskraft.

b Wiederhole Experiment a mit Schleifpapier, Papier oder einem Gummistreifen als Unterlage.

3 Geschwindigkeit
Untersuche mit der dargestellten Experimentieranordnung die Abhängigkeit der Gleitreibungskraft von der Geschwindigkeit. Der Gummistreifen soll dabei mit unterschiedlicher Geschwindigkeit bewegt werden. Miss die jeweilige Gleitreibungskraft. Was stellst du fest? ↑6

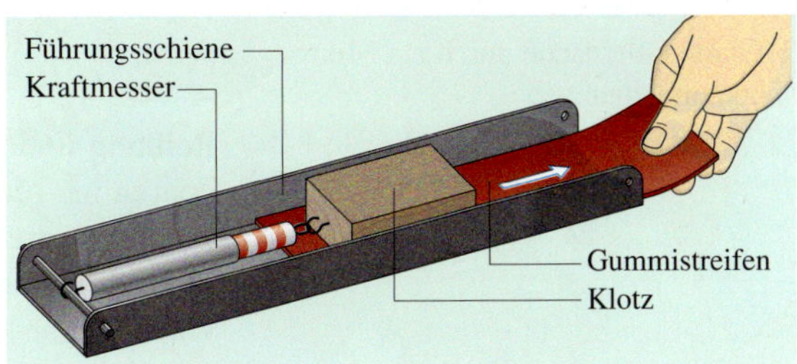

6

GRUNDLAGEN: Verschiedene Reibungsarten

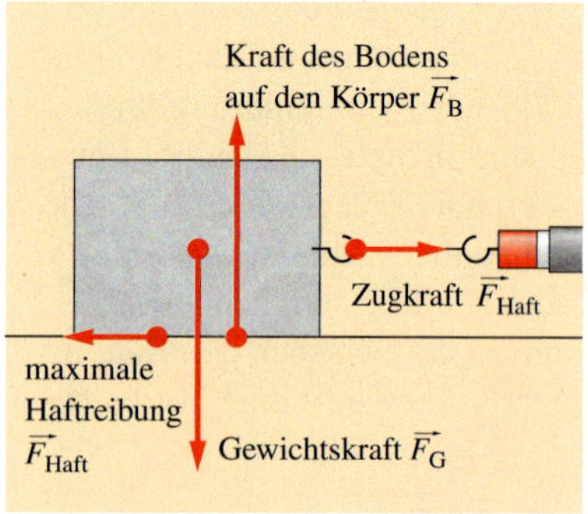

1 Der Körper setzt sich gerade noch nicht in Bewegung.

Haftkraft und Gleitreibung Will man einen Schrank verrücken, muss man kräftig ziehen und schieben, damit er sich von der Stelle bewegt. Ist die Zugkraft nicht groß genug, bleibt er stehen: Er haftet auf dem Fußboden. Sein Bewegungszustand ändert sich nicht – er ist also im Kräftegleichgewicht. Außer der Zugkraft muss noch eine weitere Kraft auf den Schrank wirken. Sie wird vom Fußboden ausgeübt.

Wenn ein Gegenstand auf einer Unterlage haftet, übt die Unterlage eine Kraft auf ihn aus. Diese Kraft ist der Zugkraft entgegengerichtet. Sie heißt Haftkraft $\vec{F}_{Haft}$.

Die Haftkraft ist immer genauso groß wie die (parallel zur Unterlage ausgeübte) Zugkraft. Mit der Zugkraft wird auch die Haftkraft größer. Überschreitet die Zugkraft einen bestimmten Wert, so setzt sich der Schrank in Bewegung. Für die Haftkraft gibt es also einen Höchstwert (maximale Haftkraft $\vec{F}_{Haft,\ max}$). Er ist erreicht, wenn die Zugkraft so groß ist, dass sich der Körper gerade noch nicht in Bewegung setzt. ↑1

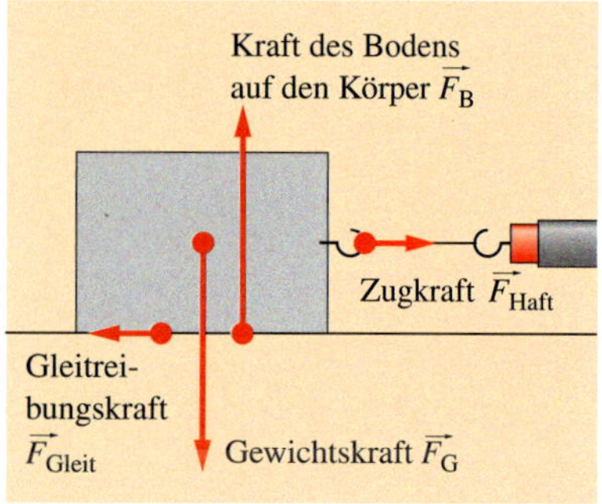

2 Der Körper wird mit gleichbleibender Geschwindigkeit gezogen.

Ist der Schrank einmal in Bewegung, muss man weiterhin eine Kraft ausüben, um ihn in Bewegung zu halten – obwohl man weder seine Geschwindigkeit noch seine Bewegungsrichtung ändern will. Die Zugkraft wird wieder gebraucht, um ein Kräftegleichgewicht herzustellen. Denn auf den Schrank wird außer der Zugkraft noch eine Reibungskraft ausgeübt, sie ist der Bewegung entgegengerichtet. ↑2

Die Kraft, die auftritt, wenn ein Körper über eine Unterlage gleitet, heißt Gleitreibungskraft $\vec{F}_{Gleit}$.

Um den Betrag der Gleitreibungskraft zu messen, lässt man den Körper mit konstanter Geschwindigkeit über die Unterlage gleiten. Die gemessene Zugkraft ist dann genauso groß wie die Gleitreibungskraft. Diese hängt nicht von der Geschwindigkeit ab.

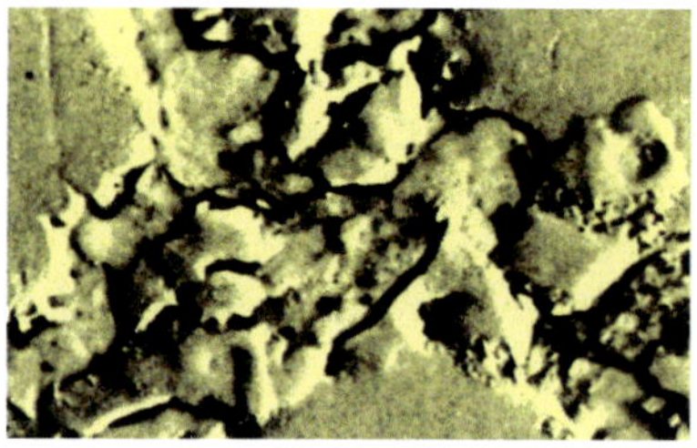

3 Glatte Oberfläche durch ein Mikroskop betrachtet

Ursache der Reibung Die Oberfläche eines Körpers ist nie vollkommen glatt, immer gibt es kleinste Unebenheiten. Man kann sich nun vorstellen, dass sich die Oberflächen zweier Körper „verhaken", wenn die Körper gegeneinandergepresst werden. Wie stark sich ein Körper mit seiner Unterlage verhakt, hängt davon ab, wie die Oberflächen beschaffen sind und wie stark der Körper auf seine Unterlage gepresst wird. Die maximale Haftkraft und die Gleitreibungskraft hängen daher vom Betrag der Anpresskraft F_N (Normalkraft) ab, die senkrecht zur Unterlage ausgeübt wird.

Reibung und Antrieb Wie sehr wir täglich auf Reibung angewiesen sind, spüren wir oft erst dann, wenn sie unerwartet sehr klein wird. Auf vereister Fahrbahn drehen Autoreifen sehr schnell durch und auch als Fußgänger kommt man auf glatten Gehwegen kaum voran.
Gäbe es gar keine Reibung, könnten weder Autos noch Fahrräder anfahren. Selbst Gehen und Laufen wären nicht möglich.

Aus der Umwelt Auf die Haftkraft kommt es an!

4

5

6

Auf einer vereisten, spiegelglatten Fahrbahn kann man ein Auto praktisch nicht bremsen. Auch das Anfahren auf Glatteis ist fast unmöglich. Gute Bremsen und ein „starker“ Motor allein reichen nicht aus, um den Bewegungszustand eines Autos zu ändern. Auch Fahrbahn und Reifen spielen eine wichtige Rolle. Damit möglichst große Antriebs- oder Bremskräfte auf das Auto ausgeübt werden können, müssen die Reifen auf der Fahrbahn haften. ↑4

Der Antrieb auf das Auto kommt so zustande: Durch die Reibung können die Räder eine nach hinten gerichtete Kraft auf die Fahrbahn ausüben. Dass diese Kraft nach hinten gerichtet ist, erkennt man, wenn Steinchen auf der Straße liegen. Sie werden nach hinten geschleudert. Wegen der Wechselwirkung übt die Fahrbahn eine nach vorn gerichtete Kraft auf die Räder und damit auf das Auto aus.

Wenn man mehr Gas gibt, wird die Kraft der Antriebsräder auf die Straße größer – und damit auch die Antriebskraft auf das Auto. Gibt man zu viel Gas, drehen die Räder durch. Sie gleiten dann über die Fahrbahn und auf das Auto wird plötzlich nur noch die viel kleinere Gleitreibungskraft ausgeübt. Die Antriebskraft, die auf ein Fahrzeug ausgeübt wird, kann also nie größer sein als die maximale Haftkraft. Diese Kraft bestimmt also auch, wie schnell man fahren kann.

Ganz ähnlich ist es beim Bremsen eines Autos. Bei einer Scheibenbremse dreht sich zusammen mit dem Rad die Bremsscheibe. Beim Bremsen werden von beiden Seiten die Bremsbeläge gegen die laufende Scheibe gepresst. Auf die sich drehende Scheibe (und damit auf das Rad) wird eine Gleitreibungskraft ausgeübt, die die Drehbewegung hemmt. ↑5

Als Folge üben die Räder eine nach vorn gerichtete Kraft auf die Straße aus – und die Straße eine nach hinten gerichtete Haftreibungskraft auf das Auto. Tritt man zu stark auf die Bremse, blockieren die Räder. ↑6

Die Kraft, die die Straße auf das Auto ausübt, lässt schlagartig nach, da jetzt nur noch Gleitreibung auftritt. Wie stark ein Fahrzeug höchstens abgebremst werden kann, wird also ebenfalls durch die maximale Haftreibungskraft bestimmt.

1 Die Rollreibung hängt von den Materialien der Räder und der Schiene und von der Radgröße ab. Bei den Rädern der Bundesbahn beträgt die Rollreibungszahl bei Stahl auf Stahl etwa 0,001.
Kann eine Lokomotive mit einer Masse von 100 t einen Zug mit einer Masse von 10 000 t in Bewegung setzen?

2 Die maximale Bremsverzögerung, die ein Auto erreichen kann, hängt von der maximalen Haftreibungskraft zwischen Reifen und Straße ab. Wieso kommt es bei rollenden Reifen auf Haftreibung und nicht auf Rollreibung an?

3 Wenn die Räder blockieren, ist die Bremswirkung nicht mehr optimal. Begründe.

Aus der Umwelt: Auf der Jagd nach Verringerung des Reibungswiderstandes

1

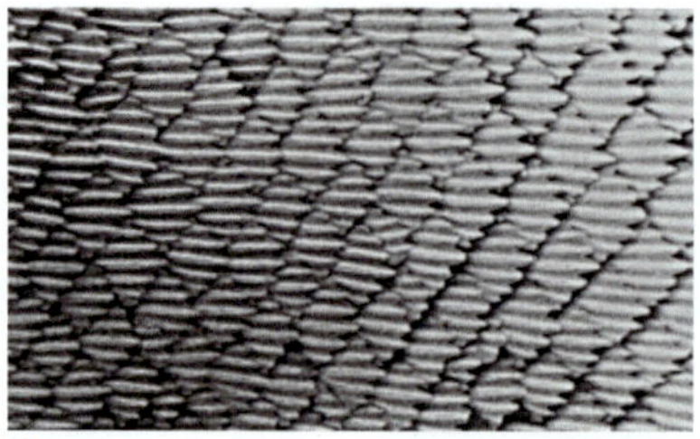
2

3

Haie haben keine Schwimmblase. Damit sie nicht zu Boden sinken, müssen sie Tag und Nacht Schwimmbewegungen ausführen. Dazu ist ständig Energie erforderlich. Als Ausgleich hat die Natur den Haien eine besondere Haut geschenkt. Damit gleiten die Haie besonders leicht durch das Wasser. ↑1, 2

Einerseits wäre ohne Reibung eine Fortbewegung nicht möglich, andererseits kann Reibung ganz schön stören. Der Treibstoffverbrauch von Schiffen hängt wesentlich vom Reibungswiderstand des Wassers ab. Dieser bewirkt, dass Bewegungsenergie vom Schiff auf das Wasser übertragen wird. Bewegt sich ein Schiff im Wasser, wird das Wasser verwirbelt. Um diese Wirbel auszubilden, ist Energie nötig. Damit das Schiff trotzdem immer die gleiche Bewegungsenergie hat, muss die abgegebene Energie ständig durch neu zugeführte Energie ersetzt werden. Das ist wie bei einem Topf mit einem Loch: Wenn der Wasserstand im Topf konstant gehalten werden soll, muss das auslaufende Wasser ständig durch neues Wasser ersetzt werden.

Der Reibungswiderstand eines Schiffs im Wasser hängt von mehreren Faktoren ab:
- von der Geschwindigkeit des Schiffs
- von der Querschnittsfläche des Teils des Schiffs, der sich im Wasser befindet
- von der Form, d. h. wie strömungsgünstig das Schiff ist. (Dabei erwartet man, dass die Reibung umso geringer ist, je glatter die Oberfläche des Schiffs ist.)

Bei genauer Untersuchung der Haifischhaut hat man nun festgestellt, dass das Besondere an ihr ist, dass sie gerade nicht ganz glatt ist. Im Gegenteil: Die Haut ist stachelig. Eine stark vergrößerte Aufnahme zeigt eng stehende, scharfe Spitzen, dicht wie ein Teppich. ↑2

Diese Stacheln sorgen dafür, dass sich ganz viele, sehr kleine Wasserwirbel bilden. Deshalb fallen die großen Wasserwirbel nicht so stark aus. Viele kleine Wasserwirbel sind offenbar energetisch günstiger als wenige große.

Diese Aussagen lassen sich zum großen Teil auf Bewegungen in Luft übertragen: Auch dort gibt es Reibungswiderstand. Auch hier führt er zu Energieverlusten, die durch Verwirbelung der Luft entstehen. Auch hier hängt der Reibungswiderstand von der Geschwindigkeit eines Gegenstands relativ zur Luft und von der Querschnittsfläche ab. Wie strömungsgünstig ein Gegenstand ist, wird durch den c_w-Wert beschrieben. Je niedriger dieser Wert ist, desto geringer die Reibung.

Der Reibungswiderstand bei Bewegungen in Luft hängt auch noch von der Dichte der Luft ab. Das ist der Grund, warum Flugzeuge auf Langstreckenflügen in großen Höhen fliegen, also dort, wo die Luftdichte sehr gering ist.

Bei Flugzeugen und Schiffen experimentieren Wissenschaftler mit einem Lacküberzug. Dieser ist nicht ganz glatt und sorgt dafür, dass sich viele kleine Luftwirbel ausbilden. Ein wesentlicher Bestandteil des Lacks sind Nanopartikel.

Sie sorgen auch dafür, dass der Lack UV-Strahlung, extreme Temperaturwechsel und mechanische Belastungen dauerhaft aushält. Auch hier ist es schon gelungen, durch eine solche Lackierung den Treibstoffverbrauch zu verringern.

1 Nenne Beispiele, wo Reibung ganz wichtig ist und wo Reibung nur stört.

2 Bild ↑3 zeigt einen Golfball. Warum wohl ist die Oberfläche eines Golfballs nicht völlig glatt?

3 In den Wasserwirbeln hinter fahrenden Schiffen steckt Bewegungsenergie. Irgendwann kommt das Wasser in den Wirbeln zur Ruhe. Wo bleibt die Bewegungsenergie?

4 Wo bleibt die von den Motoren erzeugte Energie bei Fahrzeugen, die sich mit konstanter Geschwindigkeit bewegen?

5 Wenn du mit dem Fahrrad besonders schnell fahren willst, musst du dich tief auf den Lenker ducken. Warum ist diese Haltung vorteilhaft?

Reibung Bei der Reibung treten zwei Körper in Wechselwirkung. Reibung kann Bewegung behindern. Reibung macht Bewegung aber häufig erst möglich.

Haftreibung und Gleitreibung Wenn man an einer Kiste zieht, sie aber nicht in Bewegung setzen kann, liegt Haftreibung zwischen Kiste und Boden vor. Solange sich die Kiste nicht bewegt, ist die Zugkraft immer exakt so groß wie die Haftkraft. Beide Kräfte sind einander entgegengerichtet. Wenn man die Kiste dann über den Boden schleift, liegt Gleitreibung vor. Die maximale Haftkraft und die Gleitreibungskraft hängen von der Beschaffenheit der Oberflächen der reibenden Körper und der Normalkraft F_N ab, mit der die Körper aneinandergepresst werden.
Die Gleitreibungskraft ist kleiner als die maximale Haftkraft. ↑4

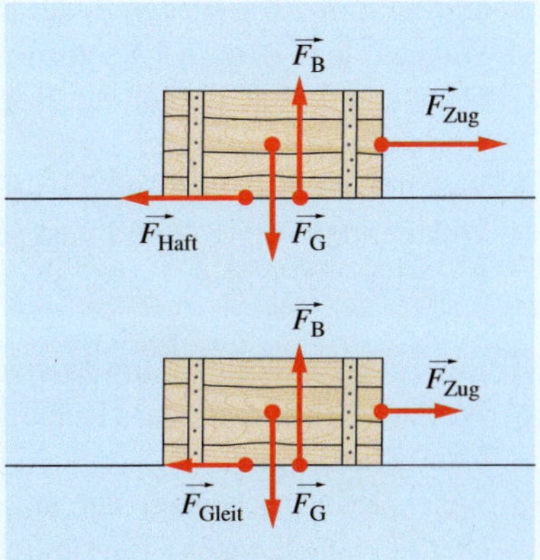

4

Alles klar?

1 Wenn ein Fahrzeug angetrieben oder abgebremst werden soll, müssen Kräfte auf das Fahrzeug wirken.
a Wodurch werden diese Kräfte ausgeübt?
b Wie groß können diese Kräfte maximal sein?

2 Warum ist es ungünstig, wenn die Räder beim Start durchdrehen oder beim Bremsen blockieren?

3 Um die Reibung zwischen festen Körpern zu verringern, kann man Flüssigkeiten als Schmiermittel benutzen. Nenne einige Beispiele. Auch Wasser kann ein Schmiermittel sein, z. B. zwischen den Reifen und der Straße. Weshalb ist dieses „Schmiermittel" unerwünscht? ↑5

5

4 Ein Fahrrad wird mit der Scheibenbremse abgebremst. Welche Art von Reibung tritt an der Bremse auf? ↑6 Warum lässt die Bremswirkung bei Regen nach?

5 Damit man nicht ausrutscht, muss die Haftkraft zwischen Schuhsohlen und Fußboden ausreichend groß sein.
Unter welchen Umständen ist die maximale Haftkraft klein? Wie kann man die maximale Haftkraft vergrößern?

6 Zwischen Rad und Achse werden Kugellager eingebaut. Welchen Vorteil haben sie? ↑7

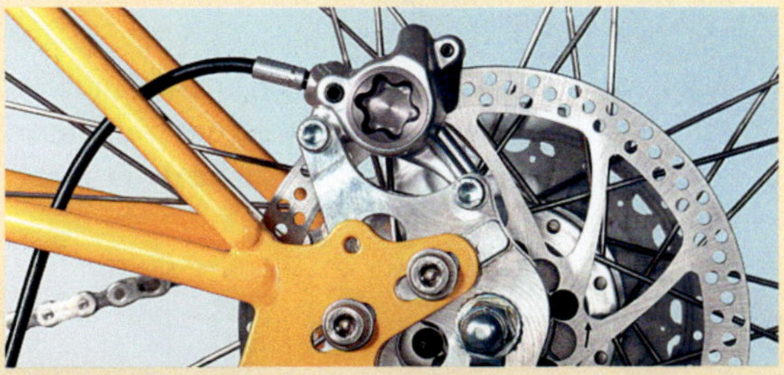
6

7

Check up

1 Drei Wagen bewegen sich gleichförmig. Wagen 1 legt 50 m in 2,0 s, Wagen 2 legt 50 m in 1,8 s und Wagen 3 legt 46 m in 1,8 s zurück. Löse die Aufgaben a und b ohne Rechnung. Begründe deine Antworten.
a Welcher der Wagen 1 und 2 ist schneller?
b Welcher der Wagen 2 und 3 ist schneller?
c Berechne, ob Wagen 1 oder 3 schneller ist.

2 Bewegungsablauf bei drei Körpern ↑1
a Woran erkennt man, dass sich alle Körper gleichförmig bewegen?
b Welcher Körper bewegt sich am schnellsten, welcher am langsamsten? Begründe deine Entscheidung.

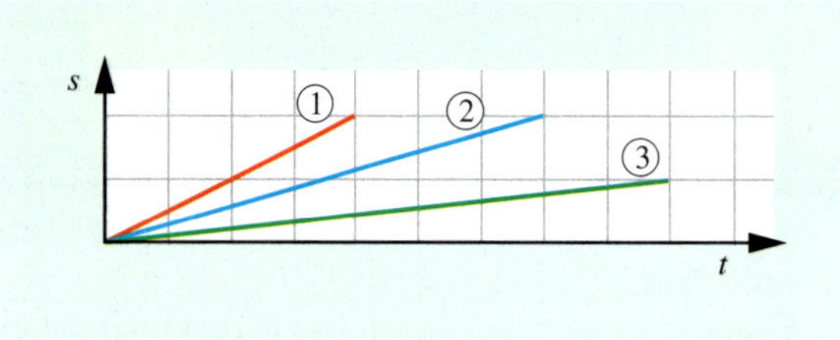

1

3 Zwei Kräfte können ein Kräftegleichgewicht hervorrufen, zwei Kräfte treten aber auch bei einer Wechselwirkung auf. Welche Gemeinsamkeiten und welche Unterschiede liegen in den beiden Fällen vor?

4 Auch auf der Erde kann ein Kraftmesser unterschiedliche Gewichtskräfte anzeigen, wenn man denselben Körper anhängt. Versuche dafür eine Erklärung zu finden.

5 Um den Metallkopf wieder zu befestigen, schlägt man den Axtstiel auf die Werkbank. Begründe physikalisch.

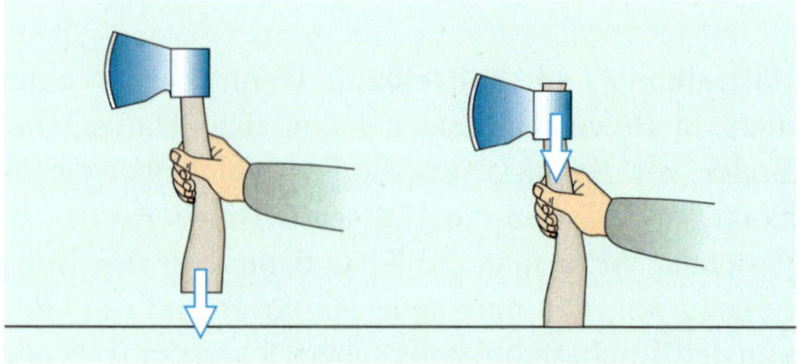
2

6 Jana sagt: „Ein Auto ist im Stillstand besonders träge. Das merkt man, wenn man es anschieben soll. Wenn es erst mal in Bewegung ist, ist es viel leichter, es in Bewegung zu halten.“ Erkläre Jana, welche Fehler sie gemacht hat.

7 Zwei Wagen rollen genau aufeinander zu. Der eine Wagen hat eine Geschwindigkeit von 5 m/s und eine Masse von 4 kg, der andere Wagen hat eine Geschwindigkeit von 10 m/s und eine Masse von 2 kg. Wie groß ist der Impuls der beiden einzelnen Wagen und der beiden Wagen zusammen?

8 Ein Auto fährt an. Die antreibende Kraft auf das Fahrzeug beträgt 2,5 kN, die Gewichtskraft des Fahrzeugs beträgt 10 kN. Die Reibungskraft beträgt 1 kN. Zeichne die Kräfte in einem geeigneten Maßstab.

Schätze deine Kenntnisse und Fähigkeiten ein.

Ordne dazu deiner Lösung im Heft ein Smiley zu:
☺ Ich konnte die Aufgabe richtig lösen.
😐 Ich konnte die Aufgabe nicht komplett lösen.
☹ Ich konnte die Aufgabe nicht lösen.

→ **Die Lösungen findest du im Anhang.**

Aufgabe	Fähigkeit	Hilfe findest du auf Seite ...
1, 2	Gleichförmige Bewegungen beschreiben und vergleichen.	132 f.
3, 4, 8	Verschiedene Kräfte vergleichen und darstellen.	146, 150, 161 f., 172
5, 6	Die newtonschen Grundgesetze anwenden.	152 f., 158 f.
7	Impulse berechnen und vergleichen.	142

Radioaktivität und Materie

Eine alte Schriftrolle wurde in einer Höhle nahe dem Toten Meer gefunden. Es wird vermutet, dass diese Schriftrolle ungefähr 2000 Jahre alt ist. Wie kann man prüfen, ob das wirklich stimmt? Waren vielleicht hier Fälscher am Werk? Mit Kenntnissen über kernphysikalische Vorgänge kommt man einer Antwort auf diese Frage auf die Spur. Die Kernphysik beschäftigt sich mit Eigenschaften der Atomkerne, mit der Möglichkeit, deren Energie zu nutzen, und auch mit den Gefahren, die von der Radioaktivität ausgehen.

Aufbau des Atoms

Der innere Aufbau der Atome wird heute mit riesigen Apparaten untersucht, in denen auf kilometerlangen Strecken winzige Atome und Elektronen beschleunigt werden. Mit Geschwindigkeiten nahe der Lichtgeschwindigkeit prallen die Teilchen aufeinander und zerplatzen in ihre Bestandteile. Diese Bestandteile werden von Detektoren aufgefangen und registriert. Bild ↑1 zeigt einen hausgroßen Detektor aus dem Deutschen Elektronen-Synchrotron, genannt DESY, in Hamburg.

1

2 ERNEST RUTHERFORD (1871–1937)

Im Jahr 1898 hat der englische Physiker ERNEST RUTHERFORD Teilchen entdeckt, die beim radioaktiven Zerfall entstehen und aus dem radioaktiven Material wie winzige Geschosse herausfliegen. Wenn diese auf einen Schirm aus Zinksulfid auftreffen, machen sie einen ganz kleinen Lichtblitz. RUTHERFORD hat diese Teilchen auch chemisch untersucht und dabei festgestellt, dass sie elektrisch geladene Atome des Gases Helium sind; sie werden *Alphateilchen* genannt.

RUTHERFORD ließ seine Mitarbeiter HANS GEIGER und ERNEST MARSDEN eine sehr dünne Goldfolie mit einem eng begrenzten Strahl von Alphateilchen beschießen. ↑3

Monatelang beobachteten die beiden Forscher durch ein Mikroskop hindurch, wo die Alphateilchen auf dem Schirm auftreffen. Die allermeisten Teilchen gingen durch die Goldfolie hindurch, als wäre sie gar nicht da. Einige Alphateilchen wurden ein wenig seitlich abgelenkt. Ganz selten kam es vor, dass ein Alphateilchen um 90° oder sogar noch mehr abgelenkt wurde oder gar zurückprallte. Das war völlig überraschend!

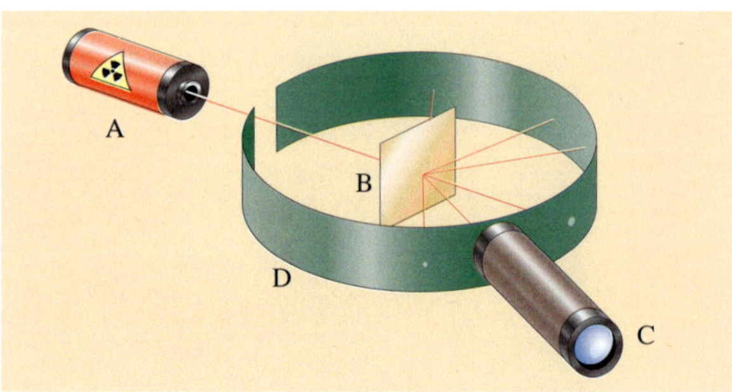

3 Prinzip des Streuexperiments von RUTHERFORD

Streuexperiment von RUTHERFORD (1911)
In der dosenförmigen, luftleer gepumpten Kammer befinden sich:

- A Alphastrahler in einer Bleiabschirmung mit kleiner, schmaler Öffnung
- B Goldfolie, nur etwa 1000 Atomlagen dick; streut die Alphastrahlung in alle Richtungen
- C Zähler mit Mikroskop, mit dem die Lichtblitze auf dem Zinksulfidschirm (D) beobachtet wurden (Zähler mit Mikroskop konnte um die Folie herumgeschwenkt werden)

GRUNDLAGEN: Das Atom ist weitgehend leer!

RUTHERFORD und die Physiker am Beginn des 20. Jahrhunderts wussten, dass jedes Atom eine typische Anzahl Elektronen enthält. Da jedes Atom elektrisch neutral ist, muss im Atom auch positive Ladung sein, und zwar genauso viel positive wie negative Ladung. Ungeklärt war die Frage, wie die positive Ladung im Atom verteilt ist. ↑4 Auf diese Frage hat ERNEST RUTHERFORD mit seinem Experiment 1911 die Antwort gefunden:

Die positive Ladung und auch die Masse des Atoms sind in einem sehr kleinen Bereich konzentriert: im Atomkern. Ansonsten ist das Atom – bis auf die winzigen Elektronen – völlig leer. Hat ein geladenes Atom gar keine Elektronen, bleibt nur der Kern.

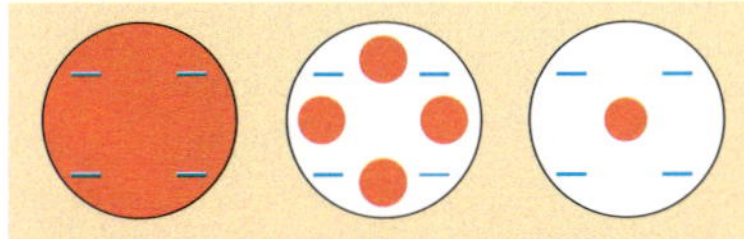

4 Wo ist die positive Ladung (rot) im Atom?

Wenn ein positiv geladener Gegenstand einem ebenfalls positiv geladenen Gegenstand genähert wird, stoßen sie sich ab – je näher sie sich kommen, desto stärker. Da die Goldatome in der Goldfolie feste Plätze haben, werden nur die positiven Alphateilchen aus ihrer geraden Bahn abgelenkt. RUTHERFORD hat diese Ablenkung berechnet und vorausgesagt: Je seltener die Alphateilchen auf ihrer Bahn abgelenkt werden, desto kleiner müssen die Kerne sein. Bis 1913 haben RUTHERFORD und seine Mitarbeiter immer genauer die Anzahl der abgelenkten Alphateilchen gezählt und die Ablenkungswinkel gemessen. ↑6

Das Ergebnis der Messungen und der Berechnung stimmten hervorragend überein: Der Atomradius ist etwa 10 000-mal größer als der Atomkern. Wären die Kerne im Goldkristall so groß wie ein Haselnusskern, dann hätte jeder Kern zum nächsten einen Abstand von 100 m und dazwischen wäre absolut nichts, nur einige unmessbar kleine Elektronen.

Schon gewusst?

Elektrische Ladung braucht immer einen Körper, der die Ladung trägt. Elektronen sind die Träger der negativen Elementarladung und haben eine extrem kleine Masse. Das Elektron ist unteilbar.

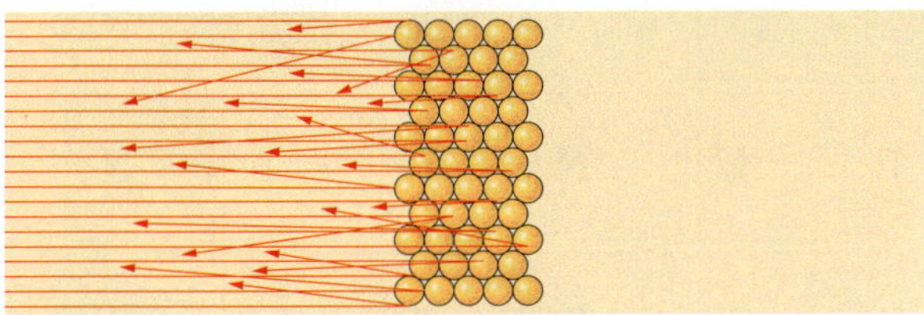

5 Annahme massiver Atome: Die Richtung der eingeschossenen Teilchen ändert sich stark.

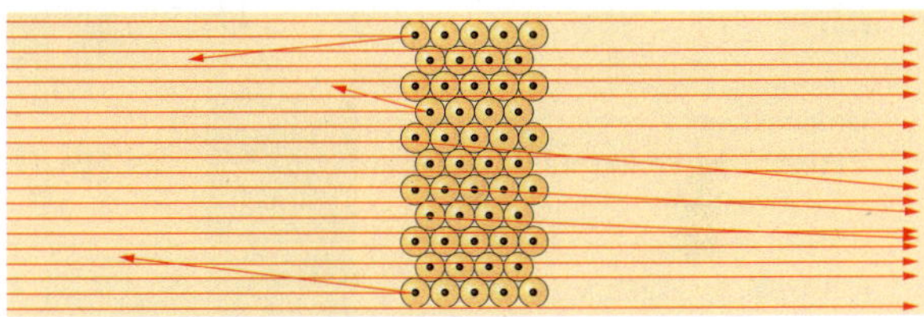

6 Atome aus Kern und fast leerer Hülle: Die meisten Teilchen werden nicht abgelenkt, einige jedoch stark.

Methode Hypothese und Messung

RUTHERFORD hat folgende *Hypothesen* aufgestellt und zur Grundlage seiner Berechnungen gemacht:

- Die Kerne sitzen im Kristall an festen Orten.
- Die positiven Alphateilchen werden von den positiven Kernen elektrisch abgestoßen.
- Je näher die Bahn am Kern vorbeiführt, desto stärker ist die elektrische Abstoßung, desto größer der Ablenkwinkel.
- Je kleiner der Kern, desto seltener sind kleine Abstände der Bahnen vom Kern.

Aus der *Messung* der Häufigkeit der Ablenkungen um den Winkel α konnte RUTHERFORD auf die Größe des Kerns schließen.

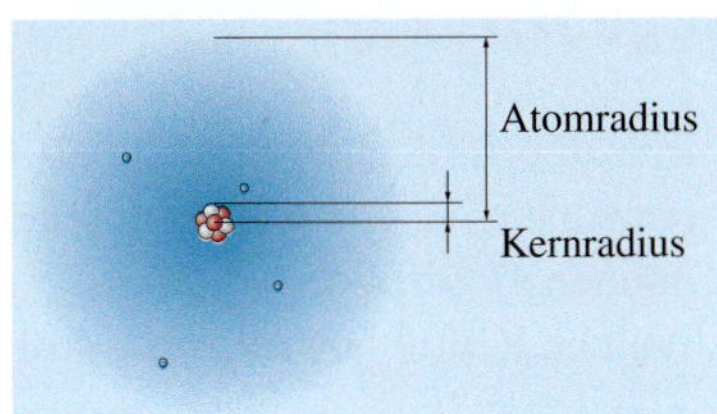

7 Kern-Hülle-Modell des Atoms

GRUNDLAGEN: Der Atomkern

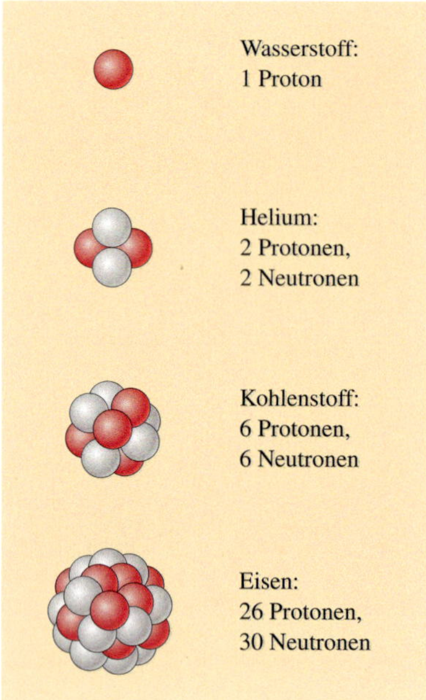

1 Zusammensetzung einiger Kerne

RUTHERFORD hat den Atomkern des kleinsten und leichtesten Atoms – das ist das Wasserstoffatom – Proton genannt. Das Proton ist genauso stark geladen wie das Elektron, allerdings positiv, aber es hat eine etwa 2000-fach größere Masse als das Elektron:

Die Ladung des Protons ist gleich der Elementarladung e^+.

Das nächstgrößere Atom, das Heliumatom, ist viermal so schwer wie das Wasserstoffatom, aber nur doppelt so stark geladen, enthält also zwei Protonen. Weil die Protonen sehr dicht beieinander sind, sind die abstoßenden elektrischen Kräfte sehr groß. Die beiden zusätzlichen Bausteine des Kerns werden Neutronen genannt.

Neutronen haben keine Ladung und etwa die gleiche Masse und den gleichen Radius wie das Proton.

Die Atomkerne aller chemischen Elemente bestehen aus Neutronen und einer bestimmten Anzahl von Protonen. In der Atomhülle des neutralen Atoms sind gerade so viele Elektronen wie Protonen im Kern. Aufgrund ihres chemischen Verhaltens können sämtliche bekannten Elemente in einer Tabelle, dem Periodensystem der Elemente, geordnet werden. ↑2

- basisch
- basisch/sauer
- sauer
- keine Oxide
- Edelgase

Ordnungszahl Z
= Anzahl der Protonen im Atomkern
= Kernladungszahl
= Anzahl der Elektronen in der Hülle

I. Hauptgruppe							VIII. Hauptgruppe
1 H	II. Hauptgruppe	III. Hauptgruppe	IV. Hauptgruppe	V. Hauptgruppe	VI. Hauptgruppe	VII. Hauptgruppe	2 He
3 Li	4 Be	5 B	6 C	7 N	8 O	9 F	10 Ne
11 Na	12 Mg	13 Al	14 Si	15 P	16 S	17 Cl	18 Ar

2 Ausschnitt aus dem Periodensystem der Elemente

Aufgaben

1 Im rutherfordschen Streuexperiment nähern sich einzelne α-Teilchen den Atomkernen in der sehr dünnen Goldfolie.

a Welche Kräfte bewirken die Ablenkung der α-Teilchen?

b Warum kommt es so selten zu einer Ablenkung der α-Teilchen?

c Wie muss der Kern getroffen werden, damit das α-Teilchen seine Flugrichtung genau umkehrt?

2 Hänge ein Stück Aluminiumfolie (ca. 10 cm · 30 cm) an einem langen Faden von der Zimmerlampe herab. Nähere ihm von der Seite her einen geriebenen Luftballon. Finde eine Erklärung unter der Voraussetzung, dass sich im Aluminium einige Elektronen frei und leicht verschieben lassen.

GRUNDLAGEN: Nuklide und Isotope

Unser Periodensystem umfasst heute mehr als 100 chemische Elemente. Diese sind nach ihrer Ordnungszahl in einer bestimmten Reihenfolge angeordnet. Die Ordnungszahl entspricht dabei der Anzahl der Protonen Z im Atomkern. Sie wird auch als Kernladungszahl bezeichnet.

Nuklide Jede Atomkernart, man sagt auch jedes Nuklid, wird durch die Anzahl der Protonen Z und die Anzahl der Neutronen N eindeutig charakterisiert. Für die Anzahl der Kernbausteine A gilt: $A = Z + N$. Man bezeichnet A auch als Massenzahl des Nuklids. Zur eindeutigen Kennzeichnung eines Elements X verwendet man die Schreibweise $^{A}_{Z}X$. Die Massenzahl A wird oben links, die Protonenanzahl Z unten links neben das chemische Symbol gesetzt. ↑3

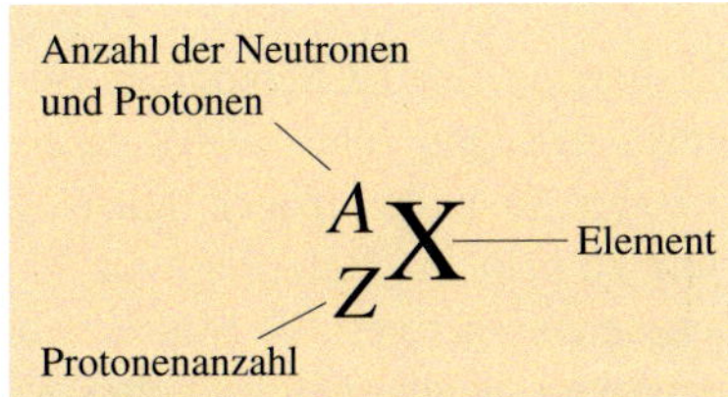

3 Symbolschreibweise

Element	Symbol	Massenzahl A	Anzahl Protonen Z	Anzahl Neutronen
Kohlenstoff	$^{12}_{6}C$	12	6	6
Natrium	$^{23}_{11}Na$	23	11	12
Kupfer	$^{63}_{29}Cu$	63	29	34
Barium	$^{130}_{56}Ba$	130	56	74

Isotope Kerne Atomkerne, die zu einem Element gehören, haben immer dieselbe Protonenanzahl, sie können aber eine unterschiedliche Anzahl von Neutronen besitzen. Atomkerne mit der gleichen Anzahl Protonen, aber einer unterschiedlichen Anzahl von Neutronen bezeichnet man als isotope Kerne.
Ein einfaches Beispiel dafür ist das Wasserstoffatom. Ein Wasserstoffkern enthält immer genau ein Proton ($Z = 1$). Enthält der Wasserstoffkern ein Neutron, wird das Isotop Deuterium genannt, enthält er zwei Neutronen, heißt es Tritium. ↑4

Ein Nuklid ist eine Atomkernart mit eindeutiger Protonenanzahl *Z* und Massenzahl *A*. Isotope Kerne sind Nuklide mit gleicher Protonenanzahl, aber unterschiedlicher Anzahl von Neutronen.

Übrigens

Manchmal wird in der Symbolschreibweise auch die Protonenanzahl weggelassen, z. B.: ^{14}C. Durch das Symbol C ist die Protonenanzahl eindeutig festgelegt: Jeder Kohlenstoffkern hat 6 Protonen.
Weitere gängige Schreibweisen sind Kohlenstoff-14 oder C-14 für das Nuklid $^{14}_{6}C$.

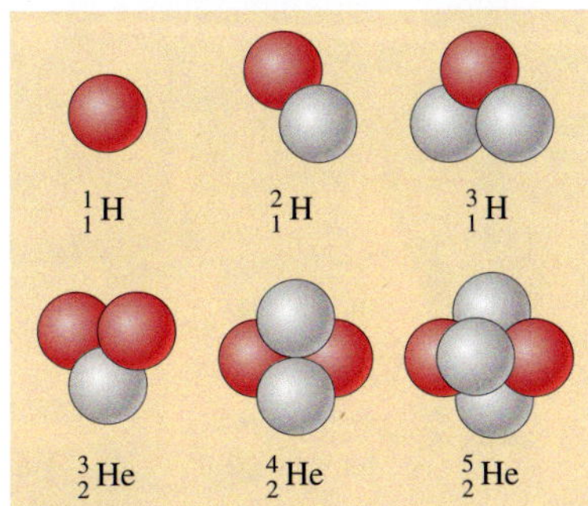

4 Kerne und ihre Kennzeichnung

Aufgaben

1 Wenn man ein einzelnes Atom auf die Größe eines Fußballs von 20 cm Durchmesser vergrößern würde, wie groß wäre dann etwa der Atomkern?
Und wie groß wäre das Atom, wenn der Kern Fußballgröße hätte?

2 Das Element Eisen (Fe) kommt in der Natur als Mischung folgender Isotope vor: Fe-54 (5,8 %), Fe-56 (91,72 %), Fe-57 (2,2 %), Fe-58 (0,28 %).

a Nenne für jedes Isotop die Anzahl von Protonen, Neutronen und Elektronen.

b Gib für jedes Isotop die Massenzahl an.

3 Wie stellst du dir den Aufbau eines Kohlenstoffatoms vor? *Tipp:* Benutze das Periodensystem der Elemente. Fertige eine Zeichnung an.

4 Warum kann man bei der Berechnung der Atommasse auf die Masse der Elektronen verzichten?

5 Wie viele Elektronen bilden bei jedem einzelnen Atom von Kohlenstoff, Stickstoff und Sauerstoff die Elektronenhülle, wenn diese Atome elektrisch neutral sind?

Zerfall von Atomkernen – Radioaktivität

Donnerstag, der 19. September 1991. Gegen Mittag dieses sonnigen Tages verlassen zwei Urlauber in den Ötztaler Alpen den markierten Weg, um eine Abkürzung zu nehmen. Bald liegt vor ihnen eine mit Schmelzwasser gefüllte Mulde. Auf deren Sohle bemerken sie etwas Bräunliches, vielleicht Müll? Beim Näherkommen wird aus der Verärgerung Entsetzen: Vor ihnen liegt die Leiche eines Menschen, mit der Brust auf einer Felsplatte, nur der Hinterkopf und die nackten Schultern ragen aus dem Eis. ↑1
Schon am nächsten Tag startet ein Bergungstrupp, doch erst am Montag gelingt die Bergung. Sechs Tage nach der Entdeckung der Mumie wird schließlich ein Archäologe hinzugezogen: Der Mann aus dem Eis, bald nur noch „Ötzi" genannt, vor mehr als 5000 Jahren gestorben, wird zu einem einzigartigen Fenster in die Vergangenheit.

1 Fundstelle der Gletscherleiche

2 Pyramiden von Giseh

3 Jahresringe am Baumstamm

Als „Ötzi" auf der Jagd war und umkam, gab es die Pyramiden von Giseh in Ägypten noch nicht. ↑2 Sie wurden etwa zwischen 2620 und 2500 v. Chr. erbaut und sind heute also mehr als 4500 Jahre alt. Weil es bereits aus jener Zeit Berichte auf Schriftrollen und Tafeln gibt und bis heute die Geschichte aufgeschrieben wurde, kann das Alter der Pyramiden recht genau bestimmt werden.
Das Alter von Bäumen kann an seinen Jahresringen abgezählt werden. ↑3 Jedes Jahr wächst der Umfang, im Frühjahr schneller und im Winter langsam. So entstehen zählbare Ringe. Die Anzahl der Ringe ergibt deshalb die Jahre seines Wachsens. Je breiter ein Ring, desto besser waren in jenem Jahr die klimatischen Bedingungen für das Wachstum. Fachleute vergleichen die Abstände der Jahresringe unterschiedlicher Bäume, die zu verschiedenen Zeiten wuchsen, und erstellen so einen Kalender. So kann beispielsweise genau bestimmt werden, wann der Baum wuchs, der im Dachstuhl eines alten Hauses eingebaut war.

Ötzis Todesjahr wurde mithilfe der Radiokohlenstoffdatierung (auch C-14-Methode oder Radiokarbonmethode genannt) bestimmt: Die Konzentration des Kohlenstoffs in seinen Zellen ändert sich seit seinem Tod, weil ein Teil davon nach und nach radiaoaktiv zerfällt. Diese Methode zur Altersbestimmung wurde von dem amerikanischen Chemiker Willard Frank Libby und seinen Mitarbeitern seit 1947 entwickelt und eignet sich für Datierungen in der Archäologie, der Anthropologie, der Ozeanografie, der Bodenkunde und jüngerer Gesteine.
Was passiert dabei und wie kann daraus auf das Alter geschlossen werden?

Radioaktive Strahlung

4

Radioaktivität empfinden viele Menschen als etwas Bedrohliches. Tatsächlich sind wir auf der Erde dieser Erscheinung ständig ausgesetzt. Uran in Gesteinen, Kalium oder Iod in der Nahrung, Radon in Gebäuden oder die kosmische Strahlung in größeren Höhen führen zu einer natürlichen Strahlenexposition (Einwirkung ionisierender Strahlung auf den menschlichen Körper). Woher kommt diese Strahlung? Wie wirken unterschiedliche Strahlungsarten auf den Organismus? Wie gefährlich ist die Radioaktivität wirklich?

Experimente

1 Messung der Nullrate

Mit einem einfachen Zählrohr kann man die Nullrate messen: Lies die Betriebsanleitung. Schalte das Gerät auf Dauermessung und zähle die Impulse, die pro Minute vom Zählrohr registriert werden. Wiederhole die Messung mehrfach und bilde einen Mittelwert. ↑5

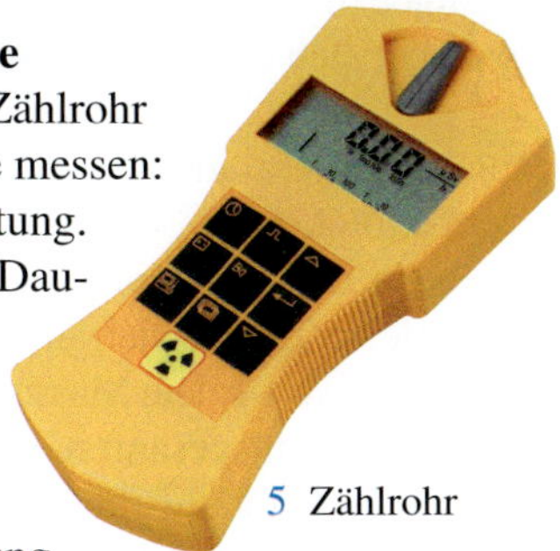

5 Zählrohr

2 Zählraten

In der Physiksammlung ist vermutlich der Glühstrumpf einer Gaslampe vorhanden. Lege den Glühstrumpf auf das Fenster des Zählrohrs und miss die Zählrate pro Minute. Um wie viele Impulse hat die Zählrate gegenüber der Nullrate zugenommen? Frage den Chemielehrer, ob es in der Chemikaliensammlung ein Uransalz gibt. Lass dir gegebenenfalls einige Gramm in ein Glasgefäß geben. Untersuche die Zählrate, indem du das Gläschen auf das Fenster des Zählrohrs stellst.

3 Ist Staub radioaktiv?

Verschließe die Ansaugöffnung eines Staubsaugers mit einem luftdurchlässigen Läppchen (Mullbinde ist geeignet!) und lass den Sauger möglichst lange laufen, falls möglich in einem Kellerraum. Achte darauf, dass der Motor des Staubsaugers nicht heiß läuft!
Untersuche sofort nach Abschalten des Staubsaugers die Zählrate des Staubs am Läppchen. Wiederhole die Messung alle 3 Minuten.
Ist die Zählrate gegenüber der Nullrate erhöht? Nimmt die Zählrate mit der Zeit ab?

GRUNDLAGEN: Die Nuklidkarte

Da die Atomkerne aller Elemente nur aus Protonen und Neutronen bestehen, können alle vorkommenden Nuklide in einem Koordinatensystem eingeordnet werden.
Auf der senkrechten Achse wird die Anzahl *Z* der Protonen, auf der waagerechten die Anzahl *N* der Neutronen im Kern aufgetragen. Jedem Nuklid kann genau ein Feld auf dieser Nuklidkarte zugeordnet werden. Mit der Farbe der Felder wird die Art des radioaktiven Zerfalls dieses Nuklids gekennzeichnet. ↑6

In den Feldern einer Reihe ist die Protonenanzahl gleich, hier finden sich die Isotope eines Elements. Bei allen Atomkernen ist die Anzahl der Protonen und Neutronen etwa gleich. Daher bilden alle Nuklide eine breite Diagonale auf der Nuklidkarte, die bis zu dem schwersten natürlichen Element Uran reicht. Dessen schwerstes Isotop besteht aus 92 Protonen und 146 Neutronen.

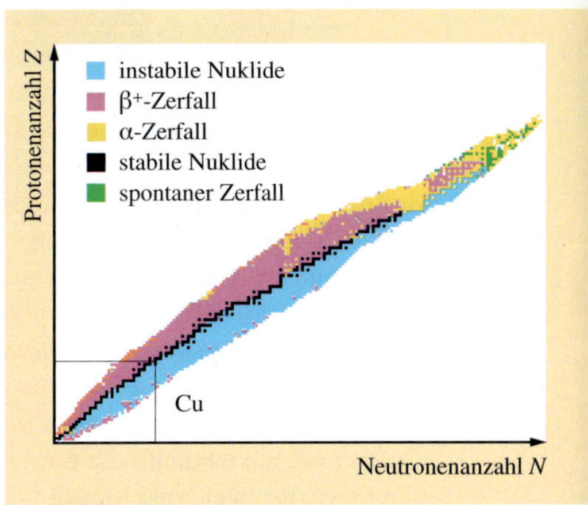

6 Aufbau einer Nuklidkarte

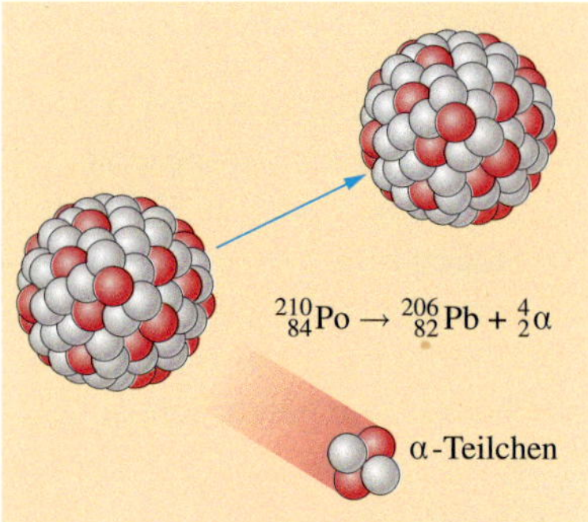

1

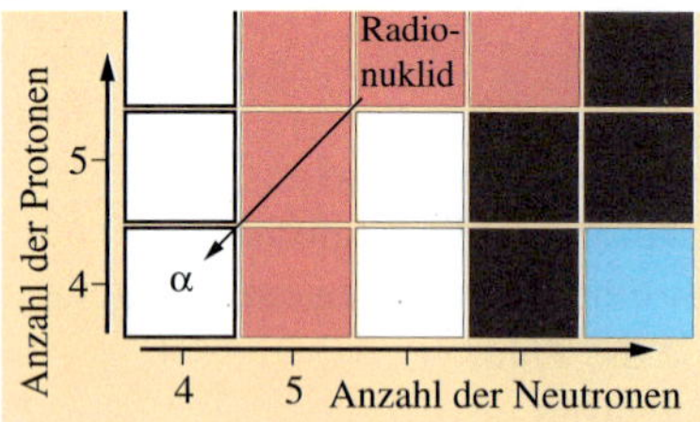

2

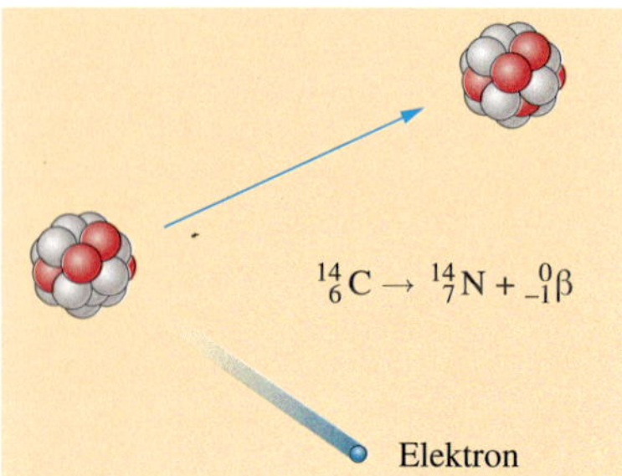

3

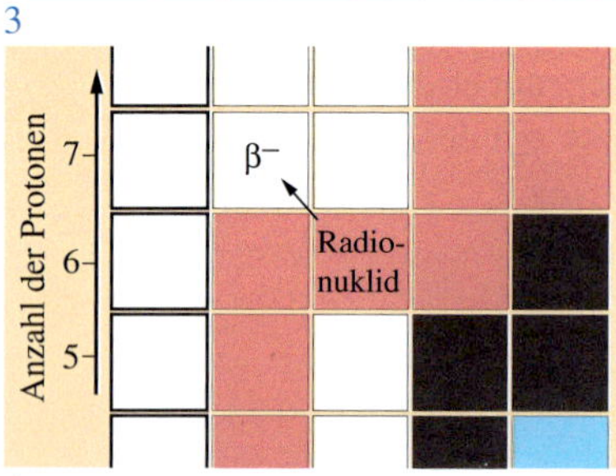

4

Schon gewusst?

Marie Curie begann 1897 die Strahlung von Uranverbindungen zu untersuchen. Für ihre Forschungen erhielt sie 1903 den Nobelpreis für Physik und für die Entdeckung neuer radioaktiver Elemente 1911 den Nobelpreis für Chemie. Sie ist damit die einzige Frau, die zwei Nobelpreise erhielt.

GRUNDLAGEN: Radioaktivität

Seit etwas mehr als hundert Jahren ist bekannt, dass sich die Atome einiger Stoffe von selbst in einen anderen Stoff umwandeln und dabei energiereiche Strahlung aussenden. Die Strahlungserscheinung bezeichnete Marie Curie als Radioaktivität. Es gibt drei wichtige Arten von radioaktiver Strahlung: Alpha-, Beta- und Gammastrahlung.

Alphastrahlung Die α-Strahlung besteht aus doppelt positiv geladenen Heliumkernen. Bei einem α-Zerfall verringert sich die Kernladungszahl des Radionuklids um den Wert 2 und seine Massenzahl um den Wert 4. In dem Ausschnitt aus der Nuklidkarte findet man das α-Zerfallsprodukt zwei Reihen tiefer und zwei Kästchen weiter links. Für einen Zerfall kann man eine *Zerfallsgleichung* angeben. ↑1, 2
z. B.: Polonium-210 wandelt sich z. B. in Blei um. $^{210}_{84}Po \rightarrow ^{206}_{82}Pb + ^{4}_{2}\alpha$.

Betastrahlung β-Strahlung besteht aus Elektronen mit hoher Geschwindigkeit. Sie entstehen im Atomkern, wenn sich ein Neutron in ein Proton umwandelt. Das entstehende Elektron verlässt das Atom. Da das entstandene Proton im Kern verbleibt, erhöht sich die Kernladungszahl des neu entstandenen Nuklids um den Wert 1. Die Massenzahl bleibt erhalten, weil sich die Anzahl der Kernteilchen insgesamt nicht verändert hat.
In dem Ausschnitt aus der Nuklidkarte findet man dieses Nuklid in der Reihe darüber und ein Kästchen nach links verschoben.
z. B.: Kohlenstoff-14 wandelt sich in Stickstoff-14 um und sendet ein Elektron aus. ↑3, 4
$^{14}_{6}C \rightarrow ^{14}_{7}N + ^{0}_{-1}\beta$.

Gammastrahlung Die γ-Strahlung ist eine energiereiche elektromagnetische Strahlung. Auch das sichtbare Licht ist elektromagnetische Strahlung mit wesentlich geringerer Energie. Bei der Abgabe von γ-Strahlung bleiben die Kernladungs- und die Massenzahl gleich. Es ändert sich jedoch der Energiezustand des Atomkerns.
Die γ-Strahlung tritt häufig gleichzeitig mit der α- und β-Strahlung auf.
z. B.: $^{137}_{56}Ba^* \rightarrow ^{137}_{56}Ba + \gamma$ (Das Symbol * kennzeichnet den energiereicheren Zustand.) ↑5, 6

Einige Atomkerne wandeln sich spontan in andere Atomkerne um. Dabei senden sie Alpha-, Beta- oder Gammastrahlung aus. Diese Eigenschaft bezeichnet man als natürliche Radioaktivität.

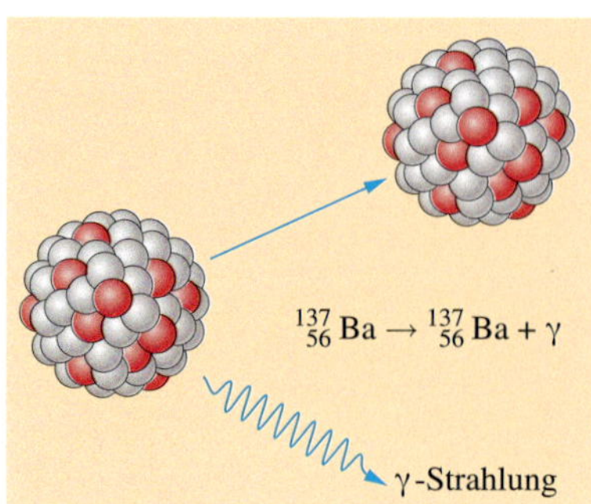

5

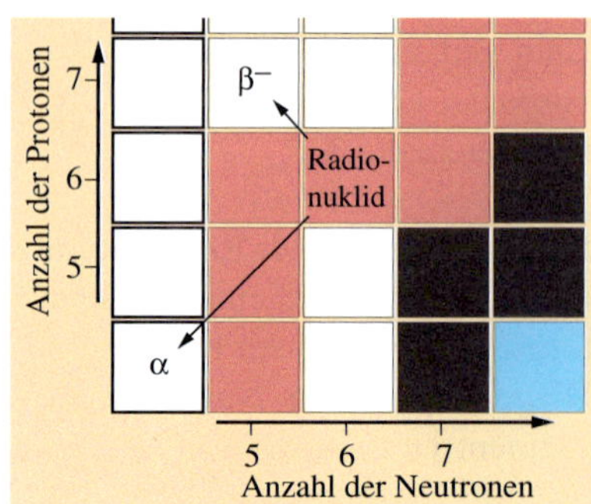

6

Eigenschaften radioaktiver Strahlung

7 Kondensstreifen am Himmel

Die Kondensstreifen eines Düsenflugzeugs entstehen in großer Höhe. Dort kann der unsichtbare Wasserdampf an den von der Turbine des Flugzeugs ausgestoßenen geladenen Rußteilchen kondensieren. An den vielen geladenen Partikeln lagern sich Wassermoleküle an, bis sie winzige Tropfen bilden. Diese Tröpfchen sehen wir als Wolke oder Nebel oder eben als Kondensstreifen. Die Kondensstreifen schweben eine Weile und lösen sich dann wieder auf. Unter bestimmten Umständen kann auch Kernstrahlung Nebelspuren erzeugen. Wird diese Strahlung dabei vernichtet?

Experimente

! *Sicherheitshinweise*

Experimente mit radioaktiven Präparaten dürfen nur im Beisein der Lehrerin / des Lehrers durchgeführt werden. Abstand halten und unnötige Bestrahlung vermeiden!

Im Schulunterricht dürfen nur radioaktive Präparate verwendet werden, die nach der Strahlenschutzverordnung für Demonstrationsexperimente zugelassen sind. Diese Präparate sind schwach radioaktiv und befinden sich in schutzummantelten Gefäßen, aus denen sie nur für die – möglichst kurze! – Experimentdauer herausgenommen werden dürfen. Anschließend müssen die Präparate sofort wieder in den Schutzgefäßen verwahrt werden.

Nach Experimenten mit radioaktiven Präparaten Hände gründlich waschen!

Offene Strahler wie z. B. radioaktives Gestein nie mit bloßen Händen anfassen!

Essen und Trinken sind dabei grundsätzlich verboten!

1 Nachweis von Radioaktivität

a Der Metallteller auf einem Elektroskop wird einmal positiv, einmal negativ aufgeladen. ↑8

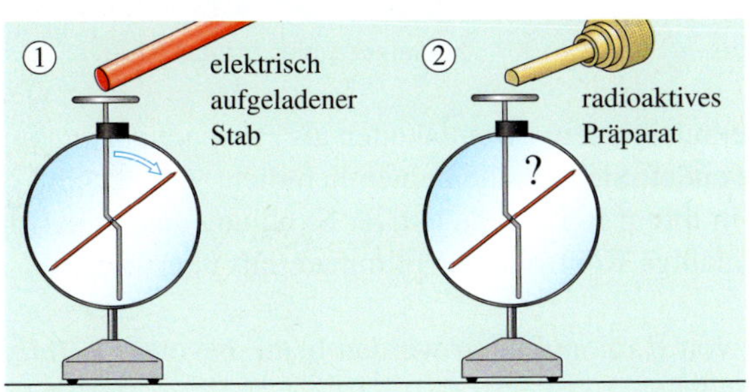

8 Nachweis mit dem Elektroskop

Was kannst du jeweils beobachten, wenn ein radioaktives Präparat in die Nähe des Tellers gebracht wird? Versuche deine Beobachtungen zu erklären.

b Zwei Hörnerelektroden sind gerade so weit voneinander entfernt, dass die Hochspannung zwischen ihnen noch nicht für einen Funkenüberschlag („Blitz“) ausreicht. ↑9 Nun richtet der Lehrer ein radioaktives Präparat auf die Strecke zwischen den beiden Elektroden – und schon geht's los! Wie kannst du deine Beobachtung erklären?

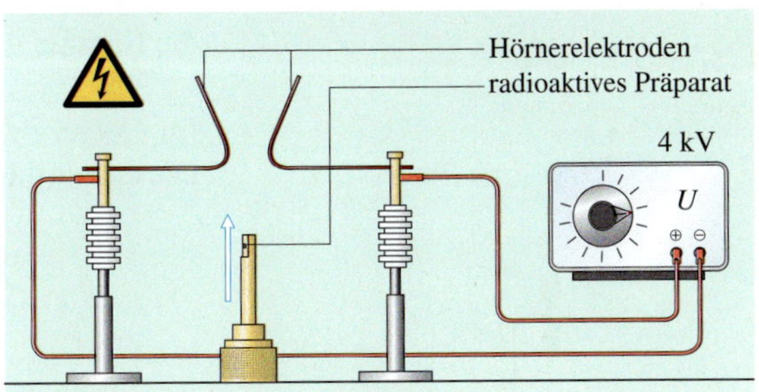

9 Nachweis über eine Funkenstrecke

2 Messungen mit dem Geigerzähler

a Richte das Zählrohr auf verschiedene Gegenstände: den Tisch, die Wände, Fliesen, Steine, den Glühstrumpf einer Gaslaterne, Urangestein … (in der Physiksammlung wird es bestimmt noch mehr Gegenstände für diesen Zweck geben).

Wie viele Impulse registriert das Zählrohr jeweils innerhalb von 10 s und 1 min? Notiere deine Ergebnisse in einer Tabelle und wiederhole die einzelnen Messungen jeweils 5-mal.

b Entferne alle radioaktiven Gegenstände so weit wie möglich aus der Umgebung des Zählrohrs. Jetzt dürfte das Zählrohr eigentlich nichts mehr anzeigen – oder doch? Probiere es aus!

GRUNDLAGEN: Die Strahlung radioaktiver Körper ionisiert

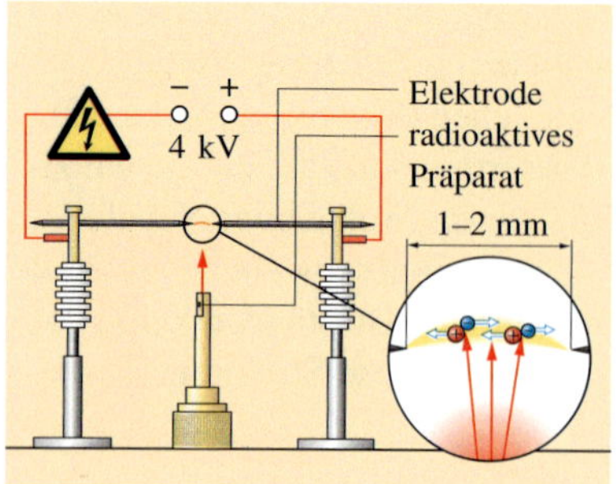

1 Ionisationswirkung

Die energiereiche Strahlung radioaktiver Körper ist in der Lage, Elektronen aus den Atomhüllen von Luftmolekülen zu „schlagen". Es stehen dann freie Elektronen und positiv geladene Ionen (Atome mit Elektronenmangel) als Ladungsträger für einen elektrischen Strom zur Verfügung. ↑1

Die ionisierende Wirkung ist nicht auf Gase beschränkt: Strahlung radioaktiver Körper kann die Moleküle in einem Film ionisieren und dadurch eine chemische Reaktion auslösen, die zur Schwärzung des Bilds führt.

Die Strahlung radioaktiver Körper kann Materie ionisieren. Diese Eigenschaft wird verwendet, um die Strahlung nachzuweisen.

In der *Nebelkammer* wird mithilfe der entstandenen Ionen die Bahn der Teilchenstrahlung sichtbar gemacht.

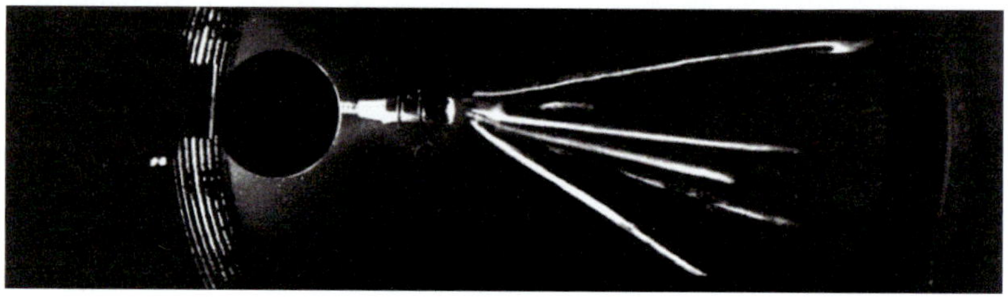

2 Nebelspuren ionisierender Strahlung

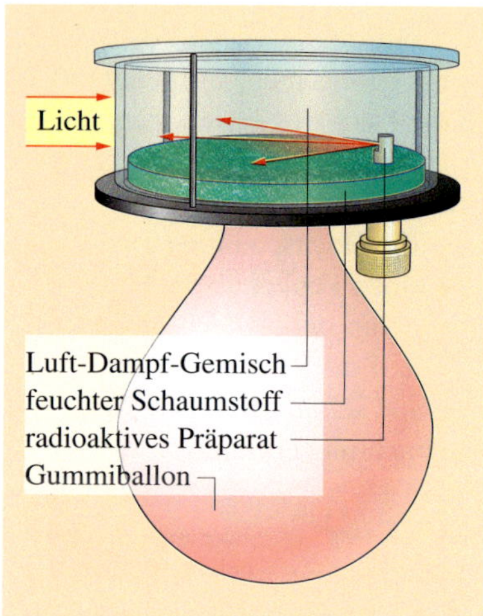

3 Nebelkammer nach WILSON

In der *Ionisationskammer* wird die Zahl der entstandenen Ionen und somit die Energie gemessen.

Im *Geiger-Müller-Zählrohr* lösen die entstandenen Ionen ein Signal aus. Dieses wird hörbar gemacht oder gezählt.

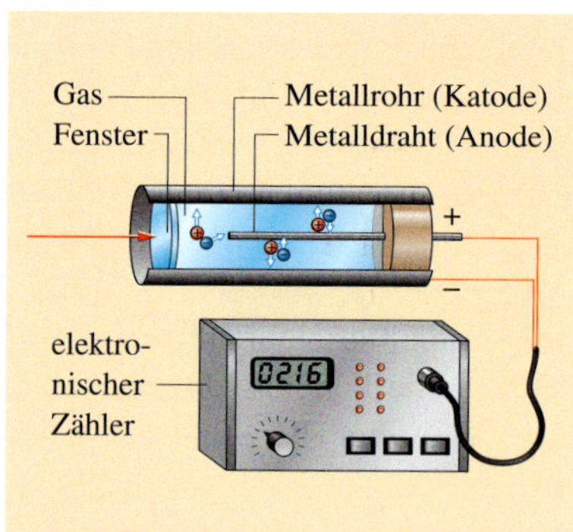

4 Prinzip des Zählrohrs

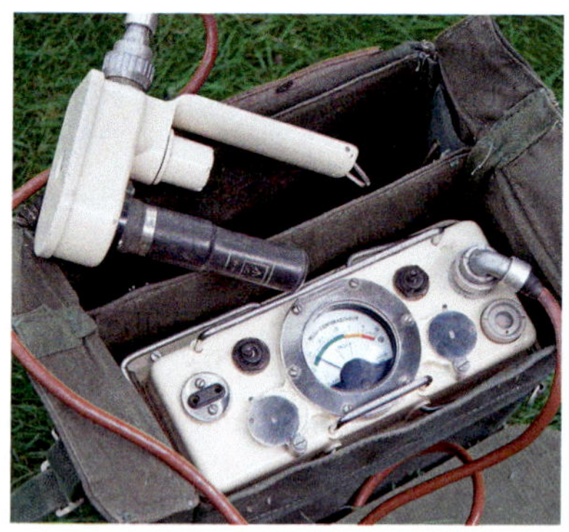

5 Geigerzähler für das Militär

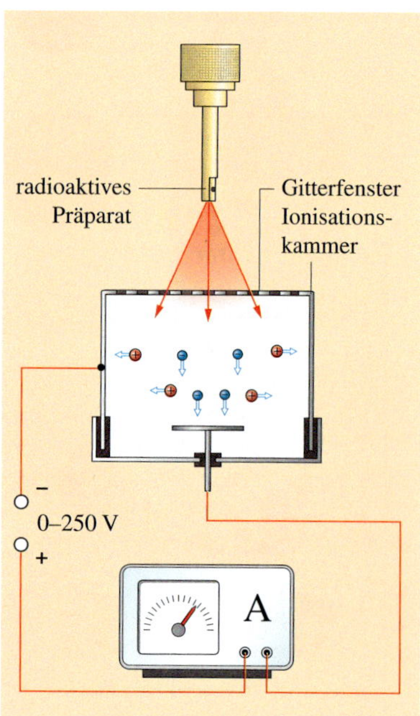

6 Ionisationskammer (Prinzip)

Heute werden Fotoemulsionen in Filmplaketten als *Personendosimeter* im Strahlenschutz verwendet. Sie enthalten einen lichtdicht verpackten Fotofilm. Personen, die in ihrem Beruf radioaktiver Strahlung ausgesetzt sind, werden durch regelmäßige Kontrolle des Filmmaterials überwacht.

Zur Identifizierung von Radionukliden werden heute bevorzugt *Halbleiterdetektoren* verwendet.

Experimente

! *Sicherheitshinweise s. Seite 185!*

1 Nullrate

Bestimme die Impulsrate für den Nulleffekt (Messdauer $\Delta t = 60\,\mathrm{s}$) auf dem Experimentiertisch.
Hinweis: Verwende dein Ergebnis, um die Zählraten in den folgenden Experimenten vom Nulleffekt zu „bereinigen“. Ziehe die Nullrate dazu von den jeweils gemessenen Zählraten ab.

2 Zählrate und Abstand

Bestimme die Zählrate eines radioaktiven Präparats (Radium-226) bei verschiedenen Abständen zwischen Zählrohr und Präparat. ↑7
Notiere die Werte in einer Tabelle und ziehe jeweils die Nullrate ab. ↑Experiment 1 Trage die „bereinigten“ Werte in ein Abstand-Zählrate-Diagramm ein. Was stellst du fest?

3 Zählrate und Abschirmung

Durchdringt die Strahlung des Radium-226-Präparats alle Stoffe ungehindert? ↑8

a Stelle das Präparat rund 25 mm vom Zählrohrfenster entfernt auf. Miss jetzt die Zählrate ohne Abschirmung. Notiere dein Ergebnis in einer Tabelle. Ziehe die Nullrate ab ↑Experiment 1 und trage auch dieses Ergebnis in die Tabelle ein.

b Bringe zwischen Präparat und Zählrohr Abschirmungsplättchen aus verschiedenen Stoffen (Papier, Aluminium, Blei ...) und mit unterschiedlicher Dicke ein. Miss jeweils die Zählrate der durchgelassenen Strahlung und trage deine Messwerte (auch die „bereinigten“) in die Tabelle ein. Was kannst du aus den Messwerten ablesen?

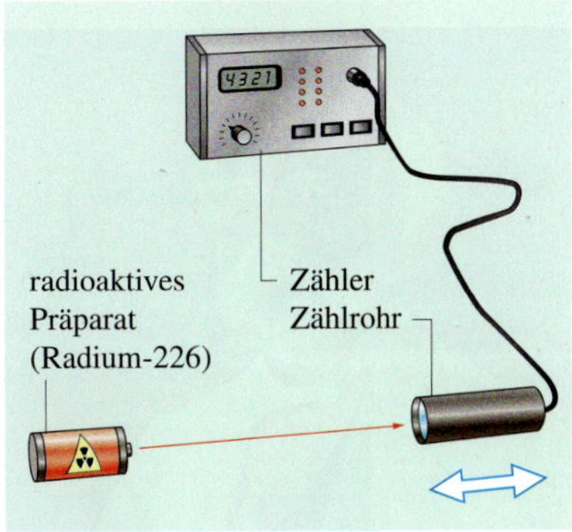

7 Abstand

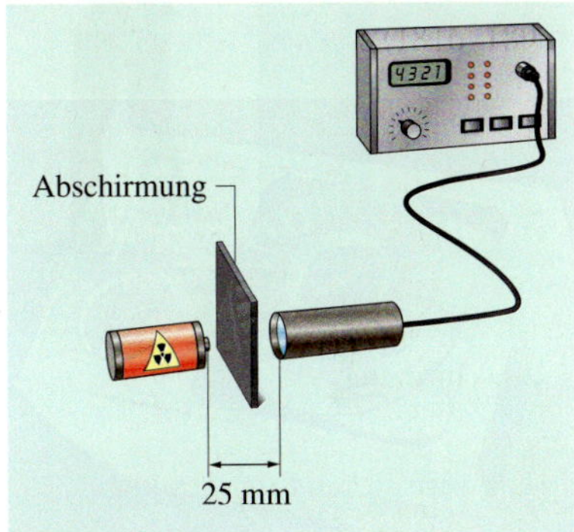

8 Abschirmung

GRUNDLAGEN: Radioaktivität – überall

Wir sind ständig von Radioaktivität umgeben. Einige Beispiele:
- Aus dem Erdboden entweicht das radioaktive Gas Radon.
- In der Luft und in allen Lebewesen ist in geringen Mengen auch das radioaktive Isotop ${}^{14}_{6}C$ enthalten.

Strahlung radioaktiver Körper erreicht uns überall und ständig aus Boden, Wasser und Luft sowie aus dem Weltraum. Diese „Hintergrundstrahlung“ macht sich bei Messungen stets bemerkbar: Man spricht vom *Nulleffekt*.

Wie groß der Nulleffekt ist, hängt vom Ort der Messung und von der Bauweise des Messgeräts ab. Bei einer kurzen Messdauer von z. B. $\Delta t = 10\,\mathrm{s}$ schwankt die Anzahl n der registrierten Ereignisse zum Teil erheblich. Bei zunehmender Messdauer fallen die Schwankungen immer weniger ins Gewicht und man erhält eine annähernd konstante Zählrate. ↑9
Bei Messungen zur radioaktiven Belastung oder Aktivität eines radioaktiven Präparats muss die Nullrate berücksichtigt werden.

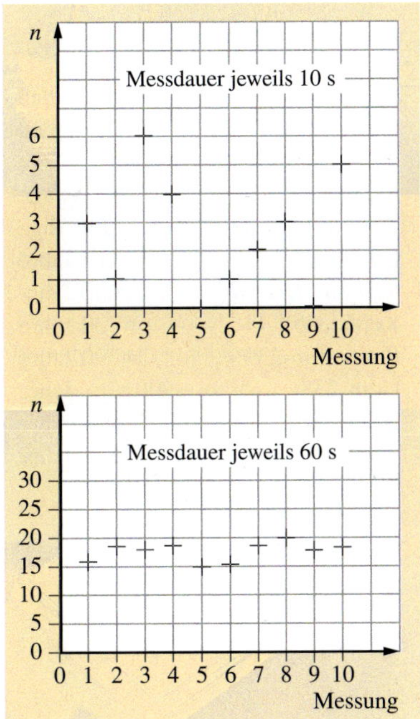

9 Nulleffekt

GRUNDLAGEN: Eigenschaften radioaktiver Strahlung

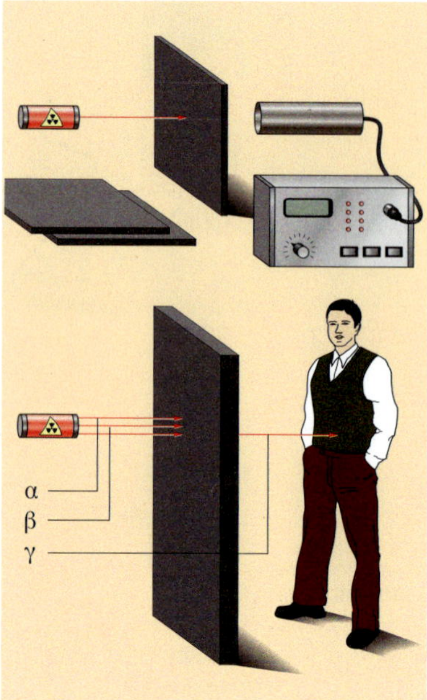

1 Abschirmung

Halbwertsdicken für γ-Strahlung	
Luft	12 000 cm
Wasser	14 cm
Beton	9 cm
Blei	1,4 cm

Halbwertszeiten einiger Nuklide	
Bor-12	0,02 Sekunden
Radon-220	55,6 Sekunden
Radon-222	3,825 Tage
Iod-131	8,04 Tage
Zink-65	250 Tage
Cobalt-60	5,3 Jahre
Radium-226	1 600 Jahre
Kohlenstoff-14	5 730 Jahre
Plutonium-239	24 390 Jahre
Uran-235	700 Mio. Jahre
Uran-238	4,5 Mrd. Jahre
Thorium-232	14 Mrd. Jahre

Halbwertsdicke Werden zwischen den radioaktiven Stoff und das Zählrohr unterschiedlich dicke Platten aus verschiedenen Materialien gebracht, werden die verschiedenen Arten der Kernstrahlung unterschiedlich stark abgeschwächt. ↑1
Die α-Strahlung wird bereits von Papier vollständig absorbiert und ihre Reichweite beträgt in Luft nur wenige Zentimeter.
Das Durchdringungsvermögen von β-Strahlung ist ebenfalls gering: Durch Aluminiumplatten von einigen Millimetern Dicke wird sie praktisch vollständig absorbiert.
Die γ-Strahlung dagegen wird auch von Bleiplatten oder Betonwänden nur geringfügig absorbiert: Die Halbwertsdicke gibt an, bei welcher Materialstärke die Zählrate halbiert wird. ↑Tabelle

Gammastrahlung wird beim Durchdringen von Stoffen viel weniger abgeschwächt als Alpha- und Betastrahlung.

Halbwertszeit In der Natur entsteht beim Zerfall eines Atoms unter Aussendung von Kernstrahlung ein neuer Atomkern, der selbst wieder radioaktiv und damit instabil sein kann. Der Zerfall setzt sich so lange fort, bis ein stabiler Kern entstanden ist.
Der Zeitpunkt des Zerfalls von einzelnen radioaktiven Atomkernen ist nicht vorhersagbar. Man kann diesen Zeitpunkt auch nicht durch die Veränderung von äußeren Bedingungen wie Luftdruck oder Temperatur beeinflussen.

Die Anzahl der in einer Sekunde zerfallenden Kerne eines Stoffs hängt von der Anzahl der instabilen Kerne ab, die gerade noch vorhanden war: Ist die Anzahl der instabilen Kerne halb so groß, gibt es auch nur halb so viele Zerfälle.
Wenn man nun die Zeit misst, in der die Anzahl der Zerfälle pro Sekunde auf die Hälfte abgenommen hat, weiß man, dass nun nur noch die Hälfte der ursprünglichen Anzahl instabiler Kerne in dem Stoff ist. Diese Zeit bezeichnet man als Halbwertszeit $T_{1/2}$. Die Halbwertszeiten verschiedener Nuklide können zwischen wenigen Sekunden und mehreren Milliarden Jahren betragen. ↑Tabelle

Die Anzahl der Kerne eines radioaktiven Nuklids halbiert sich in immer derselben Zeit. Diese Zeit heißt Halbwertszeit $T_{1/2}$, sie ist eine charakteristische Größe des radioaktiven Nuklids.

Die Aktivität einer Probe gibt an, wie viele radioaktive Zerfälle pro Zeit in ihr stattfinden. Die Einheit der Aktivität ist Becquerel (Bq) $1\,\mathrm{Bq} = 1\,\mathrm{s}^{-1}$.

Für die instabilen Kerne C-14 beträgt die Halbwertszeit 5730 Jahre. In der mumifizierten Leiche Ötzi beträgt die Zählrate von 1 g C-14 heute 0,121 Bq. Bei heute lebenden Menschen werden 0,23 Bq gemessen: Die Zählrate hat sich nicht ganz halbiert, also ist Ötzi noch nicht ganz eine Halbwertszeit tot.

Aufgaben

1 Bei einer Messdauer von 10 s schwankt die mit dem Nulleffekt verbundene Zählrate erheblich.
Berechne aus dem Diagramm ↑9, S.187 die mittlere Anzahl der Impulse pro Minute. Erläutere dein Ergebnis.

2 Obwohl keine Strahler im Zimmer sind, zeigt ein Geigerzähler etwa 20 Impulse/min an. Woher kommt die Strahlung?

3 Mit einem Geiger-Müller-Zählrohr werden an einem Nuklid mit langer Halbwertszeit Zählraten gemessen. Begründe, dass die Messwerte bei kurzen Messzeiten stärker schwanken als bei langen Messzeiten. ↑2

4 Aus wie vielen Protonen, Neutronen und Elektronen bestehen die neutralen Atome, deren Kerne durch die folgenden Symbole gekennzeichnet sind?
$^{1}_{1}H$, $^{14}_{6}C$, $^{27}_{13}Al$, $^{208}_{82}Pb$, $^{209}_{83}Bi$, $^{235}_{92}U$

5 Bei der Umwandlung von Atomkernen kann Kernstrahlung ausgesendet werden. Beschreibe, wie sich ein Kern beim Aussenden von α-, β- und γ-Strahlung verändert.

6 Das Kohlenstoffisotop C-14 wandelt sich unter Aussendung von β-Strahlung in Stickstoff um. Stelle die Kernreaktionsgleichung auf.

7 Erläutere die Gleichung $^{226}_{88}Ra \rightarrow ^{222}_{86}Rn + ^{4}_{2}\alpha + \gamma$.

8 Zum Nachweis der Radioaktivität wird ein Präparat unmittelbar in die Nähe eines geladenen Elektroskops gebracht. Was kannst du am Elektroskop beobachten? Erkläre die Beobachtung.

9 Informiere dich über das Leben von Henri Becquerel und Marie Curie. ↑3, 4

a Was führte zu Becquerels Entdeckung einer bis dahin unbekannten Strahlung?

b Woraus resultiert das hohe Ansehen der Forscherin Marie Curie bis in unsere heutige Zeit?

10 In der Probe eines Schädelknochens wird eine auf 1/50 des Anfangswerts zurückgegangene Konzentration des Nuklids $^{14}_{6}C$ festgestellt. Schätze das Alter des Schädels.

11 Das Bleinuklid $^{210}_{82}Pb$ kann sowohl α- als auch β-Strahlung aussenden. Welche Elemente entstehen jeweils beim Zerfall?

12 Recherchiere zu weiteren Verfahren zur Altersbestimmung, die auf dem Zerfall radioaktiver Atomkerne beruhen.

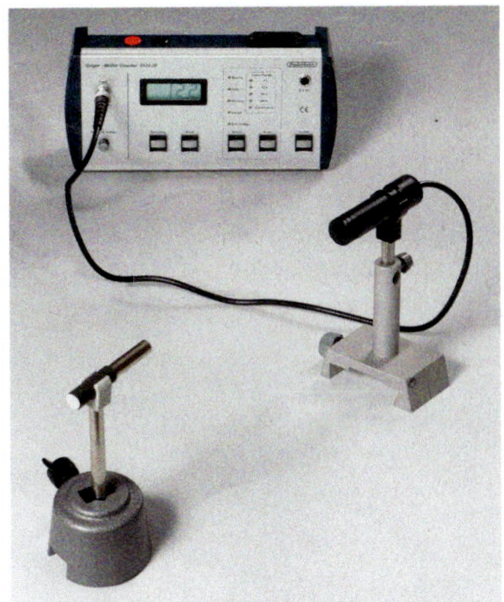

2 Zählrohrmessplatz

3 Marie Curie

4 Henri Becquerel

Probier 's mal!

1 Münzspiel
Lege 100 (gleiche) Münzen in einen Schuhkarton, verschließe ihn, schüttle einmal kräftig und öffne den Deckel. Nimm alle Münzen mit „Zahl oben" heraus und staple sie. Wiederhole den Vorgang und stelle die Stapel nebeneinander. Wie oft muss der Vorgang wiederholt werden, damit noch etwa fünf Münzen im Karton sind? Stelle die Stapelhöhe in einem Balkendiagramm dar.

2 Würfelspiel
Das ↑Experiment 1 kann man mit etwa 100 Würfeln wiederholen und jeweils alle Würfel mit 6 Augen entfernen und stapeln. Nach wie vielen Vorgängen ist nur noch die halbe Anzahl der Würfel im Karton? Stelle die Stapelhöhe in einem Balkendiagramm dar. ↑5

5

Aus der Technik Altersbestimmung mit der C-14-Methode

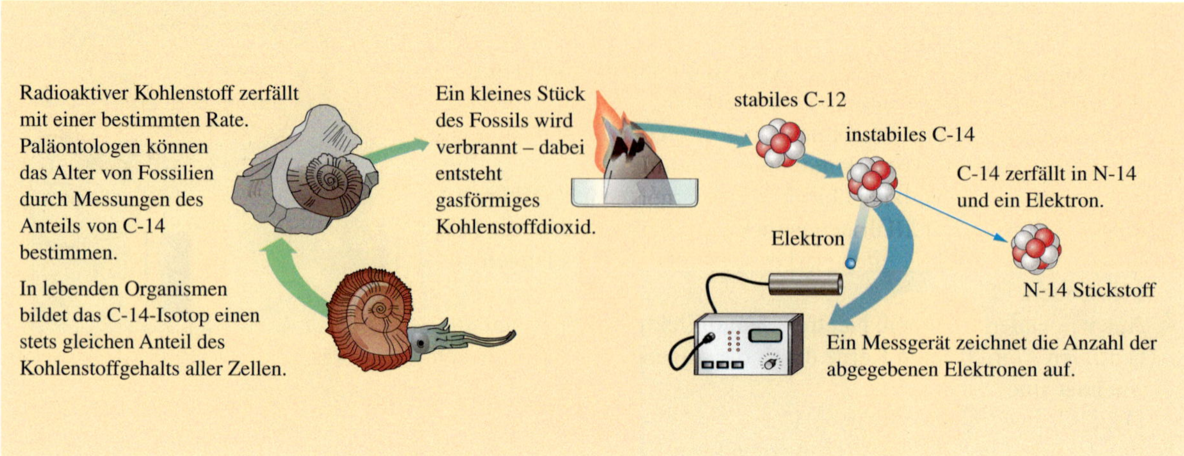

1 Prinzip der C-14-Methode

Die Zusammensetzung des natürlich vorkommenden Kohlenstoffs bleibt immer gleich, denn die zerfallenen C-14-Kerne werden durch andere radioaktive Prozesse in unserer natürlichen Umwelt nachgeliefert. Deshalb haben alle lebenden Organismen die gleiche Zusammensetzung der in ihnen enthaltenen C-12-, C-13- und C-14-Atomkerne. Stirbt der Organismus, werden die zerfallenen C-14-Atome nicht mehr nachgeliefert, ihre Anzahl nimmt langsam ab. Nach 5370 Jahren hat sich die Anzahl der C-14-Kerne halbiert, nach weiteren 5370 Jahren ist nur noch ¼ der C-14-Kerne vorhanden und so fort. Deshalb nimmt im Laufe der Zeit die Anzahl der radioaktiven Zerfälle der C-14-Kerne ab: Je länger der Organismus tot ist, desto geringer wird die Anzahl der Zerfälle pro Sekunde. Eine genaue Zählung der Zerfälle in einer bestimmten Menge Kohlenstoff aus dem toten Organismus erlaubt die Bestimmung des Todeszeitpunkts. Bis auf 40 Jahre genau kann mit der C-14-Methode dieser Zeitpunkt bestimmt werden, der zwischen 300 und 50 000 Jahre zurückliegen kann. Ötzi, der Mann aus dem Eis der Ötztaler Alpen, lebte zwischen 3350 und 3100 v. Chr., ist also schon mehr als 5000 Jahre tot.

2 Altägyptische Mumie

1 C-14-Lotterie

Stelle dir 100 gleiche kleine Kärtchen her und nummeriere sie von 1 bis 100. Beschrifte 32 dieser Kärtchen mit C-14, alle anderen mit C-12, bevor alle in eine Lostrommel, z. B. eine große Vase, kommen. Starte die Stoppuhr. ↑3

3 C-14-Lotterie

Schüttle die Lostrommel und ziehe ein Kärtchen, kontrolliere, ob es ein C-14-Kärtchen ist. Falls ja, notiere die Zahl im Diagramm und lege das Kärtchen zurück in die Trommel. Schütteln, Kärtchen ziehen, kontrollieren und zurück usw. Sofern eine C-14-Karte gezogen wird, die bereits „zerfallen ist“, also schon draußen war, wird diese nicht erneut notiert, sondern kommt wieder zurück in die Trommel.

Wie lange dauert es, bis die ersten 16 C-14 „zerfallen“ sind? Wie lange dauert es, bis weitere 8, dann 4 und 2 „zerfallen“ sind?

Methode Arbeiten mit der Nuklidkarte

Die Nuklidkarte sieht aus wie ein riesiges Spielfeld mit farbigen Feldern. Wer die Regeln dieser Karte kennt, kann tatsächlich von Kästchen zu Kästchen hüpfen und den radioaktiven Zerfall von Atomkernen verfolgen. Zwei „Spiele“ können auf der Nuklidkarte „gespielt“ werden:

Die Suche nach dem stabilen Element

Für ein bekanntes Isotop wird Schritt für Schritt nach den Folgenukliden gesucht, bis diese *Zerfallsreihe* schließlich bei einem stabilen Nuklid – gekennzeichnet durch ein schwarzes Kästchen – endet. Typische Zerfallsreihen beginnen bei einem Nuklid, das bereits bei der Bildung der irdischen Materie entstanden und heute noch – meist nur in geringem Umfang – vorhanden ist; bei solchen Nukliden ist die obere Hälfte des Kästchens schwarz, beispielsweise Thorium-232. ↑4

1 Das Startnuklid muss auf der Nuklidkarte gefunden werden. Jede Zeile der Nuklidkarte beginnt mit dem Elementnamen in einem weißen Kasten. Ist nur die Anzahl der Protonen *Z* und der Neutronen *N* des Startnuklids bekannt, kann sein Ort über die horizontale und die vertikale Achse der Nuklidkarte bestimmt werden.

2 Durch die Farbe des Kästchens ist die Zerfallsart des Nuklids festgelegt. Die Halbwertszeit und die bei jedem radioaktiven Zerfall entstehende und für diesen Zerfall typische Energie der γ-Strahlung ist im Kästchen angegeben. ↑4

3 Nun wird gemäß den Regeln auf ↑S. 184 das Zerfallsprodukt aufgesucht. Das Zerfallsprodukt wird in einem Flussdiagramm als Kästchen auf dem Arbeitsblatt notiert, die Halbwertszeit ins Kästchen eingetragen und die Zerfallsart an den Verbindungspfeil geschrieben. ↑5

4 Für das Zerfallsprodukt und die folgenden Zerfallsprodukte werden die Schritte 2 und 3 wiederholt.

5 Die Zerfallsreihe endet, wenn ein stabiles Nuklid erreicht ist. Die eingetragenen Halbwertszeiten erlauben eine Vorhersage, welche Nuklide der Zerfallsreihe bei entsprechenden Messungen relativ häufig und welche kaum vorhanden sein werden.

Die Suche nach der Quelle

Für die Analyse eines Zerfallsprozesses kann es auch erforderlich sein, beginnend beim interessierenden Nuklid, den Zerfallsweg dorthin rückwärts zu verfolgen, um beispielsweise die radioaktive Quelle aufzuspüren. Hierfür muss die Umgebung des Startnuklids nach Nukliden abgesucht werden, die durch passenden Zerfall in das Startnuklid übergehen würden. Diese Suche wird Schritt für Schritt rückwärts schreitend fortgesetzt.

4

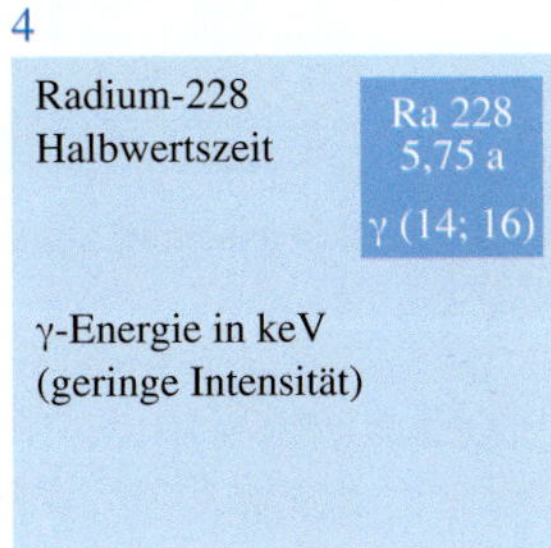

4

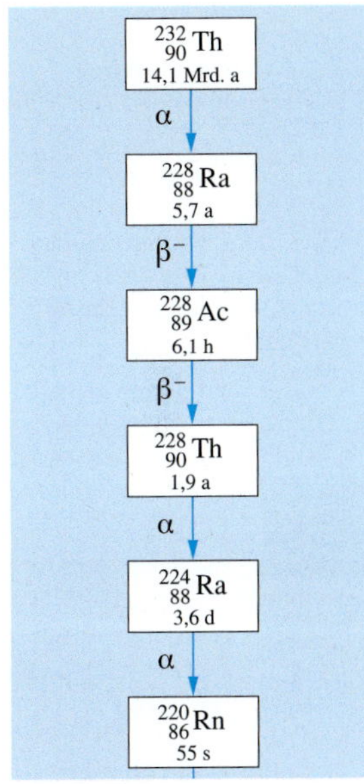

5 Beginn der Thorium-Zerfallsreihe

1 Verfolge den Zerfall von Thorium-232, das in der Natur vorkommt. Notiere einschließlich der Halbwertzeiten die Thorium-Reihe als Kästchenfolge, die durch Pfeile verbunden sind, welche die Zerfallsart kennzeichnen. Welches Nuklid der Reihe wird selten zu beobachten sein?

2 Notiere wie in Aufgabe 1 die Neptunium-Reihe, die bei Plutonium Pu-241 beginnt. Warum wird diese Reihe Neptunium-Reihe genannt?

3 Notiere ebenso die drei Reihen der Uran-Nuklide, die bei der Bildung der irdischen Materie entstanden und heute noch vorhanden sind. Entstehen wirklich drei verschiedenen Zerfallsreihen? Bei welchen stabilen Elementen enden diese Reihen?

4 Im Kernreaktor wird aus $^{238}_{92}$U durch Neutronenabsorption $^{239}_{92}$U. Wie wird daraus das hochgiftige Plutonium $^{239}_{94}$Pu?

GRUNDLAGEN: Zerfallsreihen

Auf den Nuklidkarten kennzeichnet die Farbe der Felder die Art des radioaktiven Zerfalls des entsprechenden Nuklids. ↑1
Ausgehend von einem instabilen Nuklid kann der Weg des Zerfalls verfolgt werden. Meist ergibt sich eine Folge von Umwandlungen, bei denen sich auch das chemische Verhalten des Nuklids verändert, weil sich die Protonenanzahl ändert. Eine solche Zerfallsreihe endet schließlich bei einem stabilen Isotop.

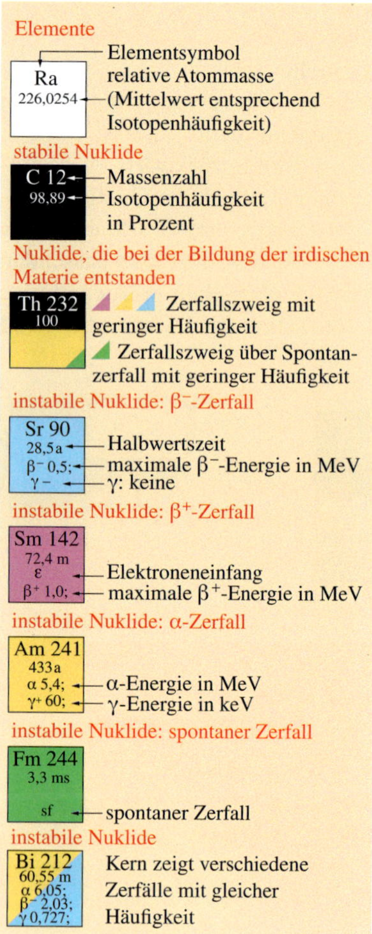

1 Bedeutung der Symbole in einer Nuklidkarte

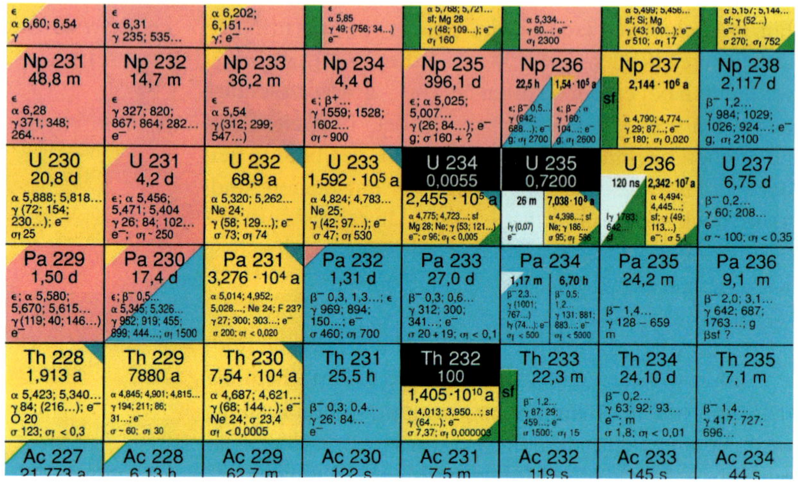

2 Ausschnitt aus einer Nuklidkarte

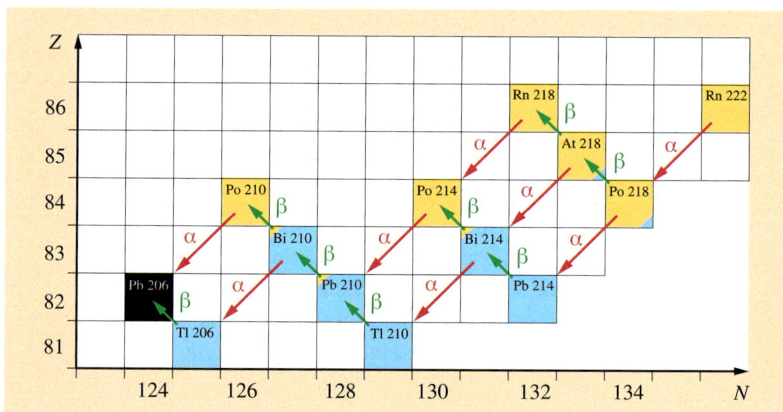

3 Zerfallsreihe von Radon-222. In unserer Erdkruste gibt es das radioaktive Isotop des Edelgases Radon $^{222}_{86}Rn$. Über verschiedene Zwischenkerne zerfällt es in das stabile Isotop $^{206}_{82}Pb$.

Aufgaben

1 Notiere die Zerfallsreihe des Thorium-232 bis zum stabilen Isotop.

2 Kalium-40 ist ein Isotop des Kaliums, das im Dünger enthalten ist. Suche auf einer Nuklidkarte die entsprechende Zerfallsreihe und notiere diese. Bei welchem Isotop beginnt vermutlich die Reihe, bei welchem Element endet sie?

3 Welches Nuklid in der bei Uran-238 beginnenden natürlichen Zerfallsreihe (Uran-Radium-Reihe) wird heute am häufigsten vorkommen?

4 Bei der Reaktorkatastrophe in Tschernobyl ist u. a. Caesium-137 ausgetreten, das bei der Kernspaltung entsteht. Beschreibe mithilfe einer Nuklidkarte die Zerfallsreihe von Cs-137.

Aufbau des Atoms Die positive Ladung und auch die Masse des Atoms sind in einem sehr kleinen Bereich konzentriert, im Atomkern. Ansonsten ist das Atom – bis auf die winzigen Elektronen – völlig leer. Hat ein geladenes Atom gar keine Elektronen, bleibt nur der Kern.
Die Atomkerne aller chemischen Elemente bestehen aus einer bestimmten Anzahl von Protonen und Neutronen. In der Atomhülle des neutralen Atoms sind gerade so viele Elektronen wie Protonen im Kern.

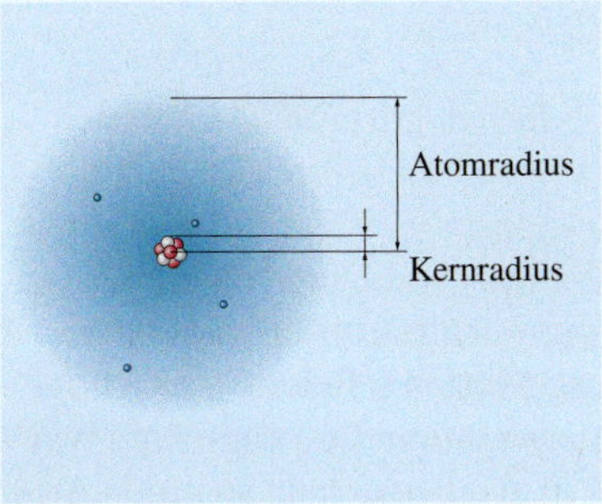

4

Radioaktivität Einige Atomkerne bestimmter Nuklide wandeln sich spontan in andere Atomkerne um. Dabei senden sie Alpha-, Beta- oder Gammastrahlung aus. Diese Eigenschaft bezeichnet man als natürliche Radioaktivität.
Gammastrahlung wird beim Durchdringen von Stoffen viel weniger abgeschwächt als Alpha- und Betastrahlung.
Die Anzahl der Kerne eines radioaktiven Nuklids halbiert sich in immer derselben Zeit. Diese Zeit heißt Halbwertszeit $T_{1/2}$, sie ist eine charakteristische Größe des radioaktiven Nuklids.

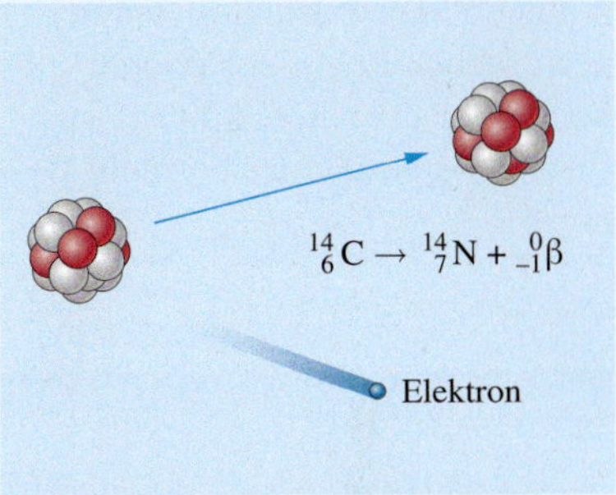

5

Zerfallsreihen Alle Atomkerne eines Stoffs bestehen aus derselben Anzahl Protonen, sie können jedoch unterschiedlich viele Neutronen enthalten. Meist sind einige dieser Isotope nicht stabil und können zerfallen. Alle Nuklide werden in der Nuklidkarte erfasst. Die stufenweise Umwandlung der Kerne beim Zerfall wird als Zerfallsreihe bezeichnet, die auf der Nuklidkarte verfolgt werden kann.

6

Alles klar?

1 Wodurch unterscheiden sich die Isotope eines Elements?

2 Wie groß ist etwa die Anzahl der Neutronen in den Isotopen von Eisen, das 26 Protonen enthält?

3 Was versteht man unter der Halbwertszeit eines Isotops?

4 Wodurch unterscheiden sich die bei Kernreaktionen entstehenden Teilchen bzw. Strahlungen: α, β, γ?

5 Welche Eigenschaft der Kernstrahlung wird im Geigerzähler und in der Nebelkammer ausgenutzt?

Kernspaltung

An diesem hölzernen Labortisch war es OTTO HAHN und FRITZ STRAßMANN 1938 gelungen, durch Beschuss von Uranatomen mit Neutronen Barium zu erzeugen. LISE MEITNER lieferte die richtige Interpretation: Das Uranatom wurde in zwei etwa halb so große Atome zerlegt, die gemeinsam leichter als das Uranatom waren. Die fehlende Masse steckt in der frei gewordenen Energie. Erklären konnte man das mit ALBERT EINSTEINS berühmter Formel: $E = m \cdot c^2$.

1 Experimentiertisch von OTTO HAHN im Deutschen Museum, München

2 Mahnmal in Hiroshima

Nur wenige Jahre nach der Endeckung der Spaltung des Urans wurde diese Erkenntnis für den Bau einer unvorstellbar schrecklichen Waffe genutzt: Im Krieg gegen Japan warfen die Amerikaner am 6. August 1945 eine Atombombe auf Hiroshima und am 8. August 1945 eine weitere auf Nagasaki. Beide Städte wurden augenblicklich ausgelöscht. ↑3 Bis heute leiden und sterben Menschen an den Spätfolgen der Atombombenabwürfe. An vielen Orten der Welt wurden Mahnmale errichtet. ↑2

Die zivile Nutzung der *Kernspaltung* gelang 1954 in einem Kraftwerk im russischen Obninsk. Zwei Jahre später ging in Calder Hall (England) das erste kommerzielle Kernkraftwerk mit einer Leistung von 55 MW ans elektrische Netz.

Die Klimadebatte ist derzeit in aller Munde. Bei der Verbrennung fossiler Energieträger in Wärmekraftwerken entsteht Kohlenstoffdioxid. Es verstärkt den Treibhauseffekt in der Atmosphäre. Als eine Alternative wurde lange Zeit die Nutzung von „Kernenergie“ diskutiert. In den nächsten Jahren werden aber in Deutschland alle Kernkraftwerke stillgelegt. Warum hat man sich von dieser Energieform verabschiedet?

3 Hiroshima nach dem Atombombenabwurf

4 Kernkraftwerk

Experimente

1 Wo bleibt der Rest?
Uran (U-92) zerfällt bei Beschuss mit Neutronen in die Elemente Barium (Ba-56) und Krypton (Kr-36).
Suche im Periodensystem der Elemente die Massen pro Mol für Ba-56 und Kr-36 und vergleiche die Summe mit der Molmasse von U-92. Was fällt dir auf? Suche nach einer Erklärung und lass dir von ALBERT EINSTEIN helfen.

2 Kettenreaktion
Stecke in eine große Kartoffel dicht an dicht viele Streichhölzer. ↑5
Lege die Kartoffel auf eine große feuerfeste Unterlage und zünde ein nach unten gerichtetes Streichholz an. – *Achtung nur unter der Aufsicht Erwachsener!* Beschreibe genau, was geschieht, und erkläre.

3 Kettenreaktionsspiele
Im Internet findest du unter dem Stichwort „Kettenreaktionsspiel" viele kleine kostenlose Spiele. Probiere mindestens 3 Spiele aus. Beschreibe möglichst genau die „Kettenreaktion", die in den einzelnen Spielen abläuft. (*Beispiel:* www.spielkarussell.de/spiele/geschicklichkeitsspiele/kettenreaktion_atome.html)

4 Göttinger Manifest
Vor mehr als 50 Jahren haben in Göttingen 18 berühmte Wissenschaftler eine Erklärung gegen die Bewaffnung der Bundeswehr mit Atomwaffen formuliert und unterzeichnet. ↑6
Haben sich die Befürchtungen der Wissenschaftler erfüllt? Hat sich die Bundesregierung an die Forderungen gehalten?

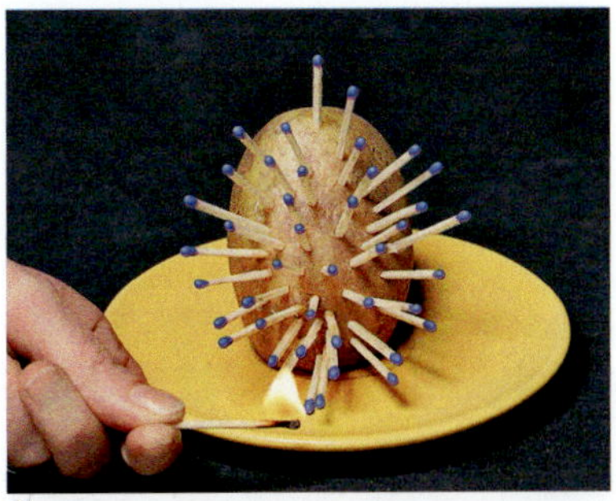

5

6 OTTO HAHN, WALTER GERLACH und CARL FRIEDRICH VON WEIZSÄCKER (v. l.) sind am 17. April 1957 auf dem Weg zu Bundeskanzler KONRAD ADENAUER, um mit ihm über das Göttinger Manifest zu sprechen. ADENAUER hatte das Manifest scharf kritisiert.

GRUNDLAGEN: Massendefekt und Energie

Die Kernspaltung von Uran-235 zeigt zwei überraschende Ergebnisse:
- Die Summe aller Energien ist vor der Umwandlung kleiner als danach.
- Die Summe aller Massen ist vor den Umwandlungen größer als danach.

Die Energie nimmt zu, die Masse nimmt ab: Widerspricht das nicht dem Energieerhaltungssatz und dem aus der Chemie bekannten Massenerhaltungssatz? Den Ausweg aus den Widersprüchen bietet die Spezielle Relativitätstheorie ALBERT EINSTEINS. Sie sagt unter anderem aus, dass Masse und Energie eng zusammenhängen.
Jeder Körper besitzt Energie schon allein wegen seiner Masse. Wird ihm Energie zugeführt, so nimmt seine Masse zu. Wird ihm Energie entzogen, so nimmt seine Masse ab. Energie und Masse kann man also in diesem Zusammenhang als gleichwertig ansehen. Eine einfache, aber umso „gehaltvollere" Formel verknüpft die Energie- und Massendifferenzen mathematisch. ↑7

Die Energiezunahme bei Kernumwandlungen ergibt sich aus der Massenabnahme: $\Delta E = \Delta m \cdot c^2$ bzw. $E_{nach} - E_{vor} = (m_{vor} - m_{nach}) \cdot c^2$. Dabei ist c die Lichtgeschwindigkeit im Vakuum.

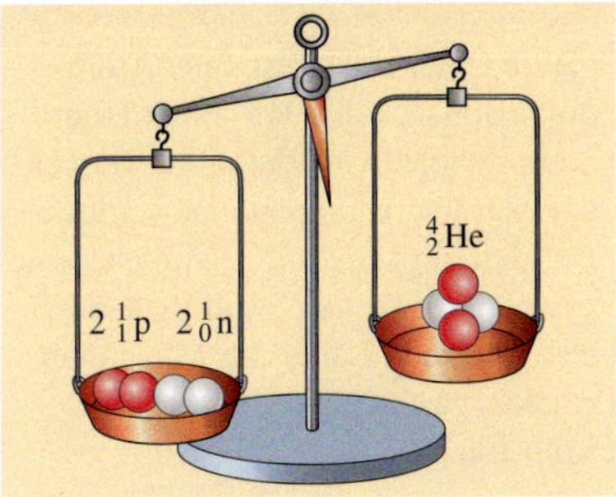

7

GRUNDLAGEN: Kernspaltung

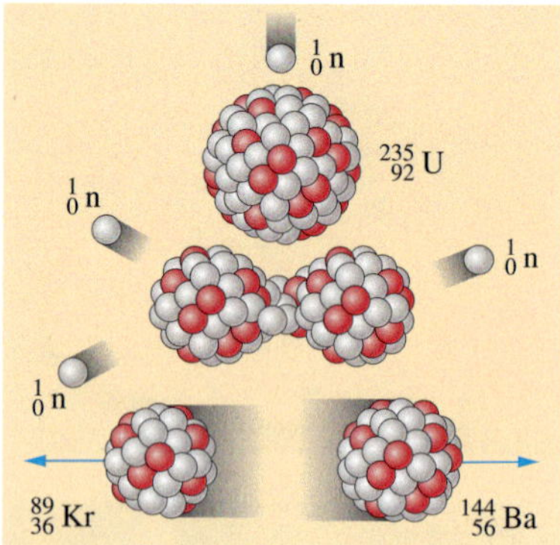

1 Modellvorstellung zur Spaltung von $^{235}_{92}$U: Uran-235 wandelt sich nach dem Auftreffen eines langsamen Neutrons zunächst in den Zwischenkern Uran-236 um. Dieser zerfällt nach nur sehr kurzer Lebensdauer von ungefähr 10^{-14} s in Krypton-89 und Barium-144 sowie drei Neutronen.

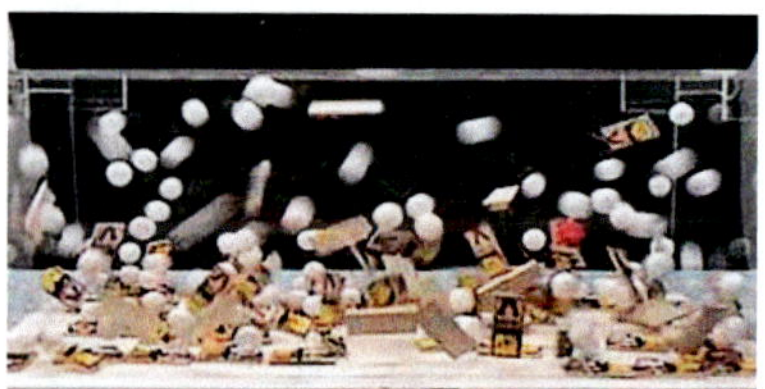

2 Modell der Kettenreaktion mit Mausefallen

Im Jahr 1938 machten OTTO HAHN, FRITZ STRAßMANN und LISE MEITNER eine für die Menschheit folgenreiche Entdeckung. HAHN und STRAßMANN hatten Uranatome mit langsamen Neutronen beschossen, um größere Atomkerne zu erzeugen. Bei der Untersuchung der Reaktionsprodukte fanden sie Spuren der Elemente Barium und Krypton. LISE MEITNER fand die Erklärung: Durch Neutroneneinfang werden die Urankerne in zwei mittelschwere Kerne gespalten, und dabei werden 2 bis 3 Neutronen freigesetzt. Diese Kernspaltung wird heute so geschrieben, wobei der Kern $^{236}_{92}$U nur sehr kurz entsteht:

$$^{235}_{92}\mathrm{U} + ^{1}_{0}\mathrm{n} \rightarrow ^{236}_{92}\mathrm{U} \rightarrow ^{89}_{36}\mathrm{Kr} + ^{144}_{56}\mathrm{Ba} + 3 \cdot ^{1}_{0}\mathrm{n} + \text{Energie.}$$

Würde man den Urankern auf die eine Schale einer Waage legen und auf die andere Seite die Spaltprodukte, dann würden die Spaltprodukte leichter als der Urankern sein; pro kg Uran-235 fehlen etwa 0,8 g. Die fehlende Masse steckt in der Bewegungsenergie der Spaltprodukte, die dann durch Reibung im Material in thermische Energie umgewandelt wird. Zum Vergleich: Um die thermische Energie freizusetzen, die bei der vollständigen Spaltung von 1 kg U-235 frei wird, müsste man ungefähr
3000 t Steinkohle oder
4100 t Braunkohlebriketts oder
1800 t Benzin vollständig verbrennen.

Kettenreaktion Bei der Spaltung des Urankerns entstehen im Mittel 3 Neutronen, die mit sehr großer Geschwindigkeit davonfliegen. Jedes dieser Neutronen kann wieder einen Urankern spalten: Dabei entstehen 9 Neutronen, in der nächsten Stufe schon 27 usw. Die Anzahl der Kernspaltungen erhöht sich lawinenartig, eine ungesteuerte Kettenreaktion entsteht. ↑3 Dabei wird in kürzester Zeit eine sehr große Energie freigesetzt.

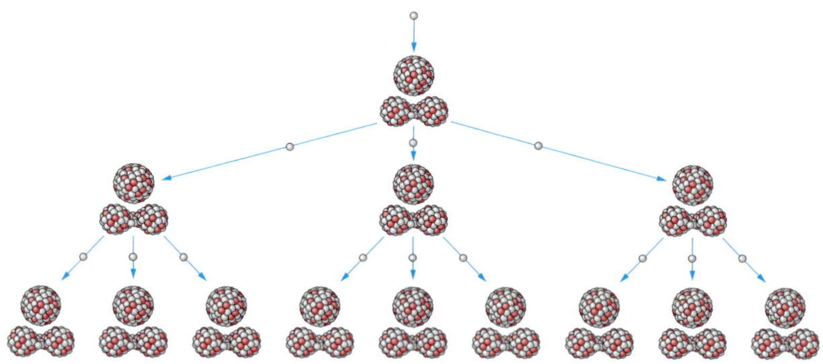

3

4 Bereits der erste Test einer Atombombe am 16. Juli 1945 – statt Uran wurde radioaktives Plutonium verwendet – war überwältigend und schrecklich. „Ich bin zum Tod geworden, zum Zerstörer der Welten", soll ROBERT OPPENHEIMER, Leiter des Manhattan-Projekts, gesagt haben, als er diese Explosion sah.

Die entstehenden Neutronen sind allerdings zu schnell, um in den Kern einzudringen und eine Spaltung auszulösen. Erst nach zahlreichen Wechselwirkungen mit vielen Urankernen sind die Neutronen so langsam geworden, dass sie eine Spaltung verursachen. Es muss deshalb genug Uran vorhanden sein, damit die Neutronen vor dem Verlassen des Uranblocks hinreichend abgebremst wurden und eine Kettenreaktion ausgelöst wird. Diese Mindestmasse wird *kritische Masse* genannt. Bei Uran-235 beträgt die kritische Masse 50 kg, das entspricht einer Kugel von 17 cm Durchmesser.

Aus der Geschichte Die Entdeckung der Kernspaltung

In den 1930er Jahren haben viele Forschergruppen in der ganzen Welt versucht, radioaktive Atomkerne künstlich herzustellen. Auch OTTO HAHN, LISE MEITNER und FRITZ STRAßMANN haben in Berlin Atomkerne mit Neutronen beschossen, denn diese werden von den Kernen nicht durch elektrische Kräfte abgestoßen, können deshalb in die Kerne eindringen und sie dadurch verändern. Solche Neutronen entstehen beim radioaktiven Zerfall eines Stoffs und verlassen diesen mit großer Geschwindigkeit.
Die italienische Forschergruppe um ENRICO FERMI und EMILIO SEGRÉ entdeckte 1934 in Rom, dass Neutronen bei der Wechselwirkung mit dem Kern dann besonders wirksam sind, wenn sie zuvor durch Paraffin hindurchgehen und abgebremst werden. Je langsamer die Neutronen sind, umso länger halten sie sich in Kernnähe auf – dadurch steigt die Reaktionswahrscheinlichkeit.
Sehr häufig wurde das schwerste natürliche Element Uran mit Neutronen beschossen, die sich dann im Kern in Protonen umwandeln sollten. Auf diese Weise sollten Kerne mit größerer Kernladungszahl als Uran, sogenannte Transurane, entstehen.

5 ENRICO FERMI (1901–1954)

6 LISE MEITNER (1878–1968). OTTO HAHN erhielt 1944 den Nobelpreis für Chemie, LISE MEITNER jedoch nicht, trotz ihres wesentlichen Beitrags.

7 LISE MEITNER und OTTO HAHN im Labor

Im Herbst 1938 war sich OTTO HAHN, Chemiker und Leiter der Berliner Forschergruppe, sicher, dass durch den Beschuss von Uran mit langsamen Neutronen Barium entstanden war. Alle Forscher hatten nach Transuranen gesucht. HAHNS Ergebnis kam völlig überraschend, weil Bariumatome nur etwa halb so schwer wie Uranatome sind.
LISE MEITNER, langjährige Mitarbeiterin OTTO HAHNS in Berlin, war gerade als österreichische Jüdin vor den Nationalsozialisten nach Schweden geflohen, als HAHNS Brief mit den überraschenden Ergebnissen sie erreichte. Zusammen mit ihrem Neffen OTTO ROBERT FRISCH gelang es ihr, dieses Ergebnis zu deuten: Das Neutron hat den Urankern in zwei annähernd gleich große Bruchstücke gespalten, von denen eines ein Bariumkern war. LISE MEITNER konnte sogar die Energie berechnen, die bei jeder Kernspaltung frei wird.
Sehr schnell wurde den Kernforschern klar, dass vermutlich mehrere Neutronen bei jeder Spaltung frei werden, die dann ihrerseits weitere Spaltungen auslösen konnten. Die Idee einer Kettenreaktion war geboren – Grundlage der Atombombe ebenso wie der friedlichen Nutzung der Kernenergie in Kraftwerken.

Aufgaben

1 Informiere dich genauer über das Manhatten-Projekt und bereite ein Referat vor.

2 Welche Folgen sind mehr als 60 Jahren nach der Explosion der Atombomben in Hiroshima und Nagasaki noch heute spür- und sichtbar? Informiere dich über die Auswirkungen der beiden ersten Atombomben.

3 Informiere dich über das Prinzip der Wasserstoffbombe und bereite ein Referat vor.

GRUNDLAGEN: Kernkraftwerk

1 Kernkraftwerk

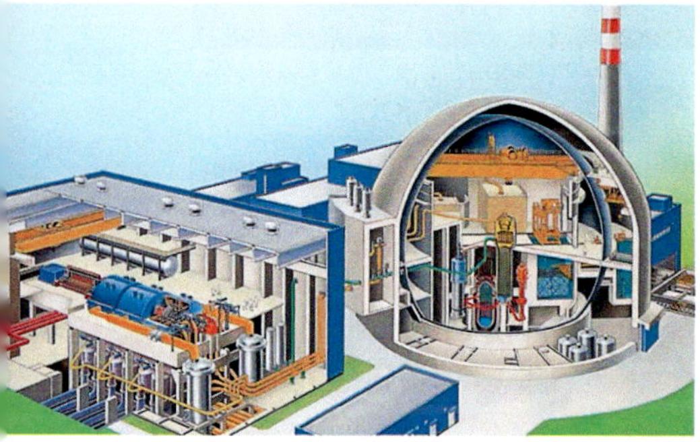

2 Schnitt durch Reaktorgebäude

In einem Kraftwerk wird heißer Wasserdampf erzeugt, der durch eine Turbine gepresst wird und den Stromgenerator in Drehung versetzt.
Die thermische Energie für die Verdampfung und Erhitzung des Wassers wird im Kernkraftwerk ↑1 durch Kernspaltung im Kernreaktor gewonnen. Im Reaktorbehälter befinden sich zahlreiche Brennstäbe, die zu etwa 3 % Uran-235 enthalten, in einem Wasserbassin. Jeder einzelne Brennstab besitzt nicht die kritische Masse.
Die bei der Kernspaltung frei werdenden Neutronen verlassen den Brennstab, ohne dort eine Kettenreaktion auszulösen. Durch Wechselwirkung mit den Molekülen des Wassers werden die Neutronen abgebremst und können dann im benachbarten Brennstab weitere Urankerne spalten: Eine kontrollierte Kettenreaktion läuft ab. Das Wasser im Reaktor dient gleichzeitig zum Abbremsen der Neutronen und als Kühlmittel.
Zur Steuerung und zum Abschalten des Reaktors können zwischen die Brennstäbe Steuerstäbe – Metallrohre, die Cadmium- oder Borverbindungen enthalten – geschoben werden, die die Neutronen absorbieren und damit weitere Spaltungen in den Brennstäben verhindern.
Im *Siedewasserreaktor* erwärmt sich das Wasser im Reaktor bis zum Sieden und der Dampf über dem Wasser erreicht Temperaturen um 280 °C. Dieser Dampf wird direkt zum Antrieb der Turbinen genutzt. ↑3
Im *Druckwasserreaktor* ist der Druck so hoch, dass das Wasser auch bei etwa 325 °C nicht siedet. Noch im Sicherheitsbehälter wird dieses Wasser durch einen Wärmetauscher geleitet, in dem der Dampf für die Turbinen erzeugt wird. ↑4

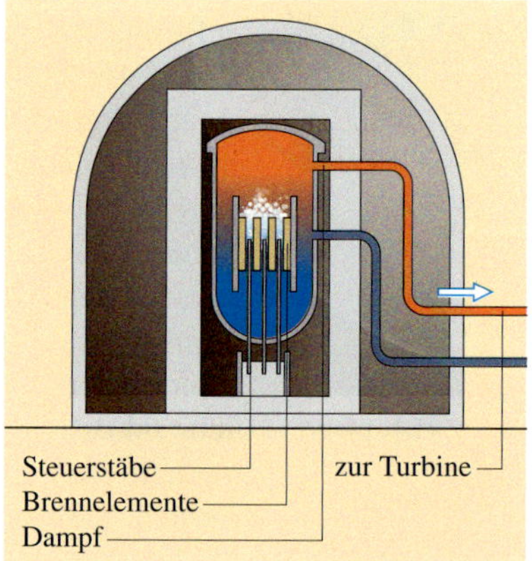

3 Aufbau des Siedewasserreaktors

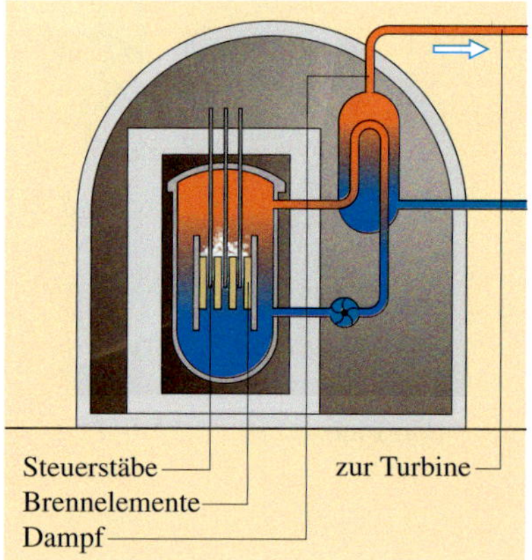

4 Aufbau des Druckwasserreaktors

Sicherheit Um eine radioaktive Belastung der Umwelt zu vermeiden, ist der Reaktorkern durch ein System von Barrieren umgeben. Diese sollen verhindern, dass radioaktive Stoffe in die Umgebung austreten und Strahlung aus dem Reaktor nach außen dringt. Die Hülle der Brennstäbe und das umströmende Wasser schirmen die Spaltprodukte sowie die α- und β-Strahlung ab. Der Reaktordruckbehälter und eine bis zu 2 m dicke Stahlbetonabschirmung verhindern das Austreten der γ-Strahlung. Der kugelförmige Sicherheitsbehälter und eine diesen umgebende Stahlbetonhülle sollen Schutz gegen stärkste Belastungen von innen und außen bieten. ↑2

Aufgaben

1 Informiere dich genauer über den Aufbau eines Siedewasserreaktors bzw. Druckwasserreaktors und bereite eine Präsentation vor. Stelle die Vorteile und Risiken der beiden Varianten dar.

2 Informiere dich über den aktuellen Stand der Energieversorgung mit elektrischer Energie und vergleiche den Anteil der unterschiedlichen Verfahren und deren Vor- und Nachteile.

3 Informiere dich über den Reaktorunfall am 26. 4. 1986 in Tschernobyl. Welchen Verlauf nahm die Katastrophe und welche Folgen ergaben sich daraus?

Aus der Technik Brennstoffkreislauf

Damit in einem Kernkraftwerk über einen längeren Zeitraum aus Kernenergie elektrische Energie erzeugt werden kann, ist eine kontinuierliche Versorgung mit spaltbarem Material (Brennstoff) sowie eine saubere und sichere Entsorgung der abgebrannten Brennelemente notwendig. Alle Arbeitsschritte und Prozesse, die dieser Versorgung und Entsorgung dienen, werden als Brennstoffkreislauf bezeichnet.
Zur Versorgung gehören der Abbau von Uranerz und dessen Aufbereitung, die Anreicherung des spaltbaren U-235, die Fertigung der Brennelemente und deren Transport zum Kraftwerk.

Uranerzabbau und Aufbereitung Eine Tonne Gestein in der Erdrinde enthält durchschnittlich 3 g Uran. Der Abbau von Erzen ist wirtschaftlich, wenn der Urangehalt zwischen 0,1 % und 0,5 % beträgt. Solche Lagerstätten befinden sich heute z. B. in Amerika, Australien, Frankreich, Schweden und Russland. Nach dem Abbau wird durch physikalische und chemische Verfahren Uran vom übrigen Gestein getrennt und es entsteht ein Konzentrat mit 70 %–80 % Urangehalt.

Anreicherung von U-235 Natürliches Uran enthält die Isotope U-235, U-238 und U-239. Der Anteil an U-235 muss auf 2%–4% angereichert werden. Da die Isotope unterschiedliche Massen besitzen, ist eine physikalische Trennung möglich. Das feste Uran wird in Uranhexafluorid umgewandelt (gasförmiger Zustand). In Zentrifugen sammeln sich die Moleküle mit den schweren Nukliden weiter außen. Bei der Diffusion sind die Moleküle mit U-235 die schnellsten, da sie eine kleine Masse haben und deshalb weniger träge sind.

Fertigung von Brennelementen Angereichertes Uran wird in Uranoxid umgewandelt. Daraus werden Brennstäbe gefertigt. Im Reaktor können die Brennelemente bis zu sieben Jahre bis zum optimalen Abbrennen eingesetzt werden.

Zwischenlagerung Für eine Übergangszeit werden „abgebrannte" Brennelemente in mit Wasser gefüllten Becken innerhalb eines Kernkraftwerks gelagert. Ihre Aktivität geht währenddessen auf etwa 1 % des Ausgangswerts zurück.

Wiederaufarbeitung In Wiederaufbereitungsanlagen werden abgebrannte Brennelemente mechanisch zerkleinert und in Salpetersäure aufgelöst, um dann durch chemische Prozesse das im Reaktor entstandene Plutonium und das noch verwertbare Uran vom übrigen Atommüll zu trennen.

Endlagerung Die nicht weiter nutzbaren radioaktiven Nuklide bleiben zum Teil sehr lange hochradioaktiv. Hochaktive Abfälle geben zudem eine Wärmeleistung bis zu 1 kW pro Kilogramm ab. Abfälle werden deshalb z. B. in Glasblöcke eingeschmolzen, die mit Edelstahl verkleidet sind. Für die Endlagerung wird nach stabilen geologischen Formationen gesucht. In Schweden sind Granitblöcke vorgesehen. In Deutschland nimmt man an, dass Salzstöcke als Endlagerstätte infrage kommen.

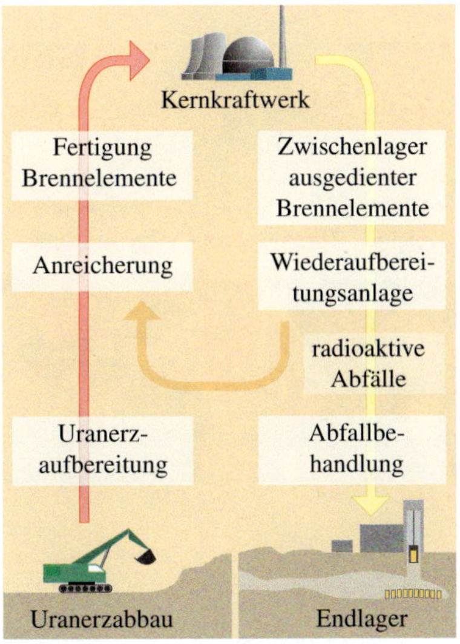

5 Brennstoffkreislauf

Übrigens

In der Wiederaufbereitungsanlage werden beim Zerschneiden und Auflösen alle radioaktiven Gase und flüchtigen Substanzen, die bis dahin von den Brennstabhüllen festgehalten wurden, freigesetzt. Große Teile der Prozesse müssen wegen der hohen Strahlenbelastung vollautomatisch hinter meterdicken Betonwänden ablaufen. Der Zweck der Wiederaufbereitung ist vor allem die Gewinnung des hochgiftigen Plutoniums, das auch für den Bau von Atomwaffen genutzt werden kann. Zur alleinigen Rückgewinnung von Uran-235 ist die Wiederaufbereitung unwirtschaftlich. Es entsteht eine geringe Menge hochradioaktiver Abfälle und zugleich ein großes Volumen leicht- und mittelaktiven Mülls.

6 Lagerung in einem Salzstock

Selbst erforscht

Chancen und Risiken der Kernenergie

1

2

3 Standorte für eventuelle Endlager

Um auf die Gefahren der Atomkraft aufmerksam zu machen, finden immer wieder Protestaktionen wie diese statt. ↑1,2 In intensiven Diskussionen geht es außerdem um einen möglichen Verzicht auf die Kernenergie für die Energieversorgung, obwohl zurzeit in Deutschland knapp 18 % der elektrischen Energie aus Kernenergie gewonnen wird.

Thema 1: Kernkraftwerke gehören neben den fossil gefeuerten Kraftwerken zu den Wärmekraftwerken

1 Stelle in übersichtlicher Form Gemeinsamkeiten, Unterschiede sowie Vor- und Nachteile von fossil gefeuerten Kraftwerken und Kernkraftwerken zusammen. Vergleiche auch die Wirkungsgrade.

2 Welche Chancen siehst du, Wärmekraftwerke langfristig durch die Nutzung regenerativer Energien zu ersetzen?

Thema 2: Pro und kontra Kernenergie

Bildet eine Pro- und eine Kontra-Arbeitsgruppe. In der Pro-Gruppe erarbeiten die Mitglieder Argumente für die Erhaltung von Kernkraftwerken zur Energieerzeugung. Die Kontra-Arbeitsgruppe hat die Aufgabe, Nachteile und Risiken der Kernenergie zu analysieren. Beide Gruppen tragen ihre Ergebnisse jeweils in einem 10-minütigen Vortrag Zuhörern aus der Klasse oder einem anderen Kreis vor. Danach wird noch eine festgelegte Anzahl Fragen an jede Gruppe zugelassen. Eine Beurteilung könnte auf der Grundlage eines vorher erarbeiteten Fragebogens erfolgen.
Am Ende solltet ihr die Ergebnisse übersichtlich zusammenstellen.

Thema 3: Endlager für radioaktive Abfälle

In Deutschland existieren bisher vier Standorte, wo die Endlagerung von radioaktiven Abfällen in Salzlagerstätten praktiziert bzw. in Erwägung gezogen wurde.

1 Informiere dich über diese vier Standorte und den aktuellen Stand der Dinge. Trage Vor- und Nachteile von Salzstöcken als Endlager für radioaktive Abfälle zusammen.

2 Wie wird die Endlagerung in anderen Ländern praktiziert?

Fasse die Ergebnisse deiner Recherchen in einer anschaulichen Präsentation zusammen.

Thema 4: Energiewende – Ausstieg aus der Kernenergie

Die Bundesregierung hat 2009 mit dem Erneuerbare-Energien-Wärmegesetz (EEWärmeG) beschlossen, bis zum Jahr 2020 den Anteil erneuerbarer Energien am Endenergieverbrauch für Wärme und Kälte auf 14 % zu erhöhen.

1 Informiere die über den Inhalte und die Ziele des EEWärmeG.

2 Informiere dich über die verschiedenen Formen erneuerbarer Energien und ihren aktuellen Anteil am Endenergieverbrauch in Deutschland.

3 Beschreibe den Unterschied in der Verfügbarkeit zwischen erneuerbaren Energien und Energie aus Kernkraftwerken.

4 Bewerte die Auswirkungen des EEWärmeG auf die Energieversorgung.

Strahlenbelastung und Strahlenschutz

4

Tagtäglich sind wir einer geringen radioaktiven Strahlung ausgesetzt. Aus dem Erdboden tritt das radioaktive Gas Radon aus, das im Innern der Erde aus Zerfall von Uran-238 entsteht. Die Folgeprodukte der Atombombenexperimente und die Reaktorkatastrophe von Tschernobyl sind noch heute in der Luft nachweisbar und jeder Flug in großer Höhe und jede medizinische Röntgenuntersuchung belastet uns etwas. Was passiert dabei in unserem Körper und wie kann man sich davor schützen?

Experimente

1 Der radioaktive Luftballon
Ein Luftballon wird aufgeblasen und durch kräftiges Reiben an Schafwolle elektrisch geladen; ein gut geladener Ballon haftet an einer senkrechten Wand. Anschließend wird er an einem Faden frei aufgehängt, sodass er sich nicht entladen kann.

a Miss mit dem Geigerzähler mehrmals die Nullrate und notiere diese.

b Nach einiger Zeit (10 Minuten bis 2 Stunden) wird die Luft aus dem Ballon gelassen. Miss sofort mit dem Geigerzähler die Zählrate (Impulse pro Sekunde) und vergleiche diese mit der Nullrate. Wiederhole die Messungen einige Male.

c Die natürliche Radioaktivität der Luft ist Folge der Tochterprodukte des Radons. Welche Radioisotope könnten sich auf dem Ballon gesammelt haben? Warum nimmt die Zählrate so schnell ab?

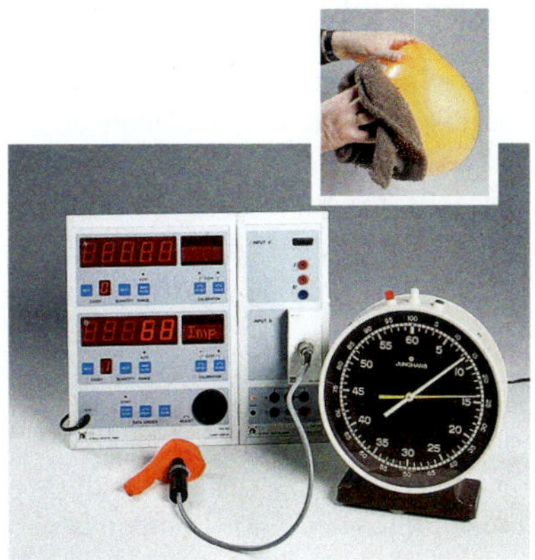
5 Radioaktiver Luftballon

2 Radioaktive Salze
Lasst euch von eurer Lehrerin bzw. von eurem Lehrer ein Häufchen Kaliumchlorid (aus der Chemiesammlung) geben.

a Steckt das Fenster des Geiger-Müller-Zählrohres direkt in das Salz. Vergleicht die gemessene Zählrate mit der zuvor bestimmten Nullrate.

b Welches Isotop von Kalium zerfällt in welche Produkte? Welche Strahlung ist zu erwarten? Wo wird Kaliumchlorid verwendet? Ist Kalium auch in deinem Körper?

6 Kompost statt Kaliumkunstdünger

3 Ist Zigarettentabak radioaktiv?
Lasst euch von eurer Lehrerin bzw. von eurem Lehrer ein Häufchen Zigarettentabak geben (Tabak von ca. 10 Zigaretten).

a Setzt das Zählrohrfenster direkt auf einen Haufen Tabak und bestimmt mehrfach die Zählrate. Vergleicht die Zählrate mit der mehrfach gemessenen Nullrate.

b Bereits im Jahre 1965 fand C. R. Hill am Britischen Krebsforschungsinstitut, dass Zigarettentabak das radioaktive Isotop Polonium-210 in einer Aktivität von bis zu 50 Becquerel (= Zerfälle je Sekunde) pro Kilogramm Tabak enthält.
Woher kann das Polonium-210 kommen?

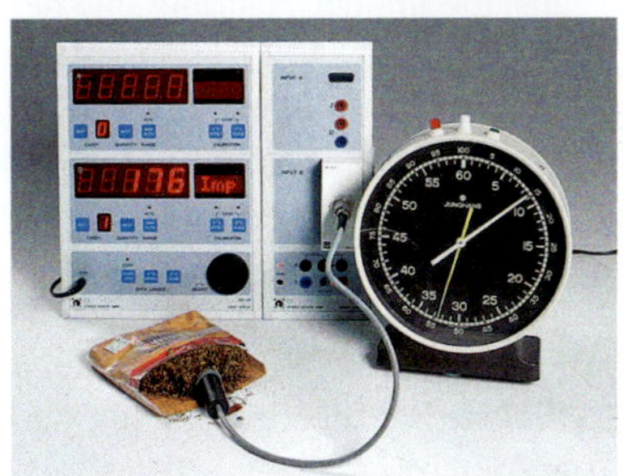
7 Radioaktiver Tabak

α-Strahlung

Treffen α-Teilchen von außen auf den menschlichen Körper, werden sie bereits in den obersten Zellschichten der Haut absorbiert und richten kaum Schäden an.
Gelangen α-Strahler durch die Nahrung oder die Atmung in den Körper, werden sie nur wenige Millimeter weit kommen. Sie erzeugen jedoch viele Ionen auf kleinem Raum und können großen Schaden anrichten.

β-Strahlung

β-Strahlung hat einen längeren Bremsweg als die α-Teilchen und durchdringt die ersten Hautschichten. Dort ionisiert sie Moleküle in den Körperzellen. Die Dichte der Ionen ist relativ gering und die Zellen sind meist in der Lage, die entstandenen Fehler zu reparieren.

γ-Strahlung

Diese elektromagnetische Strahlung kann tief in das Gewebe eindringen und bei hoher Energie sogar durch den Körper hindurchgehen. Sie hinterlässt ebenfalls eine relativ geringe Spur von Ionen.

1 Ionisierende Wirkung der verschiedenen Strahlungsarten

GRUNDLAGEN: Ionisation im menschlichen Körper

Ionisation durch Strahlung Bei intensiver Sonnenbestrahlung steigt das Hautkrebsrisiko. Der ultraviolette Anteil der Sonnenstrahlung kann Elektronen aus den Atomen oder Molekülen der Haut herausschlagen. Zurück bleiben positiv geladene Ionen. Durch Anlagern der freigesetzten Elektronen an Atome oder Moleküle entstehen auch negative Ionen.
Das Gleiche bewirken α- und β-Strahlung. Ein α-Teilchen verursacht in der Nebelkammer eine Spur ionisierten Gases. Genauso hinterlässt es im menschlichen Gewebe eine Spur ionisierter Atome und Moleküle, aus denen bei seinem „Vorbeiflug“ ein Elektron herausgerissen wurde. Ähnlich ist es bei den Elektronen der β-Strahlung, die mit den Atomen in den Körperzellen wechselwirken.
Auch Röntgen- und γ-Strahlung haben eine so große Energie, dass sie längs ihres Wegs Elektronen aus den Atomen herausschlagen. Diese Elektronen fliegen mit hoher Energie ein Stück weit durch den Körper und können weitere Atome ionisieren.

Folgen der Ionisation Die Ionisationen lösen physikalisch-chemische und biochemische Vorgänge aus. Die Ionen und Elektronen reagieren mit Molekülen des Körpers, z. B. mit dem Wasser und den biologisch wichtigen Makromolekülen. Dabei kann die DNA, in der die Erbinformationen gespeichert sind, beschädigt werden.
Die meisten Fehler kann die Zelle durch ein eigenes „Reparatursystem“ wieder beheben. Auf ca. 5000 strahlenbedingte Schäden in einer Säugetierzelle kommt jedoch einer, der nicht beseitigt werden kann. Meist stirbt die beschädigte Zelle ab. Nachbarzellen können unter Umständen die Funktionen einzelner abgestorbener Zellen übernehmen. Werden durch starke Bestrahlung zu viele Zellen in kurzer Zeit abgetötet, kommt es zur „Strahlenkrankheit“.
Die Ionisierung durch Strahlung kann aber auch eine gesunde Zelle in eine „Tumorzelle“ verwandeln. Als Tumorzelle wird eine Zelle bezeichnet, die sich als Folge der Schädigung ungehemmt vermehrt und dadurch wichtige Körperfunktionen behindert.

Aufgaben

1 Man unterscheidet zwischen innerer und äußerer Bestrahlung.
Innere Bestrahlung geht von radioaktiven Stoffen aus, die mit der Nahrung und der Atemluft in den menschlichen Körper gelangt sind.
Äußere Bestrahlung wird z. B. auch von Gesteinen oder Bodenablagerungen hervorgerufen.

a Warum ist die innere Bestrahlung gefährlicher als die äußere?

b Welche Wirkung kann die Strahlung radioaktiver Körper auf menschliche Zellen haben? ↑2

c Welche Schäden können bei starker Strahlung auftreten? ↑2

d Ein Großteil der absorbierten Strahlung radioaktiver Körper führt nicht zu dauerhaften Schäden. Wie ist das möglich?

2 Wovon hängt es ab, wie stark die Schädigungen durch ionisierende Strahlung sind?

3 Informiere dich über die radioaktive Belastung beim Rauchen und vergleiche diese mit einem Flug von Köln nach New York.

4 Sammle Informationen *pro und kontra* die Bestrahlung von Lebensmitteln. Unterscheide physikalische, biologische und nicht naturwissenschaftliche Argumente. Welche Meinung hast du? Begründe diese.

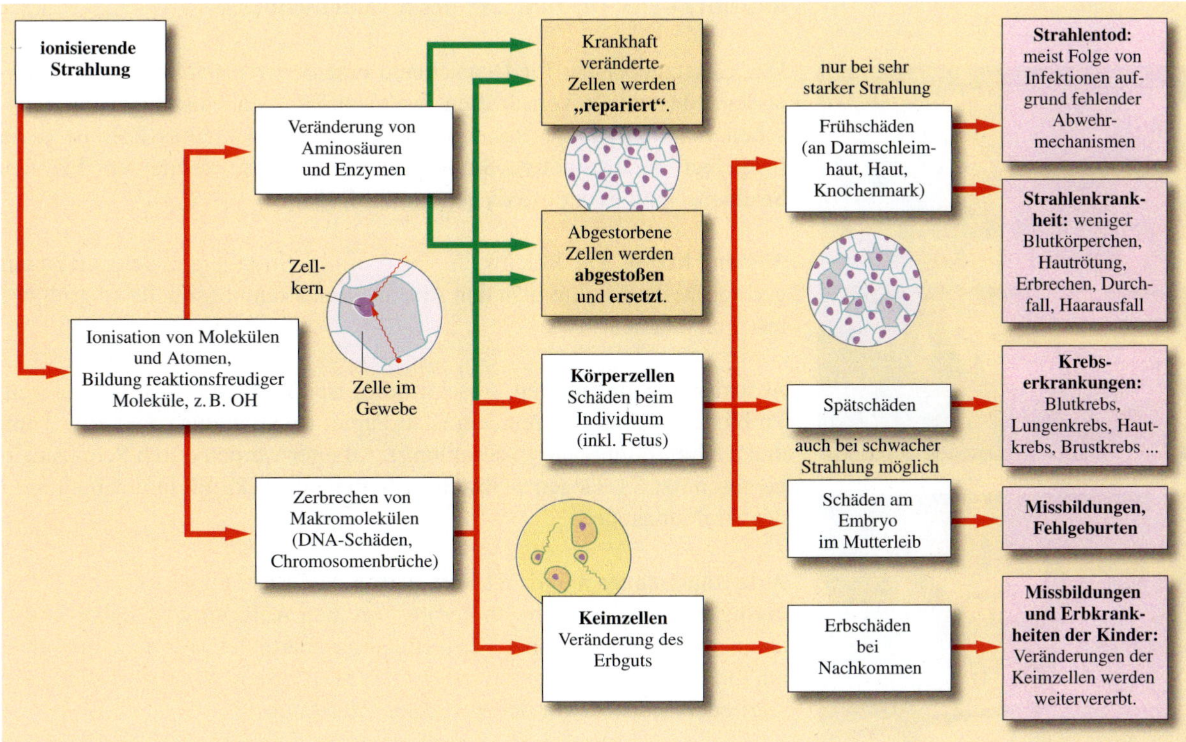

2 Wirkungen der inneren und äußeren Bestrahlung

GRUNDLAGEN: Strahlenschäden

Wer von ionisierender Strahlung getroffen wird, kann daran direkt erkranken *(somatische Schäden)*. Vielleicht haben aber auch erst seine Kinder und Kindeskinder darunter zu leiden *(genetische Schäden)*.
Somatische Schäden entstehen unmittelbar am betroffenen Organismus. Besonders empfindlich sind die Blutbildungsorgane, die Schleimhäute des Magen-Darm-Trakts und der Luftwege sowie die Keimdrüsen. ↑3
Die Zellschädigungen können zu Krebserkrankungen führen, zu den häufigsten gehören dabei Leukämie, Lungen-, Haut- und Brustkrebs.
Genetische Schäden sind Erbschäden, die bei den direkten Nachkommen, aber auch in späteren Generationen auftreten können. Sie entstehen durch Veränderungen des Erbguts. Daher sind die Keimzellen der Eierstöcke und Hoden besonders gefährdet. Das Gleiche gilt auch für Embryonen.
Die Folgen kurzzeitig hoher Strahlenbelastungen sind dramatisch – aber auch geringe Strahlenbelastungen über längere Zeiträume.

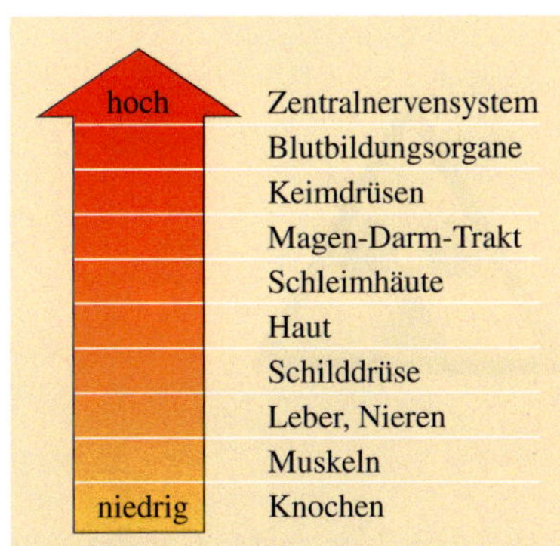

3 Strahlenempfindlichkeit

Einen unteren Grenzwert, bis zu dem eine Strahlenbelastung ungefährlich ist, gibt es nicht.

Aufgaben

1 Informiere dich über die Aufgaben einer/eines Strahlenschutzbeauftragten.

2 Erläutere, was man unter somatischen und genetischen Schäden versteht.

GRUNDLAGEN: Die fünf „A" des Strahlenschutzes

1

2

3

Der Gesetzgeber hat für Deutschland eine *Strahlenschutzverordnung* erlassen. Sie enthält Vorschriften, welchen Strahlenbelastungen die Menschen maximal ausgesetzt sein dürfen. Als allgemeines Ziel ist darin festgelegt: Jede unnötige Strahlenbelastung ist zu vermeiden. Für den Strahlenschutz in der Praxis gelten fünf Regeln:

Abstand halten Die Reichweite von α- und β-Strahlung in der Luft ist nur gering. Deshalb sollte man den Abstand zur Strahlungsquelle so groß wie möglich machen.

Abschirmung optimieren Abschirmung ist für α- und β-Strahlung kein Problem. Es genügt bereits ein Blatt Papier (α-Strahlung) oder eine 3 mm dicke Aluminiumplatte (β-Strahlung). Arbeiter werden durch Schutzanzüge geschützt. ↑1 Gegen γ-Strahlung helfen nur dicke Bleiummantelungen der Strahlungsquelle.

Aufenthaltsdauer möglichst kurz halten Die Bestrahlungsdauer sollte so gering wie möglich sein. In kerntechnischen Anlagen wird daher in den „heißen Zellen" mit einer Fernbedienung gearbeitet, um den Aufenthalt am Ort hoher Radioaktivität zu vermeiden. ↑2 Beim Röntgen verlässt der Arzt oder Assistent vor der Aufnahme den Raum.

Aktivität verringern In der Nuklearmedizin benutzt man „kurzlebige" Isotope, deren Aktivität rasch abklingt. Entsprechend ist die Empfindlichkeit der Nachweis- und Messverfahren immer weiter gesteigert worden.

Aufnahme in den Körper vermeiden Durch Speisen und Atemluft nehmen wir radioaktive Atomkerne auf. Dies lässt sich kaum vermeiden. Dennoch war es z. B. nach dem Reaktorunfall in Tschernobyl ratsam, auf stark radioaktiv belastete Pilze oder Wildfleisch zu verzichten. Im Umgang mit radioaktiven Strahlern gelten besondere Regeln: Nach Experimenten sofort Hände waschen, während der Experimente auf keinen Fall essen oder trinken.

Geräte, bei denen ionisierende Strahlung auftritt, und radioaktive Strahler müssen einen Warnhinweis tragen. ↑3

Aus der Umwelt Größen zur Angabe der Strahlenbelastung

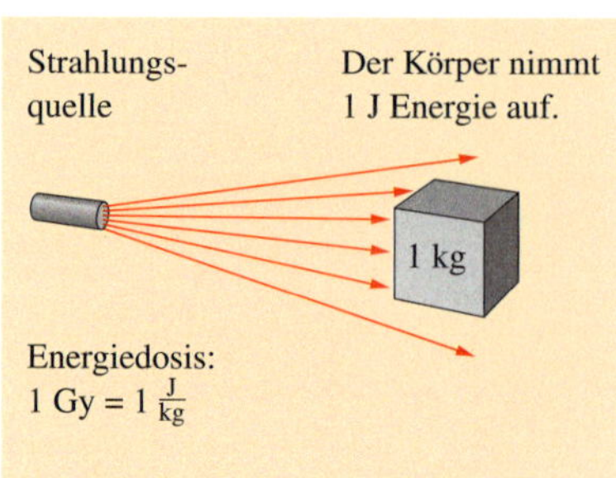

4 Energiedosis

Energiedosis Wenn die Strahlung radioaktiver Körper in Materie eindringt, zeigt sie oft ionisierende Wirkung. Für jede Ionisation ist eine bestimmte Energie nötig. Deshalb ist die Energie, die 1 kg Materie durch die Strahlung aufnimmt, ein Maß für die physikalische Wirkung der Strahlung. Sie wird *Energiedosis D* genannt. ↑4

$$\text{Energiedosis} = \frac{\text{absorbierte Energie}}{\text{Masse}} \qquad D = \frac{E}{m}$$

Die Einheit der Energiedosis ist *1 Gray (1 Gy)*: $1\,\text{Gy} = 1\,\frac{\text{J}}{\text{kg}}$.

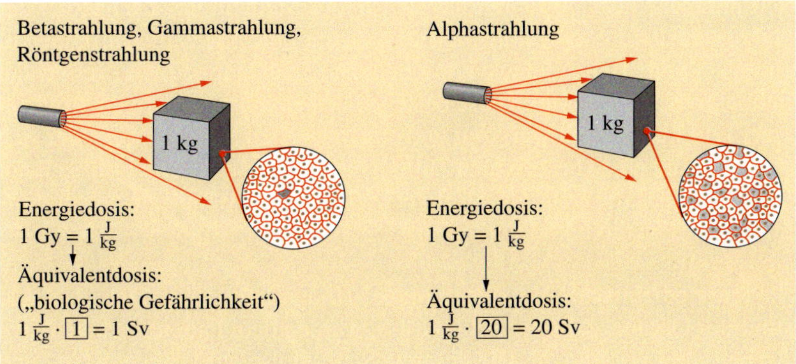

5 Vergleich der ionisierenden Wirkung

Radioaktive Quelle	Belastung in mSv/Jahr
Radon	1,000
Kalium-40	0,300
kosmische Strahlung	
– Helgoland	0,300
– Zugspitze	1,200
Kohlekraftwerke	0,002

6 Beispiele für Strahlenbelastung durch natürliche Radioaktivität

Äquivalentdosis Die Wirkung der Strahlung auf lebende Organismen hängt nicht nur von der Energiedosis ab, sondern z. B. auch von der Strahlungsart. Bei einer Energiedosis von 1 Gy hat α-Strahlung eine bis zu 20-mal so große biologische Wirkung wie β- oder γ-Strahlung. Für einen Menschen ist also die Zufuhr von 1 Gy durch α-Strahlung vergleichbar (äquivalent) mit 20 Gy durch β- oder γ-Strahlung. ↑5

Die Äquivalentdosis *H* ist ein Maß für die biologische Wirkung der Strahlung. Bei gleichen Äquivalentdosen sind gleiche biologische Wirkungen zu erwarten.

Man berechnet die Äquivalentdosis als Produkt aus der Energiedosis *D* und einem experimentell ermittelten *Bewertungsfaktor q*. ↑7

Äquivalentdosis = Bewertungsfaktor · Energiedosis; $H = q \cdot D$

Die Einheit der Äquivalentdosis ist *1 Sievert (1 Sv)*: $1\,\text{Sv} = 1\,\frac{\text{J}}{\text{kg}}$.

Äußere Bestrahlung	Bewertungsfaktor *q*
Röntgenstrahlung	1
β-Strahlung	1
γ-Strahlung	1
Neutronenstrahlung (Energie unbekannt)	10
α-Strahlung aus radioaktiven Atomkernen	20

7 Bewertungsfaktoren für verschiedene Strahlungsarten

H in Sv	Strahlenschäden
0,2–0,5	Veränderungen im Blutbild, Schäden an Embryos
1,0	akute Gesundheitsgefahr, beginnende Strahlenkrankheit (Übelkeit, Erbrechen, Haarausfall)
2,0	Strahlenkrankheit, Hautschäden, 10 % Todesfälle
3,0	Blutungen, schwere Veränderungen im Blutbild, 20 % Todesfälle
4,0	schwere Entzündungen, 50 % Todesfälle innerhalb von 5 Wochen
ab 6,0	mehr als 90 % Todesfälle; selbst bei Transplantation von Knochenmark stirbt die Mehrzahl der Verletzten

8 Somatische Schäden bei kurzzeitig hoher Äquivalentdosis

1 Bei Erwachsenen, die beruflich mit ionisierender Strahlung zu tun haben, darf nach deutschem Recht die jährliche Äquivalentdosis 20 mSv nicht überschreiten.
Berechne für folgende durchschnittliche Jahreswerte das prozentuale Verhältnis zu 20 mSv.

a Die kosmische Strahlenbelastung beträgt in München 0,40 mSv, auf der Zugspitze 1,20 mSv.

b Ein Pilot ist bei 600 Flugstunden in 10 000 m Höhe einer Belastung von 0,002 mSv/h ausgesetzt.

c Mit der Nahrung nimmst du 0,3 mSv durch Kalium-40 auf.

d In einem extrem uranhaltigen Gebiet in Brasilien beträgt die Belastung 200 mSv.

e Auf einer Marsumlaufbahn betrug im Jahr 2003 die Äquivalentdosis 390 mSv.

2 Wodurch unterscheiden sich die Größen *Energiedosis* und *Äquivalentdosis*? Erläutere die Einheiten, in denen die beiden Größen angegeben werden.

Anwendung der Kernstrahlung in der Medizin

Seit nunmehr über 50 Jahren hat sich in der Medizin das Fachgebiet der Nuklearmedizin entwickelt. Sie bietet heute eine Vielzahl von Untersuchungs- und Behandlungsverfahren. Die Nuklearmedizin verwendet radioaktive Arzneimittel. Diese bestehen aus einem radioaktiven Stoff mit einer sehr kurzen Halbwertszeit und einem zweiten Stoff (Tracer), der sich im Körper an einen bestimmten Zelltyp bindet. Dieser zweite Stoff gelangt über den Blutkreislauf, den Stoffwechsel oder die Atemwege genau dorthin, wo das Radionuklid wirken soll.

Radionuklide in der Medizin

Nuklid	Halbwertszeit
Technetium-99m	6 Stunden
Iod-131	8 Tage
Kohlenstoff-11	20 Minuten
Sauerstoff-15	2 Minuten
Fluor-18	110 Minuten

Nuklearmedizinische Untersuchungen (Diagnostik) Zur Diagnose bestimmter Organe, z. B. der Schilddrüse, werden dem Patienten radioaktive Arzneimittel verabreicht. Die gesamte Schilddrüse wird „abgerastert“ und ein Computer erzeugt ein Bild, das die Strahlungsintensität aus jedem Punkt der Schilddrüse darstellt. Der Arzt kann aus einem solchen Szintigramm Aufschluss über den Zustand der Schilddrüse gewinnen.

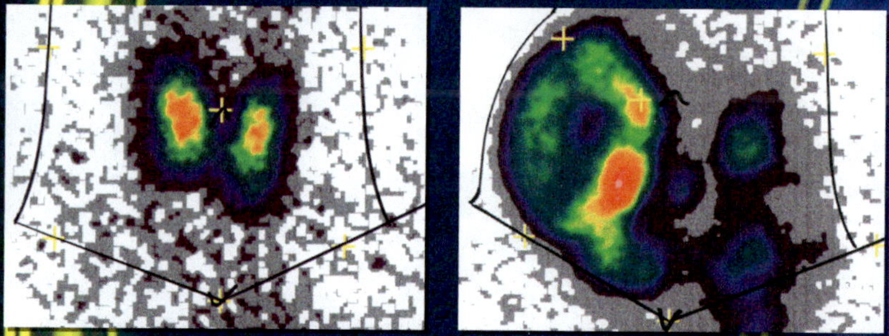

Das Bild links zeigt eine homogene Verteilung des Technetiums in einer normal großen Schilddrüse. Im rechten Bild erkennt man ein buntes Verteilungsgebiet einer rechts deutlich vergrößerten Schilddrüse („Schwarzwälder Kropf“).

Positronen-Emissions-Tomografie Ein modernes bildgebendes Verfahren zur Krebsdiagnose ist die Positronen-Emissions-Tomografie (PET).

Krebszellen haben gegenüber gesunden Zellen einen erhöhten Traubenzuckerverbrauch. Deshalb verwendet man bei der PET ein mit Fluor-18 markiertes Traubenzuckermolekül. Nach dem Zerfall des Fluor-18 wird Gammastrahlung in zwei Richtungen im Winkel von 180° frei. Eine ringförmig um den Körper des Patienten angeordnete Kamera registriert beide Strahlungen und kann so den Ort des Zerfalls sehr genau lokalisieren. PET zeichnet sich gegenüber anderen Verfahren durch eine etwa 100-fach höhere Empfindlichkeit und eine erhöhte Ortsauflösung aus.

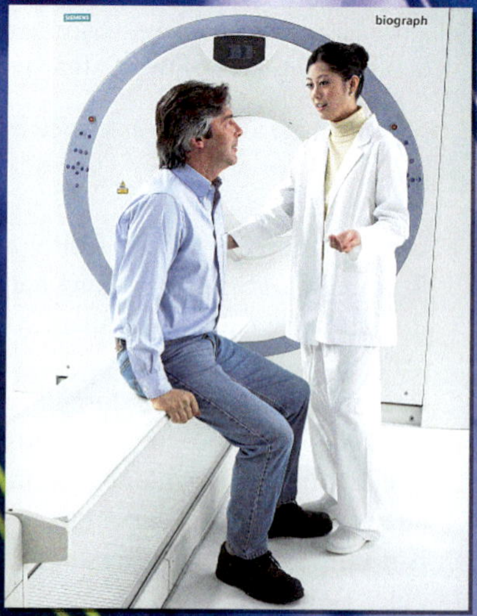

PET

Nuklearmedizinische Behandlung (Therapie)
In der Nuklearmedizin verwendet man Kernstrahlung auch zur Therapie, also zur Heilbehandlung von Krankheiten. Ein Beispiel ist die Radioiodtherapie. Krankhafte Veränderungen an der Schilddrüse können durch die Verabreichung von radioaktivem Iod-131 behandelt werden. Dabei zerstört die vom Iod-131 ausgehende Betastrahlung die kranken Zellen. Da Betastrahlung eine kurze Reichweite hat und außerdem die Halbwertszeit nur 8 Tage beträgt, bleiben die umliegenden gesunden Zellen weitestgehend verschont.

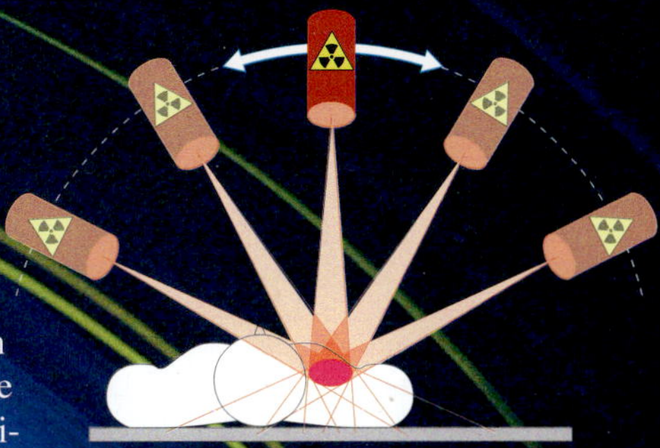
Verteilung der Intensität durch Rotation des Strahlers

Radiologische Strahlentherapie Tumore werden von außen einer hochenergetischen Strahlung ausgesetzt. Die Quelle dieser Strahlung kann z. B. radioaktives Cobalt-60 sein. Damit die gesunden Zellen nicht durch die Strahlung geschädigt werden, richtet man die Strahlung zunächst möglichst genau auf den Bereich der erkrankten Stellen aus. Mit einer speziellen Vorrichtung wird dann die Quelle der Kernstrahlung ständig auf einem Kreisbogen um diese Stelle herum bewegt.
Mittlerweile werden zunehmend Linearbeschleuniger eingesetzt. Im Linearbeschleuniger wird eine „ultraharte“ Röntgenstrahlung erzeugt. Diese kann viel tiefer in den Körper eindringen als die Cobaltstrahlung. Die Eindringtiefe wird durch Energiestufen eingestellt und der Ort der Bestrahlung mit größerer Präzision getroffen.

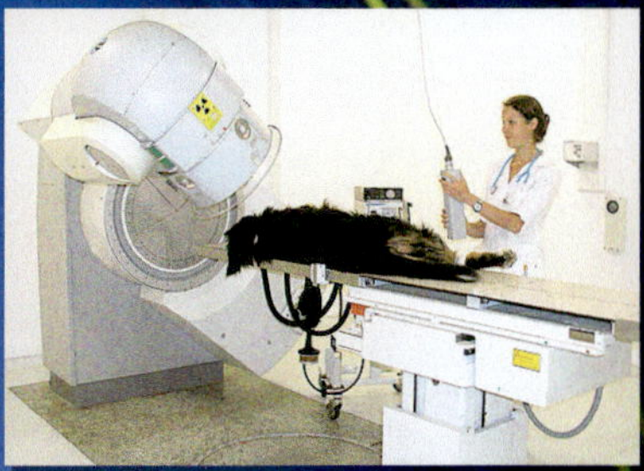
Cobalt-Strahlentherapiegerät

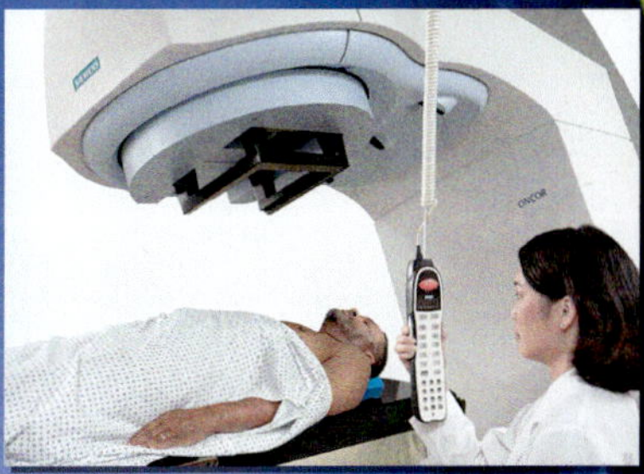
Moderner Linearbeschleuniger

Sterilisierung von Gegenständen Die Materialeigenschaften vieler medizinischer Artikel erlauben keine Sterilisierung durch Hitzeeinwirkung. Solche Artikel werden häufig durch Einsatz von Kernstrahlung sterilisiert. Indem die Gegenstände der Kernstrahlung eines Präparats ausgesetzt werden, lassen sich Viren und Bakterien unwirksam machen.

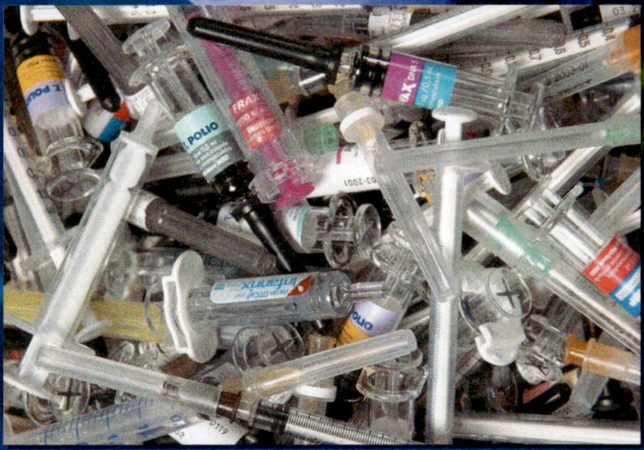

Auf einen Blick

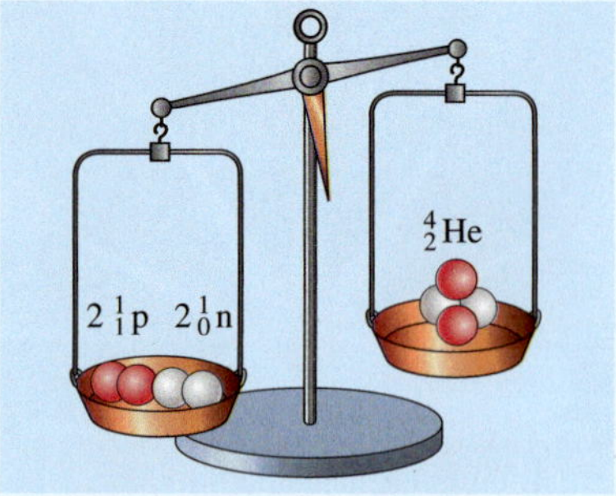

1

Kernumwandlungen und Energie Die Energiefreisetzung bei Kernumwandlungen ergibt sich aus der Massenabnahme.
$\Delta E = \Delta m \cdot c^2$

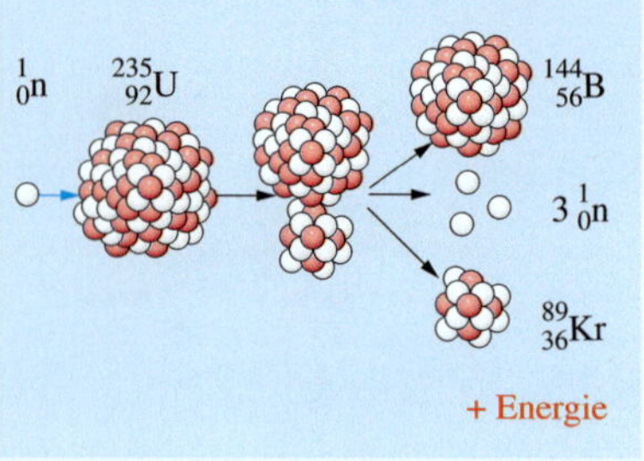

2

Kernspaltung Bei der Kernspaltung wird ein schwerer Atomkern in zwei mittelschwere Atomkerne unterschiedlicher Masse und zwei oder drei Neutronen gespalten. Die Masse der entstehenden Atomkerne ist geringer als die Masse des Ausgangskerns. Die fehlende Masse wird gemäß $E = m \cdot c^2$ zunächst als Bewegungsenergie frei, die dann in thermische Energie umgewandelt wird.

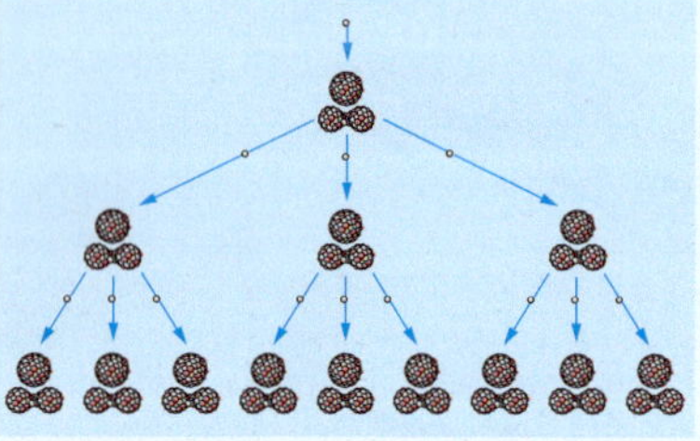
3

Kettenreaktion Bei jeder Spaltung schwerer Kerne entstehen 2–3 Neutronen. Die Neutronen können in einer Kettenreaktion weitere Kernspaltungen auslösen, wenn sie nicht zu schnell sind. Voraussetzung für das Zünden einer Kettenreaktion ist eine genügend große Masse an spaltbarem Material.

In einem Kernreaktor müssen vorhanden sein:
- eine ausreichende Masse an spaltbarem Uran
- ein Stoff zur Abbremsung der Neutronen
- Steuerstäbe zur Regulierung der Anzahl der Neutronen
- ein Medium zur Übertragung der thermischen Energie
- Sicherheitssysteme zum Schutz vor Strahlung und radioaktiven Materialien

Es entsteht radioaktiver Müll, der für viele Tausend Jahre sicher gelagert werden muss.

Kernkraftwerk Im Kernkraftwerk wird durch kontrollierte Kettenreaktion zunächst Kernenergie in thermische Energie umgewandelt. Der erhitzte Wasserdampf treibt über Turbinen Generatoren für die Erzeugung elektrischer Energie an.

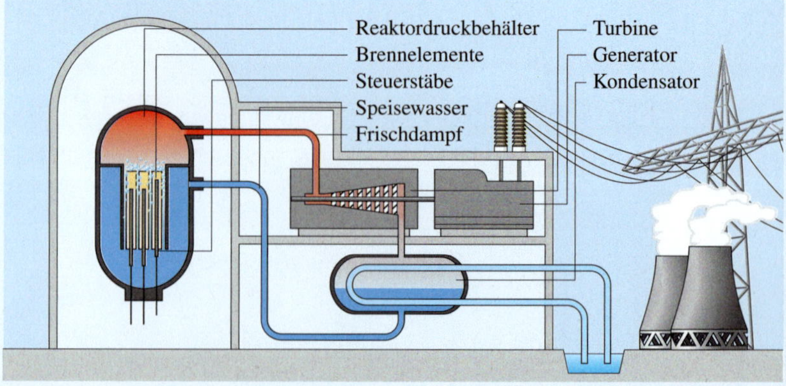

4

Strahlenbelastung Durch ihre ionisierende Wirkung ruft Kernstrahlung Veränderungen in den Körperzellen des Menschen hervor. Bei kurzzeitiger intensiver Bestrahlung kann die Teilungsfähigkeit der Zellkerne verloren gehen. Auch eine geringfügige Bestrahlung kann Schäden in Zellen auslösen. Die schädigende Wirkung hängt von der Äquivalentdosis der Strahlung sowie der Dauer der Bestrahlung ab.

Strahlenschutz Die fünf Regeln für den Strahlenschutz sind: Abstand vergrößern, Abschirmung gut gestalten, Aufenthaltsdauer beschränken, Aktivität der Präparate gering halten, Aufnahme radioaktiver Stoffe in den Körper vermeiden.

Alles klar?

1 Wodurch unterscheiden sich die bei Kernreaktionen entstehenden Teilchen bzw. Strahlungen?

2 Uran-235 wandelt sich bei Beschuss mit einem langsamen Neutron zunächst in das sehr kurzlebige Uran-236 um. Neben der Spaltung in Barium und Krypton sind noch andere Reaktionen möglich. Stelle die vollständige Kernreaktionsgleichung für den Fall auf, dass bei der Reaktion als ein Folgekern Lanthan-147 und zwei Neutronen entstehen.

3 Warum ist die Kernspaltung ein geeigneter physikalischer Vorgang zur Energiegewinnung?

4 Nenne die Bedingung, die erfüllt sein muss, damit eine Kettenreaktion zustande kommt. Begründe, dass es bei einer sehr geringen Konzentration von $^{235}_{92}U$ nicht zu einer Kettenreaktion kommen kann. Erläutere den Unterschied zwischen gesteuerter und ungesteuerter Kettenreaktion.

5 Erläutere die Bedeutung des Abbremsens der Neutronen für das Zustandekommen einer Kernspaltung.

6 Wozu werden in einem Reaktor Steuerstäbe benötigt?

7 Welche Maßnahmen sind notwendig, damit beim Betrieb eines Kernkraftwerks keine Kernstrahlung und keine radioaktiven Stoffe in die Umwelt gelangen?

8 Mit der Energie, die bei der Spaltung von 1 g U-235 frei wird, kann man 45 4-Personen-Haushalte 1 Jahr lang mit Energie versorgen. Berechne, wie viel Energie bei der Spaltung von

a 1 g U-235

b 1 kg U-235 frei wird, wenn jeder dieser Haushalte im Jahr 450 kW · h benötigt.

9 Das Wasserstoffisotop Tritium wird durch Neutronenbeschuss von Lithium erzeugt. Vervollständige die Kernreaktion: $^{6}_{3}Li + ^{1}_{0}n \rightarrow ^{3}_{1}H + (?)$.

10 Nimm einmal an, ein Neutron setzt bei einer Kernspaltung drei weitere Neutronen frei (1. Generation), die wiederum jeweils drei Neutronen freisetzen (2. Generation) usw.

a Wie viele Neutronen hätte die 5., 6. und 7. Generation? Bei welcher Generation werden mehr als eine Million Neutronen erzeugt?

b Warum kommt in Natururan normalerweise keine Kettenreaktion zustande?

11 Nenne radioaktive Belastungen in unserer Umwelt, die von den Menschen herbeigeführt werden.

12 Begründe die Gefährlichkeit von Kernstrahlung für den Menschen. Unterscheide dabei auch nach innerer und äußerer Strahlenbelastung.

13 Nenne die wichtigsten Strahlenschutzmaßnahmen.

Check up

1 Beschreibe und skizziere den Atomaufbau des Elements Kohlenstoff.

2 Alle Atome bestehen aus Protonen, Neutronen und Elektronen. Welche Ladung haben diese Bausteine? Welche von ihnen sind am schwersten? Was kann man über die Anzahl der Bausteine im Atom aussagen?

3 Welche Aussagen stimmen?
a Ein Atom ist etwa so schwer wie sein Kern.
b Protonen und Elektronen sind gleich schwer.
c Der Durchmesser des Atoms ist 10 000-mal größer als der Durchmesser des Kerns.
d Atomkerne, die zu einem Element gehören, können eine unterschiedliche Anzahl von Neutronen besitzen.
e Der Atomkern ist weitestgehend leer.
f Jede Atomsorte hat eine typische Farbe.

4 Beim Zerfall radioaktiver Elemente wird Strahlung frei. Nenne und charakterisiere die drei wichtigsten Strahlungsarten. Mache jeweils Aussagen zur Reichweite, Durchdringungsfähigkeit und biologischen Wirkung.

5 Nenne Nachweismöglichkeiten für Radioaktivität und beschreibe sie kurz. Welche Eigenschaften werden dabei benutzt?

6 Was versteht man unter Halbwertszeit?

7 In der Archäologie wird das Alter von Fundstücken mithilfe der C-14-Methode bestimmt. Beschreibe die Vorgehensweise der Wissenschaftler.

8 Wie kannst du dich vor Kernstrahlung schützen?

9 Zur Behandlung bestimmter Krebsarten wird Kernstrahlung genutzt. Welche Strahlungseigenschaft spielt dabei eine Rolle? Nenne Vor- und Nachteile dieser Behandlungsmethode.

10 Beschreibe den Ablauf einer Kernspaltung am Beispiel von Uran-235.

11 Nenne die wichtigsten Bestandteile eines Kernreaktors und gib deren Bedeutung an.

12 Beschreibe die Energieumwandlungen in einem Kernkraftwerk.

1

Schätze deine Kenntnisse und Fähigkeiten ein.

Ordne dazu deiner Lösung im Heft ein Smiley zu:
☺ Ich konnte die Aufgabe richtig lösen.
😐 Ich konnte die Aufgabe nicht komplett lösen.
☹ Ich konnte die Aufgabe nicht lösen.

→ **Die Lösungen findest du im Anhang.**

Aufgabe	Fähigkeit	Hilfe findest du auf Seite ...
1, 2, 3	Aufbau des Atoms beschreiben.	180, 181
4, 5, 8	Arten der Kernstrahlung und ihre Eigenschaften beschreiben.	184, 186, 188
7, 9	Anwendungen radioaktiver Strahlung nennen und beschreiben.	190, 202, 203
6	Kenntnisse über den Zerfall von Nukliden anwenden.	188
10, 11, 12	Aufbau eines Kernkraftwerks beschreiben und die Energieumwandlungen in diesem nennen.	196, 198

Elektrizität und Energieversorgung

Für diese Stadt sind bei Tag und Nacht mehr als 1 Million Kilowattstunden an elektrischer Energie nötig. Kohle-, Öl-, Gasturbinen- und Kernkraftwerke, Windenergie-, Fotovoltaik- und Biogasanlagen stellen elektrische Energie bereit.
Vor allem Kohle- und Kernkraftwerke sind in der öffentlichen Diskussion, denn sie stellen eine Belastung für die Umwelt dar: Die einen verursachen eine hohe CO_2-Belastung, die anderen stellen besonders wegen der ungeklärten Entsorgung der radioaktiven Abfälle ein großes Problem dar.
Um sich ein eigenes Urteil über eine zukunftssichere, umweltfreundliche Energieversorgung bilden und die Entwicklung mitbestimmen zu können, benötigen wir Kenntnisse über die physikalischen Grundlagen der verwendeten Technologien und Verfahren zur Übertragung, Messung und Erzeugung elektrischer Energie.

Elektrische Energie – Übertragung, Messung, Erzeugung

Hier sind zwei „Dampfloks" dargestellt. Beide Lokomotiven beziehen ihre Energie aus heißem Wasserdampf: Die Dampflok transportiert die Vorrichtung zur Erzeugung des Dampfes mit sich: Kohle – Kessel – Wasser. Die chemische Energie der mitgeführten Kohle wird in Bewegungsenergie umgewandelt.

1

2

Die ICE-Lok erhält die zum Fahren notwendige Energie als elektrische Energie vom weit entfernten Kraftwerk, in dem die chemische Energie der Kohle zunächst zum Erwärmen von Dampf verwendet wird. Über Turbine und Generator wird diese in elektrische Energie umgewandelt. Die elektrische Energie strömt dann – durch Oberleitung und Schienen geführt – zur Lok.

Auch im Haushalt haben wir viele Maschinen, die elektrisch betrieben werden. Meist schließt man elektrische Geräte an die Steckdose an, die über lange Leitungen mit einem Elektrizitätswerk verbunden sind.

Bei Taschenlampen oder Handys befinden sind die Energiequellen direkt im Gerät. Viele Geräte, die wir täglich benutzen, besitzen Energiequellen in Form von Batterien. ↑3

Die Zeit der Dampflokomotive ist vorbei. Unsere Gesellschaft ist in hohem Maße technisiert, sie benötigt eine ausreichende, sichere und kostengünstige Versorgung mit Energie. Die elektrische Energie ist vielseitig und bequem anwendbar – sie spielt deswegen heute bei den verwendeten Energieformen die entscheidende Rolle.

Flachbatterie 4,5 V | Monozelle 1,5 V | Mignonzelle 1,5 V | Knopfzelle 1,35 V | Stabbatterie 3 V | Babyzelle 1,5 V | Blockbatterie 9 V

3

Elektrische Anlagen übertragen Energie

4

Du testest deine Fahrradbeleuchtung. Welche Energiewandler sind hier beteiligt? Wie kommt die Energie zur Lampe?

Experimente

1 Energie wird spürbar

Dass es elektrische Energie nicht umsonst gibt, kannst du mit einem Handgenerator erleben.

a Versuche eine Lampe zum Leuchten zu bringen. ↑5 Verwende auch eine Scheinwerferlampe von einem Auto.

b Schließe eine kleine Akkubohrmaschine an den Handgenerator an und bohre ein Loch in ein Brett.

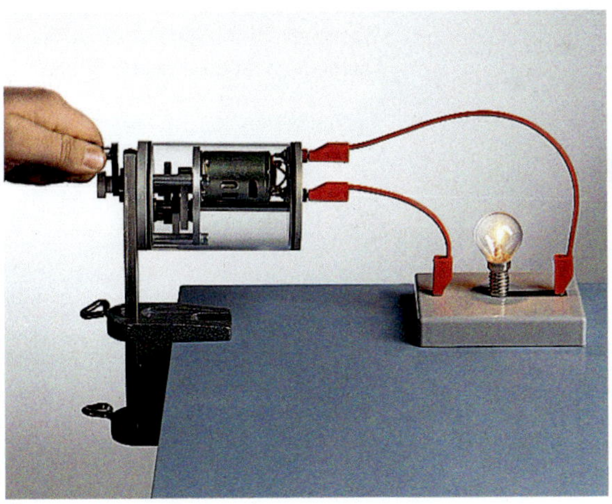

5

2 Wasserkochen per Handbetrieb

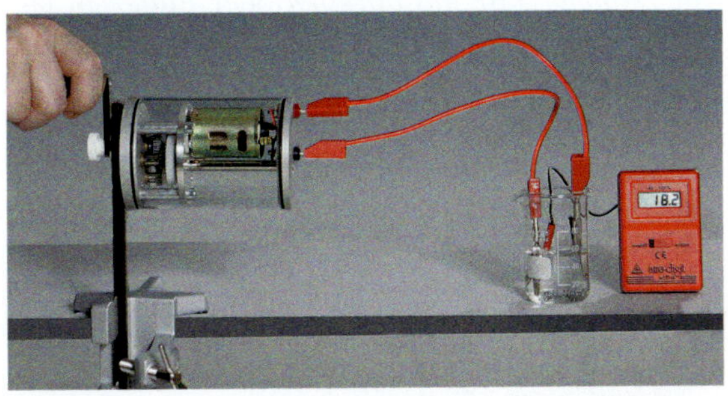

6

Wickle ein 20 cm langes Drahtstück (Konstantandraht, 0,4 mm Durchmesser) auf eine Kugelschreibermine. Es entsteht eine Wendel. Du kannst sie als „Tauchsieder“ einsetzen. ↑6

a Im Becherglas befinden sich 50 cm^3 Wasser mit einer Temperatur von 20 °C. Um wie viel Grad Celsius kannst du das Wasser innerhalb von 3 Minuten erwärmen?

b Wie lange würde es dauern, bis das Wasser siedet?

c Wie viele Menschen müssten so lange wie du kurbeln, um einen Liter heißes Wasser zu bekommen?

GRUNDLAGEN: Elektrische Anlagen übertragen Energie

1

Viele Geräte lassen sich nur mit elektrischer Energie betreiben – der Fernseher, der Computer oder das Handy. Bei einer Küchenmaschine verwendet man heute einen Elektromotor, weil es weniger anstrengend ist, per Knopfdruck z. B. den Teig rühren zu lassen. ↑1

Jede elektrische Anlage ist durch drei Teile charakterisiert:

- eine elektrische Energiequelle, d. h. ein Gerät (ein Energiewandler), mit dem elektrische Energie aus anderen Energieformen gewonnen wird
- ein Übertragungsteil, d. h. Leitungen, mit denen elektrische Energie übertragen wird
- ein Verbraucher elektrischer Energie, d. h. ein Energiewandler, der elektrische Energie in die gewünschte Energieform umwandelt

Die elektrische Energie strömt von der elektrischen Energiequelle zum Verbraucher. Diesen Strom bezeichnen wir als Energiestrom.

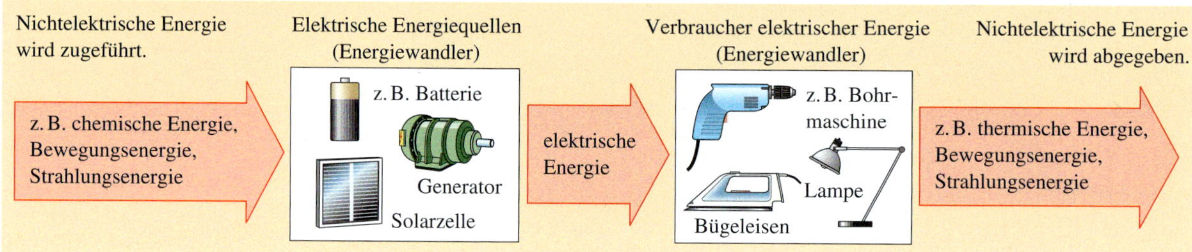

2

Aus der Technik Verschiedene elektrische Energiequellen

Mit *Dynamos, Brennstoffzellen* oder *Batterien* lassen sich keine großen Energieströme erzielen. *Fotovoltaikanlagen* liefern nur elektrische Energie, wenn die Sonne scheint, und für die Nacht kann man elektrische Energie nur sehr aufwendig und wenig effizient speichern.
Ein *Dieselgenerator* allerdings könnte die notwendige Energie liefern – aber: Er muss gewartet werden, man braucht ein großes Vorratsgefäß für den Kraftstoff und er ist laut und produziert schädliche Abluft.
Die elektrische Energie aus der *Steckdose* ist bequem, sicher verfügbar und lässt sich sogar von einem weit entfernten Elektrizitätswerk über elektrische Leitungen zum Verbraucher transportieren.

3 In der Brennstoffzelle reagieren Wasserstoff und Sauerstoff zu Wasser. Dabei entsteht elektrische Energie.

4 Dynamo

5 Batterien und Akkumulatoren

6 Windenergieanlagen

Energieübertragung durch Stromkreise

Die Übertragung von Energie war früher schwieriger als heute: In einer Fabrik z. B. musste Kohle zu einer Dampfmaschine transportiert werden. Zu den Maschinen wurde die Energie mechanisch mithilfe von Treibriemen übertragen. ↑7

7

8

Man erkennt auf dem Bild die durch die ganze Halle laufende Stange, die mit Treibriemen gleichzeitig die vielen Maschinen antreibt. Was man nicht sehen kann, ist außerhalb der Halle eine Dampfmaschine, die diese Stange in Drehung versetzt.
Heute hat fast jede Maschine ihren eigenen Elektromotor. Die nötige Energie erhalten die Motoren über die Anschlussleitungen von Elektrizitätswerken. ↑8

Experimente

1 Energieübertragung bei Spielzeugmotoren
Auch an zwei Spielzeugmotoren kannst du die Energieübertragung beobachten. ↑9
Ziehe mal an der Schnur des linken und mal an der des rechten Motors. Beschreibe die Energieumwandlungen und die Art der Energieübertragung.

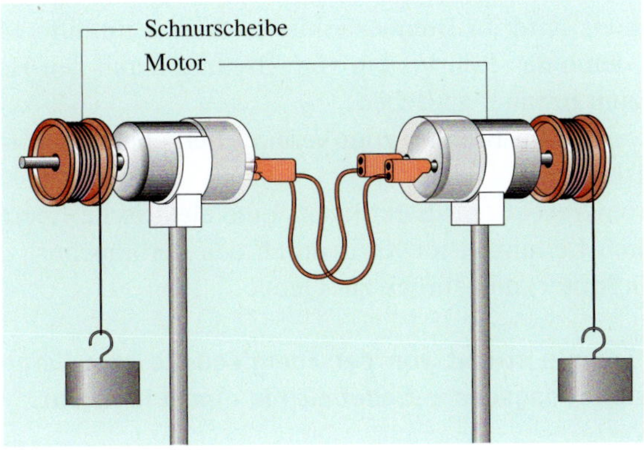

9

2 Energieübertragung – mechanisch und elektrisch

a Mit zwei Wellrädern und einem Riemen kann man Energie mechanisch übertragen. ↑10

b Die Wellräder werden durch Tischgeneratoren ersetzt. ↑11

Vergleiche diese Art der Energieübertragung mit der von Teil a.

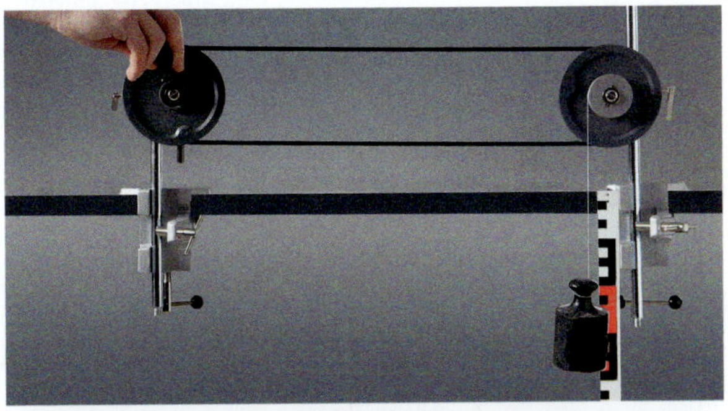

10

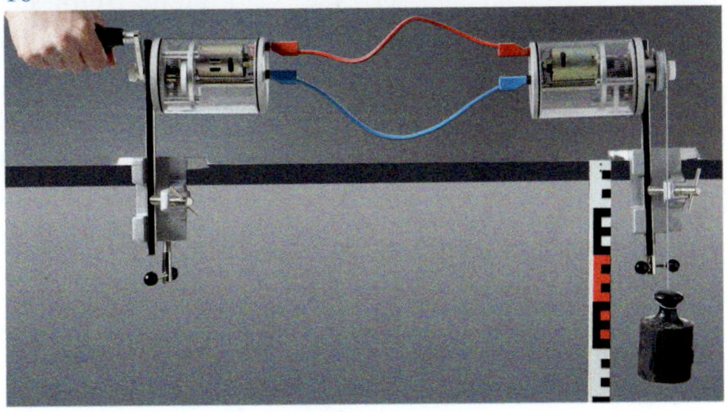

11

GRUNDLAGEN: Übertragung von Energie – der Stromkreis

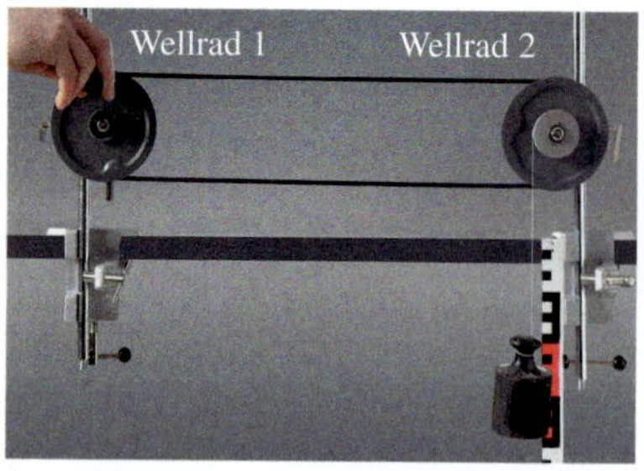

1

Energie wird häufig an einem Ort bereitgestellt und an einem anderen Ort benötigt. Bei den Wellrädern wird die Energie zum Heben des Wägestücks über ein Seil vom Wellrad 1 zum Wellrad 2 übertragen. Das Seil läuft im Kreis, die Energie strömt vom Erzeuger zum Verbraucher. ↑1
Genauso sehen die Verhältnisse bei der entsprechenden elektrischen Anordnung mit Generator und Motor aus.
Ein Heizofen steht meist nicht mehr im Wohnzimmer. Die thermische Energie wird in einer Zentralheizung oder in einem großen Heizkraftwerk erzeugt und mit einem Wasserkreislauf in die Heizkörper übertragen. ↑2
Bei der Übertragung von elektrischer Energie verfährt man ähnlich: Von einem Elektrizitätswerk wird die elektrische Energie über Leitungen dorthin übertragen, wo man sie braucht. ↑3

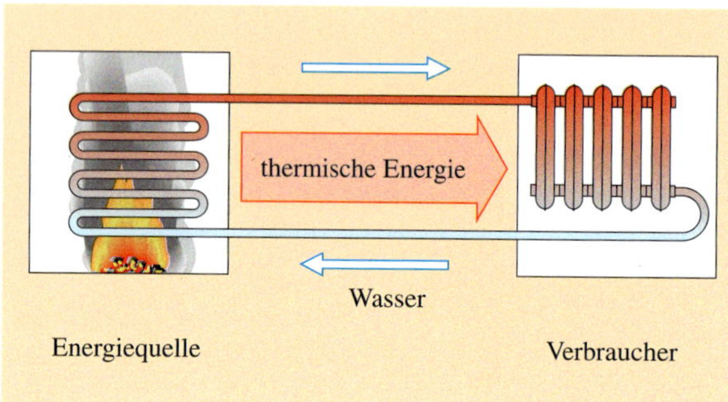

2

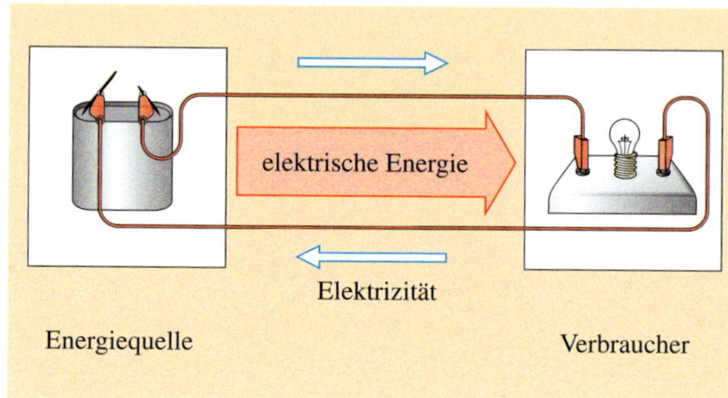

3

Bei der Fernheizung strömt Wasser in einem Kreislauf. Wir können die Wassermenge, die pro Minute durch die Rohre fließt, messen. Wir können auch die Energie, die das Wasser z. B. in einer Woche durch einen Heizkörper an die Umgebung abgibt, mit einem Fernwärmezähler bestimmen. Was aber strömt im elektrischen Stromkreis und wie können wir messen, wie viel Energie z. B. in einer Stunde bei einem Verbraucher abgegeben wurde?
Beim Wasserstromkreis wird im Brenner erhitztes Wasser mithilfe einer Pumpe „im Kreis" durch das Rohrsystem vom Brenner durch den Heizkörper und zurück zum Brenner getrieben.
Die Energie strömt also vom Brenner zum Verbraucher – nur das Wasser fließt in einem Kreislauf.
Im elektrischen Stromkreis strömt Elektrizität. Eine elektrische Energiequelle treibt sie durch Leitungen im Kreis durch den Verbraucher (z. B. eine Lampe oder ein Motor) und zurück zur Quelle.

Die elektrische Energie strömt von der Energiequelle zum Verbraucher – die Elektrizität dagegen befindet sich in einem Kreislauf.

Aufgaben

1 Man spricht von einem elektrischen Stromkreis.
a Was strömt in diesem Kreis?
b Wozu dient der Kreislauf?

2 Vergleiche den Kreislauf einer Fahrradkette beim Radfahren mit einem elektrischen Stromkreis. Beurteile die Grenzen eines solchen Vergleichs.

Methode Analogien

Bei der Beschäftigung mit naturwissenschaftlichen Vorgängen stößt man manchmal auf Probleme, weil die Vorgänge unanschaulich und schwer zu verstehen sind. Wie z. B.: „Was kann ich mir unter elektrischem Strom vorstellen?“ oder „Wie stelle ich mir den Antrieb für den elektrischen Strom vor?“ Zur Veranschaulichung kann man analoge (griech.: ähnlich, entsprechend) Vorgänge heranziehen. Ein analoger Vorgang zum elektrischen Strom in einem Stromkreis ist der Wasserstrom in einem Wasserstromkreis. Den Wasserstromkreis kann man sich besonders gut vorstellen und mit Geräten nachstellen. Auf diese Weise können Beobachtungen und Zusammenhänge besser verstanden und erklärt werden.

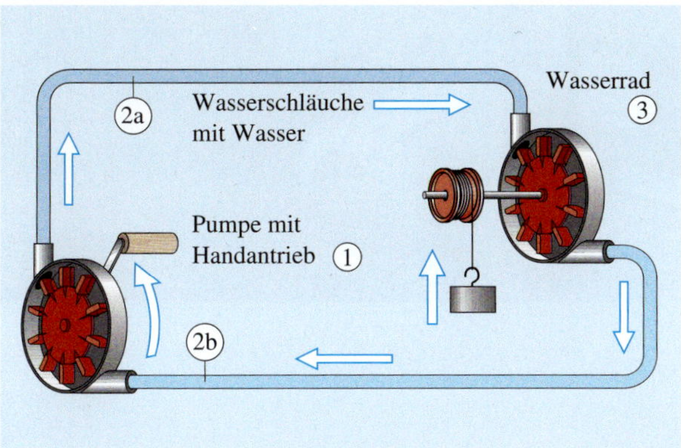

4

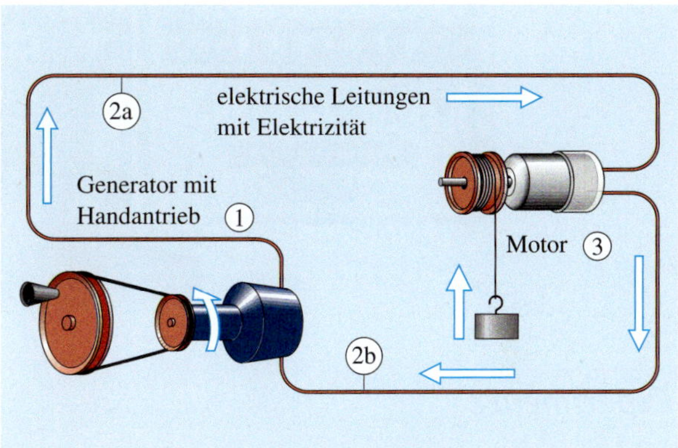

5

1 *Analysiere, welche Bauteile für einen einfachen Stromkreis charakteristisch sind. Suche dann eine analoge mechanische Anordnung.*
Der einfache elektrische Stromkreis besteht aus einem Generator, elektrischen Leitungen und einem Verbraucher. Der Wasserstromkreis mit Pumpe, Schläuchen und Wasserrad entspricht einem elektrischen Stromkreis. ↑4, 5

2 *Stelle analoge Geräte einander gegenüber.*

Pumpe	Generator
Wasserschläuche mit Wasser	elektrische Leitungen mit Elektrizität
Wasserstrom	elektrischer Strom
Wasserrad	Motor

3 *Überprüfe die Vorgänge auf Analogien.*
Genau in dem Moment, in dem man an der Pumpe zu drehen anfängt, beginnt sich auch das Wasserrad zu drehen. Dreht man an der Pumpe, wird das Wasser angetrieben – ein Wasserstrom fließt durch die Schläuche. Da sich Wasser nicht zusammendrücken lässt, bewegt es sich überall im Wasserstromkreis, sobald es an der Pumpe angeschoben wird.
Unsere Beobachtungen im Stromkreis sind ähnlich: Sobald die Elektrizität im Stromkreis durch die Quelle in Bewegung gesetzt wird, also ein elektrischer Strom fließt, bewegt sie sich überall. Wir schließen dies daraus, dass der Motor sofort läuft, wenn am Generator gedreht wird, oder daraus, dass eine Lampe sofort leuchtet, wenn der Stromkreis geschlossen wird.

4 *Grenzen des Vergleichs*
Elektrischer Stromkreis und Wasserstromkreis stimmen nicht 100%ig überein: Wird z. B. der Wasserstromkreis geöffnet, fließt Wasser heraus. Zieht man im elektrischen Stromkreis das Kabel vom Motor ab, fließt nichts heraus.

Messung elektrischer Energie

Zu jedem Haushalt gehört ein Elektrizitätszähler. Der gesamte Strom, der bei euch zu Hause durch die elektrischen Geräte fließt, fließt auch durch diesen Zähler. Was „zählt" eigentlich dieses Messgerät?

1

Experimente

1 Wie wird elektrische Energie gemessen?

Sieh nach, wo sich der elektrische Zähler für euren Haushalt befindet. ↑1

Beobachte die Zählerscheibe, wenn der Backofen eingeschaltet ist. Vergleiche, wenn wenig Geräte im Haus betrieben werden.

Notiere die Angaben, die auf dem Typenschild stehen. Wie hängt die gemessene elektrische Energie mit der Anzahl der Umdrehungen der Zählerscheibe zusammen? In welcher Einheit misst das Gerät die elektrische Energie?

Notiere dir den Zählerstand und schreibe ihn zwei Tage später noch einmal auf.

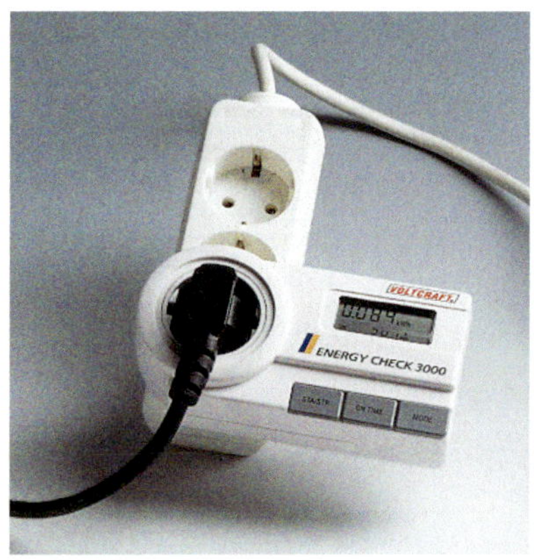

2

2 Leistung und Energie direkt messen

Verschiedene Geräte werden über ein Energie- und Leistungsmessgerät an eine Steckdose angeschlossen. ↑2

Trage Leistung und Energiebedarf verschiedener Geräte in eine Tabelle ein.

Elektrisches Gerät	Leistung in W	Energiebedarf in 1 min	in 5 min	in 10 min
Föhn	1200	?	?	?
Computer	?	?	?	?
Glühlampe	?	?	?	?
…	…	…	…	…

Wovon hängt der Energiebedarf ab?

Experimente

3 Stand-by
Untersuche mit einem geeigneten Messgerät für einige Geräte in eurem Haushalt den Energiebedarf.
a Miss den Energiebedarf:
- im Normalbetrieb
- im Stand-by-Betrieb

b Welche Bedeutung haben im Stand-by betriebene Geräte für eure Energiekosten?

4 Energie zum Erwärmen
Um die Temperatur von 1 kg Wasser um 20 °C zu erhöhen, benötigt man eine Energie von 84 kJ.
Erwärme 1 kg Wasser mit einem Tauchsieder um 20 °C und miss die zugeführte elektrische Energie mit einem Energiemessgerät. Vergleiche den Messwert mit dem o. g. Wert.

5 Energie zum Heben
Soll ein Körper mit einer Masse von 2 kg um 1 m gehoben werden, benötigt man eine Energie von 20 J.
Hebe das Wägestück ($m = 2$ kg) mit einem Elektromotor um 1 m und miss die zugeführte elektrische Energie mit einem Energiemessgerät. Vergleiche beide Werte und begründe dein Ergebnis.

GRUNDLAGEN: Energie – Zeit – Leistung

Auf elektrischen Verbrauchern findet man oft ein Schild, auf dem die (Nenn-)Leistung in Watt (W) oder Kilowatt (kW) angegeben ist. ↑3
Diese Leistung beschreibt, wie viel elektrische Energie das Gerät (im Normalbetrieb) pro Sekunde umwandelt.
Das Kabel zum Verbraucher überträgt diesen Energiestrom: Leistung und Energiestromstärke haben also den gleichen Wert.
Um die Wohnung mit dem Staubsauger zu reinigen, ist elektrische Energie nötig. Wie viel Energie gebraucht wird, hängt davon ab, wie lange das Staubsaugen dauert. Je länger ein Gerät eingeschaltet ist, umso mehr elektrische Energie wird von ihm umgewandelt.
Auf dem Typenschild des Staubsaugers ist – wie bei allen Elektrogeräten – die Leistung P in Watt angegeben, z. B. 1200 W. Je höher die Leistung eines Geräts ist, umso mehr Energie strömt in jeder Sekunde in das Gerät hinein und wird dort umgewandelt.

Die von einem Elektrogerät umgewandelte elektrische Energie hängt ab
– von der Zeit Δt (der Einschaltdauer) und
– von der Leistung P des Elektrogeräts.
Für die umgewandelte Energie ΔE gilt: $\Delta E = P \cdot \Delta t$.

Die Einheit der Energie ist Joule (J). Die elektrische Energie wird oft in der Einheit Wattsekunde (W · s) bzw. in der größeren Einheit Kilowattstunde (kW · h) angegeben.
Für die Umrechnung bestehen folgende Beziehungen: 1 W · s = 1 J,
1 kW · h = 1000 W · 1 h = 1000 W · 3600 s = 3 600 000 W · s,
1 kW · h = 3 600 000 W · s = 3 600 000 J = 3600 kJ = 3,6 MJ (Megajoule).

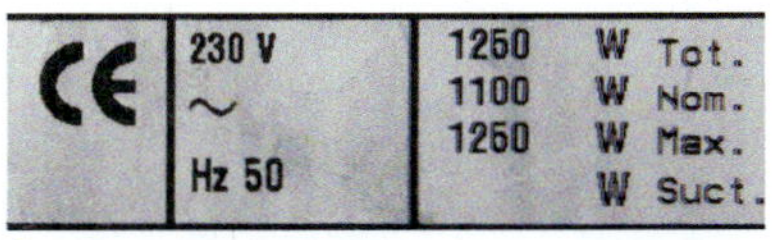

3

4

5 Ein Kabel der Fahrradbeleuchtung überträgt Energieströme bis zu 3 W, ein 230-V-Kabel bis zu 3 kW und eine Hochspannungsleitung bis zu 425 000 kW.

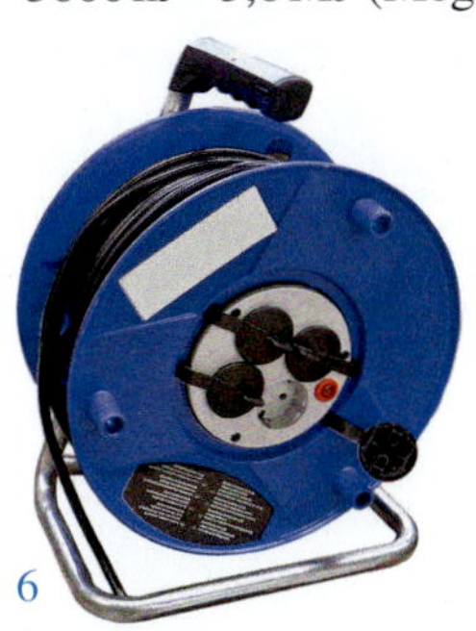
6

Aus der Technik Lebenswichtige Versorgung mit elektrischer Energie

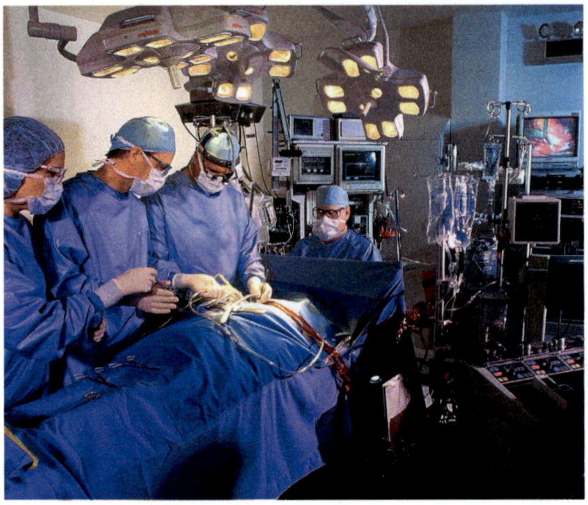

1

Das Leben eines Patienten hängt bei einer Operation auch von der Energieversorgung des Operationssaals ab, sie darf unter keinen Umständen ausfallen. Geräte kontrollieren das Herz-Kreislauf-System, ein Beatmungsautomat sorgt für den richtigen Sauerstoffgehalt des Bluts. Über Infusionspumpen werden dem Patienten Medikamente zugeführt. Der Chirurg benötigt eine helle Beleuchtung. ↑1

Deshalb gibt es in den Krankenhäusern neben der normalen Netzversorgung eine Batterie-Energieversorgung. Fällt die Netzversorgung aus, werden die Operationssäle und alle lebenswichtigen Geräte der Intensivstation in Bruchteilen von Sekunden auf diese Batterieversorgung umgeschaltet. Für ein paar Stunden können dann die wichtigsten Geräte mit Energie versorgt werden. Ein mittleres Krankenhaus benötigt einen elektrischen Energiestrom von rund 1500 kW. Er würde für 500 Einfamilienhäuser ausreichen. Batterien schaffen das meist nicht. Daher stehen für den Notfall Generatoren bereit, die von Dieselmotoren angetrieben werden. Diese Notstromaggregate springen an, sobald die Netzspannung (230 V) 190 V unterschreitet.

1 Informiere dich darüber, welche lebenswichtigen Geräte es in einem Krankenhaus gibt, die beim Netzausfall sofort mit Energie versorgt werden müssen.
2 Nenne weitere Einrichtungen, die eine Notfall-Energieversorgung brauchen.
3 Wie viele Akkumulatoren für Dieselautos ($P_{max} = 2300\,W$, $E = 1900\,kJ$) braucht man, um einen Energiestrom mit einer Stärke von 1500 kW für eine Stunde aufrechtzuhalten?

Aus der Umwelt Wir leben über unsere Verhältnisse

2

Vor mehr als 100 Jahren wurden die ersten Haushalte mit elektrischer Energie versorgt. Seit dieser Zeit ist die elektrische Energieversorgung mehr und mehr zur Selbstverständlichkeit geworden. Heute können wir uns ein Leben ohne die „elektrischen Sklaven" kaum noch vorstellen.
Die elektrischen Energieströme sind gewaltig: Pro Kopf der Bevölkerung werden in jeder Sekunde rund 700 J elektrische Energie erzeugt. Im Durchschnitt fließt also ständig für jeden von uns ein elektrischer Energiestrom mit einer Stärke von 700 W.
Stell dir vor, die Generatoren in den Elektrizitätswerken würden von Arbeitern „per Hand" gedreht. Sechs bis acht Männer müssten Tag und Nacht arbeiten, um die Energie für einen einzigen Menschen zu erzeugen!
Unser Verbrauch an elektrischer Energie ist ein Vielfaches dessen, was wir durch eigene körperliche Arbeit erzeugen könnten. Wir leben also gewissermaßen über unsere Verhältnisse. Für diesen Luxus müssen wir von unseren Vorräten zehren: Um elektrische Energie zu erzeugen, verbrauchen wir die fossilen Brennstoffe (Kohle, Erdgas, Erdöl) und die Uranvorkommen.
Auf die Dauer können die Energieströme nicht so weiterfließen wie heute: Die gesamten Brennstoff- und Uranvorräte, die wir auf der Erde besitzen, werden in verhältnismäßig kurzer Zeit erschöpft sein. Die Energieum-

wandlungen sind auch mit erheblichen Belastungen für unsere Umwelt verbunden.
Da die Weltbevölkerung rasch anwächst und jeder Mensch einen berechtigten Anspruch auf eine angemessene Energieversorgung hat, sind gewaltige Anstrengungen erforderlich. Eine auch für die Umwelt verträgliche Energieversorgung ist in naher Zukunft nur möglich, wenn statt der fossilen Brennstoffe alternative Energieträger genutzt werden. Man bezeichnet sie auch als erneuerbare bzw. regenerative Energieträger (lat. *regenerare:* wiedererzeugen). Dazu zählen neben Sonne, Wasser und Wind z. B. für Biogasanlagen auch Bioabfall, Gülle, Klärschlamm und nachwachsende Rohstoffe wie Grünschnitt.

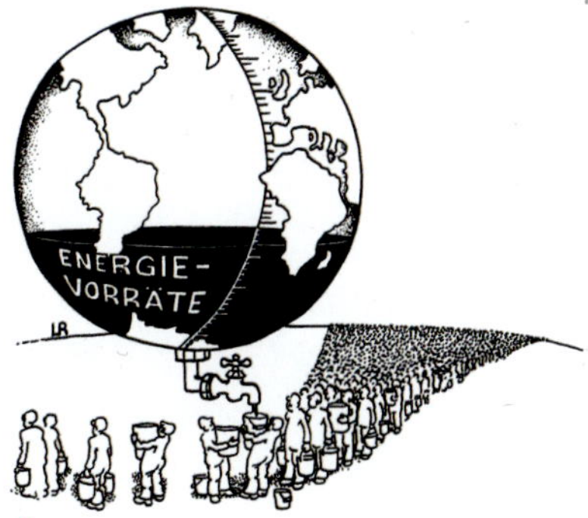

3

1 Für die Energiegewinnung auf der Erde gibt es nur Sonnenenergie oder Kernenergie. Begründe.
2 Welche Energieformen werden bei euch zu Hause verwendet? Welche stellt den größten Kostenfaktor dar? Wie kann man am leichtesten Energie einsparen? Beurteile deinen Energiekonsum.

Aufgaben

4

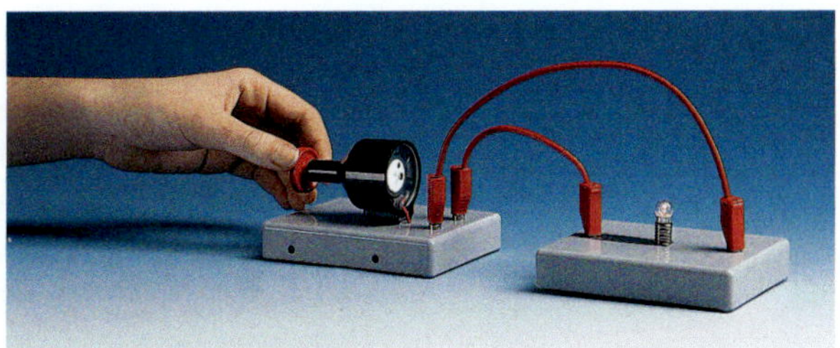
5

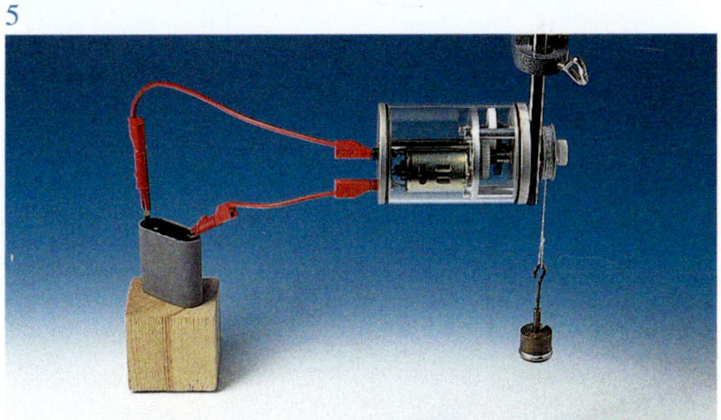
6

1 Die Bilder zeigen elektrische Anlagen. ↑4–6
Nenne jeweils die elektrische Energiequelle und den Verbraucher elektrischer Energie.
2 Energie wird immer nur von einer Energieform in andere umgewandelt.
a Die Bilder zeigen drei elektrische Energiequellen. Was bedeutet dabei das Wort „Quelle“? ↑4–6
b Auch eine Glühlampe oder ein Heizgerät nennt man manchmal „Quelle“. Wofür sind sie Quellen?
3 „Ein großer Teil der Energie stammt letztlich von der Sonne.“ Erläutere diese Aussage am Beispiel der Energie, die aus der Steckdose kommt.
4 Elektrische Energie wird durch Leitungen übertragen. Aber dein Handy hat keine Leitung. Wie ist die Energieversorgung dort gelöst?
5 Elektrogeräte werden als Verbraucher bezeichnet. Beurteile, ob diese Bezeichnung sinnvoll ist. Überlege: Was verschwindet? Was entsteht? Kennst du andere Vorgänge, bei denen von Verbrauch die Rede ist?

Aufgaben

Musteraufgabe

Das Staubsaugen in der Wohnung dauert eine halbe Stunde. Die Leistung des Staubsaugers beträgt 1200 W. Wie viel Energie wird benötigt (in kW · h und in MJ)?

Lösung:

$\Delta E = P \cdot \Delta t$

$\Delta E = 1200\,\text{W} \cdot 0{,}5\,\text{h}$

$\Delta E = 600\,\text{W} \cdot \text{h}$

$\Delta E = 0{,}6\,\text{kW} \cdot \text{h}$ $\qquad 1\,\text{kW} \cdot \text{h} = 3{,}6\,\text{MJ}$

$\Delta E = 0{,}6 \cdot 3{,}6\,\text{MJ} = 2{,}16\,\text{MJ}$

Ergebnis: Es wird eine Energie von $0{,}6\,\text{kW} \cdot \text{h} = 2{,}16\,\text{MJ}$ benötigt.
Wenn du die Zeit in der Einheit Sekunde in die Gleichung einsetzt ($0{,}5\,\text{h} = 1800\,\text{s}$), erhältst du die Energie in der Einheit J.

1 Herr Sparfuchs hat seiner Familie eine Mundddusche gekauft. Täglich wird das Gerät zum Reinigen der Zahnzwischenräume insgesamt viermal genutzt. Der kräftige Pumpenmotor (45 Watt) verspritzt den Tankinhalt in jeweils 90 Sekunden. Nach dem Ausschalten des Geräts zieht leider niemand den Netzstecker aus der Steckdose. Was keiner merkt: Im Stand-by-Betrieb beträgt die Leistung des Geräts 15 Watt. Rechne mit folgenden Werten:
Kosten: 20 Cent/kW · h und 1 Jahr = 365 Tage.

a Berechne, welche Kosten der normale Betrieb der Mundddusche im Laufe eines Jahres verursacht.

b Berechne die „heimlichen“ Kosten, die durch den Stand-by-Betrieb pro Jahr entstehen. Vergleiche die Kosten.

Aus der Technik Energie aus der Steckdose

In Wärmekraftwerken wird Kohle, Öl oder Gas verbrannt und Wasser zum Verdampfen gebracht. Der ca. 540 Grad heiße Dampf strömt unter sehr hohem Druck gegen Turbinenräder. Diese werden dadurch in schnelle Umdrehung versetzt. Die Turbinen treiben große Generatoren an und wandeln die Bewegungsenergie in elektrische Energie um. Von den Kraftwerken gehen Hochspannungsleitungen aus, die die elektrische Energie zu den Verbrauchern transportiert.

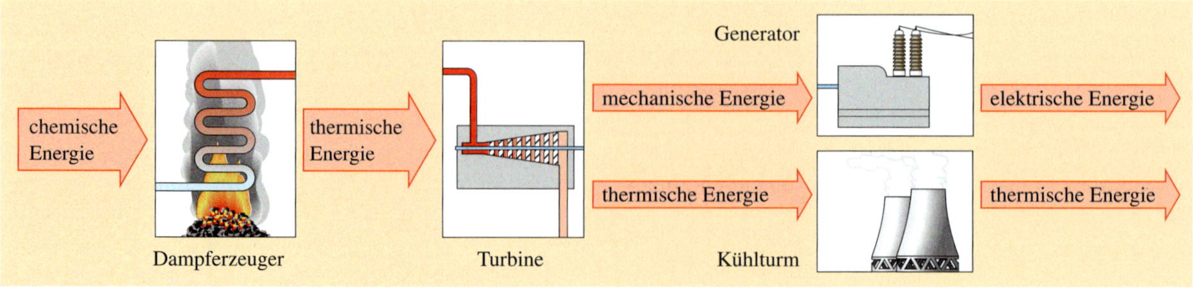

1 Energieflussdiagramm

Aus der Technik Elektrogeräte

Elektrogeräte fehlen in keiner modernen Wohnung. ↑2 Sie sind unentbehrliche Hilfen geworden, weil sie Zeit und Kräfte sparen. Über die elektrische Energie können wir praktisch zu jeder Zeit verfügen.

In den letzten Jahren sind die Energiepreise allerdings deutlich gestiegen. Deshalb schaut man inzwischen genauer auf die Energiekosten der Geräte im Haushalt.

Augen auf beim Gerätekauf! Bevor man sich z. B. einen Kühlschrank kauft, sollten nicht nur die Preise verglichen werden.

Je größer die elektrische Leistung des Geräts ist, desto höher wird die jährliche Energierechnung sein. Hinweise zur Leistung findest du auf jedem Typenschild. ↑4

Seit dem 1. 1. 1998 müssen in Deutschland verschiedene Elektrohaushaltsgroßgeräte mit dem EU-Label gekennzeichnet werden. Grundlage dieses Labels sind die Richtlinien der Europäischen Union, die hierdurch den Verkauf und die Entwicklung von besonders sparsamen Haushaltsgeräten fördern will. Auf dem europaweit einheitlichen Etikett finden sich in der jeweiligen Landessprache in kompakter Form die wichtigsten technischen Daten für jedes Gerät – u. a. Daten zum Strom- und Wasserverbrauch. Diese Angaben ermöglichen dem Verbraucher auf einen Blick einen Vergleich verschiedener Geräte innerhalb einer Gerätegruppe und erleichtern ihm die Entscheidung bei der Wahl eines Geräts.

2 Viele fleißige Küchenhelfer

Das auffälligste Merkmal dieses Labels ist die Angabe der Energieeffizienz der Geräte in farbiger Pfeilform. ↑5 Dann sieht man auf einen Blick, wie gut ein Elektrogerät die elektrische Energie nutzt. Besonders gute Energienutzer bekommen ein „A“ (oder sogar ein „A++“). Wenn ein Gerät dagegen fast doppelt so viel Energie für den gleichen Zweck benötigt, erhält es ein „G“.

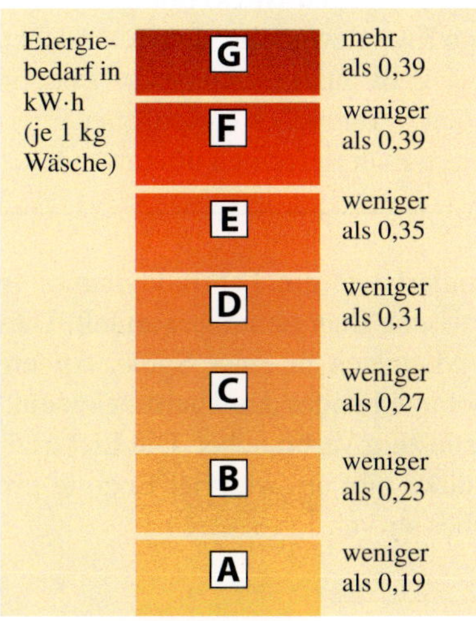

3 Energieeffizienzklassen bei Waschmaschinen

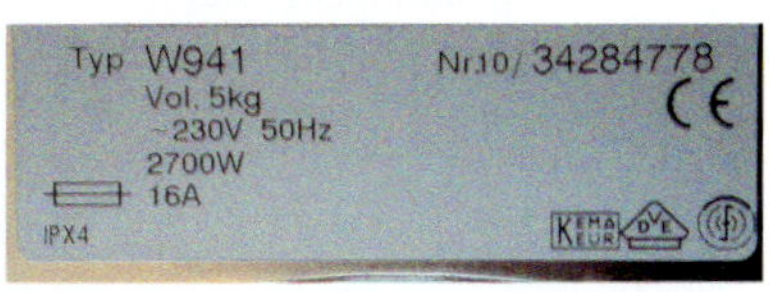

4 Typenschild einer Waschmaschine

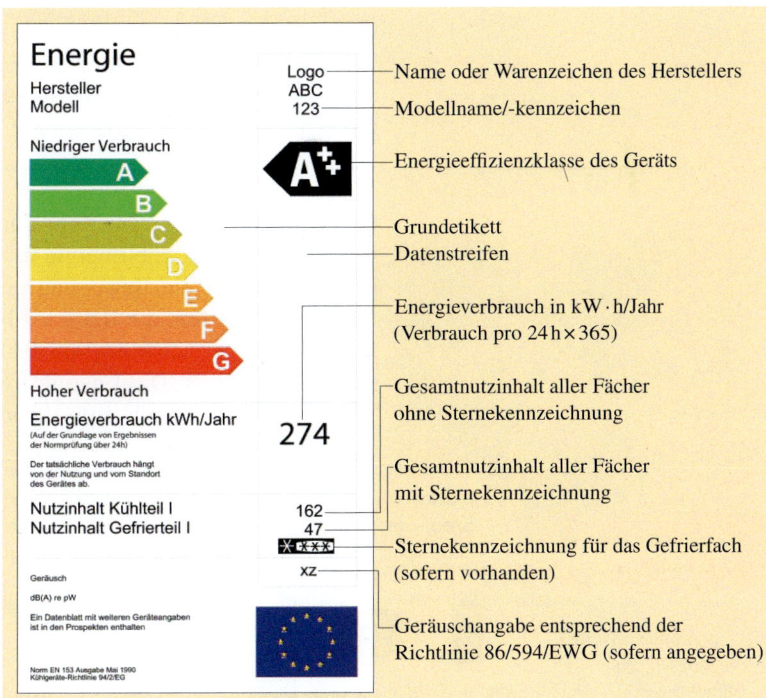

5 Energieeffizienzetikett

Aufgaben

1 In Bild ↑1 kannst du den Jahresverbrauch eines Kühlschranks ablesen.
a Wie groß ist seine mittlere Leistung in Watt?
b Lies auf dem Typenschild eines Kühlschranks die Leistungsangabe ab. Warum ist dieser Wert höher?
c Wie viele Stunden wird in einem Durchschnittshaushalt ferngesehen? Schau nach, welche Leistung auf eurem Fernseher angegeben ist.

2 Herr Meyer schläft abends oft vor dem laufenden Fernseher ein. Seine Frau ärgert sich über diese Energieverschwendung.
„Nicht der Rede wert", meint Herr Meyer. „Nimm an, ich schlafe drei Stunden vor dem Fernseher. Der Fernseher hat 80 Watt. Für die Kilowattstunde bezahlen wir 20 Cent. Das macht …" „Eine Energieverschwendung ist es trotzdem", erwidert seine Frau.
a Führe die Rechnung von Herrn Meyer zu Ende.
b Welcher von beiden Ansichten würdest du dich anschließen? Begründe deine Entscheidung.

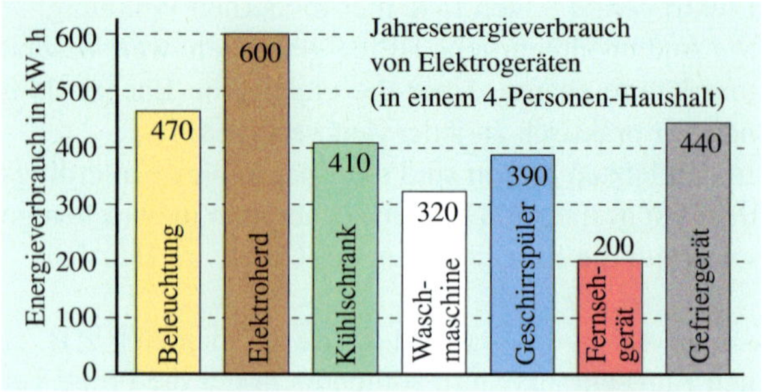

1

3 Vor hundert Jahren, als es noch keine Elektrizität in den Haushalten gab, wurde dieser Staubsauger benutzt. ↑2
a Schätze die Leistung, mit der er betrieben wurde.
b Lies auf dem Typenschild eures Staubsaugers ab, wie groß die Leistung ist. Vergleiche die Leistungen der Staubsauger früher und heute.

2

Auf einen Blick

Energiewandler Aufgabe von elektrischen Anlagen ist es, Energie umzuwandeln und zu transportieren. Im ersten Energiewandler, der elektrischen Energiequelle, wird elektrische Energie z. B. aus mechanischer Energie erzeugt. Durch den zweiten Wandler, den Verbraucher elektrischer Energie, wird die elektrische Energie in andere Energieformen umgewandelt.

Energiequellen Der Generator funktioniert wie ein Fahrraddynamo: In ihm wird mechanische Energie in elektrische Energie umgewandelt. Dies geschieht durch die Bewegung eines Magneten in einer Spule. Andere Energiequellen sind die Batterie, die Solarzelle oder das Thermoelement. Elektrische Energie strömt von der Quelle zum Verbraucher. Die Elektrizität fließt im Kreis. Die Energiestromstärke gibt an, wie viel Energie pro Sekunde von der Quelle zum Verbraucher strömt. ↑3

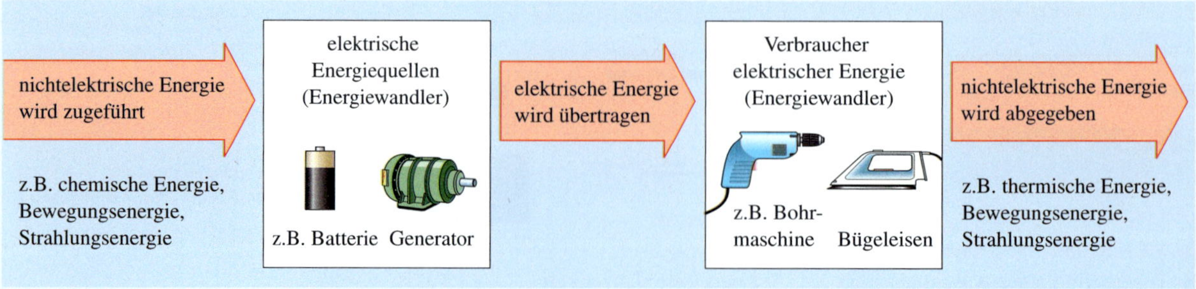

3

(Nenn-)Leistung Auf elektrischen Verbrauchern findet man oft ein Schild, auf dem die (Nenn-)Leistung in Watt (W) oder Kilowatt (kW) angeben ist. Die Leistung eines Geräts beschreibt, wie viel elektrische Energie das Gerät pro Sekunde umwandelt. Sie entspricht damit im Wert der Energiestromstärke.

Die Leistung eines Geräts ist der Quotient aus der umgewandelten Energie und der dazu benötigten Zeit.

$\text{Leistung} = \frac{\text{Energie}}{\text{Zeit}}$ oder $P = \frac{\Delta E}{\Delta t}$

Die Leistung wird in der Einheit 1 Watt (1 W) gemessen: 1 W = 1 J/s.

Kennt man die Leistung eines elektrischen Geräts, kann man den Energiebedarf in der Zeit Δt berechnen: $\Delta E = P \cdot \Delta t$.

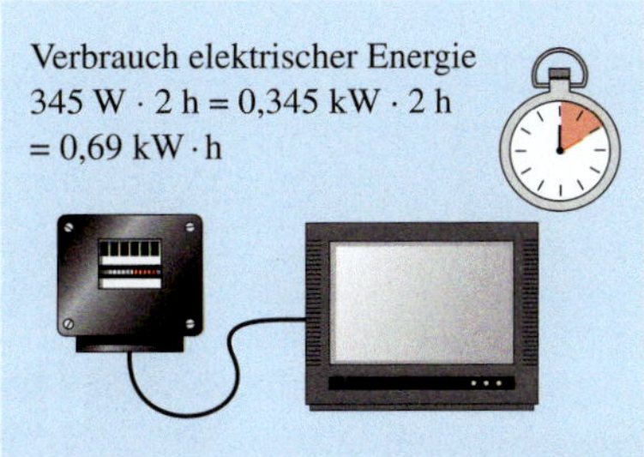

4

Alles klar?

1 Alle elektrischen Anlagen bestehen aus drei wichtigen Teilen.
Wie heißen sie und welche Aufgaben haben sie?

2 Eine elektrische Anlage kann man mit dem „Kreislauf“ einer Warmwasserheizung vergleichen. Welche Teile dieser Anlagen haben vergleichbare Aufgaben?

3 Eine Batterie, die wieder aufgeladen werden kann, nennt man einen Akkumulator. Ein „Akku“ kann sowohl Energiequelle als auch Energieverbraucher sein. Erkläre.

4 Ein Toaster (Leistung 900 W) ist morgens 15 min in Betrieb. Wie hoch sind die Kosten, wenn man 25 Cent für 1 kW · h bezahlen muss?

5 Bild ↑5 zeigt, wofür die elektrische Energie in einem 4-Personen-Haushalt benötigt wird.

a Bei welchen Vorgängen lohnt es sich besonders, auf einen sparsamen Umgang mit Energie zu achten?

b Was könntest du tun, um die Stromrechnung zu senken? Nenne einige Beispiele.

6 Eine Kaffeemaschine (1000 W) benötigt 6 min, um eine 1-Liter-Kanne voll Kaffee zuzubereiten.

a Berechne die Energie, die für das Kochen von einer Kanne Kaffee erforderlich ist.

b Wie viel Energie wird in einem Jahr für das Kaffeekochen benötigt, wenn an 320 Tagen zweimal pro Tag eine Kanne zubereitet wird?

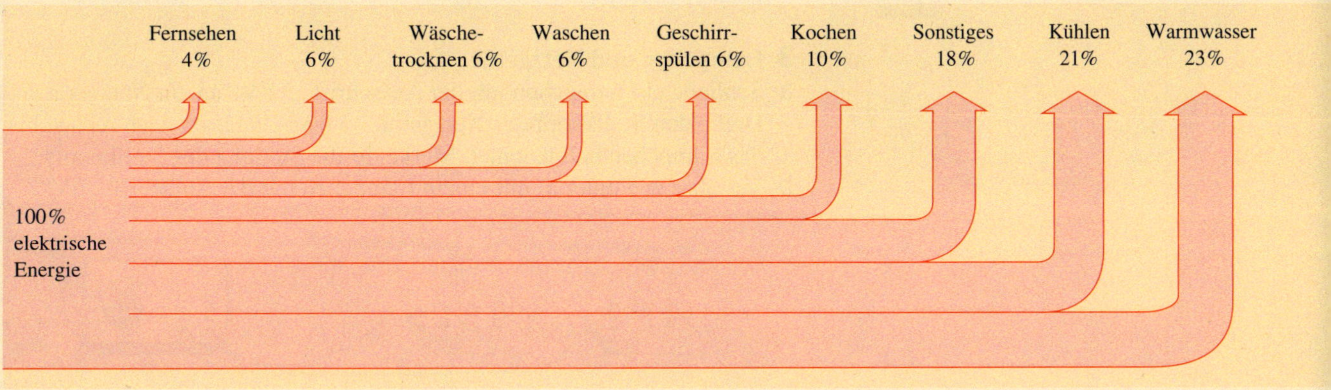

5

Elektrische Energiequellen – Antriebe für den elektrischen Strom

1

Ein ICE benötigt einen besonders starken Antrieb: Im Triebkopf des Zuges müssen vier starke Motoren mit Energie versorgt werden, und diese setzen einen Zug mit 420 t Masse in Bewegung.
Eine riesige Menge elektrischer Energie wird beim Anfahren in wenigen Minuten in Bewegungsenergie umgesetzt – dafür benötigt auch der elektrische Strom einen sehr starken Antrieb.

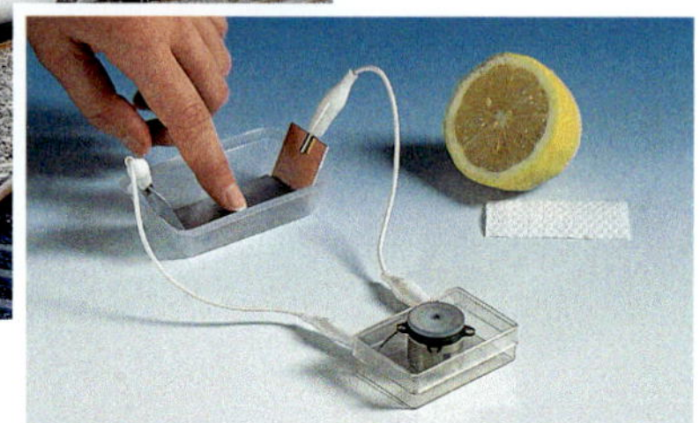
2

Im Vergleich dazu benötigt ein Mikromotor eine Quelle, die nur einen schwachen Antrieb für den elektrischen Strom liefert, z. B. eine „Zitronenbatterie" oder eine Solarzelle.

Experimente

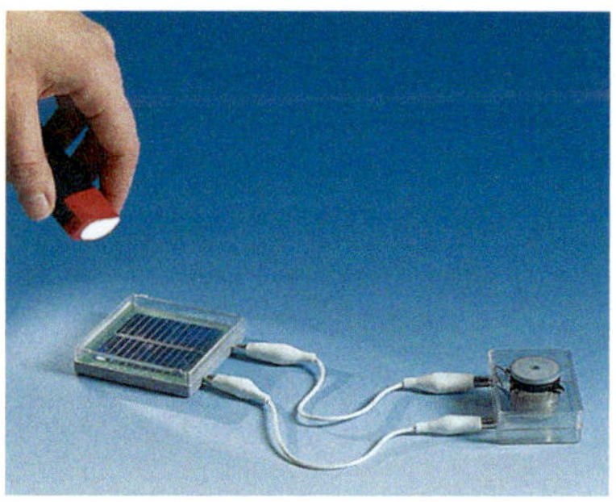
3

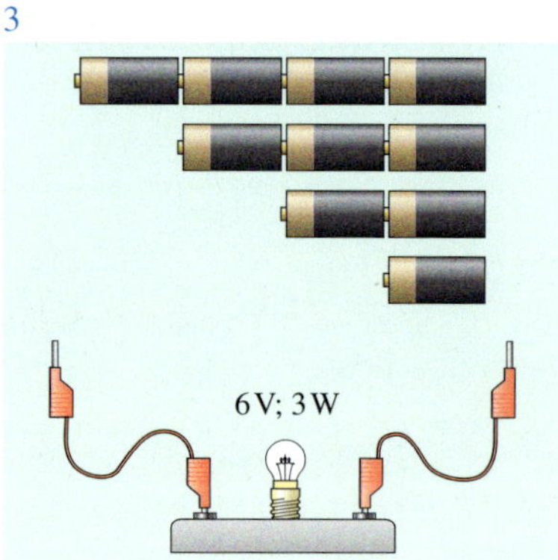

4

Führt die folgenden Experimente in Gruppen durch und stellt sie euch gegenseitig unter der Fragestellung: „Woran erkennt man einen starken bzw. einen schwachen Antrieb des elektrischen Stroms?" vor.

1 Mikromotor und Solarzelle
Für dieses Experiment wird ein empfindlicher Mikromotor benötigt. Schließe den Mikromotor an eine kleine Solarzelle an und beleuchte sie dann mit einer Lampe. ↑3
Schließe ein Lämpchen mit der Aufschrift „6 V; 0,6 W" an die kleine Solarzelle an.

2 Lämpchen und Batterien
Schließe ein Lämpchen mit der Aufschrift „6 V" auf verschiedene Weise an 1,5-V-Batterien an. ↑4
Wie musst du die 4 Batterien schalten, damit das Lämpchen am hellsten leuchtet?

3 Lämpchen und Netzgerät
a Schließe ein Lämpchen mit der Aufschrift „3,8 V" an ein Netzgerät an. Drehe den Stellknopf des Netzgeräts so lange langsam nach rechts, bis das Lämpchen hell leuchtet. Merke dir die Stellung des Stellknopfs.
b Verfahre wie unter a) mit einem Lämpchen mit der Aufschrift „6 V".

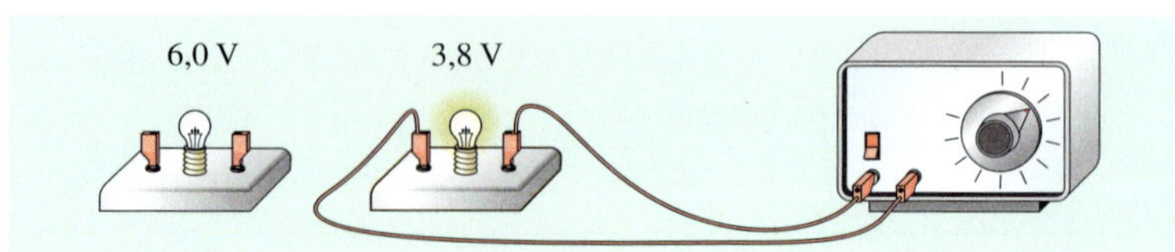

5

Experimente

Wie erfolgt der Antrieb des elektrischen Stroms und wie können wir die Stärke des Antriebs bei einer elektrischen Energiequelle messen?
Um diese Fragestellungen beantworten zu können, orientieren wir uns wieder am Wasserstromkreis.

4 Antrieb durch Wasser (1)
Fülle Wasser in den rechten Zylinder entsprechend der abgebildeten Versuchsanordnung. Öffne den Hahn und beobachte das Wasserrad.
Was kannst du über die Stärke des Antriebs des Wasserrads aussagen?
Äußere Vermutungen, wovon die Stärke des Antriebs abhängt, und überprüfe diese im Experiment.

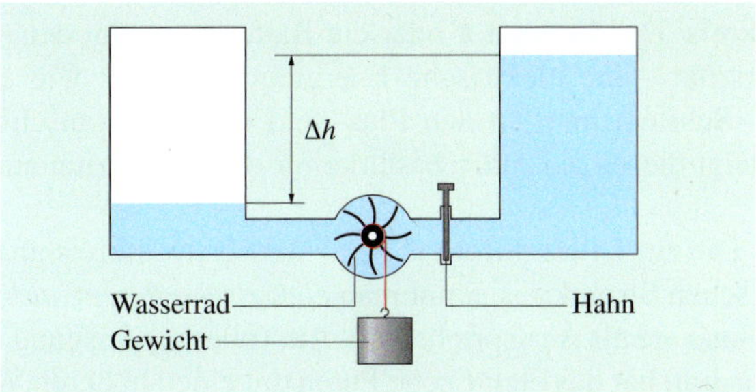

6

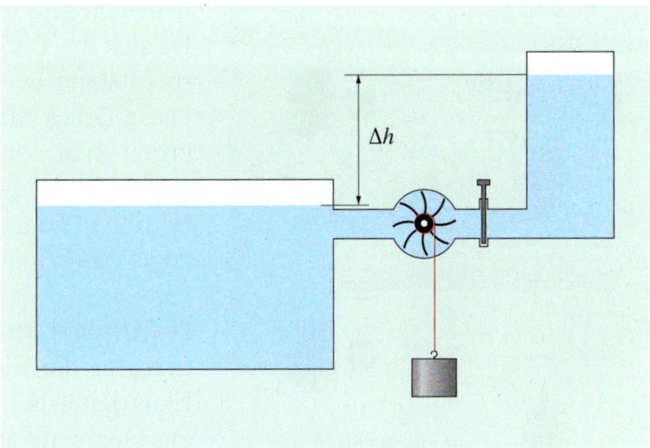

7

5 Antrieb durch Wasser (2)
Verfahre mit der Versuchsanordnung in Bild ↑7 entsprechend ↑Experiment 4. Beschreibe das Ergebnis und nenne Unterrschiede gegenüber ↑Experiment 4.

GRUNDLAGEN: Antrieb und Potenzialdifferenz

Die ↑Experimente 4 und 5 zeigen, dass die Stärke des Antriebs von der Höhendifferenz der Wassersäulen bzw. der Wasseroberflächen abhängt.
Das Gewicht der Wassersäule im rechten Zylinder ist größer als das der Wassersäule im linken Zylinder. Das bedeutet, das Wasser im rechten Zylinder drückt stärker gegen die Schaufeln des Wasserrads als das des linken Zylinders. Deshalb dreht sich das Wasserrad und das kleine Wägestück wird gehoben. Das Wasserrad bleibt stehen, wenn der Höhenunterschied zu klein oder null ist.

Das linke Becken im ↑Experiment 5 ist sehr groß. Beim Öffnen des Wasserhahns erhöht sich der Wasserstand im Becken praktisch nicht. Deshalb muss man für die Stärke des Antriebs nur die Höhe der rechten Wassersäule über der Wasseroberfläche berücksichtigen.

Allerdings passen diese Analogieexperimente noch nicht ganz zum Problem Stärke des Antriebs im elektrischen Stromkreis. Denn der elektrische Stromkreis ist immer ein geschlossener Kreislauf.
Lösung: Wir pumpen das Wasser aus dem Becken wieder nach oben in den Zylinder. Das Wasser erhält dadurch wieder die für den Antrieb benötigte Höhenenergie. In dem geschlossenen Wasserstromkreis sorgt die Pumpe für den Antrieb und das Wasserrad mit Wägestück steht für den Verbraucher. ↑8

8

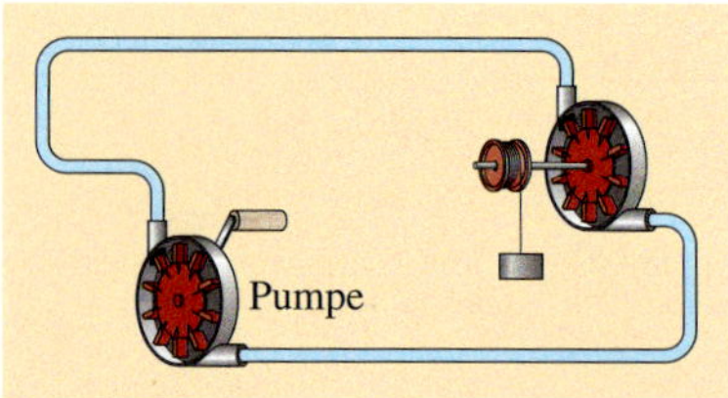

1

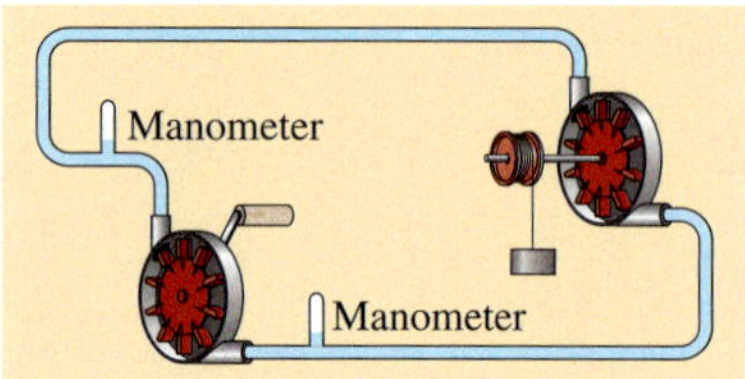

2

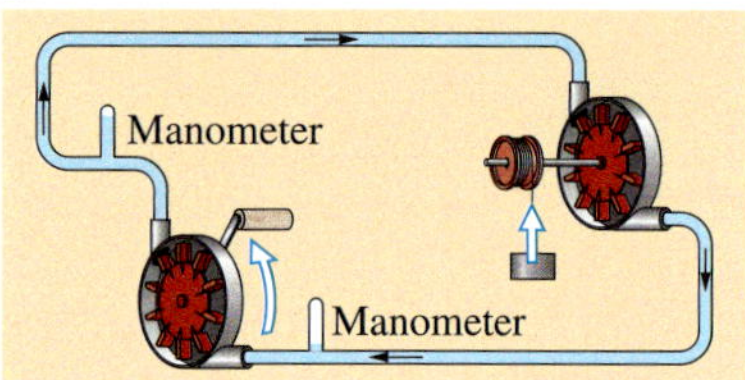

3

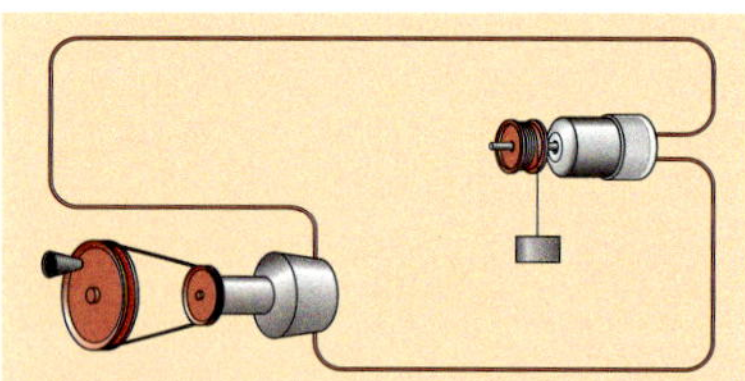
4

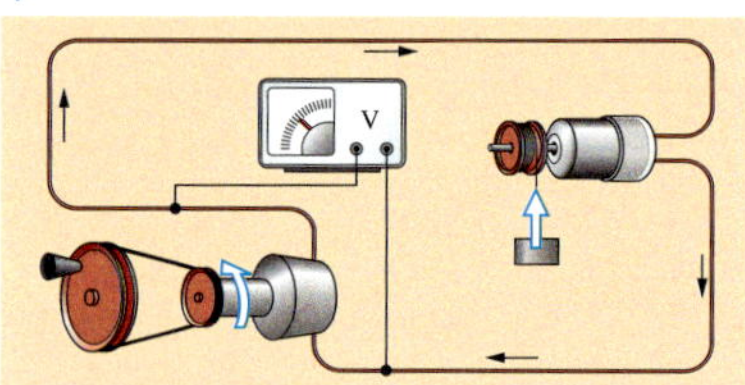

5

Um eine Vorstellung davon zu bekommen, wie man sich den Antrieb der Elektrizität durch einen Generator vorstellen und die Antriebsstärke messen kann, untersuchen wir bei einem geschlossenen Wasserstromkreis die Arbeitsweise der Wasserpumpe genauer. ↑1

Druckdifferenzen im Wasserkreislauf Wenn die Pumpe mit dem Handantrieb gedreht wird, drücken die Schaufeln das Wasser nach oben. Hier erhöht sich der Druck auf das Wasser. Unten an der Pumpe erniedrigt er sich. Da sich das Wasser nicht zusammendrücken lässt, bewegt es sich durch die so entstandene Druckdifferenz gleichzeitig überall im Wasserstromkreis. Diese Druckdifferenz kann man sichtbar machen und auch messen. Dazu bringt man vor dem Befüllen der Anordnung mit Wasser oberhalb und unterhalb der Pumpe Manometerröhrchen an. ↑2 Wird nun die Pumpe in Betrieb genommen, steigt der Wasserspiegel im oberen Röhrchen und fällt zugleich im unteren.

Elektrischer Stromkreis Der Generator oder die Batterie erzeugt den Antrieb für die Elektrizität – die elektrische Energiequelle wirkt wie eine Elektrizitätspumpe. Schließt man an den Plus- und den Minusanschluss ein Messgerät an, zeigt dieses die Antriebsstärke für die Elektrizität an. ↑4

Potenzialdifferenz Die zur Druckdifferenz beim Wasserstromkreis analoge Größe im elektrischen Stromkreis nennt man *elektrische Potenzialdifferenz*. Man kennzeichnet sie als $\Delta\varphi$ (sprich: Phi). Am (oberen) Ausgang des Generators, dem Pluspol, hat das elektrische Potenzial einen höheren Wert als am unteren Anschluss, dem Minuspol.

Diese Potenzialdifferenz ist das Maß für die Antriebsstärke des elektrischen Stroms.
Die elektrische Potenzialdifferenz bezeichnet man auch als elektrische Spannung. Man kennzeichnet sie durch den Buchstaben *U* und misst sie in der Einheit 1 Volt (1 V).

Zwischen den Polen einer Flachbatterie (P+ und P–) beträgt die Spannung (Potenzialdifferenz) 4,5 V: $U_{P+,\,P-} = \varphi_{P+} - \varphi_{P-} = 4{,}5\,\text{V}$.
Bei einem Netzgerät kann man die Spannung am Drehknopf einstellen.

	Wasserstromkreis	Elektrischer Stromkreis
Es strömt:	Wasser	Elektrizität
Es treibt an:	Pumpe	Elektrizitätspumpe (z. B. Generator, Batterie)
Unterschied zwischen Ein- und Ausgang:	Am Ausgang der Pumpe hat der Druck einen größeren Wert als am Eingang.	Am Ausgang des Generators hat das elektrische Potenzial einen größeren Wert als am Eingang.
Der Strom wird erzeugt durch:	die Druckdifferenz zwischen den beiden Anschlüssen der Pumpe.	die Potenzialdifferenz zwischen den beiden Anschlüssen des Generators (Potenzialdifferenz = elektrische Spannung)
Fließrichtung außerhalb von Pumpe und Generator:	von Stellen hohen Drucks zu Stellen geringen Drucks	von Stellen hohen Potenzials zu Stellen geringen Potenzials

Spannungsmessung

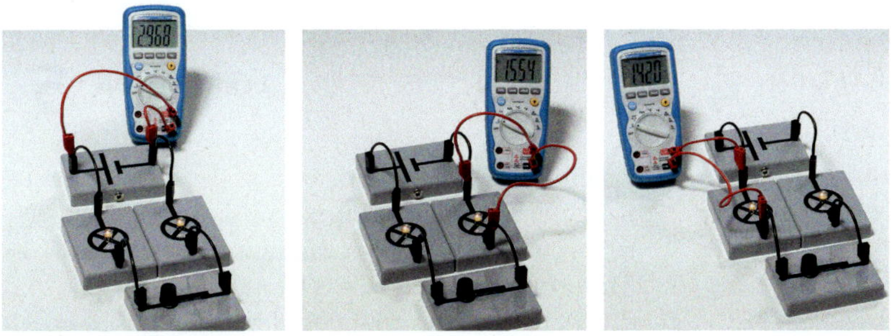

6 Spannungsmessung im Stromkreis

Wir haben das Messgerät an drei verschiedenen Stellen im Stromkreis angeschlossen. Was werden die Messgeräte wohl messen?

Experimente

LERNSTATION 1

Die Spannung von Energiequellen
Materialien: Batterien, Akkus, Netzgerät, Handgenerator, Solarzelle, Spannungsmesser

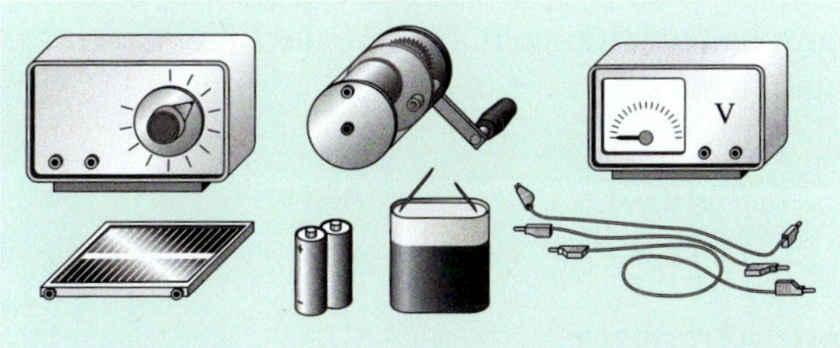

Durchführung: Schließe den Spannungsmesser an die Spannungsquellen an und prüfe bei Batterien und Akkus, ob sie die angegebenen Spannungen haben. Miss dann die Spannungen an Handgenerator und Solarzelle. Untersuche, auf welche Weise man die Spannung an den Anschlüssen von Handgenerator und Solarzelle verändern kann.

LERNSTATION 2

Die Spannung an verschiedenen Stellen des Stromkreises
Materialien: Netzgerät, Spannungsmesser, Strommesser, Glühlämpchen, Schalter

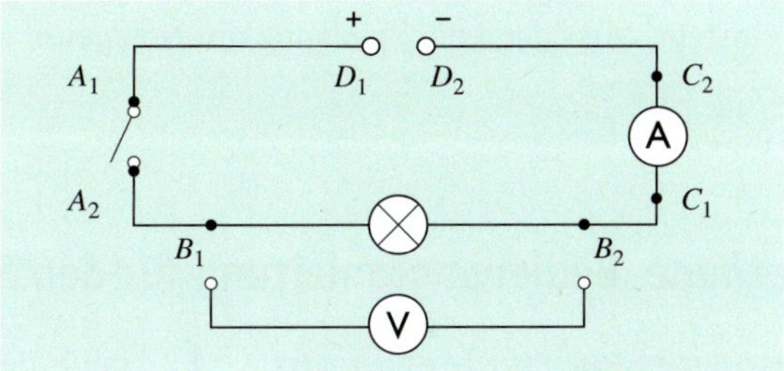

Durchführung: Baue die Schaltung entsprechend der Schaltskizze auf und miss dann die Spannungen zwischen den gekennzeichneten Punkten.
Versuche, die Ergebnisse zu deuten.

LERNSTATION 3

Spannungen im Stromkreis bei einer Parallelschaltung
Materialien: Netzgerät, 3 Glühlampen [(6 V; 0,1 A), (6 V; 0,3 A), (6 V; 5 A)], Spannungsmesser
Durchführung: Schließe den Spannungsmesser und eine Glühlampe an das Netzgerät an; regle die Spannung auf 6 V ein.

Schließe danach die zweite Lampe parallel zur ersten an und miss die Spannungen am Netzgerät und an der zweiten Lampe. Verfahre dann mit der dritten Lampe entsprechend. Notiere die Ergebnisse und deute sie.

Experimente

LERNSTATION 4

Spannungen im Stromkreis bei einer Reihenschaltung mit baugleichen Glühlampen

Materialien: Netzgerät, 3 baugleiche Glühlampen (4 V; 0,3 A), Spannungsmesser, Strommesser

Durchführung: Schließe den Spannungsmesser und eine Glühlampe an das Netzgerät an; regle die Spannung auf 4 V ein.
Schließe danach die erste und die zweite Lampe in Reihe. Miss die Spannungen am Netzgerät und dann nacheinander an der ersten und an der zweiten Lampe. Notiere die Ergebnisse und deute sie.
Schalte nun alle drei Lampen in Reihe. Sage das Ergebnis vorher und führe die Messungen durch.
Regle die Spannung des Netzgeräts so hoch, dass sich im Kreis eine Stromstärke von 0,3 A einstellt. Miss dann die Spannung am Netzgerät.

LERNSTATION 5

Spannungen im Stromkreis bei einer Reihenschaltung mit unterschiedlichen Glühlampen

Materialien: Netzgerät, 3 Glühlampen [(6 V; 0,1 A), (6 V; 0,3 A), (6 V; 5 A)], Spannungsmesser

Durchführung: Schließe den Spannungsmesser und eine Glühlampe an das Netzgerät an. Regle die Spannung auf 6 V ein.

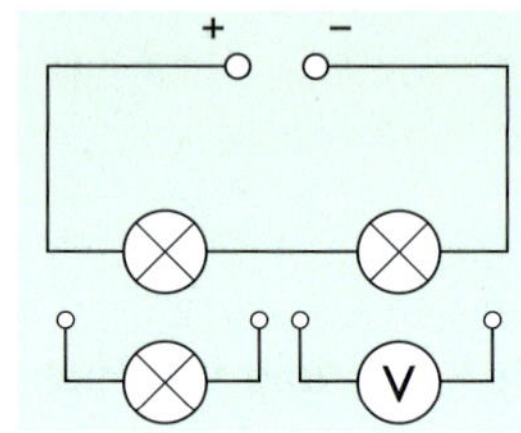

Schließe danach die erste und die zweite Lampe in Reihe. Miss die Spannungen am Netzgerät und dann nacheinander an der ersten und der zweiten Lampe.
Wiederhole das Experiment mit den drei in Reihe geschalteten Lampen. Notiere die Ergebnisse und deute sie.

Methode Bedienungsanleitung für den Spannungsmesser

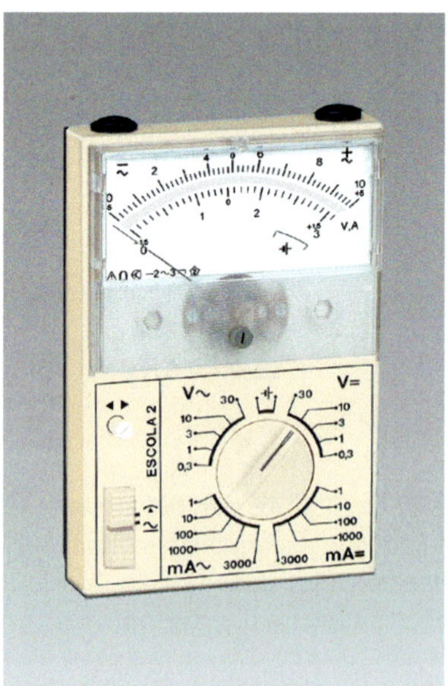

1 Spannungsmessgerät

1 Stelle den Wählschalter auf Spannungsmessung, und zwar auf V– oder V=.

2 Wähle mit dem Messbereichsschalter immer zuerst den größten Messbereich. Bei der Messung kannst du dann bei Bedarf schrittweise kleinere Messbereiche einstellen.

2 Schalter zum Einstellen des Messbereichs

3 Schalte den Spannungsmesser parallel an zwei beliebige Punkte im Stromkreis, unterbrich also den Stromkreis nicht. Das Messkabel für den Pluspol kommt in den Anschluss mit der Bezeichnung V, das andere Messkabel steckst du in den COM-Anschluss. (Der Spannungsmesser kann gefahrlos parallel zum Messobjekt angeschlossen werden, da durch ihn nur ein sehr kleiner Strom fließt.)

GRUNDLAGEN: Elektrische Spannung in einer Reihenschaltung

Spannungen kann man nicht nur zwischen den Anschlüssen einer elektrischen Energiequelle messen, sondern auch zwischen zwei beliebigen Punkten eines Stromkreises. ↑3

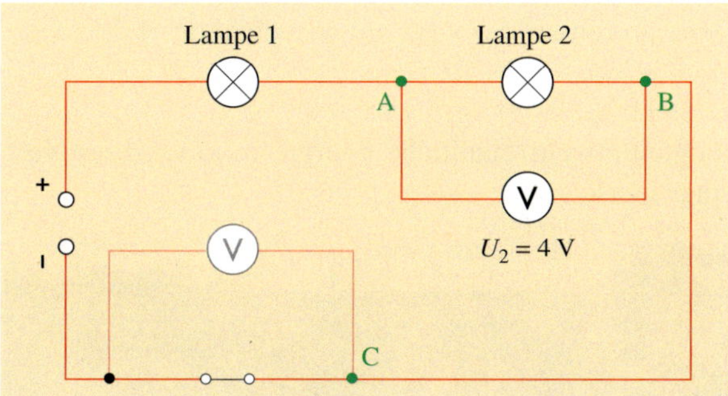

3

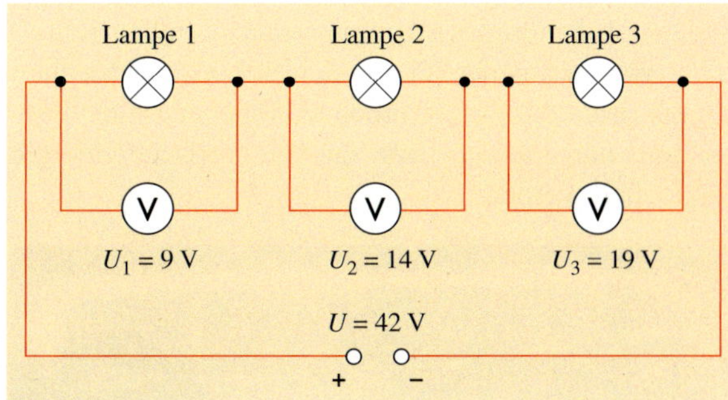

4

So zeigt z. B. das Messgerät in der Reihenschaltung von Bild ↑3 zwischen den Stellen A und B eine Spannung an. Beträgt die Spannung über der Lampe 2 $U_2 = 4$ V, so ist die Spannung U_1 über der baugleichen Lampe 1 auch 4 V. $U = U_1 + U_2 = 8$ V. Bei nicht baugleichen Lampen ist die Spannung über den einzelnen Lampen nicht unbedingt gleich, aber auch hier gilt: $U = U_1 + U_2 + U_3$. ↑4

In einer Reihenschaltung entspricht die Spannung des Netzgeräts der Summe der Spannungen (Potenzialdifferenzen) über den einzelnen Verbrauchern: $U = U_1 + U_2 + U_3$.

Aus der Technik Wenn eine Monozelle nicht ausreicht

Manchmal brauchst du für ein elektrisches Gerät vier Monozellen. Das Gerät benötigt eine Spannung von 6 V – eine Monozelle hat nur eine Spannung von 1,5 V. Beim Einsetzen der Zellen musst du auf die Polung achten. In Bild ↑5 erkennst du eine leitende Verbindung zwischen dem Pluspol der zweiten und dem Minuspol der dritten Zelle. Die Zellen werden also in Reihe geschaltet. Die Gesamtspannung U der vier in Reihe geschalteten Zellen beträgt demnach: $4 \cdot 1{,}5\,\text{V} = 6\,\text{V}$. ↑5, 6
Bei einer Reihenschaltung von Spannungsquellen ergibt sich die Gesamtspannung als Summe der Einzelspannungen: $U = U_1 + U_2 + U_3 + U_4$.

Bild ↑7 zeigt eine weitere Möglichkeit, vier Monozellen miteinander zu verbinden. Man misst am Lämpchen nur die Spannung einer Monozelle – nämlich 1,5 V.
Eine Batterie aus parallel geschalteten Zellen hat zwei Vorteile: Mit ihr kann ein Elektrogerät länger betrieben werden. Jede Zelle treibt immer nur einen Teil der Ladungsträger an. Die gespeicherte Energie reicht länger. Um z. B. 20 parallel geschaltete Glühlämpchen (1,5 V; 0,15 A) zum Leuchten zu bringen, muss die Spannungsquelle einen Strom von 3 A antreiben. Eine einzige Monozelle schafft das nicht.

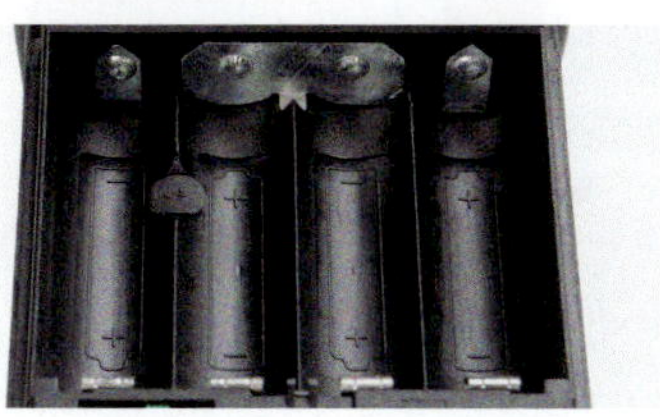

5

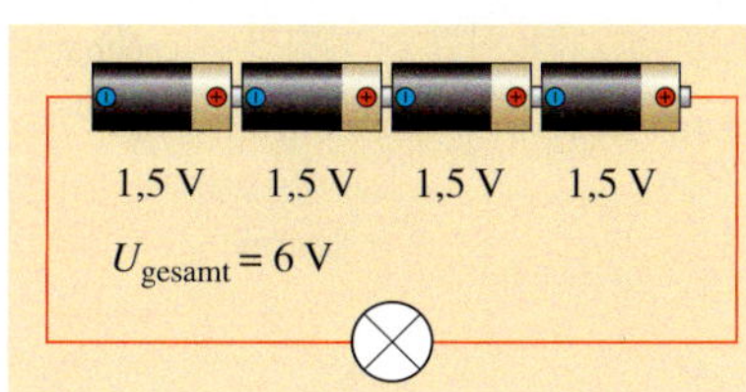

6 Reihenschaltung von Monozellen

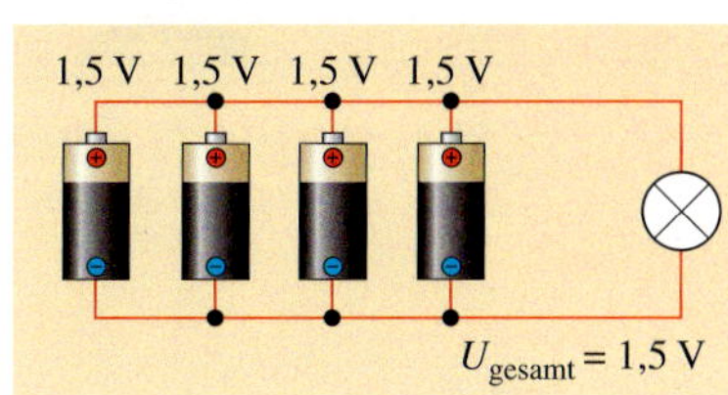

7 Parallelschaltung von Monozellen

Aus der Technik Das Pumpspeicherwerk in Geesthacht

Bei Geesthacht (Schleswig-Holstein) gibt es einen Stausee mit einem Fassungsvermögen von 3,8 Millionen Kubikmetern Wasser. ↑1 Wird z. B. bei starkem Wind in Windenergieanlagen mehr elektrische Energie erzeugt, als benötigt wird, pumpt man – umweltfreundlich – Wasser aus der Elbe in den See. Große Mengen an elektrischer Energie werden in Höhenenergie umgewandelt, nur dadurch kann diese elektrische Energie gespeichert werden.

Entsteht kurzfristig ein hoher Bedarf an elektrischer Energie, lässt man das Wasser des Stausees durch drei Rohre in 90 m tiefer gelegene Turbinen zurück in die Elbe fließen. ↑2 Diese Turbinen treiben wiederum drei Generatoren an. So wird die gespeicherte Höhenenergie des Wassers in Bewegungsenergie und diese dann in elektrische Energie zurückverwandelt. Der so erzeugte umweltfreundliche Energiestrom wird ins Netz eingespeist.

1

2

1 Das Pumpspeicherwerk wird als ökologisch wertvoll angesehen. Begründe.

2 Die 3,8 Millionen Kubikmeter Wasser des Stausees werden in 5 Stunden abgelassen. Bestimme die auf diese Weise ins Netz eingespeiste elektrische Energie und die Gesamtleistung, die die Generatoren dabei erbringen.

Aus der Technik Das Wärmekraftwerk

Im Dampferzeuger wird Kohle verbrannt, sodass Wasser erhitzt wird und verdampft. Es wird also chemische Energie in thermische umgewandelt. Der Dampf treibt die Turbine und den angekoppelten Generator an. Lediglich ein Teil der Energie, die aus der Verbrennung von Kohle stammt, wird in elektrische Energie umgewandelt. Ein Großteil der zugeführten Energie geht verloren, wenn der Dampf hinter der Turbine kondensiert wird. Diese Energie heizt das Kühlwasser im Kondensator auf. Über Kühltürme gelangt sie als thermische Energie in die Umgebung.

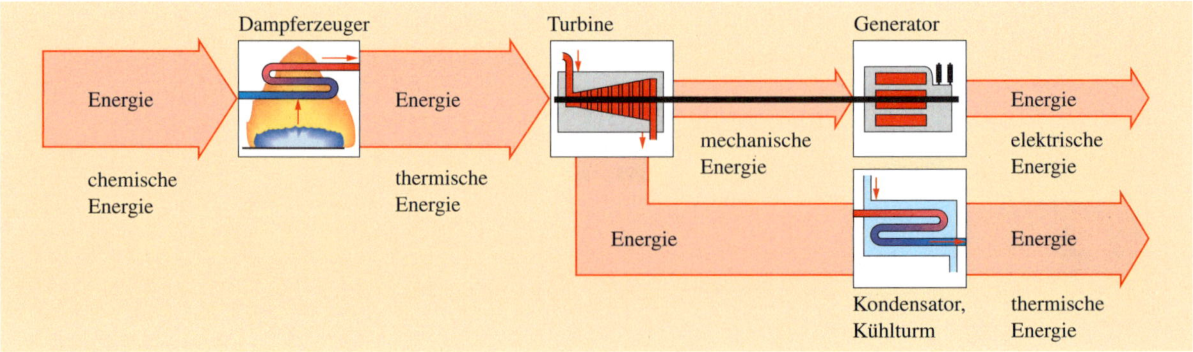

3

Aus der Technik Das elektrische Potenzial in der Technik

Bei einem Auto ist der Minuspol der Batterie mit dem Rahmen verbunden. Das bedeutet, dass zwischen jedem Punkt des Autos, der leitend mit dem Rahmen verbunden ist, und einem Kabel, das man mit dem Pluspol der Batterie verbindet, eine Potenzialdifferenz von 12 V besteht. Das spart Kabel. ↑4

Man hat das Potenzial φ der „Masse" – nicht zu verwechseln mit der Masse eines Körpers – auf 0 V festgelegt. Man spricht dann von einem Nullpotenzial. Beim Auto entspricht das dem Potenzial des Rahmens, in einem Haus den mit der Erde verbundenen Leitungen. ↑5

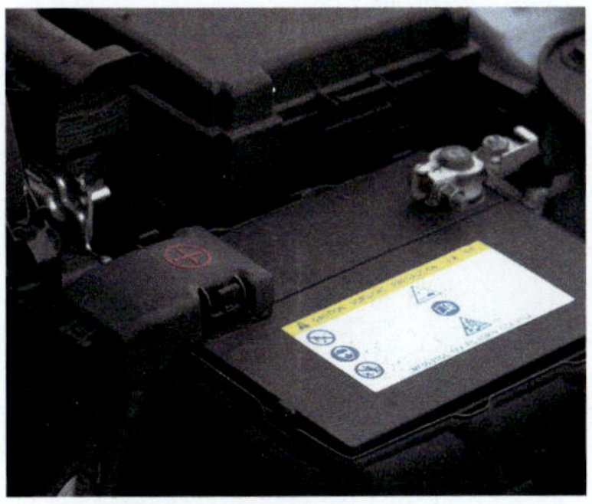

4 Pluspol der Autobatterie

5 Nullpotenzial im Haus

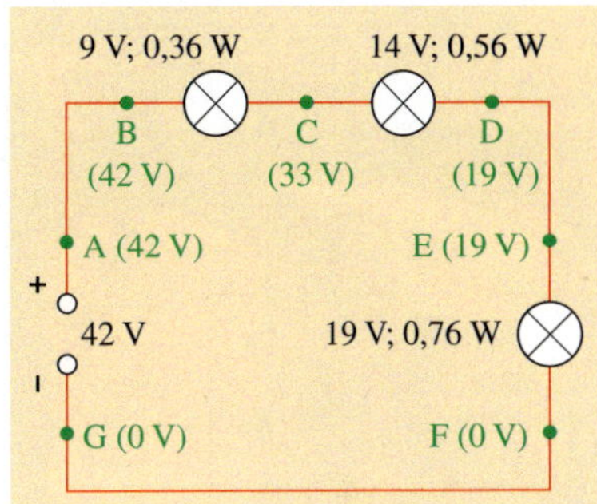

6

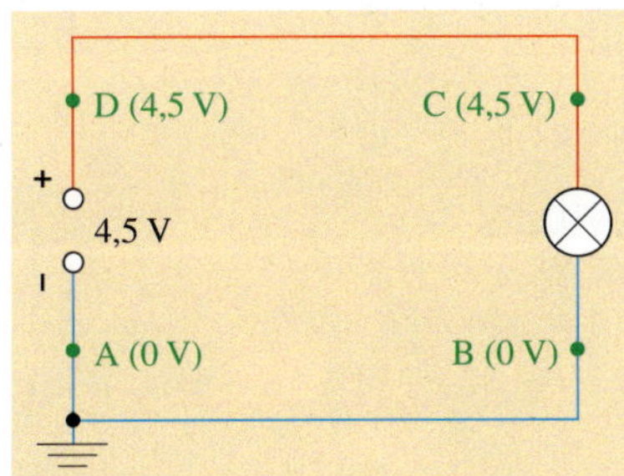

7

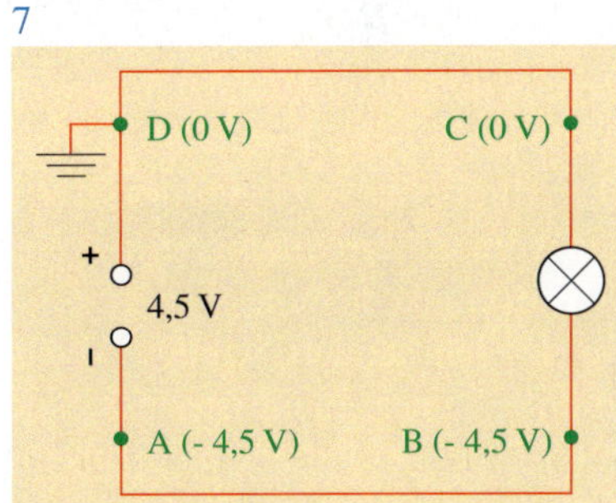

8

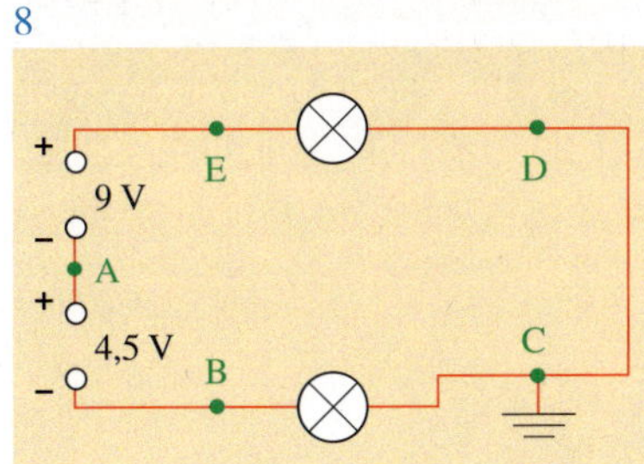

9

In komplizierten Schaltplänen z. B. für Radios oder Schaltplatinen stehen oft an einzelnen Stellen Spannungswerte – sie geben das Potenzial an dieser Stelle an. Der Sinn ist folgender:

Wenn ein Monteur die Schaltung überprüft, verbindet er den „–"-Anschluss des Messgeräts mit dem Punkt G, dem Nullpotenzial. Mit dem „+"-Anschluss des Messgeräts kann er dann sofort überprüfen, ob die gemessene Spannung mit dem Sollwert übereinstimmt. ↑6

Eine einfache Schaltung: Der Punkt A soll das Potenzial null haben. Dies wird häufig durch das Symbol für „Erde" gekennzeichnet. ↑7

Verbindet man jetzt den „–"-Anschluss des Messgeräts mit dem Punkt A und den „+"-Anschluss des Messgeräts nacheinander mit den Punkten B, C und D, so misst man $U_{AB} = 0\,V$; $U_{AC} = 4{,}5\,V$ und $U_{AD} = 4{,}5\,V$. Das Potenzial an der Stelle B beträgt 0 V, an den Stellen C und D 4,5 V.

Die Leitungen mit gleichem Potenzial kann man zur besseren Übersicht auch farbig darstellen. ↑7

Wird Punkt D wie in Bild ↑8 als Nullpotenzial festgelegt, zeigt der digitale Spannungsmesser zwischen den Punkten D und A die Spannung $U_{DA} = -4{,}5\,V$ an. Das Potenzial an der Stelle A beträgt dann also –4,5 V.

Beispiel:

Wir überprüfen diese Aussage an der Schaltung von Bild ↑6. Das Potenzial an der Stelle E beträgt 19 V, an der Stelle C 33 V: Die Potenzialdifferenz zwischen den Stellen C und E beträgt $33\,V - 19\,V = 14\,V$ und ist die Spannung, die man auch direkt messen kann.

1 Bestimme die Potenziale der Punkte A bis E. ↑9

Vom Zitteraal zum Defibrillator

Bei den Zitterfischen entsteht die Spannung im elektrischen Organ. Dabei handelt es sich um umgewandelte Hautdrüsen oder Muskeln. Beim Zitterrochen besteht das elektrische Organ aus vielen nebeneinanderliegenden Säulen. Sie ähneln in ihrem Aufbau einer Batterie mit vielen Einzelzellen.

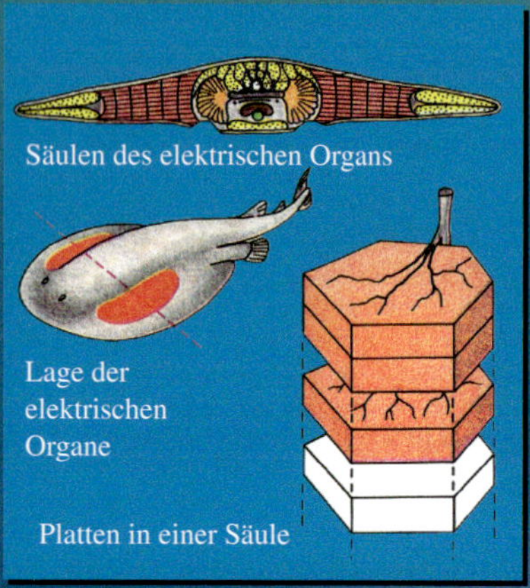

Bereits in der Antike nutzten griechische und römische Ärzte elektrische Fische als schmerzstillendes Mittel. Der römische Arzt Scribonius Largo wollte mit den vom Zitterrochen erteilten elektrischen Schlägen Geisteskranke heilen.
Im 18. Jahrhundert wurden Versuche unternommen, mithilfe einer Elektrisiermaschine Medikamente in den Körper des Patienten einzubringen. Amerikanische Zahnärzte nutzten im 19. Jahrhundert Gleichstrom zur lokalen Betäubung.
1908 wandte man zum ersten Mal in der Medizin die bei elektrischen Strömen entstehende Wärme an.

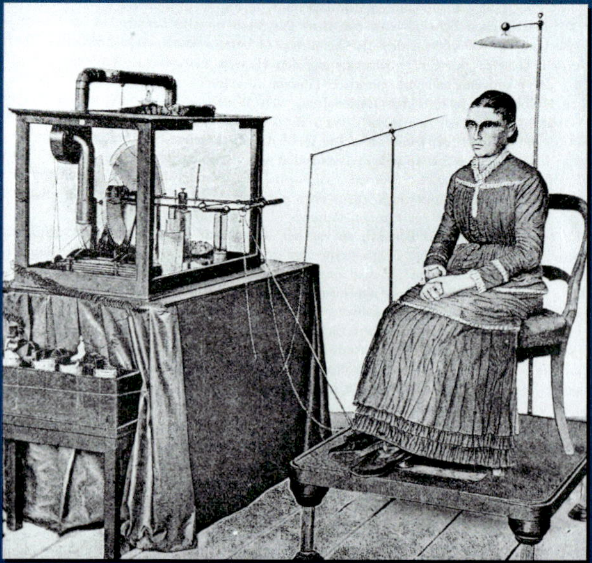

Gleichstromtherapie Fließt ständig ein Gleichstrom, zeigen sich hellrote Verfärbungen an den Hautstellen, die sich unter den Elektroden befinden. Diese verbesserte Durchblutung verstärkt alle Stoffwechselvorgänge, verbessert die Ernährung sowie die Funktion und Regeneration des behandelten Gewebes. Der Gleichstrom wirkt entzündungshemmend, schmerzdämpfend und fördert die Aufnahme von Nährstoffen.
Fließt der Gleichstrom nicht ständig, sondern wird er immer wieder kurz unterbrochen, werden Stromimpulse erzeugt. Mit diesen Impulsen können Nerven und Muskeln gereizt werden.

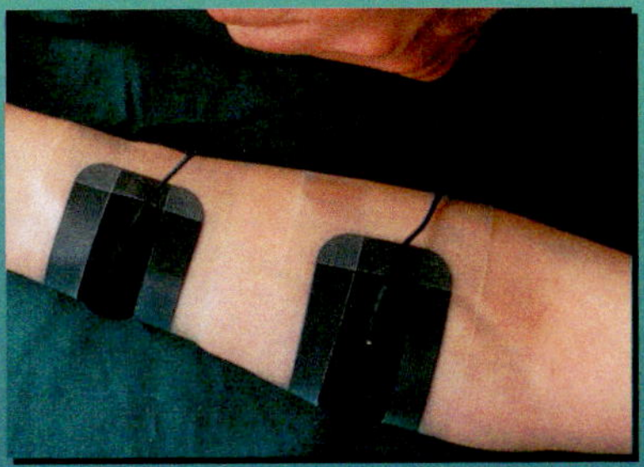

Mit kleinen, batteriebetriebenen Apparaten können Stromimpulse zur Schmerzdämpfung eingesetzt werden. Der schwache Stromreiz bewirkt eine Blockade der Schmerzweiterleitung zum Gehirn.

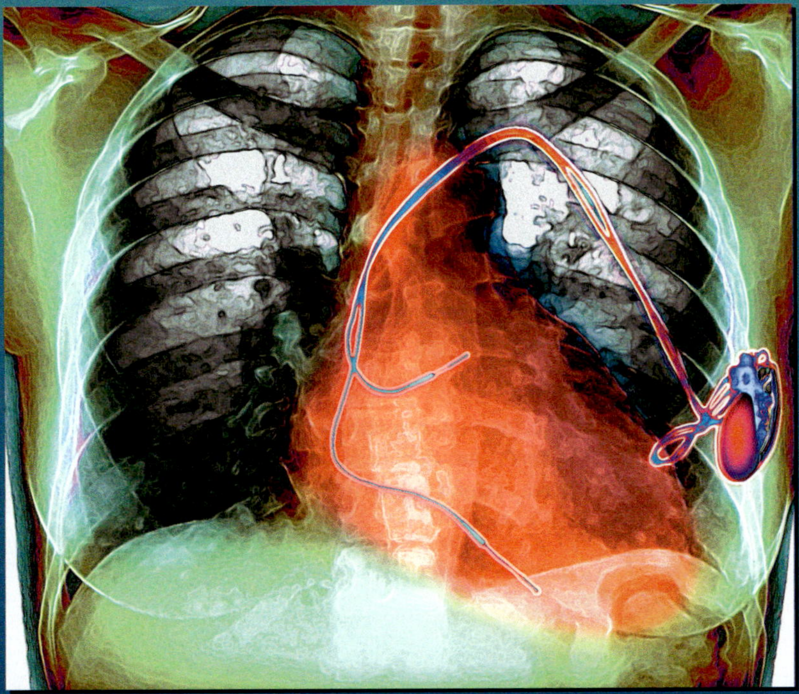

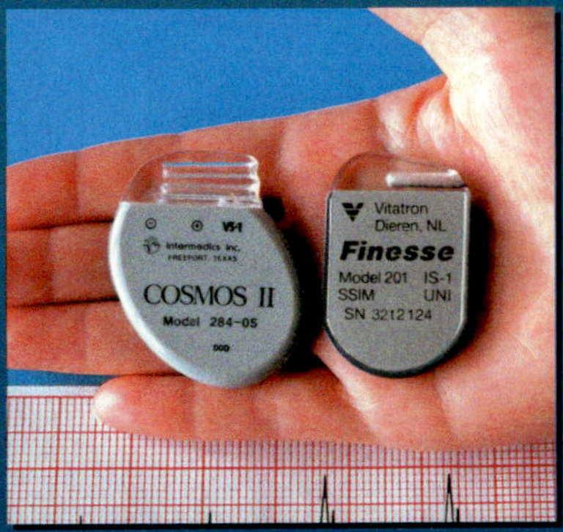

Herzschrittmacher Ein Herzschrittmacher wird erforderlich, wenn das Herz zu langsam schlägt. Er besteht aus einem „Minicomputer", einer Batterie und Elektroden und wird direkt unter der Haut implantiert. Durch eine Vene werden die Elektroden in das Herz eingeführt und an der Innenwand des Herzens befestigt. Die Elektroden übertragen die Stromimpulse zum Herzen und die Signale über eigene Herzaktivitäten zum Schrittmacher. Der Schrittmacher tritt nur in Aktion, wenn das Herz zu langsam schlägt.

Defibrillator Der Defibrillator soll bei lebensbedrohlichen Herzrhythmusstörungen durch starke Stromstöße die normale Herzaktivität wiederherstellen. Durch einen starken elektrischen Schock wird das Steuerungssystem des Herzens gestört. Danach soll sich der normale Herzrhythmus spontan wieder einstellen.

Bei manuellen Defibrillatoren werden die Kontakte mit dem Brustkorb des Patienten in Kontakt gebracht. Der Strom fließt zwischen ihnen direkt über das Herz. Vollautomatische Defibrillatoren werden wie ein Herzschrittmacher implantiert.

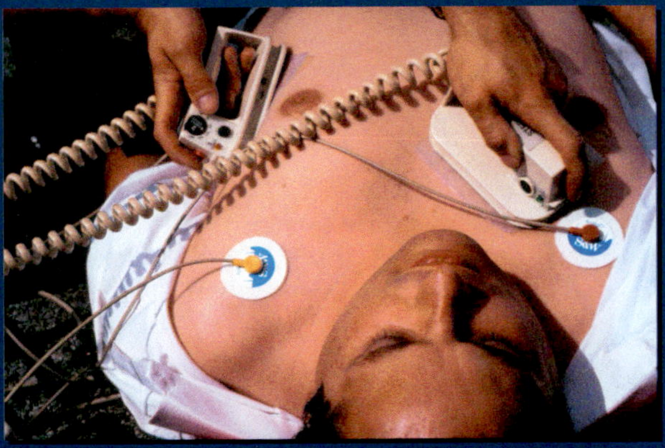

Aus der Geschichte Elektrizität aus dem Froschschenkel

1 Luigi Galvani (1737–1798)

Der italienische Arzt und Anatomieprofessor Luigi Galvani machte Ende 1780 eine ihm unerklärliche Beobachtung: „Ich sezierte einen Frosch und präparierte ihn, wie die Abbildung ↑2 (links) zeigt, und legte ihn auf einen Tisch … Wie nun der eine von den Leuten, die mir zur Hand gingen, mit der Spitze des Skalpellmessers den inneren Schenkelnerv (D) des Frosches zufällig ganz leicht berührte, schienen sich alle Muskeln derart zusammenzuziehen, als wären sie von Krämpfen befallen.“
Bei seinen nachfolgenden Experimenten stellte er fest, dass die Zuckungen besonders heftig waren, wenn er den Froschschenkel an zwei Stellen mit zwei in Reihe geschalteten verschiedenen Metallen berührte. ↑3

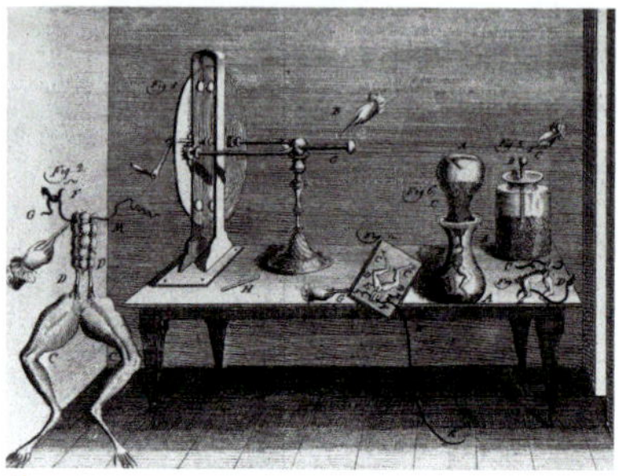

2

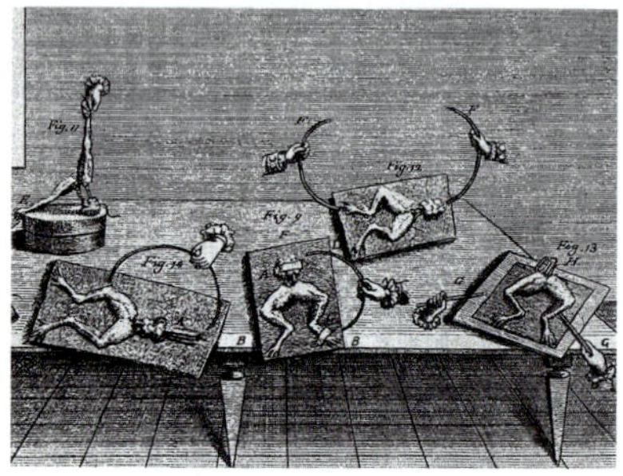

3

Einer der eifrigsten Experimentatoren, die Galvanis Experimente wiederholten und weiterführten, war der italienische Physiker Alessandro Volta. Er entwickelte die ersten Elektrizitätsquellen, die über längere Zeit starke Ströme erzeugen konnten.

4 Volta führt Napoleon seine Experimente vor.

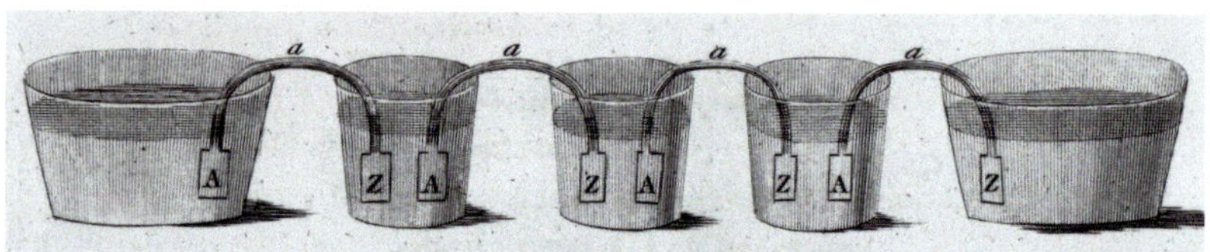

5

Seinen „Becherapparat“ beschreibt Volta wie folgt: „Man ordnet eine Reihe von mehreren Tassen, gläserne (kleine Trinkgläser oder Becher) sind am besten geeignet, die zur Hälfte mit reinem Wasser oder besser mit Salzwasser oder Lauge gefüllt sind; man verbindet sie und bildet aus ihnen eine Art Kette mittels ebenso vieler metallener Bögen, von denen ein Arm A aus Kupfer oder Messing ist, während der andere Z, welcher in den folgenden Becher taucht, aus Zinn oder besser Zink ist. Die beiden Metalle, aus denen jeder Bogen besteht, sind an irgendeiner Stelle oberhalb der Flüssigkeit zusammengelötet.“↑5

Die von Volta weiterentwickelten „galvanischen Elemente“ führten zu einer Reihe neuer Entdeckungen auf dem Gebiet der Elektrizität:

- Im Jahre 1800 wurde Wasser mit dieser Elektrizitätsquelle in seine Bestandteile zerlegt.
- 1805 wurde ein dünner Platindraht zum Glühen und Schmelzen gebracht.
- 1820 wurde die magnetische Wirkung des elektrischen Stroms entdeckt.

Auf einen Blick

Elektrische Spannung Die elektrische Spannung U (elektrische Potenzialdifferenz) ist ein Maß dafür, wie stark in einem elektrischen Stromkreis der elektrische Strom durch die Quelle angetrieben wird.
Die Einheit der Spannung ist 1 Volt (1 V).

Potenzialdifferenz Die elektrische Potenzialdifferenz $\Delta\varphi$ ist die Differenz von zwei Potenzialen. Im öffentlichen Stromnetz wird ein Pol der Quelle mit der Erde verbunden – man sagt, er ist geerdet. Dieser Pol hat dann das Nullpotenzial $\varphi_1 = 0\,\text{V}$. Der andere Pol hat das Potenzial $\varphi_2 = 230\,\text{V}$. In einem elektrischen Stromkreis besteht zwischen zwei Punkten eine Potenzialdifferenz – die Spannung zwischen diesen Punkten.

Reihenschaltung In einer Reihenschaltung entspricht die Spannung des Netzgeräts der Summe der Spannungen (Potenzialdifferenzen) über den einzelnen Verbrauchern: $U = U_1 + U_2 + U_3 + \ldots$

Alles klar?

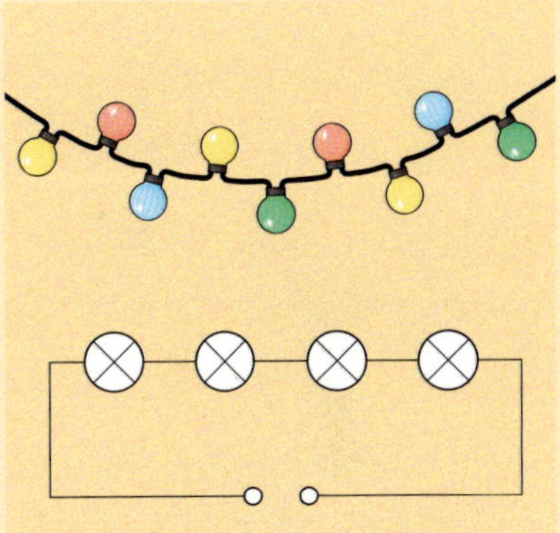

6

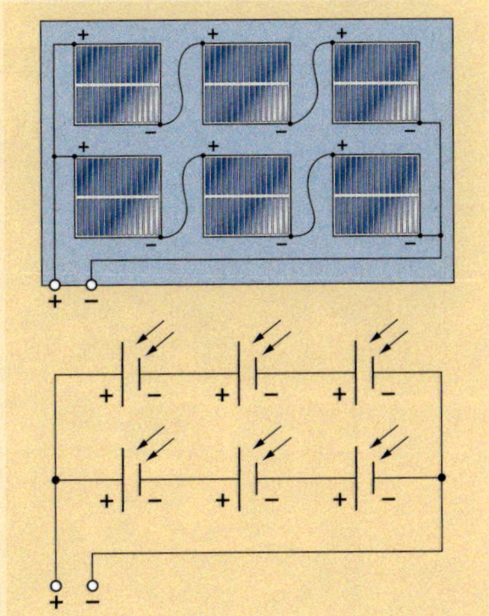

7

1 Bei einer älteren Lichterkette sind Glühlampen in Reihe geschaltet.

a Die Kette ist an eine Netzsteckdose ($U = 230\,\text{V}$) anzuschließen. Wie viele Glühlampen (23 V) muss man verwenden?

b Brennt eine der Lampen durch, schließt sich der Stromkreis automatisch wieder durch einen Kontakt im Sockel der Lampe. Wie wirkt sich diese Maßnahme auf die Kette aus?

2 Stärkere Antriebe

a Mit der Versuchanordnung von Versuch 4 (↑S. 227) soll ein stärkerer Antrieb erzeugt werden. Du hast einen 2. Zylinder zur Verfügung. Skizziere die Anordnung und begründe dein Vorgehen.

b Du hast 3 Batterien (1,5 V) zur Verfügung. Wie musst du sie schalten, um einen Antrieb von 3 V oder 4,5 V zu erreichen. Skizziere die Anordnung und begründe dein Vorgehen.

c Erläutere die Analogie in beiden Experimenten.

3 Fotovoltaikanlage
Auf einem Dach soll eine Fotovoltaikanlage montiert werden. Sie soll eine Gleichspannung von 240 V liefern. Jede der dargestellten Zellen liefert eine Spannung von 15 V.

a Zeichne eine Schaltskizze für diese Anlage und begründe sie.

b Bei einem kleinen Solarmodul wird folgende Schaltung verwendet. ↑7 Welche Spannung liefert sie und welchen Grund kann es haben, dass es zwei parallel geschaltete Zweige gibt?

4 Eine Glühlampe wird einmal an eine 4,5-V-Flachbatterie und einmal an eine 9-V-Blockbatterie angeschlossen. Bei welcher Batterie leuchtet die Lampe heller? Begründe deine Antwort mithilfe eines Modells.

Wie elektrische Energie erzeugt wird

Um ein Handy oder einen MP3-Player wieder aufzuladen, kannst du ein Ladegerät an eine Steckdose anschließen oder einen Kurbelgenerator verwenden.

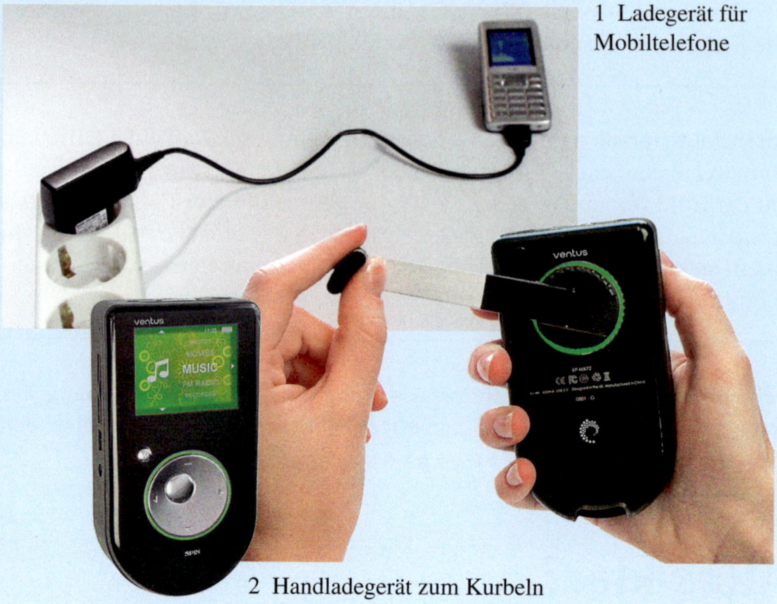

1 Ladegerät für Mobiltelefone

2 Handladegerät zum Kurbeln

Die Energie für den Aufladevorgang wird dem Handladegerät mit der Bewegung zugeführt. Auch die Energie, die über die Hochspannungsleitungen zu den Steckdosen transportiert wird, wird meist durch Bewegung erzeugt: Generatoren wandeln die Bewegungsenergie von Dampf oder Wasser in elektrische Energie um. ↑3

Der physikalische Vorgang, der der Erzeugung von elektrischer Spannung und elektrischer Energie zugrunde liegt, ist die *Induktion.* Bei der Induktion werden mithilfe von Magnetfeldern elektrische Spannungen und Ströme erzeugt. Sie ist somit die Umkehrung des Elektromagnetismus, bei dem ja durch elektrische Ströme Magnetfelder entstehen. ↑4

3 Dampfturbine mit angeschlossenem Generator

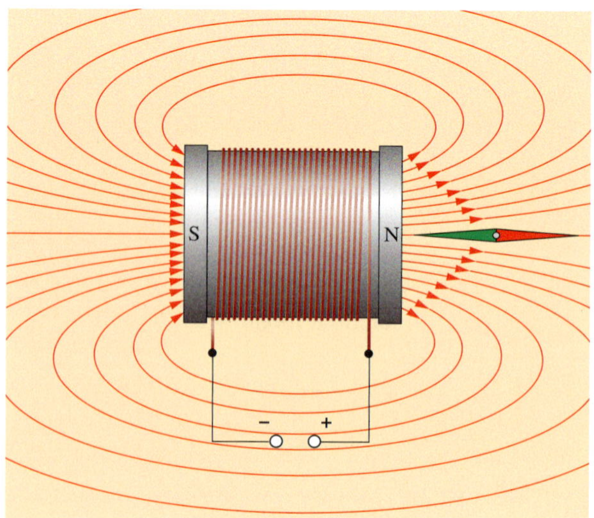

4 Magnetfeld einer stromdurchflossenen Spule

Spulen werden zu Energiequellen

Eine Lampe, die immer dann hell leuchtet, wenn wir es brauchen. Die Schüttellampe ist immer einsatzbereit. Schütteln genügt. – So lautet der Werbetext für die Taschenlampe. ↑5
Wie wird hier elektrische Energie erzeugt?

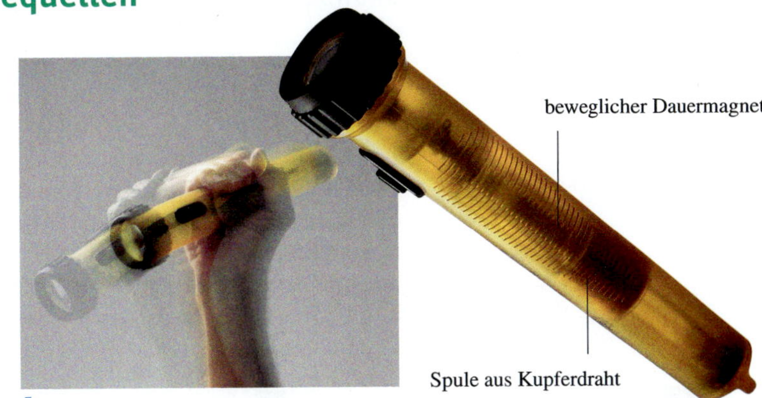

5

Experimente

1 Mit einem Magneten Spannungen erzeugen
Zur Verfügung stehen verschiedene Dauermagnete, Spulen und ein empfindliches Spannungsmessgerät (am besten mit Mittelanzeige). Schließe das Messgerät an die Spule und versuche mit einem Magneten einen Ausschlag zu erzeugen. ↑6

a Beschreibe, wie du vorgehst, um eine elektrische Spannung zu erzeugen.
b Wie erreichst du einen möglichst großen Ausschlag? Es gibt verschiedene Möglichkeiten.
c Achte auf den Zeigerausschlag am Messgerät. Beschreibe den Verlauf der Spannung.
d Gelingt es dir, mit der gefundenen Methode eine Glühlampe oder LED zum Leuchten zu bringen?

2 Wovon hängt die Spannung an der Spule ab?
Untersuche systematisch, gehe schrittweise vor und führe Protokoll:

a Bewege den Magneten verschieden schnell in der Spule. Versuche es auch mit einer Drehung des Magneten in der Spule. ↑7
b Untersuche Spulen mit verschiedenen Windungszahlen. ↑8
c Formuliere ein Ergebnis der Untersuchungsreihe.

3 Mit einem Elektromagneten Spannungen erzeugen
Anstelle eines Dauermagneten soll in ↑Experiment 1 nun ein Elektromagnet verwendet werden.

a Versuche den Magneten rasch der zweiten Spule zu nähern.
b Setze den Elektromagneten und die Spule auf einen gemeinsamen U-Kern.
c Versuche mit diesem Aufbau eine kleine Glühlampe oder LED zum Leuchten zu bringen.
d Suche weitere Möglichkeiten, um die Bereitstellung von Energie mit Magnetismus und Spule zu verbessern.

4 Spulen – nur mit einer Windung?
Lehrerexperiment: Aus einem langen Experimentierkabel wird eine Spule mit 1, 2, 3… Windungen gemacht und ein Mikrovoltverstärker an deren Enden angeschlossen. Nun wird wie in Bild ↑7 eine Spannung erzeugt.
Welcher Zusammenhang ergibt sich zwischen der Anzahl der Windungen und der entstehenden Spannung?

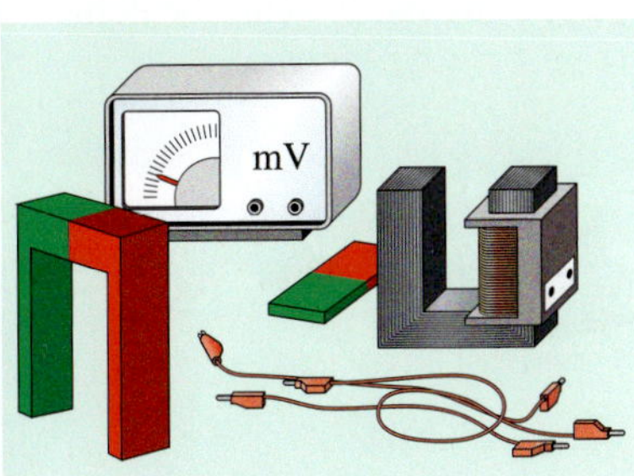

6 Experimentiergeräte

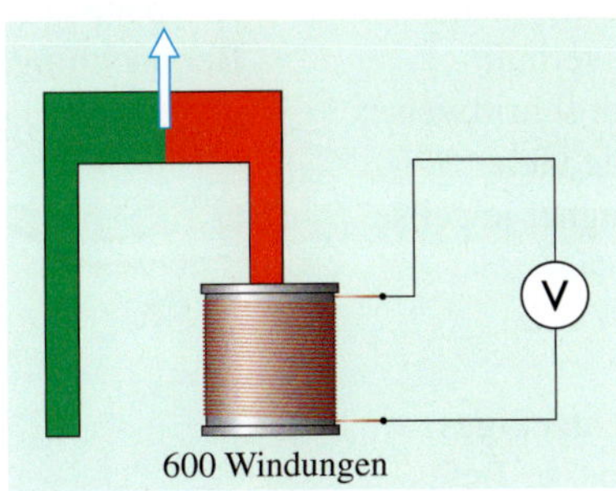

7 Unterschiedlich schnell bewegen

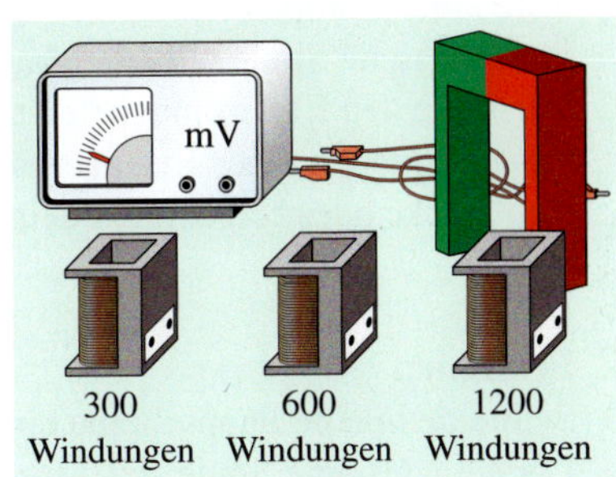

8 Unterschiedliche Windungszahlen

GRUNDLAGEN: Induktion

In der Schüttellampe befinden sich ein Magnet und eine Spule. Bewegt sich der Magnet durch die Spule, so entsteht eine Spannung und die Lampe leuchtet.

Es gibt aber auch andere, scheinbar ganz verschiedene Methoden, um an einer Spule eine elektrische Spannung zu erzeugen:

- indem man einen Dauer- oder Elektromagneten in der Nähe der Spule bewegt ↑1
- indem man die Spule in der Nähe des Magneten bewegt ↑2
- indem man die Stärke des Elektromagneten ändert (z. B. durch Ein- und Ausschalten) ↑3

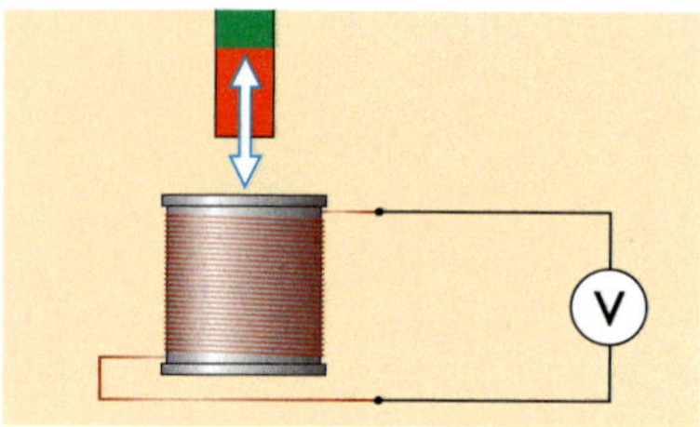

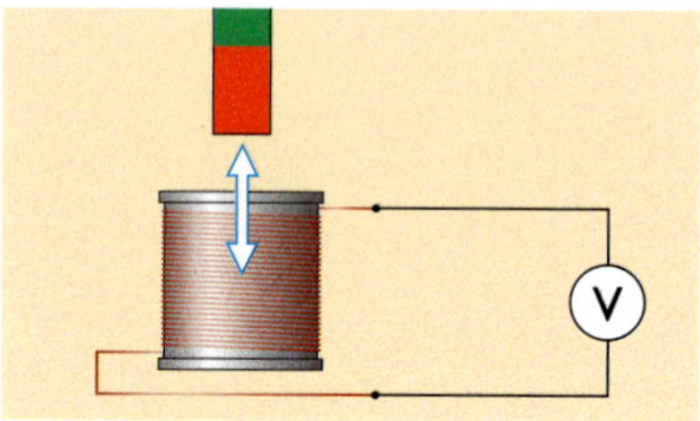

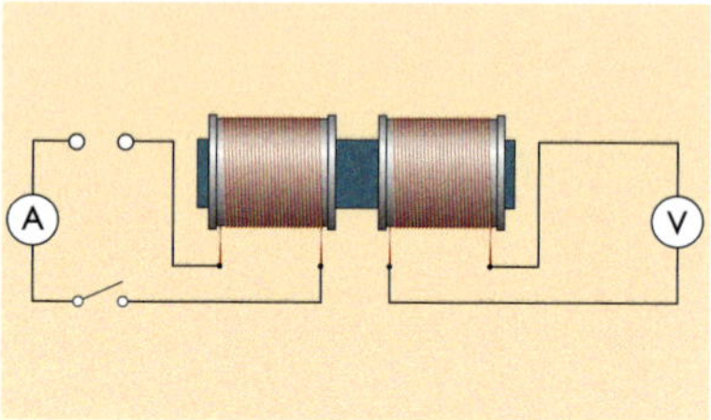

1–3 Unterschiedliche Möglichkeiten, um eine Spannung zu induzieren

Diesen Vorgang bezeichnet man als Induktion. Man sagt auch: Es wird eine Spannung induziert. Die Spule, an der die Spannung erzeugt wird, heißt Induktionsspule, die entstehende Spannung Induktionsspannung. Der bei geschlossenem Stromkreis fließende elektrische Strom heißt Induktionsstrom.

Bei allen drei Methoden, an einer Spule eine elektrische Spannung zu induzieren, spielt der Magnet in der Spule die entscheidende Rolle. Bevor wir untersuchen, wie sich eine möglichst große Induktionsspannung erzeugen lässt, wiederholen wir kurz die verschiedenen Möglichkeiten, ein magnetisches Feld zu erzeugen.

Probier 's mal!

1 Elektromagnete

a Untersuche den Raum um einen stromdurchflossenen Draht mit einer Kompassnadel.

b Schließe eine Spule an eine Batterie an. Zeige mithilfe einer Kompassnadel, dass sich eine stromdurchflossene Spule wie ein Magnet verhält.

c Verstärke den Elektromagneten durch schrittweises Hineinschieben eines Eisenkerns. Wie viele Centstücke oder Nägel kann dein Magnet jeweils halten?

2 Feldlinien

a Schneide in eine Pappscheibe ein rechteckiges Loch, in das eine Spule straff hineinpasst. Befestige die Spule mit einem Pappstreifen, den du in die Öffnung der Spule hineinschiebst. ↑4

b Schließe die Spule an eine Spannungsquelle an und untersuche das Magnetfeld, indem du Eisenfeilspäne auf die Pappe streust. Beschreibe deine Beobachtungen.

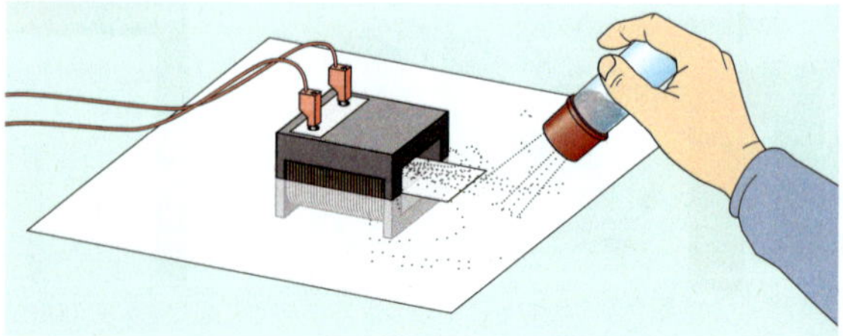

4 Elektromagnet

GRUNDLAGEN: Magnetfelder

Der Raum in der Umgebung eines Magneten, in dem er auf Körper aus Eisen oder andere Magnete Kräfte ausübt, bezeichnet man als Magnetfeld.

Die magnetischen Kräfte in einem Magnetfeld sind an verschiedenen Stellen unterschiedlich groß und haben verschiedene Richtungen. Man kann sich einen Überblick verschaffen, indem man das Magnetfeld mit einer Kompassnadel „abtastet" (z. B. indem man sie immer in die Richtung bewegt, in die ihr Nordpol zeigt). ↑5
Man kann auch Eisenfeilspäne dünn auf eine Glasscheibe streuen, unter der ein Magnet liegt. ↑6
Die kleinen Späne werden magnetisiert und richten sich so aus, dass wir uns Linien vorstellen können. Diese gedachten Linien nennt man *Feldlinien.*
Feldlinienbilder werden benutzt, um die wichtigsten Eigenschaften des Magnetfelds eines Magneten zu veranschaulichen. Im Feldlinienmodell des Magnetfelds gilt:

- Die Richtung einer Feldlinie gibt die Richtung der Kraft an, die an dieser Stelle auf den Nordpol eines Magneten ausgeübt werden würde.
- Außerhalb von Dauermagneten verlaufen die Feldlinien vom Nordpol zum Südpol des Magneten.
- Je dichter die Feldlinien in einem Gebiet liegen, desto größer ist die Kraft, die der Magnet auf einen anderen Magneten oder einen Körper aus Eisen ausübt, den man an diese Stelle bringt.
- Die Feldlinien liegen in der Nähe von Magnetpolen besonders dicht.
- Die Feldlinien sind in sich geschlossen (auch im Innern von Dauermagneten).

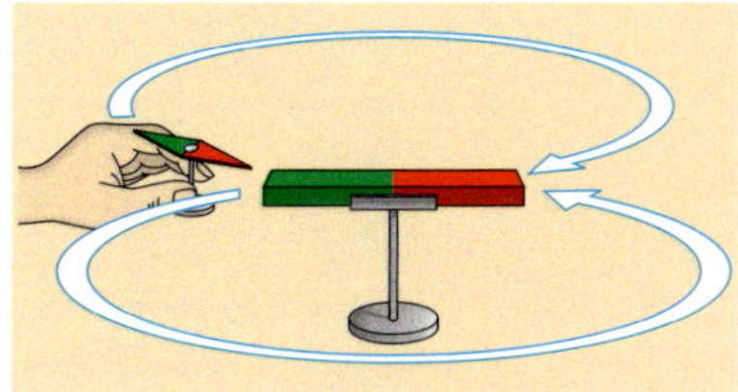

5 Abtasten mit einer Magnetnadel

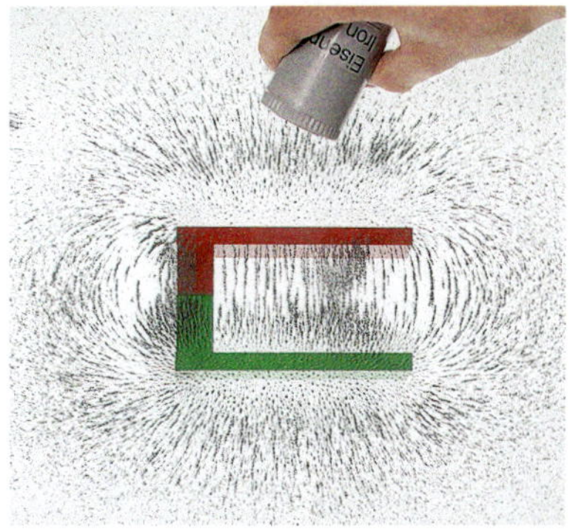

6 Eisenfeilspäne im Magnetfeld

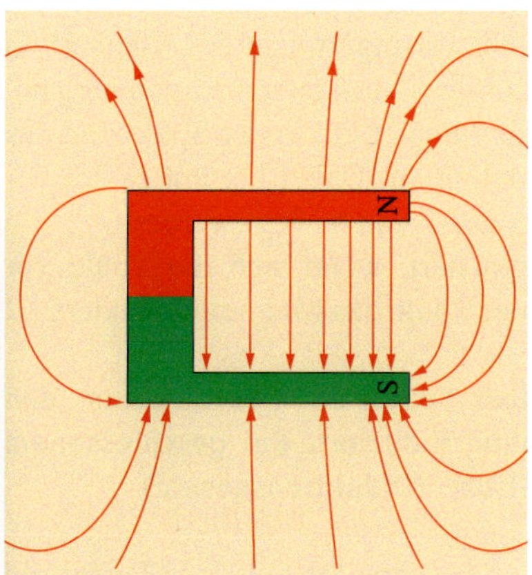

7 Magnetfeld eines Hufeisenmagneten

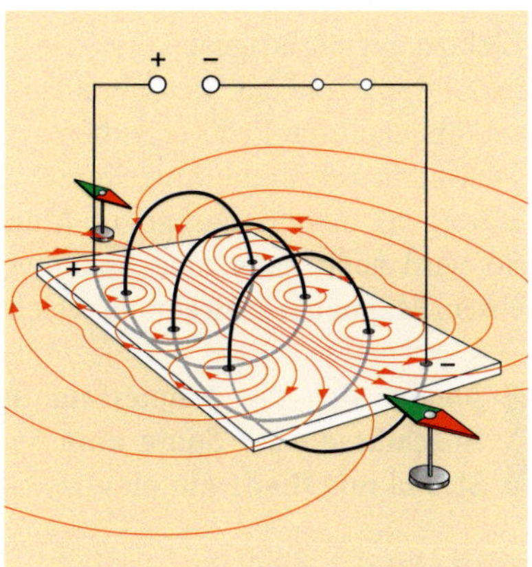

8 Magnetfeld eines Elektromagneten

Auch elektrische Ströme sind von einem Magnetfeld umgeben. ↑8, 9
Auf diesem Prinzip beruhen so wichtige Erfindungen wie der Elektromagnet, die elektrische Klingel oder auch der Elektromotor.
Besonders starke Magnetfelder (Elektromagneten) erhält man durch die enge Wicklung eines stromdurchflossenen Drahts zu einer Spule. Ein Eisenkern verstärkt das Magnetfeld der Spule erheblich.

Schon gewusst?

Um die Richtung der magnetischen Feldlinien um einen stromdurchflossenen Leiter zu finden, hält man den linken Daumen so, dass er in Richtung des Leiters auf den Pluspol der Quelle weist. Die zur Faust geschlossenen Finger zeigen dann in die gleiche Richtung wie die Feldlinien. ↑9

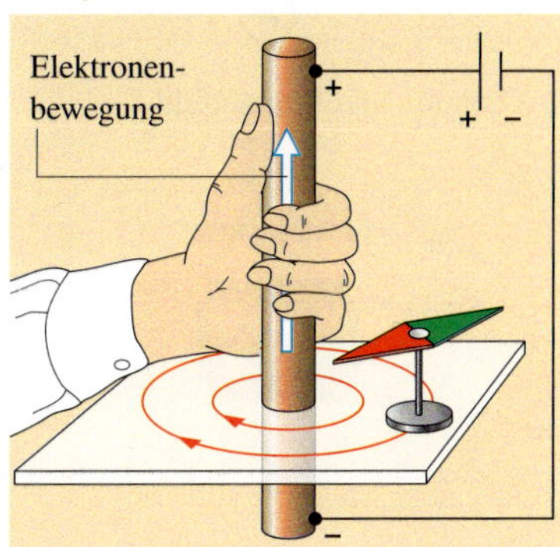

9

GRUNDLAGEN: Induktion und Magnetfeld

Der stärkste Dauer- oder Elektromagnet inmitten einer Spule induziert allein noch keine elektrische Spannung. Dies geschieht erst, wenn z. B. der Magnet herausgezogen, der Elektromagnet ausgeschaltet oder ein Eisenkern aus der Spule gezogen wird. Veranschaulicht man die Situationen mit Magnetfeldlinien, fällt die Gemeinsamkeit auf: In allen Fällen kommt es zu einer Änderung des Magnetfelds in der Induktionsspule. ↑1

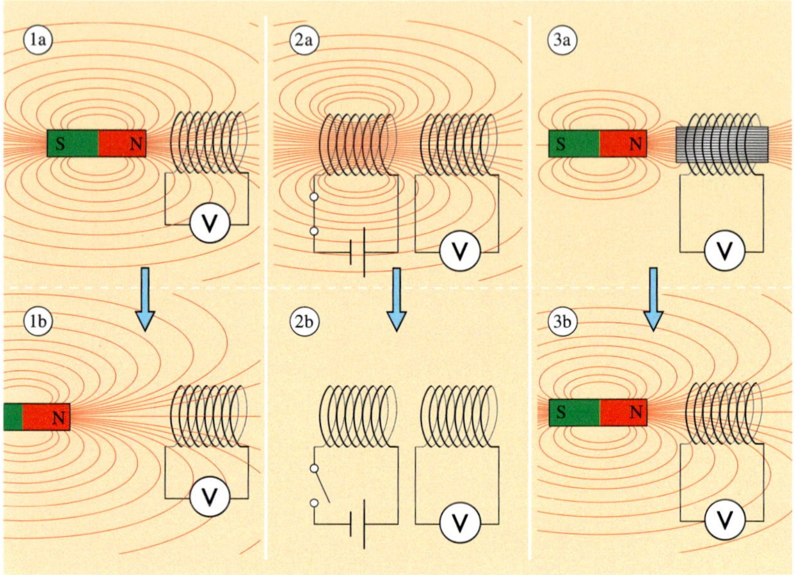

1 Änderung des Magnetfelds in der Induktionsspule

Egal, ob der Magnet oder der Eisenkern aus der Spule gezogen oder der Elektromagnet ausgeschaltet wird, immer verringert sich das Magnetfeld in der Spule und das Messgerät zeigt in diesem Moment eine Spannung an. Im umgekehrten Fall vergrößert sich das Magnetfeld in der Spule und das Messgerät zeigt eine umgekehrte Spannung an. Dabei kommt es bei der Bewegung nicht darauf an, ob Magnet oder Spule bewegt werden.
So wird auch dann eine Spannung induziert, wenn sich die Spule vor einem Magneten so dreht, dass sich in der Spule das Magnetfeld ändert. ↑2

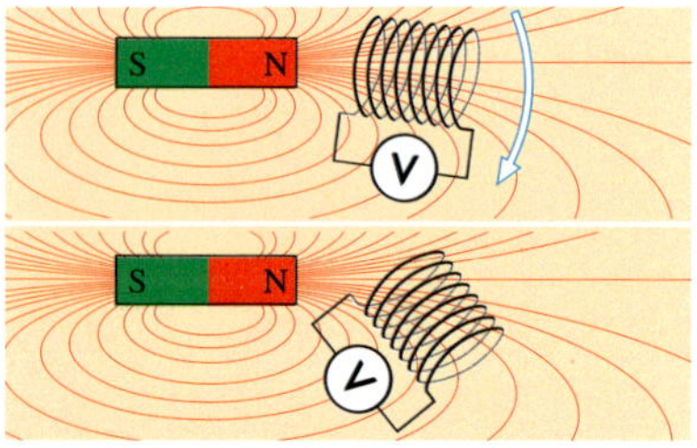

2 Drehung und Magnetfeld

Ändert sich das Magnetfeld in einer Spule, so wird zwischen den Anschlüssen der Spule eine Spannung induziert. Bei geschlossenem Stromkreis fließt ein elektrischer Strom. (Induktionsgesetz)

Die Induktionsspannung ist umso größer, je schneller sich das Magnetfeld ändert und je größer die Windungszahl der Induktionsspule ist.
Das Vorzeichen der Spannung und Stromstärke hängt davon ab, ob sich die Stärke des Magnetfelds vergrößert oder verkleinert.

Selbstinduktion Beim Ein- und Ausschalten eines Elektromagneten ändert sich das magnetische Feld nicht nur in der Umgebung des Elektromagneten, sondern auch in der Spule des Elektromagneten selbst. Bei diesem Vorgang wird in der Spule selbst eine Spannung induziert. ↑3

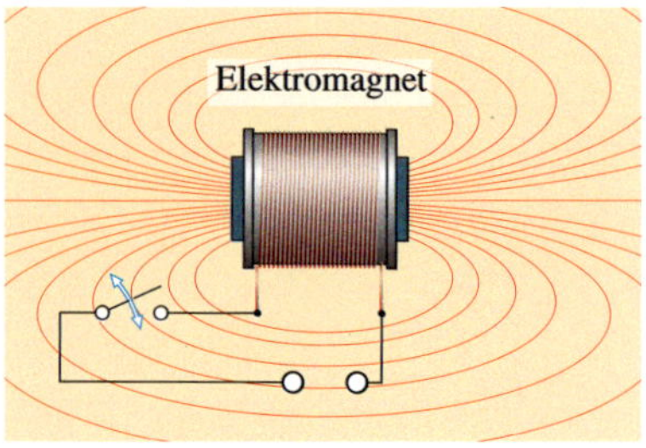

3 Einschaltvorgang

Aufgaben

1 Gib zwei Möglichkeiten an, wie sich der Verlauf der Feldlinien um einen Magneten ermitteln lässt.

2 Wie kann man durch Induktion eine Spannung erzeugen, ohne Spule und Magnet zu bewegen?

3 Von welchen Bedingungen hängt die Höhe der Induktionsspannung ab?

4 Welche Energieumwandlungen finden bei der Induktion statt?

5 Gib zu jedem Vorgang an, ob in der Drahtwindung eine Spannung induziert wird oder nicht. Begründe deine Vermutung. ↑4

6 MICHAEL FARADAY brachte sich selbst Physik und Chemie bei. 1831 entdeckte er die Induktion. Finde mehr über ihn heraus und schreibe eine Forscherbiografie.

7 Auf der Seite ↑239 wurde eine batterielose Taschenlampe vorgestellt. Erkläre, wie die Spannung beim Schütteln entsteht.

8 Eine Spule befindet sich neben einem Elektromagneten. ↑5
In welchen Fällen wird in der Spule eine Spannung induziert? Erkläre.
- a Der Stromkreis des Elektromagneten wird geschlossen.
- b Im Stromkreis fließt ein konstanter Strom.
- c Der Stromkreis wird geöffnet.

9 Bei welchen der folgenden Bewegungen wird eine Spannung induziert? Gib jeweils eine Begründung. Eine Spule wird:
- a in einem homogenen Magnetfeld parallel zu den Feldlinien verschoben ↑6a
- b in ein homogenes Feld hineinbewegt ↑6b
- c aus einem homogenen Magnetfeld herausbewegt ↑6c
- d innerhalb eines homogenen Felds quer zu den Feldlinien verschoben ↑6d

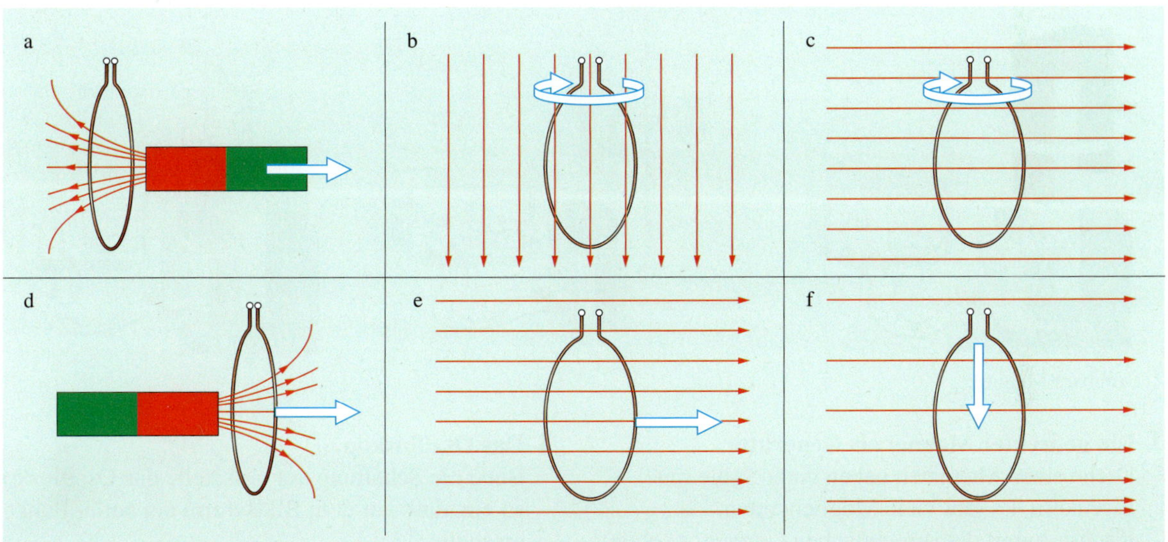

4

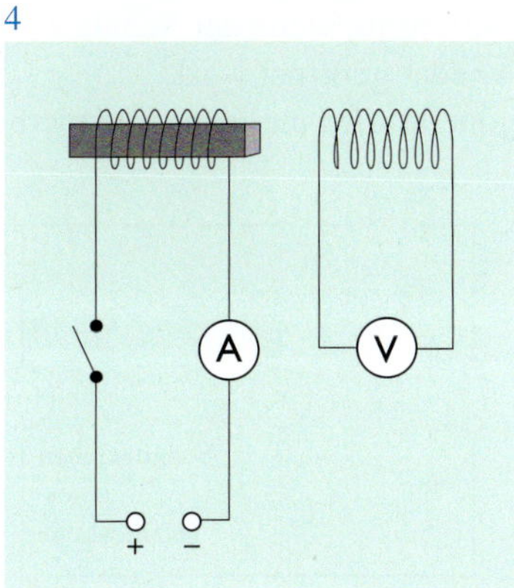

5

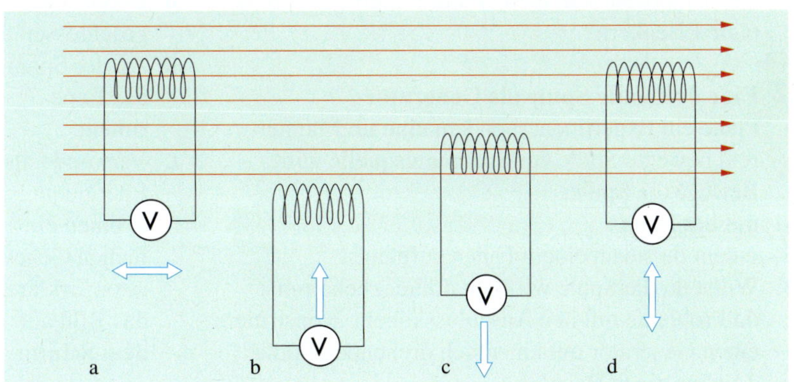

6

Die Erzeugung von Wechselstrom – Generatoren

1 Generatoren in Windkraftanlage und Fahrraddynamo

Mithilfe der elektromagnetischen Induktion kann aus der mechanischen Energie einer Bewegung elektrische Energie gewonnen werden. Das wird im kleinen und großen Maßstab mithilfe von Generatoren gemacht. Es gibt sie in verschiedenen Größen und in verschiedenen Ausführungen, aber alle arbeiten nach demselben Prinzip.

Experimente

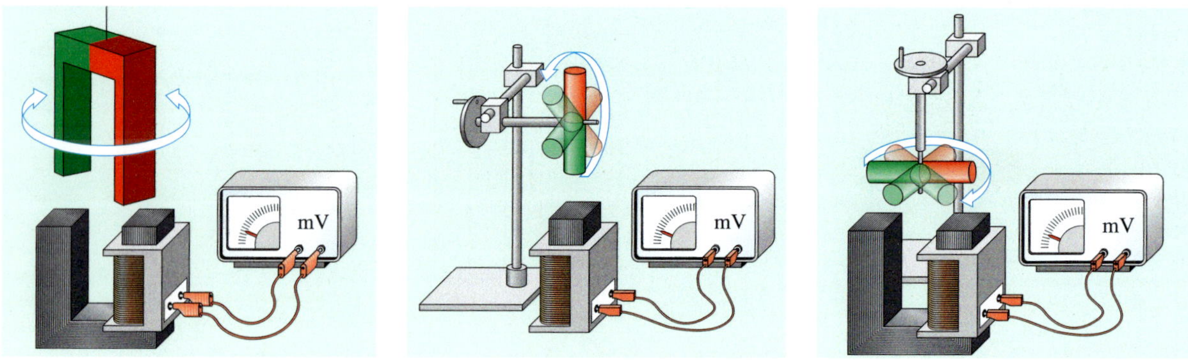

2 Drehbare Magnete

1 Ein gedrehter Magnet als Generator
Drehe einen Magneten neben einer Spule mit Eisenkern. Es gibt viele Möglichkeiten. ↑2
Kannst du mit deinem einfachen Generator schon ein Lämpchen betreiben? Funktioniert es auch ohne Eisenkern?

2 Eine drehende Spule als Generator
Plane ein Experiment, bei dem eine im Magnetfeld bewegte Spule zur Spannungsquelle wird. Bewege die Spule:

a mit der Hand
b indem du sie an einem Faden aufhängst
c Willst du die Spule wirklich drehen, bekommst du Probleme mit den Anschlusskabeln. Konstruiere einen Generator mit einer sich drehenden Spule. Zeichne einen Bauplan.

3 Das Oszilloskop
Baue die Schaltung auf und stelle das Oszilloskop so ein, dass auf dem Bildschirm ein heller Punkt erscheint. ↑3

a Beobachte den Bildschirm, wenn der Schalter geschlossen und wieder geöffnet wird.
b An der Spannungquelle wird umgepolt. Wiederhole das Experiment.
c Verwende als Energiequelle einen einfachen Generator. Erkläre das Bild auf dem Schirm.

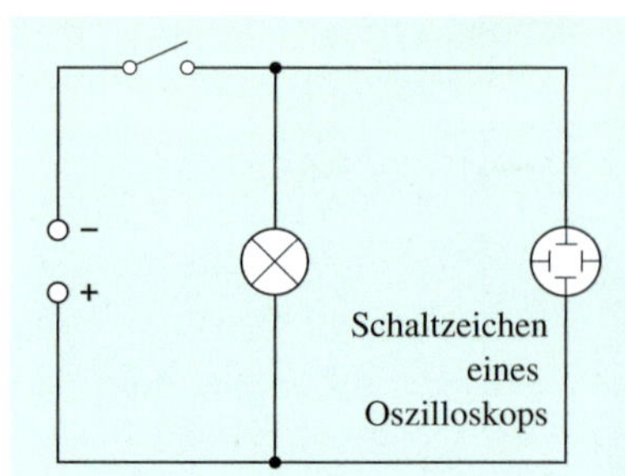

3 Schaltung Oszilloskop

GRUNDLAGEN: Die Funktionsweise von Generatoren

In einem einfachen Generator dreht sich entweder ein Dauermagnet vor einer Spule oder eine Spule vor einem Dauermagneten. Statt eines Dauermagneten werden in Generatoren auch Elektromagnete eingesetzt. Das drehende (rotierende) Teil wird als *Rotor*, das stehende (statische) als *Stator* bezeichnet. ↑4

Dreht sich die Spule, so verwendet man Schleifkontakte, damit sich die Anschlusskabel nicht verdrillen.

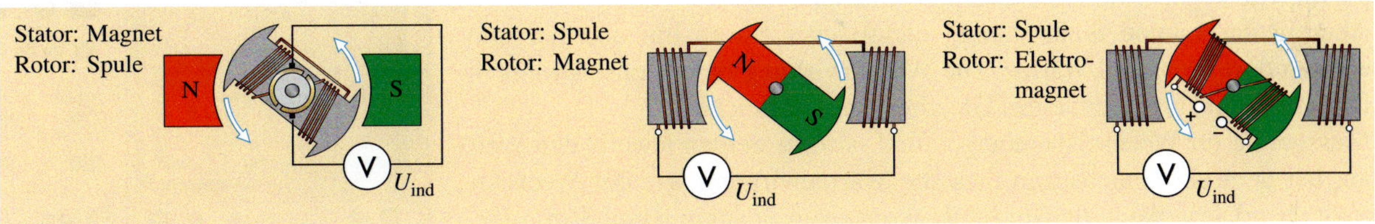

4 Verschiedene Generatortypen

Die an einem Generator induzierte Spannung bleibt während der Drehung nicht konstant. Um den zeitlichen Verlauf der Spannung aus dem Induktionsgesetz abzuleiten, betrachten wir eine Spule mit nur einer Windung, die sich in einem Magnetfeld dreht. ↑5

In Stellung 1 greift das Magnetfeld nicht durch die Spule hindurch, in Stellung 3 ist die Durchsetzung maximal. Nach dem Induktionsgesetz entsteht somit zwischen den Enden der Spule eine Spannung. Zwischen Stellung 3 und 5 verringert sich das Magnetfeld durch die Spule wieder. Die induzierte Spannung hat nun das entgegengesetzte Vorzeichen. Stellung 1 und 5 sind identisch, somit wiederholt sich der Spannungsverlauf nach jeder vollen Drehung. Der Generator ist ein Wechselspannungsgenerator.

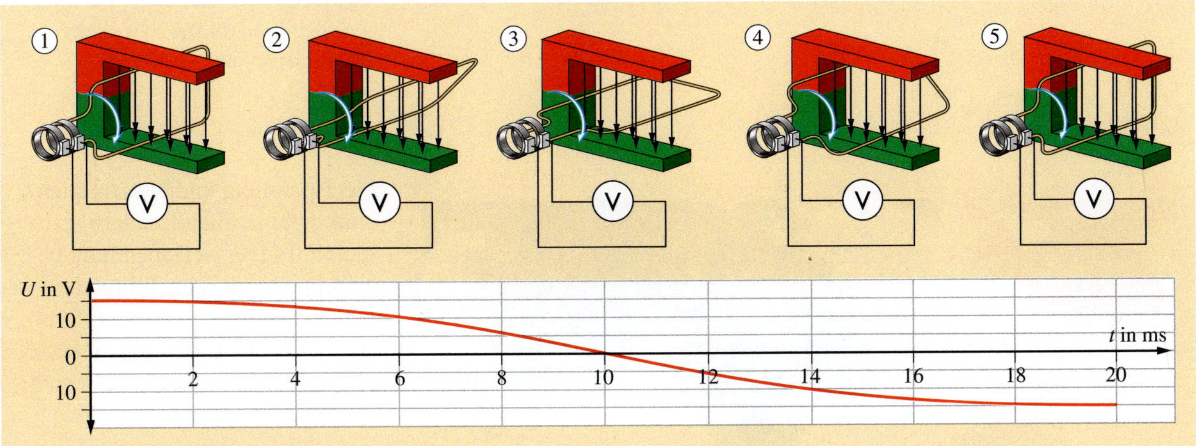

5 Funktionsprinzip des Generators

Im Generator werden eine Spule und ein Magnet so gegeneinanderbewegt, dass sich in der Spule andauernd das Magnetfeld ändert. Die so induzierte Spannung wechselt ständig ihre Richtung. An der Spule entsteht eine Wechselspannung. In einem angeschlossenen Stromkreis fließt Wechselstrom.

GRUNDLAGEN: Wechselstrom und Wechselspannung

Bei einem Generator ändert sich ständig das Vorzeichen der Spannung und deshalb auch die Stromrichtung. Man sagt: Der Generator erzeugt Wechselspannung und Wechselstrom. Auch Netzgeräte erzeugen meist Wechselspannung. Mit einem Oszilloskop kann man den zeitlichen Verlauf der Wechselspannung sichtbar machen. ↑1
Bei Netzspannung durchläuft der Leuchtpunkt den abgebildeten Wellenzug 50-mal in jeder Sekunde. Die Wechselspannung ist genauso lange positiv wie negativ. Im Durchschnitt ist sie „0". ↑2
Aber in der Lampe fließt ständig elektrischer Strom hin und her und erzeugt dort Licht und Wärme: Die Wärmewirkung des Wechselstroms in Drähten ist also mit dem eines Gleichstroms vergleichbar.
Messgeräte für Wechselspannungen und -ströme zeigen jeweils den Wert an, bei dem ein Gleichstrom dieselbe Wärmewirkung wie der Wechselstrom hat. Diese Werte heißen *Effektivwerte* von Spannung und Stromstärke. Die *Scheitelwerte* von Strom und Spannung sind um den Faktor $\sqrt{2}$, also ungefähr 1,4-mal, größer als die Effektivwerte. ↑3
So wechselt die Netzspannung in Deutschland zwischen $\sqrt{2} \cdot 230\,\text{V} = 325\,\text{V}$ und –325 V hin und her.

Um die Effektivwerte von Wechselspannungen und Wechselströmen auf Messgeräten anzuzeigen, müssen diese auf Wechselstrom (AC – alternating current) bzw. Wechselspannung (V~) eingestellt sein. Den genauen Verlauf des Wechselstroms zeigt man mit einem Oszilloskop an. Dieses lässt sich so einstellen, dass es in x-Richtung die Zeit und in y-Richtung die gemessene Spannung anzeigt.
Heute werden Oszilloskope zunehmend durch Computer mit speziellen Anschlüssen und Software ersetzt.

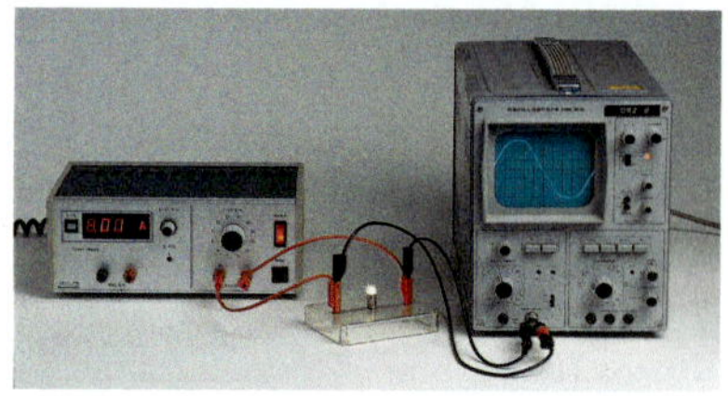

1 Wechselspannung im Experiment

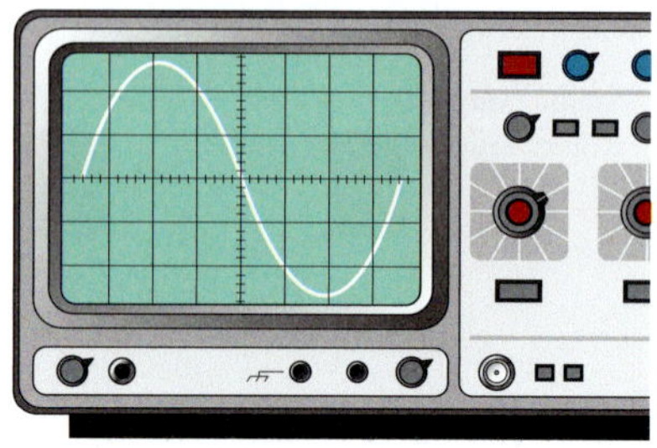

2 Oszilloskop

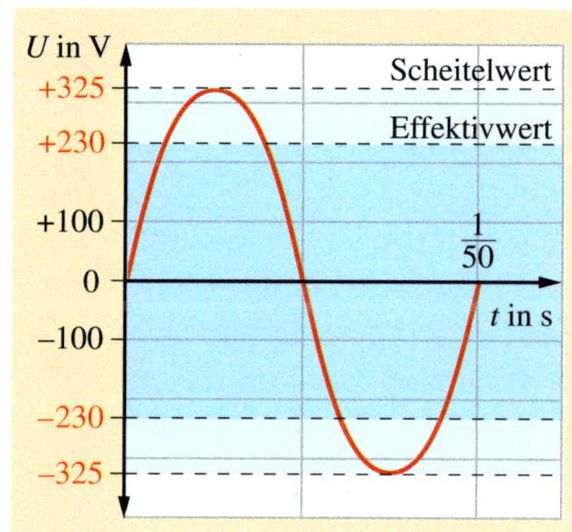

3 Scheitel- und Effektivwert der Wechselspannung

Schon gewusst?

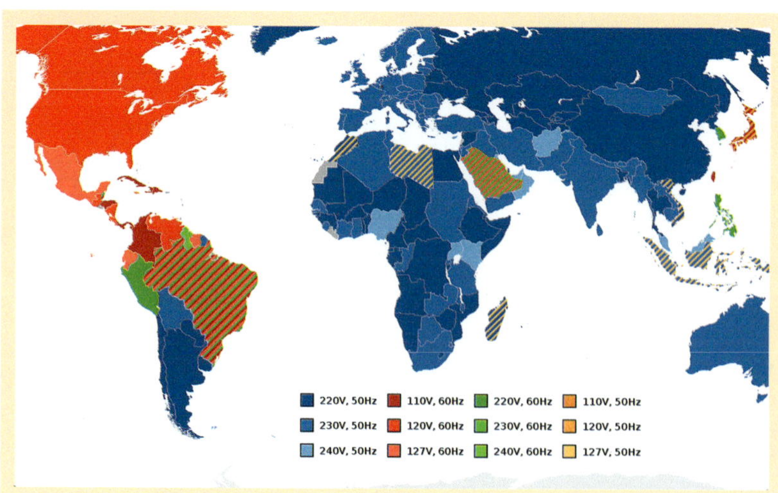

4 Netzspannungen und -frequenzen weltweit

Netzspannung und Netzfrequenz sind nicht in allen Ländern gleich. ↑4 Die Netzspannung besitzt in den meisten Teilen der Welt eine Frequenz von 50 Hz (Hertz), so als würde sie von einem einfachen Generator erzeugt, der sich 50-mal in der Sekunde dreht.

GRUNDLAGEN: Generatoren in Kraftwerken

In Elektrizitätswerken wird elektrischer Strom mit riesigen Generatoren erzeugt. Diese erzeugen sehr große Spannungen und können viele Menschen mit elektrischer Energie versorgen. Im Innern dieser Generatoren dreht sich ein riesiger Elektromagnet, dessen rotierendes Magnetfeld in den rundherum angeordneten Induktionsspulen elektrischen Strom erzeugt. Die Drehung des Elektromagneten wird je nach Kraftwerk durch bewegtes Wasser, Dampf oder Wind hervorgerufen. Die Energie zur Dampferzeugung stammt aus Verbrennungsprozessen oder der Kernspaltung.

5 Dampfturbine und Generator

6 Generator in einer Windkraftanlage

7 Wasserturbine und Generator

Aufgaben

1 In der Anordnung von Bild ↑8 wird der Magnet gedreht. Was ist am Messgerät zu beobachten?

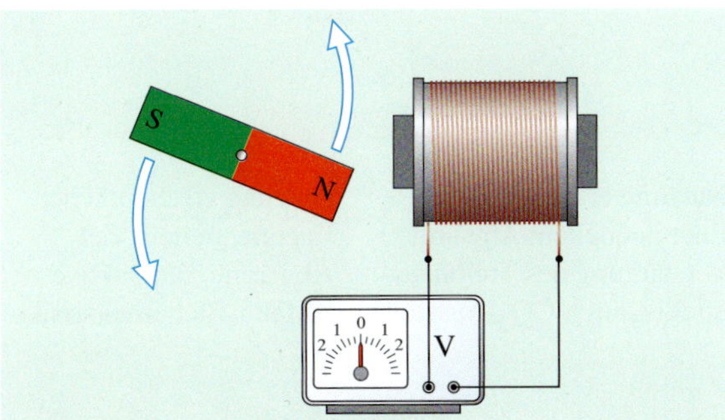

8 Was zeigt das Messgerät?

2 Wer baute den ersten Generator? Schon ein Jahr nach der Entdeckung der Induktion durch MICHAEL FARADAY (1831) wurde der erste Generator vom französischen Mechaniker HIPPOLYTE PIXII gebaut. Bei diesem Generator konnte man mit einer Kurbel einen starken Bügelmagneten vor zwei Spulen rotieren lassen.
1866 entwickelte WERNER VON SIEMENS einen neuen Generatortyp mit Elektromagneten. Informiere dich in Lexika, Technikbüchern und im Internet über die Entwicklung der ersten Generatoren. Dokumentiere deine Recherche auf einem Plakat. Schreibe eine Forscherbiografie über HIPPOLYTE PIXII und WERNER VON SIEMENS.

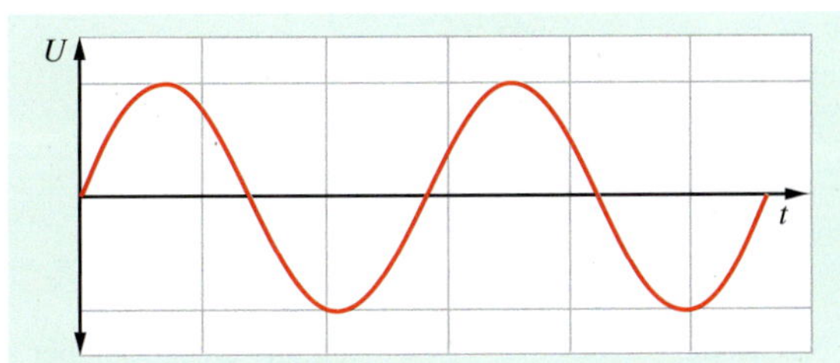

9

3 Welche Energieumwandlungen treten in einem Wechselstromgenerator auf?

4 Einem Generator muss Energie zugeführt werden. Welche Energieformen werden in der Technik genutzt, um die Generatoren anzutreiben? Nenne jeweils ein Beispiel.

5 Bei einem Generator ändert sich die Spannung so, wie es Bild ↑9 zeigt. Erkläre. Was ist das Besondere an dieser Spannung?

6 Recherchiere, aus welchen Energieformen die elektrische Energie deines Stromanbieters erzeugt und welcher „Energiemix“ angeboten wird.

7 Vergleiche die Kraftwerkstypen (↑S. 248 f.) und erläutere, wie deiner Meinung nach die Energieversorgung Deutschlands in der Zukunft erfolgen sollte.

GRUNDLAGEN: Elektrische Energie aus Kraftwerken – ein Vergleich

In Deutschland wurden 2010 etwa 80 % der elektrischen Energie in Wärmekraftwerken aus erschöpflichen Energiequellen (Kohle, Gas, Uran) erzeugt. Die Energie steht den Abnehmern sehr bequem „auf Knopfdruck“ zur Verfügung. Dabei wird leicht übersehen, welche Risiken mit ihrer Erzeugung in Kauf genommen werden: Die natürlichen Energiequellen werden verbraucht, es entstehen Abgase [hauptsächlich

	Kohlekraftwerk	Gaskraftwerk	Kernkraftwerk

Energiequelle	Braun- und Steinkohle	Erdgas	Uran
Vorteile	einheimische Brennstoffe; niedrige Baukosten, bei Nutzung der Abwärme Wirkungsgrad bis 85 %	leichter Transport; niedrige Baukosten; bei Nutzung der Abwärme Wirkungsgrad bis 90 %	keine Entstehung von CO_2
Nachteile	Nutzung erschöpflicher Energiequellen; Abwärme (60 % der eingesetzten Energie heizen die Umwelt auf); Verstärkung des Treibhauseffekts durch CO_2-Ausstoß; Schlacke	Nutzung erschöpflicher Energiequellen; Abwärme; Verstärkung des Treibhauseffekts durch CO_2-Ausstoß	Nutzung erschöpflicher Energiequellen; viel Abwärme; radioaktive Abfälle, Sicherheitsrisiko
Aussichten für die Zukunft	noch unverzichtbar; Abgasbelastung kann durch teure Filter verringert werden; Abbau wird zunehmend schwieriger; begrenzte Vorräte (pro Tag wird je Kohlekraftwerk 1 Güterzug voll Kohle gebraucht)	noch unverzichtbar; technische Verbesserungen zur Erhöhung des Wirkungsgrads und zur Verringerung der Umweltbelastung zu erwarten	noch unverzichtbar; geplant ist Ausstieg, da das Sicherheitsrisiko zu hoch und die Endlagerung der radioaktiven Abfälle ungeklärt sind
Anteil an der in Deutschland erzeugten elektrischen Energie (2011)	43,5 %	13,7 %	17,6 %

Kohlenstoffdioxid (CO_2), das zur Verstärkung des Treibhauseffekts beiträgt] und feste Abfallprodukte wie Schlacken und radioaktiver Abfall, die schwierig zu entsorgen und noch schwieriger endzulagern sind.

Die Vor- und Nachteile der verschiedenen Kraftwerke müssen also sorgfältig miteinander verglichen und gegen alternative Verfahren der Erzeugung elektrischer Energie abgewogen werden.

Biokraftwerk	**Wasserkraftwerk**	**Windkraftwerk**	**Fotovoltaikkraftwerk**

Biogas Deponiegas nachwachsende Rohstoffe	Wasser	Wind	Sonne
Nutzung unerschöpflicher Energiequellen, die ständig zur Verfügung stehen und speicherbar sind; Abgasbelastung gering durch teure Filter; geringere Verstärkung des Treibhauseffekts durch CO_2-Ausstoß	Nutzung unerschöpflicher Energiequellen; keine Entstehung von CO_2	Nutzung unerschöpflicher Energiequellen; keine Entstehung von CO_2	Nutzung unerschöpflicher Energiequellen; keine Entstehung von CO_2
Abwärme	nur an Staustufen von Flüssen oder an Stauseen im Bergland möglich; Eingriffe in die Natur und ins Landschaftsbild	Beeinträchtigung des Landschaftsbildes; Lärm durch Rotorblätter; flimmernder Schattenwurf durch bewegte Rotorblätter	Beeinträchtigung des Landschaftsbildes; hohe Herstellungskosten; geringer Wirkungsgrad; Sonnenscheindauer in Deutschland nicht optimal
noch ausbaubar; sinnvolle Nutzung von Abfällen und Biomasse	gut; in Deutschland aber kaum noch ausbaubar; nur noch der Bau von kleineren Kraftwerken möglich	gut durch technische Weiterentwicklung; noch ausbaubar, vor allen Dingen als Offshore-Anlagen; Versorgungssicherheit nur durch Verbundnetz möglich	ausbaubar; bei höherem Wirkungsgrad und erheblich geringeren Herstellungskosten gut; Verbundnetz zur Versorgungssicherheit nötig
5,2 %	3,2 %	7,6 %	3,1 %

Generatoren

1 Eine Schaukel wird zum Generator
Ein kräftiger Magnet soll in eine Spule hineinschaukeln.
Wie oft schwingt er hin und her, wenn die Spulenanschlüsse:
a nicht verbunden sind
b mit einem Experimentierkabel verbunden sind
c über ein Lämpchen (3,8 V; 0,3 W) verbunden sind
d Recherchiere zur lenzschen Regel.
Erkläre deine Beobachtungen mit der lenzschen Regel.

2 Handgenerator
a Untersuche den Spannungsverlauf eines Handgenerators am Oszilloskop. In welchen Eigenschaften unterscheidet sich die Generatorspannung von der Netzspannung?
b Bringe mit dem Handgenerator eine geeignete LED zum Leuchten. Kannst du die Wechselspannung „sehen"?
c Belaste den Generator erst mit einer und dann mit zwei parallel geschalteten identischen Glühlampen (6 V; 30 W).
In welchem Fall fällt dir das Kurbeln schwerer? Erkläre.

3 Wie funktioniert ein Fahrraddynamo?
Zerlege einen alten Fahrraddynamo. Bezeichne die einzelnen Bauteile und ermittle, welche Funktion diese haben. Untersuche den Magneten auf seine Eigenschaften.
Beschreibe, wie der Dynamo elektrische Energie erzeugt. Erstelle ein Poster, auf dem die Funktion des Dynamos mit Zeichnungen und Texten erklärt wird.

4 Fahrraddynamos im Test
Im Handel gibt es verschiedene Dynamos: Leichtlauf-, Rollen- und Nabendynamos … Sie unterscheiden sich in der Bauform und sind für verschiedene Einsatzbereiche vorgesehen.
a Informiere dich über unterschiedliche Fahrraddynamos. Wie sind sie gebaut? Wo kommen sie zum Einsatz? Stelle die Vorteile den Nachteilen gegenüber.
b Untersucht an euren Fahrrädern unterschiedliche Dynamos. Schließt jeweils die gleiche Lampe (z. B. 4 V; 4 W) an und vergleicht die Laufeigenschaften. Tragt die Ergebnisse in einer Tabelle zusammen.

5 Generator mit dem Erdmagnetfeld
Ob für einen Generator auch das schwache Magnetfeld der Erde ausreicht?
Bastle dir eine Spule mit einer möglichst großen Fläche und möglichst vielen Windungen. Nimm dafür z. B. eine alte Fahrradfelge und umwickle sie mit einem isolierten Draht. Kannst du bei unterschiedlichen Bewegungen der Felge zwischen den Enden des Drahts eine Spannung messen? Nutze für deine Untersuchungen einen Mikrovoltverstärker aus der Physiksammlung.

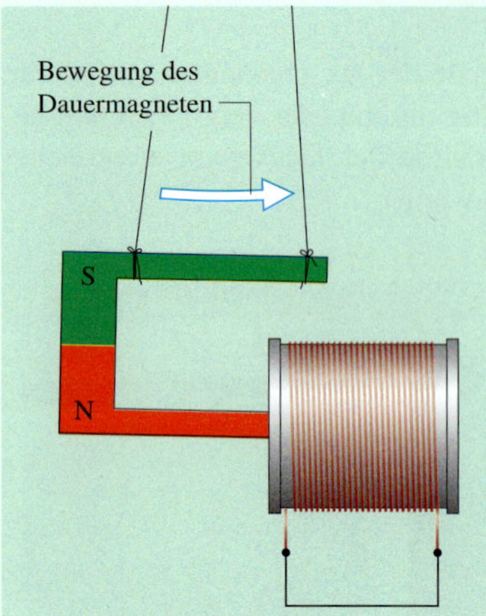

1 Magnetschaukel

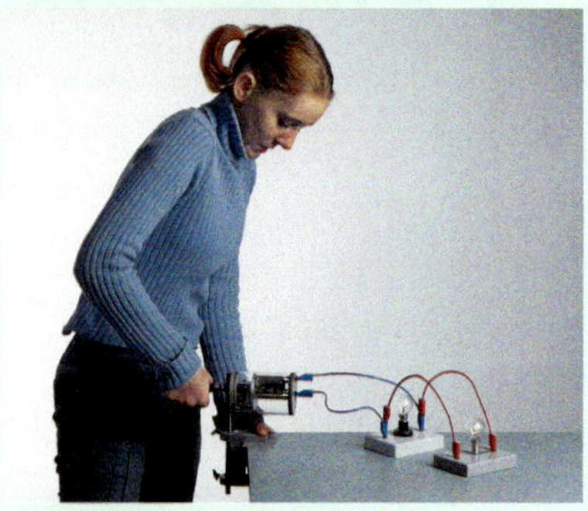
2 Handgenerator

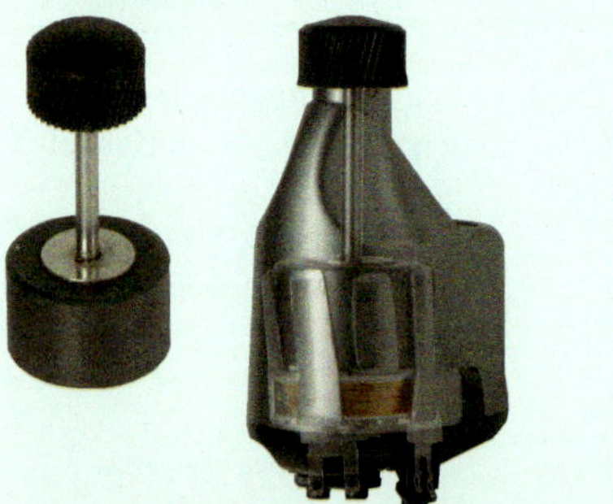
3 Fahrraddynamo

4 Nabendynamo offen

Aus der Geschichte Werner von Siemens

Werner von Siemens wurde am 13. Dezember 1816 als erstes von 14 Kindern einer Gutspächterfamilie in Lenthe bei Hannover geboren. Die schlechte wirtschaftliche Lage der Familie ermöglichte ihm nur eine einfache Schulbildung. Deshalb ging Werner von Siemens ohne Abitur zur preußischen Armee. Dadurch konnte er an der Artillerie- und Ingenieurhochschule Berlin ein ingenieurwissenschaftliches Studium beginnen.

Das Militär interessierte sich damals vor allem für schnelle und sichere Nachrichtenübertragungen. 1847 konstruierte Werner von Siemens einen Zeigertelegrafen. ↑6 Mit einem solchen Gerät kann man mithilfe von Elektrizität Nachrichten übermitteln. Der Telegraf von Siemens war allen zuvor verwendeten Apparaten weit überlegen. Er bildete den Grundstein für die „Telegrafen-Bauanstalt Siemens und Halske", die Werner von Siemens gemeinsam mit dem Universitätsmechaniker Johann Georg Halske 1847 in Berlin gründete.

Innerhalb weniger Jahrzehnte entwickelte sich aus der kleinen feinmechanischen Werkstätte, die Läutewerke für Eisenbahnen, Wassermesser, elektrische Isolierungen und Telegrafen herstellte, eine der größten Elektrofirmen der Welt. Als ersten staatlichen Großauftrag hat „Siemens und Halske" eine 500 km lange Telegrafenlinie zwischen Berlin und Frankfurt am Main gebaut. Es folgte ein russischer Auftrag, ein Telegrafennetz zwischen Ostsee und Schwarzem Meer zu schaffen. Dabei wurde Werner von Siemens von seinem jüngeren Bruder Carl Siemens unterstützt. In England gelang es Wilhelm Siemens, einem weiteren Bruder, unterseeische telegrafische Kabel zu verlegen. ↑7

Werner von Siemens betätigte sich jedoch nicht nur als Unternehmer, sondern auch als Forscher. 1866 entdeckte er das „dynamoelektrische Prinzip". Aufbauend auf den Arbeiten Faradays zur elektromagnetischen Induktion entwickelte er leistungsfähige Dynamomaschinen. Sie stellen die Grundlage aller modernen Generatoren dar. ↑9

Siemens hat immer neue Anwendungsgebiete erschlossen:
- 1879 erste elektrische Eisenbahn auf der Berliner Gewerbeausstellung
- 1879 erste elektrische Straßenbeleuchtung in der Berliner Kaiserallee
- 1880 erster elektrischer Aufzug in Mannheim
- 1881 erste elektrische Straßenbahn in Berlin-Lichterfelde

Darüber hinaus war er gesellschaftspolitisch tätig. Er wirkte in vielen Funktionen und förderte die Entwicklung mit finanziellen Mitteln. In Anerkennung seiner Verdienste erhielt er die Ehrendoktorwürde der Berliner Universität. Er wurde in die Königlich-Preußische Akademie der Wissenschaften in Berlin aufgenommen, zum Ritter des Ordens „Pour le Mérite für Wissenschaften und Künste" ernannt und 1888 von Kaiser Friedrich III. in den Adelsstand erhoben.

5 Werner von Siemens (1816–1892)

6 Zeigertelegraf von 1847

7 1874 Verlegung eines Transatlantik-Telegrafenkabels von Irland in die USA. Das Siemens-Kabelschiff „Faraday" wurde nach Entwürfen der Siemens-Brüder gebaut.

8 Erste elektrische Eisenbahn auf der Berliner Gewerbeausstellung 1879

9 Dynamomaschine

Auf einen Blick

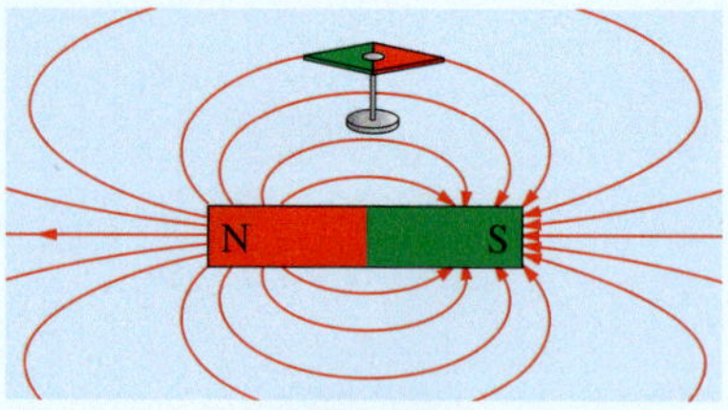

1

Das magnetische Feld Der Raum um einen Magneten, in dem eine magnetische Wirkung zu beobachten ist, heißt magnetisches Feld. Um magnetische Felder besser beschreiben zu können, verwendet man Feldlinien. Eine kurze Magnetnadel dreht sich an jeder Stelle des Felds in Richtung der magnetischen Feldlinie an diesem Ort. ↑1

Spulen als Energiequellen Verändert sich in einer Spule das Magnetfeld, so wird an deren Enden eine Spannung induziert. Befindet sich die Spule in einem geschlossenen Stromkreis, so fließt ein Induktionsstrom.
Das Magnetfeld in der Spule ändert sich z. B., wenn:
– der Magnet oder die Spule bewegt werden
– der Magnet ein- oder ausgeschaltet wird ↑2, 3
Je schneller die Änderung erfolgt, umso größer ist die induzierte Spannung. Je mehr Windungen die Induktionsspule besitzt, umso größer ist die induzierte Spannung.

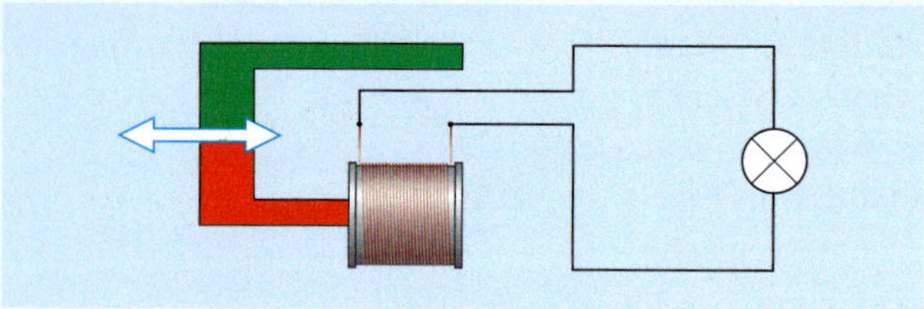

2

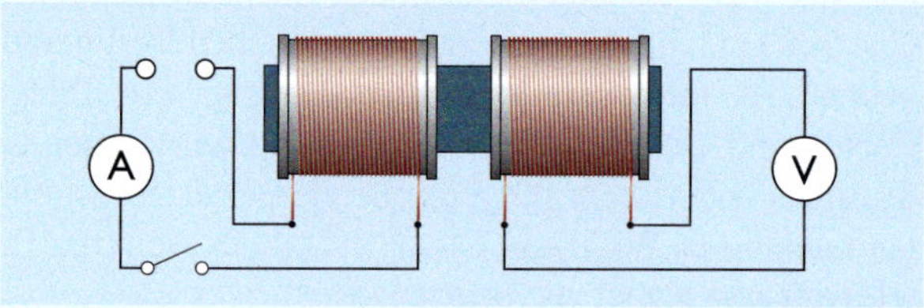

3

Generatoren Sie sind die wichtigsten elektrischen Energiequellen. Dreht sich ein Magnet vor dem Eisenkern einer Induktionsspule, ändert sich andauernd das Magnetfeld in der Spule. Es entsteht eine Wechselspannung. Dasselbe geschieht, wenn die Spule zwischen den Polen eines Dauer- oder Elektromagneten gedreht wird. ↑4, 5

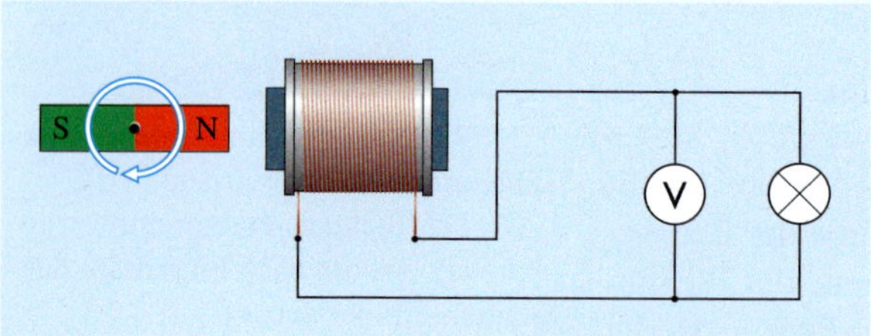

4

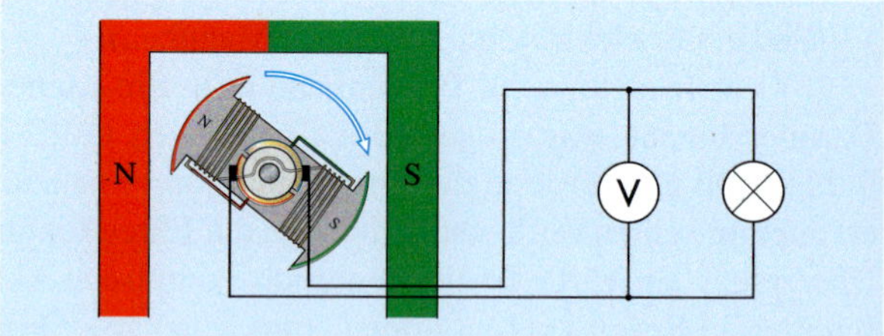

5

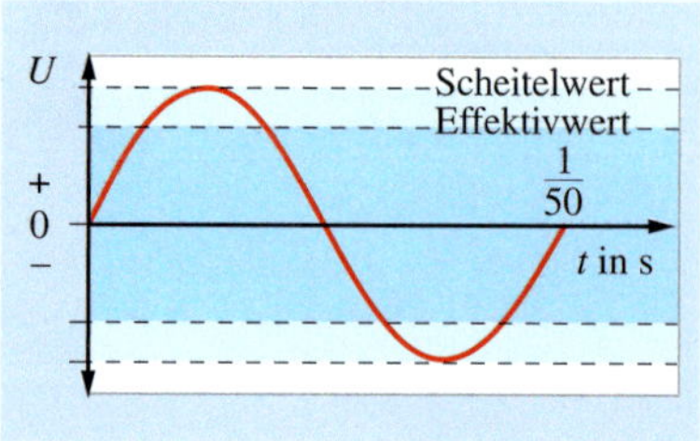

6

Wechselspannung – Wechselstrom Beim einfachen Generator wechselt die induzierte Spannung bei jeder halben Drehung das Vorzeichen. Die Elektrizität wird durch die Wechselspannungen abwechselnd in die eine oder andere Richtung getrieben.
Bei der Netzwechselspannung geschieht dies 50-mal pro Sekunde (50 Hz). Eine Hin-und-her-Bewegung dauert 1/50 s.
Messgeräte zeigen den Wert an, den eine Gleichspannung oder ein Gleichstrom mit derselben Wirkung hat (Effektivwert). ↑6

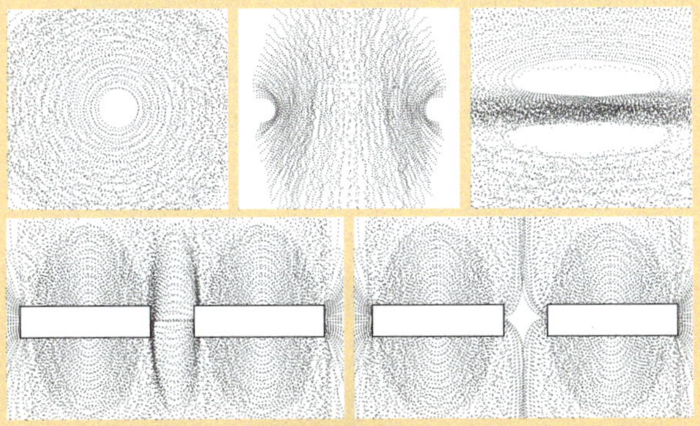
7

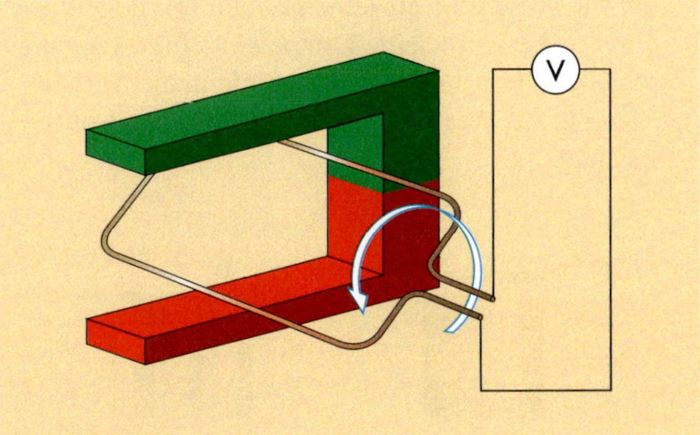

8

1 Eisenfeilspäne zeigen verschiedene Magnetfelder an. Übertrage die Linien in dein Heft und ergänze die „Feldverursacher". ↑7

2 „Von nichts kommt nichts!" – Wende diese Aussage auf die Induktion an.

3 Erkläre mit einer Skizze und einem erläuternden Text, wie ein Generator funktioniert.

4 Warum zeigt das Messgerät „0 V" an, obwohl die Lampe leuchtet? ↑9 Was müsste geändert werden, damit der Effektivwert der Spannung angezeigt wird?

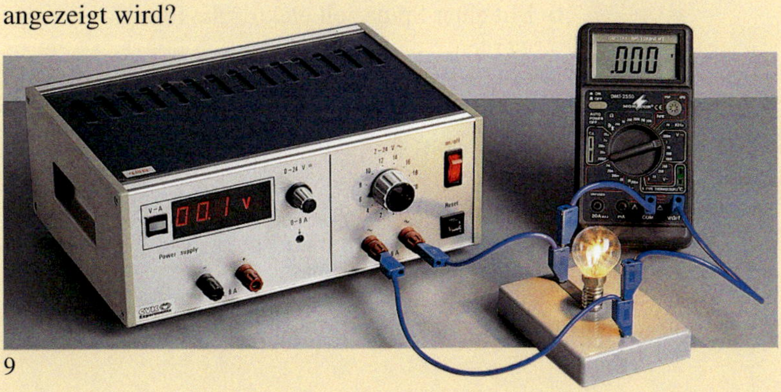

9

5 Ein Fahrraddynamo enthält eine feststehende Spule, an die Scheinwerfer und Rücklicht angeschlossen sind. Das zweite wichtige Bauteil ist auf der Welle des Antriebsrädchens befestigt. Um was für ein Teil wird es sich dabei handeln? Wie kannst du deine Vermutung überprüfen, ohne den Dynamo zu öffnen?

6 Die Leiterschleife von Bild ↑8 wird um 360° gedreht. Ein Spannungsmesser (mit Nullpunkt in Skalenmitte) wird angeschlossen. Beschreibe, wie sich der Zeiger bewegt. Erkläre, warum er sich so bewegt.

7 In den Experimentieranordnungen nach den Bildern ↑10a und 10b wird jeweils der Schalter geschlossen. Was könntest du am Messgerät beobachten? Begründe deine Antwort.

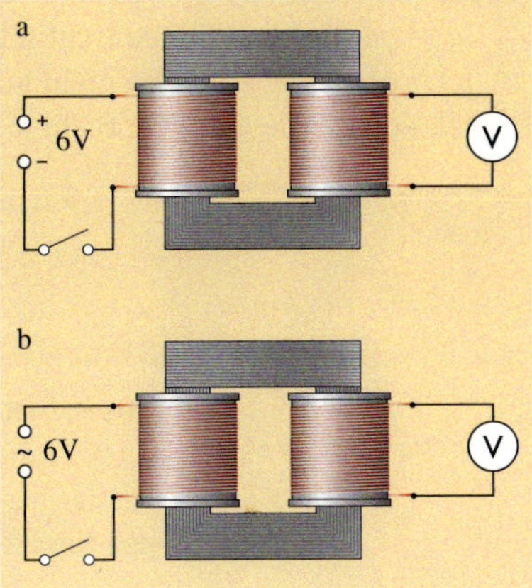

10

Check up

1 Hier wurde eine Flachbatterie von ihrer Umhüllung befreit, sodass die einzelnen Zellen frei liegen. An einer Stelle wurde eine Lampe eingefügt. Leuchtet die Glühlampe hier auf? Begründe deine Antwort. Wenn nicht: Was müsstest du tun, damit sie aufleuchtet? ↑1

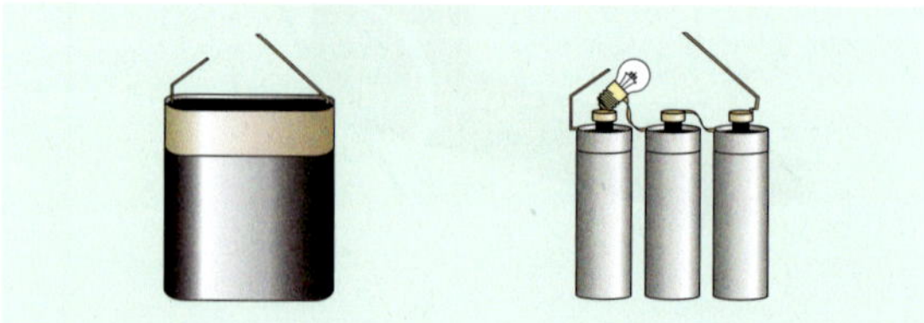

1

2 In einem Stromkreis mit einer Glühlampe wird eine zweite gleicher Bauart in Reihe geschaltet. Wie schafft man es, dass beide Glühlampen hell leuchten?

3 Jedes der Lämpchen benötigt eine Spannung von 6 Volt. ↑2

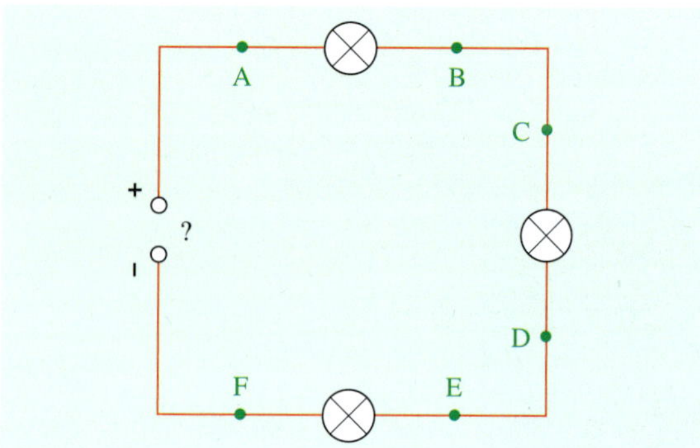

2

a Welche Spannung muss die Energiequelle liefern?
b Bestimme das Potenzial an den Punkten A–F.

4 Wofür ist die elektrische Spannung einer Energiequelle ein Maß? In welcher Einheit wird sie angegeben?

5 In Taschenlampen findet man meist mehrere Zellen. Mit welcher Spannung wird die Elektrizität bei der Taschenlampe von Bild ↑3 angetrieben?

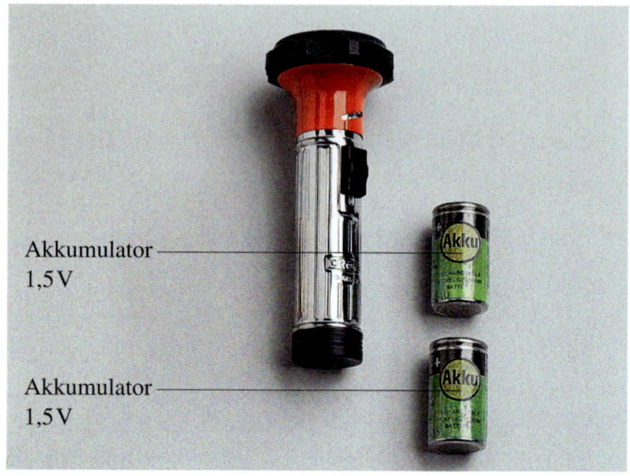

3

6 Mit einer Spule soll elektrische Energie erzeugt werden.
a Beschreibe, welche Dinge du benötigst und wie du vorgehst.
b Wie kannst du ein möglichst gutes Ergebnis erreichen?
c Was haben diese Experimente mit der Energieerzeugung in einem Kraftwerk gemeinsam?

Schätze deine Kenntnisse und Fähigkeiten ein.

Ordne dazu deiner Lösung im Heft ein Smiley zu:
☺ Ich konnte die Aufgabe richtig lösen.
😐 Ich konnte die Aufgabe nicht komplett lösen.
☹ Ich konnte die Aufgabe nicht lösen.

→ **Die Lösungen findest du im Anhang.**

Aufgabe	Fähigkeit	Hilfe findest du auf Seite ...
1, 5	Das Vorhandensein einer Potenzialdifferenz erkennen.	227 f.
2, 3	Potenzialdifferenzen in einer Reihenschaltung beschreiben.	231
5	Ursachen für den Antrieb des elektrischen Stroms benennen.	227
6	Den Aufbau und die Funktionsweise technischer Geräte und Anlagen beschreiben, vergleichen und erläutern.	232, 245
6	Die Bedingungen für die Induktion nennen, erläutern und anwenden.	242

Kosmos und Forschung

Unscheinbare Nebelflecken, die man mit bloßem Auge bei sehr dunklem Himmel gerade noch ahnen kann, zeigen auf Fotos zum Teil regelmäßige Formen. Auf Bildern moderner Teleskope erweisen sie sich als gigantische Ansammlungen von Sternen, die den Gedanken nahelegen, dass die Erde, wir selbst, Teil eines solchen Sternsystems sind. Wie kann uns der Blick zum Sternenhimmel Auskunft über die Erde und über unser Sonnensystem geben und uns anregen, uns über unsere Stellung in der Welt Gedanken zu machen?

Das geometrische Universum

Wenn ein modernes Teleskop auf eine möglichst dunkle Stelle des Himmels sieht, dann „sieht" es, wenn es lange genug das Licht sammelt, nahezu unendlich viele Lichtflecke, die sich alle als Galaxien, Ansammlungen unvorstellbar vieler Sterne, herausstellen. Das Bild zeigt einen Ausschnitt aus dem „Hubble Deep Field". Diesen nur 1/30 Monddurchmesser großen Himmelsausschnitt hat das Weltraumteleskop Hubble während 10 aufeinanderfolgenden Tagen fotografiert.

1

2 Blick auf die „Kante" einer Spiralgalaxie

In einer klaren und mondlosen Sommernacht kann man ein schwach leuchtendes „milchiges" Band entdecken, das sich über den ganzen Himmel spannt. Diese Milchstraße erweist sich in einem Fernglas als eine Ansammlung aus unzähligen einzelnen Sternen.

Vielleicht entdeckt man beim „Spazierensehen" mit dem Fernglas auch den Andromeda-Nebel. Erst 1929 hat Edwin Hubble mit dem größten damaligen Teleskop sehen können, dass dieser nebelartige Fleck aus einzelnen Sternen besteht (siehe vorhergehende Seite).

Viele dieser „Galaxien" zeigen uns in der Draufsicht eine spiralige Struktur, die an die Wolken eines Wirbelsturmes (vgl. ↑S. 279) erinnert. Anderen sieht man auf die Kante. Solche „Kantengalaxien" haben wohl die Menschen auf die Idee gebracht, dass die Milchstraße am Nachthimmel die Innenansicht einer Galaxie darstellt: unserer Galaxis.

Der Blick in die Tiefe des Weltalls ermöglicht es uns, auf diese Weise den Blick zurück auf uns zu richten. Dadurch erkennen wir uns als Teil eines sich drehenden Sternsystems, das selbst nur ein winziges Teilchen in einem „Gas" aus unendlich vielen Sternsystemen ist.

Schon gewusst?

„Galaxis" ist das griechische Wort für Milchstraße. Die Bezeichnung der Nebelflecken am Himmel als „Galaxien" wurde erst üblich, als sich die Überzeugung durchgesetzt hatte, die Nebel und die Milchstraße zeigten, von außen bzw. von innen betrachtet, ähnliche Ansammlungen von ungeheuer vielen Sternen.

3 Der Anblick der Milchstraße am Nachthimmel

Beobachtungen

1 Hubble-Space-Telescope
Besorge dir im Internet Informationen über das Hubble-Weltraumteleskop, über das von ihm aufgenommene Hubble Deep Field, über die Andromeda-Galaxie und über Galaxien allgemein.

2 Sternbilder
Beschaffe dir Informationen über die Sternbilder Großer Wagen, Kassiopeia, Orion, Löwe, Schwan, Pegasus und Stier.
a Wie sehen sie aus?
b In welcher Gegend des Himmels kann man sie finden?
c Zu welcher Tages- bzw. Jahreszeit kann man sie sehen?
d Versuche, sie am Himmel zu finden.

3 Veränderung des Sternenhimmels
Sieh von immer demselben Beobachtungsort zum Sternenhimmel. Versuche, seine Veränderung von Tag zu Tag (Woche zu Woche, Stunde zu Stunde) wahrzunehmen und zu beschreiben.

4 Drehung der Erde
Lege dich in einer warmen, klaren Sommernacht ins Gras (ein Liegestuhl tut's auch) und beobachte den Sternenhimmel über dir. Versuche dir vorzustellen, wie sich die Erde unter dem Sternenhimmel nach Osten dreht – und du mit ihr!

5 Milchstraße
Suche in klaren, mondlosen Nächten an einem möglichst dunklen Beobachtungsort die Milchstraße am Sternenhimmel.

6 Fotografien des Sternenhimmels
Versuche, eigene Bilder des Sternenhimmels zu „schießen“:
a mit einer Digitalkamera und möglichst langer Belichtungszeit
b mit einer Kamera in einer Serie von Aufnahmen, bei der du von Mal zu Mal die Belichtungszeit verdoppelst. Montiere die Kamera möglichst auf ein Stativ

GRUNDLAGEN: Sternbilder

Damit man Veränderungen am Sternenhimmel wahrnehmen kann, braucht man Orientierungsmarken, um bestimmte Stellen des Himmels unabhängig von ihrer Stellung über dem Horizont erkennen zu können. Dazu verwendet man auffällige Anordnungen von Sternen, die ihre relative Lage zueinander nicht verändern. In diese Sternbilder denkt man sich (Sagen-) Gestalten hinein. Tatsächlich haben die Sterne eines Sternbilds nichts miteinander zu tun; sie haben völlig unterschiedliche Entfernungen von der Erde.
Der Große Wagen, ein Teil des Sternbilds Große Bärin, ist die bekannteste Sternenkonstellation. Da er immer am Himmel zu sehen ist, kann er als Wegweiser zu vielen anderen Sternbildern verwendet werden. ↑4–6

4 Sternbild Große Bärin (Ausschnitt)

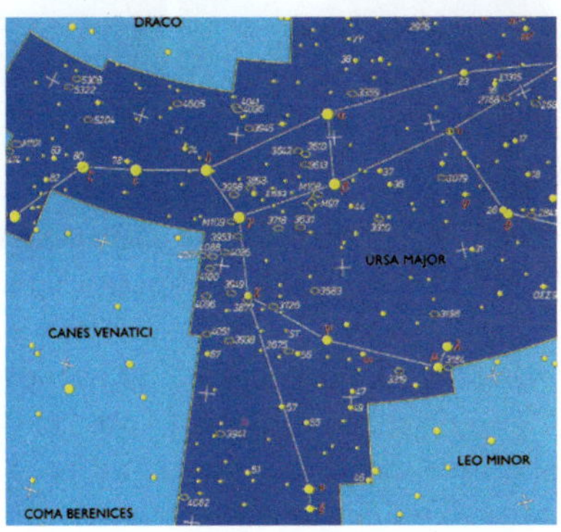

5 Sternkartenbild Große Bärin

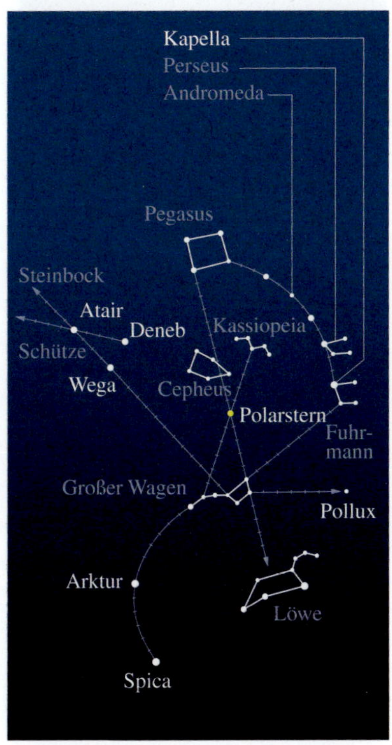

6 Der Große Wagen als Wegweiser

GRUNDLAGEN: Die Drehung des Himmels und die Drehung der Erde

Wenn man den klaren Sternenhimmel von einem festen Standort aus längere Zeit beobachtet, bemerkt man, dass alle Sterne ihre Stellung bezüglich der Umgebung (z. B. Häuser oder Bäume) verändern. Diese Veränderung erweist sich, z. B. auf lange belichteten Fotos, als eine Drehung des gesamten Sternenhimmels von Osten nach Westen um eine Achse, die durch den Beobachter und den Polarstern verläuft: Die Sterne behalten ihre Stellung zueinander bei, aber sie wandern alle auf parallelen Kreisen, die umso größer sind, je weiter der Stern vom Polarstern entfernt ist. Sterne gehen am Osthorizont auf, erreichen im Süden ihre höchste Stellung über dem Horizont und gehen am Westhorizont unter. Nur der Polarstern verändert seine Position am Himmel (fast) nicht. ↑2

2 Die Drehung des Himmels, sehr lange mit feststehender Kamera fotografiert

Ein Beobachter, der von einem der Sterne zur Erde sehen könnte, hätte einen ganz anderen Eindruck: Er sähe, wie sich die Erde von Westen nach Osten um ihre Achse dreht. Die Achse geht durch Nordpol und Südpol und zeigt Richtung Polarstern. Heute können Raumsonden diese Drehung filmen. ↑3

3 Die Drehung der Erde, von einem Satelliten aus dem Weltall fotografiert

Aber die Menschen sind der sich drehenden Erde schon viel früher auf die Spur gekommen. Bereits ARISTARCH VON SAMOS kam um 300 v. Chr. auf die Idee, die Beobachtungen am Sternenhimmel darauf zurückzuführen, dass sich die Erde dreht.

Schon gewusst?

Der Polarstern ist kein besonders auffälliger Stern am Himmel, aber mithilfe des Großen Wagens kannst du ihn leicht finden. Der Polarstern steht immer genau im Norden. Und wenn du weißt, wo Norden ist, kennst du auch die anderen Himmelsrichtungen.

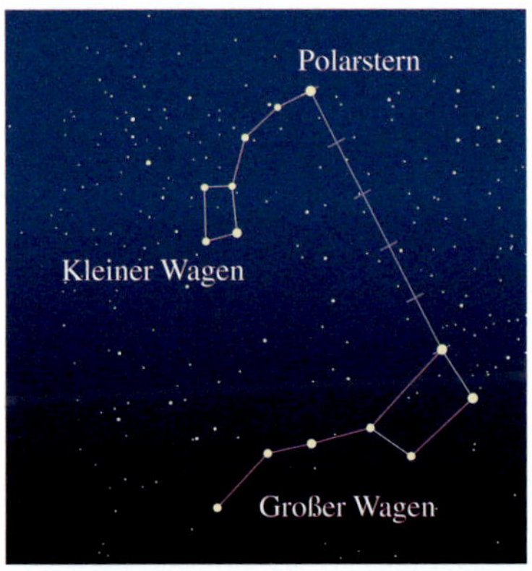

1

GRUNDLAGEN: Der Umlauf des Mondes und der Sonne

Umlauf des Mondes Die bronzezeitlichen Menschen kannten die Bewegung des Mondes offensichtlich schon recht genau und konnten sie sich zunutze machen. Sie wussten, dass die schmale Sichel des zunehmenden Mondes nur abends am Westhimmel zu sehen ist, der Vollmond dagegen abends im Osten aufgeht. Und sie hatten bemerkt, dass der Mond regelmäßig an den Plejaden vorbeizieht.

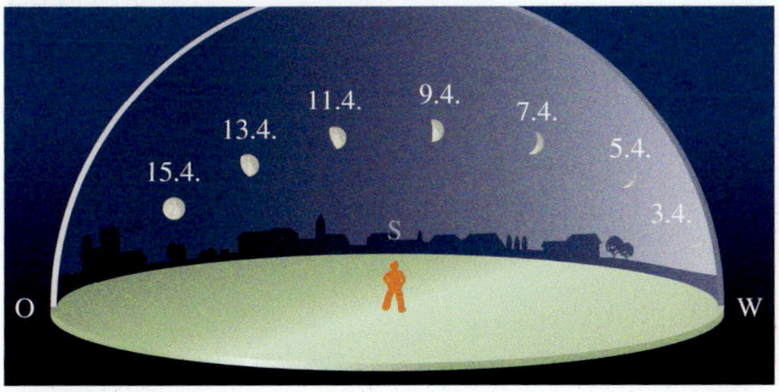

4 Die abendliche Bewegung des Mondes im Abstand von zwei Tagen

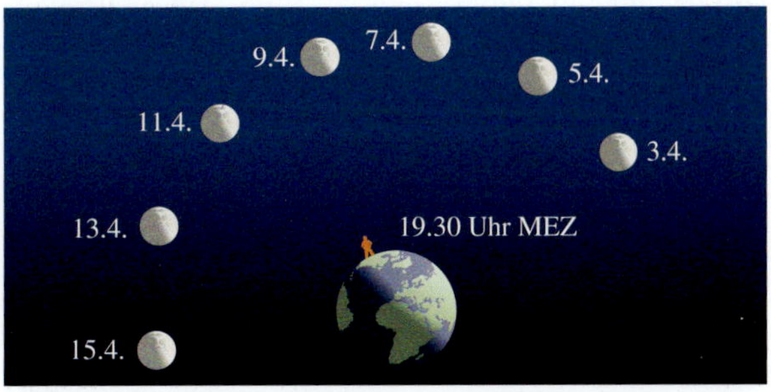

5 Die abendliche Mondbewegung aus Bild ↑1, diesmal von außen beobachtet

Die Bewegung lässt sich leicht beobachten, wenn der Mond in der Nähe eines hellen Sterns oder Planeten steht. Dann kann man schon innerhalb weniger Stunden bemerken, wie er von West nach Ost an dem Stern vorüberwandert. Eine andere Möglichkeit besteht darin, nach Neumond, immer kurz nach Sonnenuntergang, auf die Stellung des Mondes relativ zum Horizont und zur gerade untergegangenen Sonne zu achten.

Es vergehen etwa 27,5 Tage, bis der Mond an demselben Stern wieder vorbeizieht (siderischer Monat), von Vollmond zu Vollmond vergehen dagegen etwa 29,5 Tage (synodischer Monat).

Schon die Menschen im Altertum haben sich diese Bewegung damit erklärt, dass der Mond die Erde umläuft. Aber erst seit wenigen Jahren ist es möglich, sie von Raumsonden aus fotografieren zu lassen. ↑6

6 Mond und Erde, aufgenommen von der Raumsonde Galileo

Umlauf der Sonne Die genaue Beobachtung des Mondes verrät auch die Bewegung der Sonne über den Sternenhimmel, die direkt nicht zu beobachten ist:
Der Mond hat im Laufe des Jahres bei den Plejaden verschiedene Phasengestalten. Kommt er als Vollmond vorbei (zu Beginn des Winters), muss die Sonne am Himmel genau gegenüberstehen. Hat er dann dagegen die Gestalt der zunehmenden Sichel (im Frühjahr), muss auch die Sonne in der Nähe der Plejaden stehen. Auch die sich von Monat zu Monat ändernden Stellungen des Vollmondes am Sternenhimmel zeigen:

Die Sonne durchläuft im Laufe eines Jahres einen Kreis an der Himmelskugel, die so genannte Ekliptik.

Weil die meisten Sternbilder, durch die die Ekliptik verläuft, Tiernamen tragen, sagt man auch: „Die Sonne durchläuft den Tierkreis“ oder „Die

Sonne steht im Löwen." Das Sternbild Löwe ist dann (im Herbst) nicht zu sehen, weil es am Tage gleichzeitig mit der Sonne am Himmel steht. Ein Beobachter auf der Sonne würde dann die Erde vor dem Sternbild Wassermann sehen. ↑1
Und während wir auf der Erde im Laufe eines Jahres den Eindruck haben, die Sonne durchlaufe einmal die Ekliptik, würde ein Beobachter auf der Sonne die Erde, jeweils um ein halbes Jahr versetzt, vor denselben Sternbildern sehen.

Jahrtausendelang haben die Menschen ihren Augen getraut und waren überzeugt, die Sonne umlaufe die Erde. Erst durch KOPERNIKUS, KEPLER und NEWTON hat sich im 16. und 17. Jahrhundert allmählich die Überzeugung durchgesetzt, dass umgekehrt sich die Erde um die Sonne bewegt. Welche Beobachtungen und Überlegungen haben dazu geführt, dass die Erde, und mit ihr die Menschen, den festen Platz in der Mitte der Welt verlor?

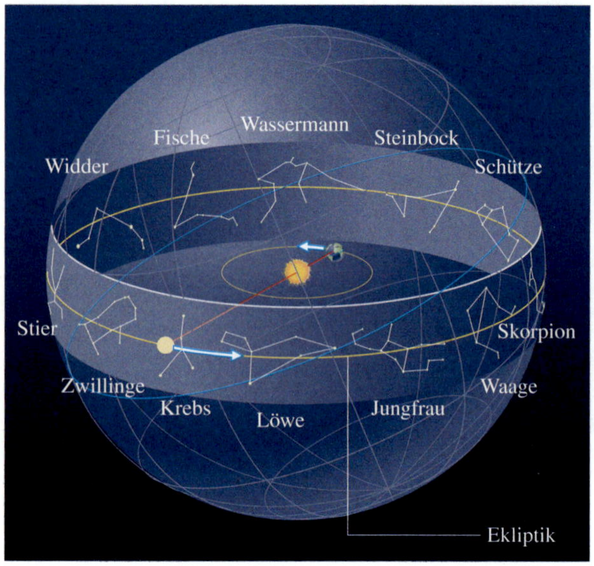

1 In der Jahresbewegung der Sonne durch den Tierkreis macht sich die Jahresbahn der Erde um die Sonne bemerkbar.

Beobachtungen

1 Mond am Abendhimmel
Beobachte etwa zwei Wochen lang, beginnend etwa am zweiten Tag nach Neumond, so oft wie möglich den Mond am Abendhimmel kurz nach Sonnenuntergang. Achte auf seine Gestalt und auf seine Stellung am Himmel. Wenn du immer von demselben Platz aus beobachtest, solltest du dir vom Horizont eine Zeichnung anfertigen, in die du den Mond an der richtigen Stelle und mit der richtigen Gestalt einzeichnen kannst.

2 Bewegung des Mondes über den Sternenhimmel
Versuche, durch eigene Beobachtungen die Bewegung des Mondes über den Sternenhimmel wahrzunehmen. Besonders geeignet sind dafür Abende, an denen der Mond an einem hellen Stern oder Planeten „vorbeikommt".

3 Siderischer und synodischer Monat
Versuche, durch eigene Beobachtungen herauszufinden, wie lange es dauert:
a bis auf einen zunehmenden Halbmond der nächste folgt,
b bis der Mond an demselben Stern wieder vorbeikommt.
c Warum ist ein synodischer Monat länger als ein siderischer Monat?

4 Veränderung des Sternenhimmels
Betrachte den Sternenhimmel in Abständen von etwa zwei Wochen immer um die gleiche Uhrzeit. Welche Veränderungen fallen dir auf?

5 Schattenstab
Beobachte die Spur, die die Schattenspitze eines senkrechten Stabs im Laufe eines Tages zieht, und zeichne sie auf. Besonders geeignet für diese Beobachtungen sind die Wochen um Frühlings- und Herbstanfang.
a Wie verändert sich die Spur im Laufe der Wochen?
b Was verrät die Spur über den Lauf der Sonne über den Tageshimmel?

6 Bewegung von Planeten
Versuche die Bewegung heller Planeten relativ zu den Sternen festzustellen. Besonders geeignet sind Venus und Mars. Geeignete Beobachtungszeiträume findest du in der Tagespresse oder im Internet.

7 Abend- und Morgenstern
Venus erscheint uns manchmal als besonders heller „Abendstern" am Westhimmel und einige Wochen später als heller „Morgenstern". Wie kann man das erklären?

GRUNDLAGEN: Beobachtbare Planetenphänomene

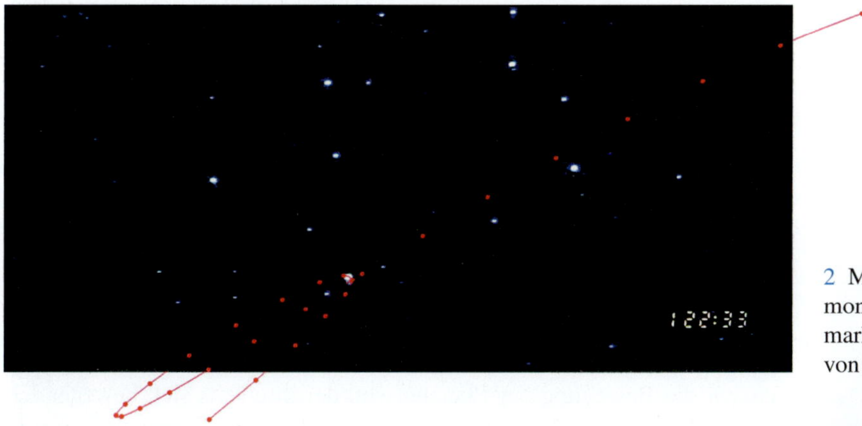

2 Mars im Löwen am 1.5.1997, einmontiert die Marsschleife. Die Punkte markieren die Positionen im Abstand von zehn Tagen.

Eine zentrale Rolle beim Übergang von der bewegten Sonne zur umlaufenden Erde spielten die beobachtbaren Bewegungen der Planeten am Himmel: Sie bewegen sich die meiste Zeit wie Sonne und Mond von West nach Ost über den Sternenhimmel. In regelmäßigen Abständen aber kehren sie um und sind eine gewisse Zeit rückläufig. ↑2
In dieser Zeit werden sie besonders hell. Merkur und Venus sind dann der Sonne am Himmel besonders nahe, die anderen Planeten dagegen stehen während der Rückläufigkeit der Sonne am Himmel direkt gegenüber. Je langsamer sich die Planeten bewegen, desto kleiner ist der Winkel, um den sie zurücklaufen. ↑3

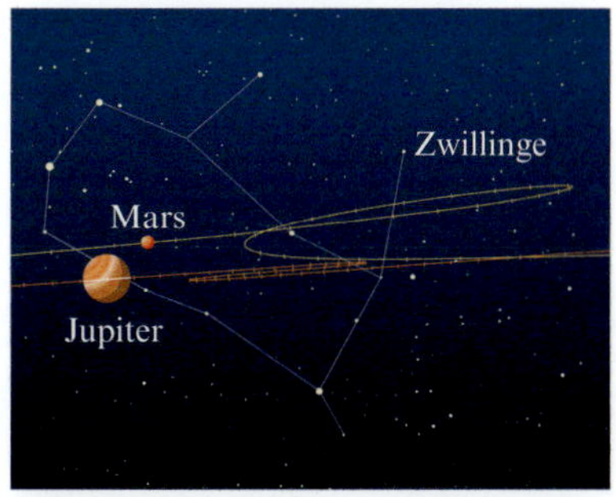

3 Schleifen von Mars (2007/08) und Jupiter (2001/02) in den Zwillingen (Markierungen im Abstand von zwei Wochen)

GRUNDLAGEN: Geozentrisches und heliozentrisches Weltbild

Die Menschen im Altertum beschrieben die Bewegungen der Planeten so, wie sie sie erlebten, nämlich als Bewegungen, in deren Mittelpunkt sich die Erde befand (geozentrische Beschreibung). Dabei erhielten Kreisbewegungen als Sinnbild himmlischer oder göttlicher Vollkommenheit und Harmonie eine nicht hinterfragbare mystische Bedeutung.

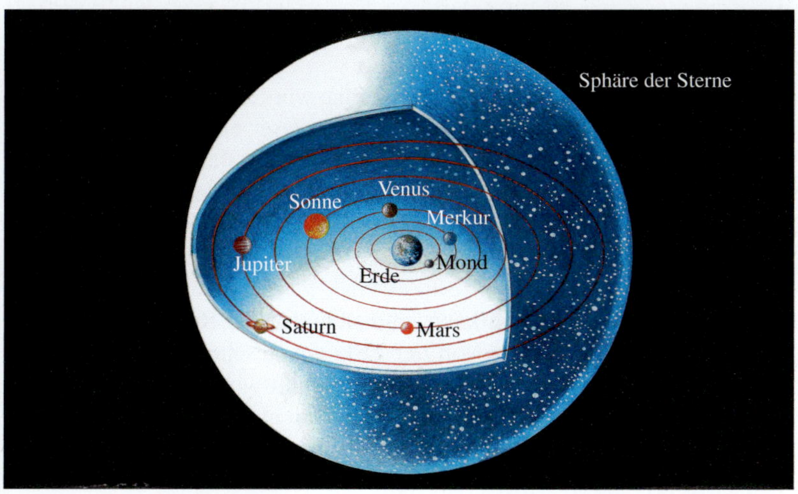

4 Das geozentrische Weltbild

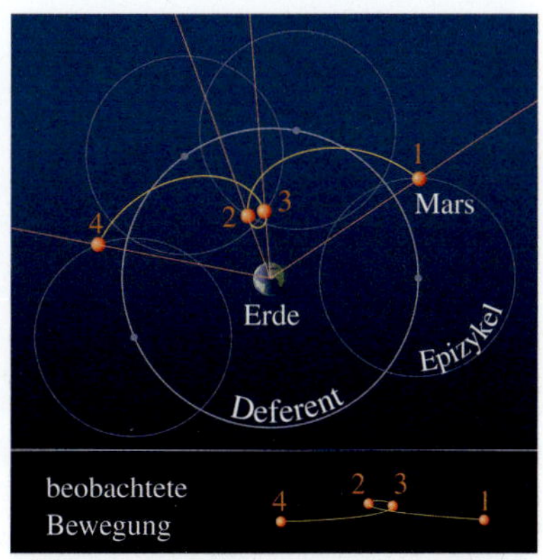

5 Die Bewegung von Mars, geozentrisch beschrieben

1 Saturn, Venus, Jupiter und Merkur am Abend des 28. 2. 1999

Der antiken Beschreibung der Planetenbewegungen lag die folgende Idee zugrunde: Im Mittel bewegt sich der Planet mit konstanter Geschwindigkeit auf seiner Bahn um die Erde. Das wird durch die gleichförmige Bewegung eines Punkts auf einem Kreis wiedergegeben, dem so genannten *Deferenten*, in dessen Mittelpunkt die Erde steht.
Um die Rückläufigkeit der Planetenbewegung zu erreichen, läuft der Planet seinerseits auf einem Kreis, dem so genannten *Epizykel*, um diesen Punkt. ↑5 S. 261
Dieses geozentrische System beschreibt die wesentlichen Eigenschaften der Planetenbewegung: ihre Regelmäßigkeit, ihre Rückläufigkeit und die dabei auftretende Änderung der Helligkeit.

Erst 1543 entdeckte NIKOLAUS KOPERNIKUS wieder, dass sich die komplizierte Form der beobachtbaren Planetenbahnen dadurch erklären lässt, dass wir die Bewegung der Planeten von der ihrerseits sich bewegenden Erde aus beobachten. Er betrachtete statt der Erde die Sonne als Zentrum und ging davon aus, dass sich die Erde zusammen mit den anderen Planeten um die Sonne bewegt (heliozentrische Beschreibung).

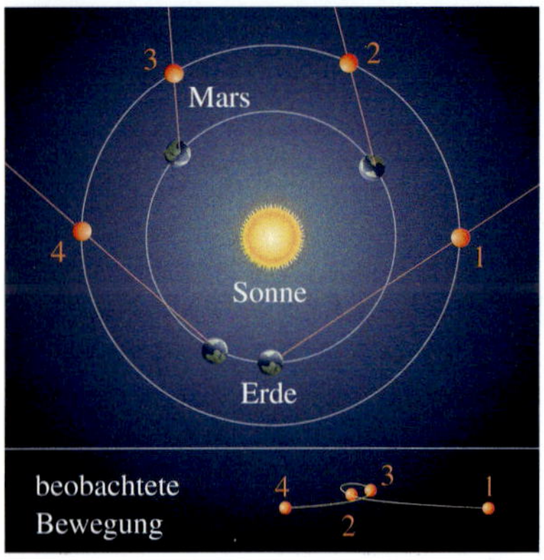

2 Die Bewegung von Mars, heliozentrisch beschrieben

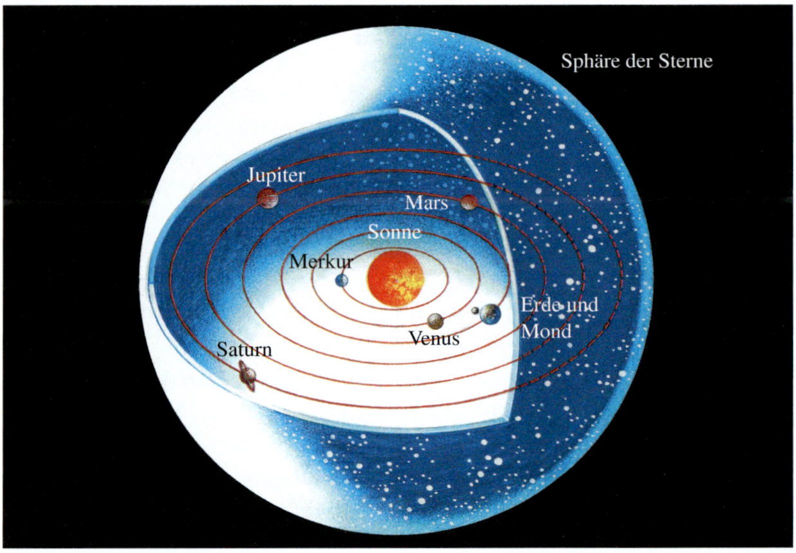

3 Das heliozentrische Weltbild

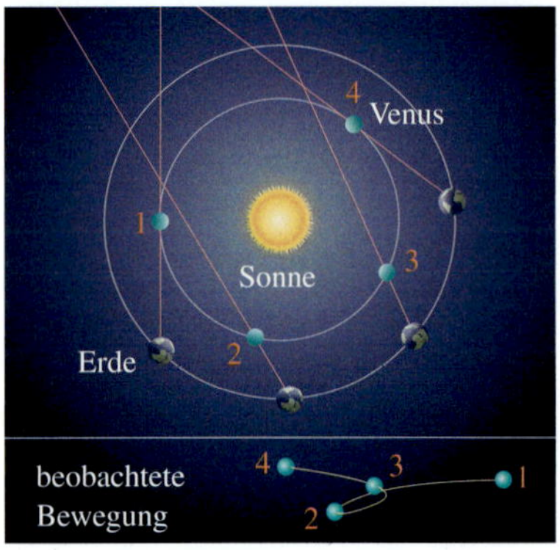

4 Venus überholt die Erde. Zwischen den Positionen 2 und 3 ist Venus rückläufig.

Durch die Bewegung der Erde um die Sonne würde sich die Blickrichtung zu einem Planeten auch dann ändern, wenn dieser eine feste Position im Weltraum hätte: Er schiene von der Erde aus im Takt der Erdbewegung vor den Sternen hin- und herzupendeln (↑S. 261). Die tatsächlich beobachtete Bewegung ist eine Überlagerung dieser Hin-und-her-Bewegung mit der Eigenbewegung des Planeten. ↑2

Auch mit dieser Vorstellung kann man sich also die Regelmäßigkeit der Planetenbewegung erklären: Von der Erde aus gesehen wird ein äußerer Planet rückläufig, wenn er von der Erde überholt wird. Ein innerer Planet wird rückläufig, wenn die Erde ihrerseits von dem Planeten überholt wird. Bei beiden Überholvorgängen wird der Abstand zwischen Erde und Planet minimal. ↑4

GRUNDLAGEN: Der Lauf der Planeten um die Sonne

Die Planeten umlaufen die Sonne auf Ellipsen. In einem Brennpunkt aller dieser Ellipsen befindet sich die Sonne. Alle Bahnen liegen näherungsweise in einer Ebene. Sie sind von Kreisen fast nicht zu unterscheiden. Allerdings befindet sich die Sonne nicht in ihrem Mittelpunkt. ↑5, 6
Der Abstand zwischen Planet und Sonne ändert sich ständig. Dabei ändert sich auch die Geschwindigkeit der Planeten: Je näher die Planeten auf ihrer Bahn der Sonne kommen, desto schneller bewegen sie sich.
In der Reihenfolge zunehmenden Abstands von der Sonne sind die Planeten: Merkur, Venus, Erde, Mars, Jupiter, Saturn, Uranus und Neptun. In dieser Reihenfolge bewegen sie sich immer langsamer; ihre Umlaufzeiten werden also immer größer.
Statt in Kilometern werden Entfernungen im Weltall oft als Vielfache des Abstands Erde–Sonne (≈ 150 Mio. km) angegeben:

Die große Halbachse der Erdbahn wird als Astronomische Einheit (AE) bezeichnet: 1 AE = 149,6 · 10^9 m.

JOHANNES KEPLER gelang es, die Beobachtungen an Planeten in drei Gesetzen zusammenzufassen, die die Bewegungen so beschreiben, dass genaue Berechnungen vergangener und zukünftiger Planetenpositionen möglich wurden.
Erst mit diesen Gesetzen konnte z. B. für Sonnenfinsternisse der genaue Lauf des Mondschattens über die Erde vorhergesagt werden.

1. keplersches Gesetz Die Planeten bewegen sich auf Ellipsen, in deren einem Brennpunkt die Sonne steht. ↑7

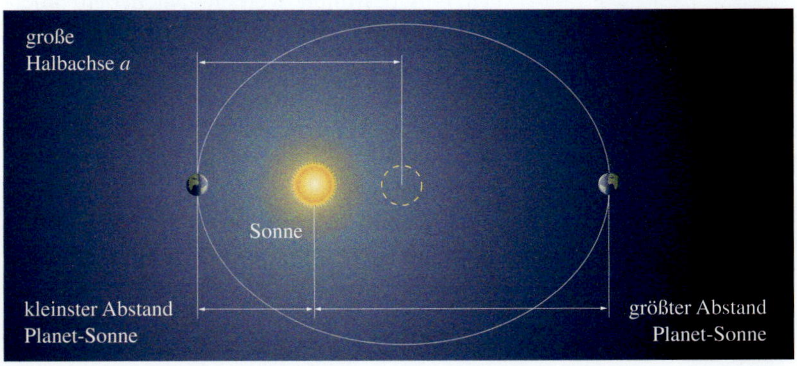

7

2. keplersches Gesetz Die Verbindungslinie Sonne–Planet überstreicht in gleichen Zeiten gleiche Flächen. ↑8

3. keplersches Gesetz Die Quadrate der Umlaufzeiten der Planeten verhalten sich wie die dritten Potenzen der großen Halbachsen ihrer Bahnellipsen:
$\frac{T_1^2}{T_2^2} = \frac{a_1^3}{a_2^3}$.
Bringt man dieses Gesetz in die Form $\frac{a_1^3}{T_1^2} = \frac{a_2^3}{T_2^2}$, dann erkennt man, dass der Quotient $\frac{a^3}{T^2}$ für alle Planeten denselben Wert hat.

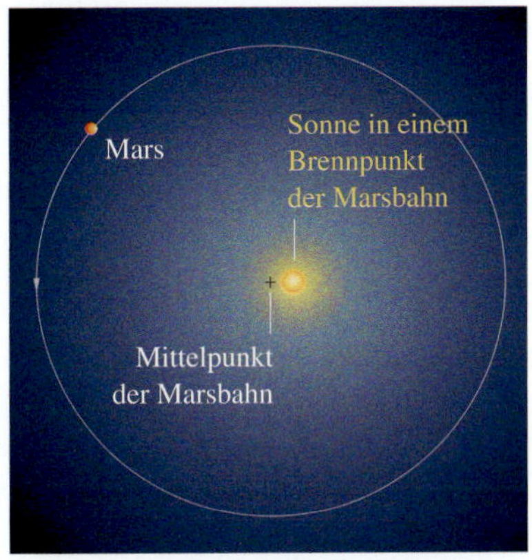

5 Vergleich der Marsbahn mit einem Kreis

6 Alle Planetenbahnen liegen fast genau in einer Ebene.

Planet	mittl. Abstand von der Sonne	Umlaufzeit
Merkur	0,4 AE	88 Tage
Venus	0,7 AE	226 Tage
Erde	1,0 AE	1,0 Jahr
Mars	1,5 AE	1,9 Jahre
Jupiter	5 AE	12 Jahre
Saturn	10 AE	30 Jahre
Uranus	20 AE	85 Jahre
Neptun	30 AE	166 Jahre

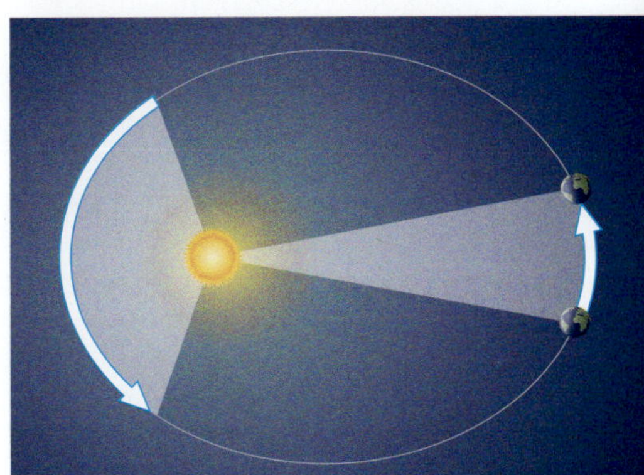
8 Die grauen Flächen sind gleich groß. Die zu den Flächen gehörenden Bahnabschnitte werden vom Planeten in der gleichen Zeit durchlaufen.

Aus der Geschichte Die Himmelsscheibe von Nebra

1 Wintersonnenwende in Stonehenge

Aus dem Vorderen Orient und Altägypten gibt es eine große Anzahl von Bildern, aus denen auf das Leben und die Vorstellungen der Menschen in der Antike geschlossen werden kann. Aus Mitteleuropa sind dagegen keinerlei Bilder überliefert. Auf das astronomische Wissen und die Vorstellungen, die die dort lebenden Menschen über ihre Welt hatten, konnte deshalb bis vor Kurzem nur aus der Orientierung steinzeitlicher Gräber und Ringanlagen geschlossen werden. So gibt es z. B. bei der Anlage von Stonehenge (England) viele Visierlinien, die zu astronomisch bedeutsamen Himmelsrichtungen ausgerichtet sind, z. B. zum Untergangspunkt der Sonne am Tag der Wintersonnenwende. ↑1

Im Jahr 1999 jedoch fanden Schatzgräber auf dem Mittelberg in der Nähe von Nebra (Sachsen-Anhalt) eine etwa 30 cm große Bronzescheibe, die sie über Vermittler dem Berliner Museum für Vor- und Frühgeschichte für eine Million DM (ca. 500 000 Euro) anboten. Bei einem Treffen zur Überprüfung der Echtheit der Scheibe gelang es, die Finder zu verhaften und den wertvollen Fund sicherzustellen. ↑2

2 Die Himmelsscheibe von Nebra

Zweifel an der Echtheit der Scheibe konnten ausgeräumt werden: Von gleichzeitig angebotenen Schwertern konnte nachgewiesen werden, dass sie aus demselben Fund stammen. Das Alter dieser Schwerter konnte durch Vergleich mit ähnlichen, in Ungarn gefundenen Schwertern ermittelt werden. Außerdem konnte das Alter eines kleinen Holzstückchens, das an einem der Schwerter haftete, mit der C-14-Methode (↑S. 190) bestimmt werden. Nach dem übereinstimmenden Ergebnis ist die Scheibe um 1600 v. Chr. im Boden niedergelegt worden.

Das Aussehen der Scheibe legte sofort die Vermutung nahe, dass es sich um eine Darstellung des Sternenhimmels mit Sonne und Mond oder mit dem Mond in verschiedenen Phasen handelt. Aber was genau stellt das Bild dar, welche Bedeutung hatte es damals für die Menschen und welche Schlüsse können über deren astronomische Kenntnisse gezogen werden? Es gibt immer noch unterschiedliche Interpretationen, aber heute hat sich die folgende Deutung weitgehend durchgesetzt: Die beiden Bögen am Rand (das Gold des linken Bogens ist nicht mehr vorhanden) stellen die Bereiche des Horizonts dar, in denen die Sonne im Laufe des Jahres auf- bzw. untergehen kann. Der untere Goldbogen zeigt das Schiff, mit dem die im Westen untergegangene Sonne in der Nacht wieder nach Osten gefahren wird, damit sie dort am nächsten Morgen wieder aufgehen kann. Die Punkte stellen den Sternenhimmel symbolisch dar. Bei der Anhäufung handelt es sich jedoch um die Plejaden, einen kleinen, aber auffälligen Sternhaufen, der während der Wintermonde gut zu beobachten ist. ↑3

3 Die Plejaden – das „Siebengestirn“

Mitte Oktober konnten die Menschen der damaligen Zeit zum ersten Mal beobachten, wie die Plejaden vor Sonnenaufgang untergingen, kurz bevor es hell wurde. Mitte März dagegen konnten sie die Plejaden zum letzten

Mal in der Abenddämmerung kurz nach Sonnenuntergang auffinden. Wegen dieser beiden auffälligen Zeitpunkte wurden die Plejaden weltweit als Kalendersterne verwendet: Ihre letzte Abendsichtbarkeit markierte den Beginn des bäuerlichen Jahres, den Zeitpunkt also, zu dem die Felder zur Aussaat vorbereitet werden mussten. Die erste Beobachtung ihres morgendlichen Untergangs kennzeichnete das Ende des bäuerlichen Jahres. ↑4

4 Der Mond bei den Plejaden im Jahr 1598 v. Chr.: als Sichel am westlichen Abendhimmel im März (links), als Vollmond am westlichen Morgenhimmel im Oktober (rechts)

Manchmal steht der Mond zu diesen Zeitpunkten nahe bei den Plejaden: als Sichelmond bei der letzten Abendsichtbarkeit oder als Vollmond beim ersten Untergang am Morgen. Es liegt deshalb nahe, dass diese beiden auffälligen Konstellationen auf der Scheibe dargestellt sind. Die Sichel und die runde Scheibe zeigen dann den Mond bei den Plejaden am Westhimmel zu Beginn und am Ende des bäuerlichen Jahres.

Bild 5 zeigt das Weltbild der bronzezeitlichen Menschen, wie es sich nach dieser Deutung ergibt: Über den Menschen im Zentrum wölbt sich der Himmel mit den Gestirnen und dem (manchmal Voll-, manchmal Sichel-) Mond, während die Sonnenbarke unser Tagesgestirn über den Weltozean von Westen nach Osten zurücktransportiert. Allerdings deutet die Barke darauf hin, dass die Menschen den Himmel noch nicht zu einer Vollkugel ergänzt hatten. ↑5

Dass sie jedoch bereits über solides astronomisches Wissen verfügten, wird durch die Überreste einer Ringwallanlage bestätigt, die in Goseck, einem Dorf bei Naumburg (Sachsen-Anhalt), nur 25 Kilometer vom Fundort der Himmelsscheibe entfernt, gefunden wurde. Ihre drei Zugänge sind nach Norden und nach den Sonnenauf- und -untergangspunkten zur Wintersonnenwende ausgerichtet. ↑6

1 Wo am Himmel befindet sich die Sonne zu den Zeitpunkten, die in den beiden Bildern dargestellt sind? ↑4

2 In den Wochen nach dem letzten Abenduntergang sind die Plejaden nach Sonnenuntergang nicht mehr am Himmel zu sehen. In den Wochen vor der ersten Beobachtung des Untergangs der Plejaden am Morgen stehen die Plejaden vor Sonnenaufgang noch recht hoch am Himmel. Versuche Erklärungen für diese beiden Aussagen zu finden.

3 Versuche Fotos vom Mond bei den Plejaden zu finden.

4 Suche im Internet nach Informationen über die Anlage von Stonehenge. Vielleicht findest du auch einen Grundriss, in den du einige Visierlinien eintragen kannst.

Schon gewusst?

Der altgriechische Bauerndichter schrieb gegen 700 v. Chr.: „Wenn die Plejaden, die Atlasgeborenen, aufsteigen, so beginne mit dem Mähen und pflüge, wenn sie untergehen.“

5 Aus der Himmelsscheibe erschlossenes Weltbild

6 Ringwallanlage von Goseck (Rekonstruktion)

Aus der Geschichte Die kopernikanische Revolution

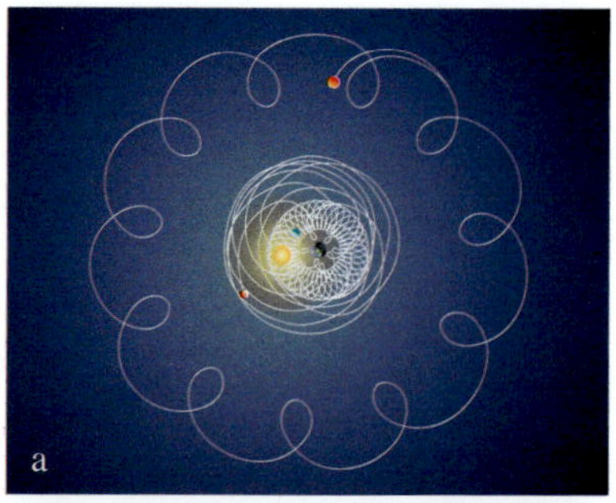

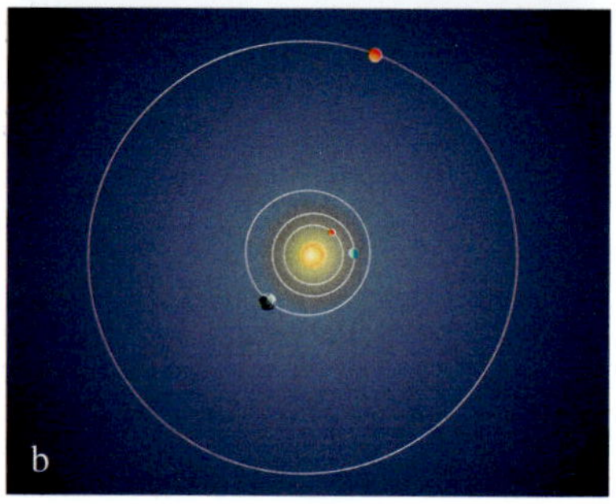

1 Das innere Sonnensystem während 16 Jahren, geozentrisch (oben) bzw. heliozentrisch betrachtet

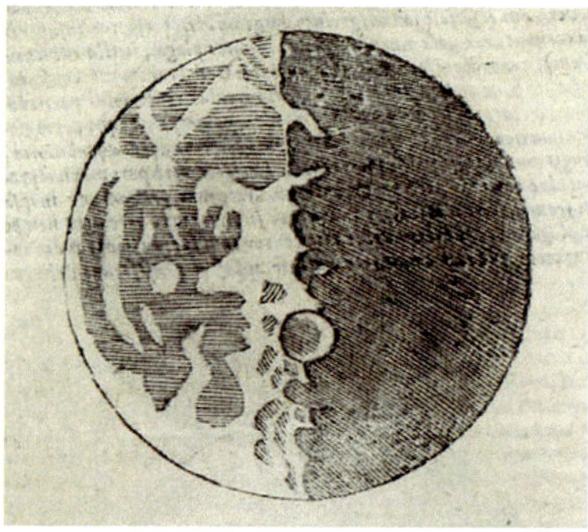

2 Eine der ersten Mondzeichnungen von GALILEI

Das Problem, die Schleifenbahnen der Planeten vorherzusagen und zu erklären, hat die Menschheit 2000 Jahre lang beschäftigt. In den Planetenspuren sehen wir heute die Bewegung der Erde um die Sonne. Aber diese Interpretation hat sich nur allmählich durchgesetzt.

Bereits ARISTARCH VON SAMOS hatte im 2. Jahrhundert v. Chr. die Idee, die Form der Planetenbahnen am Sternenhimmel darauf zurückzuführen, dass wir die Bewegung der Planeten von der die Sonne umlaufenden Erde aus beobachten. Seine Idee konnte sich jedoch nicht durchsetzen, weil sie zu sehr der unmittelbaren Wahrnehmung widerspricht.

Erst 1700 Jahre später, 1543, beschrieb NIKOLAUS KOPERNIKUS die Planetenbahnen wieder aus der Sicht eines Planeten Erde und arbeitete dieses Modell detailliert mathematisch aus. Da sein System aber nicht nur der Anschauung, sondern auch der Lehrmeinung der katholischen Kirche widersprach, ließ er offen, ob er sein System als besonders einfache Rechenmethode vorschlug oder ob er es als Modell für die Wirklichkeit verstanden wissen wollte.

Trotzdem setzte er mit seinem Buch „Über die Kreisbewegungen der Weltkörper" einen so tief greifenden Wandel des Weltbilds in Gang, dass wir heute von der *kopernikanischen Revolution* sprechen.

Allerdings brauchte die Vorstellung, die Erde drehe sich nicht nur um ihre eigene Achse, sondern laufe einmal im Jahr mit unvorstellbarer Geschwindigkeit um die Sonne, nach KOPERNIKUS noch fast 150 Jahre, um sich gegen die jahrtausendealte Überzeugung durchzusetzen, die ruhende Erde sei von einer perfekten Welt voller göttlicher Harmonie umgeben.

Als JOHANNES KEPLER herausfand, dass sich die Planetenbahnen mit Ellipsen viel genauer beschreiben lassen als mit Kreisen, zerstörte er die Vorstellung, Gottes Wirken äußere sich in perfekten Kreisbewegungen.

Einen wesentlichen Beitrag zur Überwindung des geozentrischen Systems leistete GALILEO GALILEI. Er richtete als einer der ersten Menschen das Fernrohr zum Himmel und machte dort Beobachtungen, die zwei Grundüberzeugungen erschütterten:

– Der Mond ist mit Kratern übersät. Er ähnelt also der Erde und ist keine perfekte Kugel. ↑2
– Er entdeckte, dass Jupiter von vier Monden umkreist wird. Die Erde ist also nicht der einzige „Mittelpunkt" in der Welt. ↑3, 5
– Er sah, dass Venus im Laufe ihres Umlaufs alle Phasengestalten annimmt: Sie zeigt sich uns manchmal als „Vollvenus", muss also hinter der Sonne stehen – im Gegensatz zum geozentrischen System, in dem sich Deferent und Epizykel der Venusbewegung innerhalb der Sonnenbahn befanden. ↑4

3 Jupiter mit den vier galileischen Monden

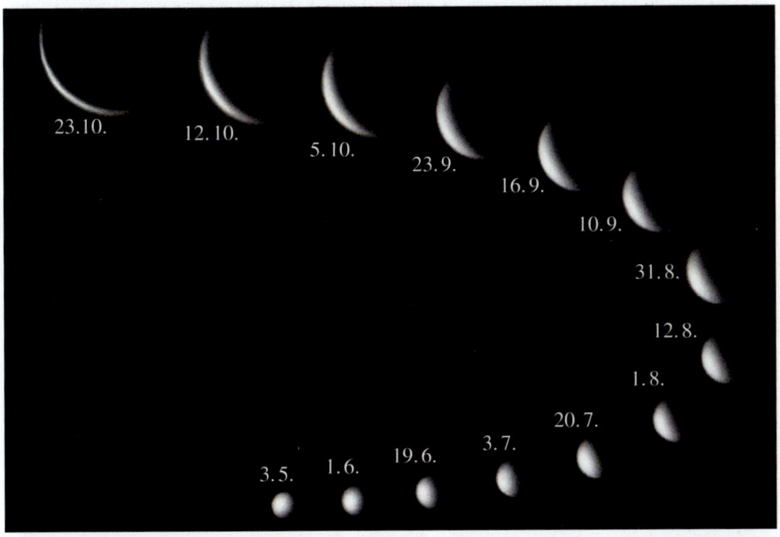

4 Einige Venusphasen (2002)

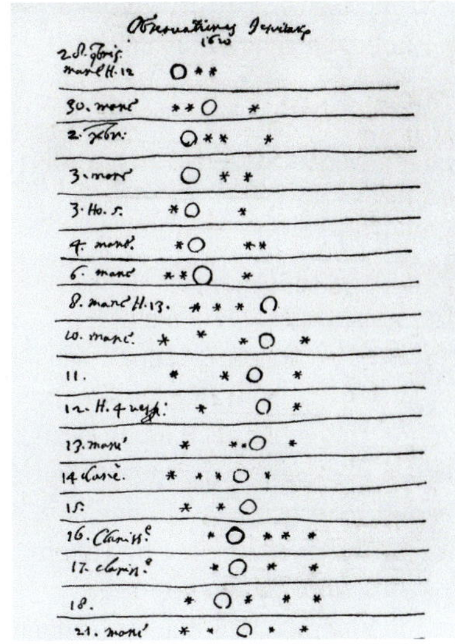

5 Handschriftliche Aufzeichnungen von GALILEI zu den Jupiterbeobachtungen

Diese Beobachtungen stützten zwar das heliozentrische System. Sie bewiesen aber nicht, dass die Erde die Sonne umläuft. Die Behauptung, die Erde bewege sich, widersprach jedoch der katholischen Glaubenslehre. GALILEI wurde deshalb in einem Inquisitionsprozess gezwungen, seine Überzeugung öffentlich zu widerrufen. ↑6

Entscheidend für die Durchsetzung des kopernikanischen Systems war die Formulierung des Gravitationsgesetzes durch ISAAC NEWTON. Er konnte damit nicht nur alle keplerschen Gesetze ableiten. Er zeigte damit auch, dass die Umläufe der Planeten und die Bewegungen der Erde denselben Gesetzen gehorchen. Damit war die grundsätzliche Trennung zwischen Himmel und Erde aufgehoben. Dadurch setzte sich das heliozentrische System durch, obwohl es nicht gelang, ähnlich wie bei den Planeten eine Widerspiegelung der Erdbewegung am Fixsternhimmel nachzuweisen.

Der direkte Nachweis für den Umlauf der Erde um die Sonne gelang erst 1838 nach entscheidenden Verbesserungen an den astronomischen Fernrohren: FRIEDRICH WILHELM BESSEL konnte bei einem Stern winzige Pendelbewegungen im Takt des Erdumlaufs messen. (↑S. 272)

6 GALILEI widerruft vor dem Offizium.

1 Vergleiche die Bilder ↑1a und 1b und begründe die Unterschiede. ↑1
2 Versuche in GALILEIS Aufzeichnungen einen der vier galileischen Monde zu identifizieren und zu verfolgen. ↑5
3 Erkläre, warum BESSELS Messung ein direkter Nachweis für die Bewegung der Erde um die Sonne ist.

Das physikalische Universum

Die heliozentrische Beschreibung des Sonnensystems und des Sternenhimmels war, ebenso wie das geozentrische System, ein geometrisches Weltmodell: Es erfasste und beschrieb die Bewegungen, Entfernungen und Positionen der Himmelskörper, ohne nach den Ursachen zu fragen. KEPLER war der Erste, der nach Begründungen suchte: Er suchte nach einer Kraft, die die Planetenbewegungen hervorruft. Er schrieb der Sonne eine „anima motrix" zu, eine bewegende Kraft, ähnlich der damals gerade untersuchten magnetischen Kraft. Nach seiner Vorstellung rotierten kreisförmig um die Sonne laufende Kraftstrahlen zusammen mit der Sonne und rissen die Planeten mit.

1

2

3 Die Farbe macht deutlich: Das ausfließende Eisen ist heißer als die obere Schicht im Kessel.

Erst NEWTON gelang es, die Bewegung der Planeten auf eine Kraft zurückzuführen – die Gravitationskraft. Sie ist nicht in Bewegungsrichtung der Planeten, sondern radial zur Sonne gerichtet. Damit gelang es ihm, den Fall eines Apfels, den Flug einer schnellen Kanonenkugel, die Bahn des Mondes um die Erde und die Bewegung der Planeten um die Sonne durch ein einziges Gesetz zu beschreiben. ↑2

Die Anwendung allgemeiner Gesetze auf Vorgänge auf der Erde und am Himmel erwies sich in der Folgezeit als äußerst fruchtbar:

Sind Sterne riesige Kugeln aus Gas oder Klumpen aus Gestein? Wie hoch ist ihre Temperatur? Aus welchen Stoffen sind Sterne zusammengesetzt und wie erzeugen sie die Energie, die sie in riesigen Mengen abstrahlen?

Zur Beantwortung dieser Fragen überträgt man Gesetze, die man bei Experimenten auf der Erde gefunden hat, auf Sterne und Weltall. Man nimmt z. B. an, dass bei Sternen derselbe Zusammenhang zwischen der Temperatur ihrer Oberfläche und ihrer Farbe besteht wie bei heißen oder schmelzenden Metallen. ↑2

Es ist nicht selbstverständlich, dass das funktioniert. Und tatsächlich müssen manchmal „irdische" Gesetze revidiert oder erweitert werden. Bisher aber sind noch keine Widersprüche aufgetreten, die dazu zwangen anzunehmen, das Weltall gehorche grundsätzlich anderen Gesetzen als die Vorgänge auf der Erde.

GRUNDLAGEN: Newton und das Gravitationsgesetz

Ein Apfel fällt zu Boden, der Mond bleibt auf seiner Bahn um die Erde, die Planeten umkreisen die Sonne und das Sonnensystem umläuft das Zentrum unserer Milchstraße. Alle diese Vorgänge folgen demselben von Isaac Newton 1687 aufgestellten allgemeinen Gravitationsgesetz:

Alle Körper ziehen sich entlang der Verbindungslinie gegenseitig an. Die Gravitationskraft ist proportional zu den Massen der beiden Körper und umgekehrt proportional zum Quadrat des Abstands zwischen ihnen:

$$F = G \cdot \frac{m_1 \cdot m_2}{r^2}.$$

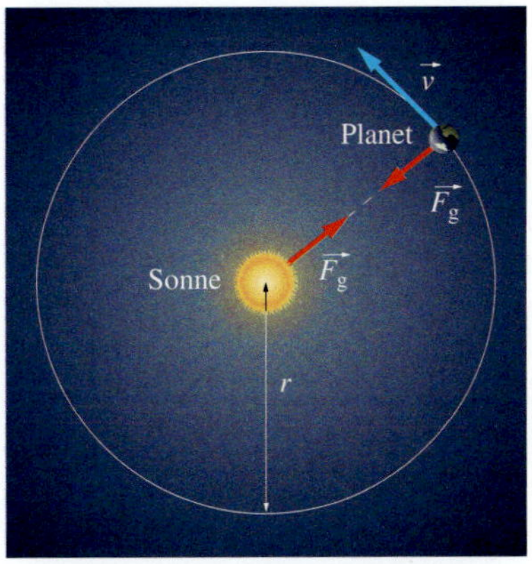

4 Ein Planet wird durch die Gravitationskraft auf seiner Bahn gehalten.

Dabei sind m_1 und m_2 die Massen der beiden Körper und r ihr Abstand. Der Wert der in diesem Gesetz auftretenden **allgemeinen Gravitationskonstante *G*** war zunächst unbekannt. Er beträgt $6{,}67 \cdot 10^{-11}\,\text{N} \cdot \text{m}^2/\text{kg}^2$ und konnte erst bestimmt werden, als auch auf der Erde die Gravitationsanziehung zwischen Körpern beobachtet und gemessen werden konnte.
Newton gelangte zu diesem Gesetz, weil er erkannt hatte, dass Körper, die einmal in Bewegung sind, sich mit konstanter Geschwindigkeit immer weiter geradeaus bewegen, wenn keine Kräfte auf sie ausgeübt werden (Trägheitssatz). Aber es ist eine Kraft nötig, um einen Körper aus der geradlinigen Bewegung auf eine Kreisbahn zu zwingen. ↑4

GRUNDLAGEN: Energieabstrahlung und Lebensdauer der Sonne

Wenn die Sonne kein „himmlisches“ Objekt ist, sondern denselben Gesetzen gehorcht wie die Dinge und Vorgänge auf der Erde, dann kann sie nicht ewig leuchten und Energie abstrahlen; irgendwann muss ihr Energievorrat erschöpft sein. Wie lange leuchtet die Sonne schon? Man findet noch heute auf der Erde die Spuren relativ hoch entwickelter Einzeller, die vor 3,5 Milliarden Jahren auf der Erde gelebt haben. Damit sich dieses Leben entwickeln konnte, muss die Sonne bereits damals etwa ebenso hell geleuchtet haben wie heute. Wie kann die Sonne so viel Energie erzeugen? Die folgende Überlegung zeigt, dass „klassische“ Energiequellen bei Weitem nicht ausreichen, um eine so lange Brenndauer zu erklären.
Aus der auf der Erde ankommenden Sonnenenergie kann berechnet werden, wie viel Energie die Sonne insgesamt abgibt: Dazu denkt man sich eine Kugel um die Sonne, deren Radius mit dem Abstand zwischen Erde und Sonne übereinstimmt. ↑6
Da im leeren Weltraum keine Energie verloren geht, ist die Energiestromstärke durch die Oberfläche dieser Kugel ebenso groß wie die von der Sonne ausgehende. Auf jeden Quadratmeter dieser Kugeloberfläche trifft ebenso viel Energie wie auf einen Quadratmeter der äußeren Erdatmosphäre (1,37 kW). Es ergibt sich, dass die Sonne in jeder Sekunde so viel Energie abgibt, wie die gesamte Menschheit bei ihrem derzeitigen Verbrauch in 1 000 000 Jahren benötigen würde.

■ **Die Energiestromstärke der Sonne beträgt $P_S = 4 \cdot 10^{23}\,\text{kW}$.**

5

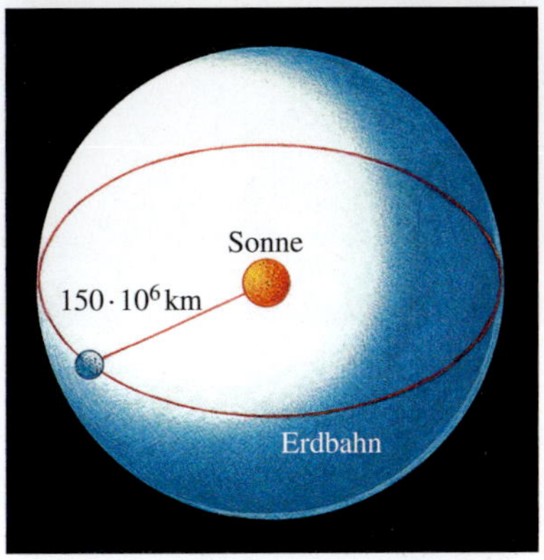

6 Skizze zur Berechnung der von der Sonne ausgehenden Energiestromstärke

Schon gewusst?

Nimmt man an, dass die Sonne zu Beginn vollständig aus Wasserstoff bestand und erst zu leuchten aufhören wird, wenn dieser Wasserstoff vollständig in Helium umgewandelt worden ist, dann kann man aus ihrer bekannten Energiestromstärke ihre maximale „Lebensdauer" berechnen. Es ergibt sich, dass die Sonne durch die Verschmelzung von Wasserstoffkernen maximal etwa 100 Milliarden Jahre leuchten kann. Dieser Wert ist etwa um den Faktor 10 zu groß, weil die Sonne bereits zu Beginn teilweise aus Helium bestand und das Ende ihres „Lebens" erreicht, lange bevor aller Wasserstoff verbraucht ist.

2 Schon mit bloßen Augen kann man in einer klaren Nacht wahrnehmen, dass es Sterne unterschiedlicher Farbe gibt. Auffälliger werden die Farbunterschiede auf lange belichteten Fotos.

Um den Energieinhalt der Sonne abschätzen zu können, muss man die Masse der Sonne kennen. Mithilfe des 3. keplerschen Gesetzes ist sie leicht zu berechnen. Sie ergibt sich zu $M_S = 2 \cdot 10^{30}$ kg. Damit kann man zu dem folgenden überraschenden Ergebnis gelangen: Wenn die Sonne ganz aus Kohle bestünde, dann könnte sie nur ungefähr 5000 Jahre lang so hell leuchten wie heute.

Kernfusion – die Energiequelle der Sterne Die ergiebigste bekannte Energiequelle ist die Kernenergie, die bei der Spaltung schwerer Atomkerne und bei der Verschmelzung leichter Atomkerne frei wird. Die Sonne besteht, wie fast alle Sterne, hauptsächlich aus Wasserstoff. Sie bezieht ihre Energie aus der Wasserstofffusion: Aus vier Wasserstoffkernen (Protonen) wird, über mehrere Zwischenschritte, ein Heliumkern, der aus zwei Protonen und zwei Neutronen besteht:

$4\,{}^1_1\mathrm{H} \rightarrow {}^4_2\mathrm{He} + 2\,e^+ + 2\,\nu + \gamma.$ ↑1

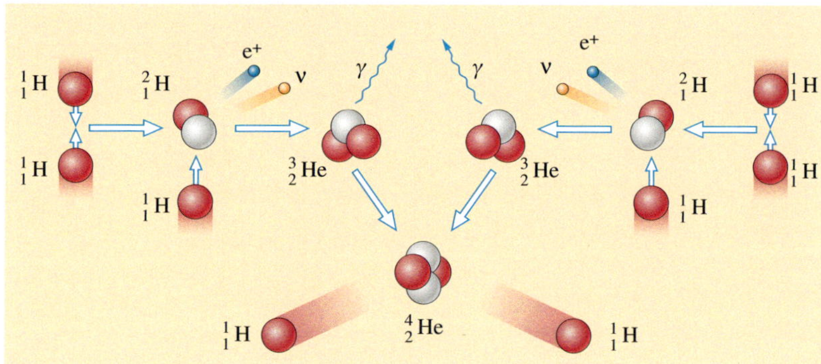

1

Der Kern eines ${}^4_2$He-Atoms ist um den Faktor 0,9928 leichter als vier ${}^1_1$H-Kerne. Bei der Verschmelzung von 1 kg Wasserstoff zu Helium verringert sich die Masse also um 7,2 g. Sie werden in Energie umgewandelt und hauptsächlich in Form elektromagnetischer Strahlung abgestrahlt. Nach EINSTEINS Formel $\Delta E = \Delta m \cdot c^2$ bedeutet das, dass bei der Fusion von 1 kg Wasserstoff zu Helium $6{,}5 \cdot 10^8$ MJ Energie abgestrahlt werden.

GRUNDLAGEN: Farben und Helligkeiten der Sterne

Wenn wir etwas über Energieabstrahlung, Masse und Lebensdauer von Sternen erfahren wollen, müssen wir das Licht auswerten, das wir von ihnen empfangen. Andere Informationen stehen nicht zur Verfügung. Schon ein flüchtiger Blick zum Sternenhimmel zeigt, dass die Sterne unterschiedlich hell aussehen. Bei aufmerksamer Betrachtung kann man auch bemerken, dass manche Sterne deutlich rötlich, andere bläulich leuchten. Die Farbe von Sternen verrät etwas über ihre Temperatur. Die Helligkeit der Sterne ist schwieriger zu interpretieren. ↑2

Farbe und Temperatur der Sterne Die Farbe eines Sterns hängt eng mit der Temperatur seiner Oberfläche zusammen: „Kühle" Sterne leuchten rötlich, andere Sterne sind mit zunehmender Temperatur erst gelblich und dann weiß. Besonders heiße Sterne leuchten bläulich. Und wie man auf der Erde aus der Farbe eines glühenden Gegenstands auf seine Temperatur schließen kann, haben Astronomen gelernt, aus der Farbe, genauer: aus dem Spektrum des Sternenlichts, sehr genau die Oberflächentemperatur zu bestimmen. ↑3, 4

Außerdem kann man durch Experimente auf der Erde untersuchen, wie die Energie, die ein glühender Körper abgibt, von seiner Temperatur und von der Größe seiner Oberfläche abhängt. Dabei zeigt sich, dass die Energiestromstärke mit zunehmender Temperatur stark anwächst: Wird die absolute Temperatur eines Körpers verdoppelt, dann steigt die Energiestromstärke bereits um den Faktor 16. Und bei Verdopplung der strahlenden Fläche gibt natürlich jede Hälfte gleich viel Energie ab. Wenn also zwei Sterne gleich viel Energie abgeben, obwohl der eine viel heißer ist, dann muss der andere viel größer sein. Wie aber kann man herausfinden, dass die Energiestromstärke zweier Sterne gleich groß ist?

3 Eisen bei verschiedenen Temperaturen

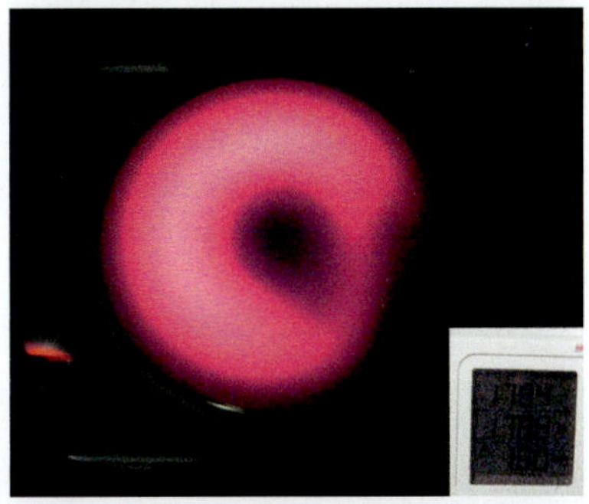
4 Glühende Heizplatte

Die Helligkeit der Sterne Woran liegt die unterschiedliche Helligkeit der Sterne? Leuchten die Sterne tatsächlich wie Glühlampen verschiedener Leistung, oder erscheinen sie uns nur unterschiedlich hell, weil sie verschieden weit entfernt sind, so wie uns das Licht eines fernen Hauses viel schwächer erscheint als die Eingangslampe des Hauses direkt vor uns? Oder trifft beides zu? Solange die Astronomen die Entfernungen von Sternen nicht messen konnten, interpretierten sie vorläufig unterschiedliche Helligkeiten als Anzeichen für verschiedene Entfernungen. Sie taten also so, als leuchteten alle Sterne gleich hell, und versuchten erste Entfernungsmessungen an besonders hellen Sternen. Später haben sich allerdings auch einige helle Sterne als sehr weit entfernt erwiesen. ↑5

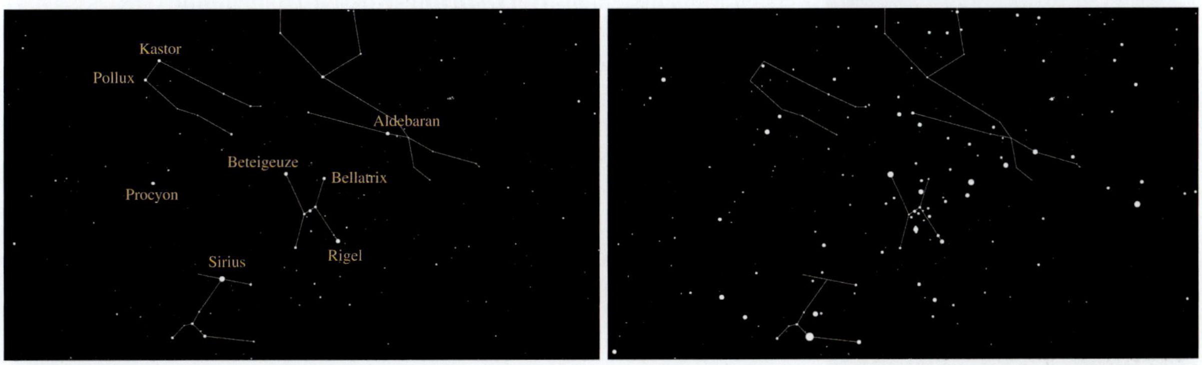

5 Wenn alle Sterne in der Umgebung des Sternbilds „Orion“ (links) gleich weit entfernt wären, sähe der Sternenhimmel so aus wie auf dem rechten Bild.

Seit die Astronomen die Entfernung vieler Sterne unserer Galaxis messen können, können sie auch ihre wahre Helligkeit bestimmen: Dazu messen sie die von einem Stern in ein Teleskop fallende Energie. Aus der Größe des Objektivs und der Entfernung des Sterns berechnen sie dann, ganz ähnlich wie bei der Sonne, die insgesamt von dem Stern abgegebene Energie. Dabei ergibt sich, dass Sterne wie die Sonne leuchten. Manche Sterne geben sogar 10 000-mal so viel Energie ab wie die Sonne.

■ **Sterne sind Sonnen. Oder umgekehrt: Die Sonne ist ein Stern.**

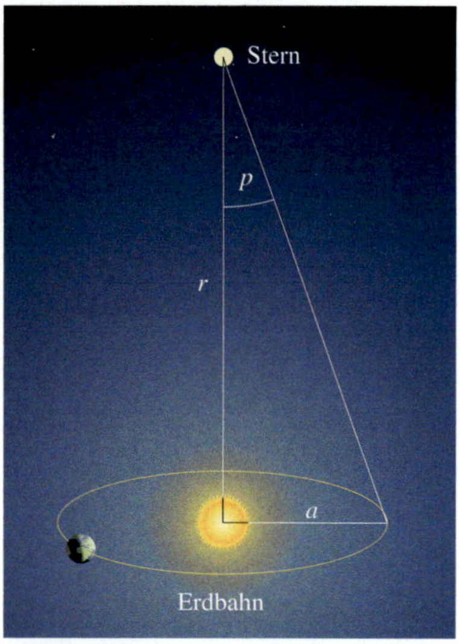

1 Prinzip der Fixsternparallaxe. Zwischen dem Parallaxenwinkel p, dem Erdbahnradius a und der Entfernung besteht folgender Zusammenhang: $\tan p = \frac{a}{r}$.

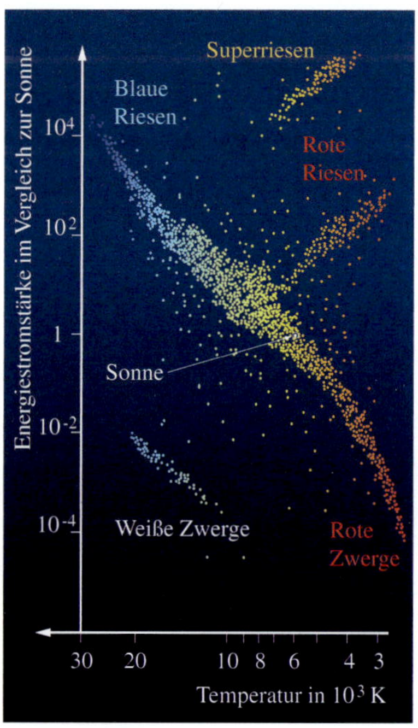

2 Hertzsprung-Russell-Diagramm

Schon gewusst?

Aus historischen Gründen wird die Energiestromstärke von Sternen als **Leuchtkraft *L*** bezeichnet.

Die Fixsternparallaxe Die wichtigste und genaueste Methode, die Entfernung von Himmelsobjekten zu messen, besteht in der Messung der *Parallaxe*: Wenn man einen Stern im Abstand von sechs Monaten anpeilt, also von gegenüberliegenden Punkten der Erdbahn aus, ist die Blickrichtung etwas verschieden. Der Winkel zwischen den beiden Blickrichtungen ist die doppelte Parallaxe. Oder anders ausgedrückt: Die Parallaxe eines Sterns ist der Winkel, unter dem der Erdbahnradius von dem Stern aus erscheint.
Fixsternparallaxen sind so klein, dass sie selbst bei den nächsten Sternen nur mit großen Teleskopen gemessen werden können. In den letzten Jahren hat ein spezieller Satellit, „Hipparchos", Fixsternparallaxen bis hinunter zu $0{,}001'' = 1°/3\,600\,000 = 0{,}0\,000\,003°$ gemessen.

Die Entfernung von Sternen und Galaxien wird in **Parsec (pc)** angegeben: 1 pc ist die Entfernung, bei der zum Radius der Erdbahn ein Parallaxenwinkel von einer Bogensekunde ($1'' = 1°/3600$) gehört.
$1\,\text{pc} = 3{,}1 \cdot 10^{13}\,\text{km} = 3{,}26\,\text{Lj}$.
Ein **Lichtjahr (Lj)** ist die Strecke, die Licht im Vakuum in einem Jahr zurücklegt.

GRUNDLAGEN: Das Hertzsprung-Russell-Diagramm

Seit man die Entfernungen von Sternen messen und dadurch ihre wahre Helligkeit bestimmen kann, können Sterne entsprechend ihrer Energieabgabe und Temperatur als Punkte in ein Diagramm eingetragen werden. Solche Diagramme heißen heute nach den beiden Astronomen, die sie zum ersten Mal aufstellten: **Hertzsprung-Russell-Diagramme** (HRDs).
Die Achsen in einem HRD sind folgendermaßen angelegt:
Die Energieabgabe der Sterne ist nach oben aufgetragen. Nach rechts wurde zunächst die Farbe, von Blau über Gelb nach Rot, aufgetragen. Später wurde die Farbe durch die Temperatur der Oberfläche ersetzt.
Um die Gestalt des Diagramms nicht wesentlich zu ändern, ist es üblich, die Temperatur von rechts nach links aufzutragen.
Ein HRD mit vielen Sternen macht deutlich, dass sich die Sterne nicht gleichmäßig auf dem Diagramm verteilen. Die weitaus meisten Sterne ordnen sich vielmehr entlang einer Linie an, der **Hauptreihe**, die von rechts unten (leuchtschwache rote Sterne) nach links oben (helle blaue Sterne) verläuft. ↑2

Was kann aus diesem Diagramm herausgelesen werden?

Die Größe der Sterne Das Diagramm enthält Informationen über die Größe der Sterne: Die Sterne, die im HRD rechts oben stehen, leuchten sehr hell, obwohl sie eine relativ niedrige Oberflächentemperatur haben. Sie müssen also sehr groß sein. Man nennt sie Rote Riesen. Die Sterne unten links dagegen leuchten trotz hoher Oberflächentemperatur nur schwach, müssen also kleine Oberflächen haben. Man nennt sie Weiße Zwerge. ↑3

Bei den Sternen auf der Hauptreihe wächst die Energieabgabe mit zunehmender Temperatur noch stärker, als man erwarten sollte.

Das ist nur möglich, wenn nicht nur ihre Temperatur, sondern auch ihre Oberfläche zunimmt.

Die Sterne der Hauptreihe werden „von unten nach oben" immer größer. Die heißen Hauptreihensterne sind größer als die kühleren.

Die Masse der Sterne Haben heiße Hauptreihensterne auch größere Massen als kühlere? Die Antwort auf diese Frage kann dem HRD nicht entnommen werden. Vielmehr müssen die Sternmassen zusätzlich gemessen werden – eine im Allgemeinen sehr schwierige Aufgabe.
Bei Doppelsternen, die einander aufgrund ihrer gegenseitigen Anziehung umkreisen, ist es jedoch manchmal möglich, die Masse ganz ähnlich wie bei der Sonne zu bestimmen. Dazu misst man die Umlaufzeiten und Abstände und setzt sie in das 3. keplersche Gesetz ein.
Bei den Sternen der Hauptreihe, deren Masse man auf diese Weise bestimmen konnte, fand man tatsächlich, dass ihre Masse von rechts unten nach links oben, insgesamt etwa um den Faktor 60, immer größer wird. ↑4

Die Masse der Hauptreihensterne nimmt von unten nach oben mit größer werdender Energiestromstärke zu.

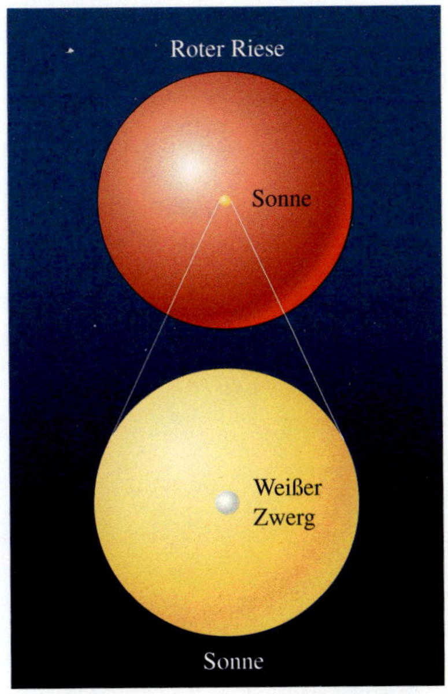

3 Größenvergleich zwischen Roten Riesen, Sonne und Weißen Zwergen

Die Lebensdauer von Sternen Es hat sich gezeigt, dass ein Hauptreihenstern, der doppelt so schwer wie die Sonne ist, eine etwa 14-mal so große Energiestromstärke erzeugt. Ein 10-mal so schwerer Stern strahlt sogar heller als 6000 Sonnen!

Wenn von Sternen die Energiestromstärken und Massen bekannt sind, können, ganz ähnlich wie bei der Sonne (↑S. 269), ihre Lebensdauern abgeschätzt und miteinander verglichen werden: Ein Hauptreihenstern mit doppelter Masse der Sonne strahlt seine Energie fast 14-mal so schnell ab wie die Sonne. Sein „Brennstoffvorrat" ist aber nur doppelt so groß. Die Sonne wird also etwa 7-mal so lange leuchten können. Der Energievorrat eines 10-mal so schweren Sterns wird sogar 60-mal so schnell verbraucht sein. ↑4

Die „Lebensdauer" von Sternen der Hauptreihe nimmt mit zunehmender Masse – trotz größeren Energievorrats – ab.

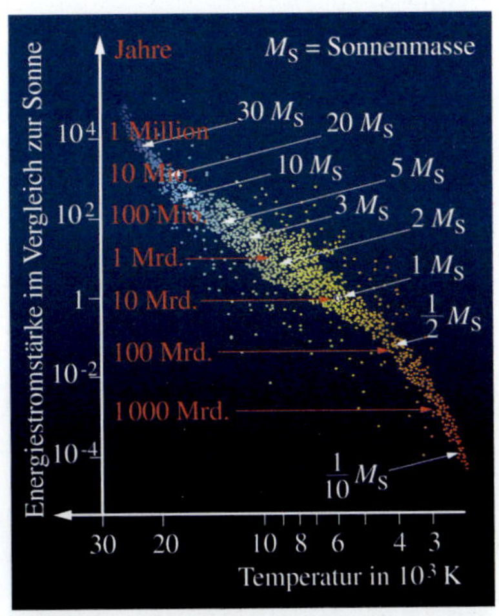

4 Masse und „Lebensdauer" der Hauptreihensterne

Die Sterne am oberen Ende der Hauptreihe müssen also verhältnismäßig „jung" sein; sie können längst nicht so lange leuchten wie die Sonne. Damit hat das HRD einen ersten Blick auf die zeitliche Entwicklung von Sternen erlaubt. Lassen sich auch Aussagen über Alter und „Lebensweg" der anderen Sterne machen?

Aufgaben

1 Begründe, dass zwei Sterne, die dieselbe Oberflächentemperatur, aber verschiedene wahre Helligkeiten haben, verschieden groß sein müssen. Welcher der beiden ist größer?

2 Begründe, dass zwei Sterne, die gleich hell leuchten, aber unterschiedliche Oberflächentemperatur haben, verschieden groß sein müssen. Welcher der beiden ist der größere?

1 Kugelsternhaufen M13 im Herkules

GRUNDLAGEN: Der Lebenslauf der Sterne

Sternhaufen – Gruppen gleich alter Sterne Bei Sternhaufen besteht Grund zu der Annahme, dass alle zugehörigen Sterne gleichzeitig entstanden sind: Die Sterne solcher Haufen stehen viel dichter zusammen als die Sterne in der Umgebung der Sonne. Und sie bewegen sich gleich schnell und in dieselbe Richtung. ↑1

Sterne entstehen dadurch, dass sich Gas- und Staubwolken im Weltall aufgrund ihrer Gravitationswechselwirkung zusammenziehen und dadurch erwärmen. Wenn die Temperatur in ihrem Zentrum so groß geworden ist, dass die schnellsten Wasserstoffkerne ihre gegenseitige elektrische Abstoßung überwinden können, „zündet“ die Kernfusion, das sogenannte Wasserstoffbrennen, und es stellt sich ein Gleichgewicht zwischen den nach innen gerichteten Gravitationskräften und den nach außen gerichteten Druckkräften ein. Wegen der großen Ergiebigkeit des Wasserstoffbrennens dauert dieser Zustand sehr lange. Deshalb befinden sich die Sterne die weitaus längste Zeit ihres Leuchtens in einem Zustand, der im HRD einem Punkt auf der Hauptreihe entspricht.

Die Sterne der Hauptreihe erzeugen ihre Energie durch die Fusion von Wasserstoff zu Helium.

Die HRDs von Sternhaufen zeigen und Modellrechnungen bestätigen die weitere Entwicklung: Wenn der Wasserstoffvorrat im Zentrum zu Ende geht, zieht sich der Kern zusammen. Dabei erhitzt er sich weiter und überhitzt die darüberliegende Schicht, in der noch genügend Wasserstoff für die Fusion vorhanden ist. Dadurch bläht sich die gesamte äußere Hülle des Sterns auf. Da dazu wegen der Gravitation Energie nötig ist, kühlt sie sich dabei ab: Der Stern verlässt die Hauptreihe nach oben und wird zum Roten Riesen. ↑2, 3

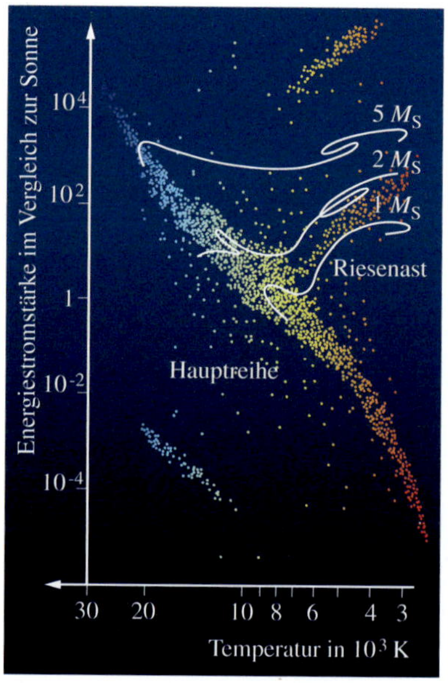

2 Entwicklungswege von Sternen unterschiedlicher Masse im HRD

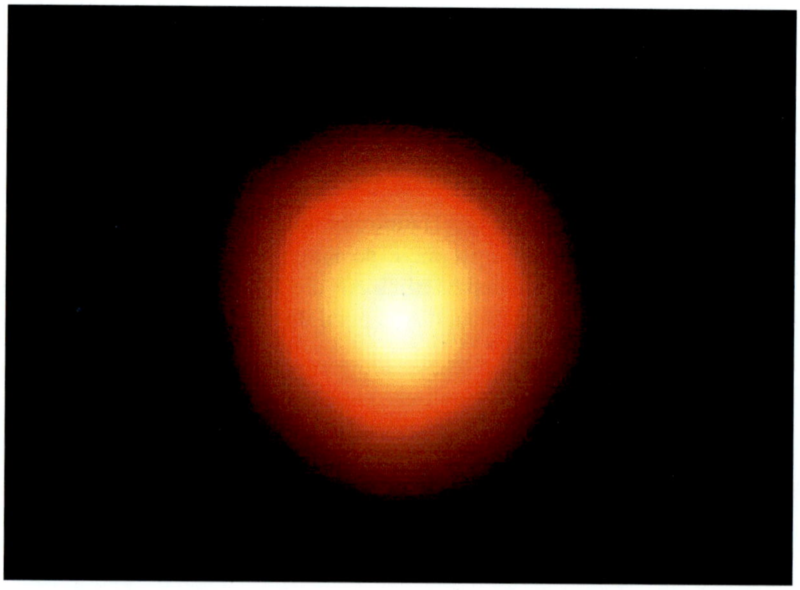

3 Der Stern Beteigeuze ist so groß, dass das Hubble-Weltraumteleskop seine Größe fotografieren konnte.

Im Zentrum steigt die Temperatur weiter und wird schließlich bei 10^8 K so groß, dass andere Kernreaktionen zünden. Damit kündigt sich das Ende des Sterns an, bei dem die äußeren Schichten abgeblasen werden. ↑4
Massereiche Sterne beenden die anschließende Kontraktionsphase mit einer Supernova-Explosion. ↑5

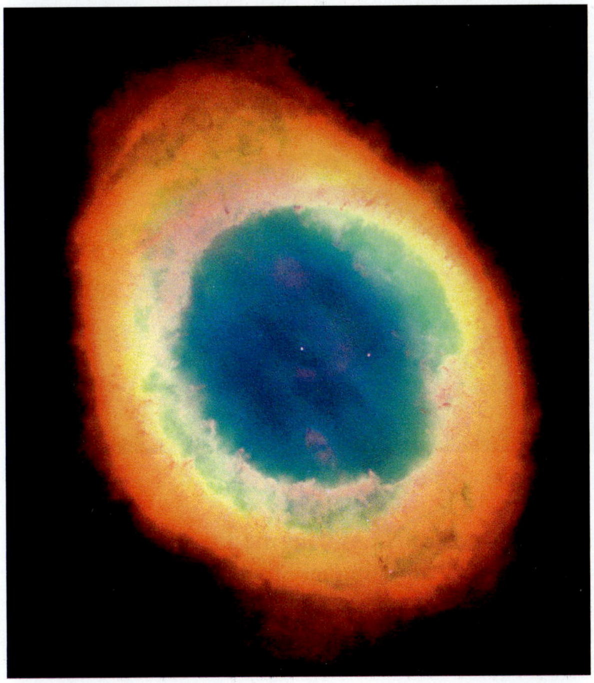

4 Ein Weißer Zwerg im Zentrum der von ihm abgestoßenen Sternhülle

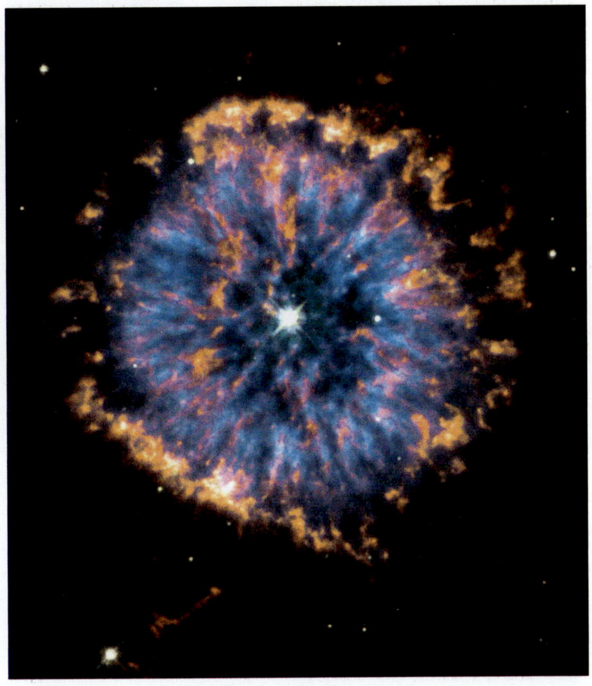

5 Supernova-Explosion

Übrig bleibt ein Neutronenstern. Wenn die Masse des Sterns sehr groß war, stürzt der Stern sogar zu einem *Schwarzen Loch* zusammen. An seiner Oberfläche ist die Gravitationsanziehung so groß, dass selbst Licht ihm nicht entkommen kann.

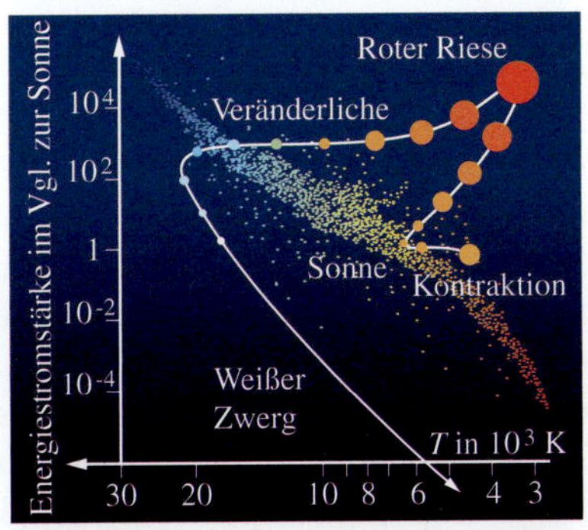

6 Der Lebensweg der Sonne

Vergangenheit und Zukunft der Sonne und der Erde Das Sonnensystem hat sich durch Kontraktion einer Gas- und Staubwolke gebildet. Das Zentrum hat sich dabei erhitzt und wahrscheinlich vor etwa 5 Milliarden Jahren das Wasserstoffbrennen gezündet. Die Sonne hat knapp die Hälfte ihrer Lebenszeit hinter sich. In etwa 5 Milliarden Jahren wird sie die Hauptreihe nach oben rechts verlassen und sich zu einem Roten Riesen aufblähen. In 8 Milliarden Jahren wird sie etwa 100-mal so groß wie heute sein. Ihre Energiestromstärke wird etwa 2000-mal so groß wie heute, aber ihre Oberflächentemperatur um 1800 K niedriger sein. Wegen ihrer relativ geringen Masse wird nur eine weitere Kernreaktion, das sogenannte Heliumbrennen, zünden, bei der sich Kohlenstoff- und Sauerstoffkerne bilden. Nachdem diese beiden Kernreaktionen zu Ende sind, wird sich die Sonne zu einer kleinen, sehr dichten Kugel, einem Weißen Zwerg, zusammenziehen, der allmählich auskühlt. ↑6
Lange bevor die Sonne ihre größte Ausdehnung erreicht hat, werden auf der Erde alle Ozeane verdampft und alles Leben erloschen sein. ↑7

7 Die Sonne geht als Roter Riese über der toten Erde auf.

Aus der Forschung Die Galaxis und ihr Zentrum

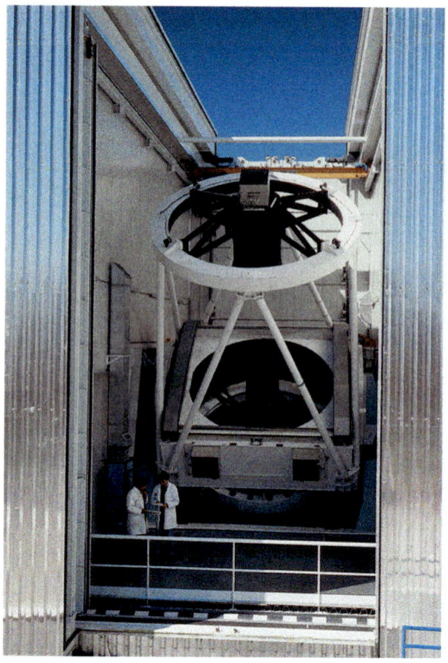

1 NTT

2 ADAM ELSHEIMER, Die Flucht nach Ägypten (1609)

Zeitungsmeldung am 13. Oktober 1997:
Schwarzes Loch *im Zentrum der Milchstraße entdeckt! Mit dem New Technology Telescope (NTT) der Europäischen Südsternwarte in La Silla, Chile, wurden in den letzten Jahren erstmals die Bewegungen von Sternen im Zentrum der Milchstraße vermessen. Die Auswertungen haben jetzt ergeben, dass sich die Sterne wie Planeten um ein Schwarzes Loch bewegen, dessen Masse etwa so groß ist wie die von 3 700 000 Sonnen.* ↑1

Tatsächlich handelte es sich bei der Entdeckung nur um den letzten Schritt einer Jahrhunderte dauernden Suche nach dem galaktischen Zentrum, an deren Anfang die Erkenntnis gestanden hatte, dass die Milchstraße die Innenansicht eines gewaltigen Sternsystems darstellt und dass unser Sonnensystem ein winziger Teil dieses Sternsystems nahe an seinem Rand ist.
In der Antike wurde das helle Band der Milchstraße am Sternenhimmel für eine Erscheinung in der Atmosphäre gehalten. Erst mit Erfindung des Fernrohrs wurde es möglich zu erkennen, dass sie von unendlich vielen Sternen gebildet wird.

Das Gemälde „Die Flucht nach Ägypten" zeigt die wohl erste Darstellung der Sterne der Milchstraße. Es wurde im Jahre 1609 von ADAM ELSHEIMER gemalt – noch bevor GALILEI seine Fernrohrbeobachtungen 1610 veröffentlichte. ↑2

Bereits KANT kam 1755 auf die Idee, dass die nebelartigen Flecke am Himmel Sternsysteme sind und die Milchstraße die Innenansicht eines solchen Sternsystems darstellt. Aber zunächst war völlig unklar, welche Form unsere Galaxis hat und in welcher Richtung und Entfernung ihr Zentrum zu suchen ist. Zwar gelang es WILLIAM HERSCHEL, durch systematische Sternzählungen die ungefähre Gestalt der Galaxis herauszufinden: Dazu nahm er an, dass sich die Sonne im Zentrum befindet und die Galaxis in der Richtung am dicksten ist, in der die Sterne am dichtesten stehen. Aber erst 1918 fand HARLOW SHAPLEY die Richtung zum galaktischen Zentrum und seine ungefähre Entfernung. Dazu vermaß er sehr genau Richtung und Entfernung von Kugelsternhaufen und nahm an, dass sie eine kugelförmige Hülle (einen „Halo") um unsere Galaxis bilden, deren Mittelpunkt mit dem der Galaxis übereinstimmt. Diese Annahme erwies sich später als richtig. ↑3

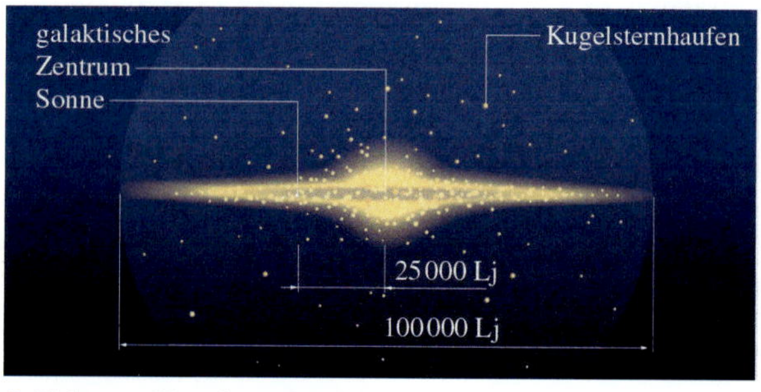

3 Halo aus Kugelsternhaufen

Allerdings konnte die genaue Entfernung erst 1975 bestimmt werden. Durch diese Messungen wurde die Sonne, und mit ihr die Menschen, noch weiter aus dem Zentrum der Welt gewiesen: *Unser Sonnensystem ist etwa 25 000 Lichtjahre vom Zentrum unserer Galaxis entfernt, die einen Durchmesser von ungefähr 100 000 Lichtjahren hat.*

In den 1960er Jahren wurden Quellen intensiver Radiostrahlung am Himmel entdeckt. Als sich herausstellte, dass es sich um die am weitesten entfernten Objekte im Universum handelt (über 10 Milliarden Lichtjahre!), erkannte man ihre ungeheure Energieabstrahlung:
Sie strahlen bis zu 1000-mal so viel Energie ab wie ganze Galaxien, und das aus einem Gebiet, das winzig im Vergleich zu der Größe von Galaxien ist. Man nennt sie deshalb **Quasare** (quasistellare Radioquellen) und vermutet, dass es sich um die extrem leuchtkräftigen Kerne junger Galaxien handelt, in denen ein Schwarzes Loch durch sein enormes Gravitationsfeld Gas und Staub aus seiner Umgebung aufsammelt. Diese werden dadurch auf riesige Temperaturen aufgeheizt und strahlen gewaltige Mengen an Energie ab, bevor sie in dem Schwarzen Loch verschwinden.
Seit dieser Entdeckung vermutet man auch im Zentrum heutiger Galaxien Schwarze Löcher.

1951 entdeckte man eine starke Radioquelle in unmittelbarer Nähe des galaktischen Zentrums, deren Kern sich 1957 als punktförmig erwies. Wenn es sich dabei um ein Schwarzes Loch handelt, muss man seine Masse dadurch bestimmen, dass man die Bewegung von Sternen vermisst, die das Schwarze Loch wie Planeten die Sonne umlaufen. Zum Glück ist der Staub, der das galaktische Zentrum für Beobachtungen mit sichtbarem Licht unsichtbar macht, für infrarotes Licht durchlässig. Von 1991 an konnten von La Silla (Chile) aus Infrarotaufnahmen der unmittelbaren Umgebung des galaktischen Zentrums gewonnen werden. ↑4, 5
Misst man auf diesen Bildern die Sternpositionen aus, dann werden die Bewegungen der Sterne deutlich. Genaue Auswertung der Bilder ergibt die in Bild ↑6 dargestellten Bahnen.
Sie zeigen, dass sich alle Sterne auf Ellipsenbahnen bewegen, die alle einen Brennpunkt gemeinsam haben. *Das ist die Position des Schwarzen Lochs im Zentrum unserer Galaxis.* Seine Masse ergibt sich zu 2 900 000 Sonnenmassen!

1 Warum ist es erstaunlich, dass das Bild „Die Flucht nach Ägypten" bereits 1609 gemalt wurde?

2 Alle mit bloßem Auge am Himmel zu sehenden Sterne sind Mitglieder unserer Galaxis. Wie verträgt sich diese Aussage mit der Scheibenform der Galaxis?

3 Ein Blick zum Sternenhimmel ist immer auch ein Blick in die Vergangenheit. Begründe diese Aussage. Warum kann man das HRD der Sterne der Milchstraße trotzdem als „Momentaufnahme" betrachten?

4 Warum werden Quasare für die Kerne „junger" Galaxien gehalten und warum sucht man seit ihrer Entdeckung in den Zentren „heutiger" Galaxien nach Schwarzen Löchern?

4 Infrarotaufnahme des galaktischen Zentrums. Die kleinen Pfeile zeigen auf das Schwarze Loch.

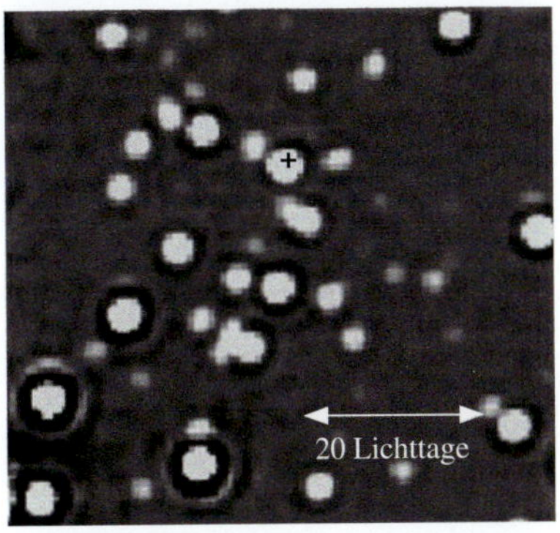

5 Detail von Bild 4

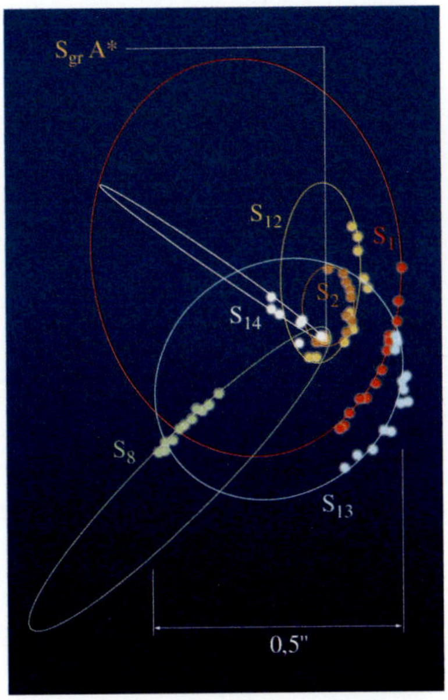

6 Extrapolierte Sternbewegungen um das galaktische Zentrum

Die zeitliche Entwicklung des Universums

Lange belichtete Himmelsaufnahmen großer Teleskope zeigen Galaxien unterschiedlichster Form und Farbe. Anders als bei Sternen hängt die Farbe von Galaxien mit ihrer Entfernung zusammen. Was erzählen uns diese Bilder über die Vorgänge im Weltall und über die Größe und das Alter des Universums?

1

Durch die Untersuchung der Sternentwicklung ist bekannt, dass das Sonnensystem – und damit auch das Weltall – sehr alt und sehr groß ist. Fast alle Vorgänge im Universum dauern im Vergleich zu einem Menschenleben fast unendlich lange. Wenn wir aber die gewaltigen Entfernungen berücksichtigen und voraussetzen, dass die Vorgänge im Weltall denselben physikalischen Gesetzen folgen, die auch auf der Erde gelten, dann erkennen wir auf den Himmelsfotos Bewegungen mit ungeheuren Geschwindigkeiten, Kräfte unvorstellbarer Größe und Materie, die kein Teleskop zeigen, aber auch kein anderer Detektor registrieren kann.

2 Zusammenprall zweier Galaxien

3 Die Mitglieder eines Galaxienhaufens sind durch Gravitation aneinandergebunden. (Das Bild zeigt den Virgo-Haufen.)

GRUNDLAGEN: Galaxiendynamik

Wenn Sterne und Galaxien den bekannten physikalischen Gesetzen gehorchen, können wir aus dem Licht, das wir von ihnen empfangen, auf ihre Eigenschaften schließen, z. B. auf ihre Temperatur, ihre chemische Zusammensetzung, ja sogar auf ihre Bewegung. Und die Galaxien müssen sich, ebenso wie ihre Sterne, nach dem newtonschen Gravitationsgesetz gegenseitig anziehen. Diese Anziehung führt dazu, dass Galaxien zusammenstoßen oder in Galaxienhaufen aneinandergebunden bleiben. ↑2, 3
Nur die schnelle Bewegung der Galaxien in Haufen verhindert, dass diese Haufen in sich zusammenstürzen. Auch einzelne Galaxien entgehen dem Gravitationskollaps nur durch die schnelle Bewegung ihrer Materie. Bei den Spiralgalaxien erkennen wir deshalb eine gemeinsame Rotation um den Mittelpunkt. ↑4

4 Spiralgalaxie

Allerdings führt der Versuch, die Rotation mit der Gravitationsanziehung zu erklären (wie den Planetenlauf um die Sonne), zu Widersprüchen: Entweder muss das Gravitationsgesetz bei solchen Abständen falsch sein, oder es muss eine bisher unbekannte Sorte von Materie geben.
Der Name **Dunkle Materie** verschleiert nur unvollkommen, dass Astronomen und Physiker bisher so gut wie nichts darüber wissen, ja nicht einmal ganz sicher sein können, dass es diese unsichtbare Materie wirklich gibt.
Je röter Galaxien aussehen, desto lichtschwächer erscheinen sie uns und als desto weiter entfernt haben sie sich erwiesen. Es hat sich außerdem ergeben, dass es einen Zusammenhang zwischen Entfernung und Geschwindigkeit gibt: Je weiter Galaxien von uns entfernt sind, desto schneller „fliegen" sie von uns fort. Sie müssen in der Vergangenheit wie bei einer Explosion auseinandergeflogen sein. Den Zeitpunkt dieses **Urknalls** kann man durch Rückwärtsrechnen bestimmen.
Bei Anwendung des Gravitationsgesetzes auf die „Fluchtbewegung" der Galaxien stoßen die Astronomen in den letzten Jahren allerdings auf sehr ernste Schwierigkeiten: Messungen weisen immer deutlicher darauf hin, dass sie nicht langsamer, sondern im Gegenteil immer schneller wird. Noch haben die Astronomen keine Vorstellung, welche Art von „Substanz" diese Beschleunigung bewirkt. Aber sie haben schon einen Namen dafür: **Dunkle Energie**.
Und die bekannten physikalischen Gesetze versagen völlig, wenn danach gefragt wird, was vor dem Urknall war.

Aufgaben

1 Nimm an, fast alle Materie einer Spiralgalaxie sei in ihrem Zentrum konzentriert. Die Sterne in den äußeren Armen umlaufen dann das Zentrum unter dem Einfluss der Gravitation dieses Massenzentrums. Warum bleiben dann die Sterne umso weiter zurück, je weiter außen sie umlaufen?

2 Wie müssten sich die Galaxien nach dem Urknall bewegen, wenn sie der „normalen" Gravitation unterlägen?

3 Bei einer Explosion fliegen die Splitter mit verschiedenen Geschwindigkeiten auseinander. Nach der Explosion bleiben die Geschwindigkeiten näherungsweise konstant.
Welchen Zusammenhang zwischen der Geschwindigkeit v der Splitter und ihrem Abstand d vom Explosionszentrum gibt es dann zu einem beliebigen Zeitpunkt t_0 nach der Explosion?

Aus der Geschichte EINSTEIN und die Relativitätstheorie

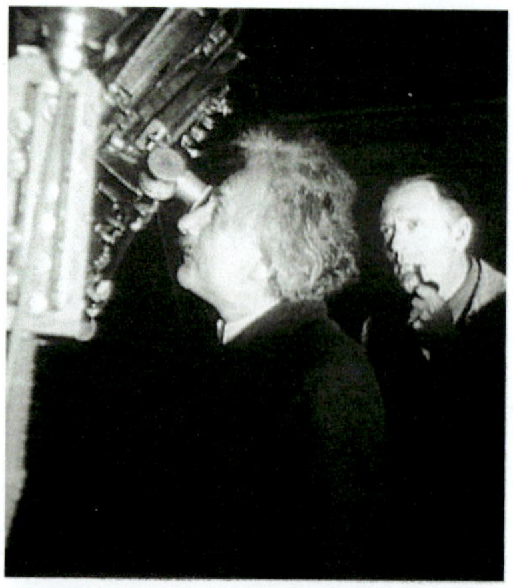

1 ALBERT EINSTEIN blickt durch das 2,5-m-Teleskop im Mt.-Wilson-Observatorium, an dem EDWIN HUBBLE (im Hintergrund) die Flucht der Galaxien beobachtet hatte.

Im Jahre 1905 veröffentlichte ALBERT EINSTEIN als junger, noch völlig unbekannter Physiker einen Aufsatz mit dem Titel „Zur Elektrodynamik bewegter Körper". Er enthält die Grundideen seiner **Speziellen Relativitätstheorie**, die unsere Vorstellungen von Raum und Zeit dadurch revolutionierte, dass sie zeigte, dass Raum und Zeit eng miteinander zusammenhängen: Die Ergebnisse von Zeit- und Längenmessungen zweier Beobachter hängen davon ab, wie schnell sie sich gegeneinander bewegen. Zu diesem Ergebnis war EINSTEIN gekommen, indem er die Konsequenzen von sehr einfach klingenden Postulaten konsequent logisch durchdachte.
In seinen eigenen Worten: ... *die mißlungenen Versuche, eine Bewegung der Erde relativ zum „Lichtmedium" zu konstatieren, führen zu der Vermutung, daß dem Begriffe der absoluten Ruhe nicht nur in der Mechanik sondern auch in der Elektrodynamik keine Eigenschaften entsprechen, sondern daß vielmehr für alle Koordinatensysteme, für welche die mechanischen Gleichungen gelten, auch die gleichen elektrodynamischen und optischen Gesetze gelten […]. Wir wollen diese Vermutung (deren Inhalt im folgenden „Prinzip der Relativität" genannt werden wird) zur Voraussetzung erheben und außerdem die mit ihm nur scheinbar unverträgliche Voraussetzung einführen, daß sich das Licht im leeren Raum stets mit einer bestimmten, vom Bewegungszustande des emittierenden Körpers unabhängigen Geschwindigkeit V fortpflanze.*
Oder kürzer formuliert:

1. Absolute gleichförmige Bewegung kann nicht festgestellt werden.
2. Die Lichtgeschwindigkeit im Vakuum ist unabhängig von der Bewegung der Lichtquelle.

EINSTEIN zeigte, dass sich aus diesen Postulaten Folgerungen ergeben, die der Erfahrung zu widersprechen scheinen, die jedoch in den folgenden Jahren an sehr schnellen Teilchen mit zunehmender Genauigkeit bestätigt wurden:

1. Ereignisse an weit voneinander entfernten Orten, die für einen Beobachter gleichzeitig sind, treten für einen sich bewegenden Beobachter zu unterschiedlichen Zeiten ein. **(Relativität der Gleichzeitigkeit)**
2. Wenn man die Länge von sich bewegenden Körpern misst, erweisen sie sich als umso kürzer, je schneller sie sich bewegen. **(Längenkontraktion)** ↑2
3. Uhren gehen immer langsamer, je schneller sie sich bewegen. **(Zeitdilatation)**

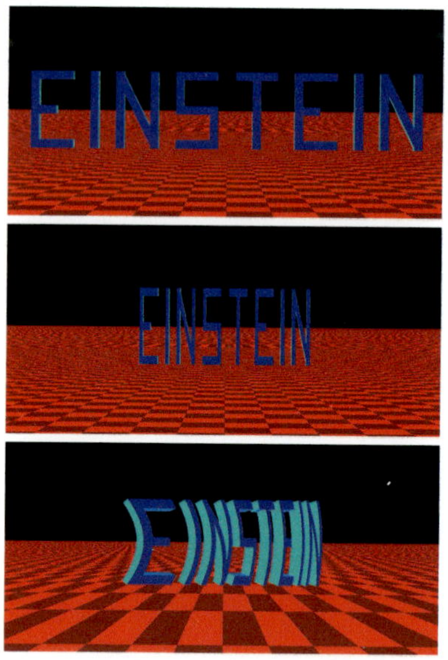

2 Ein Schriftzug (oben) bewegt sich mit 90 % der Lichtgeschwindigkeit nach rechts. Das Bild in der Mitte zeigt das Ergebnis einer Längenmessung. Wenn man fotografiert, erhält man das Bild unten: Die Buchstaben erscheinen verzerrt, weil das Licht von den verschiedenen Stellen unterschiedlich lange zur Kamera braucht.

Noch in demselben Jahr 1905 veröffentlichte EINSTEIN eine Arbeit, in der er eine weitere Folgerung aus seinen Postulaten zog und den Schlüssel zum Verständnis der Energieerzeugung in Sternen lieferte.
Die Masse eines Körpers ist ein Maß für dessen Energieinhalt; ändert sich die Energie um L, so ändert sich die Masse in demselben Sinne um L/c^2.
In moderner Schreibweise: $\Delta E = \Delta m \cdot c^2$.
Erst in den 1930er Jahren gelang es, diese fundamentale Erkenntnis experimentell zu bestätigen. Damals stellte man fest, dass Atomkerne, die aus Protonen und Neutronen aufgebaut sind, leichter sind als die Bausteine, aus denen sie zusammengesetzt sind.

In den folgenden zehn Jahren bis 1915 erweiterte Einstein seine Theorie zur **Allgemeinen Relativitätstheorie**, in der er seine Ergebnisse auf beschleunigte Bewegungen ausdehnte und zeigte, dass die Struktur von Raum und Zeit durch die Gravitation, also durch die Körper im Raum, geprägt werden. Ausgangspunkt seiner Überlegungen war folgendes Gedankenexperiment:

Ein Mensch, der beobachtet, dass alle Gegenstände in seiner Umgebung beschleunigt hinunterfallen, kann nicht entscheiden, ob diese Gegenstände von einem Körper außerhalb seines Labors durch Gravitation angezogen werden oder ob er sich in einer beschleunigenden Rakete befindet, in der sich selbst überlassene Körper zurückbleiben. ↑3

Bereits 1907 formulierte Einstein diese Überlegung als **Äquivalenzprinzip**: *Wir wollen daher im Folgenden die völlige physikalische Gleichwertigkeit von Gravitationsfeld und entsprechender Beschleunigung des Bezugssystems annehmen.*

Er konnte allein aus dieser Annahme mithilfe eines weiteren Gedankenexperiments ableiten, dass Licht in der Nähe von schweren Körpern auf gekrümmten Bahnen läuft:

Licht aus einer horizontal gehaltenen Taschenlampe wird in einem nach oben beschleunigten Raum gegenüber der Beschleunigung zurückbleiben und die gegenüberliegende Wand zu tief treffen. Aufgrund des Äquivalenzprinzips muss dasselbe geschehen, wenn sich der Raum in der Nähe eines schweren Körpers, z. B. also auf der Erde, befindet. ↑4

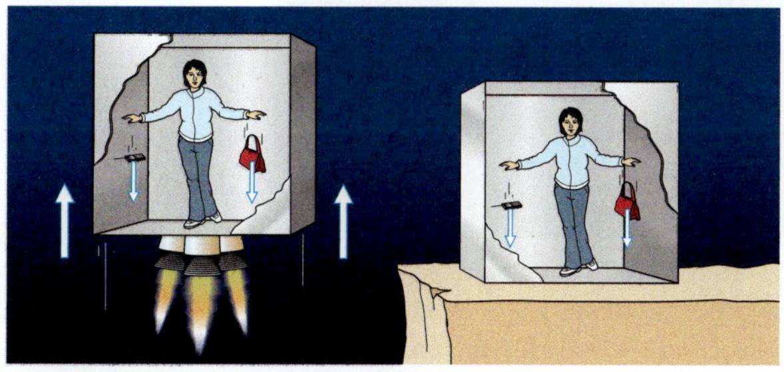

3 Beschleunigung und Schwerkraft sind nicht zu unterscheiden.

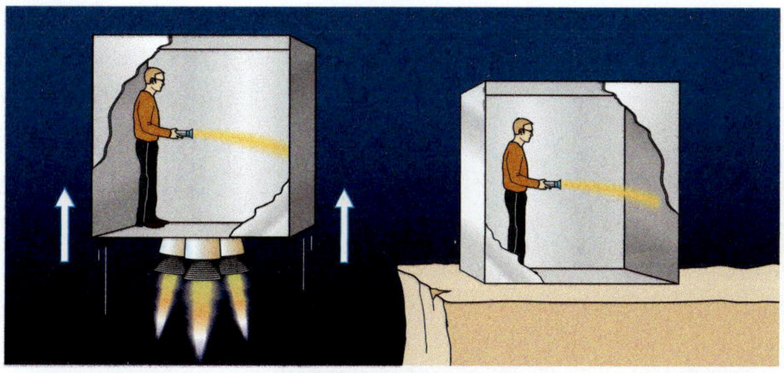

4 Lichtablenkung durch Beschleunigung und Gravitation

In ähnlicher Weise leitete Einstein ab, dass die Zeit bei starker Schwerkraft langsamer verläuft und dass Lichtwellen in der Nähe schwerer Körper in die Länge gezogen, die Farbe des Lichts nach Rot verschoben wird (Gravitationsrotverschiebung). Da diese Effekte aber sehr klein sind, erschien eine experimentelle Bestätigung dieser Vorhersagen aussichtslos.

Einstein wurde auf einen Schlag weltberühmt, als es bei einer Sonnenfinsternis im Jahre 1919 gelang, die Lichtablenkung in der Nähe der Sonne nicht nur nachzuweisen, sondern sogar zu zeigen, dass Einstein die Größe des Effekts richtig vorhergesagt hatte. ↑5, 6

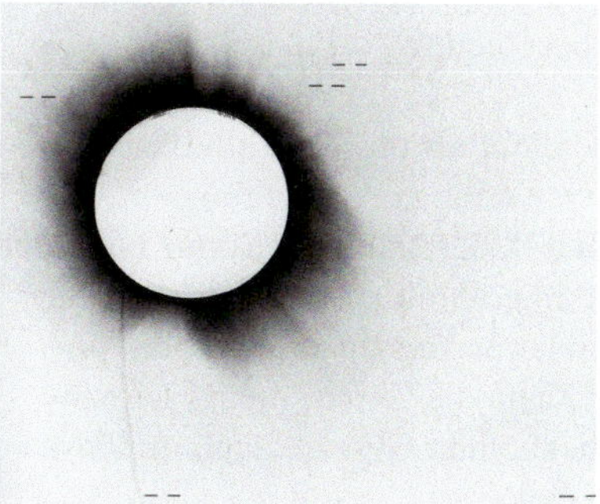

5 Negativ vom Originalfoto der Sonnenfinsternis 1919. Die Striche markieren einige der Umgebungssterne.

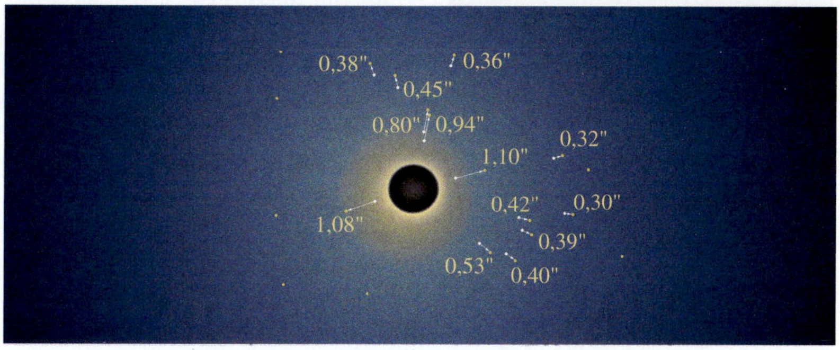

6 Das Licht von einem Stern wird durch die Gravitationskraft der Sonne abgelenkt. Dadurch sieht man den Stern in einer anderen Position.

Aus der Geschichte EINSTEIN und die Relativitätstheorie

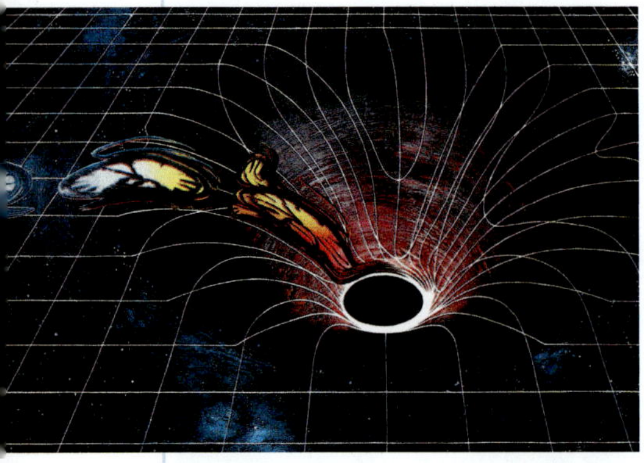

1 In der Umgebung eines schweren Körpers wird der Raum gekrümmt und die Zeit gedehnt. Hier ist ein Schwarzes Loch künstlerisch dargestellt, dem auch Licht nicht mehr entkommen kann.

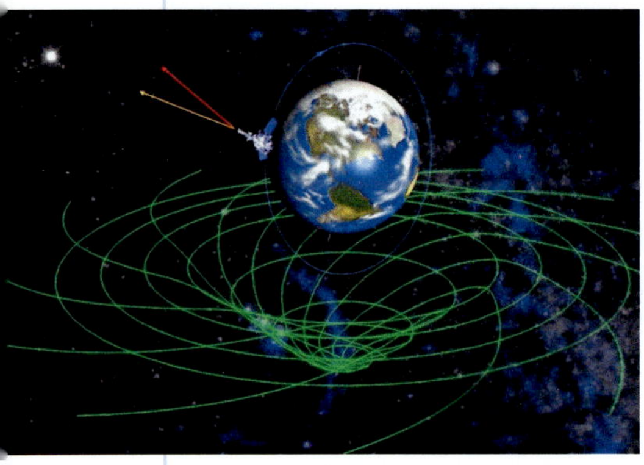

2 Auch in der Umgebung der Erde wird der Raum etwas gekrümmt und die Zeit gedehnt. Der 2006 gestartete Satellit „Gravity Probe B" soll diese „Krümmung der Raumzeit" vermessen.

3 In sehr großem Maßstab sind die Galaxien im Kosmos fast gleichmäßig verteilt – wie die Teilchen eines Gases.

NEWTONS Gravitationstheorie liefert einfache mathematische Zusammenhänge für die Kräfte zwischen Körpern, aus denen die Bewegungen der Körper relativ einfach abgeleitet werden können. Im Gegensatz dazu ist die Lösung von EINSTEINS Feldgleichungen eine anspruchsvolle mathematische Aufgabe. Diese Gleichungen beschreiben, wie sich Raum und Zeit durch die Anwesenheit von Massen verändern. In der Nähe eines großen Himmelskörpers ist z. B. die Struktur des Raumes so, dass der Durchmesser eines Kreises im Vergleich zum Umfang viel länger ist als gewöhnlich. Man veranschaulicht diese schwer verständliche Eigenschaft des dreidimensionalen Raumes durch eine zweidimensionale Membran, die durch einen schweren Körper eingedellt wird. Man sagt deshalb, der Raum sei gekrümmt. Und die Gravitationsanziehung zwischen zwei Körpern kommt durch diese Raumkrümmung zustande. ↑1, 2

EINSTEIN suchte lange nach einer Lösung, die ein statisches Universum beschreibt, das sich trotz der vielen Himmelskörper nicht zusammenzieht. Dabei setzte er voraus, dass die Materie gleichmäßig im Raum verteilt ist. Diese Voraussetzung ist tatsächlich immer besser erfüllt, je größer das betrachtete Volumen ist. ↑3
EINSTEIN fand tatsächlich eine solche Lösung. Sie erwies sich jedoch als nicht stabil: Die Sterne und Galaxien beginnen im Laufe der Zeit, sich aufgrund der Schwerkraft langsam aufeinander zuzubewegen. Anfang der 1920er Jahre fand der russische Astronom ALEXANDER FRIEDMANN heraus, dass die Feldgleichungen auch ein Universum zulassen, das sich ausdehnt. Die Auseinandersetzung um die „richtige" Lösung blieb jedoch graue Theorie, bis EDWIN HUBBLE 1929 nachwies, dass sich fast alle Galaxien von unserer Milchstraße entfernen, und zwar umso schneller, je weiter sie entfernt sind.
Die statische Lösung EINSTEINS und das expandierende Modell von FRIEDMANN bilden auch heute noch die Grundlage der modernen Kosmologie. In diesen Modellen wird die Expansion aufgefasst als das Auseinanderfließen einer gleichmäßig verteilten Flüssigkeit, in der die Galaxien „schwimmen" wie Staubteilchen in Wasser. Wenn sich der mittlere Abstand der Glaxien nicht ändert, ist das Universum statisch, wenn er zunimmt, expandiert das Universum.

Heute sind alle Astronomen davon überzeugt, dass das Universum expandiert. In den letzten Jahren deuten sogar immer mehr Messergebnisse darauf hin, dass diese Expansion in der Vergangenheit langsamer war, also trotz der Gravitationsanziehung sogar beschleunigt wird.

1 Wie kann es sein, dass Atomkerne leichter als die Teile sind, aus denen sie aufgebaut sind?
2 Was hat die Verschiebung von Sternen in der Nähe der Sonne bei einer Sonnenfinsternis mit der Lichtablenkung durch große Massen zu tun?
3 Wie kann man verstehen, dass die Galaxien auseinanderfliegen, obwohl sie sich gegenseitig anziehen? Kann die Expansionsgeschwindigkeit konstant bleiben, wenn die bekannten Gesetze auch im Kosmos Gültigkeit haben?

GRUNDLAGEN: Galaxienflucht und die Expansion des Universums

Die Galaxien unserer kosmischen Umgebung bewegen sich in unterschiedlichste Richtungen. 1929 entdeckte EDWIN HUBBLE, dass sich dieser Bewegung eine Bewegung von uns weg überlagert, deren Geschwindigkeit umso größer ist, je weiter die Galaxien von uns entfernt sind. Nach diesem Effekt, den man heute den **Hubble-Effekt** nennt, war intensiv gesucht worden, weil er durch eine bestimmte Lösung der einsteinschen Gleichungen der Allgemeinen Relativitätstheorie vorhergesagt wurde.

Deshalb stellte HUBBLE die folgende Vermutung auf, obwohl die Entfernungsmessungen sehr schwierig, die Ergebnisse zunächst nicht sehr zuverlässig waren: Fast alle Galaxien entfernen sich von uns. Ihre „Fluchtgeschwindigkeit“ ist proportional zu ihrer Entfernung.

4 EDWIN POWELL HUBBLE (1889–1953)

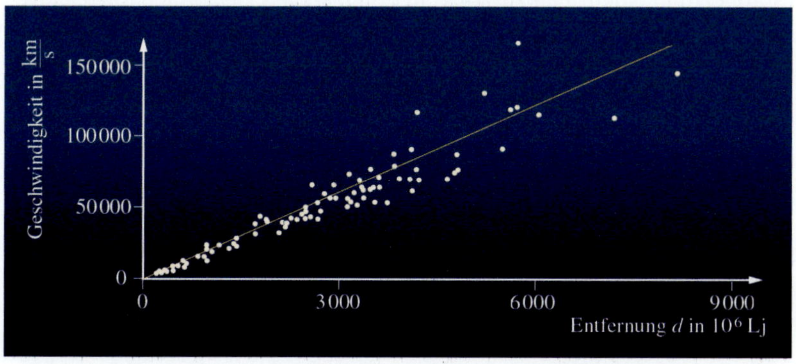

5 Zusammenhang zwischen den Geschwindigkeiten der Sternsysteme und den Entfernungen dieser Systeme vom Milchstraßensystem

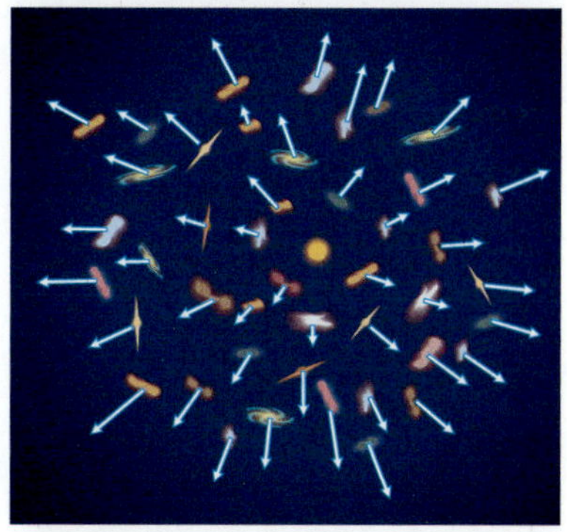
6 Galaxienflucht

Diese Vermutung ist seitdem für immer größere Entfernungen bestätigt worden. Man bezeichnet sie deshalb heute als **Hubble-Gesetz:** $v = H \cdot d$. Die Proportionalitätskonstante H ist die **Hubble-Konstante**. Sie ist heute einer der wichtigsten Parameter der Kosmologie: Wenn man ihren Wert kennt, kann man die Entfernung der entferntesten Galaxien berechnen, wenn man ihre Geschwindigkeit gemessen hat.

Der Wert der Hubble-Konstante beträgt etwa $H \approx 21 \frac{\text{km/s}}{10^6\,\text{Lj}}$.

Der Hubble-Effekt scheint zu beweisen, dass unsere Galaxis das Zentrum des Universums ist. Dieser Eindruck aber täuscht: Alle Galaxien entfernen sich *voneinander*, wie die Rosinen im Innern eines gerade aufgehenden Kuchens, und Astronomen in jeder der Galaxien des Universum hätten denselben Eindruck. ↑6, 7

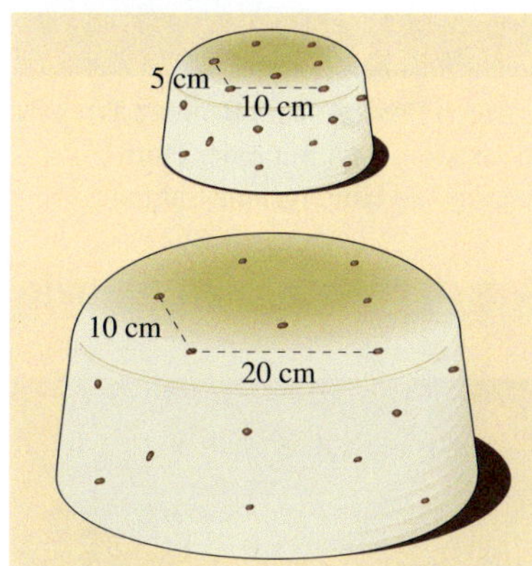

7 „Rosinenflucht“ in einem aufgehenden Kuchen

Aufgaben

1 Wie groß ist die Fluchtgeschwindigkeit von Galaxien, die von unserer Galaxis 10^8 Lichtjahre, $5 \cdot 10^8$ Lichtjahre, 10^9 Lichtjahre, $5 \cdot 10^9$ Lichtjahre entfernt sind?

2 Nimm an, dass sich die Fluchtgeschwindigkeit der Galaxien in der Vergangenheit nicht geändert hat. Zu welchem Zeitpunkt war der Abstand der Galaxien von unserer Galaxis null?

GRUNDLAGEN: Die Bildung der ersten Atome und die 3-K-Hintergrundstrahlung

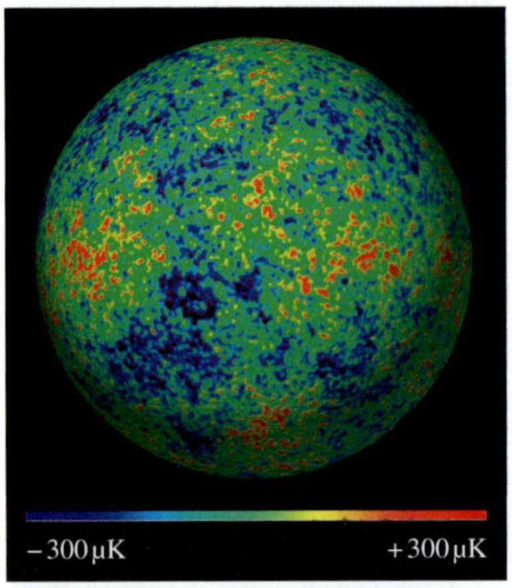

1 Von allen Seiten trifft die 3-K-Strahlung auf die Erde (in der Mitte der Kugel). Die verschiedenen Farben zeigen Temperaturunterschiede von 0,000 01 K.

2 ARNO PENZIAS und ROBERT WILSON entdeckten 1964 mit einer Hornantenne die Hintergrundstrahlung.

Wenn man die Expansion in Gedanken in die Vergangenheit zurückverfolgt, gelangt man zu einem Zeitpunkt, an dem alle Materie ungeheurer dicht konzentriert ist. Das ist der Zeitpunkt des **Urknalls**.
Unmittelbar nach dem Urknall gab es nur eine Art von Kraft und nur eine einzige Art von Teilchen. Aber bereits 10–12 s nach dem Urknall gab es die heute bekannten Kräfte: die Gravitationskraft, die starke Kraft, die elektromagnetische und die schwache Kraft. Als das Universum eine Tausendstelsekunde „alt“ war, löschten sich fast alle Teilchen mit ihren Antiteilchen in einem gewaltigen Lichtblitz auf. (Siehe auch ↑S. 286 f., 288 ff.)
Aus den dabei übrig gebliebenen Teilchen hat sich die heutige Materie im Weltall gebildet: Nach etwa 100 Sekunden hatten sich je drei Quarks zu Protonen und Neutronen zusammengefügt, sodass zusammen mit Elektronen die Bausteine für den späteren Aufbau der Materie vorhanden war.

Allerdings war die Temperatur noch so hoch, dass entstehende Atome sofort wieder zerstört wurden. Erst etwa 300 000 Jahre nach dem Urknall war die Temperatur auf 3000 K gesunken. In diesem Moment war Licht nicht mehr energiereich genug, um sich bildende Wasserstoff- und Heliumatome wieder auseinanderreißen zu können. Es konnte sich deshalb ungehindert zwischen den Atomen ausbreiten: Das Universum wurde durchsichtig. Die Farbe des Lichts entsprach damals der eines 3000 K heißen Körpers. Seitdem hat sich das Weltall ausgedehnt und abgekühlt – und das Licht, das damals den Raum füllte, mit ihm. Es hat heute die Farbe eines Körpers, dessen Temperatur nur noch 2,7 K beträgt, ist unsichtbar und kann nur mit großen Antennen nachgewiesen werden. Diese **3-K-Hintergrundstrahlung** trifft aus allen Richtungen fast gleichmäßig auf die Erde. Als „Echo des Urknalls“ gilt sie heute als wichtigster Beweis für den Urknall. Heute können spezielle Satelliten winzigste Temperaturunterschiede messen. Sie werden als Anzeichen für die ersten Verdichtungen im Weltall interpretiert, aus denen sich später die Galaxien bildeten. ↑1

Aus der Forschung Dunkle Materie und Dunkle Energie

3

Galaxien scheinen über ihre sichtbare Gestalt hinaus überwiegend aus einem mit allen Detektoren dieser Welt nicht nachweisbaren „Material“ zusammengesetzt zu sein, das als *Dunkle Materie* bezeichnet wird und bisher nur in Rechnungen auftaucht:
Wenn man annimmt, die Bewegung der Sterne, des Staubs und der Gase von Spiralgalaxien beruhe allein auf der Gravitationsanziehung der im Zentrum konzentrierten sichtbaren Materie, dann kann man berechnen, wie sich die Rotationsgeschwindigkeit mit zunehmendem Abstand vom Zentrum verändern muss.
Außerhalb der sichtbaren Materie sollte sie wie die Geschwindigkeit der Planeten des Sonnensystems nach dem 3. keplerschen Gesetz abnehmen. Im Gegensatz zu dieser Erwartung zeigen Radiomessungen an Wasserstoffgas jedoch, dass die Geschwindigkeit bis hinaus zu einem Vielfachen des sichtbaren Radius von Galaxien nahezu konstant ist. ↑4

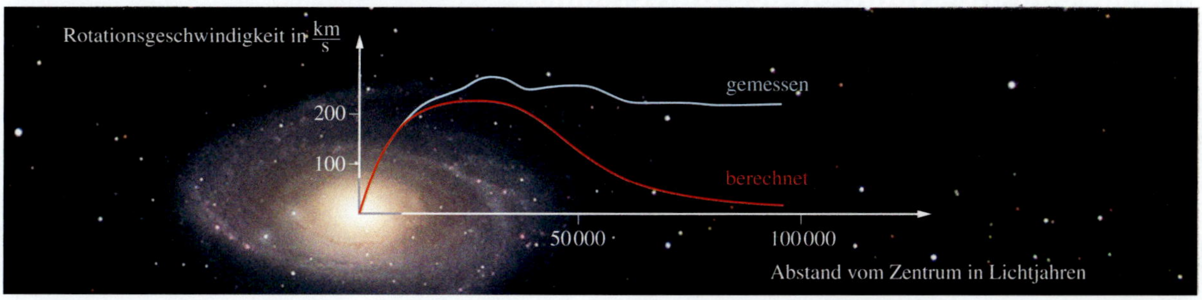

4 Berechnete und gemessene Rotationsgeschwindigkeit des Wasserstoffgases in einer Scheibengalaxie

Verstehen lässt sich dieser Befund, wenn man annimmt, dass solche Galaxien von einer Wolke aus Dunkler Materie umgeben sind, deren Radius sehr viel größer ist als der sichtbare Teil. Die Dunkle Materie ist zwar unsichtbar, übt aber durch Gravitation Kräfte auf die sichtbare Materie aus. Ein weiterer Hinweis auf Dunkle Materie beruht auf der Lichtablenkung durch Gravitation: Liegt zwischen einer fernen Lichtquelle und dem Beobachter eine große Anhäufung von Masse, so wird das Licht wie durch eine Linse abgelenkt. Das kann dazu führen, dass man mehrfache oder stark verzerrte Bilder der Lichtquelle beobachtet. Man spricht in solchen Fällen von *Gravitationslinsen*. ↑5,6

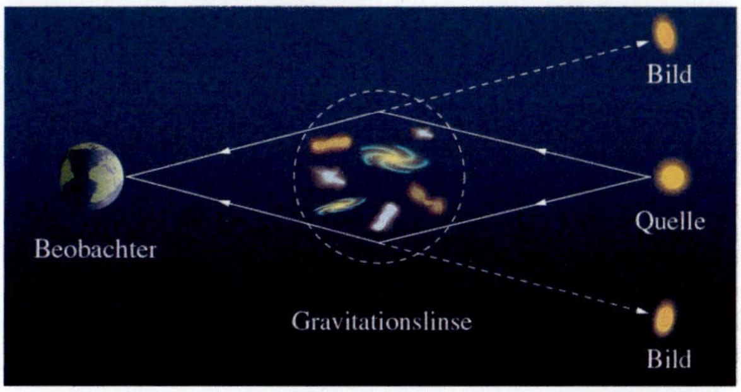

5 Gravitationslinse

Aus diesen Bildern kann man auf die ablenkende Masse schließen. Es zeigt sich, dass sie viel größer ist als die sichtbare Materie. Es gibt Versuche, durch Abänderung der newtonschen Gravitationstheorie die Dunkle Materie – zumindest für Galaxien – überflüssig zu machen. Es sieht zurzeit jedoch so aus, als würde spätestens bei ganz großen Entfernungen kein Weg an der Dunklen Materie vorbei führen. Es wird versucht, sie durch direkte Messsignale nachzuweisen, bisher allerdings ohne Erfolg.

Das Universum dehnt sich trotz der Gravitationsanziehung mit zunehmender Geschwindigkeit aus. Es muss in der Welt also noch etwas geben, das der Gravitation entgegenwirkt – „Antigravitation“. An dieser abstoßenden Wirkung scheitern bisher alle Versuche, die auf der Erde gefundenen physikalischen Gesetze auf den ganzen Kosmos zu übertragen. Diese bis heute völlig unbekannte Weltkomponente wird *Dunkle Energie* genannt. Nach den neuesten Untersuchungen der 3-K-Hintergrundstrahlung lassen sich die Messdaten nur dann in Übereinstimmung mit der Allgemeinen Relativitätstheorie bringen, wenn man akzeptiert, dass es fast sechsmal so viel Dunkle Materie wie beobachtbare Materie gibt. Und die gesamte der Gravitation unterliegende Materie macht nur etwa ein Viertel des gesamten Inhalts des Universums aus. Das heißt aber: **96 % des Inhalts unseres Universums sind unbekannt.** ↑7

6 „Einstein-Kreuz“: Durch einen Galaxienhaufen erzeugtes vierfaches Bild einer weit im Hintergrund stehenden Galaxie.

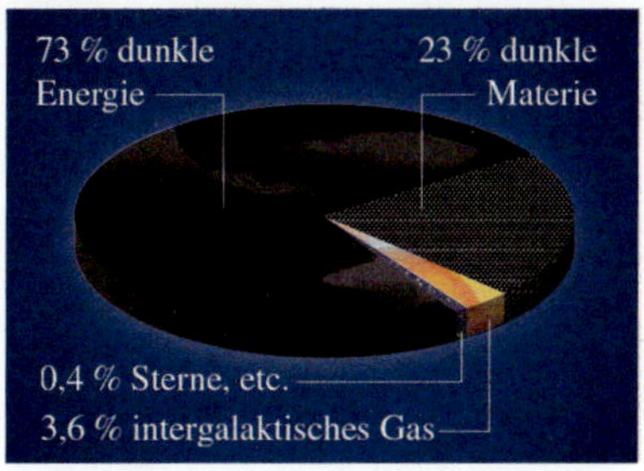

7

1 Welche Hinweise gibt es auf die Dunkle Materie?

2 Erkläre in groben Zügen, wie der abfallende Teil der berechneten Rotationskurve in Bild 4 zustande kommt. ↑4

3 Suche im Internet nach Bildern, die auf Gravitationslinsen zurückgeführt werden *(gravitational lens, Einstein cross, Einstein ring …)*.

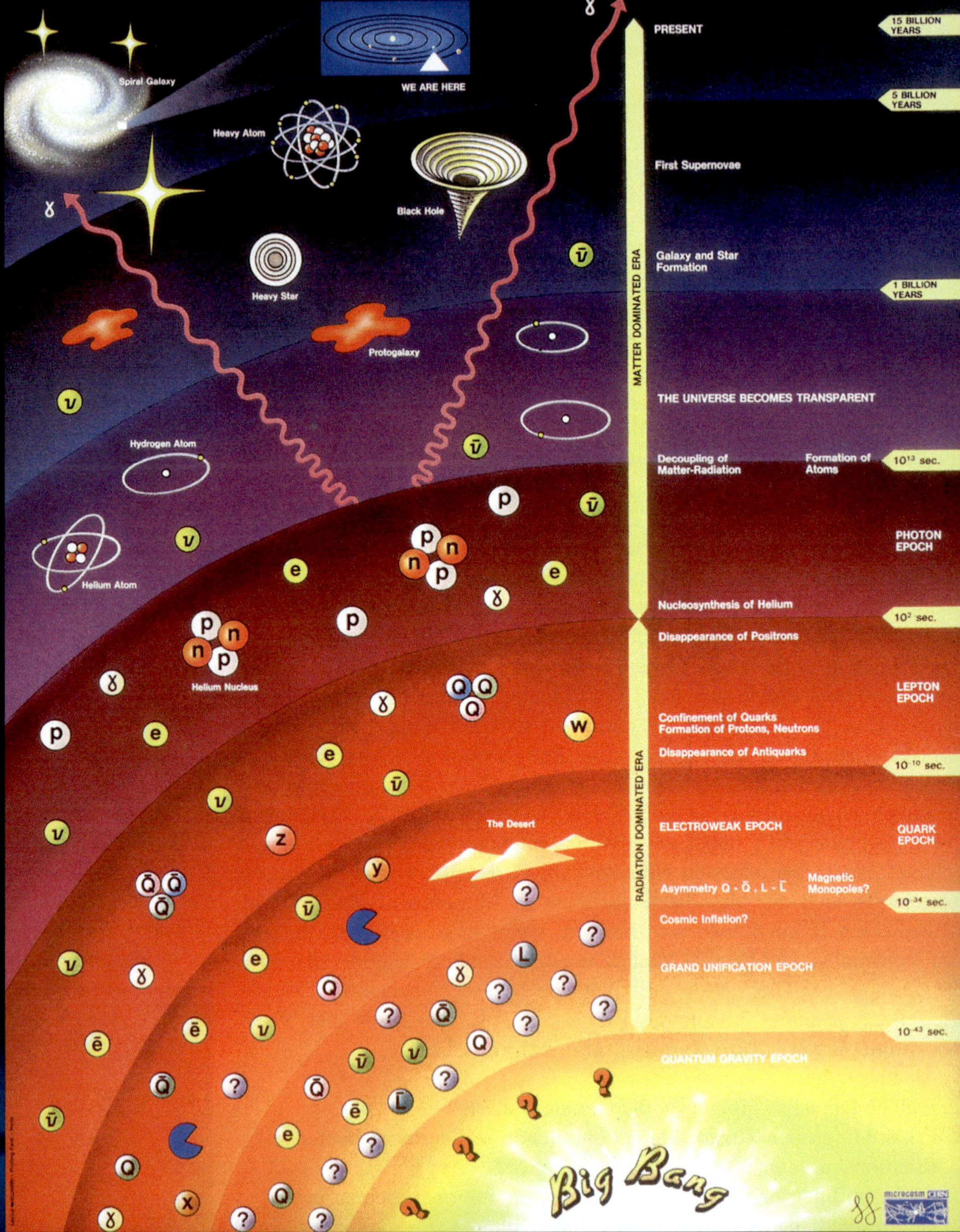

Spiral Galaxy
WE ARE HERE
Heavy Atom
Black Hole
Heavy Star
Protogalaxy
Hydrogen Atom
Helium Atom
Helium Nucleus
The Desert
Big Bang
PRESENT
15 BILLION YEARS
5 BILLION YEARS
First Supernovae
Galaxy and Star Formation
1 BILLION YEARS
MATTER DOMINATED ERA
THE UNIVERSE BECOMES TRANSPARENT
Decoupling of Matter-Radiation
Formation of Atoms
10^{13} sec.
PHOTON EPOCH
Nucleosynthesis of Helium
10^{2} sec.
Disappearance of Positrons
LEPTON EPOCH
Confinement of Quarks
Formation of Protons, Neutrons
Disappearance of Antiquarks
10^{-10} sec.
RADIATION DOMINATED ERA
ELECTROWEAK EPOCH
QUARK EPOCH
Asymmetry $Q - \bar{Q}$, $L - \bar{L}$
Magnetic Monopoles?
10^{-34} sec.
Cosmic Inflation?
GRAND UNIFICATION EPOCH
10^{-43} sec.
QUANTUM GRAVITY EPOCH
microcosm CERN

Nach der heutigen Vorstellung ist die zunehmende Entfernung der Galaxien voneinander Ausdruck der Expansion des Weltalls: Die Galaxien bewegen sich nicht auseinander, sondern der Raum zwischen ihnen wird größer.
Noch mehr als zehn Jahre nach Veröffentlichung der Allgemeinen Relativitätstheorie fand EINSTEIN diese Vorstellung „scheußlich", obwohl seine Arbeiten die Grundlage für das Verständnis geschaffen hatten. Die Galaxien selbst nehmen an dieser Expansion nicht teil: Ihre Größe ändert sich bei dieser Expansion nicht.

Wenn man die heutige Expansionsbewegung in der Zeit rückwärts verfolgt, gelangt man zu einem unendlich dichten Zustand vor etwa 14 Milliarden Jahren.
Das Weltall ist 14 Milliarden Jahre alt.

Bei der seitdem stattfindenden Expansion dehnt sich der Raum mit der Materie aus.
Der Urknall war nicht eine Explosion im Raum, sondern eine Explosion des Raumes.

Die Rotverschiebung des Galaxienlichts, die kosmologische Rotverschiebung, ist darauf zurückzuführen, dass sich der Raum während der Lichtausbreitung ausgedehnt hat. Dabei sind alle Wellenzüge des Lichts entsprechend länger geworden.
Die kosmologische Rotverschiebung ist ein Maß für die Expansion des Weltalls in der Zeit zwischen Aussendung und Empfang des Lichts.

Die Aussage „Zu Beginn war das uns sichtbare Weltall sehr klein" ist für jeden Beobachter überall im Universum richtig. Vielleicht war das Weltall schon zu Beginn unendlich groß. Aber es gilt:
Der Urknall fand überall gleichzeitig statt.

Da die Fluchtgeschwindigkeit proportional mit der Entfernung wächst, gibt es eine Grenzentfernung, jenseits derer sich die Galaxien schneller als das Licht von uns entfernen.
Jenseits der sogenannten Hubble-Entfernung „fliehen" die Galaxien schneller als Licht.

Die Galaxien, die vor 14 Milliarden Jahren das Licht zu uns ausgesendet haben, das uns jetzt erreicht, haben sich seitdem weiter von uns entfernt.
Das beobachtbare Universum ist größer als 14 Milliarden Lichtjahre.

Alle Galaxien des Universums unterliegen der Gravitation.
Wie wird sich deshalb die Expansion des Weltalls fortsetzen?

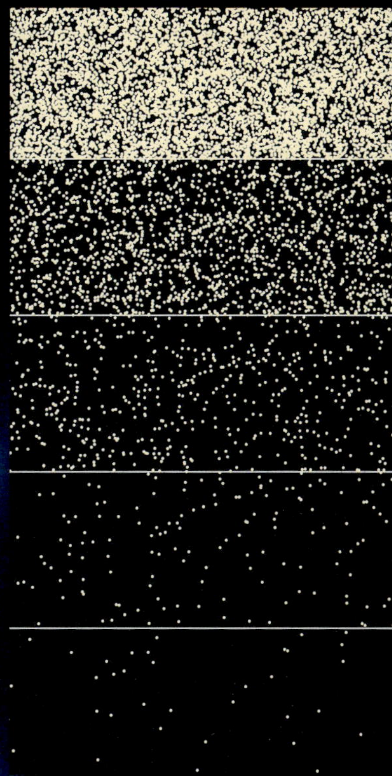

„Film" des Urknalls: Von oben nach unten dehnt sich das Weltall jeweils um den Faktor 2 aus. Die Punkte stellen Galaxien dar.

1 Wann formten sich die ersten Galaxien?

2 Mit welchem Wert der Hubble-Konstante ergibt sich das Alter des Universums zu genau 14 Milliarden Jahren?

3 Was lässt sich über den Wert der Hubble-Konstante in der Vergangenheit und in der Zukunft aussagen?

4 Wie groß ist die Hubble-Entfernung?

Aus der Forschung Aus welchen Teilchen besteht die Welt?

Die Teilchen des Standardmodells der Materie

Unsere Welt aus Häusern, Tisch und Stuhl, Wasser und Luft, alles, was uns umgibt, besteht lediglich aus drei verschiedenen Bausteinen: aus Protonen, Neutronen und Elektronen. Nur diese drei Teilchensorten bilden – für jedes Atom in typischer Anzahl – die unterschiedlichen Atome.
Beim radioaktiven Zerfall von Atomen und bei den energiereichen Prozessen im Innern der Sonne tauchen jedoch weitere Teilchen auf. Je genauer diese Prozesse untersucht wurden und inzwischen in Forschungsreaktoren und Teilchenbeschleunigern auch künstlich hergestellt werden, desto mehr Elementarteilchen wurden zur Beschreibung der Vorgänge erforderlich. Über zweihundert solcher *Elementarteilchen* haben die Physiker im Laufe der letzten 80 Jahre entdeckt.
Alle Versuche, das Verhalten der kleinsten Teilchen der Materie mithilfe jener Gleichungen zu beschreiben, mit denen z. B. die Flugbahn eines Fußballs berechnet und vorhergesagt werden kann, sind gescheitert: Diese kleinsten Teilchen verhalten sich nicht wie Billardkugeln. Hierfür musste erst eine ganz andere Physik entwickelt werden.

Quantenmechanik MAX PLANCK hat nach einer Gleichung für die Wärmestrahlung glühender Gegenstände gesucht. Im Dezember 1900 fand er die Lösung unter einer völlig neuen Annahme: Die Energie der Strahlung müsse aus Vielfachen *kleinster Portionen von Energie* bestehen, später Photonen genannt, so wie auch die elektrische Ladung eines Körpers ein Vielfaches der Elementarladung ist. Solche kleinste Portionen werden *Quanten* genannt; quantum ist lateinisch und heißt „wie groß“, „wie viel“. Diese Quanten-Annahme wurde zum Ausgangspunkt einer neuen physikalischen Theorie, der *Quantenmechanik* oder *Quantentheorie*, die das Verhalten kleinster Teilchen sehr genau vorhersagt.

1 ALBERT EINSTEIN (1879–1955)

$E = m \cdot c^2$ Die bekannteste Formel der Physik hat ALBERT EINSTEIN 1905 gefunden: Energie kann in Materie umgewandelt werden und umgekehrt; die Umwandlung ist beim radioaktiven Zerfall von Bedeutung. Der Umrechnungsfaktor für diese Umwandlung ist die Lichtgeschwindigkeit $c = 300\,000\,000\,\mathrm{m/s}$ zum Quadrat, also $c^2 = 9 \cdot 10^{16}\,\mathrm{m^2/s^2}$. Weil diese Zahl so ungeheuer groß ist, wird aus einer winzigen Masse m ungeheuer viel Energie: $E = m \cdot c^2$, und umgekehrt benötigt man sehr viel Energie E, um daraus ein wenig Masse m zu machen: $m = E / c^2$.
Bei den Elementarteilchen wird statt der Masse m häufig die entsprechende Energie $E = m \cdot c^2$ angegeben.

2 Am Europäischen Forschungszentrum CERN in Genf gelang es, Antiprotonen und Antielektronen zu einem Antiatom, dem Antiwasserstoff, zusammenzufügen. Im Prinzip ist eine Welt aus Antimaterie möglich, die sich eigentlich nicht von der Welt der Materie unterscheiden ließe. Wenn aber Materie und Antimaterie zusammenkommen, so vernichten sie sich gegenseitig und wandeln sich in Strahlungsenergie um.

Materie und Antimaterie PAUL DIRAC hat 1928 festgestellt, dass die Gleichungen der Quantentheorie zwei Lösungen zulassen; auch die einfache Gleichung $a^2=4$ hat zwei Lösungen für a, nämlich $a=+2$ und $a=-2$. Die eine Lösung der Gleichungen der Quantentheorie gilt für die „normalen“ Teilchen, die zweite Lösung gilt vielleicht für *Antiteilchen*: Zu jedem Teilchen könnte es ein Antiteilchen geben.
Antiteilchen gibt es tatsächlich: Aus einer genügend großen Energiemenge kann gleichzeitig ein Elektron und ein Antielektron werden – *Positron* genannt. Das Positron hat die gleichen Eigenschaften wie das Elektron, also gleiche Masse und Ladung, es besteht jedoch aus Antimaterie und hat eine positive Ladung; darum wurde es Positron getauft. Trifft ein Positron auf ein Elektron, so vernichten sie sich gegenseitig und wandeln sich in Energie um, die in genau entgegengesetzte Richtungen abgestrahlt wird.

Quarks Die amerikanischen Physiker MURRAY GELL-MANN und GEORGE ZWERG schlugen 1963 vor, dass die Elementarteilchen aus ganz wenigen Bausteinen zusammengesetzt sind, die von GELL-MANN *Quarks* genannt wurden. Zunächst haben sie eine Theorie entwickelt, in der aus drei verschiedenen Quarks, Up-Quark (u), Down-Quark (d) und Strange-Quark (s), bereits sehr viele Elementarteilchen „zusammengesetzt“ werden konnten. Dabei werden jeweils nur 2 bzw. 3 Quarks benötigt. Beispielsweise besteht das Proton aus zwei Up-Quarks und einem Down-Quark. ↑3
Damit mit diesem Baukasten viele Elementarteilchen zusammengesetzt werden können, müssen die verschiedenen Quarks die richtigen Eigenschaften haben; beispielsweise trägt das Down-Quark $-1/3$ der Ladung e^+ und das Up-Quark $+2/3\ e^+$, so hat das Proton die Ladung e^+. ↑3
Diese Quarks reichten noch nicht aus, alle Elementarteilchen zusammenzubauen. Es muss zwei weitere Paare von Quarks, also 6 verschiedene Quarks geben; sie haben alle entweder die Ladung $-1/3\ e^+$ oder $+2/3\ e^+$, aber verschiedene Massen. Es bleiben schließlich nur 6 Elementarteilchen (und deren Antiteilchen), *Leptonen* genannt, die nicht aus Quarks aufgebaut sind; zu diesen gehören das Elektron und das Neutrino. Diese 6 Leptonen und die 6 Quarks und ihre Antiteilchen bilden das Standardmodell der Teilchenphysik. Bisher haben alle Messergebnisse der Experimente mit Teilchenbeschleunigern dieses Standardmodell der Materie bestätigt.

LHC – Large Hadron Collider Aus Quarks aufgebaute Teilchen werden *Hadronen* genannt. In einem 27 km langen, kreisrunden Rohr werden Protonen (= *Hadronen*) sowohl links- als auch rechtsherum auf eine Kreisbahn geschickt und immer schneller gemacht. Wenn die Protonen praktisch Lichtgeschwindigkeit besitzen, lässt man die Protonenströme aufeinanderprallen (engl. *to collide*). In einer riesigen (engl. *large*) Messkammer werden die Bruchstücke der zerborstenen Protonen aufgefangen, registriert und gezählt. Wegen der ungeheuren Energie dieses Zusammenpralls entstehen sehr viele unterschiedliche Elementarteilchen, vermutlich auch einzelne Quarks. Das Standardmodell der Materie soll auf diese Weise experimentell geprüft werden. Der *Large Hadron Collider* im Europäischen Forschungszentrum CERN bei Genf ist derzeit die größte Messapparatur der Welt.

Schon gewusst?

Energien der Elementarteilchen werden in eV (sprich: Elektronenvolt) bzw. MeV und Massen in $1\ \text{MeV}/c^2$ gemessen:
$1\ \text{eV} = 1{,}602 \cdot 10^{-19}\ \text{J}$
$1\ \text{MeV} = 10^6\ \text{eV}$
Wandelt sich die Masse eines Elektrons in Energie, so entsteht eine Strahlung mit genau $E=0{,}511\ \text{MeV}$.
Aus einer Masse von $m=1$ g würde eine Energie von $E=9\cdot 10^{13}\ \text{J}$. Mit 48 g könnte man alle Haushalte in Deutschland ein Jahr lang mit elektrischer Energie versorgen.

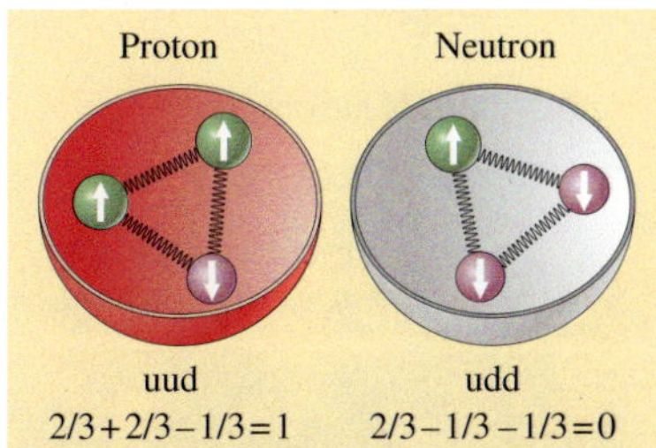

3

4 Der Teilchendetektor Atlas des LHC

Aus der Forschung Was die Welt im Innersten zusammenhält

1 Blick in den Tunnel des LHC

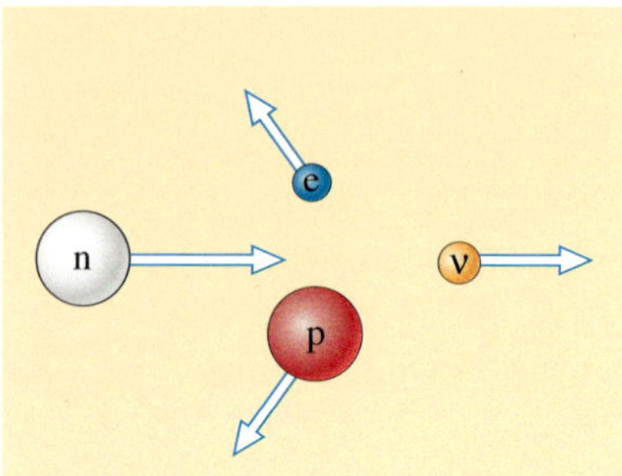

2 Zerfall eines Neutrons

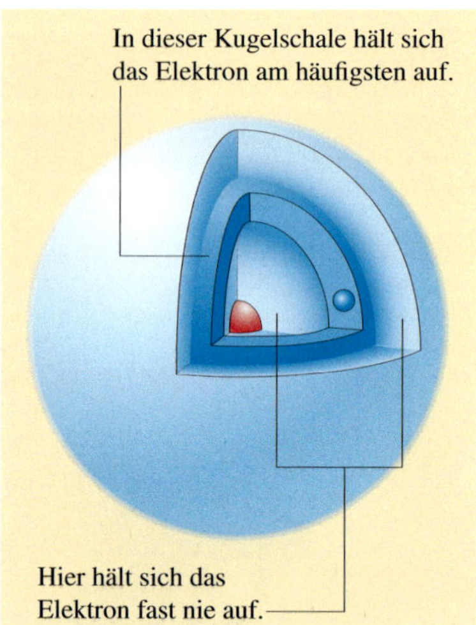

3 Wasserstoffatom im niedrigsten Energiezustand: Das Elektron hält sich bevorzugt in einer kugelförmigen Zone um den Kern auf.

Die vier Kräfte des Standardmodells der Materie

Die Physiker haben unsere vertraute materielle Welt in kleinste Teilchen zerlegt, zwischen denen nichts als leerer Raum ist! Wie kann aus wenigen Sorten unterschiedlicher Quarks und Elementarteilchen unsere Welt wieder zusammengebaut werden? Diese Teilchen wechselwirken auf unterschiedliche Weise:

Starke Kraft Zwischen den Quarks sorgt eine starke Wechselwirkung dafür, dass die Kernbausteine zusammenhalten. Sie wirkt auf sehr kurze Entfernungen, wobei die Reichweite etwa 10^{-15} m beträgt, also auf das Proton bzw. Neutron beschränkt ist. Die starke Kraft ist anziehend, wenn sich der Abstand vergrößert, und wirkt abstoßend, wenn der Abstand zu klein wird. Befinden sich die Quarks „im richtigen Abstand", sind sie „frei" beweglich und bilden deshalb beispielsweise ein stabiles Proton oder Neutron. Um zwei Quarks gegen die starke Wechselwirkung zu trennen, ist sehr viel Energie erforderlich. Gelingt diese Trennung, wandelt sich die aufgewendete Energie in ein Quark-Antiquark-Paar, sodass aus dem getrennten Quarkpaar zwei Paare entstehen; wegen dieser Vervielfachung sind die Quarks nicht wirklich trennbar. *Die starke Kraft liefert stabile Atomkerne!*

Schwache Kraft Zwischen den Elementarteilchen und den Quarks wirkt eine schwache Wechselwirkung. Sie ist unter anderem für den Zerfall eines Neutrons in ein Proton, ein Elektron und ein Neutrino verantwortlich. ↑3 Die schwache Kraft ist schwächer als die starke Kraft und von nur geringer Reichweite, die kleiner als der Protonenradius ist. *Die schwache Kraft beschreibt den radioaktiven Zerfall des Atomkerns.*

Elektromagnetische Kraft Positive und negative Ladungen ziehen einander an, gleichnamige Ladungen stoßen einander ab. Diese Wechselwirkung ist um den Faktor 100 schwächer als die starke Wechselwirkung im Kern und deshalb ist der Kern stabil, obwohl dort mehrere positiv geladene Protonen sehr dicht beieinander sind.
Die elektromagnetische Kraft wirkt auch über große Entfernung. Weil es jedoch keine größeren Ansammlungen von gleichen Ladungen geben kann, denn diese würden auseinanderfliegen, ist die elektromagnetische Kraft in größerer Entfernung kaum spürbar.

Zwischen Atomkern und Elektronen wirkt eine elektrische Anziehung. Es können jedoch nicht alle Elektronen des Atoms gleichzeitig nahe an den Kern kommen. Vielmehr gibt es bestimmte räumliche Bereiche, in denen sich die Elektronen aufhalten können. Auf diese Weise entstehen stabile Zustände des Atoms, die je nach Energiezustand unterschiedliche räumliche Strukturen haben. ↑3
Wechselt das Atom von einem höheren in einen niedrigeren Energiezustand, sendet es einen winzigen Lichtblitz – ein Photon – aus; umgekehrt kann es durch Absorption eines Photons in einen höheren Energiezustand wechseln.

Moleküle bestehen aus zwei oder mehr Atomen. Unterschiedliche Arten der Molekülbindung bestimmen dann das chemische Verhalten des Stoffs. Stets jedoch sind Veränderungen der Elektronenverteilungen die Ursache für elektrostatische Anziehung der beteiligten Atome. *Die elektromagnetische Kraft bewirkt die Stabilität der Atome und Moleküle, sie ermöglicht den Aufbau aller Dinge um uns und auch unseres eigenen Körpers.*

Gravitationskraft Zu den ersten Erfahrungen eines Kleinkindes gehört: Alles fällt nach unten! NEWTON hat den Zusammenhang zwischen dem Fallen eines Apfels und der Bewegung des Mondes um die Erde erkannt: Es gibt eine anziehende Wechselwirkung zwischen allen Körpern, die nur von der Masse und vom Abstand der Körper abhängt. Diese Wechselwirkung wird *Massenanziehung* oder *Gravitation* genannt.
Wird die Masse eines der beiden Körper verdoppelt, verdoppelt sich auch die Gravitationskraft. Umgekehrt nimmt die Gravitationskraft auf ein Viertel ab, wenn der Abstand der Körper verdoppelt wird.
Weil die Gravitation eine anziehende Wechselwirkung ist, können sich große Mengen von Materie bilden, die dann eine große Masse haben. Obwohl die Gravitationskraft bei Weitem die schwächste der vier Kräfte ist, ist sie wegen der großen Masse der Erde täglich spürbar.
Die Gravitationskraft reicht sehr weit in den Weltraum hinaus, weil sich in den Sternen und Planeten sehr viel Masse angesammelt hat. *Die Gravitationskraft sorgt dafür, dass alles nach unten fällt, die Gebäude stabil sind, unsere Atmosphäre nicht davonfliegt und die Erde auf stabiler Bahn um die Sonne kreist.*

Kräfte und Bewegung Weil alle Elementarteilchen auch Masse haben, besitzen bewegte Elementarteilchen Bewegungsenergie. Werden also beispielsweise in einem Teilchenbeschleuniger Elektronen auf Protonen geschossen, kann deren Bewegungsenergie ausreichen, die Quarks im Proton zu trennen; sie müssen dafür fast Lichtgeschwindigkeit haben!
Auch die thermische Bewegung kann Bindungen trennen, beispielsweise kann sie die elektromagnetische Bindung im festen Körper zerstören und lässt ihn flüssig werden. Die thermische Bewegung kann sogar so groß werden, dass schließlich die starken Kräfte überwunden werden, z. B. durch Protonen-Protonen-Prozesse in der Sonne, in der Temperaturen bis zu 10 Mio. K herrschen.

1 Beschreibe genau das Spiegelbild verschiedener Gegenstände. Worin unterscheiden sich Gegenstand und sein Spiegelbild?
2 Wie viele Leptonen und wie viele Quarks gibt es im Standardmodell? Aus welchen Teilchen besteht das Antiproton?
3 Warum kann man nicht davon sprechen, dass die Australier mit dem Kopf nach unten hängen?
4 Welche Kräfte bewirken, dass die Vase auf dem Tisch stehen bleibt? Fällt die Vase vom Tisch, zerbricht sie. Welche Wechselwirkungen und Energien spielen dabei eine Rolle?
5 Umwickle zwei Permanentmagnete mit Klettband. Für welche Kräfte könnte man damit Modellexperimente machen?

Schon gewusst?

Fast jedes Elementarteilchen hat eine weitere Eigenschaft, es hat eine winzige magnetische Wirkung mit einer bestimmten Orientierung. Bei einigen Metallen führt die elektromagnetische Kraft zu einer Ordnung aller benachbarten Atome, sodass deren magnetische Wirkungen sich nicht aufheben, sondern beispielsweise mit einer Kompassnadel spürbar werden.

Gravitationskraft

Elektromagnetische Kraft

Starke Kraft

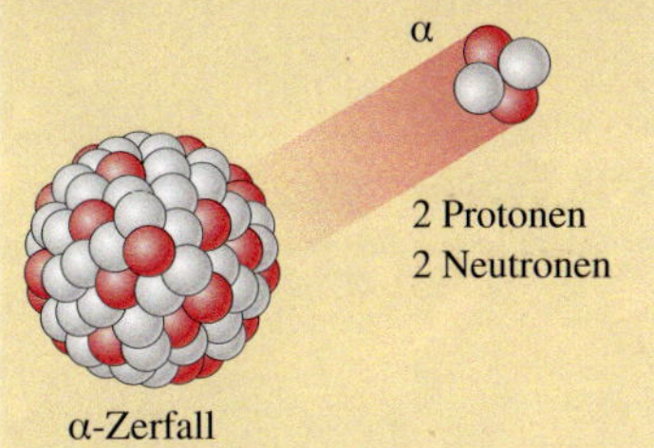

Schwache Kraft

4 Die fundamentalen Kräfte in der Natur

Auf einen Blick

1

Anwendung physikalischer Gesetze im Weltraum Durch das Gravitationsgesetz können Bewegungen auf der Erde und im Weltall mit demselben Gesetz beschrieben werden. Die Anwendung dieses Gesetzes ermöglicht es, die Masse von Himmelskörpern zu berechnen, die von anderen Körpern umkreist werden. Auch andere physikalische Gesetze, die bei Experimenten auf der Erde aufgestellt wurden, können auf Himmelskörper übertragen werden: So kann aus der winzigen jährlichen Bewegung von Sternen ihre Entfernung berechnet und aus der Farbe des Sternenlichts auf die Temperatur geschlossen werden.

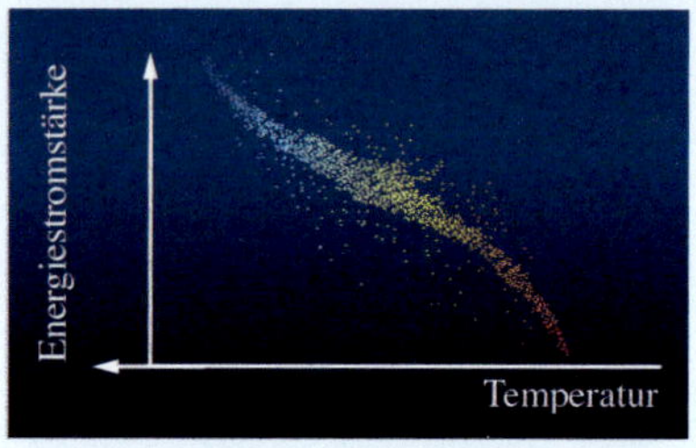

2

Das Hertzsprung-Russell-Diagramm In einem Hertzsprung-Russell-Diagramm wird der Zusammenhang zwischen Oberflächentemperatur und Energiestromstärke für viele Sterne dargestellt. Die Hauptreihe ist am dichtesten besetzt, weil sich Sterne den weitaus größten Teil ihres „Lebens" in einem entsprechenden Zustand befinden. Die Sterne auf der Hauptreihe werden von unten nach oben immer größer und immer massereicher. Aber ihre Lebensdauer wird immer geringer.

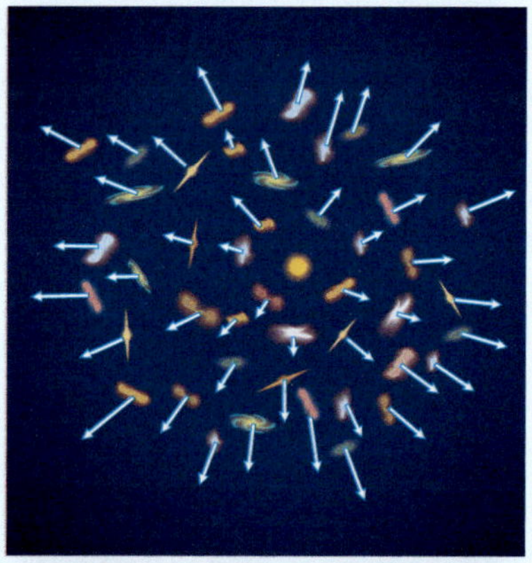
3

Hubble-Gesetz und Urknall Fast alle Galaxien entfernen sich von unserer Galaxis, und zwar umso schneller, je weiter sie von uns entfernt sind. HUBBLE fand heraus, dass die „Fluchtgeschwindigkeit" der Galaxien proportional zu ihrer Entfernung zunimmt. Rechnet man diese Bewegung rückwärts, gelangt man zu einem Zeitpunkt, an dem alle Materie unendlich dicht konzentriert war. Seit diesem Urknall expandiert das Universum. Diese Expansion scheint immer schneller zu werden.

4

Die Vertreibung des Menschen aus der Mitte der Welt Bis in die Neuzeit war die Erde das ruhende Zentrum der Welt. Sie war geschaffen worden, um den Menschen eine Heimat zu sein. Seit der kopernikanischen Revolution ist die Erde eine sich drehende Kugel, die zusammen mit anderen Planeten die Sonne umläuft. Seit dem letzten Jahrhundert ist bekannt, dass auch die Sonne nicht den Mittelpunkt bildet. Sie ist nur einer von unzählig vielen Sternen, die unser Milchstraßensystem bilden und dessen Zentrum umkreisen. Unsere Galaxis ist nur ein „Atom im Gas" der unzählig vielen Galaxien des Universums, das keinen Mittelpunkt hat, schon viel länger existiert, als es Menschen gibt, und sich weiterentwickeln wird, auch wenn auf der Erde alles Leben längst erloschen sein wird.

Wärmetransporte und System

Auf dem Speiseplan der Inuit, die am nördlichen Polarkreis leben, stehen auch viele fettreiche Nahrungsmittel: Lachs, Walfleisch, Tran ...
Was bei uns zu unübersehbaren Gewichtsproblemen führen würde, ist für Menschen in eisiger Kälte lebenswichtig. Sie brauchen nämlich besonders viel Energie, um ihre Körpertemperatur bei 37 °C zu halten und nicht zu erfrieren. Diese Energie „steckt“ in kalorienreicher Nahrung.
Wenn du dich ähnlich kalorienhaltig ernähren würdest, müsstest du kräftig Sport treiben oder arbeiten, damit die aufgenommene Energie nicht zu „überflüssigen Pfunden“ führt. Denn Bewegung braucht Energie: Bestimmt hast du das selbst schon nach einem anstrengenden Waldlauf oder einer Bergtour gemerkt. Und was geschieht mit der gebrauchten Energie – löst sie sich in nichts auf?

Energie in Zahlen

Das kostet Schweiß und Energie! 800 Höhenmeter in 18 min – das ist schon rekordverdächtig.
Wie viel Energie wurde hier wohl umgewandelt? Hätte Tina das mit ihrem Minimofa (Leistung 1,2 kW) auch geschafft?

1

2

Und in Bild ↑2 wird die Energie bereitgestellt: Wie lange braucht der Herd mit seiner 1,4-kW-Platte wohl um 5 Liter Wasser zum Kochen zu bringen? Und wie viele Portionen Spaghetti müsste Jannick wohl verdrücken, um die Energie für seine Mountainbiketour wiederzubekommen?

Nichts läuft ohne Energie – auch nicht dein Körper. Täglich musst du dir mit der Nahrung neue Energie zuführen.
Wenn du mehr Nahrung aufnimmst als benötigt, wird sie als Fett gespeichert und du nimmst zu.
Übergewicht ist ungesund. Wir sollten daher wissen, wie viel Energie die einzelnen Nahrungsmittel enthalten und wie viel Energie wir für unsere Tätigkeiten benötigen.
Zu einer „gesunden Ernährung" gehört mehr als nur die angemessene Energiezufuhr. Unser Körper braucht auch Aufbaustoffe, Vitamine und Mineralstoffe.

3

4 Das ist sicher nicht gesund!

Energie in Nahrungsmitteln und Treibstoffen

5

Was besagen diese Zahlen?

Experimente

1 Energiegehalt von Nahrungsmitteln
Auf Lebensmitteln wird in der Einheit kJ (Kilojoule) angegeben, wie viel Energie in 100 g Nahrung enthalten ist. Diese Energie wird oft als Brennwert oder Nährwert bezeichnet. Schreibe in einer Liste die Nahrungsmittel, die du oft zu dir nimmst, mit ihrer Energieangabe auf.

2 Wie viel ist 1 kJ?
Ein 1000-W-Tauchsieder gibt in jeder Sekunde gleich viel Energie ab, nämlich 1 kJ. In 60 s überträgt der Tauchsieder also 60 kJ, in 120 s doppelt so viel, also 120 kJ. Wir erwärmen Wasser und messen die Temperaturerhöhung.
Tipp: Damit nicht zu viel Energie an die Umgebung abgegeben wird, sollte die Wassertemperatur 60 °C nicht übersteigen.

a Wie hängt die benötigte Energie mit der erzielten Temperaturerhöhung zusammen? Führe eine Messreihe durch und lege ein Diagramm an (senkrechte Achse: Temperaturänderung).

b Wie wird sich das Diagramm ändern, wenn du doppelt so viel Wasser erwärmst? Zeichne deine Vermutung in das Diagramm und überprüfe sie anschließend anhand zweier Messwerte.

3 Energie in Schokolade, Spaghetti und Speiseöl
Der Nährwert von Lebensmitteln wird durch Verbrennen bestimmt. Berechne aus den Messwerten, wie viel Energie beim Verbrennen von 100 g des Nahrungsmittels umgewandelt wird. Vergleiche deine Ergebnisse mit den Tabellenwerten. Wodurch könnten die Abweichungen begründet sein?

a Ein halbes Stückchen bittere Schokolade (ca. 1,5 g) wird unter einem „Topf" mit 200 g Wasser verbrannt. Um wie viel K nimmt die Wassertemperatur zu? Rühre das Wasser mit dem Thermometer um. ↑6

b Diesmal werden 200 g Wasser 5 min lang mit einer „Öllampe" erwärmt. ↑7
Wie kannst du die Masse des verbrannten Öls ermitteln?

c Erwärme Wasser in einem Teelicht-Topf mit einer einzelnen brennenden Spaghetti-Nudel. Ermittle die verbrannte Masse und die Temperaturerhöhung.

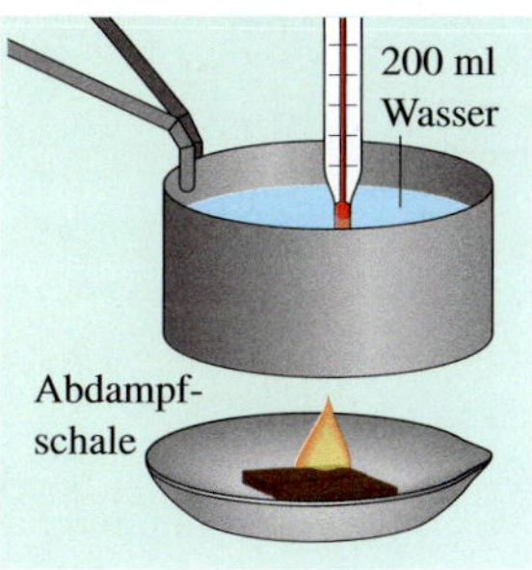

6

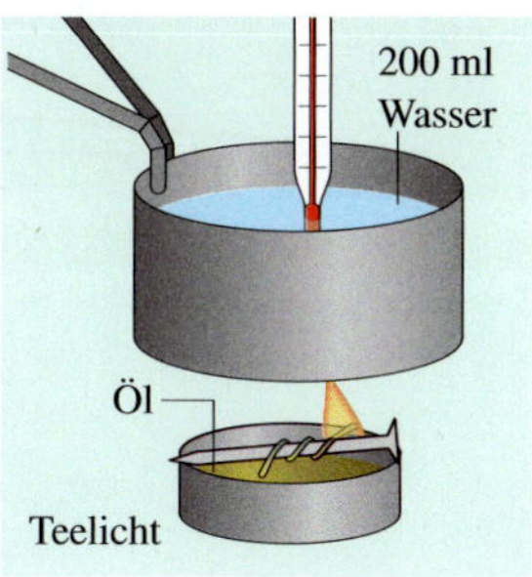

7

GRUNDLAGEN: Wasser erwärmen – die Einheit der Energie

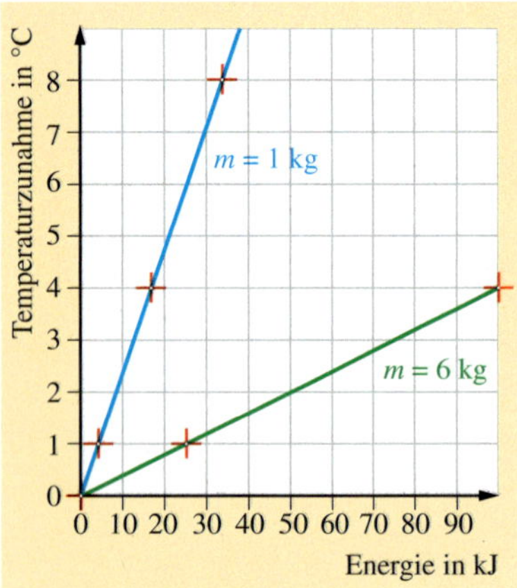

1 Erwärmen von Wasser

Berechnung der Energiezunahme:

Um 1 kg Wasser um 1 K zu erwärmen, sind 4,2 kJ nötig.

Um 6 kg Wasser um 1 K zu erwärmen, sind 4,2 kJ · 6 = 25,2 kJ nötig.

Um 6 kg Wasser um 4 K zu erwärmen, sind 4,2 kJ · 6 · 4 = 100,8 kJ nötig.

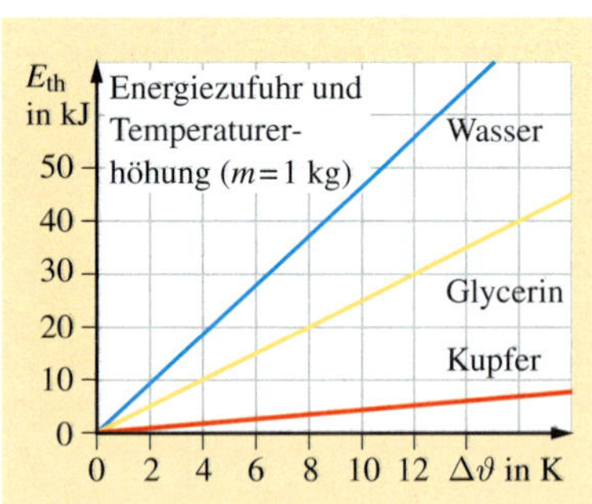

2

Um Wasser zu erwärmen, ist Energie erforderlich. Die Energie strömt von einer Energiequelle (z. B. einer elektrischen Herdplatte) zum Wasser und wird darin als thermische Energie gespeichert. Wie viel Energie benötigt wird, hängt von der Wassermasse und der gewünschten Temperaturerhöhung ab.

- Um in 1 kg Wasser eine bestimmte Temperaturerhöhung zu erreichen, benötigt man eine bestimmte Energiemenge. Um die gleiche Temperaturerhöhung in 2 kg Wasser zu erreichen, benötigt man doppelt so viel Energie. Die für die Erwärmung erforderliche Energie ist proportional zur Masse.
- Strömt doppelt so viel Energie in dieselbe Wassermasse, so erreicht man einen doppelt so hohen Temperaturanstieg: Die für die Erwärmung benötigte Energie ist proportional zur Temperaturerhöhung.

Als Einheit der Energie wurde 1 Joule (1 J) festgelegt:
1000 J = 1 kJ (Kilojoule).
Um 1 kg Wasser um 1 K zu erwärmen, braucht man 4,2 kJ an Energie.
Mit 1 kJ kann man also fast $^1/_4$ kg Wasser um 1 K erwärmen.
Zur Erwärmung anderer Stoffe um 1 K sind andere Energiemengen nötig.

Mithilfe dieses Ergebnisses kann man die Energiezunahme ΔE von Wasser beim Erwärmen berechnen:

$$\Delta E = 4{,}2\,\frac{\text{kJ}}{\text{kg}\cdot\text{K}}\cdot m\cdot(\vartheta_e - \vartheta_a).$$

Dabei ist m die Masse des Wassers; ϑ_e die Endtemperatur und ϑ_a die Anfangstemperatur. Für die Temperaturerhöhung schreibt man: $\Delta T = \vartheta_e - \vartheta_a$. „Δ" ist das griechische D und steht für „Differenz".

Der Faktor $c_{\text{Wasser}} = 4{,}2\,\frac{\text{kJ}}{\text{kg}\cdot\text{K}}$ heißt *spezifische Wärmekapazität.* Andere Stoffe haben eine andere spezifische Wärmekapazität. ↑Tabelle

Beim Erwärmen nimmt ein Körper die Energie $\Delta E = c\cdot m\cdot\Delta T$ auf.

Im Teilchenmodell geht man davon aus, dass die im Wasser gespeicherte thermische Energie in der Bewegungsenergie der einzelnen Teilchen steckt. Mit zunehmender Temperatur des Wassers bewegen sich die Wasserteilchen immer schneller. Dadurch wird ihre Bewegungsenergie erhöht.

Stoff	c in $\frac{\text{kJ}}{\text{kg}\cdot\text{K}}$	Stoff	c in $\frac{\text{kJ}}{\text{kg}\cdot\text{K}}$
Blei	0,13	PVC	1,3 bis 2,1
Kupfer	0,38	Styropor	1,5
Eisen	0,45	Holz	ca. 1,5
Granit	0,75	Motoröl	2,0
Glas	0,80	Eis	2,06
Sand	0,84	Spiritus	2,43
Beton	0,84	Glykol	2,43
Aluminium	0,89	Wasser	4,19

GRUNDLAGEN: Strömende Energie – Energiestromstärke

Wie schnell 1 kg Wasser um eine bestimmte Temperaturdifferenz erhöht werden kann, hängt davon ab, wie viel Energie pro Zeiteinheit auf das Wasser übertragen wird.

Der Quotient aus übertragener Energie ΔE und der dazu benötigten Zeit Δt heißt Energiestromstärke:

$$P = \frac{\Delta E}{\Delta t}.$$

P wird in Watt (W) oder kW (Kilowatt) gemessen. Es gilt: $1\,W = 1\,J/s$.

Die Energiestromstärke ist ein Maß für die strömende Energie. Sie wird auch als Leistung bezeichnet.

Aus der Natur Energiebedarf des Menschen

Der Mensch braucht Energie, damit die Lebensvorgänge im Körper ablaufen können und damit er sich bewegen kann. Außerdem muss die Körpertemperatur aufrechterhalten werden.

Woher stammt die Energie? Wir nehmen sie mit unserer Nahrung in Form von chemischer Energie auf. Auf den Verpackungen findest du oft eine Angabe über den Energiegehalt: „100 g des Quarkdesserts enthalten 535 kJ." Wenn der Becher 200 g Quark enthält, hast du nach dem Verzehr 1070 kJ an Energie zu dir genommen. Würde diese Energie an 3 Liter Wasser mit einer Temperatur von 10 °C abgegeben, würde es sieden.
Die chemische Energie der Nahrungsmittel wird in unserem Körper umgewandelt. Es laufen chemische Reaktionen ab – ähnlich einer Verbrennung. Für die Verbrennung ist Sauerstoff erforderlich. Auch die Nährstoffe könnten wir im Ofen verbrennen und die dabei frei werdende Energie als Wärme nutzen. Tatsächlich wird der Energiegehalt von Lebensmitteln so gemessen und deshalb auch Brennwert genannt.

Wie viel Energie brauchen wir? Der Energiebedarf des Körpers hängt vom Alter und natürlich von der Tätigkeit ab: Kinder im Wachstum brauchen mehr Energie als Erwachsene und bei schwerer körperlicher Arbeit braucht man mehr als beim Spazierengehen.
Aber selbst wenn du ganz ruhig im Bett liegst oder in einem Sessel sitzt, braucht dein Körper Energie: Du atmest, dein Herz schlägt und die Körpertemperatur muss gehalten werden. Da diese meist höher als die Temperatur der Umgebung ist, fließt ständig Energie an die Umgebung. Im Ruhezustand beträgt bei einem Erwachsenen der Energiebedarf pro Zeit etwa 100 J/s. Diesen Wert bezeichnet man als Grundumsatz.

Der Körper als Energiespeicher Wenn der Mensch mehr und reichhaltiger isst, als er an Energie benötigt, sorgt der Körper für „schlechtere Zeiten" vor und legt in Form von Fettpölsterchen einen Speicher chemischer Energie an.

Energiegehalt in Nahrungsmitteln in kJ (je 100 g)	
Butter	3100
Schokolade	2300
Zucker	1700
Schlagsahne	1270
Schnitzel	1100
Roggenbrot	900
Pommes frites	800
Hühnerei	670
Rindfleisch	650
Milchspeiseeis	530
Kartoffeln	300
Milch	270
Apfel	210
Spinat	50
Mineralwasser	0

Energiebedarf pro Zeit bei verschiedenen Tätigkeiten (Leistungsumsatz) in J/s	
Schlafen	60–80
Liegen (Grundumsatz)	etwa 100
Stehen	140
Bügeln	300
Gehen (6 km/h)	200–400
Radfahren (20 km/h)	400–800
Schwimmen	300–800
Sägen	600–900
Bäumefällen	500–1400

Methode Zusammenfassen von Proportionalitäten

Eine physikalische Größe hängt von mehreren anderen Größen ab. Man untersucht diese Abhängigkeiten experimentell, indem man immer nur eine physikalische Größe verändert, alle anderen aber konstant lässt:

- Abhängigkeit ΔE von m, wenn Stoff und ΔT konstant
- Abhängigkeit ΔE von ΔT, wenn Stoff und m konstant
- Abhängigkeit ΔE vom Stoff, wenn m und ΔT konstant

Für jeden Zusammenhang kann man dann ein Ergebnis formulieren.

In der Realität ändern sich aber oft mehrere Größen gleichzeitig.

Beispiel: Die Temperatur einer Flüssigkeit der Masse m wird durch Zufuhr der Energie ΔE um ΔT erhöht. Es soll nun so viel Energie zugeführt werden, dass bei einer Verdreifachung der Masse eine Verdopplung der Temperaturdifferenz ΔT erreicht wird. Man kann diesen Vorgang in zwei Schritten durchführen:

1 *Energiezufuhr bei konstanter Masse m:*
Für eine doppelte Temperaturzunahme ΔT ist eine doppelte Energiezufuhr ΔE erforderlich.

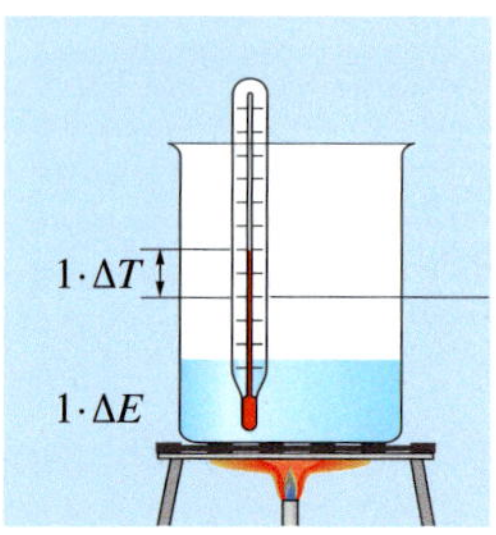

1

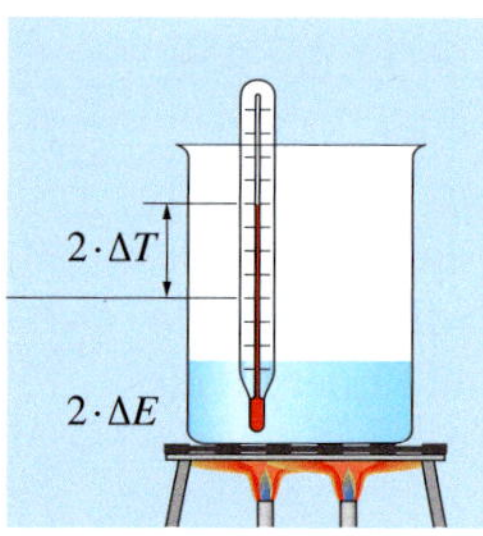

2

2 *Energiezufuhr bei konstanter Temperaturzunahme ΔT:*
Verdreifacht man die Masse m, so ist eine dreimal so große Energiezufuhr ΔE nötig.

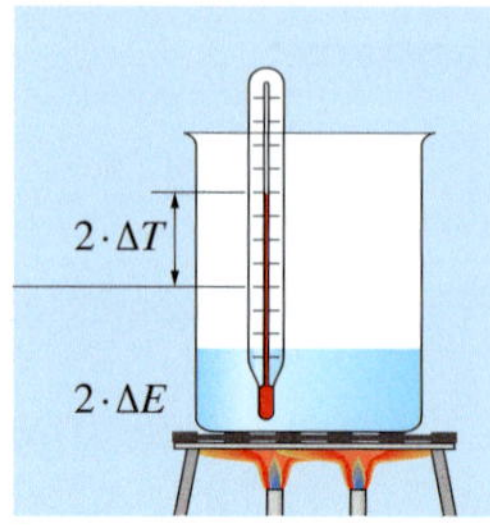

3

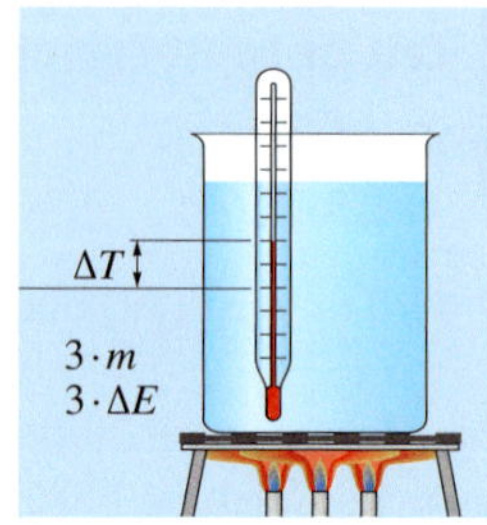

4

Die Schritte 1 und 2 können in der Reihenfolge vertauscht werden, aber auch gleichzeitig stattfinden. Immer haben sich das Produkt $m \cdot \Delta T$ und auch ΔE versechsfacht. Entsprechende Überlegungen zeigen, dass das Produkt $m \cdot \Delta T$ und ΔE stets in gleichem Maße wachsen: $m \cdot \Delta T \sim \Delta E$.

Das beschriebene Zusammenfassen der Proportionalitäten kann man an einem Quader veranschaulichen. Sein Volumen ist proportional zur Länge (bei konstanter Breite) und proportional zur Breite (bei konstanter Länge). Insgesamt ist das Volumen proportional zum Produkt aus Länge und Breite. Proportionalitätskonstante ist die Höhe.

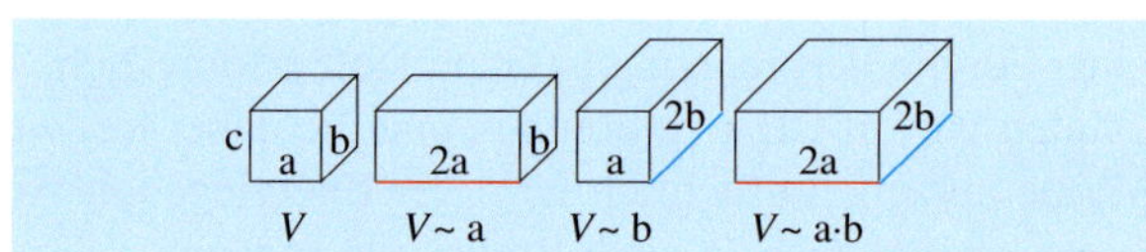

5

Aufgaben

1 Beim Duschen lässt man sich 5 min lang von 40 °C warmem Wasser „berieseln". Die Stärke des Wasserstroms beträgt 0,1 ℓ/s. Beim Vollbad werden 250 ℓ Wasser von 40 °C benötigt.

a Vergleiche die Energien zum Heizen des Wassers ($\vartheta_a = 10\,°C$).

b Berechne, wie groß die Energiestromstärke beim Duschen ist. Schätze vor dem Rechnen. Vergleiche mit dem Energiestrom einer 60-Watt-Glühlampe.

2 Ein Wasserkocher hat eine Leistung von 1750 W. Wie lange braucht er, um 1 ℓ Wasser von 10 °C auf 90 °C zu erwärmen?

3 Nach einem heißen Sommertag kann man abends noch lange auf der Terrasse sitzen, weil die Hauswand tagsüber gespeicherte Energie in Form von Wärme abgibt.

a Berechne, wie viel Energie in 1 kg Beton (Granit ...) bei Erwärmung um 10 K gespeichert wird.

b Wo werden Steine als Wärmespeicher benutzt? Welche Eigenschaften besitzen gute Wärmespeicher?

c Beschreibe ein Experiment, durch das man eine Gesteinsart anhand ihrer Energiespeicherfähigkeit bestimmen kann.

Auf einen Blick

Thermische Energie bestimmen Die Energie, die zum Erwärmen von Wasser erforderlich ist, ist proportional zur Masse des Wassers und zur Temperaturerhöhung.
Die Einheit der Energie ist 1 Joule (1 J). Um 1 kg Wasser um 1 K zu erwärmen, braucht man rund 4,2 kJ. Die Energieerhöhung beim Erwärmen berechnet man so: $\Delta E = c \cdot m \cdot \Delta T$.
Dabei ist m die Wassermasse, ΔT die Temperaturerhöhung und c die spezifische Wärmekapazität, die vom Stoff abhängt. Für Wasser gilt:
$c_{\text{Wasser}} = 4{,}2\,\frac{\text{kJ}}{\text{kg} \cdot \text{K}}$.

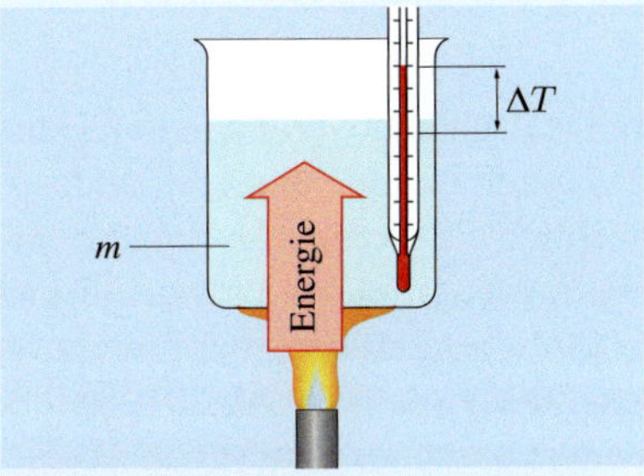

6 Erhöhen der thermischen Energie

Die Energiestromstärke (Leistung) Ein elektrischer Wasserkocher kann dieselbe Energie in kürzerer Zeit an einen Topf mit Wasser abgeben als ein Reisetauchsieder. Heizt der Wasserkocher genauso lange das Wasser wie der Tauchsieder, so gibt er mehr Energie an das Wasser ab. Der Wasserkocher gibt also Energie schneller ab als der Tauchsieder.
Wie schnell die Energie strömt, wird in der Physik durch die Größe der Energiestromstärke beschrieben. Sie gibt an, wie viel Energie pro Sekunde von einem Energiewandler abgegeben wird.
$\text{Energiestromstärke} = \frac{\text{Energie}}{\text{Zeit}}$; $P = \frac{\Delta E}{\Delta t}$
Die Energiestromstärke wird in der Einheit Watt (W) angegeben:
1 Watt = 1 Joule/Sekunde; $1\,\text{W} = \frac{1\,\text{J}}{1\,\text{s}}$.
Die Energiestromstärke wird auch als Leistung bezeichnet.

Alles klar?

1 In drei gleichen Gefäßen befinden sich Wasser, Motoröl und Spiritus. Sowohl die Massen als auch die Temperaturen sind gleich. Den drei Gefäßen wird jeweils die gleiche Energie zugeführt.
In welcher Flüssigkeit ist der Temperaturanstieg am größten? Begründe deine Antwort.

2 Nenne zwei wesentliche Gründe dafür, dass sich die Temperatur von Gewässern während eines Tages viel weniger ändert als die des Erdbodens.

3 Warum dauert es im Frühjahr und Sommer sehr lange, bis das Wasser am Meer warm genug zum Baden ist? Warum ist es im Herbst umgekehrt?

4 Wo bleibt die chemische Energie, die Menschen und andere Lebewesen mit der Nahrung aufnehmen? Wie äußert sich die Abgabe von Energie durch den Menschen vor allem?

5 Ein Mensch gebe einen Energiestrom von durchschnittlich 150 Watt ab. Wie viel Zucker müsste er pro Tag zu sich nehmen, um diesen Energiestrom aufrechtzuerhalten? (1 kg Zucker enthält etwa 16 800 kJ an chemischer Energie.)

6 Erfüllt ein 5 kg schwerer Stein als „Wärmflasche“ seinen Zweck ebenso gut wie ein Behälter mit 5 ℓ Wasser? Begründe deine Antwort.

7 Ein Aquarium mit einem Fassungsvermögen von 50 ℓ soll neu befüllt werden. Das frische Wasser hat eine Temperatur von 13 °C. Bevor die Fische eingesetzt werden dürfen, muss das Wasser eine Temperatur von 23 °C erreichen. Sonst könnten die Fische sterben.
Wie viel Energie muss dem Wasser zugeführt werden?

Das Energiesparhaus

In Deutschland werden in den Häusern 44 % der gesamten Energie unseres Landes verbraucht, hauptsächlich als thermische Energie für Heizung und Warmwasser. In der Energieeinsparverordnung von 2009 ist vorgesehen, den Energieverbrauch in Häusern um 30 % zu senken. Ab 2012 soll bei Neu- und Altbauten abermals eine Verringerung von 30 % erreicht werden.
Da ein wesentliches Ziel der Energiesparmaßnahmen in der Verbesserung des Klimaschutzes liegt, geht es vor allem um eine Verminderung der CO_2-Emissionen. Eingespart werden sollen daher vor allem fossile Energie wie Kohle, Gas und Öl. Zu den vorgesehenen Maßnahmen ist daher nicht nur eine tatsächliche Verringerung des Energieverbrauchs, sondern auch der Einsatz erneuerbarer Energien vorgesehen.
Welche Maßnahmen der Energieeinsparung bieten sich bei Häusern und Gebäuden an?

1 Niedrigenergiehäuser werden schon heute serienmäßig mit einer Wärmepumpe beheizt.

2 Die Front dieses Hauses ist nach Süden ausgerichtet und nutzt so die Sonnenenergie, um zu heizen. Die zusätzlich benötigte Wärme kommt von einer Wärmepumpe.

3 Eine hocheffektive Wärmedämmung und der Einsatz einer Wärmepumpe machen aus einem Einfamilienhaus ein Null-Liter-Haus.

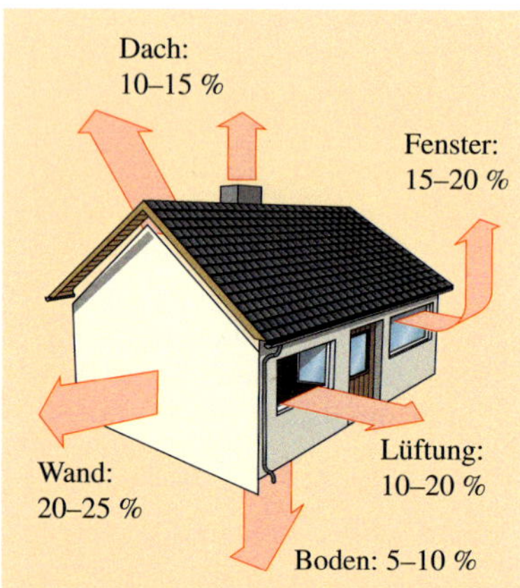

Typische Wärmeverluste eines Hauses (Baujahr 1984)

4 Alte Häuser sind „Energieschleudern".

Häuser, deren Energieverbrauch deutlich niedriger ist, als gesetzlich gefordert wird, nennt man Energiesparhäuser. Unter dem Sammelbegriff der Energiesparhäuser werden solche Haustypen zusammengefasst, für die genaue Messwerte des Energieverbrauchs an thermischer Energie und genaue technische Anforderungen für die Wärmedämmung bestehen.
Im *Niedrigenergiehaus* darf im Jahr höchstens eine Energiemenge verbraucht werden, die umgerechnet 7 Liter Heizöl pro Quadratmeter entspricht. Wenn ein Haus sogar nur mit 3 Litern auskommt, nennt man das Niedrigenergiehaus auch *3-Liter-Haus*.
Kommt ein Haus ohne aktives Heiz- und Klimatisierungssystem aus und verbraucht damit fast 90 % weniger als ein durchschnittliches Gebäude, spricht man von einem *Passivhaus*.
Noch weniger Energie wird im *Nullenergiehaus* (1,5-Liter-Haus) verbraucht. Weil in den Nullenergiehäusern die dafür aufgewandte Energie noch größer ist als die Energieeinsparung, wurden davon bislang nur wenige gebaut.
In Energiesparhäusern nutzt man ganz unterschiedliche Möglichkeiten. An erster Stelle bemüht man sich, die Energie daran zu hindern, das Haus zu verlassen. Besondere Bedeutung haben:
- die Wärmedämmung
- die Energierückgewinnung
- die Nutzung von thermischer Energie der Umgebung

Außerdem spielen Anlagen zur Gewinnung erneuerbarer Energie eine wichtige Rolle. In jüngster Zeit wird geplant, durch Blockheizkraftwerke nicht nur thermische Energie im Haus zu produzieren, sondern auch elektrische Energie, die ins Leitungsnetz abgegeben werden kann.

Thermische Energie und Wärmedämmung

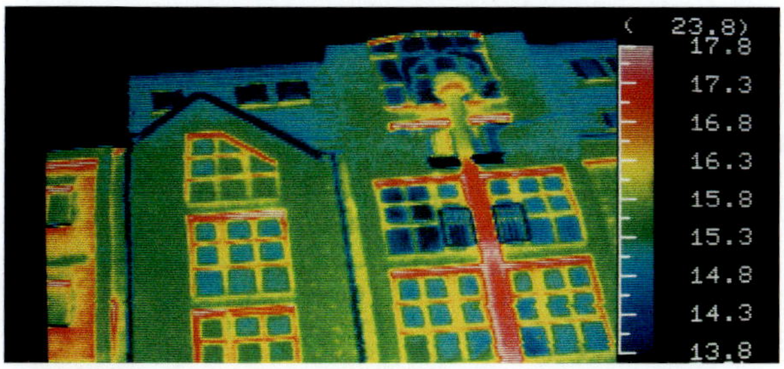

5 Aufnahmen mit Wärmebildkameras machen die „Fluchtwege" für thermische Energie sichtbar.

Die Wärmebildaufnahme zeigt die „Fluchtwege" der thermischen Energie aus einem Haus an. Welche baulichen Veränderungen sind dem Hausbesitzer zu empfehlen, um Energie und Geld zu sparen?

Experimente

1 Wärmeleitung durch einen Kupferstab
Ein Becherglas mit heißem und eines mit kaltem Wasser werden durch einen U-förmigen Kupferstab verbunden. ↑6

a Beschreibe den Vorgang anhand der Veränderung der Thermometeranzeige.

b Wiederhole das Experiment mit einem Aluminium-, einem Holz- und einem Glasstab. Welche Unterschiede kannst du beobachten?

c Warum werden die Bechergläser bei diesem Experiment auf eine Unterlage aus Styropor gestellt?

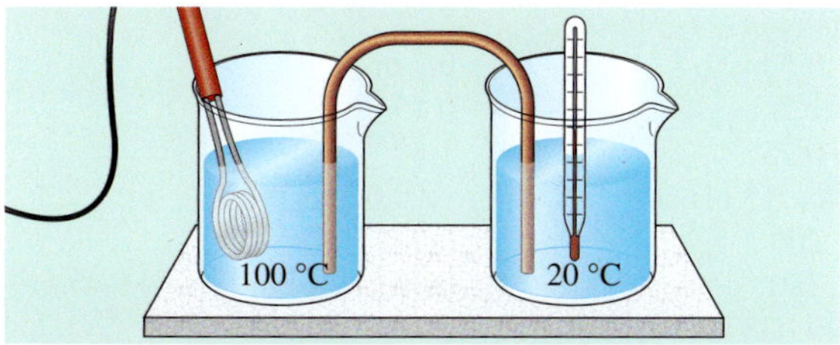

6 Untersuchung der Wärmeleitfähigkeit

2 Abkühlung von Wasser unter verschiedenen Bedingungen
Du brauchst 4 Wärmflaschen (oder andere Behälter), die mit je 1 ℓ heißem Wasser gefüllt werden. (Achtung: Verbrühungsgefahr!) Lege jeweils eine Flasche direkt auf den Fliesenboden eines Raums, die zweite auf ein Stück Styropor, das auf dem Boden liegt, die dritte unter eine Federbettdecke und wickle die vierte in eine Lebensrettungsfolie, bevor du sie auf ein Stück Styropor legst.

a Miss nach jeweils 10 min möglichst schnell die Temperatur und trage die Werte in ein Zeit-Temperatur-Diagramm ein.

b Interpretiere die Ergebnisse, indem du dir die infrage kommenden Wärmetransportvorgänge vor Augen führst.

3 Wärmeleitung durch Fenster
Fenster spielen bei der Wärmedämmung von Häusern eine wichtige Rolle. Untersuche, welche Vorteile eine Doppelverglasung bei der Einsparung von Energie hat. ↑7

a Beschreibe, worin sich die Anordnungen unterscheiden?

b Untersuche das Wärmedämmvermögen der „Fenster". Plane dazu ein Experiment. (*Tipp:* Du brauchst auch eine Uhr.) Überlege vor dem Experimentieren: Welche Ergebnisse erwartest du?

c Erläutere die Vorteile der Doppelverglasung mit Luftschicht dazwischen.

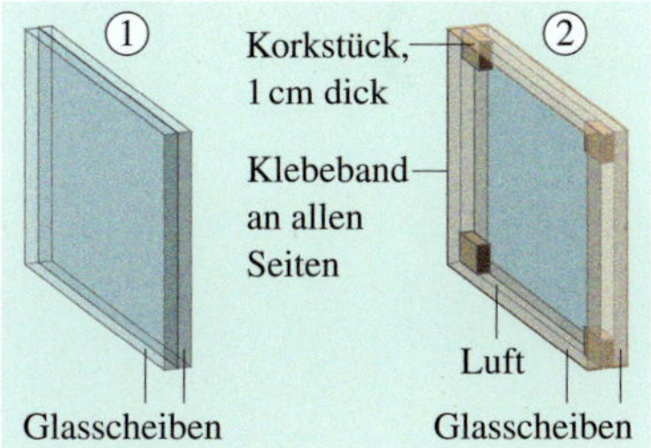

7 Fenster im Vergleich

4 Schmelzen von Eis in einem Weinkühler
Lege 5 Eiswürfel in einen Weinkühler und zum Vergleich 5 weitere auf eine Untertasse.

a Stelle fest, nach welcher Zeit die Eiswürfel jeweils geschmolzen sind.

b Funktioniert das Experiment genauso gut, wenn du statt Eis ein Glas mit siedendem Wasser in den Weinkühler stellen würdest?

c Erkundige dich, wie ein Weinkühler aufgebaut ist.

GRUNDLAGEN: Antrieb eines thermischen Energiestroms

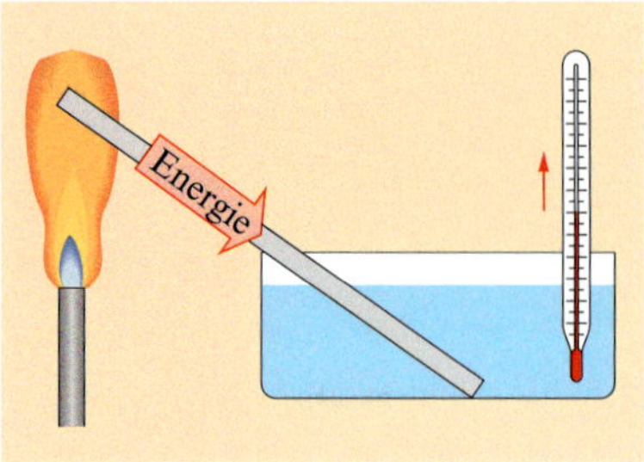

1 Energietransport durch Wärmeleitung

Wird das eine Ende eines Kupferstabs in eine Flamme gehalten und das andere in ein Gefäß mit Wasser, so kann man beobachten, dass die Temperatur des Wassers steigt. ↑1 Durch den Stab fließt Energie von der heißen Flamme zum kalten Wasser.

Strömt thermische Energie durch einen Gegenstand hindurch, ohne dass dabei Stoffe mitbewegt werden, spricht man von Wärmeleitung.

Damit Energie fließen kann, muss eine Temperaturdifferenz ΔT vorhanden sein. ΔT wird daher auch als Antrieb des thermischen Energiestroms bezeichnet.

Die Energiestromstärke P ist proportional zur Temperaturdifferenz ΔT: $P \sim \Delta T$

Der von der thermischen Energie durchströmte Gegenstand setzt dem Energiestrom einen Widerstand entgegen, den Wärmewiderstand R. Der Wärmewiderstand ist proportional zur Länge l und umgekehrt proportional zur Querschnittsfläche A des Transportwegs. Außerdem hängt er vom Material ab. Diese Materialabhängigkeit wird durch den spezifischen Wärmewiderstand ρ beschrieben.

Es gilt: $R = \rho \cdot \frac{l}{A}$.

Stoff	Wärmeleitfähigkeit λ-Wert in W/m · K	Spezifischer Wärmewiderstand $\rho = 1/\lambda$ in m · K/W
kompakter Beton	2,1	0,48
Porenbeton	0,2	5
Ziegelmauerwerk	0,5 bis 1,4	0,7 bis 2
Kalkstein	2,2	0,45
Fensterglas	0,75	1,3
Stahl	ca. 15 bis 60	ca. 0,02 bis 0,07
Aluminium	200	0,005
Kupfer	380	0,003
Polystyrol	0,035 bis 0,050	20 bis 28,6
Polyurethan	0,024 bis 0,035	28,6 bis 41,7
Glaswolle	0,032 bis 0,50	20 bis 31,25
Wasser	0,56	1,8
Luft	0,0262	38,2

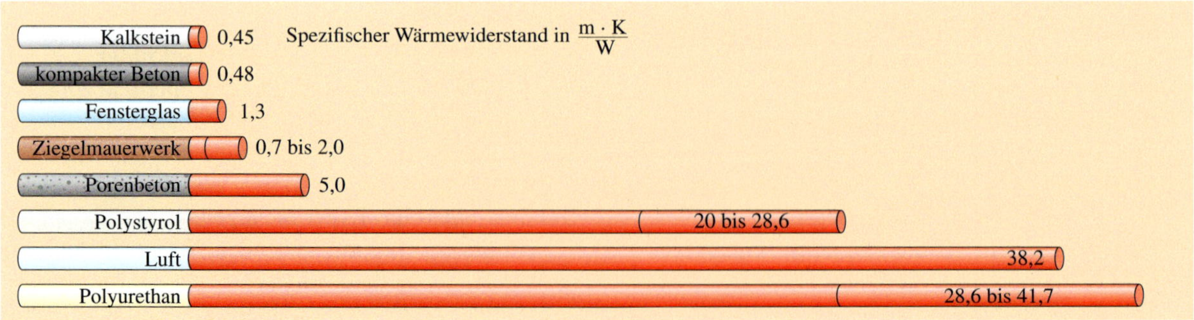

2

Die Energiestromstärke P ist umgekehrt proportional zum Wärmewiderstand R: $P \sim 1/R$.

Es gilt: $P = \frac{\Delta T}{R}$.

Thermische Energie fließt von alleine nur von Orten höherer zu Orten niedriger Temperatur. Der Energiestrom in umgekehrter Richtung muss erzwungen werden (z. B. durch den Einsatz einer Wärmepumpe). Dazu muss allerdings zusätzlich Energie aufgewandt werden (z. B. elektrische Energie für den Antrieb der Wärmepumpe).
Der thermische Energiestrom zwischen zwei Körpern kommt zum Stillstand, wenn die Temperaturen sich angeglichen haben. Dann herrscht ein **thermodynamisches Gleichgewicht**.

Im thermodynamischen Gleichgewicht ist die thermische Energiestromstärke gleich Null.

Ein heißer Gegenstand erwärmt durch Wärmeleitung auch die angrenzende Luft. Luft stellt dem Energietransport aber einen großen Wärmewiderstand entgegen – sie ist ein schlechter Wärmeleiter. Allerdings sinkt die Dichte der Luft ab einer bestimmten Temperaturerhöhung so stark, dass sie aufsteigt. Gleichzeitig fließt kühlere Luft von den Seiten nach und wird erwärmt, steigt auf usw. Es entsteht ein Kreislauf. Die auf die Luft übertragene thermische Energie wird von ihr mitgeführt. Diese Mitführung tritt auch in anderen Gasen und in Flüssigkeiten auf.

Erwärmte Gase und Flüssigkeiten steigen auf, wenn die Temperaturdifferenz zur Umgebung einen bestimmten Wert überschreitet. Man spricht von Mitführung thermischer Energie oder Konvektion.

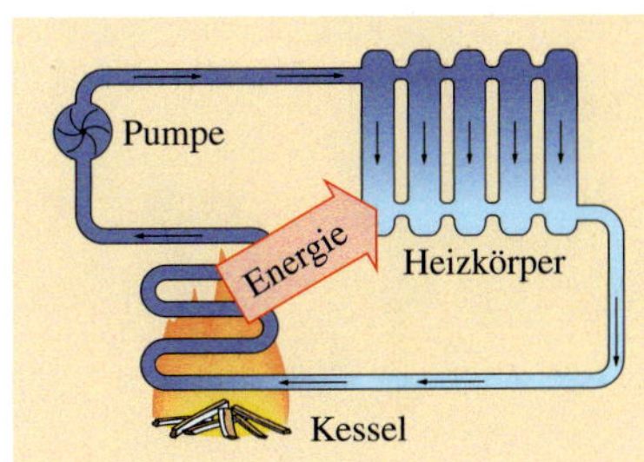

3 Energietransport durch Konvektion in einer Heizungsanlage

Selbst wenn keine stoffliche Verbindung zwischen zwei Körpern besteht – sie durch ein Vakuum voneinander getrennt sind –, tauschen sie durch Strahlung Energie miteinander aus. Solange ihre Temperaturen unterschiedlich sind, büßt der Körper mit der höheren Temperatur thermische Energie ein und kühlt sich ab. Der Körper mit der niedrigeren Temperatur absorbiert Strahlungsenergie und erwärmt sich. Wenn sich die Temperaturen angeglichen haben, befinden sich beide Körper im thermodynamischen Gleichgewicht.

Jeder Körper gibt Energie durch Strahlung ab und nimmt Energie durch Strahlung auf.

Fließt thermische Energie durch einen Stoff hindurch, so sind meist alle drei Transportarten daran beteiligt. Da die Energiestromstärke in allen Fällen proportional zur Temperaturdifferenz und zur Querschnittsfläche ist und die Beiträge der einzelnen Transportarten oft nur schwer voneinander zu trennen sind, benutzt man in der Technik auch den sogenannten U-Wert (engl. *unit of heat transfer*). Bei gleicher Temperaturdifferenz und Querschnittsfläche ist der Energiestrom durch einen Gegenstand umso größer je größer der U-Wert ist. Bei reiner Wärmeleitung ist der U-Wert umgekehrt proportional zum Wärmewiderstand.

GRUNDLAGEN: Wärmedämmung

Unterschiedliche Stoffe besitzen einen unterschiedlichen Wärmewiderstand. Metalle haben einen sehr geringen Wärmewiderstand. Bei Glas und Wasser ist der Wärmewiderstand wesentlich größer und bei Gasen, insbesondere bei Luft, ist der Wärmwiderstand sehr groß.
Es reicht aber nicht aus, einen Gegenstand mit Luft zu umgeben, um ihn gegen Verluste von thermischer Energie zu dämmen. Denn Luft erhöht zwar den Wärmewiderstand, verhindert aber nicht die Konvektion, die bereits bei geringen Temperaturdifferenzen auftritt. Um auch die Konvektion zu verringern, nutzt man Dämmstoffe. Sie bestehen meist aus porösen Materialien, deren Hohlräume mit Luft gefüllt sind. ↑1, 2

1 Wandstärken bei gleicher Wärmedämmung

2 Wärmedämmung an einem Dach

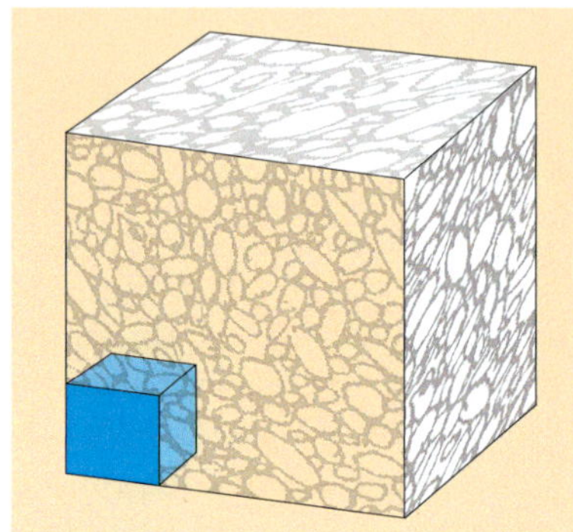

3 Luftanteil in Styropor

Feststoffe, wie Holz, Kork, Styropor, Glaswolle u. a., sind Dämmmaterialien. Sie verdanken die Dämmeigenschaft der eingeschlossenen Luft. Man bezeichnet diese Stoffe auch als Wärmedämmstoffe.

Dass bei den Dämmstoffen die Luft entscheidend ist, kann man z. B. daran erkennen, dass ein Würfel aus Styropor mit einem Volumen von 1000 Litern nur 20 Liter Kunststoff, aber 980 Liter Luft enthält. ↑3

Experiment

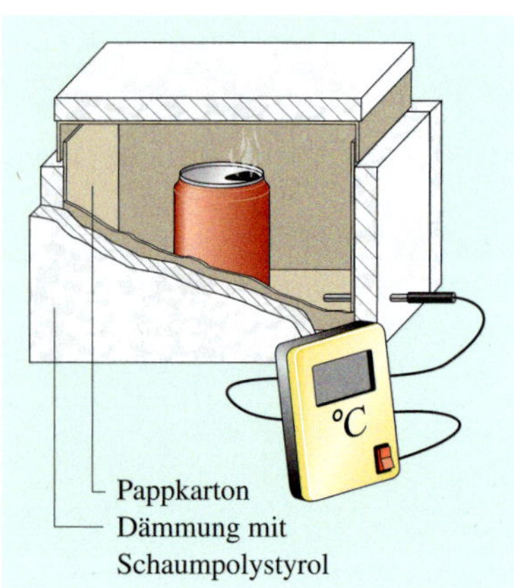

4

1 Untersuche den Temperaturverlauf in einer ungedämmten und einer gedämmten „Musterwohnung“. Die Musterwohnung besteht aus einem Pappkarton und einer mit heißem Wasser gefüllten Getränkedose. ↑4 Mit einem Temperaturfühler wird in regelmäßigen Zeitabständen die Temperatur gemessen. Erfasse die Messwerte in einer Tabelle. Untersucht in verschiedenen Arbeitsgruppen den Temperaturverlauf:
a im einfachen geschlossenen Karton
b im vollständig mit einer einfachen Schicht Styropor verkleideten Karton
c im vollständig mit einer doppelten Schicht Styropor verkleideten Karton
d Stelle die Messwerte in einem Temperatur-Zeit-Diagramm dar. Vergleiche die Temperaturverläufe. Triff eine Aussage über die Energieeinsparmöglichkeiten durch die Styroporisolierung.

Aus der Technik Transparente Wärmedämmung

Wärmedämmung verringert den Transport thermischer Energie aus dem erwärmten Gebäude nach außen. Sie verhindert wegen der Undurchsichtigkeit der Dämmstoffe aber auch, dass Sonnenlicht und damit Sonnenenergie ins Gebäude gelangt. Um die Strahlungsenergie der Sonne, die auch im Winter beträchtlich sein kann, für Heizzwecke nutzen zu können, wurde eine transparente Wärmedämmung entwickelt. Sie besteht aus lichtdurchlässigen Granulaten, den Aerogelen. ↑5, 6
Dabei handelt es sich um hochporöse Feststoffe, die zu 95 % aus luftgefüllten Hohlraumstrukturen bestehen.
Eine Zweifachverglasung mit Aerogel im 30-mm-Scheibenzwischenraum hat einen U-Wert von $0{,}6\,\mathrm{W/(m^2 \cdot K)}$.
Aerogele gehören zu den besten Wärmedämmstoffen. ↑7
Solche transparenten Dämmstoffe verbinden eine hohe Lichtdurchlässigkeit mit sehr guter Wärmedämmung.
Hinzu kommt, dass sie eine große Festigkeit besitzen, sodass sie als Wandmaterial verwendet werden können. ↑8

5 Aerogele werden umgangssprachlich auch als „gefrorener Rauch" bezeichnet.

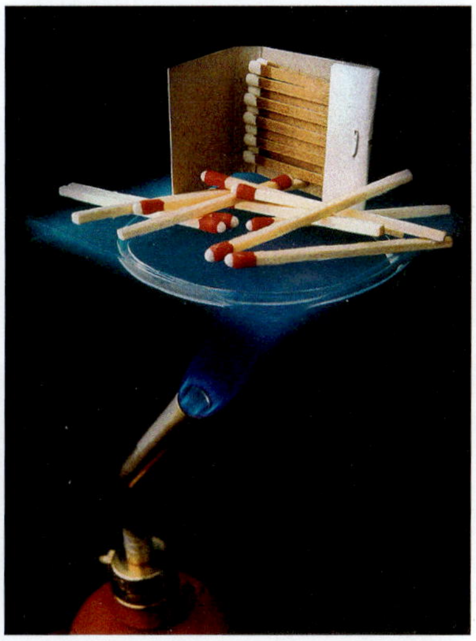

7 Aerogele sind die besten bekannten Wärmeisolatoren.

8 Aufgrund ihrer besonderen Struktur weisen diese Dämmstoffe eine hohe Stabilität auf. Hier steht ein Ziegelstein ($m = 2{,}5\,\mathrm{kg}$) auf einem 2 g schweren Aerogelblock.

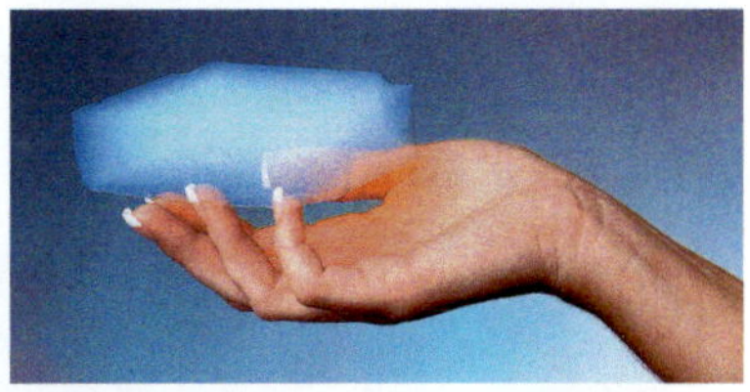

6 Aerogele sind mit einem Porenvolumen von 99 % hochporös und haben nur eine Dichte von 0,2 bis $0{,}5\,\mathrm{g/cm^3}$.

Der Schmelzpunkt der Aerogele liegt bei etwa 1200 °C. Sie sind unbrennbar, ungiftig und können nicht von chemischen Stoffen angegriffen werden. Im Normalfall können sie mehr als das 2000-Fache ihres Eigengewichts an Last tragen, ohne zu kollabieren. ↑8
Die transparente Wärmedämmung wird an von der Sonne beschienenen Außenwänden eingesetzt. Eine dunklere Schicht in der Wand, die sich hinter der Wärmedämmung befindet, nimmt die Energie der Sonnenstrahlung auf und gibt sie, da sich nach außen eine Isolierschicht befindet, vor allem in den zu erwärmenden Innenraum ab.
Die transparente Wärmedämmung gehört damit zu den passiven Nutzungsformen der Solarthermie.

1 Erkläre, warum in Bild ↑7 die gute Wärmedämmung des transparenten Materials zum Ausdruck kommt.

Das Energiesparhaus

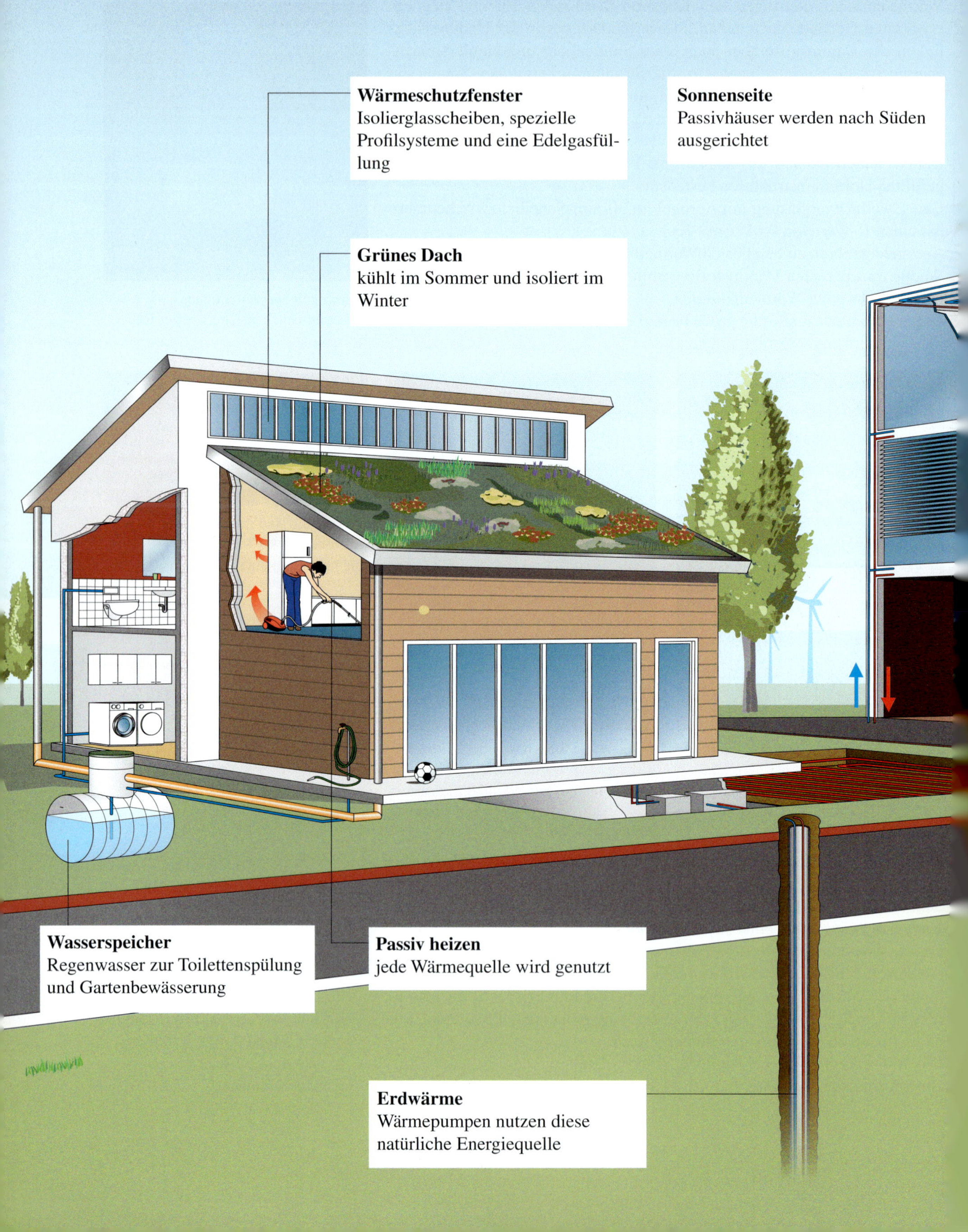

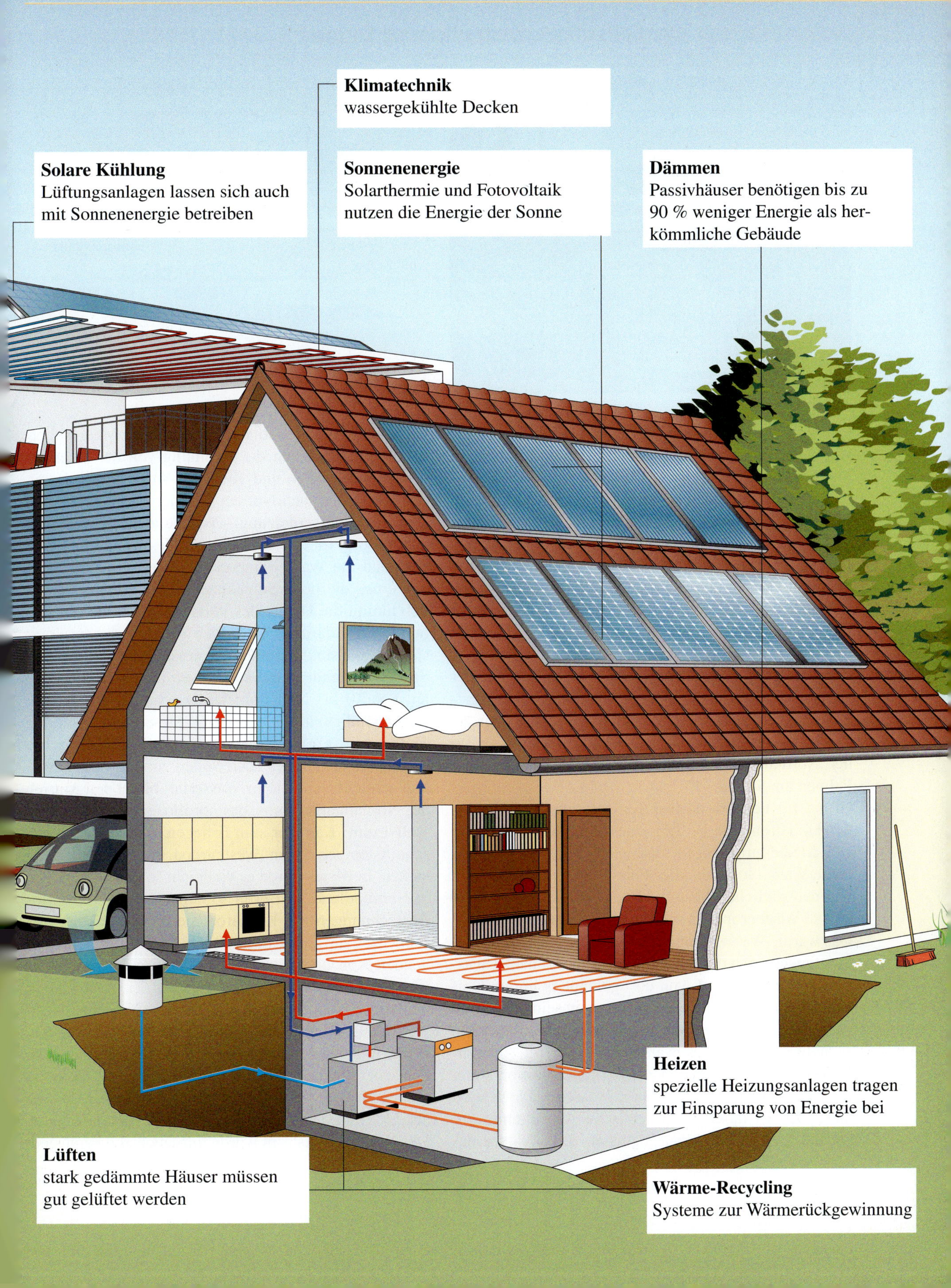
Klimatechnik
wassergekühlte Decken
Solare Kühlung
Lüftungsanlagen lassen sich auch mit Sonnenenergie betreiben
Sonnenenergie
Solarthermie und Fotovoltaik nutzen die Energie der Sonne
Dämmen
Passivhäuser benötigen bis zu 90 % weniger Energie als herkömmliche Gebäude
Heizen
spezielle Heizungsanlagen tragen zur Einsparung von Energie bei
Lüften
stark gedämmte Häuser müssen gut gelüftet werden
Wärme-Recycling
Systeme zur Wärmerückgewinnung

Aus der Umwelt Der Golfstrom – Zentralheizung Europas

1

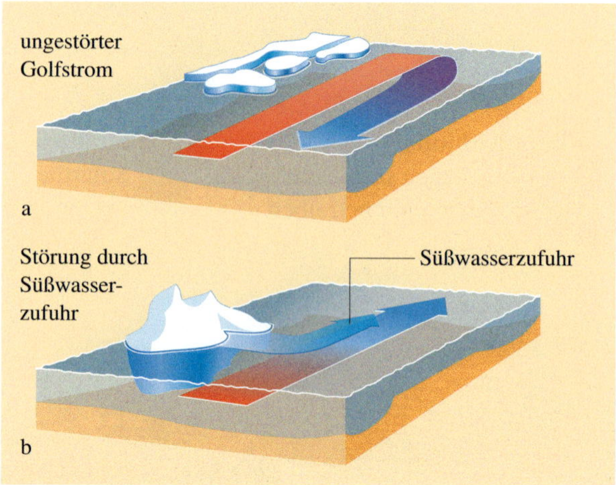

2

Cartwright, Neufundland, im Januar: Bereits im Spätsommer hat der arktische Labradorstrom Eisberge in die Sandwich Bay getrieben. Jetzt hat der Winter das kleine Dorf in seinen eisigen Klauen, Schneewehen türmen sich meterhoch auf. Die meisten Bewohner verlassen ihre Häuser nur, wenn es sich nicht vermeiden lässt – schon auf kürzeren Strecken müssen sie sich Schal und Mütze über Nase und Ohren ziehen, um Erfrierungen vorzubeugen. Die Tageshöchsttemperatur liegt durchschnittlich bei −10 °C, die Nachttemperatur bei −20 °C. Oft wird es aber noch deutlich kälter.

Ganz anders sieht es 3000 km weiter östlich auf der anderen Seite des Atlantiks aus: An der irischen Westküste, die auf derselben geografischen Breite liegt, ist es im Januar im Schnitt etwa 20 K wärmer als an der Nordküste Neufundlands – hier gedeihen sogar Palmen am Strand. ↑1

Grund für den drastischen Temperaturunterschied ist der Golfstrom. Er ist Teil eines komplexen Systems von Meeresströmungen, das jeden Tag das hundertfache Wasservolumen aller Flüsse dieser Erde aus den warmen südlichen Meeren in den Nordatlantik pumpt und so Westeuropa ein mildes Klima beschert.

Das warme Wasser stammt ursprünglich aus der Äquatorialgegend, wo die Sonne die oberflächennahen Wasserschichten aufheizt. Von dort gelangt es in den Golf von Mexiko, dem der warme Strom seinen Namen verdankt. Je stärker sich das Wasser erwärmt, desto schneller verdunstet es, während das Salz im Meer zurückbleibt. Mit zunehmender Salzkonzentration steigt zwar die Dichte des Oberflächenwassers, jedoch wird dieser Effekt durch die thermische Ausdehnung zunächst noch mehr als ausgeglichen. Das Wasser des Golfstroms bleibt also weiterhin an der Meeresoberfläche, während sich die Strömung von der amerikanischen Küste löst und Kurs auf Westeuropa nimmt. Auf dem Weg nach Norden gibt der Golfstrom – wie eine Warmwasserheizung – Wärme an die Umgebung ab und sorgt für ein angenehm mildes Klima.

Während die Wassertemperatur langsam sinkt, bleibt allerdings die hohe Salzkonzentration erhalten. Folglich nimmt die Dichte des Wassers zu, bis sie schließlich die des darunter liegenden Atlantikwassers übersteigt. Dann sinkt das nunmehr etwa 3 °C kalte, 0,349 % Salz enthaltende schwere Wasser in mächtigen Säulen von 10 bis 50 Kilometer Durchmesser mit einer Geschwindigkeit von bis zu 360 Metern pro Stunde in Tiefen von 2000 bis 3000 m hinab. Als nordatlantisches Tiefenwasser fließt es nach Süden zurück – der Kreislauf schließt sich. Dieser Wasserfall bildet den Antrieb des Nordatlantikstroms, des nördlichen Ausläufers des Golfstroms. Käme er zum Erliegen, würde die Durchschnittstemperatur in Westeuropa um mehrere Grad sinken. In Irland würde es vielleicht so kalt werden wie in Neufundland, in Berlin so kalt wie in Alaska. Modellrechnungen von Klimaforschern zufolge könnte es sein, dass aufgrund der seit Jahren drastisch ansteigenden Konzentration von Treibhausgasen in der Atmosphäre die Niederschlagsrate in der Arktis stark zunimmt. Das Süßwasser aus den Niederschlägen würde das salzige Golfstromwasser stark verdünnen. Hinzu käme das Schmelzwasser der verschwindenden Gletscher und der sich auflösenden Polkappe. Das verdünnte Wasser besäße dann eine niedrigere Dichte als das Tiefseewasser und würde nicht mehr absinken. Der Nordatlantikstrom würde infolgedessen versiegen.

Aber ob es überhaupt dazu kommt und – falls ja – wann, ist bislang ungewiss. Auch lässt sich nur grob abschätzen, wie kalt es in Europa nach dem Versiegen des Nordatlantikstroms tatsächlich werden würde. Denn das Weltklima ist ein hochkomplexes System. Schon kleinste Veränderungen können enorme Auswirkungen haben. ↑2

1 Der Golfstrom transportiert pro Sekunde etwa $1{,}5 \cdot 10^8\,m^3$ Wasser in Richtung Norden. Gehe davon aus, dass sich das Wasser auf dem Weg nach Norden um 5 °C abkühlt. Wie viele Wärmekraftwerke mit einer Energiestromstärke von 1000 MW wären erforderlich, um gemeinsam dieselbe Leistung wie der Golfstrom aufzubringen?

Auf einen Blick

Wärmetransportvorgänge Thermische Energie kann auf verschiedene Arten transportiert werde. Wärmeleitung liegt vor, wenn die Energie durch einen Gegenstand hindurchströmt, ohne dass dabei Stoffe mitbewegt werden. Dabei fließt sie stets von einer Stelle hoher zu einer Stelle niedriger Temperatur.

Von Konvektion (Wärmemitführung) spricht man, wenn erwärmte Gase oder Flüssigkeiten aufsteigen und durch kältere Gase oder Flüssigkeiten ersetzt werden.
Jeder Körper mit einer höheren Energie als die Umgebung kühlt sich auch dann ab, wenn keine Wärmeleitung und Konvektion stattfindet: durch Wärmestrahlung.

Beim Wärmetransport durch einen Stoff hindurch sind meist alle Wärmetransportvorgänge beteiligt. Wärmedämmstoffe setzen dem Energieverlust einen Wärmewiderstand entgegen. Er hängt von der Dicke, der Querschnittsfläche und dem Material des Dämmstoffs ab.

Der Wärmetransport kommt zum Stillstand, wenn sich die Temperaturen der Körper, zwischen denen die Energie fließt, angeglichen haben. Die Körper stehen dann miteinander im thermodynamischen Gleichgewicht.

3

Alles klar?

1 Im kalten Winter fällt in einer Wohnung die Heizung aus.
Beschreibe, was anschließend passiert. Verwende dabei die Begriffe: Temperaturänderung, Energieströme, thermodynamisches Gleichgewicht.
Vergleiche die thermischen Vorgänge in einem gut isolierten Zimmer mit denen in einem schlecht isolierten Zimmer.

2 Erläutere die Aussage: „Überlegungen zum Energiesparen sollten bei den Fenstern beginnen."

3 Warum fühlen sich Metallgegenstände wie Besteck, Türklinken usw. kälter an als Wolle, Holz oder Styropor, auch wenn sie die gleiche Temperatur haben?

4 Warum „wärmt" eine Daunenjacke besser als eine Regenjacke?

5 Bei Kochtöpfen ist eine gute Wärmeleitung erwünscht. Erläutere diesen Satz und finde weitere Beispiele.

Wärmekraftmaschinen und Wärmepumpen

1 Schon weithin sichtbar – die Kühltürme eines Wärmekraftwerks

Bei der Umwandlung von chemischer Energie in elektrische Energie in einer Wärmekraftmaschine lässt sich nicht vermeiden, dass ein Großteil der Energie als thermische Energie an die Umgebung abgegeben werden muss. Der Kühler in Form eines Kühlturms bringt dies deutlich zum Ausdruck. Ließe sich diese Energie nicht für Heizzwecke nutzen?
Da im Haushalt überwiegend thermische Energie benötigt wird, die bei verhältnismäßig niedriger Temperatur (z. B. 24 °C bei einer Fußbodenheizung) an das Zimmer abgegeben wird, stellt sich auch die folgende Frage: Welche Möglichkeiten gibt es, thermische Energie von einem System niedriger Temperatur (z. B. dem Grundwasser) an ein System etwas höherer Temperatur abzugeben?

Experimente

1 Stirlingmotor

Ein Stirlingmotor wird auf eine Tasse mit Wasser von ca. 45 °C gestellt. Nach kurzer Anwärmzeit wird das Schwungrad kurz in der einen oder anderen Richtung angestoßen. Anschließend wird der stetig „arbeitende" Motor mit einer intensiven Lichtquelle (z. B. Rotlichtleuchte) von oben bestrahlt. ↑2

a Wird die zusätzliche Zufuhr von thermischer Ernergie zu einer schnelleren Bewegung des Motors führen? Beschreibe, was tatsächlich passiert.

b Du wirst feststellen, dass sich der Motor auch noch einige Zeit dreht, wenn du ihn von der Tasse heruntergenommen und auf den Tisch gestellt hast. Begründe.

c Stelle den von der heißen Tasse heruntergenommenen Motor auf einen Kälte-Akku aus der Tiefkühltruhe und warte einige Zeit. Stoße den Motor erneut an. Beschreibe deine Beobachtung und vergleiche mit dem Fall des heißen Wassers. Woher bekommt der Stirlingmotor in diesem Fall seine Energie?

2 Thermogenerator

Der Thermogenerator mit wassergefüllten Behältern wird mit elektrischer Energie betrieben.

a Miss den Temperaturverlauf in den beiden Behältern (Beobachtungszeit etwa 15 min).

b Deute das Ergebnis mithilfe des Energiebegriffs.

c Fülle einen der Behälter mit heißem Wasser (z. B. 80 °C), den anderen mit möglichst kaltem Wasser. Schließe an den elektrischen Eingang einen Propellermotor an. Beobachte und erkläre. ↑3

2 Stirlingmotor

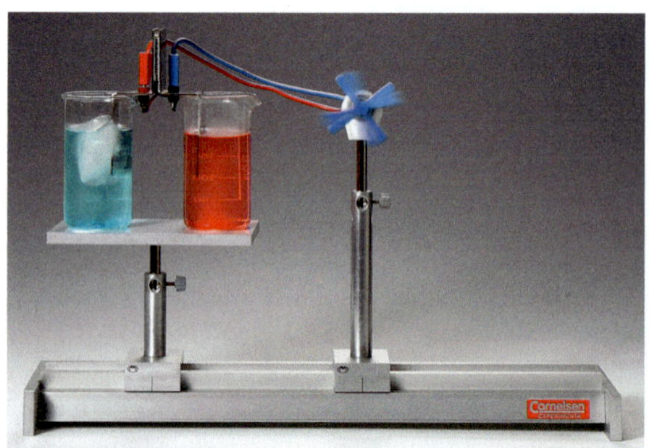

3 Thermogenerator

GRUNDLAGEN: Wärmekraftmaschinen – vom Modell zur technischen Realisierung

Eine Wärmekraftmaschine wandelt in einem Kreisprozess thermische in mechanische Energie um. Wie das praktisch geschehen könnte, soll an einem einfachen Modell veranschaulicht werden: Ein mit Luft gefüllter Kolbenprober wird in eine Wanne mit heißem Wasser getaucht. Die Luft nimmt thermische Energie auf und dehnt sich aus, wobei durch den Kolben ein Gewichtsstück angehoben wird. Dabei geht thermische Energie in mechanische Energie über. ↑4

Damit dieser Vorgang erneut ablaufen kann, muss das Gewichtsstück vom Kolben heruntergenommen und die Luft wieder komprimiert werden. Eine Möglichkeit bestünde darin, den Kolben wieder herunterzudrücken. Damit wäre aber nichts gewonnen, weil man dann mindestens die mechanische Energie, die man gerade gewonnen hat, wieder hineinstecken würde. Wenn man den Kolbenprober jedoch in eine Wanne mit kaltem Wasser stellt, gibt die erwärmte Luft thermische Energie an das Wasser ab und zieht sich wieder zusammen. Weil der Kolben auf diese Weise in die alte Stellung zurückgeht, spricht man von einem Kreisprozess. Wenn man diesen Vorgang automatisiert, hat man eine Wärmekraftmaschine.

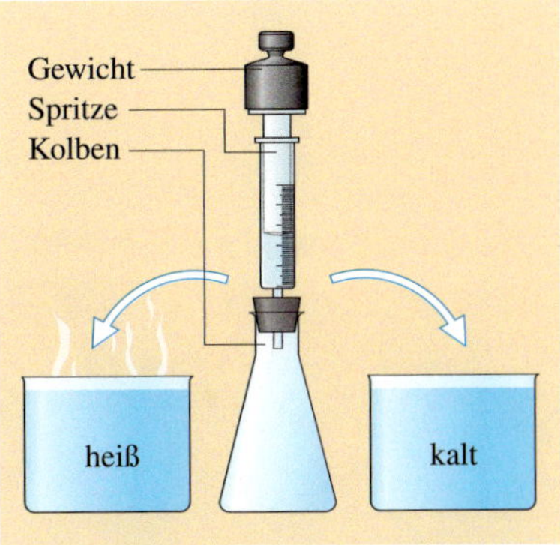

4 Modell einer Wärmekraftmaschine

Der Kolben wird abwechselnd durch Kontakt mit einem heißen und einem kalten Wärmebad gehoben und wieder in die Ausgangslage zurückgebracht. Bei jeder Hubbewegung wird mechanische Energie abgegeben.

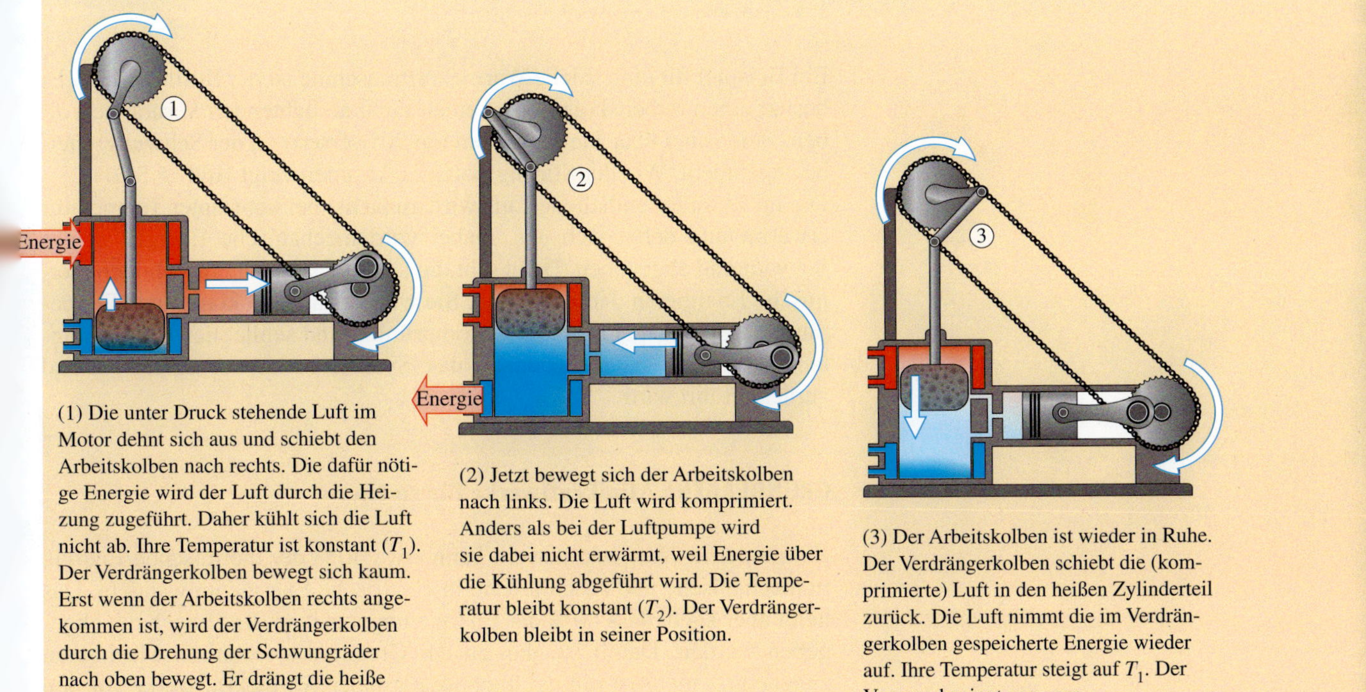

(1) Die unter Druck stehende Luft im Motor dehnt sich aus und schiebt den Arbeitskolben nach rechts. Die dafür nötige Energie wird der Luft durch die Heizung zugeführt. Daher kühlt sich die Luft nicht ab. Ihre Temperatur ist konstant (T_1). Der Verdrängerkolben bewegt sich kaum. Erst wenn der Arbeitskolben rechts angekommen ist, wird der Verdrängerkolben durch die Drehung der Schwungräder nach oben bewegt. Er drängt die heiße Luft in den kalten Zylinderteil und nimmt dabei Energie aus der Luft auf. Ihre Temperatur sinkt auf T_2.

(2) Jetzt bewegt sich der Arbeitskolben nach links. Die Luft wird komprimiert. Anders als bei der Luftpumpe wird sie dabei nicht erwärmt, weil Energie über die Kühlung abgeführt wird. Die Temperatur bleibt konstant (T_2). Der Verdrängerkolben bleibt in seiner Position.

(3) Der Arbeitskolben ist wieder in Ruhe. Der Verdrängerkolben schiebt die (komprimierte) Luft in den heißen Zylinderteil zurück. Die Luft nimmt die im Verdrängerkolben gespeicherte Energie wieder auf. Ihre Temperatur steigt auf T_1. Der Vorgang beginnt von vorn.

5 Funktionsweise einer Wärmekraftmaschine (Stirlingmotor)

Aber auch dieser Vorgang ist nicht ohne Energieverluste zu haben. Denn es wird thermische Energie an das kalte Wasserbad abgegeben, und weil thermische Energie von selbst nur von warm nach kalt fließt, bekommt man sie nicht wieder zurück.
Daraus folgt, dass dem Energiestrom nur so viel mechanische Energie entzogen werden kann, dass er nicht völlig zum Erliegen kommt.

Thermische Energie kann grundsätzlich nicht vollständig in mechanische Energie umgewandelt werden.

Ein Teil der Energie landet grundsätzlich im Kühler. Das bedeutet aber auch, eine Wärmekraftmaschine funktioniert nicht ohne Kühler. Da die Temperaturdifferenz die Energiestromstärke bestimmt, gilt: Je größer der Temperaturunterschied zwischen heißem und kaltem Wärmebad ist, desto größer ist auch der mechanische Energiestrom, der abgezweigt werden kann. ↑1

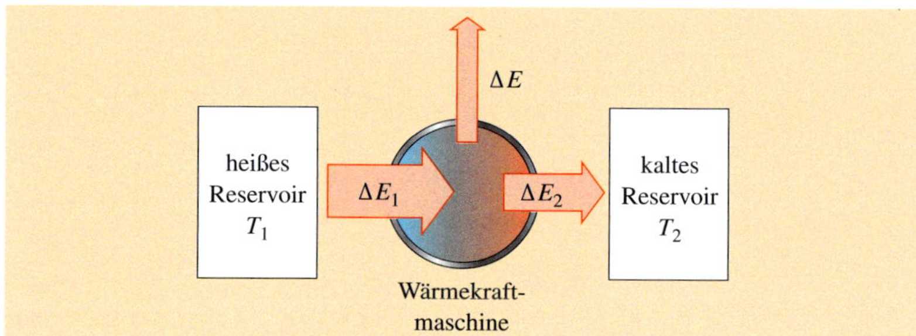

1 Prinzip einer Wärmekraftmaschine

Ein Beispiel für eine solche Wärmekraftmaschine ist der Stirlingmotor. Er besitzt einen Arbeitskolben und einen nicht abdichtenden Verdrängerkolben. Beide sind über Pleuelstangen um 90° versetzt an der Schwungscheibe angebracht. Wie der Stirlingmotor funktioniert zeigt Bild ↑5, S. 311.
Die im Zylinder enthaltene Luft wird zunächst bei konstanter Temperatur erwärmt und dehnt sich aus. Dabei wird mechanische Energie an das Schwungrad abgegeben. Dann gibt die Luft bei konstantem Volumen thermische Energie an den Kühler ab. Sie wird danach bei konstanter Temperatur auf das Ausgangsvolumen komprimiert und schließlich bei konstantem Volumen erhitzt, wodurch das System in den Ausgangszustand zurückgeführt wird.

GRUNDLAGEN: Minikraftwerke für zu Hause

Ein modernes Wärmekraftwerk kann etwa 40 % der thermischen Energie in mechanische und anschließend in elektrische Energie umwandeln. Das heißt aber auch, dass 60 % der Energie ungenutzt an die Umgebung abgegeben werden. Damit ist man an der Grenze des technisch Machbaren angelangt – mehr ist mit der Technik normaler Wärmekraftwerke aus den fossilen Brennstoffen nicht herauszuholen. Ließe sich die thermische Energie nicht auch nutzen? Immerhin wird etwa ein Drittel der im Haushalt benötigten Energie für Heizzwecke aufgewandt!

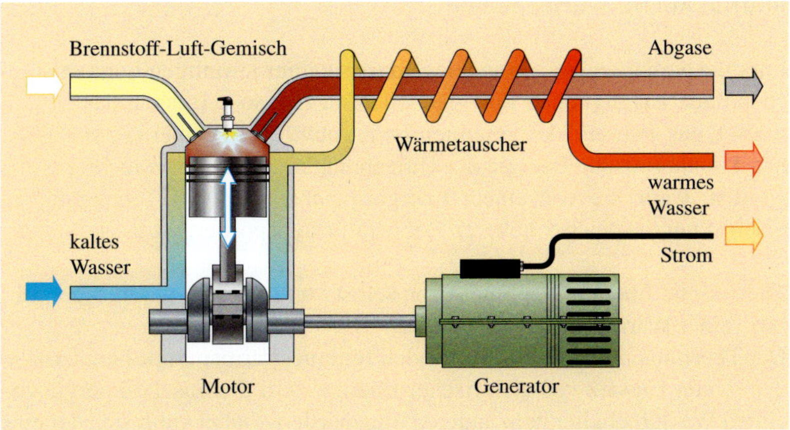

2 Prinzip eines Blockheizkraftwerks

Bei Wärmekraftwerken lässt sich die thermische Energie nur durch Warmwasserleitungen in aufwendig gedämmten Rohrsystemen zu den nahe gelegenen Haushalten führen. Wenn man aber das Kraftwerk im Keller hätte, könnte die anfallende thermische Energie ohne Verluste direkt ins Zentralheizungssystem eingespeist werden.

Diese Idee wird in Minikraftwerken, sogenannten Blockheizkraftwerken, verwirklicht. Dabei wird der übliche Heizkessel durch einen Verbrennungsmotor, wie er in Autos Verwendung findet, ersetzt. ↑2

Statt hochwertiges Erdgas oder Erdöl einfach für Heizzwecke zu verbrennen, verwandelt der Verbrennungsmotor die gesamte mechanische Energie über einen Generator in elektrische Energie, die unmittelbar ins Stromnetz eingespeist wird. Die Abwärme wird direkt für Heizzwecke genutzt. ↑3

Ein weiterer Vorteil eines solchen Kraftwerks besteht darin, dass die Energie sofort zur Verfügung steht. Ein herkömmliches Wärmekraftwerk braucht dagegen viele Stunden, um angefahren zu werden. Es ist zu langsam, um die kurzfristigen Schwankungen der durch Wind und Sonne im Stromnetz bereitgestellten Energie auszugleichen.

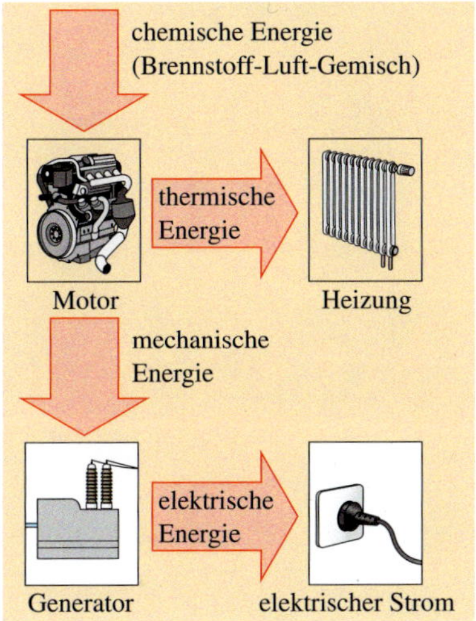

3

Aufgaben

1 Mit der Vorrichtung von Bild ↑4, S. 311 kann man thermische Energie in mechanische Energie umwandeln.

a Der mit einem Wägestück belastete Kolbenprober wird in eine Wanne mit heißem Wasser getaucht. Beschreibe, was du beobachtest. Erkläre die beobachteten Vorgänge.

b Um das Wagestück erneut anzuheben, muss der Kolben in seine Ausgangslage zurückgebracht werden. Das kann man erreichen, indem man den Kolbenprober in eine Wanne mit kaltem Wasser taucht. Beschreibe diesen Vorgang aus energetischer Sicht.

c Denke dir eine Möglichkeit aus, wie der Abkühlungsprozess automatisiert werden kann.

2 Der Niedertemperatur-Stirlingmotor funktioniert auch, wenn man ihn statt auf eine heiße auf eine eiskalte Unterlage stellt. Heißt das, dass man auch aus Kälte Energie gewinnen kann? Erkläre, indem du zeigst, wie in diesem Fall die Energie fließt.

3 Ein großer Pkw-Hersteller und ein Energieversorger sind dabei, Minikraftwerke für Wohnhäuser zu produzieren. Finde durch Recherche im Internet heraus:

a Wie arbeiten diese Kraftwerke?

b Welche Vorteile haben sie gegenüber den üblichen Heizungssystemen?

c In welchem Umfang tragen diese Pläne zum Energiesparen bei?

GRUNDLAGEN: Wärmepumpe

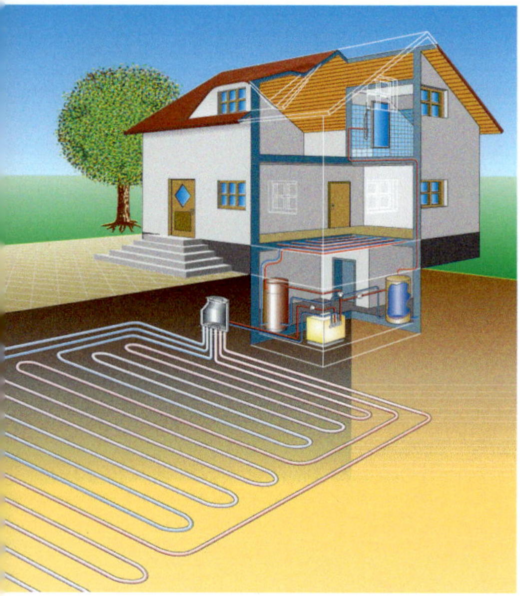

1

Energiesparhäuser sind so angelegt, dass sie ihrer jeweiligen Lage entsprechend alle zugänglichen Energiequellen nutzen, so z. B. auch das Grundwasser, das während des gesamten Jahres etwa eine Temperatur von 10 °C hat. Die thermische Energie der Umgebung kann für Heizzwecke genutzt werden, wenn sie von einem Energiespeicher niedriger Temperatur zu einem Energiespeicher höherer Temperatur transportiert wird. ↑1

Thermische Energie fließt nicht von selbst von kalt nach warm. Aber mithilfe einer Wärmepumpe gelingt das.
Der Thermogenerator kann als Modell für eine Wärmepumpe benutzt werden. Unter Einsatz von elektrischer Energie wird thermische Energie von einem Wasserbehälter zum anderen transportiert. Dabei kühlt sich der eine ab und der andere erwärmt sich. Nach einer gewissen Zeit ändern sich die Temperaturen in dem kalten und warmen Behälter nicht mehr. Dann sind die Energieströme vom warmen Behälter an die Umgebung und der Energiestrom von der Umgebung zum kalten Behälter gleich groß. Wenn man nun den warmen Behälter als Heizkörper in einem gegen die Umgebung gut isolierten Raum betrachtet, wird Heizenergie von der kalten Umgebung in diesen Raum transportiert.

Die thermische Energie fließt nicht von selbst von der kalten Umgebung (z. B. dem Grundwasser) zum warmen Heizkörper. Dieser Vorgang kann nur stattfinden, weil gleichzeitig elektrische oder chemische Energie eingesetzt wird, aus der die mechanische Energie zum Betreiben der Wärmepumpe gewonnen wird. Könnte man dann nicht gleich die elektrische oder chemische Energie zum Betreiben einer Heizung verwenden?

Durch den Einsatz einer Wärmepumpe kann viel mehr Energie vom kalten Grundwasser zum warmen Heizkörper transportiert werden, als beim direkten Einsatz von elektrischer oder chemischer Energie genutzt werden könnte. Und da es die thermische Energie des Grundwassers kostenlos gibt, zählt als Aufwand nur die eingesetzte elektrische oder chemische Energie. Dies ist ein klarer Vorteil der Wärmepumpe.

Bei einer Wärmepumpe handelt es sich um eine rückwärtslaufende Wärmekraftmaschine. Unter Einsatz von elektrischer oder chemischer Energie fließt Wärme von kalt nach warm.

Der Aufwand von elektrischer oder chemischer Energie ist umso größer, je größer die Temperaturdifferenz zwischen kaltem Grundwasser und Heizkörper ist.
Man wird also an einer möglichst hohen Temperatur des kalten Energiespeichers und einer niedrigen Temperatur des warmen Heizkörpers interessiert sein. Gemessen an den Durchschnittstemperaturen im Winter ist Grundwasser mit etwa 10 °C gar nicht so schlecht. Die Heizkörpertemperatur hält man dadurch niedrig, dass man große Heizkörper (z. B. eine Fußbodenheizung) einsetzt. Unter diesen Bedingungen transportiert man typischerweise das 2,5- bis 3-Fache der eingesetzten Energie als thermische Energie ins Zimmer.

Aufgaben

1 Zeige, dass eine Wärmepumpenheizung dabei helfen kann, den Verbrauch an Heizenergie im Haushalt zu vermindern.

2 Erläutere die Aussage: „Eine Wärmepumpe arbeitet wie eine umgekehrte Wärmekraftmaschine.“

Wärmekraftmaschine Eine Wärmekraftmaschine gewinnt aus dem Energietransport von einem heißen Reservoir (z. B. Dampfkessel) zu einem kalten Reservoir (Kühler) mechanische Energie. Diese kann durch einen Generator in elektrische Energie umgewandelt werden.

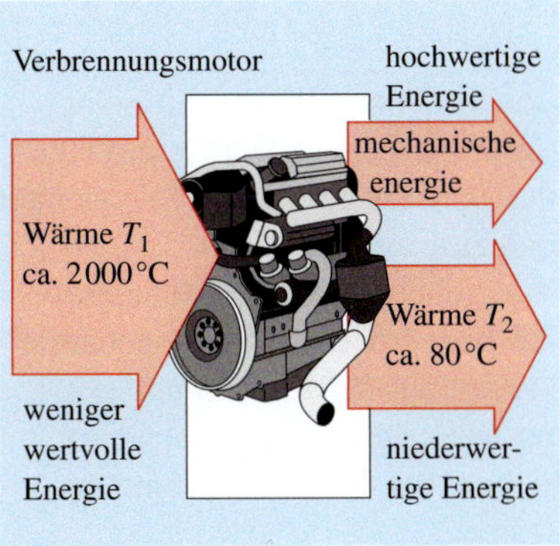

2

Wärmepumpe Eine Wärmepumpe lässt z. B. unter Einsatz von elektrischer Energie thermische Energie von einem Reservoir niedriger Temperatur (z. B. Grundwasser) zu einem Reservoir höherer Temperatur (z. B. Fußbodenheizung) fließen.

Alles klar?

1 Wie funktioniert eine Wärmekraftmaschine?

2 Beim Dampfjetboot werden die Rohre mit Wasser gefüllt. Eine Kerzenflamme heizt den „Dampfkessel". Das Geräusch des Bootes lässt auf einen rhythmischen Vorgang schließen. ↑3
a Beschreibe, wie die Bewegung des Bootes zustande kommt.
b Warum müssen die Rohre in gutem Kontakt mit dem Schiffsrumpf sein?
c Warum gibt es einen Vortrieb, obwohl Wasser ausgestoßen und eingesogen wird?

3 Die dargestellte Lichtwippe wippt so lange auf und ab, wie die Kerze brennt. Entscheidend für den Antrieb ist eine Bimetallspirale, die die rote Kugel zur anderen Seite dreht. Was passiert dann? Erkläre. ↑4

4 Wann lohnt sich eine Heizungsanlage mit Wärmepumpe?
a Begründe, warum eine Wärmepumpe umso effektiver arbeitet, je niedriger die Temperatur der Heizkörper ist, die eine Wohnung heizen.
b Wie kann man erreichen, dass die Heizkörper auch bei niedriger Temperatur genügend thermische Energie an ein Zimmer abgeben, ohne dass die Zimmertemperatur sinkt?

5 Was versteht man unter dem Wirkungsgrad einer Wärmekraftmaschine? Was bedeutet die Aussage, dass der Wirkungsgrad einer Wärmekraftmaschine 40 % beträgt? Was passiert mit den übrigen 60 % der Energie? ↑5

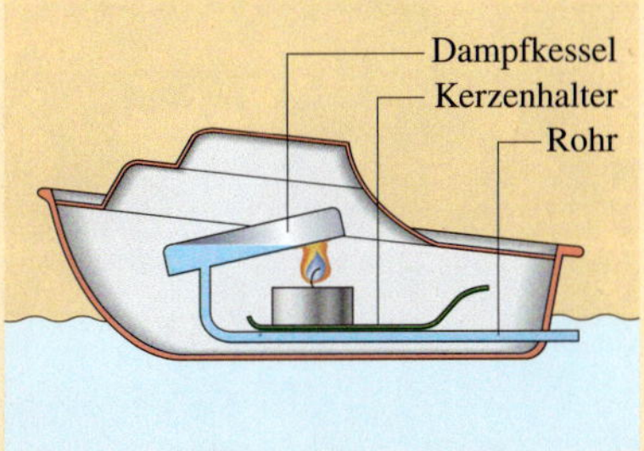

3

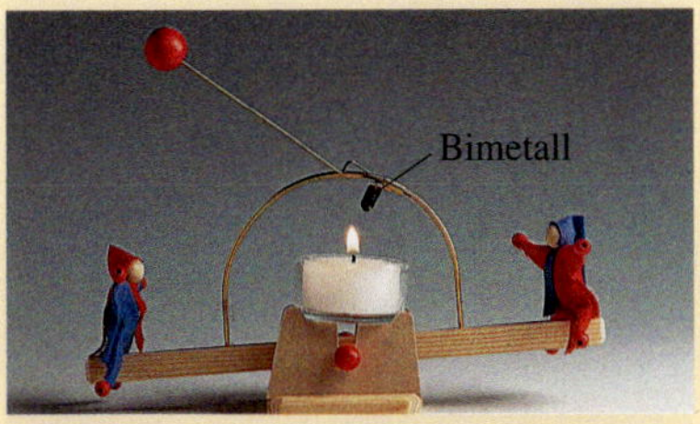

4

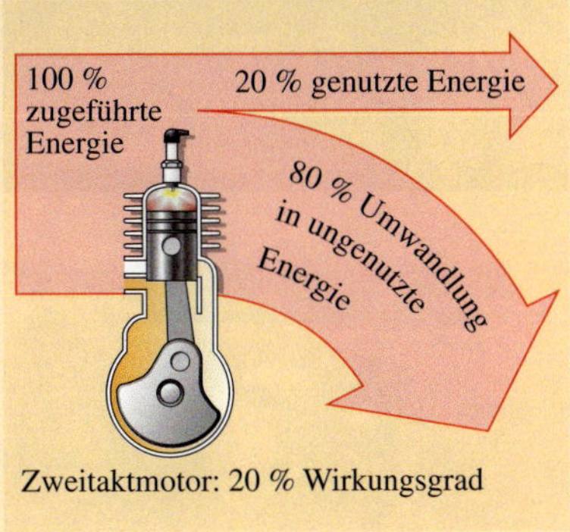

5

Energie von der Sonne

Sonnenschein ist eine Grundlage für das Leben auf der Erde. Ohne ihn wäre die Erde eisig kalt, dunkel und eine einzige Wüste.
Wie gelangt die Sonnenenergie zur Erde? Wie viel Sonnenenergie kommt auf der Erde an und was wird aus der Energie, nachdem sie von der Erde aufgenommen wurde?

1 Sonnenlicht ist die Grundlage für das Leben auf der Erde.

2

3

4

Durch die Sonnenstrahlung wird die Erde auf eine Durchschnittstemperatur von 15 °C erwärmt.
Die Pflanzen sind unmittelbar auf das sichtbare Sonnenlicht angewiesen. Zum Wachsen nutzen die grünen Blätter der Pflanzen Licht. Dabei wird durch Fotosynthese aus dem Kohlenstoffdioxid der Luft, aus Wasser und Mineralien des Erdbodens organische Substanz gebildet. ↑2
Die Wettervorgänge sorgen dafür, dass durch Regen der Boden feucht gehalten wird. Wolkenbildung und Winde werden ebenfalls durch die Sonnenenergie in Gang gehalten. ↑3
Abgestorbene Pflanzen und Tiere sind die Grundlage für Kohle, Erdöl und Erdgas. In Jahrmillionen gelangten sie durch geologische Vorgänge unter die Erde und wurden zu Kohle, Öl und Gas. Diese fossilen Brennstoffe können daher als „Spardose der Sonnenenergie" angesehen werden. Wenn wir in unseren Wärmekraftwerken, Autos und Heizungen fossile Brennstoffe verbrennen, leben wir von der Sonnenenergie früherer Zeiten. Die Menschheit ist dabei, die Spardose so schnell zu plündern, dass der Zeitpunkt abzusehen ist, wann sie leer sein wird. ↑4
Die Menschen werden damit nicht nur einen wichtigen Rohstoff für verschiedene Werkstoffe und Arzneien verlieren. Durch das Verbrennen von Kohle, Öl und Gas gelangen wieder Substanzen mit negativen Folgen für das Klima in die Atmosphäre. Die Mehrheit der Wissenschaftler geht davon aus, dass darauf die seit etwa hundert Jahren zu beobachtende zusätzliche Erderwärmung und der Anstieg des Meeresspiegels zurückzuführen sind.
Der Menschheit bleibt letztlich nur die Möglichkeit, den hohen und weiterhin steigenden Energiebedarf aus der Sonnenenergie zu decken, die uns tagtäglich in unterschiedlichen Formen zur Verfügung gestellt wird. Diese solaren Energiequellen sind sowohl umweltverträglich als auch unerschöpflich. Die naturwissenschaftliche Technik unserer Tage ist darauf ausgerichtet, durch Solarzellen, Sonnenkollektoren, Windkraftanlagen, Wasserkraftwerke usw. Ersatz für die fossilen Energiequellen zu liefern.

Die Erde im Licht der Sonne

Die Erde bewegt sich im Laufe eines Jahres in etwa demselben Abstand um die Sonne. Dabei dreht sie sich jeden Tag einmal um sich selbst, sodass immer nur eine Hälfte beleuchtet und erwärmt wird (Tag) und die andere im Dunkeln liegt (Nacht).
Wie viel Sonnenenergie gelangt dabei im Durchschnitt auf die Erde und wie verteilt sie sich über die Erdkugel?

5 Die Erde im Licht der Sonne

Experimente

1 Strahlungsenergie messen
Mit diesem einfachen Experiment kannst du abschätzen, wie viel Strahlungsenergie der Sonne auf eine Fläche von 1 m^2 fällt. Deine Wangen werden als „Strahlungsmessgerät" benutzt. Halte eine Wange in die Sonne. Der gegenüberliegenden Wange wird eine 100-W-Lampe so weit genähert, bis du auf beiden Wangen das Gleiche spürst. ↑6
In diesem Zustand wird der Abstand zwischen Glühwendel und Wange gemessen. Mit welcher Energiestromstärke (Leistung) trifft das Sonnenlicht auf eine Fläche von 1 m^2?

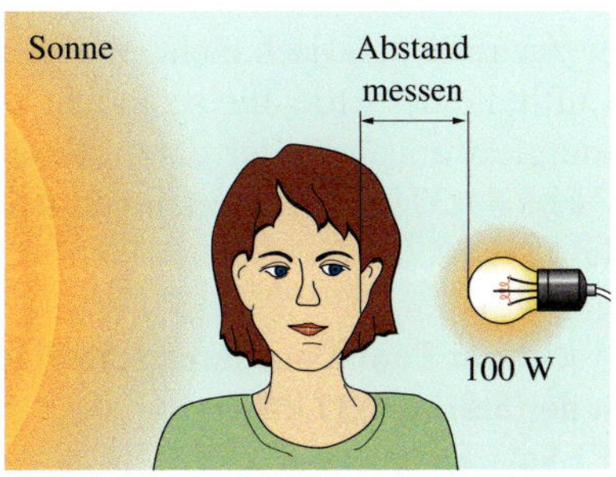

6 Abschätzung der Strahlungsenergie der Sonne

2 Energiestrom mit Solarzelle messen
Mit der in Bild ↑7 dargestellten Messschaltung mit einem Widerstand von 100 Ohm kannst du durch Messung von *U* und *I* die Energiestromstärke *P* des Sonnenlichts bestimmen. Dabei musst du den Wirkungsgrad der Solarzelle berücksichtigen.

a Stelle die Solarzelle so in den Sonnenschein, dass die Strahlung senkrecht auf die Oberfläche fällt. Bestimme die Energiestromstärke (Leistung).

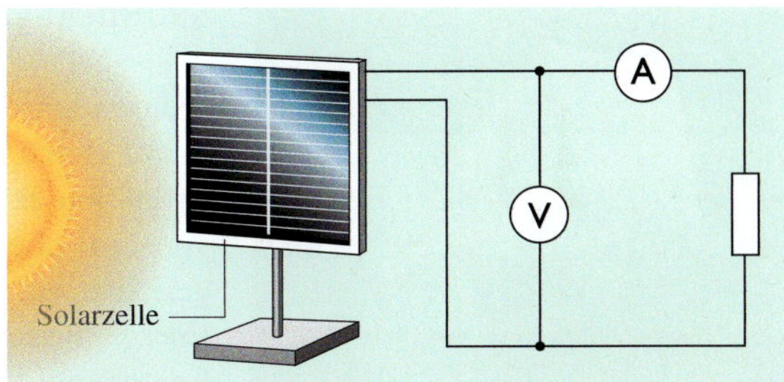

7 Messung der Energiestromstärke (Leistung)

b Berechne die Energie pro Sekunde von der Sonne, indem du davon ausgehst, dass nur etwa 10 % der Sonnenenergie in elektrische Energie umgewandelt werden.

c Richte die Solarzelle in unterschiedlichen Winkeln zur Sonnenstrahlrichtung aus (60°, 45°, 30°) und bestimme die Energiestromstärke (Leistung). Wie kommt es zu den Unterschieden?

3 Tellurium
Demonstriere mit einem geeigneten Modell ↑8 die Entstehung der Jahreszeiten. Begründe, warum die Verteilung des Energiestroms von der Sonne abhängig von der Jahreszeit und der geografischen Breite des Ortes ist.

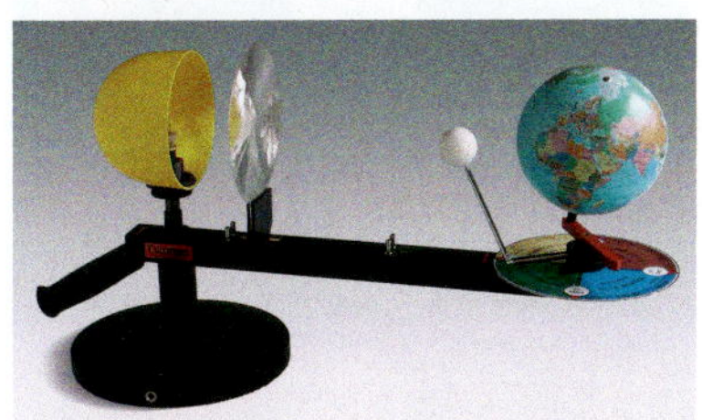

8

Experimente

4 Solarkonstante messen

Für dieses Experiment musst du eine Getränkedose folgendermaßen vorbereiten: Der Boden der Getränkedose wird mit Ruß oder mattschwarzer Farbe gefärbt. Bei strahlendem Sonnenschein wird die Dose mit dem geschwärzten Boden zur Sonne ausgerichtet. Sie wird mit Wasser gefüllt, dessen Temperatur etwa 2 °C unter der Außentemperatur liegt. Zur Messung der Temperatur des Wassers wird ein Wärmefühler durch ein kleines Loch passgenau (mit Dichtungsmasse abdichten) in die Dose eingeführt. Dann misst du die Zeit, die vergeht, bis die Temperatur 2 °C über der Außentemperatur liegt. ↑1

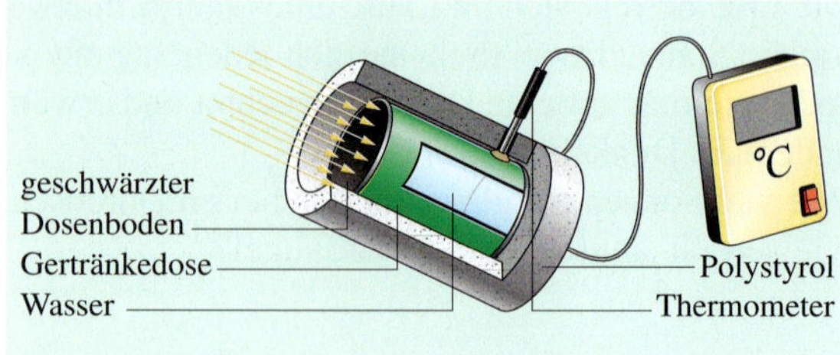

1

Aus der Masse m des Wassers, der Wärmekapazität c, der Temperaturdifferenz ΔT und der Zeit Δt kannst du die Energiestromstärke P berechnen (*Hinweis:* $P = \Delta E / \Delta t$ mit $\Delta E = c \cdot m \cdot \Delta T$). Anschließend kann man wie in ↑Experiment 1 die Energiestromstärke auf eine Fläche von 1 m² beziehen.

GRUNDLAGEN: Wie viel Sonnenenergie gelangt auf die Erde?

Während ihres jährlichen Umlaufs um die Sonne ist die Erde immer annähernd gleich weit von der Sonne entfernt. Daher ändert sich der Energiestrom von der Sonne zur Erde praktisch nicht. Wir betrachten eine Fläche von 1 m² über der Lufthülle der Erde, die senkrecht zur Sonnenstrahlung gerichtet ist. Die Energiestromstärke der durch diese Fläche geströmten Energie beträgt 1,37 kJ/s = 1,37 kW. Pro Zeiteinheit strömt stets gleich viel Energie auf die Erde. ↑2

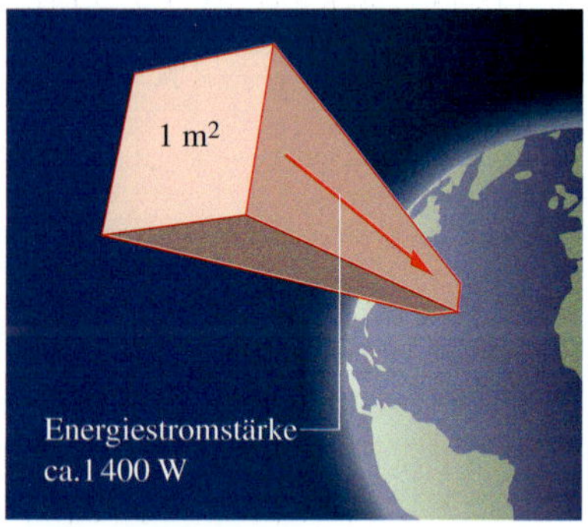

2 Zur Definition der Solarkonstante

Durch eine senkrecht zur Sonne ausgerichtete Fläche von 1 m² fließt ein Energiestrom der Stärke 1,37 kW.
Diese Größe heißt Solarkonstante S_E.
($S_E = 1{,}37\ \text{kJ}/(\text{s} \cdot \text{m}^2) = 1{,}37\ \text{kW/m}^2$)

Das entspricht etwa dem Energiestrom, der von einer viel kleineren elektrischen Kochplatte auf Heizstufe 3 abgegeben wird.
Der insgesamt auf die Lufthülle der Erde auftreffende Energiestrom geht durch die Querschnittsfläche der Erde hindurch und hat eine Stärke von $P_a = 174{,}5 \cdot 10^{12}$ kW. Er trifft auf eine sich drehende Erdkugel mit einer Oberfläche, die viermal so groß ist wie die Querschnittsfläche.

Auf jeden Quadratmeter der Lufthülle der Erde trifft durchschnittlich nur ein Viertel des durch die Solarkonstante gegebenen Wertes von 1,37 kW auf, also 342 W.

Der Energiestrom wird beim Durchqueren der Atmosphäre geschwächt. Denn das Sonnenlicht wird an der Luft und an Wolken gestreut und absorbiert. Im Mittel kommen daher nur 175 W pro Quadratmeter als Strahlung an. ↑3 Da es sich hier um einen über die ganze Erdoberfläche gemittelten Wert handelt, liegt der tatsächliche Wert je nach Breitengrad und Wolkenbedeckung darunter oder darüber. In Deutschland misst man im Durchschnitt nur etwa 110 W pro Quadratmeter.

3 Verteilung der Energiestromstärke in der Atmosphäre und am Erdboden

GRUNDLAGEN: Energiestromverteilung in Deutschland

In der Grafik sind die über viele Jahre gemittelten Energiestromstärken angegeben, die in Deutschland pro Quadratmeter auftreffen. Die Werte sind selbst in den Regionen mit den größten Energiestromstärken von ca. 140 W pro m^2 noch wesentlich geringer, als die Erde insgesamt im Durchschnitt pro m^2 erhält. Wie kommt es zu dieser Abweichung? ↑4

Während die Sonne in der Äquatorgegend steil von oben auf die Erde einstrahlt, erreicht sie bei uns eine wesentlich geringere Höhe. Das ist eine unmittelbare Folge der Kugelgestalt der Erde. Deshalb verteilt sich der Energiestrom mit einem Querschnitt von 1 m^2 in unseren Breiten auf eine größere Fläche. ↑5

Hinzu kommt, dass die Erdachse zur Erdbahn um die Sonne geneigt ist. Daher ist der Sonnenstand im Sommer am höchsten und im Winter am niedrigsten. Das hat eine entsprechend längere und kürzere Dauer der Sonneneinstrahlung zur Folge. Am „längsten Tag" im Sommer scheint die Sonne in Deutschland bis etwa 15 ½ Stunden, am kürzesten Tag im Winter nicht einmal 8 ½ Stunden, wenn sie denn scheint.

Zwar nimmt die Energiestromstärke pro m^2 nach Süden hin zu, aber nicht gleichmäßig. Vielmehr ergibt sich ein „Flickenteppich" unterschiedlicher Energieeinstrahlung. Dies ist vor allem auf unterschiedliche Wolkenbedeckungen und die Reinheit der Luft zurückzuführen.

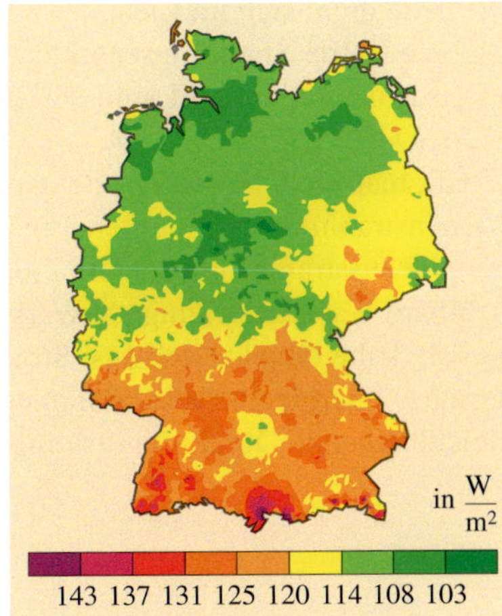

4 Energiestromstärke von der Sonne pro m^2 im Jahresmittel

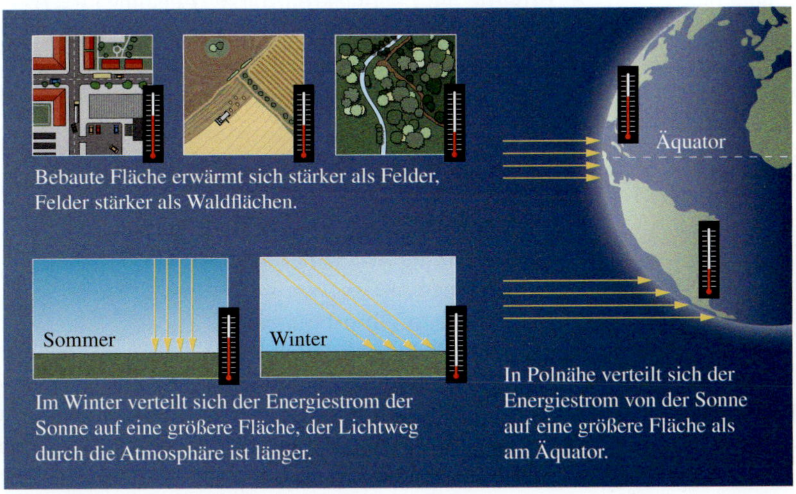

5 Wovon hängt die Verteilung des Energiestroms von der Sonne ab?

Musteraufgabe

Berechne aus der Solarkonstante die gesamte Energiestromstärke P_a des auf die Erde auftreffenden Sonnenlichts (Radius der Erde $R_E = 6370$ km).

Lösung:

Da der gesamte Energiestrom durch die Querschnittsfläche der Erde hindurchgeht, muss man die Solarkonstante mit der Querschnittsfläche A multiplizieren, wobei gilt: $A = \pi \cdot R_E^2$.

$$P_a = S_E \cdot \pi \cdot R_E^2 = 1{,}37\,(\text{kW/m}^2) \cdot \pi \cdot (6\,370\,000\,\text{m})^2 = 174{,}5 \cdot 10^{12}\,\text{kW}$$

Aufgabe

1 Kann die Menschheit ihren Energiebedarf nur mit Sonnenenergie decken?

a Wie groß ist die Energiestromstärke von der Sonne im Vergleich zum gegenwärtigen Verbrauch an Energie durch die Menschen (ca. 10^{10} kJ/s)?

b Berechne, wie groß die Auffangfläche mindestens sein müsste, um die gesamte Menschheit ausschließlich mit Sonnenenergie zu versorgen. Setze dabei voraus, dass 15 % der Sonnenenergie genutzt werden könnten.

c In der Europäischen Union leben etwa 495 Millionen Menschen. Welche Fläche würde im Durchschnitt jeder Einzelne benötigen, um seinen Energiebedarf nur mit Sonnenenergie zu decken?

Strahlende Erde

Die Erde dreht sich im Licht der Sonne, sodass ständig eine Hälfte Strahlungsenergie aufnimmt. Müsste die Erde dann nicht im Laufe der Zeit immer wärmer werden?
Schaut man sich die Nachtseite der Erde an, die keine Sonnenstrahlung erhält, erkennt man, dass die Erde Energie ausstrahlt. Infrarotaufnahmen ↑1 bilden unsichtbare Wärmestrahlung ab. Warme Objekte sehen dunkel, kalte Objekte hell aus. Strahlt die Erde auch tagsüber Energie ab? Wie kommt es, dass sich eine gleichbleibende Durchschnittstemperatur einstellt?

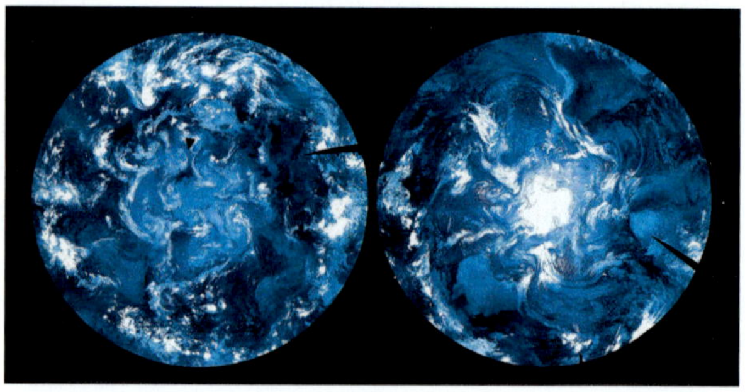

1 Der Satellit NOAA-9 fotografierte den Nordpol (links) und den Südpol (rechts) der Erde während der Polarnacht im infraroten Licht.

Experimente

1 Strahlungsmessgerät
Richte die Empfängerfläche eines Strahlungsmessgeräts auf verschiedene Gegenstände: auf deine Hand, auf den Heizkörper, auf das Innere eines Kühlschranks, auf das Fenster usw. ↑2
a Erkläre die unterschiedlichen Anzeigen des Messgeräts.
b Miss die Energiestromstärke (Leistung) einer Glühlampe bei unterschiedlichen Temperaturen. Verändere dazu die angelegte Spannung.

2 Messung mit dem Strahlungsmessgerät

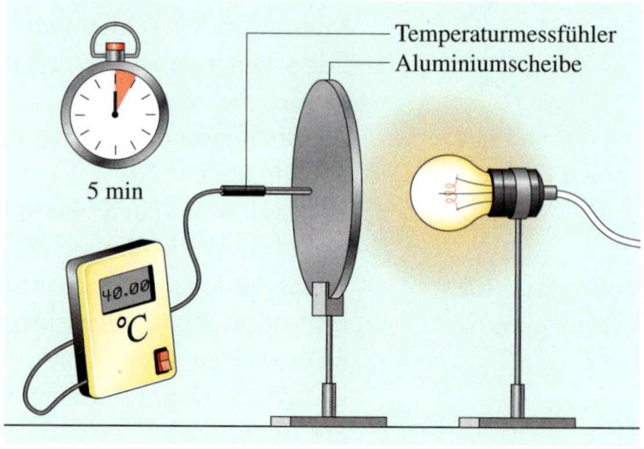

3 Untersuchungen an einer Aluminiumscheibe

2 Temperatur und Energiestrom
Der Glühfaden einer Lampe gibt die zugeführte Energie durch Strahlung ab.
a Ermittle die Energiestromstärke (Leistung) $P = U \cdot I$ bei unterschiedlichen Temperaturen der Glühwendel. Beginne mit einer hell glühenden Wendel (ca. 2500 °C) und regle zur Verringerung der Temperatur die Spannung schrittweise herunter.
b Beschreibe deine Beobachtungen.

3 Wo bleibt die eingestrahlte Energie?
Eine Aluminiumscheibe wird mit einer 30-Watt-Lampe bestrahlt. ↑3
a Miss alle 5 min ihre Temperatur.
b Trage den Temperaturverlauf in ein Diagramm ein.
c Interpretiere und erkläre den Kurvenverlauf.

4 Fließgleichgewicht
Stelle den Wasserhahn so ein, dass das Wasser bei offenem Auslauf langsam steigt. ↑4
a Stelle Vermutungen an, was im Lauf der Zeit passiert.
b Führe dann ein Experiment durch, um deine Vermutung zu überprüfen.
c Vergleiche Gefäß und Wasser mit Aluminiumscheibe und Strahlung in ↑Experiment 3. Was entspricht dem Zulauf, was dem Ablauf, was dem momentanen Wasserstand?

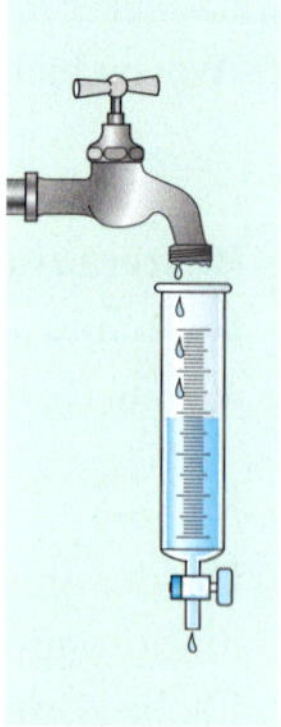

4 Fließgleichgewicht

GRUNDLAGEN: Alle Gegenstände absorbieren und strahlen

Ein in die Sonne gelegter Stein nimmt Energie auf. Dadurch steigt seine Temperatur über die Umgebungstemperatur hinaus an. Gleichzeitig gibt er auch Energie ab. Davon merkt man zunächst nichts, weil es sich um unsichtbare Wärmestrahlung (Infrarotstrahlung) handelt. ↑5
Ab einer bestimmten Temperatur kann man diese Strahlung spüren, wenn man die Hand in seine Nähe hält. Schließlich erreicht er eine Temperatur, bei der so viel Energie in Form von Infrarotstrahlung ausgesendet wird, wie er an Energie in Form von sichtbarem Sonnenlicht aufnimmt. Es herrscht ein (dynamisches) Gleichgewicht zwischen aufgenommener und ausgestrahlter Energie (Strahlungsgleichgewicht). Die Energie und damit auch die Temperatur des Steins bleiben nun konstant.

5 Infrarotstrahlung, sichtbar gemacht

Im Strahlungsgleichgewicht gibt ein Körper genauso viel Energie ab, wie er aufnimmt.

Je höher die Temperatur eines Körpers ist, desto größer ist der ausgestrahlte Energiestrom. Bei Temperaturen bis etwa 600 °C wird die Energie durch unsichtbare Infrarotstrahlung abgegeben. Steigt die Temperatur über 600 °C, wird auch sichtbares Licht ausgestrahlt. Der Gegenstand fängt zunächst an, rot zu glühen, und geht bei etwa 2000 °C in Weißglut über. Die Sonne hat eine Oberflächentemperatur von 5450 °C. ↑6

6 Temperatur und Energiestromstärke

Die strahlende Erde Die im Licht der Sonne „schwebende" Erde verhält sich ähnlich wie der Stein. Bei einer Durchschnittstemperatur von 15 °C nimmt die Erde im Durchschnitt pro Quadratmeter 175 J/s auf und gibt genauso viel wieder ab. Im Unterschied zum Stein dreht sich die Erde wie ein „Bratspieß" in der Sonne, sodass immer nur eine Hälfte der Erdoberfläche Energie aufnimmt, während die Abstrahlung der unsichtbaren Wärmestrahlung stets rundherum erfolgt. ↑7
Im Gebiet von Deutschland wird im Durchschnitt mehr Energie ins Weltall abgestrahlt, als an Sonnenenergie aufgenommen wird. Dass es trotzdem nicht kälter wird, verdanken wir den Wettervorgängen: Durch Winde, Wolken und Meeresströme wird Energie aus den Gebieten zwischen Äquator und 40. Breitengrad in den Norden transportiert, sodass dort mehr Energie ankommt als allein durch die Einstrahlung von Sonnenenergie. ↑8

7 Strahlende Erde

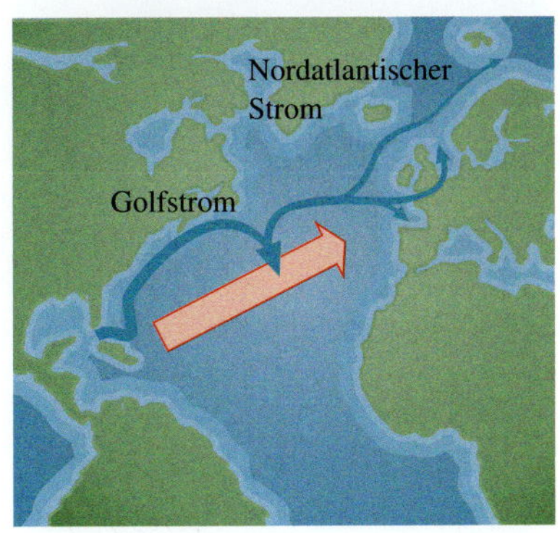

8 Golfstrom

Einige natürliche Strahlungsquellen

Strahler	Temperatur in °C	Pro Sekunde von 1 m^2 abgestrahlte Energie in kJ
Sonne	5450	64 000
Mond		
im Sonnenlicht	107	1,2
im Schatten	–173	0,006
Erde		
durchschnittlich	15	0,39
Wüste bei 40 °C	40	0,56
Wald bei 20 °C	20	0,43

Aufgaben

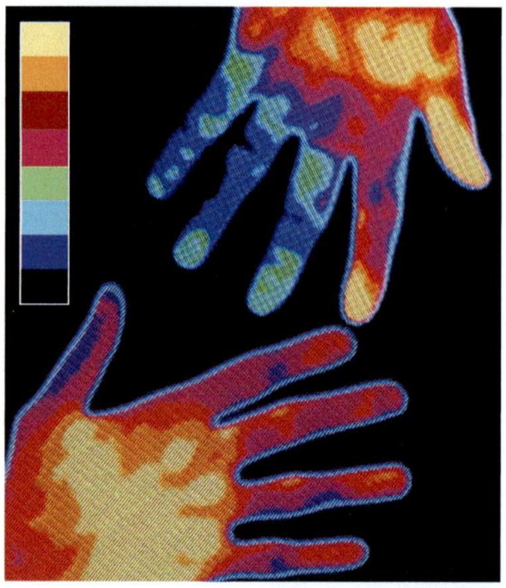

1 Infrarotaufnahme der Hände; Schwarz ist die niedrigste, Gelb die höchste Temperatur.

1 Wenn du eine Aluminiumscheibe in das Licht einer Glühlampe stellst, so erwärmt sie sich zunächst schnell, dann langsamer. Schließlich steigt ihre Temperatur nicht mehr.

a Erkläre dieses Verhalten.

b Erläutere den Begriff „Strahlungsgleichgewicht" am Beispiel der Aluminiumscheibe und am Beispiel der Erde.

2 Der Energiestrom ist bei einem 1000-Watt-Bügeleisen wesentlich größer als bei einer 100-W-Glühlampe. Erläutere, warum das Bügeleisen nicht leuchtet.

3 Die Erde strahlt im Durchschnitt genauso viel Energie ab, wie sie aufnimmt. Warum sieht man von der Abstrahlung nichts? Woran kann man sie aber trotzdem erkennen?

4 Welche Aufgabe hat die glänzende Oberfläche künstlicher Satelliten?

5 Bild ↑1 zeigt zwei Infrarotaufnahmen einer Hand. Die obere Aufnahme entstand, nachdem die Person eine Zigarette geraucht hatte. Welche Wirkung zeigt der Vergleich der Bilder?

6 Käme es nur auf die Ein- und Abstrahlung an, dann müsste sich in Deutschland das Strahlungsgleichgewicht von Jahr zu Jahr bei einer immer tieferen und am Äquator bei einer immer höheren Temperatur einstellen. Versuche zu erklären, warum dies nicht eintritt.

Experimente

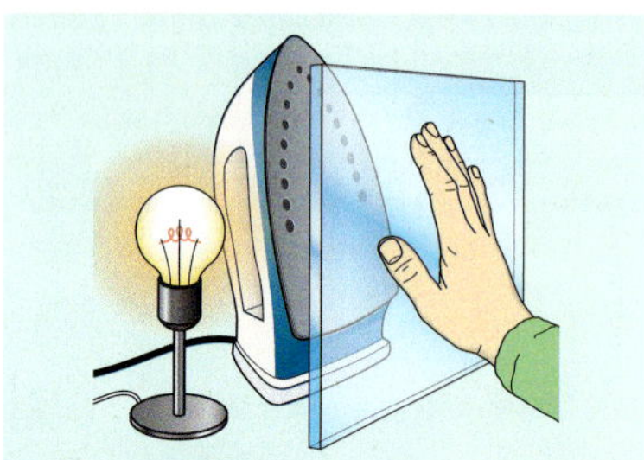

2 Kann infrarote Strahlung die Glasplatte durchdringen?

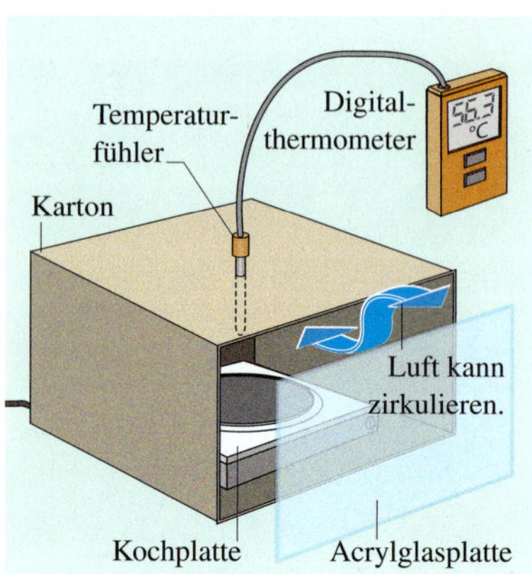

3 Ein Modell für die Erdatmosphäre

1 Infrarotstrahlung
Sichtbares Licht kann Luft und Glas durchdringen. Gilt das auch für Wärmestrahlung (Infrarotstrahlung)? Halte deine Hand 20 cm neben eine 100-Watt-Glühlampe. Schiebe dann eine Glasplatte zwischen Lampe und Hand.
Verwende danach ein Bügeleisen (eine Kochplatte) als Strahlungsquelle. Was kannst du beobachten? ↑2

2 Leistung und Temperatur
Bestrahle 5 min lang zwei gleiche Glasplatten: die eine mit einer 200-W-Glühampe, die andere mit einer Kochplatte bei gleicher Leistung (Leistungsmessgerät). Miss danach mit einem Temperaturfühler die Temperatur der Glasplatten. Was stellst du fest?

3 Modell für die Atmosphäre
Eine Kochplatte in einem Karton wird gleichmäßig beheizt. ↑3
Wenn die Temperatur nicht mehr ansteigt, wird einige Zentimeter vor die Öffnung eine Acrylglasplatte gestellt. Wie ändert sich die Temperatur im Karton? Prüfe nach 1–2 min mit der Wange die Strahlung der Glasplatte auf beiden Seiten. Stelle den Bezug zwischen diesem Aufbau und der Erde her.

GRUNDLAGEN: Der Treibhauseffekt

Das weiße Licht einer Glühlampe geht fast ungehindert durch eine Glasscheibe hindurch. Die bei viel niedrigerer Temperatur ausgesandte Infrarotstrahlung eines Bügeleisens wird fast vollständig von der Glasplatte absorbiert. Dadurch steigt ihre Temperatur und sie wird selbst zum Strahler, indem sie die aufgenommene Energie nach beiden Seiten abstrahlt.
Der Erdboden absorbiert einen Teil des sichtbaren Lichts, erwärmt sich und strahlt die aufgenommene Energie als infrarotes Licht zurück. Lässt man das sichtbare Licht durch eine Glasscheibe gehen, bevor es den Boden erreicht, so gerät die Energie in eine Falle. Die vom Boden zurückgestrahlte Infrarotstrahlung wird von der Scheibe absorbiert. Sie erwärmt sich und ihre Temperatur steigt. In dem Maße wie die Temperatur zunimmt, strahlt sie einen Teil der Energie nach außen ab und einen anderen nach innen zurück. Es stellt sich ein Strahlungsgleichgewicht ein, bei dem die Glasscheibe insgesamt einen genauso großen Energiestrom abstrahlt, wie sie von der Lampe aufnimmt. Im „Treibhaus" unter der Scheibe ist daher ein viel größerer Energiestrom unterwegs, als von der Lampe eingestrahlt wird. Und das macht sich in einer höheren Temperatur bemerkbar. ↑4, 5

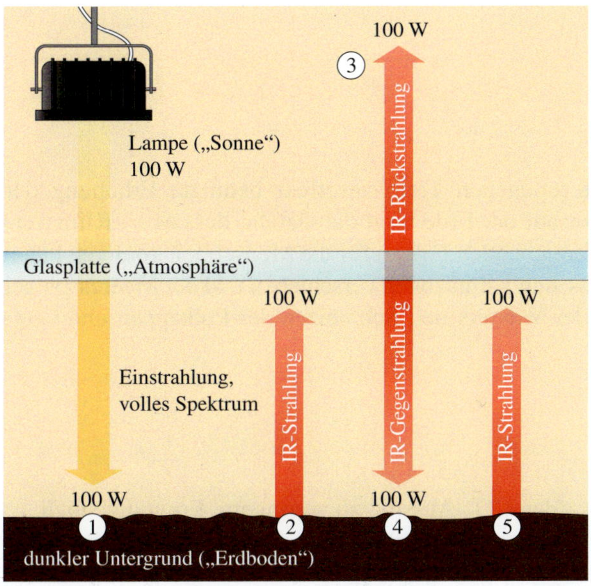

4 Wirkung einer Glasplatte auf Strahlung

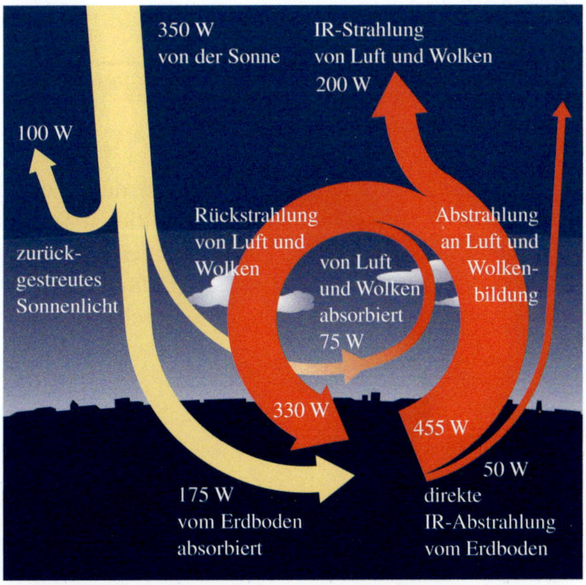

5 Wirkung der Atmosphäre auf die Strahlung

Natürlicher Treibhauseffekt Dieses „Treibhausmodell" lässt sich auf das Zusammenspiel von Erde und Lufthülle übertragen. Einige Gase der Lufthülle (z. B. Kohlenstoffdioxid, Wasserdampf, Methan, Ozon) absorbieren ähnlich wie die Glasscheibe einen großen Teil der von der Erde kommenden Infrarotstrahlung und strahlen sie nicht nur ins Weltall hinaus, sondern auch zum Boden zurück. Die Temperatur der Erdoberfläche steigt infolgedessen so lange an, bis sich ein Strahlungsgleichgewicht einstellt.
Diesem natürlichen Treibhauseffekt ist das Leben auf der Erde zu verdanken. Ohne Atmosphäre würde durch die Sonneneinstrahlung nur eine Temperatur von durchschnittlich –19 °C erreicht. Mit Atmosphäre stellt sich eine lebensfreundliche Durchschnittstemperatur von 15 °C ein.

Anthropogener Treibhauseffekt Die Durchschnittstemperatur auf der Erde ist im vergangenen Jahrhundert um 0,7 K gestiegen. ↑1 Die Klimaforscher haben Hinweise darauf, dass diese Erwärmung durch die Aktivitäten der stark anwachsenden Menschheit verursacht wird. Daher spricht man auch vom anthropogenen, d.h. vom Menschen verursachten Treibhauseffekt. Von Jahr zu Jahr wurden und werden in steigendem Maße immer mehr Gase an die Atmosphäre abgegeben, die den natürlichen Treibhauseffekt verstärken. Es sind dies vor allem Spurengase wie Kohlenstoffdioxid (CO_2), Methan (CH_4), Ozon (O_3) und Fluorchlorkohlenwasserstoffe (FCKWs). Die steigende Nutzung von fossilen Brennstoffen durch Elektrizitätswerke und Kraftfahrzeuge, aber auch die Rodung von Urwäldern, die Intensivierung des Reisanbaus und der Viehhaltung (Methan, Lachgas) führen zu erhöhten Emissionen von CO_2 und anderen Treibhausgasen. ↑2

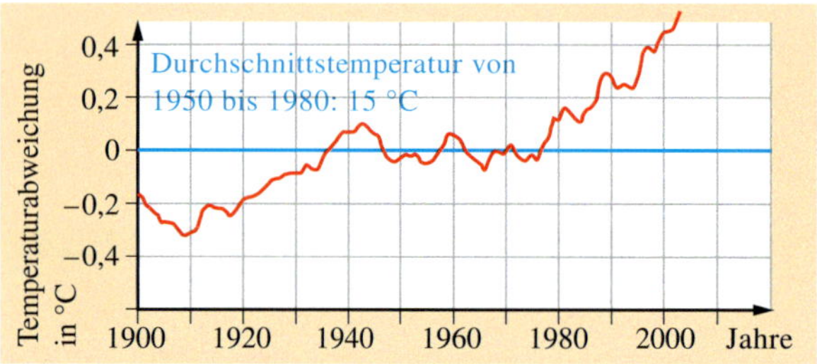

1 Anstieg der Durchschnittstemperatur

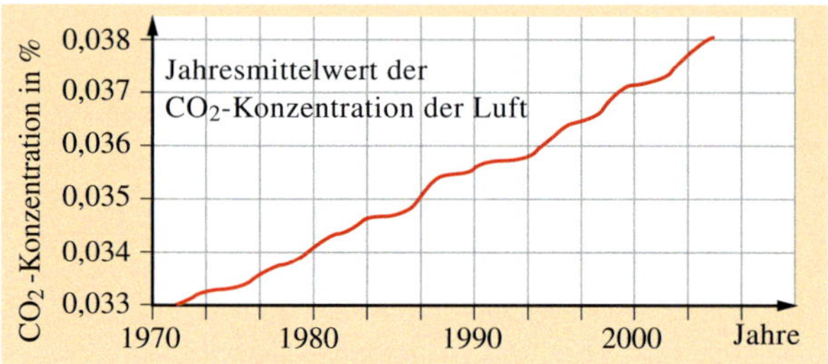

2 Anstieg der CO_2-Konzentration

Die durch den anthropogenen Treibhauseffekt bedingte Erhöhung der mittleren Temperatur auf der Erde birgt die Gefahr, dass es zu Klimaveränderungen mit weitreichenden Folgen für die Menschheit kommen kann. Befürchtet wird, dass sich Klimazonen verschieben und der Meeresspiegel durch Erwärmung des Wassers und Schmelzen der Polkappen und Gletscher steigt.

Aufgaben

1 Fenster ohne Gardinen sehen aus einiger Entfernung betrachtet schwarz aus.
a Bedeutet das, dass keine Strahlungsenergie von diesen Fenstern ausgeht?
b Müsste nicht das von außen eingestrahlte Licht wieder herauskommen?
c Welche Wirkung haben helle Gardinen?

2 Was sagt die in etwa gleichbleibende Durchschnittstemperatur der Erde über das Verhältnis von eingestrahlter zu ausgestrahlter Energie aus?

3 Erkläre, warum der vom Erdboden abgestrahlte Energiestrom wesentlich größer ist als der Energiestrom, der von der Sonne auf die Erde eingestrahlt wird.

4 Um den Anstieg des anthropogenen Treibhauseffekts zu verlangsamen, bemühen sich die Staaten, den CO_2-Ausstoß zu verringern. Erkundige dich, warum es so schwer ist, dieses Ziel zu erreichen, wenn man gleichzeitig bemüht ist, das wirtschaftliche Wachstum zu fördern.

5 Wenn man im Winter in der Nähe eines (einfach verglasten) Fensters sitzt, hat man den Eindruck, dass es zur Fensterseite hin kalt ist, obwohl die Zimmertemperatur ausreichend hoch ist. Wie kommt es zu dieser Empfindung?

6 Manche Kamine werden gegen Funkenflug durch eine Glasscheibe abgeschirmt. Wenn du dich in die Nähe der Scheibe begibst, kannst du deutlich die Strahlungswärme spüren.
Wie kommt es, dass du die Wärmestrahlung (Infrarotstrahlung) spürst, obwohl die Glasscheibe für Wärmestrahlung undurchlässig ist?

Solarthermie

3 Der Sonnenofen von Odeillo (Frankreich)

Im Sonnenofen von Odeillo wird mit zahlreichen Spiegeln Sonnenlicht gebündelt. Auf diese Weise lassen sich Temperaturen von bis zu 3900 °C erreichen. Das erinnert uns daran, dass die Sonne nicht nur Licht, sondern auch Wärme spendet. In den meisten Fällen braucht man jedoch thermische Energie, die bei relativ niedrigen Temperaturen abgegeben wird. Dazu reichen jedoch einfache Flachkollektoren aus, wie man sie auch in unseren Breiten immer häufiger auf den Dächern von Häusern sehen kann. Sonnenkollektoren können wesentlich dazu beitragen, die Energiekosten zu senken. Allgemein spricht man bei der Umwandlung von Sonnenenergie in thermische Energie von Solarthermie. Auf welche Weise kann man mit Sonnenkollektoren thermische Energie dem Sonnenlicht entnehmen?

Experimente

1 Gartenschlauch als Kollektormodell
Ein schwarzer Gartenschlauch wird zu einer Spirale zusammengerollt und in einem passenden Kasten fixiert. Der Kasten soll mit einer Glas- bzw. Plexiglasplatte abgedeckt werden können. ↑4

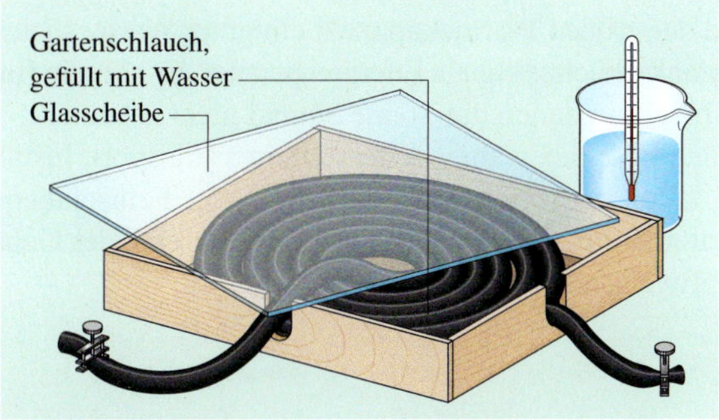

4 Kollektormodell

a Lege dieses Modell eines Sonnenkollektors zunächst ohne Abdeckung in die Sonne und verfolge den Temperaturverlauf des Wassers im Schlauch, indem du alle 5 min misst.
b Wiederhole den Versuch mit Abdeckung.
c Beschreibe und erkläre den unterschiedlichen Versuchsausgang.

2 Erwärmung einer Oberfläche
a Plane ein Experiment, mit dem du untersuchen kannst, wovon die Erwärmung einer Oberfläche abhängt. (*Hinweis:* Benutze unterschiedliche Materialien, die gegen die Auflage isoliert sein müssen.)
b Stelle mit einer Solarzelle fest, welcher Anteil der Strahlung von den Materialien reflektiert wird.

3 Antrieb eines Heißluftmotors mit Lichtenergie
Richte das Licht der Sonne oder einer Halogenlampe (500 bis 1000 W) auf einen Hohlspiegel (Parabolspiegel), sodass dieser gut ausgeleuchtet wird. ↑5 (*Tipp:* Das Sonnenlicht kann mit passend geneigten Spiegeln zum Ort des Geschehens gelenkt werden.)
a Bestimme den Brennpunkt des Spiegels.
b Stelle den Heißluftmotor mit dem Stutzen zur Erwärmung in den Brennpunkt des Spiegels. Beschreibe deine Beobachtungen.

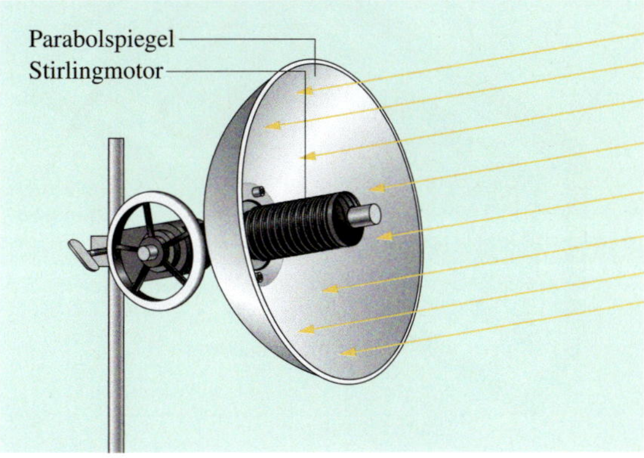

5 Heißluftmotor

GRUNDLAGEN: Thermische Energie aus Sonnenkollektoren

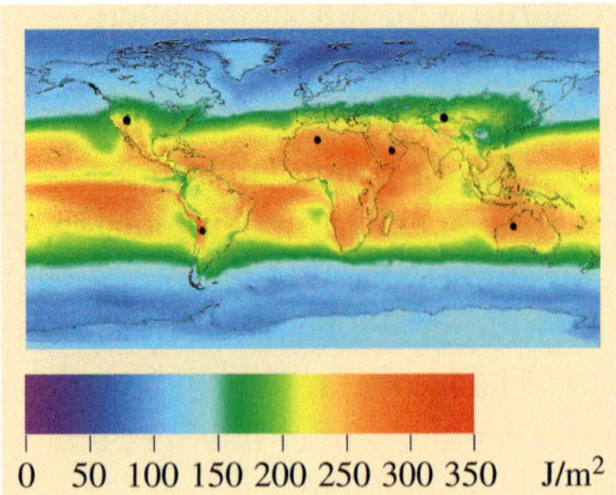

1 Weltweit pro Quadratmeter verfügbare Sonnenenergie – gemittelt über die Jahre 1991–93. Zur Deckung des gegenwärtigen Weltenergiebedarfs allein durch Solarstrom wären die mit dunklen Flecken gekennzeichneten Flächen ausreichend.

Da neben elektrischer Energie vor allem thermische Energie zu Heizzwecken und zur Bereitstellung von Warmwasser gebraucht wird, kann man sich mit Sonnenkollektoren diese Energie auch direkt von der Sonne holen. ↑1

Ein Sonnenkollektor besteht im Wesentlichen aus einer schwarzen Fläche (Absorberfläche), die mit einem Flüssigkeitskreislauf verbunden ist. Die Absorberfläche dient dazu, möglichst viel Sonnenlicht zu absorbieren und an die an ihr entlanggepumpte Flüssigkeit abzugeben.

Um Energieverluste durch Konvektion mit der angrenzenden Luft zu verringern, wird die Absorberfläche meist in einem flachen Kasten untergebracht, der mit einer Glasscheibe abgedeckt ist. ↑2, 3

Die Glasscheibe kann die Energieverluste zwar verringern, aber nicht ganz verhindern. Neben der Reflexion des einfallenden Sonnenlichts strahlt die von innen erwärmte Scheibe thermische Energie ab. Die Abstrahlungsverluste sind umso größer, je stärker die Temperatur des Kollektors erhöht wird. Der Wirkungsgrad des Kollektors ist daher temperaturabhängig und beträgt beispielsweise bei einer Temperaturerhöhung von 40 K über Umgebungstemperatur etwa 70 %, bei 80 K aber nur noch gut 40 %.

Im einfachsten Fall wird die absorbierte Sonnenenergie direkt an das zirkulierende Brauchwasser abgegeben. Das hat aber mehrere Nachteile. Deshalb wird statt dieses Einkreissystems heute fast ausschließlich ein Zweikreissystem benutzt. Im ersten Kreis wird die thermische Energie durch eine Flüssigkeit in einen Wassertank transportiert, wo sie über einen Wärmetauscher an das Brauchwasser abgegeben wird. Das heiße Wasser steht zur Nutzung zur Verfügung. Die abgekühlte Flüssigkeit gelangt zurück zum Absorber, wo sie erneut mit Energie beladen wird. ↑4

Da Wasser aufgrund der großen Wärmekapazität ein guter Wärmespeicher ist, dient der Wassertank gleichzeitig als Energiespeicher. Er hält die Energie auch für Zeiten bereit, in denen die Sonne einmal nicht scheint.

Abgesehen von grauen Energien während Herstellung, Transport, Installation und Recycling fallen beim Betrieb keine CO_2- oder Feinstaubemissionen an. Daher gelten Sonnenkollektoren gerade im Bereich der Gebäudeheizung als zukunftweisend.

2 Sonnenkollektoren und Solarzellen

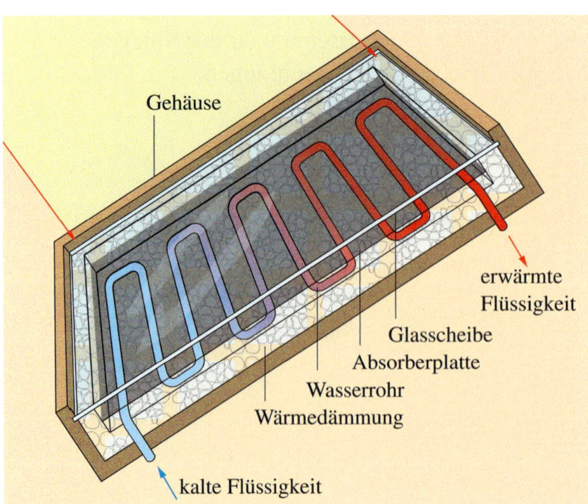

3 Sonnenkollektor (Aufbau)

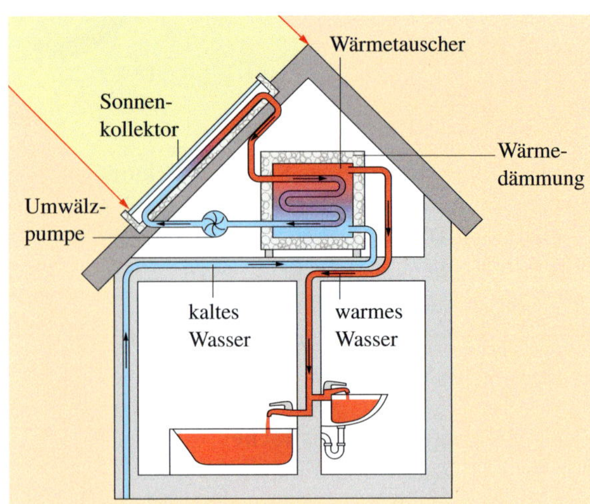

4 Warmwasserversorgung mit Sonnenkollektoren

GRUNDLAGEN: Solarthermische Kraftwerke

Wenn es sich schon in unseren Breiten lohnt, Sonnenenergie zu nutzen, wie viel vorteilhafter ist es erst dann in den heißen Gebieten unserer Erde. In den großen Wüstengebieten ließen sich große Sonnenenergieströme anzapfen und in die Gebiete umleiten, in denen die Energie benötigt wird. Neben Kraftwerken, die die Fotovoltaik nutzen, sind auch solarthermische Kraftwerke gut dafür geeignet.

In solarthermischen Kraftwerken kann man teilweise auf die aus Wärmekraftwerken bekannte und vielfältig erprobte Technik zurückgreifen. Der Unterschied besteht darin, dass der Wasserdampf nicht durch klimaschädigende fossile Brennstoffe oder Uran erzeugt wird, sondern durch Sonnenenergie. Der so bereitgestellte Wasserdampf wird auf Dampfturbinen geleitet, die ihrerseits Generatoren antreiben und die Bewegungsenergie in elektrische Energie umwandeln.

Um die zum Verdampfen und Aufheizen des Dampfes nötigen Temperaturen zu erreichen, wird die Sonnenenergie gebündelt. Das kann auf verschiedene Weise geschehen: Bei Turmkraftwerken konzentrieren Tausende Spiegel das Sonnenlicht auf den „Dampfkessel", bei Parabolrinnenkraftwerken reflektieren zylinderförmige Spiegel die Sonnenstrahlen auf lange Röhren. ↑5, 6

5 Die Spiegel werden der Sonne nachgeführt und fokussieren das Licht auf die Spitze des Turms. Dort wird eine spezielle Flüssigkeit erwärmt.

Die Parabolspiegeltechnologie ist am weitesten ausgereift. Dabei handelt es sich um bis zu 400 m lange Rinnen aus parabolisch geformten Spiegelsegmenten. Diese Spiegel werden im Tagesverlauf der Sonne nachgeführt und konzentrieren das Licht mit 80-facher Verstärkung auf Absorberrohre. Diese sind speziell beschichtet, um das Licht möglichst vollständig zu absorbieren. Um auch bei den höheren Temperaturen die Verluste von thermischer Energie zu minimieren, arbeiten diese Vakuumröhrenkollektoren nach dem Thermoskannenprinzip.

Durch die Rohre fließt Öl, das über einen Wärmetauscher Wasser verdampft. Die thermische Energie wird nachts in großen Speichern z. B. aus flüssigem Salz bevorratet. Auf diese Weise kann auch nachts elektrische Energie ins Stromnetz eingespeist werden, was bei Fotovoltaik und Windenergieanlagen nicht möglich ist.

6 Parabolspiegel

Aufgaben

1 Sonnenkollektoren haben in der Regel zwei Flüssigkeitskreisläufe.
a Warum erwärmt man das Brauchwasser nicht direkt durch den Sonnenkollektor?
b Welche Flüssigkeit wird im primären Kreislauf des Kollektors benutzt?
c Informiere dich (z. B. durch Recherche im Internet), welche Nachteile Einkreis-Kollektorsysteme gegenüber Zweikreis-Systemen haben.

2 Warum sind die Absorber eines Sonnenkollektors meistens schwarz?

3 Warum nimmt der Wirkungsgrad eines Sonnenkollektors mit zunehmender Brauchwassertemperatur ab?

4 Vergleiche Sonnenkollektoren und Solarzellen. Diskutiere Vor- und Nachteile der einen und der anderen Technik.

Auf einen Blick

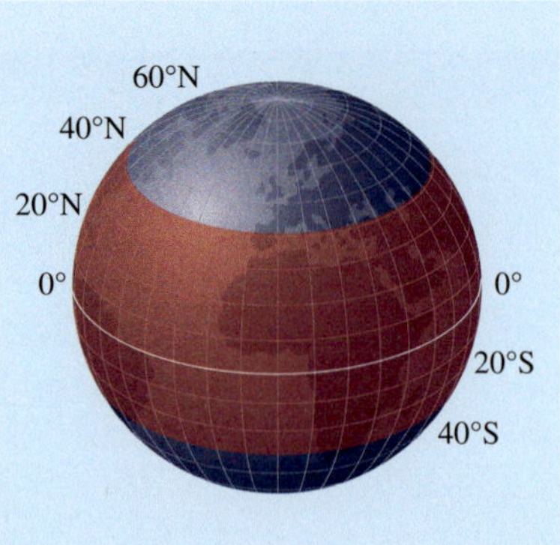

1

Solarer Energiestrom Die Solarkonstante bezeichnet den konstanten Energiestrom der Sonne, der pro Quadratmeter auf eine senkrecht zur Strahlungsrichtung orientierte Fläche auftrifft. Die oberhalb der Atmosphäre gemessene Solarkonstante beträgt 1,37 kW/m². Auf der Erdoberfläche ist sie aufgrund von Energieverlusten in der Atmosphäre etwas geringer. Multipliziert man die Solarkonstante mit der Querschnittsfläche der Erde, so erhält man die mittlere solare Energiestromstärke (Leistung). Sie beträgt $174{,}5 \cdot 10^{12}$ kW.
Auf jeden Quadratmeter der viermal so großen Erdoberfläche treffen daher im Mittel nur 342 Watt auf. Aufgrund von Lichtstreuung und Absorption in der Atmosphäre liegt der tatsächliche Wert bei 175 W/m². In Deutschland misst man wegen der tief stehenden Sonne nur etwa 110 W/m².

Strahlende Erde Die Sonne ist „weißglühend“, da sie ihre Energie bei einer Temperatur von ca. 5450 °C abstrahlt. Die Erde erwärmt sich durch die absorbierte Sonnenenergie auf eine mittlere Temperatur von ca. 15 °C. Bei dieser Temperatur strahlt sie im Mittel dieselbe Energie in den Weltraum, die sie von der Sonne erhält. Da ein Körper von 15 °C nicht sichtbar glüht, kann man von der Strahlung nichts sehen, es handelt sich um Infrarotstrahlung.

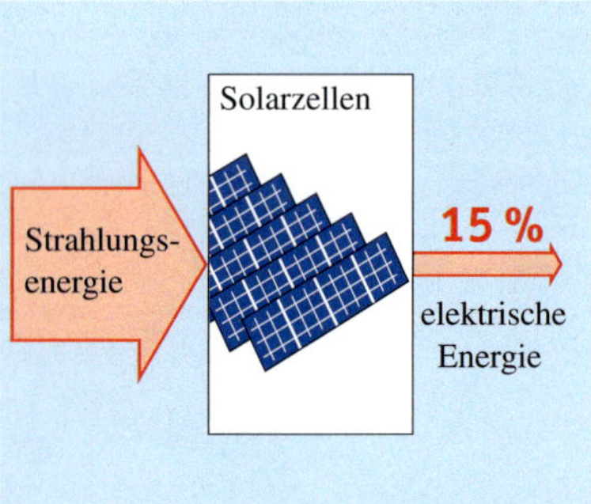

2

Fotovoltaik Solarzellen oder fotovoltaische Zellen sind elektrische Bauelemente, die das Sonnenlicht direkt in elektrische Energie umwandeln. Dabei wird die Eigenschaft gewisser Halbleitermaterialien, vor allem Silicium, ausgenutzt, unter dem Einfluss von Licht eine elektrische Spannung hervorzurufen. Dadurch kann ein Strom fließen und elektrische Energie transportiert werden. Der Wirkungsgrad der inzwischen massenhaft eingesetzten Solarzellen beträgt 10–15 % bei Vollauslastung.

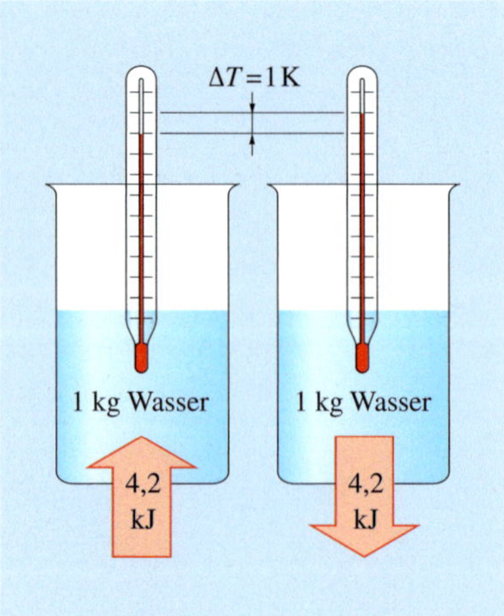

3

Thermische Energiespeicherung Nehmen feste, flüssige und gasförmige Systeme Energie auf, steigt ihre Temperatur. Die Energie wird gespeichert. Die spezifische Wärmekapazität gibt das Energiespeichervermögen eines Stoffs an. Dieses Energiespeichervermögen ist bei Wasser besonders groß, bei Bodenstoffen (Sand, Erde, Gestein) nimmt es einen mittleren Wert ein und bei Luft ist es sehr klein.

Treibhauseffekt Die mittlere Durchschnittstemperatur auf der Erde, die sich ergäbe, wenn die Erde keine Atmosphäre hätte, ist mit –19 °C wesentlich kleiner als die tatsächliche Temperatur von etwa 15 °C. Diese zusätzliche Aufwärmung ist der Erdatmosphäre zu verdanken. Die Lufthülle verhält sich ähnlich wie die Glasscheiben eines Treibhauses. Es lässt die sichtbare Sonnenstrahlung durch, aber nicht die Infrarotstrahlung, in die die Sonnenstrahlung umgewandelt wurde, nachdem sie von der Erde absorbiert und wieder ausgestrahlt wurde. Die Luft wird ebenso wie die Scheibe durch die Infrarotstrahlung aufgeheizt und strahlt einen großen Teil zur Erde zurück, sodass diese wesentlich mehr Strahlungsenergie erhält, als von der Sonne eingestrahlt wird. Das führt zu höheren Temperaturen, die das Leben auf der Erde überhaupt erst möglich machen.
Durch die Aktivitäten der Menschen auf der Erde (Industrie, Verkehr, Haushalt) werden über die natürliche Rate hinaus Gase wie CO_2 an die Atmosphäre abgegeben. Diese verstärken den Treibhauseffekt und führen daher zu einer Zunahme der Durchschnittstemperatur auf der Erde. Damit ist u. a. die Gefahr von Klimaveränderungen gegeben.

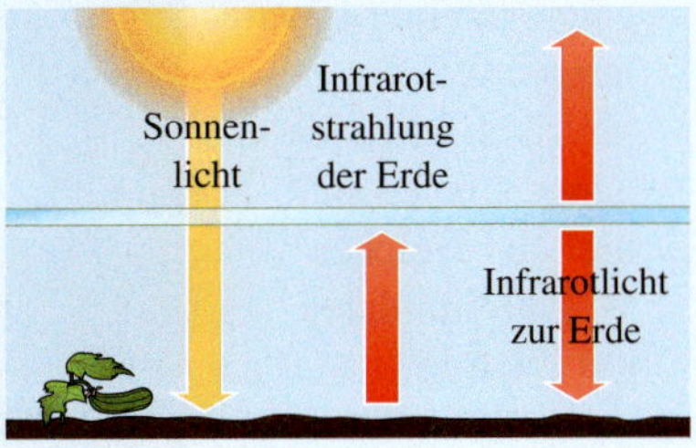

4

Solarthermie Sonnenstrahlung wird von Gegenständen absorbiert, sodass deren thermische Energie zunimmt. In der Solarthermie wird dieser Energiegewinn systematisch ausgenutzt. Technisches Kernstück ist der Sonnenkollektor. Dabei wird eine gut absorbierende Oberfläche der Sonnenstrahlung ausgesetzt. Durch eine Flüssigkeit, die an der erwärmten Fläche vorbeigeführt wird, wird die thermische Energie über einen Wärmetauscher an einen Brauchwasserkreislauf abgegeben.

Alles klar?

1 Wie kann man feststellen, wie viel Sonnenenergie bei klarem Himmel auf einen Quadratmeter der Erde einströmt? Wie viel Sonnenenergie strömt im Durchschnitt in unseren Breiten pro Quadratmeter ein?

2 An einem Wintertag bestrahlt eine 100-Watt-Glühlampe in 17 cm Abstand die Wange eines Menschen so stark wie die Sonne. Wie groß war die Energiestromstärke auf 1 m^2?

3 Wie lange könnte die Menschheit beim derzeitigen Energieverbrauch mit der Energie auskommen, die uns die Sonne täglich zustrahlt (Primärenergieverbrauch global 2009: $5{,}09 \cdot 10^{17}$ kJ)?

4 Welche Probleme wären zu bewältigen, wenn man die Menschheit allein aus der direkten Sonnenstrahlung mit Energie versorgen wollte?

5 Berechne die durchschnittliche Energiestromstärke der insgesamt auf die Erde auftreffenden Sonnenenergie (Abstand Erde–Sonne $r_{ES} = 150\,000\,000$ km, Solarkonstante $S_E = 1{,}37$ kW/m^2). Wie groß ist insgesamt die Energiestromstärke der Sonne?

Check up

1 Beobachte die Vorgänge in einer Lavalampe. Welche physikalischen Vorgänge spielen sich hier ab? Welchen Weg nimmt dabei die Energie?

1

2 Der Kühlturm eines Kraftwerks erfüllt die gleiche Funktion wie das Schwitzen eines Menschen, dem zu warm ist. Begründe.

3 1,5 ℓ Wasser werden für eine Kanne Tee von 15 °C auf 100 °C erhitzt. Berechne, um wie viel Kilojoule die thermische Energie des Wassers zunimmt.

4 In einer Thermoskanne bleiben Getränke stundenlang warm oder kalt.

a Wie wird verhindert, dass Energie abgestrahlt wird?

b Wie wird erreicht, dass heiße Getränke nicht durch Wärmeleitung oder Konvektion zu rasch abkühlen?

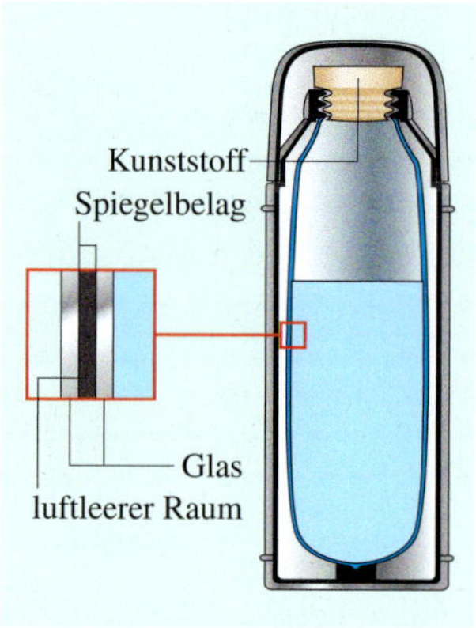

2

5 Bei Kochtöpfen für Elektroherde sind die Griffe oft aus ganz anderem Material als der Boden. Wie sollte jeweils die Wärmeleitfähigkeit der Materialien beschaffen sein?

6 In den Polarregionen ist es bekanntlich sehr kalt. Welchen Sinn haben dann Iglus aus Schnee? Wie sollte der Schnee beschaffen sein?

7 Warum verwendet man zur Wärmedämmung der Außenwände poröse Materialien? Bei der Beurteilung der Wärmedämmung ist der „*U*-Wert“ wichtig. Was versteht man unter diesem Wert?

8 Bei der Zentralheizung spielen alle drei Arten der Wärmeübertragung eine Rolle. Zeichne schematisch, wie eine Heizungsanlage aufgebaut ist. Beschreibe, wie die Wärme an den verschiedenen Stellen (Brenner, Heizkörper …) übertragen wird.

9 Marie liebt es, heiß zu baden – nach Möglichkeit jeden Tag. Ein teures Vergnügen?!

a Das Badewasser wird von einem Durchlauferhitzer (Boiler) erhitzt. Das Gerät hat eine Heizleistung von 2500 W: Es kann also in jeder Sekunde eine Energiemenge von 2500 J abgeben. Das Wasser kommt mit 15 °C aus der Leitung und wird auf 60 °C erhitzt.
Wie viel elektrische Energie ist für das Aufheizen von 90 ℓ Wasser erforderlich? Was bezahlt Marie dafür (3,6 MJ elektrische Energie kosten 0,22 €)?

b Wie lange braucht der Boiler, um die 90 ℓ Wasser zu erhitzen?

Schätze deine Kenntnisse und Fähigkeiten ein.

Ordne dazu deiner Lösung im Heft ein Smiley zu:
☺ Ich konnte die Aufgabe richtig lösen.
😐 Ich konnte die Aufgabe nicht komplett lösen.
☹ Ich konnte die Aufgabe nicht lösen.

→ **Die Lösungen findest du im Anhang.**

Aufgabe	Fähigkeit	Hilfe findest du auf Seite …
1, 2, 4, 6, 7, 8	Energieerhaltung an Beispielen erkennen, beschreiben und erklären.	311 ff., 314, 321
3, 9	Das unterschiedliche Energiespeichervermögen verschiedener Stoffe erkennen und beurteilen.	296 ff.
4, 5, 6, 7	Maßnahmen zur Wärmedämmung erkennen und beschreiben.	302, 304
4,	Möglichkeiten zum Energiesparen nennen und begründen.	302, 304

Elektrizität und System

Elektrische Ströme und Spannungen treten in vielfältigen Zusammenhängen auf:

- beim Elektrizitätstransport in Hochspannungsleitungen
- in den Kabeln, die den Geräten und Maschinen in Haushalt und Technik die Elektrizität zuführen
- in den Blitzen bei Gewittern
- in den Nervenzellen und Muskeln im menschlichen Körper

Was versteht man unter elektrischer Stromstärke und welche Rolle spielt die elektrische Spannung beim Fließen des Stroms?

Elektrischer Strom und Energiestrom

Tiefe Temperaturen im Winter lassen das Motor- und Dieselöl zähflüssig werden. Der 24-V-Akku muss deshalb beim Start pro Sekunde eine Energie von 12 000 J bereitstellen. Dabei beträgt die elektrische Stromstärke 500 A. Damit die Drähte bei dieser elektrischen Stromstärke nicht glühen, verwendet man sehr dicke Kabel.

1 Auch unter extremen Belastungen muss die Fahrzeugelektrik funktionieren.

Durch den Stromabnehmer des ICE 3 kann gleichfalls ein elektrischer Strom mit einer Stromstärke von 500 A fließen. Die Elektromotoren benötigen allerdings pro Sekunde eine Energie von bis zu 7 500 000 J. Das ist möglich, weil der elektrische Strom bei einer Spannung von gefährlichen 15 000 V übertragen wird.

2–3 Stromabnehmer des ICE 3

Am sichersten wäre es, wenn man elektrische Energie immer bei einer Spannung von 24 V übertragen könnte. Für die Menschen bestünde dann nirgends Lebensgefahr. 24 Volt sind genug, um auch sehr große Energieströme zu erzeugen. Bei dieser einheitlichen Spannung bräuchte man auch keine Trafostationen und Hochspannungsleitungen …

Tatsächlich benötigt man im Energieversorgungsnetz unterschiedlich große elektrische Stromstärken und elektrische Spannungen.

Welche Rolle spielen sie bei der Übertragung elektrischer Energie? Wie hängen Energiestromstärke (Leistung), elektrische Stromstärke und elektrische Spannung zusammen?

Zur Erinnerung

Die Energiestromstärke ist der Quotient aus transportierter Energie und der dazu benötigten Zeit. Die Energiestromstärke wird auch als Leistung bezeichnet.

Strom und Stromstärke

4

Ein Strom von Fahrzeugen wälzt sich jedes Jahr zu Beginn der Ferien auf den Autobahnen Richtung Süden. Dabei fließt der Verkehr nicht immer reibungslos. Behinderungen und Staus sind an der Tagesordnung. Zur Vorhersage von Staus führt man Verkehrszählungen durch. Die „Stromstärke“ wird ermittelt.

Experimente

1 Vergleich von Wasserströmen

a Bestimme die Stromstärke bei ganz geöffnetem Hahn.

b Berechne, wie viel Wasser in 1 Sekunde aus dem Wasserhahn fließt.

c Verfahre wie in Teil ↑a und b mit einem Gartenschlauch und einem 10-ℓ-Eimer.

5

2 Magnetische Wirkung des elektrischen Stroms
Stelle eine Kompassnadel dicht unter einen Leiter. Drehe den Leiter dann so, dass er in gleicher Richtung wie die Magnetnadel verläuft. ↑6

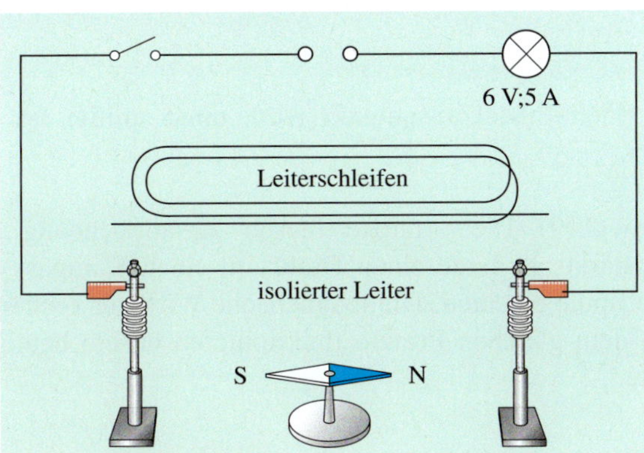

6

a Schalte das Netzgerät (6 V) ein. Beginne bei der Stellung 0 V und drehe dann langsam bis zur Markierung „6“. Was beobachtest du dabei an der Magnetnadel?

b Pole die Energiequelle um und wiederhole das Experiment. Was stellst du fest?

c Der Leiter wird in einer Schleife ein zweites (dann ein drittes) Mal über die Magnetnadel geführt. Dadurch verdoppelt (bzw. verdreifacht) sich der elektrische Strom über der Magnetnadel. Was ist die Folge?

d Wickle den Draht auf einen Pappkern zu einer Spule auf. Schließe ihn an die Energiequelle an. Welche Wirkung hat diese Spule auf die Magnetnadel? Pole auch die Energiequelle um. ↑7

3 Wärmewirkung des elektrischen Stroms
Elektrische Ströme können die Drähte auch erwärmen. Spanne ein Stückchen Konstantandraht (15 cm lang und 0,2 mm dick) in den Stromkreis ein. Hänge dann ein kleines Wägestück an den Draht. ↑8 Was geschieht mit dem Draht, wenn der elektrische Strom größer wird? Vorsicht: Den Draht nicht berühren – Verbrennungsgefahr!

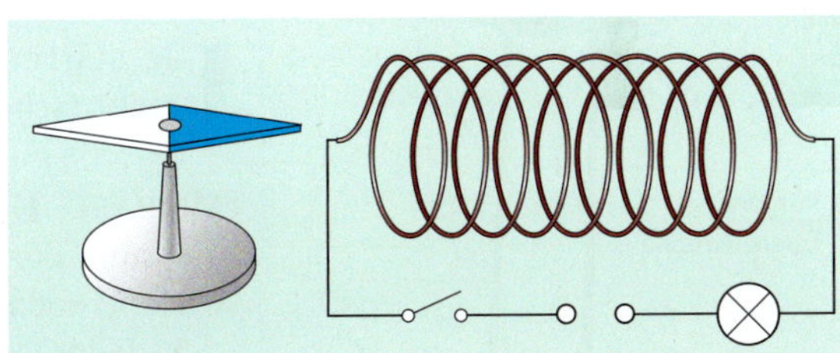
7

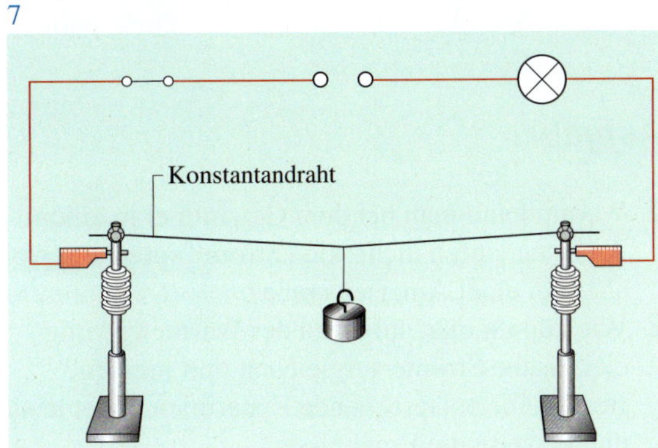

8

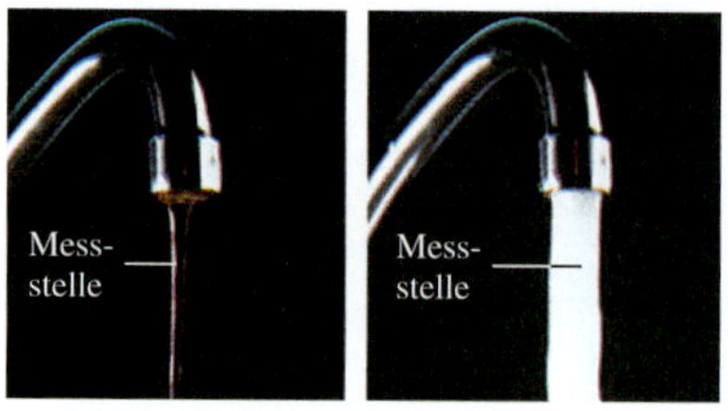

1 Kleiner Wasserstrom – großer Wasserstrom

GRUNDLAGEN: Wie Stromstärken gemessen und berechnet werden

Wir sprechen von einem Strom, wenn eine „Menge" sich in eine Richtung bewegt. Die „Menge" kann aus Autos bestehen oder aus Menschen oder Wasser oder Elektrizität.
Wenn man angeben will, wie groß die „Autostromstärke" ist, dann zählt man, wie viele Autos in einer bestimmten Zeit an einer bestimmten Stelle vorbeifahren: Autostromstromstärke = Anzahl der Autos/Zeit.
Um herauszufinden, wie groß die „Wasserstromstärke" ist, kann man z. B. messen, wie viel Wasser in einer bestimmten Zeit an einer bestimmten Stelle fließt: Wasserstromstärke = Wassermenge/Zeit.
In einem elektrischen Stromkreis bewegt sich die Elektrizität im Kreis. Um die elektrische Stromstärke in einem Stromkreis zu bestimmen, könnte man wie mit dem Strom der Autos verfahren – wenn man die Elektrizität, die sich an einer Stelle des Stromkreises in einer bestimmten Zeit an einem vorbeibewegt, messen könnte:
Stromstärke = Elektrizität/Zeit.
Aber auch wenn man mit einem Mikroskop hinsieht: Im Stromkreis sieht man nichts fließen!
Die elektrische Stromstärke kann man nur indirekt bestimmen – durch die Wirkungen des elektrischen Stroms, der durch ein Kabel fließt. Dazu gibt es spezielle Messgeräte.

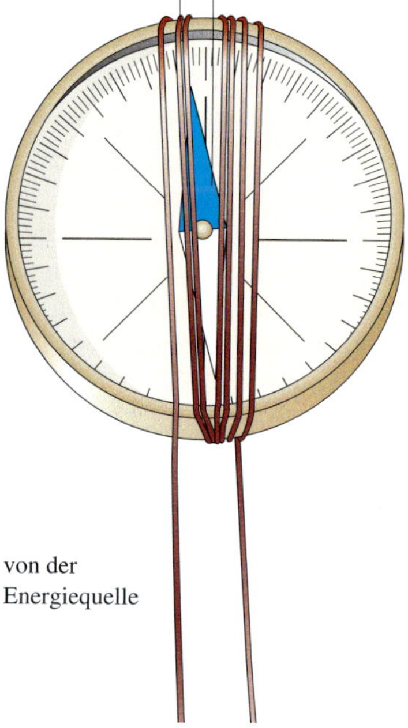

2

GRUNDLAGEN: Messbare Wirkungen des elektrischen Stroms

Im Jahr 1820 beobachtete der dänische Physiker HANS CHRISTIAN OERSTED (1777–1851) Folgendes: Eine Kompassnadel, die sich in der Nähe eines elektrischen Leiters befand, wurde aus der Nord-Süd-Richtung abgelenkt – immer dann, wenn der elektrische Strom floss. Wir wissen heute:

Je stärker eine Magnetnadel ausgelenkt wird, umso größer ist der elektrische Strom.

MICHAEL FARADAY (1791–1869) nutzte diesen Zusammenhang zur Messung der Stromstärke. Er hatte einen Draht um einen Kompass gewickelt, sodass eine Spule entstand. Die magnetische Wirkung verstärkte sich dadurch. Nach dem gleichen Prinzip funktionieren unsere heutigen Drehspulinstrumente. ↑2

Aufgaben

1 Warum kann man bei dem Gewimmel in einem Ameisenhaufen nicht von „Strom" sprechen, wohl aber bei einer Ameisenstraße?

2 Wie könnte man aufgrund der Wärmewirkung elektrische Ströme vergleichen und messen? Beschreibe entsprechende Experimente, deute sie und bewerte die Ergebnisse.

3 Suche nach Strömen, die in der Alltagswelt vorkommen. Wie könnte man sie messen?

4 Beschreibe, in welcher Hinsicht sich elektrischer Stromkreis und Wasserstromkreis entsprechen und in welcher nicht. Bewerte den Nutzen des Modells „Wasserstromkreis" für dein Verständnis des elektrischen Stroms.

Die elektrische Stromstärke

3

Familie Sonnenschein will gemütlich auf der Terrasse frühstücken. Um nicht ständig in die Küche laufen zu müssen, wurden alle Geräte über ein Verlängerungskabel mit Mehrfachsteckdose angeschlossen: Wasserkocher, Eierkocher, Toaster und auch noch das Radio. Doch der Plan geht nicht auf: Statt in die Küche muss nun Herr Sonnenschein in den Keller laufen, um die Sicherung wieder einzuschalten. „Da war wohl die Stromstärke zu groß“, meint er. Hätte er wissen können, dass die Sicherung auslöst, wenn so viele Geräte an eine Leitung angeschlossen werden? Meint er die Energiestromstärke oder denkt er an die Stromstärke des im Kreis fließenden Elektrizitätsstroms?

Experimente

Für diese Experimente eignet sich der Tischgenerator als Energiequelle. Während der Messungen muss die Kurbel stets gleich schnell gedreht werden. Man kann auch ein Netzgerät benutzen. Man spürt dann aber nicht, was sich an der Energiequelle ändert, wenn der elektrische Strom größer oder kleiner wird. ↑4

Auf Lampen und anderen Verbrauchern befindet sich eine Angabe der Spannung in V (Volt). Die Einstellung am Netzgerät darf nicht größer sein!

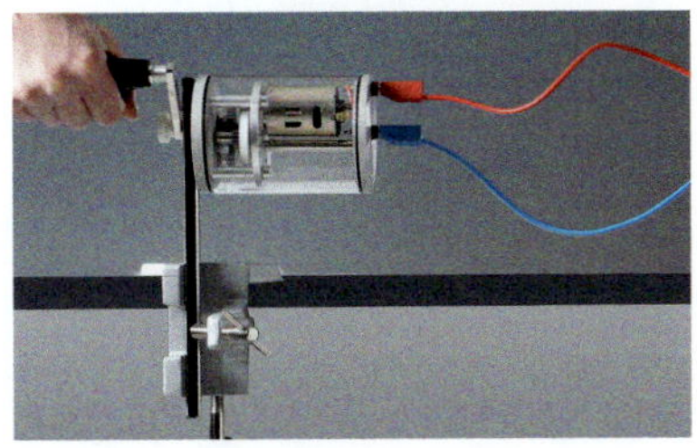
4

1 Verschiedene Lampen – unterschiedliche Ströme
Du benötigst Lampen, die alle für die gleiche Energiequelle vorgesehen sind, z. B. mit dem Aufdruck 6 V.

a Lies bei einer Lampe am Sockel ab, wie groß die Stromstärke sein muss, damit sie normal hell leuchtet. Drehe den Generator so schnell, dass die Stromstärke genau den angegebenen Wert hat. Oder stelle das Netzgerät entsprechend ein.

b Ändere nun nichts mehr an der Energiequelle. Beim Einsatz des Tischgenerators musst du immer gleich schnell drehen!
Miss die Stromstärke auch bei Verwendung der anderen Lampen.
Vergleiche die Ergebnisse mit den Stromstärken, die auf dem Lampensockel angegeben sind.

c Schließe einmal eine Lampe für hohe Stromstärke und einmal eine für geringe Stromstärke an den Generator an.
Was fällt dir bei den unterschiedlichen Stromstärken beim Drehen der Generatorkurbel auf?

2 Stromstärke zu den Fahrradlampen
Beim Fahrrad sind Scheinwerfer und Rücklicht an dieselbe Energiequelle – den Dynamo – angeschlossen. Die Rücklichtlampe leuchtet aber nicht so hell wie die Scheinwerferlampe. Miss die Stromstärke in den jeweiligen Zuleitungen zu den beiden Lampen, während sie normal leuchten.

3 Stromstärke im unverzweigten Stromkreis
Baue den Strommesser einmal vor oder einmal hinter die Lampe in den Stromkreis ein. ↑5
Was vermutest du hinsichtlich der Stromstärke?
Miss an beiden Stellen die Stromstärke und versuche die Messergebnisse zu erklären.

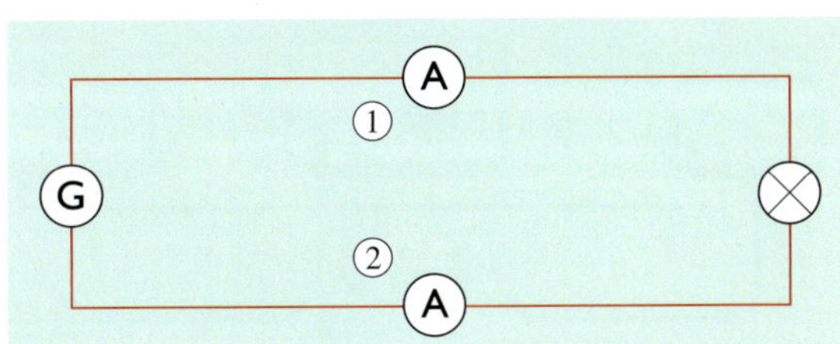

5

GRUNDLAGEN: Das Messen der elektrischen Stromstärke

1

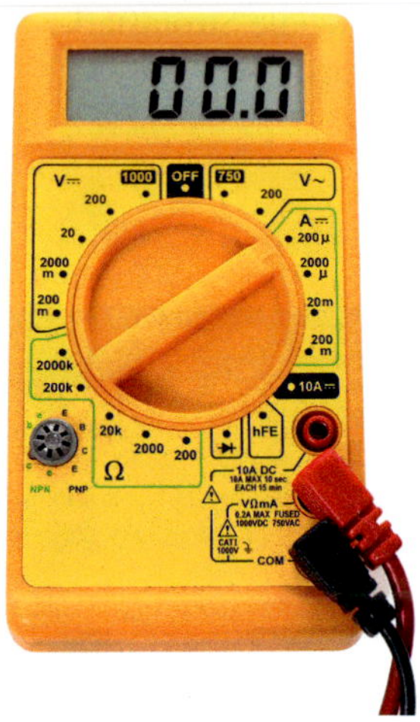

2 Die Messgeräte, die sogenannten Strommesser, sind oft Vielfachmessgeräte mit analoger bzw. digitaler Anzeige.

Für viele Zwecke reicht es nicht aus zu wissen, ob die elektrische Stromstärke groß oder klein ist. Man muss sie sehr genau angeben können. Beispielsweise geben in der Medizin winzige Unterschiede in der Stromstärke Auskunft über den Gesundheitszustand eines Patienten. Oder elektrische Geräte werden zerstört, wenn die Stromstärke einen bestimmten Wert überschreitet.

Zum Messen der Stromstärke werden die Wirkungen des elektrischen Stroms genutzt:

- Wenn eine Glühlampe leuchtet, fließt ein elektrischer Strom. Leuchtet die Lampe heller, so schließen wir daraus, dass mit dem Energiestrom auch der elektrische Strom größer geworden ist.
- Fließt elektrischer Strom durch eine Leitung, kann sie warm werden. Wir können beobachten, dass der Draht länger wird. Wird die Leitung länger, so schließen wir daraus, dass die Stromstärke größer geworden ist.
- Wenn elektrischer Strom durch eine Leitung fließt, reagiert in ihrer Nähe eine Magnetnadel. Schlägt die Nadel stärker aus, so schließen wir daraus, dass die Stromstärke größer geworden ist. Fließt der Strom durch eine Spule, ist die magnetische Wirkung stärker.

Das Formelzeichen für die elektrische Stromstärke ist *I*.
Die Einheit der elektrischen Stromstärke ist 1 Ampere (1 A).

Die Einheit ist nach dem französischen Physiker ANDRÉ MARIE AMPÈRE (1775–1836) benannt. Kleine Stromstärken gibt man in Milliampere (mA) an. Es gilt: 1 A = 1000 mA; 1 mA = 0,001 A.

GRUNDLAGEN: Elektrische Stromstärke im unverzweigten Stromkreis

In einem unverzweigten Stromkreis fließt der elektrische Strom von der Energiequelle durch die Leitungen und den Verbraucher zurück zur Quelle. An keiner Stelle des Stromkreises kommt neue Elektrizität hinzu und es geht auch keine verloren. Die elektrische Stromstärke ist also an allen Stellen des Stromkreises gleich groß. So wie in einem Wasserstromkreis der Wasserstrom vor und nach einem Wasserrad gleich groß ist.

In einem unverzweigten Stromkreis ist die Stromstärke an jeder Stelle des Stromkreises gleich groß. ↑3, 4

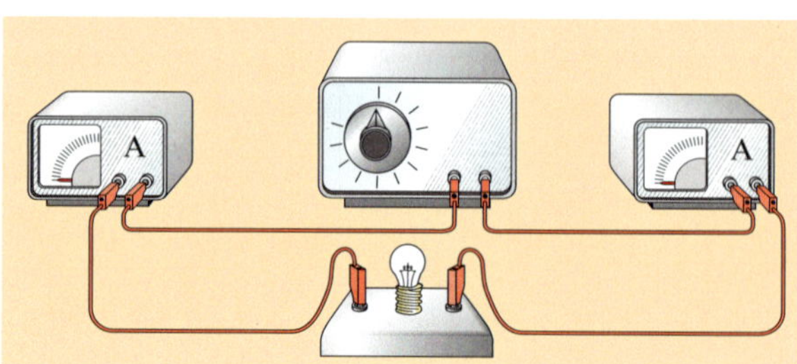

3

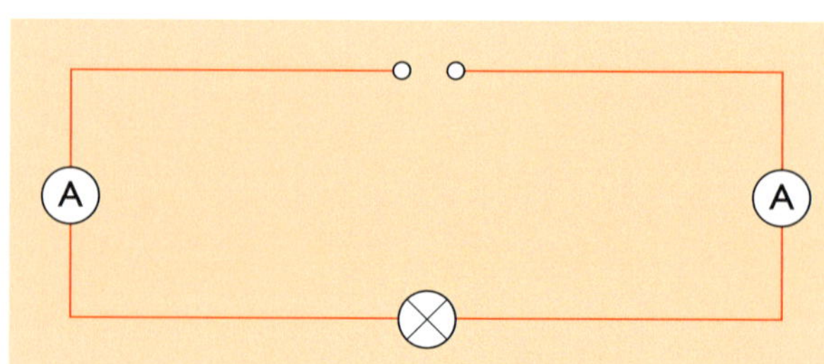

4

Methode Wie wird mit einem Strommesser gearbeitet?

1 Schalte dein Messgerät auf Strommessung (A – bzw. A =). Stelle den größten Messbereich ein.

2 Der gesamte Strom soll durch das Messgerät fließen. Unterbrich daher den Stromkreis an einer Stelle und baue den Strommesser wie in Bild 5 ein. Achte auf die Polung: Der Plusanschluss des Geräts muss Verbindung zum Pluspol der Quelle haben, der Minusanschluss zum Minuspol. ↑5–7
Der Plusanschluss ist meist mit A (mA, 20 A) bezeichnet, der Minusanschluss mit COM (engl. *common:* gemeinsam).
Im Stromkreis muss sich immer ein Verbraucher (z. B. eine Lampe) befinden!

3 Ist der Zeigerausschlag zu klein? Dann schalte auf den nächstkleineren Messbereich um.

4 Bei Messgeräten mit Analoganzeige musst du den Messwert aus dem Anzeigewert und dem Messbereich ermitteln. (Das Messgerät in Bild ↑1 zeigt „2,05 mA" an.)

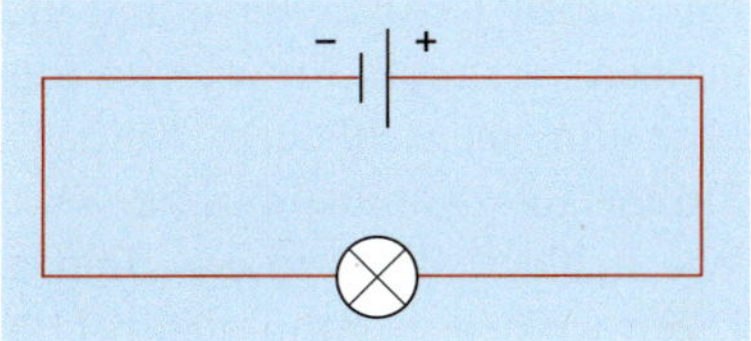

5

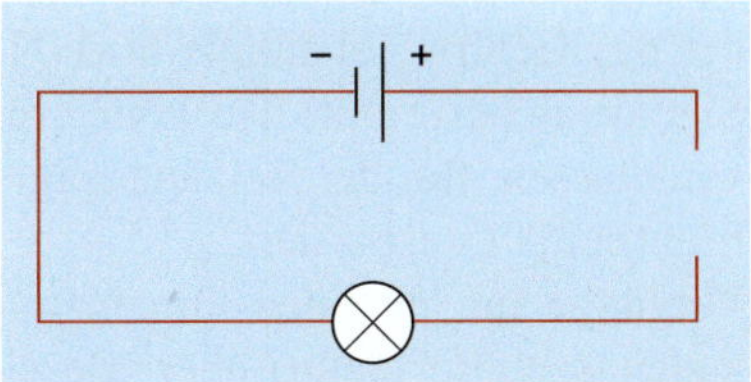

6

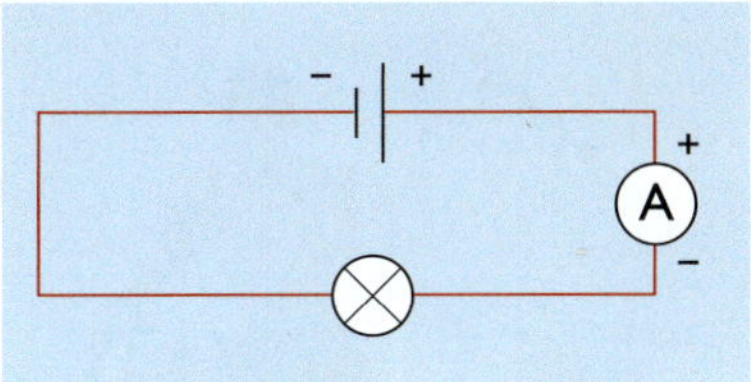

7

Aus der Geschichte Der menschliche Körper als Strommesser

ALESSANDRO VOLTA (1745–1827) hatte im Jahr 1801 ein Problem: Er wollte eine von ihm entwickelte Batterie vorführen. Doch Instrumente zur Messung des elektrischen Stroms gab es noch nicht. VOLTA verband deshalb die Pole seiner Batterie mit zwei Gefäßen, in denen sich Salzwasser befand. Mit den Händen stellte er eine leitende Verbindung zwischen ihnen her, sodass der Stromkreis über seinen Körper geschlossen wurde. Es kam zu einer heftigen „elektrischen Erschütterung". Aus ihrer Heftigkeit schloss er auf die Stärke des elektrischen Stroms. ↑8
VOLTA hatte schon mehrere solcher gefährlichen Experimente unternommen. Sogar mit seinem Gehör versuchte er Ströme zu messen. Dazu steckte er sich in jedes Ohr einen Metallstab, den er mit der Energiequelle verband. Er schrieb: „Im Augenblick der Verbindung empfand ich eine Erschütterung im Kopf und hörte einen Ton oder richtiger ein Geräusch … Das unangenehme Gefühl hielt ich für gefährlich … Deshalb wiederholte ich diesen Versuch nicht mehr." ↑9
Es gab damals Mediziner, die mit der „elektrischen Erschütterung" sogar körperliche Leiden (z. B. Zahnschmerzen) beseitigen wollten. ↑10
Gesünder geworden ist davon jedoch sicher niemand. Ihre elektrischen Experimente am eigenen Körper bezahlten manche Forscher mit dem Leben. Du darfst sie deshalb auf keinen Fall wiederholen.

8 Die elektrische Energiequelle war ähnlich aufgebaut wie heutige Batterien: Sie bestand aus zwei unterschiedlichen Metallen und einer leitenden Flüssigkeit.

9

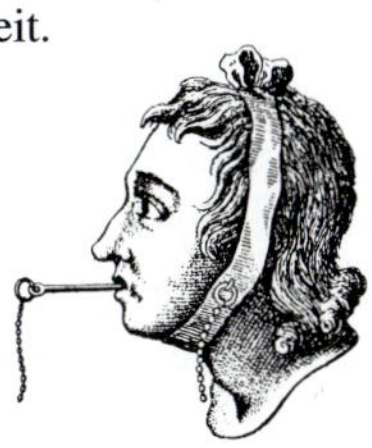
10 Die Kettchen wurden mit der Energiequelle verbunden.

Aus der Natur Elektrische Vorgänge in Lebewesen

Das Leben ist untrennbar mit elektrischen Erscheinungen verknüpft. Sowohl im Innern von Tieren als auch im menschlichen Körper treten elektrische Ströme auf – vor allem in Nerven und Muskeln.

Wir nehmen über unsere Sinnesorgane Reize auf. Diese werden in Form elektrischer Signale zum Gehirn übertragen und dort verarbeitet. Wenn nötig, sendet das Gehirn – ebenfalls über Nerven – elektrische Signale an bestimmte Muskeln, um eine Bewegung zu veranlassen. Bei der Reizübertragung in Nerven wird Elektrizität transportiert.

Vorgänge im lebenden Organismus lassen sich von außen mithilfe elektrischer Messgeräte beobachten. Um z.B. die Arbeitsweise des Herzens zu untersuchen, werden Elektroden in der Nähe des Herzens auf der Haut befestigt. Man kann mit ihnen die elektrischen Signale aufnehmen, die die Tätigkeit des Herzmuskels steuern. Die Signale werden verstärkt und registriert. Das Ergebnis ist ein EKG (Elektrokardiogramm), auf dem gewissermaßen der „Herzschlag“ aufgezeichnet ist. ↑1

Ähnliche Untersuchungen lassen sich auch am Gehirn vornehmen. Man misst dabei durch den Schädelknochen hindurch die so genannten Hirnströme und zeichnet sie in einem EEG (Elektroenzephalogramm) auf. ↑2, 3

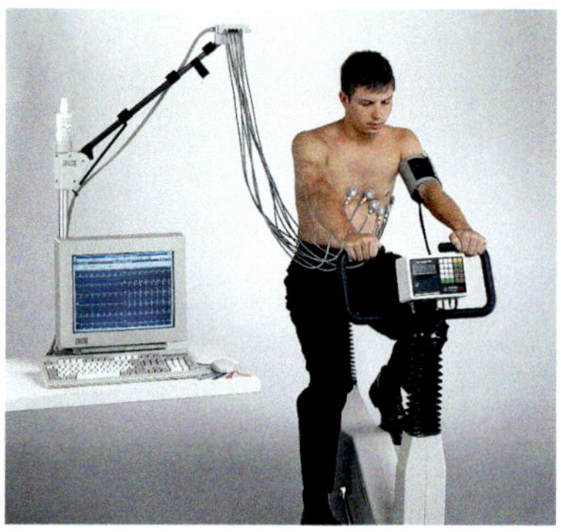

1 Aufnahme eines EKG

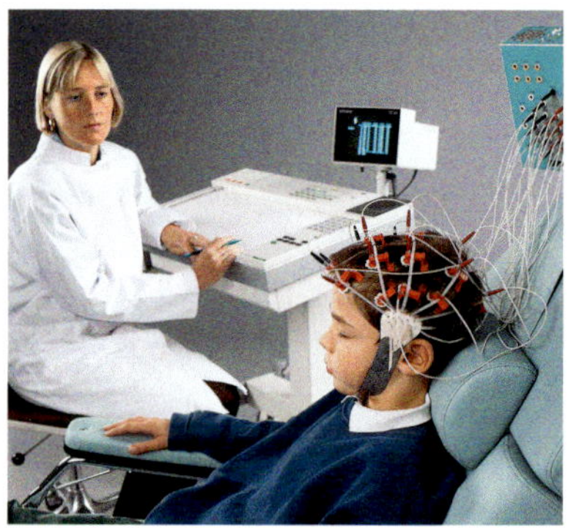

2 Aufnahme eines EEG

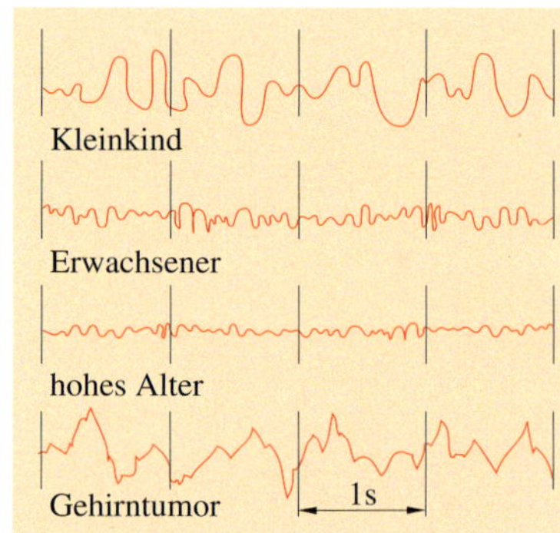

3 Im EEG zeigen Unregelmäßigkeiten Erkrankungen des Gehirns an.

Aus dem Alltag Elektrische Stromstärken im Vergleich

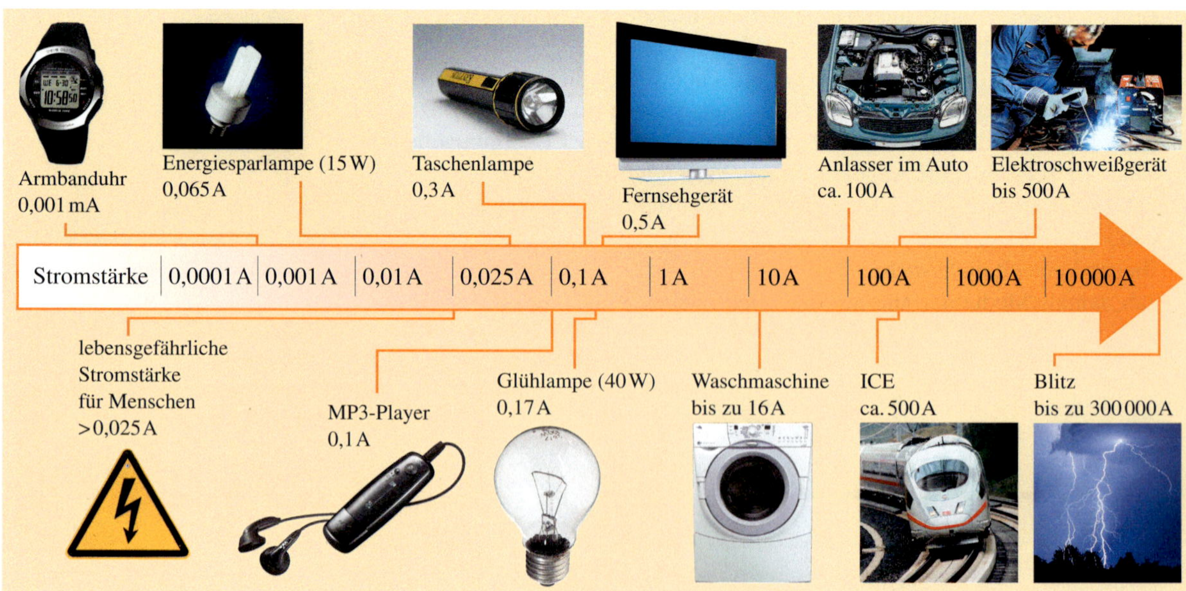

Aufgaben

1 Betrachte Bild 4. Warum kann man anhand des Bildes nicht entscheiden, ob der Autostrom in die eine Richtung größer ist als in die andere Richtung? ↑4

4

2 Von zwei Quellen soll die mit dem größeren Wasserstrom an die Wasserversorgung angeschlossen werden. Als Messergebnisse liegen vor: Quelle 1: 636 Liter in 12 s; Quelle 2: 720 Liter in 15 s. Für welche Quelle wird man sich entscheiden?

3 „Größerer Ausschlag – größere Stromstärke." Diese Aussage stimmt beim Strommesser nicht unbedingt. Worauf musst du achten, wenn du einen Messwert am Strommesser abliest?

4 Wie kann man sich in einem Modell den elektrischen Strom vorstellen?

5 In welchem der beiden gleichen Lämpchen ist die Stromstärke höher? Begründe deine Antwort. ↑5

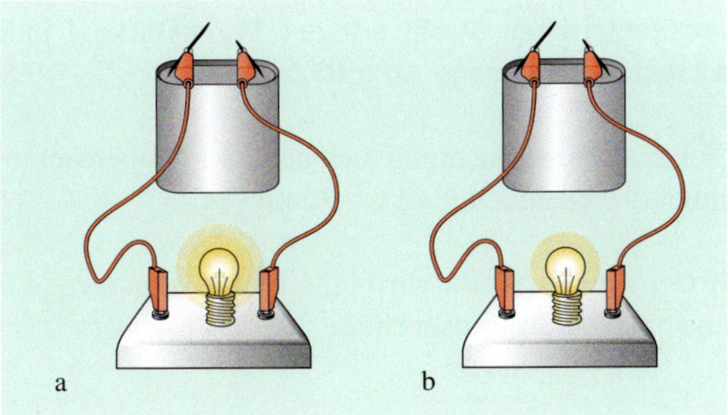

5

6 Bild 6 zeigt eine Spritze, aus der Wasser gepresst wird. Ist die folgende Behauptung richtig? „Der Wasserstrom in der Nadel ist größer als im breiten Teil der Spritze, denn die Wasserteilchen bewegen sich in der Nadel viel schneller." Begründe deine Antwort. ↑6

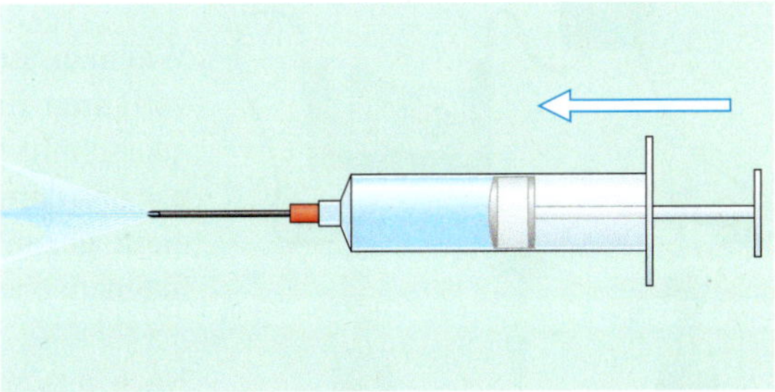

6

7 Was ist an der Schaltung von Bild ↑7 falsch, wenn man so die Stromstärke messen will? Zeichne die Schaltskizze richtig.

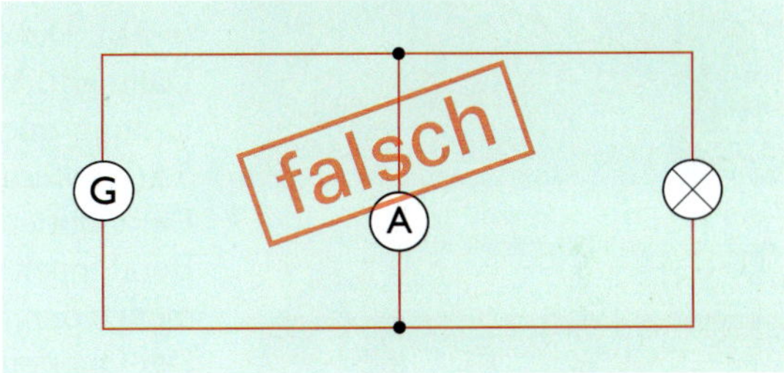

7

8 Warum muss man einen Stromkreis unterbrechen, um einen Strommesser anzuschließen? Weshalb darf man den Strommesser nicht einfach mit den Polen der Energiequelle verbinden?

9 Rechne die folgenden Angaben in mA um: 1,2 A; 0,85 A; 0,04 A; 0,001 A.

10 Welche Stromstärken werden in den Bildern ↑8 bis 11 angezeigt?

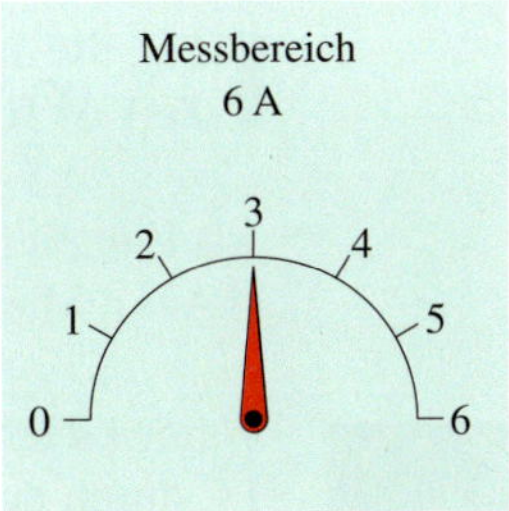

8

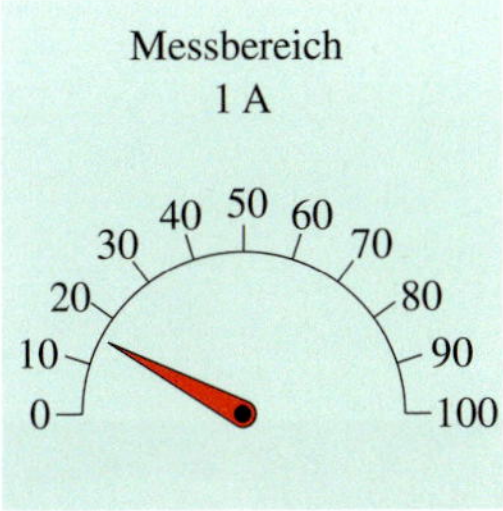

9

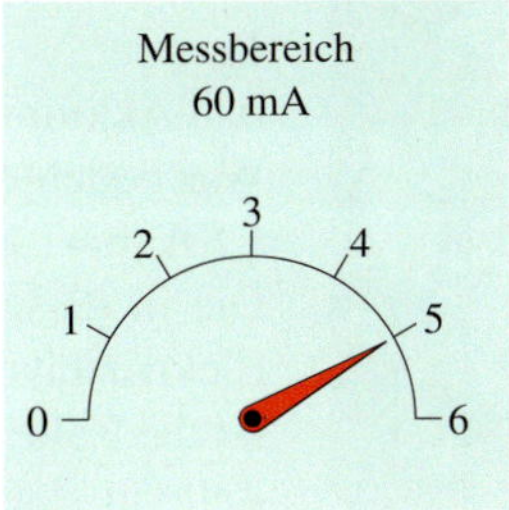

10

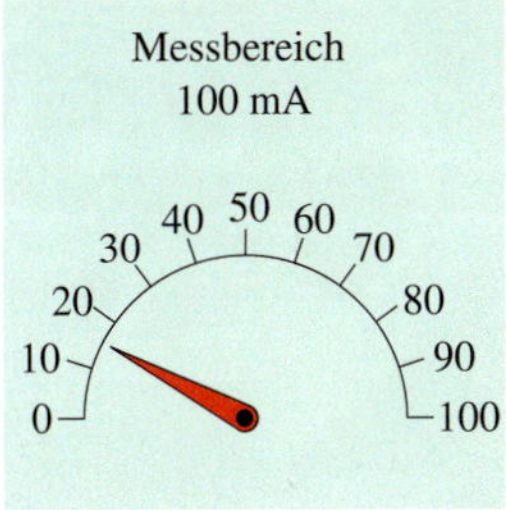

11

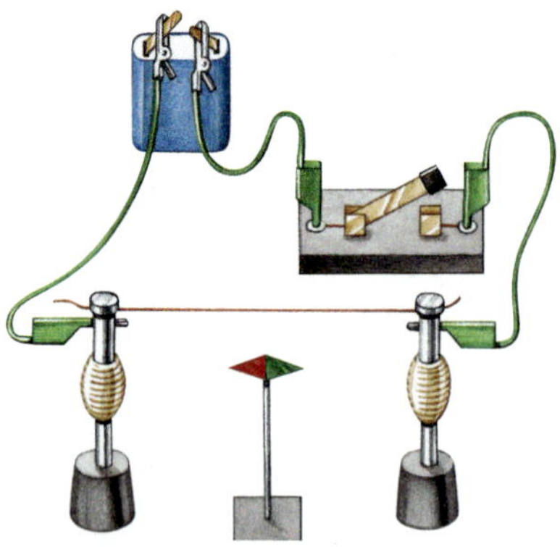

1

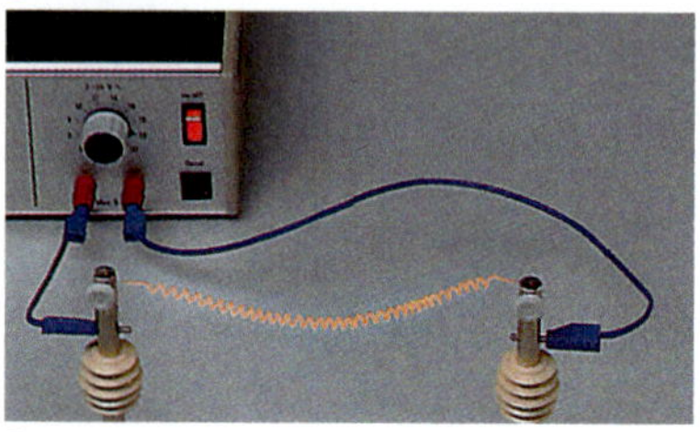

2

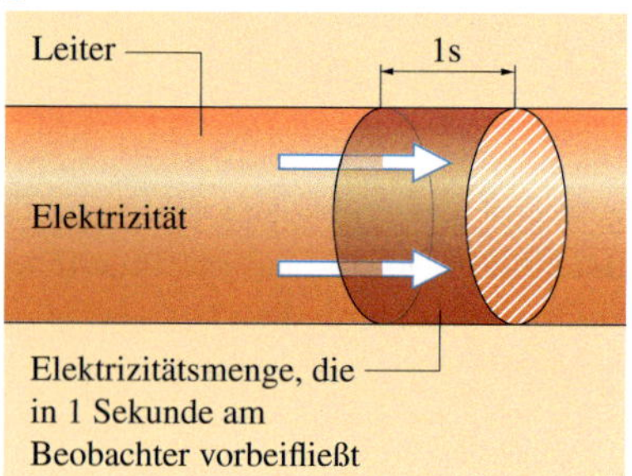

3

4

GRUNDLAGEN: Der Zusammenhang zwischen Stromstärke, Elektrizität und Zeit

Wie man Stromstärken misst, weißt du bereits. Nun können wir ein Messverfahren für die Elektrizitätsmenge, die pro Sekunde durch den Leiterquerschnitt fließt, festlegen, obwohl wir noch gar nicht genau wissen, was wir uns darunter vorstellen können und die Eigenschaften von Elektrizität nicht genau kennen. Immerhin wissen wir, dass strömende Elektrizität magnetische Wirkungen und Wärmewirkungen hat. ↑1, 2

Nach unserer Vorstellung gilt: Je größer die elektrische Stromstärke ist, desto mehr Elektrizität strömt in einer Sekunde durch den Leitungsquerschnitt, desto größer ist also die in jeder Sekunde durch den Leitungsquerschnitt hindurchfließende Elektrizitätsmenge.
Die elektrische Stromstärke hat das Formelzeichen I und die Einheit 1 A (z. B. $I = 1{,}5\,\mathrm{A}$), die Zeit hat das Formelzeichen t und die Einheit 1 s (z. B. $t = 3\,\mathrm{s}$). Der Elektrizitätsmenge ordnen wir nun das Formelzeichen Q zu. Dann gilt: Wenn in der Zeit $\Delta t_1 = 1\,\mathrm{s}$ die Elektrizitätsmenge ΔQ durch den Leitungsquerschnitt fließt, ist es in der Zeit $\Delta t_2 = 5\,\mathrm{s}$ die Elektrizitätsmenge $5\,\Delta Q$, sofern die Stromstärke I konstant bleibt.
Der Quotient $\Delta Q/\Delta t$ ist bei konstanter Stromstärke konstant.
Bei doppelter Stromstärke strömt pro Sekunde die doppelte Elektrizitätsmenge durch den Leitungsquerschnitt:
Der Quotient $\Delta Q/\Delta t$ ist ein Maß für die Stromstärke.

Wir legen fest:

Die Stromstärke I ist der Quotient aus Elektrizitätsmenge und Zeit:
$$I = \frac{\Delta Q}{\Delta t}.$$

Wenn man nun die Stromstärke I und die Zeit Δt misst, kann man auf die durch den Leitungsquerschnitt geflossene Elektrizitätsmenge schließen:

Für die bei einem elektrischen Strom mit der Stromstärke I in der Zeit Δt fließende Elektrizitätsmenge ΔQ gilt: $\Delta Q = I \cdot \Delta t$.

Als Einheit für die Elektrizitätsmenge ergibt sich daraus 1 Amperesekunde (1 A · s). Man bezeichnet diese Einheit als 1 Coulomb (1 C).

Wenn 1 s lang ein Strom von 1 A fließt, wird eine Elektrizitätsmenge von 1 C durch den Leitungsquerschnitt transportiert.

Beispiel:
Auf Akkumulatoren findet man die Angabe 1,8 A · h (A · h: Amperestunde). Was bedeutet das?
$1{,}8\,\mathrm{A \cdot h} = 1{,}8\,\mathrm{A} \cdot 3600\,\mathrm{s} = 6480\,\mathrm{A \cdot s}$
Die in dieser Zelle gespeicherte elektrische Energie reicht aus, um eine Elektrizitätsmenge von 6480 A · s durch einen Stromkreis zu treiben.
Ist die Zelle erschöpft, muss ihr Energie zugeführt werden. Dazu wird die Zelle in einen Ladestromkreis eingebaut. ↑5

Zum Aufladen mit elektrischer Energie muss dann umgekehrt die Elektrizitätsmenge von 6480 A · s durch die Zelle getrieben werden. Die Ladestromstärke soll z. B. 100 mA betragen (um die Zelle nicht zu beschädigen). Wie lange dauert es, bis die Zelle aufgeladen ist?
Stellt man die Gleichung für ΔQ nach Δt um, erhält man: $\Delta t = \Delta Q / I$.
Nun können wir die Frage mithilfe einer Rechnung beantworten:
$\Delta t = \Delta Q / I = 6480\,\text{A} \cdot \text{s} / 0{,}1\,\text{A} = 64\,800\,\text{s} = 18\,\text{h}$.
Der Ladevorgang dauert 18 Stunden.

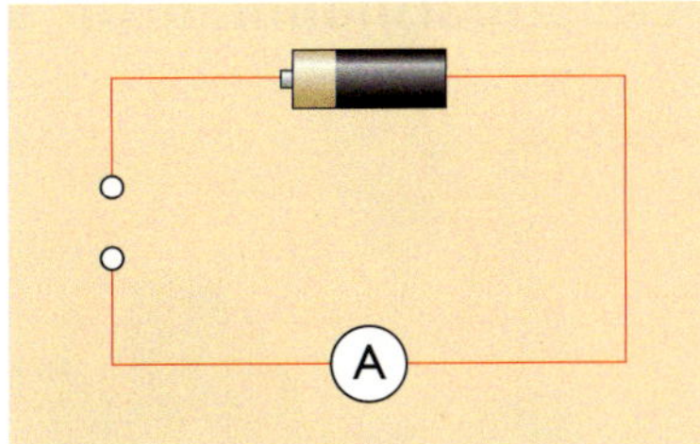

5 Ladestromkreis

Methode Strukturen in der Physik – Ströme und Stromstärken

Wenn du die Sprache der Physik lernst, begegnen dir neue Begriffe. Die elektrische Stromstärke ist ein unanschaulicher Begriff, denn man sieht den „Strom" ja nicht. Um zu begreifen, was mit „elektrischem Strom" gemeint ist, haben wir uns anschauliche vergleichbare (analoge) Modelle gesucht – der Verkehrsstrom, der Wasserstrom oder der Menschenstrom sind solche Modelle. Du weißt inzwischen sogar, wie man die entsprechenden Stromstärken messen kann:

6 Autoströme

Verkehrsstrom: $I_{\text{Auto}} = \dfrac{\text{Anzahl der in einer Zeit } t \text{ vorbeifahrenden Autos}}{\text{Zeit } t}$

Wasserstrom: $I_{\text{Wasser}} = \dfrac{\text{in der Zeit } t \text{ vorbeiströmende Wassermenge}}{\text{Zeit } t}$

7 Wasserströme

Menschenstrom:
$I_{\text{Menschen}} = \dfrac{\text{Anzahl der in der Zeit } t \text{ vorbeikommenden Menschen}}{\text{Zeit } t}$

■ **Allgemein gilt: Stromstärke $= \dfrac{\text{Menge}}{\text{Zeit}}$.**

Der Begriff „Stromstärke" ist in dieser Festlegung in vielen anderen Gebieten anwendbar. Begriffe werden wenn möglich so geschaffen, dass sie genau diese Eigenschaft haben; auf diese Weise werden Strukturen in der Physik, wird also der von den Physikern geschaffene Aufbau dieser Wissenschaft, deutlich. Du kannst z. B. diesen Begriff auch in anderen Gebieten der Physik wiederverwenden.

8 Menschenstrom

Energiestrom: $I_{\text{Energie}} = \dfrac{\text{Energie}}{\text{Zeit}} = \dfrac{\Delta E}{\Delta t}$
Einheit: $1\,\text{J/s} = 1\,\text{W}$

Elektrischer Strom: $I_{\text{Elektrizität}} = \dfrac{\text{Elektrizitätsmenge}}{\text{Zeit}} = \dfrac{\Delta Q}{\Delta t}$
Einheit: $1\,\text{C/s} = 1\,\text{A} \cdot \text{s/s} = 1\,\text{A}$

Beispiele für weitere Ströme und ihre Stromstärken:

Gasstrom: $I_{\text{Gas}} = \dfrac{\text{Gasmenge}}{\text{Zeit}}$; $I_{\text{Gas}} = \dfrac{\Delta V_{\text{Gas}}}{\Delta t}$; Einheit: $1\,\text{m}^3/\text{s}$

Datenstrom: $I_{\text{Daten}} = \dfrac{\text{Datenmenge}}{\text{Zeit}}$; Einheit: $1\,\text{Bit/s}$

Die Energiestromstärke I_{Energie} wird oft auch als Leistung bezeichnet. Als Formelzeichen wird deshalb meist P verwendet.

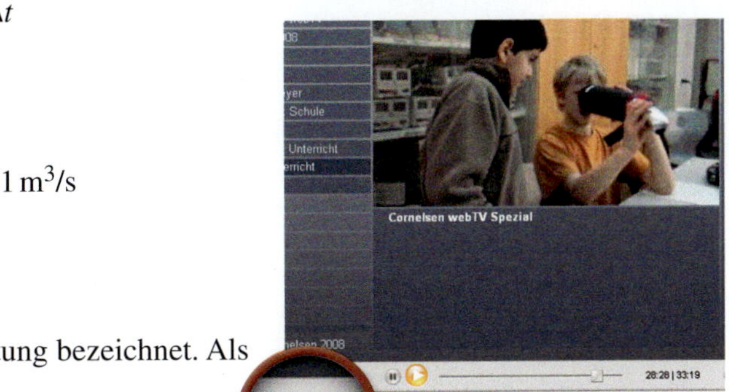

9 Hier beträgt die Datenstromstärke 384 000 Bit/s.

Schutzmaßnahmen im Stromnetz

1

Vorsicht: Lebensgefahr!
Man darf in elektrischen Geräten niemals Drähte berühren, durch die Strom fließt. Und man darf nie ein Gerät mit Metallgehäuse ohne Schutzkontakt anschließen. Wenn dieses Gerät defekt wäre, könnte die Berührung des Gehäuses tödlich sein!

Experimente

1 Fließt der elektrische Strom durch die Erde?
Bei Elektrounfällen spielt oft die Erdung eine wichtige Rolle.

a Ein Pol einer 12-V-Batterie wird über einen empfindlichen Strommesser und den menschlichen Körper mit einer Wasserleitung verbunden. Sie stellt eine leitende Verbindung zum Erdreich her. Fließt ein elektrischer Strom „zur Erde ab"? ↑2

b Halte den vom Strommesser kommenden Draht direkt an die Wasserleitung.

c Nun wird der zweite Pol der Batterie über eine in den Erdboden gesteckte Metallstange geerdet. Fließt ein elektrischer Strom über den Menschen in die Erde? Gibt es einen geschlossenen Stromkreis?

d Fließt ein Strom, wenn anstelle der Wasserleitung nur der Erdboden mit der Hand berührt wird?

e Gibt es Unterschiede bei verschiedenen Untergründen (Gummimatte, Steinboden, feuchte Erde)?

2 Erdung auch im Stromnetz?
Mit einem Polprüfer kann in einer Steckdose der Außenleiter von einem Neutralleiter unterschieden werden. Der Polprüfer leuchtet auf, wenn er mit dem Außenleiter verbunden ist. Der Stromkreis wird über den Menschen, die leitende Erde und den Neutralleiter geschlossen. ↑3

3 FI-Schutzschalter
In die Anschlusskabel eines Geräts wird je eine Spule eingebaut. Die beiden Spulen werden so justiert, dass sie eine lose aufliegende Stricknadel, die Teil des Stromkreises ist, gleich stark, aber in entgegengesetzte Richtung anziehen. Wird ein Fehlerstrom ↑S. 346 erzeugt, indem unter Umgehung einer der Spulen eine direkte Verbindung zur Erde hergestellt wird, fällt die Stricknadel herunter. Der Stromkreis ist unterbrochen. ↑4

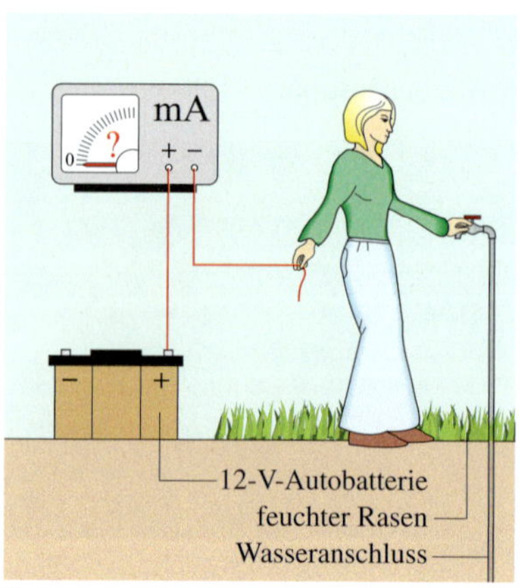

2

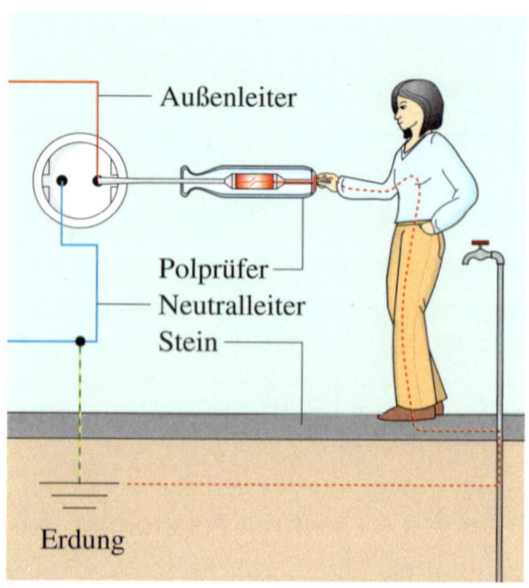

3

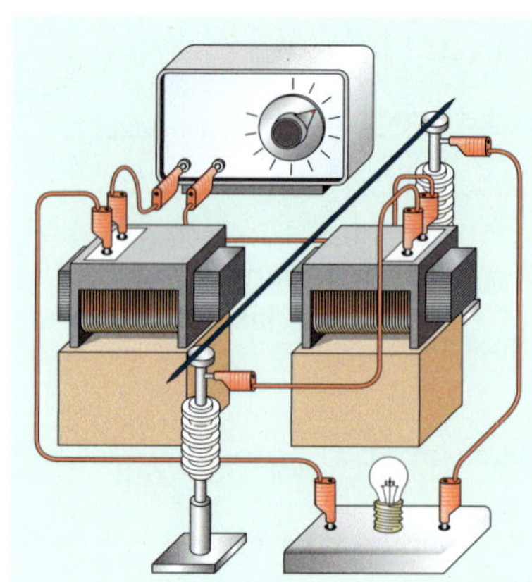

4

GRUNDLAGEN: Schutzmaßnahmen im Stromnetz

Zu jeder Steckdose führen drei Drähte. Zwei dieser Leiter – der Außenleiter und der Neutralleiter – kommen vom Elektrizitätswerk. Der Neutralleiter ist an verschiedenen Stellen des Netzes, z. B. am Hausanschluss, geerdet. Der dritte Leiter heißt Schutzleiter und ist ebenfalls am Hausanschluss geerdet. Die Erdung erfolgt durch Anschluss an die Wasserleitungen sowie an einen im Erdreich vergrabenen Ringerder. ↑5

Viele Elektrogeräte besitzen ein Metallgehäuse. Bei diesen Geräten besteht immer die Gefahr, dass der Außenleiter durch einen Defekt im Gerät (z. B. durch Beschädigung seiner Isolierung) Kontakt mit dem Gehäuse bekommt. Man spricht dann von einem *Körperschluss*, weil der Metallkörper des Geräts an den Außenleiter angeschlossen ist. ↑6, 7

Ohne den Schutzleiter könnte ein Mensch bei Berührung des Metallgehäuses Teil eines Stromkreises werden: Er wäre in Lebensgefahr! Die Haushaltssicherung kann den Menschen beim Berühren des Außenleiters nicht schützen. Die Sicherung unterbricht den Stromkreis erst, wenn die elektrische Stromstärke so groß wird, dass durch die Erhitzung der Kabel Brandgefahr entsteht. Eine solche elektrische Stromstärke ist aber für den Menschen bereits tödlich.

Um diese tödliche Gefahr zu vermeiden, sind die Metallgehäuse vieler elektrischer Geräte an einen Schutzleiter angeschlossen. Dieser dritte Leiter in der Anschlussleitung ist beim Hausanschluss im Keller mit dem Neutralleiter verbunden und geerdet. Hat der Außenleiter Kontakt mit dem Gerätegehäuse, steht er so über den Schutzleiter direkt mit dem Neutralleiter in Verbindung. Es kommt zu einem Kurzschluss, die Sicherung unterbricht den Stromkreis und die Gefahr ist beseitigt. Um den Menschen vor lebensgefährlichen Stromstärken zu schützen, werden in neueren Häusern Fehlerstromschutzschalter (FI-Schalter) in die Stromkreise eingebaut.

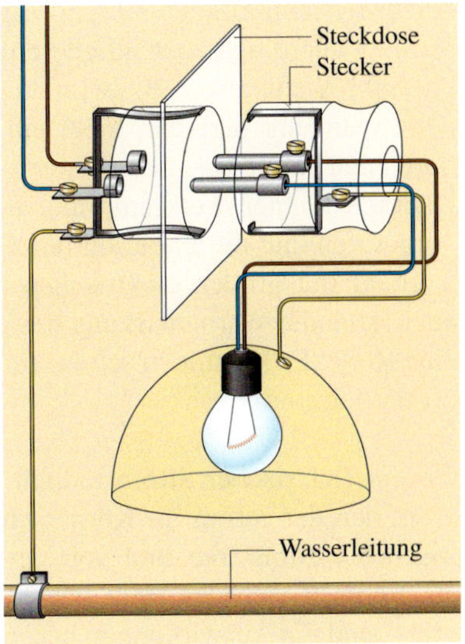

5 Erdung durch den Schutzleiter

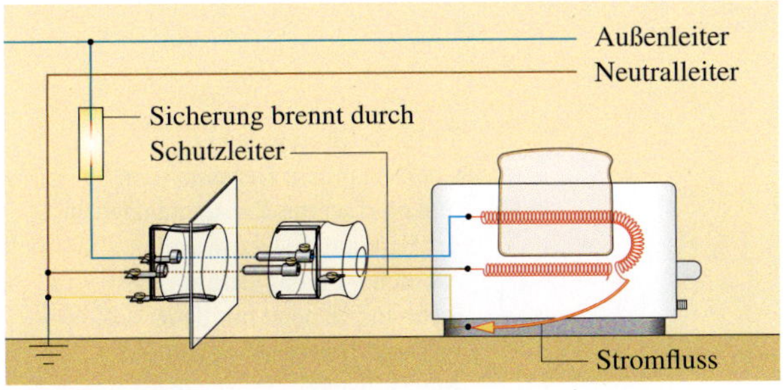

6 Körperschluss an einem Toaster mit Schutzleiter

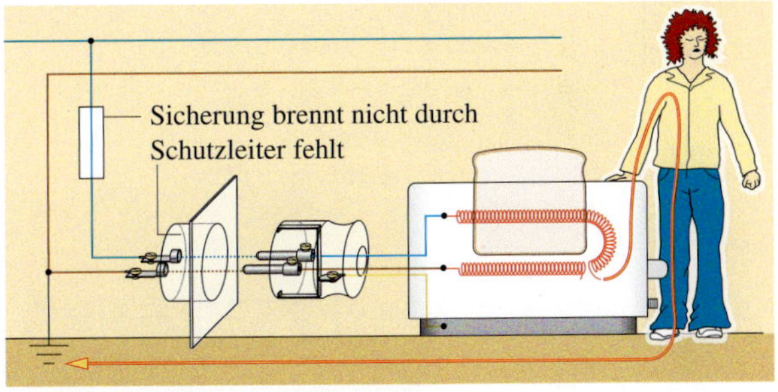

7 Körperschluss ohne Schutzleiter

!

- Von der Badewanne aus keine Haartrockner oder Radios benutzen!
- Elektrogeräte nie gleichzeitig mit Wasserhähnen, Heizungsrohren oder der Spüle anfassen!
- Stecker anfassen und nicht an der Leitung aus der Steckdose ziehen!
- Leitungen nicht durch Türritzen hindurchquetschen oder unter Teppiche legen!
- Kein Elektrogerät anschließen, dessen Gehäuse oder Leitung beschädigt ist!
- Beim Wechseln von Glühlampen Stecker ziehen oder Sicherung abschalten!
- Elektrogeräte nur vom Fachmann reparieren lassen!
- Abstand von der Oberleitung und von herabhängenden Freileitungen halten!

8 Regeln zur Verhütung von Elekrounfällen

Aus der Medizin Wie elektrische Ströme auf den Menschen wirken

Auch der menschliche Körper leitet den elektrischen Strom – allerdings wesentlich schlechter als ein Metalldraht. Wenn also z. B. zwischen Händen und Füßen eine Spannung herrscht, fließt ein elektrischer Strom durch den Körper.
Dadurch können Verkrampfungen von Muskeln hervorgerufen und die Funktion des Herzmuskels gestört werden. Bei großen elektrischen Stromstärken spielt auch noch die Wärmewirkung des elektrischen Stroms eine Rolle: Es kommt zu schweren Verbrennungen, die oft tödlich sind.

Ob ein elektrischer Strom tödlich ist, hängt von dem Weg, den der Strom im Körper nimmt, von der elektrischen Stromstärke und von der Einwirkungsdauer ab. Befindet sich das Herz oder der Kopf im Stromkreis, sind die Auswirkungen besonders schlimm. Man unterscheidet vier Gefährdungsbereiche. ↑1

Wie groß bei einem elektrischen Unfall die Stromstärke ist, hängt davon ab, wie viel gute Leiter und wie viel schlechte Leiter im Stromkreis vorhanden sind, wie hoch also seine Leitfähigkeit ist. So leitet eine feuchte Hand besser als eine trockene, der menschliche Körper leitet zwischen den beiden Händen viel besser als zwischen Hand und Fuß.

Wichtig ist, ob die Schuhe des Verunglückten eine Ledersohle (besserer Leiter) oder eine Gummisohle (schlechter Leiter) besitzen, ob der Boden ein Steinfußboden (besserer Leiter), ob dieser mit einem Teppich (schlechter Leiter) bedeckt ist oder ob es sich um einen Holzfußboden (schlechter Leiter) handelt.

Auch die Größe der Berührungsfläche und die Beschaffenheit der Haut sind dabei wichtig. Trockene Haut leitet schlechter als feuchte Haut. Bei Elektrounfällen verbrennt und verkohlt häufig die Haut an den Kontaktstellen, die Leitfähigkeit spielt dann keine Rolle mehr.

! Schnelle Hilfeleistung ist bei einem Elektrounfall von entscheidender Bedeutung:

Solange der Verunglückte Teil des Stromkreises ist, darf er auf gar keinen Fall berührt werden. Der Stromkreis muss durch Ziehen des Steckers, Abschalten der Sicherung oder durch Betätigen des Not-Aus-Schalters unterbrochen werden. Bei Atemstillstand muss man sofort den Notarzt rufen und nach Möglichkeit Maßnahmen zur Wiederbelebung einleiten (Atemspende, Herzdruckmassage).

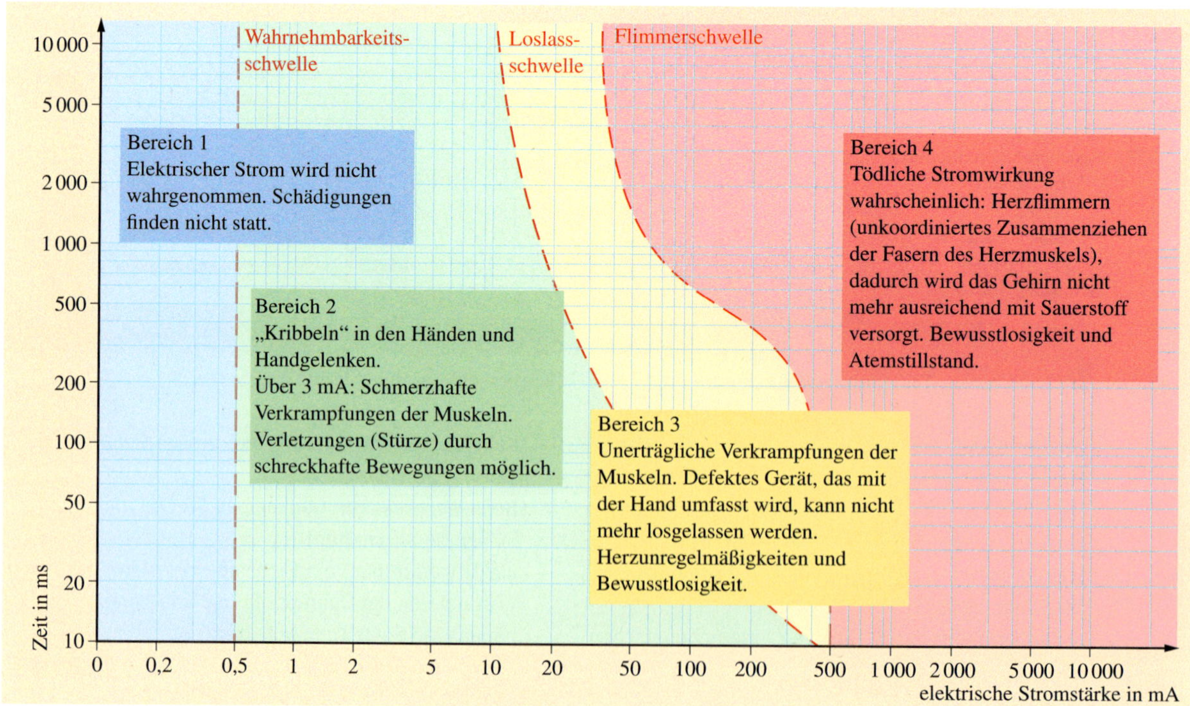

1 Gefährdungsbereiche für Erwachsene (Stromweg: eine Hand – beide Füße)

Aus der Technik Schutzklassen von Elektrogeräten

Tag für Tag gehen wir mit einer Vielzahl von Elektrogeräten um – mit Computer und Fernseher, Elektroherd und Wasserkocher, mit Glühlampen und vielleicht sogar mit einer elektrischen Zahnbürste oder Munddusche.
Wichtig ist, dass diese Geräte den Sicherheitsvorschriften entsprechend konstruiert wurden. Dafür bürgt das VDE-Zeichen auf den Geräten. ↑2

Elektrogeräte müssen so gebaut sein, dass ein Mensch nicht die Teile berühren kann, die direkt mit dem Außen- oder Neutralleiter der Steckdose verbunden sind. Daher sind alle Leiter des Stromkreises isoliert oder mit Abdeckungen versehen.
Nun kann es aber passieren, dass die Isolierung ausfällt. Im Laufe der Zeit kann z.B. der Kabelmantel brüchig werden. In diesem Fall muss eine zweite Stufe des Berührungsschutzes wirksam werden. Dafür gibt es mehrere Möglichkeiten:

1. Das Gerät ist von einem Metallgehäuse umgeben, das über einen Schutzleiter geerdet ist. Ein solches Gerät gehört zur Schutzklasse I. An der Anschlussstelle des Schutzleiters wird sie durch das nebenstehende Zeichen angezeigt. ↑3

2. Viele Haushaltsgeräte gehören zur Schutzklasse II. Sie besitzen eine zusätzliche Isolierung (Schutzisolierung), die oft das Gerät umschließt. Häufig dient die stabile Kunststoffwand des Geräts als zweite Isolierung. Auf dem Typenschild solcher Geräte findest du das rechts stehende Zeichen. Geräte der Schutzklasse II werden über einen zweipoligen Stecker (Eurostecker, ohne Schutzleiter) angeschlossen. ↑4, 3 S. 346

3. Geräte der Schutzklasse III werden mit so niedrigen Spannungen betrieben, dass keine gefährlichen Ströme im Körper fließen können. Das rechts stehende Zeichen kennzeichnet Geräte dieser Schutzklasse. In diese Klasse gehören z.B. elektrische Spielsachen. Ihre Betriebsspannung ist auf 24 V begrenzt. ↑5

In Schülerexperimenten können Drähte und Klemmen nicht immer isoliert sein. Solche Experimente dürfen deshalb mit einer Spannung von höchstens 24 V durchgeführt werden.

Elektrisches Spielzeug unterliegt besonderen Sicherheitsbestimmungen. Es wird mit Batterien, Akkumulatoren oder einem Spielzeugtransformator betrieben. Das Symbol weist darauf hin, dass das Spielzeug mit einer Schutzkleinspannung betrieben wird. ↑6

Weitere Schutzzeichen:
- VDE-Funkschutzzeichen; Prüfzeichen für Elektrogeräte, die funkentstört sind ↑7
- Spritzwasser-Schutzartzeichen; Geräte dieser Bauart sind gegen auftreffende Wassertropfen aus allen Richtungen geschützt. ↑8
- Tropfwasser-Schutzartzeichen; Geräte sind gegen hohe Luftfeuchte und senkrecht fallende Wassertropfen geschützt. ↑9

2 Das Gerät wurde auf seine Sicherheit geprüft.

3 Schutzklasse I

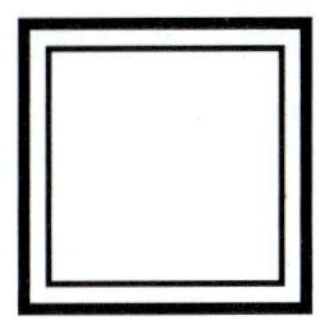

4 Schutzklasse II

5 Schutzklasse III

6 Schutzkleinspannung

7 Funkschutz

8 Spritzwasser

9 Tropfwasser

1 Manche Geräte werden ohne Schutzleiter an die Steckdose angeschlossen. Welche Maßnahmen machen bei diesen Geräten den Schutzleiter überflüssig?

Aus der Technik Schutzisolierung und Fehlerstromschutzschalter

Bei einem Elektrounfall ist man besonders gefährdet, wenn man z. B. im Bad barfuß auf einem leitenden Steinfußboden steht. Um Menschen an besonders gefährdeten Orten zu schützen, werden Fehlerstromschutzschalter (FI-Schalter) in die entsprechenden Stromkreise eingebaut. ↑2 (↑Experiment 3, S. 342)

Im Fehlerstromschutzschalter wird geprüft, ob die Ströme im Außenleiter und im Neutralleiter gleich groß sind. Bei normalem Betrieb eines Elektrogeräts ist das der Fall, denn die elektrische Stromstärke ist ja in einem unverzweigten Stromkreis gleich groß.

Bei einem Unfall wird ein zusätzlicher Stromkreis geschlossen. Der „Fehlerstrom" fließt dann am Schutzschalter vorbei. Zwischen Gerät und Hausanschluss ist die elektrische Stromstärke im Außenleiter größer als die im Neutralleiter. Die Differenz ist gerade der Fehlerstrom. Wenn der Fehlerstrom einen Wert von 30 mA überschreitet, trennt der Fehlerstromschutzschalter innerhalb von 30 ms den Stromkreis vom Netz. Der Stromkreis über den menschlichen Körper wird so schnell unterbrochen, dass der Mensch keinen Schaden durch den elektrischen Strom erleidet. ↑1

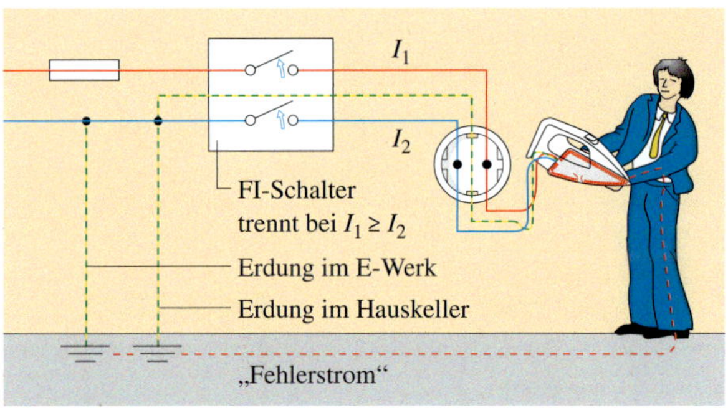

1 FI-Schalter (defektes Bügeleisen ohne Schutzleiter)

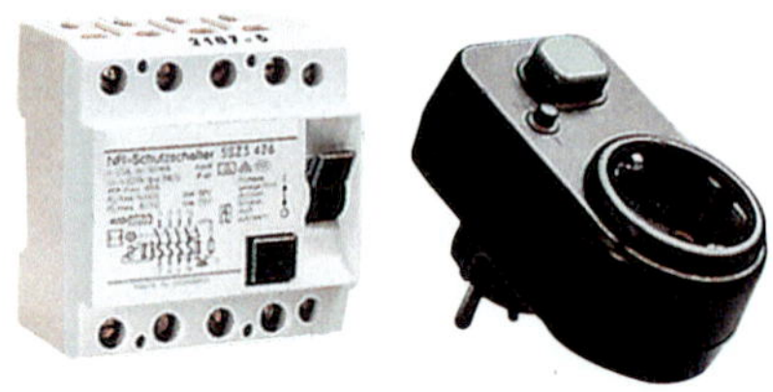

2 Fehlerstromschutzschalter (FI-Schalter)

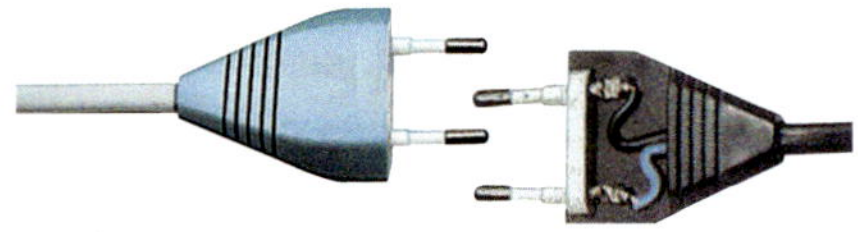

3 Eurostecker

1 Eurostecker besitzen keinen Schutzkontakt. Welche Geräte dürfen mit einem solchen Eurostecker ausgestattet sein? Warum ist bei diesen Geräten kein Schutzleiter nötig? ↑3

2 Erläutere die Funktionsweise des Fehlerstromschutzschalters. In welchen Fällen ist er wichtiger als der Schutzleiter? Begründe deine Antwort.

Aufgaben

1 Wie kann es zu einem Elektrounfall kommen, wenn man nur einen Pol der Steckdose berührt? Beschreibe den Stromkreis, der zur Gefahr wird.

2 Wieso sind Elektrounfälle im Haushalt besonders schlimm, wenn eine Hand Kontakt mit dem Außenleiter und eine mit der Wasserleitung hat?

3 Sieh dir noch einmal die Regeln zur Verhütung von Elektrounfällen an. Gib an, welche dieser Regeln für das Hantieren in der Küche wichtig sind.

4 „Wenn du nur einen Draht in der Steckdose berührst, kann es nicht gefährlich sein." Stimmt das? Begründe deine Antwort.

5 Erläutere die Wirkungsweise eines Schutzleiters bei Elektrogeräten.

6 Manche Bohrmaschinen haben trotz vieler Metallteile keinen Schutzleiter. ↑4
Wodurch ist man trotzdem geschützt?

7 „Die Loslassschwelle erhöht die Berührungsdauer. Das kann lebensgefährlich sein." Beurteile diese Aussage anhand von Bild ↑1, S. 344.

8 Der richtige Umgang mit Elektrizität ist lebenswichtig: Schreibt Regeln auf, die beim Umgang mit Elektrizität zu beachten sind, ordnet sie in einer Diskussion nach ihrer Wichtigkeit (soweit das möglich ist) und bereitet eine Präsentation vor.

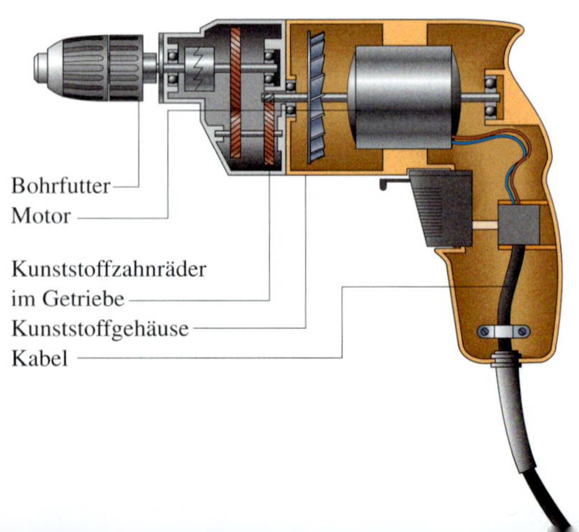

4

Elektrische Spannung, elektrische Stromstärke, Leistung

5 12 V oder 230 V – bei beiden Spannungen leistet dieses Gerät das Gleiche.

Dieser DVD-Player ist für die Wohnung und den Campingwagen geeignet, denn er hat einen Anschluss für 230 V und einen für 12 V. Seine Leistung beträgt 80 W.
Wie kann man diese Leistung (Energiestromstärke) bei 230 V und bei 12 V Spannung erreichen?

Experimente

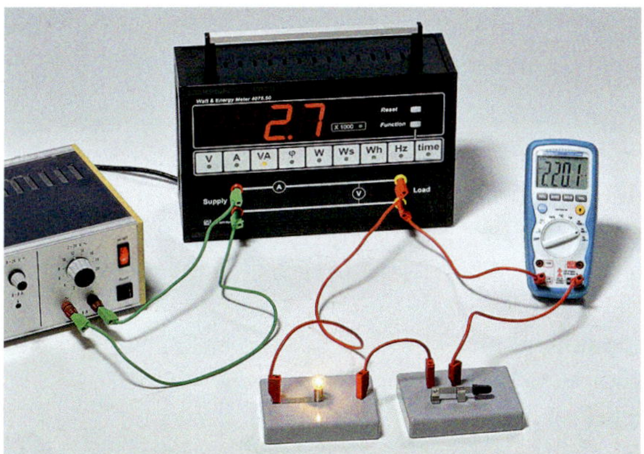

6 Leistung bei 12 V

1 Leistung und Stromstärke bei 12-V-Geräten

a Miss an einigen Geräten, die mit 12-V-Spannung betrieben werden, die elektrische Stromstärke und die Leistung. Notiere die Werte in einer Tabelle. (Wenn du keinen geeigneten Leistungsmesser hast, kannst du die Leistungsangabe dem Typenschild auf dem Gerät entnehmen.)
Du kannst z. B. verwenden:
- Fernseher
- Autorückleuchte, Autobremslicht, Autoscheinwerfer
- Campingleuchte

b Zeichne für die ermittelten Werte ein *P*-*I*-Diagramm.

2 Leistung und Stromstärke bei 230-V-Geräten
Lehrerexperiment!

a Die Messungen aus Experiment 1 werden an folgenden 230-V-Geräten wiederholt:
- 60-W-Lampe
- 25-W-Lampe
- Mikrowelle
- Kaffeemaschine
- Kühlschrank
- Tauchsieder

b Zeichne für die ermittelten Werte ein *P*-*I*-Diagramm.

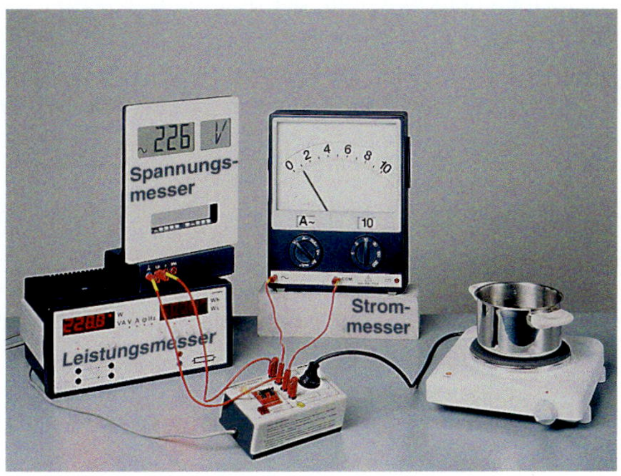

7 Spannung, Stromstärke, Leistung bei netzbetriebenen Geräten

GRUNDLAGEN: Leistung – elektrische Stromstärke – elektrische Spannung

Die beiden dargestellten Messreihen ↑1 bestätigen unsere Ergebnisse: Bei konstanter Spannung U sind Leistung und elektrische Stromstärke einander proportional: $P \sim I$. Der Quotient P/I ist also konstant, d. h., die Wertepaare haben immer den gleichen Quotienten.
So ergibt sich:
1. Messreihe: $P/I = 55\,\mathrm{W}/4{,}58\,\mathrm{A} = 12\,\mathrm{W/A} = 12\,\mathrm{V}$
2. Messreihe: $P/I = 1000\,\mathrm{W}/4{,}35\,\mathrm{A} = 230\,\mathrm{W/A} = 230\,\mathrm{V}$
Der Quotient P/E entschpricht der jeweils angelegten elektrischen Spannung U: $U = P/E$.

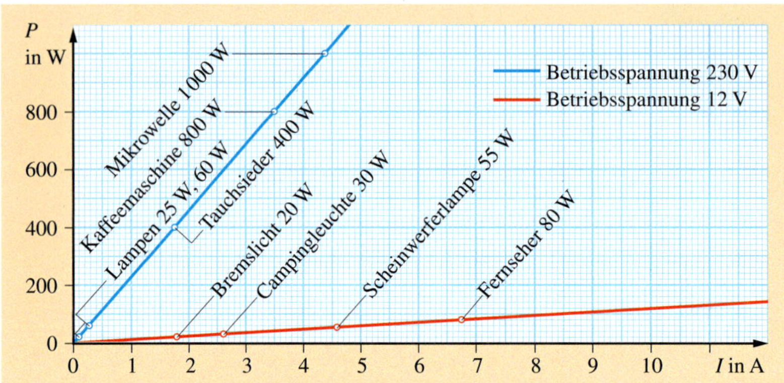

1 Verschiedene Elektrogeräte: Leistung und Stromstärke

Wird der DVD-Player ↑5 S. 347 an die 12-V-Quelle angeschlossen, beträgt die elektrische Stromstärke $I_1 = P/U_1 = 80\,\mathrm{W}/12\,\mathrm{V} = 6{,}67\,\mathrm{A}$.
Wird es an die 230-V-Quelle angeschlossen, beträgt sie $I_2 = P/U_2 = 80\,\mathrm{W}/230\,\mathrm{V} = 0{,}35\,\mathrm{A}$.
Die Leistung des Geräts wird also im ersten Fall durch eine höhere elektrische Stromstärke und im zweiten durch eine höhere Spannung bewirkt. Eine Gleichung für die Leistung eines Elektrogeräts ergibt sich durch Umformen der Gleichung der Spannung $U = P/I$.

Die Leistung bzw. Energiestromstärke von Elektrogeräten ergibt sich als Produkt von Spannung und Stromstärke: $P = U \cdot I$.

Aufgaben

1 Begründe, warum eine Haushaltsglühlampe, die an eine Flachbatterie angeschlossen ist, nicht leuchtet.

2 Betriebsdaten
a Was bedeutet die Angabe „6 V; 1 A“ auf einer Glühlampe?
b Wozu ist die Angabe „4,5 V“ auf einer Flachbatterie von Nutzen?

3 Warum findet man auf einer Batterie eine Angabe zur Spannung, aber nicht zur Stromstärke?

4 Berechne die Leistung für:
a einen Fahrradscheinwerfer (6 V; 0,5 A)
b ein Rücklicht (6 V; 0,1 A)
c die Glühlampe einer Taschenlampe (4,5 V; 0,3 A)

5 Berechne die elektrische Stromstärke beim Toasten (1,2 kW).

6 Beim Starten eines kalten Dieselmotors beträgt die Leistung des Anlassers 2 kW. Berechne die elektrische Stromstärke.

Die Parallelschaltung

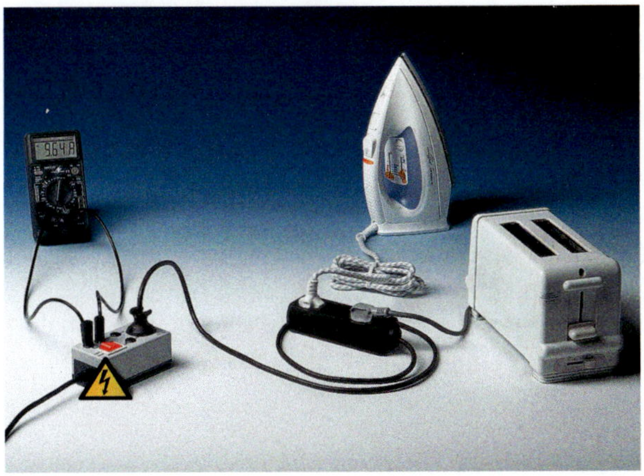

2

In einem Lehrerexperiment wird in die Leitung einer Mehrfachsteckdose ein Strommesser geschaltet. ↑2 Nacheinander werden unterschiedliche Elektrogeräte einzeln an die Steckdose angeschlossen. Wie ändert sich wohl die Stromstärke, wenn alle Elektrogeräte gleichzeitig angeschlossen werden?
Vergleiche die Gesamtstromstärke mit den einzelnen Stromstärken.
Wie sind die einzelnen Dosen der Mehrfachsteckdose geschaltet?
Und welche Schlussfolgerungen ergeben sich für die Energiestromstärke im Haushalt?

Experimente

1 Die Parallelschaltung
Zwei Lampen sollen so an ein Netzgerät angeschlossen werden, dass sie hell leuchten und unabhängig voneinander funktionieren. Fertige eine Schaltskizze an und baue die Schaltung auf.

2 Sicherungen
Oft befinden sich Sicherungen im Stromkreis. Baue eine Parallelschaltung von zwei Glühlampen auf und spanne in die Zuleitung ein Stück sehr feinen Kupferdraht oder feinen Stahldraht. ↑3
Schließe nacheinander weitere Lampen in Parallelschaltung an. Was beobachtest du?

3 Stromstärke bei der Parallelschaltung
Schließe an den Tischgenerator nacheinander ein, zwei, drei gleiche Glühlampen an. ↑4

a Miss jeweils die elektrische Stromstärke bei den einzelnen Lampen ① und in der Zuleitung für alle Lampen ②. Achte beim Generator darauf, wie schnell du drehen musst, damit die Lampen immer gleich hell leuchten. Was fällt dir beim Drehen auf?

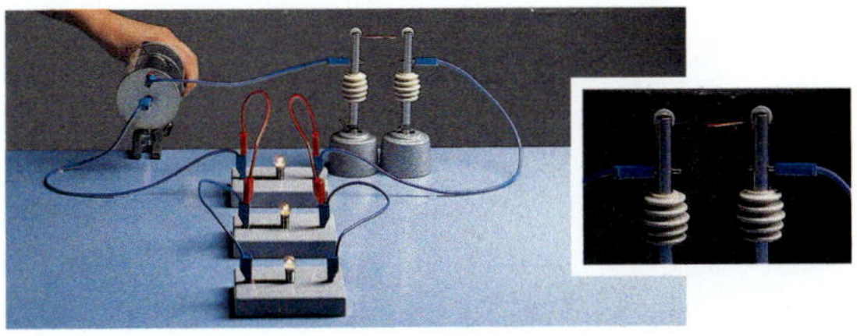
3

b Wiederhole das Experiment mit einem Netzgerät. Stelle den Schalter nacheinander auf 2 V, 4 V und 6 V. Notiere deine Beobachtungen und Messergebnisse.

c Jetzt wird ein Leistungsmesser (Energiestromstärkemesser) eingebaut. ↑5
Die Lampen werden nacheinander dazugeschaltet. Trage die Ergebnisse in eine Tabelle ein.

d Welche Beziehung besteht zwischen der Energiestromstärke und der elektrischen Stromstärke?

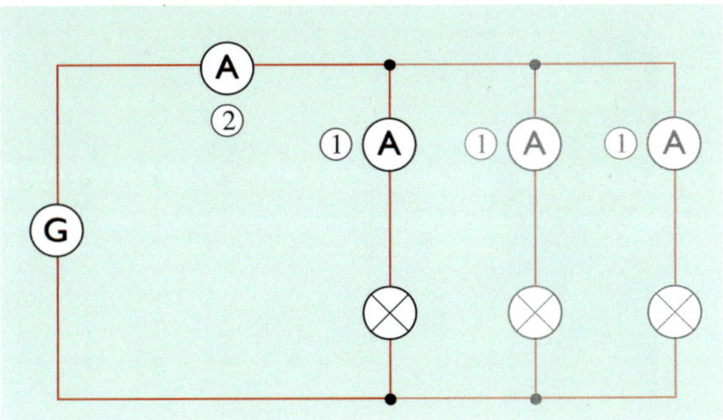

4

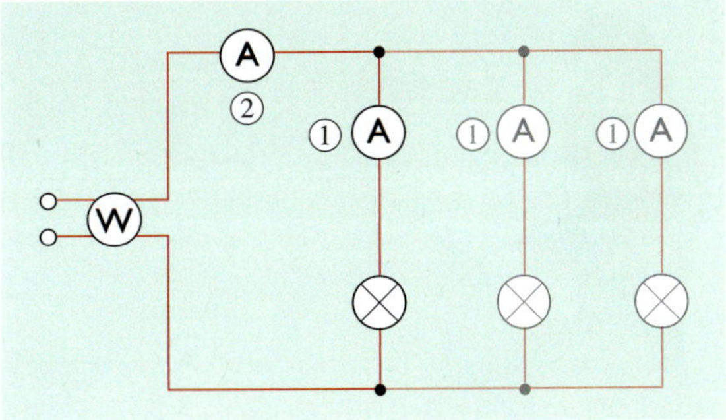

5

GRUNDLAGEN: Elektrische Stromstärke im verzweigten Stromkreis

Mehrere Stromkreise an einer Energiequelle Bei einer Parallelschaltung schließt man an eine Energiequelle mehrere Stromkreise an. In jedem Stromkreis fließt ein eigener elektrischer Strom. Man kann die Stromkreise einzeln unterbrechen. ↑1

Der Generator in Bild ↑1 treibt die Elektrizität in zwei Stromkreisen an. Sie strömt entweder durch die Lampe 1 oder durch die Lampe 2.

Elektrische Stromstärke bei Parallelschaltung Je mehr Lampen parallel geschaltet werden, desto größer wird der elektrische Strom durch die gemeinsame Zuleitung und durch die elektrische Energiequelle. Denn dort fließt ja der elektrische Strom für alle Stromkreise. ↑2

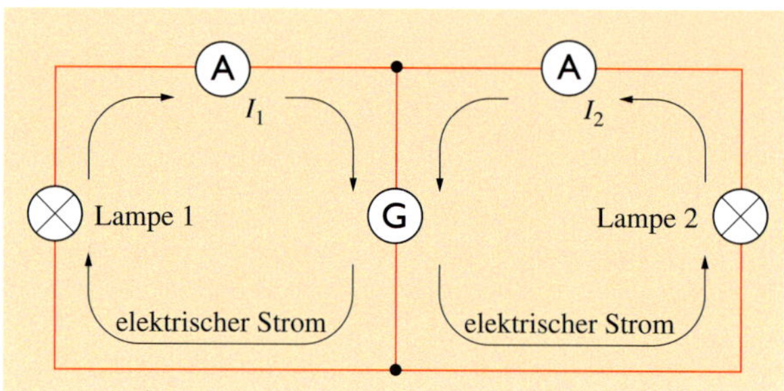

1

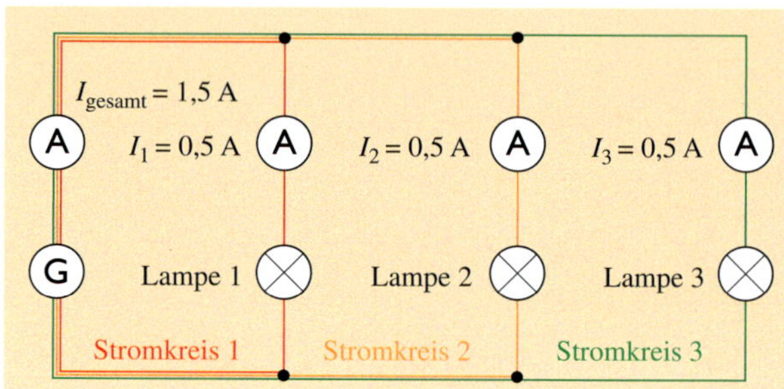

2

Bei der Parallelschaltung addieren sich die elektrischen Stromstärken: $I_{gesamt} = I_1 + I_2 + I_3$.

Elektrischer Strom und Energiestrom Wird am Tischgenerator immer gleich schnell gedreht, so geht das Drehen an der Kurbel umso schwerer, je mehr Lampen parallel geschaltet werden. Man muss immer mehr leisten, da mehr Elektrizität in jeder Sekunde angetrieben wird. Dafür wird bei jeder Umdrehung auch mehr mechanische Energie in elektrische Energie umgewandelt. ↑3, 4

Wird der Generator immer gleich schnell gedreht oder bei einem Netzgerät die Einstellung (z. B. 6 V) nicht geändert, so gilt:

Doppelte Energiestromstärke ↔ doppelte elektrische Stromstärke, dreifache Energiestromstärke ↔ dreifache elektrische Stromstärke. Energiestromstärke und elektrische Stromstärke sind einander proportional.

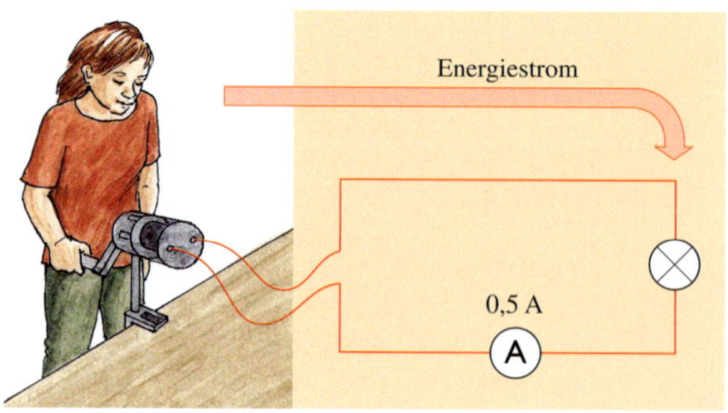

3

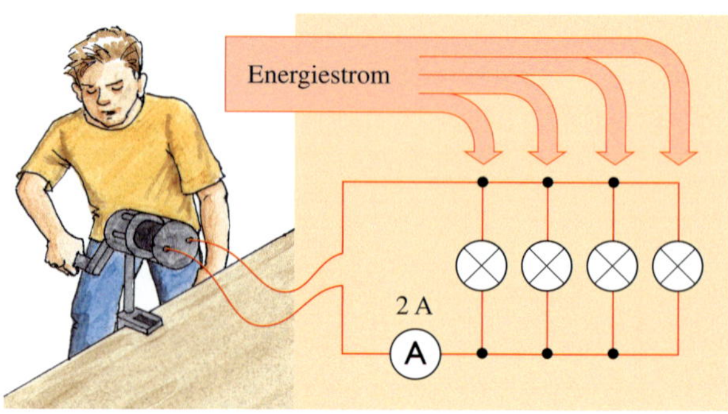

4 Hier gilt: $P_{gesamt} = P_1 + P_2 + P_3 + P_4$.

GRUNDLAGEN: Spannungen im Stromkreis

Die Spannung des Netzgeräts (der elektrischen Quelle) Der Spannungsmesser misst die am Netzgerät eingestellte Spannung.

Die Spannung einer Energiequelle gibt an, wie viel Energie sie pro Sekunde bei einer bestimmten Stromstärke abgeben kann bzw. abgibt.

Die Spannung am Handgenerator steigt, sobald er schneller gedreht wird; die Spannung an der Solarzelle steigt, wenn sie stärker beschienen wird.

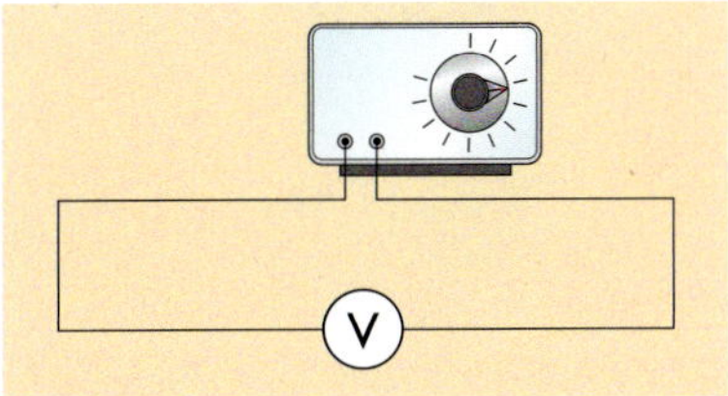

5 Spannung der Quelle

Spannungen in der Parallelschaltung In der Parallelschaltung sind alle Geräte direkt an die Quelle angeschlossen. Im Haushalt sind die elektrischen Geräte so geschaltet. Es gilt: $U = U_1 = U_2 = \ldots$

In einer Parallelschaltung ist die Spannung an der Quelle und den Verbrauchern gleich: $U = U_1 = U_2 = U_3 = \ldots$

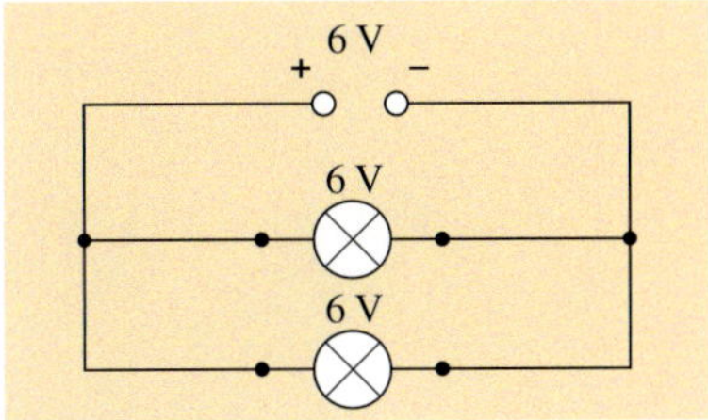

6 Parallelschaltung

Spannungen in der Reihenschaltung Auch zwischen den Anschlüssen stromdurchflossener Geräte und offener Schalter sowie zwischen beliebigen Punkten eines Stromkreises können Spannungen (Potenzialdifferenzen) gemessen werden. Die Spannung zwischen zwei Punkten eines Stromkreises gibt an, wie viel der von der Quelle abgegebenen Energie pro Sekunde in den zwischen diesen Punkten geschalteten Geräten bei einer bestimmten Stromstärke umgesetzt wird.
Wir können die Beziehung zwischen den Spannungen herleiten: Bei einer Reihenschaltung mit drei Verbrauchern mit den Leistungen P_1, P_2 und P_3 gilt:
$U = P/I = (P_1 + P_2 + P_3)/I = P_1/I + P_2/I + P_3/I = U_1 + U_2 + U_3$.

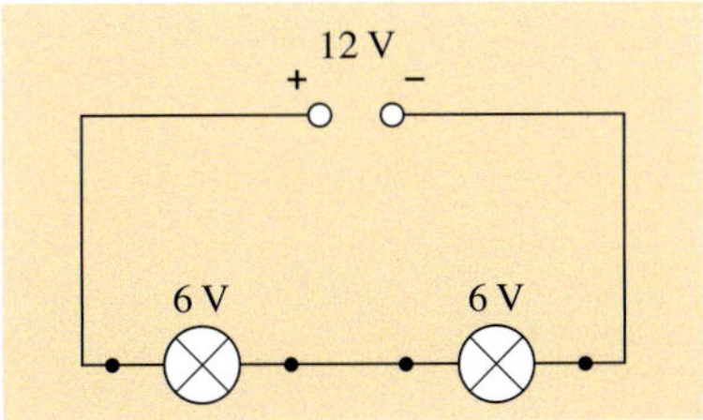

7 Reihenschaltung

In der Reihenschaltung ist die Spannung an der Quelle gleich der Summe der Spannungen (Potenzialdifferenzen) an den Verbrauchern: $U = U_1 + U_2 + U_3 + \ldots$

Aufgaben

1 Tina ist dabei, eine Schaltung aufzubauen. ↑8
Was kann sie damit messen, wenn sie fertig ist?

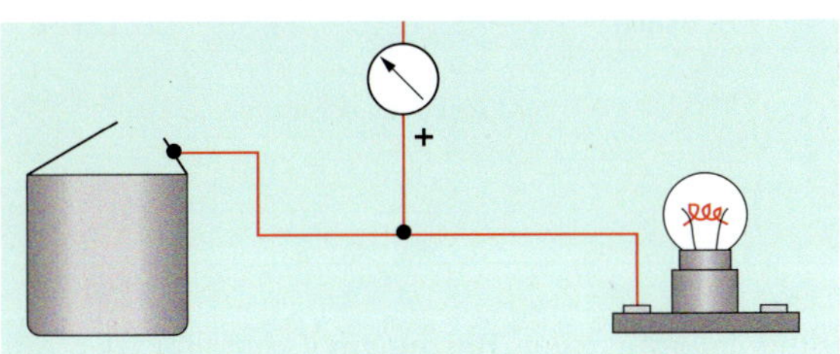

8 Welche Größe kann hier gemessen werden?

2 Beim Starten eines Autos beträgt die elektrische Stromstärke im Anlasser etwa 100 A. Die Stromstärke in einer elektrischen Bohrmaschine beträgt z. B. 2,5 A. Trotzdem leistet der Anlasser nur etwa doppelt so viel wie die Bohrmaschine. Gib dafür eine Erklärung.

3 Beurteile, ob man eine Waschmaschine (3,3 kW) an einen Stromkreis anschließen kann, der mit einer 10-A-Sicherung abgesichert ist.

4 Eine Leuchtdiode hat folgende Betriebsdaten: 1,6 V; 20 mA. Vergleiche die Leistung der Diode mit der eines Rücklichts (6 V; 0,1 A).

5 Eine Glühlampe (25 W; 230 V) leuchtet etwa so hell wie das Bremslicht eines Autos (21 W; 12 V). Berechne die elektrischen Stromstärken in beiden Lampen.

Auf einen Blick

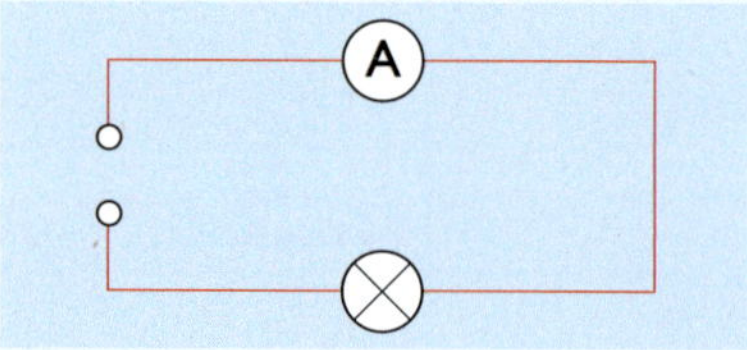

1

Elektrische Stromstärke Die elektrische Stromstärke ist der Quotient aus der durch den Leiterquerschnitt fließenden Elektrizitätsmenge und der dafür benötigten Zeit: $I = \Delta Q / \Delta t$.
Die Einheit der elektrischen Stromstärke ist 1 Ampere (1 A).
Der Strommesser wird in Reihe geschaltet. ↑1
Für die Elektrizitätsmenge ergibt sich: $\Delta Q = I \cdot \Delta t$. Als Einheit der Elektrizitätsmenge erhält man 1 A · s. Diese Einheit heißt 1 Coulomb: 1 C = 1 A · s.

Gefahren beim Umgang mit Elektrizität Elektrische Spannungen unterhalb von 25 V sind in der Regel für den Menschen ungefährlich. Bei der Netzspannung von 230 V besteht dagegen Lebensgefahr. Du darfst deshalb auf keinen Fall mit der Steckdose als elektrischer Energiequelle experimentieren!

Im Stromnetz ist der Neutralleiter geerdet, der Außenleiter ist nicht geerdet. Da der menschliche Körper ein Leiter ist, kommt es zu einem Elektrounfall, wenn eine Person einen Außenleiter berührt. Die Person ist dann Teil eines geschlossenen Stromkreises. Dieser Stromkreis verläuft über den Außenleiter, den Menschen, die „Erde" und z. B. über die Erdung am Hausanschluss hin zum Neutralleiter. Durch den gelb-grünen Schutzleiter werden Metallgehäuse von Elektrogeräten geerdet. So erhalten sie eine leitende Verbindung zum Neutralleiter.
Wenn das Metallgehäuse Kontakt mit dem Außenleiter bekommt, entsteht über den Schutzleiter ein geschlossener Stromkreis. In diesem befinden sich gut leitende Teile, die elektrische Stromstärke ist groß. Sofort unterbricht die Sicherung den Stromkreis. ↑2
Ob ein Elektrounfall tödlich verläuft, hängt ab von der elektrischen Stromstärke, dem Stromweg im Körper sowie von der Einwirkungsdauer des elektrischen Stroms.

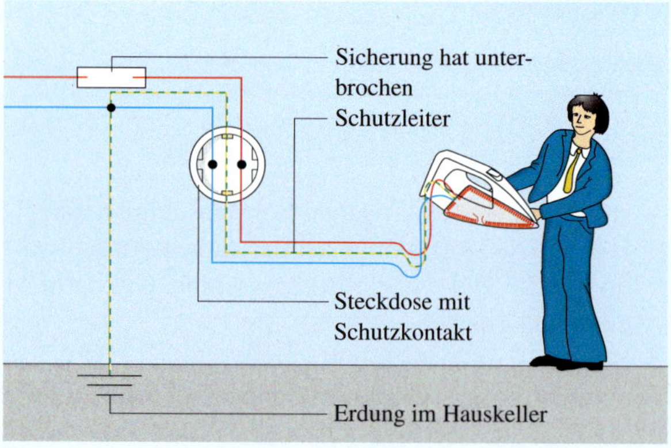

2

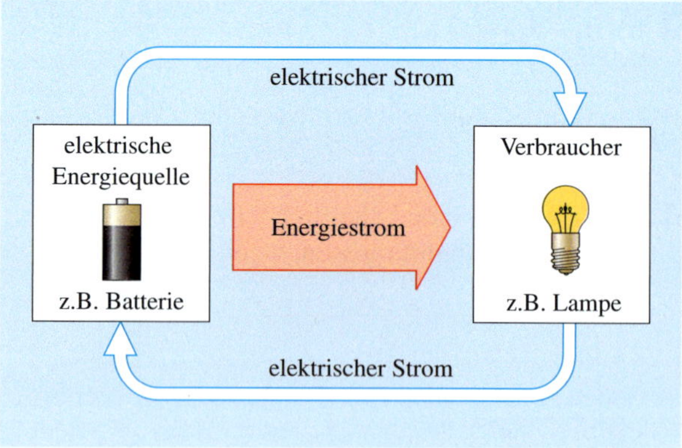

3

Elektrischer Strom und Energiestrom Bei einem Generator, der immer gleich schnell gedreht wird, oder bei einem Netzgerät, dessen Einstellung nicht geändert wird, gilt: Energiestromstärke und elektrische Stromstärke sind einander proportional:
$P \sim I$; $P = U \cdot I$. ↑3

Parallelschaltung Bei der Parallelschaltung von Verbrauchern hat jeder Verbraucher seinen eigenen Stromkreis.
Je mehr Verbraucher parallel geschaltet werden, desto größer wird die elektrische Gesamtstromstärke:

$I_{gesamt} = I_1 + I_2 + I_3$.

Mehr Verbraucher benötigen auch einen größeren Energiestrom, da sie mehr Energie umwandeln: ↑4

$P_{gesamt} = P_1 + P_2 + P_3$.

In Parallelschaltungen liegt an jedem Verbraucher dieselbe Spannung. Wenn die Schaltung direkt an die Quelle angeschlossen ist, ist diese Spannung gleich der Quellenspannung:

$U = U_1 = U_2 = U_3 = \ldots$

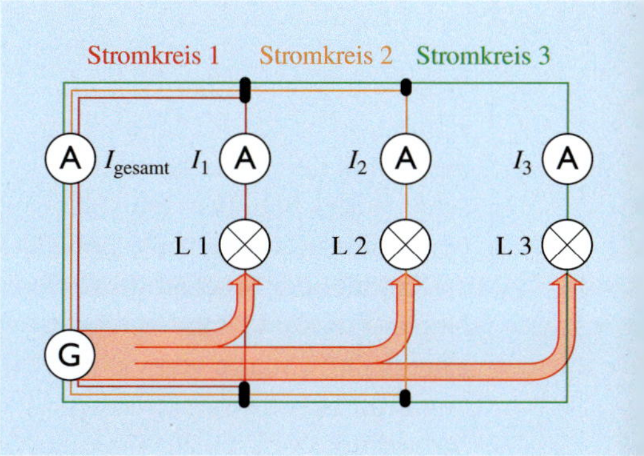

4

Reihenschaltung In Reihenschaltungen ist die Summe der Spannungen an den Verbrauchern gleich der Spannung an der elektrischen Quelle.
$U = U_1 + U_2 + U_3 + \ldots$
Weiterhin gilt: $I = I_1 = I_2 = I_3 = \ldots$ und $P = P_1 + P_2 + P_3 + \ldots$

Alles klar?

1 Die in einer Monozelle gespeicherte Energie kann eine Elektrizitätsmenge von 14 400 A · s durch einen Stromkreis treiben. Wie lange könnte sie einen Strom von 0,5 A (1,0 A; 70 mA) aufrechterhalten?

2 Warum führen zu einer Steckdose nicht nur zwei, sondern drei verschiedenfarbige Leiter?

3 Drei Glühlampen sind parallel geschaltet.
a Die elektrischen Einzel- und die Gesamtstromstärken sollen gemessen werden. Zeichne dafür einen Schaltplan.
b Die elektrischen Einzelstromstärken betragen 0,1 A; 0,2 A und 1 A.
Gib die elektrische Gesamtstromstärke an.

4 Jede der beiden Scheinwerferlampen eines Autos ist für sich an die 12-V-Batterie angeschlossen. Die Lampen haben jeweils eine Leistung von 55 W.
a Berechne die Stromstärke in jeder einzelnen Lampe. Jeder Scheinwerfer hat etwa die gleiche Leistung wie die 60-W-Lampe. Trotzdem ist die Stromstärke in der Scheinwerferlampe höher als die in der Glühlampe. Gib dafür eine Erklärung.
b Wie lange kann man die beiden Autoscheinwerfer mit einer Energie von 1 kW · h betreiben.
c Wie lange dauert es, bis die Autobatterie (100 A · h) erschöpft ist, wenn die beiden Scheinwerfer (je 55 W) und die beiden Rückleuchten (je 6 W) nach dem Abstellen des Motors eingeschaltet bleiben?

5 Eine Glühlampe (100 W) ist an eine Netzsteckdose angeschlossen. Die Stromstärke in der Zuleitung beträgt 0,434 A. Zwei baugleiche Glühlampen werden nacheinander zur ersten parallel geschaltet. Welche Werte zeigen die Messgeräte in Bild ↑5 jeweils an? Trage die Werte in eine Tabelle ein.

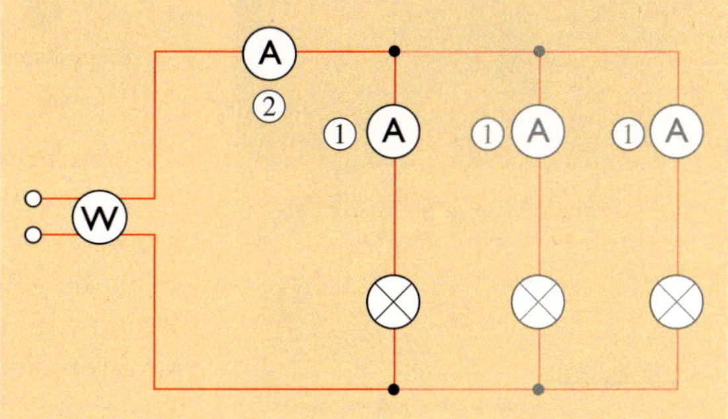

5

Energieströme im Alltag – elektrischer Widerstand

Wenn ein Blitz auf der Erde einschlägt, so ist das für Menschen, die sich in der Nähe des Einschlagsortes befinden, meist lebensgefährlich – Gebäude können entflammt oder beschädigt werden. Ursache dieser Gefahr ist eine Energiestromstärke von vielen Gigawatt bei einer elektrischen Stromstärke von bis 30 000 A und einer Spannung von einigen Millionen Volt. Ein Blitz ist eine gewaltige elektrische Entladung. Sie führt zu einer Erhitzung des Blitzkanals auf bis zu 30 000 °C.
Was passiert, wenn die Luft im Blitzkanal zum Leiter wird, und warum wird der Kanal so heiß?

1 Gewitter

2 Hochspannungsleitungen am Kraftwerk

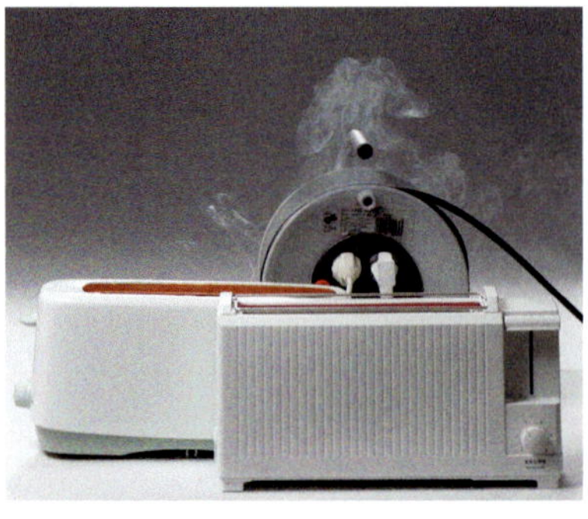

3 Kabeltrommel

Der Energiestrom fließt hier ↑2 vom Kraftwerk zu den Verbrauchern. Obwohl die Energiestromstärke (Leistung) 500 kW beträgt, erwärmen sich die Hochspannungsleitungen kaum. Wie schafft man es, die Energieverluste durch thermische Energie so gering zu halten?
Hier ↑3 fließt der Energiestrom von der Quelle durch die Kabeltrommel zum Toaster. Die Energiestromstärke (Leistung) beträgt nur 5,6 kW, daher sollte sich das Kabel nicht erwärmen. Aber es qualmt doch …!
Obwohl alle Geräte an die Netzspannung angeschlossen sind, ist die Energiestromstärke (Leistung) und damit auch die elektrische Stromstärke in ihnen unterschiedlich groß:

$I_{\text{Lampe}} = 0{,}09\,\text{A}$; $I_{\text{Toaster}} = 4{,}3\,\text{A}$; $I_{\text{Herd}} = 8{,}7\,\text{A}$.

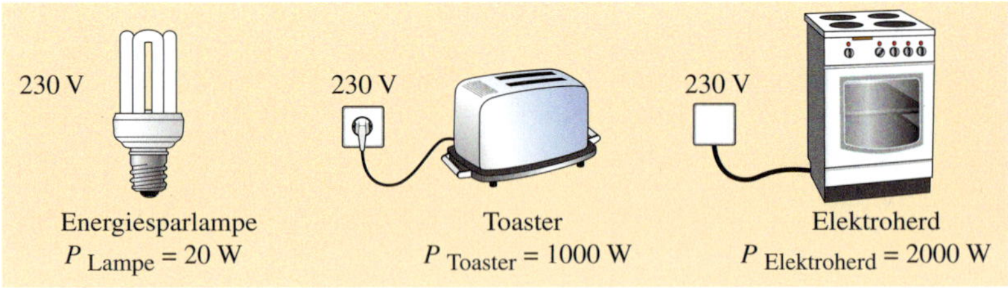

4 Unterschiedliche Stromstärken – unterschiedliche Energiestromstärken

Wie erreicht man es, dass der zu einem Gerät fließende Energiestrom genau die gewünschte Stärke hat?
Warum wird ein Draht warm, wenn in ihm ein elektrischer Strom fließt?
Warum bleiben die Zuleitungen kalt, während die Drähte in Glühlampe, Toaster und Herd glühen?

Experimente

1 Heizdraht und Zuleitungen
Verwende als Heizdraht einen Konstantandraht von 50 cm Länge und 0,2 mm Durchmesser. (Konstantan ist eine Legierung aus Kupfer und Nickel.)

a Schließe den Heizdraht über zwei isolierte Zuleitungen an die Quelle (6 V); überprüfe, ob auch die Zuleitungen warm werden.

b Verwende nun als Zuleitung Kupferdrähte ohne Isolierung. Verbinde ihre Enden mit dem Konstantandraht. Wickle die Zuleitung und dann den Konstantandraht um den Temperaturfühler. ↑5
Was stellst du fest? Suche eine Erklärung für deine Beobachtung.

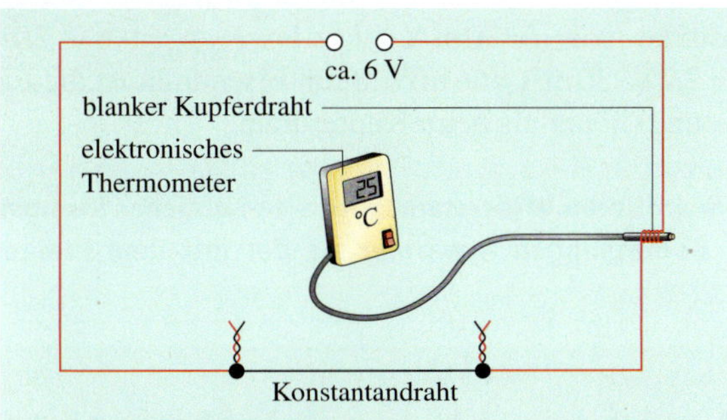

5 Erwärmen sich die Leitungen?

2 Wirkungen des elektrischen Stroms
Untersuche die Wirkungen des elektrischen Stroms in gleich langen und gleich dicken Drähten aus verschiedenen Materialien. Damit ein gleich starker elektrischer Strom durch die Drähte fließt, schalten wir sie in Reihe.

a Schalte die Energiequelle ein und beobachte die Wachskugeln. Was stellst du fest? ↑6

b Miss an jedem Draht die elektrische Spannung.

c Warum sollen die Drähte bei diesem Experiment den gleichen Durchmesser haben und gleich lang sein?

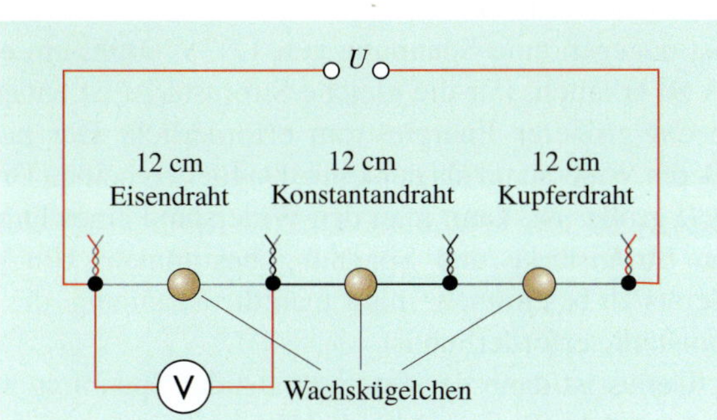

6 Elektrischer Strom und Wärme

3 Temperatur und Stromstärke
Stelle eine Heizwendel her, indem du 0,5 m Eisendraht (Durchmesser 0,2 mm) auf eine Kugelschreibermine wickelst.

a Baue die Wendel in einen Stromkreis mit einer Glühlampe ein. Was beobachtest du, wenn du die Wendel bis zur Rotglut erhitzt? Was bedeutet das für den Zusammenhang zwischen elektrischer Stromstärke und Temperatur des Eisendrahts? ↑7

b Wickle nun eine Wendel aus gleich dickem und gleich langem Konstantandraht. Baue statt der Glühlampe einen Strommesser in den Stromkreis ein. Erhitze die Wendel aus Konstantan. Welchen Unterschied zu Teil a stellst du fest?

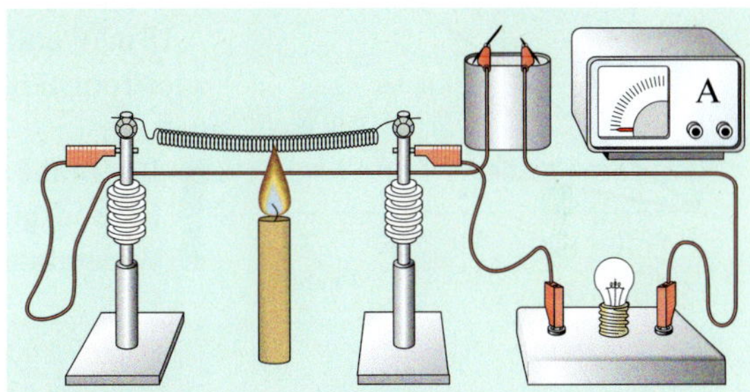

7 Temperatur und Leitfähigkeit

4 Spannung und Stromstärke am Eisendraht
Du benötigst einen 1 m langen Eisendraht von 0,2 mm Durchmesser. Wickle den Draht um einen Stift: Du erhältst so eine handliche Wendel. Wie hoch muss die Spannung zwischen den Drahtenden sein, damit die elektrische Stromstärke 0 A; 0,2 A; 0,4 A … 1,0 A beträgt? Stelle die Wertepaare für I und U in einem Diagramm dar.

5 Spannung und Stromstärke am gekühlten Eisendraht
Wiederhole ↑Experiment 4, aber tauche diesmal den Draht in destilliertes Wasser. Vergleiche deine Ergebnisse mit dem aus ↑Experiment 4. Deute die Ergebnisse im Hinblick auf die Eingangsüberlegungen.

6 Konstantandraht
Stelle den Zusammenhang zwischen elektrischer Stromstärke und Spannung für einen Konstantandraht in einem I-U-Diagramm dar. Die Stromstärke kann erhöht werden, bis der Draht glüht.

GRUNDLAGEN: Gute Leiter – schlechte Leiter

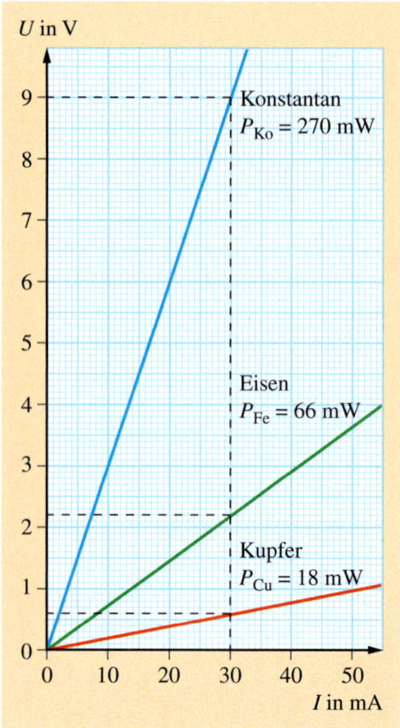

1 *I*-*U*-Diagramm

Die Erwärmung eines Drahts hängt von der Stromstärke, seinen Abmessungen und vom Material ab. Ein Kupferdraht erwärmt sich bei gleicher Stromstärke und gleichen Abmessungen weniger als ein Eisendraht und dieser weniger als ein Konstantandraht. Die Spannung am Kupferdraht ist dabei kleiner als die am Eisendraht und diese wiederum viel kleiner als die am Konstantandraht. Eisen leitet also den elektrischen Strom schlechter bzw. hemmt ihn stärker als Kupfer.
Die Eigenschaft, den elektrischen Strom unterschiedlich stark zu hemmen, beschreibt der Physiker mit dem Begriff *elektrischer Widerstand*. Der Eisendraht hat hier also einen größeren elektrischen Widerstand als der Kupferdraht.
Der Energiestrom fließt von der Energiequelle zu einem Draht. Die Energiestromstärke (Leistung) berechnen wir mit der Beziehung $P_{el} = U \cdot I$. Sie ist beim Eisendraht (Fe) größer als beim Kupferdraht (Cu). ↑1 Bei einer elektrischen Stromstärke von $I = 30\,\text{mA}$ ist z. B. $P_{el,Cu} = 0{,}6\,\text{V} \cdot 30\,\text{mA} = 18\,\text{mW}$ und $P_{el,Fe} = 2{,}2\,\text{V} \cdot 30\,\text{mA} = 66\,\text{mW}$. Beim Eisendraht ist die Energiestromstärke (Leistung) höher als beim Kupferdraht.

Der Draht mit dem größeren Widerstand wird – bei gleicher Stromstärke und gleichen Abmessungen – wärmer als der mit dem kleineren Widerstand.

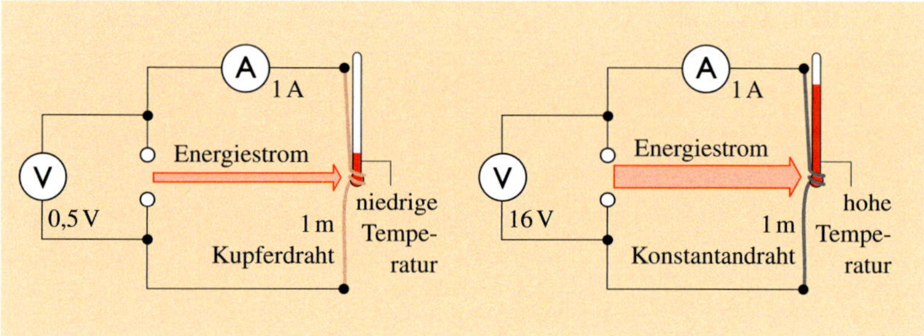

2 Unterschiedliche Erwärmung bei gleicher elektrischer Stromstärke

GRUNDLAGEN: Der elektrische Widerstand als physikalische Größe

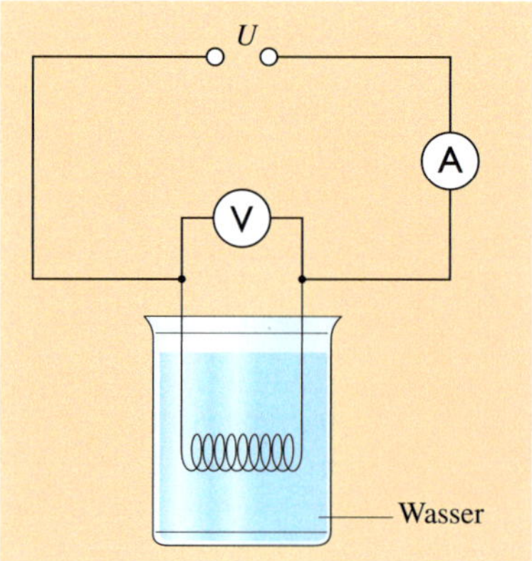

3 Widerstand und Temperatur

Taucht man einen Kupferdraht (mit bestimmter Länge und Querschnittsfläche) in Eiswasser, benötigt man eine Spannung von 0,86 V, um eine Stromstärke von 1 A zu erzeugen. ↑3, 4
In heißem Wasser ist dagegen eine Spannung von 1,07 V nötig, um eine Stromstärke von 1 A zu erhalten. Für die gleiche Stromstärke ist entsprechend $P = U \cdot I$ also ein größerer Energiestrom erforderlich: Der heiße Draht hat einen größeren Widerstand als der kalte. Da für den heißen Draht auch der Quotient U/I größer ist, kann man den Widerstand eines Drahts durch Messung von Stromstärke und Spannung bestimmen: Um den Widerstand eines Geräts zu bestimmen, misst man die Spannung, die für eine bestimmte Stromstärke erforderlich ist.
Der Widerstand des Geräts ist dann der Quotient aus der Spannung zwischen den Anschlüssen und der Stromstärke: $R = U/I$.

elektrischer Widerstand = $\frac{\text{Spannung am Verbraucher}}{\text{Stromstärke im Verbraucher}}$; $R = \frac{U}{I}$

Das Formelzeichen R für den elektrischen Widerstand ist abgeleitet vom englischen Wort *resistance:* Widerstand. Die Einheit des elektrischen Widerstands ist 1 Ohm. Sie wurde nach dem deutschen Physiker GEORG SIMON OHM (1789–1854) benannt. Als Einheitenzeichen für das Ohm wurde der griechische Buchstabe Ω (sprich: Omega) gewählt: $1\,\Omega = 1\,\text{V}/1\,\text{A}$. Widerstände werden auch in Kiloohm (kΩ) und in Megaohm (MΩ) angegeben:
$1\,\text{k}\Omega = 1000\,\Omega$; $1\,\text{M}\Omega = 1000\,\text{k}\Omega$.
Der elektrische Widerstand beträgt hier: ↑4 $R_{\text{Cu, 0 °C}} = 0{,}86\,\text{V}/1\,\text{A} = 0{,}86\,\Omega$ bzw. $R_{\text{Cu, 95 °C}} = 1{,}07\,\text{V}/1\,\text{A} = 1{,}07\,\Omega$.

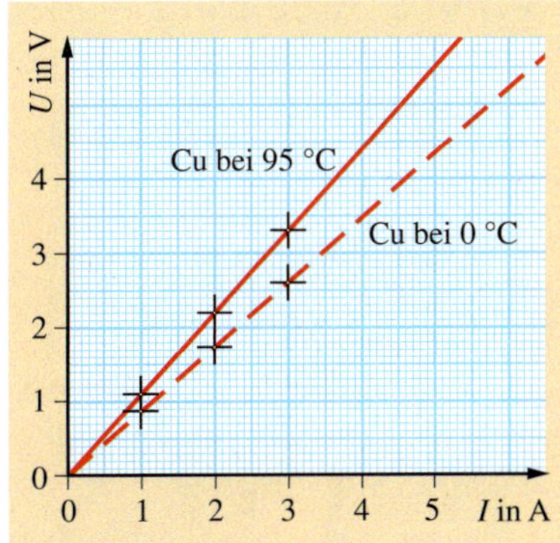

4 *I-U*-Diagramm

GRUNDLAGEN: Der elektrische Widerstand im Modell

Ursache dafür, dass elektrische Leiter einen Widerstand für den elektrischen Strom darstellen, sind zum Teil recht komplizierte Vorgänge in ihrem Innern. Wie kann man sich diese Vorgänge vorstellen? ↑5
Die Atome, aus denen alle Körper bestehen, sind elektrisch neutral. In einem Metalldraht sitzen aber nicht ganze Atome an festen Plätzen, sondern nur Atomrümpfe. Das sind Atome, denen Elektronen fehlen. Jedes Atom hat nämlich ein oder zwei Elektronen abgegeben und diese Elektronen können sich praktisch frei zwischen den Atomrümpfen bewegen.

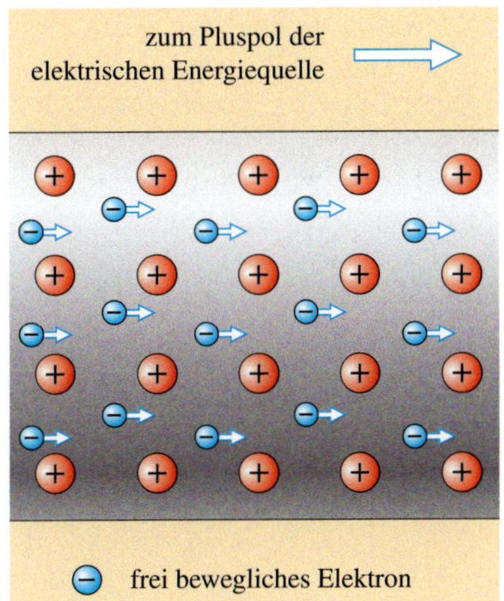

5 Modellvorstellung

Widerstand und Temperatur Wenn man eine Spannung an die Enden eines Drahts anlegt, werden die (freien) Elektronen durch den Draht getrieben. Auf ihrem Weg wechselwirken sie immer wieder mit den Atomrümpfen (wir stellen uns die Wechselwirkung wie einen Stoß zwischen Elektron und Atomrumpf vor). Dabei geben die Elektronen Bewegungsenergie an die Atomrümpfe ab, diese geraten stärker in Schwingungen. Man erkennt das daran, dass sich der Leiter erwärmt. ↑6, 7

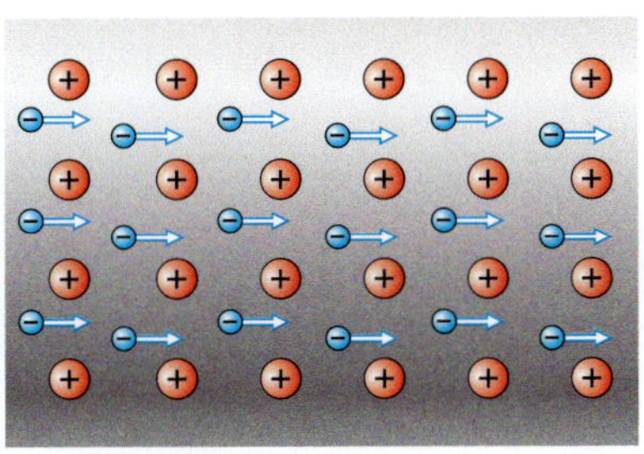
6 Kalter Draht

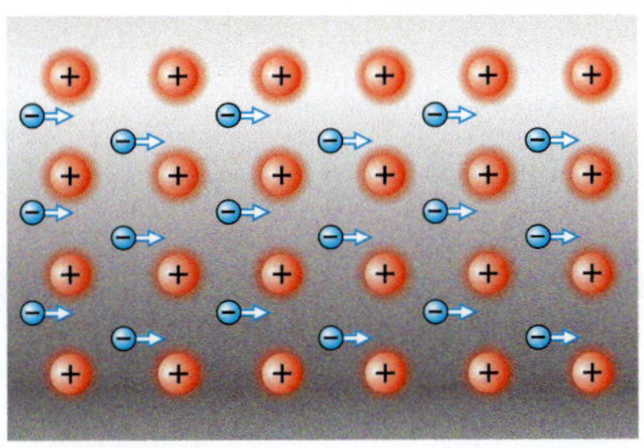
7 Heißer Draht

Bewegungsenergie wird in thermische Energie umgewandelt. Die Elektronenbewegung wird fortwährend gehemmt. Damit die Elektronen nicht langsamer werden, muss ihnen ständig Energie zugeführt werden. Diese Energie stammt von der Spannungsquelle.

Mit steigender Temperatur vergrößert sich der Widerstand von Metalldrähten.

Methode Arbeit mit Modellen

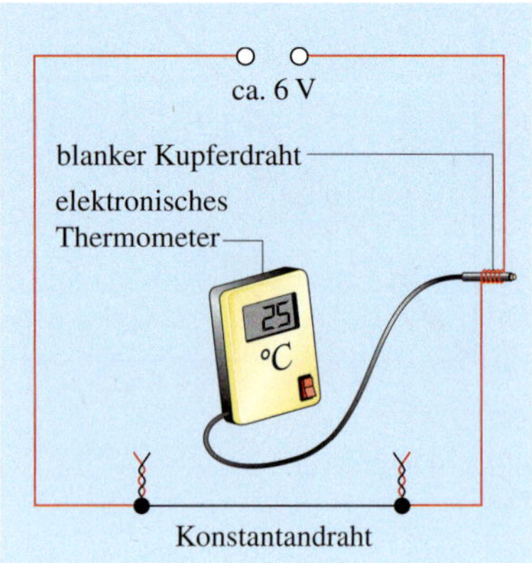

1

Wir haben Experimente durchgeführt und versuchen, uns die Ergebnisse zu erklären. Zur Erklärung ist die Verwendung eines Modells hilfreich. Dazu kann man wie folgt vorgehen:

1 *Stelle die Ergebnisse der Experimente zusammen.*

- Metalldrähte, durch die ein elektrischer Strom fließt, erwärmen sich. ↑1
- Der Widerstand von Metalldrähten steigt bei Temperaturzunahme.
- Der Widerstand von Metalldrähten aus unterschiedlichem Material ist trotz gleicher Abmessungen unterschiedlich groß. ↑2
- Schaltet man einen dünnen und einen dicken Draht aus gleichem Material in einem Stromkreis in Reihe, so ist die elektrische Stromstärke in beiden Drähten gleich, aber der dünne Draht wird heißer. ↑3

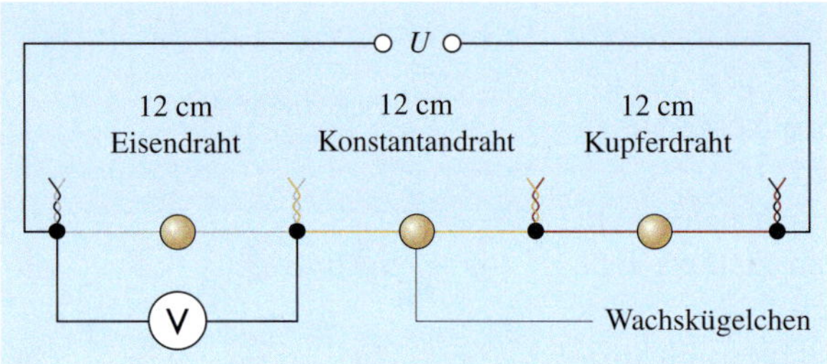

2

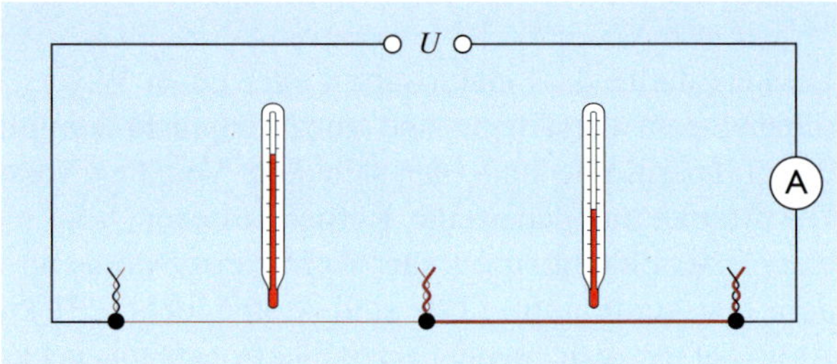

3

2 *Suche Modelle, die im Zusammenhang mit ähnlichen Fragestellungen schon entwickelt wurden.*

Das Elektronenmodell sagt aus:

- In einem metallischen Leiter bewegen sich Elektronen. ↑4
- In einem metallischen Leiter gibt es ortsfeste Atomrümpfe. ↑4
- In einem Körper schwingen diese Atomrümpfe umso heftiger, je wärmer der Körper ist. ↑5

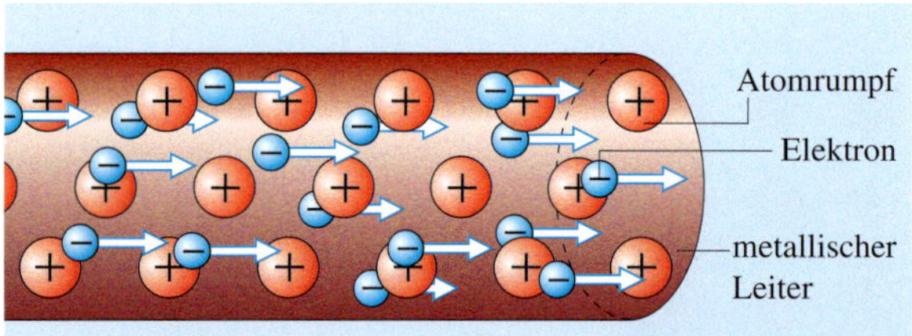

4

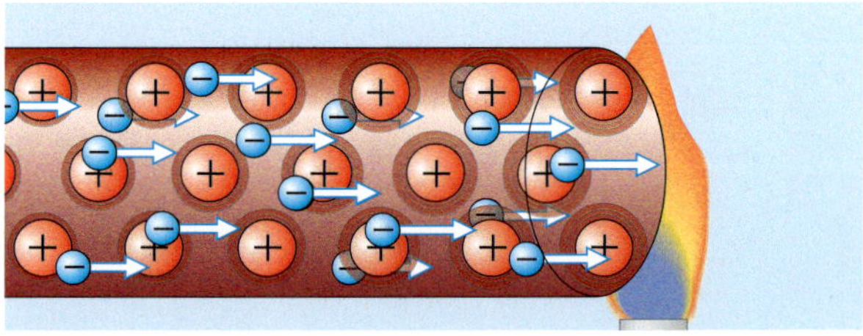

5

3 *Deute die Zusammenhänge mithilfe von Modellvorstellungen.*

- Die Elektronen *stoßen* bei ihrer Bewegung gegen Atomrümpfe und versetzen sie in stärkere Schwingungen. Bewegungsenergie ist in thermische Energie umgewandelt worden – der Leiter erwärmt sich.
- Die Bewegung der Elektronen wird bei Erwärmung des Leiters durch die heftigeren Schwingungen stärker gehemmt, der Widerstand des Leiters steigt.
- Die Bewegung der Elektronen wird bei Leitern aus unterschiedlichem Material unterschiedlich stark gehemmt.

Das Modell wird verfeinert.
Warum die dünnste Stelle im Stromkreis am heißesten wird, erklärt das Modell in dieser Form noch nicht – es lässt sich verfeinern: Wasser lässt sich nicht zusammendrücken – Annahme: Das Entsprechende gilt für Elektronen, und das, obwohl sie im Draht dünn verteilt sind. Da die elektrische Stromstärke im dünnen und im dicken Draht gleich ist, müssen sich die Elektronen also schneller durch den dünnen Draht bewegen; sie *stoßen* deswegen stärker gegen die Atomrümpfe – der Draht wird heißer.

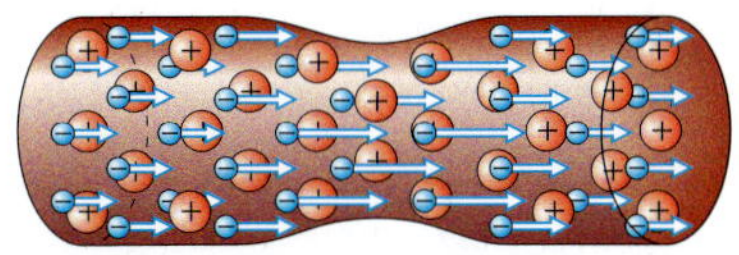

6 In einem dünnen Draht bewegen sich die Elektronen schneller als in einem dicken Draht.

4 *Prüfe, ob du mit dieser Vorstellung die Ergebnisse weiterer Experimente deuten oder ob du Ergebnisse sogar vorhersagen kannst.*
- Um bei einem erwärmten Leiter dieselbe elektrische Stromstärke wie bei einem kalten zu erreichen, müssen die Elektronen stärker angetrieben werden, muss die am Leiter liegende Spannung also erhöht werden.
- Bei Erhöhung der Spannung erwärmt sich der Leiter weiter.
- Hält man die Temperatur eines Leiters konstant, ist sein Widerstand unabhängig von der elektrischen Stromstärke.
- Legierungen wie z. B. Konstantan haben bei gleichen Leiterabmessungen einen größeren Widerstand als reine Metalle. Ihre Atomrümpfe sind nicht so regelmäßig angeordnet wie die von Metallen. Dadurch stoßen die Elektronen häufiger auf Atomrümpfe und geben mehr Energie ab.

Aufgaben

1 Das Bauteil in Bild 7 nennt man einen Festwiderstand. Wie groß ist sein elektrischer Widerstand? (Farbcode siehe Seite ↑360) ↑7

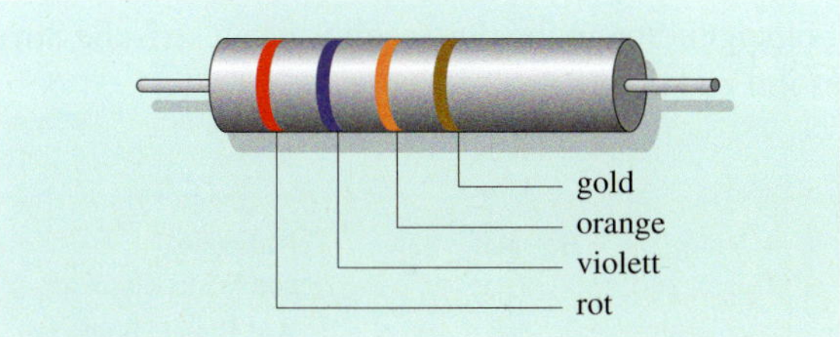

7

2 Erkläre im Modell, wie man sich bei einem Metalldraht das Vorhandensein des elektrischen Widerstands vorstellt.

3 Ein Kupfer- und ein Eisendraht haben gleiche Längen und Querschnittsflächen. Damit die elektrische Stromstärke in beiden Drähten gleich ist, muss man an den Eisendraht eine höhere Spannung legen. Begründe deine Entscheidung.

4 Ein Kupferdraht hat einen geringeren Widerstand als ein Eisendraht mit den gleichen Abmessungen. Die Anzahl der freien Elektronen pro cm^3 ist bei Kupfer kaum größer als bei Eisen.
Gib eine Erklärung im Modell.

5 Ermittle aus dem unten stehenden *I*-*U*-Diagramm die elektrischen Widerstände für die Bauelemente A, B und C. ↑8

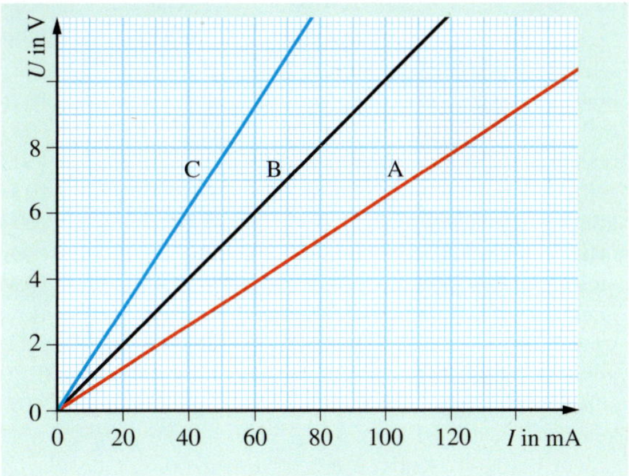

8

GRUNDLAGEN: Widerstand und elektrische Stromstärke

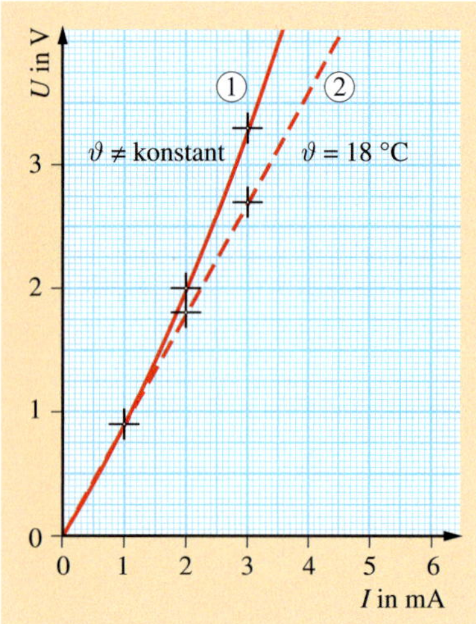

1 Zusammenhang zwischen I und U bei einem Kupferdraht

Die Kurve ① in Bild ↑1 zeigt, wie bei einem Kupferdraht Spannung und elektrische Stromstärke zusammenhängen. Ähnliche Kurven erhält man auch für andere Drähte aus Metall (z. B. für Eisen- oder Silberdrähte). Aus dem Diagramm erkennst du, dass man die Spannung mehr als verdoppeln muss, um die doppelte elektrische Stromstärke zu erhalten: Die Drähte haben bei der doppelten elektrischen Stromstärke einen größeren Widerstand.
Wir können das Ergebnis dieses Experiments so erklären: Da die Atomrümpfe auch bei höherer Temperatur nicht mehr Elektronen abgeben, kann eine größere elektrische Stromstärke nur dadurch entstehen, dass sich die Elektronen schneller bewegen. Sie „stoßen" deshalb heftiger gegen die Atomrümpfe und regen sie so zu stärkeren Schwingungen an: Die Temperatur des Drahts steigt und damit auch sein Widerstand.
Wenn man die Temperatur des Kupferdrahts konstant hält, z. B. durch ein Wasserbad, ergibt sich im Diagramm eine Gerade ②. Auch wenn man die Messungen an anderen Metalldrähten ausführt, erhält man im Diagramm Geraden durch den Ursprung, sofern die Temperatur der Drähte konstant bleibt.

Leiter aus Metall erfüllen das ohmsche Gesetz, wenn ihre Temperatur konstant gehalten wird. Das heißt: Ihr Widerstand ist unabhängig von der elektrischen Stromstärke.
Wenn bei einem elektrischen Gerät elektrische Stromstärke und Spannung einander proportional sind, sagt man, es erfüllt das ohmsche Gesetz.

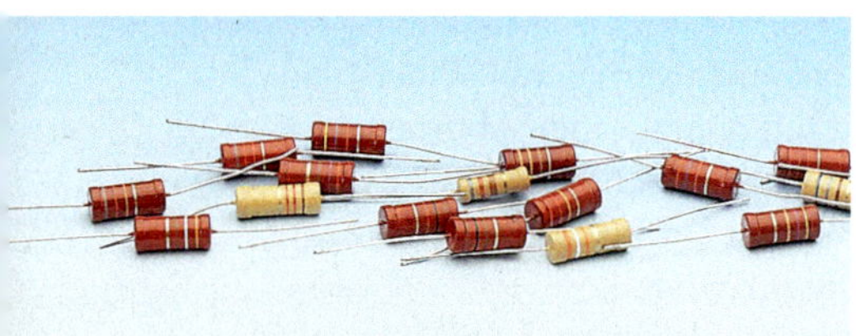

2 Technische Widerstände

Bei Verbrauchern, die das ohmsche Gesetz erfüllen, ist es einfach, elektrische Stromstärken für beliebige Spannungen oder die erforderliche Spannung für eine bestimmte elektrische Stromstärke vorherzusagen. Denn der Widerstand eines solchen ohmschen Verbrauchers hat bei jeder Spannung und bei jeder elektrischen Stromstärke denselben Wert. Man braucht nur bei einer einzigen Spannung die zugehörige elektrische Stromstärke zu kennen, um ihn zu bestimmen.

Ringfarbe	1. Ring 1. Ziffer	2. Ring 2. Ziffer	3. Ring Multiplikator	4. Ring Toleranz
schwarz	0	0	x 1 Ω	
braun	1	1	x 10 Ω	± 1%
rot	2	2	x 100 Ω	± 2%
orange	3	3	x 1 kΩ	
gelb	4	4	x 10 kΩ	
grün	5	5	x 100 kΩ	
blau	6	6	x 1 MΩ	
violett	7	7	x 10 MΩ	
grau	8	8	x 100 MΩ	
weiß	9	9	x 1000 MΩ	
gold			x 0,1 Ω	± 5%
silber			x 0,01 Ω	± 10%
keine				± 20%

Beispiel

$46 \cdot 100\ \Omega \pm 5\%$
$= 4{,}6\ k\Omega \pm 230\ \Omega$

Farbcode von Widerständen: Auf Bauelemente mit kleinen Abmessungen kann man den Betrag des elektrischen Widerstands oft nicht lesbar aufdrucken. Deshalb werden sie mit farbigen Ringen versehen. Aus der Kombination der Farbringe kann man den Betrag des elektrischen Widerstands ermitteln.

3 Farbcode bei technischen Widerständen

Musteraufgabe

Durch einen ohmschen Verbraucher fließt bei einer Spannung von 6 V ein elektrischer Strom mit der elektrischen Stromstärke 0,5 A.

a Welche Spannung muss eine Quelle haben, damit sie in diesem Verbraucher eine elektrische Stromstärke von 2,5 A hervorrufen kann?

b Wie groß ist die elektrische Stromstärke, wenn der Verbraucher an eine Monozelle mit der Spannung 1,5 V angeschlossen wird?

Lösung:

Zunächst kann man aus den bekannten Werten von Spannung und elektrischer Stromstärke den Widerstand des Verbrauchers berechnen:
$R = U/I = 6\,\text{V}/0{,}5\,\text{A} = 12\,\Omega$.

a $U = R \cdot I$
$U = 12\,\Omega \cdot 2{,}5\,\text{A} = 30\,\text{V}$

Ergebnis: Die gesuchte Spannung beträgt 30 V.

b $I = U/R$
$I = 1{,}5\,\text{V}/12\,\Omega = 0{,}125\,\text{A}$

Ergebnis: Die gesuchte elektrische Stromstärke beträgt 0,125 A.

Aus der Geschichte GEORG SIMON OHM

GEORG SIMON OHM war Lehrer an einem Kölner Gymnasium. Zwischen 1822 und 1825 untersuchte er die Leitfähigkeit von Flüssigkeiten und Metallen. Damals war noch unbekannt, in welcher Weise die „elektrische Wirkung" von den Eigenschaften der Energiequelle und denen des Leiters abhängt. „Stromstärke" und „Spannung" waren noch unklare Begriffe. OHM setzte Energiequellen ein, von denen er mehrere in Reihe schaltete. Auf diese Weise konnte er mit unterschiedlichen Spannungen experimentieren. Er erwartete, dass z. B. bei doppelter Spannung auch die Stromstärke doppelt so groß ist. In seinen Experimenten konnte OHM diese Vermutung lange Zeit nicht bestätigen. Er hatte mit vielen Schwierigkeiten zu kämpfen. Die Spannung seiner ersten Energiequellen sank während der Messung und die Messwerte änderten sich mit der Temperatur der Leiter.

4 GEORG SIMON OHM (1789–1854)

Nach vielen Jahren des Experimentierens konnte OHM schließlich im Jahr 1826 zeigen, dass das vermutete Gesetz tatsächlich gilt: Stromstärke und Spannung ändern sich in gleichem Maße, sie sind proportional zueinander, aber nur wenn die Temperatur des Leiters gleich bleibt (ohmsches Gesetz).

Durch OHMs Arbeit wurden die Begriffe „Stromstärke", „Spannung" und „Widerstand" geklärt.

Die Anerkennung seiner Arbeit durch die Wissenschaft ließ jedoch lange auf sich warten: Erst 1849 erhielt er eine von ihm angestrebte Stelle an einer bayerischen Forschungseinrichtung. Und 1852 – erst zwei Jahre vor seinem Tod – wurde er Professor an der Universität München.

Aufgaben

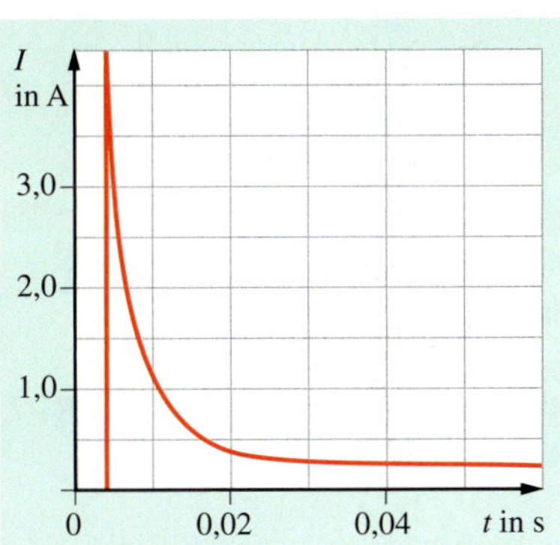

5 Einschaltvorgang

1 Wenn sich Elektronen durch ein Metall bewegen, wechselwirken sie mit Atomrümpfen und geben Energie ab.

a Welche Folge hat das für den Leiter?

b Warum werden die Elektronen auf ihrem Weg durch einen Draht nicht immer langsamer? (Bedenke: Die elektrische Stromstärke im ganzen Draht ist gleich groß!)

2 Die elektrische Stromstärke in einer Glühlampe ist kurz nach dem Einschalten besonders hoch. ↑5
Was verrät die Messkurve über den Widerstand der Lampe? (Die Spannung an der Lampe ist konstant.)

Experiment

1 Abmessungen des Drahts

Untersuche, wie die Abmessungen eines Drahts seinen Widerstand beeinflussen. Nutze dazu die dargestellte Experimentieranordnung. ↑1

Die Spannung am Draht wird so lange erhöht, bis die elektrische Stromstärke jeweils 1 A erreicht hat.

a Setze zunächst ein 50 cm langes Stück Konstantandraht mit einem Durchmesser von 0,2 mm in den Stromkreis ein.

b Wie musst du vorgehen, um den Einfluss der Drahtlänge zu untersuchen?

c Untersuche in gleicher Weise auch Drähte mit verschiedenen Durchmessern.

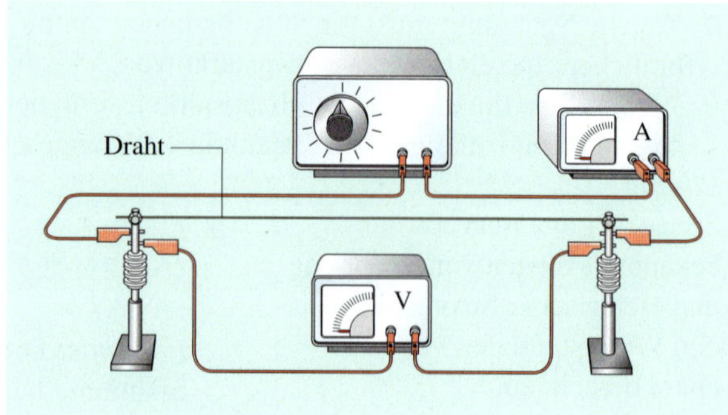

1 Draht und Widerstand

Methode Eine physikalische Größe hängt von mehreren Variablen ab

Der Widerstand R eines Drahts ist abhängig von seiner Länge, seinem Querschnitt, dem Material, aus dem er besteht, und möglicherweise von seiner Temperatur. Wie kann man aus Messungen eine mathematische Beziehung zwischen diesen Größen erhalten?

Regel: Ist eine physikalische Größe von mehreren Variablen abhängig, so führt man die Messungen so durch, dass man immer nur eine Variable ändert, alle anderen aber konstant hält.

Wir ermitteln also bei einem Draht aus einem bestimmten Material zunächst die Abhängigkeit des Widerstands von seiner Länge l und dann von seiner Querschnittsfläche A. Als Material wählen wir Konstantan, weil der Widerstand des Drahts dann unabhängig von der Temperatur ist.

1 *Wie hängt der Widerstand eines Drahts von der Länge ab?*

Dazu legt man an Konstantandrähte unterschiedlicher Länge die Spannung $U = 2{,}0\,\text{V}$ an und misst jeweils die Stromstärke I. Bei gleichem Durchmesser (z. B. $d = 0{,}4$ mm) erhält man folgende Werte:

Länge l in m	Stromstärke I in A	Widerstand R in Ω	R/l in Ω/m
0,50	1,00	2,0	4,0
1,00	0,50	4,0	4,0
1,50	0,33	6,0	4,0
2,00	0,25	8,0	4,0
2,50	0,20	10,0	4,0

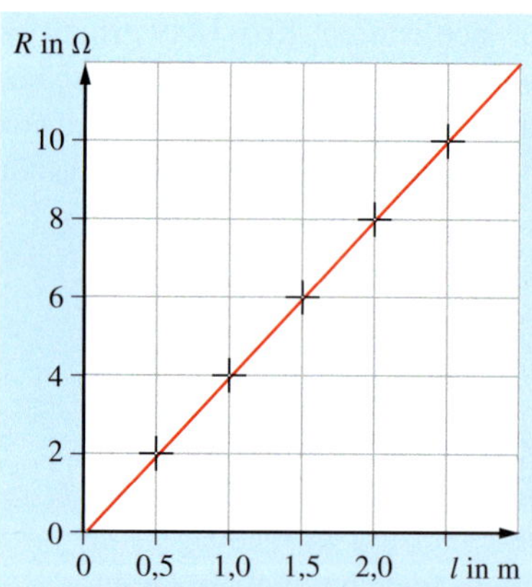

2 l-R-Diagramm

Ergebnis: Widerstand R und Länge l sind einander proportional. ↑2 Diese Beziehung gilt auch für Drähte aus anderen Materialien, wenn man ihre Temperatur konstant hält.

Widerstand R und Länge l sind einander proportional: $R \sim l$, wenn Querschnitt und Material konstant sind.

2 *Wie hängt der Widerstand eines Drahts vom Querschnitt ab?*
Bei einer konstanten Spannung ($U=2{,}0\,\text{V}$) wird der Widerstand von 1 m langen Konstantandrähten mit unterschiedlichen Querschnittsflächen bestimmt.

Durchmesser d in mm	Querschnittsfläche A $[A=\pi\cdot(d/2)^2]$ in mm^2	Stromstärke I in A	Widerstand R in Ω	$(R\cdot A)$ in $\Omega\cdot\text{mm}^2$
0,2	0,031	0,126	15,873	0,492
0,4	0,126	0,500	4,000	0,500
0,8	0,503	2,000	1,000	0,500
1,0	0,785	3,180	0,629	0,494

Man erkennt, dass mit wachsender Querschnittsfläche der Widerstand abnimmt. Um festzustellen, ob Widerstand R und Querschnittsfläche A einander vielleicht sogar umgekehrt proportional sind, prüfen wir, ob das Produkt $(R\cdot A)$ konstant ist. Das ist im Rahmen unserer Messgenauigkeit der Fall. ↑3

Widerstand R und Querschnittsfläche A sind einander umgekehrt proportional: $R \sim 1/A$, wenn Länge und Material konstant sind.

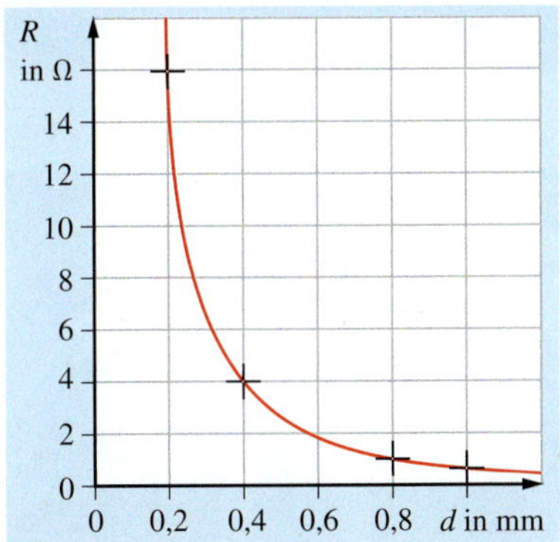

3 d-R-Diagramm

3 *Das Widerstandsgesetz*
Mithilfe dieser Ergebnisse kann man die Widerstände von Konstantandrähten mit beliebigen Abmessungen berechnen:

Aus $R\sim l$ und $R\sim 1/A$ folgt $R\sim \frac{l}{A}$ oder $R=\rho\cdot\frac{l}{A}$.

Die Konstante ρ (sprich: Rho) hängt bei konstanter Temperatur nur vom Material des Leiters ab. Sie heißt spezifischer Widerstand.
Mithilfe der Tabelle kann man den Widerstand jedes Bauelements aus den genannten Materialien berechnen.

Spezifischer Widerstand ρ (bei 20 °C)			
Stoff	ρ in $\frac{\Omega\cdot\text{mm}^2}{\text{m}}$	Stoff	ρ in $\frac{\Omega\cdot\text{mm}^2}{\text{m}}$
Silber	0,016	Zinn	0,12
Kupfer	0,017	Stahl	ca. 0,13
Gold	0,020	Konstantan	0,50
Wolfram	0,055	Chromnickel	1,10
Eisen	0,10	Graphit	8,0
Platin	0,11	Kohle	50 … 100

Beispiel: Berechne den Widerstand eines 150 m langen Kupferdrahts von $2\,\text{mm}^2$ Querschnittsfläche.

Lösung: $R=\rho\cdot\frac{l}{A}=0{,}017\,\frac{\Omega\cdot\text{mm}^2}{\text{m}}\cdot\frac{150\,\text{m}}{2\,\text{mm}^2}=1{,}3\,\Omega$

Dieser Kupferdraht hat einen elektrischen Widerstand von $1{,}3\,\Omega$.

Aus der Geschichte Die Entdeckung der Supraleitung

1 H. KAMERLINGH-ONNES

Wie viele andere Phänomene wurde auch die Supraleitung zufällig entdeckt, und zwar vom niederländischen Physiker HEIKE KAMERLINGH-ONNES. ↑1 Er war ein Spezialist für die Erzeugung tiefer Temperaturen, 1908 gelang ihm erstmals die Verflüssigung des Edelgases Helium. Mithilfe des flüssigen Heliums konnte er Materialeigenschaften auch unterhalb von 4 Kelvin (–269 °C) untersuchen.

Im Jahre 1911 beschäftigte er sich mit dem elektrischen Widerstand von Quecksilber bei tiefen Temperaturen. Eigentlich erwartete er, dass der Widerstand „unendlich groß" werden müsste, da nach damaligem Wissensstand bei sehr tiefen Temperaturen keine beweglichen Elektronen mehr für den Stromfluss zur Verfügung stehen sollten. Umso erstaunter war er, dass genau das Gegenteil eintrat. Unterhalb einer Temperatur von 4,2 K war bei Quecksilber kein elektrischer Widerstand mehr feststellbar. Die Bedeutung dieser Entdeckung wurde schnell erkannt: Ohne Widerstand transportiert der Strom die Energie vollkommen verlustfrei.

2 Kälteanlage für die Heliumversorgung von HERA

Supraleitung in der Forschung Lange Zeit waren nur Stoffe bekannt, in denen die Supraleitung erst unterhalb von 20 K auftritt. Für solche Temperaturen sind extrem aufwendige Kühlanlagen erforderlich. ↑2 Dennoch wird die Supraleitung seit etwa 1960 in der naturwissenschaftlichen Forschung eingesetzt: Um starke Magnetfelder zu erzeugen, braucht man Spulen, in denen extrem starke Ströme fließen. Konventionelle Spulen würden sich dabei übermäßig aufheizen – supraleitende Spulen dagegen besitzen keinen elektrischen Widerstand und heizen sich daher nicht auf. Auch die großen Teilchenbeschleuniger wie HERA in Hamburg, mit denen die Bestandteile der Atome untersucht werden, arbeiten mit supraleitenden Spulen. ↑3, 4

3 Supraleitende Spulen im Teilchenbeschleuniger HERA (rot u. gelb)

4 Die Kabel der Spulen bestehen aus NbTi-Fasern.

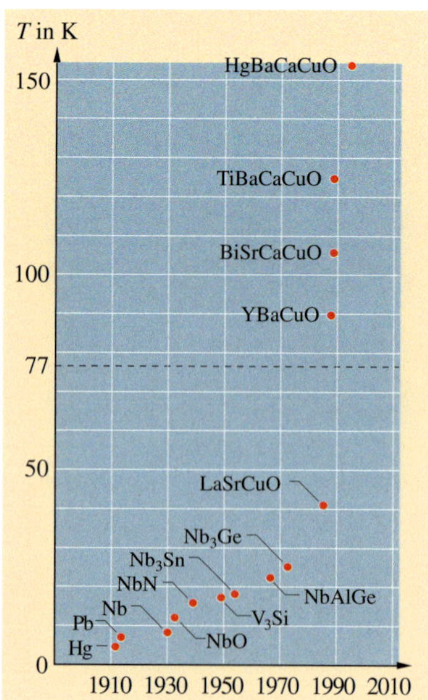

5 Entwicklung der Sprungtemperaturen

Hochtemperatur-Supraleiter Seit 1986 wurden immer mehr Substanzen entdeckt, die schon bei höheren Temperaturen supraleitend werden. ↑5 Oberhalb von 77 K können diese Hochtemperatur-Supraleiter bereits mit flüssigem Stickstoff gekühlt werden; dies ist wesentlich günstiger als die Kühlung mit Helium. Allerdings handelt es sich bei den Hochtemperatur-Supraleitern zumeist um spröde keramische Materialien, die nur schwer zu verarbeiten sind. Ob eines Tages ein Material gefunden wird, das bereits bei Zimmertemperatur supraleitend ist, bleibt fraglich. Für einen großtechnischen Einsatz, beispielsweise die verlustfreie Energieversorgung von Wohnungen oder Industrieanlagen, müsste dieses Material außerdem kostengünstig und leicht zu verarbeiten sein.

Aus der Natur Warum Luft leiten kann und der Blitzkanal so heiß wird

Die Luft im Blitzkanal wird ionisiert, sobald die Spannung zwischen Wolke und Erdoberfläche hoch genug ist (etwa 1 000 000 V). Freie Elektronen werden stark beschleunigt und trennen durch Stoß Elektronen von den Luftmolekülen. Diese Elektronen werden wiederum beschleunigt usw. In Bruchteilen von Sekunden entsteht eine riesige Anzahl von freien Elektronen und Ionen – die Luft wird zum elektrischen Leiter. Eine gewaltige Entladung setzt ein – es blitzt. Elektronen und Ionen treffen mit hoher Geschwindigkeit auf Luftmoleküle, sie stoßen an diese, ionisieren sie und setzen die Ionen und Moleküle der gesamten Luftschicht im und um den Blitzkanal in so heftige Bewegung, dass eine Temperatur von ca. 30 000 °C entstehen kann. Es baut sich ein riesiger Luftdruck in dieser Luftschicht auf, damit entsteht eine Druckwelle, die wir aufgrund vielfacher Reflexionen als länger anhaltendes Donnergeräusch wahrnehmen.

6

Aus der Technik Warum qualmt die Kabeltrommel?

Ein Toaster soll 1000 W leisten, wenn er an die Netzspannung angeschlossen wird. Da auch die elektrischen Zuleitungen einen Widerstand haben, fließt auch ein Teil des Energiestroms zu ihnen. Berechne die entsprechende Energiestromstärke (Leistung).

1. Berechnung der elektrischen Stromstärke:

$$I = \frac{P}{U} = \frac{1000\,\text{W}}{230\,\text{V}} = 4{,}3\,\text{A}$$

2. Berechnung der Spannung über dem Anschlusskabel:
Zuleitungen sollten einen sehr geringen Widerstand haben, damit die Energiestromstärke (Leistung) zu ihnen klein ist ($P_D = R_D \cdot I^2$).
Ein handelsübliches Anschlusskabel hat einen Widerstand von etwa $2 \cdot 0{,}3\,\Omega$ ($R = R_1 + R_2$). Die Spannung über dem Anschlusskabel beträgt dann gemäß der Beziehung:

$$U_D = R \cdot I = 0{,}6\,\Omega \cdot 4{,}3\,\text{A} = 2{,}58\,\text{V}.$$

3. Berechnen der Energiestromstärke (Leistung):
Zum Anschlusskabel fließt ein Energiestrom. Die Energiestromstärke (Leistung) beträgt:

$$P_D = R_D \cdot I^2 = 0{,}6\,\Omega \cdot (4{,}3\,\text{A})^2 = 11\,\text{W}.$$

Der Draht der Kabeltrommel in Bild ↑3, S. 354 hat einen Widerstand von etwa 1 Ω. Die Stromstärke im Toaster beträgt 8,6 A. Auch in das Verlängerungskabel fließt ein Energiestrom. Seine Energiestromstärke (Leistung) beträgt:

$$P_D = R_D \cdot I^2 = 1\,\Omega \cdot (8{,}6\,\text{A})^2 = 74\,\text{W}.$$

Das ist nicht viel, aber das Kabel der Kabeltrommel qualmte, weil es nicht abgewickelt wurde. Im Kabel hat sich die thermische Energie vergrößert und sie konnte nicht in hinreichendem Maße als Wärme an die Umgebung abgegeben werden. Das Kabel wurde immer heißer, sein Widerstand stieg immer weiter: Letztlich wäre der Draht durchgeschmort.

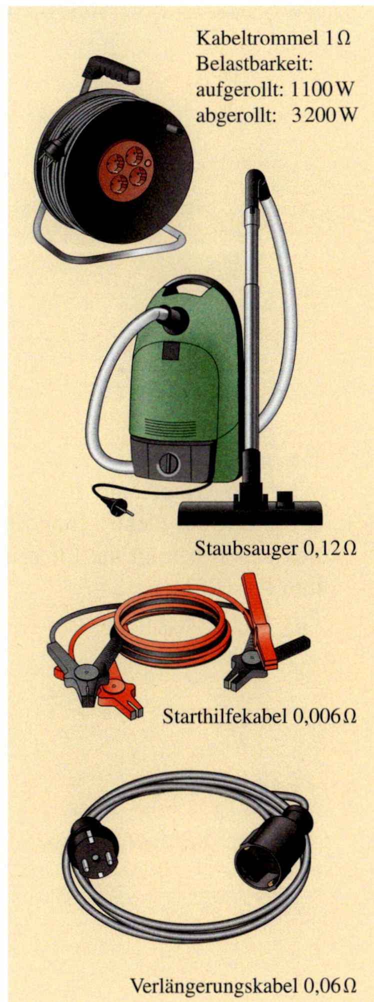

7

Methode Herleiten von Neuem aus Bekanntem

Reihen- und Parallelschaltung von Widerständen – Energieumsatz

In den Naturwissenschaften kann man neue Beziehungen durch eine logische Herleitung aus bekannten Gesetzmäßigkeiten aufstellen. Das Ergebnis ist dann eine Vorhersage, die man anschließend experimentell überprüft.

1 Reihenschaltung

Gesamtwiderstand:

Schaltet man Widerstände R_1, R_2, R_3 … in Reihe, so gilt für den Gesamtwiderstand R:

$R = R_1 + R_2 + R_3 + \ldots$

Wir leiten diese Beziehung durch Deduktion her – durch eine logische Herleitung aus bekannten Gesetzmäßigkeiten (hier am Beispiel von drei Widerständen):

$$R = \frac{U}{I} = \frac{(U_1 + U_2 + U_3)}{I} = \frac{U_1}{I} + \frac{U_2}{I} + \frac{U_3}{I}$$

$$= R_1 + R_2 + R_3$$

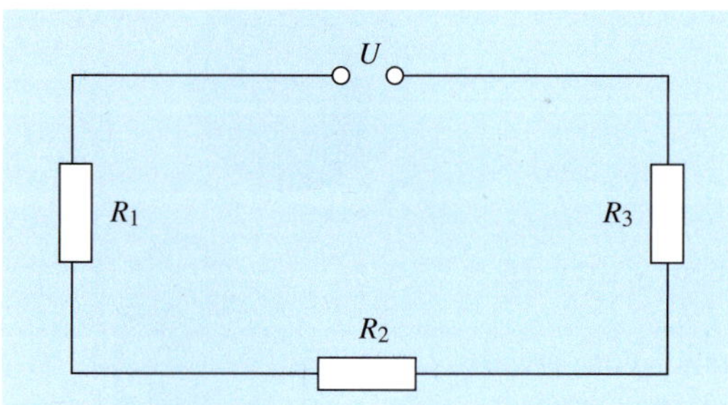

1

Energieumsatz:

Wird ein Widerstand R von einem Elektronenstrom mit der elektrischen Stromstärke I durchflossen, so beträgt die Energiestromstärke P_R zu ihm $P_R = R \cdot I^2$.

$P_R = U_R \cdot I = R \cdot I \cdot I = R \cdot I^2$

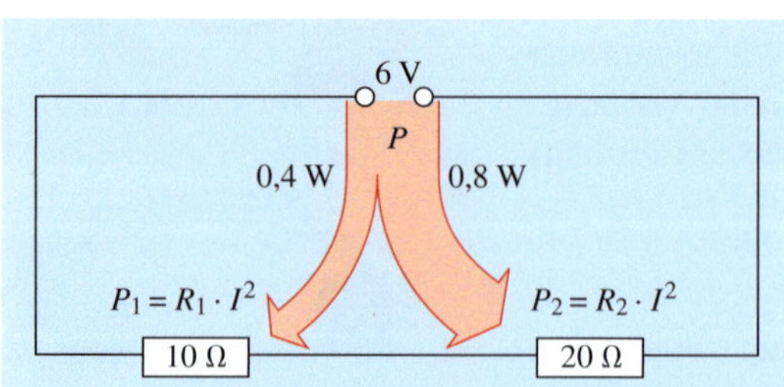

3

2 Parallelschaltung

Gesamtwiderstand:

Schaltet man Widerstände R_1, R_2, R_3 … parallel, so gilt für den Gesamtwiderstand R:

$$\frac{1}{R} = \frac{1}{R_1} + \frac{1}{R_2} + \frac{1}{R_3} + \ldots$$

Die Formel ist komplizierter abzuleiten. Es gilt $I = I_1 + I_2 + I_3$.

Und um diese Summe im Zähler zu haben, betrachten wir $\frac{1}{R}$:

$$\frac{1}{R} = \frac{I}{U} = \frac{(I_1 + I_2 + I_3)}{U} = \frac{I_1}{U} + \frac{I_2}{U} + \frac{I_3}{U}$$

$$= \frac{1}{R_1} + \frac{1}{R_2} + \frac{1}{R_3}$$

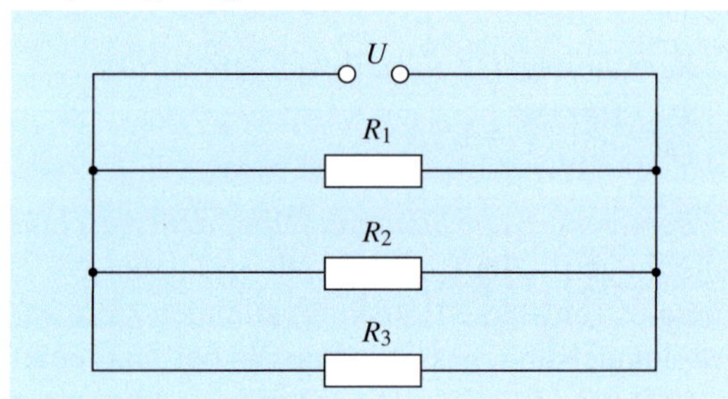

2

Energieumsatz:

Liegt an einem Widerstand R die Spannung U, so beträgt die Energiestromstärke P_R zu ihm

$P_R = \frac{U^2}{R}$.

$P_R = U \cdot I_R = U \cdot \frac{U}{R} = \frac{U^2}{R}$

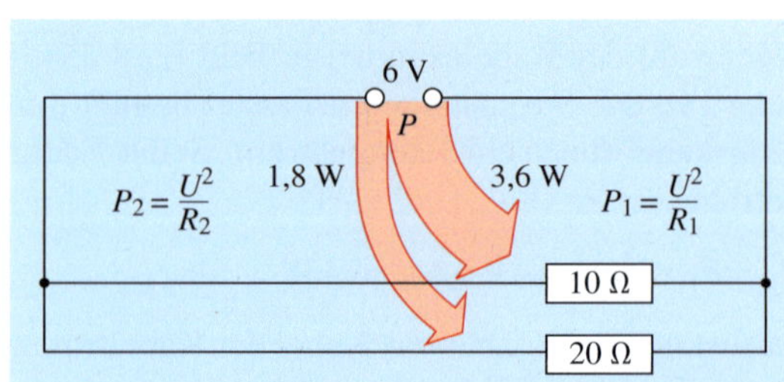

4

Die Ergebnisse dieser Herleitungen werden durch alle entsprechenden Messungen bestätigt.

Aus der Technik Transformatoren verringern Energieverluste

Ein wesentlicher Vorzug elektrischer Energie besteht darin, dass sie durch Kabel auch über große Strecken transportiert werden kann. Da das Kabel jedoch einen elektrischen Widerstand besitzt, erwärmt es sich. Durch diese Erwärmung kommt also ein Teil der Energie nicht bei den Verbrauchern an, sondern wird in thermische Energie umgewandelt.

Es gilt: $P_{therm} = U \cdot I = R \cdot I \cdot I = R \cdot I^2$. (↑S. 366)

Der Energieverlust in den elektrischen Leitern ändert sich demnach direkt proportional mit dem Quadrat der elektrischen Stromstärke. Bei einer Stromstärke von 100 A wird $100^2 = 10\,000$-mal mehr Energie in thermische Energie umgewandelt als bei 1 A.
In einem großen Kraftwerk mit einer durchschnittlichen Leistung von 2 GW werden je Sekunde 2 000 000 000 J Energie bereitgestellt, die zu den Verbrauchern transportiert werden muss. Wollte man diese Energie bei einer Spannung von 230 V transportieren, würde die elektrische Stromstärke in den Überlandleitungen rund 8 700 000 A betragen. Auch die dicksten Leitungen würden durch die thermischen Verluste sofort schmelzen.

Um elektrische Energie in großem Maßstab überhaupt sinnvoll transportieren zu können, muss man somit für möglichst kleine elektrische Ströme sorgen. Das gelingt in Umspannwerken durch den Einsatz von Transformatoren. ↑5, 6

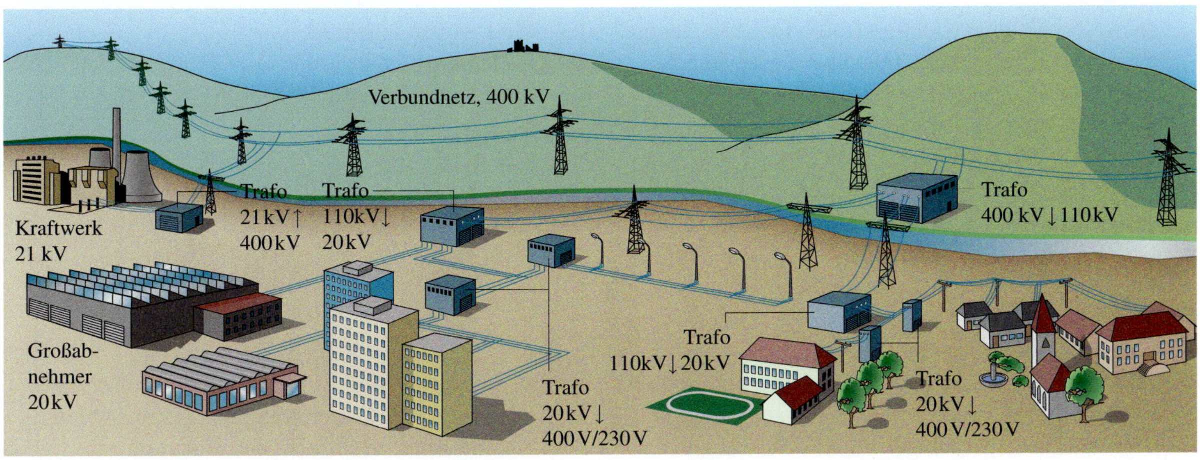

5 Transformatoren verringern Energieverluste

Zur Übertragung in den Überlandleitungen wird eine hohe Spannung benutzt. Damit ist die Stromstärke in den Leitungen wesentlich kleiner. Auf der Verbraucherseite wird durch einen Transformator wieder eine niedrige Spannung hergestellt. ↑6

In Hochspannungsleitungen beträgt die Spannung bis zu 400 kV. Die Leiter können Stromstärken von 1000 A aushalten. Mit solchen Leitungen können also bis zu 400 000 Menschen mit Energie versorgt werden. Bei geringerem Energiebedarf wählt man für die Übertragung geringere Spannungen (220 kV, 110 kV oder 20 kV).

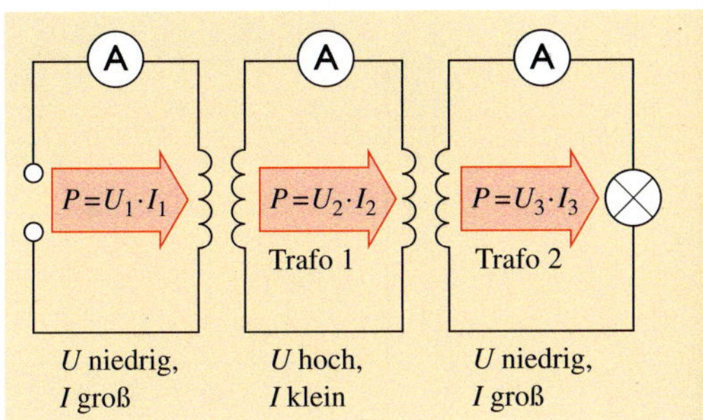

6

Aufgaben

1 An verschiedene Metalldrähte wurde eine Spannung angelegt und die zugehörige elektrische Stromstärke gemessen. Berechne die Widerstände.

	Draht 1	Draht 2	Draht 3
U in V	3,0	5,0	6,0
I in A	1,20	0,20	0,27

2 Eine Spannung von 230 V ruft in einer 75-Watt-Haushaltsglühlampe eine elektrische Stromstärke von 330 mA hervor. Bei einer Spannung von 10 V fließt ein Strom der Stärke 75 mA. Berechne die Widerstände der Lampe bei beiden Spannungen.

3 Bei Anschluss an eine 230-V-Steckdose ergeben sich diese elektrischen Stromstärken:
- Heizstrahler: 4,4 A
- Bügeleisen: 0,43 A
- Kochplatte: 6,5 A
- Staubsauger: 2,2 A

Berechne die Widerstände.

4 Elektrounfall: Der Mensch wird Teil eines Stromkreises. Dabei spielt der Widerstand des menschlichen Körpers eine wichtige Rolle. Er kann weniger als 1 kΩ betragen, wenn man über beide Handflächen Kontakt mit der elektrischen Quelle hat.

a Berechne die elektrischen Stromstärke bei einem Unfall mit Netzspannung (230 V).

b Elektrische Stromstärken über 25 mA sind lebensgefährlich. Ab welcher Spannung besteht Gefahr?

5 Die Widerstände $R_1 = 10\,\Omega$, $R_2 = 20\,\Omega$, $R_3 = 50\,\Omega$ sind in Reihe geschaltet; das Netzgerät liefert eine Spannung von 16 V.

a Bestimme die Spannung über R_2.

b „Die Spannungen über R_1 und R_3 sind nun einfach zu berechnen." Erläutere diese Behauptung und bestimme die Spannungen.

6 Das I-U-Diagramm einer Glühlampe (Wolframdraht) sieht wie folgt aus: ↑1

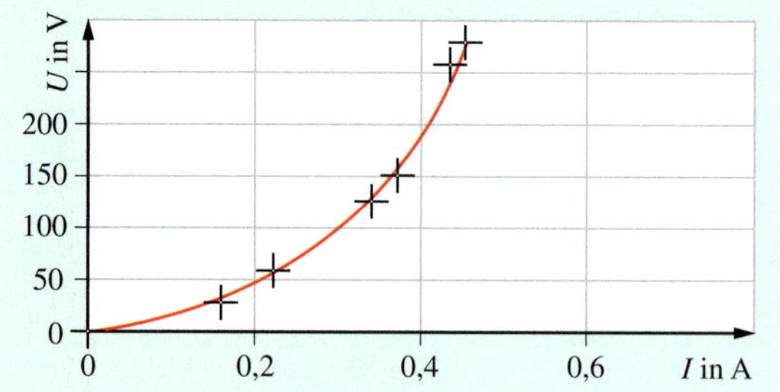

1

a Bestimme Widerstand und Leistung bei $U_1 = 40\,V$ und $U_2 = 230\,V$.

b Gilt hier das ohmsche Gesetz? Begründe.

c Bestimme die Energie, die die Lampe bei $U_2 = 230\,V$ in 10 min abgibt.

7 Die Lampe in der Schaltung soll möglichst hell leuchten. Über die Widerstände ist nichts bekannt. ↑2

Welche der folgenden Aussagen ist richtig? Begründe.

Die größte Helligkeit wird erreicht:

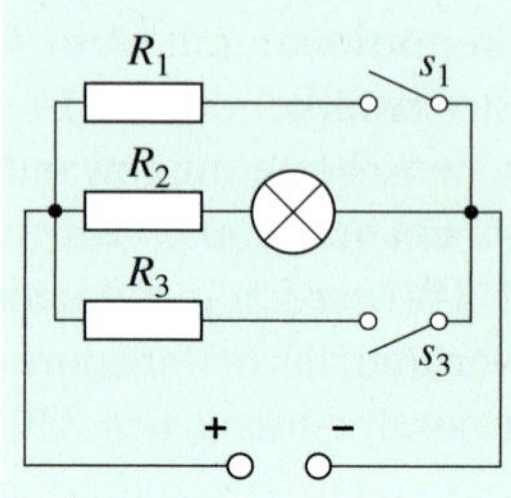

2

a wenn S_1 geöffnet und S_3 geschlossen ist

b wenn S_3 geöffnet und S_1 geschlossen ist

c wenn beide Schalter geöffnet sind

d wenn beide Schalter geschlossen sind

e Die Lampe brennt immer gleich hell.

8 Vergleiche die Helligkeiten der baugleichen Lampen in der Schaltung. ↑3 Gibt es eine Lampe, die in einem der Fälle am hellsten leuchtet? Begründe.

a Alle Lampen leuchten.

b Nur L_1 wird entfernt.

c Nur L_2 wird entfernt.

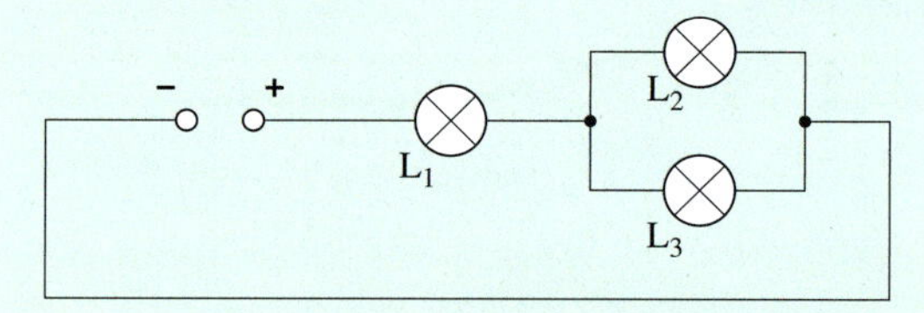

3

9 Bestimmt man die „Widerstandskennlinie" eines 1 m langen Konstantandrahts von 1 mm² Querschnittsfläche, erhält man das Diagramm ①. Für einen anderen Konstantandraht von 1 mm² Querschnittsfläche ergibt sich das Diagramm ②. Um wie viel Prozent unterscheiden sich die Widerstände der beiden Drähte?

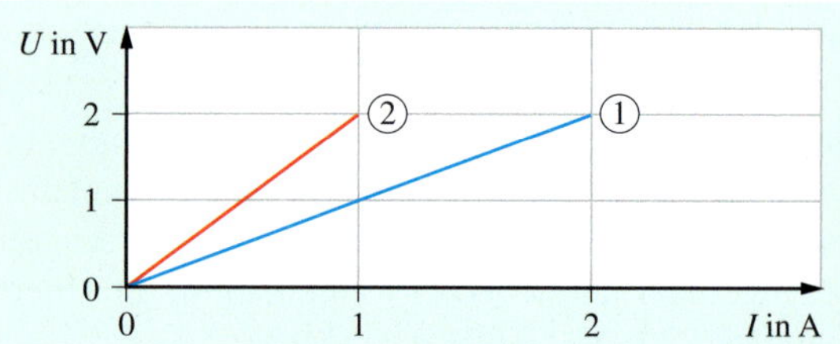

4

Energieumwandlung – der elektrische Widerstand Bei unterschiedlichen Drähten braucht man verschieden hohe Spannungen, um einen Elektronenstrom von 1 A zu erzeugen. Je höher diese Spannung ist, desto mehr Energie wird dem Draht dabei zugeführt. Sie wird im Draht in thermische Energie umgewandelt.

Die Eigenschaft elektrischer Leiter, Elektronen in ihrer Bewegung zu hemmen, nennt man elektrischen Widerstand.

Zustandekommen des Widerstands: Die Elektronen wechselwirken auf ihrem Weg durch den Leiter mit den Atomrümpfen. Dabei geben sie Energie an den Leiter ab – dieser erwärmt sich. Der elektrische Widerstand R ist von folgenden Bedingungen abhängig:
- vom Material, aus dem der Leiter besteht
- von den Abmessungen des Leiters (Länge l und Querschnittsfläche A)
- von der Temperatur, die der Leiter gerade hat

Der elektrische Widerstand R ist definiert als Quotient aus der Spannung U und der elektrischen Stromstärke I: $R = U/I$.

Die Einheit des elektrischen Widerstands ist 1 Ohm (1 Ω): 1 Ω = 1 V/1 A.

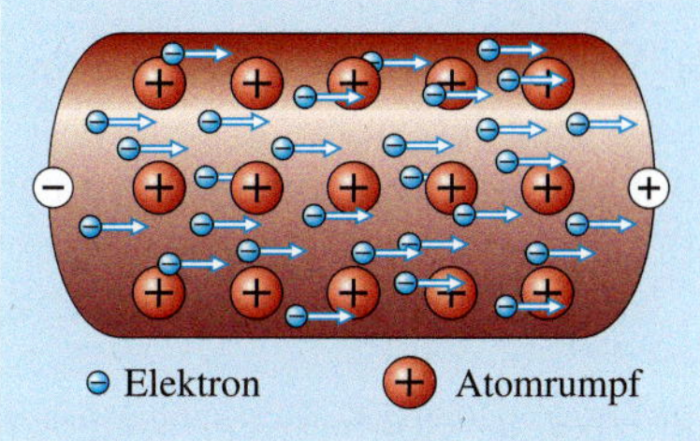

5

Das ohmsche Gesetz Die elektrische Stromstärke I ist proportional zur Spannung U: $I \sim U$.

Dass für einen Leiter das ohmsche Gesetz gilt, ist gleichbedeutend damit, dass sein Widerstand konstant ist. Das ohmsche Gesetz gilt z. B. für alle Leiter aus reinen Metallen bei konstanter Temperatur.

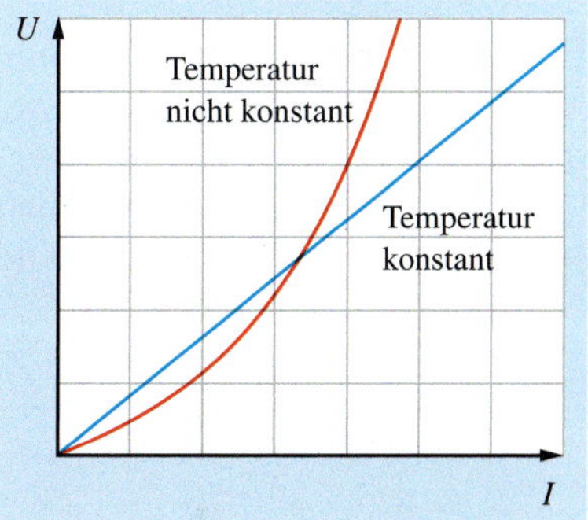

6

Alles klar?

1 Glühlampen für Taschenlampen oder Fahrradleuchten werden oft durch zwei Werte gekennzeichnet:
- die Spannung, die angibt, an welche Energiequelle die Lampe angeschlossen werden soll, damit sie normal hell leuchtet, und
- die Stromstärke, wenn sie an die vorgesehene Spannung angeschlossen wird.
- Welche der folgenden Lampen hat den größten Widerstand? L_1: 6,0 V; 0,5 A L_2: 3,7 V; 0,2 A L_3: 12 V; 0,15 A

2 Für eine Schaltung soll aus drei Bauteilen eines mit konstantem Widerstand ausgewählt werden. Dazu ist jeweils die Stromstärke in Abhängigkeit von der Spannung gemessen worden. ↑Tabelle
Zeichne alle I-U-Kennlinien und gib an, welches Bauteil die Anforderung erfüllt. Begründe deine Entscheidung.

3 Erkläre im Modell, auf welche Weise die Elektronen in einem Widerstand Energie abgeben.

U in V	0	1,50	3,00	4,50	5,90	7,40	9,10	10,7	12,0
I_1 in mA	0	50,0	75,0	90,0	90,8	92,5	95,8	97,3	100
I_2 in mA	0	15,0	31,0	44,0	60,0	73,0	90,0	110	120
I_3 in mA	0	10,0	20,7	32,4	45,4	61,7	83,5	109	138

Check up

1 Eine Taschenlampe mit einer 2,5-W-Glühlampe leuchtet 45 min.

a Wie viel Energie strömt insgesamt aus der Batterie in die Glühlampe?

b Die Glühlampe wird durch 5 parallel geschaltete Leuchtdioden (je 0,1 W) ersetzt. Wie lange könnte man sie mit dieser Energie betreiben?

2 Über das Bordnetz eines Autos fließt pro Sekunde zeitweise Energie von 1000 J. Begründe, warum man trotzdem mit einer Spannung von 12 V auskommt.

3 Drei Glühlampen sind in Reihe geschaltet. Wie groß ist die elektrische Stromstärke in den einzelnen Lampen?

4 Erkläre mithilfe des Wasserstromkreises, dass in einer Parallelschaltung von zwei Geräten gilt: $I_{gesamt} = I_1 + I_2$.

5 Bild ↑1 zeigt die Parallelschaltung verschiedener Lampen in einem Zimmer.

a Welche Aussage kannst du über die Stromstärken an den gekennzeichneten Stellen machen?

b Zu welcher der Lampen fließt der größte Energiestrom? Begründe.

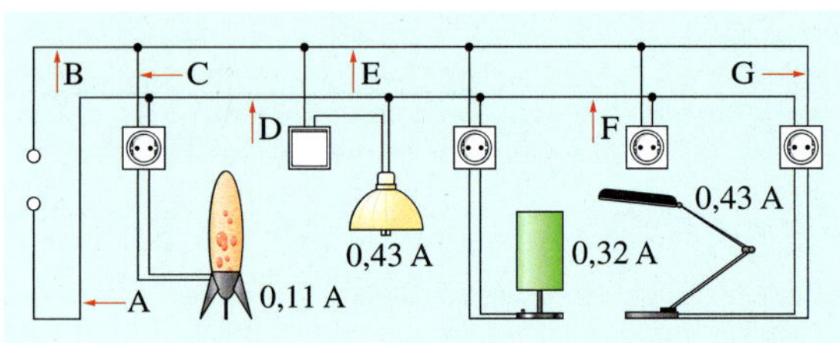

1

6 Selbst wenn man nur mit einem Pol der Steckdose Kontakt hat, kann man einen tödlichen Schlag erhalten. Erläutere.

7 „Elektrische Stromstärke und Energiestromstärke sind einander proportional." Unter welcher Bedingung ist diese Aussage wahr? Gib ein Beispiel.

8 Es liegen zwei Bauteile mit konstanten Widerständen vor. ↑2 Welches würdest du auswählen, um einen elektrischen Strom (bei gleicher Spannung) stärker zu begrenzen? Begründe deine Wahl.

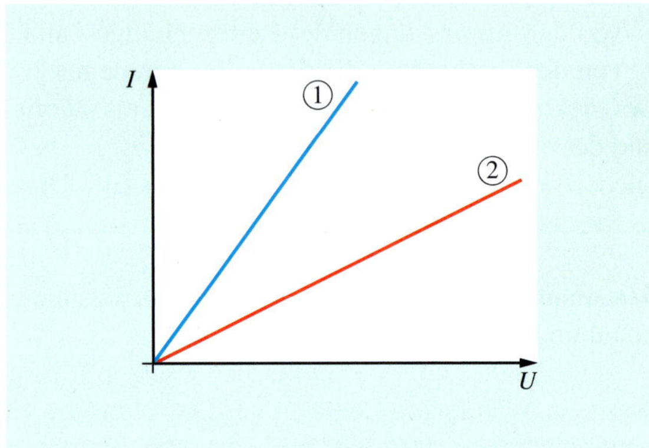

2

9 Durch einen ohmschen Widerstand fließt bei einer Spannung von 6 V ein elektrischer Strom mit der Stromstärke von 0,5 A.

a Welche Spannung muss eine Quelle haben, damit sie in diesem Verbraucher eine Stromstärke von 2,5 A hervorrufen kann?

b Wie groß ist die Stromstärke, wenn der Verbraucher an eine Monozelle mit einer Spannung von 1,5 V angeschlossen wird?

Schätze deine Kenntnisse und Fähigkeiten ein.

Ordne dazu deiner Lösung im Heft ein Smiley zu:
☺ Ich konnte die Aufgabe richtig lösen.
😐 Ich konnte die Aufgabe nicht komplett lösen.
☹ Ich konnte die Aufgabe nicht lösen.

→ Die Lösungen findest du im Anhang.

Aufgabe	Fähigkeit	Hilfe findest du auf Seite …
6	Den sicheren Umgang mit Elektrizität beschreiben.	343
1, 2, 3, 4, 5	Leistung und elektrische Stromstärke berechnen.	348
7	Zusammenhang zwischen Leistung und elektrischer Stromstärke verstehen.	348, 356 f.
8, 9	Den elektrischen Widerstand im Modell erklären und berechnen.	357, 360

Maschinen und Energie

Beim Klettern gewinnt Tina Höhenenergie – je höher sie steigt, desto mehr. Zum Glück ist sie durch Seile gesichert – sonst könnte diese Energie tödlich sein, wenn Tina den Halt verliert und 100 Meter herabstürzt.

Wie viele Brote muss Tina wohl essen, um so viel Energie bereitzustellen? Energie erhältst du selten „umsonst“. Ob du sie mit dem Benzin für dein Mofa bekommst, ob aus der Batterie für deinen MP3-Player oder aus der Steckdose für deinen PC, immer musst du sie bezahlen. Und billig ist Energie nie!

Da ist es schon ganz gut zu wissen, wie viel Energie man zum Heben, zum Heizen, zum Fahren oder für elektrische Geräte braucht. Erst wenn du dich mit Energieeinheiten und mit der Messung von Energie auskennst, kannst du sparsam mit der Energie umgehen. Das kommt nicht nur dem Geldbeutel, sondern auch der Umwelt zugute.

Mechanische Energieübertragung

Der Mont Ventoux in Südfrankreich ist mit seinen 1912 m Höhe von den Radfahrern der Tour de France gefürchtet. Immerhin müssen die Sportler einen Höhenunterschied von etwa 1600 m überwinden. Zum Glück müssen sie dies nicht auf direktem Weg tun, sondern über eine durch Serpentinen künstlich verlängerte Strecke von 21 km. Trotzdem bleibt der Aufstieg anstrengend genug.

1

Aber auch wenn man mit dem Auto hinauffährt, spürt man, dass die Auffahrt viel Energie kostet. Bei ungeschickter Fahrweise kann es sogar vorkommen, dass das Kühlwasser zu heiß wird und man einen Zwangsstopp einlegen muss, ehe man weiterfahren kann. Wo bleibt die Energie, die beim Aufstieg aufgewandt werden muss? ↑2, 3

Ein Teil der Energie wird offenbar benötigt, um das Auto um einige Hundert Meter höherzubringen: Es muss Höhenenergie aufgebracht werden. Ein weiterer Teil der Energie wird durch die Reibung der Räder mit dem Boden und des Autos mit der Luft verbraucht. In beiden Fällen wird Energie durch Kraft übertragen. Man spricht von mechanischer Energieübertragung.

Wie das erhitzte Kühlwasser zeigt, wird neben der mechanischen Energieübertragung auch Wärme zunächst an das Kühlwasser und dann an die Umgebung abgegeben.

Wie kann man die Anteile der mechanischen und der durch Wärme übertragenen Energie bestimmen?

2

3

Energiebedarf beim Heben

Peer denkt energiebewusst! Er weiß: In den gekauften Lebensmitteln steckt Energie. Und zum Treppensteigen und Hochtragen der Kisten braucht er auch Energie. Reicht eigentlich der Energiegehalt der Lebensmittel aus, um den Energiebedarf beim Treppensteigen auszugleichen?

4

Experimente

1 Energiebedarf beim Heben
Die thermische Energie von Wasser hängt von zwei Größen ab: von der Masse des erwärmten Körpers und von der Temperaturerhöhung. Von welchen Größen hängt wohl die Höhenenergie eines Körpers ab? Eine Anordnung hilft euch, plausible Vermutungen aufzustellen. ↑5
Die Höhenenergie dieser Anordnung (dieses Systems) soll vergrößert werden. Führt mehrere Möglichkeiten vor.
Zwei Steine liegen auf der dritten Stufe. Gib andere Anordnungen an, die ebenso viel Höhenenergie enthalten.
Leon sagt: „Wenn ich die Höhe eines Steins verdopple, verdoppelt sich seine Höhenenergie.“ Wie kann er seine Behauptung begründen?
Lina sagt: „Wenn ich die dreifache Anzahl von Steinen hochhebe, verdreifacht sich die Höhenenergie.“ Hat sie recht? Begründe.

5

2 Erwärmen durch Hochheben und Fallenlassen
Wenn du das Papprohr umdrehst, ↑6 fällt 1 kg Bleischrot 1 m in die Tiefe. Um wie viel °C erwärmt sich das Bleischrot, wenn man das Rohr 25-mal (50-mal, 75-mal) umdreht? Miss die Temperatur mit einem elektronischen Thermometer.

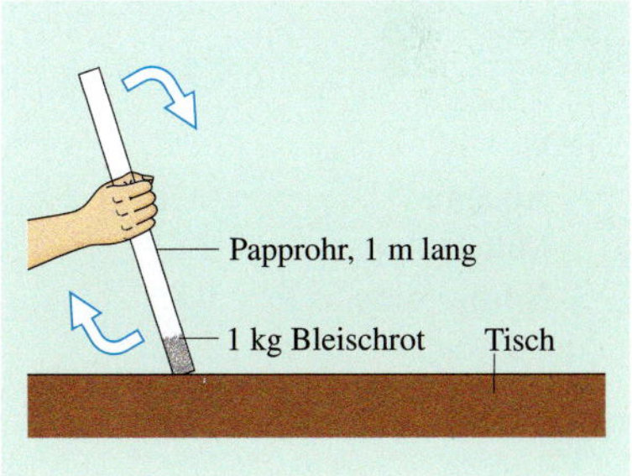

6

3 Wovon hängt die Energie ab?
Untersuche mit diesen Geräten, wie die zum Heben benötigte Energie von der Masse und der Höhe abhängt. (Erstelle zwei Messreihen.)

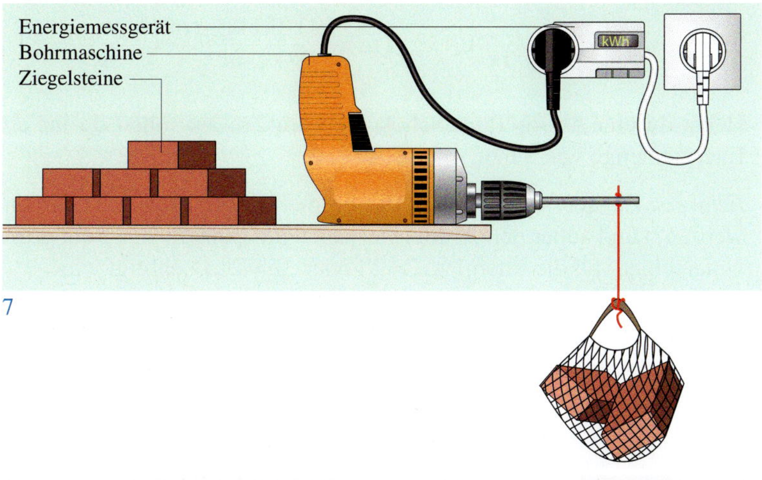

7

1 Einheit der Energie: 1 Joule

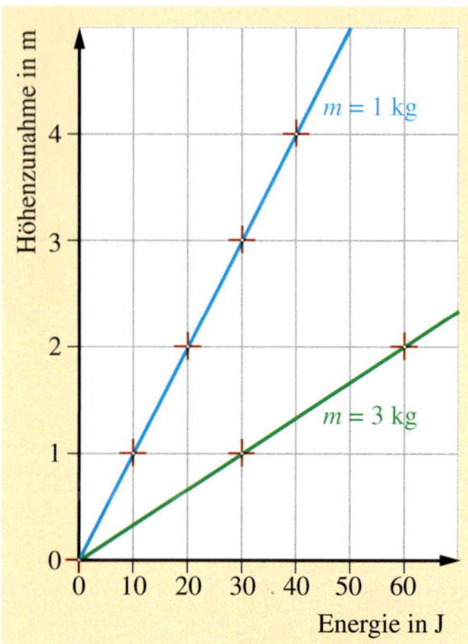

2 Energiebedarf beim Heben

Himmelskörper	Ortsfaktor g in $\frac{J}{kg \cdot m}$
Erde	
Äquator	9,78
Mitteleuropa	9,81
Nord-, Südpol	9,83
Mond	1,62
Venus	8,87
Mars	3,73
Jupiter	23,31

Schon gewusst?

Mit der Energie, die man benötigt, um 1 kg Wasser um 10 K zu erwärmen, könnte man die gleiche Wassermenge 4200 m heben oder einen Pkw (1000 kg) 4,2 m hochheben.

GRUNDLAGEN: Wie viel Energie brauchst du zum Heben?

Du hebst eine Kiste hoch. Dazu brauchst du Energie. Diese Energie ist dann in der gehobenen Kiste als Höhenenergie gespeichert.

Die Höhenenergie hängt von der Masse und von dem Zuwachs an Höhe ab:
- Je mehr Masse die Kiste hat, umso mehr Energie gewinnt sie beim Heben.
- Je höher du die Kiste hebst, umso mehr Energie erhält sie.

Es gilt:
doppelte Masse → es wird doppelt so viel Energie benötigt
dreifache Masse → es wird die dreifache Energie benötigt

doppelter Höhenzuwachs → doppelte Energie
dreifacher Höhenzuwachs → dreifache Energie

Die Änderung der Höhenenergie ist proportional zur Masse m und zum Zuwachs an Höhe Δh.
Die beim Heben übertragene Energie lässt sich berechnen mit der Formel: $\Delta E = g \cdot m \cdot \Delta h$.

Dabei ist g der Ortsfaktor, der nur vom Ort abhängt. Auf der Erde hat er den Wert $9{,}81 \frac{J}{kg \cdot m}$.

Der Ortsfaktor Der Ortsfaktor g gibt an, wie viel Energie nötig ist, um einen Körper der Masse 1 kg einen Meter hochzuheben. Merken solltest du dir für den Ortsfaktor auf der Erde den gerundeten Wert $g \approx 10 \frac{J}{kg \cdot m}$. Auf der Erde schwankt der Ortsfaktor geringfügig von Ort zu Ort. Da andere Himmelskörper Gegenstände stärker oder weniger stark anziehen als die Erde, hat der Ortsfaktor dort ganz andere Werte. ↑Tabelle

1 Joule ist die Energie, die man benötigt, um an der Erdoberfläche eine Tafel Schokolade (102 g) 1 m hochzuheben. (Für unsere Berechnungen runden wir den Wert auf 100 g.)

Musteraufgabe
Wie viel Energie brauchst du, um eine 100-g-Tafel Schokolade um 2 m anzuheben?

$$\Delta E = g \cdot m \cdot \Delta h = 10 \frac{J}{kg \cdot m} \cdot 0{,}1\,kg \cdot 2\,m = \frac{10\,J \cdot 0{,}1\,kg \cdot 2\,m}{kg \cdot m} = \frac{1\,J \cdot 2\,m}{m} = 2\,J$$

Hebst du eine 100-g-Tafel Schokolade um 2 m an, führst du ihr eine Energiemenge von 2 J zu.

Hinweis: Zu jeder Größe gehört das Formelzeichen (Was soll berechnet werden?) und außer dem Zahlenwert auch die Einheit. Es ist ein großer Unterschied, ob die Energie $\Delta E = 2\,J$ oder $\Delta E = 2\,kJ$ benötigt wird.

Aus der Geschichte Der berühmte Rührversuch von JAMES P. JOULE

Der englische Physiker JAMES PRESCOTT JOULE (1818 bis 1889) beschäftigte sich schon in jungen Jahren mit Messungen, vor allem im Zusammenhang mit Energieumwandlungen. Als 21-Jähriger fand er Gesetzmäßigkeiten für die Umwandlung von elektrischer in thermische Energie.

Kurze Zeit danach, im Jahr 1843, ging er einer anderen Frage nach: Welcher Zusammenhang besteht zwischen der mechanischen Energie, die einem Gegenstand zugeführt wird, und der dadurch hervorgerufenen Temperaturerhöhung?

Um diese Frage zu beantworten, dachte sich JOULE eine Versuchsanordnung aus. ↑3

Der Rührer wurde durch zwei herabsinkende Bleizylinder angetrieben. Er hatte die Aufgabe, das Wasser durcheinanderzuwirbeln und dadurch die Temperatur und die thermische Energie des Wassers zu erhöhen. Bei diesem Versuch wird die Höhenenergie der Bleizylinder fast vollständig in thermische Energie des Wassers umgewandelt.

In heutige Einheiten umgerechnet ergaben JOULES Messungen:

Man benötigt 4200 J, um 1 kg Wasser um 1 K zu erwärmen.

Diese Energie wird dem Wasser zugeführt, wenn ein 1-kg-Wägestück um 428 m nach unten sinkt. Wenn das 1-kg-Wägestück um 1 m sinkt, wird eine Energie von 4200 J : 428 = 9,81 J umgewandelt.

Daher lassen sich JOULES Ergebnisse auch so deuten:

Der Ortsfaktor beträgt $9{,}81 \frac{\text{J}}{\text{kg} \cdot \text{m}}$.

1 JOULE verwendete bei seinen Experimenten zwei Bleigewichte mit einer Masse von jeweils 6,58 kg. ↑3 Wenn sie 20-mal 1,60 m hinabsanken, erwärmten sie 0,842 kg Wasser um 1,2 K. Berechne mit diesen Messwerten den Ortsfaktor. Gehe dabei davon aus, dass die Energie der Bleigewichte vollständig als thermische Energie ins Wasser fließt.

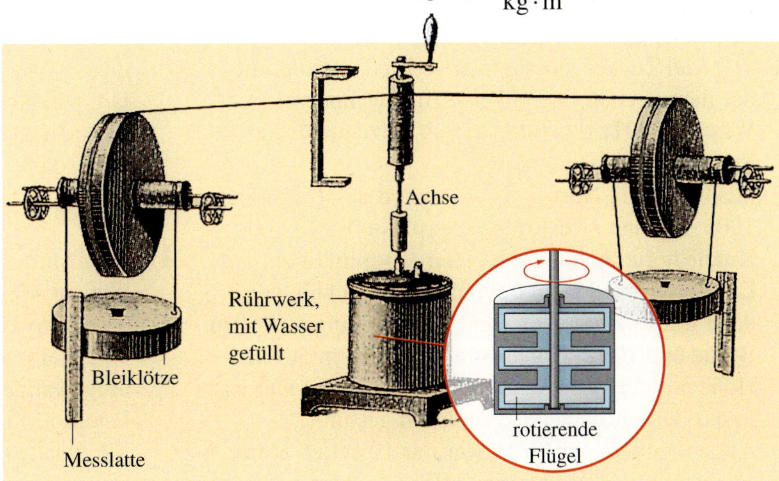

3 JOULES Versuchsaufbau

Aufgaben

1 Getränkeanlieferung im Studentenwohnheim ↑4

a Um einen Getränkekasten in den 4. Stock zu bringen, ist doppelt so viel Energie nötig wie für den 2. Stock. Begründe.

b Vergleiche den Energieaufwand für den 3. Stock mit dem für den 1. Stock.

c Vergleiche die zugeführte Energie für 3 Kästen im 1. Stock und 2 Kisten im 3. Stock.

d Wann braucht man 6-mal so viel Energie wie beim Tragen einer Kiste in den 1. Stock?

e Ein voller Kasten hat die Masse 18 kg. Jedes Stockwerk ist 3,50 m hoch. Wie viel Energie ist nötig, um 20 Kästen in den 3. Stock zu bringen?

2 In einem Pumpspeicherwerk beträgt der mittlere Höhenunterschied 200 m. Wie groß ist die Höhenenergie der 1 000 000 m^3 Wasser im oberen Becken?

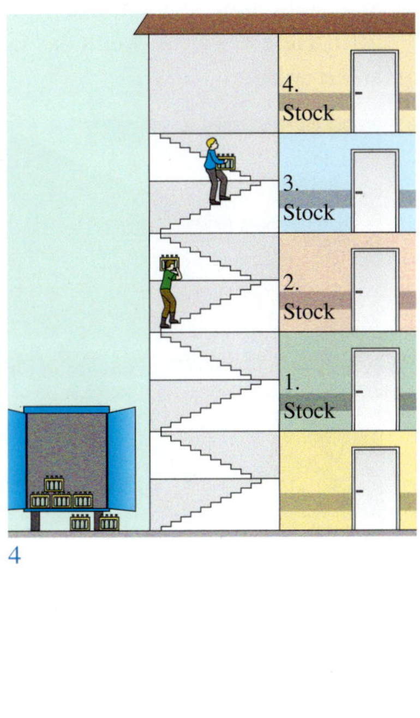

4

Aufgaben

3 Vergleiche die beiden Energien:

a Ein Bagger belädt einen Lkw mit 8 t Sand aus einer Baugrube. Er muss den Sand um 4 m heben. Wie viel Energie ist dafür erforderlich?

b Wie viel Energie brauchst du, um 1 kg Suppe von 20 °C auf 100 °C zu erhitzen?

4 Auf Lebensmitteln findest du neben der Nährwertangabe in Kilojoule meist die Angabe in der alten Einheit Kilokalorie. Berechne aus solchen Angaben, wie viele Kilojoule einer Kilokalorie entsprechen.

5 Für 16-jährige Jungen liegt der tägliche Energiebedarf bei 10 000 kJ, für gleichaltrige Mädchen bei 8000 kJ. Schätze mit einer Nährwerttabelle deine tägliche Energiezufuhr und vergleiche sie mit dem „Sollwert".

6 Wie viel Zucker müsste man verbrennen, um mit der thermischen Energie eine Badewanne voll Wasser (150 ℓ) von 14 °C auf 39 °C zu erwärmen?

7 Steinschlagkatastrophe: ↑1

„Es begann in Norwegen am Abend des 15. Januar 1905, als man zwei kräftige, explosionsartige Knalle hörte, gefolgt von einem 10-minütigen Lärm. Niemand konnte sehen, was geschah, denn dazu war es zu dunkel. Ein Felsvorsprung von 50 m Breite und 100 m Höhe hatte sich oben in 500 m Höhe aus der Wand des Ramnefjells gelöst und war in das darunterliegende Blockfeld gestürzt."

a Angenommen, der Block war nur 10 m tief. Dann ergibt sich eine Masse von 90 000 Tonnen. Wie viel Höhenenergie wurde beim Sturz umgewandelt? (Die gleiche Energie wird umgewandelt, wenn 10 t TNT explodieren.)

b Wie stark hätte sich ein See von 1 km² Fläche und 20 m Tiefe erwärmt, wenn das Geröll hineingestürzt wäre?

1 Ramnefjell

8 Energie sparen durch Duschen statt Vollbad?

a Wie viel Energie könnte pro Jahr in einem 4-Personen-Haushalt gespart werden, wenn jede Person zwei Vollbäder pro Woche durch zwei Duschen ersetzt? Für ein Vollbad werden 150 kg Wasser, für ein Duschbad 40 kg Wasser von 10 °C auf 40 °C erwärmt.

b Wie viel Geld könnte im Jahr gespart werden, wenn das Wasser elektrisch erhitzt wird? 1000 kJ elektrische Energie kosten 5 ct. Ein Warmwasserbereiter wandelt 85 % der elektrischen Energie in thermische Energie des Wassers um.

9 Der Energiebedarf für 1 Stunde Joggen beträgt 2500 kJ. Nur etwa ¼ dieser Energie wird in mechanische Energie (Bewegungsenergie) umgewandelt, ¾ werden in thermische Energie umgewandelt und an die Umgebung abgegeben. Um wie viel °C würde die Körpertemperatur eines Joggers steigen, wenn er so dick angezogen wäre, dass keine thermische Energie abgegeben werden könnte? Rechne mit $c = 3{,}5\,\frac{\text{kJ}}{\text{kg} \cdot \text{K}}$.

10 Herr Müller fährt an 230 Tagen pro Jahr mit dem Pkw zu seinem 30 km weit entfernten Arbeitsplatz. Pro 100 km verbraucht er 8 ℓ Benzin.
Wie viel Energie wird bei diesen Fahrten im Jahr umgewandelt?
Familie Müller verbraucht im Jahr 3000 ℓ Heizöl. Vergleiche die Energie fürs Fahren mit der Heizenergie (umgewandelte Energie beim Verbrennen von 1 ℓ Benzin: 35 000 kJ; von 1 ℓ Heizöl: 36 500 kJ).

11 Bergsteigen und Schokolade
Nachdem Paul (60 kg) einen Hang 200 m hochgeklettert ist, überlegt er: „Wie viel Schokolade müsste ich essen, um die Energie für das Klettern zurückzubekommen?" Der Nährwert einer Tafel Schokolade (100 g) beträgt 2400 kJ. Unser Körper kann etwa ¼ der in Nahrungsmitteln enthaltenen Energie in mechanische Energie umwandeln.

12 Peer (80 kg) hat gerade eine große Portion Pommes (Nährwert 2500 kJ) verdrückt. Wie oft müsste er mit 2 Kisten (je 12 kg) 4 Stockwerke (pro Stockwerk 3,50 m) hochgehen, um die Energie wieder loszuwerden?
Beachte: Nur etwa ¼ der mit der Nahrung aufgenommenen Energie wird in den Muskeln umgewandelt, ¾ werden als thermische Energie an die Umgebung abgegeben.

Wenn es auf das Tempo der Energieumwandlung ankommt – die Leistung

2

Im Sportunterricht wird an Tauen geklettert. Pascal und Simon sind gerade dran: „Auf die Plätze – fertig – los!“ Beide benötigen 7,0 s, um 5,0 m nach oben zu klettern. „Gut gemacht“, sagt der Sportlehrer. „Ihr kriegt beide eine Zwei.“
Pascal freut sich. Simon dagegen protestiert: „Das finde ich ungerecht. Meine Leistung war besser als die von Pascal.“ …

Experimente

1 So könnt ihr eure Leistung bestimmen

a Geht die Treppe hoch und messt die Zeit. Geht in einem Tempo, das ihr eine Stunde lang durchhalten könntet. Berechnet aus Körpermasse m und Höhe Δh die aufgebrachte Energie $\Delta E = m \cdot g \cdot \Delta h$. Ermittelt aus Energie und Zeit die *Dauer*leistung.

b Wiederholt die Aufstiege, aber jetzt so schnell wie möglich. Berechnet eure *maximale* Leistung.

c Denkt euch weitere Verfahren zur Leistungsbestimmung aus und führt sie durch (Liegestütz, Gewichtheben, Klimmzüge …).

GRUNDLAGEN: Die Leistung und ihre Einheit

Beim Klettern geht es darum, dass man oben ankommt. Physikalisch ausgedrückt: Dein Körper muss genug Energie in Höhenenergie umwandeln. Aber manchmal ist es auch wichtig, wie schnell du oben bist. Dann geht es um das „Tempo“ der Energieumwandlung. In der Physik heißt die entsprechende Größe *Leistung* (Energiestromstärke).
Beim Start eines Rennwagens ist wichtig, wie schnell er „durchstartet“ und welche Geschwindigkeit er nach 10 Sekunden hat. Der Motor sollte ein hohe *Leistung* haben. Der Begriff Leistung beschreibt, in welchem „Tempo“ eine beliebige Energieform in eine andere umgewandelt wird.

Die Leistung eines Lebewesens (eines Systems) ist der Quotient aus der umgewandelten Energie und der dazu benötigten Zeit. Sie gibt an, wie viel Energie pro Sekunde umgewandelt wird:

Leistung $= \frac{\text{Energie}}{\text{Zeit}}$; $P = \frac{\Delta E}{\Delta t}$.

Die Leistung wird in der Einheit 1 Watt (1 W) gemessen: $1\,\text{W} = 1\,\frac{\text{J}}{\text{s}}$.

Schon gewusst?

Interessiert man sich mehr dafür, wie viel Energie pro Sekunde das Lebewesen aufnimmt oder abgibt, wird die Leistung auch als Energiestromstärke bezeichnet.

Musteraufgabe

Im Sportunterricht braucht Gero (49 kg) 7,0 s, um 5 m an den Stangen nach oben zu klettern. Berechne die mechanische Leistung.

Lösung:

Zunahme der Lageenergie: $\Delta E = 49\,\text{kg} \cdot 10\,\frac{\text{J}}{\text{kg} \cdot \text{m}} \cdot 5\,\text{m}$
$= 49 \cdot 10 \cdot 5\,\text{J} = 2450\,\text{J}$

Leistung: $P = \frac{\Delta E}{\Delta t}$; $P = \frac{2450\,\text{J}}{7{,}0\,\text{s}} = 350\,\frac{\text{J}}{\text{s}} = 350\,\text{W}$

Geros Leistung beträgt 0,35 kW. (Hinzu kommen ca. 1 kW Heizleistung.)

Experimente

Für die Durchführung der Experimente benötigt ihr jeweils eine Stoppuhr, ein Metermaß, euer Heft und einen Taschenrechner.

LERNSTATION 1

Leistung beim Treppensteigen

Vorbereitung: Messt die Höhe vom Boden der oberen Etage bis zum Boden der unteren.
Tipp: Stufenzahl mal Stufenhöhe ergibt die Höhe.
Durchführung: Die Versuchsperson rennt die Treppe hoch, die Übrigen stoppen die Zeit. Jedes Gruppenmitglied ist einmal Versuchsperson. Berechnet dann jeweils die von euch aufgebrachte Energie und eure Leistung.

LERNSTATION 2

Leistung bei Klimmzügen am Spielgerät

Vorbereitung: Jeder schreibt sein Körpergewicht auf. An der Reckstange wird für jeden gemessen, wie weit sich die Schulter beim Klimmzug hebt.
Durchführung: Jeder führt möglichst schnell mehrere Klimmzüge aus. Die anderen zählen und messen die Zeit.
Anschließend berechnet jeder aus seinen eigenen Werten die aufgewendete Energie und seine Leistung.

LERNSTATION 3

Leistung beim Liegestütz

Vorbereitung: Jedes Gruppenmitglied stützt sich (in Liegestützhaltung) mit den Händen auf die Waage; die Arme müssen die angezeigte Masse hochheben. Für jedes Gruppenmitglied wird an der Schulter die Hubhöhe beim Liegestütz gemessen (in Metern!).
Durchführung: Jeder führt möglichst schnell mehrere Liegestütze aus. Die anderen zählen und stoppen die Zeit.
Jedes Gruppenmitglied berechnet die von ihm aufgebrachte Energie und seine Leistung.

LERNSTATION 4

Leistung beim Hochziehen einer Last

Zusätzliche Materialien: Waage, Seil, mit Wasser gefüllter Kanister
Durchführung:
Messt im Treppenhaus die Höhe vom Erdgeschoss bis ins x-te Stockwerk. Bestimmt die Masse des Kanisters. Ein Gruppenmitglied zieht den Kanister möglichst schnell nach oben, die anderen stoppen die Zeit. (Vorsicht! Nicht in den Bereich unter dem Kanister treten.)
Bestimmt aus den Messwerten für m, Δh und t die Leistung beim Hochziehen.

Experimente

LERNSTATION 5

Leistung beim Gewichtheben
Zusätzliche Materialien: Waage, Hantel
Durchführung: Bestimmt die Gewichtskraft der Hantel und bei jedem Mal die jeweilige Hubhöhe (Arm hängend – Arm gestreckt). Ein Gruppenmitglied stemmt die Hantel so oft wie möglich, die anderen zählen mit und stoppen die Zeit.

Erfasst die Messwerte in einer Tabelle und bestimmt die Leistung beim Gewichtheben.

LERNSTATION 6

Leistung auf dem Fahrradergometer
Hinweis: Fahrradergometer dienen dazu, die Leistung von Personen mithilfe eines ortsfesten Geräts zu bestimmen.

Auftrag:
Nico tritt am Ergometer 20 Sekunden voll in die Pedale. Die Anzeige am Gerät zeigt eine Energie von 6 kJ an. Melissa hat in 3 Minuten eine Energie von 27 kJ erstrampelt.
Wer hat eine größere mittlere Leistung erbracht? Warum gibt es bei der Leistung einen Unterschied? Nenne die Ursachen.

LERNSTATION 7

Wer war James Watt?
Materialien:
Lexika, Internet

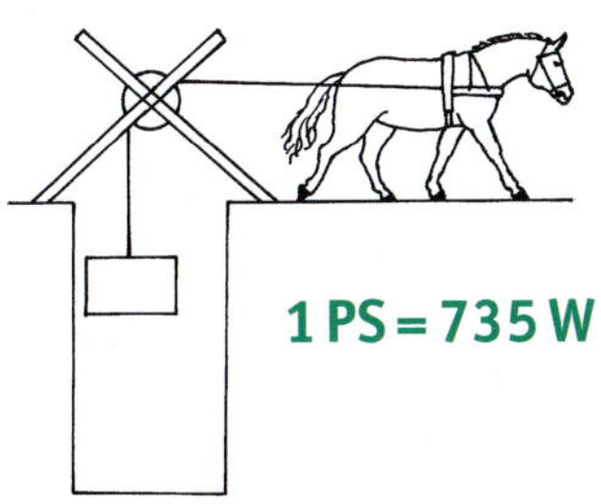

Auftrag: Vor über 200 Jahren bestimmte James Watt die „Pferdestärke". Er wollte die Dauerleistung seiner Dampfmaschinen mit der von Pferden vergleichen.
Beschreibe, wie James Watt die „Pferdestärke" festlegte. Wie müsste der Begriff „Pferdestärke" eigentlich richtig heißen?
Vergleiche die Spitzenleistung eines Radrennfahrers mit der Dauerleistung eines Pferds.

LERNSTATION 8

Leistung beim Besteigen eines Stuhls
Zusätzliche Materialien: Stuhl, Hanteln oder Schultaschen
Durchführung: Steige 30 s lang immer wieder auf einen Stuhl. Stelle dich oben jedes Mal aufrecht hin und stelle dich anschließend jedes Mal mit beiden Füßen auf den Boden.

Wie oft schaffst du es, auf den Stuhl zu steigen, wenn du dich so schnell wie möglich bewegst?
Wie oft schaffst du es, auf den Stuhl zu steigen, wenn du zusätzlich eine Hantel oder eine schwere Schultasche in der Hand hältst?
Vergleiche beide Leistungen miteinander und begründe dein Ergebnis.

GRUNDLAGEN: Energie – die Menge bleibt immer gleich

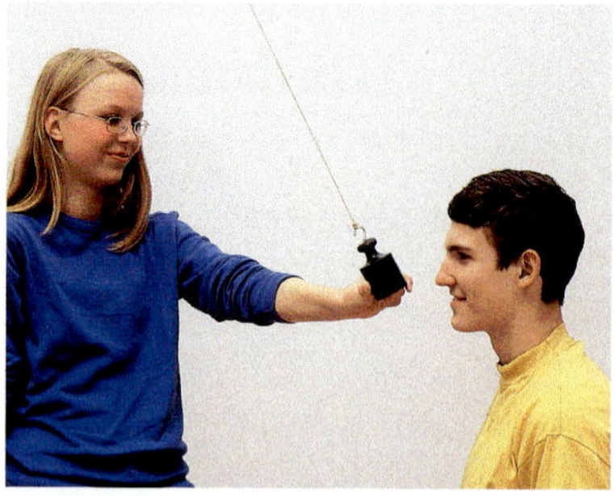

1 Wenn das Pendel zurückkommt: Den Kopf still halten – oder wegziehen?

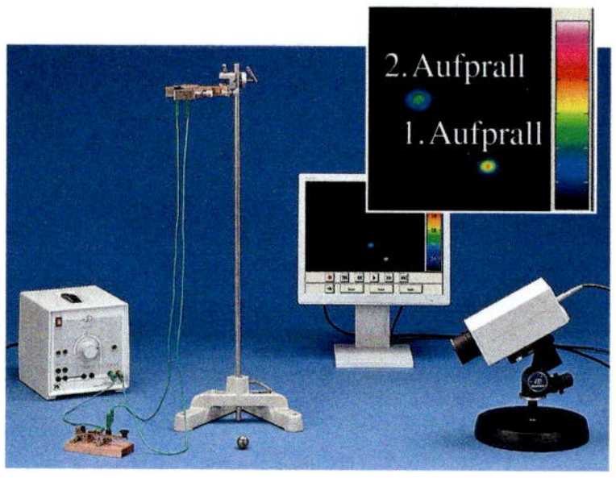

2 Erwärmung der Tischplatte beim Aufprall einer Kugel aus 70 cm Höhe

Tina hält das Pendel so, dass es Toms Nase berührt. ↑1 Dann lässt sie los. Ist seine Nase in Gefahr, wenn er sich nicht bewegt?
Wenn Tina das Pendel zur Seite bis zu Toms Nase zieht, hebt sie es dabei auch einige Zentimeter hoch. Dazu wendet sie Energie auf. Diese Energie ist dann im Pendel gespeichert. Nach dem Loslassen wird die Energie genutzt, das Pendel in Schwung zu bringen. Im tiefsten Punkt ist es am schnellsten. Anschließend wird die Energie genutzt, das Pendel auf der anderen Seite wieder steigen zu lassen.
Die Erfahrung zeigt: Der Ausschlag des Pendels wird nie größer, als er am Anfang war! *Die Energie kann nicht von allein zunehmen.*

Ein anderes Beispiel für diese Erfahrung ist die Stahlkugel. Wenn du sie einfach fallen lässt, springt sie nie höher als bis zu ihrer Anfangshöhe. Ihre Energie nimmt nicht von allein zu. Im Gegenteil: Mit jedem Auftippen springt sie weniger hoch. Ihre Energie nimmt von Sprung zu Sprung ab.
Kann Energie sich in nichts auflösen? Die Wärmebildaufnahme zeigt: Bei jedem Aufprall der Kugel wird die Unterlage kurzzeitig um einige Grad Celsius erwärmt. ↑2 Auch bei der Stahlkugel wird ein Teil der Energie beim Aufprall auf die Unterlage übertragen. *Noch nie wurde ein Vorgang gefunden, bei dem sich Energie in nichts aufgelöst hat.*

Energie kann von einem Ort zum anderen übertragen werden. Die Nutzungsart der Energie kann sich ändern. Die Menge der Energie ändert sich dabei niemals (Satz von der Energieerhaltung).

Aus der Geschichte Die Suche nach dem Perpetuum mobile

3 Vorschlag für ein Perpetuum mobile

Im Altertum gab es noch keine Maschinen, wie wir sie kennen. Getreide mahlen, Lasten transportieren oder Felder bewässern – man war auf Muskeln, Wind und Wasser angewiesen. „Energiequellen" waren oft Menschen (Sklaven) oder Tiere. Man ließ Pferde im Kreis herumgehen und hölzerne Zahnräder drehen.
Tüftler suchten immer wieder nach unerschöpflichen Energiequellen. Die von einer Maschine abgegebene Energie wollten sie nutzen, um damit dieselbe Maschine anzutreiben. Seit dem 12. Jahrhundert gab es Versuche, eine solche Maschine zu bauen. Sie sollte von selbst weiterlaufen und dabei fortwährend z. B. einen Schleifstein oder ein Mühlrad antreiben. ↑3
Solch ein Perpetuum mobile (lat. *perpetuum:* dauernd; *mobilis:* beweglich) hat aber leider niemals funktioniert. „Von nichts kommt nichts" – Energie kann nicht aus dem Nichts erzeugt werden. Wenn eine Maschine Energie abgibt, muss man ihr genauso viel Energie auch zuführen, sonst kommt sie schnell zum Stillstand.

1 Beschreibe, wie die abgebildete Maschine funktionieren sollte. ↑3
2 Suche im Internet nach weiteren Entwürfen für ein Perpetuum mobile. Erkläre, wie die Maschinen ohne Energiezufuhr laufen sollten. Begründe, warum sie nicht funktionieren können.

Aus der Umwelt Was kann ein Mensch leisten?

4

5

Tätigkeit	Mechanische Leistung in W
Spazierengehen	30 bis 40
Gartenarbeit, Hausarbeit, Radfahren, Treppensteigen	75 bis 125
Dauerlauf, Radfahren (bergauf)	150
Fußballspielen, Sprinten	220
Skilanglauf, Schwimmen (Kraulen)	250

Die Sportlerin schleudert ihren Körper 195 cm hoch über die Latte. Ihren Schwerpunkt musste sie um ca. 1 m anheben. Für das Heben benötigte sie knapp 0,2 s. Die Leistung der Springerin beim Absprung betrug mehr als 2,5 kW. ↑4

Bei leichter körperlicher Arbeit beträgt die Dauerleistung eines Menschen ca. 100 Watt, was eigentlich gar nicht so sehr viel ist, denn die elektrische Leistung einer Haushaltsglühlampe ist ungefähr gleich groß. Höchstleistungen sind nur für kurze Zeit möglich. Bei hoher Leistung steigt die Anzahl der Herzschläge und die Atmung wird schneller.

Wenn du 400 m in 100 s läufst, leisten deine Muskeln ca. 220 W. Für diese Leistung ist je Sekunde 1 kJ Energie erforderlich, denn nur etwa ein Viertel der aufgenommenen Energie kann von den Muskeln zum Arbeiten genutzt werden. Weil dein Körper die Energie durch eine „Verbrennung" aus der Nahrung bezieht, musst du in jeder Sekunde einen Liter Luft zusätzlich einatmen – daher die schnellere Atmung.

Die Leistung des Körpers kann man mit dem Fahrradergometer messen. Je stärker es abgebremst wird, desto mehr muss der Mensch leisten. Er fährt dann sozusagen mit seinem Rad bergauf. ↑5

Welche Höchstleistung erreicht wird, hängt von weiteren Umständen ab: Alter und Geschlecht spielen eine Rolle, außerdem das Körpergewicht, das Training und der Gesundheitszustand. Ein Mensch, der ruhig liegt, wandelt ständig chemische Energie um, um Blutkreislauf und Atmung in Gang und die Körpertemperatur konstant zu halten. Bei 50 kg Körpergewicht sind dafür ca. 5000 kJ pro Tag erforderlich. Teilt man die umgewandelte Energie durch die Zeit, ergibt sich ein Wert von ca. 60 W.

1 Wovon hängt es ab, welche Höchstleistung ein Mensch erbringen kann?

2 Beschreibe, wie körperliche Leistung, Herzschlag und Atmung zusammenhängen.

Aufgaben

1 Das Herz pumpt bei jedem Herzschlag etwa 80 mℓ Blut durch deinen Körper. Dabei muss es sich so anstrengen, als würde das Blut 1 m hochgehoben. Welche Leistung erbringt das Herz?

2 Beim Bergsteigen brauchst du im Durchschnitt 1800 kJ pro Stunde und kommst damit etwa 300 m höher.

a Wie groß ist deine Hubleistung?

b Welcher Anteil der aufgenommenen Energie wird zum Heben deines Körpers verwendet?

c Wie viele Glühlampen (100 W) geben genauso viel thermische Energie ab wie du beim Bergsteigen?

3 Ein elektrischer Wasserkocher hat eine Leistung von 1000 W. Wie lange dauert es, 1 ℓ Wasser zum Kochen zu bringen? Schätze nicht angegebene Größen.

Der Wirkungsgrad

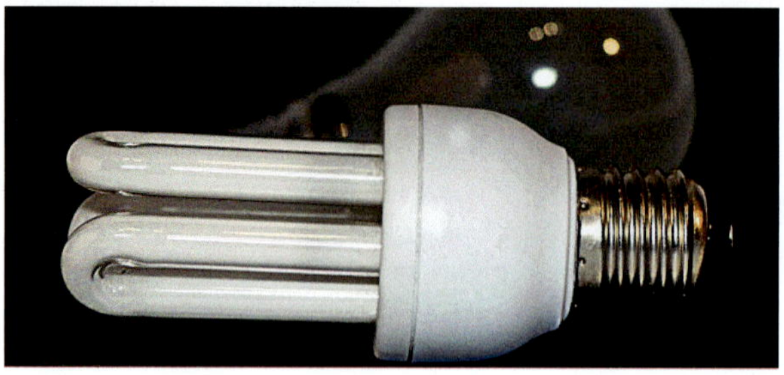

1 Energiesparlampe versus Glühlampe

Wenn Glühlampe und Energiesparlampe die gleiche Helligkeit liefern, fließt dann zu beiden Lampen ein gleich großer Energiestrom? Nutzt die „Energiesparlampe“ die elektrische Energie wirklich besser als die Glühlampe? Hilft sie wirklich, „Energie zu sparen“?

Experimente

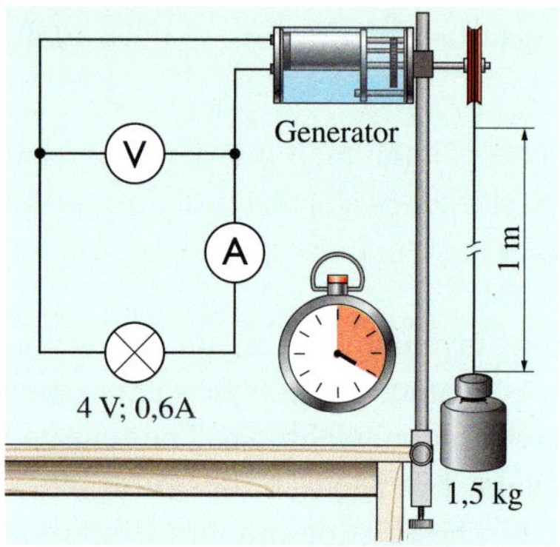

2 Wirkungsgrad eines Generators

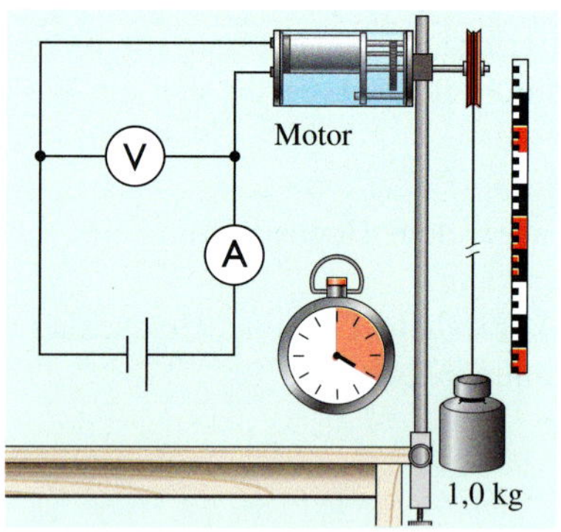

3 Wirkungsgrad eines Motors

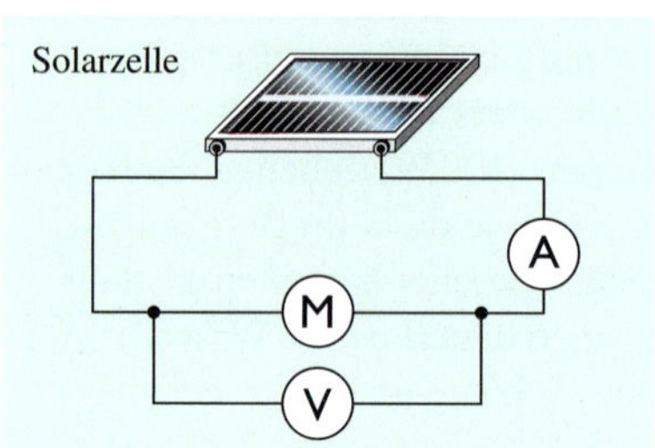

4 Wirkungsgrad der Solarzelle

1 Der Wirkungsgrad eines Generators

Das herabsinkende Wägestück treibt den Generator an.

a Miss Weg, Zeit und die elektrische Leistung P_{el} mit den dargestellten Geräten. ↑2

b Bestimme, wie viel mechanische Energie pro Sekunde in den Generator fließt (P_{mech}).

c Vergleiche die elektrische Leistung P_{el} und die mechanische Leistung P_{mech}.

d Berechne, wie viel Energie pro Sekunde „verloren“ gegangen ist.

e Zeichne ein Energieflussdiagramm.

2 Der Wirkungsgrad eines Elektromotors

Der Motor hebt das 1-kg-Wägestück hoch.

a Miss Weg, Zeit und die elektrische Leistung P_{el} mit den dargestellten Geräten. ↑3

b Bestimme, wie viel elektrische Energie pro Sekunde (P_{mech}) in das mechanische System fließt.

c Vergleiche die mechanische Leistung mit der elektrischen Leistung.

d Berechne, wie viel Energie pro Sekunde „verloren“ gegangen ist.

e Führe die Messung mit unterschiedlichen Wägestücken durch (1 kg; 1,5 kg; 2 kg). Berechne, bei welcher Masse die Energie am besten ausgenutzt wird.

f Zeichne ein Energieflussdiagramm.

3 Der Wirkungsgrad einer Solarzelle

Bei senkrechtem Einfall der Sonnenstrahlung wird jeder Quadratzentimeter der Solarzelle mit einer Leistung von 0,1 W bestrahlt.

a Miss die Fläche der Solarzelle.

b Berechne, wie viel Energie pro Sekunde (P_{Sonne}) auf die Solarzelle trifft.

c Schließe einen Solarmotor an und bestimme mit den dargestellten Geräten, wie viel Energie pro Sekunde ($P_{Solarzelle}$) von der Solarzelle zum Motor strömt. ↑4

d Vergleiche die Energie pro Sekunde von Sonne (P_{Sonne}) und Solarzelle ($P_{Solarzelle}$).

GRUNDLAGEN: Der Wirkungsgrad

Die 20-W-Energiesparlampe und die 100-W-Glühlampe erscheinen uns etwa gleich hell. Die Herstellung von Glühlampen wurde aber in der EU schrittweise bis 2016 verboten. Die 100-W-Lampe darf bereits seit dem 1. September 2009 nicht mehr produziert werden. Sie ist zu ineffizient, d. h., der weitaus größte Teil der zugeführten elektrischen Energie wird in thermische Energie und nicht in Licht umgewandelt. Diese wird an die Umgebung abgegeben und kann nicht mehr genutzt werden. Wenn alle Glühlampen in Europa durch Energiesparlampen ersetzt würden, könnte tatsächlich so manches Elektrizitätswerk abgeschaltet werden.

Bei der 100-W-Glühlampe werden nur 5 W zur Lichterzeugung genutzt, also nur 5 % der in die Lampe strömenden elektrischen Energie. Man sagt, der Wirkungsgrad der Lampe ist 5 %. Der Wirkungsgrad der 20-W-Energiesparlampe beträgt immerhin schon $\eta = 5\,\text{W}/20\,\text{W} = 25\,\%$. ↑5

Der Wirkungsgrad eines Systems ist gleich dem Quotienten aus zugeführter Energie oder Leistung zur genutzten Energie oder Leistung.

$$\text{Wirkungsgrad } \eta = \frac{\text{genutzte Energie}}{\text{zugeführte Energie}} = \frac{E_{\text{nutz}}}{E_{\text{zu}}} = \frac{P_{\text{nutz}}}{P_{\text{ges}}}$$

Der Wirkungsgrad wird meistens in Prozent angegeben.

Verschiedene Wirkungsgrade

Gerät	Wirkungsgrad	Gerät	Wirkungsgrad
Dampfmaschine	10 %	Solarzelle	12 %
Zweitaktmotor	20–25 %	Elektromotor (klein)	bis 50 %
Ottomotor	25–35 %	Elektromotor (groß)	bis 90 %
Dieselmotor	35–40 %	Zentralheizung	bis 85 %
Dampfturbine	40 %	Generator (groß)	bis 95 %

Schon gewusst?

Werden in Deutschland 60 % der Glühlampen gegen Energiesparlampen ausgetauscht, lässt sich der CO_2-Ausstoß um 4,5 Millionen Tonnen reduzieren. Das entspricht dem CO_2-Ausstoß von etwa 1,8 Millionen Mittelklassewagen mit einer Laufleistung von 15 000 km pro Jahr.

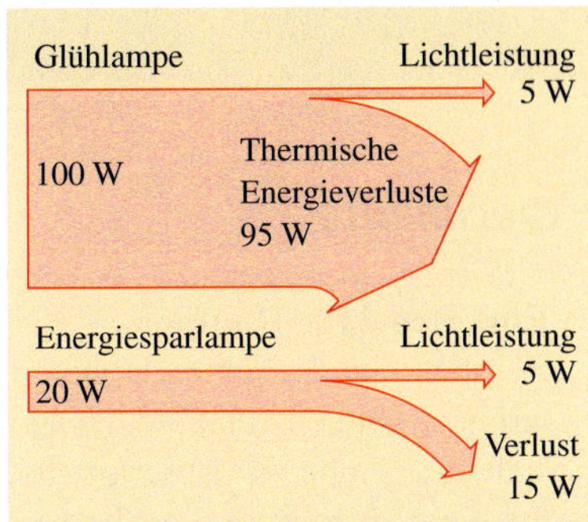

5 Wirkungsgrad von Glühlampe und Energiesparlampe

Aufgaben

1 Ein Dieselmotor leistet 90 kW. Sein Wirkungsgrad beträgt 35 %. Berechne die durch den Treibstoff pro Sekunde gelieferte Energie.

2 Wirkungsgrade von Generator und Motor

a Bestimme die Wirkungsgrade in den Experimenten 1 und 2.

b Nenne Ursachen für die unterschiedlichen Wirkungsgrade.

3 Prüfe die Berechnung der Energieersparnis in Bild ↑6 nach.

4 Eine elektrische 400-W-Bohrmaschine hat einen Wirkungsgrad von 60 %. Berechne die genutzte mechanische Leistung.

5 Schätze anhand der folgenden Daten ab, wie nahe der Wirkungsgrad eines modernen Kohlekraftwerks an 100 % herankommt: Das Kohlekraftwerk verbrennt bei einer Leistung von 600 MW in jeder Stunde 180 t Steinkohle. Beim Verbrennen von 1 t Steinkohle werden 29,3 GJ thermische Energie abgegeben. Für den Betrieb der Kraftwerksanlagen müssen 50 MW „abgezweigt" werden.

Heizungspumpen Baujahr		
1980 (145 W)	1995 (92 W)	
0,145 kW	0,092 kW	6000 Betriebsstunden
810 kW · h	552 kW · h	Preis pro kW · h: 0,20 €
162 €	110 €	Energiekosten pro Jahr
ca. 150 €	ca. 100 €	Sparpotenzial pro Jahr

6

Mit Kraft (kannst du) Energie übertragen

1

Der Rollstuhlfahrer benutzt hier eine Rampe. Sie ist viel länger als die Treppe. ↑1

Ohne Rampe würde er es später nicht schaffen, die zum Hochkommen nötige Energie auf seinen Körper zu übertragen. Die Kraft seiner Arme reicht dazu nicht aus. Liegt es an der Länge der Rampe, dass die Energieübertragung viel einfacher wird?

Experimente

1 Eine Regel für Rampen

Rampen, die denselben Höhenunterschied überwinden, können verschieden steil sein. Wie wirkt sich das genau auf die Kraft aus, die nötig ist, um einen Gegenstand nach oben zu befördern?

a Hänge einen Wagen zunächst an einen geeigneten Kraftmesser und hebe ihn langsam mit konstanter Geschwindigkeit von der Tischplatte bis zur Oberkante eines auf dem Tisch stehenden Klotzes hoch. ↑2

Notiere den Betrag F_s der (Gewichts-)Kraft sowie den Weg Δs als erstes Wertepaar in einer Tabelle.

	Ohne Rampe	Rampe 1	Rampe 2	Rampe 3
Δs in m	?	?	?	?
F_s in N	?	?	?	?

b Ziehe den Wagen auf verschieden langen Rampen langsam von der Tischplatte bis zur Oberkante des Klotzes hoch. So wird der Wagen (bzw. sein Schwerpunkt) stets um dieselbe Höhe Δh angehoben. *Hinweise:* Werde beim Ziehen weder schneller noch langsamer. Ziehe den Kraftmesser parallel zur Oberfläche und zur Längskante der Rampe. Lies jeweils den Wert der Zugkraft F_s ab und trage ihn mit der Rampenlänge Δs in die Tabelle ein.

c Füge in deiner Tabelle eine vierte Zeile für das Produkt $F_s \cdot \Delta s$ (in N · m) an. Berechne die Produkte aus deinen Messwerten und trage sie ein. Was fällt dir beim Betrachten der letzten Tabellenzeile auf? Fasse deine Beobachtung in einem Satz zusammen. *Hinweis:* Die Reibungskraft beim Ziehen des Wagens nimmt ab, je steiler die Rampe ist, und „verschwindet" beim senkrechten Hochheben ganz.

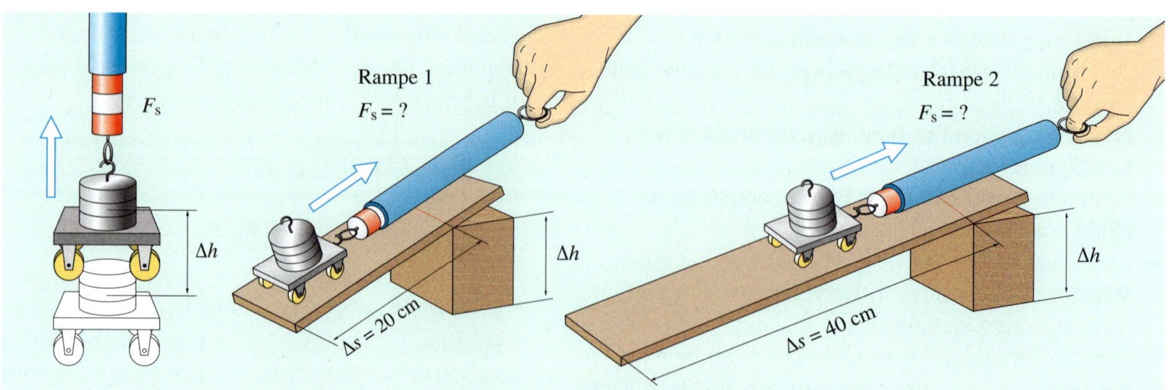

2 Kraft und Weg beim Hochheben und Hochziehen auf verschiedenen Rampen

GRUNDLAGEN: Kraft und Energie sind zweierlei

Den Unterschied zwischen Kraft und Energie erkennst du an einem Beispiel: 80 Mauersteine (von je 3 kg Masse) werden oben in 4 m Höhe gebraucht. ↑3

Wenn du 240 kg Steine um 4 m anheben willst, musst du ihre Höhenenergie um

$\Delta E = g \cdot m \cdot \Delta h = 10 \frac{\text{J}}{\text{kg} \cdot \text{m}} \cdot 240\,\text{kg} \cdot 4\,\text{m} = 9600\,\text{J}$

vergrößern.

Die dafür nötige Leistung stellt kein Problem dar: Bei einer Körperleistung von 30 W beförderst du die Steine in der Zeit

$\Delta t = \frac{\Delta E}{P} = \frac{9600\,\text{J}}{30\,\text{W}} = 320\,\text{s}$

hoch. Aber wenn du versuchst, 80 Steine auf einmal zu heben, hast du keine Chance. Deine Kraft reicht nicht aus!

Trägst du immer nur 5 Steine, dann reicht deine Kraft: 15 kg kannst du heben. Aber du musst 16-mal hochsteigen. Dein Weg wird viel länger.

Je weniger Mauersteine man auf einmal hebt, desto weniger strengt man sich beim Heben an. Man wendet weniger Energie pro zurückgelegten Weg auf und man benötigt weniger Kraft. Energie pro Weg ist ein Maß für die Kraft.

Wenn bei einem Bewegungsvorgang Energie übertragen wird, so gibt die Kraft an, wie viel Energie pro zurückgelegtem Weg übertragen wird: Kraft = $\frac{\text{übertragene Energie}}{\text{zurückgelegter Weg}}$, $F = \frac{\Delta E}{\Delta s}$.

Die Einheiten von Kraft und Energie sind so gewählt, dass gilt:

$1\,\text{N} = \frac{1\,\text{J}}{1\,\text{m}}$ oder $1\,\text{J} = 1\,\text{N} \cdot \text{m}$.

3

Schon gewusst?

Immer dann, wenn auf einen Körper Energie übertragen wird, indem auf ihn eine Kraft entlang eines Weges ausgeübt wird, sagt man auch, dass an dem Körper Arbeit W (engl. *work*) verrichtet wird:

$W = F \cdot \Delta s$.

Die verrichtete Arbeit hat den gleichen Wert wie die übertragene Energie, also:

$W = \Delta E$.

Man spricht z. B. von Hubarbeit, wenn die übertragene Energie dazu dient, einen Körper anzuheben.

GRUNDLAGEN: Energieübertragung bei der Rampe

Sorgt man in Experiment 1 dafür, dass die Reibungskräfte so klein werden, dass sie praktisch keine Rolle spielen, stellt man fest, dass die Energie, die dazu benötigt wird, den Gegenstand in eine bestimmte Höhe zu befördern, nicht davon abhängt, wie steil die Rampe ist.

Das ist nicht überraschend, schließlich hat der Gegenstand ja am Ende immer die gleiche Lageenergie.

Allerdings ist die Zugkraft, die man ausüben muss, umso kleiner, je länger die Rampe ist. Vergleicht man die Zahlenwerte, stellt man fest, dass das Produkt aus Kraft und Weglänge immer genauso groß ist wie die Lageenergie, die man dem Gegenstand zuführen muss:

$F_s \cdot \Delta s = \Delta E = F_G \cdot \Delta h$.

Dieser Zusammenhang lässt sich verallgemeinern. Für die mechanische Energieübertragung gilt:

Ist die Kraft in Bewegungsrichtung gerichtet, lässt sich der Betrag der übertragenen Energie durch das Produkt aus der Kraft und der zurückgelegten Strecke bestimmen: $\Delta E = F \cdot \Delta s$.

Beim Heben gilt als Sonderfall $\Delta E = F_G \cdot \Delta h = m \cdot g \cdot \Delta h$.

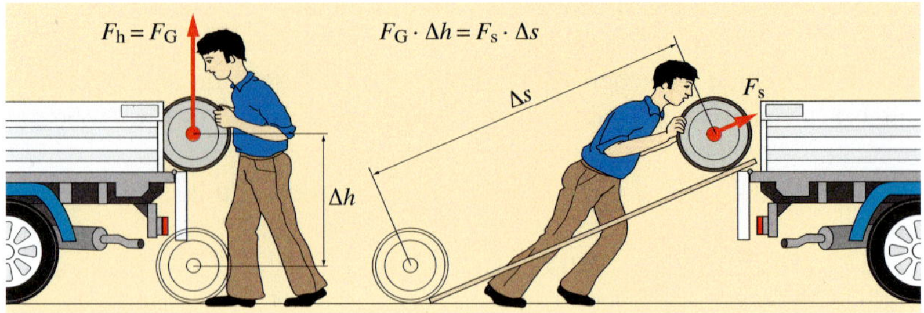

1

Wenn man ein Fass auf einer Rampe nach oben rollt, muss weniger Kraft ausgeübt werden als beim Heben. Dafür muss man diese Kraft aber auf einem längeren Weg ausüben. Im Idealfall geht man davon aus, dass Reibung vollständig vermieden wird, also überhaupt keine Energie in thermische Energie umgewandelt wird. Ist der Weg doppelt so lang wie beim Heben, beträgt die Kraft zum Rollen nur die Hälfte der Gewichtskraft des Fasses.

Mechanisch kann man dieselbe Energie auf kurzem Weg bei großer ausgeübter Kraft und auf langem Weg bei kleiner ausgeübter Kraft auf einen Gegenstand übertragen. Dabei muss die Kraft längs des Weges Δs ausgeübt werden. Es darf keine Umwandlung in thermische Energie auftreten: $\Delta E = F_1 \cdot \Delta s_1 = F_2 \cdot \Delta s_2$.

Will man wissen, welche Kraft man (im Idealfall) ausüben muss, um einen Gegenstand der Masse m auf einer Rampe nach oben zu ziehen, kann man dies so bestimmen:

$$F_s = \frac{\Delta E}{\Delta s} = \frac{m \cdot g \cdot \Delta h}{\Delta s} = \frac{\Delta h}{\Delta s} \cdot m \cdot g = \frac{\Delta h}{\Delta s} \cdot F_G.$$

Aufgaben

2

1 Um einen Schrank zu verschieben, muss Markus eine Kraft von 400 N ausüben. Wie viel Energie ist nötig, um ihn 4 m weit zu schieben?

2 Frank und Michael gelangen auf verschiedenen Wegen nach oben. ↑2 Diskutiert, ob Michael mehr Energie aufbringen muss.

3 Lastwagen haben es an Steigungen schwer. Der Motor eines Tanklastwagens erbringt eine Leistung von 300 kW. Das beladene Fahrzeug hat eine Masse von 25 t. ↑3

a Wie viel Energie muss er aufwenden, um einen Höhenunterschied von 10 m zu überwinden? Wie lange braucht er dazu mindestens?

b Erörtert den Sinn einer Lkw-Spur auf Straßen mit sehr starker Steigung.

3

Verbrennungsmotoren als Energiewandler

4 Erster Motorwagen der Firma Benz

Mit diesem „Patent-Motorwagen“ der Firma Benz fand 1888 die erste Automobilfernfahrt statt. Ohne Wissen des Erfinders KARL BENZ fuhr seine Frau mit den 13 und 15 Jahre alten Söhnen die 90 km von Mannheim nach Pforzheim – nicht ohne eine Reihe von Pannen und Problemen:
An jeder Steigung musste geschoben werden; beim Bergabfahren verwandelten sich die Bremsen aus Holz und Leder in eine qualmende, verkohlte Masse. Zwischendurch musste ein Schuster neue Bremsbeläge anbringen. Dann sprangen die Antriebsketten von den Zahnrädern; ein Schmied musst zu Hilfe gerufen werden – Automechaniker gab es ja noch nicht. Die verstopfte Benzinzufuhr ließ sich nur mit einer Hutnadel wieder in Ordnung bringen. Alle 29 km musste das Kühlwasser aufgefüllt werden – aus Gastwirtschaften, Dorfbrunnen oder sogar aus dem Straßengraben. Benzin gab es nur in der Apotheke. Aber trotz aller Probleme kamen die drei nach einer Tagesreise am Ziel an – verstaubt und verdreckt, aber glücklich.

Experimente

5

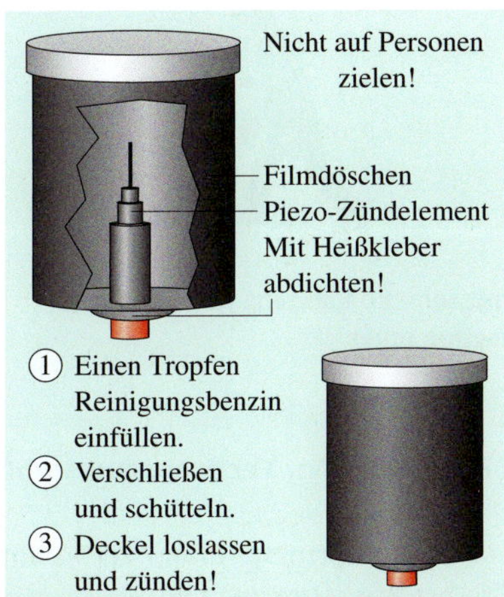

6

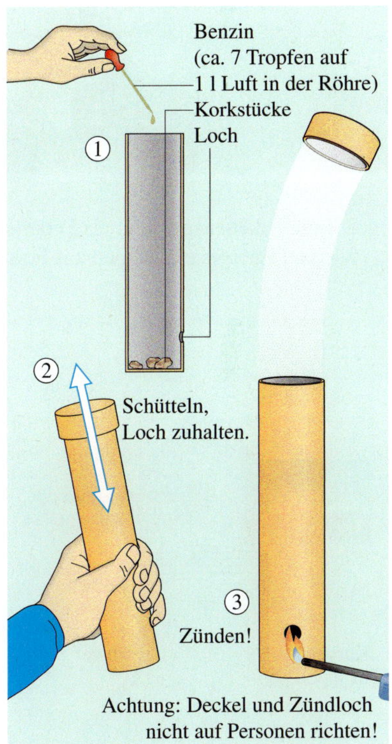

7 Aus Treibstoff wird Bewegung.

1 Aus Treibstoff wird Bewegung

a Vorversuch: Eine kleine Menge Reinigungsbenzin [F] wird in ein Glasgefäß gegeben und mit einem Streichholz entzündet. ↑5

b Die Pappröhre als Modell eines Zylinders: In eine Pappröhre, in der einige Korkstücke liegen, werden einige Tropfen Reinigungsbenzin [F] geträufelt. Die Röhre wird schnell verschlossen und geschüttelt. Durch ein seitliches Loch erfolgt die Zündung mit einer Flamme. ↑7

c Die Filmdose als Zylinder: In ein Filmdöschen wird ein einziger Tropfen Reinigungsbenzin [F] gegeben. Die Dose wird schnell verschlossen und geschüttelt. Die Zündung erfolgt danach elektrisch. ↑6

2 Unterschiedliche Motoren

Vergleiche Zwei- und Viertaktmotoren. Stelle Gemeinsamkeiten und Unterschiede dar. Nenne Anwendungsmöglichkeiten.

Experimente

3 Wie viel der zugeführten Energie nutzt ein Moped für die Fortbewegung

a Berechne, wie viel chemische Energie dem Mopedmotor auf der 100 km langen Fahrstrecke zugeführt wird. Dazu musst du wissen, wie viel Liter Treibstoff das Fahrzeug für 100 km braucht. (In 1 ℓ Treibstoff stecken 34 MJ chemische Energie.)

b Wie viel Energie ist bei gleicher Strecke nötig, um die Reibung und den Luftwiderstand zu überwinden? Diese Energie lässt sich aus der Antriebskraft berechnen. Leider können wir diese Kraft nicht einfach am laufenden Motor messen. Deshalb wenden wir einen Trick an: Wir „spielen" selbst den Motor und ziehen das Moped am Kraftmesser schnell 100 m weit über den Schulhof. ↑1
Tipp: Leerlauf einlegen; Motor ausgeschaltet lassen; das Moped zunächst anschieben, danach beim Ziehen möglichst gleichbleibend schnell laufen, am Kraftmesser während des Laufens ablesen, wie groß die Kraft F ist.
Berechne die Energie, die auf dem 100 km langen Weg übertragen werden muss: $\Delta E = F \cdot \Delta s$.
Damit weißt du jetzt auch, wie viel Energie das Moped auf 100 km für seine Fortbewegung nutzt.

c Vergleiche die Beträge der zugeführten und genutzten Energie. Suche nach einer Erklärung für das Ergebnis.

d Bewerte das Ergebnis: Die Messmethode berücksichtigt nicht, dass ein Moped meist schneller fährt als bei unserer Messung. Es beschleunigt, verzögert und steht manchmal mit laufendem Motor an der Ampel. Wie wirken sich diese Tatsachen auf das Versuchsergebnis aus?

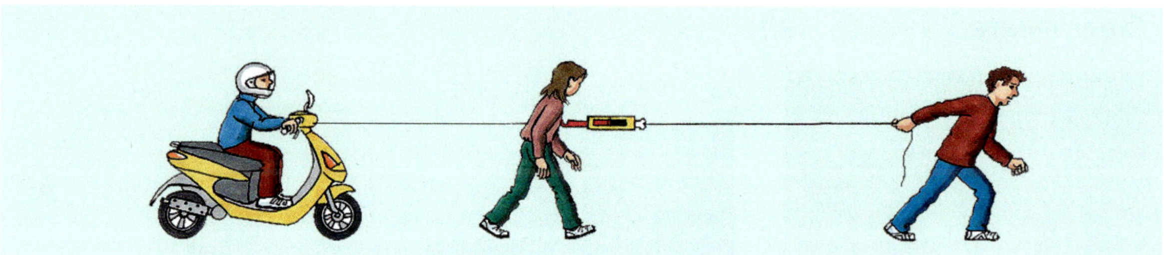

1 Eine Paketwaage dient als Federkraftmesser – so kann man bestimmen, wie viel Energie ein Moped zur Fortbewegung nutzt.

GRUNDLAGEN: Verbrennungsmotoren

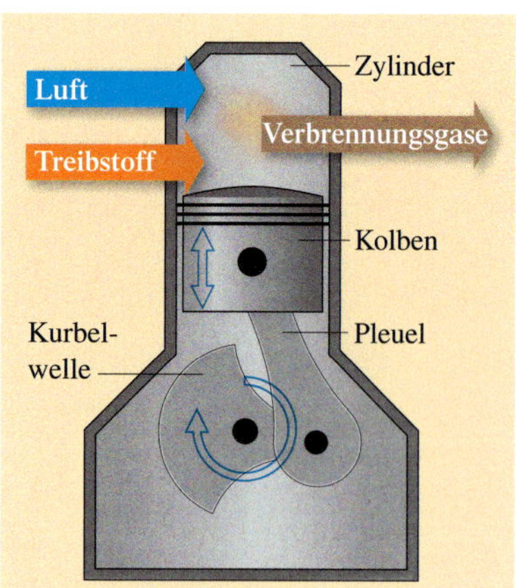

2 Zylinder eines Motors

Das Grundprinzip aller Verbrennungsmotoren ist gleich: Gasförmige Treibstoffe (Benzin, Diesel …) werden – mit Luft gemischt – in einem Zylinder verdichtet (zusammengepresst) und zur Explosion gebracht. Dabei erhitzen sie sich stark, dehnen sich aus und setzen den Kolben in Bewegung. Die in den Gasen gespeicherte chemische Energie wird dabei zunächst in thermische, dann in mechanische Energie umgewandelt. Die Hin-und-her-Bewegung des Kolbens wird durch die Kurbelwelle in Drehbewegung umgewandelt. ↑2

Wie bei anderen Energiesystemen auch kann die mit Treibstoff zugeführte Energie nur zu einem Teil als mechanische Energie genutzt werden. Für den Wirkungsgrad von Verbrennungsmotoren gilt:

$$\eta = \frac{\text{nutzbare mechanische Energie}}{\text{zugeführte chemische Energie}}.$$

Ideal wäre ein Motor mit dem Wirkungsgrad 1 (100 %). Dann würde die gesamte zugeführte Energie zum Antrieb genutzt. Die Wirkungsgrade aller Verbrennungsmotoren haben Werte unter 0,4. ↑4

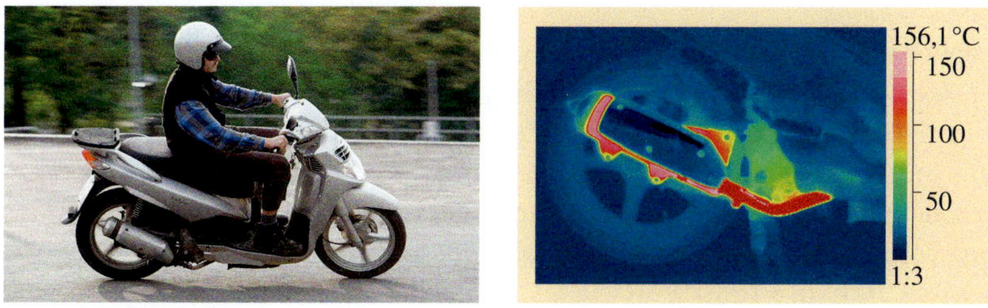

3 Wärmebild der Auspuffanlage des Mopeds. Die roten Teile sind bis zu 190 °C heiß.

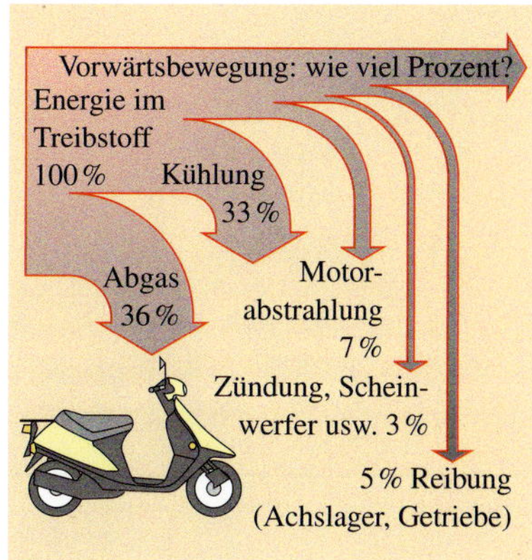

4 Wirkungsgrad eines Mopeds

Ein großer Teil der Energie dient nur dazu, die Umgebung aufzuheizen. ↑3 Das lässt sich nicht vermeiden. Für den Wirkungsgrad von Verbrennungsmotoren gibt es nämlich eine obere Grenze η_{max} (maximaler Wirkungsgrad). Bei Ottomotoren liegt der maximale Wirkungsgrad bei 48 %. Reale Ottomotoren haben Wirkungsgrade zwischen 25 und 35 %.

Berechnen des Wirkungsgrads Bei dem Mopedversuch ↑1 wurde mit einer Kraft von 110 N gezogen.
Genutzte Energie auf einer 100-km-Strecke:
$\Delta E = F \cdot \Delta s = 110\,\text{N} \cdot 100\,000\,\text{m}$
$\Delta E = 11\,000\,000\,\text{J} = 11\,\text{MJ}$
Bei einem Verbrauch von 3 ℓ Treibstoff auf 100 km beträgt die zugeführte Energie: $3 \cdot 33\,\text{MJ} = 99\,\text{MJ}$.

$$\text{Wirkungsgrad} = \frac{11\,\text{MJ}}{99\,\text{MJ}} = 0{,}11 = 11\,\%$$

Einige Wirkungsgrade	
Zweitaktmotor	20–25 %
Ottomotor	25–35 %
Dieselmotor	35–40 %
Elektromotor, klein	50 %
Elektromotor, groß	90 %

Aufgaben

1 Wie groß ist der Wirkungsgrad des Mofas in Bild ↑4?

2 Steigt der Benzinverbrauch, wenn man im Auto Folgendes einschaltet?
- die Heizung (ohne elektrisches Gebläse)
- die Heizung (mit elektrischem Gebläse)
- das Licht
- die Klimaanlage?

Begründe deine Antworten.

Die folgenden Aufgaben eignen sich für die Einzelarbeit, Gruppenarbeit oder den projektorientierten Unterricht.

3 Stellt Otto- und Dieselmotor einander gegenüber: Beschreibt die Vorgänge in einer Bildreihe mit Text, Gemeinsamkeiten, Vor- und Nachteilen, Unterschiede der Treibstoffe Benzin und Diesel …
Tipp: In der Physiksammlung gibt es Modelle von Motoren.

4 Kleinere Maschinen wie Mofas oder Rasenmäher werden von Zweitaktmotoren angetrieben. Stellt die Unterschiede zu einem Viertakt-Ottomotor dar. Warum tankt man ein Gemisch aus Benzin und Öl?

5 Informiere dich über Neuentwicklungen von Motoren. *Tipp:* Informationen findest du auf den Webseiten der Automobilhersteller.

6 Verfasse Biografien der Erfinder NIKOLAUS AUGUST OTTO, RUDOLF DIESEL und KARL BENZ, dem Erbauer des „Motorkutschwagens". ↑5

5 Apotheken waren die ersten Tankstellen.

Auf einen Blick

1

Lageenergie bestimmen Beim Hochheben eines Gegenstands muss man diesem Energie zuführen. Diese Energie ist proportional zur Masse und zum Höhenunterschied. Um an der Erdoberfläche eine Tafel Schokolade um 1 m hochzuheben, braucht man 1 Joule: $\Delta E = g \cdot m \cdot \Delta h$.
Dabei ist m die Masse, Δh der Höhenunterschied und g der Ortsfaktor, der nur vom Ort abhängt. Auf der Erdoberfläche gilt:
$g = 9{,}81\ \text{J/kg} \cdot \text{m} \approx 10\ \text{J/kg} \cdot \text{m}$

Energieerhaltung Energie kann von einem Ort zum anderen übertragen werden. Die Nutzungsart der Energie kann sich ändern. Die Menge der Energie ändert sich dabei niemals.

Energiestromstärke (Leistung) Bei vielen Vorgängen kommt es nicht nur darauf an, wie viel Energie übertragen wird, sondern auch auf die Zeit, in der sie übertragen wird. Der Quotient aus übertragener Energie ΔE und Zeit Δt heißt Energiestromstärke oder Leistung: $P = \Delta E / \Delta t$. Sie ist umso größer, je mehr Energie übertragen wird und je kürzer die Zeit ist, in der sie übertragen wird.

Wirkungsgrad Der Wirkungsgrad η eines Systems gibt an, welcher Anteil der zugeführten Energie für den vorgesehenen Zweck genutzt wird.

$$\eta = \frac{\text{genutzte Energie}}{\text{zugeführte Energie}} = \frac{E_{\text{nutz}}}{E_{\text{zu}}} = \frac{P_{\text{nutz}}}{P_{\text{zu}}}$$

Mechanische Energieübertragung Legt ein Gegenstand eine Strecke Δs zurück und wird dabei auf ihn eine Kraft F in Bewegungsrichtung ausgeübt, so wird dabei die Energie $\Delta E = F \cdot \Delta s$ auf den Gegenstand übertragen.
Kennt man die mechanisch übertragene Energie ΔE und die Länge der Strecke Δs, auf welcher die Energie übertragen wird, kann man die durchschnittlich ausgeübte Kraft F berechnen: $F = \Delta E / \Delta s$.
Man kann die gleiche mechanische Energie auf kurzem Weg bei großer ausgeübter Kraft und auf langem Weg bei kleiner ausgeübter Kraft übertragen:
$\Delta E = F_1 \cdot \Delta s_1 = F_2 \cdot \Delta s_2$.

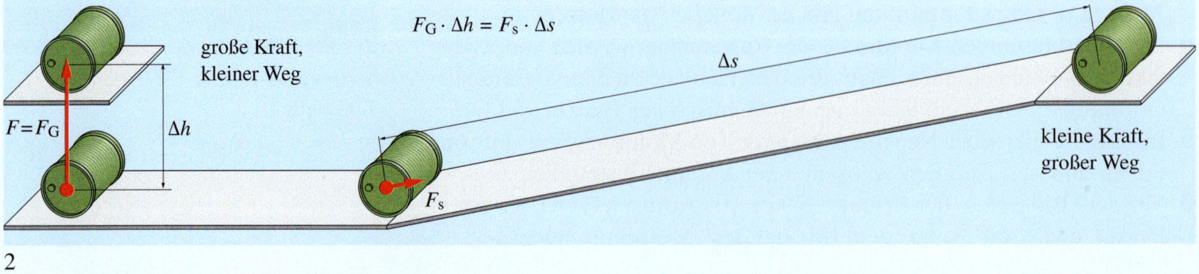

2

1 Was bedeutet Energieerhaltung?

2 Wie kommt die Energie von deinen Muskeln in die leuchtende Lampe deines Fahrrads? Beschreibe den Vorgang anhand eines Energieflussdiagramms.

3 Eine Mutter hebt ihr 9 kg schweres Kind in 1 Sekunde 90 cm hoch.
a Berechne die dazu nötige Energie.
b Welche Leistung (Energiestromstärke) muss von der Frau aufgebracht werden?

4 Rekord im Treppensteigen – *Thomas Dold* (70 kg) siegte beim Empire-State-Building-Treppenlauf 2009. ↑3 Er schaffte die 1576 Stufen (303 m) in 10 min 7 s. Berechne seine Leistung.

3

5 Beim Rheinfall von Schaffhausen stürzt das Wasser 23 m tief hinab. Um wie viel °C erwärmt es sich beim Aufprall? *Tipp:* Rechne mit 1 kg.

6 Jan will eine Flaschenkiste ins Regal stellen. ↑4
a Welche Energie braucht er dazu (mindestens)?
b Tatsächlich wandelt Jans Körper viel mehr Energie um. Warum ist das nötig? Was geschieht mit der „überflüssigen" Energie?

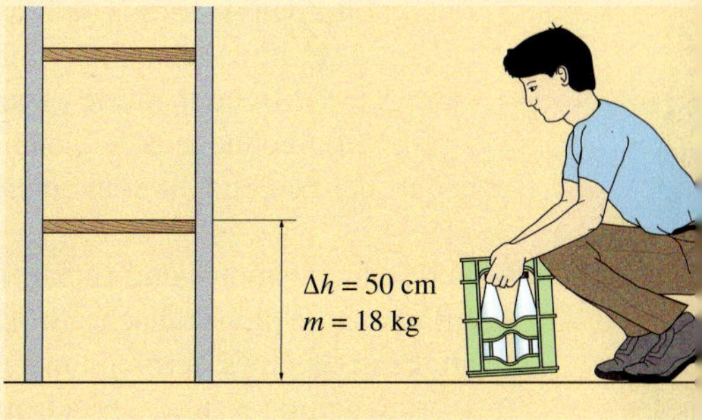

4

7 Im Prospekt einer Wasserpumpe steht: „Förderleistung 180 Liter pro Minute".
a Welche Angabe fehlt, wenn man die Förderleistung in Watt berechnen möchte?
b Der Elektromotor der Pumpe hat eine Leistung von 200 W. Wie groß ist die maximale Förderhöhe der Pumpe bei einer Förderleistung von 180 Liter pro Minute, wenn der Elektromotor 8/10 der zugeführten Energie zum Pumpen nutzt?

8 Was versteht man unter dem Wirkungsgrad einer Wärmekraftmaschine? Was bedeutet die Aussage, dass der Wirkungsgrad einer Wärmekraftmaschine 40 % beträgt? Was passiert mit den übrigen 60 % der Energie? ↑5

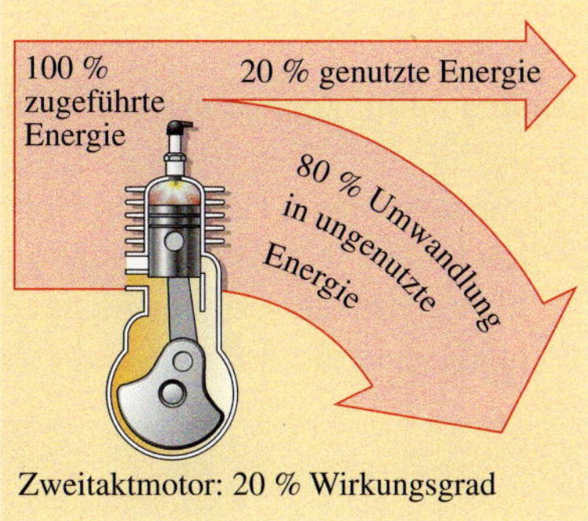

5

9 Tim hat auf einer Bergtour 500 Höhenmeter „vor sich". Mit Rucksack wiegt er 75 kg. Wie viel Energie müssen seine Muskeln für den Aufstieg mindestens bereitstellen?

10 Thomas fährt mit gleichbleibender Geschwindigkeit Fahrrad. Er benötigt für 200 m auf waagerechter Straße 30 s. Seine Leistung beim Treten beträgt 180 W.
a Während der Fahrt ändert sich die mechanische Energie von Fahrrad und Fahrer nicht! Wo geht die aufgewandte Energie hin?
b Berechne die Kraft (Luftwiderstand, Reibung beim Rollen), die Thomas entgegenwirkt. *Hinweis:* Wegen der Reibung in den Lagern, an der Kette … beträgt der Wirkungsgrad beim Treten nur 90 %.

Check up

1 Ein schweres Pendel wird um 0,5 m zur Seite ausgelenkt (Gewichtskraft $F_G = 100\,N$). Begründe, dass zum Auslenken des Pendels mechanische Energie benötigt wird.
Paul will die benötigte Energie berechnen und rechnet: $\Delta E = 100\,N \cdot 0{,}5\,m = 50\,N \cdot m$.
Dieses Ergebnis ist falsch!
Welchen Fehler hat Paul gemacht?

2 Lisa hat 150 Steine, von denen auf jeden eine Gewichtskraft von 40 N wirkt, in das 3,5 m hochgelegene Stockwerk geschleppt. Als sie fertig ist, kommen Christian und Stefan. Christian sagt sofort: „Du hast ja eine großartige Leistung vollbracht." Stefan erwidert: „Über die Leistung können wir doch gar nichts sagen."
Äußere dich zu diesem kurzen Gespräch.

3 Das „Gewicht" einer alten Pendeluhr wird einmal pro Woche um 1,5 m hochgezogen und liefert die Energie für den Antrieb. Die Masse des Gewichts beträgt 3 kg. Eine Küchenuhr läuft ein Jahr lang mit einer 1,5-V-Mignonbatterie (gespeicherte Energie: 13,5 kJ). Berechne und vergleiche den Energiebedarf der beiden Uhren in einem Jahr.

4 Verbrennungsmotor und Elektromotor
a Erläutere die physikalische Größe *Wirkungsgrad* am Beispiel eines Verbrennungsmotors.
b Warum gelingt es nicht, Elektromotoren mit einem Wirkungsgrad von 100 % zu bauen?
c Mit einem Elektromotor ($U = 12\,V$, $I = 300\,mA$) wird in 3 s ein Wägestück ($m = 500\,g$) 1 m hochgehoben. Bestimme den Wirkungsgrad.

5 Benzinverbrauch im Gebirge
a Bergauf braucht man mehr Benzin, als wenn man mit gleicher Geschwindigkeit in der Ebene fährt. Erläutere.
b Berechne, wie viel Benzin ein Pkw (1400 kg) zum Überwinden einer Höhe von 1000 m zusätzlich benötigt. Beim Verbrennen von 1 ℓ Benzin werden 35 000 kJ Energie frei; davon nutzt der Motor etwa ¼ der Rest geht als Wärme verloren.

6 Das zurzeit größte Wasserkraftwerk befindet sich in Itaipu an der brasilianisch-paraguayischen Grenze. Aus einem Stausee von der Größe des Bodensees stürzt das Wasser aus einer Höhe von 120 m in 18 Rohren auf die Turbinen. Dabei fließen durch jedes Rohr in der Sekunde 600 m^3 Wasser. Wie viel Lageenergie kann pro Sekunde in elektrische Energie (in Kilowattstunden) umgewandelt werden? ↑1

1

7 Florian möchte eine Schubkarre voll Erde zum Gemüsebeet schieben. Leider scheitert er an der hohen Stufe, die auf halbem Weg liegt. Aber zum Glück stehen im Schuppen verschieden lange Bohlen. Welche davon sollte er wohl unterlegen? Begründe deine Antwort physikalisch.

Schätze deine Kenntnisse und Fähigkeiten ein.

Ordne dazu deiner Lösung im Heft ein Smiley zu:
☺ Ich konnte die Aufgabe richtig lösen.
😐 Ich konnte die Aufgabe nicht komplett lösen.
☹ Ich konnte die Aufgabe nicht lösen.

→ **Die Lösungen findest du im Anhang.**

Aufgabe	Fähigkeit	Hilfe findest du auf Seite …
2	Den Zusammenhang von Energie und Zeitdauer eines Vorgangs beschreiben.	374, 377
1, 3, 6	Energieumwandlungen und Energieerhaltung beschreiben.	374, 380
4, 5	Den Wirkungsgrad berechnen.	383, 388 f.
7	Den Zusammenhang von Kraft und Energieübertragung erkennen und beschreiben.	385 f.

Sensoren im Alltag

Noch ganze zwei Tage brauchte der griechische Bote Pheidippides (490 v. Chr.), um von Athen nach Sparta zu laufen und Hilfe im Krieg gegen die Perser zu holen.
Weltweit erledigen heute moderne Kommunikationsmittel die Informationsübertragung in Bruchteilen einer Sekunde.

Informationen aufnehmen, senden und empfangen

Seit es Menschen gibt, haben sie Informationen ausgetauscht, oft sogar über große Entfernungen hinweg. Doch durch die moderne Technik ist der Austausch immer umfangreicher und schneller geworden.
Heute leben wir in einer „Informationsgesellschaft“: Unvorstellbar große Datenmengen werden blitzschnell aufgenommen, verarbeitet, gespeichert, weltweit übertragen und ausgegeben.

1 Informationsaustausch im Alltag

2 Leuchtfeuer

Die Menschen haben schon früh Techniken entwickelt, um über weite Strecken miteinander zu kommunizieren. Bekannt sind die Rauchzeichen der Indianer oder die Leuchtfeuer für die Schifffahrt. In den Bergen nutzte man Alphörner und im Urwald Trommeln für die Verständigung.
Es wurden fast immer optische oder akustische Signale benutzt. Dabei musste sichergestellt werden, dass Sender und Empfänger sich über die Bedeutung der Zeichen – also die Informationen – verständigt hatten.
In der heutigen Telekommunikation sind die Prinzipien dieselben: Der Sender muss die Information mit einer eindeutigen Adresse auf den Weg bringen. Die Information muss übertragen werden und der Empfänger muss in der Lage sein, die Information zu verstehen.

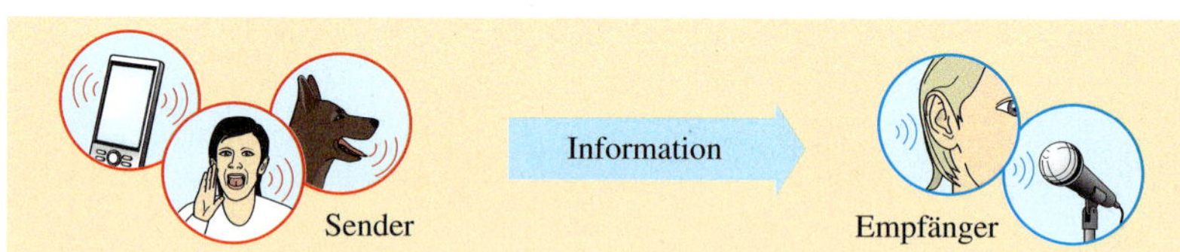

3 Informationen senden und empfangen

Die Mittel für den Informationsaustausch haben sich geändert (Mobiltelefon, Computer, Tablet-PC usw.) und die Übertragung der Daten geschieht heute mit Kupferkabeln, Glasfasern oder Funkwellen.
Grundlage für diese Art der Kommunikation sind elektrische Vorgänge. Ohne Versorgung mit elektrischer Energie ist heute jede Form der Telekommunikation nicht mehr denkbar.
Geräte dafür funktionieren nach wenigen physikalischen Gesetzmäßigkeiten, die du zum Großteil schon im Unterricht kennengelernt hast.

4 Moderne Kommunikation

Sensoren nehmen Signale auf

5 Feueralarm

Der Türmer soll den Ausbruch eines Brandes melden. ↑5 Er benötigt dazu Reize für seine Sinnesorgane. Einige Sinnesorgane haben die Techniker versucht nachzubauen, um Informationen aus der Umwelt aufnehmen zu können. Solche Bauteile heißen Sensoren. Den Rauchmelder hast du bereits auf ↑Seite 54 kennengelernt.

Experimente

1 Magnetfeldsensoren

Ein Fahrradtachometer benötigt zum Berechnen der Geschwindigkeit einen Magnetfeldsensor an der Vorderradgabel. ↑6 Im Gehäuse steckt ein Reedschalter. ↑9 Dazu gehört auch noch ein Magnet an einer Speiche. Von diesem Sensor bekommt der elektronische Tachometer am Lenker Signale … Nimm den Tachometer vom Fahrrad ab. In der Grundplatte am Lenker erkennst du zwei Kontakte. Untersuche die Signale, die vom Reedschalter kommen.

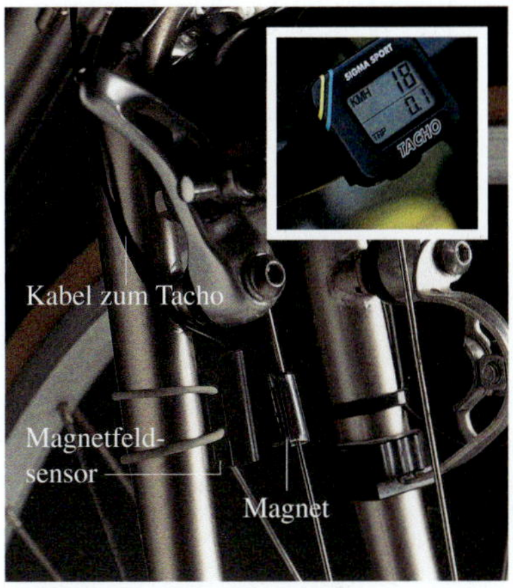

6 Fahrradtachometer

2 Schallsensoren

An vielen Haustüren gibt es Sprechanlagen. ↑7 „Wer ist dort?", tönt es nach dem Klingeln aus einem Lautsprecher. Danach spricht der Besucher – aber wohin? In ein Mikrofon, in den Lautsprecher? Oder funktioniert ein Lautsprecher vielleicht wie ein Mikrofon? Dann wäre er selbst ja auch ein Sensor …

a Schließe einen kleinen Lautsprecher oder eine Telefonhörkapsel an ein digitales Messgerät an. ↑8 Untersuche, ob sich der Widerstand des Lautsprechers beim Hineinsprechen ändert.

b Prüfe, ob der Lautsprecher eine Spannung erzeugt. Suche nach einer Erklärung für das Ergebnis.

7 Sprechanlage

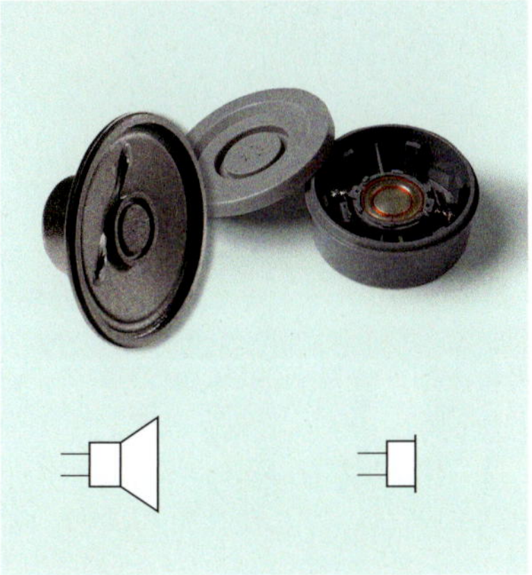
8 Lautsprecher und Hörkapsel vom Telefon

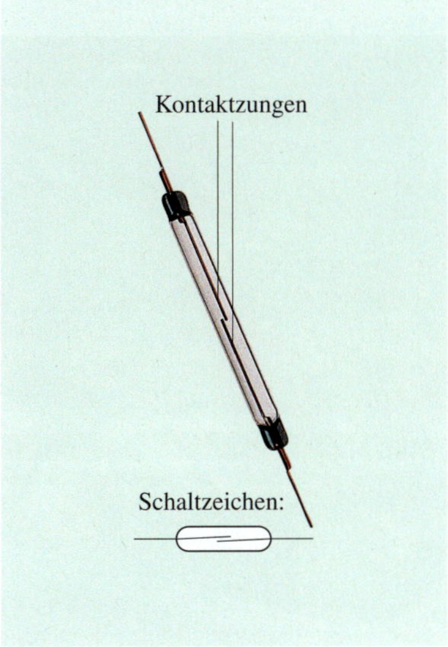

9 Reedschalter

Experimente

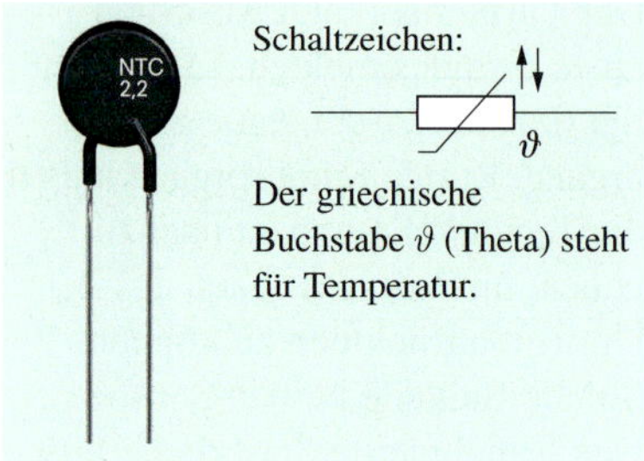

1 Heißleiter (NTC-Widerstand)

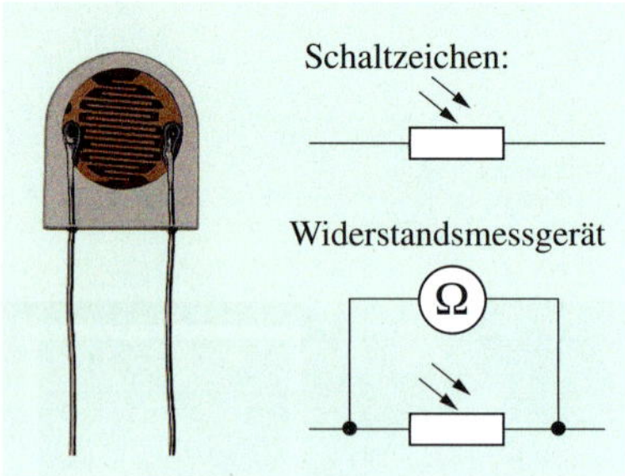

2 Fotowiderstand (LDR)

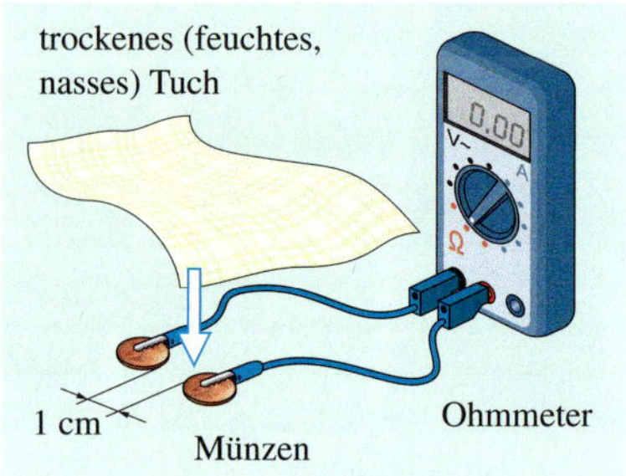

3 Einfacher Feuchtesensor

3 Temperatursensoren

Welcher Koch möchte nicht gern wissen, ob der Braten innen schon gar ist? Moderne Backöfen und Mikrowellengeräte haben deshalb einen Temperatursensor. ↑4

Dieses „Bratenthermometer" zeigt an, wie warm es im Braten ist. In seiner Spitze steckt ein Heißleiter (NTC-Widerstand). ↑1

a Schließe einen Heißleiter (Widerstandswert im kalten Zustand: 15 kΩ) an ein Widerstandsmessgerät und erwärme ihn mit den Fingern.

b Welchen Widerstandswert hat der Heißleiter bei verschiedenen Temperaturen? Überlege dir einen Versuch dazu und erstelle ein Diagramm.

4 Helligkeitssensoren

Wenn es dunkel wird, schalten sich die Lampen zur Sicherung von Baustellen automatisch ein. ↑5 Sie besitzen einen Helligkeitssensor. Ein Fotowiderstand (LDR) im Lampengehäuse sorgt dafür, dass sie nur bei Dunkelheit arbeiten. ↑2

a Untersuche die Funktionsweise eines Fotowiderstands, wenn viel (kein, wenig) Licht auf ihn fällt.

b Auch jede Solarzelle kann als Sensor für Helligkeit dienen. Schließe eine Solarzelle an eine Telefonkapsel an. Halte die Solarzelle dann vor eine TV-Fernbedienung und unter eine Leuchtstofflampe.

5 Feuchtesensoren

Der Wäschetrockner wirbelt die nasse Wäsche herum und bläst sie dabei mit elektrisch aufgeheizter Luft an. Doch wann ist die Wäsche trocken? In der Trommel (oder innen an der Tür) sitzen Feuchtesensoren aus rostfreiem Stahl. Die Wäschestücke berühren benachbarte Sensorflächen und die Elektronik erkennt am Widerstand, wie weit das Trocknen fortgeschritten ist. ↑3, 6

Baue mit einem Widerstandsmessgerät einen Feuchtesensor. Er soll ein etwas feuchtes von einem nassen Tuch unterscheiden können.

4 Sensor im Braten

5 Baustellenbeleuchtung

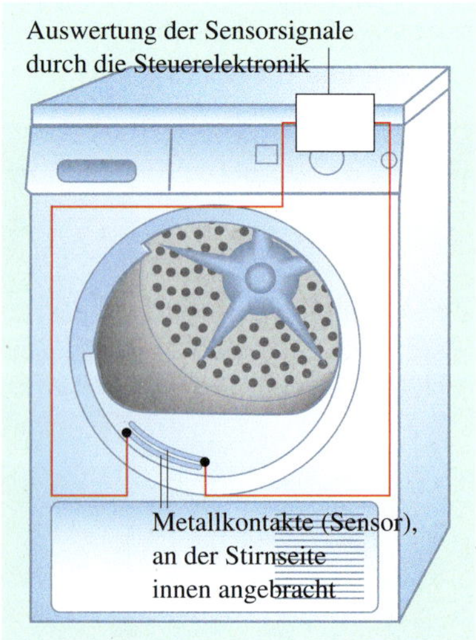

6 Wäschetrockner

GRUNDLAGEN: Nichtelektrische Größen elektrisch messen

Signale sind messbare physikalische Veränderungen: Lichtzeichen, Temperaturschwankungen, Schallsignale, Änderungen von Spannungen, Radiowellen. Signale gehen von einem Sender zu einem Empfänger, der sie aufnimmt und verarbeitet. Wenn der Empfänger die Bedeutung der Signale oder Zeichen kennt, kann er daraus Nachrichten und Informationen entnehmen. Das Armaturenbrett eines modernen Pkw erinnert ein wenig an das Cockpit eines Flugzeugs: ↑7, 8 Mess- und Anzeigegeräte sind eng beieinander übersichtlich angeordnet und blendfrei beleuchtet. Die Geräte geben dem Fahrer nützliche Informationen über das Fahrzeug, den Verlauf der Fahrt und die Umgebung. Die Messinstrumente haben meist eine Skala und einen Zeiger. Wenn der Zeigerausschlag zunimmt, so wird auch die gemessene oder angezeigte Größe größer, z. B. die Drehzahl des Motors, die Fahrgeschwindigkeit des Pkw oder die Motortemperatur. Sinkt der Zeigerausschlag, so nimmt der Betrag der gemessenen physikalischen Größe ab. Die Skalen ermöglichen es, die jeweiligen Größen genau zu messen. So ergibt sich z. B. eine Drehzahl von 4000 Umdrehungen pro Minute, eine Fahrgeschwindigkeit von 130 km/h oder eine Motortemperatur von 80 °C.

7 Blick auf das Armaturenbrett

8 Blick in ein Flugzeugcockpit

Messwandler Diese Aufgabe – nichtelektrische Größen elektrisch zu messen – wird durch einen Messwandler gelöst. Er ist im einfachsten Falle der Sensor der Messeinrichtung. Er misst aber nicht die physikalische Größe, z. B. die Temperatur, direkt. Er misst stattdessen eine andere physikalische Größe wie die elektrische Spannung oder die elektrische Stromstärke. Eine elektrische Temperaturmessung lässt sich mithilfe von Heißleitern durchführen. Dabei wird ausgenutzt, dass der Widerstand elektrischer Bauelemente von der Temperatur abhängt. Heißleiter bestehen aus einem Halbleitermaterial.

Aus der Technik Halbleiter

Silicium, Germanium und Kohlenstoff leiten bei Zimmertemperatur den Strom sehr schlecht. Ihr Widerstand ist groß. Bei steigender Temperatur sinkt ihr Widerstand aber. Siliciumatome sind in regelmäßigen Kristallgittern angeordnet.

In Bild ↑9 sind die 4 äußeren Elektronen jedes Siliciumatoms eingezeichnet. Bei niedrigen Temperaturen sind sie an die Atomrümpfe gebunden. Es kann kein Strom fließen, weil keine frei beweglichen Ladungsträger vorhanden sind. Steigt die Temperatur, dann bewegen sich die Atome stärker. Immer mehr Elektronen lösen sich von ihren Atomrümpfen und werden frei beweglich. ↑10
Je höher die Temperatur, umso besser leitet der Halbleiter. Halbleiter sind Heißleiter.

Fällt Licht auf den Halbleiter, dann überträgt es einen Teil seiner Energie auf die Elektronen. Diese werden von den Atomrümpfen gelöst – die Stromstärke steigt. Dies wird beim Fotowiderstand genutzt.

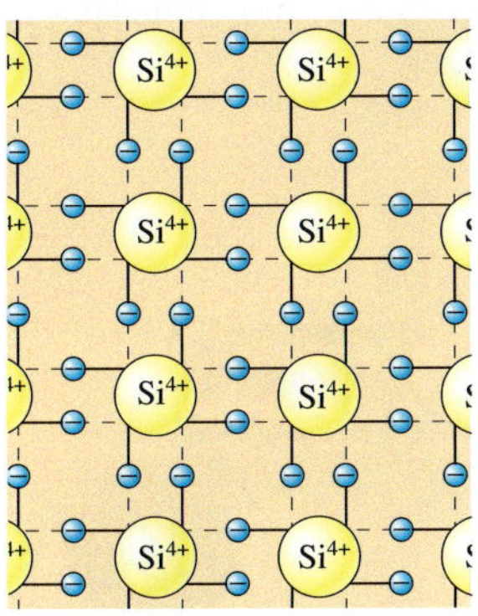

9 Silicium bei niedriger Temperatur

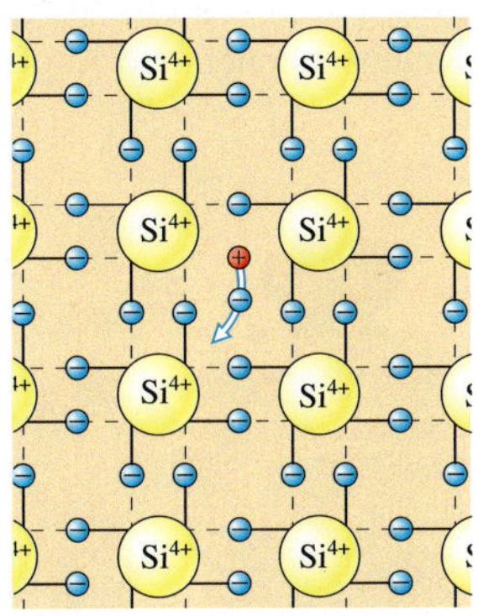

10 Silicium bei hoher Temperatur

Aus der Technik Sensoren im Auto

1 Sensoren im Auto

In jedem Mittelklassewagen stecken heute über 50 elektronische Sensoren, in Fahrzeugen der Oberklasse sogar mehr als 100. Manche sind vielleicht überflüssig und dienen nur dem Komfort: Sensoren für die Erkennung des Funkschlüssels, für die Qualität der Luft aus der Klimaanlage oder für die Warnung bei zu wenig Wischwasser und für den Scheibenwischer, der sich bei Regen einschaltet.
Ganz wichtige Sensoren überwachen den Motor, sorgen für optimale Kraftstoffverbrennung und kontrollieren die Abgase. Es gibt Sensoren für Druck, Zündtemperatur, Luftmenge, Drehzahl, Ölfüllstand und -qualität, Abgaszusammensetzung (Lambda-Sonde) …
Andere elektronische Bauteile dienen der Fahrsicherheit und haben die Zahl schwerer Unfälle deutlich verringert. Inzwischen besitzen nämlich fast alle Neuwagen Airbags, ein Antiblockiersystem (ABS) und ein elektronisches Stabilitätsprogramm (ESP).
Heute ist das Risiko, bei einem Autounfall zu sterben, zehnmal kleiner als um 1970 – obwohl damals viel weniger Autos unterwegs waren. Mehr Sicherheit brachten vor allem Sicherheitsgurte und -lenksäulen, Knautschzonen und Kopfstützen.

Unfallsichere Autos Im Auto der Zukunft wird der Fahrer gleich mehrere elektronische Assistenten haben. Sie helfen ihm bei der Vermeidung von Unfällen und helfen beim zentimetergenauen Einparken.

Beispiele: Sie bemerken Hindernisse und führen Notbremsungen automatisch durch, falls der Fahrer nicht reagiert.
Sie erkennen Verkehrsschilder (Geschwindigkeitsbegrenzung, Überholverbot) und warnen den Fahrer, falls er sie nicht beachtet.
Sie korrigieren jede zu heftige Lenkbewegung, durch die das Auto ins Schleudern käme.
Sie kennen im Voraus den Verlauf aller Straßenkurven und können so das Fahrzeug rechtzeitig abbremsen.
Sie tasten mit ihren Sensoren ständig den Raum ums Auto herum ab und verhindern bei Gefahr den Wechsel der Fahrspur.
Sie beobachten den „toten Winkel" auch dann noch, wenn das Auto längst steht: Nähert sich jetzt ein Radfahrer, so blockieren sie das Öffnen der Türen.
Sie verstellen die Stoßdämpfer, wenn sie Bodenwellen oder Löcher in der Fahrbahn erkennen.

Das alles kann nur funktionieren, wenn die Assistenten
- „Augen",
- ein schnelles Computergehirn zur Auswertung der Bilder und
- Mechanik zum Eingreifen besitzen.

Die elektronischen Augen sehen übrigens unterschiedlich weit: der Radarsensor bis 200 m, die Infrarotkamera bis 150 m, Videokamera bis 80 m und Ultraschallsensoren bis 4 m. ↑3, 4
Alle hier beschriebenen Fahrer-Assistenz-Systeme gibt es übrigens schon. Einige sind noch in der Testphase, andere kann man längst als Sonderausstattung bestellen.

2 Ein Beschleunigungssensor lässt sich mit ganz einfachen Mitteln als Modell nachbauen.

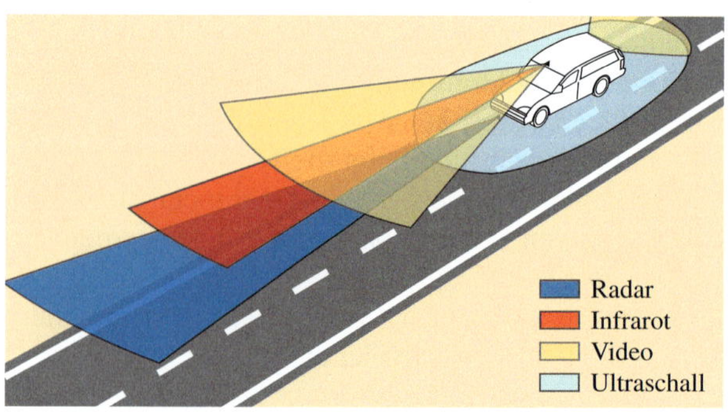

3 Die „Augen" des Autos sehen unterschiedlich weit.

4 Das Auto sieht, was du nicht siehst.

1 Nenne alle Sinne, die man beim Autofahren braucht.
2 Plane und baue das Modell einer Füllstandsanzeige für Benzin oder Motoröl.
3 Bei Unfällen tritt ein Gurtstraffer in Aktion. Blitzschnell verbindet sein mechatronisches System den Fahrer noch fester mit dem Sitz. Informiere dich, welche Gefahren durch die Systeme ABS und ESP verringert werden.
4 Wird es demnächst „unfallsichere“ Autos geben? Begründe deine Meinung.
5 Beschreibe die verschiedenen „Augen“ der zukünftigen Autos. Erkläre am Beispiel von Bild ↑3 ihren Nutzen.

Aufgaben

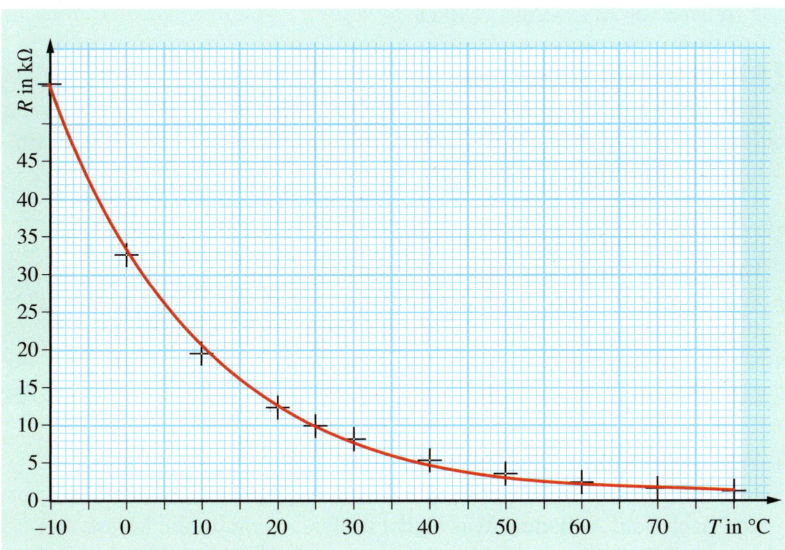

5 Kennlinie eines Sensors

1 Erkläre, was du unter einem Sensor verstehst.
2 Zum Fahrradtacho gehört ein Reedkontakt an der Gabel des Vorderrads. Er wird von dem Magneten an der Speiche geschaltet. Was verrät dieser Sensor dem Tacho?
3 Bei einem Sensor wurde der Widerstand bei verschiedenen Temperaturen gemessen. Die Messkurve bezeichnet man als Kennlinie des Sensors. ↑5
a Beschreibe die Eigenschaft des Sensors in einem Satz. Um welches Bauteil handelt es sich?
b Lies den Widerstand des Sensors bei 25 °C (–10 °C, 50 °C) ab.

Informationen aufnehmen und ausgeben

1 Computer verarbeiten Informationen

Zur elektronisch unterstützten Kommunikation werden eine Vielzahl von Ein- und Ausgabegeräten genutzt. Mikrofone nehmen die Sprache auf, Lautsprecher senden Musik oder Sprache. Tastaturen erlauben die Eingabe von Daten. Monitore geben Texte oder Bilder aus.
In Ein- und Ausgabegeräten werden einige wenige physikalische Prinzipien angewendet – oft die elektromagnetische Induktion und die Fähigkeit von Kondensatoren, Elektrizität zu speichern. Den Geräten selbst kann man das nicht ansehen. Auch sind die Bauteile heute so klein und oft in winzige Schaltungen eingebaut, dass sie kaum erkennbar sind.

Experimente

1 Ein Telefon ohne Batterie
Baue das batterielose Telefon von Bell im Modell nach. Benutze dazu zwei moderne Hörkapseln. Erprobe die Übertragung ins Nachbarzimmer. ↑2

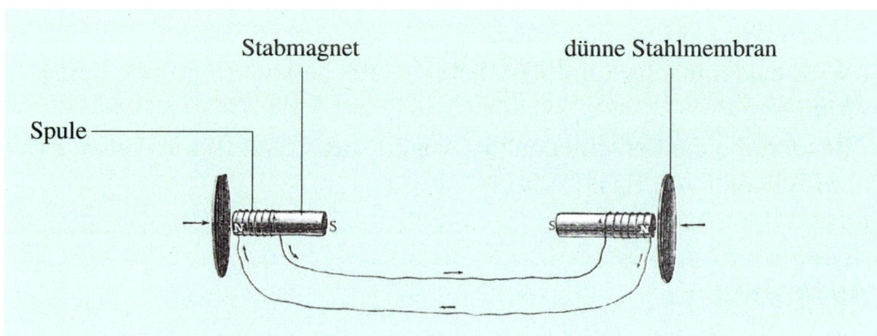

2 Telefon von Alexander G. Bell

2 Schall erzeugt Spannungen
Schließe eine Hörkapsel direkt an ein Oszilloskop an (also ohne Batterie im Stromkreis). Sprich oder singe hinein. Beschreibe, was du auf dem Bildschirm siehst. ↑3

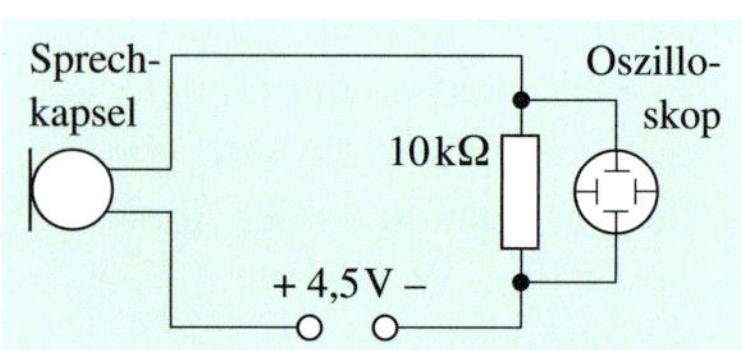

3 Schaltung

3 Unterschiedliche Kondensatoren
Untersuche den Kondensator im Gleichstromkreis: ↑4

a Was beobachtest du, wenn der Schalter in Stellung ① gebracht wird? Was geschieht, wenn du ihn danach in Stellung ② bringst?

b Verwende Kondensatoren mit folgenden Aufschriften: 10 000 µF (Mikrofarad), 470 µF, 1 µF.

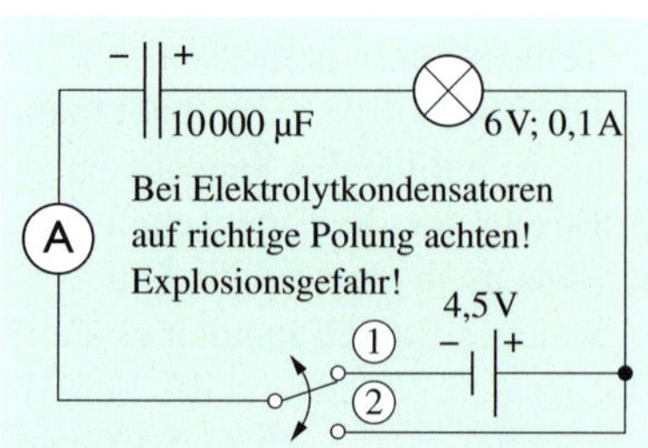

4 Kondensator im Gleichstromkreis

4 Was „behält“ ein Kondensator?
Miss die Spannung zwischen den Anschlüssen eines Kondensators vor und nach dem Aufladen. Was stellst du fest, wenn du die Messwerte mit der zum Laden benutzten Batterie vergleichst?

GRUNDLAGEN: Informationen aufnehmen – Mikrofone

Der Schall trifft in Form von Verdichtungen und Verdünnungen der Luft auf die Membran, die sich im Rhythmus des Schalls mitbewegt. Mikrofone wandeln Schallwellen in elektrische Signale um. ↑5

5 Mikrofon und analoges Signal

Dynamische Mikrofone Eine leichte, bewegliche Membran nimmt die Schallwellen auf. Sie ist mit einer Spule verbunden, die sich in einem konstanten Magnetfeld bewegen kann. Von den Enden der Spule führen Leitungen weiter zur Bearbeitung der elektrischen Signale.
Trifft der Schall auf die Membran, bewegt sich auch die Spule im Magnetfeld und in ihr wird eine elektrische Spannung induziert. Diese Induktionsspannung verändert sich entsprechend der Schallwelle – sie bildet den Schall analog ab. ↑6
Das elektrische Signal wird entweder direkt als analoges Signal weitergeleitet oder in ein digitales Signal umgewandelt.

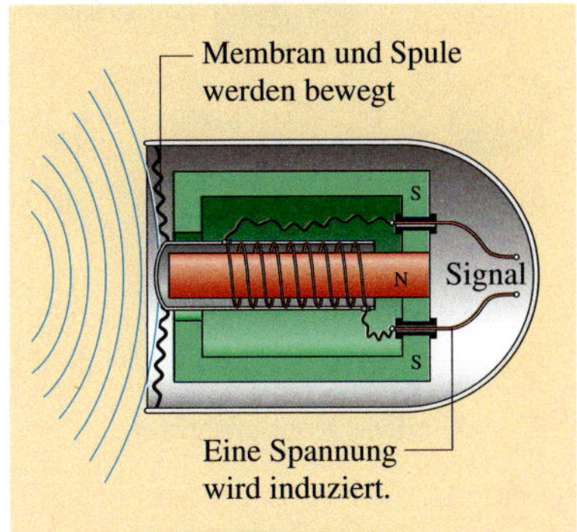

6 Dynamisches Mikrofon

Kondensatormikrofone Eine hauchdünne, leicht bewegliche Membran – meist aus einer metallbedampften Kunststofffolie – ist so vor einer Metallplatte montiert, dass ein winziger Luftspalt dazwischen bleibt. ↑7
Die Membran und die Metallplatte bilden zusammen die beiden Elektroden eines Kondensators, wobei der Luftspalt als Trennschicht dient. An beide Elektroden wird eine konstante Spannung angelegt, durch die sie elektrisch aufgeladen werden.

Treffen Schallwellen auf die Membran, versetzen sie diese in Schwingungen. In diesem Rhythmus verändert sich der Abstand zwischen den Elektroden und somit auch das elektrische Feld des Kondensators. Im Stromkreis fließt dadurch ein elektrischer Strom, der sich analog zur Feldänderung und somit auch analog zu den Schallwellen ändert. Durch eine Verstärkerschaltung wird aus dem winzigen fließenden Strom ein brauchbares Signal gemacht. Kondensatormikrofone sind leistungsfähiger und empfindlicher als dynamische Mikrofone.

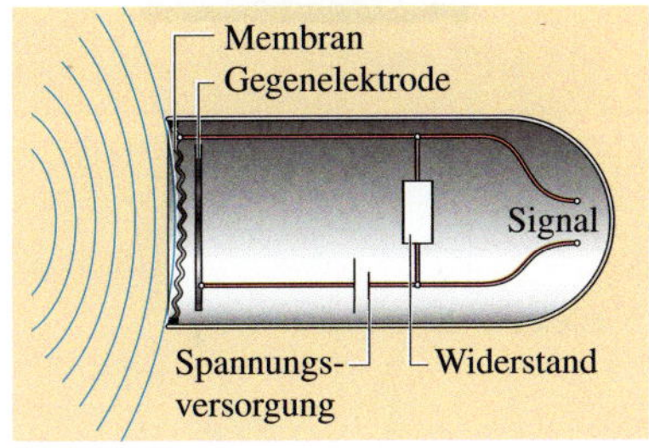

7 Kondensatormikrofon

Aufgaben

1 Warum ist das Kondensatormikrofon empfindlicher als das dynamische Mikrofon? Beachte dabei vor allem die Masse der beweglichen Teile.

2 Vergleiche Kondensatormikrofon und dynamisches Mikrofon hinsichtlich der Stromversorgung.

3 Ein Lautsprecher als „Mikrofon"

a Schließt den Lautsprecher an ein empfindliches Messgerät ($U < 0{,}3\,V$) an. ↑8 Stellt es auf Gleichspannung ein. Sprecht nun mit kräftiger Stimme in euer „Mikrofon". Beobachtet dabei das Messgerät. Verändert eure Lautstärke.

b Stellt das Messgerät auf Wechselspannung um. Sprecht wieder in das „Mikrofon" …

c Messt die Wechselspannung mit einem Computer. Lasst sie euch in einem Diagramm anzeigen. Beschreibt und erklärt das Ergebnis.

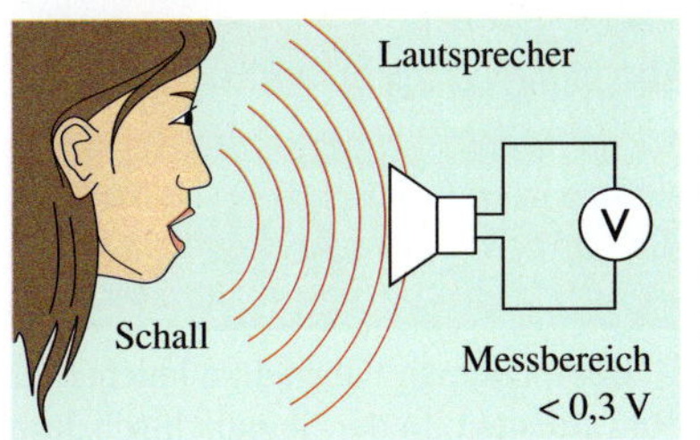

8

Aus der Technik Der Kondensator

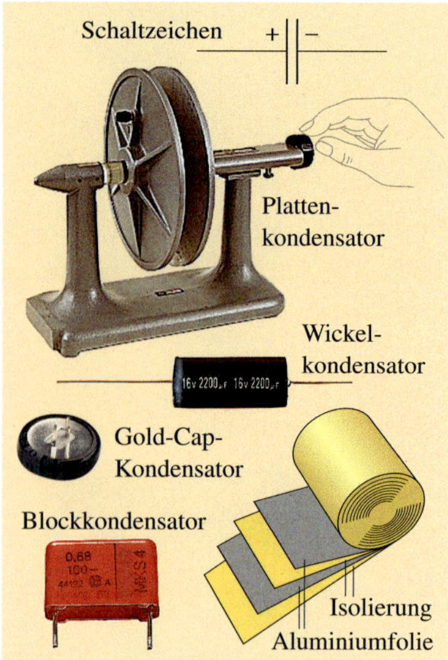

1 Verschiedene Kondensatoren

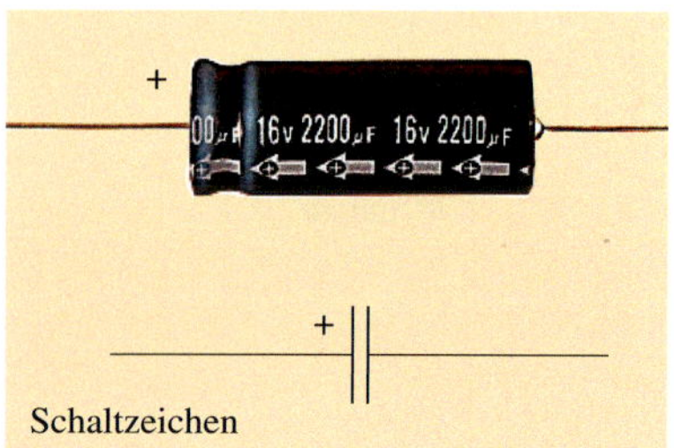

2 Elektrolytkondensator

Zwei Metallplatten oder -folien, die isoliert einander gegenüberstehen, haben eine interessante Eigenschaft: Schließt man sie an eine Batterie an, so fließen elektrische Ladungen – und mit ihnen Elektrizität – auf die Metallplatten. Auf den Platten stehen positive und negative Ladungen einander gegenüber.
Trennt man nun die Platten von der Batterie, so stehen die Ladungen auf den Platten weiterhin einander gegenüber. Die Platten sind geladen. Elektrizität ist durch sie im elektrischen Feld gespeichert.
Ein solches Platten- bzw. Folienpaar nennt man Kondensator (Verdichter). ↑1

Je nachdem wie groß die Flächen der Platten bzw. Folien sind und je nach Art der Isolierung zwischen den Platten, können Kondensatoren mehr oder weniger Elektrizität speichern.

Schließt man die geladenen Platten anschließend an ein Lämpchen an, können sich die Ladungen wieder ausgleichen. Es fließt kurzzeitig ein elektrischer Strom. Das Lämpchen leuchtet auf.

Bei vielen Kondensatoren ist ein Anschluss gekennzeichnet. ↑2 Beim Laden muss hier der gleichnamige Pol der Batterie angeschlossen werden. Vorsicht: Beim Vertauschen der Polung können manche Kondensatoren explodieren!

Die Kapazität Verschiedene Kondensatoren lassen sich durch ein und dieselbe Batterie verschieden stark aufladen. Das liegt an ihrem unterschiedlichen „Fassungsvermögen". Dieses bezeichnet man als Kapazität.

Ein Kondensator mit größerer Kapazität kann bei gleicher Spannung mehr Elektrizität speichern als ein Kondensator mit geringerer Kapazität.

Die Kapazität gibt man zu Ehren des Physikers MICHAEL FARADAY in der Einheit 1 Farad (1 F) an. Meist verwendet man in der Technik Kondensatoren mit sehr viel kleineren Kapazitäten als 1 F.

Millifarad (mF): 1000 mF = 1 F
Mikrofarad (µF): 1000 µF = 1 mF
Nanofarad (nF): 1000 nF = 1 µF
Pikofarad (pF): 1000 pF = 1 nF

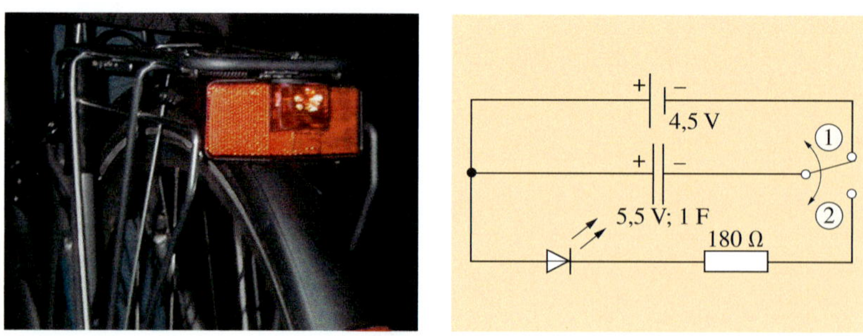

3 Bei modernen Fahrrädern leuchtet das Rücklicht auch dann weiter, wenn das Rad stillsteht. In der Standlichtschaltung steckt ein Kondensator.

1 Baue das Fahrradstandlicht in einem Modellversuch nach. ↑3 Benutze dazu einen Gold-Cap-Kondensator (1 Farad, 1 F). Lade den Kondensator 5 s lang auf. Wie lange leuchtet die LED?

GRUNDLAGEN: Informationen aufnehmen – Tastaturen

Mechanische Tastatur Je nach Bauart verändert der Druck auf eine Taste einen unter der Taste befindlichen Widerstand oder das elektrische Feld in einem Kondensator. Das Signal der Taste wird an den Computer geschickt.

4 QWERTZ-Tastatur

5 Geöffnete Taste

Tastatur am Touchscreen Hier werden die Befehle durch ein Berühren der Glasoberfläche des Bildschirms mit den Fingern ausgelöst. Eine Bauart benutzt zwei beschichtete Glasplatten, auf denen leitfähige Streifen angebracht sind. ↑6, 7
An den Kreuzungspunkten stehen sich also zwei voneinander isolierte Leiter gegenüber. An alle Streifen wird eine Spannung angelegt. Die Kreuzungspunkte verhalten sich wie winzige Kondensatoren. Die Kapazität dieser Kondensatoren wird durch die Berührung mit dem Finger verändert. ↑8
Das führt zu einer Änderung der Spannung an den entsprechenden Enden der X- und Y-Streifen. Die Auswerteelektronik misst die Ströme und errechnet daraus die Koordinaten des Berührungspunkts und schickt die Information digital verschlüsselt weiter. ↑S. 405 ff.
Andere (resistive) Touchscreens reagieren auf Druck. Hier wird der elektrische Widerstand gemessen, um die Position der Druckstelle zu ermitteln.

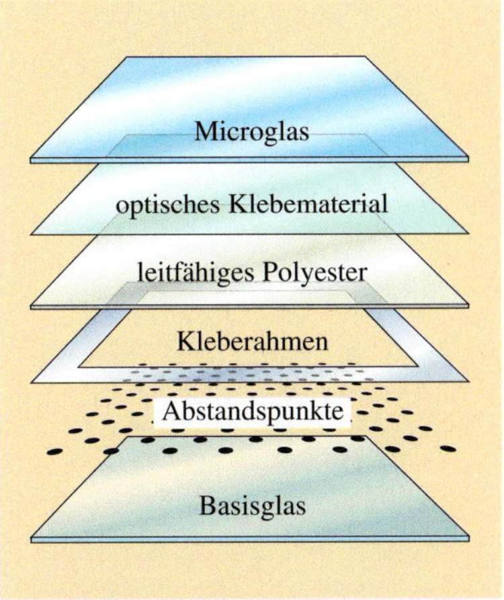

6 Aufbau Touchscreen

7 Touchscreen

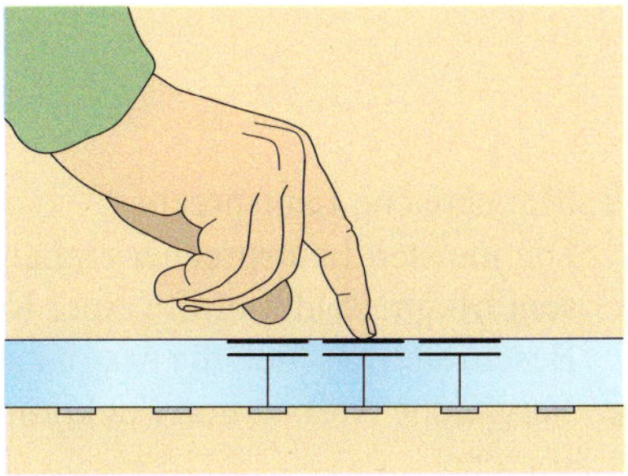

8 Funktionsweise

9 Projektionstastatur

Projektionstastaturen Bei dieser Form wird ein projiziertes Tastenfeld auf einer beliebigen ebenen Oberfläche erzeugt. ↑9
Über Infrarotsensoren oder eine Kamera erkennt das Gerät, wenn eine „Taste" berührt wird. Die Geräte arbeiten also mittels Bildverarbeitung und leiten die Information an den Computer weiter.
Im Praxistest zeigte sich die Bedienung recht gewöhnungsbedürftig. Tastenanschläge sind nicht in den Fingern spürbar, sondern nur als Klick im Lautsprecher zu hören.

GRUNDLAGEN: Informationen abgeben – Lautsprecher

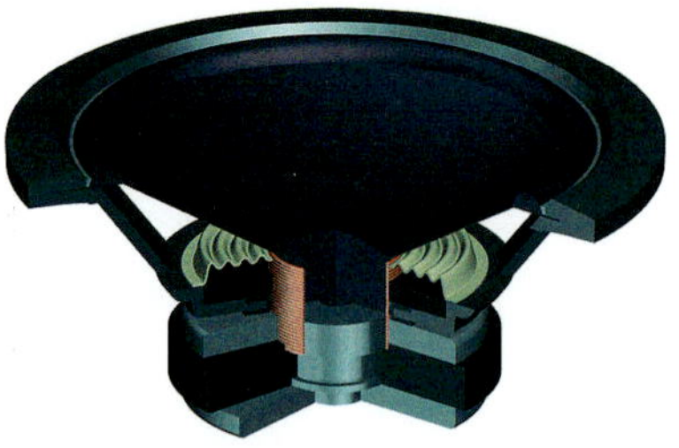

1 Lautsprecher

Ein Lautsprecher soll das Umgekehrte wie ein Mikrofon bewirken. Er wandelt elektrische Signale in Schall um. Deshalb besteht ein Lautsprecher prinzipiell aus genau den gleichen Bauteilen wie ein dynamisches Mikrofon. ↑1, 2

Eine beweglich aufgehängte, meist trichterförmige Membran ist mit einer Spule verbunden. Die Spule schwebt in einem konstanten Magnetfeld. An die Enden der Spule wird das analoge elektrische Signal angelegt.

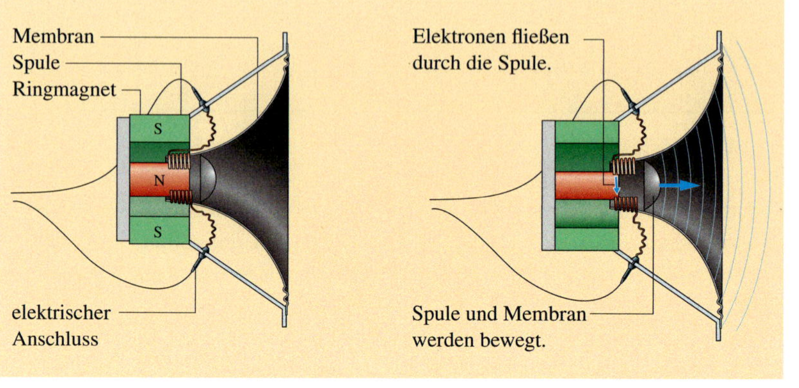

2 Aufbau und Funktionsweise eines Lautsprechers

Die Spannung des elektrischen Signals ändert sich im Rhythmus des zu übertragenden Schalls. Im gleichen Rhythmus schwanken auch die elektrische Stromstärke und die Stärke des Magnetfelds der Spule. Das sich verändernde Magnetfeld der Spule reagiert mit dem konstanten Magnetfeld. Die Bewegung der Spule und mit ihr die Membran folgt so dem Rhythmus der angelegten Spannung. Die Membran überträgt den Schall auf die umgebende Luft – sie wird zur Schallquelle.

Aufgaben

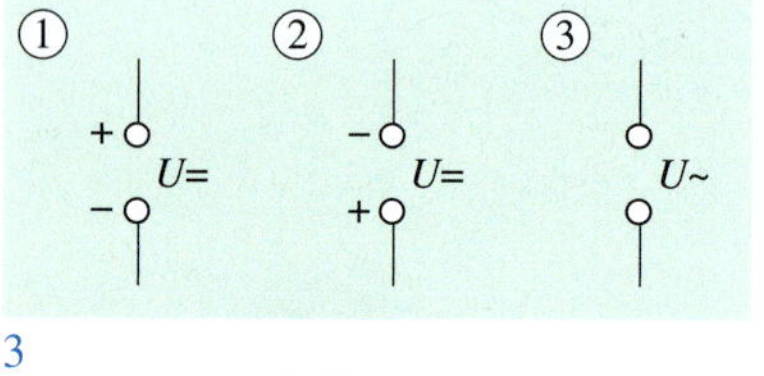

3

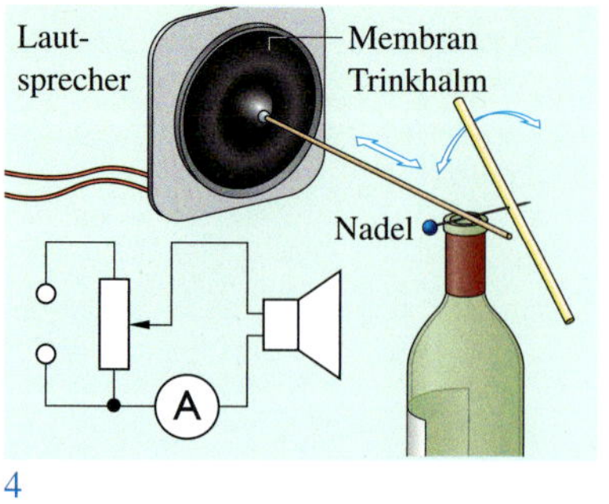

4

1 Magnetische Lautsprecher?
Die meisten Lautsprecher enthalten einen Dauermagneten. Untersucht sein Magnetfeld mithilfe einer Kompassnadel.
Beschreibt, wo sich die Magnetpole befinden.

2 Vergleiche Aufbau und Funktionsweise von Mikrofon und Lautsprecher.

3 Der Lautsprecher wird an verschiedene elektrische Energiequellen angeschlossen. ↑3
Beschreibe jeweils, wie sich die Membran bewegt.

4 Membran – genauer betrachtet
Die Membran des Lautsprechers bewegt sich, wenn sich die Stromstärke ändert. Das könnt ihr in einem Versuch untersuchen. ↑4

a Ändert die Stromstärke und beobachtet den Trinkhalm.

b Vertauscht die Polung an der elektrischen Energiequelle. Beachtet auch die Polung am Messgerät.

Digitale Welt

5

Informationen werden heute digital gespeichert, verarbeitet und übertragen. Was ist mit „digital" gemeint? Wie funktioniert diese Technik? Welche Vorteile hat sie?

GRUNDLAGEN: Bit und Bytes

Damit Informationen elektronisch transportiert, gespeichert und verarbeitet werden können, müssen sie zu einfachsten Signalen umgeformt werden. In der Elektrizität sind die einfachsten Signale:
- Spannung bzw. Strom ein
- Spannung bzw. Strom aus

Bezeichnet man einen Zustand mit 1 und den anderen mit 0, so hat man zwei Zahlen zur Informationsübertragung zur Verfügung. Diese kleinste Informationseinheit kann man mit einem Schalter darstellen: Ist er geschlossen, so bedeutet das 1, ist er geöffnet 0. Diese kleinste Information heißt Bit. Ein Bit beschreibt also zwei Zustände.
Mit zwei Bit lassen sich vier verschieden Zustände erfassen: 00, 01, 10 oder 11. Mit drei Bit sind es acht Zustände.

Man fasst bei der Informationsübertragung 8 Bit zu einem Byte zusammen. Mit einem Byte lassen sich 256 Variationen von 0 und 1 darstellen. Das reicht für viele Anwendungen aus.

Die Zahlen des Dezimalsystems lassen sich dual – also nur mit zwei Zahlen – in einem Byte so darstellen:
Lautet die Messung z. B. $U = 14$ V, so ist die Darstellung des Messwerts im dualen System als Byte: $U = 00001110$ V.

Auch jeder Buchstabe einer SMS-Nachricht wird im Handy durch ein Byte gespeichert und auch als ein Byte gesendet. Das große „A" wird z. B. in „01000001" gewandelt.
Das System, mit dem die Informationen den Bytes zugeordnet werden, nennt man Binärcode.

Aus der Mathematik Das Dualsystem

Normalerweise rechnen wir im Dezimalsystem. Dieses System verwendet die Ziffern 0, 1, 2 … 9. Je nachdem, an welcher Stelle einer Zahl die Ziffer steht, hat sie einen andern Wert: ein Vielfaches von 1, 10, 100 …, was sich auch als Potenzen von 10 darstellen lässt.

Beispiel:

Dezimalzahl	$1000 = 10^3$	$100 = 10^2$	$10 = 10^1$	$1 = 10^0$
3456	$3 \cdot 1000$	$4 \cdot 100$	$5 \cdot 10$	$6 \cdot 1$

Auch im Dualsystem hat jede der beiden Ziffern 1 und 0 je nach Stelle einen anderen Wert: 1, 2, 4, 8, 16 …, diese Zahlen lassen sich als Potenzen von 2 ausdrücken.

Beispiel:

Dezimalzahl	$8 = 2^3$	$4 = 2^2$	$2 = 2^1$	$1 = 2^0$	Dualzahl
0				0	0
1				1	1
2			1	0	10
3			1	1	11
4		1	0	0	100
5		1	0	1	101
6		1	1	0	110
7		1	1	1	111
8	1	0	0	0	1000
9	1	0	0	1	1001

Aufgaben

1 Beschreibe, wie mit dem Handy Informationen übertragen werden.

2 Welche Speichermedien für Musik kennst du? Recherchiere, auf welche Weise die Daten in verschiedenen Speichern aufbewahrt werden.

3 Nenne Beispiele, in denen du Informationen bearbeitest.

4 Bei welchen Speichermedien können die Daten vom Benutzer nur gelesen, aber nicht verändert werden?

5 Wie viele Bücher „passen“ wohl auf eine Speicherkarte mit 64 Gigabyte? *Tipp:* Für jedes Zeichen braucht man 1 Byte. Ein Roman hat auf jeder Seite rund 1500 Zeichen.
Beantworte die folgenden Fragen durch Rechnungen:

a Wie viele Zeichen (Buchstaben, Ziffern, Satz- und Leerzeichen) können auf einem E-Book-Reader mit einem 64-GB-Speicher gespeichert werden?

b Wie viele Romanseiten wären das?

c Wie viele Romane (je 500 Seiten) könnte man auf der Karte speichern?

6 Aus Sprache werden Zahlen

a Beschreibe, was man in der digitalen Welt unter einem Bit versteht.

b Eine Stimmgabel wird angeschlagen und vor ein Mikrofon gehalten. Das Mikrofon ist an einen Computer angeschlossen. Skizziere das analoge und das digitale Signal zum Ton der Stimmgabel.

c Das digitale Signal wird in eine Folge von 8-stelligen Dualzahlen umgewandelt. Eine davon lautet: 01011001. Welcher Spannung (in mV) entspricht das? Erläutere deine Rechnung.

d Wie viele unterschiedliche Zeichen (Buchstaben und Zahlen) kann man mit 8-stelligen Dualzahlen speichern?

e Moderne Computer rechnen mit 64-stelligen Dualzahlen. Stelle Vermutungen an, welche Vor- und Nachteile das Rechnen mit 64 statt 8 Bit hat.

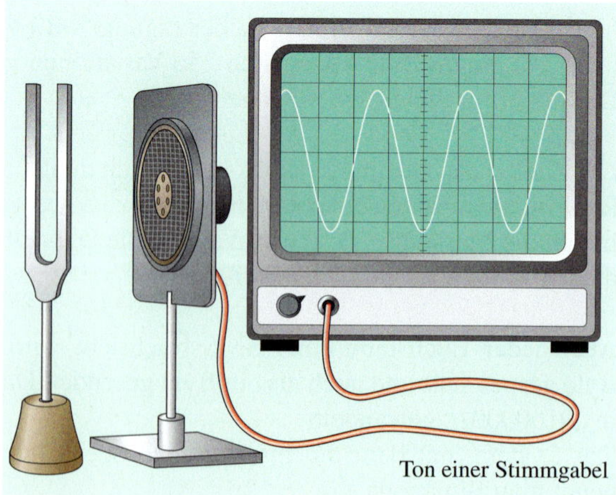

1 Stimmgabel und Mikrofon

GRUNDLAGEN: Analoge und digitale Signale

Mit einem Mikrofon werden Schallschwingungen in elektrische Signale umgewandelt. Das Oszilloskop zeigt den Verlauf der von diesen Signalen erzeugten elektrischen Spannung. ↑2

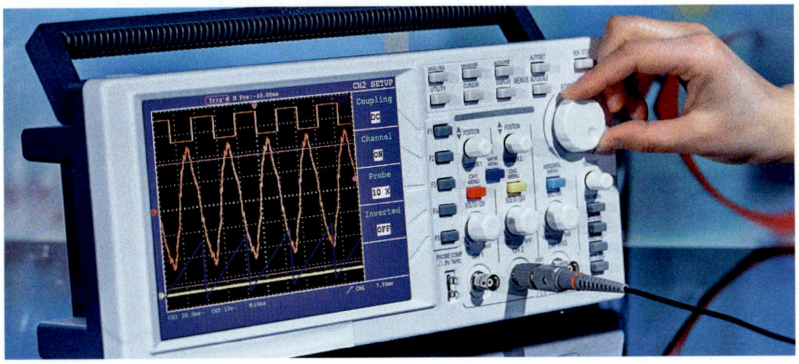

2 Analoge Signale am Oszilloskop

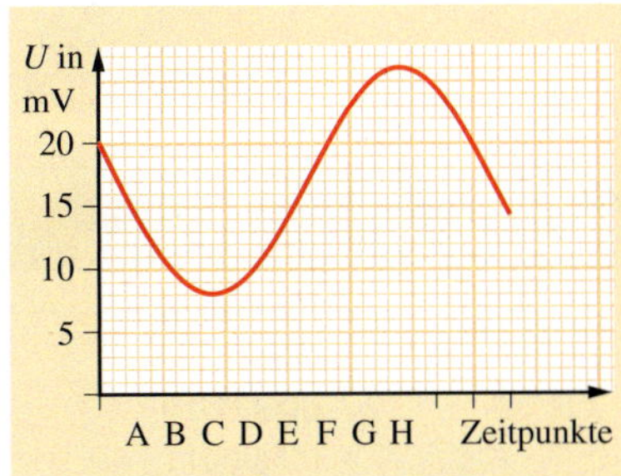

3 Analoges Signal

Diese Schwingungskurve ist ein Beispiel für ein analoges Signal (griech. *analogos:* entsprechend). Das Signal ändert sich stufenlos. Die Schwingungskurve besteht aus unendlich vielen Punkten. ↑3
Eine digitale Darstellung der Schwingungskurve erhält man, wenn man die Punkte der Kurve nicht kontinuierlich, sondern in gleichmäßigen Zeitabständen elektronisch misst. ↑4
Dabei zählt nur die Zahl vor dem Komma: 14,0 mV, 14,1 mV … 14,9 mV ergeben alle die Zahl 14. Zwischen zwei Messungen behält man einfach die gerade eben ermittelte Zahl bei. ↑5

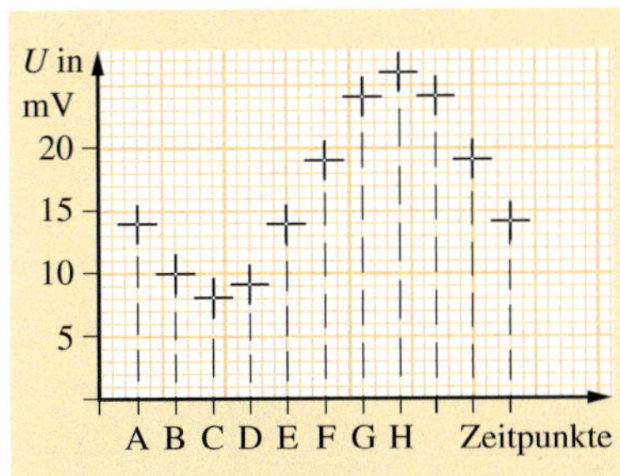

4 Einzelne Messungen

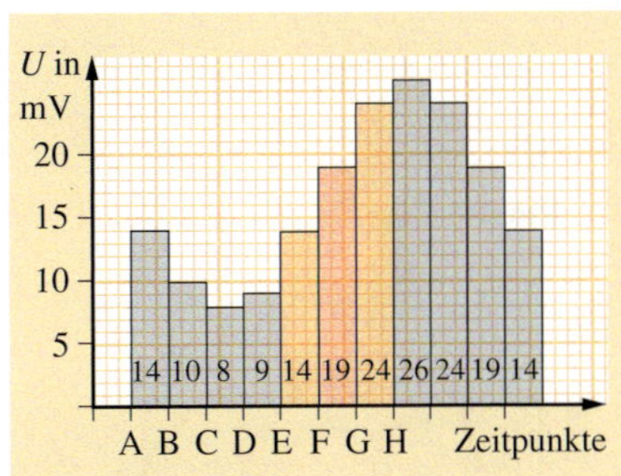

5 Digitales Signal

Analoge Signale ändern sich stufenlos.
Digitale Signale ändern sich in festen Stufen von ganzen Zahlen.

Das digitale Signal wird schließlich vom Computer in eine Folge von Dualzahlen umgewandelt.
Digital kommt vom lateinischen Wort *digitus* für Finger. Kinder (und oft auch Erwachsene) benutzen ihre Finger zum Zählen. Geknickte Finger für Bruchzahlen verwendet man nicht. Beim digitalen Signal ist es ähnlich: Es sind nur ganze Zahlen ohne Kommastellen erlaubt.

Digitale Signale mit höherer Auflösung Das digitale Signal enthält viel weniger Informationen als das analoge Signal. Der Computer nimmt nur taktweise, d. h. zu bestimmten Zeitpunkten, Signale auf. Je kleiner die Zeitabstände sind, desto genauer entspricht das digitale Signal dem analogen. Um Kommastellen zu vermeiden, wählt man die Maßeinheit so, dass keine Kommas auftreten. Das kennt man von der Längenmessung: Ein DIN-A4-Blatt ist 29,7 cm hoch. Wenn man in Millimetern misst, erhält man als Zahlenwert 297. ↑6

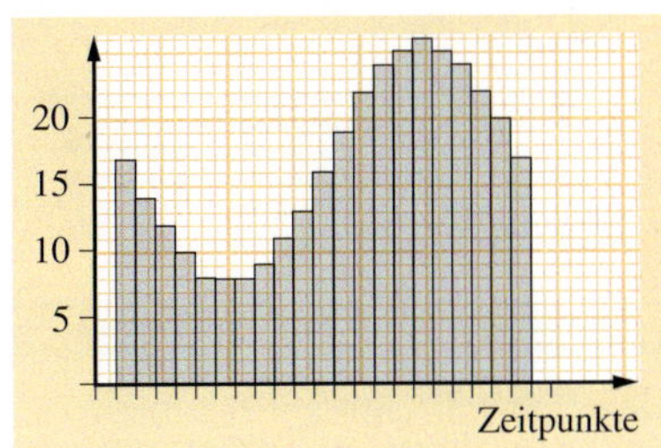

6 Kleinere Zeitabstände beim Messen

Ein digitales Signal entspricht dem analogen Signal umso mehr:
- **je kleiner die Zeitabstände zwischen zwei Messungen sind**
- **je kleiner die Stufen sind, in denen das Signal gemessen wird**

Aufgaben

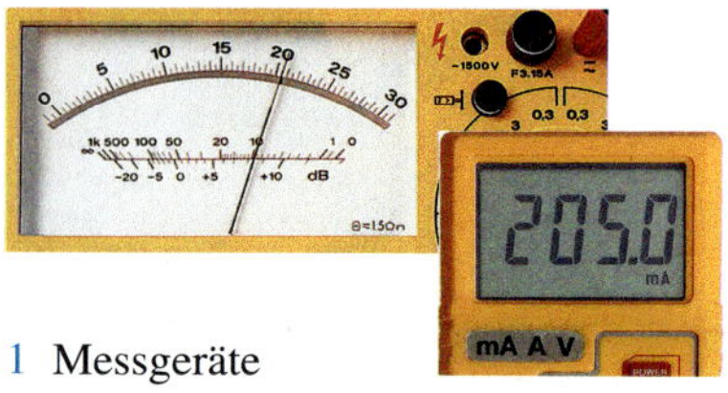

1 Messgeräte

Dezimalzahl	Dualzahl (8 Bits)
0	00000000
1	00000001
2	00000010
3	00000011
4	00000100
5	00000101
6	00000110
7	00000111
8	00001000
9	00001001

2 Zahlen umwandeln

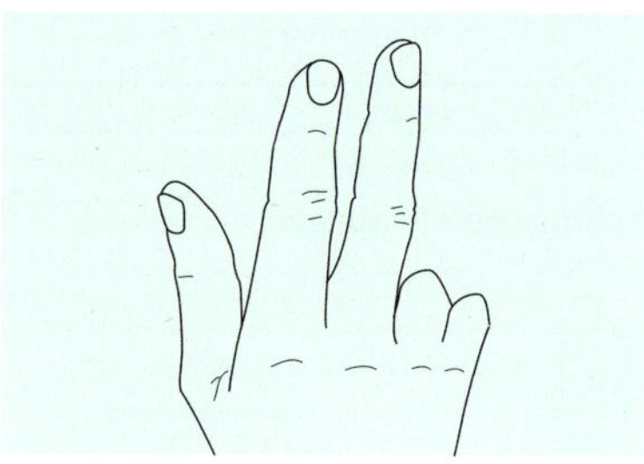

4 3 Finger 28

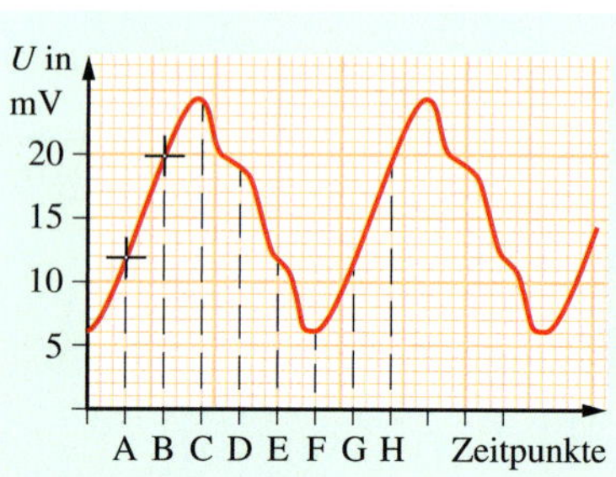

6 Flötenton inZahlen

	Dezimalzahl	Dualzahl
A	12	00001100
B	20	?
C	24	?
D	?	?

7 Flötenton als elektrisches Signal

1 Welches Messgerät misst analog, welches digital? Begründe deine Antwort. ↑1

2 Setze im Heft die Tabelle bis zur Dezimalzahl 32 fort. ↑2

3 Jeder Computer wandelt Texte in Dualzahlen um. ↑3
Setze die Tabelle für die nächsten drei großen und kleinen Buchstaben in deinem Heft fort.

Zeichen	Dualzahl (8 Bits)	Zeichen	Dualzahl (8 Bits)
A	01000001	a	01100001
B	01000010	b	01100010
C	01000011	c	01100011
D	01000100	d	01100100
E	01000101		

3 Buchstaben umwandeln

4 Wie viele Bit kann eine 1-Terrabyte-Festplatte speichern (1 Terra = $1 \cdot 10^{12}$)?

5 Moderne Technikkommt mit nur 2 Signalen aus.

a Beschreibe die Besonderheiten von analogen und digitalen Signalen.

b Beschreibe die Vorteile von dualen Signalen bei der Verarbeitung und Speicherung.

6 Du kannst auch Bilder in Dualzahlen umwandeln. ↑5 Die Kästchen sind entweder schwarz (1) oder weiß (0) gefärbt.

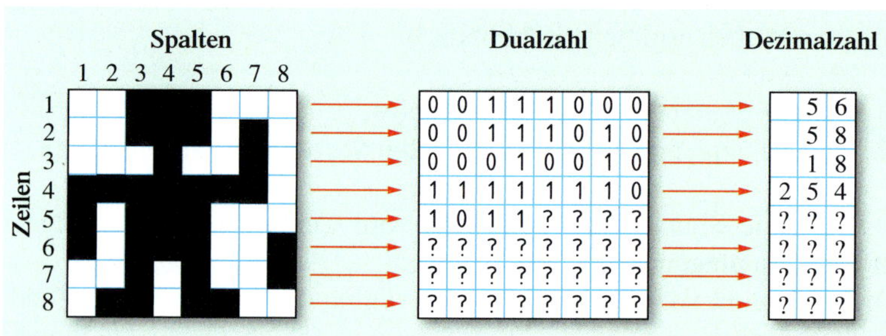

5 Ein Bild umwandeln

a Ergänze in deinem Heft die fehlenden Zahlen.

b Lege ein neues Quadrat mit 8 mal 8 Kästchen an. Zeichne das Bild zu folgenden Dezimalzahlen:
131, 1, 209, 133, 133, 193, 227, 195 (Zeilen von oben nach unten).

7 Jonas hat 28 Mitschüler. Seinem kleinen Bruder sagt er: „Ich kann meine Mitschüler an einer Hand abzählen." ↑4

a Erkläre, wie Jonas die Zahl anzeigt.

b Wie viele Mitschüler hast du? Zeige die Zahl ähnlich wie Jonas.

c Wie weit kannst du auf diese Weise mit fünf (zehn) Fingern zählen? Wie viele Finger brauchst du für die ganze Schule?

8 Das Mikrofon nimmt einen Flötenton auf.
Lies die Spannung zu den Zeitpunkten A–H ab. ↑6
Ergänze die Tabelle in deinem Heft. ↑7

GRUNDLAGEN: Informationen aufnehmen – Digitalkamera

In unserem Auge erzeugt die Augenlinse auf der Netzhaut ein Bild unserer Umgebung. Die Netzhaut hat über 100 Millionen Sinneszellen, von denen aus der Bildeindruck durch Nerven ins Gehirn geleitet wird. In einer Digitalkamera erzeugt eine Linse zu jedem Gegenstandspunkt einen Bildpunkt auf dem Bildsensor. Der Bildsensor besteht aus einigen Millionen lichtempfindlichen Zellen, die man Pixel nennt. Es können auf einer Fläche von 6,2 mm × 4,6 mm mehr als 18 Millionen Pixel untergebracht sein. Die Pixel wandeln das einfallende Licht in elektrische Signale um. ↑9

8 Fast alle Handys sind mit einer Digitalkamera ausgestattet.

Auch der etwas eckig geratene Elefant ist aus quadratischen Pixeln zusammengesetzt. Das Bild besteht aus acht Zeilen und acht Spalten. Die Pixel sind entweder schwarz oder weiß. Wenn man jedes einzelne weiße Quadrat mit einer Null kennzeichnet und jedes schwarze mit einer Eins, lässt sich das Elefantenbild zeilenweise in achtstellige Dualzahlen – in Byte – umwandeln. Dieses Elefantenbild besteht aus 64 Pixeln. Je mehr Pixel ein Bild enthält, umso weniger eckig wirkt es. ↑10

9 Bildsensor unter dem Mikroskop

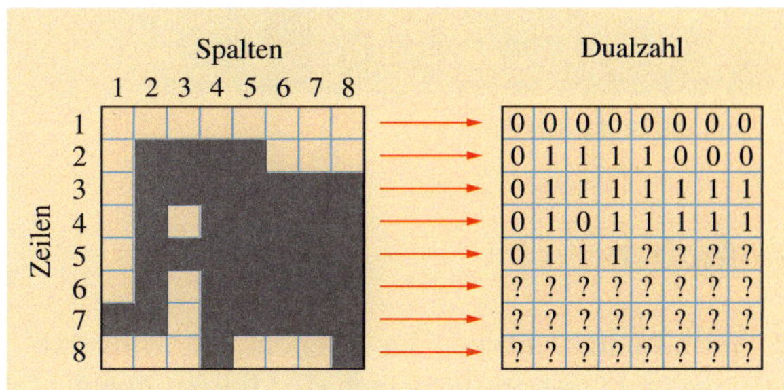

10 Codieren eines Bildes

Um auch Farben unterscheiden zu können, besteht jedes Pixel aus drei Sensoren. Jeder Sensor besitzt entweder einen Rot-, Grün- oder Blaufilter. ↑11 Jeder Sensor misst, wie viel Licht durch seinen Filter auf ihn gefallen ist. Danach werden alle Pixel von einer Auswertungselektronik in der Kamera ausgelesen. Ort und Helligkeitswert des Pixels werden in einer Bilddatei auf der Speicherkarte abgelegt. Alle Werte zusammen ergeben dann wieder Bildpunkte, die sich auf dem Monitor zu dem Bild zusammensetzen.

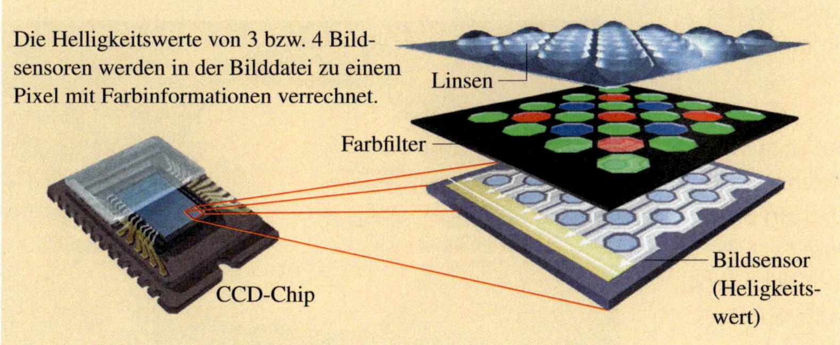

11 Bildsensor einer Digitalkamera

Informationen transportieren

1 Verkabelung eines Servers

IT – Informationstechnik meint nicht nur die Hard- und Software, sondern steht auch für Informations- und Datenverarbeitung. Damit Informationen verarbeitet werden können, müssen sie zuerst vom Sender zum Empfänger transportiert werden. Das kann über ein Kabel oder drahtlos – per Funk – geschehen.

Aufgaben

1 Vermittlungszentralen der Telekom, alle Universitäten und viele große Firmen sind bereits heute durch Glasfaserleitungen verbunden. In manchen Städten sind schon viele Straßen an das neue Netz angeschlossen. Nur auf den letzten Metern zu den Häusern liegen noch Kupferkabel. Beschreibe anhand der Grafik die Vorteile dieses technologischen Wandels für den Kunden. ↑2

2 Längst sind in allen Ozeanen der Erde Glasfaser-Seekabel verlegt. Eines verläuft von der Nordsee aus durchs Mittelmeer und den Suezkanal über Singapur bis Japan und Australien (Länge: 38 000 km). Jede seiner vier Glasfasern hat einen Durchmesser von nur 0,2 mm. Umgeben sind die Fasern von vielen Stahlseilen; sie machen das Kabel bis zu 6 cm dick. ↑3
Suche dafür eine Begründung.

3 Die Gespräche in Telefonkabeln kann man von „außen" abhören, weil elektrische Wechselströme immer Magnetfelder um den Draht herum erzeugen. Welchen Vorteil bieten Glasfasern?

4 Recherchiere, welche Datennetze mit Glasfasern verknüpft sind und wo noch elektrische Kupferleitungen verwendet werden.

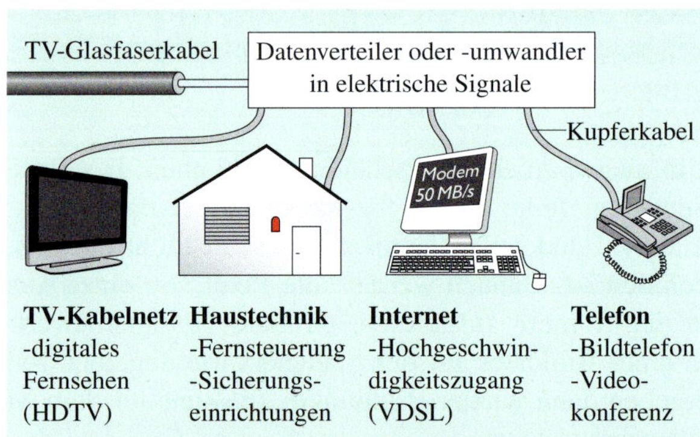

2 Datenübertragung durch Glasfasernetz

3 Glasfaser-Seekabel

GRUNDLAGEN: Signale übertragen – durch Funk

Informationsübertragung ist immer damit verbunden, dass Energie vom Sender zum Empfänger transportiert wird. Diesen Transport übernehmen beim Funk elektromagnetische Wellen. Sie durchdringen die Luft und das Weltall ähnlich wie das Licht, nur sind sie nicht sichtbar.

WLAN *(Wireless Local Area Network)* ist ein drahtloses lokales Funknetzwerk. Ein Sender (*Router* oder *Access Point*) stellt die Verbindung der Computer mit dem Internet her. Surfen per WLAN ist in den eigenen vier Wänden einfach und selbstverständlich geworden. ↑4

4 WLAN-Router

Bluetooth Wie mit WLAN kann man auch mit dem Bluetooth-System mehrere Geräte ohne Kabel verbinden und ein Netzwerk aufbauen. Bluetooth und WLAN funken zwar im gleichen Frequenzbereich, eignen sich jedoch für unterschiedliche Einsatzbereiche: Bluetooth wird meist gewählt, wenn zwei Geräte verbunden werden sollen, die sich in unmittelbarer Nähe zueinander befinden, z. B. Tastatur und Computer.

5 Bluetooth-Symbol am Laptop

6 Bluetooth-Headset

Aus der Technik Wie funktioniert Mobilfunk?

Handys treten niemals direkt miteinander in Verbindung. Auch dann nicht, wenn sie sich unmittelbar nebeneinander befinden. Vielmehr läuft das Gespräch immer über eine Funkstation, die Basisstation.
Von dort aus wird das Gespräch zu einer übergeordneten Vermittlungsstelle per Festnetzleitung oder Richtfunkstrecke und von dort aus zu dem Hauptverbindungscomputer des Netzbetreibers weitergeleitet.
Dieser Computer ist über den Standort aller Handys informiert und kann das Gespräch zu der Basisstation des Empfängers durchstellen. Dort werden auch die Gebühren berechnet. Damit der Hauptvermittlungsrechner immer weiß, wo sich alle Handys befinden, senden sie in regelmäßigen Abständen ein Ortungssignal.
Die Leistung eines sendenden Handys entspricht der Glühlampe einer schwachen Taschenlampe, Sendeantennen von Basisstationen bringen es auf die Leistung einer Nachttischlampe.
Die Sendeleistung der Handys wird automatisch geregelt: Wenn die Verbindung zur Basisstation sehr gut ist, sendet es mit geringer Leistung, statt mit 2 W z. B. nur mit 0,05 W. Je näher der nächste Sendemast steht, desto geringer ist die Handystrahlung am Kopf. In Häusern und im Auto sendet das Handy meist mit maximaler Energie. Als Anhaltspunkt über die zu

7

1

erwartende Belastung kann die Empfangsanzeige deines Handys dienen. Zeigt sie nur dürftigen Empfang an, ist mit hoher Sendeleistung zu rechnen. Das Handy muss mit hoher Leistung senden, um die Basisstation zu erreichen.
Beim Telefonieren mit dem Handy wirkt hochfrequente elektromagnetische Strahlung besonders auf den Kopf ein. Diese Energiezufuhr führt zur Erwärmung der bestrahlten Gebiete. Als Messgröße dient hier der SAR-Wert. Je niedriger dieser Wert ist, desto besser.
Die Strahlung, die beim Telefonieren mit dem Handy direkt am Kopf auftritt, ist normalerweise sehr viel stärker als die Strahlung, die uns von der nächsten Mobilfunkanlage erreicht.

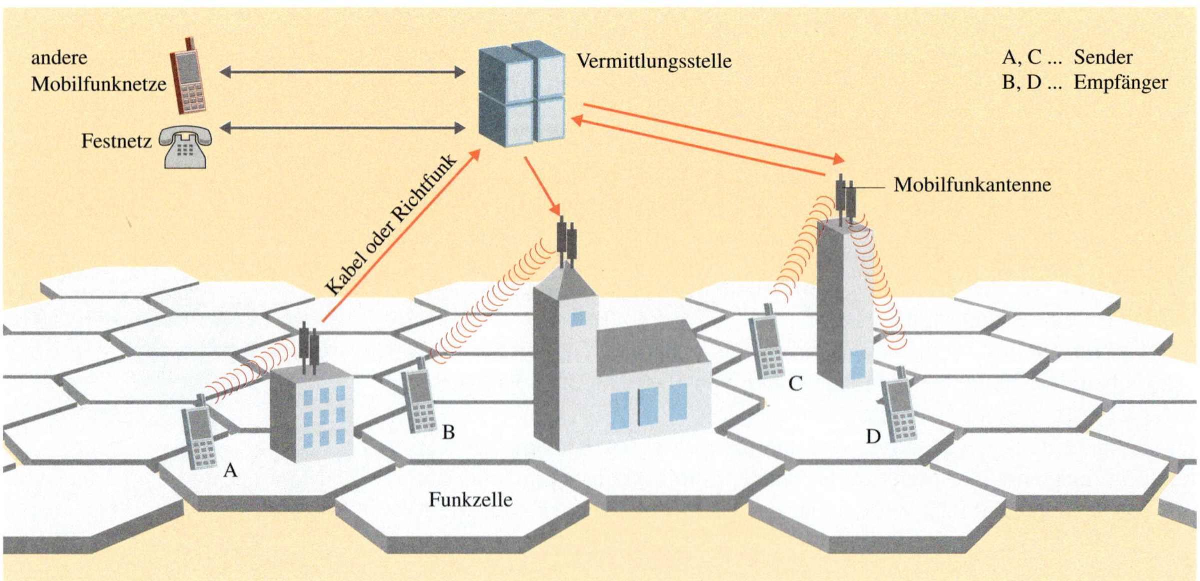

2 Mobilfunknetz

Elektromagnetische Wellen

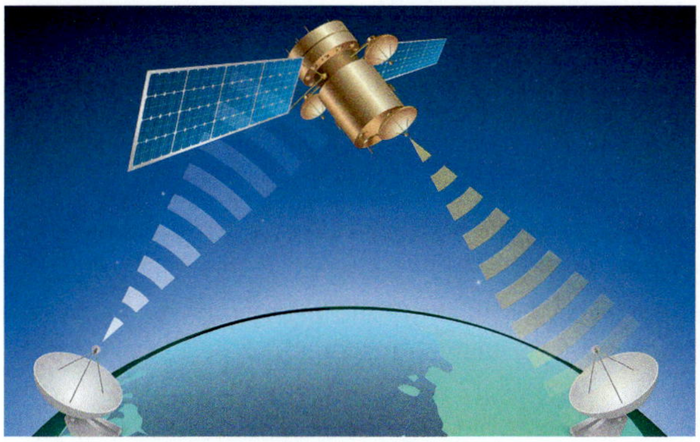

3 Drahtlose Kommunikation

Unser Leben in einer modernen Informationsgesellschaft ist ohne schnelle Kommunikation über große Entfernungen nicht mehr vorstellbar. So verbreiten sich Nachrichten z. B. durch Rundfunk, Fernsehen oder Mobilfunk rasend schnell in der ganzen Welt. Satelliten helfen bei der Wettervorhersage oder unterstützen uns bei der genauen Positionsbestimmung (GPS). Die technische Entwicklung der letzten hundert Jahre hat uns weitere elektrische, magnetische und elektromagnetische Felder beschert. Ist elektromagnetische Strahlung schädlich?

Experimente

Im elektrischen Haushaltsnetz steht uns eine Wechselspannung von 230 V mit einer Frequenz von 50 Hz zur Verfügung. Lässt sich außerhalb der Leitungen „etwas“ nachweisen?

1 Wir untersuchen die Umgebung von Kabeln und Geräten

a Es gibt „Spannungsprüfer“, die auch ohne Kontakt mit der Steckdose anzeigen, welcher Pol nicht geerdet ist. ↑4 Untersuche mit einem solchen Prüfer die Umgebung von Stromkabeln und Elektrogeräten.

b *(Lehrerversuch)* Eine Haushaltsglühlampe wird mit zwei einzelnen Leitern, die einen Abstand von mindestens 1 m haben, angeschlossen. In den nicht geerdeten Außenleiter ist ein Schalter eingebaut. Untersucht die Leiter bei geöffnetem und geschlossenem Schalter.

4 Untersuchungen mit dem Spannungsprüfer

2 Testgerät für elektrische Wechselfelder (Lehrerversuch)

Mit einer 6–10 cm langen „Stabantenne“ aus Kupferdraht und einem geerdeten, empfindlichen Messgerät für Wechselspannungen kann man ein Testgerät für elektrische Wechselfelder bauen. Stattdessen kann auch ein NF-Feldstärkemessgerät eingesetzt werden. ↑4
In einem Stromkreis liegen die Leiter weit auseinander. ↑5
Die Antenne des Testgeräts wird in die Nähe des nicht geerdeten Leiters gebracht und schrittweise vom Leiter entfernt. Wie ändert sich die Spannung im Testgerät? Was folgerst du?

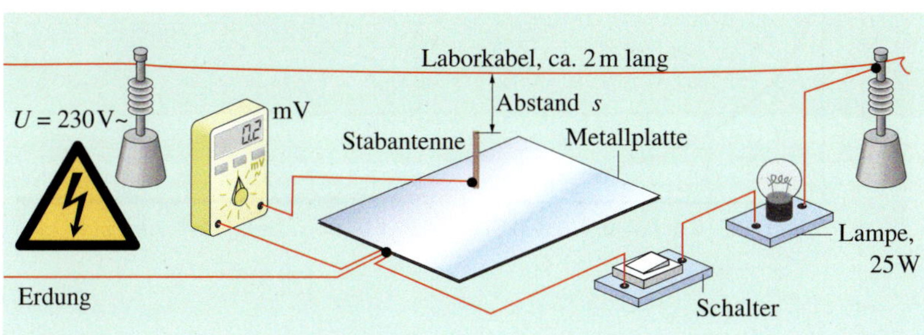

5 Versuchsaufbau

Schon gewusst?

Messen mit dem „Profigerät"

1 NF-Feldstärkemessgerät

Mit einem NF-Feldstärkemessgerät ↑1 lassen sich Wechselfelder im Haushalt und bei Überlandleitungen messen. In der Stellung „E" für elektrische Felder (50 Hz) können die ↑Experimente 1 und 2 auf der Seite ↑413 durchgeführt werden. Das Gerät misst dann die elektrische Feldstärke in der Einheit 1 Volt pro Meter.
Die Feldstärke 1 V/m herrscht zwischen zwei Platten, die einen Abstand von 1 m haben, wenn zwischen ihnen eine Spannung von 1 V herrscht.

Feld	Feldstärke
zwischen Erdoberfläche und aufgeladenen Luftschichten (Ionosphäre)	100 bis 500 $\frac{V}{m}$
Gewitterzentrum	3000 bis 20000 $\frac{V}{m}$
Haushaltsnetz (50 cm Entfernung)	0,1 $\frac{V}{m}$ bis 1 $\frac{V}{m}$

2 Elektrische Feldstärken (Beispiele)

GRUNDLAGEN: Elektrische Wechselfelder

Elektrisch geladene Gegenstände üben Kräfte aufeinander aus. Ein positiv und ein negativ geladener Gegenstand ziehen einander an, bei gleichnamiger Ladung stoßen sie einander ab. Die Kräfte wirken auch durch den leeren Raum. Man kann das so erklären: Jede Ladung ist von einem Raum umgeben, in dem geladene Körper oder Teilchen eine Kraft erfahren. Diesen Raum, mit dem sich ein geladener Körper umgibt, nennt man elektrisches Feld. Man kann dann sagen: Das elektrische Feld übt Kräfte auf geladene Körper oder Teilchen aus.
Felder unterscheiden sich nicht nur in ihrer Wirkungsrichtung, sondern die Kraft auf einen geladenen Körper kann unterschiedlich sein. Man spricht von unterschiedlicher Feldstärke.
Die Ströme in den Drähten unserer Elektrizitätsnetze werden durch elektrische Felder hervorgerufen. Die Felder sind nicht auf die Leiter beschränkt. Da die Elektronen mit einer Frequenz von 50 Hz hin- und herbewegt werden, ist das elektrische Feld im Leiter und seiner Umgebung ein Wechselfeld.

Den elektrischen Wechselstrom begleitet ein elektrisches Wechselfeld, das auch in der Umgebung des Leiters vorhanden ist.

Wie lassen sich elektrische Wechselfelder nachweisen? Handys, Radio- und Fernsehgeräte sind mit Antennen ausgestattet, die die elektrischen „Signale" auffangen. In ihnen werden kleine elektrische Ströme hervorgerufen, die man verstärken und messen kann.
Im Haushalt kann man in der Nähe einer Stromleitung ein elektrisches Wechselfeld nachweisen. Vergrößert man den Abstand des Messgeräts schrittweise, erkennt man, dass die elektrische Feldstärke schnell abnimmt.

In der Nähe von Haushaltsgeräten, Steckdosen und Leitungen gibt es elektrische Wechselfelder. Die Feldstärke nimmt mit der Entfernung rasch ab, dennoch ist das Feld oft noch in 1 m Entfernung vom Haushaltsgerät nachweisbar.

Die Messkurve zeigt, dass die Feldstärke rasch mit der Entfernung vom Leiter abnimmt. ↑3

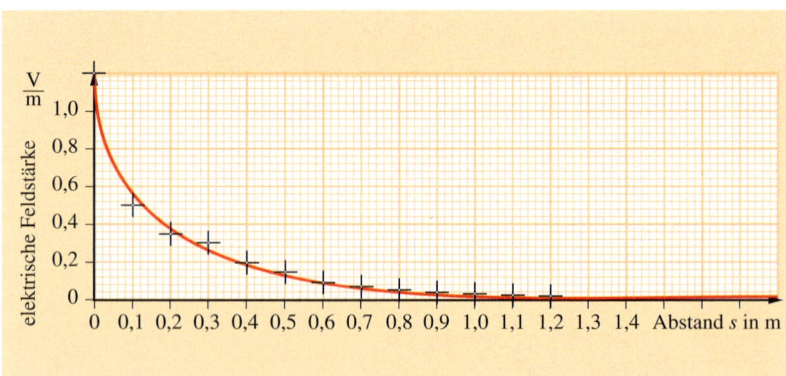

3 Elektrisches Feld eines Kabels mit Wechselspannung

Aufgaben

1 Was versteht man unter einem elektrischen Feld? Wo hast du solche Felder schon selbst beobachtet?
2 Reibe einen aufgehängten Luftballon mit der Hand. Halte dann mit derselben Hand Wattefasern unter den Ballon. Was beobachtest du? Lass die Watte los und beobachte sie. Erkläre.
3 Messt jeweils in gleicher Entfernung die elektrische Feldstärke an Haushaltsgeräten. Welche Geräte sind die stärksten Feldquellen?
4 Wie ändert sich die Feldstärke mit zunehmender Entfernung?
5 Recherchiere, was man unter Elektrosmog versteht.

Experimente

1 Magnetische Wechselfelder nachweisen
(Lehrerversuch) Mit einer Spule mit 10 000 Windungen und einem empfindlichen Spannungsmessgerät lassen sich magnetische Wechselfelder vergleichen.
a Halte die Spule an den Außenleiter eines (Wechsel-)Stromkreises. ↑4 In welcher Stellung der Spule ist die Anzeige am größten? Untersuche auch den mindestens 1 m entfernten Neutralleiter.
b Entferne die Spule Zentimeter um Zentimeter vom Außenleiter. Wie ändert sich die Spannung? Führe eine Messreihe durch. Welche Folgerung ziehst du?

2 Magnetfeld eines Leiters
Der Magnetfeldtester ↑5 besitzt eine eingebaute Spule. Mit Leuchtdioden wird die magnetische Feldstärke angezeigt.
Schließe z. B. eine Halogenlampe an ein Netzgerät mit Wechselspannung an. Die beiden Drähte sollen einen möglichst großen Abstand haben. Untersuche das Feld des Leiters.

3 Messungen mit einem „Profigerät"
Probiere das Messgerät zunächst im Freien aus – fern von allen elektrischen Leitungen. Halte es in verschiedene Richtungen, bewege dich mit dem Gerät mehr oder weniger schnell. Drehe das Gerät auch um seine Achse. Begründe die verschiedenen Anzeigen.
a Halte das Messgerät an das stromführende Kabel einer Lampe. Was zeigt es an? Entferne das Messgerät langsam vom Kabel.
b Gehe mit dem Messgerät auf Entdeckungsreise in und außerhalb von Gebäuden. Wo zeigt es die größten Messwerte an?
c Baue den Stromkreis auf. ↑4 Lege das Messgerät in 20 cm Entfernung vom Leiter auf den Tisch. Wie musst du es bewegen, damit es immer denselben Messwert anzeigt? Was folgerst du daraus?
d Entferne das Messgerät schrittweise 10 cm, 20 cm, 30 cm vom Leiter. Wie ändert sich die Feldstärke, wenn der Abstand verdoppelt (verdreifacht) wird?

4 Leitungen suchen
Unter Putz versteckte Leitungen verraten sich durch das Magnetfeld des Stroms. Schalte die Lampen im Klassenzimmer ein und suche die Zuleitungen zum Schalter.

5 Welche Geräte haben die stärksten Felder?
Messt jeweils in gleicher Entfernung die Magnetfeldstärke von Haushaltsgeräten. Das Bundesamt für Strahlenschutz hat als Grenzwert für Haushaltsgeräte in normalem Gebrauchsabstand 100 µT festgelegt. Findest du Geräte, die diese Norm nicht erfüllen?

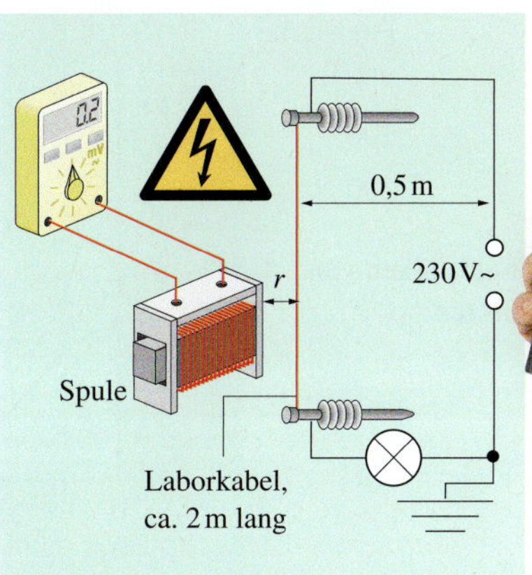

4 Magnetfeldnachweis

5 Magnetfelddetektor

GRUNDLAGEN: Magnetische Wechselfelder

Nicht nur Magnete erzeugen Magnetfelder. Ein magnetisches Feld entsteht auch, wenn ein elektrischer Strom fließt.
Im Haushalt werden die Geräte mit einem Wechselstrom der Frequenz 50 Hertz betrieben. In den Drähten schwingen die Elektronen hin und her. Auch dieser Strom ist von einem Magnetfeld umgeben. Es ändert sich im Rhythmus der Ladungsbewegung in seiner Richtung und seiner Stärke.

Den elektrischen Wechselstrom begleitet ein magnetisches Wechselfeld, das die Leiterumgebung erfüllt.

Magnetische Wechselfelder lassen sich leicht nachweisen: In einer Spule (mit hoher Windungszahl) induziert das sich ändernde Magentfeld eine Spannung zwischen den Spulenenden, die man mit einem empfindlichen Spannungsmesser nachweisen kann.
Die Leitung zu einem Haushaltsgerät ist von einem Magnetfeld umgeben, solange ein Strom fließt. Die magnetische Feldstärke nimmt mit der Entfernung zum Leiter rasch ab. Bereits in wenigen Zentimetern Entfernung ist meist kein magnetisches Wechselfeld mehr nachweisbar.
Erheblich stärker ist das magnetische Wechselfeld in der Nähe von Transformatoren, z. B. von 12-V-Lampen. Hier ist das Magnetfeld noch in 1 m Entfernung stärker als das natürliche Magnetfeld. Bei Umspannungstransformatoren für ein Wohngebiet lässt sich die erhöhte magnetische Feldstärke noch bis zu einigen Dutzend Metern Entfernung nachweisen.
Magnetische Wechselfelder entstehen nur, solange der Wechselstrom fließt. Nicht eingeschaltete Geräte sind also frei von solchen Feldern.

Hochspannungsleitungen Wie in den Haushaltsleitungen treten auch beim Transport der elektrischen Energie in Freileitungen elektrische und magnetische Wechselfelder auf. Die Feldstärken nehmen rasch mit der Entfernung vom Leiter ab. ↑2
Um gesundheitliche Schäden durch diese Felder zu vermeiden, müssen gesetzlich vorgeschriebene Grenzwerte eingehalten werden. ↑1

Schon gewusst?

Messungen mit dem „Profigerät“
Mit dem „Profigerät“ (EMF-Tester) können magnetische Wechselfelder am Haushaltsnetz oder an Hochspannungsleitungen quantitativ untersucht werden. Die Messergebnisse werden in Nanotesla (nT) angegeben.
Was bedeutet 1 nT?
Die Einheit der magnetischen Feldstärke (Flussdichte) ist 1 Tesla (nach NICOLA TESLA, 1856–1943). 1 Tesla (1 T) ist eine sehr große Feldstärke: Das Magnetfeld der Erde hat in unseren Breiten eine Stärke von 40 bis 50 µT.
1 nT ist also ungefähr 1/50 000 der Stärke des Erdmagnetfelds.

Frequenz f in Hz	Elektrische Feldstärke in $\frac{kV}{m}$	Magnetische Feldstärke in µT
50	5	100
$16\frac{2}{3}$	10	300

1 Grenzwerte für Feldstärken von Stromversorgungsnetzen

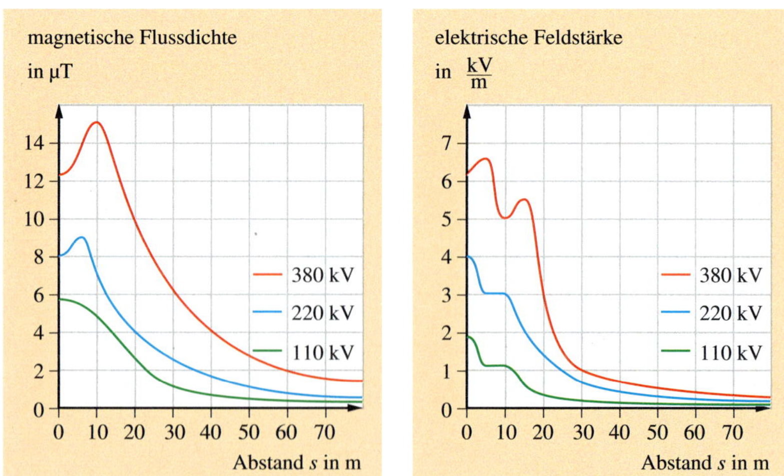

2 Feldstärken von Hochspannungsleitungen (mit je 2 Dreileitersystemen)

Experimente

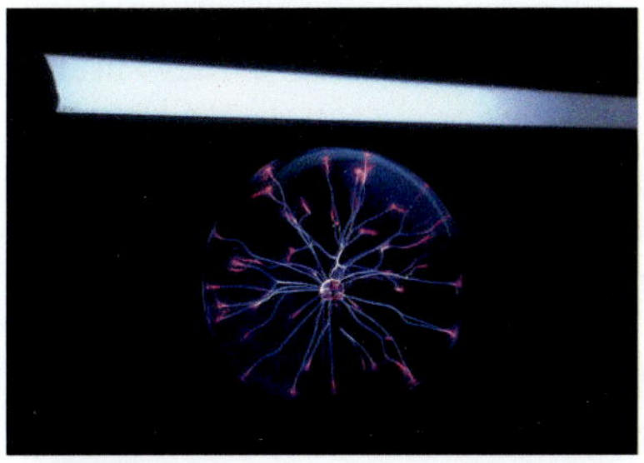

3 Plasmakugel und Leuchtstofflampe

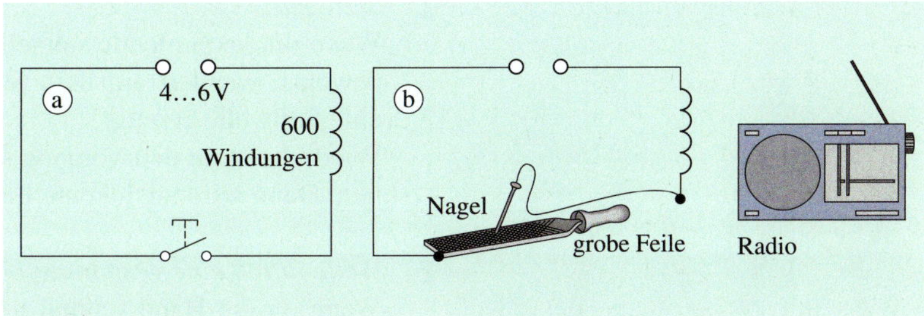

4 Versuchsaufbau

1 Energieübertragung Plasmakugel–Leuchtstofflampe
Halte eine Leuchtstoffröhre in die Nähe einer „Plasmakugel" – ohne die Kugel zu berühren. ↑3 Beschreibe deine Beobachtungen. Versuche diese zu erklären.

2 Funken im Radio hören?
a Stelle den Empfänger im Mittelwellenbereich so ein, dass kein Rundfunkprogramm zu hören ist. Schließe und öffne den Stromkreis des Senders. ↑4a
Achte auf die Kontakte des Schalters.
b Mit einer groben Feile erzeugst du in schneller Folge Funken. Was hörst du im Empfänger? ↑4b

3 Mit Funken funken
Als Funkensender verwendest du ein Relais. ↑5
Ein Relais ist ein elektromagnetischer Schalter. Überlege, was geschieht, wenn der Taster geschlossen und wieder geöffnet wird. Setze den Sender in Betrieb. Wo treten Funken auf?
a Halte ein Radio (als Empfänger im Mittelwellenbereich eingestellt) vor den Sender, neben und über ihn.
b Der Empfänger und der Sender sollen 20 cm voneinander entfernt sein. Stelle in den Zwischenraum ein großes Buch, eine Glasscheibe, eine große Metallplatte … Gibt es Unterschiede im Empfang?
c Ermittle die Reichweite des Senders, wenn du ihn erdest und eine Antenne benutzt.
d Moderne Sender arbeiten nicht mehr mit Funken. Informiere dich im Internet über „Schwingkreise".

4 Telefonieren mit dem Handy
Mit preiswerten Geräten kannst du die elektrischen Strahlungswerte von deinem Handy messen. Informiere dich über die Handhabung des Geräts und die physikalische Größe, die dieses Gerät misst. ↑6
a Halte das Gerät an die Handyrückseite und führe ein Gespräch. Verändere während des Gesprächs auch den Abstand zwischen Messgerät und Handy. Beobachte das Messgerät.
b Untersuche nun, wie sich die Messwerte verändern, wenn du zwischen Messgerät und Handy bestimmte Materialien (Papier, Holz, Plastik, Alufolie) bringst.
c Benutze dein Handy nun an verschiedenen Standorten in deiner Umgebung.

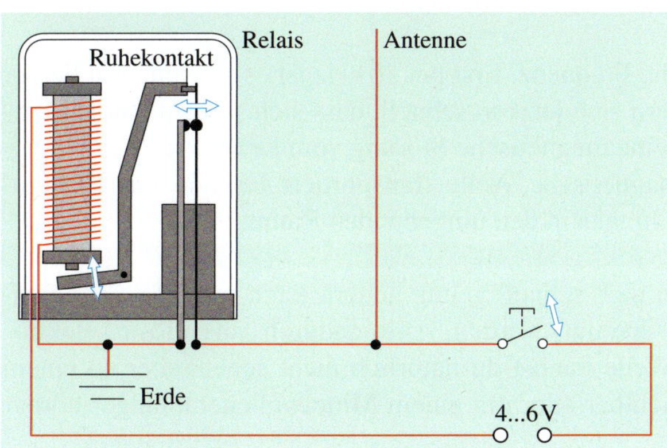

5 Relais als Sender

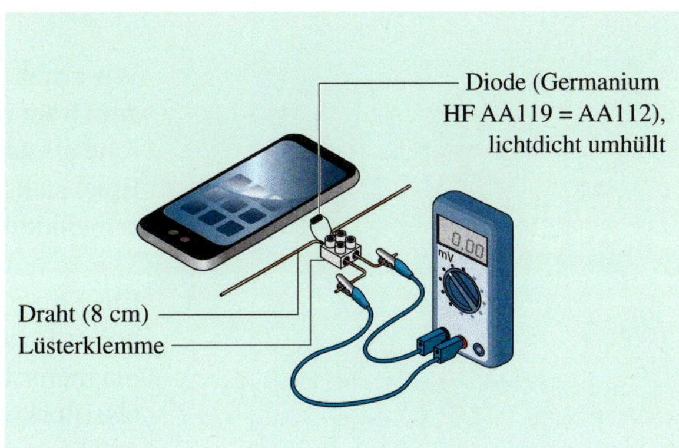

6 Messgerät

Methode Analogien – Entstehung von Wellen

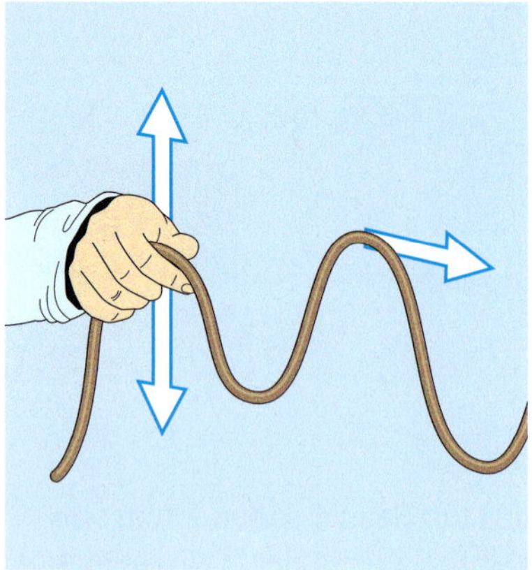
1 Seilwelle

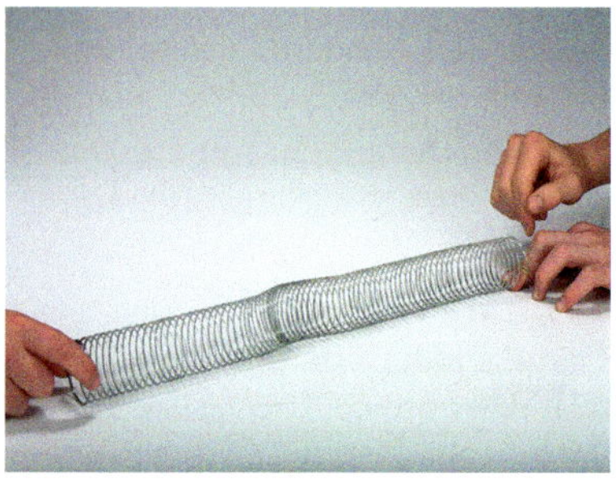
2 Modell der Schallwelle

3 Wasserwelle

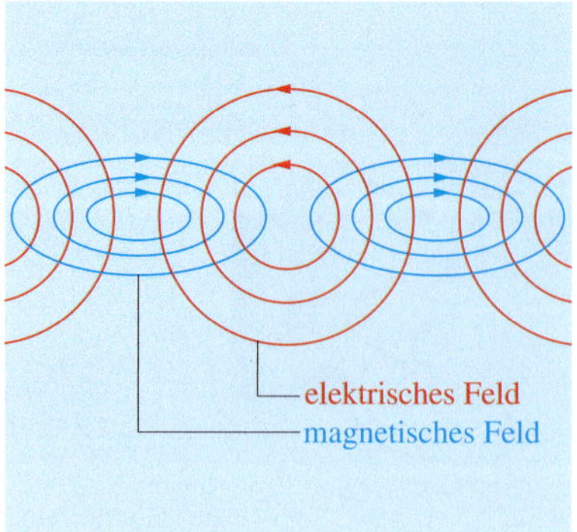

4 Elektromagnetische Welle

1 *Seilwelle*
Wenn du das Seilende schnell etwas nach oben und wieder zurückbewegst, wandert auf dem Seil eine Störung nach rechts. Du hast eine Seilwelle erzeugt. ↑1
Wiederholst du den Vorgang sehr langsam, wird keine Welle entstehen. Dann wird auch keine Energie entlang des Seils transportiert.

2 *Welle durch eine gespannte Feder*
Wenn du die Hand schnell nach rechts und wieder zurückbewegst, breitet sich auch in der Stahlfeder eine Störung aus. Wieder hast du eine Welle erzeugt. Sie ist vom gleichen Typ wie die Schallwelle, die du auf ↑S. 40, Bild 3 kennengelernt hast. ↑2
Auch hier entsteht die Welle nur, wenn die Änderung des ursprünglichen Zustands der Feder genügend schnell erfolgt.

3 *Wasserwelle*
Wie erzeugt man mit dem auf der Wasseroberfläche schwimmenden Gegenstand eine Wasserwelle? Du drückst ihn schnell nach unten und ziehst ihn wieder hoch. ↑3
Im Wasser breitet sich die Störung aus und transportiert Energie.

4 *Elektromagnetische Wellen*
Und wie erzeugt man nun elektromagnetische Wellen?
Wie bei den anderen Wellen ist auch dazu eine ausreichend schnelle Zustandsänderung notwendig.

Ein Draht, durch den Wechselstrom fließt, ist von einem elektrischen und einem magnetischen Feld umgeben. Bei der Frequenz des Wechselstroms (50 Hz) ändert sich der Zustand der Felder in der Nähe des Drahts ständig. Allerdings sind die Änderungen der Felder zu langsam und es lösen sich noch keine elektrischen und keine magnetischen Wellen vom Draht ab. Was du mit dem Feldstärkemessgerät (↑1 S. 414) oder dem Magnetfelddetektor (↑4 S. 415) nachweist, ist also keine Welle, die sich abgelöst hat. Die Änderungen des magnetischen und elektrischen Feldes in der Nähe des Drahts entsprechen den Zustandsänderungen des Seils in der Nähe der sich langsam bewegenden Hand (vgl. ↑Beispiel 1).

Wir erhöhen die Frequenz. Erst bei 30 kHz ist es so weit: Die Felder am Draht ändern sich jetzt so schnell, dass sich sowohl eine elektrische als auch eine magnetische Störung vom Draht löst.
Eine elektromagnetische Welle transportiert Energie mit Lichtgeschwindigkeit hinaus in den umgebenden Raum.

Ein Strom, der sich schnell genug ändert, kann mithilfe einer Funkenentladung erzeugt werden. Die dadurch ausgelöste elektromagnetische Welle kannst du natürlich nicht sehen, aber an einem Oszilloskop sichtbar oder mit einem Mittelwellenempfänger hörbar machen.

GRUNDLAGEN: Hier funkt's

„Plasmablitze" im Innern der Glaskugel sind von einem Aufleuchten der Leuchtstoffröhre in ihrer Nähe begleitet. Offenbar gelangt Energie von der Plasmakugel durch den Raum zur Röhre.
Natürliche Blitze sind gewaltige elektrische Funken. Sie stören den Empfang von Radio- oder Fernsehprogrammen, denn von jedem Funken gehen Signale aus, wie sie auch Sender abstrahlen.
Bei einem Blitz oder Funken könnte man vermuten, dass ein großer elektrischer Strom die Blitzstrecke in einer Richtung überbrückt. Der Strom müsste dann ein Gleichstrom sein. Diese Vermutung ist aber falsch. Der berühmte Physiker Michael Faraday wies dies vor über 170 Jahren mit einer einfachen Anordnung nach: An eine Hochspannungsquelle sind eine Funkenstrecke und eine Spule angeschlossen. Im Hohlraum der Spule befindet sich eine Stahlnadel. ↑5 Verkleinert man die Funkenstrecke, springt schließlich ein Funke über. Durch den Strom wird die Spule magnetisch und die Nadel magnetisiert. Aber mit welcher Polung? Wiederholt man den Versuche viele Male, so stellt man fest, dass die Nadel nicht immer gleich magnetisiert ist. Die Spitze der Nadel ist mal ein Nordpol und mal ein Südpol. Also kann beim Entladen durch den Funken kein Gleichstrom geflossen sein.

In einem Funken fließt ein Wechselstrom. Die Strömungsrichtung der Elektronen ändert sich sehr schnell, nämlich bis zu einer Million Mal in der Sekunde.

Wie in Funken elektromagnetische Wechselfelder entstehen Zunächst liegt eine hohe Spannung zwischen den Polen der Funkenstrecke. Es herrscht ein starkes elektrisches Feld. Wenn der Funke zündet, entsteht ein großer Strom. Um den Strom baut sich schnell ein Magnetfeld auf. Das hat eine entgegengesetzte Induktionsspannung zur Folge, die die Ladungsträger abbremst. Kommt der Strom zum Erliegen, dann bricht das Magnetfeld zusammen. Eine Induktionsspannung entsteht, die einen Strom in Gegenrichtung erzeugt. Der Strom baut ein Magnetfeld auf und das Spiel beginnt von Neuem.
So entsteht ein Wechselstrom, der in rascher Folge von elektrischen und magnetischen Wechselfeldern umgeben ist. Die Felder starker Funken breiten sich weit in den Raum hinaus aus. ↑6

Das Ablösen kennst du vom Schall: Er wandert auch dann noch durch den Raum, wenn die Schallquelle verstummt ist. Aber elektromagnetische Wechselfelder durchqueren auch den leeren Raum. Sie können dabei beliebig große Entfernungen überwinden, denn sie erhalten sich unterwegs gegenseitig: Das elektrische Wechselfeld erzeugt ein magnetisches und umgekehrt. Bedingung für das Ablösen ist, dass die Wechselfelder durch sich sehr schnell ändernde Ströme und Spannungen erzeugt werden. Die Erzeugungsfrequenz muss 30 000 Hz (30 kHz) oder mehr betragen.

Bei hohen Frequenzen laufen miteinander verbundene magnetische und elektrische Wechselfelder vom Sender als Strahlung in die Umgebung.

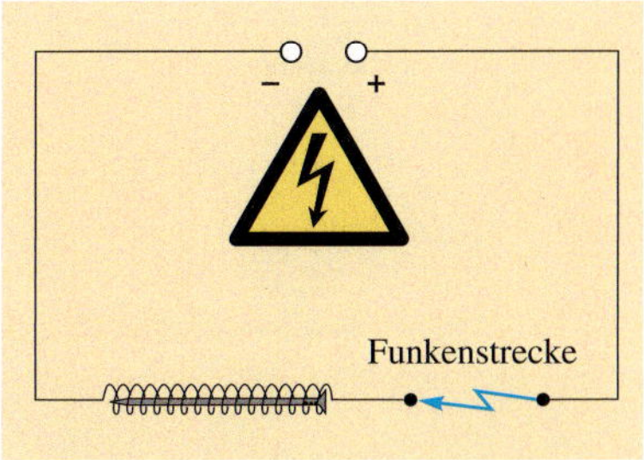

5 In Funken fließen Wechselströme.

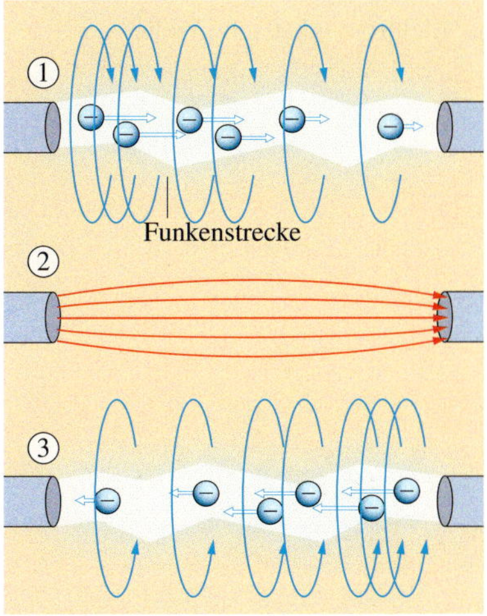

6 Entstehung eines elektromagnetischen Felds

Schon gewusst?

Funk kommt von Funken
1905 nutzte Guglielmo Marconi die Signale von Funken für die drahtlose Telegrafie. Er stellte die erste Funkverbindung zwischen Europa und Amerika her. Aus jener Zeit stammen Begriffe wie „funken", „Funkspruch" oder „Rundfunk".
Heute umgibt uns Funktechnik überall, jedoch ohne sichtbare Funken. Die elektromagnetischen Felder werden auf andere Weise erzeugt.

GRUNDLAGEN: Ausbreitung elektromagnetischer Wellen

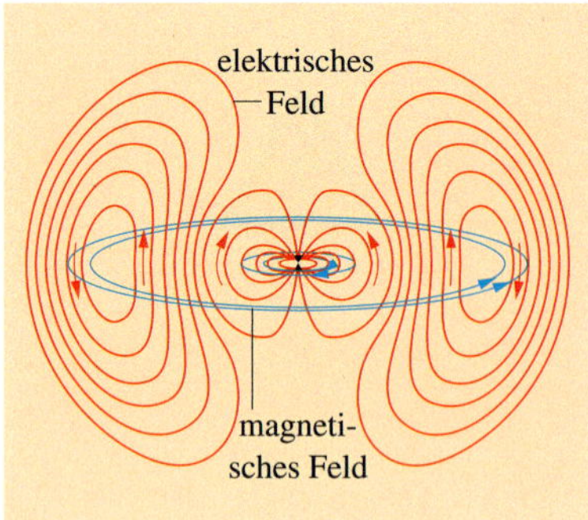

1 Elektromagnetische Welle

Genauso wie Wasserwellen verhalten sich die von einer Funkenserie oder einer Antenne ständig ausgehenden elektromagnetischen Störungen: Sie breiten sich als elektromagnetische Welle in den Raum hinaus aus und transportieren so Energie vom Sender zum Empfänger. ↑1
Ein wesentlicher Unterschied besteht allerdings: Im Gegensatz zu Wasserwellen brauchen elektromagnetische Wellen keinen Stoff.

Elektromagnetische Wellen breiten sich auch im Vakuum aus. Man spricht auch von elektromagnetischer Strahlung.

Elektromagnetische Strahlung liegt vor, wenn sich die Energie vom abgebenden Sender gelöst hat. Dies geschieht nur bei hohen Frequenzen ab ca. 30 kHz. Bei niedrigen Frequenzen bleiben die elektrischen und magnetischen Felder an die Vorgänge im Leiter gebunden.
Die Feldstärke nimmt rasch mit der Entfernung vom Leiter ab. Allerdings lässt sich die Strahlung wie in einem Autoscheinwerfer bündeln. Dadurch kann sie mit großer Feldstärke über weite Strecken wirken.

Ausbreitungsgeschwindigkeit elektromagnetischer Wellen Breitet sich eine Welle im Wasser, in einem Seil oder in Luft aus, wird an jeder Stelle ständig Materie hin- und herbewegt. Dabei muss Masse beschleunigt oder verzögert werden. In einer elektromagnetischen Welle im Vakuum bewegt sich keine Materie. Es ändert sich an jedem Ort nur ständig die Stärke des Feldes. Im materielosen Feld gibt es nichts, was die Ausbreitungsgeschwindigkeit der Welle begrenzen könnte. Elektromagnetische Wellen breiten sich daher im Vakuum mit der größtmöglichen Geschwindigkeit aus, die es überhaupt gibt. Dies ist die Lichtgeschwindigkeit.

Aus der Geschichte Die Geburtsstunde des Rundfunks

Ein Musterbeispiel für die Arbeitsweise der Physik lieferten im 19. Jahrhundert die beiden Physiker James Clerk Maxwell (1831–1879) und Heinrich Hertz (1857–1894).
Maxwell hatte aufgrund von Berechnungen über magnetische und elektrische Felder vorausgesagt, dass schwingende, elektromagnetische Störungen Wellen erzeugen müssten, die sich mit Lichtgeschwindigkeit ausbreiten. Diese Behauptung war in Fachkreisen umstritten, da der experimentelle Beweis fehlte.

Dieser Beweis gelang Hertz mit einer recht einfachen Versuchsanordnung: ↑2 Er verband eine Spule mit zwei Metallkugeln, die in einem Abstand von 10 mm aufgestellt waren. Wurden die Kugeln elektrisch geladen, so sprang ein Funke von einer Kugel zur anderen über. Im Abstand von 1 m zu dieser Anordnung montierte Hertz eine Drahtschlinge, die in einer Funkenstrecke endete. Und dann geschah es: Jedes Mal wenn zwischen dem ersten Kugelpaar ein Funke übersprang, geschah das Gleiche auch beim zweiten Kugelpaar. So konnte Hertz 1886 zeigen, dass sich elektromagnetische Wellen durch die Luft fortpflanzen. Bis zur Einführung des Rundfunks in Deutschland dauerte es aber noch über 30 Jahre.

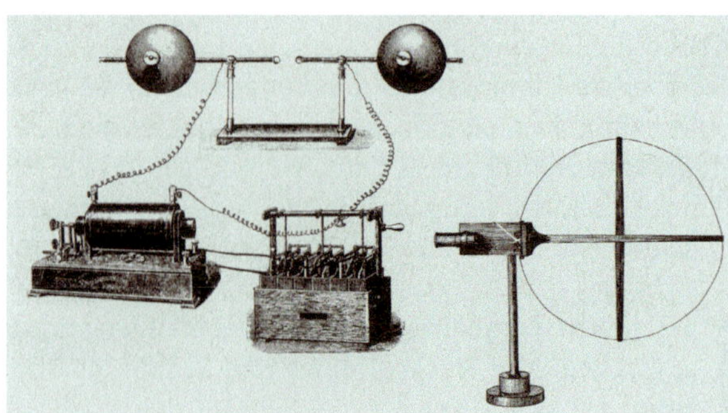

2 Sender und Empfänger von Hertz

Aus der Technik Kochen mit elektromagnetischer Strahlung

Hochfrequente elektromagnetische Felder wirken z. B. im Mikrowellenherd. ↑3 Dort benutzt man zum Erwärmen von Speisen Felder mit Frequenzen von 2,45 GHz und Leistungen von mehreren Hundert Watt. Da diese Herde mit elektromagnetischer Strahlung arbeiten, dürfen in ihnen keine Metallgegenstände (Eisentöpfe, Alufolien ...) verwendet werden. Sie würden die Strahlung reflektieren und vom Kochgut abhalten. Bei unsachgemäßem Umgang mit Metallgegenständen können sogar Funken entstehen.
Der Mikrowellenherd verwendet eine Frequenz von 2,45 GHz. Die Wassermoleküle, die in jedem Lebensmittel vorhanden sind, geraten in heftige Schwingungen, die sich auf die Nachbarmoleküle übertragen. Die Mikrowellenstrahlung versetzt alle Wassermoleküle der Speise – auch die im Innern – zugleich in heftige Bewegungen. Die Speise wird also von innen her erwärmt und erreicht so schneller die gewünschte Temperatur als auf einer Herdplatte. Die Bauweise der Mikrowellenherde garantiert, dass keine Strahlung nach außen dringen kann.

Auch das organische Gewebe des Menschen enthält Wasser. Diese Wassermoleküle würden ebenfalls durch die Frequenz 2,45 GHz zu Schwingungen angeregt. Eine solche Strahlung wäre aber nur bei entsprechend hoher Energie wirksam. Die Geräte sind so abgeschirmt, dass möglichst wenig Strahlung nach außen dringt. Außerdem ist gewährleistet, dass sich das Gerät abschaltet, sobald die Tür geöffnet wird.

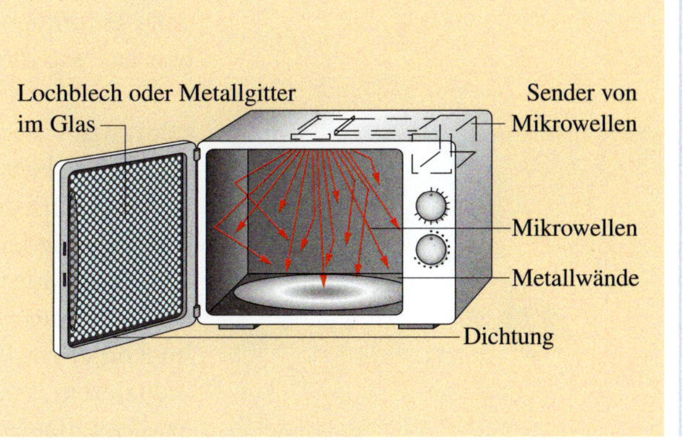

3 Mikrowellenherd

Probier 's mal!

1 Messungen an Haushaltsgeräten
Untersuche mit dem Feldstärkemessgerät die Feldstärken der Wechselfelder von Haushaltsgeräten.
a Miss jeweils immer in derselben Entfernung zum Gerät. Notiere die Messwerte.
b Ermittle jeweils die Reichweite der Strahlung.

2 Elektrische Felder abschirmen?
Der Spannungsprüfer (↑4 S. 413) reagiert immer, wenn sich ein elektrisches Feld in dem Fühler ändert.
a Lade eine isoliert stehende Metallkugel mit einem Hartgummistab elektrisch auf. Wenn du das Anzeigegerät ca. 20 cm vor der Kugel hin- und herbewegst, zeigt es ein Feld an.
b Versuche das elektrische Feld mit einer (geerdeten) Metallplatte, einer Styroporplatte, einer Acrylglasplatte oder einem Brett abzuschirmen. Welche gemeinsame Eigenschaft haben die Materialien, mit denen man das elektrische Feld abschirmen kann?
c *(Lehrerversuch)* Die Innenseite und die Oberfläche eines faradayschen Käfigs sind mit Elektroskopen verbunden. ↑4 Der Käfig wird mit einem Hochspannungsgerät aufgeladen. Was beobachtest du?

3 Hochfrequenzstrahlung abschirmen?
Du benötigst ein schnurloses Telefon mit der Basisstation.
a Entferne dich mit dem Telefon von der Basisstation, bis kein Empfang mehr möglich ist. Beobachte dabei die Feldstärkeanzeige des Telefons.
b Stelle die Basisstation in einen großen Kochtopf aus Stahl. Lege den Deckel über den Topf. Wird das Feld dadurch abgeschirmt?

4 Magnetische Felder abschirmen?
Plane ein Experiment, mit dem du die Möglichkeiten zur Abschirmung eines Magnetfelds untersuchen kannst.

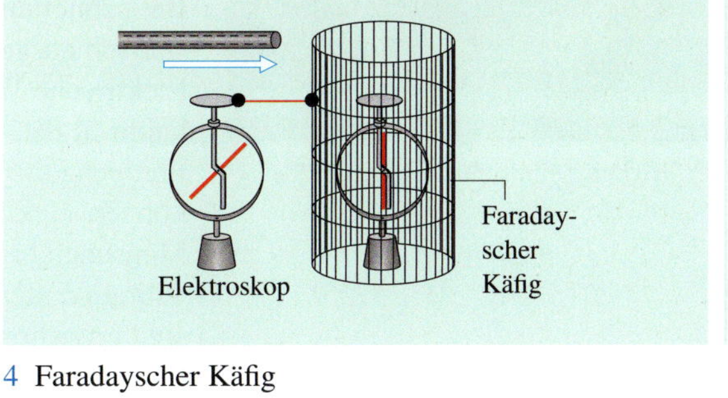

4 Faradayscher Käfig

Aus der Technik Wie wirken elektromagnetische Felder auf Menschen?

Elektrosmog Elektromagnetischer Strahlung von der Sonne und aus dem Weltall ist der Mensch schon immer ausgesetzt. Das Licht der Sonne und ihre Wärme sind Grundlage für das Leben auf der Erde.
Wir leben heute in einer Umgebung, die durchdrungen ist von vielen zusätzlichen elektromagnetischen Feldern. Man spricht von Elektrosmog und meint damit eine elektromagnetische „Umweltverschmutzung".
Elektrosmog können wir weder riechen, schmecken, sehen, hören noch tasten. Er ist der Preis, den wir für die Elektrifizierung zahlen. Selbst wenn der Einzelne auf Handy, Radio, Fernseher, Computer verzichten würde, wäre er immer noch elektromagnetischen Feldern ausgesetzt. Sie umgeben uns wie die Luft zum Atmen.

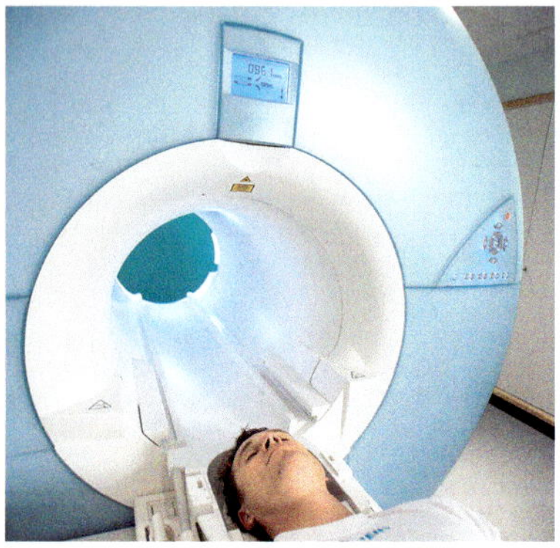

1 Kernspintomograf – der Patient spürt das starke Magnetfeld nicht.

Wirkungen magnetischer Felder Das natürliche Magnetfeld der Erde, das künstliche Feld starker Magnete oder die elektrischen Felder von Haushaltsgeräten, sie alle werden von uns nicht wahrgenommen. ↑1 Für zeitlich unveränderliche Magnetfelder gibt es in unserem Körper nichts, auf das Kräfte ausgeübt werden können.
Magnetfelder, die sich ständig ändern, haben dagegen Induktionsvorgänge im Körper zur Folge. Sie könnten im Körper elektrische Felder und Ströme induzieren – mit der Folge, dass Nerven gereizt werden oder Gewebe sich erwärmt. Felder können auch Nervenströme im Herzmuskel und im Gehirn verändern. Bei geringen Feldstärken werden Wirkungen auf den Hormonhaushalt und die Calciumproduktion des Menschen vermutet. Die Frage, ob es solche Wirkungen gibt, und der genaue Wirkungsmechanismus sind heute Gegenstand wissenschaftlicher Forschung.
Bei der Frage, ab welcher magnetischen Feldstärke gesundheitliche Beeinträchtigungen zu erwarten sind, klaffen die Meinungen der Forscher weit auseinander. Eine anerkannte Grenzwertempfehlung gibt es z. B. für Bildschirmarbeitsplätze. Sie liegt bei 200 nT für magnetische Wechselfelder von 5 Hz bis 2 kHz.

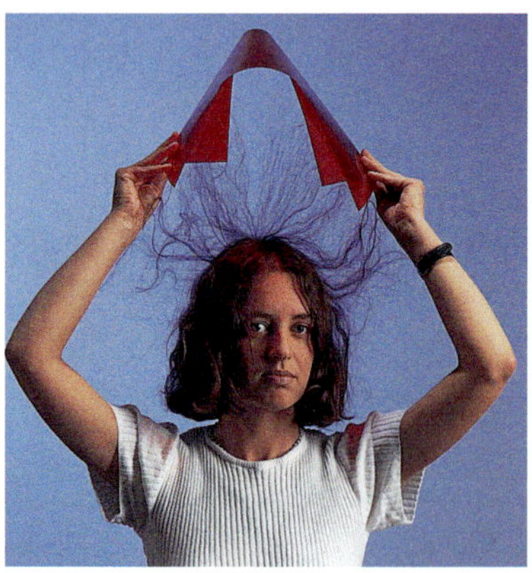

2 Wirkung eines elektrischen Felds

Wirkungen elektrischer Felder Starken elektrischen Feldern bist du oft ausgesetzt. Beim Ausziehen eines Pullovers hast du schon das Knistern kleiner elektrischer Blitze gehört und Kraftwirkungen gespürt. Beim Kämmen mit einem Kunststoffkamm können elektrische Felder entstehen, die dir die Haare zu Berge stehen lassen. ↑2
Tritt man in ein konstantes elektrisches Feld, dann verteilt sich die Ladung auf der Haut, der leitfähigen Körperoberfläche, um: Es fließen Oberflächenströme. Im Allgemeinen spürt man sie nicht, denn die Ladungsunterschiede gleichen sich über die Luft oder andere Leiter langsam aus. Bei schnellem Ausgleich spürt man durchaus einen Strom, etwa wenn du statisch aufgeladen bis und eine Türklinke berührst.
Elektrische Wechselfelder, wie sie im Haushaltsbereich auftreten, dringen kaum in das Körperinnere ein. Der menschliche Körper wirkt bei diesen Frequenzen noch wie ein faradayscher Käfig. Empfindliche Menschen können elektrische Felder bereits ab 1 kV/m wahrnehmen, die meisten Menschen erst ab 10 kV/m. Diese Felder werden durch Hautkribbeln oder Vibration der Körperhaare spürbar. Ernsthafte gesundheitliche Schäden sind unwahrscheinlich, besonders bei kurzzeitigem Einwirken.

Bei langfristiger Einwirkung niederfrequenter elektromagnetischer Felder am Schlafplatz von Kindern kann die Forschung ein geringfügig erhöhtes Risiko, an Leukämie zu erkranken, nicht ausschließen. Auch anderen Fragen geht die Forschung heute nach, z. B. der Frage, ob eine Wirkung auf das Krebswachstum möglich ist.

Wirkungen hochfrequenter elektromagnetischer Felder Durch diese Felder kann es im Körper zu einer Erwärmung kommen – das Prinzip wird bei der Mikrowelle genutzt. Biologische Wirkungen aufgrund von Wärmeentwicklung können auftreten, wenn bestimmte Schwellenwerte überschritten werden. So wurden gesundheitliche Wirkungen nachgewiesen, wenn die Körpertemperatur über einen längeren Zeitraum um deutlich mehr als 1 °C erhöht ist. Dann werden Stoffwechselvorgänge gestört, es treten Verhaltensänderungen ein, auch Störungen der Embryonalentwicklung wurden beobachtet.
Eine vorübergehende Erhöhung der Körpertemperatur um 1 °C ist aber nicht schädlich. Beim Arbeiten und beim Sporttreiben erwärmen sich die Muskeln und das übrige Gewebe auch. Darauf gibt es eine ganz natürliche Reaktion unseres Körpers: Die Haut wird stärker durchblutet, der Körper schwitzt und kühlt durch die dann auftretende Verdunstung ab.

Wie tief Hochfrequenzfelder in biologisches Gewebe eindringen, hängt von der Frequenz ab: Bei den Mobilfunkfrequenzen beträgt die Eindringtiefe in den menschlichen Körper je nach Frequenz und Beschaffenheit des Gewebes etwa zwischen 1 und 10 cm. In größeren Tiefen ist die Intensität der Felder bereits um mehr als ein Drittel gedämpft. Bei Frequenzen über 10 Gigahertz, wie sie bei Radargeräten vorkommen, beträgt die Eindringtiefe weniger als 1 mm. Bei noch höheren Frequenzen wirken Hochfrequenzfelder ähnlich wie infrarote Strahlung nur an der Hautoberfläche.
In diesem Zusammenhang muss man sich aber auch bewusst sein, dass der Mensch im Freien elektromagnetische Strahlung in Form von Licht, Wärme und UV-Strahlung aufnimmt. In normaler Dosis ist diese Energieaufnahme unbedenklich. Eine zu große Dosis kann aber zu Schäden wie Sonnenbrand oder gar Hautkrebs führen.

Ungeklärte Wirkungen In der Diskussion um gesundheitliche Wirkungen von Hochfrequenzstrahlung gibt es eine Reihe von Hinweisen auf verschiedene ungeklärte Wirkungen: Berichtet wird über Änderungen des Schlafverhaltens, Beeinflussung der Gehirnströme oder der Hormonproduktion. Bei Experimenten an Zellen außerhalb des Körpers wurden geringfügige Änderungen der Konzentration verschiedener Botenstoffe, z. B. Calcium, beobachtet. Eine Beeinflussung der Blut-Hirn-Schranke durch die Strahlung wird diskutiert. Zu den aktuellen Themen der Forschung gehören auch Untersuchungen zur Aufklärung eines Zusammenhangs zwischen dem Auftreten von Krebserkrankungen und HF-Feldern. Bisher gibt es keinen wissenschaftlichen Nachweis für einen solchen Zusammenhang.

Gesetzliche Grenzwerte
Seit Januar 1997 gilt in Deutschland die 26. Verordnung zur Durchführung des Bundesimmissionsschutzgesetzes. Darin sind Grenzwerte für die elektrischen und magnetischen Felder in der Umgebung von Stromversorgungsanlagen und Bahnstromanlagen festgelegt sowie Grenzwerte für hochfrequente Felder, die auch den Bereich der Mobilfunkfrequenzen umfassen.

Aus der Technik Die spezifische Absorptionsrate

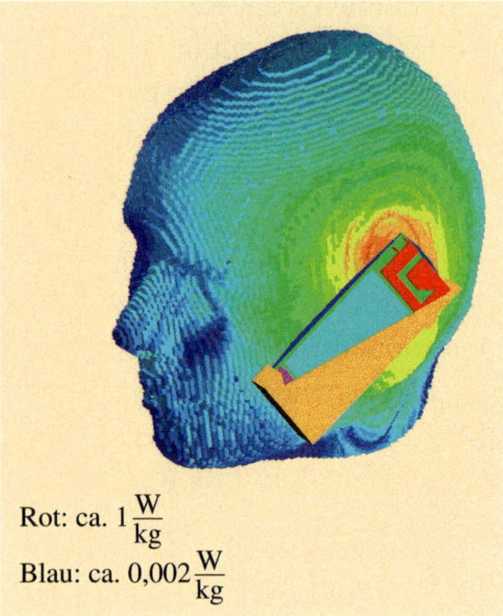

1 SAR-Werte bei Handybenutzung

Basisgröße für thermische Wirkungen ist die spezifische Absorptionsrate (SAR). ↑1 Ihre Einheit ist 1 Watt pro Kilogramm ($1\frac{W}{kg}$). Sie gibt die Energiestromstärke an, die pro kg Gewebe absorbiert wird.

SAR-Werte von im Mittel $4\frac{W}{kg}$ bewirken beim Menschen im Allgemeinen Temperaturerhöhungen von weniger als 1 °C. Im Vergleich dazu: Durch normale Muskelaktivitäten werden Energieströme von 3 bis $5\frac{W}{kg}$ erzeugt.

Die spezifische Absorptionsrate und ihre Verteilung im Körper ist von vielen Bedingungen abhängig: Neben der Frequenz spielen weitere Eigenschaften des elektromagnetischen Feldes eine Rolle, z. B. die räumliche Ausbreitung und die zeitliche Veränderung des Feldes. Daneben sind elektrische Eigenschaften und Strukturen des menschlichen Gewebes von Bedeutung. Knochengewebe nimmt die Energie anders auf als gut durchblutetes Muskelgewebe.

Aufgaben

1 Warum ist das Versenden einer SMS nicht nur billiger, sondern auch gesünder als das Telefonieren?

2 Warum ist das Handyverbot in Krankenhäusern sinnvoll?

3 In der Funkzelle, in der du wohnst, müssen mehr Teilnehmer versorgt werden. Dazu könnte am bestehenden Mast eine weitere Antenne installiert werden oder die Zelle geteilt und mit zwei Sendemasten und Antennen gearbeitet werden. Was ist besser? Begründe.

4 Informiere dich über das Handyverbot in Flugzeugen und berichte darüber.

5 Die Frage, ob elektromagnetische Handystrahlung beim Nutzer gesundheitliche Schäden hervorrufen kann, wird trotz vieler Studien nicht eindeutig beantwortet. Ob die heute geltenden Grenzwerte mit dem Blick auf Langzeitwirkungen bei Kindern und Vieltelefonierern ausreichend sind, ist ebenfalls unklar. Recherchiere über mögliche gesundheitliche Schäden und präsentiere die Ergebnisse.

6 Wo ist die zu eurer Wohnung gehörende nächste Basisstation für Mobilfunk? ↑3

7 Warum sind die Insassen eines Autos oder Flugzeugs bei Gewitter vor den Wirkungen von Blitzen relativ gut geschützt?

8 Im Haushalt sind schnurlose Telefone praktisch und beliebt. Was spricht für ihre Nutzung, was dagegen?

9 Was gibt die spezifische Absorptionsrate SAR an?

10 In einem Artikel ist zu lesen: „Im Haushalt bietet ein Abstand von etwa 30 cm von elektrischen Haushaltsgeräten ausreichenden Schutz.“ Was sagst du dazu?

11 Die lästigen Kabel, die für die Unterhaltungsgeräte gebraucht werden, sollen in der Zukunft verschwinden und durch ein „Ultra-Wideband“ (UWB) ersetzt werden.
Fernsehen, Stereoanlage und Computer kommunizieren dann über Funk. Wie beurteilst du diese Zukunft?

2

3

Auf einen Blick

Sensoren Sensoren sind technische „Fühler". *Beispiele:*
Der Widerstand eines Fotowiderstands sinkt bei Beleuchtung.
Der Widerstand eines Heißleiters sinkt bei Erwärmung.

Mikrofon und Lautsprecher Das Mikrofon wandelt Schall durch Induktion in elektrische Signale um. Der Lautsprecher wandelt die elektrischen Signale wieder in Schall um. Damit die Lautstärke groß genug ist, werden die elektrischen Signale vor dem Lautsprecher verstärkt.

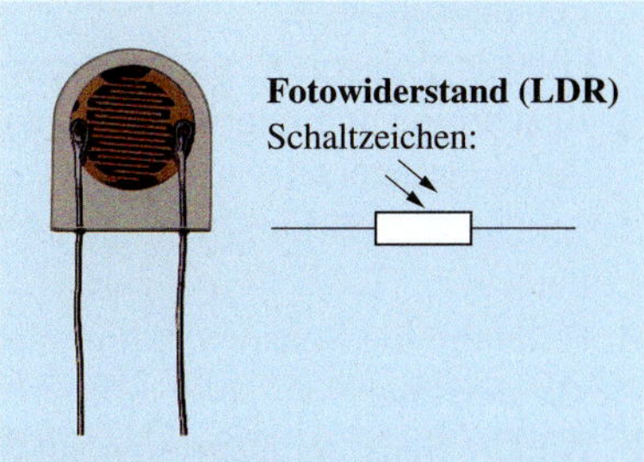

4 Fotowiderstand

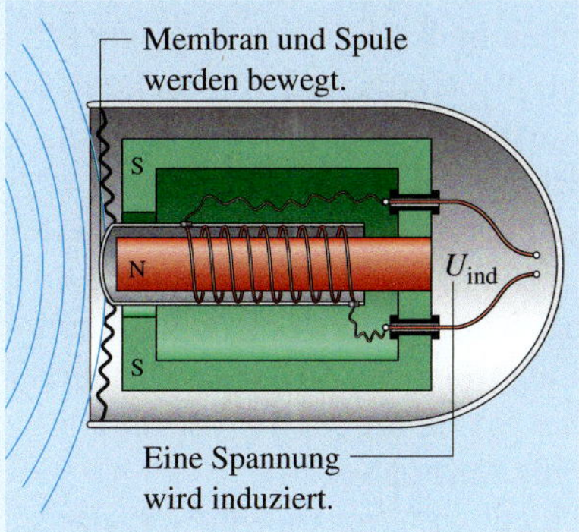

5 Mikrofon

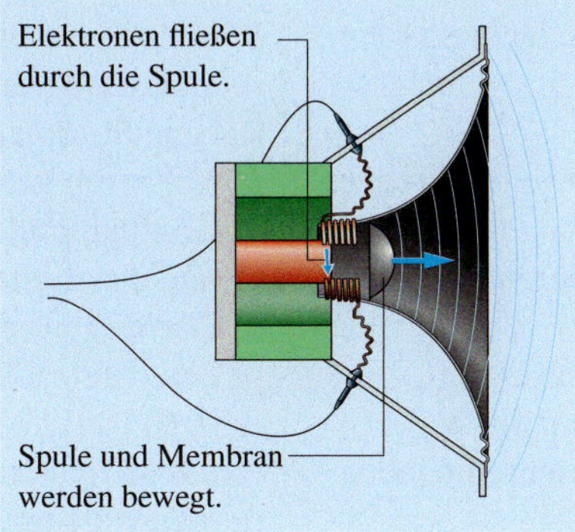

6 Lautsprecher

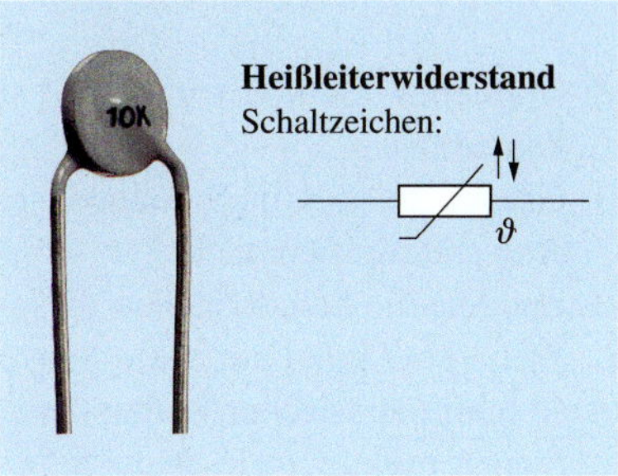

7 Heißleiter

Elektromagnetische Wellen In den Antennen von Fernseh- und Radiosendern, WLAN-Geräten, Handys … fließen Wechselströme mit hoher Frequenz (mehr als 30 kHz). Dadurch lösen sich elektromagnetische Wellen von den Antennen ab. Elektromagnetische Wellen breiten sich im luftleeren Raum mit Lichtgeschwindigkeit aus.

Alles klar?

1 Lebewesen haben Sinnesorgane, Techniker benutzen Sensoren.
a Nenne einige Sensoren. Gib jeweils an, ob es sich um mechanische oder elektrische Sensoren handelt.
b Beschreibe an mehreren Beispielen, wie Sensoren auf Signale aus der Umwelt reagieren. Beispiel: „Je heißer ein NTC-Widerstand wird, desto …"
c Nenne Signale, die unsere Sinnesorgane nicht empfangen können.

2 Welche Eigenschaft macht einen Fotowiderstand zum „Sensor"?

3 Bei einem Sensor ist der Widerstand bei verschiedenen Temperaturen gemessen worden. Beschreibe das Verhalten dieses Sensors. ↑8
Überlege dir, wie man ihn einsetzen könnte.

4 „Mikrofon und Lautsprecher sind Energiewandler." Erkläre diese Aussage. Stelle die Energieumwandlungen jeweils in einer Zeichnung dar.

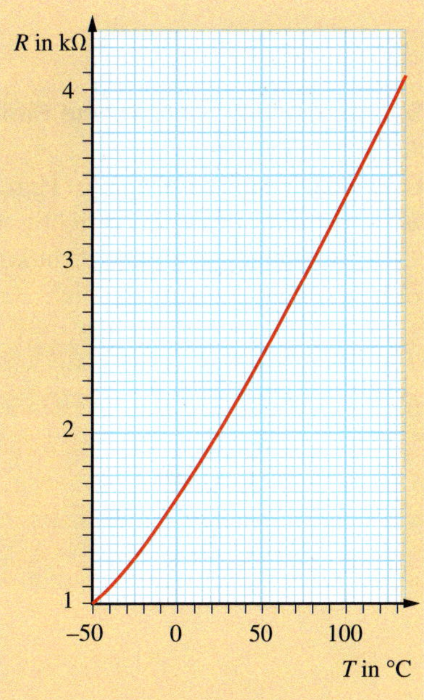

8

Check up

1 Im Wäschetrockner gibt es einfach aufgebaute Feuchtesensoren.
a Gib für „Sensoren“ ein deutsches Wort an.
b Beschreibe und begründe den Aufbau eines Feuchtesensors.
c Erkläre die Wirkung von nasser Wäsche auf den Sensor.
d Erläutere die Sensorwirkung mit dem Begriff „Widerstand“.
e Andere Sensoren reagieren auf Signale, indem sie eine elektrische Spannung erzeugen. Nenne zwei Sensoren mit diesen Eigenschaften.

2 Heißleiter und Fotowiderstand sind weitverbreitete Sensoren.
a Gib an, auf welche Signale sie reagieren. Nenne Anwendungsbeispiele.
b Zeichne die Schaltzeichen dieser Sensoren.
c Wenn ein Signal auf diese Sensoren trifft, ändert sich ihr elektrischer Widerstand. Beschreibe jeden Sensor mit einem Je-desto-Satz.

3 Temperatursensoren
a Beschreibe, wann diese Sensoren zu guten elektrischen Leitern werden. ↑1
b Welchen Typ kennst du aus den Versuchen? Überlege dir für den anderen Typ einen Namen und eine Verwendungsmöglichkeit.

4 Wie viele Bücher „passen“ wohl auf eine Speicherkarte mit 64 Gigabyte?
Beantworte die folgenden Fragen durch Rechnungen:
a Wie viele Zeichen (Buchstaben, Ziffern, Satzzeichen und Leerzeichen) können auf einer 64-GB-Karte gespeichert werden?
Tipp: Für jedes Zeichen braucht man 1 Byte.
b Wie viele Romanseiten wären das? *Tipp:* Ein Roman hat auf jeder Seite rund 1500 Zeichen.
c Wie viele Romane (je 500 Seiten) könnte man auf der Karte speichern?

5 Analog – digital
a Beschreibe, was man in der digitalen Welt unter einem Bit versteht.
b Eine Stimmgabel wird angeschlagen und vor ein Mikrofon gehalten. Das Mikrofon ist an einen Computer angeschlossen. Skizziere das analoge und das digitale Signal zum Ton der Stimmgabel.
c Das digitale Signal wird in eine Folge von 8-stelligen Dualzahlen umgewandelt. Eine davon lautet: 01011001. Welcher Spannung (in mV) entspricht das? Erläutere deine Rechnung.
d Wie viele unterschiedliche Dezimalzahlen kann man mit 8-stelligen Dualzahlen speichern?
e Moderne Computer rechnen mit 64-stelligen Dualzahlen. Stelle Vermutungen an, welche Vor- und Nachteile das Rechnen mit 64 statt 8 Bit hat.

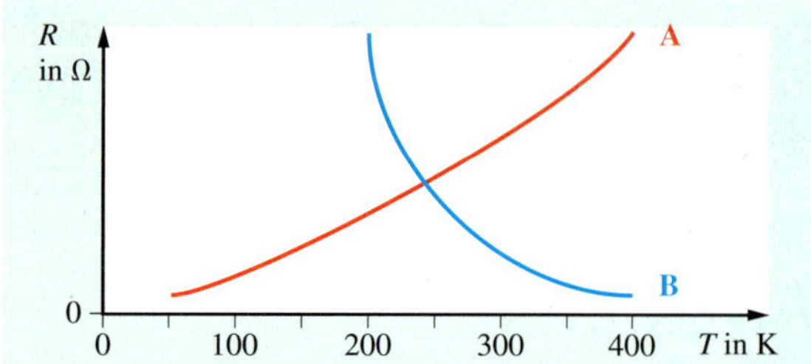

1

Schätze deine Kenntnisse und Fähigkeiten ein.

Ordne dazu deiner Lösung im Heft ein Smiley zu:
☺ Ich konnte die Aufgabe richtig lösen.
😐 Ich konnte die Aufgabe nicht komplett lösen.
☹ Ich konnte die Aufgabe nicht lösen.

→ **Die Lösungen findest du im Anhang.**

Aufgabe	Fähigkeit	Hilfe findest du auf Seite …
1, 2, 3	Aufbau und Funktion eines Sensors beschreiben.	396, 397
3	Kennlinien eines Sensors lesen und interpretieren.	396, 397
4, 5	Analoge und digitale Informationsverarbeitung beschreiben und vergleichen.	406, 407

Praxis und Forschung

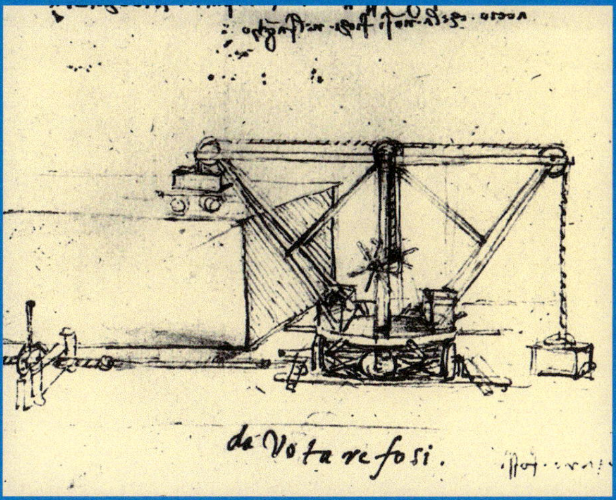

Die Menschen ersannen schon frühzeitig Hilfsmittel, um ihre Muskelkraft zu verstärken. Eine der wichtigsten Erfindungen war das Rad. Damit konnten nicht nur Transportprobleme gelöst werden, sondern es wurde die Entwicklung vieler neuer Geräte und Maschinen erst möglich.
Der italienische Universalgelehrte LEONARDO DA VINCI hat zahlreiche Maschinen erfunden, bei denen Kraftwandler eine entscheidende Rolle spielen. Experimente spielen heute eine wichtige Rolle, um theoretische Überlegungen zu überprüfen.

Mensch und Technik

Die Steinkreisanlage von Stonehenge ist ein monumentales Bauwerk. Der Bau der Anlage dauerte bis 1300 v. Chr. Die bis zu 50 Tonnen schweren Steine wurden aus 30 km Entfernung herangeschafft. Dazu wurden sie auf Baumstämme gelegt und an Seilen gezogen. Für einen Stein brauchte man schätzungsweise 800 Männer zum Ziehen und 200 weitere, die die Baumstämme von hinten nach vorn transportierten.

1

2

Die Pyramiden von Giseh werden zu den „sieben Weltwundern der Antike“ gezählt. Und sie sind das einzige Bauwerk von den sieben, das heute noch vollständig erhalten ist. Wie die Ägypter ein solch riesiges Bauvorhaben in die Tat umsetzen konnten, ist für Forscher in aller Welt seit Jahrhunderten ein großes Rätsel. ↑4

Bisher steht nur fest: Es gibt keinerlei Aufzeichnungen oder Überlieferungen, die über den Bau der Pyramiden Auskunft geben. Die Ägypter kannten vor 5000 Jahren weder das Rad noch die Wasserwaage. Ihre Werkzeuge waren aus relativ weichem Material – Bronze und Eisen waren noch unbekannt. Allein für die Cheopspyramide mit einer Höhe von 146,6 Metern und einer Seitenlänge von fast 230 Metern mussten 6,5 Mio. Tonnen Kalkstein verarbeitet und bewegt werden. Nur mit Muskelkraft war das nicht möglich. Und woher kamen die großen Steinquader? Wie wurden sie transportiert und gehoben?

Herodot, ein griechischer Geschichtsschreiber, war fasziniert von den Pyramiden. In seinen Aufzeichnungen deutet er an, dass Maschinen und „Gerüste von kurzen Stangen“ benutzt wurden. Aber als Herodot Ägypten bereiste, standen die Pyramiden bereits seit 2000 Jahren. Kannten die alten Ägypter bereits Hebelmaschinen, Flaschenzüge oder Kräne? Oder nutzten sie Rampen für den Transport der Steinquader? Es gibt viele Spekulationen – eine endgültige Erklärung ist bis heute nicht gefunden. Dass der Mensch beim Bau Technik zur Verstärkung der Muskelkraft genutzt hat, ist aber unumstritten.

3

4

Methode Experimente

Nicht immer liefert die Beobachtung der Natur alle Antworten, die man haben möchte. Deshalb ist es notwendig, Sachverhalte, Vorgänge und Erscheinungen aus der Natur im Labor nachzubilden oder nachzustellen. Das Experiment gehört zu den wichtigsten Arbeitsmethoden in den Naturwissenschaften.
Mit Experimenten wollte ISAAC NEWTON klären, wie Farben entstehen.

1 *Die Beobachtung*
Nicht alle Erscheinungen in der Natur kann man sofort erklären. Es ist wichtig, alle Sinneseindrücke aufzunehmen und möglichst genau zu beschreiben. NEWTON war von den Farberscheinungen, die ein Stück geschliffenes Glas an die weiße Wand zauberte, beeindruckt. ↑5

2 *Die Fragestellung*
Am Anfang können sehr einfache Fragen stehen. Es muss gelingen, die Fragestellungen immer konkreter zu formulieren und das Wesentliche vom Unwesentlichen zu trennen.
Um die Entstehung des farbigen Lichts zu ergründen, formulierte NEWTON zunächst eine allgemeine Frage: „Wie entstehen die Farben hinter einer Glaskante?"

3 *Die Hypothese*
Die Fragestellung führt zu einer Vermutung (Hypothese), die man mit einem Experiment überprüfen kann.
NEWTON stellte die Vermutung auf: „Das Prisma färbt das Licht."

4 *Das Experiment*
Es muss genau geplant werden, welche Größen im Experiment gemessen werden sollen und unter welchen Bedingungen das Experiment durchgeführt werden muss, damit es der Realität nahekommt. NEWTON hielt ein Stück Papier erst dicht hinter das Prisma und vergrößerte dann den Abstand. Dicht hinter dem Prisma beobachtete er noch kein Spektrum, sondern einen weißen Fleck mit roten und blauen Rändern. Erst mit Vergrößerung des Abstands wurde der Streifen immer farbiger und breiter. ↑6

5 *Das Ergebnis*
Die Hypothese wird bestätigt oder abgelehnt. Man kann ein allgemeingültiges Gesetz formulieren oder muss weitere bzw. neue Hypothesen aufstellen.
NEWTONS Beobachtungen widerlegten seine eigene Hypothese.
Deshalb stellte er eine neue auf: „Weißes Licht ist aus farbigen Lichtsorten zusammengesetzt." Diese neue Vermutung widersprach der damaligen Lehrmeinung. Deshalb musste NEWTON weitere Experimente durchführen, um ihre Richtigkeit nachzuweisen. ↑7

5 Die Beobachtung

6 Das Experiment

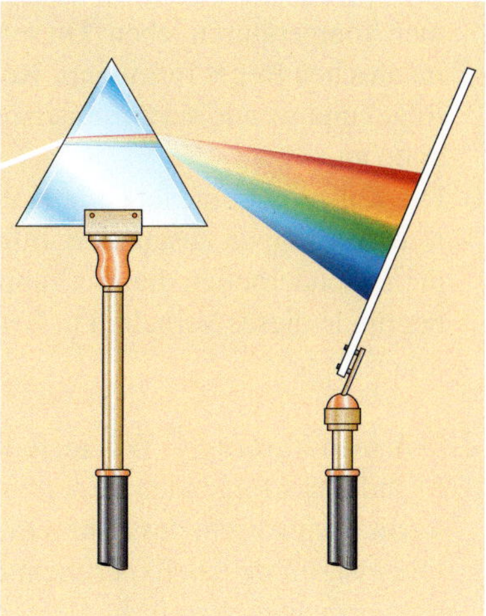
7 Das Ergebnis

Kaiserpinguine – Überleben in der Antarktis

1

Die Antarktis ist einer, wenn nicht sogar der unwirtlichste Lebensraum auf der Erde.

Dennoch meistern die Kaiserpinguine täglich das Überleben bei Temperaturen, die teilweise zwischen –70 °C und –40 °C liegen. Dies ist noch bemerkenswerter, wenn man berücksichtigt, dass Pinguine gleichwarme Lebewesen sind. Kaiserpinguine müssen ihre Körpertempertaur möglichst konstant bei 38,5–40 °C halten. Aus diesem Grund sehen sich die Pinguine vor dem ständigen Problem, die Wärmeabgabe an die kalte Umgebung so gering wie möglich zu halten. Die Wärmeabgabe basiert auf physikalischen Grundprinzipien. Im Laufe der Evolution haben sich Merkmale entwickelt, die wärmedämmend wirken. Die folgenden Aufträge bieten konkrete Aufgabenstellungen und Denkanstöße, die dir bei der Untersuchung der Überlebensmechanismen von Pinguinen helfen sollen.

Aufträge

1 Bergmannsche Regel

a Biologen haben Regelmäßigkeiten in der Gestalt von Tieren erkannt, die in Lebensräumen mit extremen Temperaturen leben. Diese sind in der bergmannschen Regel formuliert. Recherchiere diese Regel und wende sie auf unterschiedliche Pinguinarten an.

b Die Kaiserpinguine leben in Kolonien und „rotten" sich zu Gruppen zusammen. Informiere dich über die Besonderheiten dieser Gruppenbildung und begründe dieses Verhalten in Bezug zur bergmannschen Regel.

2 Wärmedämmung – Wärmeleitung

a Mithilfe des folgenden Experiments kannst du leicht nachweisen, dass Luft ein schlechter Wärmeleiter ist. Führe das Experiment durch und erstelle ein Versuchsprotokoll. ↑2

b Überlege dir ein anderes Experiment zur Bestätigung der schlechten Wärmeleitung von Luft.

c Begründe, inwieweit die Existenz eines kleinen Daunengeflechts oberhalb der Haut des Kaiserpinguins von Vorteil ist.

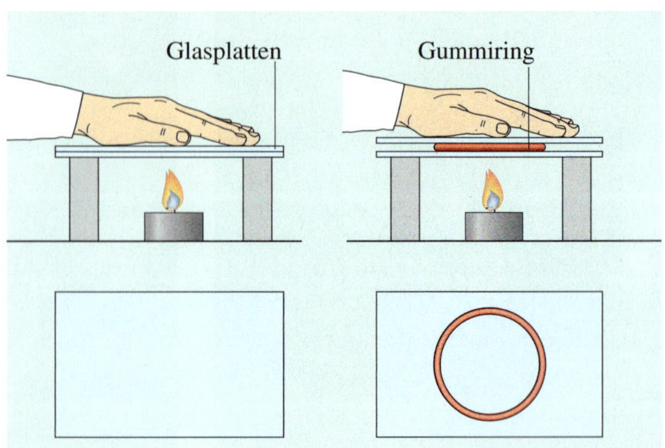

2

Aufträge

3 Wärmedämmung – Wärmekonvektion

a Führe das folgende Experiment durch und erläutere daran den Begriff Wärmekonvektion. ↑3

b Erkläre aus dem Versuchsergebnis heraus, wieso das Gefieder der Kaiserpinguine dachziegelförmig angeordnet ist. (*Tipp:* Zwischen den einzelnen Federn befindet sich Luft.) ↑4

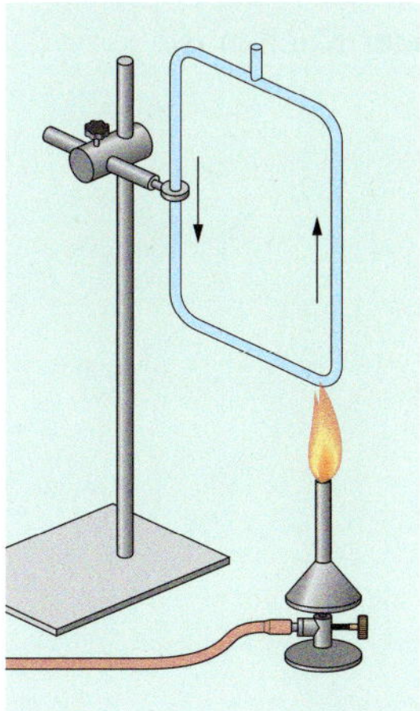

3

4

4 Jagdgebiet Wasser

Pinguine fangen ihre Nahrung im Wasser und müssen daher über besondere Mechanismen zur Wärmedämmung im Wasser verfügen. Ein Körper kühlt nämlich im kalten Wasser schneller aus als in der kalten Luft, auch wenn Luft und Wasser die gleiche Temperatur haben.

a Weise experimentell mit der Aufnahme von Temperaturkurven nach, dass Körper im Wasser schneller auskühlen.

b Es besteht ein Zusammenhang zwischen der Zeit, die notwendig ist, um den Körper abzukühlen, und der Temperaturdifferenz (Körper–Umgebungsmedium). Untersuche diesen Einfluss experimentell.
Tipp: Die Zeit muss immer für die gleiche Temperaturdifferenz gemessen werden.

c Pinguine verfügen über eine dicke Fettschicht. Bestätige experimentell, dass diese vor dem Auskühlen in Wasser schützt.

d Das Öl-Wachs-Gemisch der Pinguine dichtet das Gefieder ab. Dies ist ebenfalls ein Mechanismus, der vor dem Auskühlen schützt. Informiere dich theoretisch z. B. im Rahmen einer Internetrecherche über diesen Mechanismus.

5 Gegenstromprinzip

Für Pinguine ist es lebenswichtig, die Körpertemperatur konstant auf ca. 39 °C zu halten.

a Recherchiere, aus welchem Grund der Schnee unter den Füßen des Pinguins nicht schmilzt.

b Ein Liebigkühler wird im Labor zur Kühlung von Gasen verwendet. Erläutere, aus welchem Grund man sagen kann, dass hier das gleiche Prinzip wie in der Natur vorliegt. ↑5

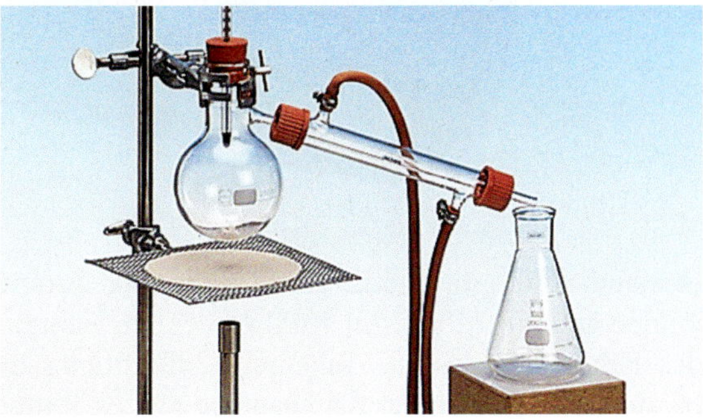

5

6 Wärmestrahlung – Einsatz technischer Geräte

a Recherchiere, wie die Bilder einer Wärmebildkamera zu interpretieren sind.

b Beschreibe, welche Informationen das Wärmebild der Pinguine liefert. ↑6

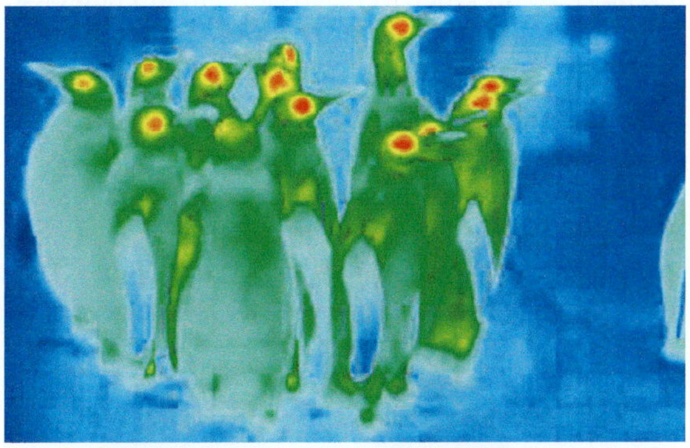

6

7 Vergleich zu anderen Tieren

a Ähnliche Eigenschaften zum Schutz vor Kälte kann man auch beim Polarfuchs feststellen. Untersuche diese theoretisch und vergleiche mit denen der Kaiserpinguine.

b Weitere Regelmäßigkeiten haben die Biologen in der allenschen Regel formuliert. Recherchiere die Aussage dieser Regel und erläutere sie.

Elektrische Temperaturmessung

1

Welcher Koch möchte nicht gern wissen, ob das dicke Stück Bratenfleisch innen schon gar ist? Moderne Backöfen oder Mikrowellengeräte haben deshalb einen Temperatursensor.
Ein Bratenthermometer kann exakt anzeigen, wie heiß es in einem Braten oder Kuchen ist.

In einem Auto gibt es eine ganze Reihe von Temperatursensoren, die die Temperatur im Motor, im Kühlwasser, im Fahrgastraum und außerhalb des Fahrzeugs messen. Auch im Kühlschrank, in der Waschmaschine, bei der Heizung und der Klimaanlage gibt es Temperatursensoren, die die Betriebstemperatur überwachen und melden. An sehr vielen Stellen sind sie heute unentbehrlich.

Aufträge

1 Temperaturverhalten von Widerständen

a Überlege dir einen Versuchsaufbau, um den elektrischen Widerstand von NTC- und PTC-Bauteilen bei drei Temperaturen, die sich deutlich unterscheiden, zu messen. Führe die Messungen durch und protokolliere das Experiment.

b Beschreibe das unterschiedliche Temperaturverhalten der beiden Bauteile, die man auch als Halbleiterwiderstände bezeichnet. Erkläre damit die Bezeichnungen Heißleiter und Kaltleiter.

2

2 Bau eines elektrischen Thermometers

a Entwirf eine elektrische Schaltung, mit der man unter Verwendung eines Halbleiterwiderstands Temperaturen messen kann.

b Beschreibe die Funktionsweise deiner Schaltung.

c Führe die Messungen zur Eichung deines Thermometers sowohl mit einem NTC als auch mit einem PTC durch. Notiere dazu im Protokoll die Temperatur, die ein Flüssigkeitsthermometer anzeigt, und die von dir gemessene elektrische Größe.

d Vergleiche die gewonnenen Messergebnisse für NTC und PTC.

e Elektrische Spannungen können besser über größere Entfernungen übertragen werden und lassen sich in elektronischen Schaltungen und Computern besser verarbeiten. Falls deine Schaltung die elektrische Stromstärke als Messgröße für die Temperatur geliefert hat, verändere die Schaltung nun so, dass anstatt der Stromstärke eine Spannung als Messgröße erzeugt wird. Entwirf einen Schaltplan und beschreibe die Funktionsweise dieser Schaltung. Führe mit der veränderten Schaltung die Messungen erneut durch und notiere die Ergebnisse.

Aufträge

f Nutze dein selbst gebautes elektrisches Thermometer, um die Temperaturen verschiedener Gegenstände zu messen.

g Recherchiere, wie die Widerstandsänderungen von Halbleiterwiderständen im Modell erklärt werden können.

3 Technische Anwendungen

Die Temperaturabhängigkeit von Halbleiterwiderständen nutzt man auch zum Bau von Temperatursensoren, die bei Temperaturänderungen spezielle Funktionen ausführen.

a In der abgebildeten Schaltskizze ist ein Melder dargestellt. Im Normalbetrieb arbeitet dieser Melder bei Raumtemperatur. ↑3
Was geschieht, wenn die Temperatur deutlich ansteigt? Erkläre anhand der Schaltskizze die Funktionsweise dieser Schaltung.

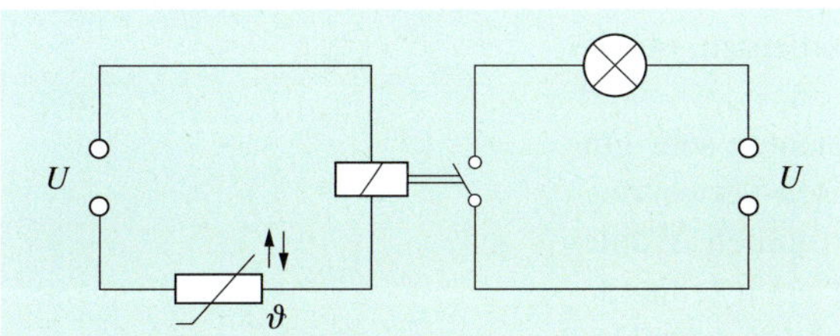

3

b Reihenschaltungen von Glühlampen haben einen Nachteil. Beschreibe und erkläre, was geschieht, wenn eine Glühlampe defekt ist.
Beschreibe, was bei der abgebildeten Lichterkette zu beobachten ist, wenn eine Lampe defekt ist. Erkläre die Funktionsweise der Schaltung. ↑4
Falls du zu Hause eine Lichterkette hast, überprüfe, ob sie so aufgebaut ist wie die abgebildete.
Wie kannst du das feststellen, ohne die Lichterkette zu zerstören?

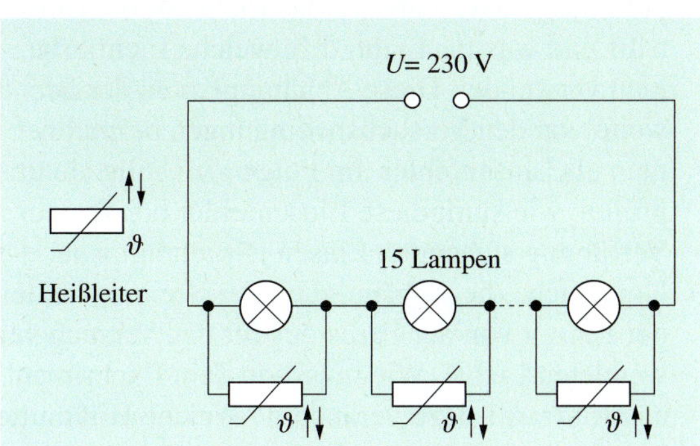

4

c Das Bild zeigt den Aufbau einer Sicherungsmaßnahme beim Befüllen von Heizöltanks. ↑5, 6
Beschreibe die Funktionsweise der Schaltung.
Baue die Schaltung nach und teste sie.
Dokumentiere deine Überlegungen, die Durchführung und die Ergebnisse deines Experiments.

5

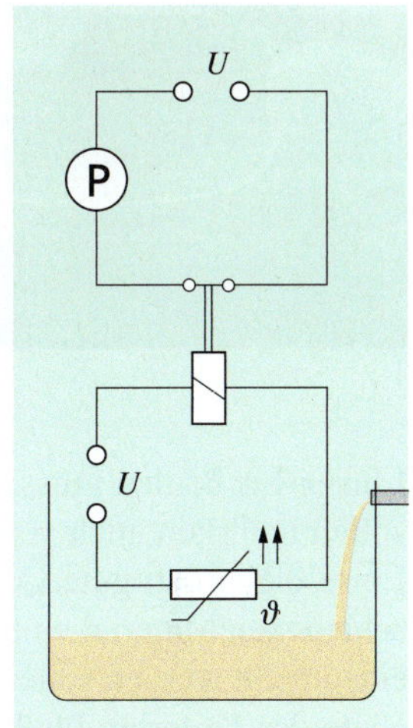

6

d In der veränderten Schaltung von ↑Auftrag 2e wird eine Spannung als Maß für die Temperatur gemessen. Diese kann auch zur Regelung einer Heizung verwendet werden. Dazu wird die Schaltung um einen Transistor ergänzt, der die Heizung einschaltet, wenn die Temperatur zu niedrig ist, und wieder ausschaltet, wenn die gewünschte Temperatur erreicht wurde. ↑7
Beschreibe und erkläre die Funktionsweise der Schaltung. Recherchiere dazu auch über die Funktionsweise eines Transistors.
Falls dir geeignete Bauteile zur Verfügung stehen, baue die Schaltung auf und teste sie. Dokumentiere dein Experiment.

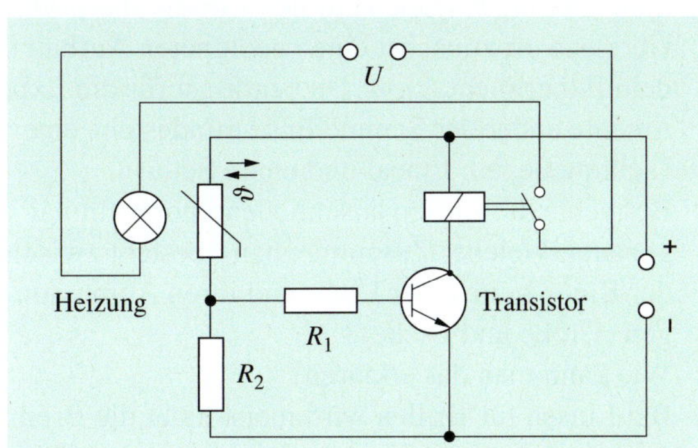

7

Von der Linse zur Brille

1

Die passende Brille schafft Durchblick. Der wesentliche Bestandteil einer Brille sind die Linsen. Sie sind für ihre richtige Funktion entscheidend. Bei der Auswahl und Herstellung von Linsen für Brillen sind viele Punkte zu berücksichtigen.

Linsen für Brillen müssen die richtige Stärke bzw. Brechkraft haben. Sie sollen natürlich auch von guter Qualität sein, aber was bedeutet bei einer Linse eigentlich gute Qualität? Außerdem können Brillengläser aus verschiedenen Materialien hergestellt werden. Man muss entscheiden, ob sie entspiegelt werden sollen usw.
Viele der Kriterien für Brillengläser kannst du in Experimenten sehr gut selbst untersuchen. In den Beispielen werden Sammellinsen verwendet, wie sie in Brillen für weitsichtige Personen zum Einsatz kommen. Wähle dir interessante Aspekte aus, beschaffe dir dann zunächst noch fehlende Informationen und plane selbst Experimente zur Untersuchung oder Demonstration deiner Fragestellungen.

Aufträge

1 Brennweite und Brechkraft

Die wichtigste Eigenschaft einer Linse ist ihre Brennweite. Zunächst solltest du deine Kenntnisse zu diesem Begriff auffrischen.

a Mithilfe eines Experiments sollst du die Brennweite verschiedener Linsen möglichst genau bestimmen oder die Angaben auf den Linsen überprüfen. Überlege dir zunächst einen geeigneten Aufbau für dein Experiment. *Tipp:* Du benötigst für die Experimente außer der Sammellinse mindestens eine Lichtquelle, ein Lineal und einen Schirm.

b Betrachte die Linsen anschließend noch einmal genauer. Welcher Zusammenhang besteht zwischen der Brennweite einer Linse und ihren Abmessungen (Größe und Dicke)?
Wie kann man das erklären?

c Bei Linsen für Brillen wird meist nicht die Brennweite, sondern die Brechkraft in der Einheit Dioptrien angegeben. Finde heraus, wie Brennweite und Brechkraft zusammenhängen.

2 Linsenfehler

Bei den meisten Linsen gibt es mit der Brennweite ein Problem: Sie hat keinen eindeutigen Wert, sondern hängt davon ab, wo das Licht auf die Linse trifft und was für Licht, d. h. welche Lichtfarbe, man verwendet. Diese Abhängigkeiten der Brennweite von den Versuchsbedingungen bezeichnet man als Linsenfehler. Im Folgenden sollst du überprüfen, wie stark diese Linsenfehler bei den zur Verfügung stehenden Linsen ausgeprägt sind.

a Untersuche die Abhängigkeit der Brennweite deiner Linsen von der Farbe des für den Versuch verwendeten Lichts. Wie musst du dein Experiment aus Auftrag 1 dazu verändern? Welche Hilfsmittel kannst du dazu verwenden?

Aufträge

b Als Nächstes solltest du überprüfen, inwieweit die Brennweite der Linsen davon abhängt, ob das Licht mehr in der Mitte oder mehr am Rand auf die Linse trifft. Wie kannst du das im Experiment testen?

c Recherchiere, wodurch die Linsenfehler verursacht werden. Könnte man sie vermeiden?

3 Sphärische und zylindrische Linsen

Bei vielen Linsen für Brillen werden für die Brechkraft zwei Werte angegeben: ein Wert für die sphärische Brechkraft und außerdem noch ein Wert für die zylindrische Brechkraft.

a Finde heraus, was das bedeutet und warum man solche Linsen benötigt. ↑2

b Überlege dir ein einfaches Handexperiment, mit dem man beurteilen kann, ob ein Brillenglas zusätzlich eine zylindrische Wirkung hat.
Teste damit verschiedene Brillen und überlege, wie du die Resultate dokumentieren kannst.

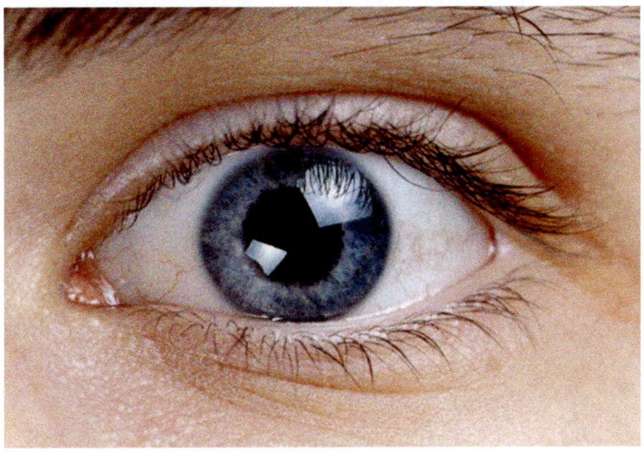

2 Die Hornhaut ist mit einer Höhe von 10 mm und einer Breite von 12 mm der Form des Lidschlitzes angepasst.

4 Material für Brillengläser

Lässt man beim Optiker eine Brille anfertigen, kann man für die Linsen verschiedene Glas- oder Kunststoffsorten auswählen. Die Brillengläser unterscheiden sich dann trotz gleicher Brennweite in ihrer Dicke. Der Grund dafür ist, dass die verschiedenen Materialien das Licht unterschiedlich stark brechen. ↑3

a Entwirf ein Experiment, mit dem du die unterschiedliche Lichtbrechung verschiedener Materialien gut demonstrieren kannst.

b Welches der von dir untersuchten Materialien wäre am besten für eine möglichst dünne und leichte Brille geeignet?

c Um die unterschiedliche Lichtbrechung verschiedener Materialien zu beschreiben, wird oft die Brechzahl bzw. der Brechungsindex verwendet. Informiere dich darüber. Kannst du im Experiment die Brechzahl einiger Materialien (z. B. Wasser, Glas, Kunststoff …) bestimmen?

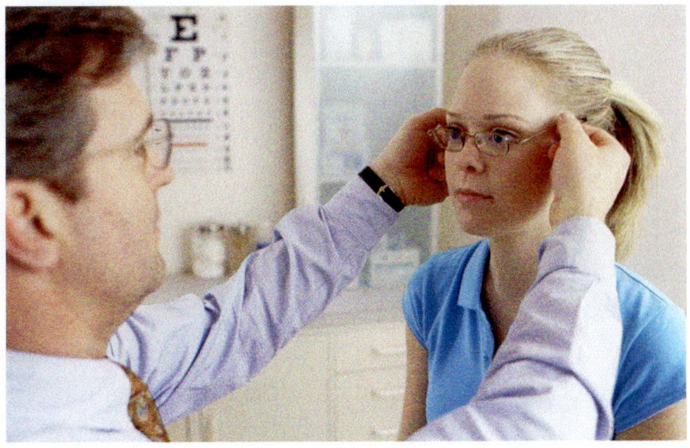

3 Beim Optiker

5 Entspiegelung

Licht, das auf die Oberfläche einer Linse trifft, läuft nicht vollständig durch die Linse, sondern wird zum Teil an der Oberfläche reflektiert. Um diesen Effekt zu verringern, kann man Linsen entspiegeln.

a Informiere dich, wie man dazu vorgeht. ↑4, 5

b Vergleiche, wie stark verschiedene Brillengläser oder Linsen auftreffendes Licht reflektieren. Du musst dabei immer darauf achten, vergleichbare Versuchsbedingungen sicherzustellen.

c Fällt dir bei den entspiegelten Gläsern etwas auf, wenn du genau auf die Farben achtest? Untersuche die Farbeffekte durch Beleuchtung der Brillengläser mit verschiedenfarbigem Licht genauer. Erkläre damit deine Beobachtungen an der Brille.

4

5

Wärmekraftmaschinen

1

Der Motor in eurem Auto, das Strahltriebwerk im Flugzeug, die Dampfturbine im Kraftwerk ... Es gibt eine verwirrende Vielfalt von Wärmekraftmaschinen. Sie unterscheiden sich in ihrem Aufbau und in ihrer Funktionsweise.

So verschieden die Wärmekraftmaschinen auch sind, so besitzen sie doch einige gemeinsame Eigenschaften. Keine Wärmekraftmaschine kann die zugeführte thermische Energie vollständig in die gewünschte Energieform – mechanische Energie oder elektrische Energie – umwandeln. Ein Großteil der Energie muss als Abwärme (thermische Energie) an die Umgebung abgegeben werden. In der Energiebilanz muss diese Abwärme als Verlust verbucht werden.

Aufträge

1 Wann ist eine Maschine eine Wärmekraftmaschine?

a Gib einige Beispiele für Wärmekraftmaschinen an. Zeige, dass das für Wärmekraftmaschinen typische Energiediagramm auf alle deine Beispiele passt. ↑2

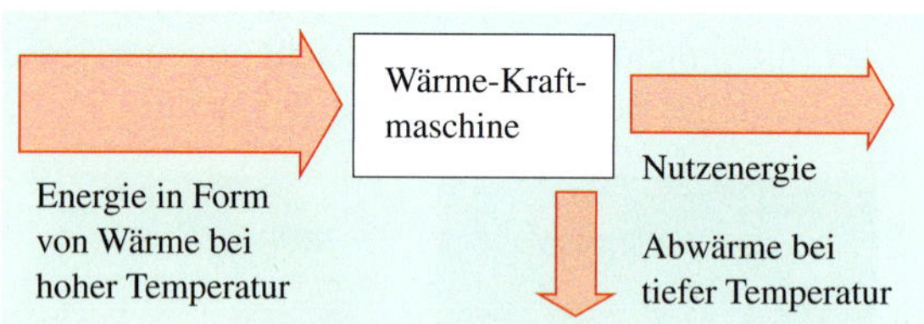

2

b Mache dir klar, dass deine Beispiele die physikalische Regel bestätigen, an der kein Maschinenbauer vorbeikommt, selbst wenn er die Wärmekraftmaschine noch so sehr optimiert und die dann „wie geschmiert" läuft: Wärmeenergie kann nicht vollständig in Nutzenergie (z. B. mechanische Energie oder elektrische Energie) umgewandelt werden. Verlustenergie ist unvermeidlich und muss als Abwärme entsorgt werden.

c Wärmekraftmaschinen benötigen am Energieeingang Energie in Form von Wärme. Kläre in deinen Beispielen, woher die Wärme jeweils kommt.

d Wärmekraftmaschinen haben einen Energieeingang und zwei Energieausgänge. Schreibe die Bilanz der zugehörigen Leistungen (Energiestromstärken) P_E (Leistung am Eingang), P_V (Leistung der Abwärme) und P_N (Nutzleistung) in einer Gleichung.

2 Der Trinkvogel

a Gib dem Vogel Wasser zu „trinken" und beobachte, wie er damit zu dauerhafter Bewegung animiert wird. ↑3, 4

3

4

Aufträge

Zeige, dass der Trinkvogel eine Wärmekraftmaschine ist: Wo ist der Eingang für die Wärme, wo der Ausgang für die Abwärme (Verlustenergie)? Auf welcher Temperatur wird die Wärme zugeführt, auf welcher Temperatur verlässt die Abwärme die Maschine?
Wo ist die Nutzenergie zu beobachten?

b Untersuche, ob die Nutzleistung der Maschine erhöht werden kann.
Vorschlag 1: Führe der Maschine mehr Wärme zu, indem du den ganzen Vogel mit der Heißluft aus einem Föhn anbläst.
Vorschlag 2: Gib dem Vogel Alkohol (Spiritus) statt Wasser zu trinken.
Beschreibe deine Beobachtungen.

c Statt mit Wasser kann der Vogel auch mit der Energie der Glühlampe betrieben werden.
Wo befinden sich jetzt der Energieeingang und die Energieausgänge.
Auf welcher Temperatur wird die Wärme zugeführt, auf welcher Temperatur wird die Abwärme entsorgt?

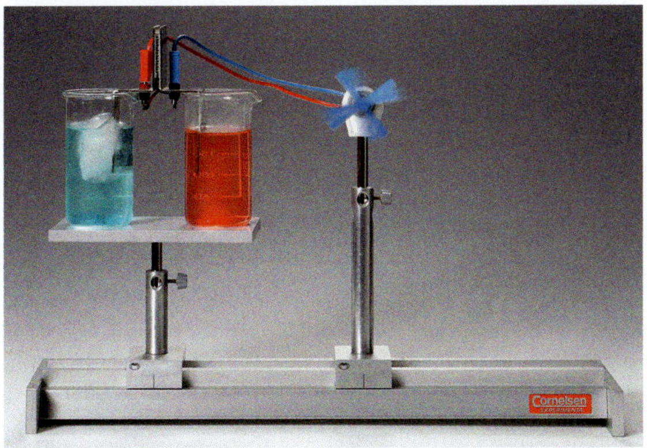

5

3 Der Thermogenerator

a Ist der Thermogenerator eine Wärmekraftmaschine? Identifiziere die für Wärmekraftmaschinen charakteristischen Energie-Ein- bzw. -Ausgänge. ↑5

b Überlege und probiere aus: Durch welche Maßnahmen kann die Nutzleistung verbessert werden?

c Beobachte das Verhalten der Wärmekraftmaschine, wenn der Energieausgang für die Abwärme blockiert wird.

d Zeige, dass der Thermogenerator im Umkehrbetrieb als Wärmepumpe betrieben werden kann. Zeichne das zugehörige Energiediagramm.

4 Die Lichtmühle

a Wärme kann auch mit dem Licht der Sonne oder einer Glühlampe angeliefert werden. Die Temperatur am Eingang der Wärmekraftmaschine ist dann die Temperatur der Sonnenoberfläche bzw. die Temperatur der Glühwendel.
Identifiziere die für Wärmekraftmaschinen charakteristischen Energie-Ein- bzw. -Ausgänge. Bei welcher Temperatur wird die Wärme entsorgt? ↑6

b Statt mit Licht wird die Lichtmühle jetzt mit Wärmestrahlung betrieben. Tauche dazu die Lichtmühle in einem abgedunkelten Raum in heißes Wasser. Achtung: Beim Eintauchen der Lichtmühle in das heiße Wasser unbedingt die Finger schützen! Was passiert, wenn die Lichtmühle aus dem heißen Wasser herausgenommen wird? ↑7
Beschreibe und erkläre die Beobachtungen.

c Warum liefert die Lichtmühle so wenig Energie? Im Vergleich zu anderen Wärmekraftmaschinen ist der Temperaturunterschied zwischen der zuströmenden und der abströmenden Wärme riesig. Was hättest du nach den Ergebnissen der ↑Aufträge 2b und 3b für die Nutzleistung der Lichtmühle erwarten dürfen?
Finde eine Erklärung für die relativ geringe Nutzleistung der Lichtmühle.

6

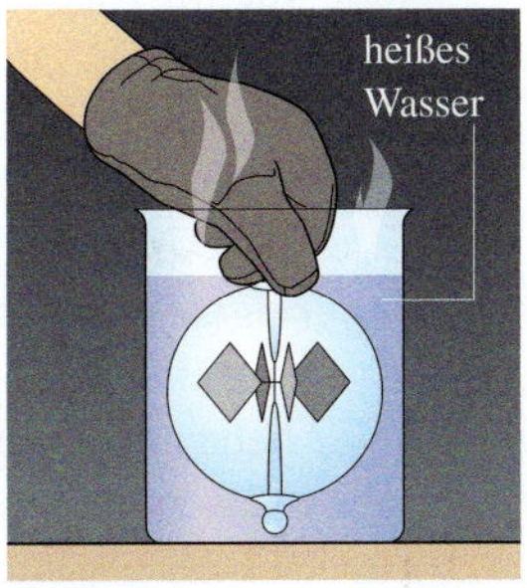

7

5 Von der Beobachtung zum Gesetz

Eine möglichst große Nutzleistung – das ist das Ziel des Ingenieurs bei allen Wärmekraftmaschinen. Durch deine Experimente hast du inzwischen viele Erkenntnisse gesammelt, wie die Nutzleistung der Wärmekraftmaschinen von den beteiligten Größen abhängt. Welchen Einfluss haben der Wärmestrom am Eingang, der Wärmestrom am Ausgang sowie die Temperaturen am Eingang und Ausgang auf die Nutzleistung? Formuliere die Zusammenhänge in Worten.

Schwimmen

1

Moderne Kreuzfahrtschiffe sind wie schwimmende Städte. Problemlos bewegen sich diese Ozeanriesen über das Wasser, während eine kleine Euromünze sofort untergeht. Wie kann das sein?

Manche Gegenstände versinken im Wasser, andere wiederum bleiben ohne äußere Hilfe an der Oberfläche. Diese Erfahrung hat sicher jeder schon in seinem Alltag gemacht. Welche Kriterien darüber entscheiden, ob ein Körper schwimmt, wirst du in den folgenden Arbeitsaufträgen untersuchen.

Aufträge

1 Schwimmen und Sinken
Finde durch Experimentieren mindestens fünf Gegenstände, die schwimmen, und fünf Gegenstände, die im Wasser versinken. Suche dazu in der Physiksammlung, zu Hause und auch draußen. Lege eine Tabelle nach dem Muster unten an und trage die Gegenstände ein. ↑2

2 Körpereigenschaften und Schwimmfähigkeit

a Körper haben unterschiedliche Eigenschaften. Eine Eigenschaft ist z.B. die Farbe. Suche weitere Eigenschaften oder physikalische Größen, die deine gefundenen Gegenstände beschreiben. Trage sie in die Tabelle ein. Deine Angaben dürfen qualitativ oder quantitativ sein.

b Dass die Farbe keinen Einfluss auf die Schwimmfähigkeit hat, ist uns allen klar. Ganz gleich wie wir einen Kieselstein anmalen, er wird immer untergehen. Sind die anderen gefundenen Eigenschaften entscheidend für das Schwimmen? Diese Frage kannst du beantworten, wenn du die schwimmenden und sinkenden Gegenstände deiner Tabelle vergleichst und deine Alltagserfahrung einbeziehst. Diskutiere dein Ergebnis mit deinen Mitschülerinnen und Mitschülern.

c Dokumentiere deine Überlegungen in einem kurzen Text unter der Tabelle.

	Gegenstand	Farbe				
schwimmt	Korken	braun				
versinkt	Stein	grau				

2

Aufträge

3 Die Dichte
Hast du außer dem Material des Gegenstands eine weitere Eigenschaft gefunden, die direkt über Schwimmen oder Sinken entscheidet? Sicher nicht! Doch wie erkennt man schwimmende Materialien? Welche sind es?
Eine Größe, die das Material kennzeichnet, ist die Dichte, die du sicher schon aus dem Chemieunterricht kennst. Trage alle wichtigen Informationen zur Dichte zusammen. Schlage gegebenenfalls in einer Formelsammlung oder einem Lexikon nach oder recherchiere im Internet.

4 Dichtebestimmung
Plane ein Experiment, mit dem du die Dichte deiner Gegenstände bestimmen kannst. Führe das Experiment durch und erstelle ein Versuchsprotokoll. Trage die Ergebnisse deiner Messungen in die Tabelle mit den Eigenschaften ein. ↑4

5 Dichte als Maß für die Schwimmfähigkeit
a Vergleiche nun die Dichten der „Schwimmer" mit denen der „Versinkenden". Formuliere eine erste Regel, mit der man entscheiden kann, ob ein Körper schwimmt oder sinkt.
b „Die Dichte von Wasser bildet für die Schwimmfähigkeit eine Art Grenzwert." Erläutere diese Aussage. Formuliere deine Regel aus Teil ↑a neu, indem du die Dichte von Wasser miteinbeziehst.
c Viele Körper in der Natur oder der Technik bestehen aus zwei oder gar mehreren unterschiedlichen Materialien. Die endgültige Version deiner „Schwimmregel" sollte auch solche Körper miteinbeziehen.
d Wende deine neuen Erkenntnisse auf unser Eingangsproblem „Kreuzfahrtschiff und Münze" an.

3

6 Technische Anwendungen
Alle folgenden Anwendungen beruhen auf den gerade erarbeiteten Erkenntnissen. Suche dir ein Themengebiet heraus und recherchiere dazu im Internet, in Lexika oder auch in Schulbüchern. Bereite dann einen Vortrag für deine Mitschüler vor:
- U-Boote können sich auf, aber auch unter Wasser bewegen. Steigen, Sinken und sogar Im-Wasser-Schweben, erreichen sie durch technische Tricks. ↑3
- Große Containerschiffe besitzen Freibordmarken auf ihren Rümpfen, die wichtig für die Beladung sind. ↑5
- Ein Mensch schwimmt nicht wirklich, versinkt aber auch nicht sofort. In manchen Gewässern kann man sogar im Liegen Zeitung lesen.
- Rauf und runter – für Fische kein Problem.
- Dichtemessgeräte benötigen Automechaniker und Winzer. ↑6

4

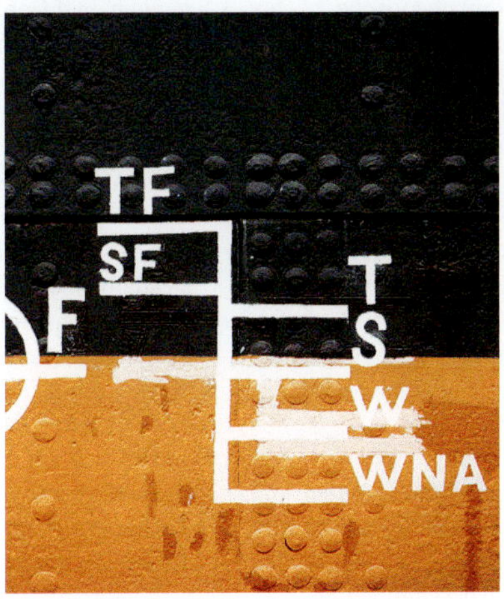

5

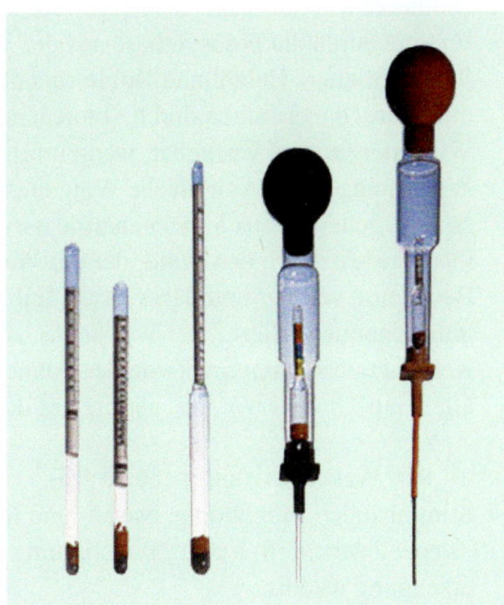
6

Lösungen zu den Check-up-Aufgaben

Von der Energie (Seite 24)

1 Energie ist eine Eigenschaft von Systemen, etwas zu bewegen, zu erwärmen, zum Leuchten zu bringen, anzuheben usw. Energie kann nicht erzeugt, sondern nur von einer Art in eine andere umgewandelt werden.

2 Luftballon: Spannenergie; Baum, Batterie, Streichholz, Banane: chemische Energie; Auto, Jo-Jo: Bewegungsenergie; heißer Kaffee: thermische Energie; Buch auf Stuhl: Höhenenergie, Stuhl und (nicht leuchtende) Lampe haben keine Energie.

3 Motor: elektrische Energie in Bewegungsenergie; Wasserkocher: elektrische Energie in thermische Energie; Ladegerät für Akkus: elektrische Energie in chemische Energie
Solarzelle: Strahlungsenergie in elektrische Energie; Sonnenkollektor: Strahlungsenergie in thermische Energie; Lichtmühle: Strahlungsenergie in Bewegungsenergie

4 a) Elektrische Energie lässt sich sehr leicht und mit geringen Verlusten durch Kabel und Leitungen transportieren. Sie kann problemlos in andere Energieformen umgewandelt werden, insbesondere in mechanische und thermische Energie.
b) Generator (Dynamo), Solarzelle, Thermoelement

5 a) Im Draht wird elektrische Energie in thermische Energie umgewandelt. Der Draht dehnt sich aus und Höhenenergie wird durch das sich absenkende Wägestück abgegeben. Die thermische Energie des glühenden Drahts wird an die Umgebung abgegeben. Wenn der elektrische Energiestrom unterbrochen wird, wird noch eine Zeit lang thermische Energie an die Umgebung abgegeben. Ein Teil der Energie wird in Höhenenergie des Wägestücks umgewandelt, da der Draht durch die Abkühlung wieder kürzer und das Wägestück angehoben wird, bis der Draht Umgebungstemperatur angenommen hat.
b) Die Energie stammt aus der thermischen Energie des Drahts, der sich nur dann abkühlen kann, wenn er gleichzeitig das Wägestück anhebt.

6 Im Kraftwerk wird Energie von einer Energieform in andere Energieformen – zum Teil in elektrische Energie – umgewandelt.

7 Der Satz ist insofern korrekt, als ein geheiztes Zimmer eine bestimmt Energie besitzt. Wenn die Temperatur konstant gehalten wird, wird die Energie der Heizung nur dazu genutzt, die durch die Wände nach außen abfließende Energie zu ersetzen. Damit heizt man letztlich die Außenwelt.

8 Biodiesel wird aus Pflanzen hergestellt, die ihre chemische Energie durch die Fotosynthese aus der Strahlungsenergie der Sonne erhalten. Heizöl und Kohle sind abgestorbene Pflanzen und Tiere, die ebenfalls durch Sonnenenergie aufgebaut wurden. Windenergie wird verfügbar, wenn infolge unterschiedlicher Erwärmung der Erdoberfläche Wind entsteht. Die Bewegungsenergie geht also aus Sonnenenergie hervor. Die Wellen erhalten ihre Energie durch den Wind, der das Wasser in wellenförmige Bewegung versetzt und daher einen Teil seiner eigenen Bewegungsenergie verliert.
Kernenergie stammt nicht von der Sonne, sondern geht vor allem aus Uran hervor, das als Erz auf der Erde abgebaut wird.

Schall und Wechselwirkung (Seite 46)

1 Stimmbänder, Mundhöhle, Nasen- und Rachenraum, Gaumen, Zunge, Zwerchfell, Lunge, Bauchraum sind für die Spracherzeugung wichtig.

2 Das Trommelfell wird durch die ankommenden Schallwellen zum Mitschwingen angeregt. Es überträgt die Vibrationen auf die Gehörknöchelchen.

3 Bei allen Schallquellen gibt es mehr oder weniger große Teile, die vibrieren können.

4 Je länger die schwingende Luftsäule, desto tiefer ist der entstehende Ton. Die langen Orgelpfeifen erzeugen die tiefen Töne.

5 a) Das Oszilloskopbild 1a zeigt die höhere Frequenz.
b) In Bild 1b ist der lautere Ton dargestellt.

6 Licht ist rund 1 Mio. Mal schneller als Schall. Das Flugzeug hat sich in der Zeit, die der Schall braucht, um vom Ort seiner Entstehung bis zum Hörer zu gelangen, schon weiterbewegt. Wir sehen das Flugzeug deshalb an einem anderen Ort als den Ort, den wir als Ort der Schallentstehung wahrnehmen.

7 Grundton 440 Hz; 1. Oktave: 880 Hz; 2. Oktave: 1760 Hz; 3. Oktave: 3520 Hz; Der Ton mit 3520 Hz ist um drei Oktaven höher als der Kammerton a^1.

8 Schall benötigt zur Ausbreitung einen Stoff (Luft, Wasser ...). Da der Mond keine Atmosphäre hat, kann sich Schall nicht ausbreiten, also kann man dort keinen Lärm hören.

9 a) Die Schallgeschwindigkeit in Wasser ist größer als in Luft.
b) In einem Metall werden die Störungen schneller weitergegeben als in Wasser. Deshalb breitet sich Schall im Metall mit größerer Geschwindigkeit aus als im Wasser.

10 dB(A) ist die sogenannte Hörschwelle. Ein Schallpegel von 70 dB(A) ist etwa doppelt so laut wie einer von 60 dB(A).

11 Man misst zunächst die Entfernung zur reflektierenden Wand, zum Objekt, das den Schall zurückwirft. Dann bestimmt man möglichst genau (mehrere Messungen) die Zeit, die vom Aussenden des Schalls bis zum Hören des Echos vergeht. Dieser Wert wird halbiert. Mithilfe des Dreisatzes kann man ermitteln, wie schnell der Schall war. Dazu berechnet man, wie lange der Schall gebraucht hat, um 1 m zurückzulegen.

Licht und Wechselwirkung (Seite 94)

1 Judith hat recht. Das Licht, das von den Sternen ausgesandt wird und das Weltall durchquert, bleibt für uns unsichtbar, wenn es nicht in unsere Augen fällt.

2 Das Licht kann der Erdkrümmung nicht folgen. Deshalb kann man den Leuchtturm von der Erde aus nur bis zu einer Entfernung von 40 km sehen. Vom Flugzeug aus sieht man auch Licht, das vom Leuchtturm nach „oben“ (in die Atmosphäre) gestreut wurde.

3 In klarem Wasser gibt es keine oder nur sehr wenige Verunreinigungen an denen das Licht gestreut werden könnte. Deshalb fällt nur sehr wenig oder gar kein Licht in die Augen des Beobachters. Durch Milch wird das Wasser „verunreinigt“. Diese Teilchen streuen das Licht in alle Richtungen. Der Beobachter kann jetzt die Teile des gestreuten Lichts, die in seine Augen fallen, beobachten. Das gestreute Licht hat seine Ausbreitungsrichtung verändert.

4 Der Mond hat keine Atmosphäre, die das Licht streuen könnte. Deshalb erscheint der Himmel schwarz. Auf der Erde werden die Schatten vom Himmel aufgehellt. Weil der Himmel auf dem Mond dunkel erscheint, bleiben auch die Schatten dunkel.

5 a) Man muss sich auf die Lampe zubewegen.
b) Die Lampe muss weiter entfernt werden.

6 Trifft Licht auf eine Grenzfläche zwischen zwei lichtdurchlässigen Körpern, verändert sich seine Ausbreitungsrichtung.
Bei senkrechtem Einfall erfolgt keine Brechung.
Totalreflexion tritt ein, wenn Licht bei der Brechung vom Lot weg gebrochen wird und der Einfallswinkel größer als der Grenzwinkel ist.

7 Siehe Abbildung ↑1.

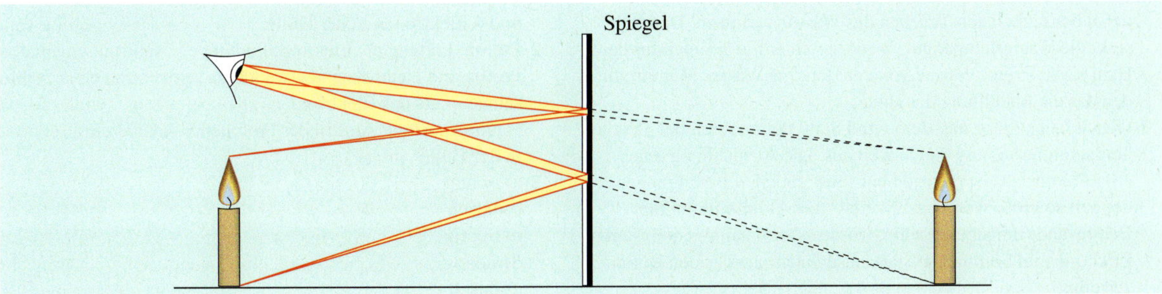

1

8 Siehe Abbildung ↑2.

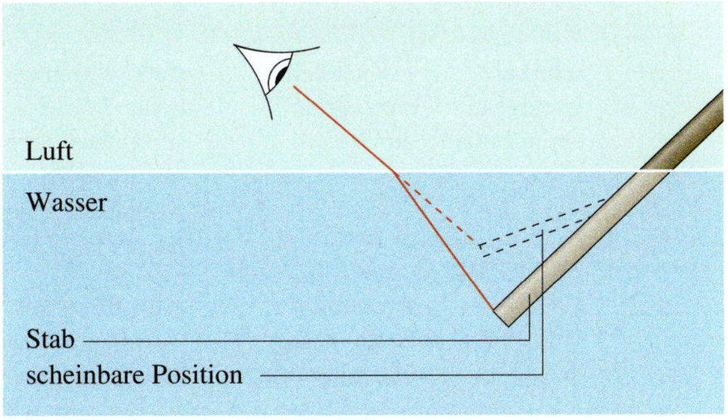

2

9 Jeder Tropfen bricht das Sonnenlicht wie eine kleine Sammellinse, deren Brennpunkt dicht hinter dem Tropfen liegt. Es bildet sich hinter dem Tropfen ein winziger heller Fleck. In diesem Fleck kann es sehr heiß werden. Die Folge können Verbrennungen auf dem Blatt sein.

10 Siehe Abbildung ↑3, 4.

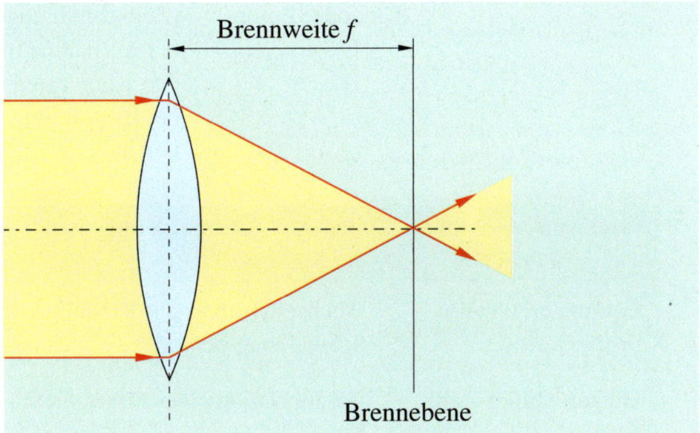

3

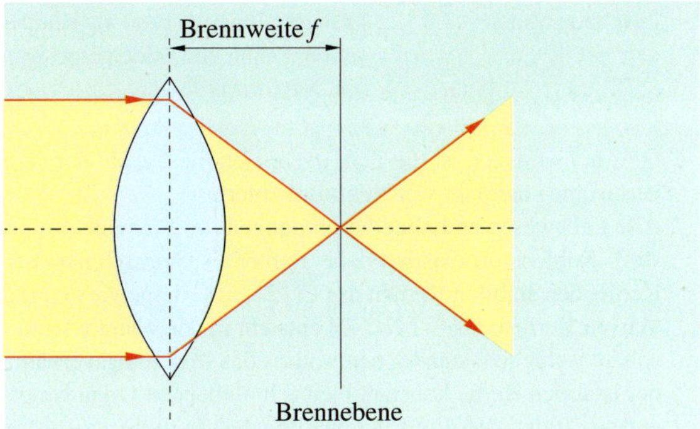

4

11 Violettes Licht wird am stärksten und rotes Licht am schwächsten gebrochen.

12 Auf dem Bildschirm sind winzige Flecke aus roter, grüner und blauer Leuchtfarbe nebeneinander angeordnet. Durch additive Mischung der drei Farben Rot, Grün und Blau ergeben sich die Mischfarben. Auch die dunklen Bereiche zwischen den Farbflecken tragen zur Farbe bei.

Temperatur und Materie (Seite 128)

1 Statt Temperaturen fühlen wir eher den Wärmestrom in unsere Haut hinein oder aus unserer Hand heraus. Der Temperatursinn kann uns somit täuschen. Genaue Messungen sind nur mit einem Thermometer möglich.

2 a) Die Temperatur steigt in den ersten 5 Minuten von 20 °C auf 100 °C fast gleichmäßig an und bleibt dann weitgehend konstant bei 100 °C. In den ersten 5 Minuten führt die zugeführte Wärme hauptsächlich zur Temperaturerhöhung der Kartoffeln und des Wassers. Danach lässt sie das Wasser verdampfen. Außerdem sorgt sie dafür, dass die Temperatur des Wassers und der Kartoffeln trotz der Abgabe von Wärme an die Umgebung konstant bleibt.
b) Auch bei der kleineren Flamme wurde noch genügend Wärme zugeführt, damit das Sieden fortdauert. Mehr Wärme würde die Temperatur nicht erhöhen und somit das Garen der Kartoffeln nicht beschleunigen. Also wird bei kleinerer Flamme für denselben Zweck weniger Energie gebraucht.

3 Die durch die Hammerschläge mechanisch zugeführte Energie führt zu einer höheren Geschwindigkeit der einzelnen Eisenteile und somit zur Erhöhung der Temperatur. Durch sehr rasche Schläge gelangt mehr Energie in das Eisenstück, als an die Umgebung abgegeben wird.

4 Durch Temperaturunterschiede verlängert sich die Länge der Fahrdrähte. Dadurch werden die Betonscheiben gehoben oder abgesenkt. Dadurch bleibt die Spannung dieser Drähte immer gleich.

5 Die Luft im Ballon hat sich stark zusammengezogen. Die Ballonhülle ist erschlafft.

6 a) Beobachtung bei 16 °C: Die Flüssigkeiten mischen sich an der Grenzfläche. Die obere Flüssigkeit ist weiter in die untere eingedrungen als umgekehrt.
Beobachtung bei 22 °C: Die Durchmischung ist ähnlich wie bei 16 °C, aber der durchmischte Bereich ist größer.
b) Bei höherer Temperatur bewegen sich die Teilchen, aus denen die Flüssigkeiten bestehen, schneller. Sie dringen deshalb rascher und tiefer in die jeweils andere Flüssigkeit ein.

7 Infolge der hohen Temperaturen verdunstet das Wasser auf der Haut relativ rasch. Im Teilchenmodell stellen wir uns vor, dass dabei die schnellsten Teilchen das Wasser verlassen. Dadurch sinkt die Wassertemperatur. Wenn sie unter die Temperatur der Haut sinkt, strömt Wärme von der Haut ins Wasser. Wir empfinden das als Abkühlung der Haut.

8 Gleich lange Stäbe aus Beton und Stahl dehnen sich bei gleicher Temperaturerhöhung gleich weit aus. Die Ausdehnung eines Aluminiumstabs ist dagegen bei sonst gleichen Bedingungen doppelt so groß. Wenn ein „Skelett" aus Aluminium in die Betonwände eingebettet wäre, würde es sich beim gemeinsamen Erwärmen im Sommer so stark ausdehnen, dass es den Beton zerreißt.

Bewegungsänderungen und Wechselwirkung (Seite 176)

1 a) Wagen 2 ist schneller, da er die Stecke von 50 m in kürzerer Zeit zurücklegt.
b) Wagen 2 ist schneller, da er in der Zeit von 1,8 s die größere Strecke zurücklegt.
c) $v_1 = 25$ m/s, $v_3 = 25{,}6$ m/s. Daraus folgt: Wagen 3 ist etwas schneller.

2 a) Bei allen Körpern ergibt sich als Graph eine Gerade.
b) Der Körper bewegt sich am schnellsten, bei dem die Gerade die größte Steigung aufweist.

3 Gemeinsamkeiten: In beiden Fällen treten zwei gleich große und entgegengesetzt gerichtete Kräfte auf.
Unterschied: Beim Kräftegleichgewicht werden beide Kräfte auf einen Körper ausgeübt, bei der Wechselwirkung werden die Kräfte auf verschiedene Körper ausgeübt.

4 Die Erde ist nicht genau kugelförmig, sondern an den Polen abgeplattet. Daher ist die Gewichtskraft auf einen Körper an den Polen etwas größer und am Äquator etwas geringer als bei uns.

5 Der Axtstiel wird gemeinsam mit dem Metallkopf in Richtung Tischplatte bewegt. Beim Aufstoß auf die Platte, wird der Stiel plötzlich abgebremst. Der Metallkopf behält aufgrund der Trägheit seine Bewegung bei und rutscht noch ein kleines Stück nach unten.

6 Wenn man einen Wagen in Bewegung setzt, muss man eine Kraft F_A ausüben, um den Wagen zu beschleunigen. F_A muss größer sein als die Reibungskraft F_R, damit der Wagen beschleunigt. Die Differenz $F_A - F_R$ bestimmt, wie stark der Wagen beschleunigt wird. Wenn der Wagen nur in Bewegung gehalten werden soll, muss nur noch eine Kraft ausgeübt werden, die genauso groß ist wie die Reibungskraft.

7 Impuls von Wagen 1: 20 kg · m/s, Impuls von Wagen 2: −20 kg · m/s. Der Gesamtimpuls beider Wagen zusammen beträgt daher 0 kg · m/s.

8 Maßstab für die Skizze z. B.: 1000 N ≙ 1 cm

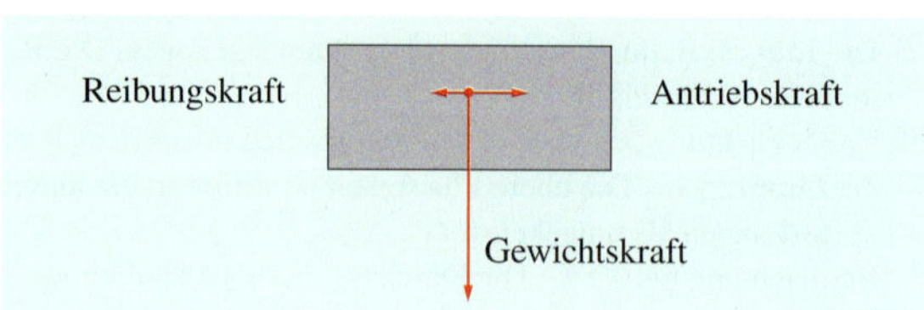

5

Radioaktivität und Materie (Seite 210)

1 Ein Kohlenstoffatom hat je 6 Protonen und Neutronen im Kern und 6 Elektronen in der Hülle.

2 Proton: Ladung e^+; Elektron: Ladung e^-; Neutron: ungeladen
Proton und Neutron sind etwa gleich schwer und etwa 2000-mal schwerer als das Elektron.
Neutrales Atom: Anzahl der Protonen = Anzahl der Elektronen in der Hülle

3 a) richtig
b) falsch
c) richtig
d) richtig
e) falsch
f) falsch

4

Art	Reichweite	Durchdringungsfähigkeit	Biologische Wirkung
α	sehr kurz (wenige cm in Luft)	fast gar keine, Absorption durch Luft	stark, wegen der hohen Masse (Zellschädigung vor allem bei Aufnahme in den Körper)
β	kurz (einige m in Luft)	Absorption durch wenige mm Aluminium	schwach, wegen der kleinen Masse und Reichweite (Zellschädigung bei Aufnahme in den Körper und bei Bestrahlung von außen)
γ	theoretisch unbegrenzt	Absorption erst bei dicken Schichten aus Blei oder Beton	stark, wegen der großen Reichweite und Energie (Zellschädigung bei Aufnahme in den Körper und bei Bestrahlung von außen)

5

Nachweismöglichkeit	Genutzte Eigenschaften der Radioaktivität
Fotomaterial (Filmdosimeter)	Wechselwirkung mit Kristallen ruft Schwärzung hervor.
Geiger-Müller-Zählrohr	Bei Ionisation eines Gases fließt Strom.
Nebelkammer	Erzeugte Ionen wirken als Kondensationskeime und bilden eine Spur von Nebeltröpfchen.

6 Die Halbwertszeit ist die Zeit, in der sich die Anzahl der Atomkerne eines radioaktiven Nuklids halbiert.

7 Alle Lebewesen enthalten Verbindungen des Elements Kohlenstoff. Kohlenstoff existiert dabei immer als Gemisch isotoper Kerne, den stabilen Kernen des C-12 und C-13 sowie den radioaktiven Kernen des C-14. C-14 entsteht in den oberen Atmosphärenschichten ständig neu, sodass das Mischungsverhältnis der isotopen Kerne konstant bleibt. Im lebenden Organismus entspricht das Verhältnis der Nuklide dem in der Atmosphäre.

Stirbt aber der Organismus, so werden keine Kohlenstoffatome mehr mit der Umwelt ausgetauscht. Aufgrund des radioaktiven Zerfalls nimmt der Anteil des C-14 ab und mit der bekannten Halbwertszeit kann das Alter bestimmt werden.

8 – Die Entfernung zur Strahlenquelle sollte so groß wie möglich sein!
– Zwischen Strahlenquelle und Lebewesen sollten sich geeignete Materialien zur möglichst vollständigen Abstimmung befinden.
– Die Strahlung sollte so kurz wie möglich einwirken.
– Radioaktive Nuklide dürfen nicht in den Körper gelangen.

9 Ionisierende Strahlung kann bei einem Organismus physikalische und in der Folge chemische und biologische Veränderungen in den Körperzellen bewirken. Die physikalische Phase ist geprägt durch die Ionisation und Anregung von Atomen und Molekülen. In der Folge entstehen neue oder veränderte Molekülstrukturen. Auswirkungen auf die DNS oder Chromosomen sind möglich. Das biologische Verhalten der Zelle kann sich verändern oder sie funktioniert gar nicht mehr.

10 Das schwere Uran-235 wird durch ein langsames Neutron in zwei mittelschwere Atomkerne (z. B. Barium und Krypton) gespalten. Dabei entstehen zusätzlich 2 bis 3 Neutronen. Außerdem wird Energie frei. Nach Abbremsung können die 2 bis 3 Neutronen wieder Urankerne spalten.

11

Bestandteil	Bedeutung
Brennelement	enthält die kritische Masse spaltbaren Materials.
Moderator (Wasser, Grafit)	verringert die Geschwindigkeit der Spaltneutronen.
Steuerstäbe	regeln die Anzahl der Neutronen für eine gesteuerte Kettenreaktion.
Reaktordruckbehälter	wird vom verdampfenden Wasser durchströmt.
Schutzhülle	schirmt Radioaktivität ab.

12 Kernenergie (Uran) → thermische Energie (Dampf) → mechanische Energie (Turbine) → elektrische Energie (Generator)

Elektrizität und Energieversorgung (Seite 254)

1 Sie leuchtet nicht, sie müsste an eine Zelle angeschlossen sein; der linke Anschluss der linken Zelle müsste mit der Lampenfassung verbunden sein.

2 Jedes der beiden Lämpchen benötigt eine bestimmte Spannung. Werden die Lämpchen in Reihe geschaltet, muss gemäß der Beziehung $U = U_1 + U_2$ die Spannung der Energiequelle verdoppelt werden.

3 a) Die Energiequelle muss $3 \cdot 6\,V = 18\,V$ Spannung liefern.
b) F: Nullpotenzial (0 V); A(18 V); B(12 V); C(12 V); D(6 V); E(6 V)

4 Die Spannung ist ein Maß dafür, wie stark die fließende Elektrizität angetrieben wird.
Die Einheit der Spannung ist 1 Volt. 1 V.

5 Die Spannung beträgt 3 V, da die beiden Monozellen (1,5 V) in Reihe geschaltet sind.

6 a) Man benötigt eine Spule, einen Magneten und ein Messgerät zum Nachweis. Der Magnet wird möglichst schnell in die Spule hinein- und herausbewegt. Man kann auch die Spule bewegen.
b) Je schneller sich der Magnet oder die Spule hin- und herbewegt, desto größer ist der Ausschlag am Messgerät.
Ebenso erhöhen eine Spule mit vielen Windungen und ein möglichst starker Magnet den Ausschlag.
c) Kraftwerke funktionieren nach diesem Prinzip. Wasserdampf bringt große Turbinen in Bewegung, die den Rotor des Generators drehen. Es dreht sich also ein Magnet in einer Spule. Dadurch wird eine Spannung induziert.

Wärmetransporte und System (Seite 330)

1 Eine Lavalampe ist mit zwei unterschiedlich dichten, nicht mischbaren Flüssigkeiten gefüllt. Die zunächst am Boden liegende wachsartige Flüssigkeit wird von unten erwärmt und steigt schließlich in einer sich ablösenden Blase auf. Sie kühlt sich im kühleren oberen Bereich der Lavalampe ab. Dadurch nimmt die Dichte wieder zu und die Blase sinkt erneut zum Boden ab. Ein Teil der Energie, die die Wachsblase unten aufnimmt, gibt sie oben ab. Die auf- und absteigenden Blasen transportieren also ständig Energie von unten nach oben.

2 Im Kühlturm verdunstet Wasser, das großflächig verrieselt wird. Die für die Verdunstung nötige Energie wird der Umgebung, also vor allem dem Kühlwasser selbst, entzogen, wodurch eine Abkühlung erfolgt. Beim Schwitzen wird von der Haut abgesonderter Schweiß verdunstet. Die nötige Energie wird vor allem der Haut entzogen, die dadurch abgekühlt wird.

3 Damit die Temperatur von 1,0 kg Wasser um 1,0 K steigt, muss ihm eine Energie von 4,2 kJ zugeführt werden. Um 1,5 kg Wasser um 85 K zu erwärmen, benötigt man also 535 kJ.

4 a) Die Energie wird nicht abgestrahlt, weil sie vom Spiegel reflektiert wird.
b) Wärmeleitung wird durch den luftleeren Zwischenraum verhindert, Konvektion durch den geschlossenen Behälter.

5 Die Wärmeleitfähigkeit des Kochtopfs sollte möglichst hoch und die der Griffe möglichst klein sein.

6 Iglus sind Halbkugelschalen aus Schneeblöcken. Der Eingang ist ein kleines Loch, durch das man hindurchkriechen muss. Man gelangt in einen Graben, der tiefer liegt als der eigentliche Schlafplatz. Durch diesen tiefer gelegten Eingang kann weniger kalte Luft ins Innere dringen; warme Luft entweicht nicht, weil sie nach oben steigt. Die Körper der Menschen und ihr warmer Atem erwärmen die Luft. Auch Lampen, die die Inuit benutzen, geben Wärme ab. Die etwa 40 cm dicken Blöcke aus zusammengepresstem Schnee schirmen das Innere des Iglus von der Außenwelt ab. Schnee leitet die Wärme nicht weiter, er ist ein Wärmeisolator. Durch die Isolierung und den tief liegenden Eingang findet nahezu keine Wärmeübertragung nach außen statt.

7 Poröse Materialien enthalten viel Luft. Sie ist ein schlechter Wärmeleiter. Mithilfe des U-Werts berechnet man, wie viel Wärme durch ein Bauteil (Wand, Boden, Decke, Dach) gelangt. Er gibt die Wärme an, die in 1 s durch 1 m^2 der Bauteiloberfläche bei einer Temperaturdifferenz von 1 K zwischen innen und außen strömt. Je kleiner der U-Wert eines Bauteils ist, desto besser ist die Wärmedämmung.

8 Siehe Abb. Im Heizkessel wird das Wasser durch Strahlung und Wärmeleitung erwärmt. Mithilfe der Konvektion wird die Wärme im Leitungssystem zu den Heizkörpern übertragen: Das warme Wasser strömt in den Leitungen zu den Heizkörpern. Die Heizkörper strahlen die Wärme an die Umgebung ab. Die Umgebungsluft nimmt Wärme durch Konvektion mit.

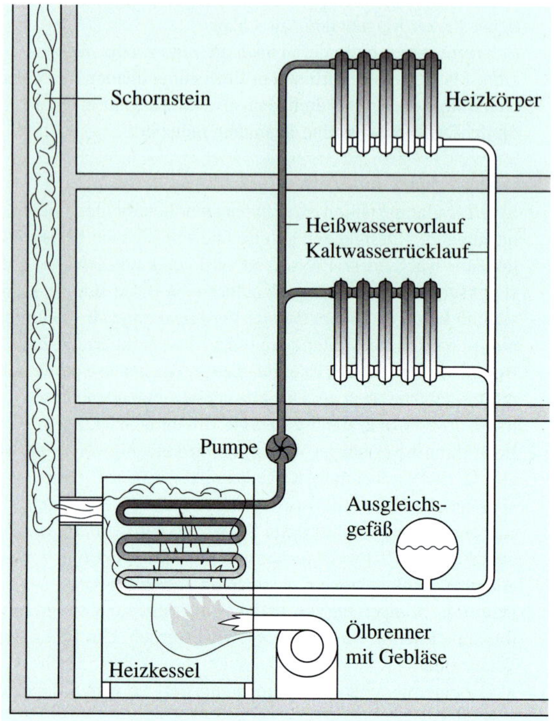

6

9 a) Die Temperaturdifferenz des Badewassers beträgt $\Delta T = 45\,K$. Damit die Temperatur von 1,0 kg Wasser um 1,0 K steigt, muss ihm eine Energie von 4,2 kJ zugeführt werden. Damit die Temperatur von 90 kg Wasser um 45 K steigt, muss ihm eine Energie von 17 MJ zugeführt werden. Wenn 3,6 MJ elektrische Energie 0,22 € kosten, muss Marie für 17 MJ elektrische Energie 1,04 € bezahlen. (Viel teurer ist bei häufigem Baden das verbrauchte Wasser.)
b) Die Aufheizzeit für das Badewasser erhält man aus der Leistung des Boilers:
$P = \Delta E : \Delta t$;
$\Delta t = \Delta E : P$
$\Delta t = 17 \cdot 10^6\,J : 2500\,J/s = 6{,}8 \cdot 10^3\,s = 1{,}9\,h$
Der Boiler braucht rund zwei Stunden zur Erwärmung des Wassers.

Elektrizität und System (Seite 370)

1 a) $\Delta E = P \cdot \Delta t = 2{,}5\,W \cdot 45 \cdot 60\,s = 6750\,W \cdot s = 6{,}75\,kJ$
b) Energiestromstärke (Leistung) für fünf Leuchtdioden: 0,5 W. Sie lassen sich also fünfmal so lange betreiben:
$\Delta t = 5 \cdot 45\,min = 225\,min = 3\,h\ 45\,min$.

2 Die Gesamtstromstärke beträgt dann $I = P/U = 1000\,W/12\,V = 83{,}3\,A$. Die entsprechenden Leitungen sind für diese Stromstärke ausgelegt.

3 In einem unverzweigten Stromkreis ist die elektrische Stromstärke an jeder Stelle des Stromkreises gleich groß.

4 In einen Wasserstromkreis wird auf einer bestimmten Strecke eine Verzweigung eingebaut. Der Wasserstrom I_{gesamt} teilt sich an der Verzweigungsstelle in zwei Ströme (I_1 und I_2) auf.
Da sich in diesem System das Wasser an keiner Stelle staut, muss die Wassermenge, die in einer Sekunde durch die Zuleitung fließt, genauso groß sein wie die Summe der Wassermengen, die in jeder Sekunde durch die beiden Zweige fließt, d. h., es gilt: $I_{gesamt} = I_1 + I_2$.

5 a) Stelle A:
Gesamtstromstärke $I = 0{,}11\,A + 0{,}43\,A + 0{,}32\,A + 0{,}43\,A = 1{,}29\,A$
Stelle B: wie A, d. h. 1,29 A
Stelle C: 0,11 A
Stelle D: $1{,}29\,A - 0{,}11\,A = 1{,}18\,A$
Stelle E: $0{,}32\,A + 0{,}43\,A = 0{,}75\,A$
Stelle F: 0,43 A
Stelle G: 0,43 A
b) Es gilt: $P = U \cdot I$, d. h., wenn U = konst. fließt zur Lampe mit der größten Stromstärke ($I = 0{,}43\,A$) auch der größte Energiestrom.

6 Der Pol der Steckdose, mit dem du Kontakt hast, könnte der mit dem Außenleiter verbundene sein: Dann wäre der Stromkreis Außenleiter – Körper – Erde – Neutralleiter geschlossen.

7 Die Aussage ist wahr, wenn die Geräte an eine Energiequelle angeschlossen werden, deren Einstellung (z. B. 6 V) nicht geändert wird.
Beispiel: Eine Glühlampe (6 V; 0,5 A) wird an ein Netzgerät (6 V) angeschlossen; die elektrische Stromstärke beträgt dann 0,5 A, die Energiestromstärke 3 W. Schließt man nun zwei weitere Lampen gleicher Bauart parallel zur ersten, so beträgt die elektrische Gesamtstromstärke 1,5 A und die Gesamtenergiestromstärke 9 W: Beide Stromstärken haben sich also verdreifacht.

8 Bei gleicher Spannung lässt das Bauteil 2 bei gleicher Spannung eine geringere Stromstärke zu. Sein Widerstand ist also größer und daher ist es besser geeignet.

9 Zunächst kann man aus den bekannten Werten von Spannung und Stromstärke den Widerstand berechnen:
$R = U/I = 6\,V/0{,}5\,A = 12\,W$.
a) $U = R \cdot I = 12\,W \cdot 2{,}5\,A = 30\,V$
b) $I = U/R = 1{,}5\,V/12\,W = 0{,}125\,A$

Maschinen und Energie (Seite 392)

1 Beim Auslenken gewinnt das Pendel Höhe und damit Höhenenergie.
Die seitliche Auslenkung stimmt nicht mit der Strecke überein, um die das Pendel angehoben wird.

2 Die physikalische Größe Leistung hängt davon ab, in welcher Zeit Energie übertragen wurde. Über die Zeit wird in dieser Aufgabe aber nichts ausgesagt.
In der Umgangssprache wird der Begriff Leistung häufig nicht im exakten physikalischen Sinn verwendet.

3 Pendeluhr beim einmaligen Hochziehen:
$\Delta E = g \cdot m \cdot \Delta h = 45\,\text{J}$
52 Wochen: $\Delta E = 52 \cdot 45\,\text{J} = 2340\,\text{J} = 2{,}34\,\text{kJ}$
Die Pendeluhr hat einen geringeren Energiebedarf als die elektrische Küchenuhr.

4 a) Der Wirkungsgrad gibt an, welcher Teil der mit dem Treibstoff zugeführten (chemischen) Energie als mechanische Energie für die Drehbewegung genutzt wird.
b) Durch die unvermeidliche Reibung in den Achslagern und an den Schleifkontakten sowie durch die Erwärmung der Elektromagnete geht immer ein Teil der Energie in Form von thermischer Energie verloren.
c) $\Delta E = P \cdot \Delta t = U \cdot I \cdot \Delta t = 12\,\text{V} \cdot 0{,}3\,\text{A} \cdot 3\,\text{s} = 10{,}8\,\text{J}$ zugeführt.
Die genutzte Energie beträgt
$\Delta E = g \cdot m \cdot \Delta h = 10\,\text{J/kg} \cdot \text{m} \cdot 0{,}5\,\text{kg} \cdot 1\,\text{m} = 4{,}9\,\text{J}$.
Der Wirkungsgrad beträgt $4{,}9\,\text{J}/10{,}8\,\text{J} = 45\,\%$.

5 a) In der Ebene braucht man die Energie nur, um die Reibung zu überwinden. Beim Berghochfahren muss ein zusätzlicher Energiebetrag in Höhenenergie umgewandelt werden.
b) $\Delta E = g \cdot m \cdot \Delta h = 14\,000\,\text{kJ}$
Von der Energie in 1 ℓ Benzin nutzt der Motor 8750 kJ.
Man braucht also $14\,000\,\text{kJ}/8750\,\text{kJ} = 1{,}6\,\ell$ Benzin.

6 $1\,\text{m}^3$ Wasser: $m = 1000\,\text{kg}$
18 Rohre, je 120 m lang: $\Delta h = 18 \cdot 120\,\text{m} = 2160\,\text{m}$
$1\,\text{kW} \cdot \text{h} = 3{,}6\,\text{MJ}$
$\Delta E = g \cdot m \cdot \Delta h$

$$\Delta E = \frac{10\,\text{J} \cdot 6\,000\,000\,\text{kg} \cdot 2160\,\text{m}}{\text{kg} \cdot \text{m}}$$

$\Delta E = 12\,960\,000\,000\,\text{J} = 12\,960\,000\,\text{kJ} = 12\,960\,\text{MJ} = 3600\,\text{kW} \cdot \text{h}$

7 Damit Florian möglichst wenig Kraft beim Hochschieben der Schubkarre ausüben muss, sollte er die längste Bohle unterlegen. Denn je länger die Rampe bei gleichem Höhenunterschied ist, desto geringer ist die erforderliche Kraft. Kürzere Bohlen bedeuten größere Kräfte beim Schieben.

Sensoren im Alltag (Seite 426)

1 a) Sensoren sind „Fühler", technisch nachgebaute Sinnesorgane.
b) Feuchtesensoren bestehen aus Edelstahlkontaktflächen, die sich nicht berühren. Die Luft zwischen ihnen ist ein elektrischer Nichtleiter. Der elektrische Widerstand zwischen ihnen ist sehr groß.
c) Die Wäsche berührt immer mehrere Kontaktflächen gleichzeitig. Das Wasser in ihr ist ein Leiter.
d) Der elektrische Widerstand zwischen den Kontaktflächen ist umso kleiner, je feuchter die Wäsche ist.
e) Solarzellen wandeln Strahlungsenergie in elektrische Energie (Gleichspannung) um. Mikrofone (als Mikrofon benutzte Hörkapseln) wandeln Schall in elektrische Energie (Wechselspannung) um.

2 a) Heißleiter reagieren auf Änderungen der Temperatur, Fotowiderstände auf Änderungen der Helligkeit. Anwendung: Bratenthermometer, Feuermelder; Baustellenlampe, Lichtschranke
b) Schaltzeichen:

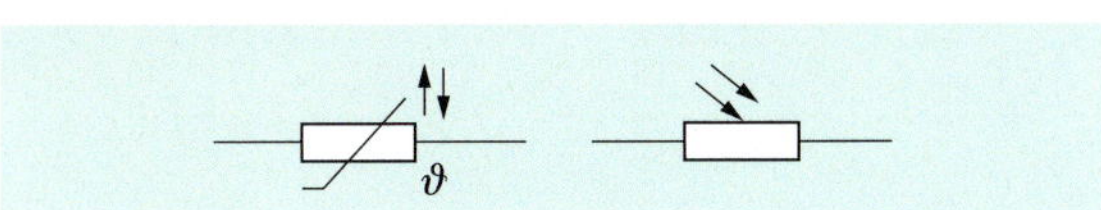

7

c) Je höher die Temperatur ansteigt, desto kleiner wird der Widerstand eines Heißleiters (NTC-Widerstand). Je mehr Licht auf einen Fotowiderstand fällt, desto kleiner wird dessen Widerstand.

3 a) Die Kennlinien gehören zu temperaturabhängigen Widerständen. Typ A leitet Strom mit steigender Temperatur immer schlechter, Typ B immer besser (der Widerstand wird immer kleiner).
b) Typ B ist ein Heißleiter (NTC-Widerstand). Typ A ist ein „Kaltleiter" (PTC-Widerstand). Mit ihm könnte man die Heizung einschalten lassen oder eine Alarmschaltung bauen, die vor Frost und Vereisung warnt.

4 a) Auf der Karte können 64 Milliarden Buchstaben gespeichert werden.
b) 64 Milliarden Buchstaben „ergeben" 42,7 Millionen Romanseiten.
c) 42,7 Millionen Romanseiten „ergeben" 85 000 Romane.

5 a) 1 Bit ist die kleinste Informationseinheit. Sie belegt im Computer einen Speicherplatz. 1 Bit kann die Zahlenwerte 1 oder 0 haben.
b) Siehe ↑Diagramme 3 und 5 auf Seite ↑407.
c) Spannung: 89 mV; Rechnung:
$0 \cdot 2^7 + 1 \cdot 2^6 + 0 \cdot 2^5 + 1 \cdot 2^4 + 1 \cdot 2^3 + 0 \cdot 2^2 + 0 \cdot 2^1 + 0 \cdot 2^0$
$= 64 + 16 + 8 + 1 = 89$
d) Höchste Dezimalzahl zu einer 8-stelligen Dualzahl:
$128 + 64 + 32 + 16 + 8 + 4 + 2 + 1 = 255$
Zusammen mit der Null können 256 Dezimalzahlen gespeichert werden.
e) Offene Antwort
Mit 64-stelligen Dualzahlen lassen sich viel mehr Informationen in einem Schritt speichern und verarbeiten als mit 8-stelligen Dualzahlen. Das „Gehirn" des Rechners muss allerdings in der Lage sein, so viele Informationen auf einmal zu verarbeiten. Dazu sind viel mehr Schaltkreise und eine aufwendigere „Verwaltung" erforderlich. Die modernen Rechner haben dafür nicht mehr Platz und Rechenzeit als ältere Computer. Ihre Schaltkreise müssen also kleiner und die Verwaltung viel schneller sein.

Auszug aus der Nuklidkarte (vereinfacht)

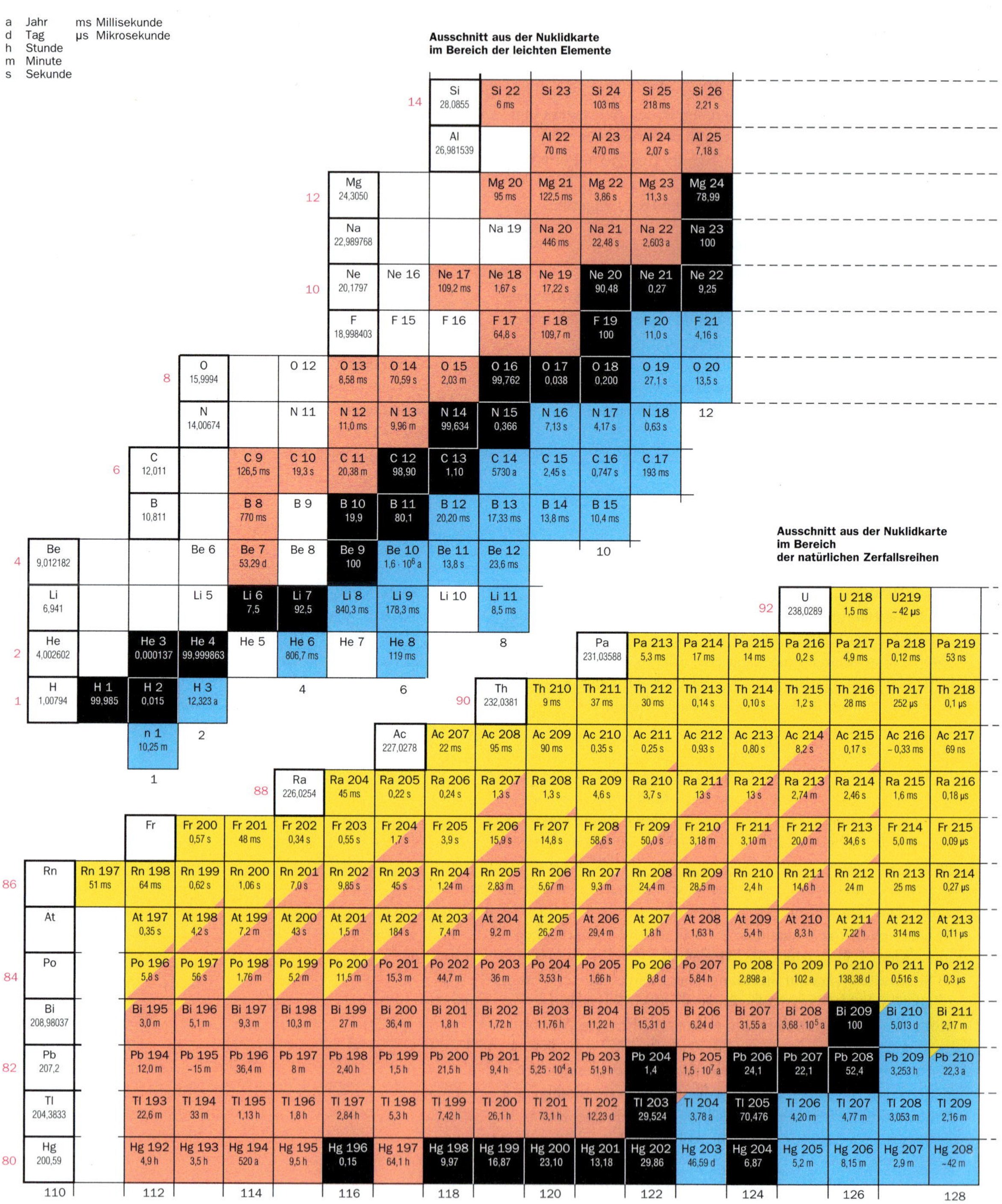

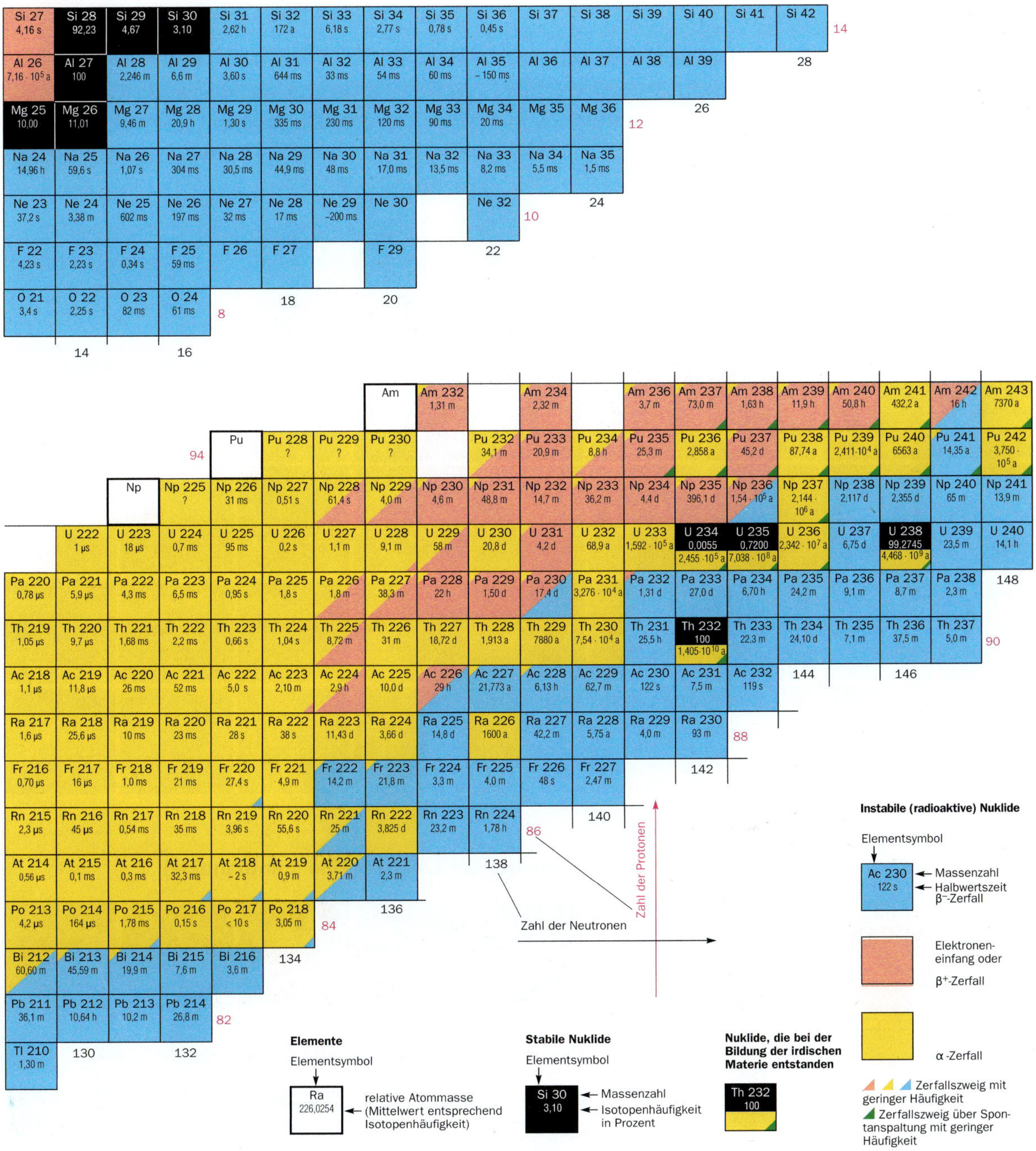

Nach: G. Pfennig, H. Klewe-Nebenius, W. Seelmann-Eggebert: Karlsruher Nuklidkarte. 6. Aufl. 1995, Copyright by Forschungszentrum Karlsruhe GmbH

Periodensystem der Elemente

- Metall (blau)
- Halbmetall (grün)
- Nichtmetall (gelb)

schwarz = Feststoff
weiß = Flüssigkeit
rot = Gas
hellblau = künstliches Element
* = radioaktives Element

[1] = Gruppennummerierung IUPAC (1989): Gruppennummern 1 bis 18
[2] = vorläufiges IUPAC-Symbol

Periode	1[1] I. Hauptgruppe	2 II. Hauptgruppe	3 III. Nebengruppe	4 IV. Nebengruppe	5 V. Nebengruppe	6 VI. Nebengruppe	7 VII. Nebengruppe	8 VIII. Nebengruppe	9 VIII. Nebengruppe
1	1 1,008 H Wasserstoff								
2	3 6,94 Li Lithium	4 9,01 Be Beryllium							
3	11 22,99 Na Natrium	12 24,31 Mg Magnesium							
4	19 39,10 K Kalium	20 40,08 Ca Calcium	21 44,96 Sc Scandium	22 47,88 Ti Titan	23 50,94 V Vanadium	24 51,996 Cr Chrom	25 54,94 Mn Mangan	26 55,85 Fe Eisen	27 58,93 Co Cobalt
5	37 85,47 Rb Rubidium	38 87,62 Sr Strontium	39 88,91 Y Yttrium	40 91,22 Zr Zirconium	41 92,91 Nb Niob	42 95,94 Mo Molybdän	43 [98] Tc* Technetium	44 101,07 Ru Ruthenium	45 102,91 Rh Rhodium
6	55 132,91 Cs Caesium	56 137,33 Ba Barium	57 138,91 La • Lanthan	72 178,49 Hf Hafnium	73 180,95 Ta Tantal	74 183,84 W Wolfram	75 186,21 Re Rhenium	76 190,23 Os Osmium	77 192,22 Ir Iridium
7	87 [223] Fr* Francium	88 226,03 Ra* Radium	89 227,03 Ac* •• Actinium	104 [261] Rf* Rutherfordium	105 [262] Db* Dubnium	106 [266] Sg* Seaborgium	107 [264] Bh* Bohrium	108 [277] Hs* Hassium	109 [268] Mt* Meitnerium

• Elemente der Lanthanreihe (Lanthanoide)

Periode					
6	58 140,12 Ce Cer	59 140,91 Pr Praseodym	60 144,24 Nd Neodym	61 [145] Pm* Promethium	62 150,36 Sm Samarium

•• Elemente der Actiniumreihe (Actinoide)

Periode					
7	90 232,04 Th* Thorium	91 231,04 Pa* Protactinium	92 238,03 U* Uran	93 [237] Np* Neptunium	94 [244] Pu* Plutonium

Ordnungszahl — 7; 14,007 — Atommasse in u
Name — Stickstoff; N — Symbol

Die Atommassen in eckigen Klammern beziehen sich auf das längstlebige gegenwärtig bekannte Isotop des betreffenden Elements.

								18 VIII. Hauptgruppe
			13 III. Hauptgruppe	14 IV. Hauptgruppe	15 V. Hauptgruppe	16 VI. Hauptgruppe	17 VII. Hauptgruppe	2 4,003 He Helium
			5 10,81 B Bor	6 12,01 C Kohlenstoff	7 14,007 N Stickstoff	8 15,999 O Sauerstoff	9 18,998 F Fluor	10 20,18 Ne Neon
10 VIII. Nebengruppe	11 I. Nebengruppe	12 II. Nebengruppe	13 26,98 Al Aluminium	14 28,09 Si Silicium	15 30,97 P Phosphor	16 32,07 S Schwefel	17 35,45 Cl Chlor	18 39,95 Ar Argon
28 58,69 Ni Nickel	29 63,55 Cu Kupfer	30 65,39 Zn Zink	31 69,72 Ga Gallium	32 72,61 Ge Germanium	33 74,92 As Arsen	34 78,96 Se Selen	35 79,90 Br Brom	36 83,80 Kr Krypton
46 106,42 Pd Palladium	47 107,87 Ag Silber	48 112,41 Cd Cadmium	49 114,82 In Indium	50 118,71 Sn Zinn	51 121,76 Sb Antimon	52 127,60 Te Tellur	53 126,90 I Iod	54 131,29 Xe Xenon
78 195,08 Pt Platin	79 196,97 Au Gold	80 200,59 Hg Quecksilber	81 204,38 Tl Thallium	82 207,2 Pb Blei	83 208,98 Bi Bismut	84 [209] Po* Polonium	85 [210] At* Astat	86 [222] Rn* Radon
110 [271] Ds* Darmstadtium	111 [272] Rg* Roentgenium	112 [272] Cn* Copernicium	113 [284] Uut2* Ununtrium	114 [289] Fl* Flerovium	115 [288] Uup2* Ununpentium	116 [293] Lv* Livermorium	117 Uus2* Ununseptium	118 [294] Uuo2* Ununoctium
63 151,97 Eu Europium	64 157,25 Gd Gadolinium	65 158,93 Tb Terbium	66 162,50 Dy Dysprosium	67 164,93 Ho Holmium	68 167,26 Er Erbium	69 168,93 Tm Thulium	70 173,04 Yb Ytterbium	71 174,97 Lu Lutetium
95 [243] Am* Americium	96 [247] Cm* Curium	97 [247] Bk* Berkelium	98 [251] Cf* Californium	99 [252] Es* Einsteinium	100 [257] Fm* Fermium	101 [258] Md* Mendelevium	102 [259] No* Nobelium	103 [262] Lr* Lawrencium

Auswahl physikalischer Größen und ihrer Einheiten

Größe	Formelzeichen	Einheit		Weitere Einheiten		Beziehung	
Temperatur	T	Kelvin Grad Celsius	K °C			0 K 0 °C	≙ –273,15 °C ≙ 273,15 K
Länge	l	Meter	m	Seemeile Zoll	sm	1 sm 1 Zoll	= 1852 m = 2,54 cm
Flächeninhalt	A	Quadratmeter	m^2	Hektar	a ha	1 a 1 ha	$= 100\,m^2$ $= 100\,a = 10\,000\,m^2$
Volumen	V	Kubikmeter	m^3	Liter	ℓ	1 ℓ	$= 1\,dm^3 = 0{,}001\,m^3$
Masse	m	Kilogramm	kg	Tonne	t	1 t	$= 10^3\,kg = 1000\,kg$
Dichte	ϱ	Kilogramm durch (pro) Kubikmeter	$\frac{kg}{m^3}$	Gramm durch Kubikzentimeter	$\frac{g}{cm^3}$	$1\,\frac{g}{cm^3}$	$= 1000\,\frac{kg}{m^3}$
Kraft	F	Newton	N			1 N	$= 1\,\frac{kg \cdot m}{s^2} = 1\,\frac{J}{m}$
Druck	p	Pascal	Pa	Bar	bar	1 Pa 1 bar	$= 1\,\frac{N}{m^2}$ $= 10^5\,Pa = 1000\,hPa$
Energie	E	Joule	J			1 J	$= 1\,N \cdot m = 1\,W \cdot s = 1\,\frac{kg \cdot m^2}{s^2}$
Energiestrom-stärke/Leistung	P	Watt	W			1 W	$= 1\,\frac{N \cdot m}{s} = 1\,\frac{J}{s}$
Zeit	t	Sekunde	s	Minute	min	1 min	= 60 s
Frequenz	f	Hertz	Hz			1 Hz	$= \frac{1}{s}$
Geschwindigkeit	v		$\frac{m}{s}$		$\frac{km}{h}$	$1\,\frac{km}{h}$	$= \frac{1}{3{,}6}\,\frac{m}{s}$
Beschleunigung	a		$\frac{m}{s^2}$				
Stromstärke	I	Ampere	A				
Spannung	U	Volt	V			1 V	$= 1\,\frac{W \cdot s}{A \cdot s} = 1\,\frac{W}{A}$
Widerstand	R	Ohm	Ω			1 Ω	$= 1\,\frac{V}{A}$
Kapazität	C	Farad	F			1 F	$= 1\,\frac{A \cdot s}{V}$
Aktivität	A	Becquerel	Bq	Curie	Ci	1 Bq 1 Ci	$= \frac{1}{s}$ $= 37 \cdot 10^9\,Bq$
Energiedosis	D	Gray	Gy			1 Gy	$= 1\,\frac{J}{kg}$
Äquivalentdosis	D_q	Sievert	Sv	Rem	rem	1 Sv	$= 1\,\frac{J}{kg} = 100\,rem$

Vielfache und Teile von Einheiten

Vorsatz	Mega-	Kilo-	Hekto-	Deka-	Dezi-	Zenti-	Milli-	Mikro-	Nano-	Piko-
Vorsatzzeichen	M	k	h	D	d	c	m	µ	n	p
Faktor	10^6	10^3	10^2	10^1	10^{-1}	10^{-2}	10^{-3}	10^{-6}	10^{-9}	10^{-12}

Register

3-K-Hintergrundstrahlung 284

A

Abmessung 369
absolute Temperatur 98
absoluter Nullpunkt 98
Absorption 53, 58
Absorptionsrate, spezifische 424
Aggregatzustand 122, 125
Aktivität 188
Allgemeine Relativitätstheorie 281
α- und β-Strahlung 202
α-Strahlung 184, 188, 204
α-Zerfall 184
Alphastrahlung 184
Alphateilchen 178 f.
Ampere 336
Ampère, André Marie 336
Amplitude 31, 35, 40, 44
Änderung der Bewegung 162
–, der Geschwindigkeit 149
–, der Höhenenergie 374
–, des Impulses 149
–, des Magnetfelds 242
Anlage, elektrische 214
Anomalie des Wassers 113, 115, 117 ff.
anthropogener Treibhauseffekt 324
Antimaterie 289
Antiteilchen 289
Antrieb 172, 226 f.
–, der Elektrizität 228
–, des thermischen Energiestroms 302
Anzahl der Neutronen 181
–, der Protonen 181
Äquivalentdosis 205
Aristarch von Samos 266
astronomische Einheit 263
Atom 179, 193, 357
Atomkern 179 ff., 193
Atomradius 179
Atomrumpf 357, 360, 369
Auge 51, 409
Ausbreitung elektromagnetischer Wellen 420
Ausbreitungsgeschwindigkeit 38
–, elektromagnetischer Wellen 420
Ausdehnungskoeffizient 114
–, linearer 112
Ausgangsvolumen 113
Auslenkung 31
Außenleiter 343, 352

B

Basisstation 411 f.
Batterie 224
Benvenuto Cellini 78
Beobachtung 429
bergmannsche Regel 430
Bessel, Friedrich Wilhelm 267
β-Strahlung 184, 188, 204
Betastrahlung 184
Betrag der Kraft 152
Bewegung von Teilchen 106
Bewegung, gleichförmige 132, 138
–, ungleichförmige 132
Bewegungsänderung 158
Bewegungsenergie 13, 238, 357
Bild 76
–, an der Sammellinse 77
–, scheinbares 62
Bildeindruck 409
Bildpunkt 77
Bildsensor 409
Binärcode 405
Bindung 125
Biokraftwerk 249
Bit 405
Blitz 354, 419
Blitzkanal 365
Blockheizkraftwerk 313
Bluetooth 411
Brechung 68, 71, 80
–, des Lichts 68
Brechungswinkel 71
Brennelement 199
Brennglas 77
Brennstab 198
Brennstoff 18
–, fossiler 316
Brennstoffkreislauf 199
Brille 434
Brown, Robert 102
brownsche Bewegung 104
Byte 405

C

C-14-Methode 182, 190, 264
Celsius, Anders 97
Celsiusskala 97, 101
Coulomb 340
Curie, Marie 184

D

Darstellung der Kraft 155
Deferent 262
Defibrillator 234 f.
Demokrit 105 f.
Deuterium 181
Dezibel 34
Dezimalsystem 405
Diagramm 138
Dichte 439
Dichtebestimmung 439
Diffusion 104
Digitalkamera 79
DNA 202
Drehspulinstrument 334
Drehung der Erde 258
Druckdifferenz 228
Druckwasserreaktor 198
Dualsystem 406
dunkle Energie 279, 284 f.
dunkle Materie 279, 284 f.
Durchdringungsvermögen 188
Durchschnittsgeschwindigkeit 138
Durchschnittstemperatur 321, 329

E

Echo 41
Effektivwert 246
Eigenfrequenz 35
einfallender Strahl 80
Einfallslot 63, 71, 80
Einfallswinkel 63, 71 f., 80
Einstein, Albert 194 f., 280, 288
Eisenkern 242
Ekliptik 259
elektrischer Widerstand im Modell 357
Elektrizität 216, 334, 340
Elektrizitätsmenge 340, 352
Elektrizitätspumpe 228
Elektrizitätsquelle 236
Elektromagnet 241
Elektromagnetismus 238
Elektron 179 f., 184, 193, 357, 369
Elektrosmog 422
Elektrounfall 344, 352
Element, chemisches 180
-, galvanisches 236
Elementarladung 179 f.
Elementarteilchen 288
Ellipse 263
Empfänger 394, 397, 411
Endlagerung 199
Energie 13 f., 16, 22, 48, 106, 123 ff., 195 f., 269, 295 f., 372, 380
–, chemische 13, 16, 212
–, elektrische 212, 214, 218 ff., 224, 238, 244, 248, 327
–, genutzte 383
–, mechanische 311 f., 244
–, strömende 297
–, thermische 13, 20, 196, 299, 301 f., 310 ff., 326, 354, 357
–, von der Sonne 316
–, zugeführte 383
Energiebedarf 225, 373
–, des Menschen 297
Energiedosis 204
Energieeffizienzklasse 223
Energieerhaltung 390
Energieerhaltungssatz 195
Energieform 13, 16, 22
Energiefreisetzung 208
Energiegehalt 373
Energiemenge 296
Energiequelle 216, 224, 228, 252, 269
–, elektrische 214, 226
Energiesparhaus 300, 306, 314
Energiesparlampe 382
Energiespeicher 19
Energiespeicherung 19, 22
–, thermische 328

Energiestrom 214, 323, 352, 354, 356
–, solarer 328
Energiestromstärke 219, 224 f., 273, 297, 299, 302 f., 319, 332, 348, 350, 352, 377, 390
–, der Sonne 269
–, solare 328
Energiestromverteilung in Deutschland 319
Energieträger 13, 18, 53, 58
Energietransport 17 f., 20, 22
Energieübertragung 215
–, mechanische 372, 385, 390
Energieumsatz 366
Energieumwandlung 16, 20
Energieverbrauch 300
Energieverlust 20, 312, 367
Energiewandler 16, 224
Energiezufuhr 298
Energiezunahme 296
Entspiegelung 435
Entstehung von Wellen 418
Epizykel 262
Erde 161 ff., 258, 317, 329
–, strahlende 320 f.
Erdung 343
Erhaltung der Energie 16
Erhaltungsgröße 142
Erregerfrequenz 35
Erstarren 124
Erstarrungswärme 124
Expansion des Universums 283
Experiment 429

F

Farad 402
Faraday, Michael 163, 334, 402, 419
Farbe 84, 90, 272, 409
–, eines Sterns 270
Farbeindruck 89 f.
Farbigkeit 91
Farbzerlegung 92
Federhärte 167
Federkonstante 167
Federkraftmesser 152
Fehlerstrom 346
Fehlerstromschutzschalter 343, 346
Feld, elektrisches 401, 403, 414
–, hochfrequentes 423
–, magnetisches 240, 252
Feldänderung 401
Feldlinie 241, 252
Feldlinienbild 241
Feldstärke 414
–, magnetische 416
Feldvorstellung 163
Fermi, Enrico 197
Fernwirkungstheorie 163
fest 122
fester Körper 112
FI-Schalter 343, 346
Filter, farbiger 90
Fixsternparallaxe 272
Fluoreszenz 87
flüssig 122
Flüssigkeit 113
Formänderung 148
Fotovoltaik 328
Fotovoltaikkraftwerk 249
Frequenz 31 f., 35, 42, 44
Funk 411
Funke 419
Funkenstrecke 419
Funkstation 411
Fusion 274

G

Galaxie 256, 279
Galaxiendynamik 279
Galaxienflucht 283
Galaxienhaufen 278 f.
Galaxis 256, 276 f.
Galilei, Galileo 266 f.
Galvani, Luigi 236
γ-Strahlung 184, 188, 202, 204
Gammastrahlung 184
Gas 113
gasförmig 122
Gaskraftwerk 248
Gedankenexperiment 105
Gefahren bei Umgang mit Elektrizität 352
Gefährdungsbereich 344
Gefrieren 126
gefühlte Temperatur 100
Gegenstromprinzip 431
Gehör 29
Geiger-Müller-Zählrohr 186
Geiger, Hans 178
Generator 224, 238, 244 ff., 250, 252
geozentrisches Weltbild 261
Gesamtimpuls 142
Gesamtstromstärke 439
–, elektrische 353
Geschwindigkeit 106, 130, 132, 138, 140, 142, 148 f., 151
–, konstante 132
Geschwindigkeitsänderung 148, 156
Geschwindigkeit des Planeten 263
Gewichtskraft 161 f., 166, 170, 386
Glasfasertechnik 73
Gleichgewicht 321
–, thermodynamisches 303, 309
Gleichstrom 246
Gleitreibung 172, 175
Gleitreibungskraft 172
Goldfolie 178
Golfstrom 308
Grad Celsius 97
Grad Fahrenheit 97
Gravitation 274, 285
Gravitationsfeld 163, 277
Gravitationsgesetz 267, 269, 278
Gravitationskraft 268, 284, 291
Gravitationslinse 285
Grenzfläche 68, 71 f., 80
Grenzwert 203
Grenzwinkel 71 f.
Größe des Sterns 272
Grundfarbe 90

H

Haftkraft 172 f.
Haftreibung 175
Hahn, Otto 194, 196 f.
Halbachse der Erdbahn 263
Halbleiter 397
Halbschatten 56
Halbwertsdicke 188
Halbwertszeit 188, 193
Hauptreihe 272 ff.
Hauptreihenstern 273
Heißleiter 397
heliozentrische Beschreibung 262
heliozentrisches Weltbild 261 f.
Helligkeit der Sterne 270 f.
Herschel, William 276
Hertz, Heinrich 420
Hertzsprung-Russell-Diagramm 272
Herzschrittmacher 235
Himmelsscheibe von Nebra 264
Hintergrundstrahlung 187
Hiroshima 194
hochfrequentes elektromagnetisches Feld 421
Hochfrequenzfeld 423
Hochspannungsleitung 367, 416
Höchstleistung 381
Hochtemperatur-Supraleiter 364
Höhendifferenz 227
Höhenenergie 13, 16, 374, 385
Höhenunterschied 372, 390
Hooke, Robert 167
hookesches Gesetz 166 f., 170
Hörschaden 34
Hörschwelle 34
HRD 272 ff.
Hubble-Gesetz 283
Hubble-Konstante 283
Hubble, Edwin 256, 280, 282
Hufeisenmagnet 241
Hypothese 179, 429

I

Impuls 140, 142, 148 f., 151, 153, 158, 163
Induktion 238, 240, 242
–, elektromagnetische 244
Induktionsgesetz 242, 245
Induktionsspannung 240, 242, 401, 419
Induktionsspule 240, 242, 252
Induktionsstrom 252
Information 53
Informationsgesellschaft 394
Informationstechnik 410
Informationsübertragung 411
Infrarot 86

Infrarotaufnahme 320
Infrarotstrahlung 86 f., 321, 323, 329
Infraschall 41, 44
Ionisation durch Strahlung 202
Ionisationskammer 186
Isotop 181, 183
isotope Kerne 181

J

Joule 296
JOULE, JAMES PRESCOTT 375

K

Kamera, digitale 409
Kapazität 402
KELVIN, LORD, WILLIAM 98
Kelvinskala 98, 101
KEPLER, JOHANNES 260, 263
keplersches Gesetz 263
Kernenergie 194, 200
Kernfusion 270
Kernkraftwerk 194, 198 f., 208, 248
Kernladungszahl 181, 184
Kernreaktor 198
Kernschatten 56
Kernspaltung 194 ff., 208
Kernstrahlung in der Medizin 206
Kernumwandlung 208
Kettenreaktion 196, 208
Kilogrammprototyp 159
Klang 26, 42
Klimaveränderung 324, 329
Kohlekraftwerk 248
Komet Halley 164
Kommunikation 400
Kondensation 123
Kondensationswärme 123, 126
Kondensator 401 ff.
Kondensatormikrofon 401
Kondensieren 126
Konsonant 28
Konvektion 303 f., 309
kopernikanische Revolution 266
KOPERNIKUS, NIKOLAUS 260, 262, 266
Körper, fest 112
–, lichtdurchlässig 56, 68
–, menschlicher 344
Körpereigenschaft 438
Körperfarbe 92
Körperschluss 343
Körpertemperatur 430
Kosmologie 282
Kraft 148 f., 152 f., 156, 158, 166
Kraft als Vektor 152
Kraft messen 165
Kraft und Energie 385
Kraft, elektromagnetische 290
–, schwache 290
–, starke 290
Kräftegleichgewicht 150 f., 155, 172
Kraftmesser 161
Kraftmessung 170
Kraftwerk 247 f., 354
–, solarthermisches 327
Kraftwirkung 155
Kreislauf 216
Kreisprozess 311
Kurzschluss 343

L

Ladung des Protons 180
Ladung, elektrische 179
–, negative 179
–, positive 179
Lageenergie 390
Länge 362
Längenänderung 112, 114 f., 119, 166
Längenausdehnung 112
Lärm 43
Laser 48, 53
laut 31
Lautsprecher 400, 404, 425
Lautstärke 33 f., 44
Lebensdauer der Sonne 269
–, eines Sterns 273 f.
leise 31
Leistung 219, 225, 297, 299, 347 f., 356, 377, 385, 390
Leiter, elektrischer 367
Licht 48, 51, 53, 77, 84
–, farbiges 89
Lichtablenkung 285
Lichtausbreitung 48 f., 58
Lichtbrechung 68, 80
Lichtbündel 51, 77
Lichteinfall, streifender 71
Lichtempfänger 51
Lichterzeugung 383
Lichtgeschwindigkeit 51 f., 280, 420
Lichtjahr 272
Lichtpunkt 77
Lichtquelle 51 f., 56, 58
–, ausgedehnte 56
Lichtstrahl 51
–, einfallender 63
Lichtstreuung 54, 58
Lichtweg 68
Linse 76, 78, 434
–, sphärische 435
–, zylindrische 435
Linsenkamera 76
LORD KELVIN, WILLIAM 98
Lufthülle der Erde 318
Luftspiegelung 82

M

Magnet 240
Magnetfeld 163, 238, 241 f., 245, 401, 404, 416
Magnetfeldlinie 242
Marsschleife 261
Masse 140, 142, 156, 159, 162, 170, 374
–, der Sonne 270
–, eines Sterns 273
–, kritische 196
Massendefekt 195
Massenerhaltungssatz 195
Massenzahl 181, 184
Material 362, 369
Materie 289
MAXWELL, JAMES CLERK 420
Mehrfachsteckdose 335, 349
MEITNER, LISE 194, 196 f.
Messen der Stromstärke 336
Messgerät 336
Messinstrument 397
Messwandler 397
Mikrofon 400, 404, 407, 425
–, dynamisches 401, 404
Mikrowellenherd 421
Milchstraße 256
Mischung 92
Mitführung thermischer Energie 303
Mitschwingen 35
Mittelpunktstrahl 77
Mobilfunk 411
Modell 118
Mond 161 f., 259

N

Nachrichtenübertragung 73
Nagasaki 194
Nebelkammer 186
Neutroneneinfang 196
Netzhaut 409
Netzhautbild 62
Netzspannung 246
Netzwechselspannung 252
Neutralleiter 343, 352
Neutron 180, 184, 193, 196
Neutronenstern 275
NEWTON, ISAAC 86, 146, 152 f., 166, 260, 267, 269
Nordpol 241
Normalkraft 172
Nuklid 181, 183, 193
Nuklidkarte 183 f., 191 f.
Nulleffekt 187
Nullpunkt, absoluter 106

O

Oberflächentemperatur 271 f.
–, der Sonne 98
OERSTED, HANS CHRISTIAN 334
OHM, GEORG SIMON 357, 361
ohmsches Gesetz 360, 369
Ohr 29
Oktave 42
Ordnungszahl 181
Ortsfaktor 162, 374, 390
Ottomotor 389

P

Parabolspiegel 327
Parallaxe 272
Parallelschaltung 349 ff., 366
Parsec 272
Passivhaus 300
Periodendauer 31
Periodensystem der Elemente 180
Perpetuum mobile 380
Personendosimeter 186
Pixel 409

PLANCK, MAX 288
Planet 263
Planetenbewegung 262
Polarstern 258
Positron 289
Potenzial 233
–, elektrisches 228, 233
Potenzialdifferenz 227 f., 231, 237, 351
–, elektrische 228, 237
Prinzip einer Wärmekraftmaschine 312
Prisma 86
Projektionstastatur 403
Proton 180, 184, 193
Pumpspeicherwerk 17, 232
Pyramiden von Giseh 428

Q

Quantenmechanik 288
Quark 289
Quasare 277
Quellenspannung 353
Querschnitt 362

R

Radioaktivität 182, 184, 187, 193
Radiokohlenstoffdatierung 182
Radon 187
Rauchmelder 54
Raumkrümmung 282
Reflexion 41, 81
Reflexionsgesetz 61, 63, 80
Reflexionswinkel 63, 80
Regenbogen 85, 88
Reibung 151, 175, 372
Reibungsart 172
Reibungskraft 149, 171 f.
Reihenschaltung 231, 237, 353, 366
Reiz 29
Relativitätstheorie, spezielle 280
Resonanz 35
Resonanzkatastrophe 35
Richtung 142, 152
–, der magnetischen Feldlinien 241
Richtungsänderung 148
Roter Riese 272, 274
Rotor 245
Rückläufigkeit 261
Ruhe 158
RUTHERFORD, ERNEST 178 f., 180

S

Saite 31
Sammellinse 76 f., 81, 86
SAMOS, VON ARISTARCH 258
Satz von der Energieerhaltung 380
Schaden, genetischer 203
–, somatischer 203
Schall 29, 31, 33, 38, 44, 401, 404
Schallgeschwindigkeit 38, 40 f., 44
Schallpegel 33 f., 44
Schallquelle 29, 31 ff., 41, 44
Schallschwingung 407
Schallwelle 35, 40, 44, 401
Schatten 48, 56
–, unscharfer 56
Schattenbild 55 ff., 58
Schattenraum 55 ff., 58
scheinbares Bild 62
Scheitelwert 246
Schmelzen 124, 126
Schmelztemperatur 97, 124
Schmelzwärme 124
–, spezifische 124
Schmerzgrenze 34
Schraubenfeder 166
Schutzisolierung 346
Schutzklasse von Elektrogeräten 345
Schutzkontakt 342
Schutzleiter 343, 352
Schutzmaßnahmen im Stromnetz 342 f.
Schwarzes Loch 275 ff.
Schwimmen 438
Schwingung 30 f., 35, 44
Schwingungsbild 31
Schwung 140
Sehen 48
Sehvorgang 58
Selbstinduktion 242
Sendeleistung 412
Sender 394, 397, 411
Sensor 395 f., 425
Sicherheitsgurt 160
Sicherung 335, 343
siderischer Monat 259
Sieden 126
Siedetemperatur 97, 123
Siedewasserreaktor 198
SIEMENS, VON WERNER 251
Signal 397
–, akustisches 394
–, analoges 401, 407
–, digitales 401, 407
–, elektrisches 401, 404, 407
–, optisches 394
Sinken 438
Sinnesorgan 395
Solarkonstante 318 f., 328
Solarthermie 329, 525
Solarzelle 48, 224
Sonne 69, 163, 259, 263, 317
Sonnenenergie 13 f., 316 f., 326 f., 525
Sonnenkollektor 326, 525
Sonnenlicht 321
Sonnenstrahlung 318, 329
Sonnensystem 275
Spaltprodukt 196
Spannenergie 13
Spannung 240, 332, 353
–, einer Energiequelle 351
–, elektrische 228, 231, 237, 242, 332, 347 f.
–, in der Parallelschaltung 351
–, in der Reihenschaltung 351
–, induzierte 245
Spannungen im Stromkreis 351
Spannungsmesser 230
Spannungsmessung 229
Spektralfarbe 86
Spektrum 86, 91
Spiegel 62, 64
Spiegelbild 61 f., 80
Spiegelebene 62 f.
Sprache 28
Sprechen 28
Spule 252
Standardmodell 288, 290
Stator 245
Sternbild 257
Sternentwicklung 278
Sternhaufen 274
Stimmband 28
Stirlingmotor 311 f.
Strahl, einfallender 80
–, reflektierter 63, 80
Strahlenbelastung 201, 203 f., 209
strahlende Erde 328
Strahlenexposition 183
Strahlenkrankheit 202
Strahlenschaden 203
Strahlenschutz 201, 204, 209
Strahlenschutzverordnung 204
Strahlung 303
–, elektromagnetische 184, 420 f.
–, radioaktive 183, 186
Strahlungsenergie 303, 329
Strahlungsgleichgewicht 321, 323
STRAßMANN, FRITZ 194, 196, 197
streifender Lichteinfall 71
Streulicht 51, 91
Streuung 52
Strom 340
–, elektrischer 217, 241, 332, 352
Stromkreis 215, 217
–, elektrischer 216, 228, 334
–, unverzweigter 336
–, verzweigter 350
Strommesser 336 f., 352
Strommessung 337
Stromstärke 334, 340, 360
–, elektrische 332, 334, 336, 347 f., 350, 352
Südpol 241
Supernova 275
Supraleitung 364
Symbol, chemisches 181
synodischer Monat 259
System, geozentrisches 266

T

Tastatur 403
–, mechanische 403
Teilchen 105, 115, 118, 178
Teilchengeschwindigkeit 125
Teilchenmodell 98, 102, 105 ff., 115, 125, 296
Telekommunikation 394
Temperatur 96 f., 101, 106, 270, 357, 360, 369
–, der Erdoberfläche 323
Temperaturänderung 112 f.

Temperaturdifferenz 98, 312
Temperaturerhöhung 114, 296
Temperaturmessung, elektrische 432
Temperatursensor 432
Temperaturunterschied 312
Tempo der Energieumwandlung 377
Thermoelement 224
Thermometer, elektrisches 432
Tierkreis 259
Ton 26, 30 f.
Tonhöhe 42, 44
Tonumfang 42
Totalreflexion 72, 81
Touchscreen 403
Trägheit 156 ff.
Transformator 367
Transurane 197
Treibhaus 323
Treibhauseffekt 323, 329
–, anthropogener 324
–, natürlicher 323
Treibhausmodell 323

U

U-Wert 303
Überlandleitung 367
Übertragung elektrischer Energie 332
Ultraschall 41, 44
Ultraviolettstrahlung 86 f.
Umlaufzeit 263
Universum 282
Uranerzabbau 199
Urknall 279, 284, 286
Ursache der Reibung 172

V

Vakuum 420
Verbraucher 214, 216, 224, 354
Verbrennungsmotor 387 f.
Verdampfen 126
Verdampfungswärme 123, 126
Verdunsten 125 f.
Verdunstung 120
Verformung 148, 166
Viaduc de Millau 108
Vibration 29
Vokal 28
VOLTA, ALESSANDRO 236
Volumen 114
Volumenänderung 112, 119, 123
Volumenausdehnungskoeffizient 113
Volumenvergrößerung 113, 115

W

Wärmebild 301, 389
Wärmedämmstoff 304 f., 309
Wärmedämmung 21, 301, 304, 430 f.
Wärmekapazität 326
–, spezifische 296, 299, 328
Wärmekonvektion 431
Wärmekraftmaschine 310 f., 314 f., 436
Wärmekraftwerk 312
Wärmeleitung 303, 309, 430
Wärmemitführung 309
Wärmepumpe 303, 310, 314 f.
Wärmespeicher 326
Wärmestrahlung 309, 321, 431
Wärmetransportvorgang 309
Wärmewiderstand 302 ff., 309
–, spezifischer 302
Wasser 97
Wasserdampf 120
Wasserkraftwerk 249
Wasserkreislauf 228
Wasserstoffatom 180 f.
Wasserstoffvorrat 274
Wasserstrom 217
Wasserstromkreis 216 f., 227 f.
Wechselfeld, elektrisches 414
–, elektromagnetisches 419
–, magnetisches 416
Wechselspannung 245 f., 252
Wechselspannungsgenerator 245
Wechselstrom 244 ff., 252, 419
–, elektrischer 414, 416
Wechselwirkung 153, 155
–, mechanische 146
Wechselwirkungsgesetz 153, 155, 163
Wechselwirkungspartner 146, 163
Weg 132
Weißer Zwerg 272, 275
weißes Licht 86
Welle 40
–, elektromagnetische 411, 413, 420, 425
Wettervorgang 316
Widerstand 360, 362 f., 397, 403
–, elektrischer 354, 356 f., 369
Widerstand und Temperatur 357
Widerstandsgesetz 363
Wiederaufarbeitung 199
Windkraftwerk 249
Wirkung 146
–, des elektrischen Strom 334, 336
–, elektrisches Feld 422
–, ionisierende 186
–, magnetische 334
–, mechanische 146
Wirkungsgrad 382 f., 388 f., 390
WLAN 411
Wucht 140
Wüstengebiet 327

Z

Zeit 132, 340
Zeitabschnitt 132
Zentrum unserer Galaxis 277
–, galaktisches 276
Zerfallsgleichung 184
Zerfallsreihe 183, 192
Zitteraal 234
Zugkraft 172
Zusammenstoß 142
Zustandsform 122
Zwischenlagerung 199

Bildnachweis

Titelbild groß: Fotolia/Shariff Che'Lah | Titelbild klein: iStockphoto/Jeremy Edwards | 123RF/antonprado: 401/5 | ADAC: 156/2, 158/1, 173/4 | AEG: 214/1 | Agentur Focus: 264/1, Laurent Douek/LookatSciences/xxpool.de: 409/9, SPL: 86/1, 322/1, SPL: hint. Vorsatz/4, SPL/Adam Hart-Davis: 235/8, SPL/Alfred Pasieka: 87/7 | Agentur Focus/SPL/Du Cane Medical Imaging Ltd.: 235/6, SPL/Eamonn McNulty: 235/7 | Agentur Focus/SPL/Emilio Segre Visual Arcives/American Institute of Physics: 283/4, SPL/Heini Schnebli: 168/2, SPL/Martin Dohrn: 235/5, SPL/Sheila Terry: 186/5, SPL/Vaughan Fleming: 90/3a | Airbus: 183/4 | akg-images: 106/1, 276/2, hint. Vorsatz/2, euroluftbild.de: 211/1 | Allianz: 160/1, 160/2, 160/3 | ALLSTAV Haus GmbH, Pforzheim: 300/1, 300/3 | Ansmann/Assamstadt: 340/4 | architekturbox ZT GmbH Wien; Österreich: 300/2 | Archiv Hoyer: 45/4 | Avenue Images/Index Stock/Wiley/Wales, Amy: 247/7 | Backhaus, U., Essen: 14/1, 208/2b, 208/2c, 257/4, 257/5, 261/2, 262/1, 266/3, 271/4, 271/5a, 271/5b, 280/2a, 286/3 | Barg Baustofflabor: 301/5 | Behrend, D.: 376/1 | Bellmann, H.: 45/6 | Bibliographisches Institut GmbH, Berlin: 236/1 | blickwinkel/ Hecker/Sauer: 122/1 | Bridgeman Art Library : 215/7, 267/6 | Bundesamt für Strahlenschutz: 199/6, 201/4 | Bundesverband Medizintechnologie e.V., Berlin: 168/1 | Bundesverband Wärmepumpe, München: 314/1 | Bundesverband Windenergie e.V.: 244/1 | California Institute of Technology: 278/3, 280/1, 288/1 | Canon: 79/6, 79/7 | Casio: 134/2, 338/4 | CERN: 288/2, 289/4, 290/1, 291/4c | Christoph Busse: 389/3, 389/3 | ClipDealer/njnightsky: 151/4 | Conrad Electronic SE: 183/5, 432/2a, 432/2b | Corbis: 392/1, Alan Schein: 129/1, B.S.P.I.: 132/1, Bettmann: 89/4, 234/4 | 429/6, CAT's: 48/1a, Charles O'Rear: 84/4, Crise, S.: hint. Vorsatz/5, Duomo: 34/1, 146/4, Frank Lane Picture Agency/John Watkins: 26/2, Jim Reed: 36/1, LWA-Dann Tardif: 146/6, Michael St. Maur Sheil: 30/1, Owen Franken: 42/1 | Pete Saloutos: 220/1, Reuters/Marcos Haupa: 89/5, Rob Matheson: 365/6, Roger Ressmeyer: 284/2, Scott Speakes: 331/1, Stephane Reix/Photo & Co.: 140/1, Steven Kazlowski/Science Faction: 293/1, SYGMA/Yves Forestier: 146/5, zefa: M. Keller: 435/3 | Corel Photos Inc.: 10/1, 10/5, 144/1, 146/3, 321/6b, 394/2 | Cornelsen Experimenta: 29/5, 109/5, 317/8 | Cornelsen Schulverlage GmbH: 12/3, 12/5, 21/7, 30/2, 44/1, 50/3, 51/5, 51/8, 56/2, 58/1, 60/2, 60/3, 60/4, 65/8, 66/4, 66/5, 67/6, 86/4, 90/2, 93/7, 103/4, 105/7, 109/7, 115/3, 115/4, 119/5, 121/5, 123/6, 127/4, 127/6, 137/3, 137/4, 150/1, 150/3, 153/7, 156/1, 162/2, 175/7a, 175/7b, 178/2, 189/2, 189/4, 212/3, 213/4, 213/5, 214/4, 214/5, 214/6, 221/5, 221/6, 223/4, 226/2, 226/3, 230/1, 230/2, 231/5, 244/1a, 246/1, 246/4, 250/3, 253/9, 254/3, 265/5, 266/2, 267/4, 285/4, 294/4, 315/4, 320/2, 334/1, 335/4, 336/1, 337/8, 337/9, 337/10, 338/4 Glühlampe, 338/4 Waschmaschine, 345/2, 346/2, 346/3, 349/2, 349/3, 349/3a, 360/2, 361/4, 375/3, 380/1, 395/5, 395/6a, 395/6b, 395/7, 395/8, 395/9, 396/2, 396/4, 402/1, 402/3, 408/1a, 408/1b, 410/3, 413/4, 414/1, 415/4, 420/2, 435/4, 436/3, 436/4, 439/6 | Cornrad Elektronic: 396/1 | Daimler AG: 10/2, 13/6, 16/4, 148/4, 173/5, 214/3, 338/4 Anlasser, 389/5, 397/6 | Dargaud editeur by Morris, 1985: 48/1b | Das Fotoarchiv/Yavuz Arslan: 140/2 | DB AG: 10/3, 130/1, 167/4, 212/1a, 226/1, 332/2, 332/3, 338/4 ICE | ddp/ Norbert Millauer: 140/3 | Department of Astronomy and Physics, Saint Mary´s University, Halifax, Nova Scotia: 196/2 | DESY: 178/1, 364/2, 364/3, 364/4 | Deutsche BP: 18/1 | Deutsche Goodyear: 175/5 | Deutsches Museum, München: 79/5, 189/3, 194/1, 236/2, 236/3, 236/4, 236/5, 267/5, 380/3, 387/4, hint. Vorsatz/6 | Dillenberg GmbH: 122/2 | DLR, Köln: 162/2, 305/5, 317/5, 320/1, 327/6 | Döring, V., Hohen Neuendorf: 13/9, 15/8, 15/9, 17/5, 18/5, 20/2, 27/4, 27/5, 27/6, 27/7, 30/4, 31/5, 33/4, 35/1, 37/4, 37/5, 37/6, 38/1, 39/4, 39/5, 39/7, 39/8, 43/4, 61/7, 61/10, 62/1, 62/2, 63/4, 65/12, 67/7, 67/8, 67/9, 68/5, 72/5, 73/6, 74/9, 76/1, 77/8, 81/5, 81/8, 87/5, 87/6, 87/8, 90/1, 96/1, 102/2, 103/3, 104/3, 104/4, 108/3, 109/4, 117/5, 117/7, 120/1, 120/2, 122/5, 126/2, 126/3, 143/6, 143/7, 145/4, 152/1, 153/6, 165/4, 166/2, 166/3, 167/6, 171/5, 189/5, 195/5, 201/5, 201/7, 201/5a, 212/2, 213/6, 215/8, 215/10, 215/11, 216/1, 218/1, 218/2, 218/1a, 219/3, 221/4, 223/2, 229/6a, 229/6b, 229/6c, 238/1, 241/6, 310/2, 310/3, 335/3, 338/4 Taschenlampe, 340/2, 342/1, 347/6, 347/7, 354/3, 387/5, 418/2, 418/3, 435/2, 437/5 | Dr. Jürgen Kirstein, Berlin: 380/2a, 380/2b | Drawing: 409/11 | E.ON Kraftwerke GmbH: 248/2 | Einhell Germany AG: 338/4 Elektroschweißen | ESA: 281/5, hint. Vorsatz/9 | ESO: 276/1, 277/4, 277/5 | ETV mbH, Kempen: 347/5 | EWN, Rheinsberg: 204/1 | Flonline: 194/2, 403/5, Siepmann: 96/3 | FLIR Systems, Frankfurt/Main: 431/6 | Forschungszentrum Karlsruhe GmbH: 192/2, 193/6 | Fotolia: 156/4, adrena78: 338/4 Blitz, A. Bujara: 144/3, Beboy: 95/1, boguslaw: 400/1, Brigitte Wegner: 438/1a, Daniel Prudek: 436/1, dgfoto: 113/5, Francesco Maria Cura: 435/5, Franz Pfluegl: 79/8, Greg Epperson: 371/1, Hendrik Schwartz: 113/4, ilposeidone: 432/1, Fotolia/ Ingo Bartussek: 21/5, Jan Schuler: 21/6, LianeM: 304/2, Lianem: 372/1, Lucky Dragon: 403/4, manfredxy: 144/2, Marc Slingerland: 439/3,Marijus: 142/1, 142/2, marvellousworld: 341/7, Mihai Musunoi: 341/6, Oleksandr Tkachenko: 428/1, oliver-marc steffen: 294/2, st-fotograf: 156/5, Stephan Leyk: 439/5, wiktor bubniak: 294/1, Željko Radojko: 233/2 | Frank, Ravensburg: 57/10 | Gaa, Markus: 30/3 | General Electric Company/Krautkrämer: 45/7 | Getty Images/Sean Gallup: 247/6, 249/6 | Glow Images: SciencePhotoLibrary: 407/2, GammaB2.56282837-H: 382/1 | GNU-FDL, M. Loster: 326/1 | Greenpaece: Fred Dott: 200/2, Paul Langrock/Zenit: 200/1 | Hagemeister, Berlin: 119/6, 119/7 | Heepmann: 398/2 | Helga Lade Fotoagentur, Frankfurt M.: 66/1, 100/1, 124/1 | Hipp Foto: 168/5 | HMI, Berlin: 197/6, 197/7 | Hug, Darmstadt: 120/4 | IBM Research, Almaden Research Center: 105/8 | Imago: Rainer Weisflog: 309/3, Steinach: 116/4 | IMST, Dr. Achim Bahr: 424/1 | iStockphoto/Eric R. Bechtold: 332/1, Alkalyne: 424/2, BernardBreton: 430/1, blackred : 99/3, Bob Thomas: 53/9, Dainis Derics: 219/6, daniel rodriguez: 398/1, Gary Martin: 372/3, Grohnde: 198/1, Hans F. Meier: 248/3, 20.03. 14jophil: 438/1b, Jozsef Szasz-Fabian (Waage), /Jim Kolaczko (Fußballe)r; project photo (Burger): 294/3, Kalainichenko: 427/1b, Keith Johnson: 151/6, Luca di Filippo: 40/2, lvcandy: 413/3, NuStock: 26/1, Oleksandr Staroseltsev: 127/5, Reggie Lavoie: 50/1, Reggie Lavoie: 437/6, robert cocquyt: 372/2, Robert Hunt: 32/1, Shawn Gearhart: 25/1, Vitaly Titov : 54/3, Vladimir Mucibabic: 23/5 | Joker/Hick: 10/4 | Jörg Lantelme, Kassel: 171/4 | Kernforschungszentrum Karlsruhe: 204/2 | Kerpe: 397/7 | Kessler, Holheim: 207/5 | Kettler: 381/5 | Keystone: 194/3 | Kirsten Neumann: 384/1 | Knopfe, M., Freiberg: 107/4 | Kolbus GmbH, Rahden: 268/3 | Laif: Polairs: 403/9, REA/Michel GAILLARD: 233/1 | Landesamt f. Denkmalpflege u. Archäologie Sachsen-Anhalt/Karol Schauer: 265/6 | Landesamt für Denkmalpflege/Jurai Liptak: 264/2 | Landesgendarmeriekommando für Tirol: 182/1 | LD DIDACTIC GmbH: 186/2 | Leuenberger, Berlin: 102/1a | Lichtenberger, J., Fahren: 47/1, 49/4, 52/6, 52/7, 54/1, 56/4, 59/6, 59/7, 61/5, 63/8, 64/2, 64/4, 64/5, 66/3, 68/1, 68/4, 75/15, 76/2, 78/1, 78/2, 78/3, 82/2, 82/3, 83/4, 83/5, 83/6, 83/7, 84/1, 84/2, 84/3, 88/3, 94/2, 341/9, 429/5 | Liebermann: 57/11 | Löffler,R., Dinkelsbühl: 221/3 | LOOK: 185/7 | Los Alamos National Laboratory (LANL): 196/4 | M. Ruhmke, Berlin: 417/1 | Mahler, Fotograf, Berlin: 65/13, 239/5, 239/5a, 250/2, 374/1, 412/1, 422/2 | Maquette Hellige GmbH, Freiburg : 338/1 | mauritius images: 36/2, Alamy/VG Bild-Kunst, Bonn 2014: 65/11, Herbert Kehrer: 69/7 | Messer Gr: 122/3 | Meyer, L., Potsdam: 116/2 | Miele: 120/1a, 219/4, 396/3 | Möllmann: 321/5 | Moser, Freiburg: 206/2, 206/3 | Motor Presse Int./Markus Jahn: 173/6 | Musée Antoine Vivenel, Compiègne (F) Eric Blanchegorge: hint. Vorsatz/1 | Museum für Kommunikation, Berlin: hint. Vorsatz/7, hint. Vorsatz/8 | Nara National Archives: 197/5 | NASA: 36/3, 46/2, 59/5, 94/1, 161/11, 161/12, 163/4, 164/2, 255/1a, 255/1b, 258/2, 258/3a, 258/3b, 258/3c, 259/6, 264/3, 270/2, 274/1, 275/7, 278/1, 282/1, 282/2, 282/3, 291/4a, 292/1, 292/4, 305/6, 305/7, 305/8, Hubble: 256/1, 256/2, 256/3, 274/3, 275/4, 275/5, 278/2, 279/4, 284/3, 285/6, 286/1, 286/2, Nick Galante/PMRF: 48/3, WMAP Science Team: 284/1, NOAA: 316/3 | Nolte, H., Bochum: 60/1 | Okapia: Dr. Hermann Brehm: 234/3, Körner: 201/6 | Omicron Nano Technology GmbH: 106/3 | orbitingfrog.com/Robert J. Simpson: 325/3 | Osram GmbH: 338/4 Energiesparlampe | Panasonic, Deutschland: hint. Vorsatz/10 | Philips Deutschland GmbH: 338/4 Fernsehgerät | Phywe Systeme GmbH & Co. KG, Göttingen: 73/7, 431/5 | picture-alliance: ASA: 153/9, dpa: 18/2, 19/8, 54/2, 73/8, 96/2, 151/5, 156/3, | 158/3, 195/6, 232/2, 354/1, 391/3, 411/4, dpa/Sportreport: 381/4, Frans Lanting: 431/4, Helga Lade: 153/8, Science Photo Library: 405/5, ZB: 269/5 | PITT Fotografie: 249/4 | pixelquelle: 291/4b | pixelquelle/Martin Wendring: 330/1 | Project Photos: 13/7, 16/1, 16/2, 19/6, 26/3, 29/4, 39/3, 41/6, 90/3, 174/1, 182/3 , 295/5, 316/4, 321/6a, 333/4 | PTB, Braunschweig: 159/5 | Rainer Knäpper, Lizenz Freie Kunst: 116/3 | Ralph Kerpa: 411/6 | Reif, Dinkelacker: 174/2 | Robert Bosch GmbH: 399/3 | Schlaich Bergermann und Partner, Stuttgart: 18/3 | Schlichting, H.-J., Hasbergen: 85/5, 120/3 | Schott Glas, Mainz: 73/9, 75/14 | Schuster, Manfred M., Huntlosen: 41/5 | Schwarzer GmbH, München: 338/2 | Shell Deutschland Oil GmbH: 9/1 | shutterstock: 158/2, 403/7, anyaivanova: 212/1, Dan Breckwoldt: 108/1b, David Ryznar: 108/2, Djaile: 404/1, dutourdumonde: 424/3, Egor Tetiushev: 48/2, grufnar: 434/1, Jose Ignacio Soto: 190/2, LehaKoK: 104/2, Madarakis: 336/2, Martin Capek: 393/1, Mikael Damkier: 174/3, mumbojumbo: 108/1a, Pakhnyushcha : 409/8, photowings: 316/1, SpaceKris: 194/4, Vittorio Bruno: 234/2, wavebreakmedia: 394/1, 411/5, WitR: 182/2, YORIK : 410/1 | Siemens AG, München: 206/1, 206/1, 206/4, 207/1, 207/6, 210/1, 219/5, 238/3, 247/5, 248/1 , 249/7, 251/5, 251/6, 251/7, 251/8, 251/9, 354/2, 422/1 | Sience and Society Library: 427/1a | SolarWorld AG : 13/8 | Sony: 338/4 MP3 | Sportimage, Hamburg: 146/1 | Stevens Bike: 167/5 | strom-online.ch: 198/2 | suntechnics gmbh: 326/2 | Superbild/Your Photo Today: 207/7 | TCL products: 238/2a, 238/2b | The Israel Museum, Jerusalem : 177/1 | Theuerkauf, H., Gotha: 45/5 | Total Walther Gmbh: 115/6 | TV yesterday: 82/1 | ullstein bild: 364/1, 428/4 | Ultima Ratio Epyon Solucar: 327/5 | utopia velo gmbh, Saarbrücken: 175/6 | vario images: 308/1, Munoz Pellicer: 116/1, Ulrich Baumgarten: 433/5 | Vattenfall Europa: 232/1, 249/5, 310/1 | VEAG: 17/6 | Visum: Alfred Büllesbach: 386/3, plus49/Gallup: 271/3 | Volkswagen AG: 160/4, 160/5, 160/6, 160/8 | WILDLIFE/G.Delpho: 51/6 | Wilfried Schmidt Maschinenbau, Tübingen: 250/4 | Wolfgang Deuter, Willich, Germany: 341/8 | Zefa: 339/4, corbis: 316/2, Johnson: 146/2 | Zeiss, Oberkochem: 172/3